绿色建筑施工与管理
（2024）

湖南省土木建筑学会　组织编写
陈　浩　主　编
董范君　肖杰才　曾乐樵　副主编

图书在版编目（CIP）数据

绿色建筑施工与管理 . 2024 / 湖南省土木建筑学会组织编写；陈浩主编. --北京：中国建设科技出版社有限责任公司，2025.3. --ISBN 978-7-5160-4398-1

Ⅰ.TU18-53

中国国家版本馆 CIP 数据核字第 2025JF7780 号

绿色建筑施工与管理（2024）
LÜSE JIANZHU SHIGONG YU GUANLI（2024）
组织编写　湖南省土木建筑学会
主　　编　陈　浩
副 主 编　董范君　肖杰才　曾乐樵

出版发行：中国建设科技出版社有限责任公司
地　　址：北京市西城区白纸坊东街 2 号院 6 号楼
邮　　编：100054
经　　销：全国各地新华书店
印　　刷：北京雁林吉兆印刷有限公司
开　　本：787mm×1092mm　1/16
印　　张：41
字　　数：1000 千字
版　　次：2025 年 3 月第 1 版
印　　次：2025 年 3 月第 1 次
定　　价：198.00 元

本社网址：www.jskjcbs.com，微信公众号：zgskjcbs
请选用正版图书，采购、销售盗版图书属违法行为
版权专有，盗版必究。本社法律顾问：北京天驰君泰律师事务所，张杰律师
举报信箱：zhangjie@tiantailaw.com　举报电话：（010）63567684
本书如有印装质量问题，由我社市场营销部负责调换，联系电话：（010）63567692

编委会

组织编写 湖南省土木建筑学会
顾　　问 易继红　杨承惁
主　　编 陈　浩
副 主 编 董范君　肖杰才　曾乐樵
编　　委 刘洣林　袁佳驰　杨伟军　陈大川
　　　　　　王孟钧　阳　凡　彭琳娜　罗　栩
　　　　　　聂涛涛　钟凌宇　孙志勇　陈维超
　　　　　　龙新乐　王江营　毛文祥　周玉明
　　　　　　单立锋　刘　维　岳文海　陈方红
　　　　　　宋松树　何昌杰　王本淼　李天成
　　　　　　辛亚兵　王其良　张倚天　焦节玉
　　　　　　李　龙　王霄翔　康　欣　胡　佳
　　　　　　邓利斌　李　卓　钟　旭　张　杰
　　　　　　付孟生

前　　言

党的二十届三中全会指出,"城乡融合发展是中国式现代化的必然要求。必须统筹新型工业化、新型城镇化和乡村全面振兴,全面提高城乡规划、建设、治理融合水平,促进城乡要素平等交换、双向流动,缩小城乡差别,促进城乡共同繁荣发展"。

2024年前三季度,我国国内生产总值949746亿元,同比增长4.8%;全国固定资产投资(不含农户)为378978亿元,同比增长3.4%,其中基础设施投资同比增长4.1%;全国建筑业企业完成产值217411亿元,同比增长4.4%,全国建筑业企业新签合同额223176.51亿元,同比增长4.74%;国有及国有控股建筑业企业完成产值95446.63亿元,同比增长4.97%,占建筑业总产值的43.9%。建筑业支柱地位稳固,国有企业深度改革成效显著,基础设施投资转变为重点投资领域,企业数字化转型加速,绿色建筑行业进入高速发展阶段。

近年来,湖南省土木建筑学会施工专业学术委员会(以下简称施专委)积极响应国家发展战略,紧扣"绿色、低碳、智能"的时代主旋律,秉持"文不按古,匠心独妙"的初心与使命,致力于推动工程技术的创新发展。施专委深耕学术交流的广阔天地,并不断强化自身建设,全面高效地履行了行业学会的各项职能,充分发挥了连接政府、企业、科研机构及广大土木工程师之间的桥梁纽带作用。

本书系施专委2024年学术年会暨学术交流会的优秀论文成果,经湖南省内著名专家、教授及学者认真评审,优选114篇汇集而成。全书分为四篇:综述、理论与应用;地基基础与处理;绿色建造与BIM技术;建筑经济与工程项目管理。

面对新时代的浪潮,传统土木工程行业正经历着前所未有的变革与挑战,同时也迎来了前所未有的发展机遇。湖南,这片建筑业蓬勃发展的沃土,一代又一代土木人坚持"匠心筑梦,砥砺前行"的深刻内涵,向建筑业强省的目标奋力迈进。施专委携手成员单位,紧跟行业发展的脉搏,深入把握行业趋势,以"人才为先、科技为先、责任为先"的发展理念为指引,不断汇聚土木工程领域的精英力量,共同推动施工技术的革新与进步,为实现"三高四新"美好蓝图、建设现代化新湖南贡献更大力量。

编者

2024 年 12 月

目　录

第1篇　综述、理论与应用

拉撑一体化快速装拆连墙件研究设计 …………………………………… 蔡　敏（3）
井道式施工升降机的施工技术应用 ……………………… 刘　阳　张　容　范　毅（6）
十字型钢柱牛腿连接框架梁筋施工技术应用 …………………………… 张　炼（15）
基于BIM技术的办公楼项目创优策划与现场实施 ………… 张明亮　刘　维　卢　山（21）
卫生间定型组合钢模板施工技术研究 … 林军清　黄荣昌　袁宇龙　田景祺　荣海鱼（27）
无人机倾斜摄影技术在住宅项目中的应用分析与研究
　　…………………………… 胡　超　孟　静　洪大雄　刘一川　袁宇龙（34）
某农商行办公大楼悬挑结构多排悬挑支架设计与施工 …… 冷俊强　王　山　李　柱（40）
高大空间劲性混凝土组合结构施工技术应用
　　………………… 朱文峰　白　勇　邓　烨　朱伟霞　马　俊　谭佳佳　徐　武（48）
锚索自由段渗漏埋管后注浆施工技术 ……………………………… 李勤学　谭丽花（55）
预播草籽土工格栅加筋土边坡支护施工技术 ………………………………… 李军林（61）
预应力抗浮锚索顶部节点防渗堵漏施工技术
　　……………………………… 刘令良　李雄辉　肖　非　潘　栋　唐　红（65）
预制三步台组合砌块窗台压顶施工技术 ………………… 李勤学　赵异峰　谭丽花（69）
直线加速器超厚防辐射大体积混凝土施工技术
　　………………… 彭伟宁　白　勇　邓　烨　徐　武　谭佳佳　朱文峰　杨益波（75）
基于智慧建造的跨高速钢箱梁吊装施工技术应用
　　………………………… 王　斌　唐金云　廖　凯　邓昭乐　徐　武（85）
浅谈装配式预制柱套筒灌浆柱底封仓质量对结构的影响 ……………………… 刘凤芝（97）
ALC墙板安装在钢结构建筑施工中的技术要点 ………………………………… 陈　旅（101）
CAD三维制图在曲面体施工放样中的应用 ………………………… 张　波　曾　涛（105）
梁侧预埋式连墙件的施工方法及效益分析 ……………………………………… 姚振林（111）
承插型盘扣式脚手架在建筑工程施工中的运用研究 …………………………… 肖天翔（114）
刍议建筑新材料的应用及质量问题 ……………………………………………… 江石康（118）
地下室外墙湿铺防水卷材施工技术 ……………………………………… 陶　坚　李桂新（122）
关于检查井沉降与防治措施的研究 ……………………………………………… 周思齐（129）
建筑工程项目短肢剪力墙施工技术措施研究 …………………………………… 袁小军（133）
浅谈一种预制承台侧模安装工艺 ………………………………………………… 刘思晴（136）
路缘石施工质量控制及成品保护技术探讨 ……………………………………… 杨经纬（141）

基于某项目崩滑流风险防治分析的山地建筑环境安全控制对策研究	聂涛涛 （144）
浅谈幕墙玻璃防火门的技术要点及难点	陈雲鹏 （151）
浅谈土木工程施工中设备节能绿色环保技术的应用	胡瑛 （156）
悬挑结构永临结合在多层建筑工程中的应用探讨	龙佩 李桂新 （161）
劳务实名制管理的研究	杨凯钧 （164）
市政道路水泥稳定碎石基层施工质量控制	尹耀民 （168）
桩间板现浇混凝土逆作法施工	黄烨群 陈毅炜 童杰轲 （172）
探析房屋建筑工程项目管理存在的问题及对策	江谭飞 （175）
装配式建筑施工质量控制的要点	龙锋 （178）
提高房屋建筑工程管理与施工质量的措施研究	邝政 （182）
外墙真石漆施工技术及质量控制措施	郭海凡 （185）
装配式预制混凝土电梯井的优化减重处理方法	董菁锆 李昭 （189）
超高性能混凝土（UHPC）应用现状与发展综述	甘定宇 （193）
探讨"双碳"理念下装配式装修施工技术的创新应用	李锦华 （199）
厂房装配式玻镁板隔墙及吊顶施工方法与应用	胡翔 （204）
建筑装饰装修工程施工质量控制措施	王湘金 （209）
室内立体造型墙柱装饰GRG材料施工技术及应用研究	杨思宇 （214）
一种背栓式干挂转换件施工方法	黄翠寒 （219）
一种玻璃幕墙工装用防变形次要龙骨结构在玻璃幕墙工程中的应用	罗章 （225）
一种卫生间门槛防水做法	张星 （231）
电气火灾监控系统在现代智能建筑中的应用	彭超 （234）
埋弧自动焊在石油化工管道施工项目中的应用	周星广 （240）
浅谈高温高压蒸汽管道保温施工技术	李水玲 （248）
施工现场临时用电系统的设计	杨桄 （254）
试析变电站电气安装与土建施工的有效配合	刘鑫 （265）
浅析高速公路墩柱垂直度施工控制	肖亚 戴伟 张雄斌 罗梦绮 刘茂林 （270）
浅谈高空大跨度曲面铝板单元模块吊装技术应用	郭鹏 李滔 刘宇丰 陈阳虹 张斌 闻伟 谢腾云 （278）
浅谈大板块铝蜂窝复合岩板装配式技术应用	郭鹏 张彦辉 谢腾云 陈阳虹 张斌 闻伟 陈维喜 （286）
椭圆形报告厅V形吸音微孔蜂窝铝板墙面数字化施工关键技术研究	孟仕潘 陈亮 廖洋 易望春 骆永 （293）
地铁站六边形铝单板模块化施工技术	刘济南 安佰兴 田周周 吴凯 郭飞 （302）
基于BIM技术的大跨度异形铝板吊顶快速施工关键技术研究	何昱明 张玉玲 廖德龙 王猛 （308）
高大空间超长异形铝蜂窝板快速建造技术的研究	谭春 周泽 唐宗帅 张迪 张玉玲 （313）
大空间暗藏式电动卷扬提升系统施工技术研究	胡致远 郭志勇 黄赛武 张玉玲 （318）

高大空间大跨度装配式钢结构穹顶吊装快速施工关键技术研究
.... 何昱明 陈 葱 张 迪 李 胤 廖德龙（324）
浅谈超高层双层幕墙中一种悬挑百叶模块化安装技术与应用
.... 吴东东 陶燕鹤 黄先武 宋 澳 易帅瑜（329）
浅谈超高层斜向新型吊篮施工技术的应用 .... 马 毅 代庆琴 郑彦来 赵慧敏（338）
浅析深坑扭转穿孔铝板幕墙数字化建造技术
.... 马 毅 廖晓松 郑彦来 代庆琴 徐嘉昊 付孟生 陈觅杭（344）
金刚砂耐磨地坪金属铠装施工缝在大面积地坪施工中的应用
.... 刘 彦 卢 林 李柯可（351）
某既有框架结构设计错误问题分析与处理 .... 李登科 蒋思文（360）
预应力混凝土连续梁桥逆序拆除施工技术 .... 张明新 王宇鹏 周 洁 刘敏志（365）

第 2 篇　地基基础与处理

地下室抗浮施工技术探讨 .... 周宏达（373）
基于 Midas GTS NX 的长沙机场中轴大道深基坑预警区域有限元分析 .... 郭 昕（378）
浅析极限用地下的深基坑施工组织 .... 张哲浩（386）
复杂地基灌注桩施工技术 .... 袁小军 陈武华 王湘龙 许 涛 周宏文（389）
高地下水位砾砂、卵石地质止水帷幕施工技术 .... 陶 坚 李桂新（395）
深基坑开挖施工对邻近建筑的影响分析 .... 廖 俊（400）
复杂地质环境全套筒成孔微型钢管桩施工技术应用
.... 夏文波 任 彪 单珍胜 罗正勇（409）
玄武岩纤维沥青混合料路用性能影响因素试验研究分析 .... 张卓普（413）
浅析高速公路涵洞台背回填首件施工质量控制
.... 陈湘胜 覃远升 黄 广 王 龙 刘茂林（421）
GRC 水泥板胎模在基础工程中的应用 .... 岳文海 谢全兵 谭志强 王伟伟（429）
基坑支护体系灌注桩结合钢格构柱一体化施工技术
.... 岳文海 谢全兵 李鸿基 彭亚洲（431）
微型顶管顶拉法施工技术在管道工程中的应用 .... 赵合毅 舒宏昕 余应龙（436）

第 3 篇　绿色建造与 BIM 技术

BIM 技术在预制装配式建筑工程中的探索与应用 .... 蒋科明 孟祥磊（447）
浅谈自然导光系统的应用与展望 .... 黄文灿 邓文娣（454）
BIM 技术在长沙机场中轴大道地道工程进度管理中的应用 .... 宋祺炜 陈 拓（459）
基于建工·司南项目 BIM 正向设计研究 .... 胡 政 黄荣昌 刘一川 胡 超（465）
全过程标准化建设助力装配式建筑更好、更快、更省 .... 陆 殊（473）
BIM 在装配式建筑安全管理中的研究 .... 江石康（480）
高校学生宿舍工业化建造技术研究 .... 李梦诗（486）

标题	作者	页码
基于新时期绿色节能建筑施工技术及现状研究	刘旭涛	(491)
浅谈 BIM+EMPC 智慧建造管控平台在装配式高校宿舍的研究与应用	邓潇毅	(496)
探讨建筑工程中绿色施工技术的应用	唐 杰	(501)
医院的直线加速器机房超厚混凝土施工管理与关键技术	张云峰 吕林红	(506)
ALC 板材裂缝的防治和处理	杨宇翔	(512)
BIM 技术在武广地标项目室外综合管网的应用	潘文熙	(518)
分布式光伏发电电站在屋面中的安装应用	易明宇	(523)
预制装配式检查井的研究与应用	黄广林	(533)
BIM 技术在屋面细部构造中的应用	钟 伟	(536)
基于 BIM 模型的道路平整度控制方法的研究	易伟强	(541)
基于楼板板厚控制的绿色建筑设计方法研究	彭 成 刘海建	(545)
螺栓孔洞封堵技术在工程实践中的应用研究	朱岳峰	(549)
浅谈钢框架结构填充墙体裂缝的成因及防治措施	莫胜辉	(553)
浅谈铝模混凝土表面气泡孔产生原因及控制措施	孙 繁 周 波 龚 磊 高泽林	(556)
浅谈内墙饰面砖空鼓脱落原因及防治措施	徐佳淼	(560)
浅谈装配重力式挡土墙在施工中的应用	蔡文龙	(566)
浅析钢结构建筑中钢筋桁架楼承板混凝土裂缝的成因分析及控制措施	欧露艳	(570)
智能建造的技术体系及应用模式探讨	谭 珺	(573)
浅析数字化技术在工程施工现场安全管理的应用	黄英财	(578)
BIM 在中建五局智能建造中的创新应用	戴 秘 付孟生 周 普	(581)
凹凸堆叠形建筑大板块玻璃幕墙施工技术研究	周 澳 廖 洋 朱冠辰 罗 敏 熊 胜	(587)
BIM 技术在智慧工地的应用实践研究	李柯可 冯 帅 刘 彦	(592)
探讨我国建筑垃圾资源化利用发展历程及现状	卢 林 何 路	(600)

第 4 篇 建筑经济与工程项目管理

标题	作者	页码
浅析"双重预防机制"在建设工程中的科学应用	万梭进 刘皓翔	(607)
社会资本参与老旧小区改造投资经济性评价	杜建宽	(611)
数字孪生管理体系在钢结构厂房中的信息集成及应用研究	吴志颖 刘著群 曾治国 宁 云	(618)
智能建造在工程建设项目施工管理中的创新应用	林 坚	(627)
后疫情背景下 EPC 项目的技术管理工作	龙 佩	(631)
后疫情时代工程管理的新挑战探讨	肖培根	(635)
深大基坑回填施工技术研究	廖春阳	(640)

第1篇

综述、理论与应用

拉撑一体化快速装拆连墙件研究设计

蔡 敏

湖南建工集团有限公司　长沙　410015

摘　要：针对钢管脚手架常用的预埋钢管法连墙件、后锚固法连墙件、预埋套筒法连墙件等存在的不足，介绍了一种预埋V形件与锥形螺母、螺杆组成拉撑一体化快速装拆连墙件，并详细阐述了设计方案和施工方法。该连墙件施工方便，安全性、稳定性满足要求，施工过程中避免了资源浪费，后期无补洞渗水隐患，节约了工程造价，在保证安全、质量的前提下，加快了施工进度，大大减少了施工成本，可在其他工程中推广应用。

关键词：拉撑；一体化；快速装拆；连墙件

1　前言

连墙件是施工现场用于将脚手架架体与建筑主体结构连接，能够传递拉力和压力的构件。在风荷载等各种水平荷载作用下，连墙件的性能好坏直接决定了脚手架的整体稳定性。因连墙件承载力不足、设置数量不足、安装和拆除不规范而引起的脚手架垮塌事故频繁发生，造成较大的经济损失和人员伤亡。常规的预埋钢管作为连墙件，具有安装拆卸麻烦、影响后续工序作业、洞口需进行后期封堵、容易造成外墙渗水等缺点。因此，开展连墙件结构形式研究将有助于进一步提高脚手架的安全性及优化成本，节约工期。

2　研究目的和意义

本项目研究的目的是研究设计一种新型外脚手架连墙件，应用于建筑工地中脚手架与结构连接。运用本技术的脚手架构造简单，装拆方便，传力合理，可重复利用，不影响二次结构砌筑，节约材料且不留施工隐患。新型脚手架连墙件的研制使脚手架施工质量始终处于受控状态，避免了外墙洞修补不善而产生外墙渗漏隐患。

3　连墙件应用现状分析

脚手架是在建筑施工过程中因施工的需要而搭设的可以供工人操作和运输材料的临时支架。构成钢管脚手架系统的部件有：立杆、水平杆（大横杆、小横杆）、剪刀撑、扣件等。连墙件是脚手架系统中与结构相连的水平杆件，它是保证脚手架安全稳定的关键部件。常用的连墙件做法有以下几类。

3.1　预埋钢管法

预埋钢管法是最常用的连墙件做法，起到刚性连接的作用。预埋钢管法是在混凝土浇筑前用一竖向短钢管埋设于水平结构（楼板、梁）内，露出水平结构约20cm，待混凝土浇筑完成后，用水平长钢管连接立杆与竖向短钢管。优点是刚性好、埋设位置准确。缺点是成本高，拆卸麻烦，影响二次结构砌筑作业；并且必须对砌体的洞口进行后期封堵，存在渗水隐患。预埋短钢管方法必须采用2个扣件，即1个连接扣、1个保护扣，但在实际施工过程中，操作工人经常忘记安装保护扣，造成连墙件滑脱的风险。

3.2 后锚固法

后锚固法是针对上述预埋钢管方法的不足而做的改进。后锚固法在外墙结构侧面钻孔，安装膨胀锚栓或化学锚栓，再用事先与钢管焊成一体的锚板连接即可。优点是定位准确，刚性好，无补洞工序，无渗水隐患。缺点是施工极其麻烦，因采用1颗膨胀锚栓，承载力不高，易松动，不可承受低周反复荷载；并且施工完成后，锚栓报废，成本较高；后锚钻孔要在外墙模板拆除后进行，工期受到影响。

3.3 预埋套筒法

预埋套筒法是指在主体结构的外墙混凝土浇筑前，在相应位置预埋带内丝的套筒，模板拆除后，利用螺杆与套筒相连，螺杆的另一侧事先与水平钢管焊接。该方法优点是无砌体补洞工序，无渗水隐患。不足是套筒预埋定位要求高，螺杆直径较小、丝扣较浅，存在滑脱风险。

以上几种常见的连墙件做法存在安拆烦琐、费时费工、浪费材料、补洞易渗水等缺点。对此，从工程实际出发并结合规范要求，针对以往连墙件在安拆与使用中的不足，研究设计了一种新型连墙件，具有节约成本、方便施工等优点。

4 研究与设计

4.1 研究思路和技术路线

设计拉撑一体化快速装拆连墙件→制作V形预埋件→焊接第一杆件与第二杆件→检测第一杆件与第二杆件连接强度、安装强度→预埋需预埋的部分→安装第一杆件→拧紧锥形螺母→连接件使用试验。

4.2 研究实施情况

4.2.1 项目调研阶段

根据项目情况，收集国内外技术资料，查阅以往施工图纸和资料，了解掌握项目发展状况。

4.2.2 项目策划、试验阶段

根据以往的经验和设计图纸要求，对项目进行考察、策划、理论分析和试验，研发新型连墙件的组成部分，并寻找最佳方案。

4.2.3 方案编制阶段

根据国家现行规范、业主要求、设计图纸和现场实际，结合试验结果，对设计方案进行二次细化设计，进行连墙杆参数设计及预埋件连接强度计算编制，确定好各组成部分的尺寸。

4.2.4 项目实施阶段

严格遵守施工规范要求，对预埋部分进行计算，并使其满足连墙件抗拔力（风荷载）的要求；同时第一杆件与第二杆件连接部分采用ANSYS 10.0有限元软件进行强度复核，使结果满足要求，并通过计算，复核锥形螺母受力面积。

4.3 连墙件设计

拉撑一体化快速装拆连墙件安装示意图如图1所示，包括第一杆件、第二杆件、锥形螺母（图2）、V形预埋件、立杆、扣件等。

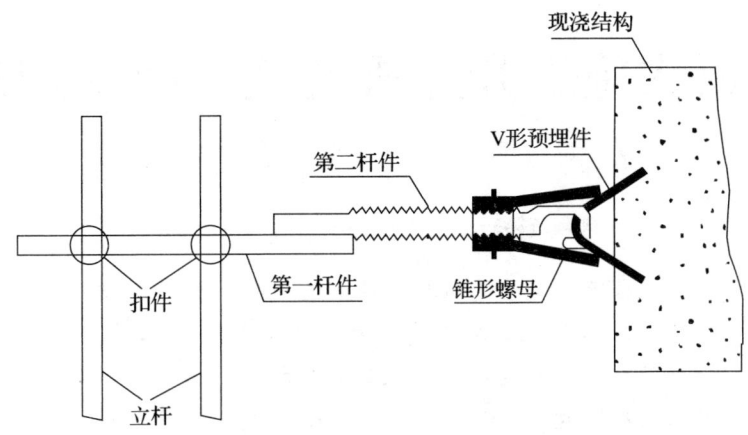

图 1 拉撑一体化快速装拆连墙件安装示意图

4.3.1 预埋部分设计

V形预埋件为圆钢制作，角度在 45°~90°之间，圆钢直径不小于 18mm（或根据专项方案计算确定），锚固长度不小于 200mm。

4.3.2 连墙杆件部分设计

第一杆件为 $\phi 48$ mm 钢管；第二杆件为螺杆（直径根据专项方案计算确定），一端平直另一端为弯钩，弯钩部无丝扣；第一杆件与第二杆件焊接连接（单面焊接长度不少于 $10d$（螺杆直径）、双面焊接长度不少于 $5d$（螺杆直径））；锥形螺母一端小，另一端大，小的一端为平直结构且有内丝，大的一端呈喇叭状无内丝，锥形螺母平直段内径与螺杆相匹配。

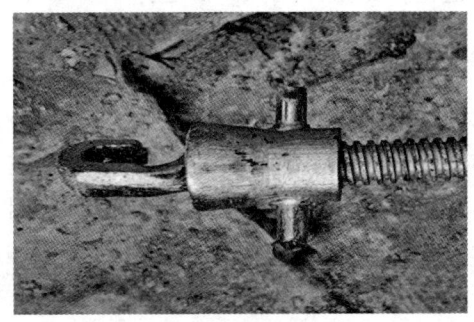

图 2 锥形螺母实物图

4.4 具体实施方法

主体结构外墙混凝土浇筑前，将V形预埋件按方案设计位置进行预埋，混凝土浇筑。待外墙模板拆除后，将第二杆件弯钩与V形预埋件相连。通过拧动锥形螺母盖住第二杆件弯钩并与V形预埋件顶紧，第一杆件端部通过扣件与外架立杆相连。

5 结语

本文研究设计的"一种拉撑一体化快速装拆连墙件"安装便捷、拆卸简单、可重复利用；结构合理，刚性受力稳定，防止外架内倾和外倒；不影响后续二次结构砌筑；避免外墙补洞漏水的风险；V形预埋件为圆钢加工制作，充分利用施工现场边角料，无须额外增加材料费用，具备良好的经济效益、社会效益，符合绿色发展的理念，可复制推广应用。

参考文献

[1] 湖南建工集团有限公司. 一种拉撑一体化快速装拆连墙件：CN 219753932 U [P]. 2023-09-26.
[2] 中华人民共和国住房和城乡建设部. 建筑施工扣件式钢管脚手架安全技术规范：JGJ 130—2011 [S]. 北京：中国建筑工业出版社，2011.

井道式施工升降机的施工技术应用

刘 阳　张　容　范　毅

湖南省第一工程有限公司　长沙　410011

摘　要：针对如何实现房屋建筑工艺的布局从外部的平面布阵形式转变为内部主体式布局的工艺模式，即从传统的"外作"施工工艺革新为"内作"施工工艺，由敞开式变成封闭工场式的施工模式，研究了曳引式井道式专用施工升降机对建筑施工的影响。经过现场实践，结果表明，此方法可以降本增效、提升安全系数、改善现场文明施工，提升建筑工程经济效益和社会效益。

关键词：施工升降机；安全；降本增效

随着经济的发展、科技的进步，一种新的房屋建筑施工理念出现了。即将施工升降机从室外改为室内，即从传统的"外作"施工工艺革新为"内作"施工工艺。井道式专用施工升降机相比于传统施工升降机速度更快、自动平层、不会冲顶、不影响外墙装饰装修。利用已有的电梯井道，安装提升与主体结构同步。无须搭设附墙架、料台、临边防护、操作平台等，安全系数更高、速度更快、舒适性更好。

1　工作原理

井道式施工升降机采用钢丝绳曳引驱动，通过钢丝绳与曳引轮的摩擦力驱动装载物料（人）的吊笼在导轨上作垂直运动，且带对重装置，保证吊笼承载能力，节省能源。通过数字辉光按键，微机控制，操作简单，自动平层，平层精度高。其立面图如图1所示。

2　井道式专用施工升降机与传统施工升降机的区别

井道式专用施工升降机由于结构组成、驱动方式、作业环境与传统施工升降机不同，在具体运行环境和使用条件上也有一定的差异，主要区别见表1。

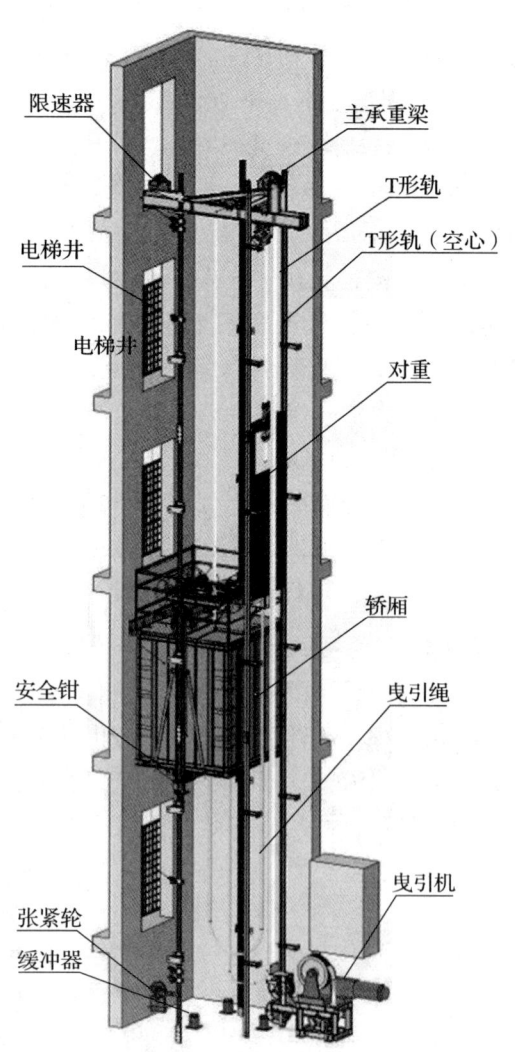

图1　井道式专用施工升降机立面图

表 1 井道式专用施工升降机与传统施工升降机的区别

序号	井道式专用施工升降机	传统施工升降机
1	无倾翻力矩	有倾翻力矩
2	不会冲顶	可能冲顶
3	吊笼门与建筑面距离5cm，人员不会坠落	吊笼门与建筑面距离较大，人员可能坠落
4	自动平层，平层精度5mm	人工平层，依靠司机经验，平层精度误差大
5	不需要做基础，不受回填土沉降影响	需要做基础，受回填土沉降的影响
6	不需要搭设附墙架、料台、临边防护、操作平台	需要搭设附墙架、料台、临边防护
7	一台13.8/25kW的主机	六台11kW的主机
8	运行速度60m/min、90m/min、150m/min	运行速度33m/min、60m/min
9	不需要预留洞、不需要收口	需要预留洞、需要收口
10	运输路线短，从建筑物中心到周边辐射，无须穿过房间，不影响建筑施工	运输路线长，需要穿过房间，影响装饰施工
11	塔吊安装位置不受升降机影响	塔吊安装位置受升降机影响
12	主体施工完毕先拆除塔吊	室内室外装饰完工，先拆除升降机再拆塔吊
13	直达地下室	地下室需要开洞
14	爬架不用留缺口	爬架需要留缺口
15	外墙面由上而下，装饰一层，外架跳板拆完一层，整层装饰，整层拆卸	不能整层装饰，整层拆卸
16	从地下室开始施工，地下室作料场，回填土后，地面绿化、景观可同步施工	地面作料场，绿化、景观、管道不能同步施工
17	后做停车场，主体建筑达到6、8、10层就可以安装井道式专用施工升降机，内装饰、二次结构与主体同步施工	后做停车场，无法回填土，无法安装外挂机，不能完成首装、升层、不能内装饰、二次结构与主体不能同时同步施工
18	幕墙、高级装饰、裙楼和特型建筑不影响升降机使用	幕墙、高级装饰、裙楼和特型建筑影响升降机使用，需要特殊处理，预留口，接槎
19	不受天气影响，可以连续施工	受天气影响，不可以连续施工
20	不受污染停工政策影响	受污染停工政策影响
21	避免噪声和灰尘污染	不能避免噪声和灰尘污染
22	政府允许使用电动斗车	政府不允许使用电动斗车
23	吊笼面积可随意调整适合不同的井道	不能调整，只有几个规格尺寸
24	提升高度，随建筑物升高而升层	随建筑物升层而升层
25	柔性驱动，利用钢丝绳与驱动轮摩擦力传动	用齿轮齿条传动，为强制传动
26	半自动吊笼门、专人开闭、开关门联锁不单独占用井道空间	专人开闭
27	吊笼高度为3m	通常高度为2.5m
28	吊笼底、顶部、围壁使用防腐蚀材料	普通材料
29	临时安装、多次升层，要求安装新技术	已有传统安装工艺
30	专为适应建筑行业现在与将来发展设计	发展人工智能受限

从上述对比看，井道式施工升降机几乎全方面领先传统施工升降机，考虑其操作方便、施工作业更安全，且几乎不受任何天气影响，对建筑外墙装饰工序施工无任何干扰，具有良

好的应用前景。

3 安装工艺

安装井道式施工升降机工艺流程如图2所示。

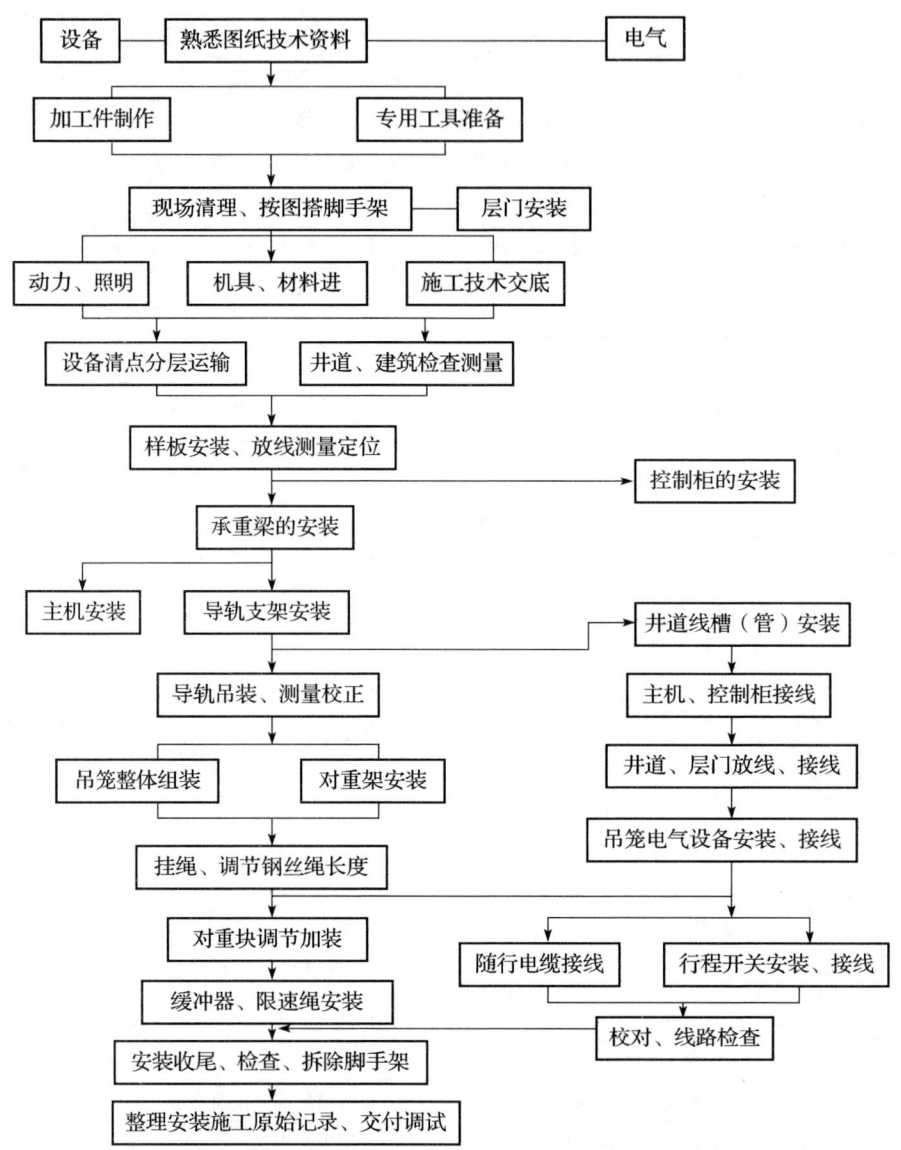

图2 安装井道式施工升降机工艺流程示意图

根据结构组成，井道式施工升降机安装步骤主要分为承重梁安装、曳引机安装、升降机导轨安装、吊笼安装、对重安装、曳引绳安装、安全装置安装（限速器、张紧轮、限位器）以及电缆、行程开关、控制柜安装。

3.1 承重梁安装

根据承重梁的长度及宽度，依据控制线对承重主梁进行精度测位。

（1）首先在井道式搭设操作平台，并铺好脚手板。利用电动提升机将承重梁吊入井道式，人工配合将靠近对重一端放置在井道后面结构梁上，另一端放置在门口梁板地面上。

（2）将吊笼和门口放线分别引下，吊笼放线从承重梁中间穿过，两条放线水平方向的连线就是承重梁的中心线，确定好承重梁宽度方向的位置后，以吊笼放线为基准，前后移动承重梁，使导向轮外缘距离吊笼放线为 5mm，从而确定承重梁深度方向的位置，反复调整位置并用水平尺将承重梁靠平，用 $M12$ 膨胀螺栓固定在楼板及结构梁上（图 3）。

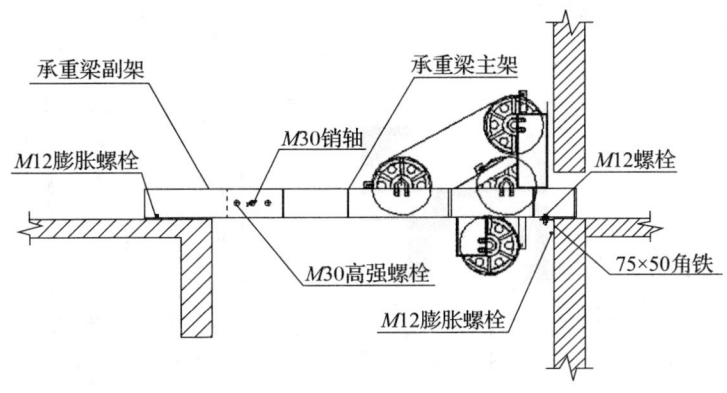

图 3　承重梁固定示意图

3.2　曳引机安装

（1）将曳引机安装位置楼面清理干净，将主机导向轮置入基层预留孔内，以门口和吊笼放线连线为基准进行中心偏差找正，如图 4 所示。

（2）左右摆动主机座使其长度方向与井道宽度方向垂直（特殊情况除外），位置确定后，用膨胀螺丝将主机座固定在楼板上。主机安装完后，需搭设防水防砸的硬防护。

3.3　升降机导轨安装

（1）安装过程中需要在井道式安装安全防护网，具体做法如图 5 所示。

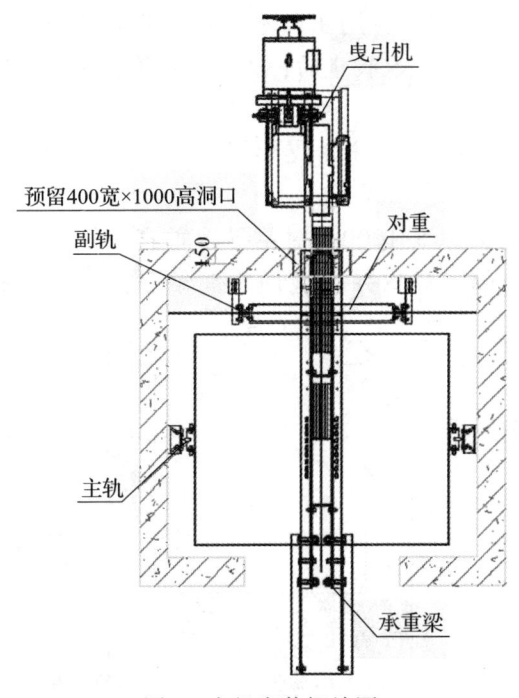

图 4　主机安装摆放图

图 5　安全防护网安装示意图

（2）在升降机井道式搭建初次安装导轨用操作平台，高度 10m 左右即可，操作平台采用钢管、钢卡具搭设。操作平台允许荷载不得小于 250kg/m²。操作平台排管档距以 1.8m 为宜。为便于安装作业，操作平台每档最少铺三分之二的脚手板，各层交错铺板，以减少坠落危险。脚手板两端探出排管 150~200mm，并与排管用脚手夹具夹固或用 8 号镀锌铁丝绑牢，如图 6 和图 7 所示。

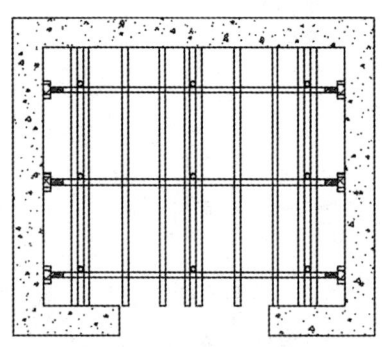

图 6　操作平台搭设平面图

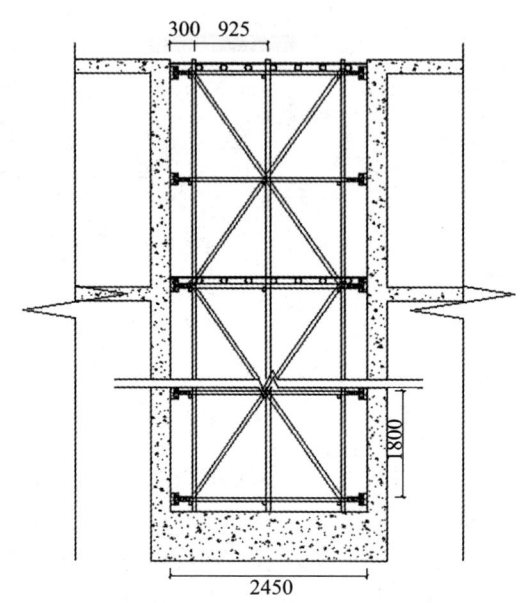

图 7　操作平台搭设剖面图

（3）把导轨依次抬入井道，放于底坑中。下面用木板垫平，不得使导轨接头损坏。

（4）在安装导轨时，依据基准线确定导轨支架位置，并用 M12 膨胀螺栓把导轨支架固定在井壁上，调好支架面码与线距离，固定好。待导轨一次找正后，再连接接道板进行二次找正。逐条进行导轨的安装。

（5）导轨的找正应由下而上，由底坑第二只支架开始，主轨支架间距为 2.5m，副轨支架间距为 2.5m。先调吊笼轨道，后调对重轨道。

（6）调整后主轨的垂直度偏差在全部高度内为 1.5/1000，对重导轨垂直度偏差不大于 3mm；左、右两主导轨顶面距离偏差为 0~3mm；对重导轨顶面距离偏差为 0~3mm，导轨的顶端深入上、下两套安全钳的深度为（33±1）mm。

导轨安装平面布置如图 8 所示。

3.4　吊笼安装

（1）采用钢管和钢卡具，在基坑内搭设至少 1.2m 高操作平台，操作平台立杆不能超出水平杆 120mm，水平横杆要在同一水平面上。

（2）在承重梁上一层距地约 2m，利用井壁穿墙螺丝孔水平环绕穿一条 13mm

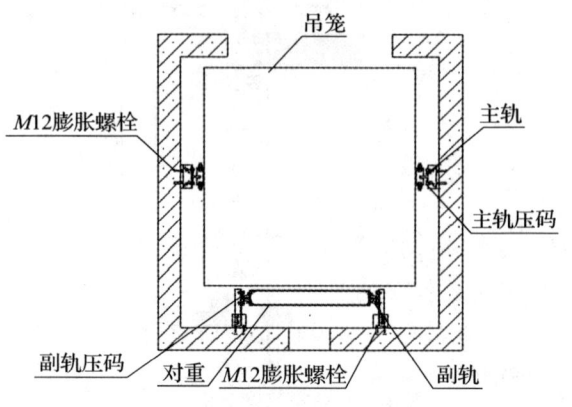

图 8　导轨安装平面布置示意图

的钢丝绳，并用不少于 3 个绳卡锁紧。电动提升机选用 1000kg，用膨胀螺栓固定在楼板上。绳索穿过起重量为 2t 的动滑轮挂在 13mm 的钢丝绳上。

（3）利用电动提升机将下横梁组件放置在操作平台上，将立柱与下横梁连接，立柱不得有歪曲现象，套上下导靴，调整安全钳位置，使安全钳两楔块到主轨工作面的间隙为 2~2.5mm。

（4）将吊笼底吊放在下横梁上，前后移动吊笼底，使吊笼底中心与立柱中心重合。用螺栓与下横梁固定好，用 4 个斜拉杆将立柱与吊笼底连接，调节好四个角的力度，使吊笼底平衡。

（5）安装围壁时注意区分好左右和后围壁及前围壁，依次抬入井道进行安装，围壁与围壁连接板固定时注意选对连接板上安装孔。将吊笼顶吊入井道，水平放置在围壁上。

（6）将吊笼顶固定在围壁上方，并把吊笼顶与立柱用螺丝固定好，再安装上横梁及上导靴。

（7）调整导靴，上、下导靴安装就位后，应在同一垂直线，不允许有歪斜、偏扭现象，达到上、下导靴与安全钳嘴中心三点成一线。导靴与导轨顶的间隙为 0~0.5mm，导靴与导轨两侧间隙的和不大于 1mm，单侧间隙不大于 0.5mm。

3.5 对重安装

（1）在井道工作平台上工作，上、下爬行时要站稳抓牢，每层操作平台中间需搭一根钢管并铺两层脚手板，当工作高度超过 2m 且有坠落危险时，必须系好安全带，拆除操作平台时，需把附在木板上的钉子拔除或弄弯。

（2）必须在门洞处设置防护栏，其高度不低于 1m，并且张贴醒目警告标志，如"施工中禁止抛物""坠落危险"等。在 2 层搭设操作平台铺好脚手板。

（3）用电动葫芦将对重架吊到 2 层，留好对重架上平面与主承重梁最低处的距离。

（4）锁好第一条及第六条钢丝绳，先装入 7~8 块对重块。

（5）待其余钢丝绳都锁好后，再将其余的对重块装入。

3.6 曳引绳安装

（1）钢丝绳的安装过程中不得被水、水泥、沙子等损坏，不得将钢丝绳扭曲或扭结。

（2）钢丝绳绕绳由吊笼顶引出，向上拉至导向轮，绕过最高导向轮下行至主机导向轮，从该导向轮下方穿过，再向上绕过曳引轮，然后沿着主机座最下面 2 个导向轮下方进入井道，向上引出，绕过中间导向轮及最下方导向轮至对重，最后将钢丝绳与对重侧绳头组合锁死。依此类推，将其余钢丝绳都固定好。

（3）拆下吊笼绳头组件的绳轮，将钢丝绳套在绳轮上再将轮子装好，拉紧钢丝绳并用绳卡锁死，剩余钢丝绳盘好置于承重梁对应楼层地板上。

（4）挂绳完毕后用 5t 的起重葫芦将对重吊起，用一条 φ13mm 钢丝绳穿过对重框两侧，并用不少于 3 个绳卡锁紧作为吊点。拆掉提拉绳，再用起重葫芦将对重慢慢放下，至部分钢丝绳拉紧。电动葫芦吊装对重框吊点、挂点简图如图 9 所示。

3.7 安全装置安装

（1）在最后一节导轨安装好之后，依据基准线确定限速器钢丝绳悬挂轮的位置，并固定。将钢丝绳一端固定在吊笼拉板上，另外一端绕过滑轮向下。

（2）在井道壁已经确定的位置（图 10）安装、固定限速器和张紧装置。

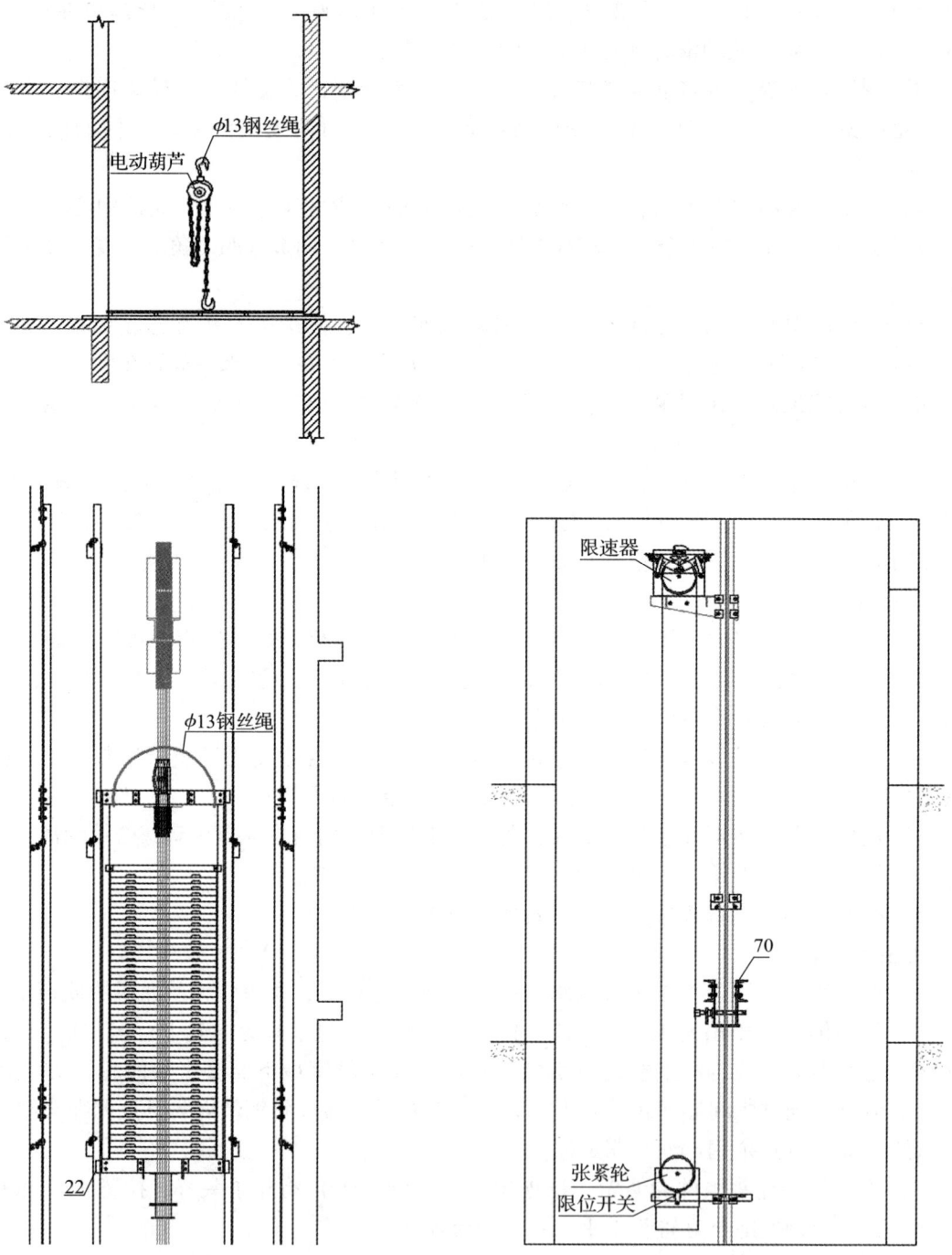

图 9　电动葫芦吊装对重框吊点、挂点简图　　图 10　安全装置：限速器、张紧轮联动装置示意图

（3）防冲顶：由于本施工升降机是有对重平衡设施，当配重蹲底在缓冲器上，使曳引钢丝绳在曳引轮上打滑，吊笼会停止运行。所以，本施工升降机不会出现冲顶。

3.8　吊笼随行电缆安装

（1）随行电缆长度应使吊笼完全压在缓冲器上，随行电缆用电缆固定架固定在井壁上。

（2）不得拖地，多余部分卷好在支架上，多根并行时长度应一致。

3.9 行程开关安装、接线

（1）将限位开关、极限开关固定在其支架上，并将支架固定在导轨上。

（2）开关应安装牢固，碰轮与撞弓动作可靠，开关触点接触可靠，碰轮应略有过摆余量，轮端平面距撞弓边两侧均应不小于5mm。

3.10 控制柜安装

（1）整体搬运至主机旁，控制柜与墙面距离不小于100mm，距离地面不小于100mm，防止地面水进入控制柜，控制柜与主机距离不小于500mm。

（2）控制柜前面和后面应有足够的空间，以方便人员接线、调试、检修。

4 案例研究

4.1 项目概况

工程地点位于湖南省邵阳市大祥区双拥路与客村路交会处，由8栋主楼（1栋、2栋、3栋、5栋、6栋、7栋、8栋、9栋）及附属商业楼组成。1栋地下1层，地上26层，2~8栋地下2层，地上27层，9栋地上4层。建筑面积171605.93m^2，占地面积38835.51m^2。其中1~3栋、5~8栋各使用1台井道式施工升降机。

4.2 工期效益

通过井道式施工升降机的应用，项目取得了不错的工期成效。

（1）以单栋为例，如采用传统室外施工升降机，雨季除无法进行室外作业外，因材料运输影响，室内作业也将无法进行。本项目采用室内施工升降机，雨季时，室内作业不受天气影响，其中砌体施工阶段节约工期约10d，装饰装修阶段节约工期约20d。

（2）本项目主体结构采用铝模+爬架的施工工艺，外墙为全混凝土，一次成型。外墙真石漆施工的前提条件为主体结构完成，爬架拆除。如采用传统室外施工升降机，外墙真石漆施工完成需等施工升降机拆除。本项目采用室内施工升降机，外墙真石漆施工不受施工升降机影响，可节约工期约为2个月。

综上，本项目应用井道式施工升降机，达到了单栋建筑施工工期较传统室外施工升降机工期节约3个月的效果。

4.3 经济效益

对比传统施工升降机，井道式施工升降机经济效益如下。

（1）从工艺成本方面看，井道式施工升降机无须单独做基础，可节省基础施工成本，平均一台可节省基础施工费用2万元。

（2）从人工方面看，一台室外施工升降机需要两人，而井道式施工升降机只需一人，按年度计算一台升降机节省人工费约6万多元。

（3）从材料方面看，室外施工升降机需搭设钢管脚手架与临边防护以及封闭防护门，而井道式施工升降机只需安装升降机井外防护门即可，按年度计算，一台升降机节省材料租赁费和搭拆脚手架人工费约5万多元。

（4）从经济方面看，一台室外施工升降机月用电4000~5000kW·h，井道式升降机月用电1200~1500kW·h，单价工业用电2元/(kW·h)计算，光电费就省60%左右，年度电费一台升降机省8万元左右。

综上，按施工周期1年计算，本项目年节省费用约（2+6+5+8）万×7台=147万元，可取得良好的经济效益。

4.4 环保、节能效益分析

井道式施工升降机安装在正式升降机井内,噪声小,对周边居民的干扰小,同时采用变频式曳引机,比传统施工升降机功率更小,更节能,每年可节约电能约30000kW·h,有良好的环保和节能效益。

4.5 社会效益分析

应用井道式施工升降机,现场施工环境干净整洁,为项目各类观摩及评奖评优创造了条件,同时也展示出企业的良好形象,助力企业口碑的提升。

4.6 综合评价

综上所述,井道式施工升降机的施工技术在项目工期、成本、生产安全、节能环保等方面优于传统室外施工升降机,在项目实际使用中得到了业主、监理及政府监管部门的一致好评,具有良好的推广应用前景。

5 展望

本项目采用的井道式施工升降机的施工技术从工艺技术、安全系数、经济效益、工期等多方面优于传统室外施工升降机。随着建筑越来越重视精细化管理以及安全至上理念,井道式施工升降机的施工技术替代传统施工升降机将成为未来行业发展进步趋势的缩影。

参考文献

[1] 夏松林,代宗玉,何世民,等. 施工升降机施工技术研究[J]. 智能建筑与智慧城市,2021(12):112-113.
[2] 倪瑾瑾,万福源,周文斌,等. 井道式施工升降机在高层建筑施工中的应用[J]. 建筑技术开发,2021,48(22):27-29.
[3] 吕远. 井道施工升降机在不同类型项目的应用分析[J]. 安徽建筑,2021,28(11):33-35.

十字型钢柱牛腿连接框架梁筋施工技术应用

张 炼

湖南省第一工程有限公司 长沙 410001

摘 要：型钢、钢筋、混凝土三位一体的型钢混凝土结构具备比传统的钢筋混凝土结构承载力大、刚度大、抗震性能好的优点。型钢混凝土结构施工过程中型钢柱与框架钢筋连接是一个难点，特别是十字型钢柱，梁钢筋较多，在节点处更是集中了多根框架梁两个方向的底筋、面筋、二排筋。遵诚工业云项目采用BIM技术结合型钢柱牛腿连接框架梁筋施工技术，模拟出整个节点区域的型钢柱、牛腿、钢筋的排布，然后在工厂数控精确加工，焊接牛腿和腹板开孔，即可实现现场精确施工，可靠连接。结果表明，该技术的应用可以全面提高生产效益和管理人员的综合管理水平，提升建筑工程经济效益和社会效益。

关键词：BIM技术；型钢混凝土；牛腿连接；钢筋穿孔

1 前言

随着人们对于建筑质量和安全性的不断追求，型钢混凝土的应用领域将会不断扩大，更多的建筑项目将使用该种结构来提高建筑物的承重能力和稳定性。型钢混凝土中梁柱节点钢筋连接的质量直接影响着结构的强度和稳定性。针对型钢柱与框架梁钢筋的连接，行业推荐和常用的做法是梁纵筋从翼缘外侧绕行或通过翼缘上预留套筒与钢柱连接，该方法一方面造成腹板截面损失率过大，另一方面当梁纵筋两端均为套筒连接时，难以拧紧进行可靠连接。相较于传统方法，十字型钢柱牛腿连接框架梁筋施工技术使得框架梁钢筋一部分通过牛腿与钢柱连接，一部分采用双排筋措施穿腹板贯通节点。

2 工程总体情况

本项目位于长沙市雨花区金海路与正大路交叉口西南地块，本项目总建筑面积68301.06m^2，由两栋4层厂房和一栋16层厂房组成。其中地上54747.03m^2，地下13554.03m^2，总用地面积29756.26m^2。A1栋建筑面积38997.82m^2，地上16层，地下2层，建筑总高度59.9m，在A1栋地下室主楼部分地下室及正负零以上1~2层均设有十字型钢柱，总安装质量约140t。A2栋、A3栋单体建筑面积分别为7769.53m^2和7971.6m^2，地上四层，地下1层，建筑总高度23.8m。建筑设计使用年限50年，建筑安全等级二级，抗震设防烈度6度。应用十字型钢柱牛腿连接框架梁筋施工技术后，项目解决了型钢柱与现浇梁筋连接这一施工难点，规避了工期风险，质量可控，获市优质结构奖，评为建投集团创全优工程示范项目。

3 施工工艺介绍

通过CAD、BIM技术，提前对节点区域的构造进行模拟，对构造节点进行深化设计和工厂化下料加工制作，保障了节点部位安装结构精确性。采用的钢牛腿连接及穿孔方式，较之传统施工方法可节约节点部位的连接板与钢筋，同时现场焊接工程量减少，连接可靠，施工简便，节约了人工工时和钢材料成本，缩短了施工工期。工艺流程如图1所示。

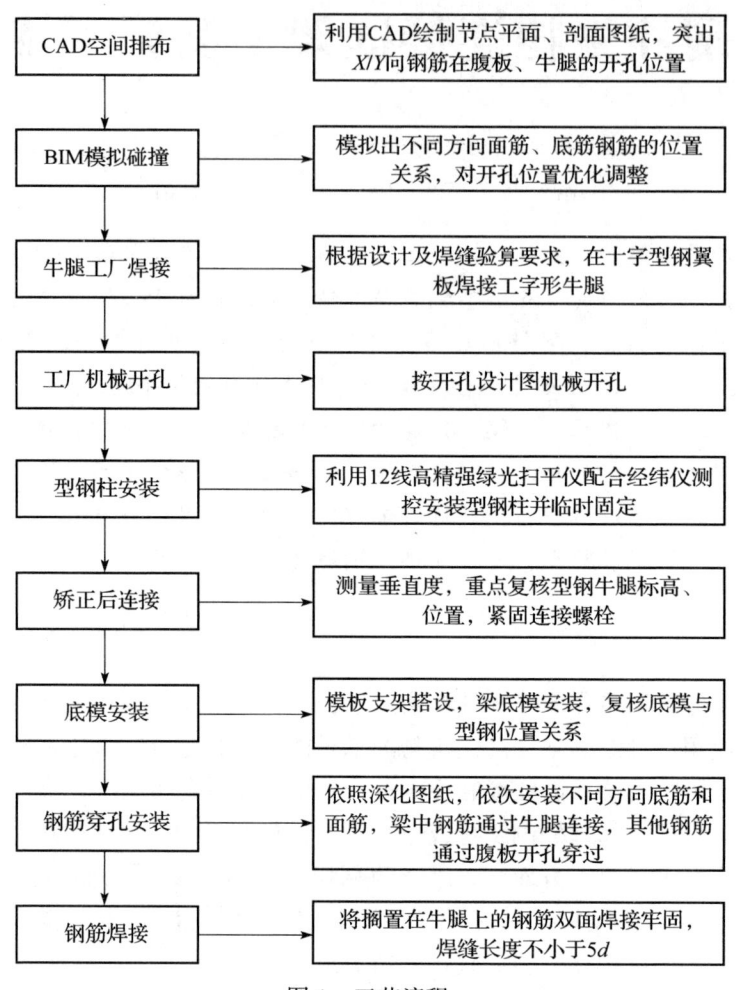

图1 工艺流程

3.1 CAD空间排布

利用CAD绘制节点平面、剖面图纸，重点突出 X/Y 向钢筋在腹板、牛腿的开孔位置。

3.2 BIM模拟碰撞

模拟出型钢、牛腿、所有框架梁不同方向面筋和底筋的位置关系，对开孔位置优化调整，深化出节点区域的构造详图（图2）。

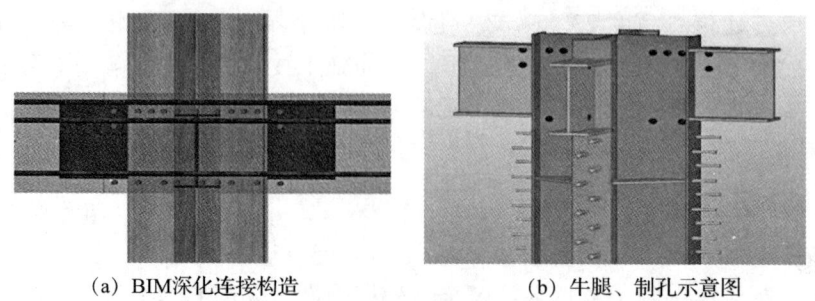

(a) BIM深化连接构造　　(b) 牛腿、制孔示意图

图2 BIM深化设计

3.3 牛腿工厂焊接

在工厂数控精确加工出型钢柱,根据设计及焊缝验算要求,在十字型钢翼板准确位置焊接工字形牛腿,高度满足梁底筋、面筋位置要求,长度应满足梁内纵筋强度充分发挥的焊接长度要求。

3.4 工厂机械开孔

型钢及牛腿腹板上的穿孔直径参照04SG523图集中表6.6,采用机械开孔,开孔的规格、位置、数量应确认无误(表1)。

表1 常用钢筋穿孔的孔径   mm

钢筋直径	10	12	14	16	18	20
穿孔孔径	15	18	20~22	20~24	22~26	25~28
钢筋直径	22	25	28	32	36	40
穿孔孔径	26~30	30~32	36	40	44	48

3.5 型钢柱安装

吊装时,先测量柱身长度、挠度,做出柱身中心线标记和+1000mm标高标记。柱子采用吊车吊装就位,柱底与下部定位轴线重合,四面用钢丝绳临时固定,2台经纬仪在X/Y的方向同时观测柱身垂直度,1台水准仪观测柱子标高,如图3所示。每节柱垂直度不超过1/1000,全高偏差控制在4mm以内,可用千斤顶进行微调。柱子安装时,每一节柱子的定位轴线应引用最下一层地面控制线,避免累计误差,以保证每节柱子安装的准确无误。

3.6 矫正后连接

测量垂直度,重点复核型钢牛腿尺寸、标高、位置,腹板用10.9级高强度螺栓紧固连接,翼缘采用全熔透坡口对接焊,质量等级二级。型钢柱腹板连接如图4所示。

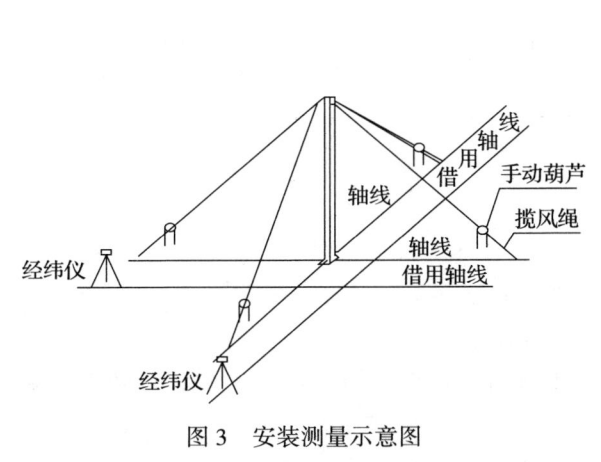

图3 安装测量示意图   图4 型钢柱连接示意图

3.7 底模安装

模板支架搭设,梁底模安装,复核底模与型钢位置关系。

3.8 钢筋穿孔安装

依照深化图纸,依次安装不同方向底筋和面筋,梁中钢筋通过牛腿连接,其他钢筋通过腹板开孔穿过,如图5所示。钢筋穿孔的孔径一般取为钢筋直径加4~6mm确定,但考虑到钢筋直径部分不一致,实际施工时必须保证孔径为钢筋直径加6~8mm,当因安装精度导致钢筋无法穿过时,采用铰刀、锉刀对孔道适当扩孔,不得气割扩孔,扩孔部分不许超过2mm,扩孔后对孔壁严格进行防腐处理。

图5 现场连接效果

节点处钢筋穿插十分稠密,应特别注意梁顶面主筋间的净距不小于30mm,主筋为双层时,净距不小于25mm,以此来复核开孔穿筋是否合格。

3.9 钢筋焊接

将搁置在牛腿上的钢筋双面焊接牢固,焊缝长度不小于$5d$。

4 质量控制

4.1 主控项目

(1) 钢柱安装质量必须符合设计要求和相关标准规范的规定,在运输、堆放和吊装等环节造成构件的变形时必须进行及时矫正。

(2) 型钢柱柱脚钢板垫片规格、位置应正确,与型钢柱底面和混凝土基础顶面应接触紧密平稳并点焊牢固。钢板垫片坐浆的砂浆强度必须符合规范标准要求。

(3) 制孔

制孔允许偏差和检验方法依据《钢结构工程施工质量验收标准》(GB 50205),具体见表2。

表2 制孔允许偏差和检验方法

项目	允许偏差/mm	检验方法
孔直径	[0, 0.21]	游标卡尺
孔距	[-1, 1]	钢尺

检查数量:全数检查。

检验方法:观察,钢尺检查。

4.2 一般项目

(1) 型钢柱中心和标高基准点等标记应清晰、完整。

(2) 型钢柱外观表面应干净,无焊疤、油污和泥砂。

(3) 型钢柱柱脚钢板垫片磨光顶紧面紧贴不小于75%,且垫片边缘最大间隙不超过0.8mm。

(4) 型钢柱安装允许偏差见表3。

表3 型钢柱安装允许偏差

项目	允许偏差	图例
底层柱柱底轴线对定位轴线偏移	3.0	
柱子定位轴线	1.0	
单节柱的垂直度	$h/1000$,且不应大于10.0	

5 效益分析

(1) 经济效益:采用深化设计后,出具构造详图工厂化制作,下料准确,减少废料,节约钢材,具有良好的经济效益。

节点部位采用深化设计,经设计确认,采用刚牛腿连接加穿孔方式,较之传统方式节约了节点部位的连接板与钢筋,现场焊接工程量减少,节约了人工与材料费用,节约工期。

(2) 工期方面:先进施工工艺,较之传统做法提高工效,安装作业时间显著缩短,为下步土建作业的提前跟进创造了条件。

(3) 质量方面:有效保障焊接质量、安装质量,确保整体劲性柱施工质量满足设计及施工规范要求,质量显著提高,工厂焊缝无损探伤100%合格,一次验收合格率100%。

(4) 安全方面:优化设计降低了高空作业人员与设备的风险,安全性显著提高,减轻了工人的劳动强度,有力地保障了安全生产、文明施工。

以遵诚项目单层建筑面积3400m² 的钢结构施工为例测算,节约工期1d,单层创15600元经济效益,见表4。

表 4 经济效益分析

项目	计算式	备注
人工费	28 个×20 根×1 层×10 元=5600 元	现场开孔按 10 元/个
机械费	日费用 4000 元×1 天=4000 元	塔吊 2 台
管理费	300 元/天×20 人×1 天=6000 元	
合计	15600 元	

6 结语

实践证明，十字型钢柱牛腿连接框架梁筋施工技术在减小配筋率、增加建筑空间尺寸、提高建筑节能高强的建筑业发展形势下，完美地解决了十字型钢柱与梁纵筋连接问题。相较于传统连接方式，它具有安全、高效、可靠的优点，具有良好的推广应用前景。

参考文献

[1] 韩亚杰. 型钢混凝土转换层钢骨与钢筋密集连接快速施工关键技术［J］. 安装，2024（2）：98-100.

[2] 朱甲学. 型钢混凝土梁柱节点钢筋施工质量控制［J］. 工程建设与设计，2024（1）：173-176.

[3] 陈笑. 型钢混凝土柱与框架梁钢筋连接施工方法研究［J］. 砖瓦，2023（4）：135-137.

基于 BIM 技术的办公楼项目创优策划与现场实施

张明亮[1,2]　刘　维[3]　卢　山[3]

1. 湖南大学　长沙　410000；
2. 湖南建设投资集团有限责任公司　长沙　410000；
3. 湖南省第二工程有限公司　长沙　410006

摘　要：结合办公楼项目的工程建设实例，从策划与现场实施角度，详细阐述了运用 BIM 技术打造项目亮点的过程，实践证明，BIM 技术协同、模拟、可视、共享的技术特点能够很好地契合项目创优"事前策划、过程控制"的要求，是保障项目一次成优的有效工具。

关键词：工程项目；BIM；创优

随着中国经济转向高质量发展，提高工程质量、创建精品工程已是未来建筑施工企业求生存、谋发展以及体现施工技术水平和现场管理水平的重要举措。工程项目创优的关键在于策划和现场实施：创优策划是一项走在前、走在先的工作，是指导项目施工的依据，通过策划可以使工程难点转化为工程亮点，化简单为精制、化单调为丰富、化古板为艺术，从而创造亮点；现场实施则是通过组织方法、管理手段和技术措施，将策划内容付诸实践，形成精品工程实体的关键。

BIM 技术作为以 BIM 为载体的全过程信息集成和管理技术，具有协同、可视、模拟、共享等先天优势，十分契合项目创优"事前策划"的特性，同时，BIM 技术具有可出图性，可以高效指导现场施工，确保策划内容的落地实施。利用 BIM 技术辅助创优策划和现场实施，必能让项目创优事半功倍。

1　项目概况及重难点

1.1　项目概况

枫华府第汇智广场项目位于长沙市岳麓区学士路和象嘴路交会处西南角，包括 1 栋塔楼及 3 层地下室，总建筑面积为 36745.45m²，地上 27 层，标准层层高为 3.6m，建筑总高度为 99.95m。项目整体如图 1 所示。

图 1　项目实景图

该项目是湖南省第二工程有限公司总部搬迁办公大楼，也是公司的重点创优标杆项目，该项目从开工伊始就明确了誓夺中国建设工程鲁班奖的质量目标。中国建设工程鲁班奖为建筑业最高质量奖项，参评工程需符合国家有关法律法规及行业标准、规范的要求，申请中国建设工程鲁班奖的项目必须符合中国建设业协会颁发的中国建设工程鲁班奖评选工作细则确定的各项要求，针对该目标，公司成立了领导层统筹指导、项目创优办具体实施的专项工作小组，同时，集结各专业BIM工程师，组建专业BIM团队，为项目创优提供技术保障。

1.2 项目重难点

（1）创优亮点的设计与实施。

结合企业文化与地理位置信息，建设独具企业特色的地标性建筑，打造项目创优亮点，是该项目的一大难点。

（2）装配式构件的制作与安装。

该项目室内吊顶采用大量高晶板，外墙大面积采用深蓝色保温一体化铝板，将异形、复杂造型处的板材一次安装到位，是该项目的一大难点。

（3）装饰装修的效果呈现。

该项目为一次精装交付工程，装修材料多样，不同功能区装饰风格迥异，如何保障装修的最终效果达到预期，是该项目的一大难点。

2 BIM技术助力创优策划与现场实施

2.1 创优亮点的设计与实施

通过与设计单位多次沟通，公司人员群策群力，最终确定创优亮点元素为"象"和"枫"："象"呼应地名"象嘴路"，同时"象"作为中华民族的吉祥之物，有喜庆之意；"枫"呼应项目名称"枫华府第"，蕴含《沁园春·长沙》意象，与公司企业文化"风华正茂"的奋发姿态相互契合，展现追求卓越"百舸争流"的湖湘精神。

（1）"象"元素打造。

通过对外立面保温装饰一体板进行造型设计，体现"象"元素，如图2所示。屋檐处象鼻为曲面独特造型，需要提前对外立面板材进行策划：运用Revit中的dynamo模块进行可视化编程，按建筑设计外立面对幕墙外皮进行板块分格，提取异形、复杂造型处板材的几何及位置信息，指导一体板的加工、定位、安装，确保现场一次安装完成。同时，通过模型对外立面颜色及效果进行可视化比选，确保完工效果与设计意图一致，完工后项目外立面如图3所示。

图2 项目外立面BIM效果图

（a）日景

（b）夜景

图3 项目外立面实景

(2)"枫"元素打造。

通过对屋面进行 BIM 建模,对屋面布局进行策划,如图 4 所示,明确地面压模造型、通气管、排水沟、屋面铺装对缝等的细部做法与最终效果。通过细部造型与屋面整体布局体现"枫"元素。

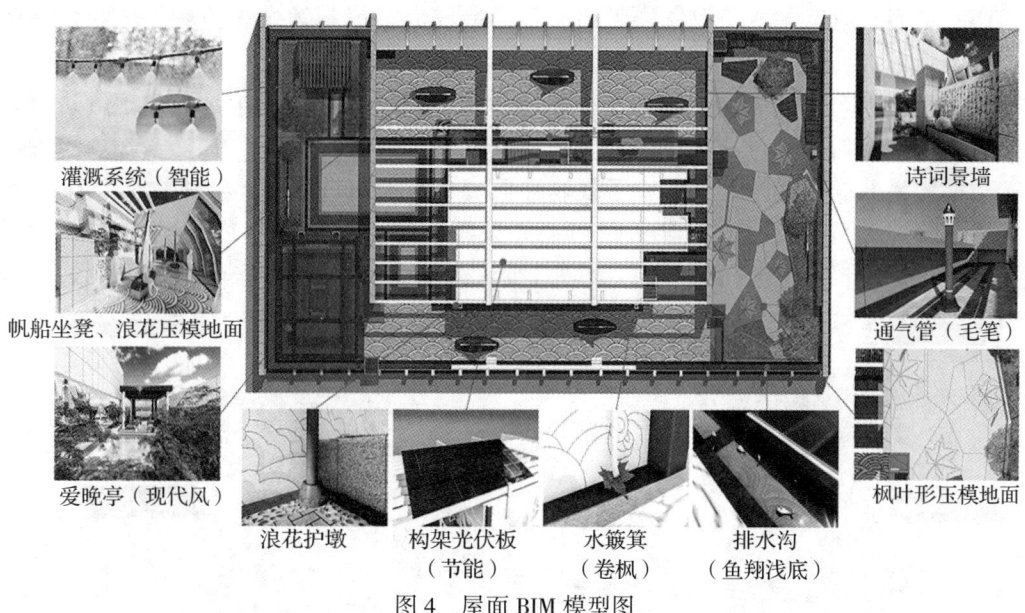

图 4　屋面 BIM 模型图

利用 BIM 技术对地下室车库的整体配色方案进行优化设计,对车位、车流标线、墙面标识加做色带并进行美化。地下室涂料工程通过墙裙标识充分呼应创意主题,将负三层划定为"爱晚亭区",负二层划定为"风帆区",负一层划定为"枫叶区",如图 5 所示。

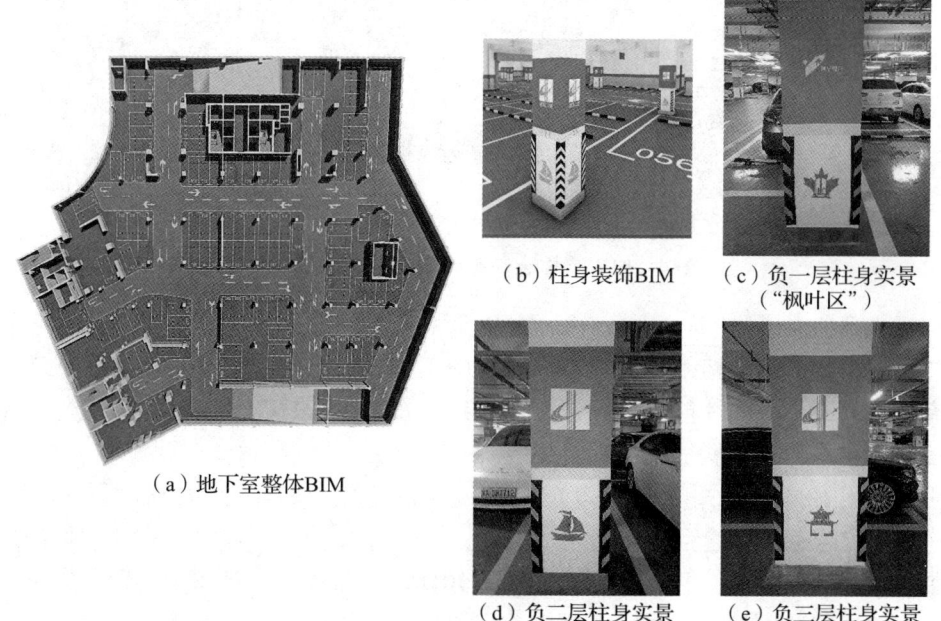

图 5　负一层 BIM 策划与现场实景

2.2 质量亮点的策划与实施

（1）室内精装策划与实施。

办公楼项目功能分区较多，既要保证整体风格统一，也要做到明显的功能空间划分，传统施工对施工总承包管理人员的经验要求极高，且容易产生研究不充分、考虑欠缺等问题，导致后期变更多、返工多，不仅耽误工期，还会造成大量材料浪费，不利于项目成本控制，更难达到创优标准。

因此，利用BIM技术对办公区域、会议室、电教室、活动室、前厅、过道等进行建模，通过效果图比选材料及配色方案，保证装饰装修效果，如图6所示。在重点块材区域铺贴方案中选出损耗最低的最优方案，节约了现场样板费用与工期，最终导出铺贴深化图及全景云图交予现场施工人员进行施工指导，做到"一条缝到底、一种缝到边、整层交圈、整幢交圈"，避免错缝、乱缝和小半砖现象。大幅减少人工想象成本，现场效果美观精致，一次成优。BIM装饰装修策划效果图与现场实景如图6所示。

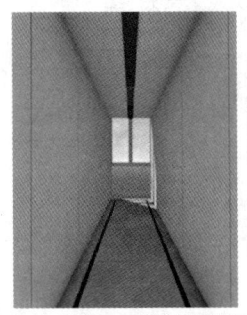 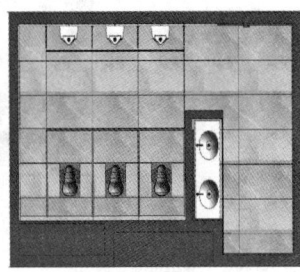

（a）过道BIM策划效果图　　（b）报告厅BIM效果图　　（c）卫生间BIM策划

（d）过道装饰装修实景图　　（e）报告厅实际装修效果　　（f）卫生间实景

图6　BIM装饰装修策划效果图与现场实景

（2）机电管综优化。

机电安装质量是体现施工单位技术水平与施工能力的重要指标。机电安装工程开始前必须进行统一的策划与协调才能有效保证设备管线排布最优、连接最优、净高最优，保障后续施工阶段的顺利进行且一次成优。

该项目利用BIM技术进行了机电全专业模型的建立，将给排水、强弱电、通风空调、消防、建筑智能等系统结合起来统筹考虑，通过采用净高分析、碰撞检查、虚拟施工等手段找到存在问题和解决方法，并召开项目专项协调会，汇同各方责任单位共同对复杂节点逐个展开探讨，进行配合并加以解决。在施工前完成对项目机电安装的调整与优化，并进行综合支吊架布设，将成果转化成深化平面图、复杂节点轴测图、轻量化三维模型以及二维码，交付于施工现场以指导施工,使得现场管线排布整齐有序且合理、共架间距一致、整体美观,体现机电安装的工艺美,极大地提升了机电项目达到创优标准的能力,如图7所示。

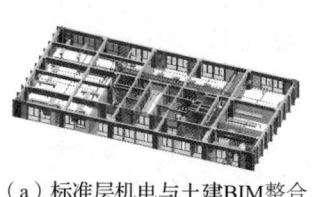
(a)标准层机电与土建BIM整合

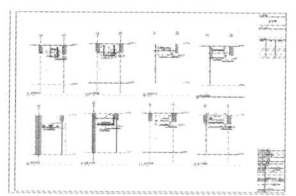
(b)通过BIM技术出施工图

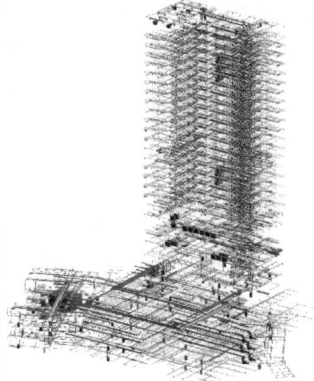

(c)走道机电安装效果

(d)地下室机电安装实景

(e)整体机电BIM

图7 BIM技术辅助管综优化

2.3 创优重点部位提质策划

工程项目能否获得创优奖项的关键在于工程的细部是否做到位、是否有亮点,而质量亮点和施工细节的考评大部分来自设备房等创优重点部位。要保证创优重点部位的施工质量,需要提前统筹考虑主体工程、装饰装修、机电安装等多个专业,明确管综设备的安装位置、避让原则,保证功能性和美观性的有机统一。

针对创优重点部位,该项目建立水泵房、消防控制室、风机房等设备房的BIM,明确细部做法要求与完工整体效果,指导现场施工,如图8所示。

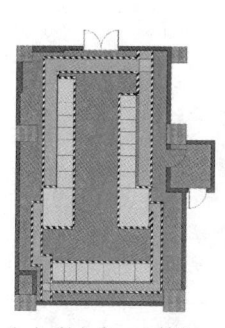
(a)配电房BIM策划

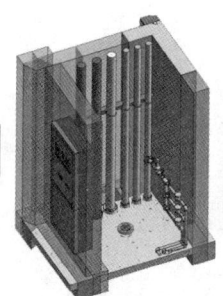
(b)管道井BIM策划

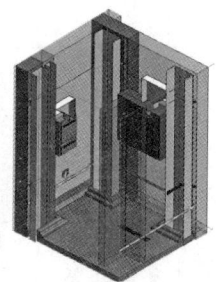
(c)电井BIM策划

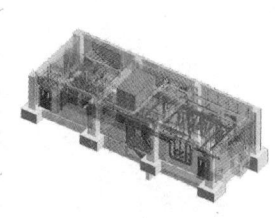
(d)水泵房BIM策划

(e)配电房实景

(f)管道井实景

(g)电井实景

(h)水泵房实景

图8 创优重点部位BIM策划与实施

3　结语

　　创建优质精品工程是一项复杂的系统性工作，需要周全的事前策划与统筹考虑，并以此为依据进行严格的过程管理和控制，这样才能一次成优。BIM 技术的介入，能有效保障创优策划内容的真实性、可靠性、指导性与落地性，是高效做好创优工作第一步的重要手段，利用 BIM 技术做好前期策划和后期指导，将为创建优质精品工程打下坚实基础。

参考文献

［1］　倪杨．浅谈 BIM 技术在施工创优策划中的应用［J］．福建建设科技，2021（6）：94-95.
［2］　李伟伟．BIM 技术在住宅建筑施工中的应用与优势［J］．居舍，2024（2）：27-30.
［3］　丛君义．创鲁班奖房建工程质量控制研究［D］．大连：大连理工大学，2015.

卫生间定型组合钢模板施工技术研究

林军清　黄荣昌　袁宇龙　田景祺　荣海鱼

湖南省第三工程有限公司　湘潭　411100

摘　要：常用的卫生间为木胶合板进行支模，木模板刚度较小，平整度较差，主要存在吊模水平、竖向位移、混凝土浇筑偏位，胀模，漏浆甚至出现缺棱掉角，接头节点不易控制等质量缺陷，本次研究了卫生间定型组合钢模板施工对卫生间质量的影响，结合具体需求，从定型钢模设计和制作、定型钢模制作、定型钢模安装等主要施工流程环节着手，通过分析最终的验收数据可知，该施工技术装拆方便，可操作性强，成型质量高，可重复使用。

关键词：定型钢模板；组合钢模板；卫生间沉箱；直角钢模板；可拆卸式

在当前的房建工程施工中，卫生间沉箱式模板施工采用传统木模板，因木模板刚度小，平整度较差，内侧支撑强度不足等易造成成型尺寸差、结构渗漏等质量问题。为确保卫生间沉箱式施工质量，以某新房建工程二期改扩建项目为研究案例，对卫生间沉箱模板支撑体系进行了仔细的分析和研究，制定了完整的卫生间定型组合钢模板施工工艺，从定型钢模设计、定型钢模制作、定型钢模安装等主要施工流程环节着手，详细探讨了卫生间定型组合钢模板施工的主要技术要点和质量安全环保管控措施。

1　工程概况

某新房建工程二期改扩建项目包括4栋宿舍和2栋教学楼，4栋宿舍均为地上6层，其中1栋宿舍地下1层，2栋教学楼分别地上7层和3层，地下均为1层，总建筑68706m²，其卫生间设计为下沉式楼形式。

2　工艺原理

组合钢模板是由四个直角钢模板可拆卸式地组合构成沉箱体系，相邻的直角钢模板之间通过高强螺栓连接，沉箱内纵横向交错布置固定连接杆，固定连接杆的两端分别连接于相对的两个直角钢模板上，并与沉箱连接构成一体结构，整体定型钢模与混凝土侧壁基本脱离（整体模板设计：上口尺寸略大于下口尺寸）。

3　工艺流程及操作要点

3.1　工艺流程

工艺流程流程如图1所示。

3.2　操作要点

3.2.1　定型钢模设计和制作

（1）定型钢模设计

依据工程建筑、结构施工图，对各卫生间沉箱尺寸进行复核，确定定型钢模尺寸，定型钢模高度比降板高50mm，同时为拆模方便定型钢模板底口内收20mm，使整体钢模呈倾斜状（图2），钢模模板采用3.0mm厚的钢板冷压成型，四个直角钢模板可拆卸式地组合沉箱，相邻的直角钢模板之间通过高强螺栓连接（图3），同时为保证钢模整体性，纵向固定连接杆设置在直角钢模板的第一翼缘的上部，横向固定连接杆设置在直角钢模板的第一翼缘的下部，横向固定连接杆、纵向固定连接杆均采用40mm×20mm×3mm矩形方钢管，具体做法如图4所示。

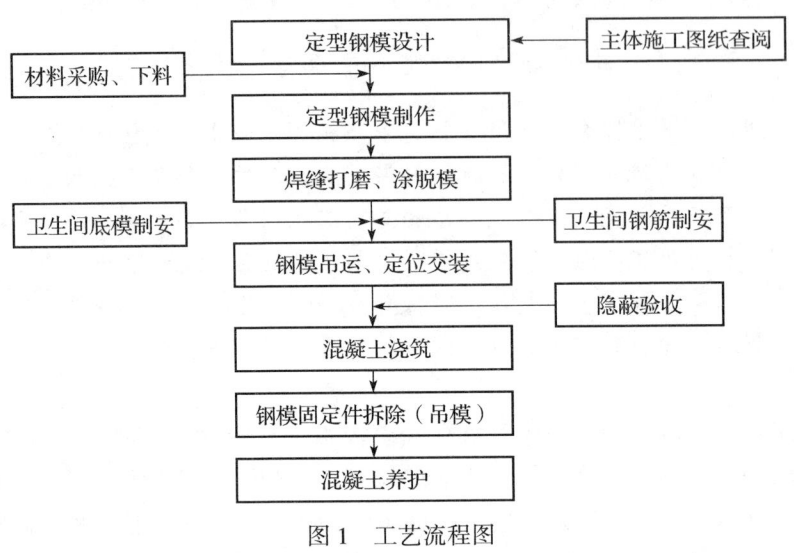

图1 工艺流程图

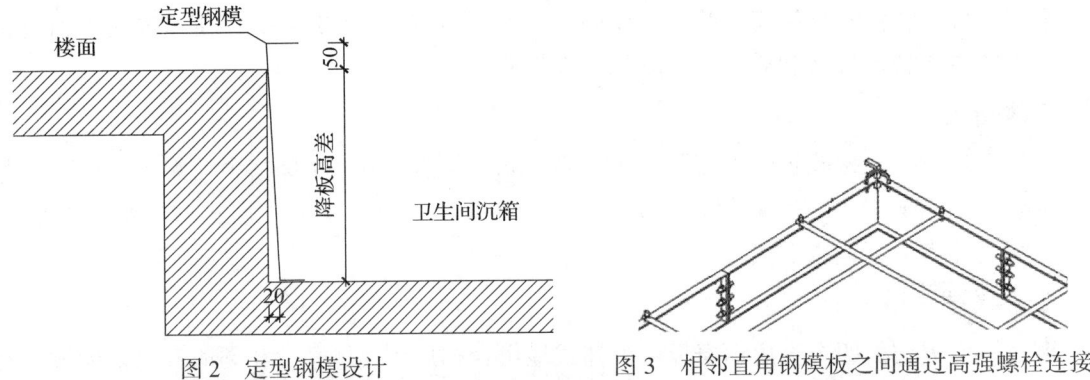

图2 定型钢模设计　　　　图3 相邻直角钢模板之间通过高强螺栓连接

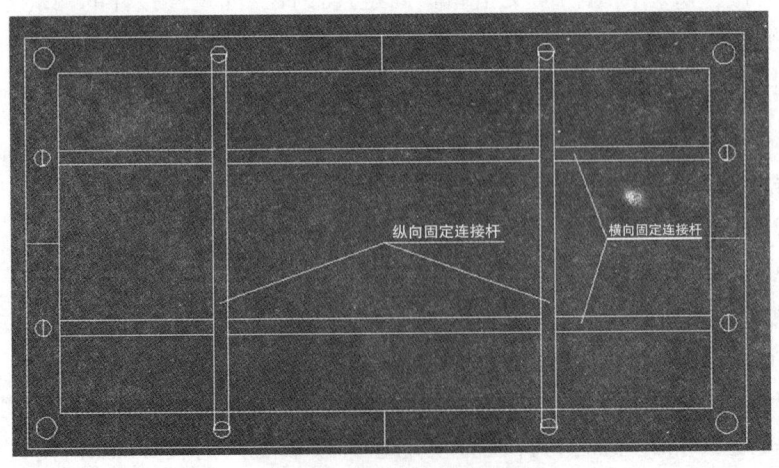

图4 横向、纵向固定连接杆连接方式

定型钢模四个角部设 ϕ20mm 拉环穿过上翼板焊接于钢模内壁，同时利用拉环固定支腿设置顶升件（图5）。

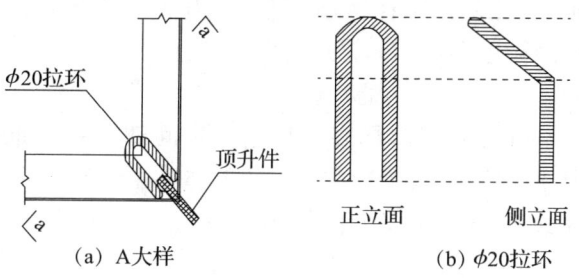

(a) A大样　　　　　(b) ϕ20拉环

图 5　定型钢模角部设计

顶升件由 ϕ30mm 螺栓、顶升臂、卡环焊接制成，配合小型手动千斤顶用以拆除整体钢模。单个沉箱钢模配备一个顶升件、一个千斤顶即可（图6和图7）。

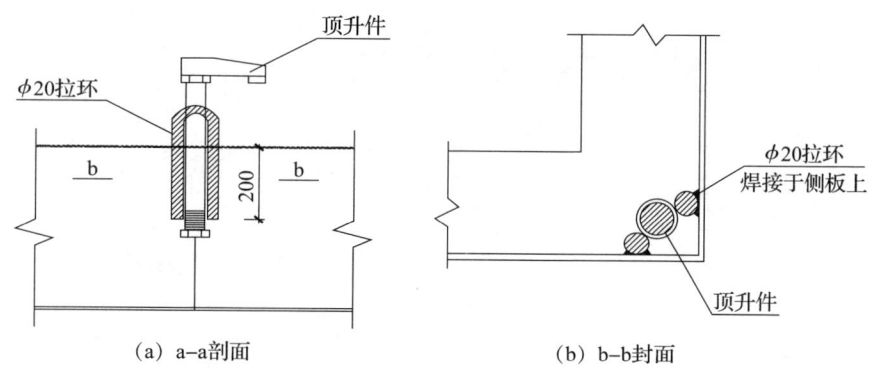

(a) a-a剖面　　　　　(b) b-b封面

图 6　顶升件剖面图

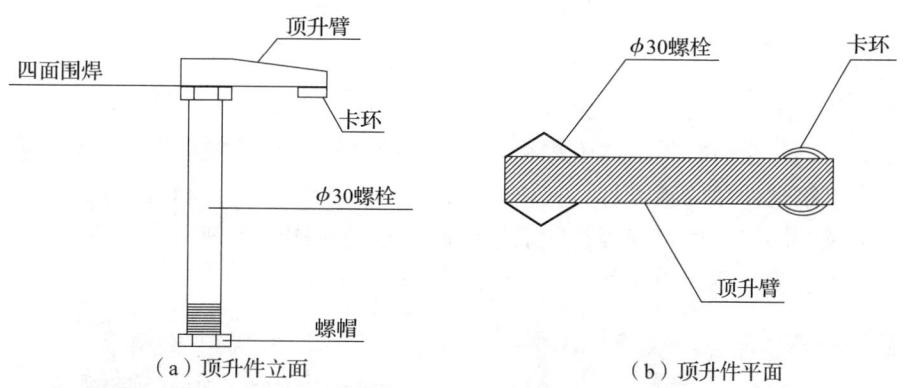

(a) 顶升件立面　　　　　(b) 顶升件平面

图 7　顶升件立面、平面图

（2）定型钢模制作

按设计图纸购买原材料、构配件，加工厂按设计尺寸、形状加工成型，现场组装，四个直角钢模板用高强螺栓和螺母固定，纵、横固定连接杆于钢板翼缘预留若干 ϕ12mm 直径螺栓孔用高强螺栓和螺母固定。钢模内侧涂刷防锈漆，外侧涂刷隔离剂备用。

3.2.2 定型钢模安装

（1）支撑体系

传统木模板支撑加固采用对拉螺栓体系，本工法中定型钢模板采用四周内撑体系，外侧利用模板支架搭设钢管斜撑用以抵消混凝土浇筑侧压力。

（2）定型钢模定位

标高定位：根据卫生间吊模底边标高，利用卫生间四周梁箍筋焊接 φ12mm 水平钢筋（每边至少 2 个，要求水平钢筋超出梁边控制线至少 50mm）作为定型钢模底支撑。注意点焊施工时不得烧伤主筋或箍筋。标高定位筋施工完成即可吊装定型钢模，进行平面定位复核。

平面定位：平面定位复核完成需将其平面位置固定，以免混凝土浇筑时偏位。在吊模四周楼板底模上各固定 2 个止水螺杆式固定件，四个方向同时顶撑吊模使其固定（图8）。

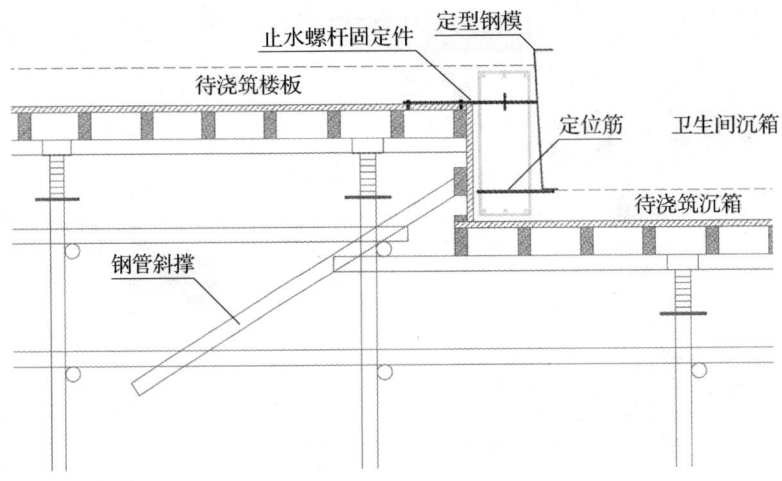

图 8　定型钢模安装定位图

3.2.3 定型钢模拆除

混凝土浇筑完成后，待混凝土强度达到 1.2MPa 以上方可拆模。第一种拆模是把固定连接杆与四个直角钢模板组合处的高强螺栓及螺母拆卸。第二种拆模顺序为先松后拆，用千斤顶逐一顶升定型钢模四角的顶升件，使钢模与混凝土完全脱离，再利用塔式起重机将整体定型钢模板吊离操作层。定型钢模板拆除后应及时清理并涂刷隔离剂，待下次使用。

本工程施工过程及应用效果如图9~图18所示。

图 9　顶升件制作

图 10　顶升件安装

图 11　定位筋焊接

图 12　止水螺杆固定件安装

图 13　外模加固立面图

图 14　外模加固正立面

图 15　千斤顶安装

图 16　定型钢模顶升

图 17　定型钢模吊运

图 18　成品

4 质量控制

材料本身必须是合格产品，要具有出厂合格证和产品认证书，钢模及支架必须有足够的强度、刚度和稳定性。钢模表面应清理干净，涂刷隔离剂，防止混凝土粘模。定型钢模初次顶升时单点一次升高不得超过20mm，以免造成模板变形及混凝土损伤。钢模加工精度控制表见表1。

表1　钢模加工精度控制表

序号	项目	允许偏差（mm）
1	长度L	0~3
2	高度H	0~3
3	对角线	3
4	平整度	2
5	拼板高差	0.5
6	面板拼缝	0.5
7	吊钩焊接 长150双面	±5
	高度 $h_g=6$	0~1.5

5 安全措施

针对模板工程的特点，编制模板安全施工组织计划，做到安全组织措施到位，安全技术交底到位，安全例行检查到位，安全宣传教育到位，应检查吊装用绳索、卡具及每块钢模上的吊环是否完整、安全、可靠。作业前，应将吊装机械调整适当，定型钢模就位或落地时，稳起稳落，严禁大幅度摆动，防止摇晃碰人或碰坏墙体。工程吊装区域周围应设置围栏，并挂明显的标志牌，禁止非作业人员入内。当风力超过5级时，应停止钢模吊装作业。未经千斤顶顶升松动的钢模严禁起吊，起吊前系好吊钩，吊点必须合适，连接牢固，确认后方可起吊。

6 环保措施

施工过程中遵循《环境管理体系　要求及使用指南》（GB/T 24001—2016）和《污水综合排放标准》（GB 8978—1996）等国家和地方有关施工现场环境保护管理规定。依据工程特点编制环境保护操作手册及注意事项，并作好对现场操作人员及管理人员的环保措施交底工作。钢材焊接设挡光棚，应防止光污染。日常保养应及时，定型钢模板在工程完成后可改装供其他工程使用。

7 效益分析

卫生间沉箱混凝土的浇筑质量直接影响到卫生间后续施工，几乎所有传统木模施工的卫生间沉箱都存在着降板吊模胀模、缺棱掉角、漏浆孔洞、渗漏等缺陷，整体定型钢模板的利用从根本上解决上述质量通病的产生，对结构渗漏预防效果显著，具有良好的经济效益、社会效益和环保效益，又能装配化施工，提高施工效率。与常规木模板相比，其经济效益分析见表2。

表 2　经济效益分析表

类型	费用			
	人工费（元）	材料费（元）	机械费（元）	综合费用（元）
传统木模板	100	68	5	173
卫生间定型组合钢模板施工工法	40	20	10	70

综上所述，卫生间定型组合钢模板施工工法在综合经济效益方面可节约卫生间模板施工成本 173-70=103（元/个）。

8　结论

研究结论表明，该技术适用于有卫生间沉箱设计的建筑，相对传统的木模板，定型组合钢模板表面平整度高、施工简单、刚度大，浇筑混凝土达到清水混凝土效果，成型质量好，并具备显著的经济效益和社会效益，进而可提高房建工程卫生间的整体建设质量。

参考文献

[1] 中国十七冶集团有限公司. 一种下沉式卫生间定型组合铝模板装置及其支模方法：201710102891.5 [P]. 2017-02-24.

[2] 北京城建七建设工程有限公司. 一种组合可周转卫生间降板定型钢模板：201621342382.7 [P]. 2017-07-25.

[3] 湖南东方红建设集团有限公司. 下沉式卫生间定型组合钢模：201220501652.X [P]. 2013-03-06.

[4] 中交瑞通建筑工程有限公司. 中交路桥建设有限公司一种下沉卫生间组合式吊模装置：202222565897.5 [P]. 2023-02-28.

[5] 中建八局科技建设有限公司. 卫生间降板区域的定型圆弧钢框装置：202121140363.7 [P]. 2021-11-12.

[6] 浙江省建工集团有限责任公司，一种定型化卫生间翻边支护结构：201621352845.8 [P]. 2017-08-29.

无人机倾斜摄影技术在住宅项目中的应用分析与研究

胡　超　孟　静　洪大雄　刘一川　袁宇龙

湖南省第三工程有限公司　湘潭　411101

摘　要： 随着建筑成本的降低和技术的快速发展，无人机技术在住宅项目领域的应用日益广泛。无人机作为高效的自动化数据采集工具，与三维点云技术紧密相连，通过倾斜摄影技术和智能云服务在建工司南项目中的应用，对无人机在工程项目施工阶段的场地布置和进度管控的技术可行性进行了深入探讨。研究结果表明，无人机技术在住宅建筑领域的应用具有广阔的前景，能够显著提高施工效率和质量，为住宅项目带来创新的解决方案。

关键词： BIM；无人机；倾斜摄影；三维建模；云观摩

近年来，信息化时代数据为王，随着新一轮产业技术革命——"5G+"和以 BIM 为代表的信息技术的兴起，劳动密集型的传统建造模式向技术与知识密集型的智慧建造方式转型已经成为必然趋势。以 BIM 技术、无人机、3D 扫描等信息技术的应用为代表的智慧建造正在一步步地从理念成为现实。

结合无人机数据采集，将以往施工企业多数以数据为主的项目管理平台，升级打造成以实时图片的形式展示，项目管理层、企业领导层可直观地查看项目的情况。同时通过平台数据打通，反馈的项目质量安全情况，项目数据真实可见。

1　技术应用背景

随着无人机倾斜摄影技术的发展和应用，无人机已成为勘察设计、施工应用、运维和验收的重要手段，实景三维成为测绘行业热议的话题。实景三维以真实直观、高精度等特点在城市规划、建筑工程测绘等领域得到广泛应用。在此背景下，抓住发展机遇，在新技术、新制造等方面取得突破，成为建筑业抢占未来发展制高点的必然选择。依据项目不同阶段进行的分析和研究如下。

1.1　勘察设计阶段

需要开展大量的野外工作，施工环境数据采集效率低，导致工程周期延长，难以满足及时交付的需求；同时工作量大，人员、时间、设备投入成本高；测绘成果单一，仅限于数字线划图，无法提供可视化实景模型。无人机倾斜摄影解决方案能快速构建二维正射影像以及三维模型，为设计人员提供丰富的地理信息参考；大幅提升测绘效率并降低了外业成本；设计图纸能与实景二维、三维模型叠加，直观展示设计效果。

1.2　施工阶段

工程跨度大、周期长，管理人员对施工进度缺乏有效的监测手段；固定摄像头难以覆盖工地全貌，常规视频信息数据量大，难以从中获取有效的关键信息，而且存在监控死角；施工土方测量难度高，效率低，人员投入大。通过施工区域二维、三维模型，全面掌握工程进展，保存完整历史信息；构建动态施工变化图，直观展示施工进度；同时基于无人机建模计算土方量，速度快，成本更低。

1.3 运维阶段

工程运维需要数字化模型，传统方式数字化成本高，精度低；传统作业方式无法提供可视化验收或巡检成果展示。将无人机倾斜摄影三维模型与BIM模型结合，为工程验收以及运维提供精准的数字支撑。

2 基于无人机倾斜摄影建立三维实体模型

2.1 研究应用工程概况

建工司南项目位于湖南省湘潭市，项目用地北邻书院中路，西邻双拥南路。本项目总规划用地59275.85m^2，总建筑面积111070.26m^2，其中地下室32409.82m^2，住宅总户数492户。

本项目结构形式为一类高层装配式整体剪力墙结构，二类高层和多层框架结构。基础类型：高层和7层的多层建筑及周边地下室为机械旋挖桩基础，多层及周边地下室为天然基础和柱下独立基础，整体地下室筏板厚度500mm，结构自重抗浮。建筑抗震设防类别为丙类，抗震设防烈度为6度，中央景观为下沉式庭院，绿色建筑二星级，装配率60%。项目技术综合性强；竖向设计复杂，尤其适用于无人机倾斜摄影应用分析与研究。

2.2 无人机倾斜摄影应用工作流程

无人机倾斜摄影技术通过在飞行平台上安装传感器，从垂直、倾斜等多个角度采集具有空间信息的照片，经过三维建模软件后期处理，建立三维实景模型，直观真实地反映被测对象。也可以生产出厘米级的测绘成果，如数字正射影像DOM、数字表面模型DSM、数字高程模型DEM等。无人机倾斜摄影测量系统由无人机摄影平台、飞行控制系统和地面监控系统组成。工作流程分为像控点布设、数据采集、数据处理、测绘成果表达、遥感解译（图1）。

图1 无人机倾斜摄影应用工作流程图

2.3 无人机实景三维贴近摄影测量方案

通过使用小巧便携的DJIMavic3E，搭配精准RTK模块，并凭借其全向避障和精准的云台控制能力，可实现对建筑物、桥梁、山体立面等需要进行精细化部件级实景三维采集的地物进行贴近摄影测量，得到毫米级分辨率的影像，从而生成极为精细的模型。

本次实践设备、软件及平台选用情况见表1，通过DJIPilot2控制大疆DJIMavic3E的飞行和照片采集，在大疆智图中进行数据处理和模型生成。

表1 设备、软件及平台选用情况表

飞行平台	负载及软件	工作流程
DJIMavic3E	一体化负载	在DJIPilot2中设置建图航拍航线，使用Mavic3E，按环境情况设置拍照参数并进行数据采集
质量：915g；最大飞行时间（无风环境）：45min；环境适应性：最高6000m起飞海拔，12m/s最大抗风风速；环境感知：全向双目视觉系统，辅以机身底部红外传感器	DJIPilot2（地面控制）；飞行任务和操控软件，让作业效率和飞行安全大幅度提高	利用手动飞行，通过遥控器图传进行贴近拍摄，将拍摄照片成果导入大疆智图软件进行数据处理
机械快门：8s至1/2000s，最快0.7s间隔连拍；广角相机：4/3CMOS，有效像素2000万、可搭载RTK、DJICellular等模块	大疆智图（模型重建）支持各类可见光精准高效二维、三维重建、大疆激光雷达的数据处理	将大疆智图生成的正射影像图、数字高程模型、实景三维模型在第三方行业应用软件中加载并进行数据加工与分析

3 无人机倾斜摄影技术研究

无人机技术在智慧建造下的工程建设中有着重要作用，以无人机三维影像技术为例，其在施工阶段的应用研究也得到了很大的关注度。当无人机飞行高度高于塔吊时，飞行范围内无遮挡，该项目具备无人机在飞行过程中要求环境无障碍的工作条件，故以该工地为背景，开展无人机三维建模工作，验证将无人机三维影像技术应用到施工阶段现场管理工作中的技术可行性。

3.1 无人机三维动态管理

根据前期地面踏勘调查，了解项目基本情况，制订拍摄方案，然后采用无人机倾斜摄影技术，建立三维实景模型。本次航线采用"S"形路线倾斜60°角俯拍，飞行高度设置为80m，并通过DJIPilot2软件设置飞行及拍摄参数，包括飞行速度8.0m/s、航向拍摄重叠率80%、旁向拍摄重叠率90%、拍照间隔5s等。通过约45min左右的飞行采集，最终获取482张照片进行合成，合成三维实景模型效果如图2所示。

图2 建工司南项目实景三维模型

本次建模效果能较好地还原真实场景，如建筑物主体、现场道路、项目施工现状、施工现场都得到了较好的呈现，基本满足施工平面布置管理的需求。

模型能较好地还原现场，可以实现以下工作：

（1）实现施工现场实时布置情况监控管理。模型可以呈现包括材料及机械堆场等现场实时平面布置情况，虽然龙门吊等移动机械信息缺失，但是大致的轮廓及位置信息的呈现是满足的。

（2）实现工程进度信息的实时监控。模型可以呈现拍摄时间下的项目施工现状，通过实时施工现状的呈现可以获取施工进度信息，而通过对比不同时间的施工状态则可以了解工程推进情况，进而实现施工进度的实时监控。

（3）初步实现与BIM模型的比对来发现实际工程与设计模型的出入点。

3.2 无人机航测倾斜实景三维建模进行土方计算

在无人机进行航空摄影获取航测数据的基础上，运用DJI Terra软件进行空三加密等处理生成实景3D模型，进而可以在DJI Terra软件上选定任意位置，运用绘制轮廓与设置标高、坡度的方式自行绘制地坪草图，推演划定其位置的土方工程量，如图3所示。

图3 建工司南项目下庭式庭院土方平衡

DJI Terra软件会自动选择"新构造"与"现有"之间的土方体量，并且左侧属性栏会显示"切割/填充""填充""采样距离"的值，这些值即为"挖填方净值""填方""挖方"的量，则土石方的挖方、填方与挖填方净值直接显示出来。

传统的土方计算方法存在着计算量大、计算精度不高、数据量大等缺点，而利用"根据地形特征进行区域划分-近似简化-采取合适的测量方法取得地形三维特征数据-最后通过三维重构的方法得出计算结果"思维的方法能够实现快捷精确的计算方法，并且能做到"实际与模型的精确对应"和"所见即所得"。从地形测量到土方计算结果的获得，人工成本和时间成本都将大大降低，同时测量的精度也会比传统测量方法要高许多。

3.3 运用BIM+无人机航测倾斜实景三维进行施工漫游与模拟

本研究主要尝试利用Lumion软件来完成对这两类建模技术所生成的三维模型进行融合。Lumion软件平台拥有倾斜三维模型和BIM模型的数据导入接口，即Lumion能兼容这两种数据格式，并能以（.ls12）格式进行统一存储。（.ls12）是Lumion软件提供给用户的一种三维模型数据服务标准，能使Lumion将各类三维数据模型统一起来，建立成三维空间数据库，以便于在互联网上进行发布与数据共享，从而实现三维数据的大众化应用。此外，模型融合后，BIM 模型的属性信息仍然保留，在 Lumion 软件中实现建筑物属性挂载，便于后期各部门的管理。

首先，三维建模软件 DJI Terra 可兼容多种数据格式，可将模型分别以 osgb、.b3dm 和 s3mb 等格式进行导出，单一的纹理模型以 .ply、.obj、.i3s 格式导出，也可以导出点云 .pnts、.las 和空三 .xml、terra 格式。其中，.obj 主要是以二进制存储并自带嵌入式链接纹理数据，.obj 文件主要是将三维模型数据归并为一系列连续的对象来进行数据管理。在建模过程中，软件能将目标区域划分成几个小区，小区再细分为瓦片数，瓦片之下为其他层级的金字塔数据。

其次，应用 Revit 软件创建的 BIM 模型，通常以 rvt 或 fbx、dae 等格式存储。dae 以二进制形式存储，是封闭的且能在不同平台上实现三维数据交换的数据格式，以场景的形式保存着数据集合。dae 格式的修改与转换通常由 Autodes 公司提供的基于 Lumion® LiveSync® forAutodesk® Revit®完成，它以多叉树的结构来储存三维模型及模型构件信息。

Lumion 软件模块 .ls12 支持 DJI Terra 创建的网格模型文件（obj），将 DJI Terra 输出的 obj 与利用 Lumion® LiveSync® forAutodesk® Revit®创建的 dae 文件导入至 Lumion，生成 .ls12 文件，即能在 Lumion 窗口中显示的区域倾斜摄影三维模型。施工前需要对建规楼及周边区域进行整平，赋予铺地材质，重建场地。在 Lumion 中进行两类模型数据的融合，具体效果如图 4 所示。

3.4　基于 BIM+云平台打造云项目

通过无人机多角度、多部位对不同施工阶段实时记录影像，周期性记录项目实时情况，将项目进度、施工过程、安全文明措施等方面全面展示至公司相关管理部门，而拍摄的图片及视频等数据，以及分阶段所拍摄的图片及影像资料采取全景或全景辅助视频的形式展示。观摩和展示交流内容应重点突出、主题鲜明、内容详实、层次分明。同时，可穿插文字、图片、语音、视频等加以讲解和说明，也可作为项目的原始资料留存，为以后项目归档、竣工数年后的资料查找作为依据（图 4 和图 5）。

图 4　建工司南项目无人机航测倾斜实景三维与 BIM 模型

图 5　建工司南云项目与预览二维码

同时将企业优秀项目通过云观摩的形式，多场景实景体现项目特征，将优秀项目在建筑施工的安全生产标准化、文明施工、信息化管理和施工扬尘污染管控等方面的先进经验和创新举措全方位展示，促进企业内建筑施工安全生产管理规范化、标准化、信息化水平提升。

4 无人机三维建模工作优化的建议

4.1 信息采集建议

无人机三维建模的效果依赖于合理的信息采集方案，针对两次建模结果进行对比和分析发现，通过 DJI Pilot2 软件控制下的"S"形路线垂直俯拍相比于"U"形路线而言，可以更好地保证照片之间的重叠率，从而获取较为全面的信息；而单一的垂直俯拍视角获取的信息仍然比较有限，可以通过倾斜视角的补拍来补充立面信息。关于移动的机械设备的建模，可以选择在白天机械、设备开工前对照片进行采集，避免因为移动导致本该重叠的照片之间的不匹配，也可以选择在夜间停工时进行采集，但这样就对夜间照片的图像处理技术有较高的要求。

4.2 系统支撑建议

目前无人机大多采用智能电池动力供应方式，效率较低，以大疆专用电池为例，可供飞行时间一般不超过 30min，采用 DJI Mavic3E 的最大飞行时间仅能供 15min 左右的飞行。而在第二次建模中，无人机飞行采集时间共计 26min 左右，当需要采取"'S'形路线垂直俯拍+倾斜拍摄"方案时，就需要多次重新充电。显然无人机的续航不足以满足大体量信息采集任务下的需求，需要开发诸如电机、太阳能等动力供应方式，来满足续航需求。

5 结论

本次研究以大疆行业无人机、航测负载、建模软件组成的倾斜摄影技术解决方案作为新型基础测绘手段，在住宅项目各阶段的应用中发挥着重要作用，特别是无人机三维影像技术在施工阶段的应用，通过无人机三维影像技术在建工司南的应用实践，验证了将无人机三维影像技术应用到住宅项目的现场管理工作中技术的可行性，但目前大多处于系统框架搭建或实践尝试阶段，真正有效落实应用还需深入摸索。

通过建工司南项目打造云原生架构、云端分布式系统部署、容器化运行、微场景应用、一体化运营管理，不但节省大量的人力物力，还能有效避免安全事故的发生，使建筑物质量检测手段更加安全、高效和智能化，在一定程度上加快了施工的进度；同时为企业管理决策提供科学的辅助信息，为建筑企业数字化转型助力。

参考文献

[1] 李明，张强，刘洋. 无人机倾斜摄影技术在城市住宅区规划中的应用研究 [J]. 城市规划，2019，43（6）：89-96.

[2] 陈晓光，王海波，赵峰. 基于无人机倾斜摄影的三维城市建模技术研究 [J]. 测绘学报，2020，49（1）：112-120.

[3] 赵宇飞，张磊，李刚. 无人机倾斜摄影技术在房地产测绘中的应用探讨 [J]. 现代测绘，2018（2）：1-4.

[4] 周海波，孙立宁，朱庆华. 无人机倾斜摄影技术在住宅区土地利用动态监测中的应用 [J]. 国土资源遥感，2021，33（2）：102-108.

[5] 杨帆，郭志忠，胡晓东. 无人机倾斜摄影技术在城市住宅小区规划中的应用分析 [J]. 规划师，2022，38（1）：93-98.

某农商行办公大楼悬挑结构多排悬挑支架设计与施工

冷俊强　王　山　李　柱

湖南省第三工程有限公司　湘潭　411101

摘　要：针对沅江农村商业银行办公大楼主体北向2.7m悬挑结构设计了多排型钢悬挑支模架体系，重点分析了支模架、型钢主次梁的计算方法及步骤，进行了模板支架稳定性验算，并介绍了多排悬挑支架施工工艺流程、悬挑支架搭设技术、搭设与拆除以及悬挑支架的监控监测。通过施工实践，结果表明：支架强度、刚度、稳定性满足施工安全要求，确保了施工质量，缩短了工期，节约了工程成本。

关键词：多排悬挑支架；主体结构；稳定性验算

近年来，为了满足公共建筑物内部使用功能和外观造型要求，悬挑结构成为高层建筑与大型公共建筑的重要结构形式。由于悬挑结构受力复杂，施工过程中对支撑结构的稳定性要求高、施工难度较大等特点，要求根据项目实际情况，设计合理模板支撑系统，并对支撑系统进行相关验算。悬挑结构模板支架系统是否合理关系到施工过程是否安全，也对保证施工质量、缩短工期和节约成本具有重要意义。目前，国内对悬挑结构模板支架体系设计与施工有一定的研究，但是由于每个建筑悬挑结构形式不同，每个施工单位施工经验和技术水平也不一样，所以悬挑结构支架设计与施工方法也不尽相同。

本文结合沅江农村商业银行办公大楼主体结构第11层2.7m悬挑结构模板支架的设计与施工进行研究、分析，探讨悬挑结构模板支架设计与施工经验。

1　工程概况

湖南沅江农村商业银行办公大楼建设项目位于湖南省沅江市环湖路和桔城大道交会处，工程为1栋11层办公用房和4层裙房，地下负1层，办公用房建筑高度52.7m，裙房高度18m，总建筑面积10903.79m²，其中，地上建筑面积8972.52m²、地下建筑面积1931.27m²。本工程第11层屋顶为北向R轴交①-⑪轴，悬挑梁板跨度2.7m，长度23.4m，离地高度44.7m；结构混凝土强度等级为C30，挑梁尺寸300mm×600mm，边梁尺寸250mm×700mm，板厚160mm，悬挑部位平面图和立面效果图如图1和图2所示。

2　工程难点

（1）悬挑部分的尺寸较大，存在较大规格的挑梁和边梁，结构荷载自重较大，且离地高度达44.7m，为高空悬空部位作业，施工作业安全风险系数大。

（2）支模采用型钢悬挑支撑体系，为确保悬挑型钢设置楼层和斜撑下支点的结构承载力满足要求，型钢设置楼层往下连续3层支模架不拆除，保留的支撑架高宽比≤3。

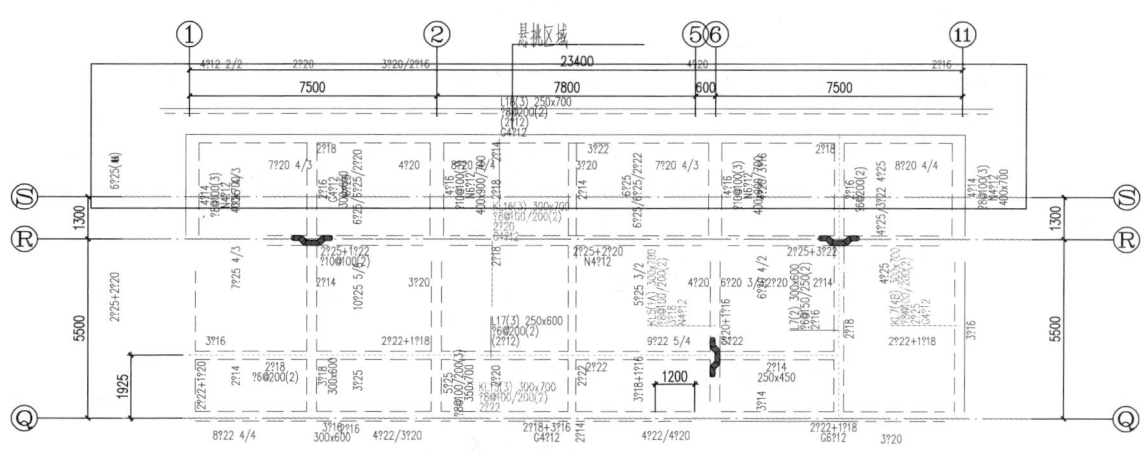

图 1 悬挑部位平面图

图 2 悬挑部位立面效果图

(3) 为了降低高空焊接作业风险，斜撑与型钢主梁的焊接在地面完成。斜撑工字钢上、下端部应切割成斜面，提前在地面上做好拼装胎架，在胎架上将斜撑与主梁满焊成整体。控制焊接变形，保证焊接质量，连接处焊缝外观质量须达到二级。

3 模板支架系统方案设计

工程在结构第十一层施工时预埋 U 形锚固螺栓，采用 18 号工字钢作为悬挑主梁，悬挑主梁间距 1.2m，斜撑采用 18 号工字钢，在第十层结构边缘主梁合适位置预埋钢板与斜撑端有效焊接。悬挑主梁采用钢丝绳与结构柱进行有效拉结（不参与受力计算）。支架采用扣件式钢管支撑架，钢管采用 A48×3.5，立杆间距 1.2m×0.9m，步距 1.5m，支架高度 3.9m，支架外侧设置 600mm 宽防护脚手架，主梁建筑物外悬挑长度 3700mm，主梁建筑物内锚固长度 4200mm。锚固点设置方式采用压环钢筋锚固，工字钢主梁上满铺脚手板，主梁下设置密目安全兜网，如图 3 所示。

4 支架稳定性验算

利用软件计算每根工字钢主梁上立杆传至梁上的荷载设计值和主梁自重，分析工字钢主梁受力情况，对主梁进行强度、抗剪和挠度验算，并对各支座反力进行计算。

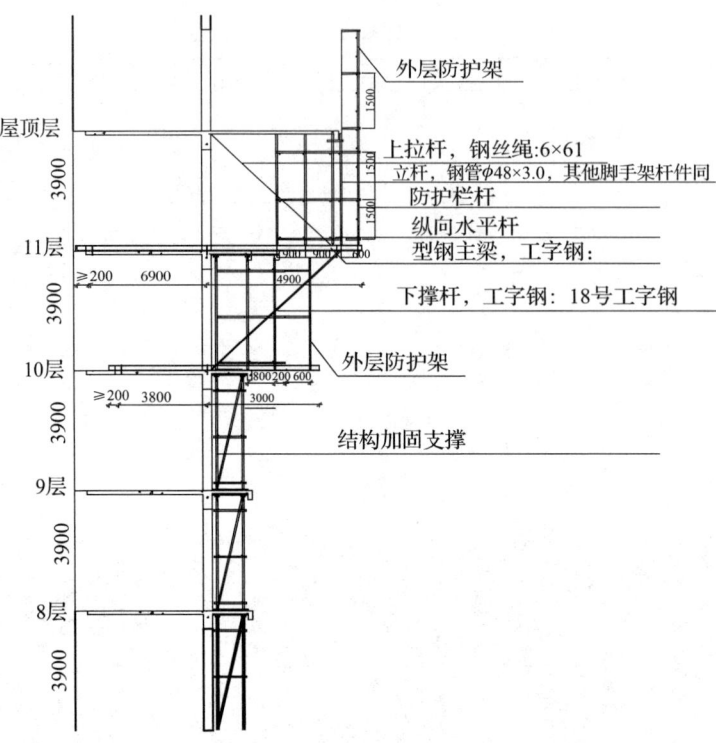

图 3　支架剖面

4.1　强度验算

主梁受力弯矩图如图 4 所示，工字钢抗弯强度按下式进行验算。

$$\sigma_{max} = M_{max}/W = 11.621 \times 10^6/185000 = 62.816 \text{N/mm}^2 \leq [f] = 215 \text{N/mm}^2.$$

式中，σ_{max} 表示工字钢抗弯强度；M_{max} 表示最大弯矩；W 表示杆件截面的抗弯模量；$[f]$ 表示主梁材料抗弯强度设计值。

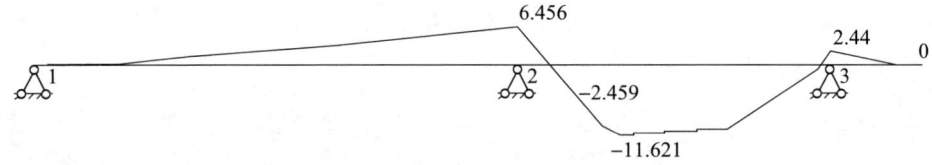

图 4　主梁受力弯矩图

4.2　抗剪验算

剪力图如图 5 所示，抗剪验算按下式进行。

$$\tau_{max} = Q_{max}[bh_0^2 - (b-\delta)h^2]/(8I_z\delta)$$
$$= 24.237 \times 1000 \times [94 \times 180^2 - (94-6.5) \times 158.6^2]/(8 \times 16600000 \times 6.5)$$
$$= 23.716 \text{N/mm}^2 \leq [\tau] = 125 \text{N/mm}^2.$$

式中，τ_{max} 表示最大剪应力；Q_{max} 表示最大剪力；I_z 表示截面的惯性矩；δ 表示剪切中心到中性轴的距离；bh_0^2 表示梁的横截面面积；$(b-\delta)h^2$ 表示剪切中心到梁边缘的距离；$[\tau]$ 表示材料的许用剪应力。

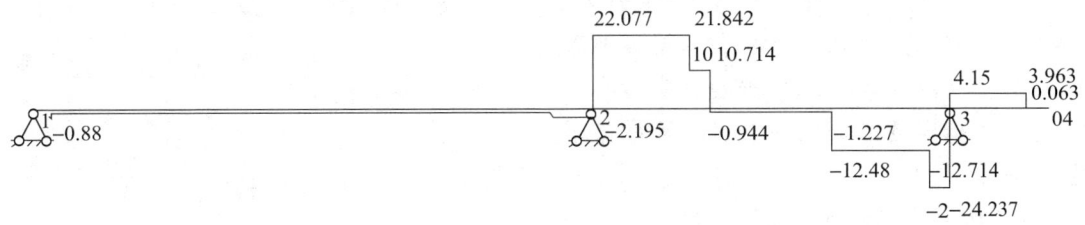

图 5 剪力图

4.3 挠度验算

挠度变形图如图 6 所示,挠度验算按下式进行。

$$v_{max} = 1.879\text{mm} \leqslant [v] = l/360 = 2700/360 = 7.5\text{mm}$$

式中,v_{max} 表示最大挠度;$[v]$ 表示许用挠度;l 表示梁的跨度;360 表示挠度的系数。

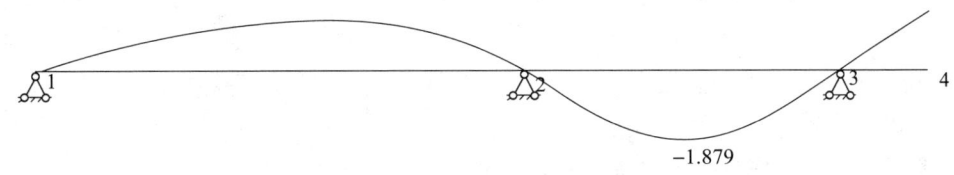

图 6 变形图

4.4 支座反力计算

设计值:$R_1 = -0.88\text{kN}$,$R_2 = 24.271\text{kN}$,$R_3 = 41.177\text{kN}$。

4.5 下撑杆件验算

(1)根据悬挑长度及下层结构高度计算下撑杆件角度和长度,确定下撑杆件长细比;根据主梁支座反力确定下撑杆件支座力,利用下撑杆件角度和支座力从而求出下撑杆件最大轴向拉力;查《钢结构设计标准》(GB 50017—2017)表 D 得,$\phi l = 0.109$,对轴心进行受压稳定性验算。

(2)下撑杆件与建筑物节点焊缝验算:根据下撑杆件最大轴向拉力求出下撑杆件与建筑物连接处的水平力、竖向力,在竖向力作用平面内,假定竖向力按照水平焊缝和竖向焊缝各自的长度进行分配,所有水平焊缝(正面角焊缝)的正应力相同,所有竖向焊缝(侧面角焊缝)的剪应力相同,在水平力作用平面内,假定水平力由所有焊缝共同承担,从而对水平角焊缝和竖向角焊缝同时承受竖向力和水平力时进行验算。

4.6 悬挑主梁整体性验算

(1)梁的压弯件强度按下式计算。

$$\sigma_{max} = [M_{max}/(\gamma W) + N/A] = [11.621 \times 10^6/(1.05 \times 185 \times 10^3) + 28.507 \times 10^3/3074]$$
$$= 69.098\text{N/mm}^2 \leqslant [f] = 215\text{N/mm}^2$$

式中,σ_{max} 表示最大应力;M_{max} 表示最大弯矩;γ 表示荷载系数;W 表示梁的净截面模量;N 表示轴向力;A 表示梁的横截面面积;$[f]$ 表示材料的许用应力。

(2)根据前面得出主梁轴向力,计算得出压弯构件强度;受弯构件整体稳定性分析:查表《钢结构设计标准》(GB 50017—2017)得出均匀弯曲的受弯构件整体稳定系数 $\varphi b'$,弯曲强度按下式计算。

$$M_{\max}/(\varphi b' W x_{\mathrm{f}}) = 11.621\times10^6/(0.785\times185\times215\times10^3) = 0.372 \leqslant 1。$$

式中：$M_{\max}$ 表示最大弯矩，φ 表示挠度曲线的形状系数，b' 表示考虑塑性发展后实际有效的宽度，W 表示梁的净截面模量，x_{f} 表示梁的塑性发展系数。

4.7 锚固段与建筑楼板连接的计算

主梁平铺在建筑物楼板上，采用 2 个压环钢筋（$A = 20\mathrm{mm}$）锚固，如图 7 所示。水平钢梁与楼板压点的拉环一定要压在楼板下层钢筋下面，并要保证两侧 30cm 以上搭接长度，压环钢筋验算按下式进行。

$$\sigma = N/(4A) = N/\pi d^2 = 0.88\times10^3/(3.14\times16^2)$$
$$= 1.095\mathrm{N/mm}^2 \leqslant 0.85\times[f]$$
$$= 0.85\times65 = 55.25\mathrm{N/mm}^2。$$

式中，σ 表示杆件的轴向压力应力；N 表示作用在杆件上的轴向力；A 表示杆件的横截面面积；d 表示杆件的直径；$[f]$ 为拉环钢筋抗拉强度，按《混凝土结构设计标准（2024 年版）》（GB 50010—2010）中 9.7.6 条规定的每个拉环按 2 个截面计算的吊环应力不应大于 $65\mathrm{N/mm}^2$。

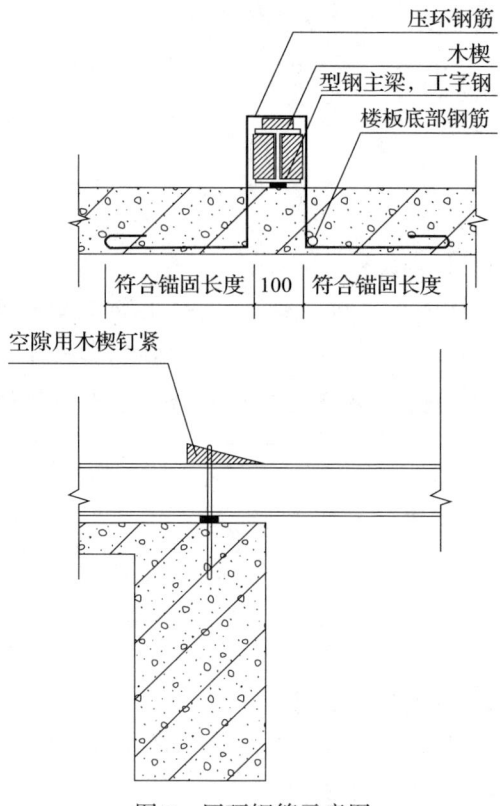

图 7 压环钢筋示意图

5 多排悬挑架施工工艺

5.1 施工总体流程

定位放线→预埋钢板与 U 形压环钢筋→主梁安装→下撑杆件与建筑物焊接→搭设支架与验收。

5.2 施工工艺

5.2.1 定位放线

定距定位，放样悬挑梁位置并做好标记。悬挑梁必须保证有足够的锚固强度和截面抗屈曲能力，悬挑长度应按设计确定。普通主梁悬挑时，立杆直接支承在悬挑梁上，水平悬挑梁的纵向间距与上部脚手架立杆的纵向间距相同；采用在挑梁或纵向联梁上焊接 150～200mm、外径 Φ40mm 的钢管或外径 Φ25mm 的钢筋作为上部脚手架立杆与挑梁支承结构的定位连接措施，以确保上部架体的稳定。立杆套在其外，同时在立杆下部设置扫地杆，并应间断设置水平剪刀撑或水平斜撑杆。

5.2.2 预埋钢板与 U 形压环钢筋

型钢悬挑梁固定端应采用 2 个（对）及以上钢筋拉环或锚固螺栓与建筑结构梁板固定。钢筋预埋至混凝土板、混凝土梁底部，每侧平直段不小于 0.6m。U 形螺栓预埋至混凝土板、混凝土梁底部，2 根 1.5m 长直径 18mm 的 HRB335 钢筋放置在 U 形筋上部。钢筋拉环、U 形螺栓与悬挑梁间隙用木楔楔紧；锚固处楼板上应预先配置用于承受悬挑梁锚固端作用引起负弯矩的受力钢筋，否则应采取支顶卸载措施。悬挑梁支承点应设置在结构梁上，不得设置在外伸阳台上或悬挑板上，否则应采取加固措施。

5.2.3 主梁安装

（1）悬挑梁宜扇形布置，如果阳角处悬挑梁交会，无法保证伸入端长度，在交会处采用两侧悬挑梁与阳角处悬挑梁焊接，上下各增设200mm×200mm×10mm钢板，所有接触点必须满焊，焊脚高度不得小于8mm，且不得有气孔、夹渣、漏焊等现象；如果结构阳角部位钢筋较多不能留洞，可采用设置预埋件焊接型钢三角架等措施；脚手架底部应严密封闭，防止钢管等材料掉落伤人。上面使用竹夹板或模板拼缝整齐不留空隙，架体上的杂物要及时清理干净。

（2）钢丝绳的受拉锚环须预埋在柱体上部，必须在柱体混凝土达到设计强度的100%以上方可受力使用。拉钩、吊环一定要采用圆钢制作，不允许用螺纹钢筋。扎接上部拉环的钢丝绳，至少采用3个卡头扎紧，钢丝绳扎头螺丝全要拧紧，不允许松动。对整个架体进行安全检查，发现钢丝绳松动、锈蚀或焊缝脱焊等情况时要立即进行修复，合格后方可继续使用。

5.2.4 搭设支模架与验收

（1）放线：放梁垂直投影线，将支模架顶梁边线放置在支模架基底面上；放立杆位置线，将立杆的纵、横向位置线放置在支模架基底面上。

（2）铺设立杆垫板：在投放的立杆位置线上选择多梁方向梁截面的垂直线作为铺设立杆垫板的方向，立杆垫板采用木脚手板垫板。

（3）搭设立杆及水平扫地杆：按照立杆位置线及立杆垫板位置搭设立杆及扫地水平杆，扫地水平杆距基底面200mm，立杆搭设时保证接头50%错开，应先排布梁底立杆。

（4）搭设水平剪刀撑：搭设完成扫地水平杆，搭设第一道水平剪刀撑，其在扫地水平杆之上。布置水平剪刀撑时，保证始、末两端与立杆相连，中间部位尽可能与立杆相连，不能与立杆相连部位要与横杆相连。

（5）搭设第二步水平杆、竖向剪刀撑、悬挂水平安全防护网：第一道水平剪刀撑搭设完成后进行起步验收，通过后进行第二步水平杆的搭设，同时进行竖向剪刀撑的搭设。竖向剪刀撑搭设时必须与立杆相连；在第二道水平杆底部悬挂水平安全防护网。

（6）搭设第三步以上水平杆、水平剪刀撑、完善竖向剪刀撑、水平安全防护网：搭设第三步以上水平杆，并按照上述第一道水平剪刀撑、第一道水平安全网的搭设方式搭设第二道及以上水平剪刀撑、水平安全网，水平剪刀撑及水平安全网按照立杆步距搭设设置，满足间距小于或等于6m，并保证在竖向剪刀撑顶搭设一道水平剪刀撑。

（7）安装顶托、铺设梁底模、梁钢筋：在支模架体杆件搭设完成之后，在立杆顶端安装顶托，顶托顶距离扫天杆不大于400mm，顶托丝杆外露长度不大于200mm，铺设梁底模主、次龙骨及梁底模，绑扎梁钢筋。

（8）支设梁侧模，安装主、次龙骨及对拉止水螺杆，螺杆采用$\phi14$，搭设梁侧斜支撑加固侧模。

（9）在顶托上放置托梁，托梁材料为木方、钢管，铺设次龙骨及板底模，在混凝土浇筑之前，对支模架整体进行最终验收，合格后方可浇筑混凝土。

6 支模架监测监控

（1）影响因素：本工程模板支架传力体系如下：上部荷载→梁或楼板底模→木楞→横

向水平钢管→竖向钢管立杆→悬挑工字钢。在荷载作用下，木楞、水平横杆会产生弯曲变形，钢管立杆会产生竖向压缩变形。一旦杆件变形过大，轻则对混凝土构件的质量产生影响（如标高不准确，平整度超过允许范围，甚至产生结构裂缝），重则使架体受力不均导致架体失稳坍塌，这要求杆件有足够的刚度来抵抗变形。

（2）监测点设置：支架监测点布设按监测项目分别选取在受力最大的立杆、支架周边稳定性薄弱的立杆及受力最大立杆设监测点。监测点布置根据支架平面大小设置各不少于2个立杆顶水平位移、支架整体水平位移及工字钢主梁沉降监测点。

（3）监测频率：在浇筑混凝土过程中应实时监测，一般监测频率不宜超过30min一次，在混凝土初凝前后及混凝土终凝前至混凝土7d龄期应实施实时监测，终凝后的监测频率为每天一次。监测数据超过预警值时必须立即停止浇筑混凝土，疏散人员，并及时进行加固处理。

（4）检测方法：支架沉降的变形监测采用水准仪进行。做法是：在浇筑层底板上选择通视点作为观测层，在框架柱侧面标示出观测基准点（建筑1m线），在观测点位置悬挂钢卷尺，浇筑混凝土前测算出观测点与基准点之间高差，在混凝土浇筑过程中实时进行数值对比，确定变形量。支架水平位移采用水准仪进行。做法是：在浇筑层底板上选择通视点作为观测层，在观测点位置钢管立杆侧面固定一区段200mm长的钢卷尺，浇筑混凝土前，用水准仪对正钢卷尺中心位置，锁止镜头，浇筑混凝土过程中实时进行读数，与中心数值进行对比，确定支架水平位移量。在混凝土浇筑过程中安排专人看模，确保浇筑时螺帽不松落，有松落时及时加固保证安全。观察浇筑过程中支模体系是否发生变形，或者有不稳定现象，若发现有则及时阻止继续浇筑，并及时对所发现的问题进行处理，在保证安全的情况下正确处理不稳定因素。

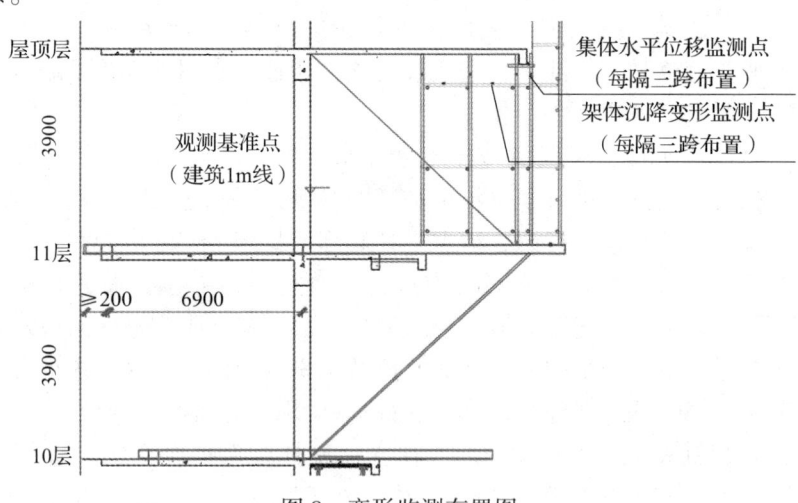

图8 变形监测布置图

7 多排悬挑架拆除

（1）模板拆除前必须有混凝土强度报告，强度达到规定要求后方可拆模。支拆模板时，2m以上高处作业设置可靠的立足点，并有相应的安全防护措施。拆模顺序应遵循先支后拆、后支先拆、从上往下的原则。楼板、梁模拆除，应先拆除楼板底模，再拆除侧模，楼板模板拆除应先拆除水平拉杆，然后拆除楼板模板支柱，每排留1~2根支柱暂不拆，操作人员应站在已拆除的空隙，拆去近旁余下的支柱使木挡自由坠落，再用钩子将模板钩下。等该段的模板全部脱落后，集中运出集中堆放，木模的堆放高度不超过2m。

（2）支模架拆除后进行悬挑工字钢拆除：用两根钢丝绳，一根钢丝绳固定在主梁上，另一根固定在下撑杆件上，塔吊同时勾住两根钢丝绳，待用气割将下撑杆件与建筑物焊接处断开后，主梁由两人通过麻绳拉住，塔吊通过钢丝绳将工字钢缓慢拉出，两人缓慢放松麻绳，待工字钢在空中处于平衡状态后，由塔吊缓慢吊入指定位置；工字钢的拆除应从一端有序拆除或从中间往两端拆除。

8 结语

在沅江农村商业银行办公大楼主体结构施工过程中，针对高空悬挑结构采用悬挑工字钢主梁及下撑+扣件式钢管支架方案，较落地式钢管支架，采用多排悬挑架施工费用节约5%左右，材料损耗率降低2%，工期节约40%；同时采用悬挑支架与传统的落地支架相比，落地式支架安全操作技术难度较大，架体的稳定性较差，对架体基础的要求更高，增加成本。

悬挑脚手架利用安装多根高空悬挑工字钢及下撑杆件，通过满铺脚手板搭设一个高空支模平台，再搭设支模架，通过对架体进行稳定性验算，结果证明该方案安全可靠。施工过程中要按照规范要求对支架沉降、位移和变形进行定期观测。此项技术实施获得了建设单位、监理单位好评，具有较好的经济效益和社会效益，在类似工程施工中可推广应用。

参考文献

[1] 黄国强. 大型商业建筑高大模板支架的设计与施工[J]. 建筑施工, 2017, 39（3）：340-343.
[2] 徐英. 高空大悬挑结构的模架设计与施工[J]. 建筑施工, 2019（5）：137-139.
[3] 熊士斌, 付成刚, 彭丁星, 等. 深圳金立大厦高空大悬挑结构施工技术[J]. 建筑施工, 2017（4）：502-504.
[4] 陈其足, 阚兴明, 曹羽. 奋斗水库悬挑梁板结构模板支架设计与施工[J]. 黑龙江水利科技, 2020, 48（10）：174-176, 232.

高大空间劲性混凝土组合结构施工技术应用

朱文峰　白　勇　邓　烨　朱伟霞　马　俊　谭佳佳　徐　武

湖南省第四工程有限公司　长沙　410119

摘　要： 劲性混凝土是钢与混凝土组合结构应用技术的一种应用形式，它在型钢柱外绑扎钢筋再浇筑混凝土，使型钢结构柱与钢筋混凝土结构协同工作，从而提高整个结构的承载能力和抗震能力。本文以湖南省湘潭市某一在建医院为背景，详细阐述了本项目劲性混凝土结构施工要点。本次应用主要通过Revit和Tekla对劲性混凝土结构进行深化设计、节点优化，并指导钢结构的加工、安装，提高钢结构的安装精度，加强劲性混凝土结构的整体质量。

关键词： 劲性混凝土；三维施工模拟；节点构造；施工技术应用

近年来，随着建筑业发展，高层建筑对结构形式要求愈发多样化，对结构安全性能要求越来越严格，劲性混凝土结构作为一种融合了钢筋混凝土和钢结构优势的复合结构体系，通过现代化先进工业技术改进传统建筑结构形式，提高建筑物空间感，达到降本增效的目标，目前已经得到广泛应用。

劲性混凝土结构的应用，可成功满足大跨度、超高层等复杂构造节点形式的结构受力要求，但也带来了新的施工问题，针对施工过程中施工难度大、焊接困难、操作不便利等因素，通过对劲性混凝土应用技术现场实践、施工工艺创新、构件优化等措施，降低了现场施工难度，保证结构的安全性和可靠性。

1　工程概况

1.1　项目简要介绍

湖南省湘潭市某中心医院建设项目地下结构为1层，地上结构为18层，包括会议中心、行政综合楼、门诊楼、住院楼等单体。主体结构采用了混凝土框架、劲性混凝土框架、钢结构等结构体系，楼板采用了混凝土楼板以及钢筋桁架楼承板，总建筑面积达到了230657.45m²。设计使用年限50年，建筑结构安全等级一级（图1）。

图1　湘潭某中心医院建设项目效果图

1.2 劲性混凝土技术主要应用情况

在本工程中，劲性混凝土主要应用区域为门诊楼中庭和会议中心，其主要结构特点为大空间大跨度结构，同时劲性混凝土结构节点较为复杂（图2）。

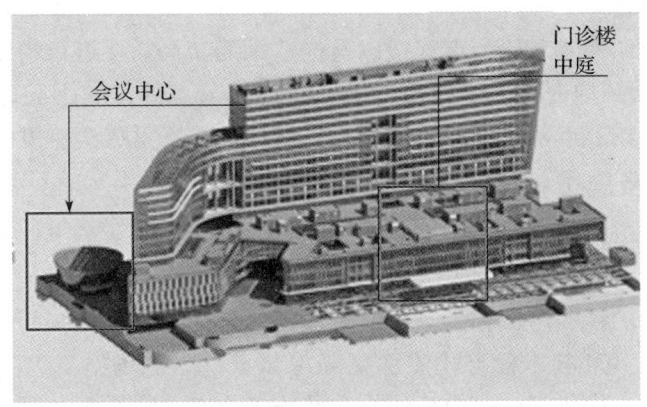

图2 劲性混凝土施工区域

门诊楼中庭最大跨度28m，最大高度20.5m，劲性柱使用H型钢柱，柱截面尺寸为1000mm×800mm、1000mm×900mm、1000mm×1000mm、1200mm×1200mm，使用劲性混凝土Q355B焊接型钢，H型钢截面尺寸为H600mm×500mm×30mm×30mm，钢骨架总质量268.5t，混凝土强度等级C50。

会议中心最大跨度27m，最大柱高18.75m，劲性柱使用H型钢，截面为直径1200mm的圆柱，劲性梁截面尺寸为700mm×1500mm，使用Q355B焊接H型钢梁，H型钢截面尺寸为H550mm×400mm×32mm×40mm，劲性混凝土钢骨架总质量108.8t，混凝土强度等级C50。

2 深化设计阶段

本工程为EPC项目，在原设计方案中，采用了混凝土结构，考虑到门诊楼中庭的跨径达到28m，若采用钢筋混凝土结构，施工难度过大，且结构净空过高，支模架体搭设和模板安装均属于超过一定规模危险性较大分部分项工程作业，既不经济，也存在一定安全隐患。在设计阶段与设计单位沟通将混凝土结构改为劲性混凝土结构，如图3所示。

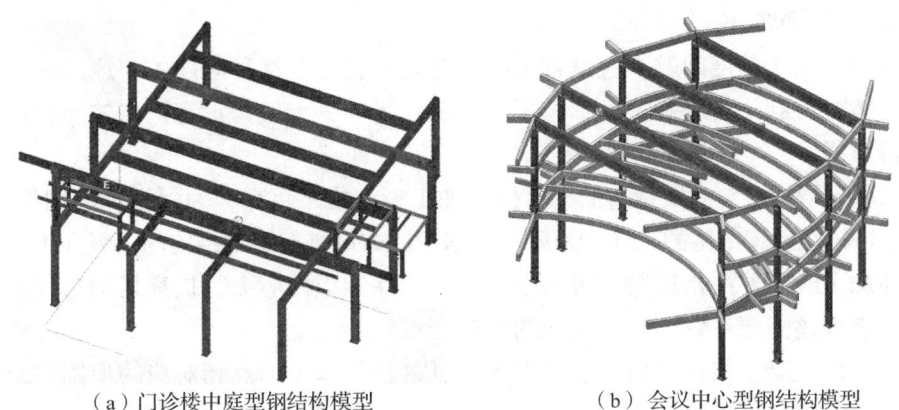

（a）门诊楼中庭型钢结构模型　　　　（b）会议中心型钢结构模型

图3 劲性混凝土结构型钢模型

采用劲性混凝土组合结构，能有效地利用钢与混凝土的性能优势，在满足结构受力的前提下，降低钢的用量，减少结构尺寸，特别是劲性柱结构，大大减少了混凝土的用量，断面直径从钢筋混凝土结构 1.5m 减少到现在的劲性结构 1.2m，钢与混凝土组合结构的运用大大减少了混凝土的用量。

但是劲性混凝土结构，对于节点连接以及构造钢筋布局需要进行精细化设计，通过引用 Revit 软件对该部分钢结构进行三维建模，做好对连接节点部位的钢筋碰撞检查，在满足设计要求的情况下对现场节点部位穿行钢筋进行排布优化，降低施工难度。

3 施工过程分析及施工技术应用

3.1 基于 BIM 的施工过程模拟和技术交底

在劲性混凝土结构施工前，利用 Revit 和 Tekla 进行劲性混凝土结构的施工过程模拟，可以实现对施工工序的精确模拟和预测。通过建立三维模型，如图 4 所示，可以模拟施工过程中的各个阶段，以 BIM 技术标准化流程指导深化设计、现场施工等阶段，可提前解决设计施工中的各种问题，优化钢筋、模板的排布及施工方案，降低复杂劲性混凝土结构因结构复杂而返工的风险和设计施工的难度。

针对现场施工管理人员和钢结构安装厂家利用 Revit 和 Tekla 的可视化交底工作，对施工的步骤进行分解，对施工过程中可能产生的问题和应对措施进行详细的讲解。利用可视化技术交底能够改变传统纸质交底的局限性，实现更加直观、高效的技术传递。通过三维模型和动画演示，施工人员可以更加清晰地理解施工要求和细节，减少误解和错误。

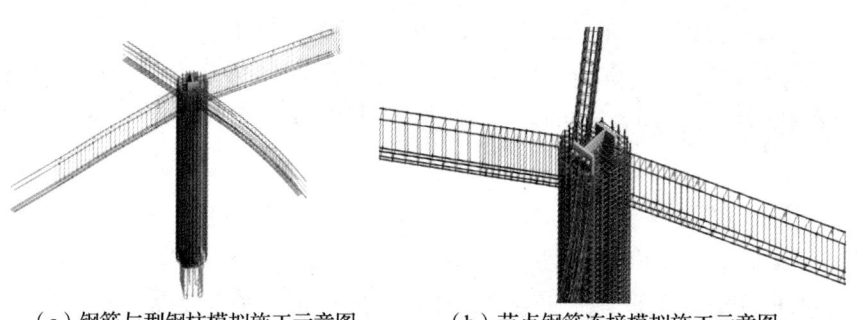

（a）钢筋与型钢柱模拟施工示意图　　（b）节点钢筋连接模拟施工示意图

图 4　劲性柱 Revit 结构模型

3.2 型钢柱、梁加工

钢构件加工制作精度问题一直是常见的问题之一，引起这种问题主要原因包括生产厂家钢结构制作人员对制作流程和技术掌握不够熟练，另外一点就是没有严格按照设计图纸和规范标准进行放样。

劲性混凝土结构安装的质量与加工厂构件加工精度密不可分，为保证现场构件安装精度，在与厂家做好核对型钢结构的尺寸、材质等数据后，方可进行型钢结构的下料加工作业。

钢构件加工时需要严格控制钢板的平整度，消除钢板内应力，提高切割精度，钢板拼接时，在焊接过程还需要注意焊接过程中的焊接变形。

本项目劲性混凝土结构梁柱节点种类繁多且复杂，每个节点相对应的型钢柱截面、梁牛腿标高都需要在安装前和安装后进行逐一核对，避免出现加工误差和安装误差，增加现场施工难度。

3.3 地脚螺栓的预埋

地脚螺栓的预埋安装是保证整个结构稳定性和安全性的关键环节。地脚螺栓的正确安装不仅关系到型钢柱的垂直度、水平度，还直接影响钢结构的整体受力性能。

在施工前制作地脚螺栓定位板，定位板的尺寸和形状应当与设计要求和施工模拟一致，确保其与螺栓的匹配度，并具备足够的刚度和稳定性，在施工过程中不会发生变形或者位移。在定位板上应当做好标记或者刻线便于现场施工人员固定地脚螺栓。

固定完成后将混凝土浇筑至型钢柱底部50mm处，预留型钢柱调平空间，如图5所示。

3.4 型钢柱、梁的安装

型钢柱施工过程中，需要考虑测量误差、型钢结构加工误差、型钢结构安装误差等多个条件因素，因此需要采用精细化施工的方法。在型钢柱安装前将全站仪布设在主控线交点上，并在型钢柱顶部和底部安装好亮片，保证全站仪与型钢柱之间没有遮挡物。在型钢柱吊装的时候要对型钢柱水平位置进行观察，确保型钢柱位置与设计要求一致，并在吊装过程中实时观测垂直度。在观测过程中发现

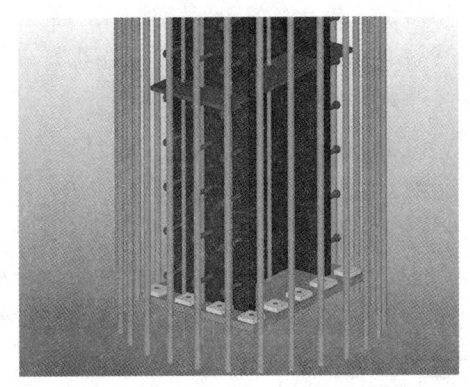

图5 地脚螺栓施工三维模拟图

水平位置和垂直度有偏差，使用千斤顶对型钢柱进行调直纠偏。在吊装完成后需要对型钢柱进行最终观测，符合要求后与临时支撑进行定位焊接固定。

施工完成后，应进行全面的验收工作，包括外观检查、尺寸测量、无损检测等，确保型钢柱的施工质量满足设计要求和相关标准。符合要求后在基础承台与型钢柱底部空隙内灌注C60高强无收缩灌浆料以填满空隙，如图6所示。

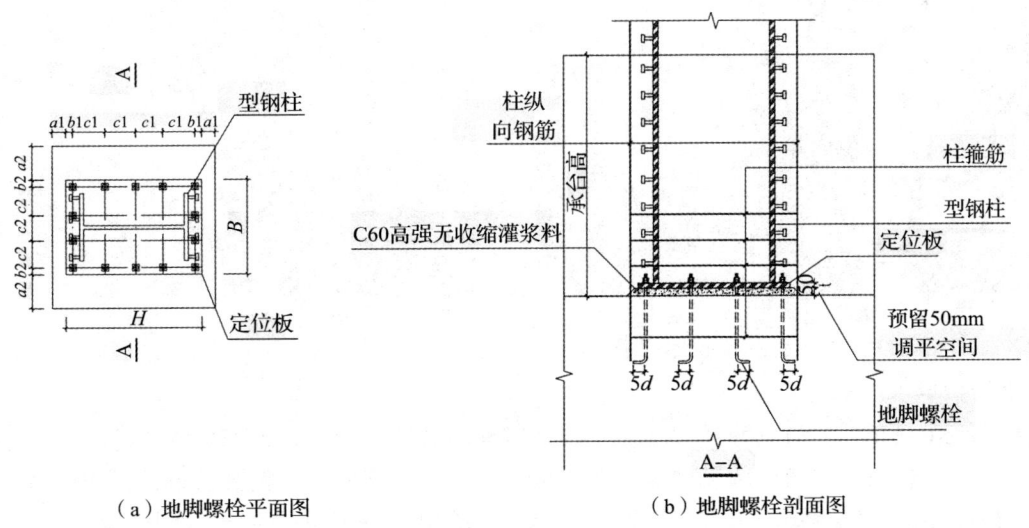

图6 地脚螺栓施工图

3.5 钢筋绑扎

钢筋绑扎是确保结构稳定性和安全性的关键环节。这一过程涉及对钢筋的精确布局、固定以及连接，从而形成一个整体受力体系。在绑扎前，对钢筋进行预处理，如调直、除锈和

切割等，确保钢筋的质量和尺寸满足设计要求。

绑扎过程中，采用专用的钢筋夹具和扎丝，按照 Revit 模拟施工深化的间距和排列方式进行绑扎。同时，确保钢筋之间的连接牢固可靠。在绑扎过程中，还需特别注意钢筋的保护层厚度，避免钢筋外露导致结构耐久性受损。在钢筋绑扎过程中要尽量避免对钢骨架的扰动，避免出现钢骨架偏位的状况。

3.6 梁柱节点的施工

劲性混凝土结构梁、柱节点的施工是项目的难点之一，是保证结构安全性的重要节点，钢筋与型钢连接方式主要有直锚绕行、钢筋弯锚、钢筋穿孔、钢筋连接器、连接板焊接几种方式。

由于钢骨架的特殊性，加之柱筋与梁筋交叉，致使节点位置钢筋的穿行、焊接、锚固空间受限，施工难度大大增加。

3.6.1 钢筋穿行

柱外侧纵筋和屋面梁顶部纵筋不受型钢梁和型钢柱的影响可以直接穿行，这类钢筋可以先行施工，直接进行直螺纹套筒连接，钢筋整体性和施工质量不受影响，如图 7 所示。

3.6.2 钢梁开孔

无法穿行的位置，这里分为几种情况，一种是梁或柱纵筋中部钢筋受钢柱或钢梁翼缘影响无法穿行，另一种是节点位置箍筋无法穿过钢梁腹板。

针对这两种情况，一般选择焊接或者开孔穿行的施工方法，通过 Tekla 建模情况观察，在节点位置钢筋过于密集，没有焊接的施工作业条件，经过与设计沟通决定在这个位置穿孔，并对穿孔位置焊接钢板补强，如图 8 所示。

图 7 钢筋穿行三维模拟施工图

图 8 钢梁开孔三维模拟施工图

3.6.3 与连接板焊接

无法从外侧穿行的与垂直于钢梁的连接板焊接，梁第一排纵筋与垂直于柱的连接板焊接，第二排纵筋制作剥肋滚压直螺纹连接接头拧入钢筋连接器，钢筋连接器是通过使用直螺纹套筒焊接在钢柱的翼缘板上，而直螺纹套筒焊接前必须进行拉拔试验。如图 9 所示，钢筋连接器、连接板焊接都不应小于被连接钢筋实际拉断力的 1.1 倍钢筋抗拉强度标准值对应的拉断力。在设计说明和深化设计中，明确了使用双面焊，焊缝长度 $5d$，属于一级焊缝，均采用二氧化碳气体保护焊进行焊接，二氧化碳气体保护焊焊接技术在焊接过程中性能稳定，焊接外缝美观，无气孔、裂缝等缺陷，具有较高的生产率。

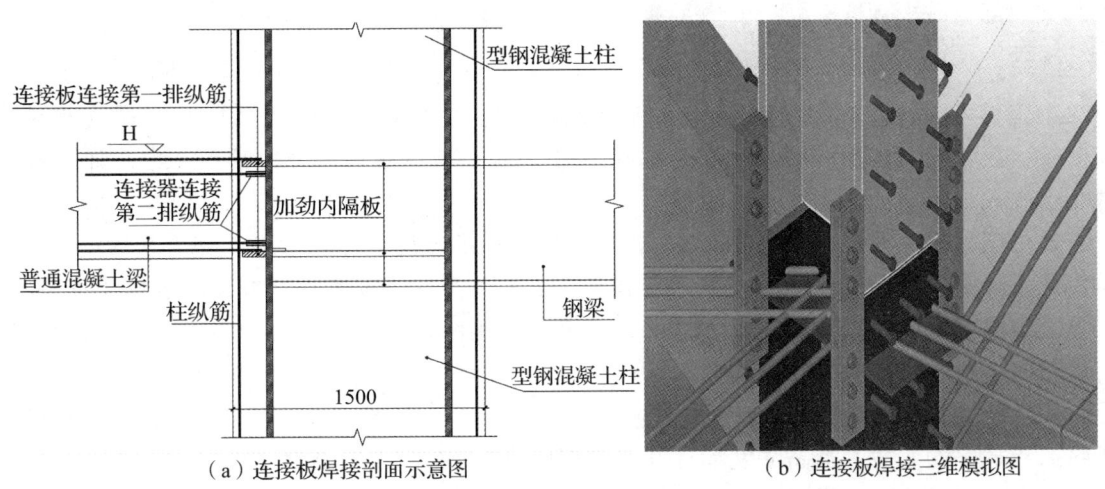

(a) 连接板焊接剖面示意图　　　　(b) 连接板焊接三维模拟图

图 9　劲性梁、柱节点钢筋示意图

第二排钢筋的钢筋连接器，在加工厂焊接到型钢梁、柱上，连接板焊接钢筋应从连接板内侧向外侧对称焊接，先焊接梁底筋，再焊梁面筋，这样能最大程度的保证焊接工人的施工作业空间不受钢筋影响。

3.7　模板安装

模板设计必须考虑到承载能力、稳定性以及与混凝土浇筑过程中的相互作用。安装过程开始时应对结构边线和控制线检查，确保其水平位置设计要求。

随后，根据施工图纸进行模板的组装，通常先从柱子模板开始，因为它们为梁模板提供支撑点。在安装柱子模板时，使用全站仪确保垂直度，并通过临时固定件保持其位置。梁模板则需要与柱子模板精准对接，以保证梁的直线度和结构的整体性。所有连接点和支撑系统都必须牢固，以防在混凝土浇筑时发生位移。

安装完成后，应对模板系统进行全面检查，确认无松动或变形，并确保其能够承受混凝土浇筑时的压力。在浇筑前对模板内部进行清洁，去除杂物和水分，以避免影响混凝土的质量。

3.8　劲性混凝土的浇筑

劲性混凝土结构的混凝土浇筑是一个复杂的过程，由于劲性混凝土一般钢筋较密集，钢筋间距较小，加之钢骨架的存在，在浇筑的时候需要严格的工艺控制和精细的操作。在浇筑过程中产生混凝土缺陷由于钢骨架的存在和钢筋间距过小，几乎无法修补。振捣引起的钢骨架、钢筋偏位，也会导致安装钢梁由于螺栓孔位偏差无法对齐安装困难。无论以上哪种情况的出现都将导致严重的质量缺陷，进而影响结构安全。

根据设计要求，会议中心劲性混凝土柱强度等级为 C35，劲性混凝土梁强度等级为 C30，门诊楼中庭劲性混凝土柱强度等级为 C50，粗骨料最大直径不大于 25mm。

所以在浇筑的时候选择自密实混凝土浇筑，自密实高性能混凝土具有较高的流动性、较好的黏结性以及可观的填充性。在重力作用下不需要人工进行操作即可自动填充，且填充后产物密实，另外，这种自密实高性能混凝土还具有很好的力学性能和持久性。一方面减少振捣和敲击，避免在浇筑混凝土时导致钢骨架和钢筋偏位，将劲性混凝土柱水平位移控制到最低，避免后续钢梁螺栓孔位无法对齐。另一方面在钢筋繁密的情况下，混凝土自身亦可充盈钢骨架内部，减少劲性混凝土的质量缺陷。

4　总结

本工程采用劲性混凝土组合结构施工技术较之传统混凝土框架结构减少混凝土用量286m³，减少钢筋用量36.30t，施工时间节省25%，节约成本约50万元，综合降低碳排放195.05t。

在施工过程中通过Tekla、Revit等建模软件的三维可视化优点，提前介入劲性混凝土结构深化设计，避免出现施工过程中复杂节点施工返工，推进困难等情况，增加施工便利性，降低现场施工难度。同时，利用BIM技术交底的可追溯性和可更新性也得到了极大的提升，有助于施工过程中的质量管理和控制。

劲性混凝土组合结构以其独特的优势及结构特点，为建筑的设计、使用、施工、后续维护带来了显著的效益，其高强度和良好的抗震性能为医院门诊楼提供了更大的空间，从而使人员的流动路径简洁明了，避免复杂的转弯和交叉，以减少人员的移动时间和疲劳，高大空间使会议中心能够容纳更多的参会人员，提供舒适的参会环境，提高参会人员满意度。

通过在大空间结构的施工技术应用，结合本项目劲性混凝土多种组合结构、施工节点复杂、钢结构安装难度高、焊缝施工难度较大的特点，提供类似项目劲性混凝土结构施工经验。

参考文献

[1] 张玉品，延汝萍. ABC连体建筑超大截面劲性混凝土异型梁施工技术［J］. 工业建筑，2012，42（S1）：640-643.

[2] 尚恺郴. 建筑钢结构制作安装常见的质量问题及防控措施［J］. 建材发展导向，2023，21（4）：54-56.

[3] 寇宇. 劲性混凝土节点优化施工技术研究［J］. 工程质量，2020，38（2）：79-82.

[4] 中华人民共和国住房和城乡建设部. 复杂型钢混凝土结构节点构造：16GS523-2［S］. 北京：中国计划出版社，2016.

[5] 孙炎，陆琪. 二氧化碳气体保护焊双面成型焊接技术应用分析［J］. 现代制造技术与装备，2020，56（10）：142-143.

[6] 张庆耀，刘毅，代渠平，等. 自密实高性能混凝土在建筑结构方面的研究与应用分析［J］. 居舍，2019（28）：22-23.

锚索自由段渗漏埋管后注浆施工技术

李勤学　谭丽花

湖南省第四工程有限公司　长沙　410004

摘　要：在深基坑支护中，桩锚体系因其适应复杂地质条件、经济性和安全性优势而广泛应用。然而，封闭止水帷幕施工下，锚索穿越时易对帷幕造成破坏，导致锚头部位长期渗水，进而引发锚具锈蚀和预应力损失，影响边坡稳定。为消除锚索漏水带来的安全隐患，经过研究与实践，对支护结构和防水材料进行了工艺创新。通过增设遇水膨胀止水环，有效阻止了支护桩后锚固段和自由段孔径的渗水现象。同时，在冠（腰）梁中提前预埋了后注浆管道，一旦出现渗水，便能迅速进行注浆堵漏作业。改进措施不仅提升了基坑支护的防水性能，还增强了结构的耐久性和稳定性，为复杂地质条件下的深基坑施工提供了更为可靠的保障。

关键词：基坑；预应力锚索；渗水；止水环；后注浆；预埋管

　　桩锚支护形式是目前深基坑支护方法中最常用的一种，它主要由一系列排桩和预应力锚索组成，常用的普通拉力型钢绞线在后期现场施作编束锚索时，在每根自由段钢绞线外包PVC管，以及在自由段末端进行紧箍和闭封处理，确保锚索张拉时自由段锚索张拉时PVC管包裹的钢绞线自由伸长而形成预应力。随着基坑不断向下开挖，时常发生预应力锚索在张拉锁定后，在封闭的自由段末端极易破损，造成穿透止水帷幕的渗水在自由段PVC管内或沿光滑PVC管外壁形成渗水路径；长时间的锚索渗漏水，会引起基坑周边地下水位不同程度的下降，导致周边管线、建（构）筑物的不同程度沉降，对基坑造成安全隐患。

　　现通过事先在自由段锚索通道内安装遇水膨胀止水环及在冠（腰）梁处预埋注浆管进入预应力锚索通道内，当出现渗漏时，采用环氧树脂注浆料通过预埋PE管对锚索通道进行注浆，堵漏作业可一次完成，能快速消除锚索漏水，施工作业既便利又快捷，很好地防治边坡渗漏的同时，也保障了边坡的安全。刘峥志等通过基坑支护预应力锚索预埋管防堵漏施工技术，事先在冠（腰）梁处预埋注浆管进入预应力锚索通道内，当出现渗漏时向预埋注浆管灌入环氧树脂，将渗水通道阻塞，达到堵漏效果；赖广文等通过深基坑支护工程中锚索防渗新技术的应用，解决了深基坑桩锚支护体系中的渗漏问题，在锚索支护中取得了良好的防渗效果和经济效益；徐正凯等应用某隧道工作井深基坑渗漏及堵漏处理技术，以某隧道工作井施工为例，简要分析了基坑开挖过程中出现的渗漏现象的原因，并有针对性地调整了施工工序及采取了双液注浆及聚氨酯注浆等堵漏措施，确保了基坑施工的安全。

1　工艺原理

　　为更好地解决预应力锚索渗漏水问题，将事后处理转变为事先预防性控制，在预应力锚索制作时套入外环200mm、内环直径75mm、高50mm、厚度20mm的遇水膨胀止水环，遇水膨胀止水环安装位置固定于止水帷幕与冠（腰）梁相接处，并在冠（腰）梁处预埋直径PVC75套管，止水环与PVC75mm套管相接50mm处，采用防水砂浆及钢丝网进行填充封闭，同时事先在冠（腰）梁处预埋直径75mmPVC管接入变径三通75mm×25mm管，安装埋设直径 25mm 注浆软管，伸出冠（腰）梁上方混凝土面 250mm，一旦出现锚索漏水，从预埋的注浆管口实施注浆，便可有效解决预应力锚索渗漏水问题。

2 施工工艺流程及操作要点

2.1 工艺流程

施工准备→常规锚固段及自由段锚索制作→自由段锚索 PVC 套管安装→锚固段和自由段锚索全断面注浆→冠（腰）梁钢筋绑扎→遇水膨胀止水环及预埋管安装→冠（腰）梁混凝土浇筑及养护（28d）→预应力锚索张拉锁定→出现渗漏注浆堵漏准备→PE 注浆管口灌入环氧树脂→堵漏完成。

2.2 操作要点

2.2.1 施工准备

相关管理人员熟悉基坑支护图纸，并且掌握各项技术参数。施工前，项目部技术负责人组织所有管理人员进行基坑支护方案交底，明确施工顺序和方法等内容，组织施工班组进场，做好入场安全教育培训，针对锚索冠（腰）梁施工进行详细的安全技术交底。

2.2.2 常规锚固段及自由段锚索制作

常规锚索的制作在钻孔时同时进行编束，按图纸设计要求制作，由锚固段及自由段锚索体系组成，锚固段由多股钢绞线、承载体、导向帽、挤压套、注浆管组成；自由段由多股钢绞线、支架环、穿钢绞线的 PVC 平滑套管、锚垫板及锚板等组成；具体制作工艺及质量控制要点按规范及常规制作要求。如图 1 所示。

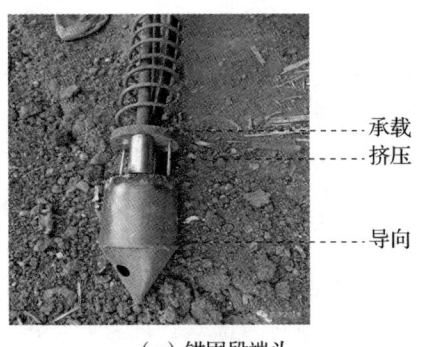
（a）锚固段端头

（b）锚固段锚索制作

（c）自由段锚索制作

图 1 锚固段及自由段锚索制作

2.2.3 自由段锚索 PVC 套管安装

普通拉力型钢绞线通过现场施作编束时，在每根钢绞线外包 PVC 管，常规直径为

20mm，并在钢绞线上涂抹黄油进行润滑、防腐，以及在自由段末端进行紧箍和封闭，自由段锚索制作需有效防止浆体进入自由段形成胶结，也需有效确保锚索张拉时 PVC 管包裹的钢绞线自由伸长而形成预应力。

2.2.4 锚固段和自由段锚索全断面注浆

锚索的注浆采用孔底返浆的一次全断面注浆工艺，即在孔底绑定注浆管并要求严禁上拔的情况下，采用浆体自孔底一直返浆至孔口的一次注浆工艺，从而有效利用浆体的自身重力和黏度提供锚索的有效注浆压力，从而确保锚索锚固段的锚固力。而如果地层性质软弱，采用一次注浆无法实现有效的锚固力，可能需要采用二次注浆工艺进行压力注浆，即对锚索的锚固段进行压力注浆，从而实现锚固能力的有效大幅提高。而无论采用一次注浆还是二次注浆工艺，均不能影响锚索自由段的自由。具体注浆施工要求为：水泥砂浆初浆速率最高，水灰比为 0.40~0.50，常压下为 0.5MPa。根据工程的实际情况，确定灌浆压力和灌浆时间，从底至顶段灌浆。

2.2.5 冠（腰）梁钢筋绑扎

根据设计图纸要求绑扎冠（腰）梁主筋与箍筋，确保间距符合施工规范与设计要求。主筋连接处，利用直螺纹套筒实现高效连接。PE 注浆管可用铁丝固定在钢筋上，确保稳固。

2.2.6 遇水膨胀止水环及预埋管安装

遇水膨胀止水环在施工前，确保施工面干燥、清洁，并确保止水环的质量符合要求，采用外环 200mm、内环直径 75mm、高 50mm、厚度 20mm 规格型号的遇水膨胀止水环，将止水环穿过锚索，安装在锚口处，并由冠（腰）梁处预埋的 PVC75 进行包裹，止水环与PVC75 保护套管管头相接 50mm 处，提前采用防水砂浆及钢丝网进行填充封闭，混凝土浇筑过程中确保与止水帷幕、腰梁结构贴合紧密，可有效防止止水帷幕锚索口处出现渗漏及后期因非锚固段封闭绕渗现象（图 2）。

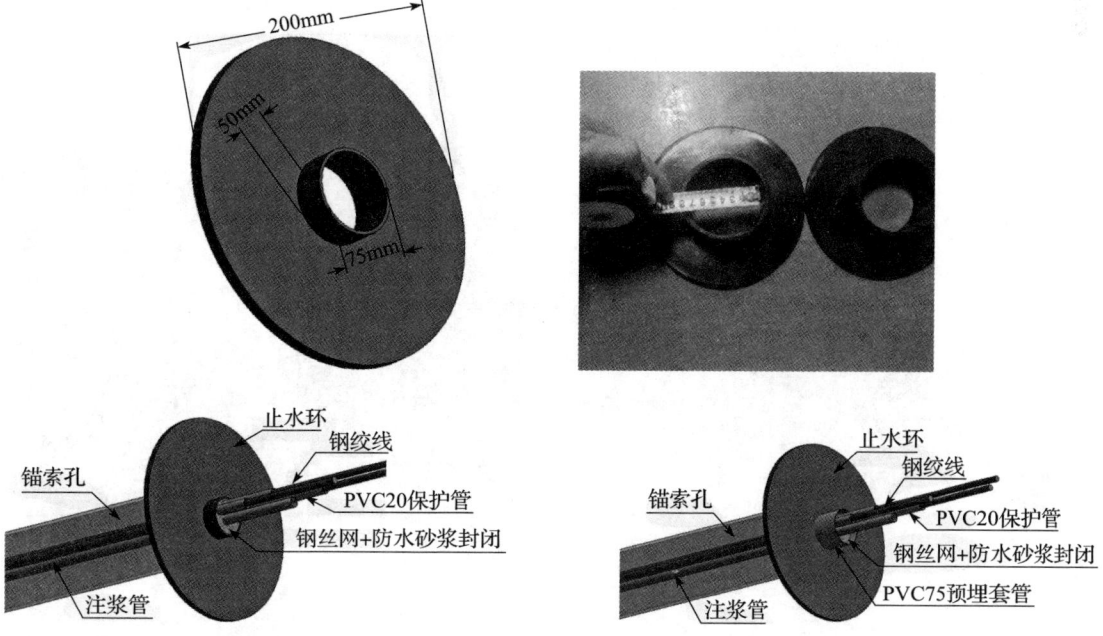

图 2 遇水膨胀止水环安装

注浆完成后,在腰梁施工前,准备好 1 段 φ75mm PVC 保护套管,并将一端切割成坡口,角度与锚索倾斜角度相符,截断原钢绞线外包平滑 PVC 直径为 20mm 管,将同孔所有锚索全部穿入 PVC 保护套管,然后将 PVC 保护套管插入冠(腰)梁底部,并穿过遇水膨胀止水环。

使用台锯或手持切割机将成捆的 φ25mmPE 注浆管精准地切割成小段,每段确保长度约为 1m,PE 注浆管不允许出现压扁、折痕、刺穿等损坏,否则废弃。在 φ75mm PVC 保护套管中段需安装变径三通 75mm×25mm,φ25mmPE 注浆软管安装在此变径三通上,调整另一端的角度,使其尽可能竖直朝上,并使用扎丝将其位置固定,保证伸出冠(腰)梁混凝土顶面以上长度不小于 250mm,这部分伸出的 PE 注浆管应使用透明胶带进行包封,以防止在浇筑混凝土时,混凝土进入 PE 注浆管并造成堵塞(图 3~图 5)。

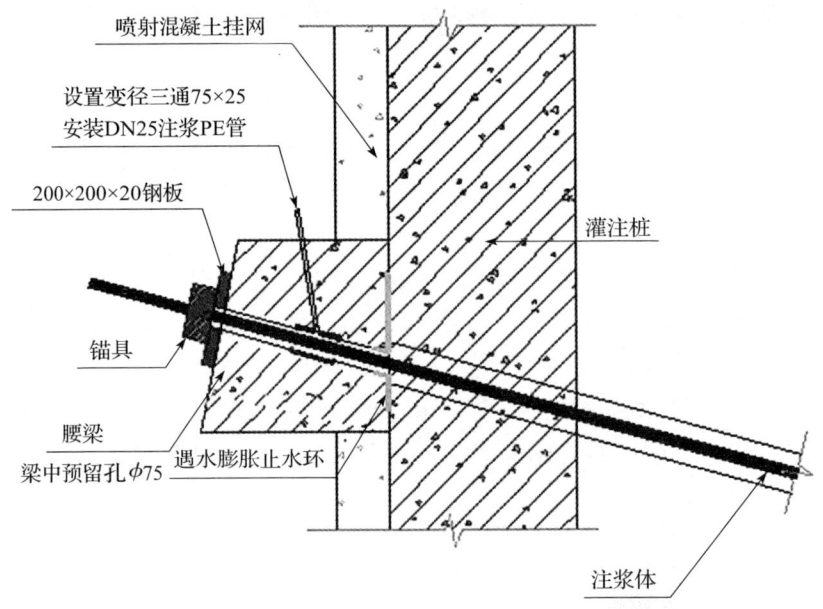

图 3　PE 注浆管及遇水膨胀止水环安装位置

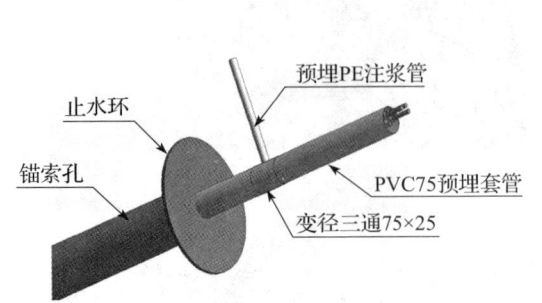

图 4　PVC75 套管与 PE 注浆软管组装图

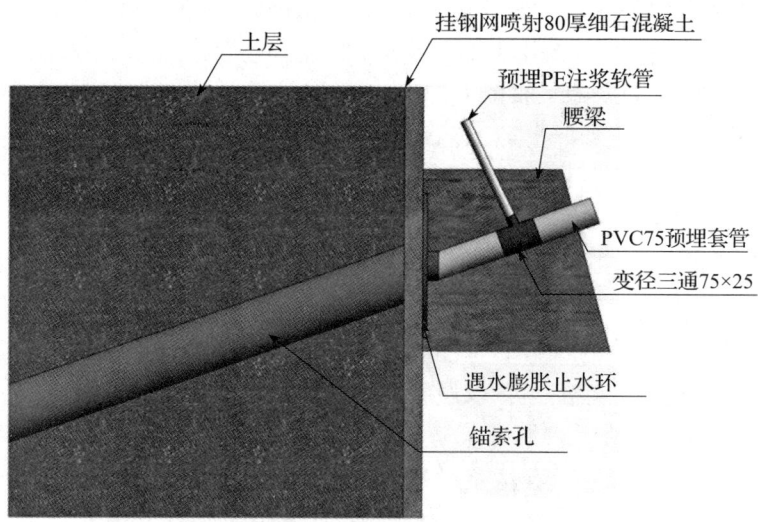

(a）桩间土遇水膨胀止水环及注浆系统安装示意图

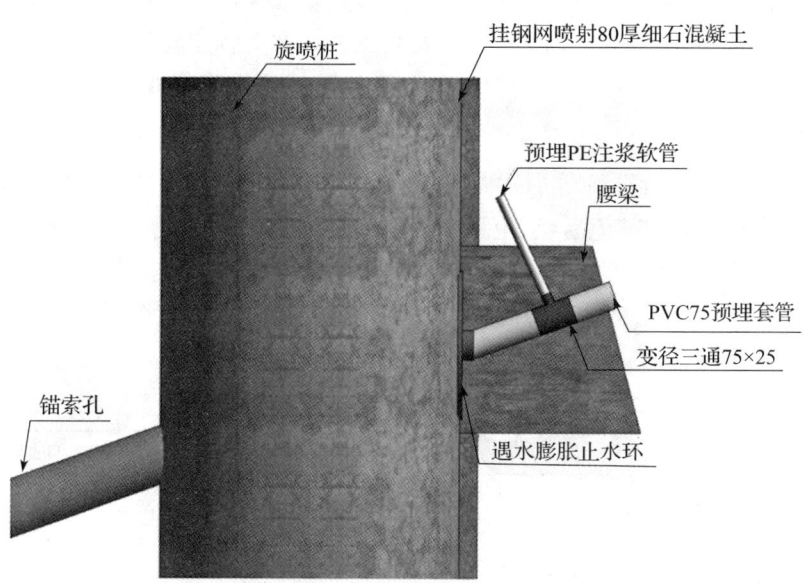

(b）旋喷桩止水帷幕遇水膨胀止水环及注浆系统安装示意图

图 5　PE 注浆管及遇水膨胀止水环安装示意图

2.2.7　冠（腰）梁混凝土浇筑及养护

PVC 保护套管及 PE 注浆管、止水环位置安装准确后，安装冠（腰）梁模板，开始浇筑冠（腰）梁混凝土，浇筑混凝土时，注意振捣密实，特别是锚索 PVC 保护套管及 PE 注浆管、止水环位置周边，混凝土采用泵送混凝土，强度等级为 C30，混凝土浇筑完成，根据施工环境、气候条件和使用的水泥品牌及时进行养护，养护时间不少于 14d。

2.2.8　预应力锚索张拉锁定

锚索压力灌浆后，养护至强度等级≥15MPa，并达到设计强度等级的 80% 后方可进行张拉。锚杆张拉控制应力，不应超过拉杆强度标准值的 75%。正式张拉宜分级加载，每级加载后，保持 3min，记录伸长值。锚杆张拉至 1.1~1.2 倍设计轴向拉力值时，若土质为沙土则保持10min,若土质为黏性土则保持15min,且不再有明显伸长,然后卸荷至锁定荷载进行锁定作业。锚杆锁定工作,应采用符合技术要求的锚具。当拉杆预应力没有明显衰减时,即可锁定拉杆,锁定预应力以设计轴拉力的75%或支护设计文件中锁定值为准。锁定后,若发现明显预应力损失,则应参照上述工艺进行补偿张拉。

2.2.9 出现渗漏,注浆堵漏

锚索完成张拉和锁定后,锚头出现渗漏现象,并开始注浆准备,确保基坑的稳定性和安全性。锚头未出现渗漏,则无需进行特殊处理。为确保注浆工作的顺利进行,需要提前采购足够的注浆材料,应按照施工计划和可能出现的渗漏情况,合理预估并购买足够的数量,在开始注浆之前,了解环氧树脂的材料的特性、配比方法和注浆技巧,并对操作工人进行技术安全交底。准备一个不锈钢浆液漏斗,以便将环氧树脂顺利地灌入PE注浆管中。

注浆方式采用高位漏斗法,将漏斗插入PE注浆管头,确保漏斗头与注浆管头连接紧密,将配制好的注浆液倒入漏斗,在注浆过程中,密切观察锚头渗水情况。当注浆液与地下水接触时,会发生反应,产生CO_2气体,同时注浆液体积膨胀,沿锚索渗漏通道挤出,锚索通道内的水也被完全排出,此时,应继续注浆,直至锚头渗出黄色环氧树脂与地下水的混合液。当锚头持续排出环氧树脂发泡体时,表明注浆已到达预定位置,此时应停止注浆。将PE注浆管口对折,并用铁丝绑牢,确保注浆管口封闭,防止注浆液回流或地下水倒灌。

3 效益分析

通过实施锚索自由段渗漏埋管后注浆施工技术,有效形成止水屏障,防止因锚索孔与冠(腰)梁相接处周围渗水,避免后续因渗水钻孔注浆控制面大大增加,增加大额人材机费。如出现渗水,采用环氧树脂注浆料通过预埋PE管对锚索通道进行注浆,堵漏作业可一次完成,施工作业既便利又快捷,具有很高的可靠性,很好地防治边坡渗漏的同时,也保障了边坡的安全,效益明显(表1)。

表1 经济效益比较

序号	主要材料及设备	传统施工方法	按本工法施工
1	材料消耗	注浆材料50000元 脚手架租赁费25500元	预防减少渗水,基本无注浆材料
2	人工消耗	需重新钻孔、脚手架搭拆、注浆人工费: 50工日×450元/工日=22500元	止水环、预埋注浆管安装及注浆人工费: 10工日×280元/工日=2800元
3	机械消耗	高压注浆机械费:5500元	无
4	合计	103500元	2800元

参考文献

[1] 刘峥志,陈来勇,雷斌.基坑支护预应力锚索预埋管防堵漏施工技术[J].施工技术,2023,52(13):37-41.

[2] 赖广文,许海鹏,王静山.深基坑支护工程中锚索防渗新技术的应用[J].广东土木与建筑,2018,25(5):72-75.

[3] 徐正凯,薛鸣鹤,廖金登,等.杂填土地质条件下高边坡预应力锚索施工技术[A].2022年全国土木工程施工技术交流会论文集:上册[C],2022:255-257.

预播草籽土工格栅加筋土边坡支护施工技术

李军林

湖南省第四工程有限公司　长沙　410119

摘　要：由于加筋土技术的迅速发展，土工格栅已被广泛应用于各种边坡防护工程。土工格栅这种新型加筋材料，在高填方区域生态边坡防护工程的运用效果尤为显著。本文根据近年在边坡支护工程中运用土工格栅加筋技术的施工经验，探讨植基土袋预播草籽土工格栅加筋土边坡支护施工技术及应用，为类似工程施工提供科学、可信的依据。

关键字：预播草籽；土工格栅；加筋土；边坡支护

边坡支护是指为确保边坡环境安全和稳定，对边坡所采用的加固和防护措施。常用的支护结构类型，如：重力式挡墙、扶壁式挡墙、悬臂式支护、排桩锚杆挡墙支护、坡面锚喷支护等。这些常规的边坡支护工程造价较高，对原土扰动影响很大，不符合国家生态环境保护的要求。

土工格栅作为一种新型加筋材料，适合于高填土区域边坡防护，属于生态边坡防护体系，与区域地形特征和地质条件相和谐，经济合理，生态环保。笔者在湖南省郴州市某项目边坡支护施工中，通过应用预播草籽土工格栅加筋土边坡防护技术，获得了很好的经济、安全、质量、环境效益。

1 概述

1.1 技术原理

土工格栅的原材料为高密度聚乙烯（HDPE），本技术采用的单向土工格栅为在整体的高密度聚乙烯板材上精密冲孔，然后定向拉伸后形成的格栅。工艺上的这种拉伸作用，使聚合物分子重新定向排列，定向排列的分子使节点的整体性更好，同时提高了抗拉模量，使格栅在低应变时就能发挥出较高的抗拉强度。

以单向塑料土工格栅作为拉筋，以黏土为填充料，通过在回填土中分层植入土工格栅组成复合土体，作为高填方边坡结构。土工格栅连续的网状构造，使其能均匀地加固土体，增强土与加筋材料之间的摩擦作用，使回填土料与格栅形成稳定的整体复合结构，具有优异的耐久性、耐腐蚀性和良好的温度适应性能，应用周期长，满足永久性工程需要。

边坡面采用植基袋装填黏土码砌而成，下层土工格栅反包植基袋后与上层土工格栅连接一起锚入土体，起到固定坡面作用。植基土袋装填土料前，预先在土料中播入草籽，待边坡施工完成后，草籽生长成型，构成生态环保边坡体。

技术原理如图1所示。

预播草籽土工格栅加筋土边坡的坡度、高度、土工格栅分布情况等由设计单位根据现场地质情况和勘察结果，经计算确定。根据相关规范，填方区土工格栅复合土体及其后方一定范围内填土压实度不低于94%。

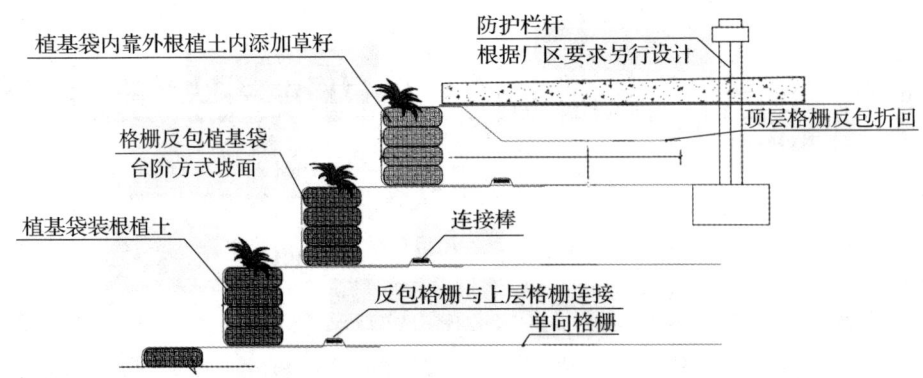

图 1 技术原理图

1.2 技术特点

（1）采用预播草籽土袋坡面防护技术，进行边坡施工和绿化同步施工，以减少水土流失，同时降低了后期坡面绿化施工的高处作业安全风险。

（2）填充料可就地取材，施工方便。与传统支护构件比较，可节省大量钢材、水泥、砂石料、木材、水资源等，可减少碳排放量，降低对环境的损害。

（3）使用经过定向拉伸后的土工格栅，抗拉强度及蠕变强度高，整体性好。

（4）格栅之间使用连接棒连接，操作简便，施工效率高。

（5）可使用相关土石方机械配合作业，机械化作业水平较高。

（6）综合使用隔水排水措施，能够减少地下水和渗入水对边坡结构的破坏，安全可靠。

1.3 适用范围

本技术适合于岩土工程领域，特别是公路、铁路、建筑等各种高填方边坡，采用生态环保施工方法的护坡工程。

2 工艺流程

工艺流程如图 2 所示。

3 操作要点

3.1 施工准备

根据设计图纸及现场地质情况，清除杂物。根据坡顶位置及设计坡度，计算出坡脚基础边线，根据主控线，按设计图纸测设基坑边线和控制线。同一护坡面不同高程点要分段进行核对校正。

3.2 基床施工

按基床设计标高开挖，并平整基底，检验基础持力层是否与设计要求相符。当底面横坡陡于20%时，须开挖台阶，台阶宽度≥2m。地基承载力符合设计要求，基底不得存在尖锐状或硬物，以免损坏格栅。

基床开挖至设计标高后，按设计要求整平夯实，并检测压实度，应达到设计要求。

3.3 格栅铺设

按规定位置铺设底层加筋格栅，预留出设计规定的反包长

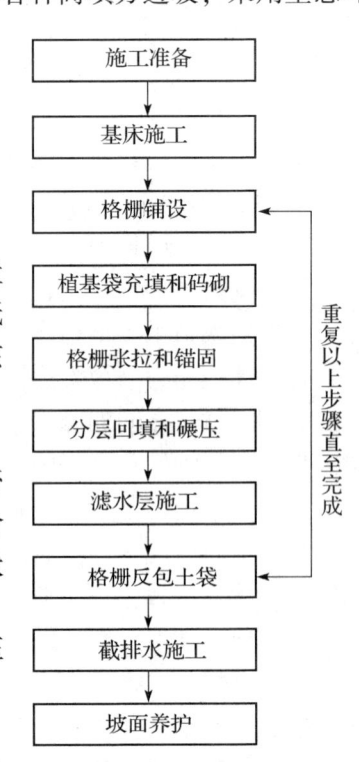

图 2 工艺流程图

度。筋材铺设应水平。其铺设位置、长度和方向符合图纸要求。格栅长度方向垂直于边线，展铺平顺，张紧勿使褶皱。

格栅应铺设至开挖台阶末端，格栅铺设长度不应小于设计长度，且以铺设至台阶末端的实际长度为准。

3.4 植基袋充填和码砌

生态植基袋内靠外侧按设计要求为根植土内掺草籽，填料土装入植基袋并封口。土袋沿线性水平横向码放，并做整平处理。

按设计位置及标高，实施例每 500mm 铺设一道土工格栅，放置 4 层充填好填料的植基土袋。顺方向码堆，植基土袋靠紧，并用木制夯锤夯平。

3.5 格栅张拉和锚固

在土袋后、格栅上填铺适量的土料，格栅另一端用张拉梁尽量拉紧，铺设应平整。每隔 1.5~2m 用 U 形钉固定到地面上。格栅端部进行回折，回折长度应符合设计规定。接头处的连接采用连接棒，连接棒材质与土工格栅相同。

3.6 分层回填和碾压

铺设时应使下层填料表面平整，不得有尖锐棱角的粒料，以免损坏格栅。两道土工格栅间的设计间距一般为 0.5m。分层碾压，每层压实后的厚度为 0.25m。为了防止格栅在施工中被机械伤害，机械履带不得直接接触格栅，之间应有 0.15m 厚的填土层。在近结构面 1.5m 范围内，采用轻型压实机或碾压机施工。

摊铺填料时按前进方向摊铺，施工机械距边坡面保持不少于 2m 的距离。碾实作业时，反包格栅应暂时折放于土袋顶上。加筋区填料压实度应 > 94%，压实度到达要求后，即可实施上层格栅的铺设工序。

3.7 滤水层施工

坡体根据填料性质，做好截水和排水。在后背原状土交接处及支护结构内部，采用碎石排水层或盲沟，排除可能危害土工格栅的地下水。

土工格栅加筋土边坡末端，竖向通长铺设 20~30cm 厚碎石排水层；平面按设计要求做碎石排水盲沟，竖向间距一般取 10m。

在设计滤水盲沟下面，碾平 200mm 厚黏土隔水层，然后铺设碎石滤排水层，碎石滤排水层外包无纺布，无纺布上再用黏土填平压实。

3.8 格栅反包土袋

回填土碾压平整并经验收合格后，进行上层植基袋码砌施工。植基袋填料土装填及码砌，施工要求同 3.4 所述。

将下层预留的格栅反包住土袋后，与上层格栅用连接棒连接在一起。用张拉梁施加张拉力，保持张拉格栅的同时，铺填一层土料，同时用 U 形钉固定。

重复 3.3~3.8 步骤，直到完成设计要求的所有填土施工。

最顶层土工格栅锚固长度应足够长，并埋入填土里，保证对格栅的约束力足够。填料由中心向两侧对称分布，平面上使其呈凸形，使筋材一直受拉。施工机械形成的车辙痕，不要超过 7~8cm。

本实施案例边坡设计坡度为 1∶0.75，从边坡顶部向下每隔 10m 设置一马道，马道宽度 2m。竖向每隔 500mm 水平铺设一道土工格栅。

3.9 截排水施工

加筋土边坡之坡面、坡体应有良好的排水体系，边坡顶及马道顶面全宽做 500mm 厚黏土隔水层，并设横坡，将路面水引至总排水沟排走。

根据设计要求，做好排水截水设施，坡底需做好排水沟，将边坡泄出地面及地下水排到雨水系统。

3.10 坡面养护

加筋土边坡施工完毕后，用绿网覆盖保水保湿，以利草籽生长，从而形成坡面绿植防护坡面。

4 施工质量控制

4.1 质量标准

《建筑边坡工程技术规范》（GB 50330）、《土工合成材料 塑料土工格栅》（GB/T 17689）、其他国家有关技术规范、规程、招标文件和设计图纸的要求。

4.2 质量控制

（1）建立健全工地试验、质量检验和工序间的交接检验制度，原始记录要齐，数据可靠。各分项施工完成后应组织对施工质量进行中间检验，合格后方可进入下一个工序。由于土工格栅属于隐蔽工程，因此应做好旁站，保存现场的施工影像资料。

（2）原材料验收。土工格栅材料应附供应商的质量保证书，在来料检验时，应针对材料的规格、外观等进行检验，并对材料性能参数进行抽样检测。

（3）按规范要求，进行施工过程中和施工完成后规定时间内的边坡变形检测。

5 应用实例及效益分析

湖南省郴州市某边坡防护工程及某工业生产厂房项目，地处山区边坡填方地带，场地原地貌为丘陵地貌，最大填方高度为约 24m。根据工程施工场地的地形特征及地质条件，采用预播草籽土工格栅加筋土边坡支护技术施工，顺利通过了各级验收，使用至今，边坡沉降观测结果正常。

相比于传统施工方法，本施工技术操作简单，机械化程度高，大大减少了钢筋、水泥、石材等高能耗产品消耗，可节约材料费用和人工费用，经济效益十分明显。经测算，本次两个实施例项目，分别节约成本 115 万元和 14 万元。

6 结语

本施工技术相较于传统施工技术，具有造型美观、对原地形地貌扰动较小、持久耐用等优点。可减少钢筋、水泥、石材等高能耗产品的使用，不损坏地表植被。坡面使用植物绿化保护，生态环保，降低碳排放量，具有良好的社会效益。在岩土工程领域，特别是公路、铁路、建筑等各种高填方边坡，预播草籽土工格栅加筋土边坡防护施工技术，有着广泛的应用前景。

参考文献

[1] 丘启木. 土工格栅加筋挡土墙在边坡治理中的应用研究［J］. 工程设备与材料，2022（22）：116-118.
[2] 邹英，陈忠，王继华，等. 反包式土工格栅加筋土边坡施工技术［J］. 电力勘察设计，2016（6）：29-32.

预应力抗浮锚索顶部节点防渗堵漏施工技术

刘令良 李雄辉 肖 非 潘 栋 唐 红

湖南省第四工程有限公司 长沙 410000

摘 要：以中南大学湘雅二医院门急诊医技楼工程中地下室压力分散型预应力抗浮施工为例，主要研究预应力抗浮锚索顶部节点防渗堵漏施工技术，采用疏堵结合的处理方法，通过在锚杆顶部节点设置防水涂层、钢制盖帽、PVC花管导水、排水沟、疏水板等多重保障措施，有效阻止地下水顺锚杆进入地下室底板，达到地下室建筑面层无渗漏的目的。

关键词：预应力抗浮锚索；防渗堵漏；钢制盖帽；导水槽；疏水板

预应力抗浮锚杆作为一种新型的抗浮措施，因其具有受力合理、防水性能好、施工简单、较抗浮桩造价低等优点，被广泛应用于地下水位较高、水浮力较大的建筑结构抗浮设计中，后张法预应力抗浮锚杆施工中，锚杆在张拉过程中的张拉力可能使混凝土底板结构与钢套管、止水环、注浆管、浆体之间等产生细微滑动，导致结构底板以下水源通过止水环与结构缝隙渗透至锚板外边，或通过锚杆与浆体之间的细微缝隙沿锚杆往上渗透至锚具上口，使底板发生渗漏，所以锚杆顶部节点的防渗处理很重要。因此，以中南大学湘雅二医院门急诊医技楼工程中地下室抗浮锚索施工为研究背景，研究预应力抗浮锚索顶部节点防渗堵漏施工技术，并成功实践。

1 工程概况

中南大学湘雅二医院门急诊医技综合楼工程，建筑面积99395m²，地上10层，地下3层，工程最高按49.00m地下水位考虑抗浮，底板采用抗浮锚杆+筏板形式，抗浮锚杆为压力分散型预应力抗浮锚杆，锚杆锚固体抗拔安全等级为Ⅱ级，锚杆锚固体抗拔安全系数为2.0，抗浮锚杆锚固体直径180mm，锚杆的竖向抗拔极限承载力标准值为910kN，锚杆的抗拔承载力特征值取455kN，锚杆进入中风化泥质粉砂岩不小于7.0m，且锚杆自由端钢筋长度不小于5m，锚杆长度为12m左右，共计锚杆1558根。锚索张拉完成及后浇带封闭后，锚具预应力锚索锁孔、预应力锚板周边出现了细小渗水现象，工程采用疏堵结合的处理方法对锚索顶部节点进行了防渗堵漏处理。

2 施工工艺流程

筛选渗漏水锚头→对渗漏水锚头开孔注浆→焊接定制钢盖帽→盖帽内灌浆→盖帽及锚板防水、防腐处理→锚板周边开设导水槽→导水槽内敷设排水管→地面铺设疏水板→建筑地面施工。

3 关键技术施工

3.1 筛选渗漏水锚头

为排除锚头渗漏，对已经张拉完成的抗浮锚杆全数进行检查，逐个清理锚头及锚头周边杂物、余水后，将干水泥粉撒布在锚头及周围，通过观察干水泥粉的泌水状态筛选出渗水锚头。

3.2 对渗漏水锚头开孔注浆

安排专业施工队伍对筛选出的渗水锚头进行钻孔,采用400mm长电动冲击钻,对锚头上原注浆孔钻入新的注浆孔,通过新开设的注浆孔采用水泥浆掺专用外加剂按1%比例配制N35注浆料,注浆管采用钢制注浆导管,伸入新开设的注浆孔内,利用注浆压力,将注浆料注入结构底板及以下周边位置,使注浆料将原钢套管与地板底部及周边渗水通道封闭,注浆需保证浆料足量,必要时进行二次补浆,注浆料按照设计配合比进行配置。

3.3 锚板顶部清理

将锚板顶部基层清理干净,做到无杂物、无存水,保持盖帽的焊接及后续工作干作业条件。

3.4 焊接定制钢盖帽

根据原锚头的大小,用直径为φ133mm无缝钢管及5mm厚钢板定制一个钢盖帽,盖帽高度为70mm。安排专人对已重新注浆的锚头清理干净,同时清理掉锚头及锚板周围余水,确保焊接盖帽时无余水,以保证焊接时的作业条件。安排专业焊工将定制的盖帽满焊于所有锚头的原锚板的正中心,焊接完成检查焊缝情况,做到完全密闭。图1为锚头盖帽保护做法,图2为锚具盖帽剖面图,图3为锚具盖帽平面图。

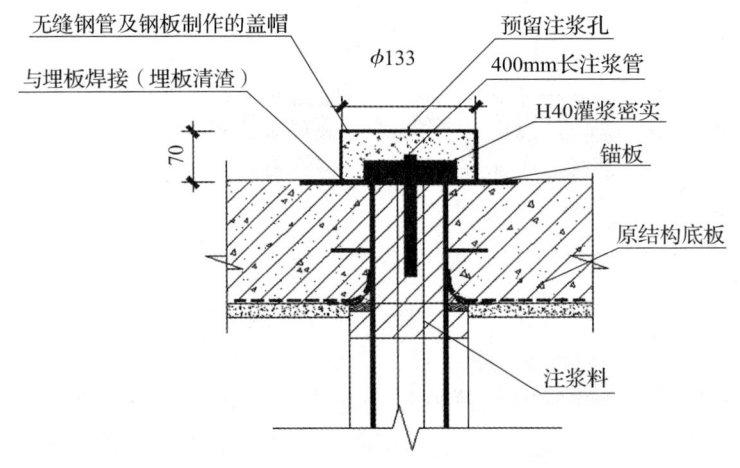

图1 锚头盖帽保护做法

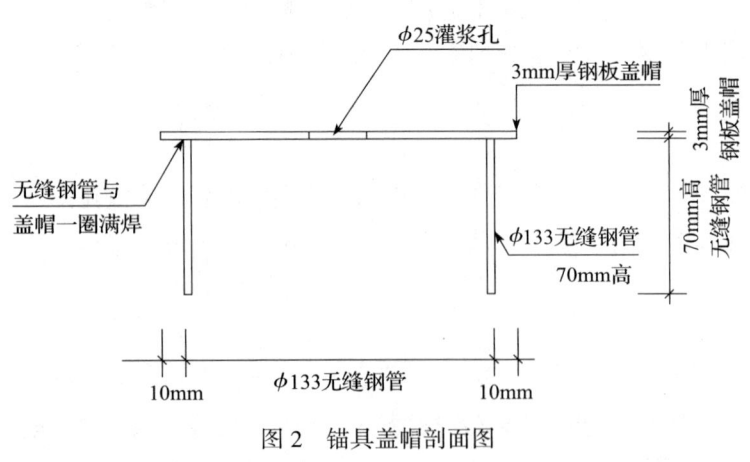

图2 锚具盖帽剖面图　　　　图3 锚具盖帽平面图

3.5 盖帽内灌浆

通过盖帽上方预留的直径 φ25mm 注浆孔对盖帽内部进行灌浆，灌浆采用 H40 专用灌浆料，对锚具、锚索起到密封保护效果，防止锚具锈蚀。

3.6 盖帽及锚板防水、防腐处理

盖帽及焊缝、锚板（承压板）用防锈漆及沥青材料涂刷，进行防锈、防腐处理。盖帽及锚板防水、防腐处理施工如图4所示。

图4 盖帽及锚板防水、防腐处理施工

3.7 锚板周边开设导水槽

采用切割机沿所有锚头锚板周边开设 50mm×50mm 导水槽，导水槽按 0.5%r 的坡度坡向底板四周的排水沟。

3.8 导水槽内敷设排水管

在导水槽内安装 φ32PVC 排水管，排水管管壁按 @100 开设 φ5mm 滤水孔，孔洞呈梅花形布置，排水管在导水槽内间隙采用直径不大于 13mm 的鹅卵石填充，沟槽上方采用 300mm 宽土工无纺布覆盖并固定，防止混凝土浆将导水槽堵塞，达到有组织的排水效果，防止锚头处渗漏水由点到面扩散。导水槽内敷设排水管如图5所示，导水槽内填充鹅卵石如图6所示。

图5 导水槽内敷设排水管　　图6 导水槽内填充鹅卵石

3.9 地面铺设排水板

底板地面混凝土施工前，先大面积通铺 20mm 厚排水板，锚头盖帽处排水板根据盖帽大小切割出孔洞，使排水板能按大面标高摊铺平整，浇筑混凝土前，对盖帽上方放置一块 500mm×500mm 大小彩条布，防止混凝土浆通过盖帽周边缝隙渗入排水板内造成堵塞，排水板施工如图7所示。

3.10 建筑地面施工

地面做法按各项目建筑设计做法，地面混凝土内宜配置 φ6@150mm 单层双向钢筋网，再在上面做金刚砂及固化地坪及划线等面层施工。

图7 排水板施工

4　应用与效益分析

本技术通过在中南大学湘雅二医院门急诊医技楼工程中的应用实施效果表明,采用本技术施工基础底板、地下室整体防水性能好,有效减少了渗漏隐患的发生,保护了地面装饰层,延长了使用寿命,减少了民生投诉;且本技术施工操作简便,劳动强度低,质量可靠,有效减少了工程因渗漏问题进行返修的费用,较传统施工方法可节省返修费用15%左右。

5　结语

通过对锚索顶部节点防渗堵漏施工关键技术进行研究,采用疏堵结合的处理方法,通过在原锚头锚板上焊接钢制盖帽,并在盖帽内部进行灌浆,对锚具、锚索起到密封保护作用,防止锚具锈蚀,沿锚板四周外边开凿导水槽,埋设滤水管,将地下水引排至集水井,以及在底板建筑地面底层铺设排水板,以防导水槽堵塞后渗漏水无法及时排走,多重保障措施,有效阻止地下水顺锚杆进入地下室底板,达到了地下室建筑面层无渗漏的目的,本技术在地下水位较高、设计有预应力抗浮锚杆的工程中有比较好的应用前景。

参考文献

[1]　王惠芳. 预应力抗浮锚杆在地下室工程实际应用中的问题分析[J]. 建筑技术开发,2021,48(1):90-91.

[2]　曾茂表,魏富平. 抗浮锚杆施工技术在地下室中的应用研究[J]. 建筑知识(学术刊),2014(B08):390.

[3]　靳艳军,陈拥军. 滨海工程抗浮锚杆根部防水处理技术[J]. 建筑技术,2014,145(7):615-616.

预制三步台组合砌块窗台压顶施工技术

李勤学　赵异峰　谭丽花

湖南省第四工程有限公司　长沙　410004

摘　要：传统的窗台压顶施工方法有"支模现浇"及"预制嵌入部分带筋块体"等工艺措施；传统施工做法有不能与墙体砌筑同步进行，造成施工间歇，容易出现混凝土成型胀模漏浆，切割模板造成材料损耗，以及预先埋置带筋砌块二次浇筑形成结构缝隙易漏水等质量缺陷的问题。在经过工程施工的探索和实践，应用了一种低成本、易操作、高效率、不间歇的施工工艺，该技术实现了砌筑施工的一次成型，简化窗台压顶施工工序，形成窗台压顶处结构自防水，减少渗漏，节约了工期和成本，提高了窗台压顶的施工质量，技术工艺先进，操作便捷，质量有保证，减少环境污染，社会和经济效益显著。

关键词：模具；预制；自防水；支模；钢筋绑扎；混凝土浇筑

随着我国经济的发展，建设工程项目在确保项目建设质量、安全的前提下，参建各方对工程项目的进度要求日益增加，带来的必然是工程施工技术的发展与创新。建筑工程中的砌体工程，施工到窗台部位时需要进行窗台压顶的施工，传统的窗台压顶施工采用整体现浇的方法，待压顶达到一定强度后再进行砌体砌筑作业。目前我国的建筑物以高层建筑居多，若采用传统的窗台压顶施工，长此以往，必将造成砌筑工程工期的滞后，从而影响整个工程项目的进度，提前利用模具加工预制三步台混凝土砌块，并同时与墙体砌筑，可以有效避免砌筑工序中断，加快工程进度，同时提高防渗漏功能，为确保项目高质量如期完成建设发挥了重要的作用。李骏毅等通过基于带拉接筋预制块的窗台压顶逆作施工技术，采用现场定型模具提前加工预制块的方法效果显著，不但保证了砌体结构工程施工质量的全局性，而且还大大节约了二次结构施工工期，提高了生产效率；官平等通过自流式防水窗台压顶施工技术研究，采用组合式混凝土防水窗台压顶施工工法，施工体系操作简单、功效提升明显，且施工工期短、成本低；谢晓明通过预制窗台压顶在砌筑工程中的应用，该技术不仅工艺简单、降低劳动强度、施工速度快、缩短工期、节约施工成本，而且有效解决了窗台伸入砌体长度不够这一质量通病，有着良好的社会效益与经济效益。

1　工艺原理

在窗台压顶施工前采用定型模具，在C20混凝土内配钢丝网预制成型三台步及U形空心混凝土砌块，养护龄期14d，预制空心混凝土砌块厚度为20mm，尺寸为墙厚290mm（宽）×100mm（高）×250mm（长）。待墙体砌筑到窗台底标高部位，然后砌筑三步台及U形空心混凝土组合砌块，保证三步台及U形空心混凝土砌块安装位置精确、灰缝饱满。三步台及U形空心混凝土组合砌块砌筑完成后，紧接着砌筑窗口两侧墙体。待墙体强度稳定后绑扎窗台压顶钢筋并浇筑混凝土，有效避免了传统窗台压顶施工进度慢、操作复杂等缺点，且采用三步台预制块窗台压顶还能有效减少渗漏风险，以达到加快施工进度、提高质量及生产效率、缩短工期、降低成本的目的。

2 施工工艺流程及操作要点

2.1 工艺流程

定型模具制作→预制三步台及U形空心混凝土砌块→养护→三步台及U形空心混凝土组合砌块砌筑→绑扎窗台压顶钢筋→窗台压顶浇筑混凝土及养护。

2.2 操作要点

2.2.1 定型模具制作

在窗台压顶施工准备阶段，根据施工图及规范要求，利用BIM技术设计三步台及U形定型模具尺寸图，选择有资质的专业厂家按照设计尺寸批量生产，随机抽取检查预制块尺寸，并进行强度检测。其材质要求为：采用2mm厚Q235级钢板进行加工制作，定型模具分别为两套，一套为伸入砌体内U形定型模具，另一套为无须伸入砌体内三步台定型模具。U形定型模具的尺寸为290mm宽（同墙厚）×100mm（高）×250mm（长），该长度可根据当地质量通病防治技术规程要求执行，一般不应小于200mm；三步台定型模具尺寸为290mm宽（同墙厚）×从墙内至外分别为135mm、115mm、100mm（高）×250mm（长），厚度均为20mm，如图1、图2所示。

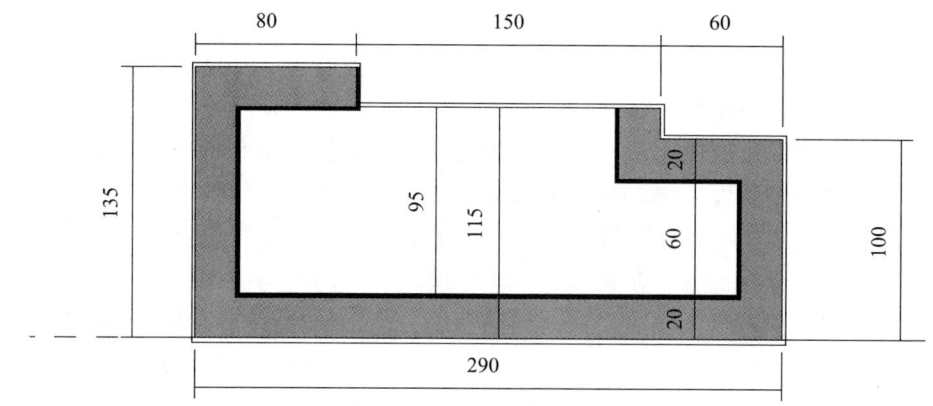

图1 三步台定型模具平面图

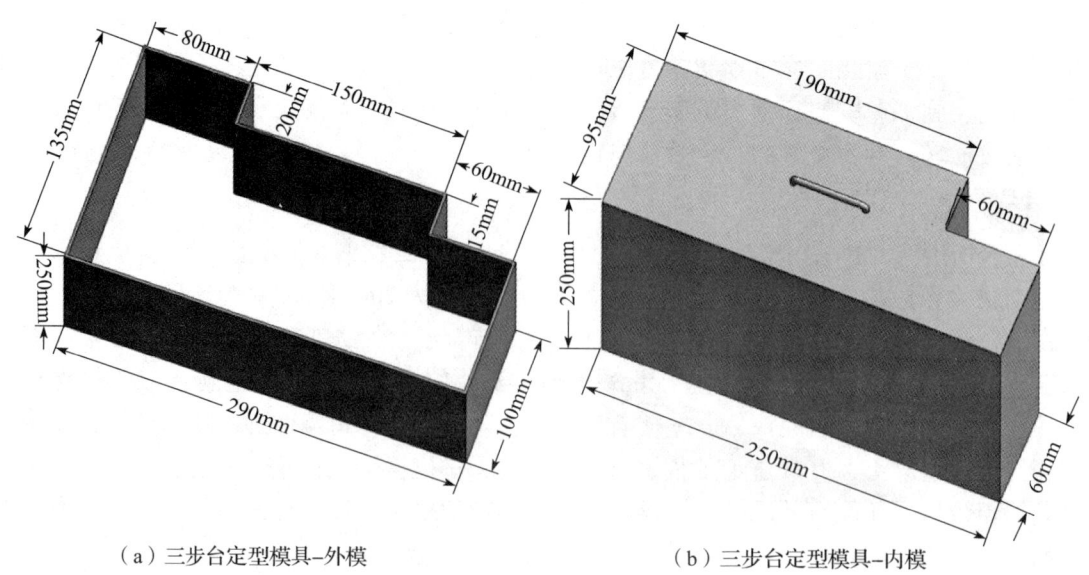

（a）三步台定型模具-外模　　　　（b）三步台定型模具-内模

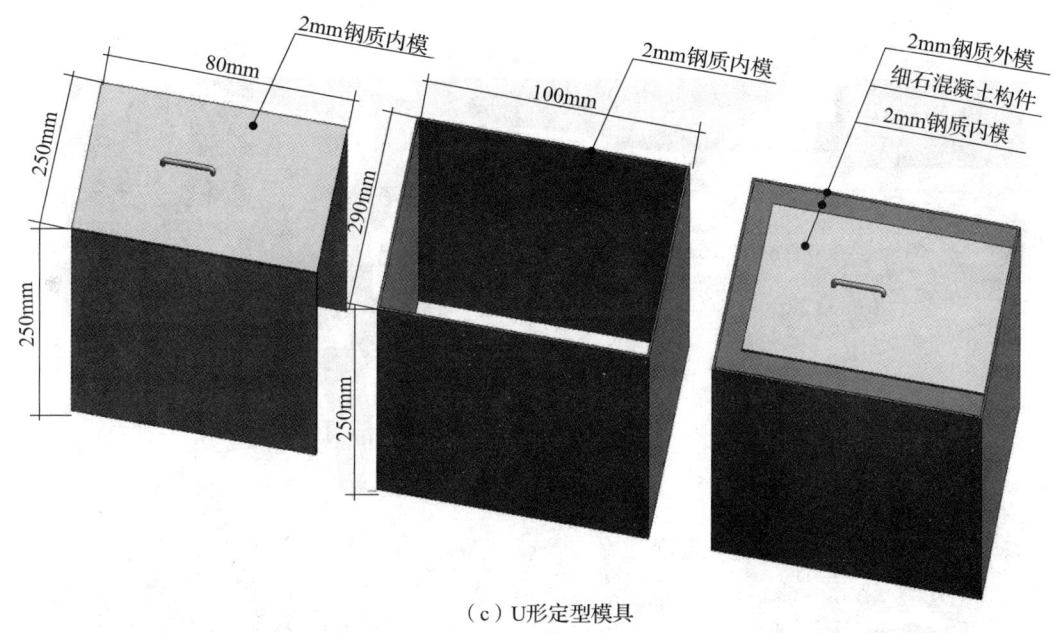

(c)U形定型模具

(d)三步台实体定型模具

(e)U形实体定型模具

图 2 三步台及 U 形定型模具制作

2.2.2 预制三步台及 U 形空心混凝土砌块

利用三步台及 U 形定型模具预制空心混凝土砌块，施工前先由项目技术人员对预制空心混凝土砌块作业人员进行技术交底，作业人员严格按照交底要求，对定型模具内侧提前刷涂脱模剂，方便砌块在成型后能顺利取出，施工采用 C20 细石混凝土浇筑，内配规格为 10mm×10mm×0.6mm 的钢丝网，细石混凝土浇筑时，手持橡皮锤敲击模具侧壁，使其充分振捣密实。砌块制作成型后表面要及时收浆，以防裂缝产生（图 3）。预制混凝土砌块浇筑完成后在模具内进行初步养护，在达到初凝时间开始失去可塑性时，手持内模取出继续进行养护，养护龄期不少于 14d。

2.2.3 养护

三步台及 U 形空心混凝土砌块成型后需及时放置标养室进行养护，养护时间不少于 14d，冬季施工养护时间不少于 28d。并随机抽取空心混凝土砌块进行强度检测，强度不应小于设计强度的 75%，达到设计强度的 75% 后，方可进行三步台及 U 形空心混凝土砌块运输及安装（图 4）。

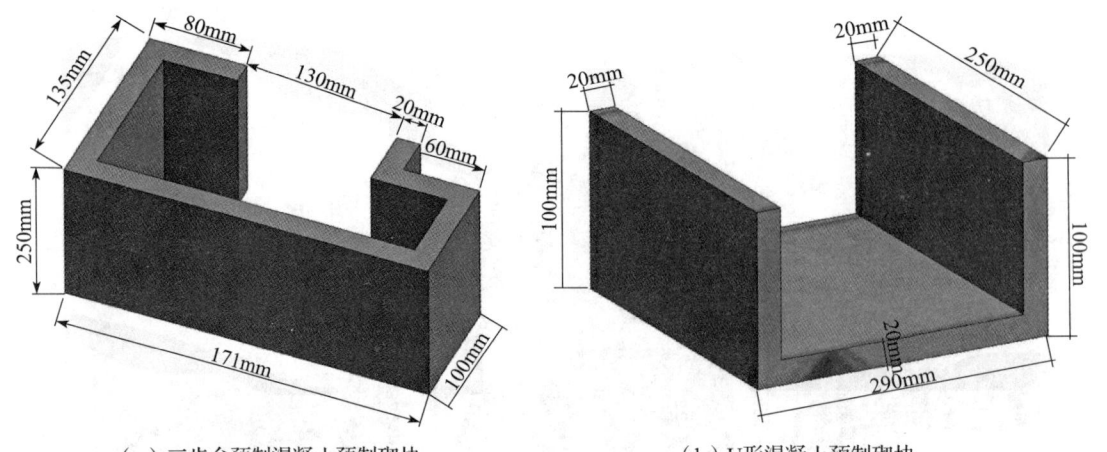

(a)三步台预制混凝土预制砌块　　　　　　　　(b)U形混凝土预制砌块

  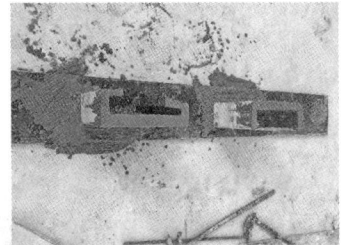

(c)现场预制混凝土砌体制作1　　　　　　　　(d)现场预制混凝土砌体制作2

图3　三步台及U形预制空心混凝土砌块制作

(a)　　　　　　　　　　　　　　(b)

(c)　　　　　　　　　　　　　　(d)

图4　三步台及U形空心混凝土砌块养护及强度检测

2.2.4　三步台及U形空心混凝土砌块安装

（1）墙体放线：墙体施工前，应将基层清理干净，按设计标高进行找平，根据工程设计施工图及结合砌块的品种（规格），利用BIM技术对砌块排列图进行深化设计后，再放出墙体的轴线、外边线、窗台压顶等位置线，放线结束后应及时组织验线工作，并经复核无误后方可施工。

（2）砌块与三步台及U形空心混凝土砌块：砌筑前应将砌块洒水湿润。

（3）墙体砌筑前做好方案审核及交底工作，砌筑过程严格按照方案和交底要求，尽量采用主砌块，少用辅助砌块，做到横平竖直、砂浆饱满、灰缝均匀、上下错缝、内外搭砌、接槎牢固。整体砌筑至窗台压顶底标高时，即可将提前预制好的三步台及U形空心混凝土砌块直接放置于压顶位置安装，安装时应控制好砂浆的灰缝及砂浆的饱满度，U形空心混凝土砌块需要伸入两侧砌体墙不小于250mm，三级预制混凝土砌块135mm高在内墙面、115mm高处为后期窗户安装位置、100mm高面向外墙面，长均为250mm，可根据窗宽进行动态切割调整。空心混凝土砌块安装校核好后，可根据砌体砌筑要求正常继续砌筑上部砌体（图5）。

2.2.5 绑扎窗台压顶钢筋

墙体砌筑完成，待砌筑砂浆砌筑沉降稳定后，可在构件中绑扎钢筋网片，为操作方便取消箍筋改为U形钢架，其他操作要点可按常规施工技术要求实施，窗台压顶钢筋绑扎满足相关图纸及标准规范要求即可（图6）。

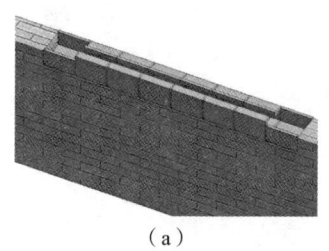
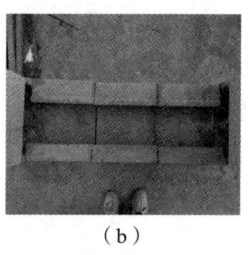
（a）　　　　　　　（b）

图5　三步台及U形空心混凝土砌块砌筑

图6　窗台压顶钢筋绑扎

2.2.6 窗台压顶浇筑混凝土及养护

窗台压顶混凝土可与后期二次结构构造柱、过梁等构件施工时同时浇筑，窗台压顶混凝土采用C20细石混凝土浇筑，浇筑前需清理三步台及U形空心混凝土砌块内的浮灰及适量浇水湿润，但不得有积水，混凝土浇筑必须振捣密实，特别注意伸入窗台250mm及窗台阴阳角位置的密实度施工质量，并做好抹平压光工作，避免产生裂缝导致渗漏现象，浇筑完成后安排专人进行洒水养护，养护时间不少于7d（图7）。

图7　窗台压顶混凝土浇筑及养护

3 效益分析

预制三步台组合砌块窗台压顶施工技术，是一种自带挡水企板结构自防水的结构，目的是利用砌块的结构外形达到结构自防水的功能，外窗完全安装在三级抗渗空心混凝土砌块中间层，外侧雨水无法渗入窗户内侧，可有效解决窗口处渗漏现象，提高外窗防渗性能，从而保证施工质量。同时减少因传统工艺现浇压顶导致的工序穿插及技术性间歇的砌体中断，加快施工进度，缩短工期，降低施工成本，具体效果总结如下。

3.1 工期效益

对比传统工艺现浇窗台压顶施工工艺，完成标准层砌体工程施工时间平均可减少7h，按照工期要求90d，以每栋单体楼为26层，平均每层标准层砌筑时间30.5-7=23.5h，计算得出26×23.5/8=76d，90-76=14d，每栋工期可提前14d。

3.2 环保效益

预制三步台及U形空心混凝土砌块代替传统的模板，减少了传统现浇窗台压顶中的支模和拆模程序，显著减少了模板材料投入，简化了施工工序，实现了绿色施工。该技术减少了现场扬尘和噪声，对环境保护产生积极效益，体现了绿色施工的理念。

减碳效果分析：以工程项目实施分析，项目窗台压顶数量为每层18根×30层×12栋=6480根，以1.5m窗宽为例计算窗台压顶模板使用面积为2×0.17×2[即（长1.5m+0.5m）×高0.17×2面]=0.68m²，0.68×6480根=4406.4m²。

预制三步台及U形空心混凝土砌块施工工艺比传统现浇窗台压顶施工节约模板面积约为2056m²，根据标准取碳排放因子878kgCO_2/m³，根据计算可得减碳排放量Z_C = 2.56×878 = 2247.68（kgCO_2）。

4 结语

综上所述，实施预制U形组合砌块窗台结构自防水施工技术，显著提升了施工效率与工程质量，不仅加快了施工进度，减少了渗漏风险，而且简化了施工流程，降低了成本，减少了传统木模板安拆，显著减少了碳排放。该技术应用广泛，对推动建筑绿色化、低碳化具有重要意义，前景广阔。

参考文献

[1] 李骏毅，唐颖. 基于带拉接筋预制块的窗台压顶逆作施工技术[J]. 重庆建筑，2020，19（5）：61-63.

[2] 官平，龚海龙，仲鑫，等. 自流式防水窗台压顶施工技术研究[J]. 四川建材，2021，47（11）：123-124，126.

[3] 谢晓明. 预制窗台压顶在砌筑工程中的应用[J]. 建筑工人，2021，42（11）：28-30.

直线加速器超厚防辐射大体积混凝土施工技术

彭伟宁　白　勇　邓　烨　徐　武　谭佳佳　朱文峰　杨益波

湖南省第四工程有限公司　长沙　410015

摘　要： 由于直线加速器在肿瘤治疗中的地位日益突出，医疗建筑中建设直线加速器机房需求逐渐增加，其特有的防辐射医疗性质对混凝土结构防开裂要求极高。针对直线加速器机房防辐射难题，结合湘潭九华中心医院直线加速器机房施工，通过采用"数值模拟与BIM技术辅助高大支模、专项混凝土配合比设计、凹形施工缝留设、钢筋深化设计、混凝土分层浇筑、冷却水管循环降温"的防开裂关键措施，有效避免产生裂缝，防辐射效果显著，对后续医院直线加速器机房大体积混凝土施工具有借鉴价值。

关键词： 直线加速器；大体积混凝土；防辐射；防开裂关键措施

随着核医学科的快速发展，直线加速器作为放射治疗肿瘤的大型医疗设备具有重大作用，其工作原理是释放高能电离辐射，对患者体内的肿瘤施加直接辐射作用，旨在减小或消除肿瘤。直线加速器产生的高能射线具备高能辐射作用，照射患者体内肿瘤后能有效减小甚至消除肿瘤。直线加速器机房施工通常采用超厚大体积混凝土结构达到防辐射的效果，因此混凝土防裂是施工中需解决的技术难题。本文以湘潭九华中心医院建设项目直线加速器机房施工为实例，对直线加速器机房3.2m超厚防辐射大体积混凝土进行研究，通过综合分析施工过程中遇到的难题，总结和探索可行的技术措施，为未来类似项目的施工提供参考依据。

1　工程概况

湘潭九华中心医院建设项目位于湖南省湘潭市经济技术开发区兴隆路西侧、白石东路北侧，总建筑面积约23万m^2，总投资约16亿元。工程包含1栋住院楼、1栋门诊楼、1栋行政综合楼和会议中心、感染门诊、医用液氧储罐间、锅炉房、污水处理等附属建筑，最大建筑高度79.8m。直线加速器机房位于住院楼负一层，平面尺寸为25.3m×15m，层高5.8m，机房面积为379.5m^2。墙体最大厚度为3.2m，高度为3.6m，顶板面相对标高为-0.400m，底板面相对标高为-6.200m，如图1所示，截面尺寸均大于1m，属于大体积混凝土。直线加速器机房大体积混凝土结构概况见表1。直线加速器机房示意图如图1所示。

表1　直线加速器机房大体积混凝土结构概况

构件类别	截面尺寸（mm）	混凝土强度等级
底板	1500	C35 P8
墙	1500、1700、1800、2600、3000、3200	C35 P8
顶板	1700、2200	C35 P8

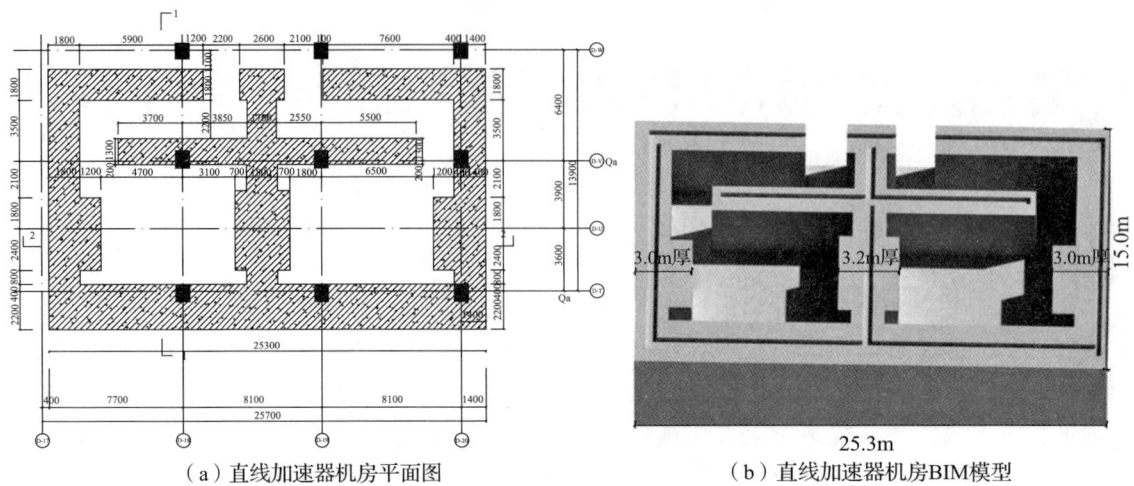

(a) 直线加速器机房平面图　　　(b) 直线加速器机房BIM模型

图1　直线加速器机房示意图

2　工程难点

（1）超危模板支撑体系。直线加速器顶板结构最大厚度为2.2m，最大面荷载约为73.185kN/m²，大于15kN/m²，根据住房城乡建设部37号令，施工总荷载（设计值）15kN/m²及以上，或集中线荷载（设计值）20kN/m²及以上，属于超过一定规模的危险性较大的混凝土模板支撑工程，对模板及支撑体系的设置要求很高。

（2）大体积混凝土施工。墙体最大厚度为3.2m，顶板最大厚度为2.2m，混凝土结构实体最小几何尺寸均大于1m，属于大体积混凝土，施工工序较多，钢筋工程复杂，混凝土工程浇筑与养护需严格把控质量。

（3）大体积混凝土控温。大体积混凝土结构截面大，水泥用量多，水泥水化热释放集中，内部升温快，当混凝土内外温差较大时，形成的温度收缩应力导致混凝土产生裂缝，容易破坏结构的整体性、耐久性、抗渗性等，从而影响直线加速器机房防辐射效果。

3　施工工艺流程

为保障施工安全和超厚混凝土的施工质量，结合混凝土防辐射要求，竖向墙体水平施工缝按"凹"形留设，直线加速器结构分两次施工：底板结构+0.850m高的导墙施工→-5.350m以上墙柱及顶板结构施工，墙体水平施工缝做法如图2所示。

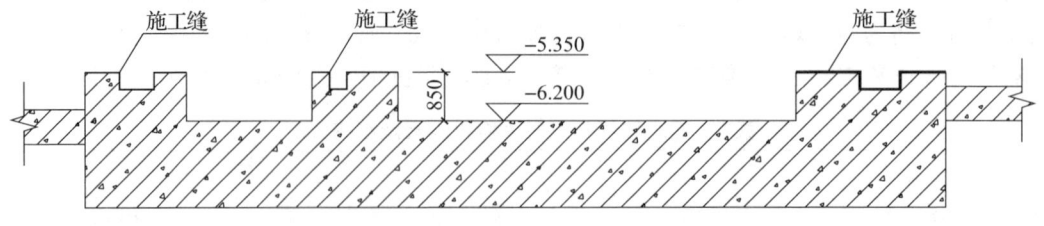

图2　底板结构+850mm高的导墙施工剖面图

具体施工流程为如下：

底板结构+0.850m高的导墙施工：基础施工完成→测量放线→底板钢筋绑扎→导墙水平施工缝留设→底板混凝土分层浇筑→覆膜+蓄水养护→墙体模板拆除。

-5.350m以上墙体及顶板结构施工：导墙接槎处理→墙体模板支设→高强螺栓对拉+地

锚斜撑加固模板→墙体及顶板钢筋绑扎→型钢支撑→冷却水循环降温管网预留预埋→测温导线布置→墙柱混凝土分层浇筑→顶板混凝土分层浇筑→覆膜+蓄水养护→大体积混凝土测温→墙体模板拆除。

4 大体积混凝土防开裂关键措施

4.1 高大支模施工工艺

4.1.1 支模体系选择

直线加速器机房墙厚1.5~3.2m，板厚1.5~2.2m，属于超大、超厚、超重的结构体系，模板设计和支撑系统的安全性是施工管理的重点，重点考虑为对顶板支撑体系的设置以及墙体内外两侧支撑体系的设置。承插型盘扣式钢管脚手架相较于传统的轮扣式脚手架和钢管脚手架，其杆件尺寸均是固定模数、间距、步距固定，搭设效率更高，防护及时性更好。盘扣式钢管脚手架采用Q345B低碳合金结构钢，立杆承载力高达200kN，杆件不易变形损坏，架体的承载力和稳定性更好。若采用传统的轮扣式脚手架和钢管脚手架支撑体系其立杆间距小于0.3m，空间过于狭窄且存在一定风险，难以保证架体的安全性与稳定性，同时施工人员操作难度大，严重降低施工效率，因此采用承插型盘扣式钢管脚手架支撑体系代替传统的脚手架支撑体系。

4.1.2 数值模拟分析

为确保直线加速器盘扣式支模架的使用安全性能和施工质量，采用Midas Civil有限元分析软件建立直线加速器有限元模型，如图3所示，对脚手架的搭建施工与杆件受力、整体稳定性进行模拟计算分析。在Midas Civil中输入支架体系参数及荷载体系参数，见表2。在计算过程中将不同工况荷载进行组合，选出最不利工况的荷载组合进行验算，得出支架整体受力、整体位移、支架临界系数及支架单个杆件受力数据，通过调整参数得出既能保证安全又能节约成本的最优搭设参数。

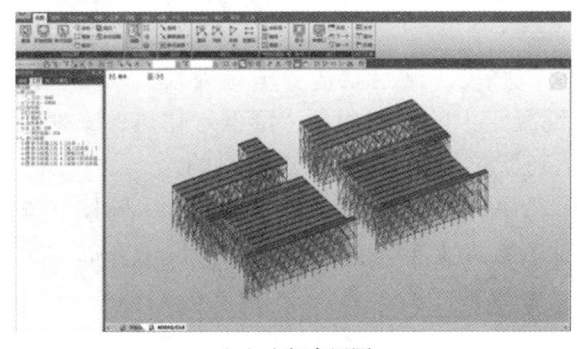 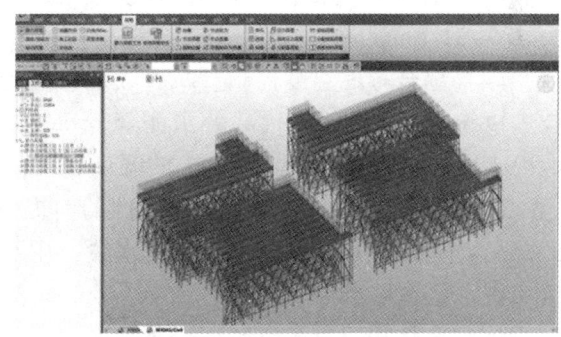

（a）支架布置图　　　　　　　　　　　（b）荷载分布围

图3　直线加速器机房有限元模型

表2　承插型盘扣式钢管脚手架参数表　　　　　　　mm

杆件	规格	步距
立杆	φ48×3.2	600、300
水平杆	φ42×2.5	1000、500
斜拉杆	φ42×2.5	—

经验算，支架整体组合应力最大值：$\sigma=71.2\mathrm{MPa}<235\mathrm{MPa}$，满足要求，支架在荷载的作用下整体位移变形最大值：$f=0.566\mathrm{mm}<L/400=1.5\mathrm{mm}$ 满足要求。

4.1.3 BIM技术辅助

根据支模参数建立BIM三维可视化模型，如图4所示。对高大支模区域架体精细化排布，对施工过程中的支模难点进行模拟，严格管控高大支模施工工艺，有效保障高大支模的安全实施。本工程直线加速器机房顶板模板采用1830mm×915mm×15mm厚覆膜木模板，木模板次龙骨采用50mm×100mm木方间距不大于100mm，主龙骨采用50mm×100mm×4mm双方钢管。墙体模板采用1830mm×915mm×15mm厚覆面木模板，考虑墙体的防辐射要求，墙体加固采用 $M16\mathrm{mm}$ 对拉通丝螺栓，建筑地面以下采用止水螺杆，采用双螺帽，沿墙长度方向间距不大于500mm设置，次龙骨竖向布置采用50mm×100mm木方间距200mm，主龙骨水平布置采用 $\phi48\mathrm{mm}\times3.0\mathrm{mm}$ 双钢管。借助BIM模型制作BIM施工工艺动画模拟高大支模安拆施工过程，合理布置模板支撑及钢筋布局并通过三维模型的方式进行现场交底，有效降低高大支模过程中的错误率及返工率，节省工期20%。

图4 直线加速器高支模BIM模型

4.2 大体积混凝土配合比深化设计

4.2.1 设计要求

（1）直线加速器机房大体积混凝土强度等级为C35，抗渗等级为P8。

（2）机房底板、墙柱和顶板均采用水化热较低且干缩性小的普通硅酸盐水泥，水泥3d的水化热不大于250kJ/kg，7d的水化热不大于280kJ/kg。

（3）细骨料宜采用中砂，细度模数>2.3，含泥量≤3%。选用非碱活性粗骨料，粒径宜为5.0~31.5mm，级配应连续，含泥量应≤1%。

（4）综合考虑温度控制、减少收缩、提高抗拉强度、满足泵送要求等因素，采用双掺技术以粉煤灰、矿粉取代部分水泥降低每 $1\mathrm{m}^3$ 混凝土中的水泥用量，降低水化热，减少因混凝土内外温差大而引起混凝土的温度裂纹，达到控制混凝土收缩裂缝的目的。

（5）在保证混凝土强度及和易性的前提下，尽可能降低混凝土的水胶比，水胶比宜≤0.45，以降低每 $1\mathrm{m}^3$ 混凝土中的用水量，用水量不宜大于 $175\mathrm{kg/m}^3$，从而降低单方混凝土的水泥水化热量。

（6）大体积混凝土宜掺用缓凝型减水剂。

4.2.2 配合比设计

根据直线加速器机房大体积混凝土的特殊要求，结合混凝土的运输距离和施工环境温度，委托混凝土公司专门配制泵送混凝土配合比，施工前进行混凝土施工配合比验证试验，掺入高效减水剂、膨胀剂及粉煤灰等掺和料，优化配合比，控制混凝土裂缝产生，有效降低水化热，提高大体积混凝土的耐久性，配合比见表3。混凝土水胶比为0.441，含砂率47%，强度为43MPa，坍落度180mm，初凝时间为6h，该配合比达到了减少水泥用量、降低水化热的目的。高温天气施工时，在搅拌水中掺加碎冰拌制混凝土，对骨料进行喷水降温冷却，降低混凝土出机温度，混凝土运输过程中对罐车进行保温并加盖防晒网，降低混凝土入模温度。

表3 混凝土配合比设计　　　　　　　　　　　　　　　　　　　　　kg/m³

配制强度	水泥	水	中砂	碎石（5~20mm）	矿粉	粉煤灰	聚羧酸泵送剂	膨胀剂	水胶比	含砂率	设计坍落度
C35P8	260	160	854	963	60	35	9.58	28	0.441	47%	180mm

选用 P·O 42.5 级水化热低硅酸盐水泥，控制水泥比表面积≥300m²/kg，SO_3 含量≤3.5%，Cl^- 含量≤0.06%。

细骨料选用级配良好的机制中砂，泥块含量≤1.0%，Cl^- 含量≤0.02%，孔隙率≤40%。

粗骨料选用连续级配、不含杂质的非碱活性碎石，粒径5~20mm，含泥量≤1.5%，泥块含量≤0.2%，针、片状含量≤8%。

选用 S95 级粒化高炉矿渣粉，密度≥2.8g/m³，比表面积≥400m²/kg，流动度比≥95%，含水量≤1.0%，SO_3 含量≤4.0%，烧失量≤1.0%，Cl^- 含量≤0.06%。

选用Ⅱ粉煤灰，细度≤30.0%，需水量比≤105%，烧失量≤8.0%，游离 CaO 含量≤1.0%，SO_3 含量≤3.0%，含水率≤1.0%。

选用 Ponit-400K 聚羧酸泵送剂，减水率22%，含气量3%。

膨胀剂选用 HEA 高效抗裂防水剂，细度0.1%，比表面积≥200m²/kg。

4.3 凹形施工缝留设

结合直线加速器机房结构防辐射要求，顶板及墙体必须一次浇筑，防止辐射外泄，凹形施工缝仅留设在850mm高的导墙位置处，施工缝布置形式如图5（a）所示。为保证企口施工缝留设及纵向坡度需求，在凹口处设置整体的口形模板，底部设置混凝土垫块，上边缘与

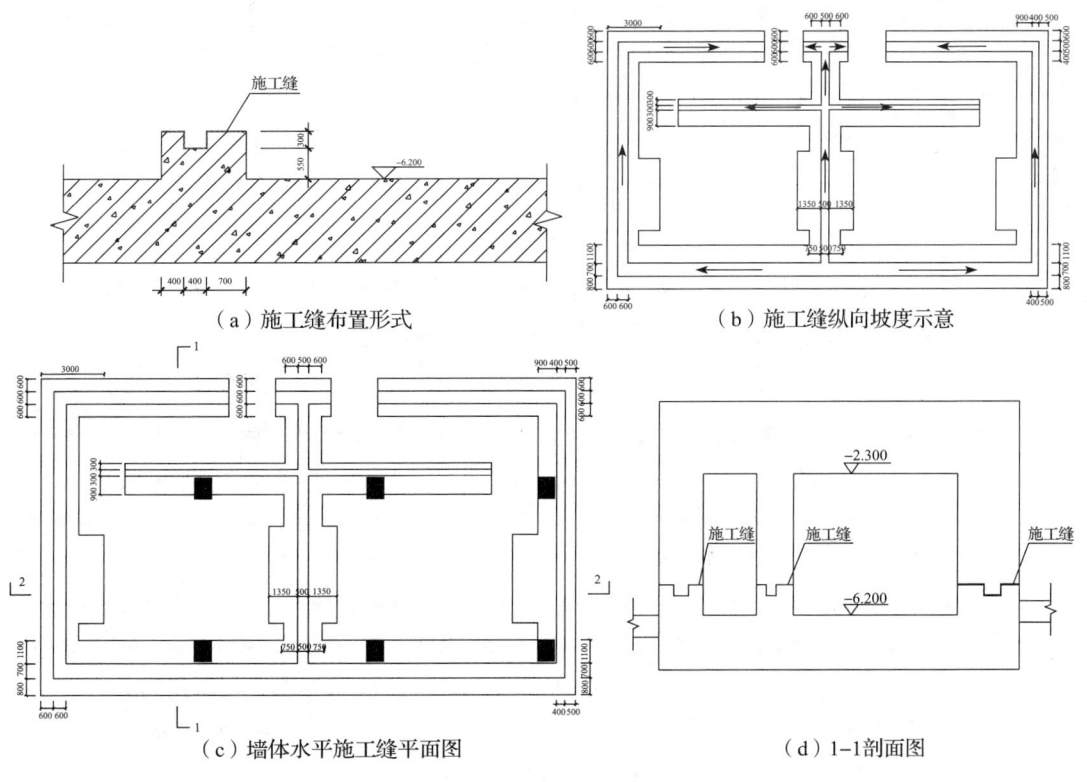

图 5　施工缝留设示意图

底板外模板平齐,在口形模板两侧和底板外模板上钉上纵坡1%的棉线,使整体施工缝形成1%的纵坡,便于施工缝清凿及养护水清理,施工缝纵向坡度示意如图5(b)所示,墙体水平施工缝留设平面图及剖面图如图5(c)和(d)所示。

4.4 钢筋工程深化设计

4.4.1 配筋

直线加速器机房底板钢筋为双层双向Φ25@150mm,墙体厚度及钢筋排布见表4。

表4 墙体厚

墙体厚度(mm)	竖向钢筋数量
1500	2排,Φ32@150
1700	2排,Φ32@150
1800	2排,Φ32@150
2600	3排Φ32@150,中间一层Φ16@150钢筋网
3000	3排Φ32@150,中间一层Φ16@150钢筋网
3200	3排Φ32@150,中间一层Φ16@150钢筋网

直线加速器墙体及顶板配筋如图6所示,墙体设置拉结筋Φ8@600×600。

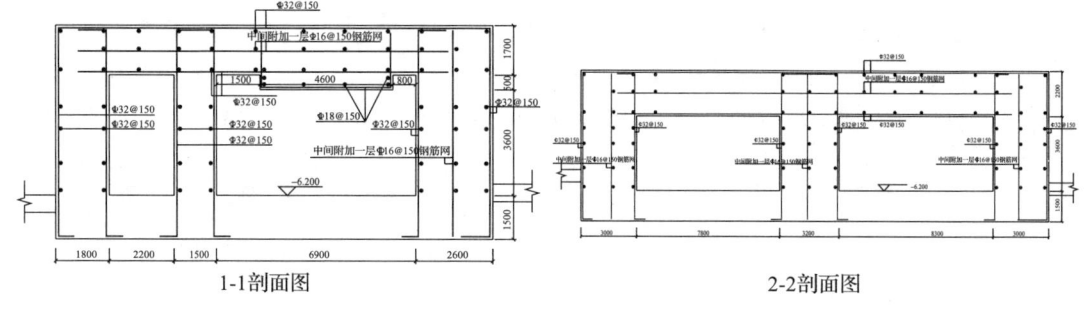

图6 直线加速器墙体及顶板配筋图

4.4.2 型钢支撑

为了保证1700mm、2200mm厚顶板各层钢筋之间的位置,在板中间距1500mm设置型钢支撑,型钢支撑采用5号槽钢焊制(满焊),如图7所示。

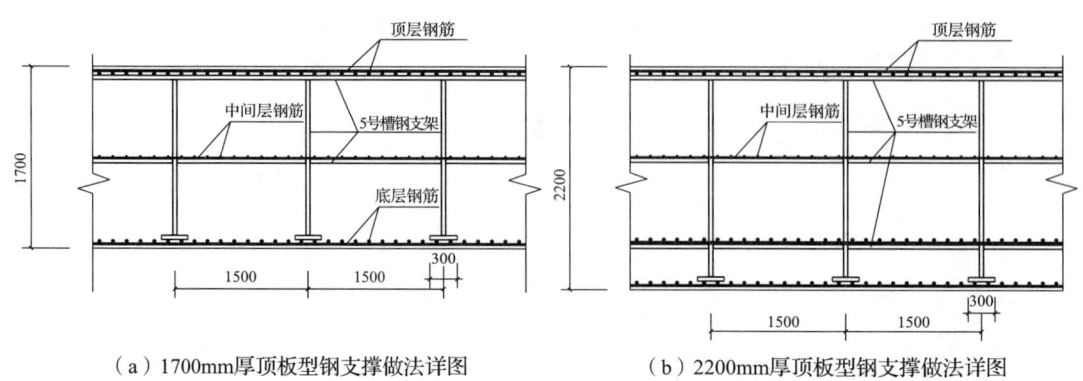

(a)1700mm厚顶板型钢支撑做法详图　　(b)2200mm厚顶板型钢支撑做法详图

图7 型钢支撑做法

4.4.3 墙体钢筋定位

由于直线加速器机房墙体超厚，层高较高，为保证加速器墙体钢筋施工质量及加速器墙体混凝土保护层厚度，在加速器墙体钢筋施工时设置竖向钢筋定位梯子筋，梯子筋沿墙身高度的排距设置为1200mm，梯子筋定位间距为1000mm，如图8所示。

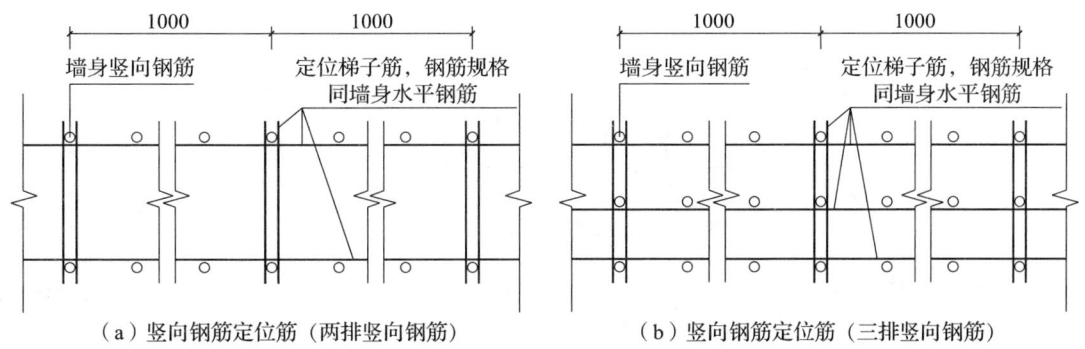

(a) 竖向钢筋定位筋（两排竖向钢筋） （b) 竖向钢筋定位筋（三排竖向钢筋）

图8 定位筋排布示意图

4.5 混凝土分层浇筑与养护

直线加速器机房底板和顶板混凝土浇筑采用整体分层浇筑法，每层浇筑厚度控制在40~50cm，可有效地降低混凝土内部水化热温度。每小时能够浇筑的高度为 $100m^3/h \div 380m^2 \approx 0.26m/h$，因此循环时间控制在 $0.5m \div 0.26m/h = 1.92h$，满足初凝时间的要求，顶板浇筑循环示意如图9（a）所示。顶板浇筑时自一端向另一端推进，逐层上升，保持混凝土沿顶板全高均匀上升，顶板混凝土浇筑顺序如图9（b）所示。

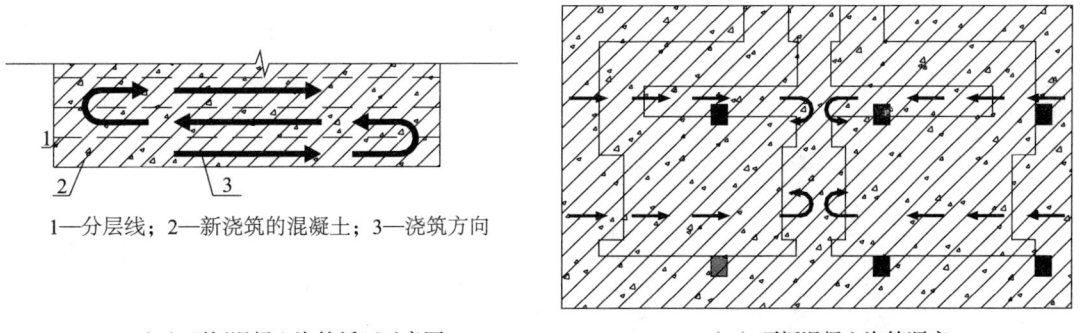

1—分层线；2—新浇筑的混凝土；3—浇筑方向

(a) 顶板混凝土浇筑循环示意图 （b）顶板混凝土浇筑顺序

图9 直线加速器顶板混凝土浇筑

由于直线加速器机房墙体较高，浇筑混凝土采用串桶或溜槽，分层浇筑，每层浇筑高度控制在40~50cm。为不使上、下两层产生施工冷缝，在下一层混凝土初凝之前浇筑上一层混凝土，并采取二次振捣法，以改善混凝土的内部结构，减少混凝土的收缩和徐变，防止混凝土产生裂缝。在振捣上一层时，插入下一层中5cm，以消除两层之间的接缝，墙体浇筑顺序如图10所示。

在混凝土浇筑之后，做好混凝土的保温保湿养护，缓缓降温，充分发挥徐变特性，减低温度应力。顶板及墙身养护采用内外结合养护的方式，结构外部初凝前采用喷雾养护，侧立面终凝后采用覆盖塑料养护，在墙身加厚位置为避免温差过大，在浇筑开始之后50~150h

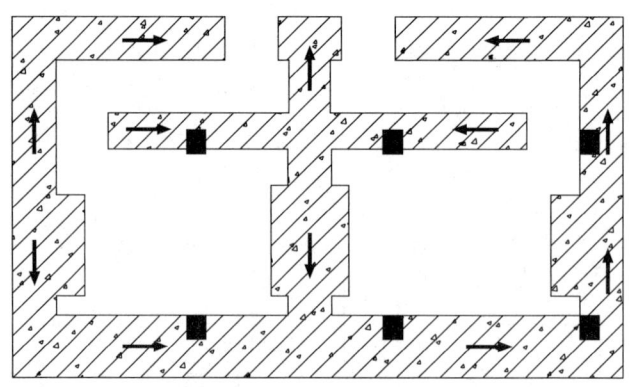

图10 直线加速器混凝土墙体浇筑顺序示意图

进行保温保湿养护，顶板混凝土强度达到1.2MPa后采用蓄水养护，蓄水深度不少于80mm，结构内部养护在拆模之后进行，通过发散式喷淋系统养护内部顶板与墙身。通过长时间的养护，延缓降温时间和速度，充分发挥混凝土的"应力松弛效应"。

4.6 大体积混凝土温控监测

4.6.1 设置冷却水循环降温管网

直线加速器机房墙身钢筋绑扎完成，模板安装前，在墙身钢筋网片之间安装冷却水循环降温管网，用DN40镀锌钢管丝接，钢管立管用扎丝可靠地固定在墙身钢筋网片附加筋上。顶板中间层钢筋网片绑扎完成，在顶板内中间高度用DN40镀锌钢管水平安装一套冷却水循环管网，冷却水循环降温管网布置如图11所示。

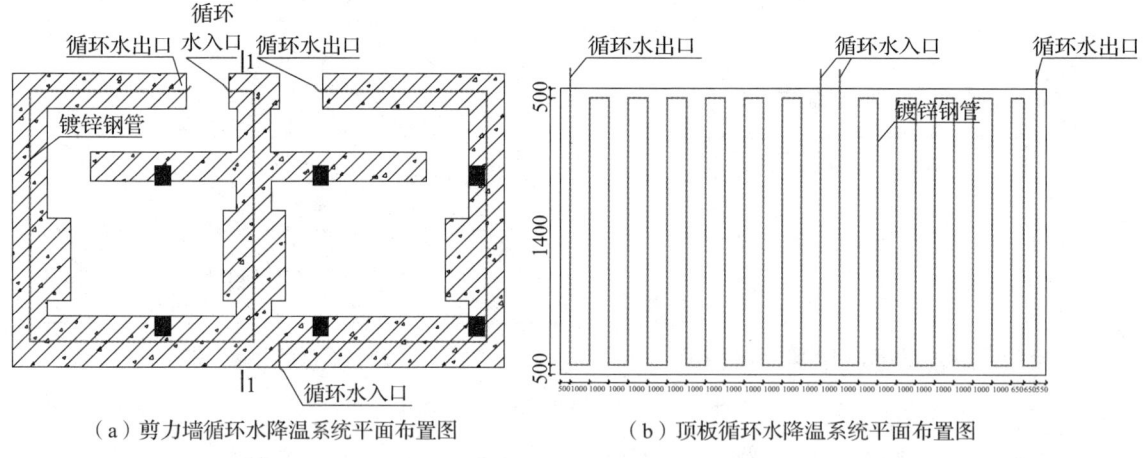

（a）剪力墙循环水降温系统平面布置图　　（b）顶板循环水降温系统平面布置图

图11 循环水降温系统平面布置图

4.6.2 大体积混凝土测温点的布置

大体积混凝土测温采用JDC-2型便携式建筑电子测温仪，配合测温导线、测温探头使用。测温导线及测温探头按测温平面布置图进行预埋，预埋测温导线用电工胶带与钢筋绑牢，以免发生位移或损坏，如图12所示。预埋时用Φ16mm钢筋做支撑载体，先将测温线绑在钢筋上，测温线的温度传感器处于测温点位置并不得与底板及支撑钢筋直接接触，采用20mm×20mm×10mm海绵条隔离，在浇筑混凝土时，将绑好测温线的钢筋植入混凝土中，插头留在外面并用塑料袋罩好，避免潮湿，保持清洁，留在外面的导线长度应大于200mm。

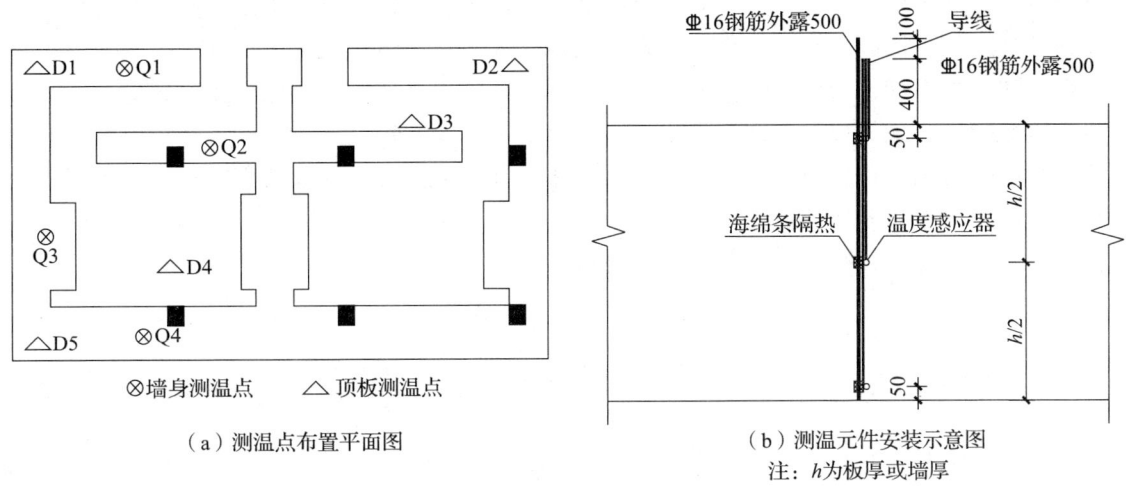

图 12　测温点布置

4.6.3　大体积混凝土测温

所有测温孔进行编号，配备专职测温人员，并对测温人员进行培训和技术交底。测温时，按下主机电源开关，将各测温点插头依次插入主机插座中，主机屏幕上即可显示相应测温点的温度。混凝土浇筑后每天每隔6h测一次，每昼夜温度监测不得少于4次，混凝土浇筑体表面与大气温差不得大于20℃，直至中心与表层温差小于25℃，且混凝土降温速度小于1.5~2℃/d，即可停止测温。测温人员在测温过程中，当发现混凝土表面与内部温差超过25℃或者降温速率高于2℃/d时，需及时报告项目部，以便及时采取措施加强保温或延缓拆除保温材料，防止混凝土产生温差应力而出现裂缝。墙身及顶板各位置温度变化曲线如图13所示。

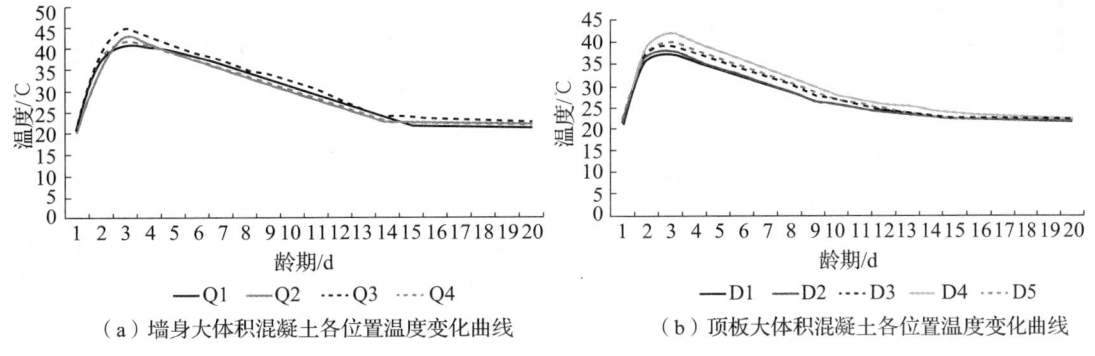

图 13　大体积混凝土温度变化曲线

5　结语

直线加速器机房作为特殊医疗用房，防辐射效果至关重要，通过对湘潭九华中心医院项目3.2m超厚防辐射大体积混凝土的施工，研究总结大体积混凝土防开裂关键措施经验。3.2m超厚大体积混凝土结构防辐射施工过程中存在超危模板支撑体系安全隐患、大体积混凝土施工工序复杂、温度裂缝控制等难点，造成大体积混凝土结构产生裂缝。本文对直线加速器机房施工难点进行分析，从高大支模施工工艺、大体积混凝土配合比深化设计、凹形施工缝留设、钢筋工程深化设计、混凝土分层浇筑与养护、大体积混凝土温控监测六个环节详细阐述防开裂关键措施，施工过程中加强管控，有效避免大体积混凝土裂缝产生。湘潭九华中心医院项目直线加速器机房施工完毕后，混凝土结构未见变形及移位，无一裂缝，施工质量符合规范要求，项目质安考评均为优良，获得质量安全监督站一致好评，经辐射环境监测机构现场检测，满足结构防辐射使用要求。通过防开裂关键技术的成功实施，采取可视化交底提高了施工效率，降低了返工率，节省工期20%，节约成本25600元，创造了良好的经济效益，可为后续类似工程提供借鉴与参考价值。

参考文献

[1] 刘丹，金国栋，杨钦，等. 某大型医院直线加速器机房施工关键技术［J］. 工程建设，2023，55（1）：60-64.

[2] 无. 住房和城乡建设部发布《危险性较大的分部分项工程安全管理规定》［J］. 建筑技术，2018，49（4）：447.

[3] 廖哲男，魏巍，赵亮，等. 大体积混凝土BIM智能温控系统的研究与应用［J］. 土木建筑与环境工程，2016，38（4）：132-138.

[4] 梅放，杨波. 防辐射、超大、超厚、大体积混凝土施工技术难点解析［J］. 四川建筑，2018，38（3）：220-222.

[5] 李俊辰. 满堂盘扣式支架快速建模及其力学性能与可靠性分析［D］. 重庆：重庆交通大学，2022.

[6] 刘丹，金国栋，杨钦，等. 某大型医院直线加速器机房施工关键技术［J］. 工程建设，2023，55（1）：60-64.

[7] 中华人民共和国住房和城乡建设部. 普通混凝土配合比设计规程：JGJ 55—2011［S］. 北京：中国建筑工业出版社，2011.

[8] 严威，陈楠. 直线加速器机房大体积混凝土施工技术［J］. 安徽建筑，2022，29（3）：47-48.

[9] 丁华营，陈昆鹏，龙洪，等. 医院直加机房防辐射大体积混凝土施工技术［J］. 施工技术，2021，50（9）：32-34.

[10] 陈俊杰. 医用直线加速器防辐射混凝土施工技术［J］. 低温建筑技术，2015，37（6）：103-105.

基于智慧建造的跨高速钢箱梁吊装施工技术应用

王 斌 唐金云 廖 凯 邓昭乐 徐 武

湖南省第四工程有限公司 长沙 410000

摘　要：在上跨高速公路施工工况下，进行大跨度钢箱梁与预制混凝土桥面板相结合的复杂结构施工，需要对结构施工安全以及安装精度进行控制；该技术将智慧建造中BIM动态模拟和midas Civil力学分析相融合，对施工方案进行优化，有效提高了现场管理水平，使钢箱梁安装精度一次到位，通过合理的交通组织，单片钢箱梁吊装时长降低至常规吊装时长的50%。研究表明，该关键技术安全、可靠性高，能够跨越高速公路进行大跨度钢箱梁施工，并产生良好的经济社会效益，为后续大跨度钢箱梁施工提供了一个有利参考。

关键词：智慧建造；大跨度钢箱梁；midas Civil；跨高速吊装施工

1　研究背景

芙蓉大道快速化改造（湘潭段）工程作为"三干两轨"项目之一，联系长潭两市高快路网，起于芙蓉大道长潭交界，沿芙蓉大道往南，终点与湘潭市北二环相接。项目全长12km（起止桩号K16+520~K28+520），采用一级公路（兼顾城市道路功能）的技术标准。横断面形式为主线双向六车道，设计速度80km/h。

本次研究对象为跨沪昆高速段跨线桥施工，起点桩号K21+394.80，终点桩号K22+300.00（沪昆高速在K1057+823.587处与本桥斜交，交叉角度66°），全桥共计7联：5×30m预制小箱梁+4×30m预制小箱梁+4×30m预制小箱梁+（35.1+60+35.1）m钢混组合梁+5×25.6m预制小箱梁+（30+45+30）m钢混组合梁+5×30m预制小箱梁，全桥共长903.2m，桥台耳墙接道路挡墙。下部构造采用柱式墩，墩台采用钻孔灌注桩基础。

本次主要研究跨沪昆高速段（35.1+60+35.1）m钢混组合梁（图1）施工，基础、桥台、柱式墩、小箱梁架设均为常规施工工艺。

2　研究现状

随着我国社会经济文化的高速发展，我国大跨径桥梁的建设步入了一个高速发展的时期，在发展过程中已经将智慧建造技术加入施工技术之中，并在大跨度桥梁中有不同程度的应用，包括王建峰运用BIM技术对常规新建大跨度钢箱梁的节段进行划分，并做三维模拟，进行现场指导；程叙埕等提出将BIM技术应用于吊机碰撞、双吊模拟、合龙模拟情况，并对跨高速段的施工进行模拟，且影响高速交通时间达到了8h；董云飞将单跨长度钢箱梁划分为两段，进行分离式吊装，再采用NBC-500逆变CO_2气体保护焊接机进行最后连接，对单侧交通封闭期达到了10d；吴国等对水上大跨度钢箱梁的吊装进行模拟；陈隆平对钢箱梁进行模块化设计，以提高相关的施工效率，对常规施工工艺进行整合。

根据现有的研究背景、技术发现，目前大跨度桥梁吊装技术信息化水平不高，常规吊装施工方法对高速交通影响时间过长，且没有针对钢箱梁与预制混凝土桥面板相结合的结构形式进行研究；对大跨径钢箱梁采用分段的形式进行安装，分段长度仅为20m，没有对35.5m

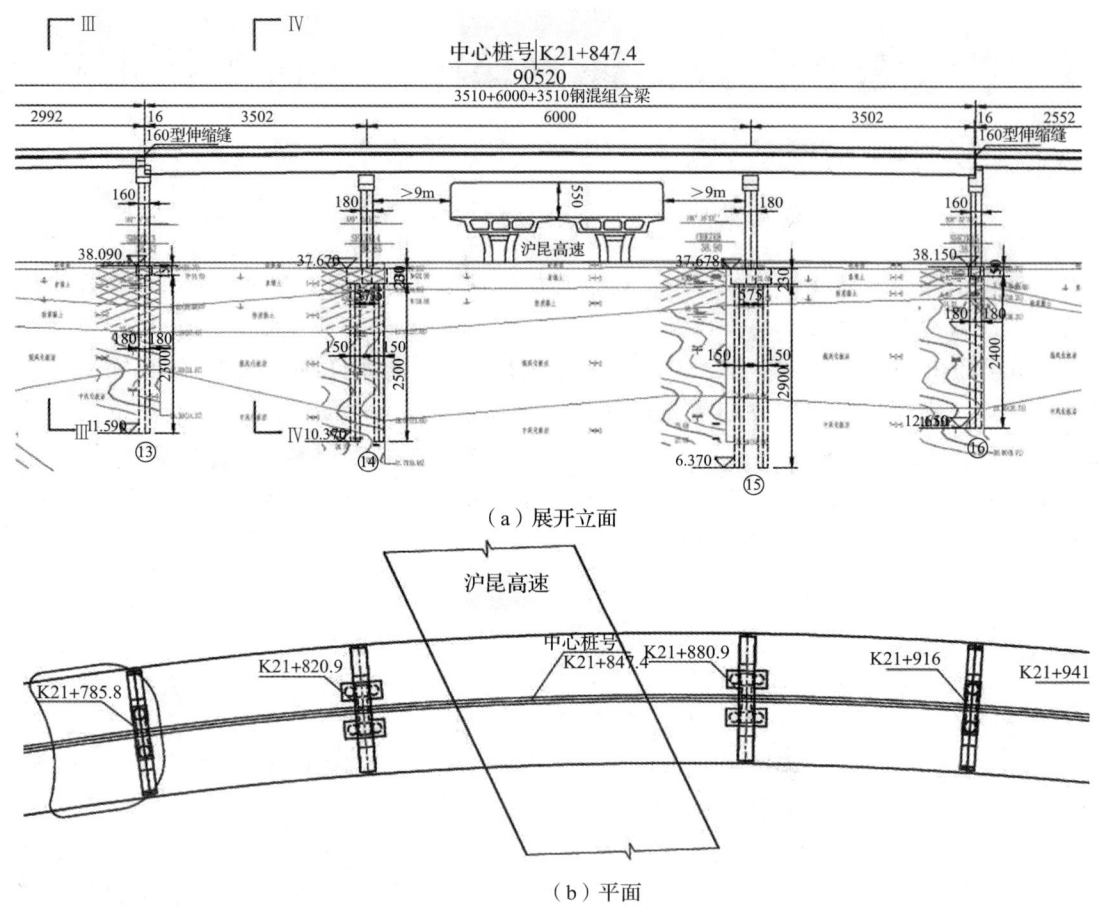

图1 跨沪昆高速段跨线桥设计图（单位：mm）

的大跨度分段进行分析；在受力计算上，常规计算没有进行科学验证，保障性差。本文将通过智慧建造技术及midas Civil对特殊工况下的大跨度钢箱梁施工进行全面细致的研究。

3 关键技术准备

为保障施工过程中的全范围展示，有利于指导现场的吊装施工，引用智慧建造技术中的Revit以及Lumion软件建立模型，并进行动态视频交底；引用midas Civil进行结构验算和结构优化。

3.1 技术方案编制

3.1.1 方案的初步设计

跨沪昆高速跨线桥上，跨高速段上部结构为（35.1+60+35.1）m钢混组合梁，该跨线桥离沪昆高速最近桥墩为14号、15号墩，其上盖梁外边距沪昆高速两边防护栏杆净距皆大于9m，因此桩基、承台、墩柱、盖梁施工对沪昆高速通行及安全不构成影响，但上部钢混组合梁架设对沪昆高速通行存在极大安全隐患，特别是最大跨度为60m梁段的施工，由于60m钢箱梁荷载过大，只能进行分段式施工，并将13~16号三跨划分为5段进行（图3）；为防止杂物、工具、小模板及施工废液、废渣等坠落至高速公路路面上，在高速公路顶面设置防护棚。

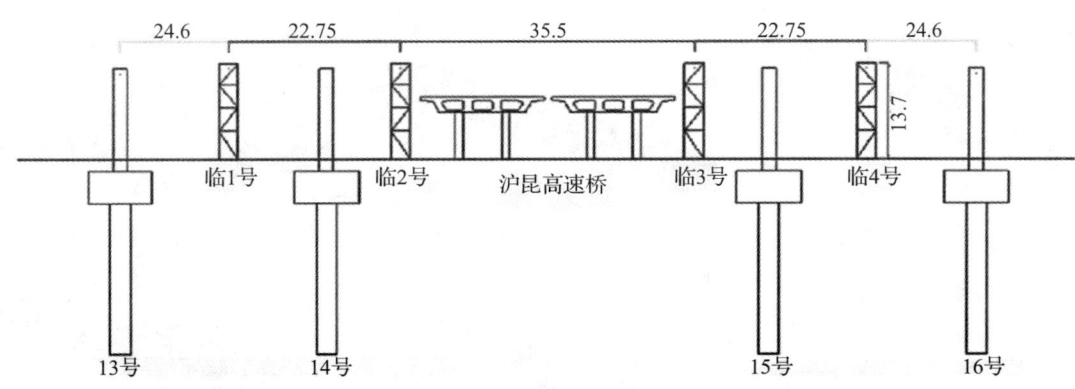

图 2 梁端划分示意图（单位：m）

(35.1+60+35.1) m 以钢混组合梁钢结构部分纵向由 A(13 号~临 1 号)+B(临 1 号~临 2 号)+C(临 2 号~临 3 号)+B(临 3 号~临 4 号)+A(临 4 号~16 号)(A，B，C 三类钢梁为箱形开口截面)组成一组主纵梁；横向采用工字形横梁和高强度螺栓进行纵梁间连接。梁节段参数见表 1。

表 1 钢箱梁节段尺寸、数量及质量参数

节段类别	结构尺寸 长（mm）×宽（mm）×高（mm）	单片梁质量（t）	数量（片）	总质量（t）
A 类	24600×2100×2400	41.82	10	418.2
B 类	22750×2100×2400	38.68	10	386.8
C 类	35500×2100×2400	53.0	5	265.0

所有的钢箱梁及预制件采用工厂统一加工，以保证尺寸的精确性，在运输过程中控制车辆速度，走平坦路面，防止运输过程中的变形。

吊装顺序：C 类钢箱梁→C 类右侧 B 类钢箱梁→C 类左侧 B 类钢箱梁→左侧 A 类钢箱梁→右侧 A 类钢箱梁。

3.1.2 结构模型建立

根据设计图纸对整个跨线桥的结构模型采用 Revit 进行创建，包括钢箱梁节段、盖梁及支座、预制小箱梁、下部结构以及桥面板（图 3），严格按照设计尺寸建立，包括内部的钢筋网以及各种预埋件；然后通过 Revit 内部的材质赋予功能对结构的属性进行编辑，以有利于后续的结构验算。

通过建立各个部位的 3D 模型，可方便技术交底，也方便与钢箱梁厂家沟通，确保按照施工方案的节段划分进行制作，提高尺寸的精确性；模型的建立也可以为后续的参数验算、交通疏导、交底视频提供 3D 基础。

3.1.3 参数验算和方案优化

为保证临时设施的可靠性，以及吊装施工的安全性，对临时墩、防护棚、吊点等进行力学验算。

A，B，C 三类钢箱梁，为保证施工的快速性，减少对高速公路交通的影响，均采用吊机进行吊装。

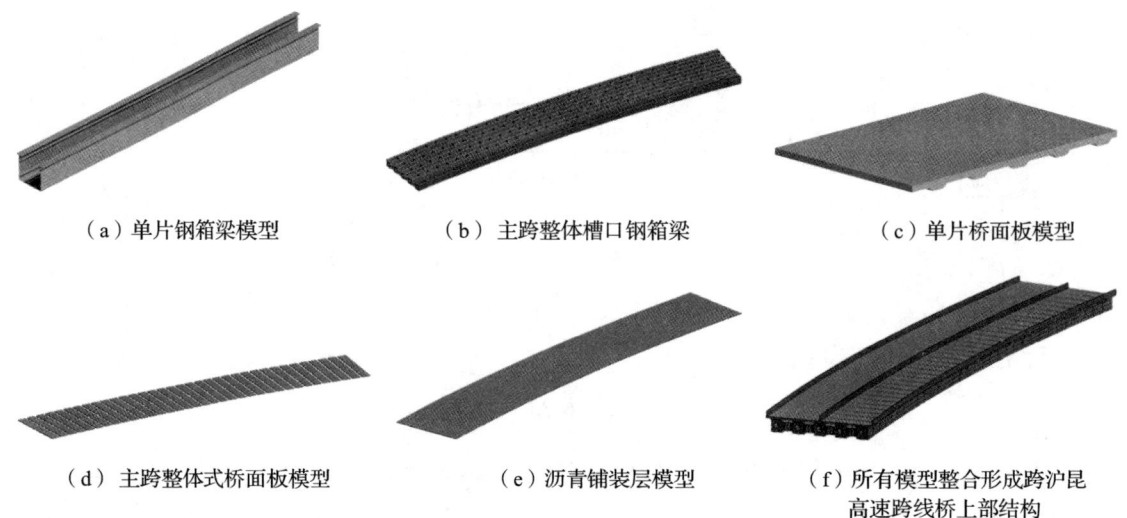

(a) 单片钢箱梁模型　　(b) 主跨整体槽口钢箱梁　　(c) 单片桥面板模型

(d) 主跨整体式桥面板模型　　(e) 沥青铺装层模型　　(f) 所有模型整合形成跨沪昆高速跨线桥上部结构

图 3　结构模型建立

A，B类桥梁采用150t吊机进行吊装，臂长25.6m，起重量56.5t，针对C类梁，采用500t吊机进行吊装，臂长46.9m，起重量93t，吊机满足要求，故在此对吊机不再进行验算，以下对临时墩、防护棚、钢箱梁吊装在不同工况下进行验算。选择荷载最大的C类钢箱梁进行验算。

（1）临时墩荷载验算。

1号、2号、3号、4号临时墩由C25混凝土条形基础和钢支撑组成。混凝土条形基础宽度1.2m，高度0.5m，坐落于芙蓉大道原路面沥青面层上；钢支撑采用18根 $\phi 426mm \times 9mm$ 螺旋焊接钢管与型钢搭设，分配钢梁采用双拼56a，支架连接体系采用［18a 槽钢。具体布置如图4所示。

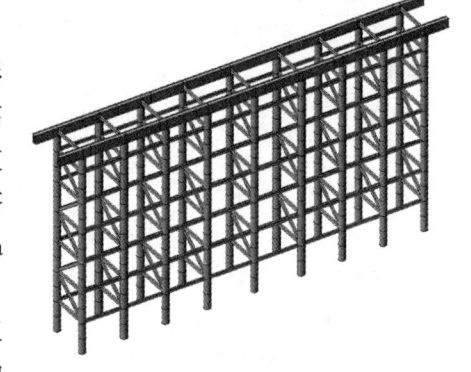

图 4　临时支墩单元模型

根据制作好的临时支墩可以进行支墩各种特殊工况下的受力分析，本次研究采用midas Civil进行结构应力及最大变形验算，midas Civil有限元软件是桥梁受力分析最可靠的软件之一；通过该软件可以针对不同工况下的受力进行分析，模型可以多次使用，midas Civil可以分析出结构的最大应力以及最大位移，并形成作用布局。

临时墩所用的Q235，查规范可得钢弹性模量 $E=2.1\times 10^{11}Pa$，剪切模量 $G=0.81\times 10^5 MPa$，密度 $\rho=7850kg/m^3$，轴向容许应力 $[\sigma]=140MPa$，弯曲容许应力 $[\sigma_w]=145MPa$，剪切容许应力 $[\sigma_r]=85MPa$；容许挠度 $[f]=L/400mm$；

①C类钢箱梁搭设完成之后的工况：需要考虑结构自重以及5片钢箱梁质量的影响，在midas Civil加入相关的计算参数（钢箱梁全重265t，临时墩自重可通过结构尺寸参数导入软件内自动计算）后，开启midas Civil的自动分析程序，得出有限元模型（图5）。

从上述的应力布局及变形布局可以看出应力变形最大部位，得出组合应力最大值为28.2MPa，小于弯曲容许应力145MPa；得出变形最大值3.7mm，小于容许挠度5000/400mm=12.5mm，说明在该工况下结构满足要求。

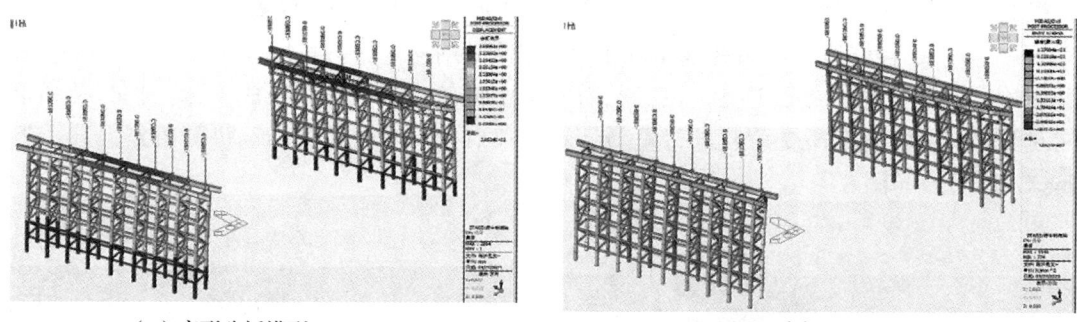

(a) 变形分析模型　　　　　　　　　　　　(b) 受力分析模型

图 5　在架设完 C 类梁工况下的结构分析

②C 类钢箱梁单侧安装完 B 类钢箱梁工况：需要考虑单侧临时墩的应力不对等的情况，在原有模型的基础上在临时墩单侧加上 B 类钢箱梁的作用力，由于 B 类梁架于临 3 号墩、15 号墩、临 4 号墩之上，采用力学分部进行分析，由于临 3 号墩与 15 号墩并未平行，按照长短不一的原则对梁重进行分配，通过 midas Civil 进行验算（图 6）。

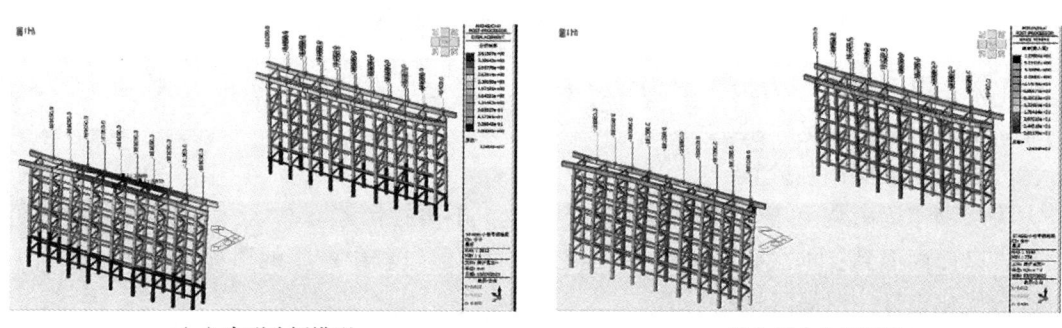

(a) 变形分析模型　　　　　　　　　　　　(b) 受力分析模型

图 6　在 C 类梁单侧架设完 B 类梁工况下的结构分析

根据上述分析，得出组合应力最大值为 28.2MPa，变形最大值为 3.62mm，均小于容许值，说明在该工况下结构满足要求。

③C 类钢箱梁两侧均安装完 B 类钢箱梁工况：在前一步的基础上在临 2 号墩加上 B 类钢箱梁的单侧应力，同样采取上一步方法进行计算，确定作用于临 3 号墩的 B 类梁应力为 59.08kN，并按照梁长不一分布于各支点位置，得出 midas Civil 模型（图 7）。

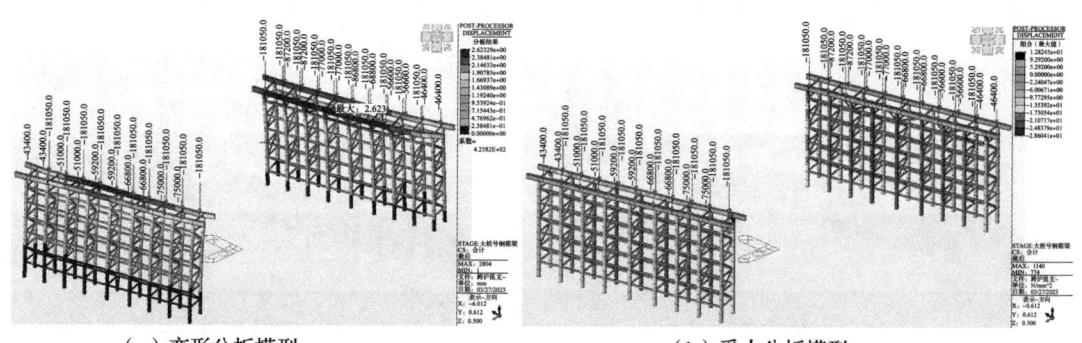

(a) 变形分析模型　　　　　　　　　　　　(b) 受力分析模型

图 7　在 C 类梁两侧架设完 B 类梁工况下的结构分析

根据 Midas Civil 分析,得出该工况下组合应力最大值为 28.6MPa,变形最大值为 2.62mm,均小于容许值,说明在该工况下结构满足要求。

④桥面板安装完成之后工况:该工况需要考虑将各跨钢箱梁焊接成整体,临时墩和永久墩同时受力,对临时墩所受荷载进行重新计算,仅对上一步的荷载布局进行重新设计;得出 midas Civil 模型(图8)。

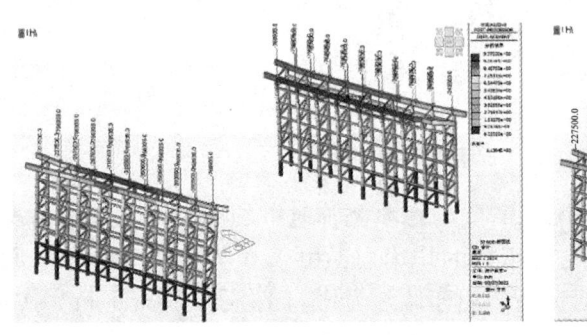 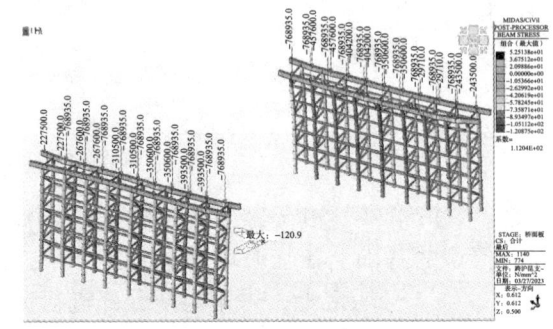

(a)变形分析模型　　　　　　　　　(b)受力分析模型

图 8　在桥面板安装完成之后工况下的结构分析

得出该工况下组合应力最大值为 120.8MPa,变形最大值为 9.97mm,均小于容许值,说明在该工况下结构满足要求。

(2)C 类钢箱梁吊装验算。

大跨度钢箱梁吊装由于其质量大,室外作业,不可控因素多,若采用常规方法进行计算,恐难以面面俱到,本次研究通过 midas Civil 对吊装过程中产生的多种情况进行分析,对吊点进行优化设计,对吊耳进行验算。

通过 midas Civil 的自动分析功能,对建立的钢箱梁吊装模型(图9)进行质量自动分析;钢箱梁设计采用 Q345qD 钢材,厚度在 16~40mm,抗拉、抗压、抗弯强度为 270MPa,抗剪强度为 155MPa,端面承压强度为 355MPa。

①工况一:钢箱梁起吊。

钢箱梁起吊有一定冲击效应,起吊力按照 1.2 倍自重进行参数输入,分析如图 10 所示。

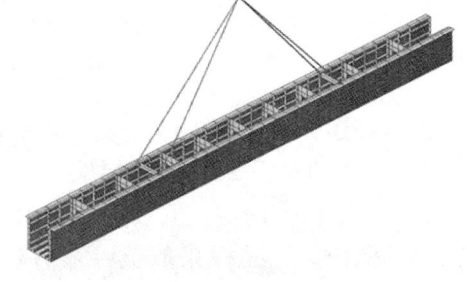

图 9　钢箱梁吊装模型

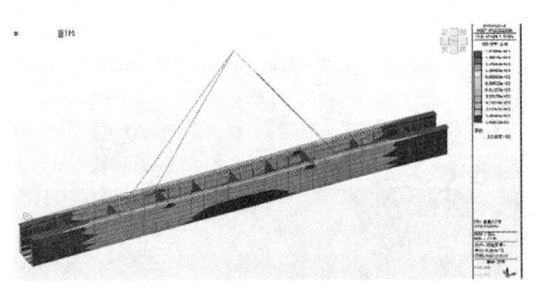 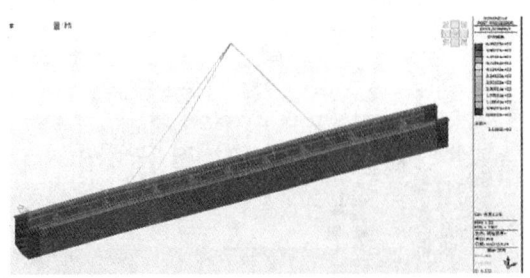

(a)应力分析模型　　　　　　　　　(b)变形分析模型

图 10　钢箱梁起吊分析

根据图 10 中的参数，可以很快得到最大有效应力 15.1MPa<270MPa；最大变形在悬臂端，6.5mm<9000/300＝30mm，结构满足要求。

②工况二：横向风压及转体工况。

该次吊装高度较高，单侧风压取值按 $0.5kN/m^2$ 计，同时验算过程中叠加自重荷载。验算模型如图 11 所示。

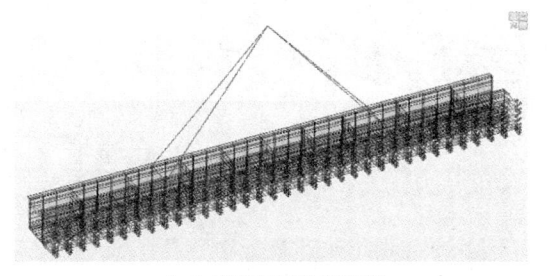

（a）横向风压分布模型　　　　　（b）转体应力分布模型

图 11　横向风压及转体工况模型

考虑整个吊装过程需要吊装转体，现场封闭施工，施工速度快，平均转速取 $12°/s$，角加速度 $3.2°/s^2 = 0.056rad/s^2$；钢梁质量为 53t，$R = 35.5/4 = 8.875m$；转体弯矩为 $M = 53 \times 8.875^2 \times 0.056 = 234kN \cdot m$。

起吊工况已经对起吊的变形量进行分析，在其他因素下不会对竖向力产生影响，所以在该工况下不再对变形进行分析，仅对最大有效应力进行分析（图 12）。

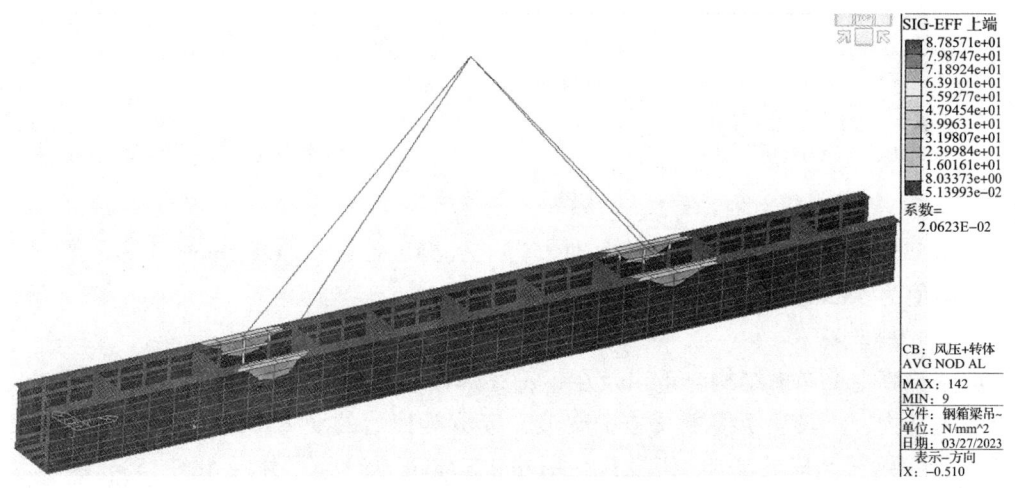

图 12　钢箱梁吊装组合应力分析

查图 12 可得最大有效应力 87.8MPa<270MPa，结构满足要求。

③起重吊耳验算。

建立最不利工况下的起吊模型，选取吊耳型号；选取工况二的应力状态进行分析，midas Civil 分析模型如图 13 所示。

从图 13 中的结果可知，最大轴力为 271kN，考虑一定的安全富余，吊耳型号选择 35t 型号。位置设置在钢箱梁侧面顶部，位于箱梁 1/4 节点处。

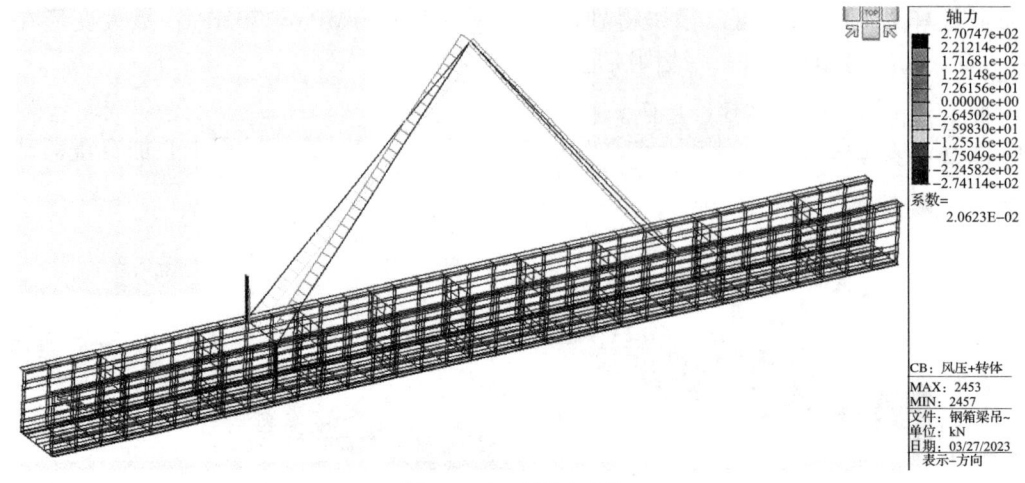

图 13　起重吊耳验算

④钢丝绳验算。

应用 midas Civil 通过对钢箱梁最不利状态下的钢丝绳轴力（图 14）进行分析，确定选择钢丝绳类型，再将选取的钢丝绳参数赋予到模型参数内，确定最大变形值。

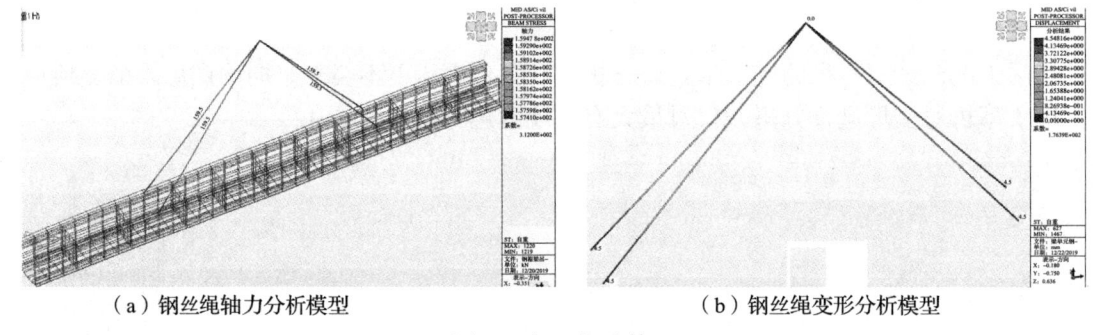

（a）钢丝绳轴力分析模型　　　　　　　　（b）钢丝绳变形分析模型

图 14　钢丝绳验算

通过模型分析确定钢丝绳单根最大轴力为 159.5MPa，选取 60.5mm 钢丝绳，经变形分析最大拉伸值为 4.5mm，满足要求。

（3）防护棚验算。

防护棚验算主要考虑结构自重以及在钢箱梁焊接、桥面板接缝施工以及后续的铺装敷设施工产生的杂物、工具、小模板及施工废液、废渣等掉落的受力影响，采用立柱 $\phi400mm\times9mm$ 螺旋焊接钢管与横梁［18a 搭设，利用 midas Civil 进行验算分析（图 15）。

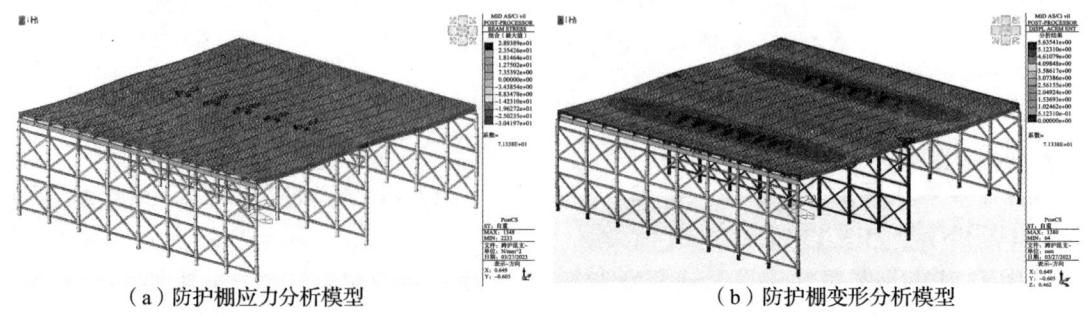

（a）防护棚应力分析模型　　　　　　　　（b）防护棚变形分析模型

图 15　防护棚验算

根据分析模型,该结构最大组合应力为 30.4MPa<145MPa,最大位移 5.6mm<L/400 = 38.5mm,参数满足要求。

根据上述的研究应用,midas Civil 可对大跨度钢箱梁吊装不同工况下的力学位移进行验算,能够对整个结构变形进行立体展示,通过应力、位移云图等不同颜色的布局,可直观显示最大位移及最大应力的精确位置,以便对结构进行进一步优化;在临时支墩设计、钢丝绳吊耳选型上,通过 midas Civil 模型分析受力状态,进行最优结构设计和最佳材料选型。

若在软件分析之后达不到荷载要求,可以直接在原模型上进行调整,增加构件或者改变材质属性,并可再次进行力学验算,此修改步骤速度快,可多次修改,修改之后分析参数依旧可靠。

3.2 交通疏导规划

沪昆高速(谭邵段)2019 年日平均车流量 53512 辆次/d,其中大车流量占 1/3,安全隐患巨大,需要将对交通的影响降到最低。

本次研究通过运用 Lumion 对现场的交通组织进行规划布局,并形成动态可视化视频,进行现场布局指导。

首先将 Revit 三维模型导入 Lumion 中,包括沪昆高速模型及拟建跨线桥模型,在 Lumion 中加入动态行驶车辆,结合施工实际对交通导行进行规划;在施工过程中直接影响高速行驶的工序为防护棚施工,将防护棚施工交通导行划分为 3 个阶段(图 16)。

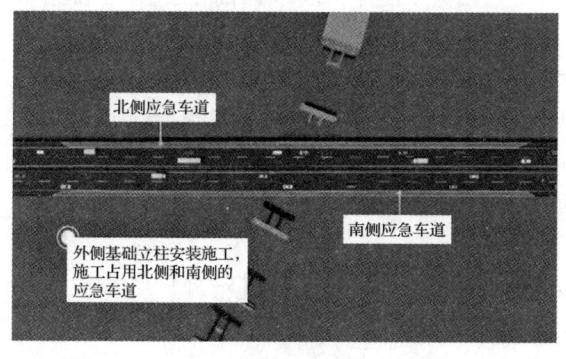

(a)第一阶段外侧立柱安装

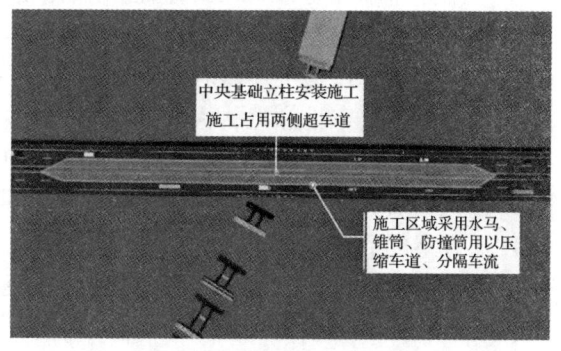

(b)第一阶段中央基础立柱安装

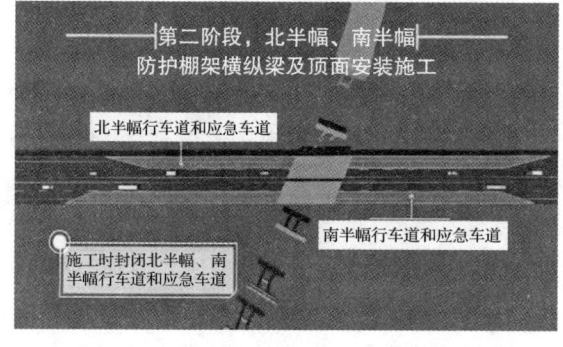

(c)第二阶段北南半幅防护棚施工

(d)第二阶段临时交通封闭

（e）第三阶段钢箱梁吊装临时封闭交通　　　　（f）第三阶段桥面铺装、车辆在安全通道通行

图16　防护棚施工交通导行

在 Lumion 软件内部可以加入交通疏导设施，并进行精细化排布，提前确定摆放位置，布置间距，以及对临时封闭转换进行模拟，避免现场转换出现隐患露点；通过 Lumion 可以灵活改变车辆行驶动态，以模拟现场的车辆情况，保障实际的有效通行；本次研究采取有效措施使防护棚施工每次仅在顶棚及纵横梁施工时需要封闭交通，每次封闭时间在3～5min，钢箱梁吊装单次封闭时间控制在10min，实现了影响最低化。

3.3　专项方案论证

可以通过 midas Civil 及 Lumion 软件输出大量的图片及视频，提高方案的充实性，针对不同的工况，仅需编制技术参数，配上 midas Civil 的验算模型，便可清晰展示，可直接显示出应力的分布和应力布局，具体显示出最大位移和最大应力位置，后续仅需根据所得数据对施工方案进行优化和材质优选。

在方案审批过程中可以利用 midas Civil 的模型，让审批人员对模型参数进行审核，并在模型参数上提出审批意见，大大提高了方案的审批速率，以及相关方表述的清晰性。

在交通组织方案审批方面，通过动态的 Lumion 模拟疏导视频向审核方进行全方位展示，并做旁白讲解；使整个交通组织一目了然；审核方可以根据模拟视频对方案缺陷进行描述，以便于方案的后续修改。

在方案专家论证过程中，可直接现场展示 midas Civil 的参数模型，进行现场验算，现场直接答疑，做到当场提出问题当场修改，提高专家论证效率（图17）。

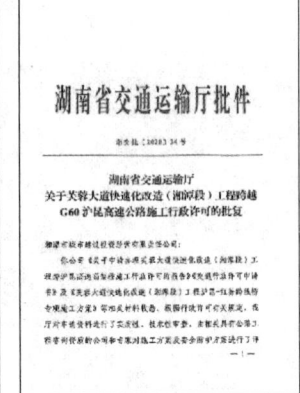

（a）业主委托代理　　（b）业主委托代理公司的　　（c）路政执法大队的　　（d）湖南省交通运输厅
公司的综合审查报告　　涉路安全影响评价　　　施工许可证　　　　　施工许可复

图17　专项方案审批文件

4 现场实施

根据建立好的 midas Civil 临时墩模型制作 Revit 三维模型,并通过 Revit 导出 CAD 图纸,在 CAD 图纸中可以准确标注各尺寸间距;同步将 Revit 模型导入 Lumion,由于 Revit 及 Lumion 同属于 BIM 体系,模型导入相当方便;再通过 Lumion 对施工方案进行动态模拟,形成施工交底视频(图18),对现场施工人员进行详细的施工方案交底,现场 C 类钢箱梁吊装及交通疏导也可采用同样的方式进行。

(a)C类钢箱梁吊装交底视频画面　　(b)C类钢箱梁吊装封闭交通视频画面　　(c)交通疏导交底视频画面　　(d)Revit模型交底

图 18　各类交底视频及模型

对于结构细节可以通过 Revit 三维模型进行立体展示,并且在模型上可以对各尺寸精度要求进行标注,提升了交底的有效性。

交底完成之后进行现场施工,现场施工人员可自行拷贝交底模型和视频,在现场进行观看,减少核对图纸浪费的时间,根据交底的方案步骤现场指导施工,有效使施工各部分协调推进,避免了工序之间的相互影响。

在钢箱梁吊装完成之后,对钢梁腹板、顶底板及肋板对接采用全熔透的对接焊接;支点位置横隔板及底板采用全熔透的 T 形对接焊接,支点位置横隔板顶板及腹板采用带钝边的双面角焊缝,使整个结构形成整体(图19)。

(a)临时支墩架设　　(b)防护棚架设　　(c)钢箱梁吊装　　(d)C类钢箱梁吊装封闭交通

图 19　现场实施照片

5 结语

在大跨度钢箱梁跨高速施工工况下,通过应用智慧建造技术及 midas Civil 结构分析对技术方案进行了优化和论证,加强了技术方案的科学有效性,提升了方案编制水平,推进方案审批向高效率发展;通过可视化技术交底,不仅提升了交底成效,而且将平面图纸三维化、视频化,促进了大跨度钢箱梁施工的信息化发展。利用 Lumion 的动态交通疏导功能,使单根钢箱梁吊装仅需封闭高速交通 10min,综合封闭时间降至 2h 以下。通过 midas Civil 可靠的力学验算能力,保障了各工况下临时支墩、防护棚及钢箱梁的安全性,提高了上部结构的综合质量,对指导今后大跨度钢箱梁跨越高速公路施工具有重要意义。

参考文献

[1] 王建峰. 复杂环境下大型钢箱梁安装技术研究 [J]. 价值工程, 2023, 42 (5): 94-96.

[2] 程叙埕, 段俊锴, 周露. 城市跨高速大跨度钢箱梁吊装技术应用探讨 [J]. 四川建筑, 2022, 42 (6): 71-75.

[3] 董云飞. 大跨度钢箱梁跨既有高速公路吊装技术 [J]. 建筑机械, 2022, 555 (5): 107-109.

[4] 吴国辉, 徐鑫, 梁耀星. BIM 技术在大跨度钢箱梁施工中的应用 [J]. 建筑机械, 2022, 552 (2): 33-36.

[5] 陈隆平. 大跨度钢箱梁安装施工技术探究 [J]. 四川水泥, 2021, 300 (8): 57-58.

浅谈装配式预制柱套筒灌浆柱底封仓质量对结构的影响

刘凤芝

湖南省第五工程有限公司　株州　412000

摘　要：装配式建筑预制柱安装时，常用的套筒灌浆柱底封仓方式为座浆料封仓，但因座浆料封仓时容易出现堵塞灌浆套筒和灌浆时爆仓的情况，且减少了预制柱截面与灌浆料的接触面积，最终影响装配式建筑结构质量。利用封仓工装代替座浆料封仓，以此提高预制桩灌浆套筒的灌浆质量，降低座浆料封仓对结构的影响，提高装配式建筑结构的质量，达到预制柱安装后结构连接等同于现浇的目的。

关键词：装配式建筑；预制柱；灌浆套筒；座浆料；灌浆料；封仓工装

1　预制柱钢筋连接套筒灌浆时柱底封仓的作用

装配式建筑中预制柱作为重要的竖向构件，预制纵向钢筋连接质量对结构质量影响较大，目前预制柱安装纵向钢筋连接普遍采用套筒灌浆的浆锚连接形式，预制柱灌浆采用连通腔灌浆，除预留灌浆孔、出浆孔与排气孔外，应形成密闭空腔。预制柱安装时与楼面需预留20mm 的间隙，便于灌浆料将预制柱截面与楼面混凝土连接，灌浆时为防止灌浆料浆液从柱脚流出，需要在柱脚四周进行封仓处理。

2　预制柱钢筋连接套筒灌浆时柱底浆封仓方式

目前装配式建筑竖向结构预制柱和预制剪力墙套筒灌浆底部封仓普遍采用水泥基砂浆类材料封仓。

2.1　高强座浆料封仓方式

为保证封仓质量和结构质量，优先选用强度等级 C60 以上的座浆料进行封仓处理，水泥基座浆料具有较好的可塑性和微膨胀性，封仓后不易开裂并具有较高强度，可避免灌浆时爆仓，封仓时座浆料会塞入柱底20mm 左右，外侧形成一个三角形斜边（图1）。

2.2　高强砂浆封仓

对封仓要求不高的工程，可采用早强型高强砂浆封仓，封仓方式与座浆料封仓一致，但砂浆封仓后容易开裂，或灌浆时因强度不够而造成爆仓情况发生。

3　柱底封仓质量对结构影响

3.1　钢筋套筒灌浆连接原理

钢筋套筒灌浆连接原理是将带肋钢筋插入挤压成型的中空型钢质套筒内对接，在钢筋以及套筒之间注入高强、早

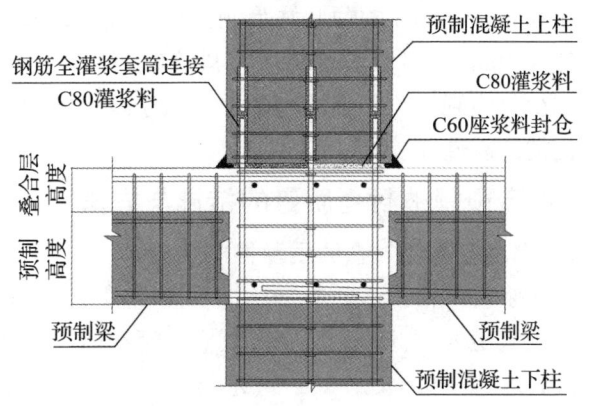

图 1　预制柱钢筋连接灌浆套筒示意图

强且填充微膨胀的灌浆料，灌浆料的微膨胀特性使钢筋与套筒内侧筒壁形成较大的正向应力，在带肋钢筋的粗糙表面产生较大的摩擦力，以传递钢筋的轴向力。

3.2 预制柱与现浇楼面利用灌浆料连接的原因

灌浆料可以与混凝土结合的原因在于，高强度、高流动性的水泥基灌浆料可以与混凝土结构表面牢固黏结，其黏结面强度高于混凝土结构本身，同时还可以填充混凝土中的裂缝和空洞，并能够使混凝土结构更加坚固，达到等同于现浇的效果。灌浆料与混凝土结合的方法是首先将混凝土表面清洗干净，然后将灌浆料注入混凝土表面空隙处，待灌浆料干燥后，便能与混凝土表面结合。

灌浆料与混凝土结合的优势在于，它可以提高混凝土结构的整体性能，增强其抗震和承载能力，延长混凝土结构的使用寿命。

3.3 柱底封仓对套筒灌浆质量的影响分析

封仓质量决定预制柱钢筋连接套筒灌浆是否饱满，灌浆套筒饱满度对于结构的稳定性和安全性至关重要，因为如果套筒灌浆不饱满，会导致套筒内部出现空隙，从而降低套筒灌浆连接钢筋的抗拉强度和结构的承载能力。此外，灌浆不饱满还会引起渗水、裂缝等质量问题，严重影响建筑的使用寿命。

影响柱底封仓质量的两个主要因素有：

（1）预制柱封仓时柱脚四周不平整或堆积座浆料厚度不够都会出现爆仓情况，灌浆过程中因采用从下向上灌浆形式，灌浆料流动度≥300，当发生爆仓后灌浆料浆液从爆仓的缝隙中不断流出，若采用水泥等材料对爆仓处进行修补硬化后，仓内灌浆料早已硬化，很难再将灌浆套筒灌满，以致预制柱所有灌浆套筒都无法灌满。

（2）灌浆时，一般只选择一个灌浆套筒进浆口作为注浆口，灌浆料从该套筒底口流出进入柱底空腔，再从其他灌浆套筒底口流入。柱底封仓时，将座浆料塞入柱底套筒底口位置或块状座浆料留置在柱底空腔内被灌浆料冲入灌浆套筒中，都会造成灌浆套筒因堵塞而无法灌满。

3.4 柱底封仓对混凝土结构连接的影响分析

柱底封仓时，因座浆料具有可塑性，座浆料塞入柱底的深度不能完全把控，有时塞入柱底深度可达到30~50mm，虽然未影响到钢筋连接套筒灌浆，但减少了预制桩底面与灌浆料的接触面积，座浆料有可塑性但无流动性，与预制柱和现浇混凝土结合强度远不如灌浆料，以500mm×500mm的预制柱为例，柱底截面面积为0.25m^2，柱底封仓时座浆料每边平均伸入柱底40mm，柱底界面与灌浆料接触面积减少15.36%，造成预制桩与现浇混凝土连接界面减少，预制柱与梁架结构的连接低于现浇结构，降低了建筑的整体性和刚度，从而降低了结构的抗震性能。

4 提高预制桩封仓质量的措施与方法

4.1 提高座浆料封仓的质量控制措施

座浆料严格按试验配合比加水搅拌，搅拌均匀且充分，封仓时预制柱周边座浆料堆积厚度必须满足要求，防止灌浆时爆仓。封仓时在柱底空腔深度20mm处插入一根PVC管，挡住座浆料进入柱底深处，一边封完仓后轻轻抽出PVC管，再加以修补即可，四边用同样的方法进行封仓，避免座浆料进入柱底空腔太深，使灌浆套筒堵塞和影响柱底与灌浆料接触面积。

4.2 改变利用砂浆或座浆料封仓的形式，提高封仓质量

利用封仓工装代替座浆料封仓。因预制柱钢筋连接套筒灌浆时，灌浆料具有高流动性和灌浆压力，因此对封仓工装的密封性和预制柱及现浇混凝土楼面的平整度要求较高。

（1）提高现浇楼面预制柱安装位置周边混凝土平整度措施

预制柱安装位置周边混凝土平整度一般靠楼面混凝土浇筑时泥工手工抹平，因预留柱头伸出预留钢筋和钢筋定位工装的影响，很难将预制柱周边现浇混凝土抹平，对钢筋定位工装进行改进后，在原预制柱预留钢筋定位工装上加楼面平整度控制板，安装钢筋定位工装时根据楼面混凝土浇筑标高，将升级后的钢筋定位工装固定（图2）。现浇混凝土浇筑完成后，既能保障预制柱预留钢筋定位准确，又能保证预制柱周边有80mm宽的平整带，为后续安装封仓工装提供条件。

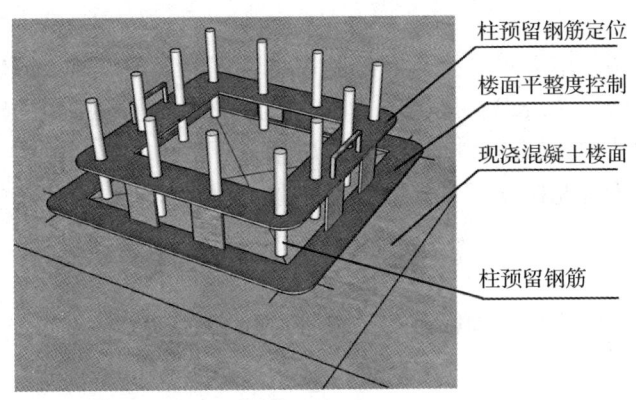

图2 钢筋定位与现浇楼面平整度控制工装

（2）利用封仓工装对预制柱底部进行封仓

封仓工装主要起到紧固密封的作用，封仓工装采用金属加工，工装靠柱边和楼面贴合面采用空心发泡橡胶条通过挤压进行密封。工装水平面紧固采用螺栓紧固，竖向与楼面紧固采用混凝土自攻螺栓紧固（图3、图4）。

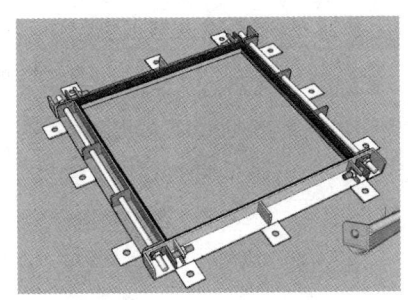 

图3 封仓工装示意图　　　　图4 封仓工装应用

一整层建筑预制柱全部安装完成后，准备对预制柱钢筋连接套筒进行灌浆作业，灌浆前先清理柱底周边现浇混凝土表面杂物，然后安装封仓工装后，开始灌浆作业，灌浆完成后待留置灌浆料样品无流动性且开始硬化时便可拆除工装，封仓工装拆除后可重复循环使用。

（3）使用封仓工装提高封仓质量的效果

预制柱钢筋连接套管灌浆时使用封仓工装后，因柱底无座浆料影响，灌浆过程较为顺

利，每个灌浆套管都被灌满，偶有封仓漏浆情况，通过紧固螺栓或增加混凝土自攻螺栓数量均可解决漏浆问题，不影响继续灌浆，有效保证了预制柱钢筋连接套筒灌浆质量。

5 效益分析

5.1 经济效益

采用预制柱套筒灌浆封仓工装代替浆料封仓的施工工法，提高了预制柱安装效率，同时减少了封仓浆料和凿除浆料封仓形成的三角形围边成本，以常见600mm×600mm的预制柱为例，每个柱子需要封仓料20kg，座浆料单价2.5元/kg，即每个柱子封仓浆料成本50元，凿除封仓围边成本约10元/根，合计成本60元/根，以湖南师范大学桃花坪校区项目为例，全项目共计1070根柱子，共计可节约成本约64200元，同时每层建筑施工节约施工工期约1d，合计节约工期5d。

5.2 社会效益

通过本技术的运用，培养了一批富有经验、懂管理的管理人员，锻炼造就了一支质量意识强，操作技巧娴熟的专业班组，该施工方法除节约成本外，因施工便捷，提高了装配式预制柱的灌浆质量，对装配式建筑竖向构件施工质量控制提供了有利措施，对装配式竖向构件发展具有推动作用。为企业树立了良好的社会形象，提高了企业的市场整体竞争力。

5.3 节能环保效益

通过本技术的运用，不仅保证了施工质量，还减少了因传统施工方式而花费大量的人工及材料损耗费，减少了建筑垃圾和废弃物排放，对环境不造成影响。

6 结语

预制柱安装过程中，钢筋连接套筒灌浆时，柱底封仓质量影响套筒灌浆饱满度和柱界面与灌浆料接触面积，并最终影响结构质量。通过提高座浆料封仓质量可提高套筒灌浆质量。利用封仓工装替代座浆料封仓，可有效提高灌浆封仓质量，提高套筒灌浆饱满度，保证预制柱截面与灌浆料接触面积，预制柱连接节点达到等同于现浇的效果，保证了装配式建筑结构的质量。

预制柱灌浆采用封仓工装，可减少座浆料硬化等待时间，提高施工效率，并且柱脚不会留下三角形斜边，不影响后期装修等施工。

参考文献

[1] 中华人民共和国住房和城乡建设部. 钢筋套筒灌浆连接应用技术规程：JGJ 355—2015［S］. 北京：中国建筑工业出版社，2015.

[2] 中华人民共和国住房和城乡建设部. 装配式混凝土结构技术规程：JGJ 1—2014［S］. 北京：中国建筑工业出版社，2014.

ALC墙板安装在钢结构建筑施工中的技术要点

陈 旅

湖南省第五工程有限公司 株洲 412000

摘 要：随着建筑行业的迅速发展以及在国家推行绿色建筑工程的背景下，基于装配式建筑工业化的研究逐步深入，建筑工程材料得到了发展。本文着重研究了ALC墙板的性能及高效连接。ALC墙板具有隔热、防火、抗裂、抗震、隔声、轻质等优点，设计标准化、生产工厂化、现场施工装配化、结构装修一体化大大缩短了施工工期，目前在高层框架建筑、钢结构工程以及工业厂房的内外墙体中获得了广泛的应用。其应用改善了传统砌块墙体中劳动强度大、施工效率低等问题，环保高效、绿色节能的特点广受相关单位的好评。

关键词：ALC墙板；绿色建材；L形管卡；钢结构建筑

1 概述

ALC墙板即蒸压轻质加气混凝土板，亦称AAC板。该板材以优质的硅砂（粉煤灰）、水泥、生石灰、铝粉等为主要原料成型、经高压蒸汽养护而成，是一种性能优越的新型绿色建筑工程材料，既可做墙体材料，亦可做屋面板，广泛应用于建筑工程中。工厂化、标准化生产技术为施工中平整度、垂直度控制创造了优越的条件。承载力较大的墙板材料工艺在大跨度、高层的钢结构墙体施工中，由较大间距轻质方矩管代替了传统砌块墙体密集的构造柱、圈梁，安装简便、工艺简单。对传统砌体工艺中的钢筋、混凝土、砌体砌筑等烦琐的工序进行了简化，单一的板材安装工即可替代完成上述各项工作，规避了工种穿插冲突，减少了工种间相互制约的风险，大大缩短了施工工期，提高了工程效率和质量。在相同隔声、隔热、防火要求下，所需ALC墙板厚度较薄，质量轻，可以降低墙体荷载，配筋要求亦可以降低，进而减少建筑造价。墙体安装完成后，可采用轻质薄抹灰技术，有效解决了传统抹灰易空鼓开裂的问题，提高了建筑物的使用面积。

2 工程概要

株洲国家高新区轨道交通装备产业园基础配套设施项目一期为钢结构工程，造型复杂，异形结构较多，层数两层，中间设置有夹层，建筑高度为23.9m，楼栋层高近10m。外墙为铝板幕墙与玻璃幕墙相结合，打造了一种刚中带柔曲线之美，外墙正视立面为折线形，四周结构钢柱是角度为78°的斜圆钢柱，大大提高了中间层的使用面积。为保证工期，内墙设计为砌体墙与ALC墙板相结合，其中ALC墙板体积约3200m³。

3 质量控制技术要点

选用ALC墙板是达到各项节能指标、实现绿色建筑工程的重要保障。作为施工单位，在工程材料及安装质量方面必须严格控制，并严格按照设计要求、施工规范进行施工。做好事前预防、事中管控、事后纠偏，实现ALC墙板安装工程全过程施工技术管控，保障工程质量，达到绿色节能目的。

3.1 材料选用技术要求

作为节能设计要求的建筑，应根据相关政策、规范和工程实际情况进行热工计算，依据计算结果选用适当的板材、板厚、板型、保温组合方式和热桥节点。建筑质量控制中材料控制是关键，在施工前应了解材料的技术要求和设计要求并熟悉墙板的节能指标，并在采购、运输、保管环节中严格保障材料的质量合格性。材料进场时，必须对材料进行检测检验，检查材料的产品合格证、相关质量检测报告及外观尺寸型号。施工时应检查墙板的完整性，避免使用损坏有缺陷的板材。砂浆作为座浆材料也需选择与板材相适应的砂浆，轻质薄抹灰技术可有效解决墙面空鼓开裂风险，对薄抹灰的砂浆的选择也极其重要。ALC墙板工程采用的主要材料见表1。

表1 主要材料及技术要求

序号	材料名称	规格	主要技术要求
1	蒸压加气混凝土板	100mm/200mm厚，600mm宽	强度A5.0，干密度B06
2	砂浆	1∶3水泥砂浆	拉伸黏结强度>2MPa
3	耐碱玻纤网格布	—	200mm宽
4	L形管卡	1.2mm厚	3mm镀锌钢板
5	方矩管龙骨架	厚度：4.5mm厚，截面尺寸：100mm×200mm/100mm×100mm	镀锌钢管

3.2 墙板安装技术要点

3.2.1 工艺流程

结构基层清理→确定控制线、墙板安装定位线→安装前基面处理→选板、切板→安装第一块墙板下部→下部墙板调整校正、固定→安装第一块墙板上部→上部墙板调整校正、固定→依次安装其余墙板→板材公母槽拼接→专用砂浆填补板缝→检查板面的平整度、垂直度，并修整→挂网补缝→墙体养护→验收。

3.2.2 施工技术要点

（1）板材运输

现场通过垂直运输机械将板材运至楼层。然后通过楼层内运输车将板材运至作业面并分类、分散堆放，以便在施工时容易查找和搬运，避免荷载过于集中。运料上下时，不得撞击板材，要做到轻拿轻放，侧抬侧立并互相绑牢，堆放处应平整，下面垫好垫块。

（2）基层清理

清理隔墙板与楼顶面、地面、墙面的结合部位，将钢结构接触部位进行防腐除锈，并将浮灰、沙、土、酥皮等异物清理干净。对于需要处理的光滑地面应进行拉毛处理，支座用1∶3水泥砂浆找平。

（3）测量放线

安装前先做排板图，列出板安装顺序，尽量减少和避免在隔墙的垂直方向嵌入板的数量，以保证拼缝的黏结质量。按照安装排板图在地面和顶板标出每块隔墙边线及门窗洞口边线，弹出立面垂直线，弹出顶面连接线，并按板宽分档，放线应清晰，位置准确，并检查无误后再进行下道工序施工。

(4) 排板修板

墙板的宽度与管线位置（如有）和隔墙的长度不相适应时，应将部分隔墙板预先拼接加宽（或锯窄）成合适的宽度，对应图纸在相应位置安装。板的长度应按楼层结构净高尺寸减去 20~40mm；门窗洞口处、转角和丁字墙处优先排成整块板，门窗口宽度≤1.5m 时，顶用横板排板；门窗口宽度>1.5m 时，顶用竖板排板。

(5) 安装 ALC 墙板

墙板安装一般采用竖装板（门窗洞口过梁板除外），首先按照排板图和放线定位图，由内及外逐块安装。墙板底部与基层、楼板交接部位板缝满铺砂浆，砂浆厚度为 20mm±2mm，墙板侧边满刮砂浆，厚度为 5±2mm。在板材安装顶部位置进行柔性连接，如聚氨酯、聚苯板或岩棉板。板立好之后，用三角形木楔临时固定并进行调整，检查定位无误，固定墙板时用木锤在板底徐徐打入垫块，垫块位置应选择在墙板中心处，以免造成墙板破损。

墙板安装就位后，用激光水平仪、2m 靠尺和撬棍调校墙面的垂直度和平整度；经过调校后，板下部用木楔或垫块顶紧，板面用木方支撑，起到固定作用，板上部也按以上方式安装后，顶部用木楔顶紧，再用 L 形管卡件固定墙板与梁、板底的连接，管卡间距不大于 600mm；同时将挤出板缝的砂浆压进板缝内，使板缝砂浆饱满。所有的板材与板材之间、板与钢柱梁之间安装前均要涂满专用胶黏剂。

(6) 管卡固定

内墙常用的连接节点有 U 形卡法、直角钢件法、L 形管卡法等。在钢结构工程中板材与钢结构安装固定采用 L 形管卡用焊接方式进行连接，一片板材安装完成后，靠近下一片板材一侧的管卡，应顺安装方向固定在墙体上部的钢梁或方矩管底上。在材料的选用和节点固定控制中技术管控不满足要求时，会造成墙体垂直度、平整度达不到要求，或墙体出现偏移，甚至在外力的作用下出现位移和倾倒，造成严重安全事故。

(7) 门洞洞口板材安装

门口两侧尽可能安整块板，门口上部一般采用横装板（过梁板），先在门洞两侧条板上锯切出不小于 100mm 宽的搭肩口，然后量出过梁板的实际尺寸（其宽度比实际窄 10mm）；门窗口安装方法有胀管安装法和扁钢安装法，胀管安装法采用塑料胀管自攻钉安装；门窗口过大时，可采用 80mm×8mm 扁钢先固定在门窗口然后再安装门窗。

若有配电箱、消防箱等安装，可现场切割。

(8) 安装构造要求

工程中墙板连续安装长度及高度较大时，为达到抗震要求、满足墙体刚度及稳定性，需在墙板之间安装方钢作为龙骨架。

当墙板安装高度大于 5m，小于 6.5m 时，采用错位接板 30cm 依次安装隔墙板；当墙板安装高度超过 6.5m 时，需用方矩管搭设龙骨架，分段安装，方矩管龙骨架搭设横竖跨度不大于 5m；因钢结构与板材属性差异，当单面墙体安装高度小于 6.5m 时，墙体宽度构造柱设置原则为不超过 9m 处安装方矩管隔断及转角处设置钢隔断；当整面墙体上部无框架梁加固时，上部需增加方钢作为支撑加固点；当整面隔墙安装完毕，经自检合格后，再用专用砂浆将板缝填塞密实。

(9) 接缝处理

墙板接缝是防水抗裂的重点部位，有半柔性缝、柔性缝、落地缝、刚性缝等多种构造方式。墙板接缝宽度应根据结构层间变形、墙体温度变形、立面分隔等综合因素确定。

板材下端与楼面处缝隙用1∶3水泥砂浆预先座浆，板安装好后，木楔应在砂浆结硬后取出，且填补同质砂浆。板材上端与钢梁底缝隙用岩棉板嵌填密实，ALC墙板之间拼接缝、与梁板墙接缝处均压入耐碱玻纤网格布，缝两侧各50mm。板材之间凸起两侧挂满黏结砂浆，将板推挤凹槽挤浆至饱满度90%以上，缝隙宽度不大于5mm，表面用专用修补砂浆补平。

（10）开槽处理

板材内置钢筋网片，强度大，适宜开槽走管线和开孔、放开关盒。墙面开槽尽量采用竖槽，开横槽时长度不宜大于300mm。开槽尺寸为宽度宜为管外径加5mm，槽深宜为管外径加15mm，槽边线应整齐顺直，底面平整。开完管线和开完孔槽后，必须采用防裂砂浆填缝并外用网格布挂住，网格布以超出边沿50mm为佳。为降低成本，管线大缝内底部可以采用普通水泥砂浆填塞，外部采用聚合物砂浆和网格布防裂即可。

（11）清理及修补、勾缝

对板面及边棱破损处用专业修补剂进行修补处理，其颜色、质感均需与板材一致，性能匹配。清理施工现场和已施工完成的板墙，再使用专用勾缝剂勾缝。

4 工程效益分析

本工程ALC墙板体积约3200m^3，相比传统砌筑工程采用ALC墙板为项目创效约43万元，工期节省约30d。

5 结论

在保证墙板材料符合要求及安装技术先进可靠的前提下，可以有效地保障节能效果，也可以在墙板作为外墙围护结构时，在大风或地震力作用下不会发生大的损坏，具有较强的抗震性能。ACL墙板材料绿色环保，隔声性能好，防火性能符合A_1级要求，由于节能、节土、节水等特点，充分利用各种工业废渣或尾砂，保护生态环境。随着绿色建材的推广使用，相应的施工技术及施工方法也在不断更新，紧跟时代的潮流与时俱进，坚决贯彻了建筑业节能和可持续发展的国家战略。该应用的技术要点，为类似工程使用提供参考。

CAD三维制图在曲面体施工放样中的应用

张 波 曾 涛

湖南省第五工程有限公司 株洲 412000

摘 要：角隅曲面体施工放样关键在于确定曲面体顶面各放样点的高度参数。只要放样点顶面高度值已知，则实际施工放样测定工作将较为简单。充分运用电脑三维制图技巧，可以较好地解决工程中相关复杂空间造型几何体的施工放样、定位疑难。因此，具有重要的实际意义。

关键词：曲面体；剖切；三维制图

随着现代建筑技术的不断发展，角隅曲面体等复杂空间造型几何在建筑工程中的应用越来越广泛。随着计算机技术的普及和发展，电脑三维制图技术为角隅曲面体施工放样提供了新的解决方案。通过运用三维制图技巧，可以直观地展示角隅曲面体的空间形态，精确地计算放样点的高度参数，从而简化实际施工放样测定工作。

1 工程概况

某污水处理厂二期提质改造及配套管网工程扩建规模为7.5万t/d处理，二期扩建工程完成后，处理水质使整个厂区达到一级A排放。该工程的高效沉淀池为钢筋混凝土箱型池体结构，长×宽＝35m×26.9m，地面以下深约5.6m，地面以上高约3.15m；底板厚0.6m，墙厚分别为0.5m、0.3m，如图1所示。

角隅曲面体位于沉淀池主池的四个角区，主池内空尺寸15m×15m。角隅曲面体角处高3703mm，沿平面45°线底边长3107mm，角隅外边圆弧半径7500mm。角隅曲面体每组4个，共计12个。

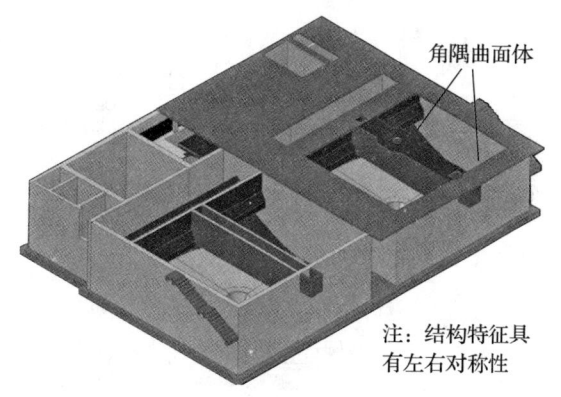

注：结构特征具有左右对称性

图1 结构平面图

2 工程施工特点

（1）空间造型独特，施工放样工作作为施工的关键工序。

（2）应用计算机CAD软件三维制图技巧，确定各施工放样所需曲面体顶点高度参数，进行数据成果整理，最终在平面图上标注出各放样点高度控制值，作为施工放样测定依据。

（3）避免烦琐的内业计算，确保数据的正确性。

3 工艺流程

绘制立方体——绘制三角形截面倒圆台环体——将倒圆台环体与立方体进行交集运算，得到角隅曲面体——在角隅区平面按0.5m×0.5m布置放样网格——沿网格线剖切角隅实体——将各剖切面按 500mm 间距绘制放样点高度辅助线，找出高度参数值——整理数据，在角隅曲面体平面图上标注出各点高度值——现场布设并测定各放样点，做好标志，复核后作为施工依据。

4 主要施工操作要点

（1）角隅曲面体设计几何特征如图 2~图 4 所示。

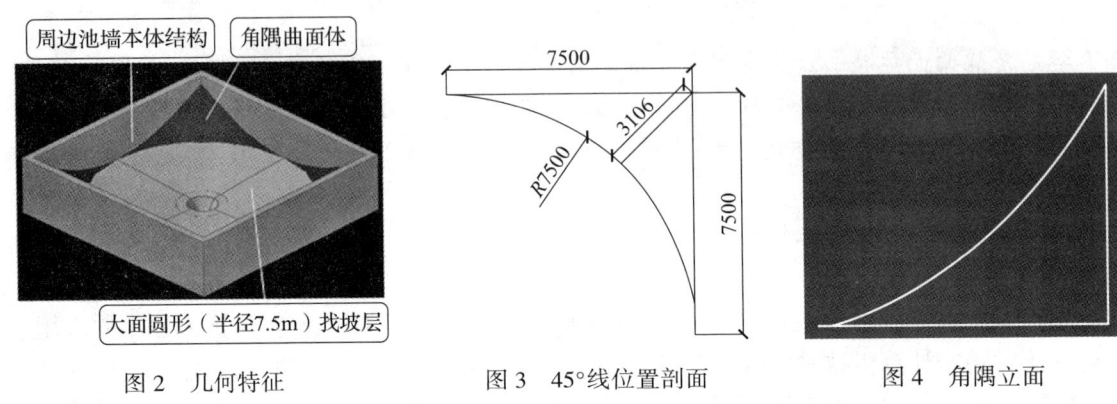

图 2　几何特征　　　图 3　45°线位置剖面　　　图 4　角隅立面

（2）施工放样分析

根据设计给出的（即 45°线位置）剖面分析，角隅曲面体属一个三角形截面的倒圆台环的局部。该圆台环的底面半径为 7.5m，顶面半径为池体（内空尺寸 15m×15m）外接圆半径 10.607m，圆台环高度为 3.703m。角隅以外的区域需减去，如图 5 所示。

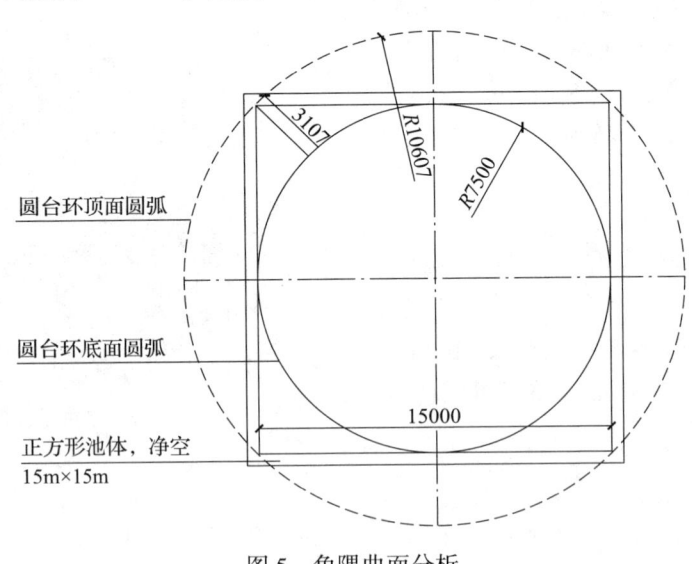

图 5　角隅曲面分析

（3）三角形截面倒圆台环绘制

三角形截面参数：高 3.703m，底边长 3.107m。

倒圆台环绘图：上述三角形三边合并成面域，斜边底端点距旋转轴 7.5m，切换至三维制图旋转命令旋转 360°，绘图如图 6 和图 7 所示。

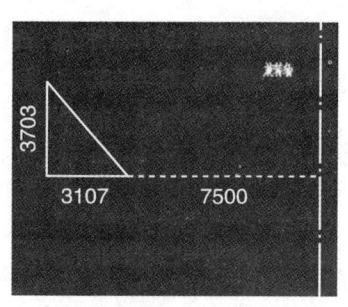

图6 剖切曲面体示意图绘图参数

图7 三角形倒圆台环实体

（4）交集运算

运行 CAD 三维制图"交集"命令即可将环体与立方体进行组合运算得到所需角隅曲面体。如图8和图9所示。

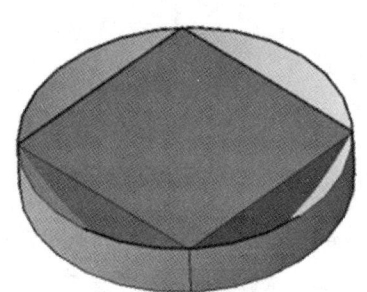

图8 运算前组合状态

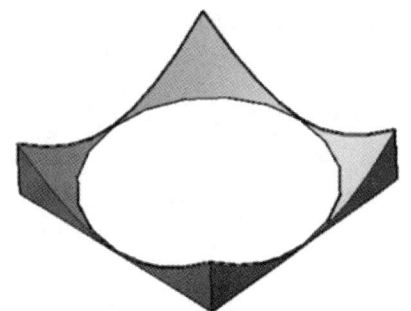

图9 运算后得到角隅曲面体

（5）角隅曲面体放样网格线布置及剖切网格线

放样网格线按 0.5m×0.5m 布置，可满足施工精度需要。如需进一步提高放样精度，则按要求增加网格密度即可。

执行 CAD 三维制图中的"剖切"命令，沿网格线 1-15 轴剖切各曲面体，得到所需各放样网格线位置的实际剖面，如图10和图11所示。

（6）找出放样高度点

在各剖面（即网格线横截面）顶部弧线（执行三维制图"提取边"命令提取弧线）找出对应放样点高度值，根据网格线布置原则，对应各剖切面按 500mm 间隔设置放样点高度辅助线，辅助线与顶部弧线的交点即为放样点。由于制图完全按 1∶1 比例进行，对各顶部交点至底边的距离执行 CAD 中的"线性标注"命令即可找出各曲面放样顶点的高度值，如图12所示。

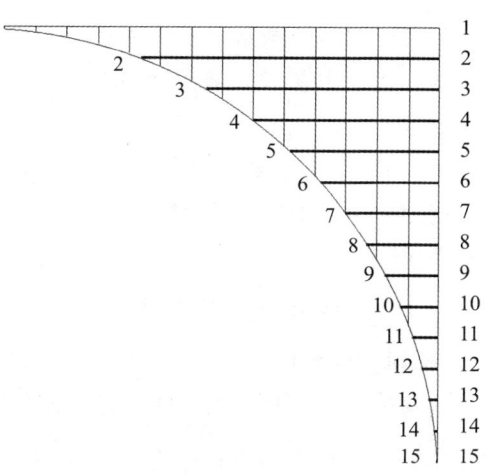

图10 放样网格布置（沿粗实线剖切）

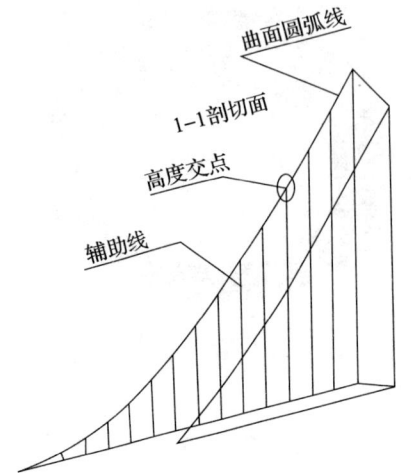
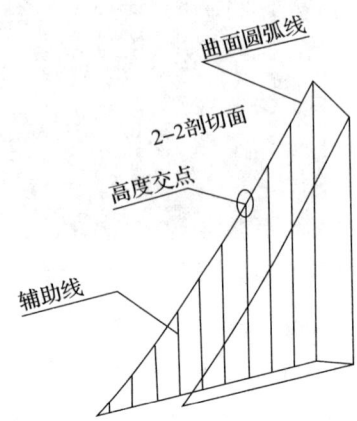

图 11 剖切曲面体示意图

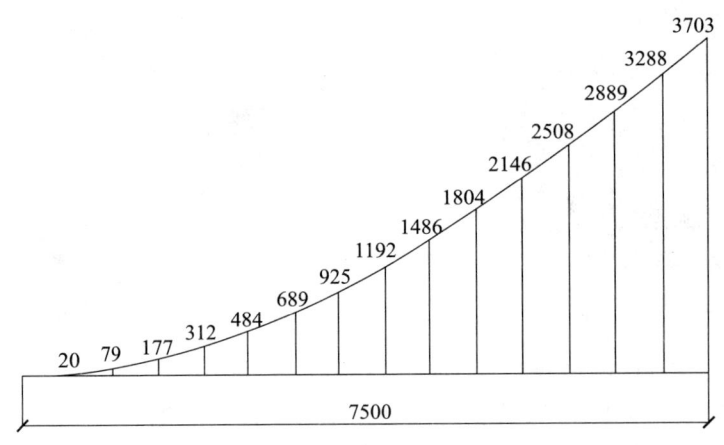

图 12 高度辅助线

（7）整理数据成果

复核无误后绘制角隅曲面体施工放样平面图，逐一标注出各顶点高度值作为施工依据，如图 13 所示。

（8）现场实际测定放样

据图 13 各顶点高度参数在现场逐一测定即可完成。

5 CAD 三维制图注意事项

5.1 绘制倒圆台环

绘制倒圆台环时先将 CAD 视角调整为俯视绘制平面，绘制三角形三条边线并用"面域命令"进行合并，如图形未"面域合并"倒圆台环四周将无法闭合形成实体。之后输入

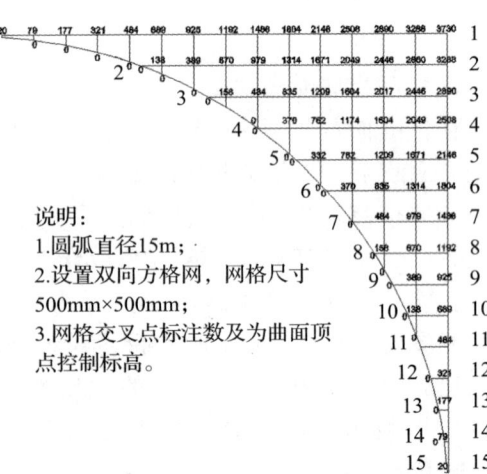

图 13 剖切曲面体示意图放样点平面布设

CAD"旋转命令"绕旋转轴 360°旋转即可形成倒圆台。

5.2 平面放样网格布置

调整视角为前视将三维图角隅体显示为平面图,此时两条直角边线及圆弧边线无法选择,为此可用"直线段"命令绘制直线段与直角两条边线重合作为辅助线并输入"偏移命令"间距 500mm 绘制网格线。此时圆弧边线与辅助线未形成交点,多余线段无法裁剪,可输入三维制图中的"提取边命令"提取圆弧边,此时辅助线段与圆弧边相交,输入"修剪命令"即可裁剪多余线段。

5.3 剖切曲面体

在放样网格平面图上沿水平网格线间距 500mm 从上至下输入"剖切命令"剖切曲面体,剖切完各曲面体后调整视角为"仰视"即可显示剖切曲面立面图,并间隔 500mm 设高度辅助线。高度辅助线设置原则及圆弧线提取按上述要求执行即可。

6 施工质量控制措施

6.1 各项限差的要求

(1) 控制轴线,轴线间互差

>20m,1/7000(相对误差);

≤20m,±3mm。

(2) 各种结构控制线相对于轴线<±3mm。

(3) 标高小于±5mm。

(4) 垂直度层高≤8mm,全高 1/1000 且不大于 3mm。

6.2 放样应遵循的原则

(1) 用于细部测量的控制点或线必须经过检验。

(2) 细部测量坚持由整体到局部的原则。

(3) 方格网必须校正对角线。

(4) 方向控制尽量使用距离较长的点。

(5) 所有结构控制线必须清楚明确。

7 施工安全控制措施

7.1 规范要求

严格贯彻执行国家颁发的《建筑机械使用安全技术规程》(JGJ 33—2012)、《施工现场临时用电安全技术规范(附条文说明)》(JGJ 46—2005)、《建筑施工安全检查标准》(JGJ 59—2011)。

7.2 安全措施

(1) 各工种上岗前应进行安全教育和安全技术交底,严格遵守安全操作规程,并持证上岗,高空作业人员必须经体检合格。

(2) 作业人员应戴好安全帽;高空作业人员应佩戴安全带,穿防滑鞋,工具入袋。

(3) 用电设备外壳必须设有可靠的保护接零,必须定期检查焊机的保护接零线;接线部分不得腐蚀、受潮及松动。

8 结语

某污水处理厂沉淀池角隅曲面体采用电脑进行 1∶1 三维放样作图,再充分运用 CAD 三维制图的一些技巧将各辅点所需的高度参数找出。减少了曲面体放样复杂的内业计算，与传统放样相比较节省了大量的工作时间，解决了工程施工中相关复杂空间造型几何体的放样、定位疑难。同时取得了良好的经济效益和社会效益，受到业主单位一致好评，为企业树立了良好的形象。

参考文献

［1］ 钱军，郭正兴，刘如兵. 曲面模板放样设计研究［J］. 施工技术，2015，44：17.
［2］ 孙频，张永祥，杜江. AutoCAD 在曲线型建筑施工放样中的应用［J］. 浙江建筑. 2003（3）：39-40.
［3］ 潘益军. 施工放样中 CAD 工程软件的运用［J］. 世界家苑，2013（11）：57.

梁侧预埋式连墙件的施工方法及效益分析

姚振林

湖南省第五工程有限公司　株洲　412000

摘　要：该新型连墙件是一种于建筑物边梁的梁侧混凝土内预埋钢制螺母的塑料管预埋件，采用不小于 M12 螺杆穿过特制扣件与梁内预埋的螺母连接，再将特制扣件与外架架体通过横向钢管进行扣件连接的新方式。相较于传统方法而言，该新型连墙件不仅施工便捷、安全性好、回收率高，外墙无须留设脚手眼，还避免了外墙渗漏的隐患。

关键词：土木建筑工程施工；脚手架；连墙件；施工方法

建筑工程施工阶段，外脚手架较多采用双排脚手架进行外架搭设，而架体需与建筑物进行刚性连接，以确保脚手架的稳定性。现有的常规做法：于建筑物边梁顶部预埋竖向钢管，并通过横向钢管、扣件与架体进行连接。此传统做法中外墙需留设脚手眼，并在外架拆除阶段进行钢管切除并封堵脚手眼，容易给外墙带来渗水隐患。

该新型连墙件是一种于建筑物边梁的梁侧混凝土内预埋钢制螺母的塑料管预埋件，采用不小于 M12mm 螺杆穿过特制扣件与梁内螺母连接的新方式。相较于传统方法而言，该新型连墙件不仅施工便捷、安全性好、回收率高，外墙无须留设脚手眼，还避免了外墙渗漏的隐患。目前，这一新型技术已经应用于湖南省第五工程有限公司的建筑工程中，取得了良好的效果。

1　工程概况

本文以湖南省永州经开区植物萃取产业园新材料标准厂房及基础设施建设工程为背景，总建筑面积 126089.31m^2，主要为建设 4 栋 5 层标准化厂房、4 栋 4 层标准化厂房，均为框架结构，建筑高度均小于 24m。

为保证外脚手架的施工质量，提高施工的综合效益，通过工艺改良，外脚手架采用梁侧预埋式连墙件，使架体与建筑物刚性连接。

2　工艺原理

在主体模板、钢筋安装时，于边梁梁侧内预埋钢制螺母的塑料管预埋件，待浇筑完混凝土后，采用 M12 螺杆穿过特制扣件与梁内预埋的螺母连接，再将特制扣件与外架架体通过横向钢管进行扣件连接。

3　工艺优势

（1）施工便捷：整个连墙件系统由钢制螺母塑料套管、螺杆、螺栓、扣件、钢管 5 个部件组成，安装方便。

（2）提高效率：由于连墙件通过螺杆螺栓设置于梁侧，砌体工程无须留设脚手眼，外墙抹灰及装饰一次成型，无须后期切除钢管及填实脚手眼，提高了作业效率。

（3）减少材料消耗：与传统工法相比，因无须在梁内埋设钢管，其损耗量大幅度减少，所使用部件回收利用率可达95%以上。

（4）提高施工质量：因无须穿越墙体，外墙的砌筑、抹灰及装饰等工序都能一步到位，不会引起外墙渗水漏水现象，有利于常见质量问题的防治。

（5）提高安全性：连墙件与梁体直接锚固，形成刚性连接，提高了架体的稳定性和安全性。

4 施工方法介绍

4.1 外脚手架梁侧预埋式连墙件施工工艺流程

确定连墙件的安装位置并在模板上开孔→放入连墙预埋件并固定外用螺帽→拆模后将连墙件螺杆套上扣件拧入预埋件内→将连墙扣件与连接外架的横向钢管锁定→将连接外架的钢管与内立杆和外立杆锁定→拉拔试验。

4.2 工艺质控要点

外脚手架梁侧预埋式连墙件施工方法虽然原理简单、操作便捷，但在操作过程中涉及预埋、刚性连接等关键工序，其作业流程应严格把控。为确保外脚手架连墙件的施工质量，应针对各个工序的控制要点进一步分析讨论。

（1）楼面施工时，按《脚手架工程专项施工方案》要求布置连墙件预埋点，于建筑外侧边梁的外侧模板上开设ϕ16mm孔洞，设置的孔洞应与就近外架立杆的位置相吻合。

（2）待梁筋安放后，按布设的孔位埋设钢制螺母预埋管件，螺母塑料管件应水平放设，并用铁丝固定于梁筋上。当遇梁侧钢筋较多时，可垂直方向适当调整位置，于梁模外侧采用螺帽固定，此处混凝土浇筑使用振动棒振捣时，应避免直接振捣在预埋件上。

（3）连墙件应从架体的首步开始连接，如遇首层地梁需回填或其他困难时，可采用传统方式或抱柱的方式连接。

（4）连墙件拉接点应靠近主节点设置，拉接点偏离主节点的距离不应大于300mm。

（5）施工时不得随意拆除连墙件，如特殊原因需要拆除，必须重新布设可靠、有效的拉接措施。

（6）螺杆直径应经过计算，螺杆长度应确保可以设置安装两个扣件（含一个防滑扣）。

（7）施工现场完成连墙件连接后，应对螺杆进行拉拔试验，抗拔力应满足计算要求，确保使用安全。

5 效益分析

5.1 经济效益

本工程采用外脚手架梁侧预埋式连墙件，减少了传统连墙件所产生的外墙渗水等施工问题，提高了施工质量和外墙脚手架安全性能，减少了后期维护和修复的费用，在人工作业时间、材料损耗、机械使用及后期成本方面均实现较大降幅。经计算平均单个连墙件可综合减少费用20.08元，因工艺的改良，本工程单栋建筑共计5道连墙件，每层（道）共计93个，一栋建筑可节约9337元，节省工期约20d。并且此施工方法可以有效地防止外脚手架的横向位移和倾覆，大大提高了高处作业的安全性，减少安全方面的成本支出，带来十分显著的经济效益。

5.2 社会效益

使用外脚手架梁侧预埋式连墙件的施工方法可以增强建筑物的使用功能性和耐久性，为社会节省了大量的维护成本。同时，该施工方法的成功应用可以提升企业的施工水平，提升工程质量和安全性，有效提高企业竞争力，树立良好的企业形象，增强企业的社会信誉，也将引领建筑行业的发展方向，为未来的建筑行业提供新的发展思路。

5.3 环保效益

在施工阶段，该施工方法可有效缩短施工周期，从而节省能源消耗。相较于传统钢管预埋式连墙件，该新式连墙件施工方法可有效减少建筑垃圾的产生并对材料进行重复利用。例如：预埋件预埋及后期拆除无须切割钢管，无钢管材料的损耗；连墙螺杆及扣件可重复利用；相较于传统连墙件工艺，此方法无须进行外墙洞口封堵。

6 结语

本文以外脚手架梁侧预埋式连墙件施工方法为论点，分别从工艺原理、工艺优势及施工方法等要点进行阐述，以永州经开区植物萃取产业园新材料标准厂房及基础设施建设项目为对象，分别对此施工方法的经济效益、社会效益、环保效益进行分析。使用此工艺进行外脚手架连墙件施工，可有效降低人工、材料、机械的损耗，缩短施工工期，并减少施工成本。综上所述，外脚手架梁侧预埋式连墙件施工方法在环保、经济和社会方面都具有显著的效益，其优良的性能、简便的安装方法以及合理的价格使得该产品具有广泛的应用前景，值得在建筑工程中推广和应用。

参考文献

[1] 潘新跃，熊昱栋. 外脚手架新型连墙件施工技术应用 [J]. 劳动保护，2010（4）：96-97.

[2] 陈亮. 扣件式钢管外脚手架钢筋焊接式连墙件的设计与施工 [J]. 城市建设理论研究（电子版），2012（35）：1-8.

[3] 徐子武，雷攀，袁鹏，等. 外脚手架梁侧直埋式刚性连墙件施工技术 [A]. 建筑技艺，2018（S1）：324-327.

[4] 康高峰. 基于工程实例的落地式钢管扣件脚手架施工与安全讨论 [J]. 建筑工程技术与设计，2016（16）：1263-1264.

承插型盘扣式脚手架在建筑工程施工中的运用研究

肖天翔

湖南省第五工程有限公司　株洲　412000

摘　要：近年来我国越来越重视建筑行业的安全生产，承插型盘扣式脚手架由于其施工速度快、稳定性好、承载力强等特点，在众多项目中被广泛应用。本文围绕盘扣式脚手架的特点及其具体应用等内容展开研究，希望推动盘扣式脚手架在工程中的技术运用。

关键词：承插型；盘扣式脚手架；施工技术；应用

随着社会和经济的不断发展，建筑数量和规模都不断提升，脚手架作为施工过程中常用的构件，安全性能必须得到保证。通过不断研究，承插型盘扣式脚手架因其施工精度高、安全性能好、使用寿命长等特点，不但保证了安全，还能为企业降低成本，在工程中越来越受到欢迎。

1　承插型盘扣式脚手架的概述以及特点

盘扣式脚手架技术最早起源于德国，为欧洲和北美洲的主流产品，有将近30年的使用历史，也是目前欧美国家使用最为普遍的支撑体系。2015年以来，我国盘扣式脚手架的市场规模越来越大，由于其施工速度快、安全、美观等特点，逐步作为重点开始推广使用，尤其是在高支模等危险性较大的工程中应用最广泛。相较于传统的钢管扣件式脚手架，承插型盘扣式脚手架具有以下特点：

盘扣式脚手架一般采用热镀锌材料，原材料为铝合金的结构钢，承载能力相比采用碳素钢的传统钢管扣件式脚手架提升至少两倍。它的结构简单，没有零散零件，通过插销完成双向自锁，大大降低了安全事故的风险。

盘扣式脚手架的构件尺寸为固定尺寸，只需在施工前完成尺寸模数的设计，待材料到场后便可直接施工。因此，搭建和拆除盘扣式脚手架的速度快，作业人员施工方法简单，大大节约了人力和时间成本。

盘扣式脚手架使用寿命长，不易变形，由于其构件的特殊性质使用寿命可以高达30年，在合理的保养维护下甚至还能继续延长使用寿命。盘扣式脚手架重复利用率高，维护成本低，在使用过程中可大量节约成本且符合国家对于绿色施工的理念。

根据使用需求，针对有异型结构的项目，盘扣式脚手架可定制与其相对应的规格尺寸，开展不同的搭设方案。盘扣式脚手架搭设灵活，相比于传统钢管扣件式脚手架，对异型结构的搭设处理更加安全，安装拆卸速度更快，操作更简单（图1）。

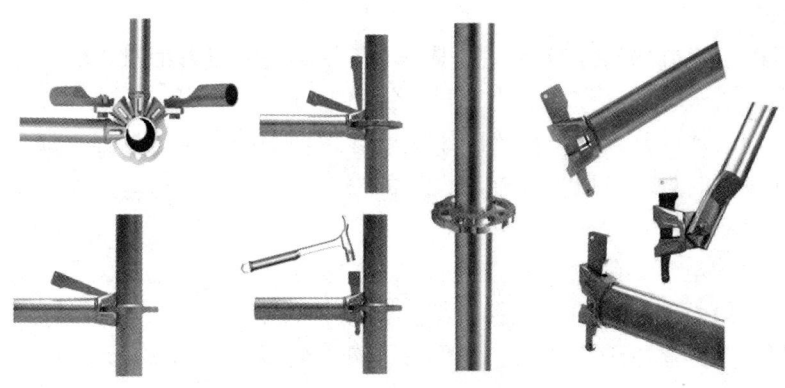

图 1　盘扣连接形式图解

2　盘扣式脚手架施工技术要点

2.1　测量放线

施工人员在搭设前,应对照设计方案,在现场的搭设位置进行放线,规划好立柱、垫块或底座的位置,确保水平杆以及支撑系统的稳定性。在搭设过程中时刻注意架体的位置和放线定位的距离,及时调整,避免出现架体整体偏移或倾斜,降低安全事故发生的概率,为架体的搭设安全奠定基础。

2.2　模数设计

因部分地区盘扣式脚手架的应用才刚刚普及,设计人员在设计前,应先和材料供应商沟通,确认供应商拥有的构件尺寸模数,根据已有的模数进行设计,避免出现材料供应不符合设计方案的尴尬情况。

2.3　斜屋面

针对斜屋面情况,设计人员应了解现场实际情况,根据梁底和板底的标高,规划好顶托高度以及顶层步距,保证其符合规范要求且统一协调,降低事故发生的概率,保证施工人员的生命安全（图2）。

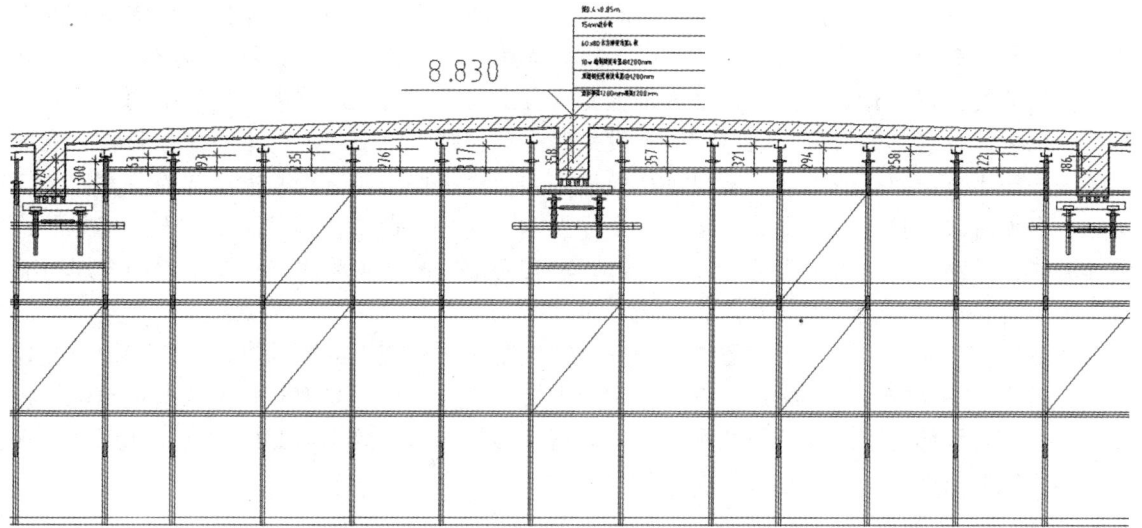

图 2　斜屋面顶托高度设计示意图

2.4 混凝土浇筑

浇筑混凝土时，应确保架体在施工过程中均匀受载，制订好混凝土浇筑方案，并给所有参与浇筑的作业人员进行技术交底。浇筑时，浇筑速度应控制好，不能因浇筑太快而导致混凝土冲击架体，使架体受到不同方向力的影响而导致坍塌。在浇筑过程中加强架体的沉降观测工作，发现问题及时处理，以保证施工人员的安全。

2.5 剪刀撑

在实际施工中，虽然有斜杆、立杆、水平杆之间互相连接提供稳定性，但由于杆间的单元性，架体的整体性还需要进一步加强。在架体搭设完成后，还需要用钢管搭设竖向剪刀撑和水平剪刀撑，使盘扣式脚手架的一个个单元格连接成一个整体，更大地提高了安全性能，防止由于地基沉降导致的局部变形或者荷载超重导致的失稳（图3）。

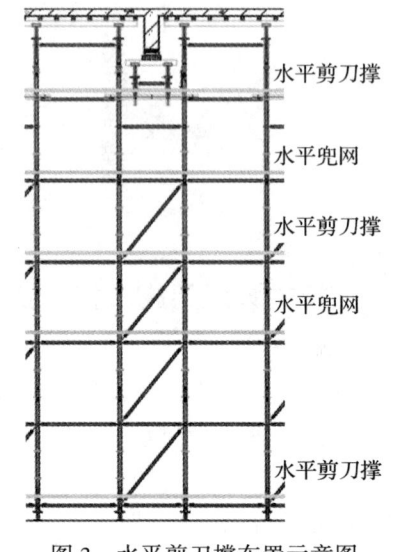

图3 水平剪刀撑布置示意图

3 盘扣式脚手架施工过程管理

3.1 施工前管理

（1）材料管理：材料质量满足方案设计和相关规程要求，搭设模板支架用的钢管使用前必须进行抽样检测，抽检的数量按有关规定执行。未经检测和检测不合格的一律不得使用。

（2）交底管理：脚手架在搭设前，必须由项目技术负责人向全体作业人员事先做出全面、详细、及时、贴切的书面安全技术交底，并落实相关签字手续，使每位施工人员都明确安全要求和技术要求，保障施工安全。

（3）人员管理：作业人员操作必须持证上岗，严禁无证作业。作业人员必须经过体检，凡患有高血压、心脏病、晕高或不适合于登高作业的，不得从事登高临边施工作业。项目部应给所有架体搭设人员购买保险和必要的安全防护用品，保障其生命安全。

3.2 施工中管理

验收程序管理：架体搭设过程中，应严格实行验收制度。按照方案先进行样板单元的搭设，并请监理单位进行验收后，继续搭设。搭设完第一步时进行初步验收，检查定位放线和第一步架体的位置，查看搭设方式是否符合专项方案要求，搭设过程中严禁集中超负荷堆放钢筋、机械设备等其他材料。架体整体搭设完后由项目技术负责人主持工序交接验收，支撑系统未按技术方案要求完工前，不得进行模板安装，模板按作业流程要求全部或分部安装完毕后，支模分段或整体搭设安装完毕，经企业技术和安全负责人或其书面委托人主持分段或整体验收，并约专业监理工程师参加技术部门和安全部门的检查验收，按照统表内容履行验收手续。合格后方可进行钢筋安装和模板搭设。

监测监控控制：确保模板支撑体系的安全和混凝土结构施工的顺利进行，掌握模板支撑体系在搭设、钢筋安装、混凝土浇捣过程中及混凝土终凝前后的受力与变形状况；确保模板支撑体系在各种施工工况及荷载的作用下，获得模板支撑体系的实际变形数据，起到对模板支撑体系实时监控，最终达到最佳安全状况。

3.3 模板支架的拆除管理

脚手架拆除前应先清理架体上面的残留物，避免拆除时产生物体打击，在场外拉好警戒线，防止人员进入架体拆除区域。一切拆除工作都应该按照从上往下的顺序依次进行，拆除后的构件统一整理摆放，摆放区域按照专项方案的位置摆放，以提高材料场内运输和进出场的效率。

4 BIM 在盘扣式脚手架中的应用

4.1 利用 BIM 技术对脚手架方案进行优化

在设计脚手架方案时，可以使用 BIM 技术，建立架体的三维模型，找出结构与架体碰撞的地方进行优化设计。异型结构部位，也能通过三维模型进行设计，提前与材料供应商定制构件，可大大加快施工进度，避免不必要的返工。

4.2 利用 BIM 技术进行可视化交底

交底人员可在关键注释部位添加图钉，通过对三维模型进行旋转、放大、缩小，能更加直观地观察整个架体，在进行技术交底时更有效地表达交底内容。作业人员也能通过在模型上面对有疑问处进行标记，反馈给交底人员。加强管理人员与作业人员的沟通，加快项目建设，提高项目质量。

5 结语

综上所述，在施工过程中相对于传统的脚手架，采用承插型盘扣式脚手架具有更多的优势，符合绿色施工的理念，具有广泛的应用前景。同时，通过不断地积累经验，探讨盘扣式脚手架在施工中的技术要点和过程管理，有利于在我国建筑行业中普及该脚手架，并逐渐与国际接轨，进一步提升在施工过程中的安全性，注重安全生产，保障人员生命安全。最后在BIM 技术的加持下，盘扣式脚手架更能发挥出其灵活的特点，针对复杂工程更能体现出其优势。

参考文献

[1] 姚鹏飞，王国飞. 盘扣式脚手架在工程中的应用及技术 [J]. 工程技术研究，2023（9）：101-105.
[2] 程毅. 承插型盘扣式脚手架在建筑工程高支模施工中的应用 [J]. 价值工程，2020，39（15）：138-140.
[3] 中华人民共和国住房和城乡建设部. 建筑施工承插型盘扣式钢管脚手架安全技术标准：JGJ/T 231—2021 [S]. 北京：中国建筑工业出版社，2021.
[4] 王绪华. 承插型盘扣式脚手架在建筑工程高支模施工中的应用 [J]. 房地产世界，2021（23）：126-128.

刍议建筑新材料的应用及质量问题

江石康

湖南省第五工程有限公司　株洲　412000

摘　要：随着社会文明程度的不断提高，人们对建设高品质高质量建筑的要求也越来越高。然而在建筑施工过程中，由于材料使用不当或操作不当等造成了大量质量问题，直接影响建筑性能；有的新材料本身质量较差、不符合设计规范和规程要求，以及使用不当等都会造成建筑质量问题。因此，研究新材料在工程建设中应用和技术问题具有十分重要的意义。基于此，本文以新材料在工程建设中的应用及技术发展为主题，重点阐述如何提高新材料在工程建设过程中使用效果，保证工程质量与性能，同时对新材料在工程建造中存在的问题进行分析和探讨，提出有效的解决办法，从而推动我国建筑产业发展。

关键词：建筑节能；新材料；新技术；新工艺

近年来，我国科学技术得到了非常迅速的发展，建筑的施工技术也有了很大的进步。由于建筑市场的竞争越来越激烈，企业如果想要得到持续稳定的发展，就必须依靠先进的科学技术来增强自身的核心竞争力，利用新材料、新的施工技术来和同行业企业进行竞争，以降低自身的工程成本，提高企业的工作效率。本文对新材料的应用及质量问题进行以下几点分析。

1　新材料在建筑设计中的原则

1.1　经济性

在进行建筑设计时，需要考虑到经济性原则。很多情况下需对建筑物中所使用到的材料和建造费用进行比较，并结合具体情况来选择合适的类型以及应用方式。对于一些经济性能比较好、使用寿命长、性价比高等特点的材料和技术进行选择是非常有必要和明智的。要想成本低且性能较好，对于建筑设计来说，不仅要考虑到材料质量如何，还需要考虑其加工工艺和加工方式，这样才能保证材料使用性能良好、性价比高。

1.2　协调性

材料的协调性是指材料与人的需求、行为、文化、精神，以及环境的和谐。和谐性应以设计为基础，并体现在建筑设计之中，使整个建筑空间成为一个有意义的空间。因此设计必须要考虑以下几点：（1）合理使用材料，减少噪声。建筑中要使用一些隔声效果好的材料。（2）合理使用材料，减少浪费。在设计中，考虑到材料在结构中的作用，以及成本计算。（3）营造舒适健康的室内环境。为了创造舒适健康的居住环境而采用环保建筑材料。

1.3　适地性

适地性原则是指新材料在应用上必须具有适宜的环境条件，这是建筑设计中的重要原则之一。建筑工程中有很多材料具有特殊的物理、化学性质，但它们对环境（气候、水质、土壤等）比较敏感。因此，在满足安全要求和使用性能前提下，材料应具备一定的适应性，才能应用于建筑工程的建设中。例如：在严寒地区使用的混凝土会脆性增加；在高温地区施工使用高强度低导热系数的材料可以减少热量传递；在水泥和混凝土中添加一些有机添加剂可以提高水泥和混凝土对环境条件的适应性；用于制造建筑材料和结构的合成材料具有一定的耐候性，可以在恶劣或长期日照条件下使用。此外，材料在自然环境下还会发生性能变化或变质。例如：在严寒地区使用的耐严寒性好、不易受冻破坏的新型混凝土；高温地区使用的耐火性能好、不变形、便于清洁维护和保温隔热性能优良而又便于施工的材料等。适地性原则对建筑设计中所选用的新材料有着重要意义，它既是科学地选择材料、确定设计方案及满足建筑工程建设标准要求所必须遵循的原则，也是建筑设计创新工作中所应追求和实现的基本原则。

2 建筑设计中新材料的应用

2.1 新型保温材料的应用

随着社会经济水平的不断提高，建筑设计中新型保温材料的应用也越来越广泛，其在节能方面有很大提升。在国家"十一五"规划中就明确指出："提高建筑物节能率，到2021年，大型公共办公建筑、商业建筑能耗分别下降20%以上，城市新建公共场馆单位面积综合能耗下降15%以上，工业企业和民用建筑节能目标全面实现。"这就意味着建筑的节能水平会进一步提升，因此节能材料的应用显得尤为重要。据了解，我国目前对建筑节能的要求主要体现在以下几个方面：一是以围护结构为核心进行保温节能；二是提高建筑物围护结构传热系数；三是建筑物内所有热辐射换热和对流换热。在这三个方面中，提高围护结构传热系数主要是指提高混凝土、砌块、砂浆等非导热固体材料传热系数以及增加外墙保温厚度。提高建筑物内室外温差传热主要靠墙体材料来实现——墙体采用空心砖或空心砌块时，其内部空气对流引起的热传导作用大于外部空气对流引起的热传导作用，即墙体内温降低；而当保温厚度小于15mm时，内温几乎不受外墙热桥影响而被传到外界。因此在设计中对建筑物内温及室内外温差都有一定要求。从建筑节能方面来考虑保温材料的应用，通过在外墙上安装保温板、外墙涂料及装饰线条降低室内热桥效应、减少室外太阳辐射热向室内传导、提高室内空气流动速度，进而减少室内温度梯度和热流量损失等，以达到控制建筑内部热桥效应及室外冷热交界面温差的目的。新型墙体保温材料如图1、图2所示。

图1 外墙保温一体板

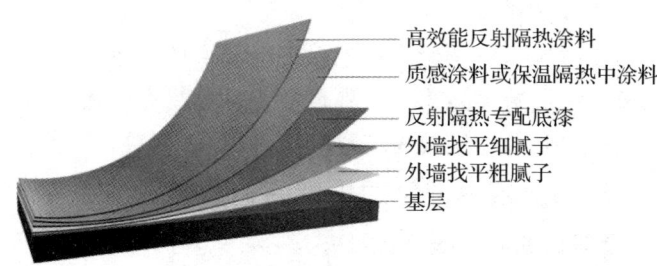

图2 外墙反射隔热保温涂料

2.2 新型通风材料的运用

随着建筑行业的不断发展，新型通风材料逐渐成为建筑设计的重要组成部分，为建筑设计工作带来了诸多好处。因此，必须要加强对相关技术与材料方面的研究，从而更好地发挥通风材料的优势。我国在建筑设计工作中应用新型通风材料非常广泛，在许多方面都取得了不错的成效。比如新型通风材料能够降低空调能耗，降低建筑使用成本。其是通过改变气体对流的方式来实现换气过程的节能效果，从而更好地发挥通风材料的优势，进而为我国建筑节能事业做出贡献。在新型通风材料中常见的形式是以天然材料为基础制成复合材料或者以合成树脂为基础制成复合材料（图3、图4）。其中采用自然对流进行空气交换可以在很大程度上降低能耗，这是很多方面都值得关注和研究的内容。此外，我国在某些领域还应用了合成树脂作为新型复合材料载体、纤维增强复合材料以及金属复合材料等多种类型。另外，我国还将一些废弃垃圾通过粉碎和发酵加工处理之后制备成环保可降解绿色环保型建材以代替传统黏土砖或者黏土瓦等建筑物节能材料来实现建筑节能目的。

图3　玻璃纤维复合风管　　　　　图4　彩钢酚醛复合风管板材

2.3　新型结构材料的运用

目前，建筑设计中新型结构材料的运用主要有以下几种：

（1）钢结构建筑，这种结构主要是指在建筑工程中广泛使用的一种材料，比如钢筋混凝土等，是目前建筑行业中最为常用的一种材料。

（2）轻钢结构或钢-混凝土组合结构，这种结构又称桁架体系或桁条，是指采用一定的结构体系使钢筋网架等构件连接起来形成一个整体。

（3）木结构建筑或木材-钢混组合结构，这种类型的建筑多用在厂房、仓库、体育馆以及学校等场所。这些结构材料均是目前建筑设计中最常用的方式。

（4）轻钢体系和轻钢混凝土、钢管复合体系、木结构及钢结构柱等均是建筑设计中应用较为广泛的材料。

新型能源材料在建筑施工中可以有效地改善原有工程环境及工程条件。例如：新型保温材料可以极大地提高建筑物隔热性能，其具有防火、防水以及隔声性能强等特点；新型轻质混凝土也是目前应用较为广泛的一种材质，它可降低建筑物荷载，并且有一定的隔声效果。

3　新材料应用中常见的质量问题及处理方法

3.1　墙体保温层裂缝及防治

墙体保温层裂缝的产生原因是多方面的，既有外因又有内因。外因包括施工不当，保温层基层表面粗糙度及表面保护处理不达标等。内因主要包括原材料、配方、施工工艺及环境温湿度变化等。解决裂缝的根本措施在于采用正确的原材料，合理的施工工艺以及正确使用保温材料。在保温层基层质量要求上，基层厚度不宜小于20mm。新材料应用中，要注意保温施工的温度控制和保温材料干燥条件等。同时也应考虑与结构防水相关部分的处理，如保温层与构造柱、构造梁连接处应用嵌缝带或弹性密封圈加强连接；采用嵌缝带时，其宽度应小于20mm，并用密封胶封好；对已出现裂缝者应采用修补材料进行补修；对于新旧墙体连接部位，应设置钢筋混凝土抗裂构造梁加固处理，在墙体表面粘贴抗裂纤维网格布或保温隔热纸作抗裂填充处理等。

3.2 内墙表面长霉、结露

内墙涂料中的长霉、结露问题是在涂料施工后，经过一段时间后在墙面上出现一层白色的霉斑或霜状结露（图5、图6）。霉菌的生长和繁殖需要一定温度和湿度条件，尤其在夏季高温、高湿季节，更易发生霉菌生长。根据霉菌生长需要具备的条件来看，通常有以下几个方面：一是相对湿度大于90%；二是温度为15~30℃；三是温度高于5℃。如果墙面上长霉，一般可通过以下措施来防治：采用低含固量、高耐水性、低挥发性及干燥快的涂料；在涂膜中加入能有效抑制霉菌生长繁殖的防霉剂、抗霉分散剂或增稠剂、抗渗剂等；对有发霉迹象的墙面可采用刷涂或喷涂方式处理。另外，还可通过以下措施进行防治：（1）可选用不含挥发性有机化合物（VOC）成分、不含重金属的涂料。（2）使用低含固量涂料，且涂膜干燥快。（3）在室内环境温度较高时应适当减少涂膜用量。（4）选用不含甲醛含量低的涂料，在施工过程中保持室内通风良好。（5）对于霉菌生长区域，必须加强内墙涂料的养护、维护，在涂膜表面形成一层致密坚硬且具有抗菌功能（抑菌率大于99%）的保护膜，以防止霉菌进一步生长和繁殖。

图5 内墙表面长霉

图6 内墙表面结露

4 结语

综上所述，新材料在建筑行业中的应用是我国建筑业可持续发展的需要，也是建设资源节约型社会不可或缺的一部分。建筑新材料在工程建设中应用问题主要出现在建筑施工技术不够完善、施工材料质量差、施工操作水平低等方面。解决这些问题不能仅靠政府和企业的力量，更需要相关工作者的共同努力，同时技术人员也要不断加强对新材料的研究，使之适应现代化社会需求。

参考文献

[1] 徐大海. 新型节能型建筑材料的应用与质量问题分析 [J]. 工程与建设, 2021, 35（3）: 607-608.
[2] 李静, 赵杨. 建筑结构工程中新型节能环保材料的应用：评《建筑结构工程施工常见质量问题及预防措施》[J]. 工业建筑, 2021, 51（1）: 200.
[3] 刘春秋. 新材料在建筑节能中的质量问题及应用分析 [J]. 城市建设理论研究（电子版）, 2017（35）: 107.
[4] 廉宇航. 建筑新型材料在建筑工程中的应用及质量问题研究 [J]. 居业, 2017（8）: 77-78.

地下室外墙湿铺防水卷材施工技术

陶 坚 李桂新

湖南省第五工程有限公司 株洲 412000

摘 要：通过对地下室钢筋混凝土结构自防水的精细施工，加上对其关键节点及基层进行严格、细致的处理后选用新型的防水卷材。卷材自粘层具有自愈功能，与液态混凝土浆料反应固结后，形成防水层与混凝土结构的无间隙结合，杜绝层间窜水隐患，采用卷材湿铺法新技术施工能有效地提高防水系统的可靠性，有利于保证工程质量和加快施工进度。

关键词：地下室；湿铺；防水卷材

地下室外墙湿铺防水卷材施工工法相比于传统的施工方法，不需要待基层含水率达到一定要求后才能进行防水卷材施工，可湿作业，减少工序等待时间、施工速度快，有利于基坑提早回填。

此工法先后经过我公司多个项目应用，具有提高施工质量、减少劳动用工、加快工程进度的效果，并取得了良好的经济、社会、节能、环保效益。

1 工程概况

工程位于长沙市开福区马栏山滨河路与东二环交接处东南角。项目净用地面积20083m^2，总建筑面积约102934.01m^2，地上建筑面积约71393.03m^2，地下建筑面积（2层）约31540.98m^2；包括A、B、C三栋主楼和部分裙房、相关配套建筑和地下车库。工程建设总投资约48544.49万元人民币；地下室外墙防水约6000m^2，防水等级为一级。

由于本基坑紧邻浏阳河，北侧边线距堤防内堤脚的距离仅有102m，西侧边线距堤防内堤脚的距离约800m，地下室基坑深度9.9m，施工期间处于雨季，在汛期来临前必须将地下室施工完毕并完成基坑土方回填。由于任务重、进度要求极快，容易忽视工程质量，因此加强地下室外墙湿铺防水卷材施工质量控制至关重要。

2 地下室外墙湿铺防水卷材施工技术

2.1 技术工艺原理

通过对地下室外墙结构基层、关键节点的加强处理，选用可湿作业的新型防水卷材，利用水泥素浆作为黏结剂，在基层潮湿环境下铺贴防水卷材，在地下室外墙外侧形成多道防水层。

2.2 技术工艺流程

地下室外墙湿铺防水卷材施工工艺流程如下：

施工准备→基层处理→专用水泥素浆拌制与涂刷→节点加强→第一道自粘防水卷材铺贴→第二道自粘防水卷材铺贴→卷材收口→侧墙防水验收→下道工序。

2.3 技术要点

2.3.1 施工准备

施工前，做好施工方案，提前提交业主与监理公司审查，做好审查审批工作。

查验防水材料出厂合格证及其他必要的相关资料是否齐全，并进行外观检查、见证取样送检，复验合格（图1、图2）。

图1　湿铺防水卷材出厂合格证图

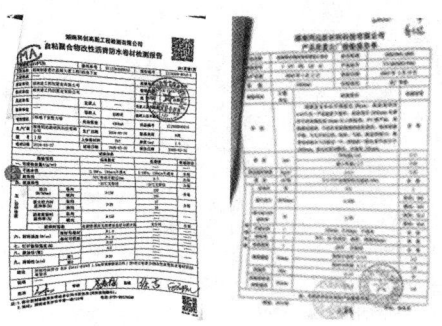

图2　湿铺防水卷材现场抽样复检报告图

准备相应的劳动力、材料、机械设备等，进行各项培训和交底。

2.3.2　基层处理

地下室混凝土浇筑完拆模后，先派专人对支模螺杆、模板拼缝、预埋过墙管道周边、阴阳角、后浇带、表面缺陷等进行清凿、修复，如有尖锐突出物或钢筋根，应进行铲除或割除。对模板接缝处用磨光机磨平，对外墙表面水泥浆等杂物用铲刀和钢丝刷清理干净，用水冲洗，将混凝土表面灰尘扫净，保证基层牢固、平整、阴阳角圆滑、清洁。结构混凝土上用水泥砂浆找平时，应采用木抹子压实收光，使基层表面平整（其平整度用2m靠尺进行检查，直尺与基层的间隙不超过5mm，且只允许平缓变化）、坚实，无起皮、掉砂、油污等不良现象。若基层高低不平或凹坑较大时，用掺加108胶（占水泥质量的15%）水泥浆刮平，视基层平整度情况刮1~2遍即可，刮完后应进行养护。所有阴角部位均应采用1∶2.5防水砂浆进行倒圆角（$R \geqslant 50$）处理。干燥的基面需预先洒水润湿，但不得残留积水（图3~图6）。

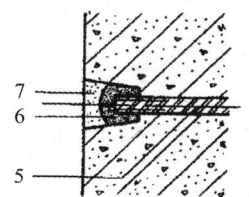   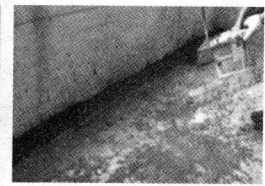

图3　支模螺杆封堵图　　　　　　　　图4　阴角部位倒圆角处理图
5—固定模板用螺栓；6—嵌缝材料；7—防水砂浆

图5　地下室外墙基层处理图

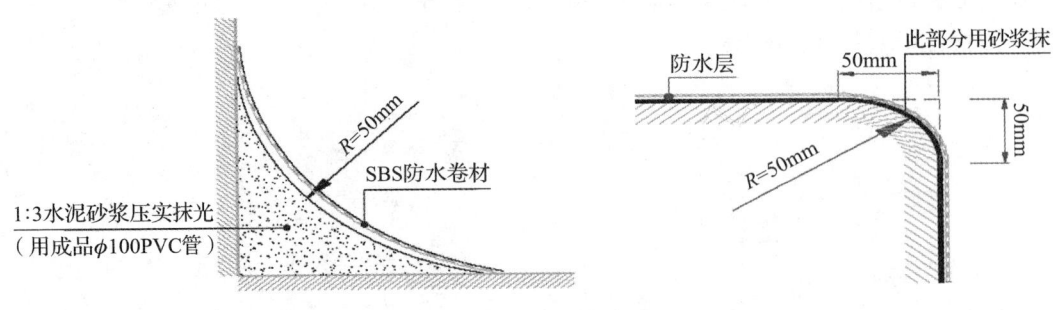

图 6 阴阳角圆弧处理图

2.3.3 节点加强

由于不同材料的胀缩系数不同和混凝土硬化的收缩，会导致过墙管道、预埋件周围薄弱部位开裂，发生渗水。

外墙对拉螺纹止水螺杆穿过混凝土防水层的周围应设锥形垫留槽并用防水砂浆塞实、抹平、压光（图7）。

为了避免因结构沉降造成管道变形破坏，在管道穿过结构处埋设套管，套管上附有法兰盘，套管在浇筑结构时按设计位置预埋准确。卷材防水层须粘贴在套管的法兰盘上，粘贴宽度至少为100mm，并用夹板将卷材压紧。粘贴前将法兰盘及夹板上的尘垢和铁锈清除干净，刷上沥青。夹紧卷材的夹板下面用软金属片、石棉纸板、防水卷材等加强处理（图8）。

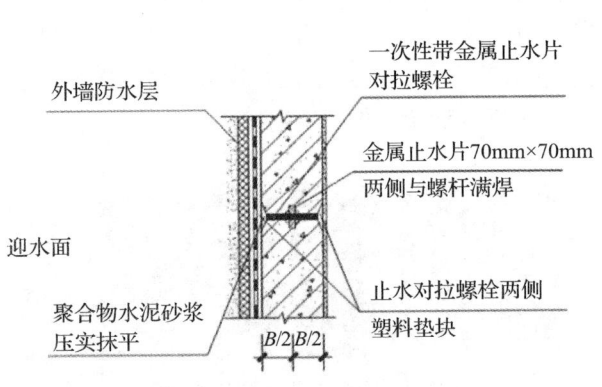

图7 地下室外墙止水螺杆细部加强处理施工图

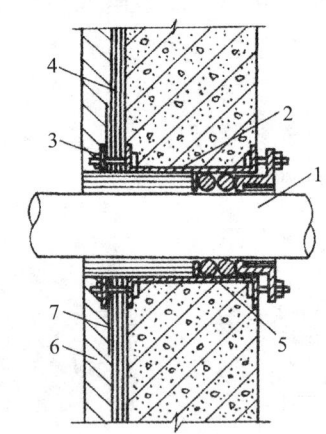

图8 地下室外墙穿墙管道加强处理施工图
1—管道；2—防水套管；3—夹板；4—卷材防水层；
5—填缝材料；6—保护墙；7—附加卷材层

阴阳角、施工缝、后浇带、变形缝、穿墙管道等节点部位先做附加层（节点中心两侧300mm范围）。大面积铺设卷材前，需对基层的阴阳角、管道根部、后浇带等节点进行细部增强处理（图9~图13）。

2.3.4 专用水泥素浆拌制

专用水泥素浆，按水泥∶水＝1∶0.4~0.6聚合物砂浆添加剂的比例，将称量好的水泥缓缓加入水中，用电动搅拌器搅拌约3min，以水泥浆与水充分混合，不含团料为准，配置好的浆料静置3min即可使用。应随拌随用，初凝前使用完毕。专用浆料为外购，可为聚合物砂浆添加剂，与相应的防水卷材配套使用。涂层涂刷时应均匀无露底，无气泡（图14、图15）。

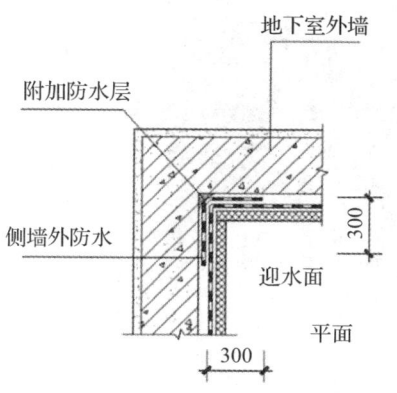 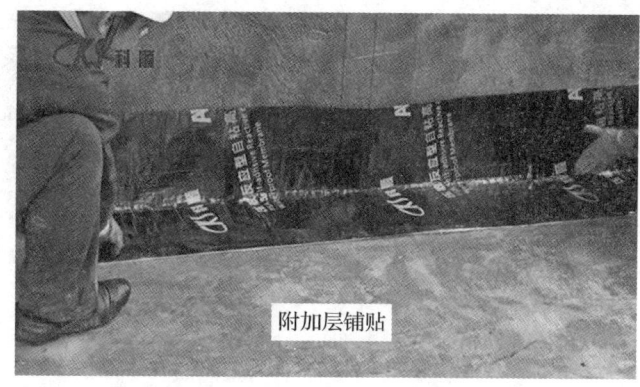

图 9 地下室外墙阴角附加层增强处理施工图

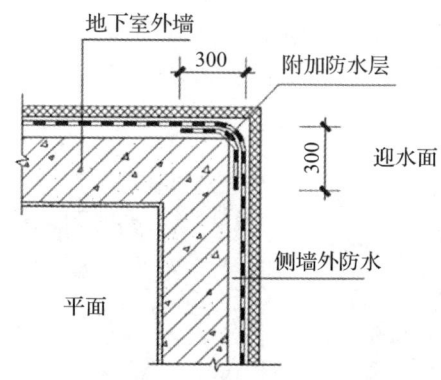 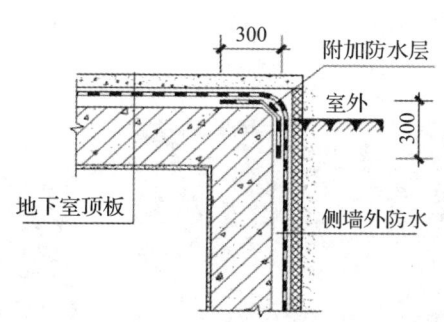

图 10 地下室外墙阳角附加层增强处理施工图　　图 11 地下室外墙与顶板转角附加层增强处理施工图

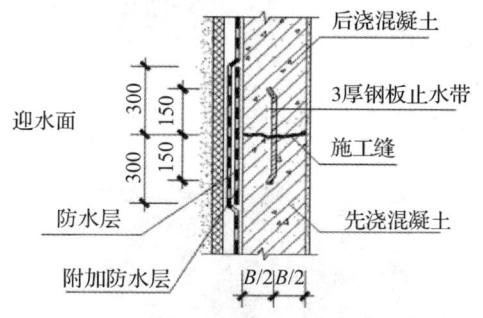 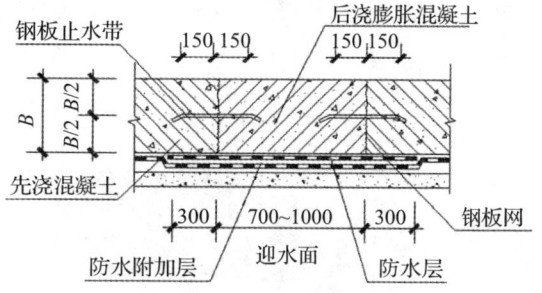

图 12 地下室外墙施工缝附加层增强处理施工图　　图 13 地下室外墙后浇带附加层增强处理施工图

图 14 专用水泥素浆拌制图

图 15　专用水泥素浆拌涂刷图

2.3.5　第一道自粘防水卷材铺贴

底层涂刷完成后,要划线定位,确定好第一幅卷材的尺寸和位置。选择地下室顶板或其他平坦的地面,将自粘高聚合物改性沥青防水卷材摊开,在粘贴表面均匀涂刷好专用水泥素浆(厚1.5~2.5mm),涂刷完毕开始大面积铺贴防水卷材。墙面采取垂直铺贴,大面铺贴卷材时应沿密封口条1/2处进行,铺时应3~4人密切配合,注意把卷材压实,赶走空气(图16~图20)。

图 16　地下室外墙自粘　　　图 17　地下室外墙自粘　　　图 18　地下室外墙自粘
　　　卷材铺贴图　　　　　　　　　卷材铺贴图　　　　　　　　　卷材铺贴图

图 19　地下室外墙自粘卷材铺贴图　　　图 20　地下室外墙自粘卷材铺贴图

卷材搭接,收头密封:搭接铺贴下一幅卷材时,将位于下层的卷材搭接部位的隔离纸揭起,上、下刮涂水泥凝胶搭接在一起。搭接宽度不小于80mm。最后用水泥凝胶抹平封边。上层卷材对准搭接控制线平整粘贴在下层卷材上,刮压摆出空气,充分满粘(图21)。

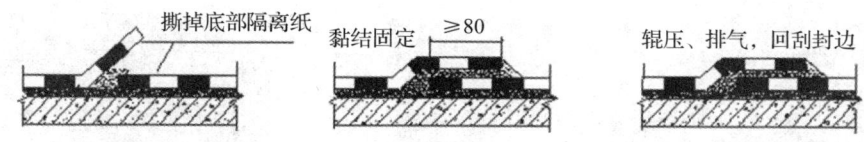

图 21 地下室外墙自粘卷材铺贴立面图

2.3.6 第二道自粘防水卷材铺贴

水泥素浆层凝固后,按进度将第一道自粘防水卷材表面的隔离膜。铺设第二幅时应与第一幅搭接铺贴,搭接宽度不小于80mm。每幅卷材铺贴完成后,用木抹子或橡胶板、辊筒等从中间向两边刮压并排出空气,使卷材充分满粘于基面上。

2.3.7 卷材收口

侧墙上部与侧墙底部卷材搭接宽度为1200mm,侧墙顶部上转顶板水平面300mm宽(图22)。

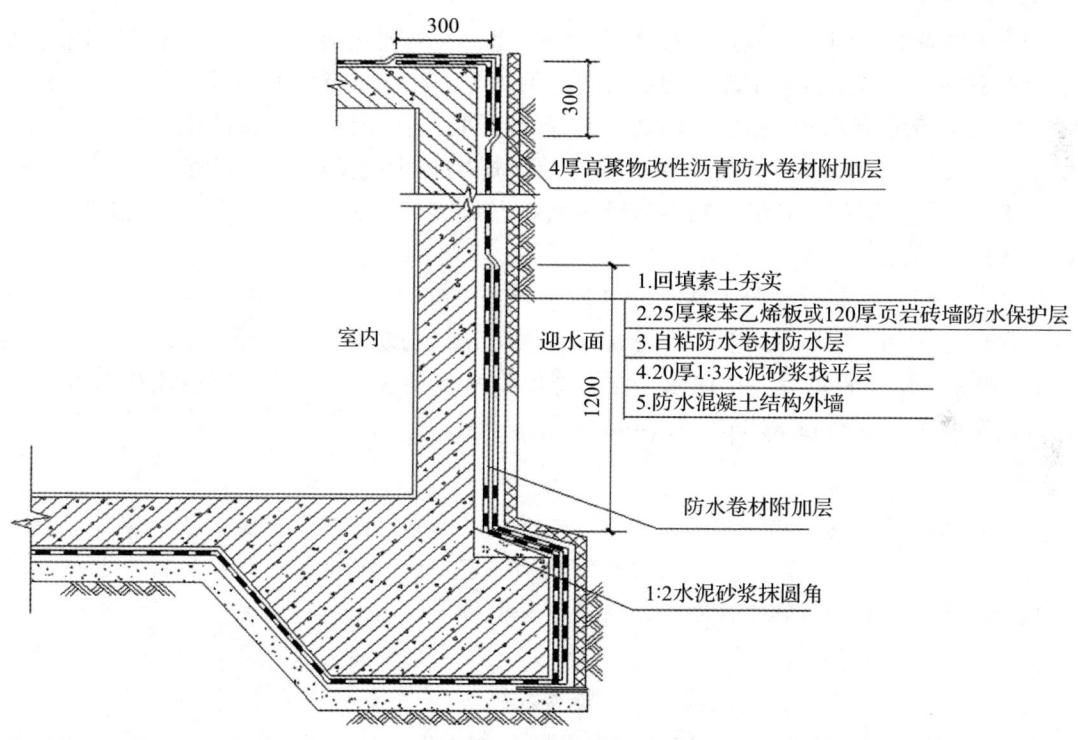

图 22 地下室外墙自粘卷材卷边图

2.3.8 侧墙防水验收

防水层施工完毕后仔细检查,发现问题及时修复,自检合格后组织验收,办好验收手续。

2.3.9 下道工序

地下室侧墙防水施工验收完毕,砖砌体或聚苯板保护层、基坑回填等下道工序即可进入(图23、图24)。

图 23　地下室外墙自粘卷材保护层、土方回填等后续工序图　　图 24　地下室外墙自粘卷材保护层、排水井等后续工序图

3　实施效果

相比传统热熔法施工，本技术卷材铺贴湿作业，不需要热熔设施，安全可靠；同时也杜绝了因地下室外墙基层含水率超过规定引起的卷材起泡，导致渗漏的质量隐患，保证了工程质量。缩短了传统施工时的基层干燥处理或等待时间，为及时施工卷材防水、基坑回填土方提供了技术支持。还减少了卷材防水要求基层干燥的技术间隙时间，节省劳动力，缩短工期，施工成本明显降低。卷材自粘不需要热熔粘贴施工的工具和材料，湿作业施工，安全、绿色、环保、节能。

如浦发银行长沙分行办公大楼工程，应用该技术节约地下室防渗漏维修费约 $4100m^2 \times 10m^2/元 = 41000$ 元。湖南创意设计总部大厦，应用该技术节约地下室防渗漏维修费约 $6000m^2 \times 10m^2/元 = 60000$ 元。中国太平洋人寿保险南方基地建设项目，应用该技术节约地下室防渗漏维修费约 $4400m^2 \times 10m^2/元 = 44000$ 元。

4　结语

防水防渗对建筑的正常使用至关重要，地下室外墙湿铺防水卷材施工技术相比于传统的施工方法，突出表现为不需要待基层含水率达到一定要求后才能进行防水卷材施工，可湿作业，减少工序等待时间、施工速度快，有利于基坑提早回填。

参考文献

[1] 郭文雄. 自粘防水卷材施工应用过程中的关键问题及其解决方案[J]. 中国建筑防水, 2010 (2): 4-7.
[2] 曹乃明. 自粘型防水卷材的特点和应用效果[J]. 建筑技术, 2001 (7): 476.
[3] 任光洁, 朱松伟. 自粘防水卷材在河南艺术中心大剧院地下防水工程中的应用[J]. 中国建筑防水, 2006 (11): 39-41.
[4] 刘伟. 混凝土自防水技术的应用[J]. 内蒙古科技与经济, 2011 (21): 80-87.
[5] 马骏. 高分子自粘胶膜防水卷材施工技术的应用[J]. 建筑技术开发, 2021, 48 (24): 33-35.

关于检查井沉降与防治措施的研究

周思齐

湖南五建市政建设工程有限责任公司　株洲　412000

摘　要：本文针对检查井沉降问题进行了研究，结合现有文献和实地调研，对检查井沉降的成因、影响以及防治措施进行了系统分析和总结。首先，通过对检查井沉降的原因进行了梳理和归纳，包括地下水位变化、土壤压实、管道泄漏等因素的影响。其次，分析了检查井沉降可能带来的安全、环境和城市运行问题，强调了沉降防治的重要性。最后，结合现有技术和方法，提出了一系列针对检查井沉降的防治措施，包括定期维护、及时修复泄漏、合理施工等措施。本文旨在为检查井沉降问题的研究和防治提供参考和借鉴，促进城市地下设施的安全和可持续发展，为城市建设和维护提供科学指导，保障城市基础设施的安全与稳定。

关键词：检查井；沉降；原因分析；防治措施

1　检查井在城市基础设施中的重要性

检查井在城市基础设施中扮演着非常重要的角色，主要体现在以下几个方面：

（1）排水系统管理：检查井是城市排水系统的重要组成部分，用于排放雨水、污水和废水。通过检查井，来实现排水管道的连接、分流和监测，确保城市排水系统的正常运行和维护。

（2）管网维护与修复：检查井提供了管道维护与修复的便利通道。当排水管道出现堵塞、漏水或损坏时，可以通过检查井进行检查、清理和维修，及时解决问题，确保排水系统的畅通和稳定。

（3）地下设施管理：除了排水管道外，城市地下设施中还包括电力、通信、天然气等管道网络。检查井的存在可以方便地检查、维护和管理这些地下设施，确保其正常运行和安全使用。

（4）道路与建筑物保护：检查井的布设位置通常位于道路、人行道或建筑物附近，可以通过检查井监测地下水位、土壤条件和管道情况，及时发现和处理潜在的危险，保护周围的道路和建筑物。

综上所述，检查井在城市基础设施中的重要性体现在维护排水系统、管理地下设施、保护道路和建筑物等多个方面，是城市运行和发展的重要支撑。

2　沉降问题的普遍性与严重性

检查井沉降在沥青混凝土路面表现得比较突出，一般在道路竣工后6个月左右开始出现。首先表现为沿检查井井盖周边出现环向裂纹（图1），随时间的推移进一步扩大直至出现明显的环向裂缝和周边下沉（图2），在车辆行驶时明显感觉到有颠簸及跳车现象。由于检查井周围的下沉，在遇到强降雨时，雨水不能及时排走，在检查井周围形成积水，后沿裂隙渗透到路基，破坏了路基的稳定性，使道路基础失去了原有的强度和功能，在遇水浸泡后将造成水土流失，引起井周围路面塌陷（图3）。塌陷后积水更深更大，如此恶性循环，致使裂隙更大更深（图4），影响行车的舒适性及道路的使用寿命与安全，甚至酿成重大安全事故。

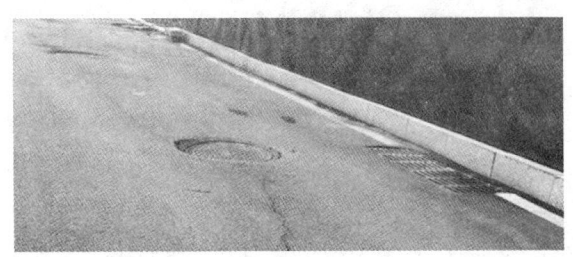

图1　井盖周边出现环向裂纹

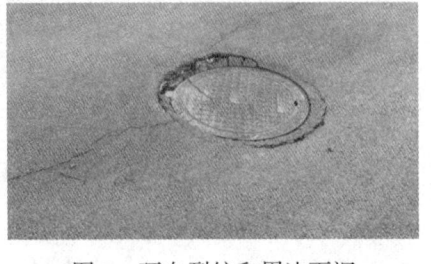

图2　环向裂纹和周边下沉

图3　井周围路面塌陷

图4　塌陷后造成破碎

检查井沉降问题在城市基础设施管理中相当普遍，并且可能导致严重的后果。以下是体现其普遍性和严重性的一些方面：

（1）普遍性

地下管道老化：随着城市基础设施的老化，地下管道的老化和磨损现象较为普遍，极大可能导致检查井沉降。

地下水位变化：地下水位的变化对土壤的影响也是常见的现象，特别是在气候变化或水资源管理不当的情况下，地下水位的波动可能导致检查井沉降。

施工质量问题：在地下管道的安装和维护过程中，施工质量问题也可能导致检查井的沉降，例如基础不牢固、材料不耐久等。

（2）严重性

安全隐患：检查井沉降可能导致地下管道的断裂、泄漏或堵塞，影响其正常使用和功能，进而损坏周围建筑物、道路和其他地面设施，甚至引发地面塌陷或地面沉降，带来交通堵塞、排水系统瘫痪等隐患。

环境污染：沉降导致的地下管道泄漏可能引发污水或化学物质的泄漏，对土壤和地下水造成污染，影响周围环境和居民生活。

经济损失：检查井沉降引发的排水系统故障可能导致城市内涝、水灾等问题，给城市居民生活和财产带来严重损失，同时也增加了城市基础设施的维护成本和管理压力。

综上所述，检查井沉降问题的普遍性和严重性对城市基础设施管理提出了重要挑战，需要及时采取有效的监测、维护和修复措施，以确保城市基础设施的安全和可靠运行。

3　研究的意义和目的

检查井沉降研究具有重要的意义和目的，主要体现在以下几个方面：

(1) 安全性和稳定性

检查井沉降可能导致地下管道、下水道、排水沟等结构的变形和破坏，对行人和车辆的安全、排水系统的畅通、地面结构的稳定和地下设施的完整性造成影响。研究检查井沉降的意义在于及时发现潜在的安全隐患，采取有效的措施确保地下管道系统的安全性和稳定性。

(2) 城市基础设施管理

检查井是城市基础设施的重要组成部分，其沉降可能影响整个城市的排水系统、交通系统等的运行。甚至引发城市内涝，影响城市交通和居民生活。通过研究检查井沉降，可以更好地管理城市基础设施，提高城市运行的效率和可靠性。

(3) 环境保护

检查井沉降可能导致地下管道的泄漏，进而造成污水或化学物质的泄漏，对土壤和地下水造成污染，影响生态平衡和城市环境质量。研究检查井沉降的目的在于预防和减少环境污染，保护生态环境和人类健康。

(4) 经济效益

检查井沉降引发的排水系统故障可能导致城市内涝、水灾等问题，给城市居民生活和财产带来严重损失。通过研究检查井沉降，可以减少因此造成的经济损失，提高城市基础设施的经济效益。

综上所述，检查井沉降研究的意义和目的在于确保城市基础设施的安全和稳定运行，保护环境和人类健康，提高城市经济效益，从而促进城市可持续发展。

4 检查井沉降问题分析

(1) 地下水位变化：地下水位下降，土壤会失去水分支撑力而发生沉降；反之，地下水位上升可能导致土壤软化和流失，也会引起沉降。

(2) 土壤压实：长期车辆行驶或建筑施工压实土壤，会增加土壤的密实度，导致井口下沉；如果施工过程中未能充分考虑土壤特性和地基条件，可能导致土壤在井周被过度压实，进而引起沉降；不同类型的土壤在受力和压实方面具有不同的特性，例如黏土更容易受到压实影响，因此检查井周围土壤的特性也会影响沉降情况。

(3) 管道泄漏：管道泄漏后，泄漏的液体会通过管道周围的土壤渗透到地下，引起土壤软化和侵蚀，导致井口附近土壤松动和沉降。

(4) 施工质量问题：施工过程中的质量问题，如基础不牢固、土壤处理不当等，可能导致井口沉降。

5 检查井沉降防治

(1) 地下水位控制：定期监测地下水位，了解水位的变化趋势和范围，及时采取措施进行调整。建立合理的排水系统，确保地下水能够得到有效排放，避免水位过高导致地下沉降。在干旱季节或水位下降较快时，可以考虑通过人工补给地下水，维持地下水位的稳定。根据监测结果，采取合适的调节措施，如调整排水口的位置和流量，以保持地下水位在安全范围内。对于已经出现地下沉降的区域，可以采取加固地基的措施，如注浆加固、地基加固等，以稳定地下结构。在规划土地利用时，考虑地下水位的影响，避免过度开采地下水或不合理的地下水利用方式，以减少地下沉降的风险。

(2) 土壤改良与加固：使用合适的加固材料对检查井口周围的土壤进行加固，以增强土壤的承载能力。常用的加固材料包括混凝土、钢筋、地脚螺栓等。对检查井口的地基进行处理,例如利用振动加固、压实、灌浆等技术,以提高地基的密实度和承载能力。在检查井口周围铺设表面覆盖层,如混凝土路面或防护膜,以减少土壤侵蚀和水分蒸发,保护地基稳定。定期对检查井口周围的土壤进行检查和维护,及时发现并修复可能存在的问题,确保土壤改良措施的有效性和持久性(图5)。

(3)管道漏水处理与预防:快速定位漏点,采取措施停止漏水源,例如关闭相应的阀门或降低流量,以减少漏水量。使用临时的封堵材料(如管道修补胶带、泥浆、环氧树脂等)对漏点进行临时修补,以防止漏水继续扩散。尽快进行管道的紧急维修,替换受损部件或进行焊接、钎焊等修复工作,恢复管道系统的完整性。漏水处理过程中,持续监测漏损情况,确保漏水已经完全停止(图6)。

图5 对检查井口周围进行加固

图6 管道漏水的处理

(4)定期对管道系统进行检查和维护,及时发现并修复潜在的漏水隐患,预防漏水事故的发生。对于易受损的管道部位,加强保护措施,例如设置护套、防护壳、防腐层等,减少外界因素对管道的影响。选择高质量、耐腐蚀的管道材料,并严格按照规范要求进行安装和施工,提高管道系统的耐久性和可靠性。

(5)检查井设计与施工质量管理:加强对检查井设计与施工过程的质量管理。从结构设计、材料选用、排水设计等方面,确保检查井的设计符合相关标准和规范。对施工过程全程监督,包括材料使用、工艺操作、安全管理等方面,确保基础牢固、材料可靠。

6 结语

检查井沉降防治研究已经取得了一些重要成果,其中防治措施的研究和实践尤为重要。现代监测新技术的应用,提高了对检查井沉降的监测精度和效率,有助于及时发现沉降问题并进行预警。对检查井沉降的原因进行深入分析,包括地下水位变化、土壤压实、管道泄漏等因素的影响,有助于制定针对性的防治措施。通过有效的防治措施,可以减少检查井沉降带来的安全隐患,保障城市地下设施的稳定运行,维护公共安全和基础设施的完整性。

综上所述,检查井沉降防治研究已经取得了一定成果,但仍需要持续深入研究和实践,特别是强调防治措施的重要性,以确保城市地下设施的安全稳定运行。

建筑工程项目短肢剪力墙施工技术措施研究

袁小军

湖南省第五工程有限公司　株洲　412000

摘　要：随着城市化的加速发展，高层建筑的需求不断增加。为了保证高层建筑结构安全性和抗震性能，短肢剪力墙已经成了现代建筑结构设计中常用的结构形式之一。短肢剪力墙作为一种典型的剪力墙结构，具有强大的抗震能力，而且在设计和施工过程中较为灵活，易于实现。本文主要研究建筑工程项目短肢剪力墙施工技术措施，旨在为建筑行业提供一些实用的技术参考。

关键词：建筑工程项目；短肢剪力墙；施工技术措施

1　短肢剪力墙的特点

短肢剪力墙是指由一堵或多堵墙体构成的剪力墙结构。与常规剪力墙不同，短肢剪力墙的墙体比较短，通常在建筑结构中占据较小的空间。这种结构形式可以降低整个建筑结构的自重，增加建筑的空间利用率，而且具有较好的抗震性能。短肢剪力墙的结构相对简单，通常由几堵墙体组成。这种结构不需要复杂的加固措施，减少了施工难度和施工周期。此外，短肢剪力墙结构中的墙体是整体结构，不需要单独的钢筋混凝土柱或梁，大大降低了结构构造成本。短肢剪力墙结构中的墙体可以充当剪力墙的作用，对地震荷载有很好的抵抗能力。在设计过程中，可以通过改变墙体的布置形式和数量来调整剪力墙的刚度和抗震能力，满足不同的设计要求。由于短肢剪力墙结构中的墙体相对较短，所占用的空间相对较小，因此可以更好地利用空间。这种结构可以在保证结构安全性和抗震性能的前提下，减少墙体的使用量，提高建筑的可用面积和使用效率。短肢剪力墙结构可以适用于多种建筑形式，包括住宅、商业、办公、医疗等建筑类型。此外，短肢剪力墙结构也可以与其他结构形式结合使用，如框架结构、筒体结构等，以适应不同的设计和使用要求。

2　短肢剪力墙施工质量控制

在短肢剪力墙的施工过程中，施工质量的控制是非常重要的一环。短肢剪力墙的施工质量的好坏将直接影响到墙体的强度和稳定性，因此必须采取有效的控制措施，确保施工质量的稳定和可靠。

2.1　施工前的质量控制

在短肢剪力墙的施工前，应对设计文件进行全面的审核，确保设计文件的准确性和完整性，同时要对施工图纸、预制构件图纸、现场施工方案等进行详细的审查，避免出现设计和施工方案的差异和矛盾。在短肢剪力墙的施工前，应对所使用的钢筋、混凝土、预制构件等材料进行严格的检查和验收，确保材料的质量符合设计和施工要求，杜绝使用不合格材料的情况。在短肢剪力墙的施工前，应对施工人员进行专业的培训和考核，确保施工人员具备必要的专业知识和技能，能够胜任短肢剪力墙的施工工作。

2.2 施工中的质量控制

在短肢剪力墙的施工过程中，应采取严格的现场管理和监督措施，确保施工按照设计和施工方案进行，杜绝出现工序疏漏和质量问题。在短肢剪力墙的施工过程中，应对施工工序进行及时的检查和验收，确保施工工序符合设计和施工要求，杜绝施工过程中出现质量问题。在短肢剪力墙的施工过程中，应保留好施工记录，包括验收记录、质量检查记录、施工变更记录等，以便后续的质量追溯和评定。

2.3 施工后的质量控制

在短肢剪力墙的施工后，应进行现场验收，对短肢剪力墙的施工质量进行全面检查，确保施工质量符合设计和施工要求，杜绝出现质量问题。应进行现场试验，对短肢剪力墙的受力性能进行测试，确保短肢剪力墙的受力性能符合设计和施工要求，杜绝出现安全问题。应对施工质量进行全面的评定和追溯，以便发现和纠正问题，并为后续的类似工程提供经验和参考。

3 短肢剪力墙施工技术措施

3.1 短肢剪力墙的施工顺序和方法

在短肢剪力墙的施工过程中，应按照设计要求和施工工艺要求，合理安排施工顺序和采用合适的施工方法。短肢剪力墙的基础施工是整个施工过程中的重要环节。基础施工质量的好坏将直接影响到墙体的稳定性和强度。因此，在施工过程中，应根据设计要求，采用合适的基础施工方法和设备，确保基础施工质量达到设计要求。短肢剪力墙的墙体可以采用预制构件的方式进行制作，以提高墙体的制作效率和减少现场施工难度。

在预制墙体时，首先，应根据设计要求和墙体的实际情况，制订合理的预制方案，并采用专业的设备和工具进行墙体预制。其次，应在预制墙体中预埋好钢筋，并根据设计要求和施工工艺要求，进行钢筋的连接和固定。最后，应控制预制墙体的质量和尺寸精度，确保预制墙体的质量达到设计要求，以便后续的现场安装。

短肢剪力墙的墙体现场安装是整个施工过程中的关键环节。在墙体的现场安装过程中，首先，应根据设计要求和施工工艺要求，采用合适的设备和工具进行墙体的安装。其次，应确保墙体的竖直度和水平度符合设计要求，并采取相应的调整措施，以保证墙体的稳定性和强度。最后，应根据设计要求和施工工艺要求，进行墙体的钢筋连接和固定，以确保墙体的钢筋连接牢固可靠，不会出现脱落和错位等情况。

3.2 墙体钢筋的加工和安装

在短肢剪力墙的施工过程中，钢筋的加工和安装是非常重要的一环。钢筋的加工和安装质量将直接影响到墙体的强度和稳定性。在加工钢筋时，应根据设计要求和墙体的实际情况，合理制订加工方案，并采用专业的加工设备和工具进行加工。同时，在墙体的施工过程中，应根据设计要求，在墙体内预埋好钢筋，以便后续的墙体浇筑和钢筋连接。在钢筋连接和固定时，应采用专业的连接和固定设备和工具，并根据设计要求和施工工艺要求，采用合适的连接和固定方式，以确保钢筋的连接牢固可靠，不会出现脱落和错位等情况。钢筋在墙体中长期暴露于潮湿环境中，容易受到腐蚀和锈蚀，从而影响墙体的强度和稳定性。因此，在施工过程中，应对钢筋进行防锈处理，以延长钢筋的使用寿命和保证墙体的稳定性。

3.3 墙体混凝土的浇筑

短肢剪力墙的墙体混凝土浇筑应采取一定的技术措施，以保证浇筑质量和墙体的强度。

在施工过程中,应按照设计要求和施工工艺的要求,合理安排墙体混凝土浇筑顺序。一般来说,应从底部向上逐层浇筑,以保证墙体的整体性和强度。

(1) 控制浇筑高度。为了保证混凝土的浇筑质量,应根据混凝土的流动性和坍落度,控制每次浇筑的高度和厚度,避免出现浇筑不均匀和漏浆现象。

(2) 控制浇筑时间。混凝土在浇筑后需要一定的时间进行凝固和硬化,才能达到设计要求的强度。因此,在混凝土浇筑过程中,应根据混凝土的凝固时间和硬化时间,合理控制浇筑时间和浇筑速度。

(3) 控制浇筑温度。混凝土的浇筑温度会影响混凝土的凝固和硬化过程,从而影响墙体的强度和稳定性。在施工过程中,应控制混凝土的浇筑温度,避免出现温度过高或过低的情况。

4 结论

短肢剪力墙作为一种新型的结构体系,具有结构简单、受力性能好、施工便捷等优点,已经广泛应用于建筑工程领域。在短肢剪力墙的施工过程中,应采取一系列的技术措施,确保施工质量的稳定和可靠,避免出现质量问题和安全事故。总之,短肢剪力墙的施工技术措施研究,是建筑工程领域的重要研究方向。在短肢剪力墙的施工过程中,应注意结构和施工上的问题,进行严格的质量控制,采取严格的现场管理和监督措施,进行现场验收和试验,并对施工质量进行全面的评定和追溯。只有在各个方面都做好了工作,才能确保短肢剪力墙的施工质量和受力性能符合设计和施工要求,避免出现质量问题和安全事故。

参考文献

[1] 张洪峰,刘红星. 短肢剪力墙施工技术措施研究 [J]. 建筑科学与工程学报, 2012 (4): 108-113.
[2] 张乐天,吴玉才,王德庆. 短肢剪力墙的力学性能与应用研究 [J]. 建筑结构, 2013 (2): 32-36.
[3] 罗中宇,沈丽丽,朱洪波. 短肢剪力墙设计与施工技术研究 [J]. 建筑施工, 2013 (8): 67-70.
[4] 陈宝霞,董璐,周雯. 短肢剪力墙施工技术探讨 [J]. 建筑技术, 2014 (11): 972-974.
[5] 王国权,陈平,刘娜. 短肢剪力墙的力学性能及应用研究 [J]. 工程结构, 2014 (6): 94-98.

浅谈一种预制承台侧模安装工艺

刘思晴

湖南省第五工程有限公司　株洲　412000

摘　要：预制承台侧模是根据预制板安装及运输要求对预制承台侧模的大小及重量进行控制，将完整的预制承台四面侧模进行拆分，可使用预制承台侧模代替砖胎膜，缩短了基础施工工期，提高了承台模成型质量，达到节约劳动力和原材料的要求，符合建筑工地绿色施工"四节一环保"的要求，实现降本增效，具有较好的经济效益和社会效益。

关键词：预制承台；侧模；装配式

本工艺成功应用于由湖南省第五工程有限公司承建的湖南创意设计总部大厦项目，应用实例充分证实该技术成熟、先进，应用后的承台模成型效果好、一次成优、质量高、安装速度快，实现降本增效，具有较好的经济效益和社会效益。在湖南省装配式预制承台侧模施工作业中发挥了重要作用。

1　技术原理与工艺流程

（1）技术原理：预制承台侧模，主要包括三种尺寸，第一种为凸形侧模（大面正视图）；第二种为T形侧模（大面正视图）；第三种为Z形侧模（大面俯视图）。第一种：承台模尺寸较小的侧模主要由两块凸形侧模及两块T形侧模组成，通过测绘承台模控制线，植入四根$\phi 16$钢筋定位，先将两块T形侧模吊装落位，再安装上方两块T形侧模。第二种：承台模尺寸较大的侧模主要由凸形侧模及各类规格的Z形侧模通过固定顺序拼装而成。预制承台侧模的安装简洁高效，现场安装工人通过简单的培训即可按照基本的安装原理进行现场安装作业。

（2）工艺流程：开挖基坑→破桩→调直钢筋→地基土夯实→测量放线→植入定位钢筋→浇筑垫层→垫层标高及平整度控制→安装凸形侧模→安装T形侧模或Z形侧模→拧紧螺母固定→向通孔浇入砂浆→回填土→浇筑底板垫层→铺防水卷材→放置钢筋笼。

2　技术操作要点

（1）地基土夯实以后，由测量员测量承台模四个点位的控制线，控制线必须有预制承台侧模的外轮廓线和内轮廓线，并且延伸出预制承台安装位置50cm。控制线用防水墨汁配墨斗弹在楼面混凝土上，墨线要清晰可见，一次弹成，且做好防止未干被水冲洗。

（2）根据控制线的中心线交点位置，钢筋插入地基土不少于20cm，并使用水准仪测量垫层标高线，将标高控制线使用油漆笔标记到定位钢筋上100mm处。在浇筑垫层前基坑内不得有积水，经检测合格后，浇筑100mm厚C15素混凝土垫层，每边均宽出100mm，桩身嵌入承台内100mm。按照钢筋上油漆笔标记的标高位置控制垫层浇筑的标高面，使用小型打磨机进行垫层面抹平，控制平整度。

（3）使用墨线在垫层面复弹一遍控制线，使用塔吊安装预制承台侧模的凸形侧模，对准地面的控制线进行安装，注意将预制的钢筋孔插入钢筋内；完成凸形侧模吊装后，继续进行 T 形侧模或 Z 形侧模的安装。Z 形侧模安装后，插入对拉螺栓 M16×300mm，并使用 M16 螺母进行紧固，螺母与构件间加设 4mm 厚的钢板垫片。

（4）所有的预制承台侧模安装完成后，检查预制承台侧模跟垫层地面是否密封，将底面有孔洞的部分使用砂浆进行抹平，防止漏浆。向通孔注入 M5 水泥砂浆。

（5）对预制承台侧模进行土方回填时，应对称填土，防止预制承台侧模整体位移。

（6）进行基础底板标高控制，浇筑底板混凝土垫层。

（7）进行基层清理，铺设防水卷材，进行验收。

（8）放置钢筋笼，钢筋笼距离预制承台侧模不少于 15mm，承台下层钢筋直接放置在桩顶上 40mm 处，以保证其保护层厚度。

整个项目施工现场情况如图 1~图 8 所示。

图 1　预制承台侧模运输

图 2　预制承台侧模堆码

图 3　预制承台侧模安装鸟瞰图

图 4　预制承台凸形侧模安装

图 5　预制承台 T 形侧模安装

图 6　基础底板垫层浇筑

图7 预制承台钢筋笼安装

图8 底板钢筋验收

3 平面布局

预制承台侧模的平面布局如图9所示。

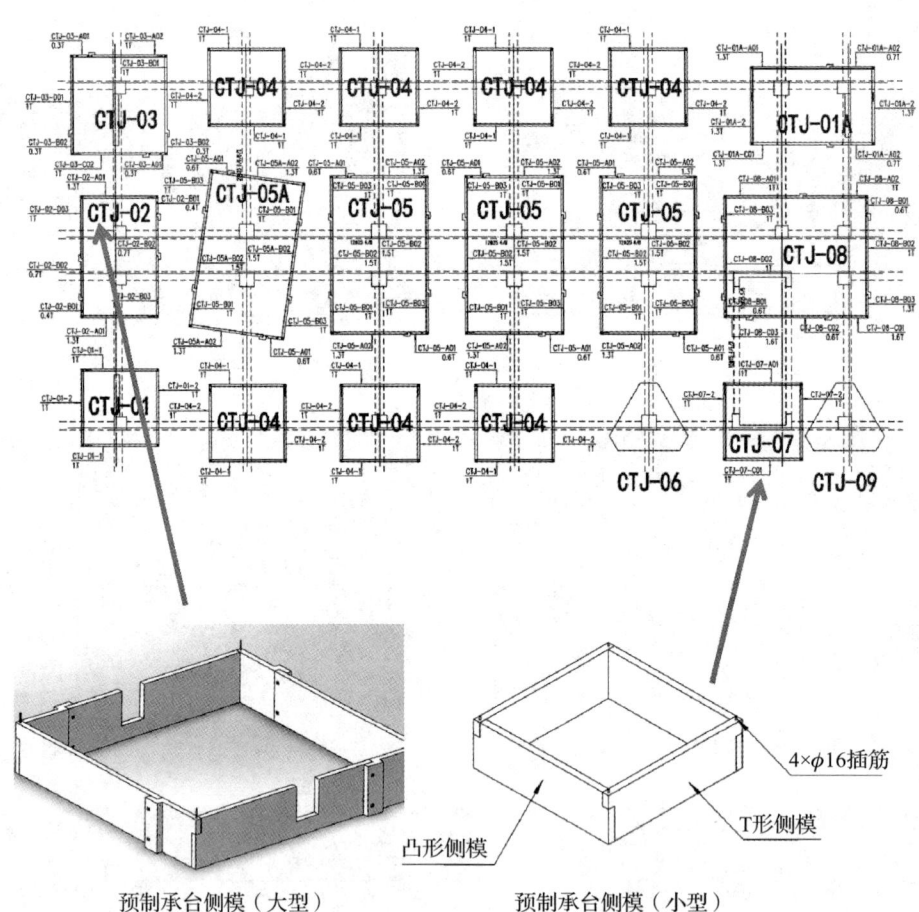

图9 预制承台侧模的平面布局图

4 预制承台侧模安装流程

预制承台侧模安装流程如图10所示。

4.1 平面位置及标高复核

根据垫层上的纵横向定位线实测复核平面位置,允许偏差为5mm;根据标高基准线实测复核混凝土垫层顶面标高,允许偏差为±5mm。

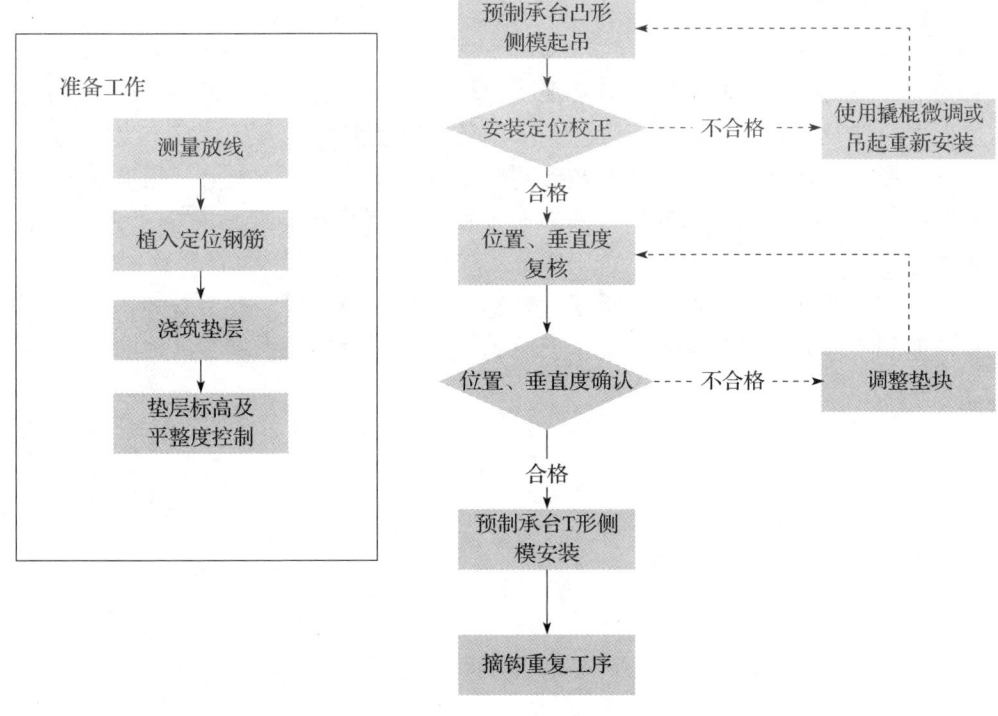

图 10　安装流程

4.2　上钩调平

（1）挂钩前，应检查预制电梯井是否存在开裂、吊点位置是否存在破坏等影响结构安全的情况，存在上述现象的不得吊装。

（2）为保证吊装安全及吊环附近混凝土不被损坏，需使用专用 M16 吊环螺栓、一字梁工装及钢丝绳进行吊装作业。一字梁工装与预制承台侧模之间通过若干根 1m 的钢丝绳与吊环进行连接。

（3）为了便于钢丝绳重复利用，钢丝绳与预制承台侧模吊环之间可通过卸扣连接。

4.3　预制承台凸形侧模起吊

根据预制承台侧模吊装顺序图，进行预制承台侧模吊装，使用专用 M16 吊环螺栓拧入预制承台侧模顶部缩口压扁套筒，配合专用一字梁工装及吊链，使用塔吊进行吊装作业；构件落位时，应使用人工手扶构件，使伸出垫层的钢筋插入预留孔洞中；核实控制线偏差及垂直度偏差应控制在 5mm 以内，超过此偏差的应使用撬棍及使用砂浆进行调整，若垂直度偏差较大的，可以配合 2mm、3mm、5mm 的垫块进行调整。

4.4　预制承台 Z 形侧模起吊

对于尺寸较大的预制承台侧模，长边方向一般由若干个 Z 形侧模组成，按照预制承台模吊装顺序图，先吊 Z 形侧模的直条构件，再吊装紧邻的异形截面构件。完成一边的侧模吊装后，应先进行螺栓和螺母安装紧固，完成安装及校准后，继续吊装另一侧的 Z 形侧模。

4.5　预制承台 T 形侧模起吊

完成凸形侧模及 Z 形侧模安装后，进行最后的 T 形侧模安装，安装好 T 形侧模，检查整个预制承台模安装是否严丝合缝，向预留的 $\phi 32$ 孔洞中注入水泥砂浆，使各预制承台侧模通过现浇水泥砂浆黏结为整体。

5 结语

随着我国建筑行业的不断发展，具有地下室构造的高层建筑越来越多，这些建筑建造基础施工过程中所涉及的承台基础施工工艺，采用传统砖胎膜施工方式，整个工序繁杂，养护时间长，回填慢，不能持续作业，其中灰砂砖砌筑后还需要抹灰，大大延长了施工工期。砖砌成型质量难以控制，废料囤积现象普遍、增加积水，严重影响现场安全文明施工的环境，同时降低施工工效。砖胎膜非常不适合雨季赶工。

目前湖南创意设计总部大厦项目采用这种施工工艺，现场安装效果良好，缩短了安装时间，安装精度和质量较好，降低施工成本，受到业主的一致好评，具有良好的经济效益和社会效益。

路缘石施工质量控制及成品保护技术探讨

杨经纬

湖南省第五工程有限公司　株洲　412000

摘　要：路缘石作为公路的附属工程，其施工质量容易被忽视，如路缘石铺设不规范，不仅影响城市道路的景观效果，甚至会对道路造成一定的损害。本文结合路缘石施工中经常出现的一些问题，阐述了路缘石施工的质量控制办法。

关键词：路缘石；质量控制；成品保护

作为市政道路的附属工程，路缘石是路面边缘与其他构造物分界处的标志。它不仅起到拦截汇集路面雨水和美化路面的作用，同时对路面边缘起到良好的保护作用。因路缘石施工时间大多数为道路施工末期，其施工质量及后期的成品保护容易被忽视。不仅影响了道路的外观质量，而且容易因排水问题对道路造成路面损坏。因此，严格控制路缘石质量及后期成品保护对整个道路工程而言具有十分重要的意义。

1　常见路缘石施工质量问题

（1）外观质量

在近几年的施工质量检查中发现，路缘石安装的外观质量主要集中在相邻缘石高差偏差较大、直顺度不好、相邻缘石间距不均匀和前后错缝严重等问题，并且路缘石在装送和卸料途中容易造成边角的损坏。

（2）施工线形不顺

施工过程中，测量员对路缘石的放线的重视程度等于或小于道路放样，很多施工现场都是还按照道路里程桩号（20m一个点）进行放样，未考虑直线变坡处、弯道处、人行道入口等不连贯施工处是否需要进行加密放点。

（3）砂浆勾缝处理不当

砌筑路缘石时没有按座浆和挤浆的工艺进行施工，缘石间的砂浆不密实或根本无砂浆，在进行勾缝前没有用錾子将灰缝修凿至深4cm，勾缝时没有用水润湿，在勾缝砂浆初凝后、终凝前，没有进行提浆和修饰，再加上养护不及时，结果造成勾缝出现裂纹、断道、脱落等问题。

（4）路缘石下透水层未按规定施工

在施工过程中，为图施工方便或承包人为节省费用而用路肩土代替碎石和砂砾，或者直接用小石子混凝土和砂浆布满路缘石的下部，结果造成路面内排水不畅，引发各种路面病害。

（5）路缘石靠背设置不规范

路缘石靠背一般设计为梯形结构混凝土靠背，但是在现场施工过程中，大部分并未装模浇筑成梯形，甚至直接使用回填土或砂石填筑在路缘石后，这样的靠背无法稳固路缘石，导致后续路缘石受到外力影响就会轻易松动、变形，也增加了交通安全隐患。

2 路缘石施工质量控制办法

（1）外观质量

路缘石应有足够的强度、抗风化和耐磨耗的能力，表面平整、无脱皮掉角现象。对于混凝土预制缘石，在运往施工现场前应进行质量检查，强度和几何尺寸应符合规范和设计文件的要求，表面应光滑平整，不合格的预制件不得运往现场。运送至施工现场后卸货时，应让人工配合卸料设备（起吊机或者叉车），慢拿慢放，视线死角处人工配合，保证路缘石边角不被损坏。

（2）施工放样

增设放样点位，一般直线路段桩距为10~15m，放坡处加密点位至5~10m，曲线段桩距为5~10m，间距宜与弯道路缘石长度相匹配，根据弯道弧度大小现场可进行加密。放样完成后在路缘石安装前应复核点位线形是否发生扰动。安砌时必须挂线，特别是曲线段，应加密控制点，确保线条顺畅，标高准确。在施工过程中应随时检查路缘石的直顺度，并用水平尺检查相邻路缘石间的高差和砌缝宽度。

（3）勾缝处理

为确保勾缝砂浆在路缘石间牢固连接，勾缝前（开缝）用錾子将灰缝修凿至深4cm，在勾缝时再用水润湿。勾缝砂浆初凝后、终凝前，要提浆、修饰，使其密实和美观。要求勾缝采用凹缝，操作使用统一的勾缝器。保证勾缝密实、表面光洁，无翻砂、裂纹、断道、脱落等缺陷。勾缝后砌体应适当地加以覆盖和洒水养生，养护时间不少7d，前24h应每2h浇水一次，以后每4h浇水一次。

（4）路边透水处理

在砌筑路缘石时，与泄水槽的施工往往不同步，会遇到设计的泄水槽和临时泄水槽不对应的情况，这就出现了临时泄水槽的入水口被路缘石堵住，而按设计预留的出水口处无泄水槽的现象。此时，一旦遇到大雨，就会造成预留出水口处路堤边坡的水毁。因此，路缘石的施工最好与泄水槽的施工同步，否则，应在临时泄水槽处保留缺口，在设计的泄水槽处用土埂拦住，从而保证临时排水。为了保证渗入路面内的水及时排除，在路缘石下应按设计垫铺碎石或砂砾，并与路肩下的排水盲沟连接，严格按设计进行施工，确保路缘石下的排水功能。

（5）路缘石靠背施工

严格按照设计及规范要求进行靠背混凝土浇筑，浇筑前先制作靠背模具，然后将模具固定在适当的位置。在浇筑过程中，靠背的浇筑厚度及高度要满足设计要求。

3 路缘石成品保护措施

3.1 施工过程中

（1）加强工人教育，在摊铺沥青时候尽量不要踩到路缘石上面。

（2）两侧分别采用棉布由人工随摊铺机迁移，即每侧至少2张棉布，流水迁移，施工中工人可以踩在棉布上面。

（3）新建路缘石上面若被踩上乳化沥青，后期安排人员用柴油和水混合物清洗。

3.2 道路开放交通后

（1）建立相应的保护制度：制定路缘石维护规定，建立成品保护制度，规范维护人员工作行为。

(2) 加强清洁保养：定期清理砖面上的杂物和垃圾，避免杂草长期滋生，对于难以清理的鸟粪、油污等顽垢，可考虑使用专业清洁剂进行清洗。

(3) 防止机动车碾压和重物冲击，避免造成路缘石表面或内部破损。

(4) 时时检查成品表面状况，对破损、脱落及时修复，为了保证修复后的成品与原有成品的统一，建议选用质量相近的原材料及同样的做法进行修复。

4　结语

作为公路的附属工程，路缘石的施工质量不仅影响公路工程的美观，而且对路面内部排水有较大影响。因此，在施工过程中，只有严格控制路缘石的外观质量和砌筑质量，确保路缘石的施工质量，才能有效提高公路路面工程的美观性和耐久性。

参考文献

[1] 文德云. 公路工程掩工监理质量控制技术手册 [M]. 北京：人民交通出版社，2006.
[2] 张丽，李云峰，李海峰. 普通公路水泥混凝土路缘石施工质量控制 [J]. 辽宁省交通高等专科学校学报，2006（4）：8-10.

基于某项目崩滑流风险防治分析的山地建筑环境安全控制对策研究

聂涛涛

湖南建设投资集团有限责任公司　长沙　410004

摘　要：本文旨在通过系统的风险分析和科学的防治措施设计，为项目建设期和运营期提供有效的崩滑流风险防治方案，降低灾害发生几率，减少灾害造成的损失，确保项目安全顺利进行。研究成果对于类似山地建设项目的崩滑流风险防治具有重要的参考价值和指导意义。

关键词：山地建筑；崩滑流；边坡防护

1　项目概况

某山地建设项目位于云南省玉溪市，地处龙马山，抗震设防为丙类，抗震设防烈度为8度。地形整体呈东高西地，场地高差达35m。框架抗震等级为二级，按8度采取抗震构造措施地基基础设计等级为丙级。场地坡度为3.98%~12%，属于暴雨时有可能发生崩滑流的适宜建设场地。如何采用合理的外环境控制对策有效降低项目建设期和运营期灾害的发生概率，减少灾害造成的损失是项目建设的重点。表1为山地城市城区地形坡度与建设的关系。

表1　山地城市城区地形坡度与建设的关系

类型	坡度（%）	对地质地貌的影响	土地利用
平坡地	<5	一般不发生崩滑流	最适宜建设
缓坡地	5~15	片蚀与沟蚀不强烈，暴雨时有可能发生崩滑流	适宜建设
中坡地	15~30	片蚀与沟蚀较强烈，较易发生崩塌、滑坡、泥石流	有限制建设
陡坡地	30~50	片蚀与沟蚀较强烈，较易发生崩塌、滑坡、泥石流	零散建设
峻坡地	50~70	侵蚀强烈，易发生崩塌、滑坡、泥石流	不适宜建设
峭坡地	>70	特别易发生崩塌、滑坡、泥石流	不适宜建设

2　BIM技术的应用

根据项目岩土工程勘察报告，运用BIM技术建立地质分层模型、护坡模型，开展《山区、丘陵地带施工现场地质灾害评估及防治措施》研究及《基于弹性地基板理论的台阶式筏板基础与上部结构相互作用分析》课题研究，对地质情况、地质灾害、地基基础稳定性、沉降变形进行分析（图1和图2）。

3　合理设计建筑基础形式

建筑处于山地环境中，首先面对的是自身的结构安全问题，及解决结构问题，以提供人们活动所需要的空间和稳定的建筑环境。根据工程地质报告本楼将第二层粉质黏土层定位基

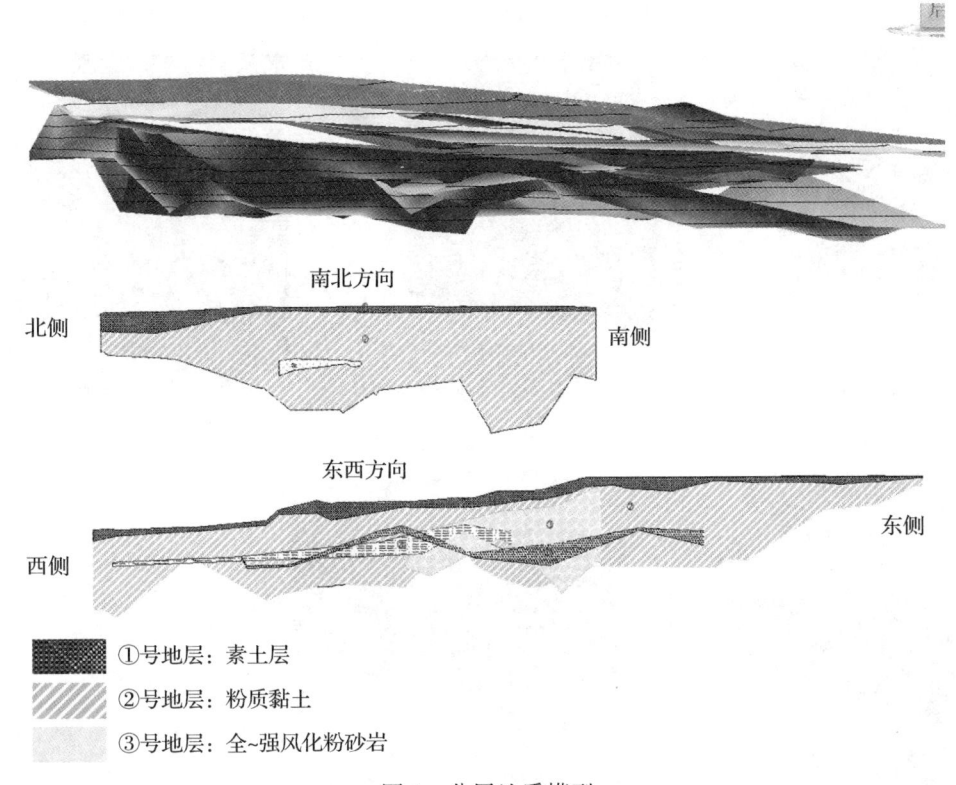

图 1 分层地质模型

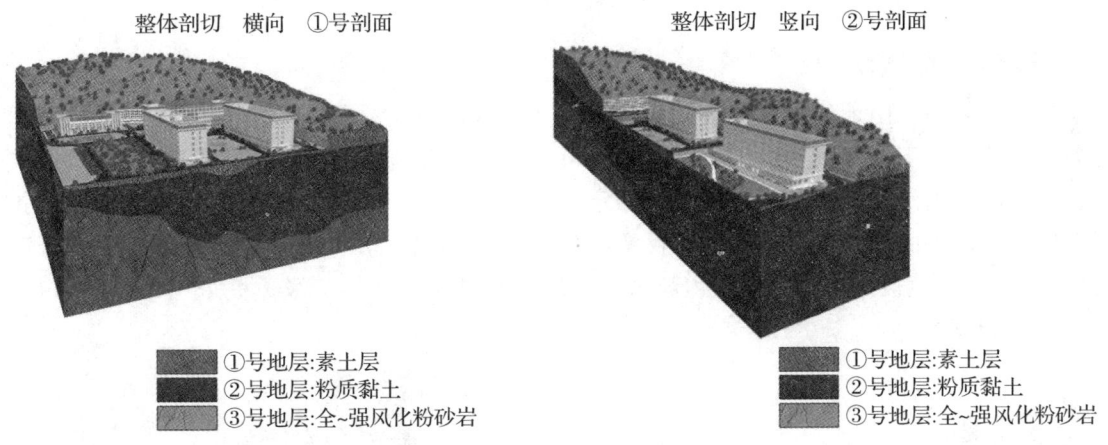

图 2 分层地质模型剖面

础持力层，地基承载力特征值 $f_{ak} = 170$kPa。应保证基础底进入持力层不小于 300mm。1 号楼、4 号楼地势平缓，采用条形基础，5 号楼受软弱地基影响采用墩基，2 号楼和 3 号楼建设在场地第二级坡地上，建筑自东向西布置，长度 81.5m，场地高差为 4.2m。采用筏形基础。其中 2 号楼在基坑开挖后发现西侧 1~10 轴基底粉质黏土层不能达到 170kPa 的地基承载力特征值。为确保建筑使用安全，经专家论证会议定对 2 号楼选用分台梁式基础，将各段基础布置在承载力符合设计承载力要求的地层上，同时梁式基础能增大基础与地基的接触面，强化建筑基础的抗滑移能力（图 3）。

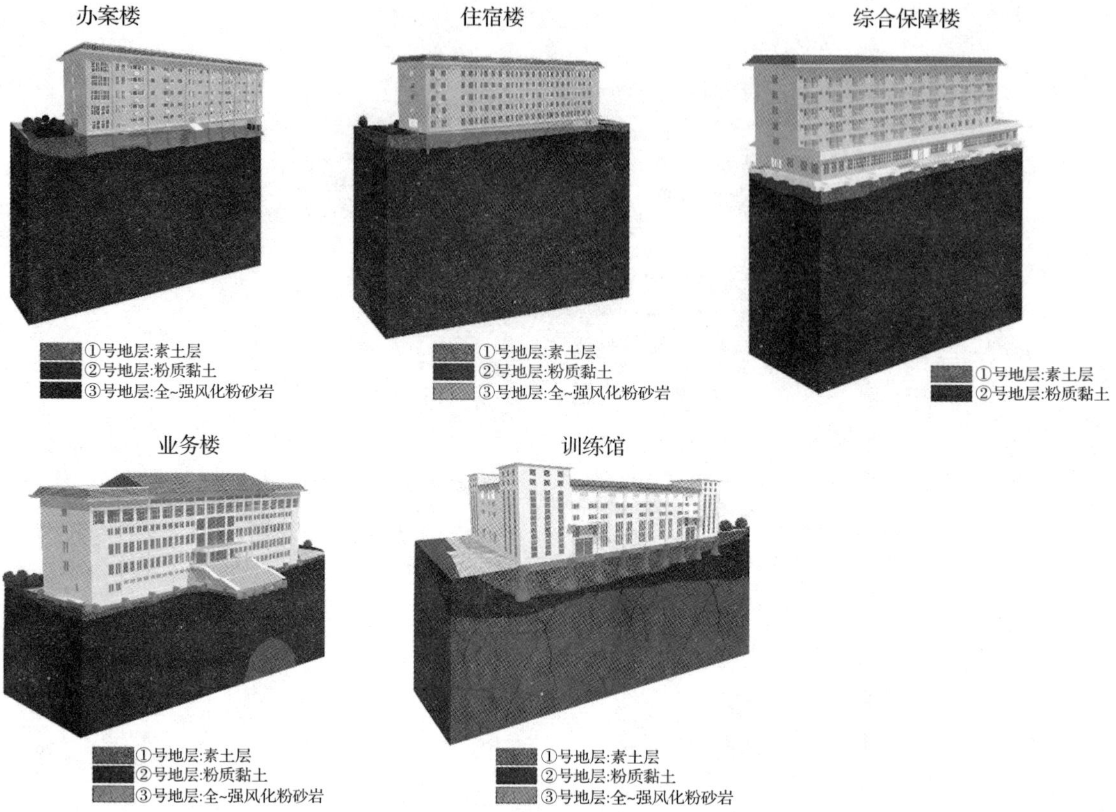

图 3 各单体基础模型

4 合理设计边坡防护

受地形限制，山地建设中平整场地和基坑开挖过程中经常大量挖方、填方，形成了大量的裸露边坡。对于一些大型的工程，有时不可避免地要对地形进行适当的改造，在这种情况下，为了保证山地建筑及其周围环境的稳定，需要以一定的工程手段对山地边坡加强防护。根据项目建设平面图，某山地建设项目整体分为三级台地，第一级边坡采用框格梁+浆砌片石挡土墙护坡+植被护面，第二级边坡采用浆砌片石挡土墙，第三级边坡采用浆砌片石挡土墙（图 4 和图 5）。

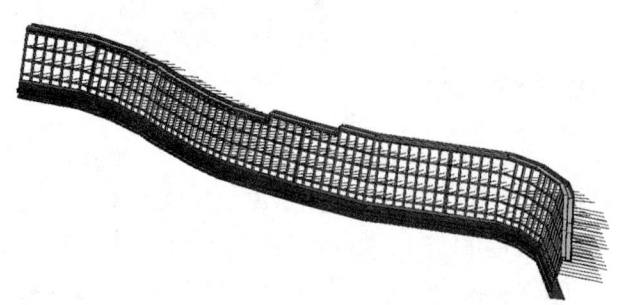

图 4 第一级边坡框格梁 BIM 模型

图 5 第一级边坡框格梁+浆砌片石挡土墙+植被护面

4.1 框格梁建设

本工程场地东侧边坡长约 142m,高约 4.0~13.0m,坡度约 50~70°,局部近达 80°。根据各参建方会商结果议定采用框格梁支护,该方案可对山体的扰动较少,可较好的保障项目建设期和运营期的安全。

框格梁施工工艺流程如下:边坡开挖→锚杆施工→框架梁施工。其中锚杆施工为框格梁质量控制的重点,锚杆施工工艺流程如下:施工准备→挖土、修坡→锚杆定位→锚杆孔施工、锚杆制作→插入锚筋→浆液制作、注浆→分项验竣工验收。

锚杆施工要点:

(1) 人工修坡:机械修坡后,局部会存在一定的凹凸不平现象,为了使坡面美观,需人工利用锄镐对坡面进行修整,要求坡面高差不大于 50mm。

(2) 测量定位:钻孔前先根据设计标高、间距要求,由专业测量工程师利用经校准的测量仪器测量锚杆层位标高水平线,再利用钢尺及设计锚杆间距测定锚杆孔位,并用红漆、木桩在坡面上做出孔位标记。

(3) 钻进钻孔:钻机就位后,应保持平稳,钻机立轴与钻杆倾角一致,并在同一轴线上。成孔直径严格按照设计要求,根据《地勘报告》所揭露的地质情况及相关规范要求,实际钻孔深度应大于设计深度约 0.50m。在钻进过程中,应精心操作,精神集中,合理掌握钻进参数,防止埋钻、卡钻等各种孔内事故。一旦发生孔内事故,应争取时间尽快处理。钻孔是锚固工程施工中至关重要的一环,如果进度慢,会直接影响到工期和效益;如果造孔质量差,则会影响到锚杆安装及注浆体质量,致使锚杆抗拨力达不到设计要求。钻孔质量必须符合《岩土锚杆(索)技术规程》(CECS 22—2005) 规定。作为钻孔质量监控的一项措施,施工人员必须认真填写锚杆成孔原始记录及其它异常情况。

(4) 锚杆制安:严格按设计要求焊接制作。主要参数包括:托架间距、锚筋规格、型号、长度等(锚杆钢筋直径 28mm,长度 9m,左右方向间距 2000mm)。安放锚杆筋体时,应防止筋体扭曲,注浆管需随锚杆一同下入孔内,管端距孔底为 10~30cm(图 6)。

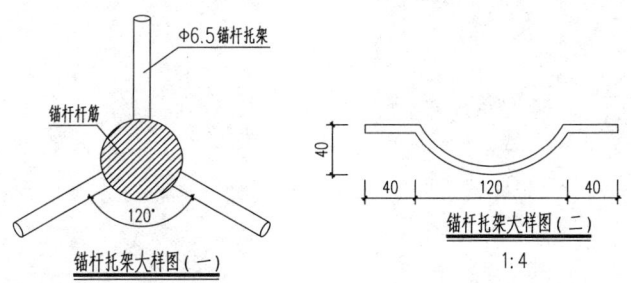

图 6 锚杆托架大样图

锚杆应除锈,保护层厚度不小于 25mm 防腐,为全粘结锚杆。安放前请监理到场进行隐蔽工程检查验收,并对安装过程过程旁站监督。安装过程中,若发现孔壁坍塌或孔底有大量沉渣等导致锚杆安放不到位时,应重新清孔,直至能顺利送入锚杆为止。

(5) 注浆:注浆采用 2 次注浆工艺,采用强度等级不低于 42.5MPa 的普通硅酸盐水泥,可加入适量早强剂,水灰比为 0.38~0.45;两次注浆压力均控制在 0.5~2.0MPa,一、二次注浆的时间间隔可控制在 4~6h,注浆体强度应达到 M25。浆液应搅拌均匀,过筛,随搅随用,注浆前先用清水清清洗注浆管路并检查管路是否通畅。注浆采用 BW-150 型注浆泵将浆液经压浆管输送至孔底，再由孔底返出孔口，待孔口溢出浆液时，可停止注浆。相隔4~6h后，进行二次注浆，为加快工程进度，可向水泥浆中加入适当的早强型外加剂，促使锚固体尽快形成强度。锚杆伸出端用直径20mm的钢筋与锚筋双面焊接，如图7所示。

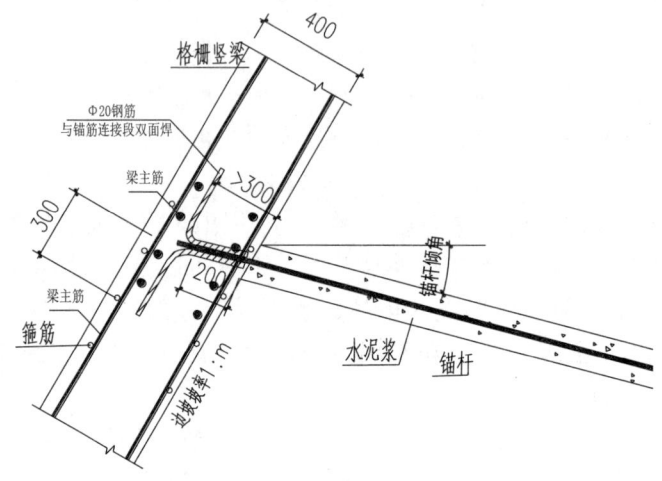

图7 锚杆安装大样图

3.2 挡土墙建设

本工程挡土墙采用M7.5浆砌MU30片石砌筑，石料应采用石质一致，不易风化，无裂缝，抗压强度不小于30MPa的片石，基地置于稳定密实的土体中，并嵌入持力层粉质黏土层1m，墙身在高出地面以上部分应分层设置泄水孔，泄水孔间距3~5m，上下左右交错布置，孔内预埋直径10cmPVC管，最低泄水孔出口底部应高出地面或常水位30cm，挡墙墙背50cm范围内回填砂砾石。挡土墙根据地形及地质变化情况设置沉降缝，间距一般为10~15m，缝宽为2cm（图8和图9）。

图8 第二级边坡浆砌片石挡土墙

图9 第三级边坡浆砌片石挡土墙

4 合理组织排水

对于山地区域的建筑场地，大量的地表径流会在较光滑的地面上汇聚加速，对建筑、人员和财产造成伤害。因此，要保持山地环境的水土平衡，应当合理组织排水系统，保障山体环境的稳定，从而增强山地建筑的安全性和建设期项目的安全性。任何排水系统，其对水文状况的控制，主要体现在对地表径流进行合理的"蓄"与"排"。因为，适当的"蓄"可以削减径流的流量；有效的"排"可以使径流迅速疏导，减少对山体地表的冲蚀。

根据玉溪当地气候特征，本项目采取如下措施组织山地排水和蓄水：（1）适当布置截水沟，逐步引导地表径流进入地下雨水管。（2）沿道路两侧布置雨水箅子，引导地表径流进入地下室雨水管（图10、图11）。（3）排蓄结合，设置蓄水池收集暴雨期间多余的雨水（图12）。

图10　山地截水沟　　　　　图11　道路雨水箅子　　　　　图12　蓄水池

5　合理规划建筑布局，规避风道狭管效应

"狭管效应"是城市中出现的一种局地气候风现象。由于城市高层建筑间距极小，大风迎面吹来后无法顺畅通过，只能聚集在很小的空间内，气象部门测试显示，在城市刮起6、7级大风时，"狭管效应"能使通过高楼之间的瞬间风力达到12级，危及行人的安全。本项目楼宇间距达15.3~54.8m，经设计专业人员计算，能满足风道安全的要求。

6　加强灾害管理

灾害管理是减灾系统工程中的重要环节。由于人为活动增大了地貌灾害发生的频率和范围，因此规范和管理人类自身行为是防治灾害的主要对策。本项目积极与城市气象部门对接，对收到的预警信息及时采取相应措施予以积极响应，降低极端天气对项目的影响和经济风险。

2019年11月1日3时37分在云南玉溪市江川区（北纬24.39度，东经102.77度）发生3.5级地震，震源深度12千米。地震造成项目红线外供水线路故障，项目部立即组织对各建筑进行沉降和位移监测，项目建筑未发生明显位移，符合建筑安全需求。

2020年8月17日4时14分，玉溪市红塔区气象台将暴雨橙色预警信号升级为红色预警信号。项目立即组织专业人员进行项目巡查和建筑物监测，暴雨期间山体、挡土墙、建筑物、道路均整体稳定无异常现象，符合项目安全运行要求。局部绿化土体因大量的地表径流会在较光滑的地面上汇聚加速，造成局部水土流失现象，项目立即组织专业人员采取对径流进行分流、局部土体加固、增设盲沟及雨水井等措施进行处理，处理后未再发生类似现象。

7　结语

山地特殊的自然环境条件和脆弱的生态环境使得山地建筑的建设难度大、投资费用高，各环节技术要求复杂，给设计和施工带来了一系列的特殊要求。从以上六个方面进行考量和加强，有助于山地建筑的安全和周边环境安全。

参考文献

[1] 彭坷珊. 生要地质灾害对我国城市发展的危害及整治对策［J］. 荷泽师范专科学校学报，2003（4）：32.

[2] 中华人民共和国住房和城乡建设部. 挡土墙（重力式、衡重式、悬臂式）：17J008 [S]. 北京：中国计划出版社，2017.

[3] 中华人民共和国住房和城乡建设部. 岩土锚杆与喷射混凝土支护工程技术规范：GB 50086—2015 [S]. 北京：中国计划出版社，2015.

[4] 中华人民共和国住房和城乡建设部. 建筑变形测量规范：JGJ 8—2016 [S]. 北京：中国建筑工业出版社，2016.

[5] 中华人民共和国住房和城乡建设部. 建筑边坡工程技术规范：GB 50330—2013 [S]. 北京：中国建筑工业出版社，2013.

[6] 中华人民共和国住房和城乡建设部. 建筑地基基础施工质量验收标准：GB 50202—2018 [S]. 北京：中国计划出版社，2018

浅谈幕墙玻璃防火门的技术要点及难点

陈雲鹏

湖南省第五工程有限公司　株洲　412000

摘　要：随着科学技术的不断进步和建筑理念的不断创新，越来越多的新型材料和工艺开始应用于建筑领域，玻璃幕墙就是其中之一。近年来，我国发生了许多严重的工程火灾事故，应引起全建筑行业工程技术人员的重视。因此，如何保证和提高构件式玻璃幕墙本身的耐火性能是非常重要的。

关键词：幕墙系统；玻璃防火门；技术要点

1　引言

建筑幕墙系统作为现代建筑的重要组成部分，旨在提高建筑物的外观质量、节能性能和环境适应性。然而，在幕墙系统中，玻璃防火门作为安全设备的重要组成部分在建筑防火工程中扮演着关键角色。玻璃防火门的设计、制作和安装不仅需要充分考虑其在幕墙系统中的特点和要求，更需要解决一系列复杂的技术难题。

近年来，随着建筑安全意识的增强和防火技术的不断发展，玻璃防火门在建筑幕墙系统中的研究也越来越受到关注。然而，目前关于玻璃防火门在幕墙系统中的技术要点和难点的研究相对较少，对于如何提高幕墙系统的防火性能仍存在一定的不足。

因此，本文旨在探讨玻璃防火门在幕墙系统中的技术要点和难点，并提出一系列创新的解决方案，以提高幕墙系统的防火性能和安全性能。本文首先分析了幕墙系统和玻璃防火门的特点和性能需求，并进一步明确了玻璃防火门在幕墙系统中的技术指标。

在分析了技术要点的基础上，本文重点围绕玻璃防火门在幕墙系统中所面临的技术难点展开研究。其中，安装精度控制和调整以及防火性能的保证成为解决难题的核心。针对这些难题，本文提出了一系列创新的解决方案，包括防火材料的选择、密封性及温控性能的优化等。

2　幕墙系统简述

2.1　幕墙系统的构成

幕墙系统是现代建筑中常见的一种外墙装饰和保护结构，它由多个组成部分构成。在幕墙系统中，玻璃防火门作为其中的重要组成部分，具有关键的技术要点和难点。

（1）幕墙系统的构成包括玻璃幕墙、金属结构、密封材料和辅助材料等。玻璃幕墙作为幕墙系统的主要外观材料，具有透明、美观的特点，能够提供良好的自然采光和视野。玻璃防火门在幕墙系统中的技术要点主要包括防火性能、透光性能和开启方式。首先，玻璃防火门需要具备较高的防火性能，能够在火灾发生时有效地阻止火势蔓延，保护建筑和人员的安全。其次，玻璃防火门还需要具备良好的透光性能，能够满足建筑内部的采光需求。最后，玻璃防火门的开启方式也是一个重要的技术要点，常见的开启方式包括平开、推拉和旋转等，需要根据具体的使用场景进行选择。

（2）在幕墙系统中，玻璃防火门也存在一些难点需要解决。首先，玻璃防火门的安装和施工需要考虑到与其他组成部分的连接和固定，确保整个系统的稳定性和密封性。其次，玻璃防火门的防火性能需要根据国家相关标准进行测试和认证，确保其能够满足防火要求。最后，玻璃防火门的透光性能也需要通过特殊的玻璃材料和处理工艺来实现，以达到建筑内部的采光需求。

幕墙系统中玻璃防火门的技术要点和难点是需要重点关注的问题。只有在考虑到防火性能、透光性能和开启方式等方面，并解决安装、施工和认证等难点时，才能保证玻璃防火门在幕墙系统中的有效应用。

2.2 幕墙系统的功能

幕墙系统作为现代建筑中的重要组成部分，具有多种功能，如保温隔热、防水防潮、隔声降噪、抗风抗震等。本节将重点讨论幕墙系统中玻璃防火门的技术要点及难点。

玻璃防火门在幕墙系统中承担着防火隔热的重要任务。根据建筑消防规范，幕墙系统中的玻璃防火门需要具备一定的耐火能力，以保障建筑内部人员的安全。玻璃防火门的主要材料是防火玻璃，其具有较高的耐火性能，能够在火灾发生时有效隔离火源，防止火势蔓延。

玻璃防火门还需要具备良好的密封性能，以保证建筑内部的密闭性。在火灾发生时，密封性能良好的玻璃防火门能够有效阻止火势和烟雾的传播，为人员疏散争取宝贵的时间。因此，玻璃防火门的密封性能是其设计和制造过程中需要重点考虑的技术要点之一。

另外，玻璃防火门还需要具备良好的透光性能。幕墙系统作为建筑外立面的一部分，其设计和建造需要兼顾建筑的整体美观性。因此，玻璃防火门需要保证透光性能，使得建筑内部能够获得足够的自然光线，提供一个舒适的工作和生活环境。

玻璃防火门的设计和制造过程中存在一些难点。防火玻璃的生产工艺相对复杂，需要严格控制材料的配比和加热过程，以确保玻璃具备良好的耐火性能。玻璃防火门需要与幕墙系统的其他部分进行良好的连接，以保证整个幕墙系统的稳定性和密封性。幕墙系统中的玻璃防火门具备防火隔热、密封性能和透光性能等多种功能。其设计和制造过程中需要重点考虑防火玻璃的耐火性能、密封性能以及与幕墙系统的连接方式等技术要点和难点。只有在技术上做到严谨、准确和细致，才能保证玻璃防火门的安全性和可靠性，满足建筑消防的要求。

3 玻璃防火门的技术要点

3.1 玻璃防火门的设计要求

玻璃防火门作为幕墙系统中的重要组成部分，其设计要求对于保证建筑物的火灾安全具有重要意义。本节将从材料、结构和尺寸三个方面详细介绍玻璃防火门的设计要求。

（1）在材料选择方面，由于玻璃防火门需要具备良好的耐火性能，因此选用的玻璃材料必须符合相关的防火标准。常见的玻璃材料包括钢化玻璃、夹层玻璃和复合玻璃等。在设计过程中，需要根据建筑物的使用性质和火灾风险等级，选择合适的玻璃材料，以确保玻璃防火门在火灾发生时能够有效地阻挡火势蔓延。

（2）在结构设计方面，玻璃防火门的结构必须具备一定的耐火性能。在实际设计中，常见的玻璃防火门结构包括钢框架结构和铝框架结构。钢框架结构具有较高的强度和耐火性能，适用于对门体强度和耐火性能要求较高的场所。而铝框架结构则具有较轻的自重和较好的耐腐蚀性能，适用于对门体自重和耐腐蚀性能要求较高的场所。在具体设计时，需要根据实际情况选择合适的结构形式，并确保门体与门框之间的连接牢固可靠。

（3）在尺寸设计方面，玻璃防火门的尺寸必须满足建筑物的消防要求。根据相关的消防规范，玻璃防火门的宽度、高度和厚度等尺寸参数都有明确的要求。在设计过程中，需要根据建筑物的平面布置和人员疏散要求等因素，合理确定玻璃防火门的尺寸，以确保人员在火灾发生时能够顺利疏散。

玻璃防火门的设计要求包括材料选择、结构设计和尺寸设计三个方面。在设计过程中，需要综合考虑建筑物的使用性质和火灾风险等级，选择合适的材料和结构形式，并确保尺寸满足相关的消防要求。只有满足这些设计要求，玻璃防火门才能在火灾发生时起到有效的阻挡火势蔓延的作用，保证建筑物的安全。

3.2 玻璃防火门的制作工艺

玻璃防火门具有保护建筑和人员安全的重要作用，其制作工艺的合理性和精准度对于玻璃防火门的质量和使用效果至关重要。

玻璃防火门的制作工艺包括材料选择、构造设计、制作步骤等多个方面。在材料选择方面，应选择具有良好防火性能和强度的玻璃材料，如钢化玻璃、夹层玻璃等。还需要选择适合的金属材料作为门框和门扇的支撑结构，如不锈钢、铝合金等。在构造设计方面，应根据实际需求和防火要求，确定门框和门扇的结构形式，并合理设计门的密封、开启方式等细节。在制作步骤方面，需要进行材料的切割、打磨、组装等工艺操作，确保门的各个部件的精准度和质量。

玻璃防火门的制作工艺中存在一些难点和技术要点需要注意。玻璃的切割和打磨过程需要保证玻璃的平整度和边缘的光滑度，以防止玻璃在使用过程中出现破裂或划伤等问题。在门框和门扇的组装过程中，要注意确保门的密封性能和结构的稳定性，避免门在使用过程中产生漏风、漏水等问题。还需要注意门的开启方式和操作的便捷性，以提高门的实用性和人员的安全性。

玻璃防火门的制作工艺是幕墙系统中的重要环节，其合理性和精准度对于门的质量和使用效果至关重要。在制作过程中需要注意材料选择、构造设计、制作步骤等多个方面，同时要注意处理难点和技术要点，确保门的质量和安全性。只有通过科学合理的制作工艺，才能生产出满足防火要求的高质量玻璃防火门。

3.3 玻璃防火门的安装与验收

玻璃防火门的安装与验收是幕墙系统中的重要环节，对于保障建筑安全起着至关重要的作用。

3.3.1 玻璃防火门的安装技术要点

在玻璃防火门的安装过程中，需要注意以下几个技术要点：

（1）要选择合适的安装位置。根据建筑设计和消防要求，确定玻璃防火门的位置，并确保其能够覆盖到需要防火隔离的区域。同时，还要考虑到人员疏散通道的设置，确保玻璃防火门的安装不会影响到建筑内部的通行。

（2）在安装过程中要确保门框和墙体之间的密封性。门框与墙体之间的缝隙会对防火性能产生影响，因此在安装过程中需要使用密封材料进行填充，确保门框与墙体之间无缝隙。与此同时，还要注意门的开启方向和开启力度。根据建筑设计和消防要求，确定玻璃防火门的开启方向，并确保门的开启力度适中，既能确保人员顺利疏散，又能有效地防止火灾蔓延。

3.3.2 玻璃防火门的验收难点

玻璃防火门的验收是确保其安全可靠性的重要环节，但也存在一些难点需要注意：

（1）需要对玻璃防火门的材质进行验收。玻璃防火门的材质必须符合国家标准和相关要求，如防火等级、耐火时间等。在验收过程中，需要对材质进行检测，确保其满足相关标准。

（2）需要对玻璃防火门的安装质量进行验收。安装质量直接影响到玻璃防火门的防火性能，因此在验收过程中需要对门框与墙体之间的密封情况、门的开启方向和力度等进行检查，确保安装质量合格。

（3）需要对玻璃防火门的防火性能进行验收。防火性能是玻璃防火门的核心指标，需要通过相应的测试方法进行检测。在验收过程中，需要对玻璃防火门的防火等级、耐火时间等指标进行检查，确保其符合相关要求。

玻璃防火门的安装与验收是幕墙系统中的重要环节。在安装过程中，需要注意选择合适的安装位置、确保门框与墙体之间的密封性以及门的开启方向和力度。在验收过程中，需要对材质、安装质量和防火性能等进行检查，确保玻璃防火门的安全可靠性。通过合理的安装与严格的验收，能够有效地提升玻璃防火门的防火性能，确保建筑的安全。

4 玻璃防火门的技术难点与解决方案

4.1 安装精度控制与调整

玻璃防火门作为幕墙系统中的重要组成部分，其安装精度的控制与调整是确保其正常运行和有效防火性能的关键。本节将针对安装精度控制与调整的要点进行详细讨论。

安装精度的控制是保证玻璃防火门密封性能和防火性能的基础。在安装过程中，需要严格按照设计要求进行操作，确保门框与墙体之间的间隙符合规范要求，以保证门的密封性。要确保门扇与门框之间的配合精度，使得门扇能够顺利开启和关闭，且能够在发生火灾时迅速关闭并具备防火隔离作用。

安装精度的调整是为了解决在实际施工中可能出现的误差和偏差。在进行安装前，需要对门框的垂直度和水平度进行检查和调整。通过使用水平仪和垂直仪等工具，可以对门框进行精确的调整，使其保持垂直和水平状态。还需要对门扇的平整度进行调整，以确保门扇在关闭时能够与门框完全贴合，不出现任何缝隙。

另外，安装精度的控制和调整还需要注意以下几个方面。首先，要严格按照施工图纸和技术要求进行安装，确保每个零部件的位置和尺寸准确无误。其次，要充分考虑施工现场的实际情况，合理安排施工顺序和方法，以便更好地控制安装精度。最后，要加强施工过程中的监控和质量检验，及时发现和纠正安装中的问题和缺陷。

4.2 防火性能的保证

幕墙系统中玻璃防火门的设计和安装是保证防火性能的重要环节。为了确保玻璃防火门的有效性，需要考虑以下几个关键要点及难点：

（1）材料的选择至关重要。玻璃防火门的材料应选用具有良好防火性能的材料，如防火玻璃、防火硅酮密封胶等。防火玻璃应符合国家相关标准，具有一定的防火时间和热辐射强度，能够有效隔离火势和烟气的传播。而防火硅酮密封胶应具有一定的耐高温性能，能够确保门框和玻璃之间的密封性。

（2）设计的合理性是保证玻璃防火门防火性能的关键。在设计过程中，应考虑到门框的材料和结构,以及门体的尺寸和厚度等因素。门框应选用具有良好防火性能的金属材料,如钢材,以确保门框在火灾发生时能够保持结构稳定。门体的尺寸和厚度应根据实际需求和防火要求进行合理设计,以提高防火门的隔热性能和抗冲击性能。

(3) 安装过程中的细节也需要重视。玻璃防火门的安装应由具有专业资质的施工人员进行,确保安装质量和效果。在安装过程中,应注意门框和墙体之间的密封性,以及门体与门框之间的密封性,避免火势和烟气通过密封缝隙进行渗透。同时,门体的开启方式和开启角度也需要考虑,以便在火灾发生时能够方便快捷地逃生。

(4) 定期维护和检测是保证玻璃防火门防火性能的必要措施。定期维护包括对门体和门框的清洁、润滑和密封胶的更换等,以确保门体的正常运行和密封性能。定期检测应包括对防火玻璃的防火性能进行测试,以及对门体和门框的结构稳定性进行检查,及时发现和解决潜在问题。

总体而言,幕墙系统中玻璃防火门的技术要点及难点涉及材料选择、设计合理性、安装细节和定期维护等多个方面。只有在这些方面都做到严谨、准确和有效的控制,才能够确保玻璃防火门在火灾发生时发挥其应有的防火性能,保障人员的生命安全和财产安全。

5 结语

本文旨在探讨玻璃防火门在幕墙系统中的技术要点及难点,为提高幕墙防火性能提供技术支持。通过对相关国内外文献的调研和实验研究,本文首先分析了幕墙系统和玻璃防火门的特点和性能需求,进一步明确了幕墙系统中玻璃防火门的技术指标。在幕墙系统中,玻璃防火门作为重要的安全设备,具有保障人员生命安全和防止火势蔓延的重要作用。因此,对于玻璃防火门的技术要点及难点的深入研究,对于提升幕墙系统的安全性和防火性能至关重要。

本文对幕墙系统中玻璃防火门的技术要点和难点进行了深入研究,并提出了具有创新性的解决方案。所提出的技术要点和难点解决方案对于提升幕墙系统的安全性和防火性能具有重要意义。

参考文献

[1] 唐阳. 防火玻璃幕墙的技术要点及难点 [J]. 门窗, 2018 (12): 2.
[2] 张勇. 玻璃幕墙清洗机器人电气控制系统的研究 [D]. 大连:大连理工大学, 2018.
[3] 侯永策. 严寒地区高大空间及玻璃幕墙建筑的节能研究 [D]. 北京:华北电力大学 (北京), 2018.
[4] 张辉. 浅析建筑装饰工程中玻璃幕墙施工技术要点控制 [J]. 门窗, 2022 (7): 3.
[5] 周国栋,刘乐. 浅析建筑装饰工程中玻璃幕墙施工技术要点 [J]. 智能城市, 2021, 7 (24): 149-150.
[6] 史利波. 建筑装饰工程中玻璃幕墙施工技术要点研究 [J]. 建材发展导向, 2023, 21 (11): 178-181.
[7] 张阳阳,胡代兵. 建筑装饰工程中玻璃幕墙施工技术要点探讨 [J]. 居舍, 2019 (30): 1.

浅谈土木工程施工中设备节能绿色环保技术的应用

胡 瑛

湖南省第五工程有限公司　株洲　412000

摘　要：在土木工程施工中，设备能耗问题日益凸显，为了应对能源压力和环境保护需求，本研究探讨土木工程施工中设备节能绿色环保技术的应用。本文首先概述了建筑设备能耗情况，并分析了设备能耗的影响因素。其次，探讨了绿色环保技术在土木工程中的应用，包括绿色建筑材料的使用、节能技术的应用和废弃物资源化利用技术。最后，对设备节能技术进行了总结，并通过案例分析和效果评估展示了其在土木工程施工中的应用。本研究的创新性在于提出了设备节能技术在土木工程中的应用，并展望未来进一步推广和发展的方向。

关键词：土木工程；设备节能；绿色环保技术；施工

1　绪论

随着环境保护理念在社会各个领域内的不断深入，土木工程施工对节能环保的要求也越来越高。为实现节能环保目标，节能绿色环保技术在土木工程施工中得到广泛应用。然而，在实际施工中，仍存在一些问题和挑战，需要进行深入的研究和探讨。

目前，我国土木工程施工中的节能绿色环保技术研究还处于起步阶段。尽管已经有一些研究成果和应用案例，但整体上仍缺乏系统性和深入性。因此，有必要对土木工程施工中的节能绿色环保技术进行进一步研究，以提升施工质量和满足社会发展的需求。

2　土木工程施工中的设备能耗分析

2.1　建筑设备能耗概述

建筑施工过程中，设备的能耗一直是一个重要的关注点。设备能耗的高低直接关系到工程的经济性和环保性。因此，对建筑设备能耗进行全面的分析是非常必要的。

建筑设备能耗主要包括电力消耗、燃料消耗和水资源消耗等多个方面。

首先，电力消耗在建筑施工中是最主要的能耗形式之一。施工中使用的各种电动设备和照明设备都会消耗大量的电力。针对这一问题，施工管理人员可以采用节能设备替代传统设备，例如使用高效节能的照明灯具替代传统的白炽灯，或者使用低功率的电动工具替代高功率的工具。

其次，燃料消耗也是建筑设备能耗的重要组成部分。施工中需要使用燃料的场景很多，比如混凝土搅拌设备、机械设备等。为了减少燃料的消耗，施工管理人员可以通过改进施工工艺来降低施工过程中对燃料的需求量，例如采用预制构件来减少现场混凝土搅拌的频次，减少机械设备的运行时间。

最后，水资源的消耗也是建筑设备能耗中需要关注的问题。在建筑施工中，需要使用大量的水资源，比如混凝土搅拌过程中的水源、施工现场的洗刷用水等。为了减少水资源的消耗，施工管理人员可以通过合理的水资源管理和回收利用来降低用水量，例如使用雨水收集系统来收集雨水并用于施工中的洗刷等。

2.2 设备能耗影响因素分析

在土木工程施工中，设备的能耗是一个重要的方面，其直接影响着施工效率和能源的消耗。本节将对影响设备能耗的因素进行分析，并探讨其对能源的消耗产生的影响。

设备类型是一个重要的影响因素。不同种类的设备在使用时所需的能量有所不同。例如，起重机、混凝土搅拌机和钢筋剪切机等重型设备通常需要较大的能源供应，而轻型设备如电动锤、电钻等对能源的需求相对较低。因此，在设计和选择施工设备时，应根据工程需要和节能要求来合理配置设备。

设备的负载率也会对能耗产生影响。负载率越高，设备的能耗相对较低。负载率的高低取决于设备所承担的工作量。例如，一个起重机在承载重物时，如果负载较轻，设备的能耗相应会较高。因此，在施工过程中，对设备的负载进行合理的控制和调度，可以有效降低能耗。

施工环境对设备能耗也有一定的影响。环境温度、空气湿度和海拔高度等因素都会对设备的能效产生影响。例如，在高温环境下，设备通常需要更大的能量来保持正常运转，而在低温环境下，设备使用的能量相对较低。因此，在选择施工地点和施工时间时，应充分考虑环境因素，以减少能耗。

设备的维护和管理也对能耗有着重要影响。设备的合理维护和定期保养可以保持设备的良好工作状态，减少能耗。例如，定期更换设备的润滑油、清洗过滤器、维修磨损部件等，都可以提高设备的效率，减少能源的消耗。此外，科学合理的设备管理和使用培训也能够提高施工人员对设备能效的认识和控制，从而减少不必要的能耗。

土木工程施工中设备的能耗受多种因素的影响。在进行设备能耗的分析时，需要考虑设备类型、负载率、施工环境以及设备的维护和管理等因素。通过合理配置设备、控制负载率、优化施工环境和加强设备维护管理，可以有效控制设备的能耗，达到节能环保的目标。

2.3 设备能耗统计与评估

在土木工程施工中，对设备的能耗进行统计和评估是非常重要的一项工作。通过准确的数据和科学的评估，我们可以更好地了解设备在施工过程中的能耗情况，有针对性地采取措施来降低能耗，实现节能绿色环保的目标。

在进行设备能耗统计时，要深入了解每台设备的能耗特性，并收集相应的数据。可以通过设备的型号、功率、运行时间等参数来统计能耗；还要考虑到设备的使用情况和施工场地特点，因为不同的施工场地可能会对设备的能耗产生影响，如温度、湿度、地形等。

设备能耗的评估还需要考虑到施工项目的实际情况和要求。根据不同的项目需求和环境要求，可以制定相应的能耗指标和节能目标，以指导真正的节能行动。同时，在设备能耗统计和评估的基础上，还可以开展能源管理和优化工作，通过合理的设备配置、有效的维护和管理措施，实现节能减排的目标。

3 设备节能技术在土木工程施工中的应用

3.1 设备节能措施概述

设备节能是土木工程施工中的重要环节，为了减少资源消耗、降低能源浪费，各种设备节能措施被广泛应用于实践中。在本节中，我们将对设备节能措施进行全面概述，为进一步探讨设备节能技术的应用和效果提供基础和支持。

采用高效节能设备是设备节能的重要手段之一。通过使用能效高、能耗低的设备，可以显著减少能源消耗和额外的电力负担。例如，采用带有变频控制系统的机械设备时可以根据实际需求灵活调节转速，减少能耗和排放。应优先考虑使用节能型机械设备和自动化控制系统，以提高工作效率和节能效果。

合理设置设备使用方案也是设备节能的重要手段。通过合理规划设备的使用流程和操作方式，可以有效降低能耗和减少废弃物的产生。例如，在土木工程施工中，考虑将多个作业过程进行合理的并行或串行安排，减少设备的闲置时间，提高利用率，从而减少资源浪费。

另外，定期进行设备维护和保养也是设备节能的关键。定期对设备进行维护保养工作，能够保证其正常运行，减少能源损耗和故障率。例如，加强设备的润滑维护，清洁和更换设备部件，修复设备漏损等，能够减少能量的损失和不必要的资源浪费。

优化施工方案和工艺流程，减少能源的消耗也是设备节能的重要内容。通过精细化施工管理和技术创新，可以减少冗余环节和不必要的能源消耗。例如，在大型土木工程施工中，采用预制装配技术可以减少施工时间和资源消耗，提高效率和质量。

3.2 设备节能技术应用案例分析

本节将通过对几个具体案例进行分析，探讨设备节能技术在土木工程施工中的应用效果及其对环境保护的贡献。以下是几个典型案例：

（1）案例一：智能照明系统在施工现场的应用

在土木工程施工过程中，施工现场的照明是必不可少的。然而，传统的照明设备耗电量较大，给环境带来了一定负担。为了降低能耗，提高照明效果，某施工单位引进了智能照明系统。该系统根据实际光照需求自动调节灯光亮度，并实现了灯光的定时开关，避免了人为疏忽造成的电能浪费。经过实践应用，该智能照明系统在照明效果和能耗方面均取得了显著的改善，对土木工程施工的节能与环保起到了积极作用。

（2）案例二：高效空调系统在建筑施工中的应用

建筑施工中，夏季或者密闭环境下，空调设备的能耗是一项重要的能源消耗来源。为了提高施工现场的空调效果，项目引入了高效空调系统。这种系统采用了先进的变频技术，通过智能控制系统实时调节温度和湿度，减少能源浪费。经过对比试验，高效空调系统的能耗较传统系统降低了30%以上，同时提升了施工现场的舒适度，为土木工程施工中的节能环保提供了可行的解决方案。

设备节能技术在土木工程施工中的应用具有显著的效果和潜力。通过智能照明系统、高效空调系统以及新型节水设备等技术的引入，能够在不影响施工进程的同时，降低能耗并减少对环境的负面影响。为了在更多项目中推广应用这些技术，施工单位应加强技术培训，制定相关技术标准和指南，并与相关部门合作，共同促进设备节能技术的推广和应用。

（3）案例三：塔式起重机节能技术的应用

塔式起重机是项目施工过程中不可或缺的机电设备，具有实用性高、灵活方便、作业范围广等优点。塔式起重机技术主要包括两方面：一是提高起重机的能量转换效率降低能耗，从而提高能量利用率，如减少动力传递机构摩擦力、优化取物装置的同时降低其重量等；二是对物料储存的势能进行回收再利用，从而降低起重机的能量消耗，起重机在工作过程中，利用有效的能量回馈技术将物料势能进行整合回收，可将物料下落时产生的大量动能转换成电能，然后通过供电装置将电能送回供电网络，从而达到能量回收再利用的目的。

3.3 设备节能技术效果评估

设备节能技术在土木工程施工中的应用对于实现绿色环保目标起着至关重要的作用。为了全面评估设备节能技术的效果，本节将从多个方面进行深入分析。

我们可以从能源消耗方面评估设备节能技术的效果。通过比较使用传统设备和采用节能技术设备所消耗的能源量，可以直观地看出节能技术的效果是否显著。例如，在土木工程项目中，如果使用传统的施工设备所需的电力消耗为 1000kW·h，而采用节能技术的设备只需消耗 800kW·h，那么可以说节能技术有效地降低了能源消耗。这种定量的评估方法可以让我们更加直观地了解设备节能技术的实际效果。

我们可以从项目成本角度评估设备节能技术的效果。通过比较传统设备和节能技术设备的购买成本、运营成本以及维护成本等方面的差异，判断节能技术对于项目成本的影响。如果从长期来看，采用节能技术的设备在成本上具有明显的优势，那么可以认为设备节能技术在土木工程施工中具有显著的经济效益。

评估设备节能技术对环境影响的效果。通过对使用节能技术设备的施工现场进行环境监测，可以了解节能技术对环境污染的减少程度。例如，如果使用传统设备的施工现场环境污染较为严重，而采用节能技术设备的施工现场环境污染显著减少，那么可以认为节能技术在减少环境污染方面起到了积极的作用。

我们需要综合考虑对社会效益方面的评估。除了对能源、成本和环境的影响，设备节能技术在土木工程施工中还能够提高工作效率、减少劳动强度等，这些方面都是对社会的正面贡献。通过对这些方面的评估，我们可以更全面地了解设备节能技术在土木工程施工中的实际效果。

设备节能技术效果的评估应该从能源消耗、项目成本、环境影响以及社会效益等多个方面进行全面考量。通过科学客观的评估方法，可以更好地为推广和应用设备节能技术提供参考依据。只有通过不懈努力和不断改进，才能真正实现土木工程施工领域的绿色环保目标。

4 总结与展望

4.1 研究成果总结

在土木工程施工中，设备的节能绿色环保技术是一个重要的研究方向。通过对相关文献的综述和案例分析，本研究在节能方面取得了显著的成果。首先，我们探索了设备的优化配置和运行策略，通过合理选择设备类型、具备高效能和节能特性的设备，并通过控制设备的运行时间和负荷，有效降低了设备在施工过程中的能耗。其次，我们提出了设备能源管理的方案，包括对能源流向的监控和控制，通过对能源损耗的分析和改进措施的制定，实现了能源的高效利用和节约。最后，我们基于建设工程场地特点，结合了可再生能源的利用，如风能、太阳能等，将其应用于设备的供电和能源补充，显著减少了非可再生能源的使用。

现阶段，虽然我们取得了一定成果，但在设备节能绿色环保技术方面仍存在一些亟待解决的问题。首先，我们需要进一步探索和优化设备的运行策略，提高设备的能效水平，减少能源的浪费。其次，我们需要开展更多的实证研究，探索设备节能技术在实际施工中的应用效果，验证其可行性和可持续性。再次，我们还应加强设备故障监测和预测的研究，提高故障诊断的准确性和预测的可靠性，以实现设备的智能化维护管理。最后，我们还应密切关注新兴技术的发展，如物联网、人工智能等，探索其在设备节能绿色环保技术中的应用潜力。

通过本研究的探讨和总结，我们对土木工程施工中设备节能绿色环保技术有了更深入的认识。然而，仍有许多亟待解决的问题需要进一步研究和探索。我们相信，通过持续的努力和创新，我们能够为土木工程施工中设备的节能绿色环保提供更好的技术支持，推动行业的可持续发展。

4.2 研究展望

在本研究中，我们深入探讨了土木工程施工中的设备节能绿色环保技术，取得了一定的研究成果。然而，在未来的研究中，仍然存在着一些有待进一步探索和提高的方面。

我们需要进一步研究和优化设备节能技术。在土木工程施工中，设备耗能量占据了相当大的比例，因此节能技术的研究具有重要的意义。未来的研究可以从改进设备设计、提高能源利用效率等方面入手，以降低设备的能耗。可以通过应用传感器技术、智能控制系统等，实现设备的智能化管理，进一步提高能源利用效率。

未来的研究中，我们应该进一步研究和优化设备节能绿色环保技术，在提高设备能源利用效率、减少排放、智能化和自动化等方面进行探索和创新。还应该注重技术的经济性研究，以促进技术的推广和应用。这将有助于土木工程施工行业的可持续发展和绿色环保目标的实现。

参考文献

[1] 王琴. 土木工程施工节能绿色环保技术研究 [J]. 中国科技期刊数据库：工业A，2023（4）：4.
[2] 赵轶群. 绿色建筑节能环保技术适宜性预评估体系研究 [D]. 天津：天津大学，2019.
[3] 褚媛媛. 企业环保支出、政府环保补助对绿色技术创新的影响研究 [D]. 成都：西南交通大学，2019.
[4] 巩凡. 环境保护税费对重污染企业绿色技术创新的影响研究 [D]. 成都：西南财经大学，2021.
[5] 彭冬松. 土木工程施工中节能绿色环保技术探析 [J]. 建材与装饰，2020（2）：2.
[6] 赵琪. 土木工程施工中节能绿色环保技术探析 [J]. 消费导刊，2019（13）：21.
[7] 刘继环. 论土木工程施工中节能绿色环保技术探析 [J]. 名城绘，2019（7）：1.
[8] 许玲玲. 土木工程施工中节能绿色环保技术探析 [J]. 经济与社会发展研究，2019（3）：1.
[9] 韩树磊. 论绿色环保建筑材料在土木工程施工中的应用 [J]. 国际建筑学，2022，4（10）：139-141.

悬挑结构永临结合在多层建筑工程中的应用探讨

龙 佩　李桂新

湖南省第五工程有限公司　株洲　412000

摘　要：以浏阳妇幼保健院整体搬迁工程建设项目作为案例工程，对悬挑结构永临结合在多层建筑工程中的可行性和效果进行分析和探讨，详细介绍了悬挑结构永临结合施工的具体流程，并通过对施工效益的分析验证了悬挑结构永临结合在绿色建造、节能减碳方面的优点。

关键词：悬挑结构；永临结合；多层建筑

1　引言

传统住宅项目在施工阶段采用型钢悬挑架悬挑层来承受上部脚手架荷载，针对施工用的悬挑架，将现有型钢悬挑架的全部荷载作为悬挑梁板的结构作为设计依据，悬挑梁板替代现有技术中的悬挑层的同时发挥后期运营效益。脚手架拆除后，增加设计的悬挑梁板保留，设计时首先结合脚手架的必要尺寸、荷载情况、建筑外立面造型等因素做一些优化，既满足脚手架悬挑层功能要求也可丰富建筑立面效果，还可作为外窗雨棚；其次，结合绿色建筑理念，在悬挑梁板上设计园林绿化，形成空中氧吧，为住户打造优美的居住环境。

2　工程概况

本项目位于浏阳市关口街道长兴片区，李畋路与道吾山路的交会处，本项目为医疗建筑，总建筑面积约69830m^2（含地下2层、地上4层裙房、12层妇产住院楼及8层儿童住院楼塔楼）；建筑高度58.1m，剪力墙结构。项目效果图如图1所示。

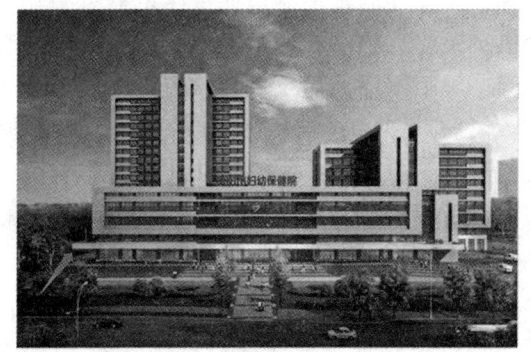

图1　妇产住院楼项目效果图

3　悬挑结构永临结合施工

悬挑梁板根据建筑结构层高，按照不超过20m高的施工用悬挑架，考虑施工荷载、风荷载、架体自重等荷载按照《建筑结构荷载规范》（GB 50009—2012）、《建筑施工脚手架安全技术统一标准》（GB 51210—2016）、《建筑施工扣件式钢管脚手架安全技术规范》（JGJ 130—2019）等规范要求进行结构设计验算和施工验收。

以妇产住院楼（A塔楼）为例，该工程在建筑设计时，一层钢筋混凝土悬挑雨篷的结构计算复核了施工脚手架（20m高）的临时荷载承载力，取代了一层现有技术中的型钢悬挑架悬挑层（图2、图3），现浇钢筋混凝土雨篷梁板既解决了悬挑架的承力结构又解决了挑层满铺封闭、加强斜拉钢丝绳和挡脚板施工成本问题。

图2　传统型钢悬挑脚手架图
（工字钢、加强斜拉钢丝绳）

图3　传统型钢悬挑脚手架图
（型钢悬挑层平面、里面满铺封堵、设置挡脚板）

4　悬挑结构永临结合优点分析

通过该工程的实践应用可知，悬挑结构永临结合的应用存在较多优点，主要包括以下几个方面：

（1）安全性：悬挑梁板结构比传统施工方法更为安全。根据该项目的特点以及悬挑高度不超过20m，层高及架体的使用荷载计算、立杆的竖向荷载相关参数提供给原设计单位进行结构验算，只需适当调整配筋即可达到要求，安全性优于传统型钢悬挑架，同时也避免了型钢悬挑架安装、拆除的施工安全事故风险。

（2）经济性：悬挑梁板结构的使用可以降低施工成本。由于不需要设置型钢和钢丝绳，节约了此部分的施工费用；取消了搁置在楼面的型钢后，脚手架连墙件可以设置在主体结构外侧，避免外墙预留洞口而产生的修补费用。同时，悬挑梁板结构增加的钢材用量远比传统悬挑钢梁要少很多；通过将悬挑结构永临结合方案优化，减少了型钢悬挑架搭设、拆除所需时间、施工工序，为工期比较赶的项目节省了宝贵时间（图4）。

以妇产住院楼为例，如果二层没有设计雨篷承受悬挑架荷载，按照传统的型钢悬挑架施工工艺，二层楼面应布置3m长的30mm工字钢344根，20mm钢筋预埋环1032个，直径14mm的钢丝绳（长8.3m）344根，悬挑层水平和竖向封堵860m^2，据统计共节约费用12.6万元。

（3）美观性、舒适感：悬挑结构永临结合的悬挑钢筋混凝土结构后期可以进行适当的园林绿化，丰富建筑外立面的同时，为住户遮挡阳光，避免暴晒，降低空气中的灰尘，提供更多的氧气，使居住环境更为舒适。

5　悬挑结构永临结合重点关注事项

（1）建筑设计：在建筑设计阶段，需要与施工充分结合，满足施工悬挑架高度20m限值要求，在合理的楼层位置布置悬挑钢筋混凝土悬挑结构。

图4　妇产住院楼一层现浇雨篷取代型钢悬挑架项目实例图

（2）施工工艺：悬挑结构的施工与主体结构同时施工，达到100%设计强度后拆模，然后才能搭设施工脚手架，保证结构和架体安全。

6 结语

该工程的悬挑结构永临结合在高层住宅工程中应用具有明显的优势，通过将钢悬挑架由钢筋混凝土梁板取代，不需要型钢悬挑架的制作安装，避免了型钢安装拆除时的安全风险；一次投入永久效益，具有明显的经济效益和社会效益，可在多层住宅中使用悬挑脚手架的工程中广泛推广。

参考文献

[1] 高健. 永临结合在建筑工程施工中的应用 [J]. 工程技术研究，2021（4）：68-69.
[2] 张涛. 永临结合在房建工程施工中的应用探讨 [J]. 建筑技术开发，2018（20）：26-27.
[3] 汤家志. 超高层住宅高空悬挑结构的施工与安全控制 [J]. 建筑施工，2017（5）：70.

劳务实名制管理的研究

杨凯钧

湖南省第五工程有限公司　株洲　412000

摘　要：随着劳动力市场的发展和变化，劳务实名制管理已经成为了一种趋势。本文通过对劳务实名制管理的背景、概念、实施过程和优点等方面进行分析，探讨了劳务实名制管理在当今社会中的重要性和实际应用。

关键词：概念；发展历程；实施过程；优点；挑战

1　引言

1.1　研究背景和意义

在过去的 20 年间，拖欠建筑工人工资的事件屡见不鲜，经常会因为这样的问题而导致接二连三的蝴蝶效应，有人以死相逼，有人带头打架。很显然，在这样的背景环境之下，对与实名制管理的研究就变得意义非凡了，所以这篇论文，是我作为劳资员 2 年以来的体会与心得，分享给大家，一起讨论，一起成长。

1.2　研究目的和问题

建筑工人开心回家，建筑质量符合标准。

2　劳务实名制管理的概念和发展

2.1　劳务实名制管理的概念

建筑工地实名制管理是指通过信息化手段，对建筑工程项目施工现场的人员（包括建筑工人、管理人员等）进行身份信息、考勤记录、培训情况等方面的管理。

2.2　劳务实名制管理的发展历程

劳务实名制管理的发展历史可以追溯到 2016 年 11 月，福建省住房和城乡建设厅发布了一份文件，名为《关于推进工程建设项目劳务实名制管理工作的通知》。

2017 年，江苏省住房和城乡建设厅联名 4 个部门发布了《关于印发〈江苏省工程建设领域农民工工资支付管理办法〉的通知》，要求从 2017 年 5 月 1 日起实行农民工实名制管理。同时，苏州市还颁布了《工程建设领域农民工实名制管理实施细则》。

2018 年，劳务实名制管理进一步推广。广东省住建厅发布了《关于印发房屋建筑和市政基础设施工程用工实名管理暂行办法的通知》。河南省住建厅也发布了《在全省房屋建筑和市政基础设施工程建设领域推行劳务用工实名制管理的通知》。山东省住房和城乡建设厅则发布了《关于启用建筑工人管理服务信息平台高质量推进建筑工人实名制管理实施方案的通知》。

2019 年 2 月 17 日，住房和城乡建设部以及人力资源社会保障部联合发布了《住房和城乡建设部人力资源社会保障部关于印发建筑工人实名制管理办法（试行）的通知》（图 1）。这标志着我国建筑工人实名制管理的时代全面到来。

图 1 关于印发建筑工人实名制管理办法（试行）的通知

2.3 实施劳务实名制管理的必要性

为什么劳务员这个岗位能从不起眼的兼职到不可或缺的关键岗位之一，这不禁让我们想起近几十年来，在社会层面爆发的一系列建筑工人讨薪的问题，所以实施劳务实名制管理是有效的途径之一。

3 劳务实名制管理的实施过程

3.1 信息收集和登记

实名制信息收集和登记包括将信息录入实名制监管平台，导入花名册，签订劳务合同，购买工伤保险等。传统的劳务登记还需要收集身份证复印件等信息，但是在新的实名制管理平台得到实施后，可以免去这些重复的信息收集步骤。

3.2 身份验证和审核

普通作业人员需核对身份证与本人是否相符，且本人满足购买工伤保险要求。特种作业人员还需提前到对应网址查询证件，确保其在有效期内且证件真实有效。

3.3 数据管理和更新

日常管理包括培训人数是否等于在场人数；签订合同数是否等于在场人数；是否有人员退场，及时更新并退保险；关键岗位人员增加或减少及时更新。

3.4 监督和检查

每日检查首页的人员统计信息，出勤率必须高于 70%，否则需要检查现场作业人员，对于已退场的人员及时更新；检查关键岗位人员打卡率，通常情况不超过连续 4 天以上不打卡或一个月满足至少 21 天打卡（项目经理 24 天），否则将引起系统报警直接上传到管理平台。

4 劳务实名制管理的优点和挑战

4.1 劳务实名制管理的优点

劳务实名制的全面实行，不单单是一个平台那么简单，它更是给了政府对接工地现场劳务管理的一种简便方式，也给了建筑工人与现场管理人员交流与联系的机会；这种管理也在潜移默化地加强教育，增强了建筑工人保护自身的意识。说白了，也就是有人撑腰，有政府更加严格的监管给予的保护了。从另一角度来说，它的施行使整个建筑业劳务管理更加科学，更加便利，也大大提高了建筑工地管理的效率。

4.2 劳务实名制管理面临的挑战

上述优点仅限于一个负责的劳资员，但如果劳资员的工作作风出现问题，那后果将不堪设想，所以要提高劳资员的入职要求，比如增设考试，劳资员需取得证件，持证上岗等。

加强企业对实名制的应用以及重视。现如今，部分企业任对实名制管控不严，应用不全，可通过设立专门的建筑工程实名制管理部门来实现。

提高劳资员员工资待遇，提高任职要求，提高对实名制管理的岗位职责，以及对其的处罚力度。

4.3 实名制管理的现场实际应用方法

（1）建立明确的工作规范围和流程。为建筑工人提供清晰的指导，让他们知道该做什么、怎么做以及工作的标准是什么。

（2）提供必要的培训。进场工人进场前至少进行一次劳务交底，劳务人员签字，未参加交底的人员不允许进入工地，强调项目部保护一线员工的原则，增强他们的底气（图2）。

（3）保持良好的沟通。可以增设一个建筑工人直接联系劳资员的联系渠道，比如创建一个建筑工人大群，或在工地醒目处张贴劳资员办公室位置的告示牌（图3）。

图2　培训现场

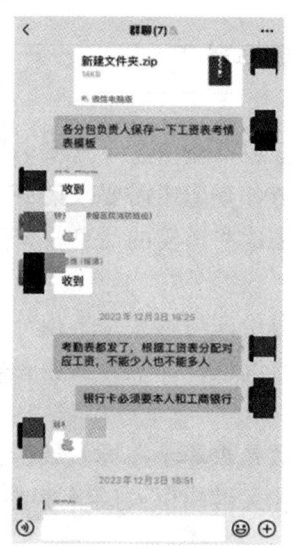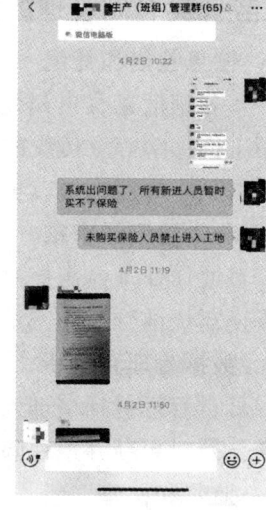

图3　建立联系渠道

（4）给予适当的激励。对于管理好的劳务团队给予奖励与公式，并按周期进行，比如三个月一次，半年一次。

（5）建立团队合作精神。鼓励建筑工人之间，班组之间相互合作、配合，在教育中强调团队合作精神，潜移默化的提高相互合作的意识，共同完成工作任务，提高工作效率。

（6）确保安全工作环境。这是安全部门的主要负责工作，可加强与安全部门以及其他管理部门的沟通，以便工作更加便捷，提高效率。

（7）尊重和关心建筑工人。关注建筑工人的工作和生活需求，提供必要的支持和帮助，建立良好的人际关系。

（8）实施有效的监督和评估。对建筑工人的工作进行监督和评估，及时发现问题并采取纠正措施。

（9）不断改进管理方法。根据实际情况和反馈，不断改进和完善管理方法，提高管理水平。

5 结语

通过实施劳务实名制管理，取得了较为显著的成效，以本项目为例，实行了每月按时工资发放，并通过专户——对应实名制打卡记录发放工资，准确地发放至每个人的账户上，合同签订率百分之百，保险购买率百分之百等；可以明确地看到劳务实名制管理有效地加强了对劳务人员的精准管控，使建筑工人的权益得到基本保障。

劳务实名制提升了劳务管理的规范化和标准化程度，减少了劳务纠纷的发生概率，保障了劳务人员和企业双方的合法权益。同时，实名制管理也有利于实时掌握劳务人员的动态，为项目的合理调度和资源配置提供了可靠依据。在实施过程中，不断完善的制度和技术手段为实名制管理的持续推进奠定了坚实基础，有助于进一步提升项目的整体管理水平和质量，促进建筑行业等相关领域的健康、稳定发展。

当然，在实施过程中也可能存在一些需要进一步改进和优化的地方，后续应持续关注并采取有效措施加以完善，以更好地发挥劳务实名制管理的优势和作用。

市政道路水泥稳定碎石基层施工质量控制

尹耀民

湖南省第五工程有限公司　株洲　412000

摘　要：随着我国城市化进程的不断推进，市政道路建设面临着越来越大的压力和更高的要求。为了提高道路的性能和使用寿命，增强道路的抵抗能力，结构设计中常常采用水泥稳定碎石作为路基层，此类工程对施工质量的要求极高。本文依据多年的市政道路施工经验，探讨了市政道路水泥稳定碎石基层的施工质量控制策略。首先，本文阐述了水泥稳定碎石基层施工的必要性和施工工艺流程，并强调了施工质量控制的重要性。然后，文章详细梳理并分析了在施工过程中，如何从原材料选取、配比设计、施工设备与方法等多个方面进行全过程质量控制，同时，论述了在各个阶段应注意的质量控制细节，并于最后提出了实施质量控制的检查与验证方法。最终，我们总结了该施工技术在实践中的应用及其优化方案，以促进其在我国市政道路建设中的广泛应用。希望通过本研究能为提升我国市政道路水泥稳定碎石基层施工的质量提供参考性建议，进一步提升道路的使用质量和寿命。

关键词：市政道路建设；水泥稳定碎石；施工质量控制；施工工艺流程；路面使用寿命

伴随着我国城市化步伐的不断加快，市政道路建设所承受的压力增大，要求也日益严苛。在这样的背景下，我们急需寻求高效、耐久、可靠的道路建设方法来应对这个挑战。道路基层结构作为道路的承重层，施工质量控制是对道路整体质量控制的重中之重。水泥稳定碎石作为一种常用的路基层材料，因拥有早期强度高、具有较强的抗冲刷性能、还可以满足实际施工的需求和使用寿命长等优点，被广泛应用在市政道路建设中。然而，水泥稳定碎石基层施工过程复杂，需要严格遵循施工要求，选择合理的施工工艺，做好质量控制，对施工质量的要求极高。本文旨在深度探讨市政道路水泥稳定碎石基层的施工质量控制策略，探索和实现全过程质量控制的有效途径。愿这些研究能为我国市政道路建设提供有实效的参考，并同时推进我国市政道路建设的理念与技术的进步。

1　市政道路水泥稳定碎石基层施工概述

1.1　市政道路水泥稳定碎石基层的必要性

市政道路作为城市交通的重要组成部分，在城市建设和交通管理中起到了至关重要的作用。水泥稳定碎石作为一种常用的道路基层材料，具有较高的强度和稳定性，能够提供良好的承载能力和耐久性，被广泛应用于市政道路的建设中。

市政道路水泥稳定碎石基层的必要性主要表现在以下几个方面：水泥稳定碎石基层能够提高道路的承载能力，减少路面的变形和塌陷，确保道路的正常使用；水泥稳定碎石基层能够提高道路的抗水浸泡能力，减少水分对路面的侵蚀，延长道路的使用寿命；水泥稳定碎石基层还具有较好的抗冻融性能，能够适应不同地区的气候条件，并减少冻融对道路的破坏。

1.2　施工工艺流程

市政道路水泥稳定碎石基层的施工工艺流程包括以下几个环节：需要进行场地的勘察和

测量，确定施工的范围和地形情况；进行原材料的准备，包括水泥、碎石、石灰等；进行基层的清理和平整，确保基层的牢固和平坦；进行水泥稳定碎石的配比设计，确定合适的水泥和碎石比例；通过搅拌车或混凝土搅拌站将水泥和碎石进行充分混合，形成水泥稳定碎石料；将水泥稳定碎石料铺设于基层上，并进行压实和养护，确保水泥稳定碎石基层的质量和稳定性。

1.3 施工质量控制的重要性

施工质量控制对于市政道路水泥稳定碎石基层的长期性能和使用寿命具有重要意义。合理的施工质量控制能够确保水泥稳定碎石基层的强度和稳定性，减少病害的发生，延长道路的使用寿命。

施工质量控制的重要性主要表现在以下几个方面：合理控制施工过程中的各项参数和方法，能够减少施工过程中的差异性，提高施工质量的一致性；通过对施工设备和技术的控制，能够降低施工过程中的误差和损失，提高施工效率和成本控制；及时进行质量检查和验证，能够发现和解决施工过程中的问题，保障施工质量的稳定性和可靠性。

施工质量控制的重要性需要在整个施工过程中得到充分的重视和实施，只有通过合理的质量控制，才能保证市政道路水泥稳定碎石基层的施工质量和道路的长期稳定性。

2 全过程施工质量控制策略

在市政道路水泥稳定碎石基层的施工过程中，全程施工质量控制策略的实施是保证道路耐久性和使用性能的关键环节。具体来说，全程施工质量控制策略包含原材料选取，配比设计，以及施工设备与方法三个详尽且精确的方面。

2.1 原材料选取

原材料的选取与质量直接影响了道路的质量和耐用性。合适的原材料应具有优良的物理和化学性能，包括抗压性、抗风化性、稳定性等，以保证施工质量。原材料的质量也是决定最终施工效果的重要因素，在原材料选择过程中，必须严格按照相关标准进行选择，要定期对原材料进行质量检测，旨在确保其质量符合要求。

2.2 配比设计

配比设计是决定道路强度、耐久性和工作性能的关键步骤，它的过程要求严谨细致。一般而言，配比设计包括水泥用量，水灰比例，碎石体积等所有成分的比例设计。在这个过程中，应考虑到环境的影响，例如温度、湿度等，根据土壤特性和交通荷载调整配比，以获取最佳的施工效果。

2.3 施工设备与方法

施工设备与方法也是决定施工质量的重要因素。施工设备必须保持良好的性能和状态，以保证施工过程中的稳定性和可靠性。对于施工方法，应选择适合当地环境和作业条件的施工方法，并根据施工现场的实际情况进行调整和优化，以期达到理想的施工效果。

在这个过程中，施工团队的专业技能和经验也是无法忽视的重要因素，他们的施工技术和实践经验对施工质量有着直接的影响。施工团队必须接受规范的培训，并在现场实践中持续学习和提升其技能水平。

全过程施工质量控制策略需要围绕原材料选取与质量，配比设计，以及施工设备与方法三个核心环节来展开，其中每个环节都需要根据实际情况进行精准设计和精心施工，以确保市政道路水泥稳定碎石基层的施工质量。全程施工质量控制策略的系统实施，将有力地保证市政道路的耐久性和使用性能，从而提升公众的出行效率和生活质量。

3 质量控制的检查与验证方法

3.1 配合比的检查与验证

在市政道路水泥稳定碎石基层施工中，配合比的准确直接关系到基层的强度、稳定性和耐久性。因此，对配合比的检查与验证是质量控制的关键环节。首先，施工前应严格按照设计要求进行配合比设计，确保水泥、碎石、水等原材料的掺配比例符合规范要求。施工过程中，应定期对实际使用的配合比进行抽查，与设计配合比进行对比，确保无偏差。其次，对于水泥的选择，应优先选用品质稳定、强度等级符合要求的水泥。碎石的粒径、级配和含泥量等也应符合设计要求。同时，水的质量也不容忽视，应使用清洁无杂质的水。此外，还应关注混合料的均匀性。在搅拌过程中，应确保各种原材料充分混合，避免出现局部浓度过高或过低的情况。

3.2 压实度的检查与验证

压实度是评价水泥稳定碎石基层密实程度的重要指标，对于提高基层的承载能力和稳定性具有重要意义。在压实度的检查与验证方面，首先应采用合适的压实机械，按照规定的压实工艺进行操作。压实过程中，应控制压实速度和遍数，确保基层达到设计要求的密实度。其次，应定期对压实度进行检测。常用的检测方法包括灌砂法。检测时应选择具有代表性的点位，避免在特殊位置或异常区域进行检测。对于检测结果不符合要求的区域，应及时进行返工处理。此外，还应注意压实度与含水量的关系。含水量过高或过低都会影响压实效果，因此应严格控制原材料的含水量，并在施工过程中适时调整。

3.3 综合质量评估与改进措施

除了对配合比和压实度进行单独的检查与验证外，还应进行综合质量评估。这包括对基层的整体强度、平整度、厚度等进行全面检测，以判断基层的整体质量是否满足设计要求。在综合质量评估的基础上，针对存在的问题提出改进措施。例如，对于配合比不符合要求的情况，应调整原材料掺配比例；对于压实度不足的问题。优化压实工艺或增加压实遍数。同时，还应加强施工过程的质量控制和管理，确保各项措施得到有效执行。

综上所述，通过配合比、压实度等方面的检查与验证以及综合质量评估与改进措施的实施，可以有效控制市政道路水泥稳定碎石基层的施工质量，提高道路的使用寿命和行车安全性。

4 市政道路水泥稳定碎石基层施工技术应用与优化

随着城市化的进程，市政道路工程无处不在，这其中道路基层的质量直接决定了道路的使用寿命。水泥稳定碎石作为一种借助于水泥的黏结作用而制得的一种适合道路、机场跑道、广场等场地的人工基层材料。但在实际施工过程中，存在一些技术问题，需要进行实施技术应用与优化，对于该技术提出如下应用与优化措施。

4.1 强化原材料管控

使用水泥稳定碎石基层施工应尽可能使用质量好的水泥和碎石。并且，还应特别控制水泥的活性，尽量使用早强水泥，尽快结构体形成，提高抗压强度。对于碎石，应严格控制其骨料级配，避免因颗粒太大或太小造成的施工质量问题。

4.2 严密监控施工工艺

为了保证碎石稳定层具有足够的稳定性和承载力，施工过程要进行密切监控。正确进行拌和操作，确保所有原材料充分混合。施工单位应严格遵守滚压要求，防止洼陷、隆起等现象，保证基层厚度和平整度。

4.3 科学配置施工设备

施工设备的科学配置是确保施工质量的关键。拌和设备需要能够确保水泥、石料和水的均匀混合；摊铺设备需要能够以一定的速度、宽度和厚度摊铺拌和料，滚压设备需要能够提供足够的压力和覆盖面积。

4.4 发挥信息化和智能化的辅助作用

信息化施工管理系统和智能化施工设备可以大大提高施工精度，提高工作效率，降低施工难度，这是目前国际上流行的施工管理模式。如通过信息化施工管理系统提供实时施工数据，以提供施工进度、工程量和施工质量的实时信息，提高施工效率、降低成本；智能施工设备自动控制施工质量，提高施工精度，降低人为因素对施工的影响。

4.5 尊重地方差异，优化技术参数

地貌、气候、交通等因素会影响水泥稳定碎石层的性能和施工质量，在施工过程中应考虑到地方的具体情况，根据地方实际，优化技术参数，创新施工工艺。

优化施工技术的情况下，水泥稳定碎石基层科提高结构稳定性，节约资源，提高道路使用寿命，为我国市政道路建设提供了一种效益更高、环保性能更好的施工技术。

5 结语

本文通过了解并分析市政道路水泥稳定碎石基层施工质量控制的必要性和工艺流程，同时详细阐述了不同环节的质量控制策略。通过实践中的检验验证，发现该施工技术在市政道路建设中的广泛应用是切实可行的。虽然我们的研究已在实践中取得了一定成效，并得出优化方案，但也在实践中发现了一些问题和局限性，比如在原材料选择、施工设备和施工方法方面，还有许多需要探索和改进的地方。因此，我国市政道路水泥稳定碎石基层的施工质量控制尚需要进行深入的研究和探索，我们一直期待着每一次创新的突破，并推动市政道路建设专业人员应充分认识到施工质量的重要性，使我国的市政道路建设工程达到更高的标准。

参考文献

[1] 李英华，周涛. 市政道路基层水泥稳定碎石材料施工技术研究 [J]. 黑龙江交通高等专科学校学报，2020（2）：38-41.

[2] 蔡兆丽，于兴雪. 水泥稳定碎石基层施工工艺及质量控制 [J]. 当代城市研究，2019，9（7）：229-232.

[3] 侯成山，杨长春. 水泥稳定碎石基层施工中的质量控制与管理 [J]. 城市道路，2018（6）：122-125.

[4] 徐占东，陈宏涛. 基于BIM技术的市政道路水泥稳定碎石基层施工质量控制研究 [J]. 科技信息，2018，16（31）：163-165.

[5] 张永明，郭旭，刘佳佳. 关于水泥稳定碎石基层施工质量的科学管理 [J]. 现代矿业，2020，36（2）：113-115.

桩间板现浇混凝土逆作法施工

黄烨群　陈毅炜　童杰轲

湖南省第五工程有限公司　株洲　412000

摘　要：针对项目基坑边线紧靠用地红线的特点，采用了非传统方法进行深基坑支护施工，研究了对质量、进度、资源节约的影响，结果表明：逆作法施工抗滑桩加桩间板支护体系能够克服施工工作面狭窄不利因素，并能有效抑制施工扬尘，减少用地、缩短建设周期。

关键词：逆作法；桩间板；抗滑桩；基坑支护

随着中国城镇化建设飞速发展，对建筑功能要求与日俱增，基坑工程规模逐渐向大深度、大面积发展，大量高层建筑地下室、大型商场地下停车场的建设中都面临着深基坑问题。由于地下条件复杂多变、绿色环保要求提高，导致传统方法弊端尽现，逆作法有效改进开挖面积大、人材机资源消耗大等诸多不足之处。本文结合科创城数字经济港项目（ZD-15地块），阐述逆作法桩间板现浇混凝土施工技术。

1　工程概况

科创城·数字经济港项目（ZD-15地块）共四段临时性基坑边坡，由于项目北侧基坑开挖深度近10m，加之周边有毗邻高层建筑物，故采取垂直开挖抗滑桩+桩间板基坑支护形式。抗滑桩数量共计90根，桩径1m，桩身混凝土强度等级C30；桩间板混凝土强度C30，厚度200mm。

2　施工方法和施工顺序的确定

根据工程地质勘察报告及基坑支护设计要求，首先进行抗滑桩施工，采用旋挖钻机成孔，间隔成桩，钢筋笼集中整体制作，主筋连接采取直螺纹连接。桩基强度达到设计值80%以上且检测合格后，按每层2m分层进行边坡土方开挖，每开挖一层边坡，及时进行桩间板施工，桩间板与抗滑桩连接采用植筋方式，桩间板采用逆作法，自上而下分层浇筑。

3　施工工艺

3.1　抗滑桩施工

3.1.1　测量定位

复核建设单位提供的测量控制点符合要求后，根据设计图纸，采用全站仪或GPS进行桩位放线，桩孔放线定位中心偏差不大于2cm。由于旋挖钻机行走的影响，在放出桩位后，应打插$\phi 14mm$的短钢筋作为标志，深度不小于300mm，并将标高控制到短钢筋上，做好标记。开钻前必须先校核钻头的中心是否与桩位中心重合。在施工过程中还须经常检测钻具位置有无发生变化，以保证孔位的正确。

3.1.2　钢护筒埋设

钻孔前设置坚固、不漏水的钢护筒，护筒高2~10m，护筒用12mm钢板卷制焊接而成，护筒直径比桩径大200mm。钢护筒埋设工作是旋挖钻机施工的开端，要求钢护筒平面定位与垂直度应准确，钢护筒周围和护筒底脚应紧密，不透水。以测量放样定出的桩心短钢筋为圆心，2~3倍的孔桩半径为半径，定出三个点，插短钢筋作为标志，要求其中两点连线穿过桩中心，短钢筋埋深不小于300mm，保证其稳定不动。

3.1.3 钻孔施工

钻孔作业要经常对钻孔进行校正，不合要求时进行改正，要经常注意土层变化，若有变化，在层位变化处进行取样，判明层位，并记入记录表中，以便进行地质剖面图核对。支护桩施工遇不良地质应对措施：根据勘探报告，本工程不良地质为溶洞，溶洞的处理方法主要由混凝土填充复钻成孔、全钢护筒护壁成孔及两者配合成孔。

3.1.4 清孔及成孔检查验收

当有效开挖深度满足（含嵌岩深度）设计开挖要求深度后，进行清孔。清孔是采用清孔钻头将孔底沉渣取出孔外，即可申请进行桩孔验收；报监理单位和建设单位等相关人员对孔深、孔径、垂直度等进行检查验收，并签署验收意见。

3.1.5 钢筋笼加工与吊装

根据现场条件，钢筋加工场地采用就近布置的原则。根据设计情况，本工程钢筋笼采取一次成型整体吊装入孔。

3.1.6 混凝土灌注

本工程抗滑桩混凝土设计强度为C30，采用水下灌注混凝土的方法进行浇筑，混凝土为预拌商品混凝土，采用混凝土泵车运输。为保证工程质量，不管孔中是否有积水，均采用水下混凝土浇筑方式进行浇筑，导管伸至孔底，浇筑时积水及沉渣被排挤到混凝土面上，最终排除孔外。

3.2 桩间板施工

3.2.1 桩间土清理

待桩身强度达到设计要求后采用机械开挖土石方，机械挖土应与抗滑桩间留有不小于350mm的空隙，挖机不得碰撞抗滑桩，用人工清除桩面土石方及桩间土石方，完成后如图1所示。

图1 桩间土石方清理

3.2.2 植筋

在抗滑桩身进行放线定位，标出钻孔位置，确定好钻孔位置后使用水钻或电锤进行钻孔，钢筋植筋大于18mm的植筋孔宜采用水钻成孔。钻孔完成后，将孔周围灰尘清理干净，用气泵、钢丝刷清孔，对重要构件要作到三吹两刷，即吹孔三次、清刷两次。清刷完毕后，用棉丝沾丙酮，清刷孔洞内壁，使孔洞内最终达到清洁干燥。清孔完成后组织相关方进行隐蔽验收，并作好验收记录。植筋规格为HRB400E级钢筋，ϕ12mm，植入深度≥15d。完成后如图2所示。

3.2.3 模板安装

模板安装加固，采用15mm厚木模板单面加固，竖楞为40mm×80mm木方间距400mm，水平横杆为2根ϕ48mm×3mm钢管，用ϕ14mm的止水螺杆与横向拉筋ϕ16mm单面焊接，止水螺杆与蝴蝶扣连接双钢管双螺帽处理，另设在桩间土位置设双斜撑间距1m，斜撑地面

部分打入土体 $\phi 48mm\times 3mm$ 钢管 1m，打入深度不少于 700mm。留置浇筑斜口，模板固定采用植筋锚入已浇桩板墙 $\geq 15d$。完成后如图 3 所示。

图 2　桩间板植筋效果

图 3　桩间板模板安装效果

3.2.4　桩间板混凝土浇筑

混凝土浇筑采用 C30 商品混凝土，用混凝土运输车送至基坑边靠近工作面处，再采用汽车泵输送混凝土至灌注工作面。混凝土浇筑时，安排专人检查支架、模板、钢筋等稳固情况，当发现有松动、变形、移位时，及时处理。混凝土初凝后，模板不得振动，伸出的钢筋不得承受力。

养护：模板拆除后，应及时对混凝土进行养护，每天不少于 3 次，连续养护时间为 7d。完成后如图 4 所示。

4　结语

该项目深基坑工程属超过一定规模的危险性较大的分部分项工程，且根据勘察报告判定拟建场地岩溶强发育，属喀斯特地貌。在施工前项目部充分考察研究，编制采用逆作法的专项施工方案并经专家论证审查通过，最终保质保安全顺利完成施工任务。管理团队积累了较为丰富的喀斯特地貌基坑施工经验，便于为后续类似工程提供有效建议。

图 4　桩间板拆模成型效果

参考文献

［1］中华人民共和国住房和城乡建设部. 建筑基坑支护技术规程：JGJ 120—2012 [S]. 北京：中国建筑工业出版社，2012.
［2］黄红军，文真平，侯锟. 逆作法施工技术在基坑支护中的应用 [J]. 四川水力发电，2024，43（1）：87-90.

探析房屋建筑工程项目管理存在的问题及对策

江谭飞

湖南省第五工程有限公司　株洲　412000

摘　要：房屋建筑工程建设具有特殊性，对于工艺水平、施工安全等都有着严格的要求，这就需要重视项目管理的落实，以提高施工质量与效率，促进房屋建筑使用功能的有效发挥。本文分析了房屋建筑工程项目管理存在的问题，进而提出具体可行的解决对策，旨在提高项目管理成效，维护整个房屋建筑工程项目的综合效益。

关键词：房屋建筑工程；项目管理；存在问题；对策

房屋建筑行业经过数年来的发展，工程规模不断扩大，但实际建设过程中存在诸多问题，比如施工效率低、工艺水平有限等，若项目管理不到位，极易给施工埋下质量隐患，造成不必要的资源消耗，项目经济损失也随之加大。这些问题有待探寻具体的解决对策，以促进房屋建筑使用安全性与舒适性的提升。

1　房屋建筑工程项目管理存在的问题

1.1　管理制度滞后

就当前房屋建筑工程项目管理的实际情况来看，管理制度存在滞后问题，这就极易给项目顺利开展造成不良影响。当前很多房屋建筑工程建设中，项目管理制度存在形式化的问题，对于管理及施工人员来说，执行力度不足，无法依照项目管理制度实施管理；项目管理存在随意化的问题，导致项目无法如期完工，施工质量与效率难以得到保证；部分隐蔽性工程验收并不严格，甚至存在敷衍情况，混凝土养护不到位，施工单位盲目追赶施工进度，此种情况下项目管理有效性不足，房屋建筑工程建设质量难以得到保证。

1.2　安全意识薄弱

房屋建筑工程现场情况复杂，安全风险众多，若项目管理不到位，极易引发安全事故，所造成的后果不堪设想。若项目管理团队的安全意识薄弱，忽视安全管理的重要性，导致安全管理实效性不足，即便是构建了安全管理体系，但并未真正得到落实。施工方综合素质存在差异，施工期间对于安全风险的识别能力不足，处理不到位，盲目追赶工期，施工现场混乱，缺乏安全警示标志及保护措施等，诸多因素的作用下都会加大施工安全风险，导致项目管理水平不高。

1.3　材料设备监管不足

施工现场涉及的材料设备众多，一旦监管不到位，极易影响房屋建筑工程建设整体质量。就工程项目管理实际来看，材料设备检验不够严格，导致不合格材料设备流入现场，给施工埋下巨大质量与安全隐患，事故发生的概率较大。部分工程项目中施工机械设备质量安全检查不到位，机械设备配套性不足，操作不规范，这就极易给机械设备造成损伤，甚至威胁到施工人员的生命和健康，房屋建筑工程质量也难以得到保证。纵观施工现场，部分施工材料存储不规范，缺乏防护措施，施工材料使用性能也极易受到影响。

1.4 技术工艺水平滞后

技术工艺是房屋建筑工程项目管理中的重要内容，但就当前施工实际来看，存在施工工艺滞后的问题，尽管其安全性与可操作性得到保证，但无法满足日益复杂的房屋建筑工程要求，尤其是诸多新型材料的涌入，使得传统施工工艺技术缺乏适应性，材料性能缺乏充分利用的条件，施工工艺革新不及时，施工质量也难以得到保证。不仅如此，现场操作规范性不足，无法依照工程规范及设计方案开展施工作业，项目管理难度大，这就无法保证工程项目的综合效益。

2 房屋建筑工程项目管理的对策

2.1 完善各类管理制度

新时期下房屋建筑工程项目管理的落实，需要以完善化的项目管理制度为依据，从工程建设全过程入手，保证制度的灵活性与可操作性，促进项目管理的顺利落实。在制度构建过程中，需要以招投标、项目设计、造价等因素为出发点，提高制度可执行性。图纸会审制度的构建，需要发挥技术部门的作用，严格图纸会审，完善相关记录，以提高图纸会审质量。材料进场环节需制定严格的检验制度，针对工程施工关键材料，从出厂合格证等方面出发进行严格检验，保证材料质量达标，可采取随机抽检的方式，确保入场材料合格，从而满足房屋建筑工程施工的实际需要。施工挂牌制度的构建可促进工程责任的贯彻落实。施工过程中应注重自检、互检与交接检制度的贯彻落实，从施工全过程入手加强项目管理，保证施工质量可靠。此外，通过财务管理制度的构建，便于精准把控财务风险，密切关注市场波动并建立科学化的防范机制，在保证材料质量的同时合理控制成本，通过项目管理的有效落实来维护房屋建筑工程项目的经济效益。

2.2 落实安全管理责任

结合房屋建筑工程实际，应当注重安全责任制度的构建，确保与工程项目特征高度相符，完善安全生产组织架构，促进安全管理的有效落实。此外应细化各级人员岗位职责，创造条件以促进安全责任的落实，定期检查施工现场，就现场质量与安全风险开展分析，全面落实安全教育，以提高施工安全系数，降低事故发生风险。施工全过程中必须要重视安全检查的落实，在发现不安全因素的第一时间进行妥善处理，以排除施工中的安全风险。工程项目管理阶段应提升作业标准化程度，以施工人员为对象开展全面培训，保证其操作的规范化，提高整体施工质量，防范盲目操作的情况出现。施工现场应当安排专业的监理工程师，保证其综合水平较高，以确保全面且有效的监督现场，防范不安全因素存在。

2.3 控制材料及设备质量

结合房屋建筑工程实际，应当加强材料及设备质量控制，以促进项目管理整体水平的提升。在这一方面，需要依照程序化的方式落实项目管理，保证其制度化与规范化。材料及设备供应商应当具备可靠资质，依照工程规范来对材料及设备质量与性能进行把控，严格审核其合格证等相关证明，确保与施工要求相符合。在此基础上，可依照相关法律法规来实施抽样检测，以质检报告为依据，对材料及设备质量进行评判，从而为房屋建筑工程施工的顺利开展提供支持。若经质量检验发现材料及设备质量不合格，则坚决不允许投入到施工中。此外应科学地储存并管理材料及设备，就其品种、规格等进行详细统计。做到下方做好铺垫，上方做好覆盖，以防范阳光暴晒或雨水淋湿，使材料及设备的使用性能得到保证。

2.4 提高工艺技术水平

基于房屋建筑工程特征，施工方案的制定必须要保证科学性与可行性，对于技术工艺的先进性也有着较高的要求，从而在保证施工质量的同时提高施工效率，合理控制施工成本，项目管理整体水平也就得到提升。在技术工艺选型环节，需要以施工机械、施工流程及方法等为基本考虑要素，引入流水施工方式，保证施工的顺利进行。施工期间应注重新工艺与新方法的探索，争取一次成型，从而提高房屋建筑工程节能环保性，降低工程返工风险，促进工程建设预期目标的实现，建筑企业的综合实力也就随之增强。科学技术不断进步，计算机取代了人工工作，这就需要将高新技术应用于房屋建筑工程技术工艺管理中，搭建信息化管控平台，落实技术交底，以改善施工效果，确保信息数据传递的时效性，房屋建筑工程技术工艺层次也就能得到显著提升。

3 结语

房屋建筑工程项目管理的有效落实，能够加强施工细节把控，及时排除施工中的隐患，全面提高工程管理水平，促进工程建设预期目标的实现。结合房屋建筑工程实际出发，在项目管理的过程中必须要就管理制度进行完善，全面落实安全管理，就施工材料与机械设备质量进行严格把控，全面提升工艺技术水平，以确保项目管理实效，促进房屋建筑使用价值的最大化发挥。

参考文献

[1] 蒋叶. 房屋建筑工程项目管理存在问题及对策研究 [J]. 门窗，2022（3）：24.
[2] 王李忠. 房屋建筑工程中的施工管理问题及解决措施探究 [J]. 房地产世界，2022（12）：116-118.
[3] 苏航. 建筑工程管理中存在的问题和解决措施探讨 [J]. 中文科技期刊数据库（文摘版）工程技术，2022（12）：3.
[4] 吕洪光. 浅析建筑管理中存在的问题及对策 [J]. 工程技术研究，2022，4（5）：124-125.
[5] 骆立春，张涛. 房屋建筑工程项目施工管理的现状及革新措施 [J]. 产品可靠性报告，2023（2）：53-54.

装配式建筑施工质量控制的要点

龙 锋

湖南省第五工程有限公司　株洲　412000

摘　要：装配式建筑施工技术是我国建筑业发展的必然趋势，我国建筑行业发展必将进入一个崭新的时代。随着社会的蓬勃发展，人们对装配式施工的质量越来越重视。质量控制成为装配式施工的关键点，抓好装配式施工的质量控制要点，对推进装配式建筑施工技术的高质量发展，对推动建筑生产方式变革，保障工程建设质量安全，促进建筑产业转型升级等具有重要意义。

关键词：装配式建筑；施工质量；预制构件

装配式建筑施工提高了生产效率，缩短了施工周期，减少了人力的投入与技术间歇时间，同时大大降低了施工成本的投入和资金流的占用。近几年来，随着装配式建筑施工的优势越来越明显，加上国家大力的推广装配式施工技术，装配式建筑施工得到了蓬勃发展。但国内的装配式建筑发展时间比较短，施工技术力量、人员素质、管理能力等方面还不是很强，依然存在着各方面的质量问题。为加强装配式建筑施工质量控制，笔者在认真调查研究、充分总结实际施工经验并广泛听取同行意见的基础上编制了本文。

1　装配式建筑施工的含义

装配式建筑施工是指将房屋建筑工程中，组成建筑主体的相关构件，在加工厂制作成成品构件，再将构件统一配货运输至指定安装地点，经大型设备的吊装、拼装、连接、校正和局部现浇混凝土等工艺所建成的建筑物。通俗讲，该工艺是将钢结构安装工程与混凝土构件的制作巧妙结合起来，形成一种综合性较强的施工安装方法。

2　装配式建筑施工的特点

（1）实现构件工厂化生产，深化设计时将建筑的每个单元在结构部分上拆分成柱、墙、梁、板、楼梯、阳台等标准构件，同一类别统一安排，预制构件的加工、运输、安装等各个环节都紧密结合，施工规范化、程序化。在进行生产之前，会根据实际情况对设计方案进行有效的修改，这就需要确保相关部门之间保持良好的沟通，以此确保设计方案发生变化的情况下，改变生产流程与方式。

（2）施工标准化，人员专业化，工艺程序化，这些都大大提高了施工过程中的技术质量的有效性和安全防护的稳定性。

（3）外墙饰面工程在加工车间内与墙体预制施工同时完成，形成综合形式的拼块，运输到施工现场后直接进行组装，组装完毕后，无须再进行墙面的内外装饰工作。在稳定性保证的前提下，楼层越多，拼装工法节省工期的优势就越加明显。

（4）施工现场拼装建筑物时，主要采用大型机械设备进行施工，提高施工效率，减少工人数量，大大提高了工人的工作效率和机械设备的使用效率。

（5）建筑构件采用统一的工厂化生产，现场利用设备进行吊装除了结构节点处需要采用现浇混凝土之外，其他部位均采用钢结构连接的形式，减少了建筑垃圾的产生，常规施工中的水、气、声、渣、粉尘的排放，在环保方面有着明显的优势。

（6）工程预制构件量大件多，构件运输、固定、堆放，是保证正常装配施工的重要环节。

3 工艺原理

将传统的混凝土工程拆分成若干个混凝土预制构件，充分利用钢结构安装及连接的方式，对预制完的混凝土构件进行拼装，按标准化设计，将拆分的柱子、梁、楼板、楼梯、阳台等构件在工厂内预制生产好，再将构件批量运至拟建的施工现场，利用塔吊等其他起重设备进行构件的拼装，形成房屋的建筑部分。

4 装配式建筑施工质量控制要点

4.1 原材料

（1）混凝土、钢筋和钢材的力学性能指标和耐久性要求等应符合现行国家标准。

（2）预制构件的吊环应采用未经冷加工的 HPB300 级钢筋制作。吊装用内置式螺母或吊杆的材料应符合国家现行相关标准的规定。

（3）钢筋套筒灌浆料连接接头采用的套筒应符合现行行业标准《钢筋连接用灌浆套筒》（JG/T 398）的规定。

（4）钢筋套筒灌浆料连接接头采用的灌浆料应符合现行行业标准《钢筋连接用套筒灌浆料》（JG/T 408）的规定。

（5）外墙板接缝处的密封材料应符合现行标准《装配式混凝土结构技术规程》（JGJ 1）的规定。

（6）墙板保温材料应符合设计和规范要求。

4.2 预制构件的生产制造

（1）预制构件生产厂家应建立完善的质量管理体系，并具有必备试验检测手段。

（2）预制构件生产厂家应配备相应的技术、质量、材料、安全和生产管理人员，满足技术质量管理要求。

（3）预制构件生产厂家应做好模具、钢筋、水泥、外加剂、掺和料和骨料等主要原材料的质量控制措施。

（4）预制构件制作前应准备好施工组织设计或技术方案，并经审查批准。

（5）预制构件加工制作前应绘制深化设计加工图，具体内容包括：预制构件模具图、配筋图、预埋吊件及预埋件的细部构造图等。

（6）预制构件制作可划分为模具安装、钢筋绑扎、混凝土浇筑、脱模、预制构件洗水、修补和养护及预制构件成品存放和成品检测等。

4.3 预制构件的运输与堆放

（1）构件起吊时应拆除与相邻构件的连接，并将相邻构件支撑牢固。根据构件形状及构件重心位置分布，合理设定预制构件吊点位置，预埋吊具通常选用预埋吊钩（环）或可拆卸的埋置式接驳器

（2）对大型构件，宜采用龙门吊或行车吊运；对小型预制构件，宜采用叉车、汽车起重机转运。外墙板采用竖直立放运输为宜，应使用专用支架运输，支架应与车身连接牢固。

墙板饰面层应朝外，构件与支架应连接牢固楼梯、阳台、楼板、短柱、预制梁等小型预制构件以平运为主，装车时支点搁置要正确。

（3）构件装车时应轻起轻落、左右对称放置车上，保持车上荷载分布均匀；卸车时按后装的先卸的顺序进行，使车身和构件稳定。构件装车编排应尽量将重量大的构件放在运输车辆前端中央部位，重量小的构件则放在运输车辆的两侧，并降低构件重心，使运输车辆平稳行驶安全。采用平运叠放方式运输时，构件之间应采用垫木，并在同一条垂直线上，且厚度相等。有吊环的构件叠放时，垫木的厚度应高于吊环的高度，且支点垫木上下对齐。

（4）预制构件由运输车辆卸载后堆放于每栋楼的预制构件专用堆场，并按照指定顺序进行归类堆放。构件应按型号、吊装顺序依次堆放，先吊装的构件应堆放在外侧或上层，并将有编号或有标志的一面朝向通道一侧，方便吊装。堆放位置应尽可能在塔吊回转半径范围内，并考虑到吊装方向，避免吊装时转向和再次搬运。

4.4 施工准备

（1）安装施工前应编制专项施工方案，并经施工总承包企业技术负责人及总监理工程师批准，且应对施工人员进行技术交底。邀请装配式建筑工程研究专业人士，对施工管理人员以及施工人员进行培训，从而规范施工工艺和施工流程，或者派遣人员到国内外装配式建筑施工技术先进的施工单位进行学习，把先进的施工设计和施工工艺应用在施工过程中，从而在提高施工效率的同时，保证装配式建筑工程的质量。

（2）预制构件进场后，应检查其型号、几何尺寸及外观质量，并符合设计及规范要求，构件应有出厂合格证。密封防水胶应采用有弹性、耐老化的密封材料，衬垫材料与防水结构胶应相容，耐老化与使用年限应满足设计要求。预制构件吊装前，应检查确认预制构件的编号与其安装位置相符；检查其各个灌浆连接套筒孔，确认孔内无异物；检查各灌浆、排浆孔（可用吹入压缩空气），确保管路通畅。

（3）装配式结构较传统结构施工存在一些差异性，需结合工期要求考虑班组人员数量要求。吊装需单独组建班组，应为专业班组（或经过系统培训）通过样板层将吊装工艺标准熟练掌握，结合现场操作情况进行多轮培训指导，及时不断的调整和规避已产生和预判的问题。装配式结构的木模板在展开面积上较传统形式要少，在施工难易程度上较传统形式要费工，钢筋工、木工班组进场前总包需做好交底，优先选用有经验班组。

4.5 预制构件吊装的精度控制与校核

（1）吊装质量的控制重点在于施工测量的精度控制方面。为达到构件整体拼装的严密性，避免因累计误差超过允许偏差值而使后续构件无法正常吊装就位等问题的出现，吊装前须对所有吊装控制线进行认真的复检，构件安装就位后须由项目部质检员会同监理工程师验收构件的安装精度。安装精度经验收签字通过后方可进行下道工序施工。

（2）轴线、柱、墙定位边线及200mm或300mm控制线、结构1m线、建筑1m线、支撑定位点在放线完成后及时进行标识。现场吊装完成后及时进行复核，标识完整，实测上墙。

（3）墙板吊装施工前对外墙分割线进行统筹分割，尽量将现浇结构的施工误差进行平差，防止预制构件因误差累积而无法进行。吊装应依次铺开，不宜间隔吊装。吊装前，在楼面板上根据定位轴线放出预制墙体定位边线及200mm控制线，检查竖向连接钢筋，针对偏位钢筋用钢套管进行矫正。吊装就位后应用靠尺核准墙体垂直度，调整斜向支撑，固定斜向支撑，最后才可摘钩。

4.6 预制构件的安装

（1）拌制专用灌浆料应进行浆料流动性检测，留置试块，然后才可以进行灌浆。一个阶段灌浆作业结束后，应立即清洗灌浆泵。灌浆泵内残留的灌浆料浆液如已超过 30min（自制浆加水开始计算），不得继续使用，应废弃。在预制墙板灌浆施工之前对操作人员进行培训，通过培训增强操作人员对灌浆质量重要性的意识，明确该操作行为的一次性，且不可逆的特点，从思想上重视其所从事的灌浆操作；另外，通过工作人员灌浆作业的模拟操作培训，规范灌浆作业操作流程，熟练掌握灌浆操作要领及其控制要点。预制墙板与现浇结构结合部分表面应清理干净，不得有油污、浮灰、粘贴物、木屑等杂物，构件周边封堵应严密，不漏浆。

（2）预制构件按照吊装计划按编号依次叠放。吊装顺序尽量依次铺开，不宜间隔吊装。板底支撑不得大于 2m，每根支撑之间高差不得大于 2mm，标高差不得大于 3mm，悬挑板外端比内端支撑尽量调高 2mm。在预制板吊装结束后，就可以分段进行管线预埋的施工，在满足设计管道流程基础上结合叠合板规格合理地规划线盒位置、管线走向，使其合理化，线盒需根据管网综合布置图预埋在预制板中，叠合层仅有 8cm，叠合层中杜绝多层管线交错，最多只允许两根线管交叉在一起。叠合层混凝土浇筑结束后，应适时对上表面进行抹面、收光作业，作业分粗刮平、细抹面、精收光三个阶段完成。混凝土应及时洒水养护，使混凝土处于湿润状态，洒水次数不得少于 4 次/天，养护时间不得少于 7d。

5 结语

高质量的装配式建筑施工是推动建筑行业转型的迫切需要，而装配式建筑施工的质量控制是一个很烦琐和复杂的过程，涉及的环节很多，预制构件的原材料选择，到车间的生产，再到构件的运输和装卸，最后到现场的安装施工，每一个环节都很重要。只有加强预制构件从选材到安装施工的全过程管控，才会实现整个装配式建筑施工的质量控制目标，才能推动装配式施工的高质量发展。

参考文献

[1] 石良平. 装配式建筑施工质量因素识别与控制 [J]. 学术研究，2017（11）：418.
[2] 佚名. BIM 技术在装配式建筑施工质量管理中的应用研究 [J]. 住宅与房地产，2018（25）：122.
[3] 陈新. 新型预制装配式住宅建筑施工技术研究 [J]. 建筑施工，2016（4）：464-465，468.

提高房屋建筑工程管理与施工质量的措施研究

邝 政

湖南省第五工程有限公司　株洲　412000

摘　要：房屋建筑工程因投资规模庞大、参与主体构成复杂、工艺把控难度高、工期相对紧张等特点，容易出现质量、安全风险，要求建筑企业严格落实工程管理与质量把控工作，以此促进工程建设效益稳定提升，避免因质量问题而引发经济损失与不良社会影响。本文首先探讨了房屋建筑工程管理与施工质量控制中存在的主要问题，而后从管理机制、管理技术、管理人员三个角度提出了有助于提升工程施工质量与管理水平的措施，从而为房建工程的高质量发展提供参考思路。

关键词：房屋建筑工程；项目管理；施工质量；管理措施

房屋建筑工程建设行业的集中化程度越来越高，在技术门槛逐步提高，项目规模不断增大，建筑和规划、投建营运一体化等综合因素的影响下，不少建筑企业因核心竞争力不足而被边缘化。当前的工程建设市场对于建筑企业的综合能力要求也越来越严苛，建筑企业必须加大对施工质量问题的关注度，转变以往粗放式的落后管理模式，通过高质量的工程建设成果来展示良好企业形象。现围绕房屋建筑工程的施工质量管理相关问题展开研究。

1 房屋建筑工程管理与施工质量控制中的问题

1.1 管理机制有待完善

管理制度是确保施工质量达标，规范工程建设流程，推进工程顺利实施的必要保障。通过内容科学、规定明确的制度机制可以避免出现不必要的工程纠纷，维护施工秩序。建筑企业需要结合工程建设特点，在一般工程管理模式的基础上展开个性化调整，以此为工程形成有针对性的制度机制。然而部分企业在建立制度时，未对工程实际情况进行关注，导致制度的适用性不足；责任体系内容不明确，一旦出现质量或者安全问题，相关责任主体将会推诿自身应承担的责任；质量检查等制度落实不到位，质量标准较为欠缺，导致施工质量风险增多。

1.2 管理技术亟须更新

施工材料、施工机械、施工人员都是影响工程建设质量的重要因素，在工程建设规模扩大化，工艺要求复杂化，参与单位多元化等发展趋势的影响下，现场管理难度也有所提升。部分建筑企业对于工程管理技术的更新不及时，建设智慧工地的进展相对缓慢，导致管理效率较低，协调难度高，工程建设数据未得到有效利用。

1.3 管理队伍能力不足

人员因素对于工程质量与管理效果有着决定性的影响，当前的工程项目对于管理人员提出了诸多专业化要求，管理人员不仅需要具备充足的项目管理经验，先进的管理理念，熟练的管理技能，同时还应掌握必要的技术知识，能够有效适应智能建造模式。然而有的建筑企业的项目管理岗位人员流动较为频繁，管理队伍不稳定，管理人员的综合素质还有待提升，欠缺复合型管理人才。

2 房屋建筑工程管理与施工质量控制措施

2.1 健全机制，强化制度保障

（1）完善质量管控责任体系。建筑企业需要在现有工程管理制度的基础上，细分管理责任，明确项目决策者、项目经理以及技术人员等处于不同管理层级与岗位中的人员在工程质量方面承担的具体责任。前期选取监理机构与施工单位时，必须将责任与质量管理标准等内容呈现到合同中，以此明确建设单位、施工单位、工程监理单位等参与成员的职责范畴，同时对分包、总包以及监理单位相关的管理制度进行细化。比如对监理单位进行管理时，可通过抽查制度以及月度考核评估制度来确定其在现场质量控制、设备材料验收以及关键工序把控等质量监督工作中是否有效履责。

（2）落实质量例会机制。房建工程建设期间，项目负责人应每周主持开展质量例会，要求技术负责人、分包单位以及全部班组及时参加例会，对前一周工程建设以及质量控制工作情况进行汇报，明确施工中产生的质量缺陷，安全隐患，商讨解决对策，并明确改进技术与管理手段的方法，确定整改责任主体与整改期限，以此实现对工程施工质量的动态管控与持续改进。

（3）执行质量管理激励机制。建筑企业既要对现有的项目管理制度进行健全与细化，同时应注重对制度的切实落实。可通过执行质量管控激励机制，激发各个班组主动控制施工质量的积极性。可定期对施工人员的业绩水平、技术能力、作业态度进行考评，根据考评结果进行薪酬激励。同时，发挥出榜样的作用，针对优秀班组在工程质量控制中的优秀表现进行宣传，以此在施工现场形成鼓励竞争的氛围。针对工程中由于人为因素出现的质量问题，需对责任主体实施追责与严厉惩处，引导施工人员相互提醒、相互监督。

（4）实施质量通病防治机制。建筑企业针对关键工序、薄弱环节、关键工程部位应当进行重点管控，执行质量通病防治机制。以混凝土工程为例，针对其容易出现的露筋、蜂窝、孔洞、麻面等质量缺陷，应通过抽检水泥、石、砂等原材料，严格审查外加剂用量与配合比，及时测量保护层厚度，监督拌制混凝土工序，正确应对温度变化等举措来预防质量问题。

2.2 技术赋能，构建智慧工地

建筑企业可通过构建智慧工地平台，有效收集现场的材料、环境、安全、人员等重要数据，打造"大数据+云+端"的项目管理模式，推进房建工程的智慧化管理。

（1）人员管理。应用劳务实名制一卡通系统，将具有非接触特点的智能卡提供给作业人员，以此对其展开精细化管理，全方位掌握现场人员的日常考勤、专项安全教育实施、薪酬发放、食宿管理、违规操作、各个工种上岗等情况。

（2）安全管理。构建由地面监控软件、无线通信模块、黑匣子等组成的塔吊设备监控系统，实时采集塔吊等大型机械设备的运行参数，及时预警风速超限与碰撞等危险情况，安全完成塔吊作业。利用VR体验馆，使作业人员体验安全事故中的摇晃、振动、坠落等真实效果，强化安全警示教育效果。

（3）环境管理。通过自动采集装置，实时获取施工现场的环境数据，并联动自动喷淋洒水装置，防范扬尘污染。依托智能水电表，对办公区、生活区用电情况展开实时监管与自动控制能耗。

（4）物资管理。引入 RFID 技术，利用电子标签对工程物资进行标识，针对入库登记、进场验收、领料出库等流程实施扫码追踪，提高物资管理水平，避免发生物资受损、流失等情况后无法进行溯源。

2.3 重视人才，建设管理团队

房屋建筑工程行业已经步入智力与人才密集化的发展阶段，建筑企业面对房建工程的智能化、工业化、绿色化发展趋势，应重视项目管理团队的建设工作，实现对现有人才队伍结构的有效优化与更新，满足当前项目对于复合型管理人才与技术人才的需求。

在人才引进环节中，注重对高级管理人才、智慧建筑工程师、建筑设计师、BIM 工程师与科技型人才的有效引进。可为稀缺型人才设立特殊绿色通道以及人才共享机制，实现对优质人才资源的多元化引进。在人才配置环节中，重视对项目管理人员等群体的职业规划，建立多通道式的公平晋升机制，为其提供更为广阔的发展空间，实现对优秀员工的选拔与任用。在人才培训环节中，结合项目管理与工程质量管控需求，可全面开展管理类、技术类培训活动，包括危机处理、协调与沟通等领导力培训，项目施工质量、安全、进度等项目管理能力培训，同时还应针对智能建造模式下的智慧工地系统的规划设计、构建、应用等技术性内容进行培训，使智慧工地系统与房建工程项目实现有效融合。

3 结论

房屋建筑施工管理需要得到建筑企业管理人员的高度重视与有效落实，面对当前管理制度不完善，管理技术更新慢，新型管理人才短缺的问题，其应当增加人力资源开发与信息平台建设等方面的投入，完善质量管理体系，健全与细化质量管理机制，加大对智慧工地平台的开发与应用力度，扩展施工应用场景，建设复合型、创新型工程管理队伍。

参考文献

[1] 卢煜. 房屋建筑工程管理中的主要问题及解决措施 [J]. 城市建筑空间，2022，29（S2）：847-848.
[2] 萧以苏. 提升房建工程管理水平及施工质量的对策浅析 [J]. 居舍，2022（2）：106-108.
[3] 李育连. 浅谈现代房屋建筑工程管理中的创新管理模式 [J]. 散装水泥，2021（4）：36-38.

外墙真石漆施工技术及质量控制措施

郭海凡

湖南省第五工程有限公司　株洲　412000

摘　要：外墙真石漆是建筑的外衣，随着物质生活水平的提高，人们对建筑外观的视觉追求也越来越高。本文分析了外墙真石漆施工流程，探讨了外墙真石漆施工质量控制的策略，旨在促进外墙真石漆施工技术水平的提升。
关键词：外墙真石漆；施工质量；原因分析；防治措施

随着建筑材料和施工技术的创新发展，建筑外墙面的做法越加丰富，而真石漆墙面便是现阶段一种比较受大众青睐的外墙装饰方法。对于房屋建筑而言，外墙真石漆的施工质量不仅对其美观性具有显著的影响，还会对外墙结构的功能性与耐久性产生一定的影响，因此，在明确真石漆墙面特点和施工工艺流程的基础上，探究建筑外墙真石漆的施工质量控制要点，以此提升外墙真石漆的施工技术水平，对于现代房屋建筑建设品质的提升具有一定的促进作用。

由于配料受人为因素、技术因素以及外界环境变化等影响，外墙真石漆常出现一些质量通病：色差大、遇水发花、空鼓脱落、流坠等，这些质量通病的存在影响着真石漆的使用效果，为有效防治这些质量通病、有必要对造成质量通病的原因进行分析并探讨防治的对策与措施。

1　工程示例应用

某工程取水泵房外墙上部采用真石漆装饰，下部采用外墙砖镶贴，该工程结构形式为圆形筒体、外墙门窗结构线条较多并且异型（图1）。

图1　水泵房外墙为真石漆装饰

2　外墙真石漆施工质量通病

2.1　涂层开裂

该工程采用某品牌真石漆，经过对现场实际开裂部位切割查找具体原因。得知导致涂层开裂原因有：基层开裂、空鼓、基层过潮湿、表面分区过大等（图2）。

2.2 流坠

经过对取水泵房外墙真石漆施工的全过程进行跟踪，得出产生流坠的具体原因为真石漆黏稠度不足、单次喷涂过厚、压力不均匀导致的厚薄不一等（图3）。

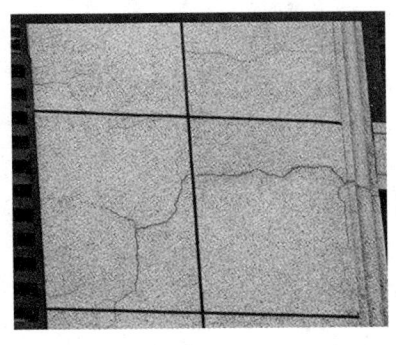

图2 涂层开裂

图3 流坠

2.3 掉砂

经过对掉砂部位进行分析，得知掉砂的主要原因为不同批次涂料存在差异、使用配比不一致、施工天气影响等（图4）。

2.4 倒光

针对现场部分墙面存在倒光或光亮不足的质量通病，经现场分析，得知是由于墙面不平整、漏刮腻子或漏磨砂纸、施工环境温度过低湿度过大等原因所导致。该项目地处河边并且真石漆施工时正处冬季（图5）。

图4 掉砂

图5 倒光

3 影响外墙真石漆施工质量的问题及应对措施

（1）管理人员责任心不强。可以通过检查项目部管理人员个人质量责任书、质量隐患整改记录及施工日记进行加强。

（2）施工班组经验不足。优选有经验丰富的施工班组。

（3）技术培训不到位。对进场施工人员进行技术交底后方可上岗作业。

（4）分隔缝胶带未按线粘贴，胶带撕揭过晚。需要通过措施加强。

（5）施工工艺不完善。对施工工艺进行细化。

（6）天气原因。提前查看天气预报，风雨天停止施工。

（7）施工过程中发生的碰撞。采用措施进行成品保护。

（8）原材料的不合格。对所有进场材料进行复试，检查性能检验报告及材料复试报告，合格后方可使用。

4 质量防治措施

4.1 施工时交叉污染的防治措施

施工过程中应按照施工程序组织施工避免施工时专业的交叉污染或破坏，做好成品保护，不同色彩真石漆施工时要采取遮挡措施，防治污染周边已施工的真石漆。特别是上部施工时，要做好下部已完成的不同色彩的真石漆饰面保护，防止污染。

4.2 颜色及颗粒不均匀的防治措施

应安排专人或厂家对配合比、稠度等相关因素进行控制；由专人负责喷涂，忌途中换人，施工人员操作时要掌握喷嘴距离、速度及遍数；加强喷涂基层的验收，不合格的基层不得进行下一道工序施工；要求底灰抹好后，应按水泥砂浆抹面交接的标准来检查验收，否则面层涂料不能施涂。

4.3 面层施工接槎明显的防治措施

施工中间甩槎，必须把槎子甩到分格缝或管后不明显的地方，严禁在块中甩槎；施工时由上而下，以墙面分格缝、阴阳角或水落管为分界线分段施工；二次接槎施工时，注意涂层厚度，避免涂层重叠，形成深浅不一同一面墙；同一颜色应选用同一批次的真石漆，数量一次性采购足；当同一批号颜色不同，应预先均匀，以保证墙面不产生色差。

4.4 二次修补接槎明显的防治措施

外门窗安装前，塞缝、收口、施工洞口或脚手架的搭设口等应提前封堵修补完成；对已完成的外墙阳角、外窗台等，易发生踩踏碰撞，应采取防护措施

4.5 遇水发白的防治措施

严把材料质量关，检查厂家提供的出场合格证及相关检测报告，选用耐水性优良的高分子丙烯酸聚合物作为成膜物质的真石漆，从源头上就提高了真石漆的耐水性；选用大厂家的真石漆并做好样板试验；施工后致密完整漆膜的真石漆能阻挡雨水侵袭。

4.6 涂层干燥后发花、色差明显的防治措施

有不少工程都出现过此类问题，主要表现为透底、接槎、色差等现象，对于此类问题应根据具体情况从施工、原材料考虑问题的原因。

（1）施工方面

由于真石漆遮盖力较低（砂子越粗遮盖力越低），当底色颜色有明显差异时，就会出现因透底而导致的发花现象。

解决方案：涂刷相近颜色底漆，既可以减少真石漆用量，又可以避免发花现象，但应保证真石漆的厚度。

（2）不同批次真石漆出现色差

解决方案：①与原材料彩砂厂家沟通好，针对某个工程大小估计真石漆用量和彩砂用量，尽量保证彩砂颜色一致。②严格控制生产、按配方准确计量，不要随意更改设备、转速、批次产量等。③施工中，在一面墙上尽量不要使用不同批次的真石漆，不可避免时，应将不同批次的真石漆混合后使用，一面墙的不同部位施工时间不要相隔太长，接槎尽量留在阴角和阳角等部位。

（3）施工人员经验不足引起的发花现象

解决方案：尽量选择经验丰富的施工队伍，控制好喷嘴、压力、距离和角度，喷涂时应保证厚度均匀一致，不能太薄见底，也不能太厚出现流挂。

（4）基层碱性过大冒碱引起

解决方案：真石漆施工前在水泥基层上应满刷一遍抗碱封底漆。

4.7 喷涂面层空鼓和裂缝的防治措施

严格控制基层包括保温层的施工质量，对墙体基层做好交接检验工作，严格控制真石漆基层柔性防水腻子的施工质量，不得漏刮。

5 安全措施

作业人员须经安全培训、持证上岗，进入现场必须遵守安全操作规程，高空作业时施工用具要扎紧绑住，以防坠落伤人；外墙喷涂作业人员上岗前要戴好安全帽，穿好工作服，系好安全带；施工人员还需检查工具、电气设备等。

6 环境保护措施

施工时，尽可能减少扬尘、噪声和其他污染，施工现场作业人员都应知晓环保工作制度和环保措施，施工完毕后需对现场进行清理，对保护膜及涂料包装桶清理干净并集中处理。

7 结语

真石漆在建筑应用中主要起到装饰和保护作用，一旦出现质量问题不仅影响美观还会削弱保护作用，真石漆应用中除了以上述的常见问题之外还可能有附着力差、和易性差等问题，对真石漆的这些质量问题应从原材料、配方、施工等方面综合考虑，而不是只考虑某一方面，具体问题具体分析、寻求合理的解决方案。

综上所述，真石漆质量通病防治研究已经取得了一定成果，但仍需要持续深入研究和实践，特别是强调防治措施的重要性，以确保工程建设质量提升。

参考文献

[1] 徐冬，黄凯，乔永洛，等. 水包水多彩涂料用基础漆乳液的制备及应用研究 [J]. 涂料工业，2017，47（1）：61-67.
[2] 吴勇剑，朱宝君. 复杂环境下外墙真石漆施工技术研究 [J]. 建筑科技，2020，4（5）：43-46.
[3] 郭承博，张文政，李守彬. 外墙真石漆施工技术研究探讨 [J]. 工程质量，2020，38（S1）：66-68.

装配式预制混凝土电梯井的优化减重处理方法

董菁锆 李昭

湖南建工五建建筑工业化有限公司 株洲 412000

摘　要：本文从优化减重的角度对老旧小区加装电梯工程中的装配式预制混凝土电梯井的设计及生产工艺进行了一定的优化，提出了运用轻质材料替换部分位置的混凝土材料，增加百叶窗，改善调整连接节点，调整构件壁厚等做法，保证预制混凝土电梯井生产及施工质量的同时，减轻电梯井井筒构件的质量，降低生产及现场吊装施工的难度，控制电梯井生产及施工的成本。

关键词：装配式；预制混凝土电梯；减重；技术优化

1　引言

老旧小区改造工程是重大民生工程，对满足人民群众美好生活需要，推动惠民生扩内需，推进城市更新和开发建设方式转型，促进经济高质量发展具有十分重要的意义。完善小区配套和市政基础设施应作为老旧小区改造的重点内容。老旧小区是我国20世纪建造的住宅楼，受当时的建筑技术和社会条件的限制，六七层多层建筑大部分未配备电梯设施。我国进入老龄化社会，这类老旧建筑导致老年人上下楼极为不便，降低老年人晚年生活质量，对老旧小区进行电梯加装势在必行。经对比分析，采用现浇混凝土电梯井，工期较长，对场地要求高，产生较多的建筑垃圾，噪声大、扰民现象严重。为了迎合社会需求，提倡绿色环保，针对具体的工程项目，开展了既有建筑加装装配式混凝土电梯的结构设计研究。模块化预制混凝土电梯井道施工技术采用工厂化制造、机械化、自动化生产，可提高构件质量、缩短工期，节约原材料、降低能源消耗，大幅度减少施工现场的建筑垃圾、扬尘及噪声污染。模块化混凝土技术结构性能安全可靠，具有防火、防腐、后期维护简便等特点，极大减少电梯使用过程中的维护工作。但模块化预制混凝土构件质量较大，对吊运设备要求较高；对构件尺寸，钢筋与预埋件数量，位置等精度要求较高。因此，为了解决装配式预制混凝土电梯井的这些问题，推广装配式预制混凝土电梯井，为老旧小区加装电梯改造做出一份贡献，本文从装配式预制混凝土电梯井的优化减重方面提出了看法和建议。

2　装配式预制混凝土电梯井的技术难点

2.1　单体构件质量过重

现有的装配式预制混凝土电梯井井道尺寸为2700mm×2200mm×3000mm，采用整体剪力墙连接方式，壁厚150mm，单节构件土方量达到了4m³，单节质量高达10t。由于采用的整体剪力墙连接方式，无法利用轻质材料、填充材料、调整壁厚等方式对墙体进行减重处理，造成了单体构件方量过高、质量过重的情况，对于工厂生产及现场施工产生了很不利的影响。

2.2 现场施工难度大

2.2.1 现场施工场地限制

由于装配式预制混凝土电梯井井道单节质量高达10t，一个完整的井道至少有7~8节，总重70t以上，对于汽车起重机的选型要求较高，运输车辆也需要较大型号，因此对于现场施工的场地以及道路要求会提高。但由于加装电梯多为老旧小区，小区内道路情况复杂，缺少停车位，导致车辆停放至路边影响吊装及运输车辆进出。而且老旧小区树一般较高，且多数规划不够合理，存在树枝、电线、电线杆等遮挡吊装的情况，严重影响汽车吊的作业，需要政府部门、小区业主、原建设单位、设计院、物业管理公司等协调配合工作，对装配式预制混凝土电梯井的应用产生了一定影响。

2.2.2 吊装工作要求高

由于装配式预制混凝土电梯井道需采用大型汽车起重机进行吊装作业，在现场施工前要反复对现场及周边环境进行反复勘察，制订详细的运输及吊装方案，而且多数情况下无法在现场搭设大范围的支撑及防护，且单体构件质量较大，现场吊装操作存在一定的危险性，对技术负责人、现场指挥、吊装工人、吊车司机等人员的能力和素质要求更高，尤其是责任心方面，绝不能粗心大意，敷衍了事。

2.2.3 基础埋深较深，现场施工精度要求较高

由于装配式预制混凝土电梯井质量达到70~80t，且作为单体建筑较为细长，为保证其自身的结构稳定性，对基础的要求较高，埋深需要做得很深，很大，同时由于采用了连接盒子进行竖向连接，基础部分需要预埋钢筋，预埋钢筋的定位需要相当精准，且需保证基础浇筑时预埋钢筋没有偏位，导致现场施工的前期工作相较于其他加装电梯方式在时间上不占优势，且施工要求高于其他加装电梯。

3 装配式预制混凝土电梯井的优化减重措施

鉴于以上几点，我们从优化减重的角度来想办法，优化装配式预制混凝土电梯井构件，调整材料的比例，减轻构件整体的重量，使之更加轻便、更加简洁，能够更广泛地应用在老旧小区电梯加装改造的工作中。

3.1 方案一

电梯井整体预制，修改结构形式及连接方式，采用框架结构连接梁柱，构件连接方式修改为套筒灌浆，同时减小电梯井墙板厚度。

此方案能少量地减轻电梯井单个井筒的质量，同时调整了构件连接方式，将整体剪力墙结构调整成为框架结构，同时将原墙厚的150mm调整为100mm或根据需求调整，局部根据电梯公司的要求设置腰梁。同时通过工厂预制，能很好的控制构件品质，确保灌浆套筒连接的准确性与安全性。此方案预计能减轻单个构件20%的构件重量（图1）。

3.2 方案二

梁柱整体预制，墙板分离，侧面连接采用钢板连接，构件连接方式修改为灌浆套筒。

此方案能较大地减轻电梯井单个构件的质量，同时

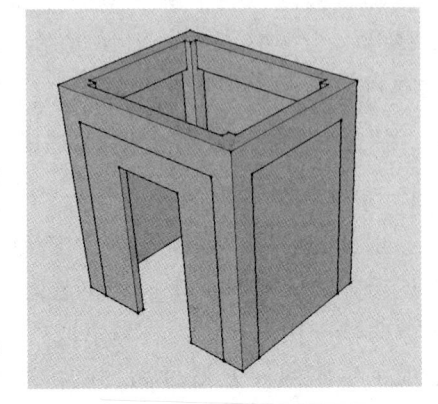

图1 方案一构件模型样图

调整了构件连接方式，将整体剪力墙结构调整成为框架结构，将原墙厚的 150mm 调整为 100mm 或根据需求调整，局部根据电梯公司的要求设置腰梁。同时由于墙体和梁柱分开进行了预制，只需要制作梁柱框架的整体模具，墙板可在工厂生产线上进行流水生产，减轻了工厂模具的制作难度，大大降低了模具成本。同时由于梁柱框架和电梯井壁可以在现场分开进行安装，后期再进行防水等相关处理，虽然吊装次数有所增加，但选用的汽车起重机型号可以减小，吊装速率及安全性也有所增加，极大地方便现场吊装施工的操作及对施工成本的控制，此方案预计能减轻单个构件 60% 的构件重量（图2）。

3.3 方案三

修改结构形式及连接方式，采用框架结构连接梁柱，构件连接方式修改为套筒灌浆，同时采用陶粒混凝土等轻质材料代替原电梯井墙板采用的普通混凝土。

此方案能较大地减轻电梯井的质量，同时优化了连接方式，避免了进行整体式剪力墙的连接，可对电梯井壁进行一定调整。但是由于采用了陶粒混凝土等轻质材料替代部分普通混凝土，在工厂内进行生产浇筑时需要分开浇筑，也需对电梯井模具进行一定改造，同时由于要进行二次浇筑，对生产工人的技术水平和责任心要求均要高于普通生产，对成本控制方面并无较大提升。此方案预计能减轻单个构件 35%~40% 的构件重量（图3）。

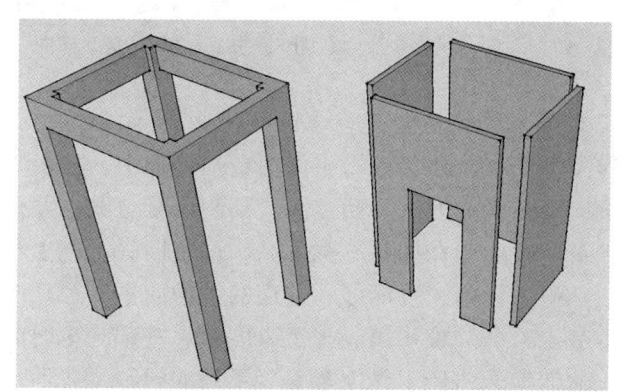

图 2　方案二构件模型样图

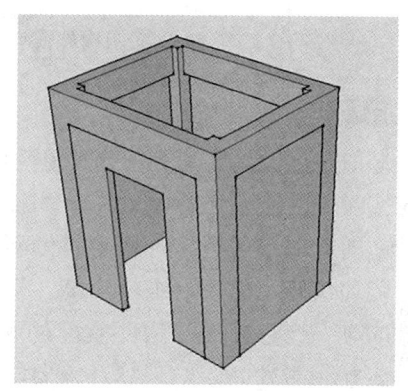

图 3　方案三构件模型样图

3.4 方案四

修改结构形式及连接方式，采用框架结构连接梁柱，构件连接方式修改为套筒灌浆，同时采用装配式减重墙体作为预制电梯井框架的墙体。

此方案能较大地减轻电梯井的质量，同时优化了连接方式，避免了进行整体式剪力墙的连接，可对电梯井壁进行一定调整，且由于装配式减重墙体可以后期加装，构件生产浇筑难度并未提升，对生产工人的技术水平和责任心要求并未提高，同时由于模具的调整，降低了生产成本。此方案预计能减轻单个构件 35%~40% 的构件重量（图4）。

3.5 方案五

电梯井整体预制，墙板开洞，安装大型百叶窗。

此方案能较大地减轻电梯井的质量，同时优化了连接方式，避免了进行整体式剪力墙的连接，对电梯井壁厚进行一定调整，但是由于采用了百叶窗等设置，可在厂内安装到位后运输至现场吊装，但对防水、隔声、保温等方面的处理效果不如前几种方案，相对于钢结构加装电梯的优势并不明显。此方案预计能减轻单个构件 35%~40% 的构件重量（图5）。

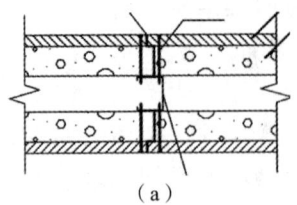

(a)

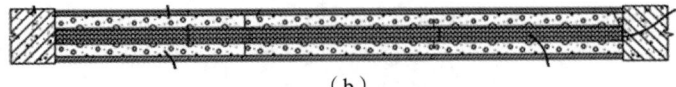

(b)

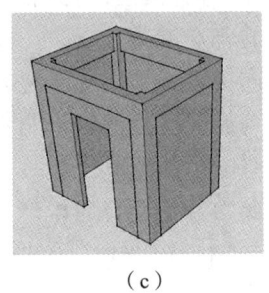

(c)

图4　方案四构件模型样图

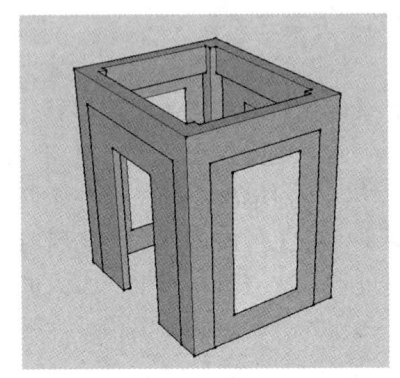

图5　方案五构件模型样图

4　结语

老旧小区改造工程是一项利国利民的民生工程，在扩内需、促消费的趋势中，技术工作者应实时关注改造工程的动态，积极探索突破困境的方法。而装配式预制混凝土电梯井作为一种新的老旧小区建筑加装电梯的新做法与新方向，在拥有承载力高、稳定性好、施工精度高、能加快施工效率、缩短工期、抗冻性、耐久、耐火性能好、井道的维护成本低等众多优点的同时，也存在单个构件质量过重、生产要求高、现场吊装施工难度大、基础施工时间较长、成本相对较高、对现场环境要求高、前期沟通协调工作困难等一系列的问题，我们通过各种方案、技术、行动来优化它、完善它，提高实用性，降低成本，使之更加适应广大市场的要求，能更好地为老旧小区改造工程服务。

参考文献

[1] 张琦. 城市更新视角下老旧小区基础设施改造面临的难题——以X小区加装电梯为例［J］. 未来城市设计与运营，2023（12）：56-59.

[2] 金坎辉，王雷，刘晶晶，等. 老旧小区改造加装电梯工作的难点和对策［J］. 中国建筑金属结构，2022（11）：64-66.

[3] 朱芳，王良铃，刘继嵘，等. 既有建筑加装装配式混凝土电梯的结构设计研究［J］. 建筑结构，2023（2）：364-367.

[4] 徐耀东，马骞，卢旦. 模块化预制混凝土加装电梯井道施工技术［J］. 施工技术，2021（10）：5-8.

超高性能混凝土（UHPC）应用现状与发展综述

甘定宇

湖南省第五工程有限公司　株洲　412000

摘　要：超高性能混凝土是一种创新的建筑材料，具备高强度、高耐久性和高韧性等特点，在桥梁、隧道、高层建筑等重要工程中得到广泛应用。本文系统介绍了UHPC的制备方法、特点和优势，通过多方面对比分析普通混凝土与UHPC的性能差异，总结了UHPC在国内工程领域的应用现状以及未来发展趋势，为相关从业人员的研究提供了重要的参考和借鉴。

关键词：超高性能混凝土；制备原理；材料性能；工程应用

　　超高性能混凝土（Ultra High Performance Concrete，简称UHPC）代表了建筑材料领域的一次革命，以其卓越的力学性能和耐久性脱颖而出。自20世纪90年代初问世以来，UHPC已经成为建筑行业的重要创新。Michael Schmidt和Ekkehard Fehling的开创性研究，通过精确控制混凝土配比，引入高强度细颗粒和纤维材料，以及采用高温固化技术，为UHPC的发展奠定了基础。与传统混凝土相比，UHPC具有更高的抗压强度，更好的耐久性，更好的抗裂性能等特点。

　　近年来，UHPC在世界范围内得到了广泛的应用。根据Rahat Ullah等的研究对已经开展的UHPC研究进行回顾，综述了UHPC材料的物理化学组成、力学性能、耐久性能、耐火性能和环境效益。还介绍了在结构构件中有效利用UHPC的设计考虑因素。Amran Mugahed等人对UHPC的现状、碳捕捉能力、可持续性、挑战和局限性以及实际应用进行了科学综述。Bahmani Hadi和Mostofinejad Davood对UHPC微观结构性能进行了全面研究，研究了含硅砂和不同胶凝材料部分替代水泥的UHPC的微观结构，还强调了微观结构分析对于表达不同水泥替代物的最佳百分比的原因，确定最佳火山灰类型，UHPC中的适当砂率以及产生最佳力学性能的适当养护方法的重要性。结果证明，UHPC中的过渡区相当小，表明水泥浆体和骨料之间的黏结牢固，内部结构非常致密。Du Jiang等人研究了具有改善性能的UHPC混合料的最新技术，促进UHPC的进一步研究和应用。

　　在国内，UHPC也得到了广泛的关注和研究。廖圣炜等人的研究表明，国内的UHPC研究主要集中在材料性能、加筋技术、施工工艺等方面。近年来，随着国内对建筑结构性能的要求越来越高，UHPC也被广泛地应用于各种高层建筑、特殊构件等领域，如上海中心大厦等。UHPC的制备方法和技术也得到了不断的改进和完善。根据闫荣伟的研究，UHPC的制备方法包括混凝土配合比设计，原材料的选择和处理，混凝土搅拌和养护等方面。在混凝土配合比设计方面，需要控制混凝土中水泥的用量、石子和砂子的比例、纤维材料的加入量等参数。同时，还需要关注混凝土的搅拌和养护过程，以保证混凝土的质量和性能。

　　本文旨在全面介绍UHPC的概念、性能、制备方法、应用现状和未来发展方向。首先简要介绍UHPC的概念和发展历程，以便读者对该材料有一个初步的认识。随后重点探讨

UHPC的性能特点，包括力学性能、抗裂性能、耐久性能等方面，还将详细介绍UHPC的制备方法和技术，以及UHPC在国内和全球的应用现状。最后，将展望UHPC未来的发展方向和应用领域，以期为读者提供一个全面而深入的认识。

通过本文的阅读，读者将会了解到UHPC的概念和性能特点、制备方法和技术、应用现状和未来发展方向等方面的内容，以及UHPC在建筑行业中的应用。同时，也将为读者提供更多深入研究的思路和参考。

1 超高性能混凝土的制备

制备超高性能混凝土（UHPC）是一个多阶段的过程，涉及精心挑选原材料，精准设计配合比，细致搅拌混凝土，精确浇筑以及恰当养护等关键步骤。

1.1 原材料的选取

UHPC的配方包括高强度水泥、精细骨料、优质粗骨料、高性能粉煤灰、微硅粉、钢纤维，以及具有卓越分散性和保水性的高性能超塑化剂等关键原材料。其中，水泥选用高性能水泥，细骨料选用粒径小于0.2mm的细砂，粗骨料选用粒径小于5mm的优质石子，高性能粉煤灰和微硅粉选用颗粒细小的高性能工业废弃物，钢纤维选用直径为0.1~0.3mm的高强度钢丝，高性能超塑化剂选用具有高分散性和保水性能的聚羧酸醚系列超塑化剂。

1.2 配合比设计

UHPC的配合比设计需综合考量多重因素，如应用需求、性能标准、原材料属性及生产工艺的特定要求，确保每一组分配比都能达到最优的性能平衡。在制定配合比时，需要精确测量原材料的各项指标，根据混凝土工程的使用要求来确定配合比。超高性能混凝土的配合比要求水灰比不高于0.2，超高性能混凝土掺和料的含量不超过30%，掺和料和粗骨料、细骨料的比例也需要合理搭配。

1.3 生产工艺

UHPC的生产过程极为严格，要求精确遵循既定工艺流程，确保每一步操作的准确性和复现性。混合过程需要使用高效搅拌设备和精确的测量仪器，保证材料充分混合和配比准确。浇筑过程需要严格控制混凝土的流动性和自流平性，减少空隙和缺陷的产生，使得混凝土均匀分布在模具中。在养护过程中，要根据要求进行养护，以保证混凝土的初终凝和强度。

1.4 检测和质量控制

UHPC的制备过程伴随着一系列细致的检测与质量控制措施，涵盖原材料检验、混凝土成分分析、强度、稳定性和耐久性评估等关键方面。检测的内容包括原材料检测、混凝土成分分析、混凝土强度、稳定性和耐久性等。质量控制的方面包括每个环节的质量控制，如掺和料、原材料等的检验，混合过程中的配合比控制，浇筑过程中混凝土的流动性和均匀性控制等，这些措施有助于确保超高性能混凝土的质量和性能。

1.5 制备工艺的优化

UHPC的制备过程中需要不断优化工艺，从而提高混凝土的质量和性能。例如，采用粉磨混合技术，能够使得混凝土的颗粒分布更加均匀，混凝土的力学性能更加出色。采用超声波振动技术，可以降低混凝土的黏度和表面张力，从而提高混凝土的流动性和可塑性。采用自养护技术，能够减少混凝土的裂缝和缺陷，提高混凝土的耐久性和稳定性。

综上所述，UHPC的成功制备依赖于对高品质原材料的精选、科学的配合比设计、严格的生产工艺控制以及全面的质量管理体系。通过不断地技术创新和工艺优化，UHPC 展现出其在现代建筑工程中不可或缺的结构性能和应用潜力。不断地优化工艺，能够提高 UHPC 的质量和性能，从而为各种建筑工程提供可靠的结构材料。

2 超高性能混凝土的性能

超高性能混凝土（UHPC）展现出一系列卓越的性能，这些性能使其在现代建筑工程中备受青睐。

2.1 高强度

UHPC 的高抗压强度源自于精心设计的材料配比和颗粒级配。与传统混凝土相比，UHPC 中的水泥、细骨料和粗骨料展现出更加均匀的分布，带来更高的密实度和更佳的黏结性。引入的微纳米材料，如硅灰、粉煤灰和纳米硅酸钠，不仅极大提升了混凝土的硬度与强度，还显著增强了其耐久性和塑性。UHPC 的抗压强度通常超过 150MPa，远高于普通混凝土的 20~50MPa，使其能够承受重大建筑工程中的高负荷和压力。

2.2 高耐久性

UHPC 的高耐久性体现在多个层面：首先，其内部的高强度细骨料和特殊掺和料可以有效减少微裂缝的形成，提升耐久性，使其能够适应恶劣环境的长期挑战。其次，UHPC 卓越的抗氯离子渗透能力，有效防止了混凝土的锈蚀和退化。此外，UHPC 的自愈合特性能够自动修复微小裂缝，减少了长期的维护成本。

2.3 抗冲击性能

UHPC 的抗冲击性能同样出色，这主要得益于其高强和高韧性的特性。微纳米材料和钢纤维的添加，增强了混凝土的韧性和延性，提升了其承受冲击的能力。UHPC 的这些特性使其能够抵御地震、爆炸和交通事故等极端冲击，增强了结构的安全性和稳定性。

2.4 可塑性

UHPC 的可塑性为建筑设计提供了广泛的可能性，能够根据需要制成各种形状和尺寸。微纳米材料和特殊掺和料的加入，如氧化硅和微纤维，进一步提升了混凝土的流动性和可塑性，使得精细和复杂结构的制造成为可能。

2.5 抗氯离子渗透性

UHPC 还展现出极佳的抗氯离子渗透性能。粉煤灰和硅灰等材料的加入，有效减少了混凝土内部的孔隙和微观裂缝，从而降低了氯离子的渗透风险，提升了耐久性。高强度细骨料和钢纤维的掺入，进一步增强了这一性能，减缓了混凝土的老化和破损。

2.6 UHPC 与普通混凝土性能对比

表 1 清晰地展示了 UHPC 与普通混凝土在多个性能指标上的对比。UHPC 在密度、吸水率、收缩率、膨胀率、热膨胀系数、火灾安全性、初凝时间、构件尺寸、耐久性、施工成本、抗压强度、抗拉强度、抗弯强度以及施工难度等方面均展现出其超越传统混凝土的显著优势。

表 1 UHPC 与普通混凝土性能对比

性能	超高性能混凝土（UHPC）	普通混凝土
密度（kg/m³）	2400~2700	2200~2500
吸水率（%）	<3	3~8

续表

性能	超高性能混凝土（UHPC）	普通混凝土
混凝土收缩率（%）	<0.05	0.1~0.2
混凝土膨胀率（%）	<0.05	0.05~0.1
热膨胀系数（10^{-6}/℃）	8~12	10~14
火灾安全性（℃）	>800	<600
初凝时间（h）	1~4	0.5~2
构件尺寸限制（cm）	100~150	>10
耐久性（年）	>50	10~50
施工成本	高	低
抗压强度（MPa）	150~250	20~60
抗拉强度（MPa）	8~12	2~4
抗弯强度（MPa）	20~30	3~8
耐久性	非常好	一般
抗冲击性能	非常好	一般
可塑性	低	高
施工难度	大	小

综上所述，UHPC以其卓越的高强度、耐久性、抗冲击性、可塑性以及抗氯离子渗透性等特性，在建筑领域中确立了其重要地位。随着技术的不断进步和材料科学的创新，UHPC的性能将持续优化，其应用范围也将更加广泛，为未来的建筑工程带来更广阔的发展前景。

3 超高性能混凝土的应用

超高性能混凝土（UHPC），作为建筑领域的一项创新材料，在我国的应用正迅速扩展并日趋成熟。在国内，UHPC被广泛应用于高速公路、高铁、城市轨道交通、桥梁、隧道、高层建筑等领域。以下是国内目前在UHPC应用方面的现状

3.1 桥梁工程

UHPC在桥梁建设中的应用已成为新标准。南京长江大桥，作为国内首座采用UHPC技术的跨海大桥，标志着这一材料在桥梁工程中的突破性使用。其主墩的UHPC材料应用，不仅提升了结构的承载力，还显著增强了耐久性，减少了长期维护成本。长江二桥、武汉长江大桥等后续工程也纷纷采纳了UHPC，以期获得更高的工程效益。

3.2 隧道工程

国内城市轨道交通的快速发展带动了UHPC在地铁隧道建设中的广泛应用。在北京、上海等地铁项目中，UHPC的使用已成为确保隧道稳定性和安全性的关键因素，有效减少了结构裂缝和变形，提升了整体工程的可靠性。

3.3 高层建筑工程

城市化的迅猛推进带来了对高层建筑日益增长的需求。UHPC在这一领域的应用，特别是在中国最高建筑——上海中心大厦的建设中，展现了其在提升建筑承载力和抗震性能方面的巨大潜力。UHPC的高强度和抗震性能，能够有效提高建筑物的承载能力和安全性能，保证建筑物的稳定性和安全性。

3.4 其他领域

UHPC 的应用不仅限于传统的建筑领域,其足迹已扩展至航空航天与核电工程等高端技术领域。在航空航天业,UHPC 以其耐高温、高强度的特性,被用于制造发动机和气动外壳,保障了极端环境下的性能要求。在核电工程中,UHPC 用于建造核反应堆压力容器、冷却塔及辅助设施,其高强度、耐久性和抗辐射能力为核电站的安全性和可靠性提供了坚实保障。

UHPC 的广泛应用彰显了其在现代建筑工程中的重要地位。无论是在桥梁、隧道、高层建筑中,还是在航空航天和核电工程等特殊领域,UHPC 均以其卓越的性能,为工程的安全性、耐久性和经济效益提供了有力支撑。随着技术的不断进步,UHPC 在未来的发展前景将更为广阔,为建筑行业带来更多创新可能。

4 超高性能混凝土的未来发展

尽管超高性能混凝土(UHPC)的研究与应用已取得显著进展,但伴随科技进步与建筑工程需求的演变,UHPC 的未来发展前景仍然广阔,主要体现在以下几个关键方向:

UHPC 的未来发展将得益于新型原材料的融入。材料科学的进步,尤其是石墨烯、纳米碳管等高性能添加物的应用,因其出色的力学性能和多功能性,正引领 UHPC 性能的飞跃。这些创新材料的整合,预期将极大提升 UHPC 的力学表现和耐久性。同时,环保意识的提升也推动了可再生资源和生物基材料在 UHPC 中的探索,旨在减少环境足迹,推动绿色建筑的发展。

UHPC 的可持续性发展是未来研究的核心。着眼于绿色建筑和生态平衡,UHPC 的研发将聚焦于减少碳足迹、开发可回收材料以及降低能耗。通过这些措施,UHPC 的生产过程将变得更加环境友好,为实现建筑业的长期可持续发展目标做出贡献。

随着人工智能、物联网等前沿技术的兴起,建筑行业正迎来智能化革命。UHPC 的生产和施工过程将通过这些技术得到优化,实现质量监控的自动化和性能提升的智能化。此外,UHPC 与智能技术的结合预示着更加高效、环保的建筑解决方案,为未来建筑业的创新奠定基础。

UHPC 的应用前景正不断拓宽,其多功能性在工业、能源、航空航天等多个领域展现出巨大潜力。UHPC 的创新应用,如在新型太阳能电池和储能系统中的应用,不仅促进了能源效率的提升,也支持了可持续发展的全球目标。

5 结语

综合全文的讨论,超高性能混凝土(UHPC)的未来发展蓝图需融合创新思维与多学科智慧,包括但不限于新型原材料的探索,可持续性战略的深化,智能化建筑技术的整合,以及多功能化应用的拓展。这些要素相互依存、相辅相成,共同塑造 UHPC 的未来,推动其向更高效、更环保、更智能的方向发展。因此,未来的研究工作必须加大跨学科合作与创新力度,不断拓宽 UHPC 的应用边界,深化其在各领域的应用实践。

随着对 UHPC 潜力的不断挖掘,我们有理由相信,这种材料将成为未来建筑领域不可或缺的一部分。通过跨学科的协作、创新技术的融合以及对可持续发展的不懈追求,UHPC 不仅将极大地扩展其应用范围,还将深化其在建筑行业中的影响力,为实现一个更加绿色、智能、高效的建筑环境提供坚实的物质基础。

参考文献

[1] SCHMIDT M, FEHLING E. Ultra-High-Performance Concrete: Research, Development and Application in Europe [C], 2005.

[2] ULLAH. R, QIANG. Y, AHMAD. J. Ultra-High-Performance Concrete (UHPC): A State-of-the-Art Review. Materials, Volume 154, 2022, 142231.

[3] MUGAHED A, SHAN-SHAN H, ALI M. Abdelgader, Togay Ozbakkaloglu, Recent trends in Ultra-High Performance Concrete (UHPC): Current Status, Challenges, and Future Prospects, Construction and Building Materials, Volume 352, 2022, 129029.

[4] HADI B, DAVOOD M. Microstructure of Ultra-High-Performance Concrete (UHPC) - A review Study, Journal of Building Engineering, Volume 50, 2022, 104118.

[5] JIANG D, WEINA M, KAMAL H. New Development of Utra-High-Performance Concrete (UHPC), Composites Part B: Engineering, Volume 224, 2021, 109220.

[6] 廖圣炜, 武念铎, 卢俊杰, 等. 超高性能混凝土的制备与性能综述 [A]. 第二十二届全国现代结构工程学术研讨会论文集 [C], 全国现代结构工程学术研讨会学术委员会. 2022: 315-320.

[7] 闫荣伟. 超高性能混凝土 (UHPC) 制备与应用研究 [J]. 建筑技术开发, 2020, 47 (7): 145-146.

探讨"双碳"理念下装配式装修施工技术的创新应用

李锦华

湖南六建装饰设计工程有限责任公司　长沙　410015

摘　要：装配式装修作为一种高效、可持续、灵活的施工方法，自问世以来，在建筑行业的应用一直备受关注。工厂预制部件和现场快速组装大大缩短了施工周期，提高了施工效率和质量，减少了资源浪费。然而，随着社会的发展和需求的变化，装配式装修面临着新的机遇和挑战，施工技术的创新和发展是装配式建筑更广泛应用的关键要素。

关键词："双碳"理念；建筑工程；装配式装修施工技术；创新应用

随着社会的发展和技术的不断进步，装饰装修施工技术面临着新的机遇和挑战。此外，实现碳中和、碳达峰是我国社会经济发展的重要决策，也是我国全面建设小康社会和实现社会可持续发展的重要保证。在实现"双碳"目标的背景下，为了满足快速、高效、节能、高质量的要求，装配式装修施工技术的创新和发展成了必然。因此，作者通过对目前装配式装修施工技术发展的全面分析和深入研究，探讨装配式装修施工技术的创新和应用方法。

1 "双碳"时代装配式装修施工的发展机遇与挑战

1.1 机遇

装配式建筑的核心特征包括模块化设计和高效的能源效率，与实现"双碳"目标密切相关。而通过使用标准化模块和可再生材料，装配式装修在建筑全寿命周期内减少了施工过程中的能源消耗和二氧化碳排放，这种精确的设计方法不仅提高了建筑物的能源效率，而且符合二氧化碳中性设计的总体战略。因此，在低碳空间快速崛起的时代，装配式装修将成为实现"双碳"目标的理想选择，装配式装修的快速设计和高效节能为加快建筑行业二氧化碳减排提供了切实可行的途径。传统建筑的建造往往伴随着大量的能源浪费和碳排放，工厂生产和装配安装的综合设计最大限度地减少了这些不必要的环境负荷。通过推动装配式装修的广泛应用，我们可以大大减少建筑行业对能源的依赖，并为实现"双碳"目标做出积极贡献。

1.2 挑战

装配式装修在技术创新和相关标准开发方面仍然不足。首先，随着科学技术的飞速发展，新型建筑材料、制造技术和智能系统不断涌现，但装配式装修领域的技术创新相对滞后，装配式装修材料和技术的降碳能力参差不齐，还需要创建先进的生产工艺，促进建筑信息模型（BIM）的广泛应用，智能建筑系统的发展也有待加强。其次，装配式技术缺乏完善和统一的标准，导致不同类型的装配式项目往往缺乏一致性和可比性，限制了它们在市场上的推广。市场上对可装配式建筑的认识度相对较低，是一个需要克服的主要挑战。许多潜在的用户和开发商对装配式装修的优点和长期效益的理解不足，因此更喜欢传统的建筑方法。

2 装配式装修施工设计技术在建筑施工中的优势

装配式装修施工设计技术在建筑施工中的优势如图1所示。

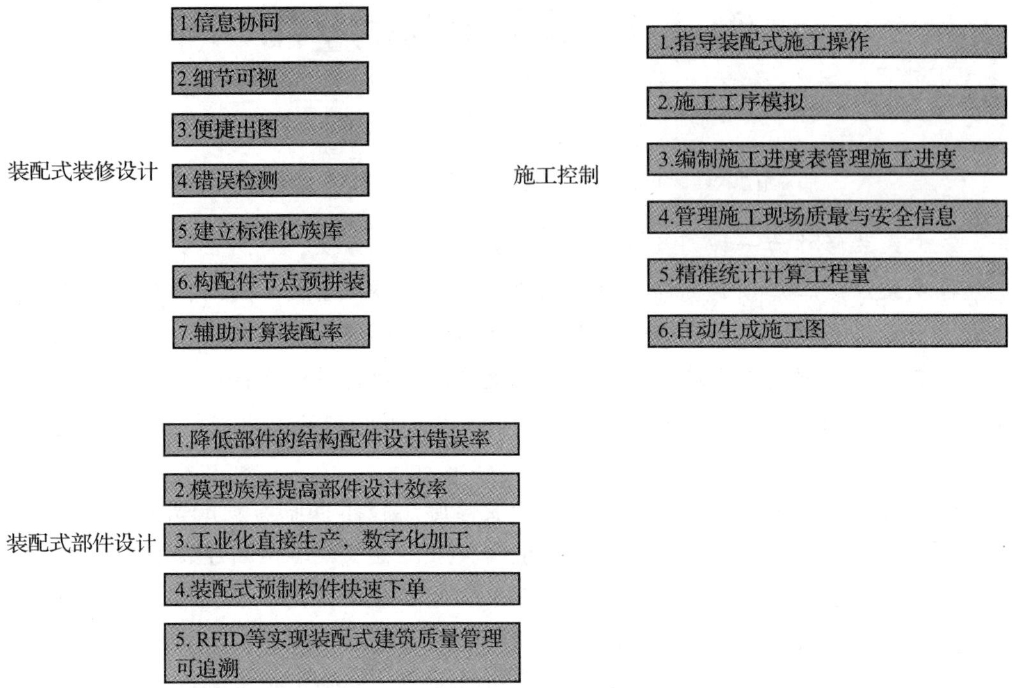

```
装配式装修设计
  1.信息协同
  2.细节可视
  3.便捷出图
  4.错误检测
  5.建立标准化族库
  6.构配件节点预拼装
  7.辅助计算装配率

施工控制
  1.指导装配式施工操作
  2.施工工序模拟
  3.编制施工进度表管理施工进度
  4.管理施工现场质量与安全信息
  5.精准统计计算工程量
  6.自动生成施工图

装配式部件设计
  1.降低部件的结构配件设计错误率
  2.模型族库提高部件设计效率
  3.工业化直接生产，数字化加工
  4.装配式预制构件快速下单
  5.RFID等实现装配式建筑质量管理可追溯
```

图1 装配式装修施工设计技术在建筑施工中的优势

2.1 有效简化施工过程、提高施工效率和质量

用于装配的成品构件的质量相对较轻，大大减轻了建筑结构的整体荷载。施工前，如果能采用装配式材料的工厂拼装，可以降低现场的施工难度，合理简化施工工序，保证各项工作之间的良好连接。此外，装配式材料的现场安装采用干作业施工，比湿作业便捷，污染少。同时成品装饰材料的装配化安装，降低了材料损耗，减少了资源浪费；大大减少施工人员的工作内容，施工速度快，提高了施工效率；减少了现场工人，降低了人员的技能要求，从而减小质量管理的难度，使施工标准化和规范化，提高了施工质量。

2.2 减少环境污染

在传统的建筑装修施工过程中，一般会对周围环境造成干扰，甚至是破坏。传统的装修施工过程中会产生各种噪声，对附近居民的日常生活造成很大的影响，同时也会危及饮用水和室内空气。而现阶段的装配式装修可以有效地克服装修施工造成的各种环境污染，不但不会对周围产生太大影响，还可以降低对水资源的危害。

3 推动装配式装修施工技术发展的关键因素

3.1 技术创新

3.1.1 引进先进的制造技术

引进先进的制造技术是推动装配式建筑发展的核心，通过使用先进的制造技术，可以实现组装部件的高标准化和工厂生产，提高部件的质量和精度，显著缩短生产时间和减少能源消耗。先进制造技术的不断创新将为装配式建筑提供更高效、更可靠的生产手段，从而提高其在市场上的竞争力。

3.1.2 智能设计与建造

智能建筑和施工是推动装配式建筑进入智能时代的重要途径。通过引入建筑信息建模、人工智能和物联网技术，可以在施工阶段全面优化建筑物的各个方面，以确保装配式部件的最佳设计和功能。智能设计可以提高现场施工效率，减少人力，降低施工过程中的安全隐患，这种对整个工艺的智能应用，将为装配式建筑提供更高水平的技术支持，更好地适应"双碳"时代的要求。

3.2 政策支持

3.2.1 为建筑行业制定二氧化碳排放标准

制定建筑行业的碳排放标准是政府促进绿色建筑发展的关键要素。通过设定清晰的二氧化碳排放目标，建筑行业可以朝着低碳的方向发展。对于装配式建筑，这意味着更清晰的环境要求和技术规范，这有助于提高市场认可度。政府在制定标准方面的积极作用将为装配式建筑创造稳定的政策环境，并鼓励行业参与者采用更环保的建筑方法。

3.2.2 对建设项目的财政奖励

为了促进装配式建筑的推广和应用，政府可以制定财政激励措施，这些措施包括税收减免、财政补贴和建筑项目的财政支持。通过制定经济激励措施，政府可以促使建筑行业加强组装房屋的采用，并增加其市场份额。这样的政策将有助于减轻企业的投资负担，提高装配式建筑在建筑市场上的竞争力。

3.3 市场需求

3.3.1 用户对绿色建筑的关注度上升

随着环保意识的提高，用户对绿色建筑的需求不断增长。绿色建筑通过使用可再生材料和节能设计，满足了用户对健康和环保生活环境的期望。装配式建筑正是能够满足这种需求的建筑类型，因其高效节能、环保的特点符合现代人对生活质量的要求。

3.3.2 建筑规模的市场竞争力

随着技术的发展和市场竞争的加剧，装配式建筑在市场上的竞争力逐渐增强，施工周期短、质量易控制和能耗低的特点符合当前的市场需求趋势。通过加强广告宣传和市场形成，更多用户认识到装配式建筑的优势，有助于增加其市场份额。此外，装配式建筑还可以满足城市化进程中快速建设的需要，在市场上获得更大的空间。

4 装配式装修施工技术的创新和发展对装配式建筑的重要性

首先，装配式装修施工技术的创新可以显著提高施工速度和效率。与传统建筑施工相比，装配式装修施工技术采用模块化组件和工厂生产，实现快速装配和安装，节省大量施工时间。

其次，装配式装修施工技术的创新可以有效地降低装配式建筑的成本。工厂生产和装配式部件的标准化设计可以减少材料浪费和人力消耗。通过数字技术的应用，可以提前发现和解决施工过程中的问题，减少错误和返工，降低各阶段成本。

最后，装配式装修部件材料生产中的创新可以提高建筑物的质量和可靠性。装配式装修部件是在工厂制造的，以确保部件的质量控制和一致性，通过应用自动化和数字化技术，可以实现材料生产的标准化，从而保证施工过程中的高精度和协调性，进一步提高施工效率。

5 "双碳"理念下建筑工程装配式装修施工技术创新应用存在的问题

5.1 缺乏技术标准和规范

由于装配式装修的形式和应用范围不同，目前还没有统一定义，不同国家和地区对装配式装修的概念和组件有不同的理解，导致标准和标准的制定存在差异。同时，装配式建筑是多种多样的、复杂的，涉及各种材料、结构和工艺问题，因此，有必要制定规范和标准，以考虑不同情况下的应用。

5.2 缺乏教育和培训

目前的工人培训和技能认证体系并不完全符合装配式建筑的要求。缺乏专门的培训机构和课程使得很难提供装配式装修方面的全面培训，因此工人缺乏装配式装修的必要技能和知识。与传统装饰装修相比，装配式装修对自动化和数字化要求更高，但缺乏实践经验导致新技术和设备的应用存在不确定性。

5.3 设备和工具的适用性不高

装配式建筑的施工过程需要特殊的设备和工具来完成组合和安装，但是，现有的设备和工具可能无法完全适应装配式建筑的需求。因此，开发和调整具有装配特性的设备和工具，以提高设计的效率和质量是一项挑战。

5.4 施工团队的合作与管理不足

装配式装修的施工过程涉及多个团队，包括设计团队、制造商团队、运输团队和安装施工团队。为了保证施工方案和质量的协同和管理，必须建立有效的沟通机制和项目管理体系，然而，团队成员之间缺乏分工和责任，信息共享不畅，导致协作和管理困难。

6 探讨"双碳"理念下建筑工程装配式装修施工技术创新应用的对策

6.1 加强施工计划控制

装配式装修施工前，要做好施工计划的控制，严格遵守相应的工序，控制各种规划，统一管理各类施工工序，包括规划、检验等，避免盲目施工。同时，如果需要取消周计划或进行变更，则需要根据风险等级改进升级机制，如一至三级审批机制，一级审批组，二级审批组，三级审批领导，以最大限度地减少或避免施工对环境的影响，为企业和人民正常生产生活提供支持。

6.2 优化施工过程控制

对于装配式施工管理，需要结合实际情况选择合适的管理手段，如利用移动终端采集工作进度，并通过图像、音频等数字形式记录施工痕迹，采用施工人员信息卡、人脸识别技术，确保人员安全通行，这是突破工作场所管理瓶颈的关键。同时，启动施工过程的控制，还可以动态掌握现场人员的情况，避免不合格人员进入施工现场。在此过程中，要求施工人员严格遵守施工的相关规范和要求，及时发现和处理问题，避免安全隐患或风险，不断促进施工安全水平和有效性的提高。

6.3 加强监督

在实际的监控过程中，必须着眼于施工现场是否制定了安全措施，施工人员的安全通道是否标准化等，进一步检查，如果发现安全隐患或违反规定，必须及时指出，并委托施工单位进行纠正，尽量避免安全问题的发生。管理层还必须定期或不定期进行现场检查，发现问题并提出建议，以抑制潜在的风险因素，为施工的安全奠定坚实的基础。在新时代的背景下，装配式装修工程呈逐渐增加的趋势，但由于施工人员素质参差不齐等因素，在一定程度上增大了施工难度，而实施监控管理可以在施工规划中保障人力、物力资源和其他各类资源的安全控制，配合质量和安全控制的合理发展，促进问题的及时发现和处理，最大限度地减少或避免干扰工程有序发展的外部因素。

6.4 制定统一的技术标准和规范

制定统一的技术标准和规范，需要相关机构、行业协会、设计单位、施工单位等各方的合作并达成共识。在制定标准和规范时，应征求各方面的专业意见和建议，确保标准和规范全面客观地反映行业的需求和技术趋势。

6.5 提高员工的素质

主管机构和教育培训机构应制定装配式装修的综合培训计划和课程。这些培训计划应包括装配式部件组装的理论知识、技术操作技能、安全意识和风险防范等要素，以确保从业人员具有全面的专业素质。除了理论培训外，提高人员素质的关键还在于注重实践培训和能力测试。建立一个模拟组合施工建筑场景的培训基地或实验室，在实际建筑环境中提供操作培训，并帮助从业人员对组合安装技术进行学习和实践。建立装配式材料厂商的工业认证体系，并对相应职位的专业技能进行标准化认证和评估，这将有助于提高人员素质，鼓励从业人员不断学习和再培训，提高自己的专业水平。

6.6 开发合适的设备和工具

随着装配式施工的发展，有必要开发自动化和数字化技术，以提高装配式施工的效率和质量。例如，组件生产线、智能装配设备、机器人技术等可以实现自动化和集成装配，提高生产效率，减少人工错误。为了满足装配式装修的施工要求，必须开发特殊的设备和工具，包括组装工具、校准工具、测量仪器等，这些设备和工具可实现精确的安装和调整，并确保装配的准确性和质量。装配式装修的施工必须强调质量控制，因此必须开发相应的质量控制和检测设备。自动化测量和检测机器人与无损检测设备可以实时监测施工质量，并及时纠正和调整；建筑信息模型和虚拟现实技术可用于规划、协调和展示复合建筑；通过开发相应的软件和硬件，可以提供更准确的模型信息，更简单的协同设计和设计管理工具，并提高施工团队之间的协作效率和准确性。

7 结语

综上所述，在"双碳"时代，装配式装修的发展前景广阔，但其可持续发展需要行业的共同努力。通过不断创新，明确政策支持的发展和市场意识的提高，预期未来装配式装修将有更大的发展空间，为建筑行业的可持续发展和实现"双碳"目标做出更大的贡献。

参考文献

[1] 李源,孙晔. 基于BIM技术的装配式建筑设计[J]. 智能建筑与智慧城市, 2023 (12): 94-96.
[2] 杨硕. 装配式建筑施工质量控制研究[J]. 工程建设与设计, 2023 (21): 245-247
[3] 林庆. BIM技术在装配式建筑装修工程设计和施工中的应用分析[J]. 居舍, 2023 (10): 90-93
[4] 吕淑倩,沈巍. 基于BIM的装配式建筑建造成本管控研究[J]. 价值工程, 2023, 42 (17): 16-18
[5] 董丰林. 装配式建筑施工技术的实践与创新分析[J]. 产品可靠性报告, 2023 (7): 95-97.
[6] 柳志强. 新时代装配式建筑施工技术应用研究与创新[J]. 建筑经济, 2021, 42 (S2): 11-14.
[7] 常振华. 预制装配式建筑施工技术及创新分析[J]. 四川水泥, 2021 (9): 201-202.

厂房装配式玻镁板隔墙及吊顶施工方法与应用

胡 翔

湖南艺光装饰装潢有限责任公司　株洲　412000

摘　要：针对传统砖砌隔墙施工过程中存在的投入成本高、施工效率低的问题，研究了装配式玻镁板隔墙及吊顶施工的技术方法。该方法采用的主要材料均由工厂预制，可以快速组装，在降低成本的同时提高了施工效率。由于选用镀锌钢、金属饰面板等材料，相比于其他方法，玻镁板隔墙更低碳环保，结构性能、耐久性也更优越。

关键词：玻镁板隔墙；吊顶；装配式；工厂预制；快速组装；金属饰面板

我国作为制造大国，对制造生产用房建造的需求量日益增大，如何快速高效、节能环保地进行厂房建造是值得探讨的问题。相较于传统室内砖砌隔墙普遍存在的人力和机械资源投入大、施工效率低、质量通病控制难度大等问题，新兴涌现出来的一大批装配式隔墙无论在工程质量还是在节能环保方面均具有明显优势，如新型装配式玻镁板隔墙、蒸压轻质加气混凝土（ALC）墙板隔墙等。

装配式玻镁板隔墙及吊顶系统材料主要由轻钢龙骨架、内置保温隔音棉以及成品饰面板组成，无须现场裁切、焊接，安装工艺简单，还具有坚固耐用、可拆卸、空间分隔自由、观感整洁等优点，同时可改善目前其他新型隔墙产品隔音差、防火效果差、不能吊挂以及装饰难等问题。

1　技术特点

1.1　工艺流程

玻镁板隔墙及吊顶现场安装一般在室内墙地面装饰面层施工完成后进场，其主要工艺流程如下：测量放线→天龙骨安装→靠墙龙骨安装→地龙骨安装→立柱安装→横挡安装→单元式玻镁板安装→门洞口安装→水电气安装→阴阳角装饰线条安装→板缝及饰面处理。

1.2　工艺原理

玻镁板隔墙及吊顶通过标准化单元构件组装而成，主要材料经深化设计后由工厂预制加工，再由现场组装。其安装构件通过定型配件采用卡扣式连接的方式组成一体化结构骨架，成品的单元式玻镁板隔墙及吊顶通过卡扣式配件连接。根据单元式玻镁板隔墙及吊顶的材料厚度及现场安装条件调整配件规格及形制。在与墙、地、顶面相交处，可安装配套的阴阳角收边条及成品踢脚线进行收边处理。

1.3　工艺特点

玻镁板隔墙及吊顶均由工厂预制，运输到现场后仅需使用自攻螺丝及专用卡扣即可实现快速组装，具有节省人力、提高效率的特点。选用的镀锌钢、金属饰面板等材料均具有结构性能好、耐久性强、环保等特征。同时，该隔墙系统采用铝定型化制作工艺，兼具可拆卸功能，契合环保低碳的发展理念。

2 施工要点

2.1 测量放线要点

测量放线属于前期准备工作,是施工的基础和前提。在这一环节,施工人员必须严格按照施工设计图纸的要求,使用调准后的水平/垂直仪放线,并弹线确定天地龙骨及靠墙龙骨的安装位置。要求弹线清晰,误差不大于1.5mm。

2.2 测设排板及构件选型

根据测量放线结果,将其按指定比例投射到相关排板软件上进行墙板间的排板。在排板过程中,充分考虑现场实际情况,包括设备安装位置、门窗洞口尺寸及墙板吊装空间等。尽量将墙板均匀分布,对极个别特殊位置的墙板进行排板标记,方便现场安装排序。

玻镁板隔墙的构件选型需根据现场实际施工条件而定,连接墙板之间的构件有U形卡槽、L形卡槽、T形卡槽、H形卡槽及特殊卡槽(适用于特殊尺寸及形状墙板的安装)。合适的构件选型对于现场安装平整度和统一性起到至关重要的作用。

2.3 现场安装要点

玻镁板隔墙及吊顶的现场安装要点如图1所示。安装过程由以下五个步骤组成:施工准备、隔墙板现场运送、隔墙板安装预处理、隔墙板安装定位、隔墙板表面装饰层施工。每个步骤都需要按照设置的施工规范进行。

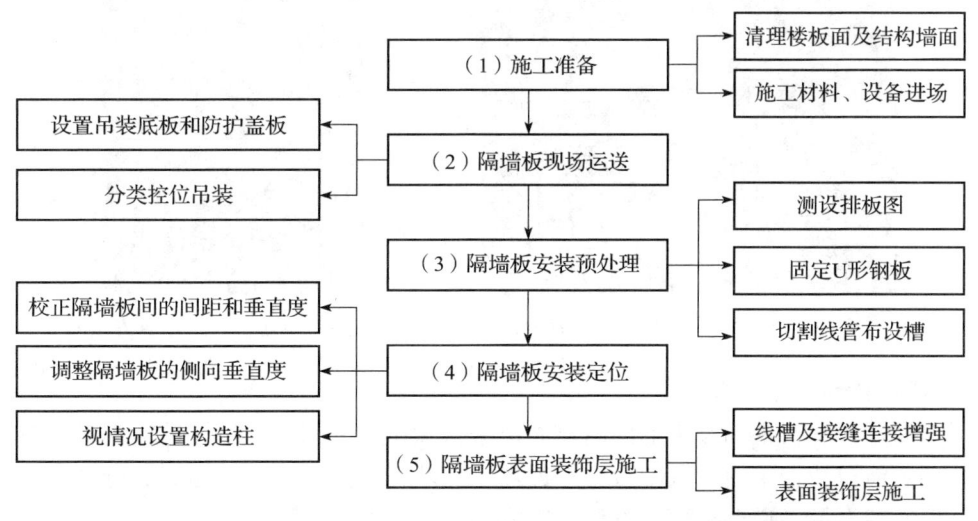

图1 装配式隔墙安装流程

2.3.1 安装龙骨

龙骨需根据玻镁板隔墙厚度及型制进行确认,以在保证龙骨固定墙板的同时不致凸出墙体大面,避免产生龙骨凸出墙面的情况。龙骨安装数量与位置需满足要求,侧面要求等间距安装三个,顶部根据拼板情况安装在结构压槽位置。龙骨的选型与位置必须按照要求进行,避免龙骨尺寸过大,后期处理拼缝时整体墙面的垂平度超标。龙骨安装现场如图2所示。

图2 玻镁板吊顶龙骨安装

2.3.2 单元式玻镁板隔墙运输及吊装

厂房因生产需要开间与层高相对较大较高时,墙板的尺寸也相应变大。现场隔墙运输及吊装需要进行集中管理,根据施工区域对隔墙进行分区域堆放。

(1) 采用专门设备将符合设计要求的隔墙板运送到施工现场,采用叉车进行平面运送施工。

(2) 当需要进行吊运施工时,根据隔墙板的平面尺寸确定吊装底板及防护盖板的平面尺寸,轧制吊装底板及防护盖板;在吊装底板上设置 4 个吊绳连接环和 2 个绑绳连接环;在防护盖板上预设与吊绳连接环位置对应的吊绳限位槽、与绑绳连接环位置对应的绑绳限位槽;先采用专门的移位设备将隔墙板置于吊装底板上,再使吊装绳索一端与吊绳连接环连接,另一端经吊绳限位槽后与另一侧的吊装连接环连接;同步使绑绳一端与绑绳连接环连接,另一端经绑绳限位槽后与另一侧的绑绳连接环连接;采用专门的吊装设备将隔墙板连同防护盖板及吊装底板吊装至楼面板上。玻镁板隔墙的放置和吊顶灯具的安装如图 3、图 4 所示。

图 3　玻镁板隔墙板分区域放置　　　图 4　玻镁板吊顶灯具安装

2.3.3 门窗洞口预留及加固

根据测设排板图对现场墙板上的门窗洞口进行预留,并采用预埋镀锌槽钢对洞口位置进行加固处理。镀锌槽钢采用镀锌钢板焊接连接,与墙板厚度一致,并对其进行收边处理,采用成品门框及窗框压条进行封边,方便门窗安装。门、窗的安装效果如图 5、图 6 所示。

图 5　玻镁板隔墙板门的安装效果　　　图 6　玻镁板隔墙玻璃窗的安装效果

2.3.4 电气敷管、安装附墙设备

根据设计图纸要求，对玻镁板隔墙内部机电设备管线做好预留预埋，管线敷设过程中严禁切断横向和竖向方钢管，局部管线密集处可切断 C 形竖向轻钢龙骨，切断轻钢龙骨部位应通过焊接同规格型号的龙骨进行加强处理。在墙面开关插座、灯具、消防喷淋、烟感报警器等吊顶设备终端需安装的位置，进行管线敷设及位置预留。

3 具体应用

3.1 工程概况

华锐精密数控刀具数字化生产线建设项目装修工程位于株洲市渌口区创业二路，建筑面积约 36000m^2。该项目有着明显的制造行业形象特点，建设单位对该装饰施工项目的工程质量标准和施工工期提出了较高要求，结合该施工项目现场情况，可将该施工项目工程特点归纳为施工质量要求高、工程费用要求省、装饰项目交叉多、工期紧。该项目隔墙约 12000m^2，吊顶约 3000m^2，经综合考虑后该项目采用装配式玻镁板隔墙及吊顶系统。项目的实施效果如图 7 所示。

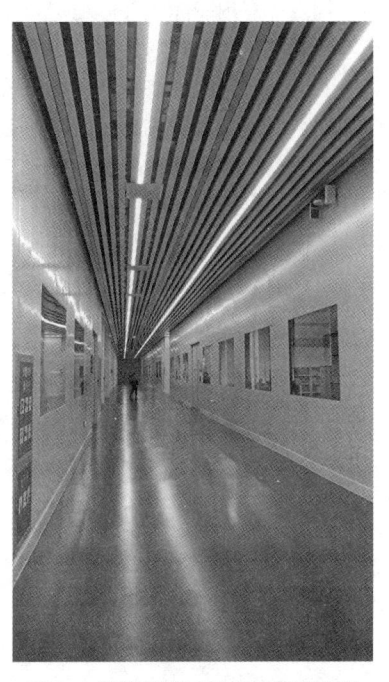

图 7 华锐精密项目玻镁板隔墙

3.2 安全措施

施工前编制安全可行的施工方案，制定有效的应急预案；加强安全思想教育，坚持班前安全技术交底。专职安全员每天进行安全巡查，对检查出的隐患做好记录并及时处理，消除安全隐患，对重大安全问题应及时采取纠正预防措施；在隔墙施工过程中，所有机具必须按操作说明进行操作，严禁违章操作，使用完后必须关掉电源并放置在安全处，一切用电必须安全接地，各种机械不得带病作业；安装过程中，必须采用临时固定措施，防止墙板倒下砸伤人。注意楼层间的预留洞口、临边防护，防止他人掉入孔洞。

3.3 环保措施

现场围护设施、材料堆放、施工人员着装严格按标准化要求执行，施工中减少废料和废渣，产生的建筑垃圾按有关规定处理，施工机械选择噪声低、产生粉尘少的设备；施工过程中做到工完场清，保持场容场貌整洁，建筑垃圾及时清理，提高文明施工标准。

3.4 经济效益

项目第 1~第 3 层厂房隔墙都采用单元式玻镁板隔墙及吊顶系统施工技术，提高了生产效率，降低了人工成本。项目工期较传统室内隔墙施工缩短了一半，以 5 人为一组的施工组，一天可施工约 200m^2，节约人工成本 10 万余元，并且该项目中玻镁板采用彩钢板压面，省去了隔墙涂饰施工工序，避免厂房二次污染。

4 小结

综上所述，装配式玻镁板隔墙在厂房装修应用中技术特点鲜明，相较于其他的传统隔墙施工方法具备了美观整洁、系统完备、施工便捷、建筑使用周期长的特点。装配式玻镁板隔墙应用到装配式建筑工程当中可以在保障施工质量的基础上提升施工效率，降低工程建设成

本。为此需要对装配式隔墙进行研究，明确装配式隔墙对于装配式建筑工程建设的重要性，坚持技术优化创新，为我国建筑产业进一步发展扩展空间。

参考文献

［1］侯晓宝. 新型玻镁板防火吊顶隔墙应用技术探讨［J］. 居舍，2019（12）：69.

［2］汪浩. 室内装配式装修施工技术的应用与研究［J］. 中国建筑装饰装修，2023（24）：174-176.

［3］罗育浩. 装配式居住建筑一体化内隔墙的应用［J］. 居舍，2023（36）：21-24.

［4］王艺奇. 轻质隔墙技术在装配式建筑工程中的应用［J］. 江苏建材，2023（2）：90-92.

［5］高博. 单元装配式超高轻钢龙骨隔墙一体安装施工技术［J］. 建筑施工，2023，45（3）：538-541.

［6］李鸿杰，顾鹏博，罗强，等. 装配式内装修在公共建筑的应用及技术分析［J］. 建筑施工，2022，44（11）：2731-2733，2746.

［7］董志贵. 公共建筑装配式装修材料应用探析［J］. 居业，2021（12）：149-150.

［8］黄瑞婕，李玲，夏令，等. 装配式建筑轻质隔墙安装精准定位施工技术分析［J］. 科技创新与应用，2024，14（4）：177-180.

建筑装饰装修工程施工质量控制措施

王湘金

湖南艺光装饰装潢有限责任公司　株洲　412000

摘　要：论述了在建筑装饰装修工程施工中质量控制的重要性，针对目前装饰装修工程施工中经常出现的质量问题，探讨了质量通病的防治措施，旨在确保装饰装修工程施工质量，促进装饰装修工程施工质量朝着更高的标准和要求发展。
关键词：装饰装修；工程质量；质量防治

装饰装修工程施工过程中的质量控制是确保最终项目满足设计要求、功能需求和安全标准的关键环节，质量控制不仅涉及美观度，还关乎结构安全、使用功能、环保标准等多个方面。因此，装饰装修工程施工过程中质量控制的重要性不言而喻。

然而，在实际装饰装修工程施工中，常会出现一些质量通病，如材料选用不当、施工工艺粗糙、工程管理不规范等，这些问题不仅影响工程质量，还可能带来安全隐患，甚至影响建筑的使用寿命。因此，针对这些质量通病，需要采取有效的防治措施。

1　施工质量控制的重要性

1.1　保证工程安全

装饰装修工程涉及墙面、地面、天花板等多个部分的处理，一旦质量控制不到位，可能会导致结构损伤、材料老化等问题，进而引发安全隐患。

1.2　满足使用功能

高质量的装饰装修工程能够确保建筑的使用功能得到充分发挥，如良好的隔声、保温、防水功能等。

1.3　美学与实用性

优质的装饰装修能提升建筑的整体美感，给人以舒适、愉悦的视觉体验，确保建筑的使用功能得到充分发挥，提升建筑的整体美感和设计价值。

1.4　延长使用寿命

在施工过程中，通过严格的质量控制，注重每一个细节，确保施工质量达到最佳，确保建筑长期稳定运行，有效抵抗外界环境因素的侵蚀，如气候变化、潮湿、腐蚀等，减少维修和更换的频率，从而降低使用成本。

2　工程质量问题产生的原因及防治措施

2.1　工程管理

2.1.1　原因分析

缺乏明确的责任划分、工作流程不清晰；资源分配不均、人员配置不合理；沟通不顺畅，导致信息传递不及时、不准确，从而导致工程管理的混乱和不规范等。

2.1.2　防治措施

施工管理人员要充分认识到施工管理及质量管理的重要性，高度重视施工管理及质量管理工作，明确相应岗位的职责与责任，夯实质量管理主观基础，建立健全与工程相适应的质量保证体系，全面贯彻执行质量管理标准，高意识、高目标、高标准地编制质量管理计划，制定消除工程质量通病的措施，加大监督力度，严格进行管理、控制、检验，确保工程施工质量。

工程施工进场之前需对施工现场做周密的调查，包括施工用地、道路交通、气候条件、周围环境，组织各专业相关人员熟悉现场和图纸，了解设计意图，复杂工艺和关键施工部位编制专项施工方案，对采用新工艺、新技术的特殊工序编制作业指导书等。如进场后首要问题是做好内外装修测量放线把控和作业指导，做到测量放线中精度和基准线的综合性和统一性，并定期或不定期相互校对相关的轴线和水平基准线，避免因各专业安装单位各自测量放线，以满足自身施工的需要，而最终可能造成交接面出现参差不齐、无法收口的现象，从而影响装饰装修效果。

图1为把洗漱台剖面、强弱电插座、镜子、壁灯等全部在立面上1∶1标识出来，以便进一步评价设计布局、尺寸的合理性。

图2为把吊顶结构、喷淋、灯具等点位全部投影到地面上。

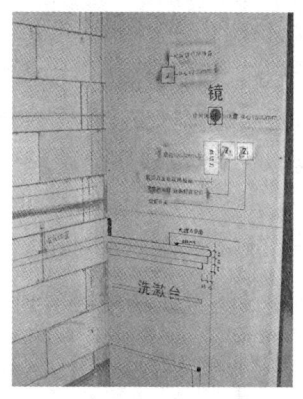
图1　装饰部件立面标注

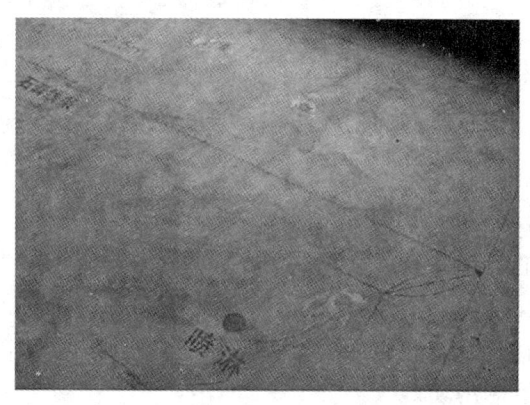
图2　装饰物的点位投影

建立技术交底卡制度和工序交接卡制度，使用图表和书面材料，对具体做法、技术要求、施工方法、材料情况和操作规程等进行书面交底，写清楚施工班组施工内容，实行班组自检制度，班组与班组、工种与工种、工序与工序之间按时进行交接，执行交接制度，便于检查本工序，服务下一道工序，保护工序成品，明确责任，使执行人员了解任务的质量特性，做到心中有数，避免产生差错，以保证正常施工和施工质量。

设置质量控制点，明确重点、难点解决措施，针对技术要求高、施工难度大的某个工序或环节，对操作人员、材料、工具、施工工艺参数和方法等给予文字说明、重点提醒和重点控制，如细部收口、转接件的安装和调整、隐蔽工程等。针对质量通病或质量不稳定、易出不合格品的工序，施工工艺复杂、交叉工序较多的地方，事先提出控制措施。如图3所示收口节点做法，由技术人员轮流值班全工序过程监制，不得有误。

材料进场后，做好材料管理工作，制定详细的材料运输、堆放制度，按施工总平面布置图和施工顺序就近合理堆放，减少倒垛和二次搬运，对购入的材料和成品设置专门的仓库，由专人保管、发放，需要防水、防污的材料按要求分类堆放，妥善保管，避免损坏和变质。如装饰装修工程所用的砂浆、灰膏、玻璃、油漆、涂料等，应集中加工和配制。又如，装饰材料和饰件以及有饰面的构件，在运输、保管和施工过程中必须采取措施，防止损坏和变质。

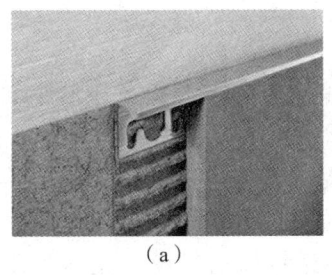 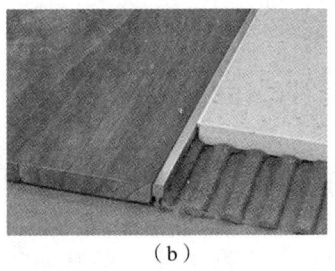 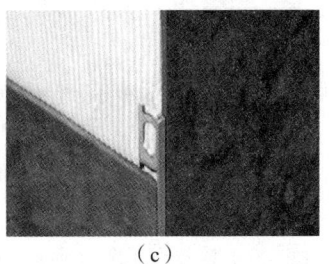

(a) (b) (c)

图 3 墙砖或墙面石材，地板、砖或石材，阳角收边

工程施工中，要同步进行施工过程中的成品保护工作，某些部位已完成，而其他部位还正在施工，如果对已完成部位或成品不采取妥善措施加以保护，就会造成损伤，影响工程质量，为保证工程施工质量，应加强现场施工过程中已完工程的成品保护。

2.2 材料选用

2.2.1 原因分析

材料选用不当或材料本身存在质量问题，会导致装饰装修工程的质量和性能不稳定，产生安全隐患、环境污染等问题，如开裂、变形、褪色；防火性能不达标遇火灾发生时可能加剧火势；电气性能不良可能导致电路短路、触电；含有有害物质，如甲醛等，长期释放会对室内环境造成污染，危害居住者的健康。

为了达到工程品质完善及绿色环保的目标，必须配以专业精细的施工，要达到最佳施工效果，必须对材料的选择非常重视。

2.2.2 防治措施

建筑装饰装修工程所用材料的品种、规格和质量应符合设计要求和国家现行标准的规定，当设计无要求时应符合国家现行标准的规定，严禁使用国家明令淘汰的材料。对主要装饰及建筑配件，应在订货前要求厂家提供样品或看样订货，审核设备清单，确认是否符合设计要求。

所用材料的燃烧性能应符合国家标准《建筑内部装修设计防火规范》（GB 50222—2017）、《建筑设计防火规范》（GB 50016—2014）的规定；所用材料有害物质释放应符合国家有关建筑装饰装修材料有害物质限量标准的规定。

建立健全进场前检查验收和取样送验制度，所有材料进场时应对品种、外观和尺寸进行验收，材料包装应完好，提供产品合格证书、说明书及相关性能的检测报告。在验收过程中，发现数量不足、质量不符合要求、损坏等情况时要查明原因，分清责任，及时处理，凡是不合格的产品，都不能运到现场。

凡是用于重要结构、部位的材料，使用时必须仔细地核对、确认材料的品种、规格、型号、性能有无错误，应用新材料时，必须通过试验和鉴定，代用时必须通过计算和充分的论证，并要符合结构构造的要求。

2.3 施工工艺

2.3.1 原因分析

好的设计、好的材料，最后一关是好的施工工艺，错误的施工方法或过度的施工都可能带来不必要的损伤、损失。开孔、收边、收口是装饰装修工程施工中的细节问题，这些细节往往会严重影响工程施工，常常出现开孔位置错误、尺寸规格不准确；收边、收口不顺畅；

收口、收口线条与饰面板出现色差等问题。

2.3.2 防治措施

调整各专业图纸，在进场施工前配合业主、设计和监理单位，会同各系统各工种施工技术负责人进行图纸会审工作，提前安排深化设计工作，对主要工程节点进行深化设计，完善图纸中不够详尽或未考虑周全的地方，确定各装饰造型的相对位置，包括平面位置、标高尺寸等，确保其在施工中不发生冲突，提出合理化建议，注重施工过程中的细节处理。如图 4、图 5 所示，吊顶工程细节收口，石膏板天花阴阳角多，通过做法的设计完善调整收口的垂直度和平整度，让石膏板基层、乳胶漆施工在满足使用功能的前提下，不仅达到质量标准，也体现设计呈现的感官度，实现美学与实用性的统一。

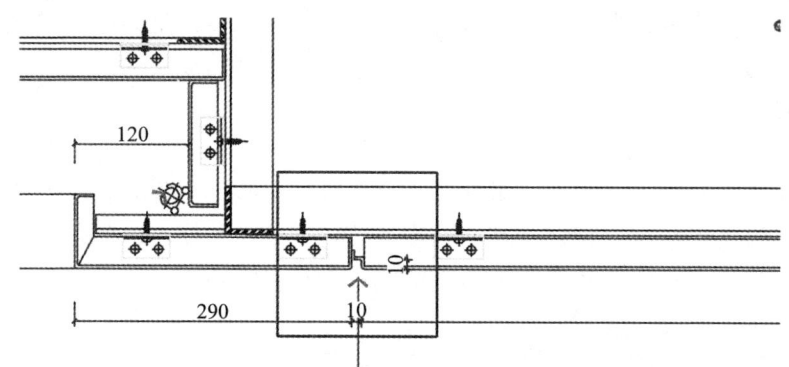

图 4 顶面 10mm×10mm 凹槽缝处折边（单位：mm）

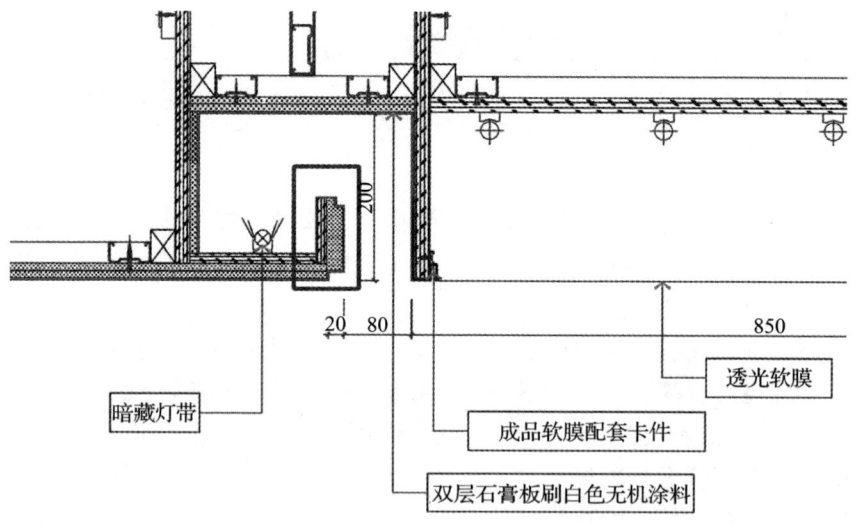

图 5 天花阴阳角收口（单位：mm）

借助 BIM 技术，利用 CAD，BIM，3D Max 等软件，建立 BIM 三维空间模型，对各专业中复杂的机电管线进行优化排布，梳理安装管道路线，通过碰撞检测等技术将机电管线与装修等专业的碰撞干涉点位逐一调整，使得机电所有点位与装饰灯具、开关面板点位成行成线，从而让装饰设计方案的得到更充分的体现。

聘请专业、经验丰富的施工队伍，确保施工过程的专业性和规范性，合理地安排施工顺序，按正确的施工流程组织施工，装饰装修工程从楼层上分，采取自上而下的流水作业顺序，先做地面，后做顶棚、墙面抹灰，可以保护下层顶棚、墙面免受渗水污染；在已做好的地面上施工对其加以保护。

加强施工过程中的质量监控和验收，确保每一步施工都符合设计要求和质量标准，建立"样板制度"，由技术和相关人员一起进行检查和评定，检查该项工程所有的材料、工艺是否满足要求，通过鉴定以样板为标准再进行施工。

建立分部分项工程质量标准，按"创优质工程"的标准做好质量目标分解，把质量目标分解到各相关人，明确质量责任，抓好质量教育，提高工程所有参施人员的质量意识。

创新和完善施工技术，采用新技术，如装配式施工模式，将装饰装修工程施工的各项施工工艺优化，利用装配式施工、集中加工、充电式施工机具等的优势，既能提升现场施工效率，又能提升建筑装饰的整体美感，如图6和图7所示。

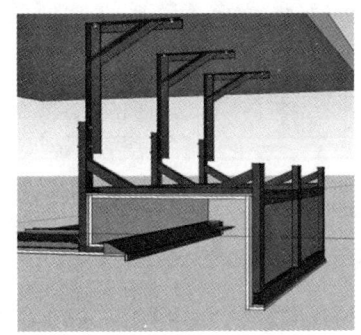

图6　装配式窗帘盒

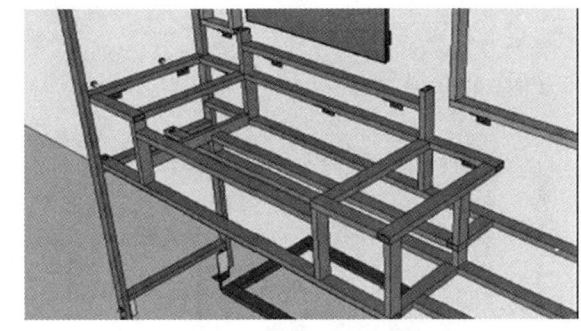

图7　装配式洗手台钢架

确保功能区域的使用性能，如防水工程的质量控制重在管口、阴角处等部位，做好管道口的填补，管道与地面处和墙面与地面处用纯水泥抹成八字或圆形，用来加强并先贴上经表面处理的玻纤布及胶黏剂用涂料，这些可以确保防水部位质量，将漏水隐患基本杜绝（图8）。

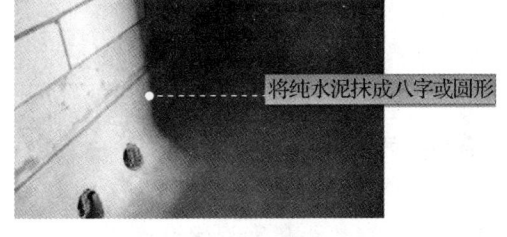

图8　功能区域的防水

3　结语

建筑装饰装修工程施工质量控制是一个系统工程，需要从多个方面入手，全面提升施工质量和管理水平，本研究提出的施工质量控制措施为建筑装饰装修工程的施工管理提供了有益的参考。未来，随着建筑装饰装修工程技术的不断发展，施工质量控制措施将不断完善，以更好地满足人们对美好生活环境的需求。

参考文献

[1] 张疆. 建筑室内装饰装修工程施工管理要点 [J]. 山东工业技术, 2018（22）：92, 94.
[2] 付牧杭, 李景飞, 周浩. 室内装修工程施工的质量控制对策 [J]. 居舍, 2018（29）：16.
[3] 叶志强. 室内装饰装修工程施工质量控制及其管理 [J]. 现代物业（中旬刊）, 2018（10）：228.
[4] 王星宇, 楚朝麟. 室内装饰装修工程施工技术要点分析 [J]. 居舍, 2018（24）：38.
[5] 赵义. 建筑装饰装修工程的施工质量控制与管理 [J]. 建材与装饰, 2020（3）：170-171.

室内立体造型墙柱装饰 GRG 材料施工技术及应用研究

杨思宇

湖南艺光装饰装潢有限责任公司　株洲　412000

摘　要：针对当前室内装饰材料环保要求高、造型复杂多变的特点，研究了 GRG 材料在立体造型墙柱装饰应用中的施工技术和方法。GRG 施工技术采用 3D 扫描、点云建模、BIM、参数化构件加工、3D 放样等多种技术，提升施工过程的信息化水平，降低施工难度，大幅提高施工效率，从而缩短了工期、节约了工程成本。

关键词：GRG 材料；墙柱装饰；3D 扫描；BIM；3D 放样；点云建模

随着现代展馆等大型公共建筑室内装饰造型趋于复杂多变，材料绿色环保要求越来越高，采用传统材料（如普通石膏板）、现场二维图纸放样和加工、过程中边安装边调整的施工方式已不能满足装饰工程工期紧、质量要求高及节能环保的需求。

在建筑行业蓬勃发展的背景下，装饰装修领域的需求日益多样化，对施工技术的创新也提出了更高要求。预制式玻璃纤维增强石膏制品 GRG 吊顶作为一项引人瞩目的先进装饰技术，正在逐渐成为业界的焦点。GRG 吊顶具有轻质、高强度、耐用等特点，能够提供集荷载计算、材料检测和施工工艺于一体的综合解决方案。本文通过深入探讨 GRG 吊顶施工技术在建筑装饰装修领域的应用，展现 GRG 在实际工程中的优势，同时为建筑行业的从业者提供有益的经验和启示。

1　技术原理

施工前通过 BIM 技术对室内 GRG 装饰的设计方案进行建模，与现场 3D 扫描的实景逆向模型碰撞，整合装饰装修设计方案、现场实际施工情况及加工厂生产要求，经 BIM 深化设计做到 GRG 复杂造型的准确表达和构件生产安装合理化；过程中由经论证审批的 GRG 造型深化设计参数化模型直接向工厂输出 GRG 构件加工图进行生产，并通过 GRG 造型深化设计参数模型输入空间坐标进行 3D 放样，精确指导现场安装和验收。

2　技术路线及实施要点

2.1　技术路线

现场放线、3D 扫描→点云建模→装饰模型调整→钢结构模型建立→模型碰撞分析、调整→施工图深化→杆件制作→预拼装→防锈处理→成品检验、编号→钢结构吊装安装→钢结构涂装。

2.2　实施要点

2.2.1　室内 GRG 设计方案三维模型化

对于复杂曲面的 GRG 装饰造型，二维图纸理解困难，且无法避免各专业冲突的问题，施工时容易出现错误，导致返工。

项目在施工前运用 BIM 软件（如 Revit），根据各专业二维设计图，以结构三维模型为基础，建立准确表达设计意图的各专业设计方案三维模型。

设计方案三维模型建立过程中，可提前进行各专业碰撞检测，发现冲突问题，在设计方案三维模型建立阶段调整解决，以减少先行、同步及后续施工的工序对室内 GRG 装饰施工的影响，避免施工中因相互影响不得不进行拆除返工或设计变更，而造成成本提高、工期延后及设计意图的表达受影响。GRG 三维模型如图 1 所示。

2.2.2 3D 扫描建立逆向模型

由于施工过程中情况复杂，设计变更以及施工过程中问题导致实际施工与设计图纸产生偏差，因此室内 GRG 装饰施工前掌握结构实际情况极为必要。该技术采用 3D 扫描技术进行整体测量，掌握结构尺寸的偏差。3D 扫描现场建模如图 2 所示。

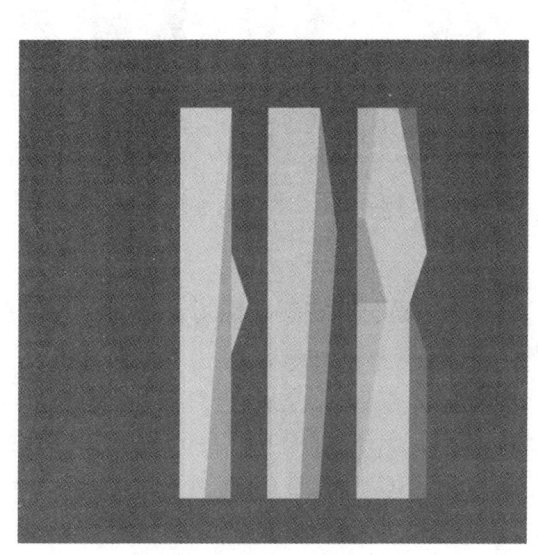

图 1　GRG 三维模型

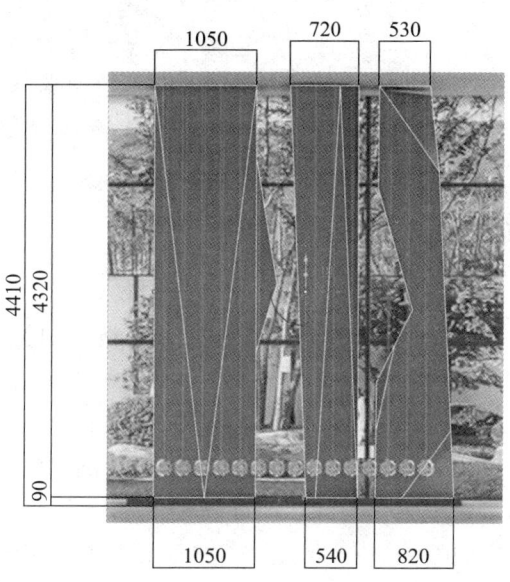

图 2　3D 扫描现场建模

3D 扫描可根据现场结构和机电安装等进度分段实施，外业工作人员需先行布设控制网，为后期扫描数据的拼接和坐标转换提供精确的控制点；实施过程中使用 3D 扫描仪对构筑物进行扫描，以获得真实场景的三维数据。3D 扫描工作是在实景三维模型数据处理软件中对外业数据进行释放、配准、去噪，输出相应格式的数据，再对这些数据进行拼接加工处理，从而生成一个完整的结构实景逆向三维模型。

2.2.3 冲突分析及设计方案调整

实景三维模型建立后，与室内 GRG 设计方案三维模型进行叠加碰撞，详细检查设计方案与现实施工情况的偏差冲突，形成碰撞报告并进行问题分级，为进行设计方案的调整提供依据。

调整室内 GRG 设计方案三维模型，使其与现场实际施工情况一致。一般性问题在下一步室内 GRG 造型 BIM 深化过程中解决，影响 GRG 安装和设计意图的问题要与业主与设计单位沟通、协商，在室内 GRG 设计方案三维模型中进行调整修改，以满足实际现场的要求。图 3 是 GRG 实景三维模型，模型调整修改如图 4 所示。

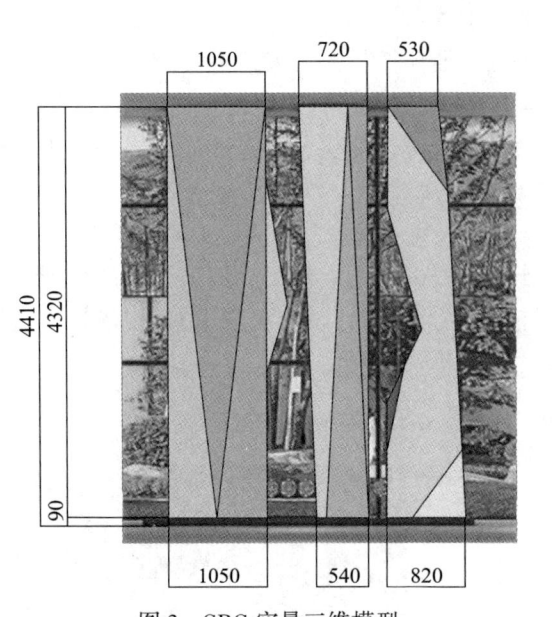 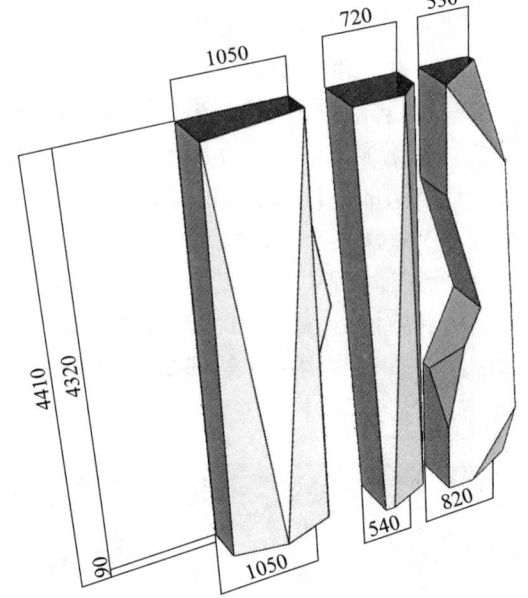

图 3　GRG 实景三维模型　　　　图 4　三维模型调整修改

2.2.4　室内 GRG 造型 BIM 深化设计

室内 GRG 造型 BIM 深化是该技术的关键，需综合考虑设计意图、现场安装与工厂生产的要求。深化成果需经业主、设计单位审批后才可应用。

2.2.5　GRG 板块加工

GRG 板块加工步骤：GRG 板块的 CAD 加工图→模具制作→模具喷浆→产品养护。该技术采用参数化的深化设计软件，深化完成后可直接形成 GRG 板块的 CAD 加工图。

GRG 各不同板块生产加工前需先制作模具，模具选材和 GRG 板块划分影响着构件加工进度及其成本。GRG 板块分块可在深化设计软件中进行，GRG 板块分块时对于有一定规则的造型可采取标准块形式，采用木模大量快速生产，以节省大量模板，有效缩短材料供应周期。对于曲面复杂的 GRG 造型，可使用硅胶模具整体制作。

生产完成的板块需进行编码，方便 GRG 材料跟踪管理和现场安装。

2.2.6　3D 施工放样

在审批完成后的 BIM 深化设计模型中，提取准确的室内 GRG 安装定位数据，将这些放样点导入放样设备中，放样设备在施工现场进行高精度放样工作。该放样方法测量效率高，并可减少人为的测量错误，大大提高放样质量。

2.2.7　GRG 板块安装

GRG 板块安装步骤：钢架制作安装→GRG 板块安装→GRG 板块接缝处理→面层施工。

安装 GRG 板块时，与原建筑地面的间隙可先用木垫板垫起，找准位置后临时固定，再进行精调，位置准确检查无误后进行焊接固定。相邻板块采用螺栓连接，拼接缝清理后用 GRG 专用黏结剂和玻璃纤维带交替填充，防止后期开裂。

3　案例应用

株洲市华锐精密办公楼装修项目位于株洲市芦淞区创业二路 68 号，办公楼共 5 层，总建筑面积约为 6000m²。装饰档次属于中高档,甲方要求完全还原设计效果。

该项目第 2~第 5 层电梯厅及第 1 层大厅墙柱均为立体造型,第 1 层大厅还装饰有雕塑造型立柱,形状与公司标识一致,要求造型美感与设计一致。项目部考虑施工精度及设计还原度的要求,采用 GRG 材料进行施工,并取得了显著的经济和社会效益。整体效果如图 5 所示。

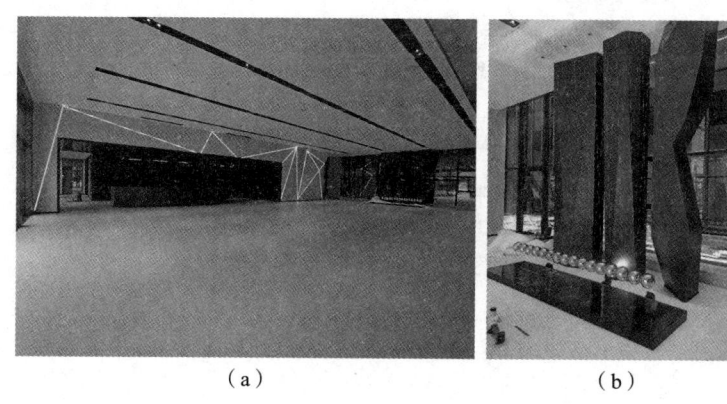

(a) (b)

图 5 立体造型墙柱完成效果

3.1 经济效益

室内立体造型墙柱装饰施工技术因构件为工程预制,现场安装速度快,人工成本仅为 70.67 元/m²,而普通石膏施工工艺,现场制作安装工程量大,人工成本约为 215.47 元/m²,室内立体造型墙柱装饰施工技术相比传统工艺人工费每平方米降低约 67.2%。

该技术因模型表达准确,变更较少,构件工厂进行参数化加工,现场精确安装,其材料损耗率很低(约 2%),而采用普通石膏板的施工方式,材料损耗率高达 20% 左右。

立体造型施工所用时间为 5d,包括造型修补、饰面涂料等后续所有工序。而若采用传统普通石膏板材料工艺,分析得出所需工期为 15d,该技术可缩短工期约 67%。

3.2 社会效益

室内立体造型墙柱装饰施工技术在 GRG 安装施工中应用了 3D 扫描、BIM、3D 放样等核心技术,高效高质量地完成了复杂室内 GRG 装饰的施工,现场采用艺术涂料饰面,质地细腻且装饰装修的效果极佳。该技术工艺简单,信息化程度高,施工速度快,可以满足工期紧的需要。

4 结论

目前,装饰装修工程中的新型环保材料得到了迅速发展,其中 GRG 材料以其质轻、强度高、可定制等良好性能,得到了相关行业的认可。室内立体造型墙柱 GRG 材料施工技术为现代展馆等公共建筑的复杂装饰施工提供了良好的经验和借鉴,推广前景好。通过应用该技术,既降低了复杂装饰造型的施工难度,又满足工期短、质量要求高的要求,同时提升了建造过程中的信息化水平,达到了节约成本和工时的目的。

参考文献

[1] 张晓磊. 建筑装饰装修施工中 GRG 吊顶施工技术应用[J]. 中国建筑装饰装修,2024(2):145-147.

[2] 张童,王二龙,陈伟,等.室内GRG材料装饰研究[J].中国建筑装饰装修,2023(20):89-92.
[3] 金石.浅谈曲面GRG吊顶、墙体施工技术的应用[J].四川水泥,2023(6):151-153.
[4] 李颖.GRG材料在室内曲面造型的应用研究[D].海口:海南大学,2023.
[5] 黄玮.波浪形GRG吊顶施工技术与应用[J].建筑技术开发,2023,50(1):45-47.
[6] 潘秋密.弧形建筑空间GRG饰面板装配式安装技术探讨[J].福建建材,2020(9):88-90.
[7] 陶万余,晏金洲.某复杂造型工程GRG安装与BIM应用[J].施工技术(中英文),2022,51(23):46-48.
[8] 范文东.BIM技术在双曲面GRG幕墙设计施工中的应用[J].佛山陶瓷,2023,33(11):62-63,73.
[9] 王赟超.GRG材料装饰施工的关键技术[J].建筑技术开发,2022,49(12):51-53.
[10] 孙一甲.GRG异形吊顶喇叭口灯槽施工过程分析[J].安徽建筑,2022,29(5):39-40.
[11] 毕钰,张宁.GRG材料在公共建筑中的应用实践分析[J].四川水泥,2021(8):53-54.
[12] 李云锋,吴奕君.大面积超高大跨度弧形双曲面GRG装饰墙数字化施工技术[J].广东土木与建筑,2021,28(11):8-11.

一种背栓式干挂转换件施工方法

黄翠寒

湖南艺光装饰装潢有限责任公司　株洲　412000

摘　要：针对传统瓷砖开槽式干挂施工后瓷砖不稳定，导致瓷砖脱落砸伤行人，材料无法再次利用的特点，设计一种干挂转换件，该方法将传统瓷砖开槽的方式改为背栓式，使其满足瓷砖背栓干挂的要求。结果表明该方法具有瓷砖干挂稳定、牢固的优点。

关键词：瓷砖干挂；背栓；转换件

随着我国经济的迅速发展，人们的生活水平得到了极大提高，大家对美好生活的向往也带动了建筑装饰装修行业的高速发展。以前墙面装饰装修运用最多的是各类装饰涂料，现在墙面装饰装修运用的装饰材料多种多样。其中，瓷砖干挂得到大家的喜爱。因为干挂瓷砖没有与基层墙体直接接触，避免了空鼓问题的产生，而干挂工艺则能更好地保持瓷砖的优良性能，不易变形脱落。施工完毕的瓷砖，不仅牢固，而且保证了平整度。施工的速度也得到了提高。另外，也减少了墙体的承载，降低了建筑物的负荷，安全性能有了保证。但是由于以前施工技术的局限性，瓷砖干挂后出现了瓷砖不稳定，导致瓷砖脱落砸伤行人的事情时有发生。

该方法解决了传统瓷砖干挂施工后瓷砖不稳定，导致瓷砖脱落砸伤行人、材料难以再次利用的问题。此施工方法利用原有瓷砖干挂龙骨基础加装转换件，改传统瓷砖开槽的方式为背栓式，使其满足瓷砖背栓式干挂的要求，从而使瓷砖干挂稳定、牢固，而转换件在加工厂集中焊接，使施工现场更加环保、安全，是一种符合绿色施工要求的施工方法。

1　施工方法特点

该施工方法适应范围广，不破坏原有的瓷砖干挂的内部结构，施工工艺简单易操作，节约了材料和人工成本。

该施工方法改变了传统在瓷砖上开槽然后进行干挂的方式，在瓷砖上进行背栓式干挂，使瓷砖干挂更加稳定和牢固。

该施工方法使用的干挂转换件在加工厂进行集中焊接和加工，使施工现场更加环保、安全，是符合绿色施工要求的施工工法。

2　适用范围

装饰装修项目中所有使用开槽式瓷砖干挂方式的工程，为了保证瓷砖干挂的稳定和牢固，想改为背栓式瓷砖干挂工艺的工程部位均可采用此施工方法。

3　工艺原理

此施工方法利用原有瓷砖干挂龙骨基础加装转换件，满足瓷砖背栓式干挂的施工要求。传统的瓷砖背栓式干挂要求使用的每块瓷砖面板都有上下两根横梁龙骨，并且上下龙骨连接角码与挂件的孔位必须一致。传统瓷砖开槽式干挂要求在每块瓷砖横缝处有一根横梁龙骨，但是对龙骨的上下、水平及龙骨上角码的安装孔位没有太高的要求。所以在正常情况下，无法将现有的开槽式瓷砖干挂龙骨改为背栓式瓷砖干挂龙骨。我们现在的转换件就是以现有横梁为固定点进行安装，安装完成后转换件可上下、左右调节，从而满足瓷砖背栓式干挂的要求。该施工方法可根据现场实际需要，调节瓷砖的安装位置，达到瓷砖干挂安装完成后牢固、平整、美观的目的，比起传统的瓷砖干挂施工方法，利用该施工方法的瓷砖干挂更加牢固、美观且于加工厂集中焊接，施工现场更加环保、安全，符合绿色施工要求。

4 施工工艺流程及操作要点

4.1 施工工艺流程

确定转换件的数量和规格→加工厂定制转换件并进行焊接、防锈处理→在原有龙骨基础上安装背栓转换件→在原有瓷砖背面安装背栓配件→将安装好背栓挂件的瓷砖安装在转换件上→调节背栓式干挂的瓷砖使其符合规范要求→质量验收。

4.2 施工操作要点

4.2.1 确定转换件的数量和规格

由于该施工方法是在原有干挂龙骨的基础上进行操作施工的，为了保证材料数量的准确性，需要施工员根据现场龙骨的情况确定转换件的数量，再根据瓷砖背栓的规格确定转换件的规格。

4.2.2 加工厂定制转换件并进行焊接、防锈处理

加工厂根据项目部提供的设计图纸，加工、焊接转换件并在加工厂完成拼装以及防锈处理，为项目施工现场提供更加环保、安全的施工环境，如图1所示。

4.2.3 在原有龙骨基础上安装背栓转换件

传统的瓷砖背栓式干挂要求使用的每块瓷砖面板都有上下两根横梁龙骨，并且上下龙骨连接角码与挂件的孔位必须一致。传统瓷砖开槽式干挂要求在每块瓷砖横缝处有一根横梁龙骨，但是对龙骨的上下、水平及龙骨上角码的安装孔位没有太高的要求。所以在正常情况下无法将现有的开槽式瓷砖干挂龙骨改为背栓式瓷砖干挂龙骨。而该施工方法就是以现有横梁为固定点进行安装，加装转换件满足瓷砖背栓施工的要求，如图2所示。

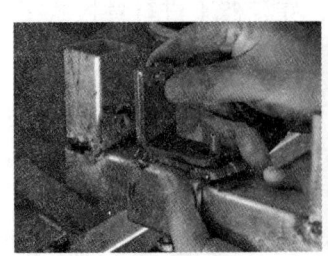   

（a）焊接处理　（b）防锈处理　　　　（a）安装转换件（一）　（b）安装转换件（二）

图1　加工厂定制转换件并进行焊接、防锈处理　　图2　在原有龙骨基础上安装背栓转换件

4.2.4 在原有瓷砖背面安装背栓配件

通过专业的钻孔设备，在饰面砖的背面精确加工一个里大外小的锥形圆孔，把锚栓植入锥形孔，拧入螺杆，使锚栓底部彻底扩张，与锥形孔相吻合，形成一个面接触的无应力连接配合，最后安装在转换件上，如图3所示。

  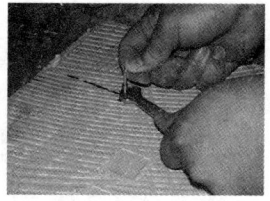 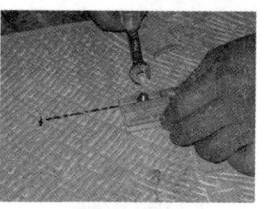

（a）加工锥形圆孔　　　（b）锚栓植入锥形孔　　　（c）拧入螺杆　　　（d）安装背栓配件

图3　在原有瓷砖背面安装背栓配件

4.2.5　将安装好背栓挂件的瓷砖安装在转换件上

该施工方法就是以现有横梁为固定点进行安装，安装完成后转换件可上下、左右调节，从而满足瓷砖背栓式干挂的要求，如图4所示。

4.2.6　调节背栓式干挂的瓷砖使其符合规范要求

饰面砖利用背栓的施工工艺进行安装，保证了每块饰面砖独立挂贴安装，独立受力，实现了灵活布置。该施工方法利用了原有开槽式饰面砖干挂的龙骨，同时通过上下、左右调节转化件，使饰面砖的安装符合规范要求，如图5所示。

（a）利用原有横梁进行安装　　（b）调整转换件　　　（a）上下调整转换件　　（b）左右调整转换件

图4　将安装好背栓挂件的瓷砖安装在转换件上　　　图5　调节背栓式干挂的瓷砖

4.2.7　质量验收

瓷砖背栓式干挂安装完成后，应对照《建筑装饰装修工程质量验收标准》（GB 50210—2018）进行质量验收，合格后方可投入使用，如图6所示。

5　材料与设备

5.1　转换件出厂要求

转换件的规格、型号应符合设计要求，五金配件齐全，具有出厂合格证、材料检验报告书并加盖厂家印章，进入

（a）质量验收完工照片（一）　（b）质量验收完工照片（二）

图6　质量验收完工照片

现场须经监理或建设单位见证取样，并送检测机构检测，验收合格后方可投入使用。

出厂的转换件应进行防锈处理，未做防锈处理不准进场。运到现场的转换件应堆放整齐，并存于仓库内；搬运时轻拿轻放，严禁扔摔。

5.2 测量仪器设备

红外线测距仪：可用 SW-100 型，用于现场测距。

水平仪：可用 LS632 型 9 线 1 点激光水平仪，用于水平、垂直定位。

钢卷尺：可用 5m、50m 型，5m 钢卷尺用于短距离的测量，50m 钢卷尺用于长距离测量。

6 质量控制

6.1 执行标准及依据

《建筑装饰装修工程质量验收标准》（GB 50210—2018）、《工程测量标准》（GB 50026—2020）以及设计图纸等。

6.2 质量控制管理措施

认真核对图纸，各工种做好图纸会审工作，对设计图纸以及工艺要求做到全面理解设计意图；严格按施工程序施工，做到先策划、后施工。

成立质量检查小组，对转换件的安装工作进行定期或不定期检查。

现场使用的激光水平仪要严格进行管理、检校维护、保养并做好记录，发现问题后立即将仪器设备送检。

各种材料必须按品种、规格、批量、进场日期、检验报告、使用部位及数量进行登记。

6.3 质量控制技术措施

定位：由专业测量员、施工员与各班组等有关人员一道进行，在施工场地根据现场情况进行准确定位，反复复核，将位置偏差控制在允许范围内。

转换件焊接部位的防锈处理：转换件进场安装前，由施工员和质量员对转换件的焊接部位是否已进行防锈处理进行检查，务必保证每个转换件涂刷了防锈漆。

转换件的安装质量验收应符合国家标准《建筑工程施工质量验收统一标准》（GB 50300—2013）和《建筑装饰装修工程质量验收标准》（GB 50210—2018）的规定。陶瓷板安装的允许偏差和检验方法见表 1。

表 1 陶瓷板安装的允许偏差和检验方法

序号	项目	允许偏差（mm）	检验方法
1	立面垂直	2	用 2m 垂直检测尺检查
2	表面平整度	2	用 2m 垂直检测尺检查
3	阴阳角方正度	2	用 200m 直角检测尺检查
4	接缝直线度	2	拉 5m 线，不足 5m 拉通线，用钢直尺检查
5	墙裙、勒脚直线度	2	拉 5m 线，不足 5m 拉通线，用钢直尺检查
6	接缝高低差	1	用钢直尺和塞尺检查
7	接缝宽度	1	用钢直尺检查

7 安全措施

7.1 执行标准

执行标准为《建筑施工安全检查标准》（JGJ 59—2022）、《建筑机械使用安全技术规程》（JGJ 33—2012）、《施工现场临时用电安全技术规范》（JGJ 46—2005）、《建筑施工高处作业安全技术规范》（JGJ 80—2016）和有关地方标准。

7.2 安全措施

各工种上岗前应进行安全技术交底，严格遵守安全操作规程，并持证上岗，佩戴好劳动保护用品。

严格按照施工操作要点作业，按质量保证措施进行控制，防止各类事故的发生。

六级以上大风、大雨、大雪等恶劣天气，禁止作业。

高空作业过程中，应遵守操作规程，严防机械伤害。

操作工人必须佩戴口罩，避免清理基层扬尘危害。

在施工现场设置警戒线，并由专人看护，在主要通道及入口处要有醒目的警示标语。

对用电设备，采用专箱专锁，设漏电保护，以防触电。

8 环保措施

8.1 执行标准

执行《建设工程施工现场环境与卫生标准》（JGJ 146—2013）。

8.2 实行环保目标责任制

把环保指标以责任书的形式层层分解到有关班组和个人，建立环保自我监控体系。

8.3 环保措施

在施工现场组织施工过程中，严格执行国家、地区、行业和企业有关环保的法律法规和规章制度。

各种施工材料、机具要分类有序堆放整齐，余料注意定期回收，废料和包装袋及时清理，定点设垃圾箱，保持施工现场的清洁。

采取有效措施控制人为噪声、粉尘的污染，并同当地环保部门加强联系。应指出工程建设工法实施过程中，遵照执行的国家和地方（行业）有关环境保护法规中所要求的环保指标，以及必要的环保监测、环保措施和在文明施工中应注意的事项。

9 效益分析

特别适用于急需将开槽式瓷砖干挂转化为背栓式瓷砖干挂的工程部位。该项技术具有施工绿色环保、安全、快速、经济、可靠的优点，可在同类工程中推广应用。

9.1 经济效益

施工工序简单易操作，投入成本较低，可节约大量的材料成本和维修人工费用，根据项目规模的大小和开槽式干挂瓷砖脱落的严重程度，获取的经济效益不可估量。

该施工工法不改变原有瓷砖干挂龙骨基础，通过加装转换件，改变原有瓷砖的干挂方式为背栓式，注重每一道施工工序的严格控制，施工安全风险小，安全生产效益高。转换件安装所需设备简单，不需要大型机械设备，投入人力物力较少，可以在加工厂集中加工制作，质量误差小，施工成本得到了控制。

9.2 社会效益

运用该施工工法的工程项目，干挂的瓷砖没有脱落现象，赢得了广大业主的高度赞誉，也顺利地完成了工程交付。取得了良好的社会效益，受到监理、建设等单位的一致好评，同时也为企业树立了良好的品牌形象。

9.3 节能环保效益

该工法由于在加工厂进行工业化生产和集中化焊接，综合各种关键措施方法，投入较小，能有效地解决开槽式瓷砖干挂脱落的问题，避免了原有材料的浪费，节约了大量的人力和材料成本。在施工过程中噪声低，无废弃物排放，对环境基本不造成影响。

10 应用实例

10.1 神农城 4 号写字楼装饰装修工程

神农城 4 号写字楼装饰装修工程位于湖南省株洲市天元区风景秀美的神农太阳城内。该项目为 1 栋 13 层框架结构写字楼，该装饰装修工程含第 1 层大厅、办公室、楼（电）梯间和第 5~第 13 层，总建筑面积约 13540m^2，合同价为 2710 万元。该项目使用功能为天易集团办公楼，楼内设有办公室、会议室、荣誉展示厅、健身中心、阅览室、乒乓球室、台球室、职工之家等。该工程瓷砖干挂的面积为 1534m^2。墙面瓷砖干挂均采用该工法施工，没有发生瓷砖脱落现象，顺利通过了各种检测试验和各项质量检查验收及竣工验收，取得了良好的经济效益，该项目因此被评为全国 2015 年度全国装饰奖工程，最终向业主和上级主管部门交上了满意的答卷，为我公司赢得了较好的社会信誉。

10.2 栗雨城香山美境 21 栋酒店装饰装修工程

栗雨城香山美境 21 栋酒店装修装饰工程，位于湖南省株洲市天元区栗雨工业园内，位于珠江北路与栗雨东路交会处，地理位置优越，周边工厂、写字楼、学校、银行、商场、住宅小区云集，是经济与文化的交汇区。该工程总装饰装修工程面积为 5839m^2，结构类型为框架结构，该项目于 2014 年 11 月 18 日开工，2015 年 3 月 18 日竣工。施工区域为第 1~第 6 层、第 8 层，施工内容由第 1~第 6 层内入户大厅、电梯间、过道、客房、咖啡厅及第 8 层办公室装饰装修等项目组成。该工程瓷砖干挂的面积为 1256m^2，瓷砖干挂部位全部采用该工法，所有干挂的瓷砖没有发生脱落现象，节省了维修费用，取得了良好的经济效益，并获得了 2016 年度全国装饰奖，赢得了建设单位、设计单位、监理单位和建设行政主管部门的一致认可。

10.3 株洲市国投集团神农城总部大楼装修工程

株洲市国投集团神农城总部大楼装修工程，位于湖南省株洲市天元区风景秀美的神农太阳城内。总建筑面积约 17600m^2，施工区域为首层大堂和第 5~第 16 层室内精装修。工程开工时间为 2015 年 6 月 20 日，竣工时间为 2015 年 12 月 20 日，结构类型为框架结构，该工程瓷砖干挂面积为 1348m^2，瓷砖干挂采用该施工工法，所有瓷砖没有发生脱落现象，节省了材料费用、人工费用，保证了行人的安全，取得了良好的经济效益。该工程获得了 2017 年度全国装饰奖，赢得了建设单位、设计单位和监理单位的一致认可，为施工单位在建筑市场环境中树立了品牌形象。

参考文献

[1] 庄德辉. 陶瓷厚板建筑幕墙干挂技术研究［J］. 广东建材，2019，35（11）：57-61.
[2] 孙晟. 背栓式锚固干挂石材幕墙施工技术［J］. 江苏建材，2020（2）：46-49.
[3] 李力，师广峰，冯梦龙，等. 浅析背栓式干挂石材幕墙施工技术应用［J］. 四川水泥，2021（10）：184-185.
[4] 刘阳，陈钊君，叶葵芳，等. 建筑施工中外墙干挂石材的施工技术［J］. 中国建筑装饰装修，2023（17）：68-70.
[5] 王东平. 石材幕墙选材及背栓式干挂法优势分析［J］. 石材，2023（3）：10-12.
[6] 陈斌. 干挂陶瓷厚板幕墙施工及质量控制措施［J］. 中国建筑金属结构，2022（12）：118-120.
[7] 孙亦军，李松，彭志豪，等. "背栓式"方法在干挂瓷板装饰墙中的应用［J］. 住宅产业，2023（1）：91-93.

一种玻璃幕墙工装用防变形次要龙骨结构在玻璃幕墙工程中的应用

罗 章

湖南艺光装饰装潢有限责任公司　株洲　412000

摘　要：建筑装饰玻璃幕墙工程的龙骨安装是重要工序，要求其质量随着整个建筑行业质量的提高、技术的更新不断提升。本文对一种实用新型专利次龙骨防变形限位块在实际玻璃幕墙项目次龙骨安装中的相关问题进行分析及总结，为此类专利的应用提供借鉴。

关键词：实用新型；专利；玻璃幕墙；玻璃幕墙次龙骨（横梁）；变形

在建筑玻璃幕墙（框架式玻璃幕墙）工程中，幕墙设计时需要考虑主体结构自然位移、沉降等因素，幕墙框架各节点连接部位均需要通过螺栓进行活动连接。因设计、技术、施工、玻璃自重等原因，在一定程度上不可避免地存在一些局部的、隐蔽的、不可预见的问题，导致面板安装后次龙骨（横梁）出现前倾后翘的杠杆现象，向室外侧倾、扭曲、变形等质量问题。

我们在工程施工过程中采用实用新型专利——玻璃幕墙次龙骨（横梁）防变形限位块来解决以上问题。

1　一种玻璃幕墙工装用防变形次要龙骨结构

1.1　实用新型专利证书

（1）证书号：第20534485号。
（2）实用新型名称：一种玻璃幕墙工装用防变形次要龙骨结构。
（3）专利号：ZL 2023 2 1958414.6。
（4）专利申请日：2023年07月25日。
（5）专利权人：湖南艺光装饰装潢有限责任公司。

防变形限位块工艺图及安装方法如图1所示。

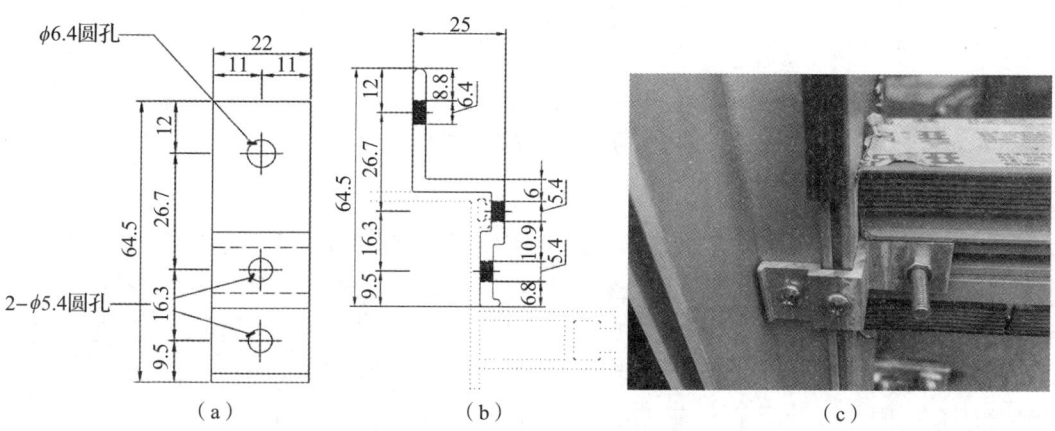

图1　防变形限位块工艺图及安装方法（单位：mm）

1.2 相关说明

本实用新型专利公开了一种便于安装的次龙骨（横梁）防变形限位块，包括防变形限位块、不锈钢螺栓。本实用新型专利为开模铝型材，适用于所有框架式玻璃幕墙，限位块可根据设计图纸型材要求进行相应修改对应开模。将已加工的本实用新型专利限位块（图1）固定于主龙骨上，在不影响幕墙自然位移、沉降次龙骨自然伸缩情况下，通过加装本实用新型专利限位块将部分玻璃自重产生的垂直力传导至主龙骨上，并且通过此实用新型专利限位块顶住次龙骨减少因玻璃过重对次龙骨产生的侧倾力，解决了次龙骨（横梁）侧倾、扭曲、变形等问题引起的美观、质量问题，避免重复返工。此专利安装方便、简单，也可用于后期玻璃幕墙龙骨出现的变形等质量问题的整改。

1.3 防变形限位块附图及图示（图2）

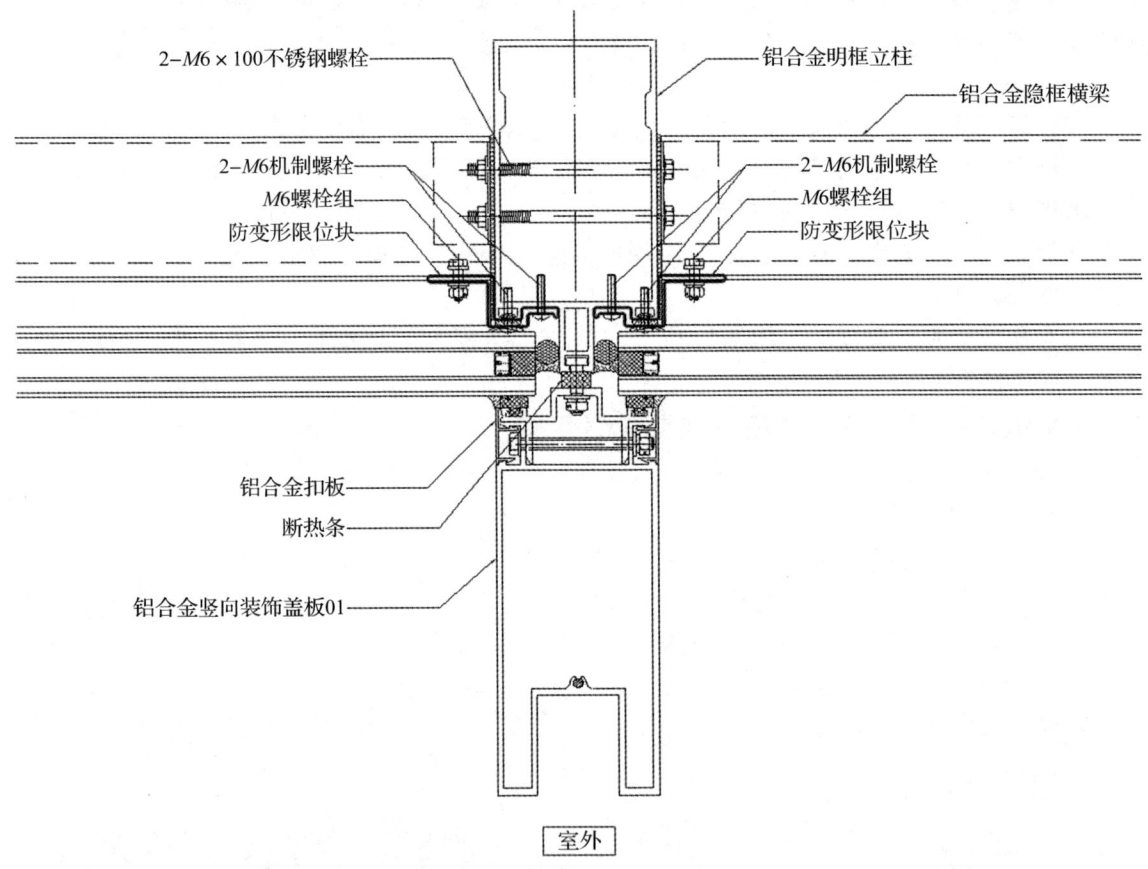

图2 防变形限位块附图及图示

1.4 主要问题技术特征

在建筑玻璃幕墙（框架式玻璃幕墙）工程中，在进行幕墙设计时需要考虑主体结构自然位移、沉降等因素，幕墙框架各个连接部位均需要通过螺栓进行活动连接。其中玻璃幕墙框架主龙骨（竖向龙骨）通过螺栓、转接件与埋件连接固定在主体结构上，次龙骨（横向龙骨，通常为开口式型材）通过对穿螺栓加角码与主龙骨连接。目前建筑玻璃幕墙（框架式玻璃幕墙）受限于设计图纸、施工工艺、构件加工工艺、面板自身质量等。设计图纸时，龙骨框架是根据计算得出龙骨截面大小的，而计算过程只会考虑荷载、龙骨等。在实际施工过程中，各构件螺栓开孔间隙（为方便施工穿插螺栓，开孔直径都要大于螺栓直径），对穿螺栓通过立柱与横梁固定角铝间隙，次龙骨（横梁）与固定横梁角铝间隙，龙骨框架各构件加工、施工误差等因素，综合各构件之间间隙及误差、加上面板自身重量的向下垂直引力等问题，导致面板安装后次龙骨（横梁）出现前倾后翘的杠杆现象，向室外侧倾、扭曲、变形等质量问题。

1.5 采用的技术路线和方法

基于建筑玻璃幕墙（框架式玻璃幕墙）工程特点，按设计及施工要求安装好主次龙骨框架，设想在玻璃面板之间的胶缝处，通过加装本实用新型专利防变形限位块将横梁顶起，可导致次龙骨（横梁）变形处理不了的逸出前倾力传导至主龙骨上，减少因玻璃过重对次龙骨产生的向外侧倾力，这样在满足美观要求的同时又能解决次龙骨（横梁）变形问题。

1.6 所要达到的目的

按施工要求安装好主次龙骨后，通过加装本实用新型专利防变形限位块可将玻璃自重产生的部分垂直力传导至主龙骨上，并且此装置通过顶住次龙骨减少因玻璃过重而对次龙骨产生的向外侧倾力，并在不影响幕墙自然位移、沉降产生的次龙骨自然伸缩，解决了横梁侧倾、扭曲、变形等问题引起的美观、质量问题，通过此技术很好地加强龙骨框架的整体稳固性，此装置适用于传统全明、全隐、半明的框架式玻璃幕墙，能避免造成反复拆改，可缩短工期、避免返工、提高效率。

为解决次龙骨（横梁）向室外侧倾、扭曲、变形等问题，考虑各材料之间的化学反应及强度要求，本实用新型专利防变形限位块采用6063-T6开模铝型材。通过本实用新型专利施工，玻璃幕墙工程中次龙骨（横向龙骨）不易产生变形、侧倾等问题，此装置隐藏在各部位交接处，施工完毕后不影响原施工整体外观效果，达到了整体布置美观、整齐、合理，各专业与装饰深入融合的效果。

2 施工应用情况

2.1 工程概况

（1）该项目名为株洲清水塘环湖科创园一期工程幕墙工程，工程地点在株洲市石峰区霞湾路以南清水湖以西。

（2）该项目主要包括玻璃幕墙（约36000m^2）、石材幕墙（约103m^2）、铝板幕墙（12000m^2）、铝合金百叶、雨棚、采光顶等。

（3）工程规模：A塔为产业服务大厦，建筑高度约99.900m；B塔为企业总部办公大楼，建筑高度约89.900m，C塔为服务中心楼，建筑高度22.400m。

（4）结构形式：A塔和B塔为框筒结构，C塔为框架结构。

（5）实用新型专利产品［玻璃幕墙次龙骨（横梁）防变形限位块］主要用于该项目玻璃幕墙的龙骨部分。

2.2 本实用新型专利施工工艺流程

（1）测量放线→后置埋件安装→立柱安装→横梁安装→幕墙立柱的调整、紧固→加装防变形限位块→玻璃安装→密封处理→调试清理。

（2）测量放线：根据幕墙分格大样图和结构施工标高，轴线的基准控制点、线，重新测设幕墙施工的各条基准控制线。放线时应按设计要求的定位和分格尺寸，先在首层的地、墙面上测设定位控制点、线，然后用经纬仪或激光铅垂仪在幕墙四周的大角、各立面的中心向上引垂直控制线和立面中心控制线，各大角用钢丝吊线锤作为施工线。用水准仪和标准钢尺测设各层水平标高控制线，水平标高应从各层建筑标高控制线引入，以免造成各层幕墙窗口不一样高，测量时应注意分配误差，不能使误差累积，最后按设计大样图和测设的垂直、中心、标高控制线，弹出横竖构架、分格及转角的安装位置线。施工过程中要对各条控制线定时进行校核，以确保幕墙垂直度和各部分位置尺寸的准确无误。

（3）后置埋件安装：后置埋件由钢板加工制作而成，后置埋件必须使用化学锚栓，不得采用膨胀螺栓，并应做拉拔试验进行检测，同时做好施工记录。

（4）立柱安装：立柱一般采用铝合金型材或型钢，其材质、规格、型号应符合设计要求。首先按施工图和测设好的立柱安装位置线，将同一立面靠大角的立柱安装固定好，然后拉通线按顺序安装中间立柱。立柱安装一般应先按线把角码固定到预埋件上，再将立柱用2个直径不小于12mm的螺栓与角码固定。立柱安装完后应进行调整，使相邻两立柱标高偏差不大于3mm，左右位置偏差不大于3mm，前后偏差不大于2mm，垂直度满足要求。调整完成后将立柱与角码、角码与埋件固定牢固，并全面进行检查。立柱与角码的材质不同时，应在其接触面加垫隔离垫片。

（5）横梁安装：横梁一般采用铝合金型材，其材质、规格、型号应符合设计要求。立柱安装完后先用水平尺将各横梁位置线引至立柱上，再按设计要求和横梁位置线安装横梁。横梁与立柱应垂直，横梁与立柱之间应采用螺栓连接或通过角码后用螺钉连接，每处连接点螺栓不得少于2个，螺钉不得少于3个且直径不得小于6mm。安装时在不同金属材料的接触面处应采用绝缘垫片分隔，以防发生电化学反应。

（6）幕墙立柱的调整、紧固：玻璃幕墙立柱、横梁全部就位后，应再做一次整体检查，对立柱局部不合适的地方做最后调整，使其达到设计要求。对临时点焊的部位进行正式焊接。紧固连接螺栓，对没有防松措施的螺栓均需点焊防松。所有焊缝清理干净后做防锈处理。玻璃幕墙中与铝合金接触的螺栓及金属配件应采用不锈钢或轻金属制品。不同金属的接触面应采用垫片做隔离处理。

（7）加装防变形限位块：将防变形限位块利用M6螺栓组固定在横梁玻璃附框压块螺栓槽中，然后将两个防变形限位块（图3）分别置于横梁两端，将两个M6机制螺栓与立柱固定。

（a）防变形限位块安装正视图　　　　（b）防变形限位块安装底视图

图3　防变形限位块安装

(8) 玻璃安装：玻璃安装前应将表面尘土和污物擦拭干净。热反射玻璃安装应将镀膜面朝向室内，非镀膜面朝向室外；玻璃与构件不得直接接触。玻璃四周与构件凹槽底应保持一定空隙，每块玻璃下应设不少于两块弹性定位垫块；垫块宽度与槽口宽度应相同，长宽不小于100mm；玻璃两边嵌入量及空隙应符合设计要求；玻璃四周橡胶条应按规定型号选用，镶嵌应平整，橡胶条长度宜比边框内框口长1.5%~2%，其断口应留在四角；斜面断开后应拼成预定的设计角度，并应用胶黏剂黏结牢固后嵌入槽内；在橡胶条缝隙中均匀注入密封胶，并及时清理缝外多余胶黏剂。

(9) 密封处理：玻璃及窗扇安装、调整完毕后，应按设计要求进行嵌缝密封，设计无要求时，宜选用中性硅酮耐候密封胶。嵌缝时先将缝隙清理干净，确保黏结面洁净、干燥，再在缝隙两侧粘贴纸面胶带，然后进行注胶，并边注胶边用专用工具勾缝，使成形后的胶面呈弧形凹面且均匀无流淌，多余的胶液应及时用清洁剂擦净，避免污染幕墙表面。

(10) 调试清理：幕墙安装完后，要对所有可开启扇逐个进行启闭调试，保证开关灵活，关闭严密、平整。最后用清洗剂对整个幕墙的表面进行全面清理，擦拭干净。

3 质量控制

3.1 主要规范

本工艺主要遵照执行以下国家规范中的相应条款：《铝合金结构设计规范》(GB 50429—2007)、《玻璃幕墙工程技术规范》(JGJ 102—2019)、《建筑幕墙》(GB/T 21086—2007)、《住房城乡建设部 国家安全监管总局关于进一步加强玻璃幕墙安全防护工作的通知》、《铝合金建筑型材》(GB 5237—2017)、《建筑用安全玻璃 第1部分：防火玻璃》(GB 15763.1—2009)、《中空玻璃》(GB/T 11944—2012)、《玻璃幕墙工程质量检验标准》(JGJ/T 139—2020)等。

3.2 材料规范

框架式玻璃幕墙所用的各种材料、构件和组件的质量，应符合设计要求及国家现行产品标准和工程技术标准。

检验方法：检查材料、构件、组件的产品合格证、进场检验记录、性能检测报告和材料的复验报告。

框架式玻璃幕墙的造型和立面分格应符合设计要求。

框架式玻璃幕墙的框架体系及与主体结构连接的各种预埋件、连接件、紧固件必须安装牢固，其数量、规格、位置、连接方法和防腐处理应符合设计要求。

各种连接件、紧固件的螺栓应有防松动措施；焊接连接应符合设计要求和焊接规范的规定。

框架式玻璃幕墙的四周、幕墙内表面与主体结构之间的连接节点、各种变形缝、墙角的连接节点应符合设计要求和技术标准的规定。

框架式明框玻璃幕墙的外露框或压条应横平竖直，颜色、规格应符合设计要求，压条安装应牢固。

安装构架和玻璃时，定位应准确，固定应牢固，各拼接头处应平整、吻合，不应有劈棱、窜角、错台，避免因构架安装不平直、固定不牢固而引起幕墙表面不平、接缝不直等问题。

4 应用效果

（1）该项目所有玻璃幕墙（约 36000m²）均采用本实用新型专利施工，已于 2023 年底竣工，验收合格并交付使用。为企业提高了工程质量，避免了返工现象，减少了施工成本，加快了施工进度，同时也保障了使用单位的使用、美观效果。

（2）由于采用实用新型专利，施工横梁不易变形，达到了整体布置美观、整齐、合理，各专业与装饰深入融合的效果（图 4、图 5）。

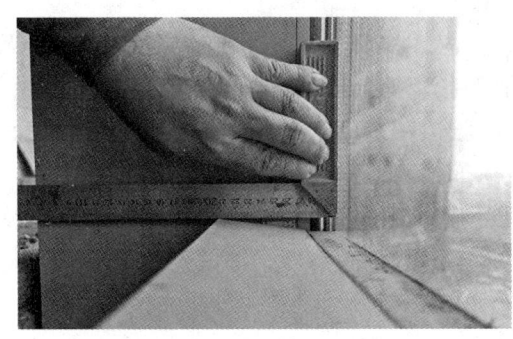 

图 4　未安装本实用新型专利产品　　　　　图 5　安装本实用新型专利产品横梁
　　　横梁变形严重　　　　　　　　　　　　　　变形得到明显改善

5 结语

就该项目中实用新型专利次龙骨（横梁）防变形限位块的应用实践来看，本实用新型专利限位块可由工厂进行工业化生产，综合各种关键措施方法，投入较小，避免了原有材料的浪费，节约了大量的人力和材料成本，提高了工作效率，确保了龙骨骨架及其后工序的施工质量，值得推广。

参考文献

［1］　中华人民共和国住房和城乡建设部. 建筑幕墙：GB/T 21086—2007［S］. 北京：中国标准出版社，2007.
［2］　中华人民共和国住房和城乡建设部. 玻璃幕墙工程技术规范：JGJ 102—2019［S］. 北京：中国建筑工业出版社，2019.
［3］　中华人民共和国住房和城乡建设部. 铝合金建筑型材：GB 5237—2017［S］. 北京：中国标准出版社，2017.
［4］　中华人民共和国住房和城乡建设部. 玻璃幕墙工程质量检验标准：JGJ/T 139—2020［S］. 北京：中国建筑工业出版社，2020.

一种卫生间门槛防水做法

张 星

湖南艺光装饰装潢有限责任公司　株洲　412000

摘　要：精装修住宅施工中，卫生间门槛处工序较为复杂，工程量零散，装修完毕后，易发生漏水。根据我公司项目统计，卫生间室内外门槛处的防水维修率达到69%以上，是装修工程的难点。卫生间室内外门槛处在门槛位置从构造面做水泥砂浆向卫生间成坡，高为50mm，防水层需涂至门槛部位（将防水层从平面延到门槛面，保证底部和上层有两道防水交圈）。

关键词：卫生间；门槛；防水；装修；工艺

精装修住宅施工中，卫生间门槛处工序较为复杂，工程量零散，装修完毕后，易发生漏水。根据我公司项目统计，卫生间室内外门槛处的防水维修率达到69%以上，是装修工程的难点。出现问题的卫生间室内外门槛，一般会在住户入住一年左右的时间出现卫生间门槛外踢脚墙面受潮发黑的现象，卫生间门套转角处出现渗水痕迹，同步踢脚处也会受潮变形。打开卫生间门槛，会发现基层内布满水，无法排干。如要维修，则需要拆除卫生间原地面，重新铺贴，并将地面石材砖缝封堵，避免水渗到基层内。如此一来费用很大，因此本文从装修施工阶段来探讨卫生间室内外门槛防水问题。

1 卫生间门槛漏水隐患分析

槛石处有三个构造层，上层是门槛石材或地砖，中层是砂浆层，下层是防水层。业主入住后，砂浆层的水处在饱和状态，门槛石处和客厅或卧室相连，导致客厅或卧室门槛石处漏水。有的渗进木地板中，泡坏木地板；有的毛细水上升，泡脱落墙面涂料。

（1）卫生间门槛的第一道防水层出现质量问题，特别是在阴角部位，因陶粒下沉在该部位产生裂缝，但在进行防水施工过程中该部位无加强措施，导致防水层在该部位出现了开裂，渗水到下部陶粒中，长期积累导致卫生间下部积水。

（2）卫生间门槛的底部防水层和面层防水层在门框部位也许没有交圈，且卫生间地面的坡度较小，住户在使用时，地面水从门框底两道防水层之间进入面层防水的下部，长期积累导致下部陶粒中积水。

（3）卫生间防水四周的阴阳角部位解决不当。在卫生间防水层四周做找平层时基面要平整，阴阳角需要做成圆滑的圆弧状，否则，在墙体构造和地板构造出现干燥收缩和构造下沉时，则会同步产生微缝位移从而导致地面门槛渗水、漏水现象。

（4）卫生间管道解决不严密。卫生间地面管道分布稠密，在细小环节管道根部必须密封，多道设防才能避免漏水。但是在建筑初期，管道孔一般是预留的，因此管道孔一般预留比较大，只有待构造建好后，才会安装上下水管道设施，最后再对这些多余的空隙进行手工封填，但是这样的二次封填，如果不够密实或和原构造体结合达不到整体的完整性，就容易导致管道周边渗漏水现象，这样的现象是卫生间渗漏的通病。

（5）防水选材不到位。卫生间防水对材料及基面的条件要求较高，公认的中高档防水材料中，最为常用的是聚氨酯防水涂膜。仅仅选择好的材料还不够，还要符合施工基面条件的规定：其基面含水概率不能不小于9%，基面必须平整密实，用2m直尺测量，高差不许超过5mm，如果在潮湿界面施工，涂膜固化容易形成两张皮现象，容易导致卫生间门槛的渗水问题。

2 防水涂层的解决

卫生间门槛防水材料有两种。一般住宅卫生间地方狭小，并有管线穿楼板状况，故常用涂料防水而较少采用卷材防水。

防水涂料常用的有两种：①合成高分子类的聚氨酯防水涂料，转角处需加聚酯布、玻纤布等；②高聚物改性沥青类的-SBS防水涂料，需加胎体增强材料聚酯布、玻纤布等。沥青基的防水涂料目前基本不用了。一般的卫生间内外高差大体为40~60mm。卫生间做防水，四周的墙面上需要保证涂刷的高度不小于30cm；有淋浴的，在安装淋浴龙头和相邻的墙面上，防水涂料涂刷的高度不能低于150cm，最佳在180cm左右。卫生间防水的做法如下：

（1）地面防水层应涂刷出卫生间门口以外300mm宽。地面的防水层应高出地面200mm，有淋浴的卫生间墙面防水层应高出地面1800mm，建议满墙面做防水。

（2）地面向地漏方向倾斜，水泥砂浆或豆石混凝土均可，但表面要平整。卫生间门口周边坡度小，地漏周边坡度大，根据具体状况确定。

（3）门槛处管线穿楼板的根部，加强防水。管根用建筑密封膏封严，水泥抹平护脚后，刷防水涂料并贴玻璃丝布加强层1~2层。地漏周边同样施工。

（4）墙面解决干净，保证平光无浮灰、小颗粒，门槛立面交接处抹小圆角或坡角。刷防水涂料时贴玻璃丝布加强层1~2层。

（5）滚刷底涂：底涂是为了提高涂膜和基层的黏结力，将专用底涂胶用滚刷或油漆刷均匀地涂刷于基层表面，涂刷后应干燥4h以上，才能进入下一道工序。

（6）涂刷时先涂刷立面、后涂刷平面，下一遍涂刷方向必须和上一遍垂直。最后一遍涂膜半固化时，需抛拽粗砂粒，便于与水泥砂浆更好地结合。

（7）细部附加解决方案：在地漏、管根、阴阳角等易发生漏水位置，增加一层加筋布加强。首先均匀地涂刷一遍HCA-101涂料，涂刷宽度300mm为宜，并粘贴加筋布进行加筋增强。加筋布粘贴时，应用油漆刷摊压平整，和下层涂料贴合紧密，搭接宽度为100mm，表面再涂刷1~2层涂料，使其达到设计规定的厚度。

3 过门石的解决

一般来说，过门石比卫生间地面要略高5~10mm，可略阻挡水流即可。这样的高度不仅美观，而且脚下尽量少磕绊，同时卫生间门口是地面最高点，水应当很少。虽然是较低的那一侧，但过门石高出地面也不适宜超过20mm。

（1）将门槛部位的面砖（剔除15mm）等清除干净；在门槛位置从构造面做水泥砂浆向卫生间成坡，高为50mm。

（2）沿门的边沿清除陶粒约50mm深，并清理干净。

（3）在剔除部位底层涂防水层，涂至门槛部位。

（4）门框和构造面之间（竖向和底面）用硅铜中性密封胶填平。

（5）将防水层从平面延伸到门槛面，保证底部和上层有两道防水交圈（注：在将门框面涂刷防水涂料）。

（6）放置过门石。

（7）用缓凝型堵漏宝粘贴过门石。

门槛石处防水做法细部大样图如图1所示。

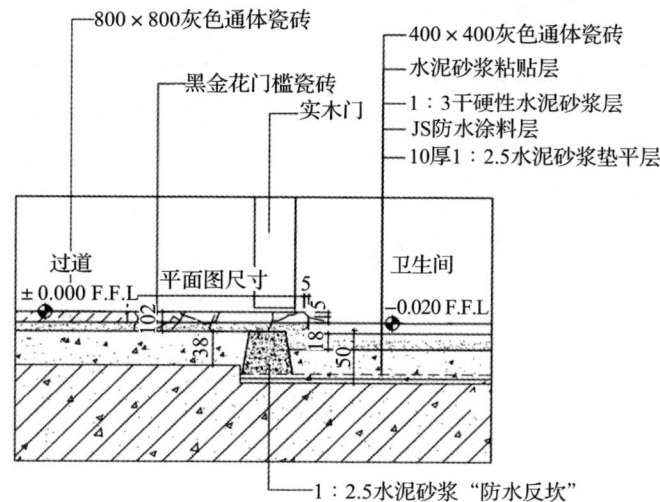

图1　门槛石处防水做法细部大样图（单位：mm）

（8）用中性密封胶填满过门石和地面之间的缝隙（和防水层密封）。

4　结语

卫生间防水问题是房屋装修中最核心的一部分。不管在选材上还是在工艺上，都不能容忍半点马虎，否则将会出现严重的渗水、漏水问题，会给住户的生活带来极大的麻烦和不便。

电气火灾监控系统在现代智能建筑中的应用

彭 超

湖南省工业设备安装有限公司　长沙　410015

摘　要：电气火灾监控系统在现代智能建筑中的应用必不可缺，它不仅提高了电气设备和整个建筑运行的安全性，也提升了消防安全的可靠性和可操作性。随着技术的不断进步和应用场景的拓展，电气火灾监控系统将在未来发挥更加重要的作用，为智能建筑的安全稳定运行提供更加坚实的保障。

关键词：电气火灾监控；现代智能建筑；应用

随着现代科技的快速发展，智能建筑已经成为城市发展的重要标志。在智能建筑中，电气系统作为支撑整个建筑运行的核心部分，其安全性和稳定性至关重要。电气火灾监控作为预防电气火灾的有效手段，在现代智能建筑中的应用越来越广泛。本文将探讨电气火灾监控系统在现代智能建筑中的应用及其重要性。

1　电气火灾监控系统概述

电气火灾监控系统是一种通过监测电气线路和设备的运行状态，及时发现异常并采取措施防止火灾发生的系统。它主要由监控设备、传感器、报警装置等组成，实现对电气火灾的实时监测和预警。

电气火灾监控系统与其他保护系统相比，具有以下几个特点：漏电监控方面属于先期预报警系统，在没有发生火灾前早期预警，是为了避免损失，而传统火灾自动报警系统是在火灾发生时报警，是为了减少损失；传统的漏电断路器侧重于人身安全的防护，其主要作用就是保护人身安全，它在用电电流超过人身安全值时自动切断电源；电气火灾监控系统侧重于防范电气火灾，它能探知电路中微小的泄漏电流，了解电路绝缘状态的变化，对电气火灾做出预报；电气火灾监控系统可以对电路中的温度进行监测，当发现局部接触电流过大引起高温时能及时报警，监测内容更加全面。所以，电气火灾监控系统和其他保护系统在预防电气火灾方面可以相互配合，但不能相互替代。

2　电气火灾监控系统应用存在的问题

2.1　系统设计与选型问题

系统设计不合理：部分电气火灾监控系统的设计未充分考虑实际需求和现场环境，导致系统功能不完备或存在冗余，无法满足实际应用的要求。

选型不当：在选型过程中，部分用户过分追求低成本，导致选用的电气火灾监控系统性能不稳定、灵敏度低，无法有效监测和控制火灾隐患。

2.2　安装与调试问题

安装不规范：电气火灾监控系统的安装质量直接影响到其运行效果。部分施工单位在安装过程中未严格按照规范操作，导致线路连接错误、传感器位置不当等问题，影响了系统的正常运行。

调试不到位：调试是确保电气火灾监控系统正常运行的关键环节。然而，部分调试人员技术水平有限，未能对系统进行全面、细致的调试，导致系统存在故障隐患。

2.3 维护与管理问题

维护不及时：电气火灾监控系统需要定期进行维护和保养，以确保其正常运行。然而，部分用户忽视系统的维护工作，导致系统性能下降、故障频发。

管理不到位：部分用户缺乏对电气火灾监控系统的有效管理，未建立完善的管理制度和应急预案，导致系统在火灾发生时无法发挥应有的作用。

2.4 数据处理与分析问题

数据处理不精准：电气火灾监控系统产生的大量数据需要进行精确处理和分析，以便及时发现火灾隐患。然而，部分系统的数据处理能力不足，导致数据分析结果不准确，影响了火灾预防的效果。

数据分析不充分：电气火灾监控系统产生的数据具有很高的价值，可用于火灾风险评估、预警预测等方面。然而，部分用户未能充分利用这些数据资源，导致系统的作用未得到充分发挥。

2.5 人员培训与意识问题

人员培训不足：电气火灾监控系统的应用需要具备一定的专业知识和操作技能。然而，部分用户缺乏对系统操作人员的专业培训，导致操作人员技术水平有限，无法有效操作和维护系统。

安全意识淡薄：部分用户和管理人员对电气火灾的重视程度低，对电气火灾监控系统的认识不够深入，导致在日常管理和维护过程中忽视系统的作用，无法充分利用系统预防和控制火灾。

2.6 措施和建议

综上所述，电气火灾监控系统应用存在的问题主要包括系统设计与选型、安装与调试、维护与管理、数据处理与利用以及人员培训与意识等方面。为了解决这些问题，需要采取以下措施和建议。

第一，加强系统设计与选型工作，充分考虑实际需求和现场环境，选用性能稳定、灵敏度高的电气火灾监控系统。第二，规范安装与调试过程，严格按照规范操作，确保线路连接正确、传感器位置恰当，并对系统进行全面、细致的调试。第三，加强系统的维护与管理工作，定期进行维护和保养，建立完善的管理制度和应急预案，确保系统的正常运行和有效应用。第四，提升数据处理与分析能力，采用先进的数据处理技术和算法，提高数据分析的准确性和可靠性，充分利用数据资源进行火灾风险评估和预警预测。第五，加强人员培训和安全意识教育，提高操作人员的技术水平和安全意识，确保他们能够熟练掌握系统的操作技能并充分认识到系统的重要性。

3 电气火灾监控系统设计与应用

3.1 电气火灾监控探测器

电气火灾监控探测器通过实时监测电气线路和设备中的电流、电压、温度等参数，对异常数据进行分析和处理，从而判断是否存在火灾隐患。一旦探测到异常情况，探测器会立即发出报警信号，提醒相关人员采取措施进行排查和处理。电气火灾监控探测器是监控系统的关键构成部分，可有效监测出隐蔽性的火灾风险。常用的探测器类型有剩余电流式、测温式、电弧式、测量热解粒子式等。电气火灾监控探测器作为一种有效的火灾防控设备,对于增强电气火灾的预警能力和减少火灾损失具有重要意义。在实际应用中,应根据具体场景和需求选择合适的探测器类型和配置,并加强安装和维护管理,确保探测器的正常运行和有效监测。同时,还应加强相关人员的培训和宣传,提升火灾防控意识和应对能力,共同构建安全稳定的电气环境。

3.2 系统网络设计

在设计电气火灾监控系统网络时,可以利用无线通信网络提高系统运行水平。该网络主要由以下几个部分组成:①监控主站;②上位机单元;③总线;④监控辅站。运行时,监控主站会与总线连接,总线接收到上位机单元信息时,主站也会收到实时信息。对系统监控模块进行设计时,可以通过剩余电流探测器以及开关电压调节器,监控电气火灾剩余电流。其中,剩余电流探测器功能包含:①自行监测;②按键切换;③声光报警;④液晶显示等。系统网络监测如图1所示。

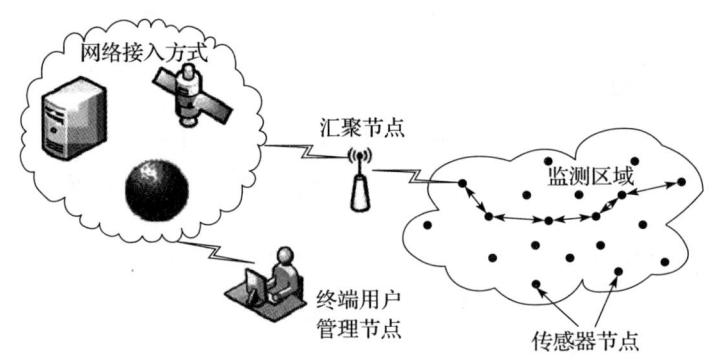

图 1 系统网络监测图示

为了实现电气火灾监控系统的统一管理和维护,可以考虑采用集中监控平台或网络化管理系统。通过集中监控平台,可以实现对所有监控模块的远程监控和管理,包括数据采集、报警处理、数据分析等功能。网络化管理系统则可以实现与其他消防系统的互联互通,提高整个消防系统的智能化和自动化水平。

3.3 硬件设计

3.3.1 电源与供电模块

电气火灾监控系统的电源与供电模块是其稳定运行的基础。本设计选用高效稳定的开关电源,确保系统在各种环境下都能得到可靠的电力供应。同时,电源与供电模块还具备过载保护和短路保护功能,以避免电源问题导致的系统故障。

3.3.2 数据采集与处理模块

数据采集模块负责实时采集电气设备的运行状态数据,包括电流、电压、温度等关键参数。通过高精度传感器和信号调理电路,确保采集数据的准确性和可靠性。数据处理模块则负责对采集到的数据进行滤波、分析和处理,以提取出对火灾监控有用的信息。

3.3.3 监控主机与界面

监控主机是电气火灾监控系统的核心部分,它负责接收和处理来自数据采集模块的信息,并控制整个系统的运行。监控主机的性能直接影响到系统的实时性和准确性。本设计采用高性能的嵌入式系统作为监控主机,其具备强大的数据处理和通信能力。界面方面,采用直观的图形化界面，方便用户查看电气设备的运行状态和报警信息。

3.3.4 报警装置与输出

报警装置是电气火灾监控系统的重要组成部分，它能在系统检测到异常情况时及时发出声光报警信号，提醒人员采取相应措施。本设计的报警装置具备多种报警输出方式，包括蜂鸣器、指示灯和继电器输出等，以满足不同应用场景的需求。

3.3.5 联动设备与接口

电气火灾监控系统需要与其他相关设备进行联动，以实现更全面的火灾监控和防控。本设计提供了丰富的联动设备和接口，包括消防报警控制器、喷淋系统、排烟系统等，方便用户根据实际需要进行配置和扩展。

3.3.6 通信与网络模块

通信与网络模块负责实现电气火灾监控系统与其他系统的远程通信和数据交换。本设计采用标准的通信协议和接口，如RS485、以太网等，支持远程监控、数据上传和远程控制等功能，方便用户进行远程管理和维护。

3.3.7 存储与备份系统

存储与备份系统用于保存电气火灾监控系统的历史数据和报警记录，以便后续分析和查询。本设计采用大容量存储介质，如SD卡或硬盘，确保数据的长期保存。同时，还提供了数据备份功能，以防止数据丢失或损坏。

3.3.8 安全性与可靠性设计

在电气火灾监控系统的硬件设计中，安全性与可靠性是至关重要的。本设计在电源、供电、数据采集、处理、通信等各个环节都充分考虑了安全性和可靠性问题，采用了多种措施来提升系统的稳定性和抗干扰能力。例如，采用防雷击设计、防静电设计等措施来保护系统免受外界环境的干扰和侵害；采用冗余设计、热备份设计等措施来提升系统的可靠性和容错能力。

3.4 系统监控模块位置设计

在设计电气火灾监控系统时，可以将系统监控模块放在以下几个位置：①楼层配电箱。在这个位置安装系统监控模块，可以在漏电发生时及时找到故障位置和高温隐患位置，且预测的位置较为准确。但是其无法确定哪一个支路发生漏电，也无法监测配电室到竖井间的漏电情况。②低压柜出线。在这个位置安装系统监控模块，其应用成本最低。但是产生泄漏电流时，系统只能明确哪一个主回路漏电，无法对漏电故障发生的具体位置进行确定，无法对高温隐患位置进行确定。③末端配电箱。在此处安装系统监控模块可以明确漏电故障以及高温隐患位置，但是对配电室到竖井间以及竖井间到支路间的漏电情况无法确定。分别在以上3个位置安装探测器，使其形成分层保护，以此来实现全面覆盖与监控。

安装电气火灾监控系统主机时，可以将其布设在消防控制室内。在此处安装主机，可以实时传递报警信息和故障信息至消防控制中心。一旦发现问题，消防控制中心的工作人员会在第一时间处理相关信息，并对建筑电气火灾隐患问题进行解决。也可以将主机安装在变电室之内，电气火灾监控系统会对配电线路中的漏电情况进行监测，将主机设置在此处可以由变电室值班人员进行统一管理（图2）。

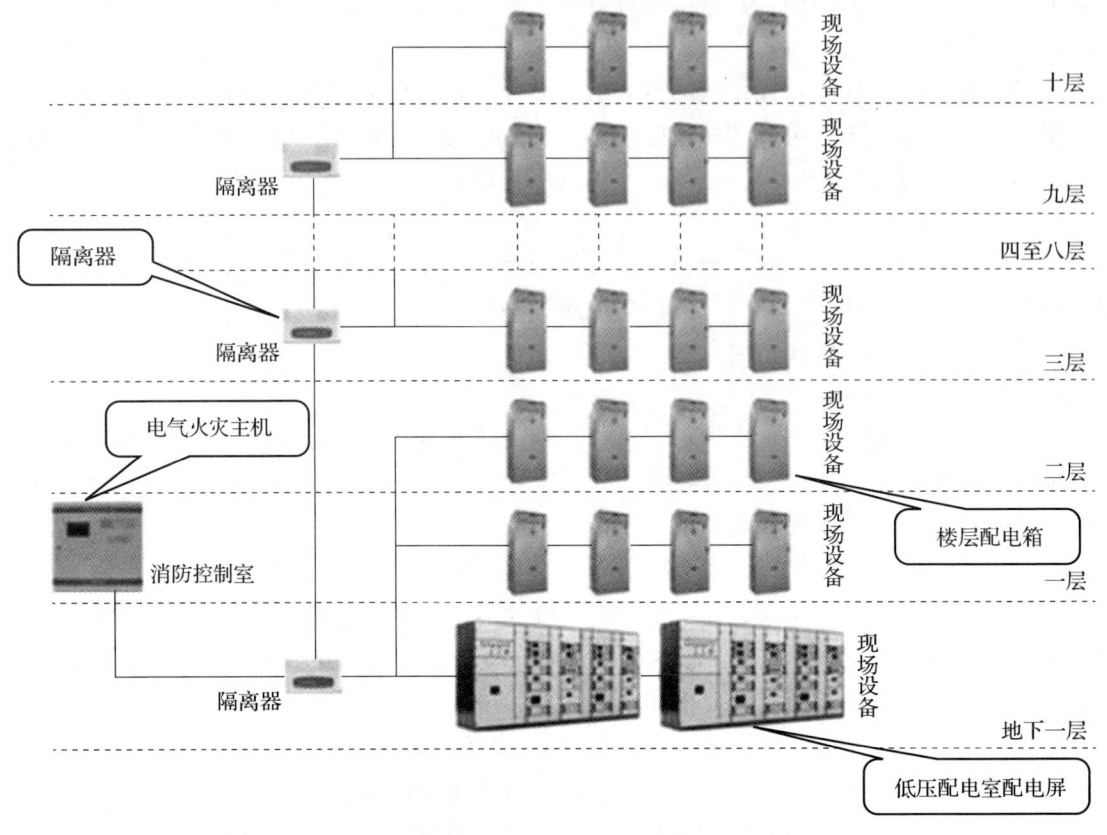

图 2　电气火灾监控系统示意图

3.5　监控报警设计

在系统中设计监控报警平台时，需要根据不同监控区域部署传感器。利用可视化联网平台实现指令与码流之间的转换。当远程通信中断后，可以实时接收报警信号，并上传至安全管理平台。同时，控制主机会开启周围视频监控点，并及时发出报警信号。为了保证平台信息储存的安全性，设计人员可以在平台设置存储模块，以便于工作人员储存重要信息。对于一些重要的用户信息，可以进行加密处理以保证信息私密性。例如，访客需要登录信息数据库时，必须通过严格的权限验证才可进入平台查看信息。如连续 3 次输入错误密码，系统会自动提示需要输入验证码再次登录。在这种防护功能下，可以保护信息不被盗取。另外，为了防止数据库被黑客侵入，也可以设置特殊字符以及逻辑格式过滤验证方式进行防护。

4　结语

本文对电气火灾监控系统在现代智能建筑中应用时存在的问题及解决方案进行了详细探讨。通过分析电气火灾监控系统在实际应用中存在的问题，提出了针对性的改进措施。重点介绍了电气火灾监控系统的设计和应用，包括探测器、网络设计、硬件设计、监控模块位置设计和监控报警设计等方面。随着技术的不断进步，电气火灾监控系统的功能更加完备，已经具备了集用电安全管理、控制、保护、分析、记录于一体的智能化优点，且已被广泛地应用于智能小区、大型商场、医院及公共高层建筑等场合进行漏电火灾监控。希望通过本文的研究，为电气火灾监控系统在智能建筑中的应用提供参考和借鉴。

参考文献

[1] 蒋剑锋,杨留方,徐天奇,等. 单片机与LoRa通信模块的电气火灾探测器设计[J]. 单片机与嵌入式系统应用, 2021, 21 (1): 84-87.

[2] 任金伟. 物联网视角下医疗设备电气安全监控系统研究[J]. 电气自动化, 2021, 43 (3): 24-25, 47.

[3] 田纯. 基于LoRa的智能建筑电气火灾自动报警系统设计[J]. 自动化技术与应用, 2022, 41 (11): 65-68, 91.

[4] 于兰,贾振国. 基于神经网络技术的电气火灾预警系统研究[J]. 自动化与仪表, 2022, 37 (8): 19-23, 35.

[5] 赵月爱,郭兴原. 基于多源数据协同感知的电气火灾预警算法研究[J]. 太原理工大学学报, 2021, 52 (6): 907-912.

[6] 邓俊,李冬,张琪,等. 高层建筑施工中防火封堵材料的应用及火灾预防[J]. 材料保护, 2021, 54 (4): 197-198.

[7] 闫家伟,张苗,宋文华. 智能视频分析技术在火灾防控中的应用[J]. 南开大学学报(自然科学版), 2021, 54 (3): 108-112.

埋弧自动焊在石油化工管道施工项目中的应用

周星广

湖南省工业设备安装有限公司　长沙　410015

摘　要：针对国内某大型炼油厂质量升级项目的全厂工艺及热力管网管道施工项目中埋弧自动焊的应用，探讨了管道埋弧自动焊技术的应用，研究了相应的焊接工艺评定，并统计了应用过程中的各项使用数据。通过对比分析管道埋弧自动焊与常规氩电联焊的方法，充分证明了埋弧自动焊在石油化工管道施工项目中能够显著提高施工效率，并带来经济效益，这为后续石油化工项目的管道埋弧自动焊施工提供了宝贵的参考经验。

关键词：埋弧焊；自动焊；石油化工；施工管理

目前，石油化工管道预制焊接主要以手工钨极氩弧焊打底，焊条电弧焊填充盖面或全氩焊接为主。然而，这种传统焊接方式存在着焊工水平对焊接质量稳定性的影响较大、焊工劳动强度大、施工环境差以及施工效率低等问题。随着工业2.0时代的来临，通过自动化、智能化焊接技术的转型升级，在稳定焊接质量的前提下，提高焊接效率、改善劳动环境、解决焊工老龄化和用工难等问题迫在眉睫。埋弧自动焊因其效率高、填充量少、接头应力小以及劳动强度低等诸多优点，在核电等行业得到了广泛应用，但在石化行业中，其应用还相对较少。

本文以国内某大型炼油厂质量升级项目的全厂工艺及热力管网管道预制焊接为研究对象，通过研究管道埋弧自动焊的焊接工艺，统计与分析焊接设备在实际应用中的适应性和焊接综合效益。

1　项目背景

1.1　项目概况与特点

某大型炼油厂质量升级项目的全厂工艺及热力管网管道施工项目地处北回归线以南，濒临南海，属于典型的亚热带海洋性气候。该地区主导风向为东南风，次主导风向为西北和西南风，历年平均风速3m/s。管道主要介质有蒸汽、氢气、火炬气、苯、轻石脑油等，最高为GC1级管道，主要的材质有L245，20号，20G，06Cr19Ni10等，最高设计压力为4.4MPa，设计温度最高为425℃。

该项目主要有以下特点。

（1）生产区内安装，范围广、战线长。由于该项目位于生产区内，安全管理要求严格，施工降效严重，有效作业时间有限，因此降低安全风险、提高施工效率是该项目施工的重点，采用深度预制技术是解决方案之一。

（2）管道焊接工程量大，工期紧迫。项目的管道安装前置工程包括土建工程、钢结构预制安装工程，均在生产区内，且工程量大，无法直接进行管道安装，因此，管道施工时间紧迫。

（3）管道口径大、壁厚厚。管道运行的介质大多易燃易爆、高温高压，管道口径最大可达DN1100mm，最大壁厚为20.62mm。

（4）施工工艺严格，质量要求高。该项目管道施工所涉及的技术标准和规范较多，技术性强、质量要求高。部分管线焊缝需要进行100%无损检测，使用的无损检测方法包括射线检测（RT）、相控阵超声检测（PAUT）、超声波衍射时差法（TOFD）等。

1.2　主要工程量

该项目合计约19000道焊口，合计时径量约23万吋，主要工程量明细见表1。

表1　工程量明细表

序号	公称直径（mm）	壁厚（mm）	管道长度（m）	焊口数量（道）	材质	备注
1	1100	12.00	3130	552	L245	
2	900	10.00	3130	525	L245	
3	700	10.00	330	59	L245	
4	500	20.62	3430	685	20G	设计要求热处理
5	500	12.70	3270	550	20号	设计要求热处理
6	450	11.13	29	6	20号	
7	400	16.66	27	5	20G	设计要求热处理
8	400	9.53	2460	510	20号	
9	400	9.53	350	80	L245	
10	400	4.78	3910	710	06Cr19Ni10	
11	300	14.27	660	155	20G	
12	300	10.31	3690	635	20号	
13	300	8.38	80	27	20号	
14	300	4.57	1600	605	06Cr19Ni10	
15	250	9.27	8420	1403	20号	
16	250	7.80	6360	1078	20号	
17	200	8.18	19690	3460	20号	
18	200	7.04	6220	1151	20号	
19	150	10.97	1380	231	20号 ANTI-H2S	设计要求热处理
20	150	7.11	26510	4603	20号	
21	150	7.11	540	95	20号 GALV	
22	100	6.02	3540	668	20号	
23	80	5.49	1660	258	20号	
24	50	5.54	2580	485	20号	设计要求热处理
25	50	5.54	110	27	20号	
26	50	3.91	2280	378	20号	

1.3　环境现状

10~20年来，施工单位改制，大多数公司只保留了管理人员和极少的施工工人，将焊接等劳务作业发包给劳务公司。国内人口红利正在逐渐消失，再加上外卖、快递等行业的崛起，进入传统施工现场的年轻人越来越少。在该项目中，所有工种工人平均年龄为41岁，其中焊工的平均年龄为38岁，而30岁以下的焊工占总焊工之比不到12%。劳务资源供需不平衡，直接导致劳务工人人工工作标准大幅提高。在该项目中，焊工人工工资普遍上涨至600~650元/工日，在施工高峰期，招聘的临时焊工工资甚至高达1000元/工日，并且项目部还需要承担其差旅、食宿、通勤等费用。

自2020年以来，受到全球资本回流、贸易逆差、政治动荡等因素的影响，全球经济增速放缓，国内石油化工行业建设项目市场萎缩。过去10年间，安装施工单位的增量大，导致当前市场竞争异常激烈，各项目中标综合单价普遍较低。这一趋势驱使建设行业各领域转变发展模式，从以往的低效模式向高品质、精细化发展，实现产业升级。但是目前我国在化工建设项目的焊接过程管理中还存在焊工的综合素质不高、机械自动化程度不够的问题。

国内外的管道自动焊接系统，通常采用相似的结构，主要有用带有轨道或磁吸式的焊接小车来模拟人工焊接，以及采用夹具和旋转机构转动管道预制件、焊枪位置固定不动进行焊接两种。对于焊接小车式的自动焊机，国内发展较为成熟的产品采用的焊接方法为药芯焊丝气体保护焊，其主要的优点是设备购置成本低、焊接效率高、对焊接位置的适应性强，既可用于预制焊接，也可用于大多数高空安装焊接。然而，其主要的缺点是由于焊接方法和焊接材料，焊缝存在冲击韧性不足，容易出现未熔合、虚焊现象。另外，根据《压力容器焊接规程》（NB/T 47015—2023）中的编制说明，该标准中没有采用药芯焊丝，这是因为目前还没有成熟的适用于锅炉压力容器的药芯焊丝渣系，药芯粉料的均匀性、熔覆金属化学成分、力学性能的稳定性都没有达到用于压力容器焊材的水平，承压设备（锅炉、压力容器、压力管道）的焊接规程有极大的相似性，特别是承压设备经常在同一企业制造（安装），我们建议锅炉与压力管道行业所编制的焊接规程规定中的技术数据与《压力容器焊接规程》（NB/T 47015—2023）中尽量保持一致，以免给企业带来不必要的麻烦。可以看出，国家能源局发布的现行标准目前对于该焊接方法用于压力管道焊接持不支持的态度。另一类焊枪位置固定不动的自动焊机，主要有埋弧自动焊和钨极氩弧焊，钨极氩弧焊应用于该项目的主要缺点是焊接效率一般，而埋弧自动焊的主要优点为劳动条件好、劳动强度低、对野外防风措施等工作环境条件要求不严格、操作难度小、培训容易、焊接效率高。

2 应用方法

2.1 实施方案

根据该项目特点和当前环境现状，制订了以下主要实施方案。

（1）分析管道埋弧自动焊的使用范围。根据该项目现场施工环境，结合埋弧自动焊焊接方法对焊接位置的要求，仅能在预制场内固定使用。根据表1工程量明细表，按预制焊口占总焊口数量的50%考虑，综合埋弧自动焊的焊接特点，初步分析发现，公称直径小于300mm的管道，壁厚小于8mm使用管道埋弧自动焊无法显著提高焊接效率，故此部分不宜使用。初步估计，该项目可用于埋弧自动焊的焊接量约为5.6万吋。

（2）购置埋弧自动焊机。根据焊接量和工期，购置了CPAWM-24Aa分体式管道自动焊机和CPAWM-44Aa悬臂式管道自动焊机各一台。CPAWM-24Aa分体式管道自动焊机的工作原理为利用链条链轮机构将工件输送至合适位置，用横臂将工件压紧在驱动机构上，驱动机构利用摩擦力实现工件的匀速转动，焊枪固定在工件正上方，用伸缩臂调节焊枪到合适位置，利用调节机构和摆动机构调节焊枪到精确位置和实现摆动，利用控制箱或控制盒控制焊接参数，实现自动焊接。该台焊机适用的管径为DN100~600mm。CPAWM-44Aa悬臂式管道自动焊机的工作原理为利用轨道小车输送系统将工件输送至焊接变位器前，待工件进入焊接变位器的三爪卡盘钳口后，三爪卡盘夹紧工件，焊接变位器利用夹紧力实现工件的匀速转动，焊枪固定在焊接小车上，焊接小车沿轨道行走，将焊枪移动到合适位置，利用调节机构和摆动机构调节焊枪到精确位置和实现摆动，利用控制箱或控制盒控制焊接参数，实现自动焊接。该台焊机适用管径为 DN300~1100mm。

（3）安排员工取证。安排 2 名管理人员，4 名操作工人参加学习培训，取得质量技术监督局颁发的焊工证书，取证项目代号为 SAW-1G（K）-07/09/19。

（4）搭建施工场地。利用建设单位工厂内预留用地布置管道预制场，降低转运成本，由于在建设单位工厂内，无法为其他项目提供预制服务，因此不宜建立工厂形式的预制厂。采用露天布置，管线吊装采用 25t/50t 汽车吊，管道运输采用 13m/18m 平板车，埋弧自动焊机上方搭建雨棚。

施工场地布置如图 1 所示，现场应用如图 2 所示。

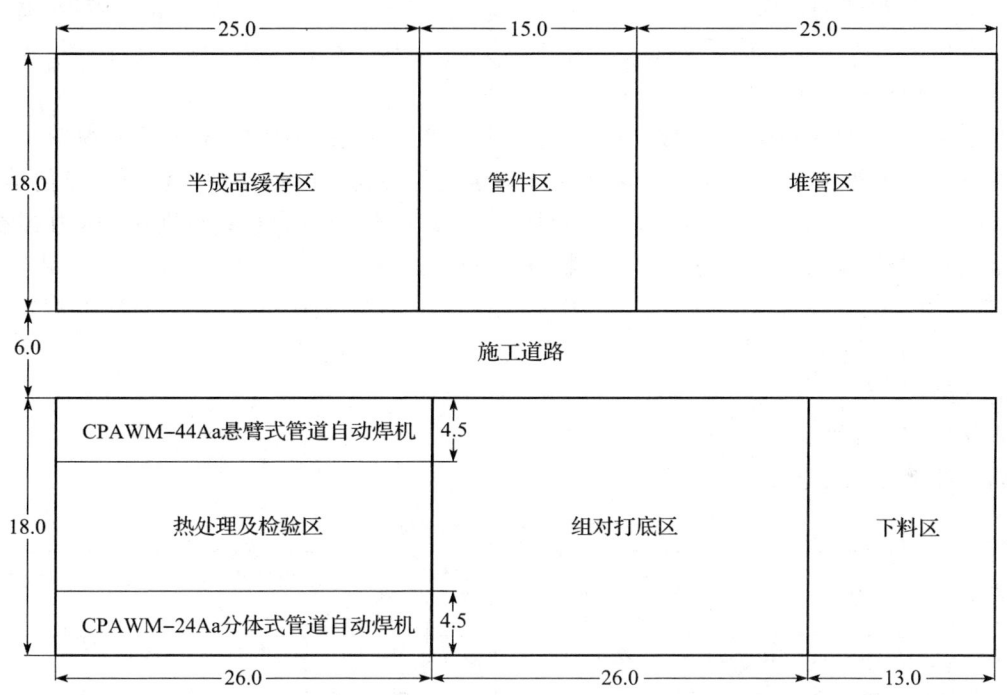

图 1 施工场地布置图（单位：m）

（5）收集使用数据，循环改进实施方法。记录焊接过程中的相关数据，例如母材规格、管线号、焊口编号、坡口角度、埋弧焊焊接层数、工作和焊接起止时间、焊接日期以及每日使用的焊丝/焊剂质量等，并进行数据分析对比，以不断优化实施细节，提高施工效率和质量。同时，与氩电联焊进行对比分析，评估经济效益。

2.2 焊接工艺评定

该项目使用埋弧自动焊的管道母材按照（NB/T 47014—2023）划分均为 Fe-1-1 组别，考虑到有部分管线需要进行焊后热处理，而部分管线不需要进行焊后热处理，根据《承压

图 2 工程应用现场图

设备用焊接工艺评定》（NB/T 47014—2023）中 6.1.4.1 的规定，需分别进行焊接工艺评定研究，分别为 PQR-152 和 PQR-153，焊接方法均为钨极氩弧焊+埋弧焊，下面以 PQR-152 为例进行介绍。

2.2.1 母材

材质为 20G，执行标准《高压锅炉用无缝钢管》（GB/T 5310—2017），规格为 ϕ508mm×20.62mm×150mm。

2.2.2 焊接材料

（1）氩弧焊丝的选择。打底用氩弧焊丝选用国产大西洋 CHG-56R 碳钢氩弧焊丝（ER50-6），规格为 ϕ2.5mm×1000mm，执行标准为《承压设备用焊接材料订货技术条件 第 3 部分：气体保护电弧焊钢焊丝和填充丝》（NB/T 47018.3—2017）。保护气体为氩气，纯度为 99.99%。

（2）埋弧焊丝的选择。填充盖面用埋弧焊丝选用国产大西洋 CHW-S2R 埋弧焊用钢焊丝（F4A2-H08MnA），规格为 ϕ2.4mm，执行标准为《承压设备用焊接材料订货技术条件 第 4 部分：埋弧焊钢焊丝和焊剂》（NB/T 47018.4—2017）。

（3）埋弧焊剂的选择。埋弧焊机选用国产大西洋 CHF101R 埋弧焊用钢焊剂（F5A3-H10Mn2），粒度为 10~60 目，执行标准为《承压设备用焊接材料订货技术条件 第 4 部分：埋弧焊钢焊丝和焊剂》（NB/T 47018.4—2017）、《埋弧焊用非合金钢及细晶粒钢实心焊丝、药芯焊丝和焊丝-焊剂组合分类要求》（GB/T 5293—2018）。

2.2.3 坡口形式

采用单面 V 形坡口，坡口角度 60±5°，钝边 0~2mm，坡口间隙 1~3mm。

2.2.4 焊接规范

焊接位置：平焊。

焊接工艺参数见表 2。

表 2　焊接工艺参数

焊道/焊层	焊接方法	填充金属		焊接电流		电弧电压（V）	焊接速度（cm/min）	线能量（kJ/cm）
		牌号	直径（mm）	极性	电流（A）			
打底	GTAW	CHG-56R	2.5	正接	80~110	11~14	6~9	8.8~15.4
其他	SAW	CHW-S2R	2.4	正接	280~400	25~35	32~50	10~26.3

注：钨极氩弧焊打底，氩气流量：正面 8~15L/min。焊剂 CHF101R 使用前以 300~350℃ 烘焙 1~2h。

2.2.5 焊后热处理

焊评试件焊后热处理采用箱式电阻炉进行炉内热处理，保温温度 580~620℃，保温时间为 1h，加热速度小于或等于 205℃/h，冷却速度小于或等于 260℃/h。

2.2.6 焊接工艺评定要求及结果

评定项目根据《承压设备焊接工艺评定》（NB/T 47014—2023）的规定，对焊接接头进行外观检查、无损检测、力学性能（拉伸、冲击）和弯曲试验等。

外观检查：无裂纹等肉眼可见外观缺陷，检查合格。

无损检测：经射线检测，按《承压设备无损检测 第 2 部分：射线检测》（NB/T 47013.2—2015）的规定均评定为 Ⅰ 级片，检测合格。

拉伸试验：试样 HNAZ-2102-1 和 HNAZ-2102-2 断裂部位均为母材，断裂无异常，抗拉强度分别为452MPa和446MPa。

弯曲试验：试样HNAZ-2102-3，HNAZ-2102-4，HNAZ-2102-5，HNAZ-2102-6侧弯弯曲角度180°，均无裂纹、无异常。

冲击试验：试样HNAZ-2102-7焊缝金属、HNAZ-2102-8热影响区20℃平均吸收冲击功分别为237J，226J。

硬度试验：试样HNAZ-2102-9母材、热影响区、焊缝金属平均维氏硬度分别为120HV，134HV，150HV。

外观检查、无损检测和各性能试验均合格，符合《承压设备焊接工艺评定》（NB/T 47014—2023）的规定，该焊接工艺评定合格。

3 应用效果

3.1 工作效率

根据收集的使用数据，每组作业人员从预制件吊装、焊接准备到焊接正式开始的时间与自动焊填充盖面完成至卸料码放完成的时间之和，前期平均每道焊口花费约18min，后期通过加强衔接配合，平均每道焊口花费约15min。实际净焊接时间考虑到管径、壁厚等各种因素，以 $\phi 508mm \times 20.62mm$，$\phi 508mm \times 12.7mm$，$\phi 406.4mm \times 9.53mm$ 为例。$\phi 508mm \times 20.62mm$ 焊口使用埋弧焊填充盖面层数10~13层，净焊接时间平均约81min；$\phi 508mm \times 12.7mm$ 焊口使用埋弧焊填充盖面层数6~8层，纯焊接时间平均约40min；$\phi 406.4mm \times 9.53mm$ 焊口使用埋弧焊填充盖面层数为3层，纯焊接时间平均约18min。该项目所有焊口净焊接速度约41吋/h。

考虑吊装及焊接准备时间，每天有效工作9h，理论上，单台埋弧自动焊机综合时径约277吋/工日。但是，在实际施工过程中，考虑到前期团队磨合和施工中不可避免的意外耽误时间，单台埋弧自动焊机实际使用的综合时径约为220吋/工日。

工程应用现场如图3所示，焊缝外观如图4所示。

（a）焊接过程中　　（b）焊接完成后

图3　工程应用现场图

图4　焊缝外观图

3.2 质量

全项目实际检测情况见表3。

表3　无损检测统计表

序号	检测方法/单位	类别	一次检测数量	一次合格数量	一次合格率
1	射线检测/片	总数	6929	6774	97.76%
		自动焊	1570	1562	99.49%
		手工焊	5359	5212	97.26%
2	相控阵超声检测/道	总数	285	273	95.79%
		自动焊	81	79	97.53%
		手工焊	204	194	95.10%
3	超声波衍射时差法/道	总数	1616	1563	96.72%
		自动焊	758	742	97.89%
		手工焊	858	821	95.69%
4	超声检测（UT）/道	总数	3466	3416	98.56%
		自动焊	1085	1080	99.54%
		手工焊	2381	2336	98.11%

通过对比埋弧自动焊和手工焊的无损检测结果发现，不论何种检测方法，埋弧自动焊的焊接一次合格率均高于手工焊。主要原因是手工焊受周围环境的影响比较大，导致焊缝质量不稳定。自动焊的优点在于经过多次试验得出的理论参数，如焊接速度、焊接电流、电弧电压、电弧推力等都比较稳定，所以正常工况下自动焊的焊接一次合格率会高于手工焊，自动焊的焊接外观成型及焊缝质量也优于手工焊。

3.3　经济效益

通过对工作效率的统计，配置两台埋弧自动焊机综合预制焊接实际效率约440吋/工日。与常规的氩电联焊相比，发现在同等产出的情况下，成本主要差异在于焊接操作人员的投入，而汽车吊台班、焊材、辅材及配合工种如管工、普工、起重工等则成本大致相同。两台埋弧自动焊机需要手工钨极氩弧焊打底焊工4名和自动焊焊工2名；而常规的氩电联焊则需要管道氩电联焊焊工9名。手工钨极氩弧焊打底焊工和管道氩电联焊焊工日工资约620元，而埋弧自动焊焊工日工资约350元。因此，每焊接440吋，可节约成本约620×9-（620×4+350×2）=2400（元）。整个项目节约成本约30万元，占自动焊机购置费、焊接工艺评定费、焊工培训费等前期投入费用总和的75%左右。而且前期投入费用为一次性投入，而节约的成本可以在长期运作的多个项目中持续产生收益，因此管道埋弧自动焊可以取得良好的经济效益。

3.4　注意事项

针对无损检测要求较高的项目，考虑到当前埋弧自动焊机技术水平的限制，通常需要在实施自动焊接前采用手工钨极氩弧焊进行打底。由于打底焊1层自动焊接时电流过大容易烧穿根部焊道，而超过2层则降低了工作效率，因此一般宜进行2层打底。

在研究焊接工艺评定时，要在能保证质量的前提下，采用更大的焊接参数，以增加每层焊缝的熔覆金属，这样可以显著提高实际的焊接效率，但最终的各项结果须评定合格。

自动焊对焊缝坡口的质量要求主要体现在管子切口断面倾斜偏差上，一般要求不超过管子外径的1%，且在管径较大的情况下尤为重要。如果坡口质量不符合标准，使用自动焊机时难以进行有效调节，严重影响成型质量。

在实施盖面过程中，焊接起始位置要和中层焊缝留下足够间隙，进而避免在前一层焊缝接头处引弧和焊缝表面余高超高现象的产生。

4 结语

本文以国内某大型炼油厂质量升级项目的全厂工艺及热力管网管道施工项目作为研究实例，详细探讨了管道埋弧自动焊在石油化工项目中的应用及其经济效益。笔者通过对项目环境、人力资源、市场竞争等因素的分析，提出了采用埋弧自动焊的实施方案，并对其在实际施工中的效率和成本进行了评估和比较。研究了管道埋弧自动焊的焊接工艺评定，通过实践和数据统计发现，埋弧自动焊相较于传统手工焊具有明显优势，能够提高焊接效率、保证焊缝质量并节约人力成本。然而，其应用也面临一些挑战，如技术水平的限制和前期成本投入等。

总体而言，管道埋弧自动焊作为一种高效、稳定且经济实用的焊接方法，在石油化工项目中有着广阔的应用前景。本文的研究和应用实践为后续石油化工项目自动焊施工提供了一定的指导方向和应用经验。笔者相信随着技术的不断发展和实践经验的积累，埋弧自动焊将在未来的工程领域中发挥更为重要的作用，为工程建设带来更大的便利和效益。

参考文献

[1] 张宇清，杨文佳，葛广林，等. 窄间隙自动埋弧焊在火电厂管道预制中的应用 [J]. 电力勘测设计，2022（12）：51-55.
[2] 高明明. WH 公司乙烯项目焊接工程质量过程管理研究 [D]. 济南：山东大学管理学院，2021.
[3] 国家能源局. 压力容器焊接规程：NB/T 47015—2023 [S]. 北京：中国科学技术出版社，2024.
[4] 陈兆坤，邓实，丁禹晨，等. 石油化工装置工艺管道工厂化预制自动焊技术应用 [J]. 石油化工建设，2021，43（S2）：50-52.
[5] 国家能源局. 承压设备焊接工艺评定：NB/T 47014—2023 [S]. 北京：中国科学技术出版社，2024.
[6] 武建朝，王晓娥. 自动焊在现代煤化工项目上的研究与应用 [J]. 机械制造文摘（焊接分册），2022（5）：38-43.

浅谈高温高压蒸汽管道保温施工技术

李水玲

湖南省工业设备安装有限公司　长沙　410007

摘　要：高温高压蒸汽管道保温主要是通过选择保温材料及保温施工技术，确保高温蒸汽管道的温度在输送过程中保持稳定，确保用汽端的温度与供汽端的温度保持在规范允许的范围内，从而达到节能减耗的目的。对长距离输送蒸汽管道温差降的数据进行了调查，对分析得出保温施工工艺的质量起着关键性的作用。随着节能减排的倡导，本文针对传统节能中存在的问题，采用高温高压蒸汽管道保温施工技术和选用新型材料及先进工艺应用于项目中，通过数据对比，明显降低了温差降，节约了能耗。

关键词：545℃超高压蒸汽管道；高温气凝胶；保温施工

1　前言

随着"碳达峰""碳中和"概念的提出，节能降耗重归大众视野。热介质输送是生产和生活中最为常见的工艺过程，尤其在供热系统中，集中且长距离的蒸汽输送应用最为广泛。该工艺的核心就是在符合用户要求的蒸汽参数条件下，尽量把蒸汽介质的温降和压损控制在合理范围内。在供热企业的运行管理中，管道的保温通常也是最受关注和急需解决的问题。本文针对连云港公用工程岛配套蒸汽管线一期工程的蒸汽管线施工，为保证因热量外传引起的温差在设计范围内，选用耐高温50mm厚硅酸铝卷毡和耐高温气凝胶进行保温，有效控制了供汽端与用汽端之间的温差。

2　工程概况

公用工程岛配套蒸汽管线一期工程EPC总承包项目位于连云港市徐圩新区，项目共有4根蒸汽管线，从公用工程岛到卫星石化有1根超高压蒸汽管线和2根中压蒸汽管线，再到圣奥化学有1根低压蒸汽管线，其4根管线总长约11km。超高压蒸汽管道设计参数为：压力13.7MPa（G），温度545℃，管道材质为10Cr9Mo1VNbN，蒸汽管道属压力管道GC1类。中压蒸汽管道设计参数为：压力4.7MPa（G），温度430℃，管道材质为15CrMoG，蒸汽管道属压力管道GC1类。低压蒸汽管道设计参数为：压力1.45MPa（G），温度215℃，管道材质为20号，蒸汽管道属压力管道GC2类。

3　关键技术介绍

3.1　保温施工工艺

保温结构以545℃超高压蒸汽管道工序为例：耐高温50mm厚硅酸铝卷毡→阻燃型铝箔布缠绕→不锈钢带捆扎→三层10mm厚耐高温气凝胶，每层施工时均用不锈钢带捆扎→阻燃型铝箔布缠绕→四层50mm厚硅酸铝保温层，每层施工时均用镀锌钢带捆扎→阻燃型铝箔布缠绕→增强型玻纤塑胶粘带做防潮层→敷设管道检漏光纤→δ为0.6mm的彩钢板（用304材质M4×16mm不锈钢螺丝固定）做外保护层。中低压蒸汽管道绝热施工参照超高压蒸汽管道保温层施工工艺做相应增减。各蒸汽管道施工工艺及材料如图1所示。

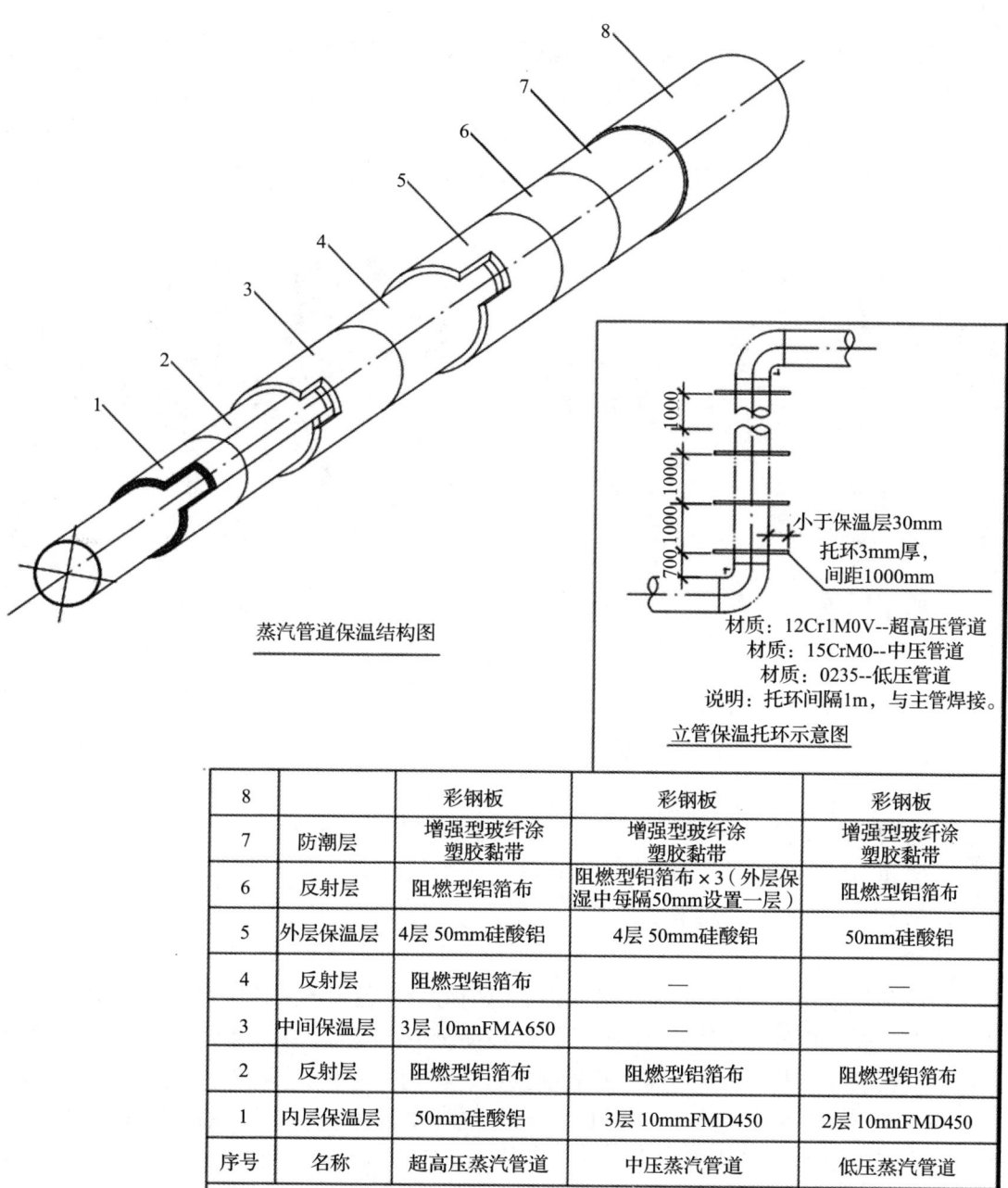

序号	名称	超高压蒸汽管道	中压蒸汽管道	低压蒸汽管道
8		彩钢板	彩钢板	彩钢板
7	防潮层	增强型玻纤涂塑胶黏带	增强型玻纤涂塑胶黏带	增强型玻纤涂塑胶黏带
6	反射层	阻燃型铝箔布	阻燃型铝箔布×3（外层保湿中每隔50mm设置一层）	阻燃型铝箔布
5	外层保温层	4层50mm硅酸铝	4层50mm硅酸铝	50mm硅酸铝
4	反射层	阻燃型铝箔布	—	
3	中间保温层	3层10mnFMA650	—	
2	反射层	阻燃型铝箔布	阻燃型铝箔布	阻燃型铝箔布
1	内层保温层	50mm硅酸铝	3层10mmFMD450	2层10mnFMD450

图1 蒸汽管道保温结构图

3.2 施工工艺流程

施工准备→绝热结构的固定件和支撑件的安装→保温层的施工→防潮层的施工→保护层的施工→管件的保温→支架、吊架、仪表管座保温。

3.2.1 施工准备

脚手架搭设完成并通过验收，预制场地、施工设施和施工机具应满足绝热工程的施工要求。施工作业人员进入现场前应进行安全教育、培训与取证。进入现场的作业人员个人劳动保护设施应符合规范的规定；现场设置了材料库房和废旧材料回收区；施工作业点设置安全防护设施。

在管道上要焊接的支管、支撑架、托架、仪表测试管及其他配件焊接完毕后，不能进行隔热施工。在设备配件，包括梯子、平台、支架、支座、支耳。仪表测试管和其他配件焊接完毕之前，不得进行隔热处理。在进行保温之前，需要对设备、管道、管件等的表面进行除锈并涂上油漆，在系统按照设计的水试压或气密测试通过后，才能进行保温施工（图2、图3）。

图2　蒸汽管道除锈

图3　蒸汽管道涂油漆防腐

3.2.2　绝热结构的固定件和支撑件的安装

保温构件所使用的紧固部件和支撑部件，其材料和种类要符合保温构件的焊接要求，在不能与管线进行焊接的情况下，要选用带箍的支撑部件。竖向高温管与支撑件之间的距离为2~3m，高温管之间的距离为3~5m。支架不能布置在有配件的地方，要将圆环横向布置，每个支架和肋板的安装误差不能超过10mm。管道与阀门、法兰绝缘层间分离时，应预留拆除螺栓的空间。在竖直管路上安装阀门，法兰上安装支撑装置。

3.2.3　保温层的施工

铺设各部分的气凝胶隔热毡，其横向、纵向搭缝的位置不应位于管道竖直中心线45°以内。把气凝胶隔热毡切割到一定的长度，以便铺设一个圆周。在此基础上，采用带形隔热毡缠绕法，在管线上形成10~20mm的叠层结构。将切割好的气凝胶隔热毡紧紧地贴在管道上，开始端用镀锌钢丝或捆扎钢带固定，再将气凝胶隔热毡的另一端以同样的方式固定在管道上，之后每间隔20~30cm捆扎一道，对有振动的部分要进行加固。铺设的各节气凝胶隔热毡的连接应该很紧，在管线的走向上应该有交叉的接缝。

在铺设了一层隔热毡之后，要用不锈钢带在隔热毡之间的搭缝处卷绕来使其平坦，卷绕的方向要与物料的交叠方向相同，并将其绑紧。胶条的层叠宽度不少于50mm，胶条的宽度在20~30cm。在使用两层或多层的气凝胶隔热毡时，应该一层一层地进行捆绑，并采取同一层错缝、内外压缝的操作方法。将两个相邻的圆周连接在一起，用不均匀的空气凝胶隔热毡的一半宽度来捆绑（图4~图7）。

图 4 保温层气凝胶施工

图 5 反射层施工

图 6 保温层硅酸铝施工

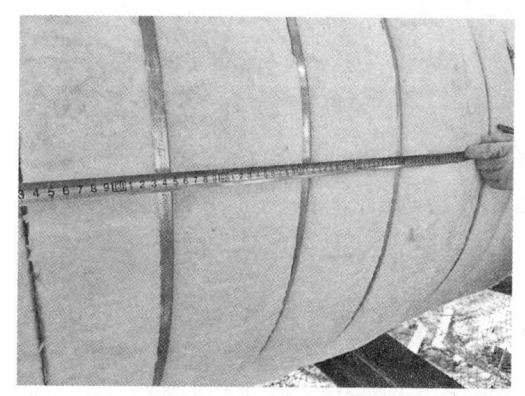

图 7 保温层钢带绑扎施工

3.2.4 防潮层的施工

在需要加一个防潮层的时候,将最外面的隔热毡用镀锌钢丝或捆绑钢带捆绑,然后铺上一层复合铝箔,用玻璃丝带进行找平和搭缝。隔热材料与隔热材料之间的胶合要牢固,密封好,不能出现空胶、气泡、起皱、开裂等不良现象。在该防水材料的外面,没有任何刚性的捆绑,如镀锌线或捆绑用的钢丝。可以选择涂敷型(玻璃布沥青玛蹄脂涂料)和包绕型(聚乙烯薄板、沥青玻璃布油毡、CPU 卷材、复合铝箔等)作为防潮层。

胶带的品质及技术参数必须达到设计要求,胶带在圆周及纵轴上的搭接宽度不得少于 50mm,并在搭接处充填紧密。对于需要全覆盖的产品,必须按照产品说明进行操作。胶带可以按宽度及施工现场的具体条件,采取盘绕或平铺的缠绕方式。防潮层施工如图 8 所示。

3.2.5 保护层的施工

在保温材料完成且验收通过后,应立即开始涂覆保护材料。有隔水层的建筑,必须在隔水层干透后,才能进行保护层施工。利用金属材料制造该保护层。外圆周长度增加 30~50mm。金属外壳在周向和纵向上的交接处应有突出的凸条。

图 8 防潮层施工

用于装备和管线的金属防护层环向接头与纵向接头最好是重叠的。其重叠程度应该达到以下标准：装备的环向接头与纵向接头都重叠50mm，管线的环向接头与纵向接头重叠50mm，纵向接头重叠30~50mm；钢管弯曲与直截面的重叠长度中高温管材75~150mm，中温管材50~70mm。

除了可移动的缝隙之外，钢管的金属保护层的搭接缝最好用自攻螺栓来进行固定，其间隔为150~200mm，并且在1m的长度上不能低于5个。在使用支撑环安装时，要将其与支撑环的位置对齐。弯曲处要形成小龙虾似的腰身连接，环形接头要咬合。

横向管道的金属保护层圆周向接缝与管道斜坡方向搭接，其纵向接缝应设置在水平中线以下15°~45°范围内，且缝口面向下。在有障碍的情况下，纵缝可以移动到管线的水平线以上60°的范围内。竖直管线内的金属保护层铺设，自下而上，上下搭接。在露天和潮湿环境中使用的绝热管线，应根据要求，在接头部位填塞或裹上密封条。保温层施工和保温层施工效果如图9、图10所示。

图9 保护层施工

图10 保温层施工后效果

3.2.6 管件的保温施工

（1）45°和90°弯头的保温施工

45°和90°弯头的保温施工，可以采用钣金展开放样的方式，把气凝胶隔热毡加工成弧形的多节弯形（"虾米腰"）铺设。每一层的气凝胶隔热毡的长度都是采用条形的气凝胶缠绕法来测定的。根据板片的形状对适当的产品进行切割。接着将加工好的"虾米腰"的中心线贴近弯头的外径，从弯头切线处进行施工，首先用镀锌铁丝或绑扎钢带固定，然后一节一节地固定，然后对隔热毡拼接处进行平整。隔热毡的厚度不超过3层时，可以采用无接缝的方式，一次铺设。多层保温材料在进行建造时，其内部和外部之间的环向接缝要压缝，纵向接缝要错缝，并按一定的顺序进行绑扎。

（2）阀门、法兰的保温

在管线上，阀门、法兰、人孔等需要频繁更换和维修的地方，应采用可脱卸的保温层构造。隔热材料最好是双层的金属隔热材料，或者是用特殊的纤维布做防护层。保护层为绝热层，在绝热层铺设过程中出现的间隙，可以采用柔软的填料填充。绝缘层内部的金属隔离层用镀锌铁丝网眼和铆接在隔离层中的挂钩与钉子相连接。外包隔热层的厚度必须与外包隔热层的厚度相同。

阀门的保温套结构宜为上方下半圆形式或制作成与阀门形状相匹配的外形，上至阀杆密封处，下至阀体最低点。保温套外层可采用金属、特种纤维布等材质作为保护层。阀门保温套两端与管道保温层外保护层的搭接长度不小于管道保温层的施工厚度。

法兰的保温套结构应为圆柱形，由两半组成，尺寸稍大，保温套外层可采用金属、特种纤维布等材质作为保护层。法兰保温套两端与管道保温层外保护层的搭接长度应不小于管道保温层的施工厚度。

在管子两端为焊接型的情况下，将铺设物延伸到管子外的部分，大致相当于管子绝热层所要求的厚度。将隔热材料切成直径相同的圆形，然后将圆形填充在管子的一端，以保证隔热材料的厚度。当管线的一端是一个封闭的盖子时，应采用可脱卸的绝热层。

3.2.7 支架、吊架、仪表管座

绝缘管线上的支架、吊架、仪表管座及其他附属设备必须做绝缘处理，但在没有特殊要求的情况下，可以不做绝缘处理。按照设备配件的具体要求，将气凝胶隔热毡切割成尺寸适当的块状，将切割好的材料覆盖在需保温的配件上，用镀锌铁丝或捆扎钢带捆扎固定，再用玻璃丝带捆扎找平。在进行多层保温的时候，应该对每一层进行一次捆绑，当每一层搭缝错开来铺设异径管的保温层时，可以按照钣金展开的方法，将气凝胶隔热毡裁切成扇形块状包裹铺设，并采取环向或网状捆扎，其捆扎铁丝应该与大直径管段的捆扎铁丝纵向拉接。在铺设多层气凝胶隔热毡时，要一层一层地捆绑，每一层的搭接位置要相互交错，并且要用玻璃丝带进行绑扎和平整。

4 实施效果

两区段供汽温差降数据见表1。

表1 两区段供汽温差降数据表

序号	施工区段	供汽端温度（℃）	用汽端温度（℃）	实际温差（℃）	设计允许温降（℃）
1	中心能用站—卫星石化	545	535	10	≤25
2	中心能用站—圣奥化学	545	530	15	≤25

应用该技术对高温高压蒸汽管道进行保温施工，确保了高温蒸汽管道的温差降，减少了能源的损耗，保证了施工的质量，管道保温后外观整齐美观，取得了良好的应用效果。

5 结语

根据保温材料的性能合理选择保温材料及保温层施工工艺，可以提高保温的效果。通过保温来减小设备、管道及其附件在工作中的热损失和介质的温降，是采用蒸汽管道节能的重要举措。维持设备及管道的生产能力和安全性，节省能量，提升工作效率，将周围的温度降下来，对劳动条件进行改进，避免工人被烫伤，这是提升公司节能环保水平的一个主要表现。

参考文献

[1] 中华人民共和国建设部，中华人民共和国国家质量监督检验检疫总局. 工业设备及管道绝热工程施工规范：GB 50126—2008 [S]. 北京：中国计划出版社，2008.

[2] 中华人民共和国住房和城乡建设部，中华人民共和国国家质量监督检验检疫总局. 工业设备及管道绝热工程施工质量验收标准：GB/T 50185—2019 [S]. 北京：中国计划出版社，2019.

施工现场临时用电系统的设计

杨 桄

湖南省工业设备安装有限公司　长沙　410007

摘　要：施工现场临时用电是一个重要的安全问题。一个好的临时用电系统，不但可以提高用电安全性，也能降低成本。

关键词：负荷计算；系统设计；配电箱；电气装置；防雷接地

目前施工现场临时用电涉及规范较多，以《建设工程施工现场供用电安全规范》（GB 50194—2014）为核心，建筑行业执行《建筑与市政工程施工现场临时用电安全技术标准》（JGJ/T 46—2024），石油及化工行业执行《石油化工建设工程施工安全技术标准》（GB/T 50484—2019）。就从业人员而言，项目执行《建筑与市政工程施工现场临时用电安全技术标准》（JGJ/T 46—2024）的最多。不同项目的规模、用电设备均不相同；不同行业要求不一，哪怕是执行相同的规范，不同技术人员对规范的解读和理解也不一致；所以每一个项目的临时用电系统都需要单独设计，没有完全相同的临时用电系统。本文主要以《建筑与市政工程施工现场临时用电安全技术标准》（JGJ/T 46—2024）为核心探讨施工现场临时用电系统的设计以及不同规范之间的差异。

1　施工用电总负荷的计算

施工用电总负荷的确定是临时用电系统设计的基础。本文介绍需要用系数法进行施工用电负荷的计算，首先确定施工高峰期用电设备清单（注意并不是施工过程中所有用电设备），搜集设备的功率等相关参数。

1.1　单台设备功率的确认

（1）长期连续工作制设备：$P_e = P_n$。式中，P_n 为铭牌的额定容量（kW）。

（2）反复短时工作制设备：例如塔吊、提升机、卷扬机等，统一换算到暂载率 $J_c = 25\%$ 时的额定功率，$\sqrt{\dfrac{J_c}{J_{c25}}} \cdot P_n = 2P_n\sqrt{J_c}$。

（3）电焊设备：一般交流电焊机铭牌给出的功率为铭牌额定视在功率 S_e（kVA），同时给出 S_e 的功率因数 $\cos\varphi$。统一换算到 $J_c = 100\%$ 时的额定功率，其设备容量为：$P_e = S_e \cdot \sqrt{\dfrac{J_c}{J_{c100}}} \cdot \cos\varphi = S_e \cdot \sqrt{J_c} \cdot \cos\varphi$。

1.2　各用电设备组的计算负荷

（1）用电设备组的有功功率：$P_{js} = K_x \cdot \sum P_e$（kW）。式中，$K_x$ 为用电设备组的需要系数。

（2）用电设备组的无功功率：$Q_{js} = P_{js}\tan\varphi$（kVar）；

（3）用电设备组的视在功率：$S_{js}=\sqrt{(P_{js}^2+Q_{js}^2)}$（kVA）。

用电设备组的 K_x，$\cos\varphi$ 及 $\tan\varphi$ 见表1。

表1　用电设备组的 K_x，$\cos\varphi$ 及 $\tan\varphi$

用电设备组名称		K_x	$\cos\varphi$	$\tan\varphi$
建筑常用小型电动工具	10台以下	0.30	0.50	1.73
	10台及以上	0.25	0.45	1.98
电机类	10台以下	0.70	0.68	1.08
	10台及以上	0.60	0.65	1.17
破碎机、筛洗石机、泥浆泵、空气压缩机、输送机	10台以下	0.70	0.70	1.02
	10台及以上	0.65	0.65	1.17
提升机、起重机、掘土机	10台以下	0.30	0.70	1.02
	10台及以上	0.20	0.65	1.17
电焊机	10台以下	0.45	0.45	1.98
	10台及以上	0.35	0.40	2.29
室内办公、照明		0.80	1.00	0

1.3　单相用电设备负荷计算

（1）当单相用电设备总容量不超过三相用电设备总容量的15%时，现场实工时要求电工接线时考虑三相负荷平衡，$P_e=\dfrac{1}{3}P_n$（kW）。

（2）当单相用电设备总容量大于三相用电设备总容量的15%，单项设备额定电压为220V（接于相电压）时，$P_e=3P_n$（kW），单项设备额定电压为380V时（接于线电压），$P_e=\sqrt{3}P_n$（kW）。

按转换后的 P_e 参与负荷计算。在没有大功率单项设备的情况下，一般临时用电系统单相用电设备总容量不超过三相用电设备总容量的15%，负荷不大，可以忽略该部分计算（按 $P_e=P_n$ 计算）。

1.4　临时用电系统总的计算负荷

$P_{jz}=K_t\sum P_{js}$（kW）

$Q_{jz}=K_t\sum Q_{js}$（kVar）

$S_{jz}=\sqrt{(P_{jz}^2+Q_{jz}^2)}$（kVA）

式中，K_t 为各用电设备组的最大负荷的同期系数，K_t 取 0.8～0.9。

临时用电系统在实际运行中的负荷容量往往小于其铭牌容量，需要系数就是用电设备组在最大负荷时需要的有功功率与其设备容量的比值。实际上需要系数与用电设备的工作性质（使用频率）、设备效率和线路损耗等因素有关，而且是随机变化的，它是一个综合系数，不容易准确计算，例如项目为安装工程，焊接工程量较大，电焊机需用系数取 0.5～0.6 较为合适。

1.5 以某项目举例计算临时用电系统总负荷

首先根据工作性质、需用系数对施工高峰期用电设备进行分类，分成不同的用电设备组，再分别计算每组负荷。

1.5.1 用电高峰期各用电设备组的计算负荷

（1）建筑常用小型电动工具（表2）。

表2 建筑常用小型电动工具

序号	机具名称	单位	数量	功率（kW）	合计
1	电动圆盘锯	台	4	1.5	6
2	平板振动器	台	2	3	6
3	振捣棒	台	8	1.5	12
4	潜水泵	台	6	3	18
5	其他小型电动工具	批	1	20	20
6					62

10台及以上参数选择：$K_x = 0.25$，$\cos\varphi = 0.45$，$\tan\varphi = 1.98$。

$P_{js1} = K_x \cdot \sum P_e = 0.25 \times 62 = 15.5$（kW）。

$Q_{js1} = P_{js1} \tan\varphi = 15.5 \times 1.98 = 30.69$（kVar）。

（2）常用电机类设备（表3）。

常用电机类设备的连续工作制、功率和使用频率比小型电动工具大。

表3 常用电机类设备

序号	机具名称	单位	数量	功率（kW）	合计
1	钢筋调直机	台	2	3	6
2	钢筋弯曲机	台	6	2.5	15
3	钢筋切断机	台	2	3	6
4	钢筋套丝机	台	4	4	16
5	砂轮切割机	台	4	2	8
6	砂浆搅拌机	台	4	5.6	22.4
7					73.4

10台及以上参数选择：$K_x = 0.6$，$\cos\varphi = 0.65$，$\tan\varphi = 1.17$。

$P_{js2} = K_x \cdot \sum P_e = 0.6 \times 73.4 = 44.04 \text{kW}$。

$Q_{js2} = P_{js2} \text{tg}\varphi = 44.04 \times 1.17 = 51.53 \text{kVar}$。

（3）塔吊（表4）。

表4 塔吊、提升机、起重机等反复短时工作制设备

机具名称	单位	数量	功率（kW）	合计	备注
塔吊	台	2	30	60	$J_c = 40\%$

10 台以下参数选择：$K_x=0.3$，$\cos\varphi=0.7$，$\mathrm{tg}\varphi=1.02$。

$P_e = \sqrt{\dfrac{J_c}{J_{c25}}} \cdot P_n = 2P_n\sqrt{J_c} = 2\times 30\times\sqrt{0.4} = 37.95$（kW）。

$P_{js3} = K_x \cdot \sum P_e = 0.3\times 2\times 37.95 = 22.77$（kW）。

$Q_{js3} = P_{js3}\tan\varphi = 22.77\times 1.02 = 23.23$（kVar）。

（4）施工照明及办公室用电（表5）。

表5　施工照明及办公室用电

机具名称	单位	数量	功率（kW）	合计
生活、办公区用电	项	1	20	20

照明及办公用电参数选择：$K_x=0.8$。

$P_{js4} = K_x \cdot \sum P_e = 0.8\times 20 = 16$（kW）。

（5）焊接设备（表6、表7）。

表6　三相焊接设备（变压设备）

机具名称	单位	数量	功率（kVA）	合计	备注
交流电焊机	台	20	15	300	$J_c=65\%$

10 台及以上参数选择：$K_x=0.35$，$\cos\varphi=0.4$，$\tan\varphi=2.29$。

$P_e = S_e \cdot \sqrt{\dfrac{J_c}{J_{c100}}} \cdot \cos\varphi = S_e \cdot \sqrt{J_c} \cdot \cos\varphi = 15\times\sqrt{0.65}\times 0.4 = 4.84$（kW）。

$P_{js5-1} = K_x \cdot \sum P_e = 0.35\times 4.84\times 20 = 33.88$（kW）。

$Q_{js5-1} = P_{js5-1}\tan\varphi = 33.88\times 2.29 = 77.59$（kVar）。

表7　单相焊接设备（变压设备）

机具名称	单位	数量	功率（kVA）	合计	备注
对焊机（UN1-100）	台	1	100	100	$J_c=20\%$，单相380V

10 台以下参数选择：$K_x=0.45$，$\cos\varphi=0.45$，$\tan\varphi=1.98$。

$P'_e = S_e \cdot \sqrt{\dfrac{J_c}{J_{c100}}} \cdot \cos\varphi = S_e \cdot \sqrt{J_c} \cdot \cos\varphi = 100\times\sqrt{0.2}\times 0.45 = 20.1\mathrm{kW}$。大于其余三相用电设备（包括照明设备）总容量的15%，所以对焊机的容量应为：$P_e = \sqrt{3}P'_e = \sqrt{3}\times 20.1 = 34.8$（kW）。

$P_{js5-2} = K_x \cdot \sum P_e = 0.45\times 1\times 34.8 = 15.66$（kW）。

$Q_{js5-2} = P_{js5-2}\tan\varphi = 15.66\times 1.98 = 30.01$（kVar）。

1.5.2　总负荷的计算

总有功功率：$P_{jz} = K_t \sum P_{js} = 0.9\times(15.5+44.04+22.77+16+33.88+15.66) = 133.07(\mathrm{kW})$。

总无功功率：$Q_{jz} = K_t \sum Q_{js} = 0.9\times(30.69+51.53+23.23+77.59+30.01) = 191.75(\mathrm{kVar})$。

总视在功率：$S_{jz} = \sqrt{(P_{jz}^2+Q_{jz}^2)} = (133.07^2+191.75^2)^{1/2} = 233.4(\mathrm{kVA})$。

施工用电总电流：$I_{JZ} = S_{JZ}/(\sqrt{3}\times U) = 233.4/(\sqrt{3}\times 0.38) \approx 354.6(\mathrm{A})$。

式中，K_t 为各用电设备组的最大负荷的同期系数，K_t 取 0.9。

总负荷计算的目的主要是选择变压器和电源电缆型号、规格，变压器容量大于总视在功率即可。例如示例的项目，可以选择 250kVA 或者 315kVA 变压器。

2 临时用电系统的设计

临时用电系统采用 TN-S 接零保护系统，图 1 为专用变压器供电时 TN-S 接零保护系统。

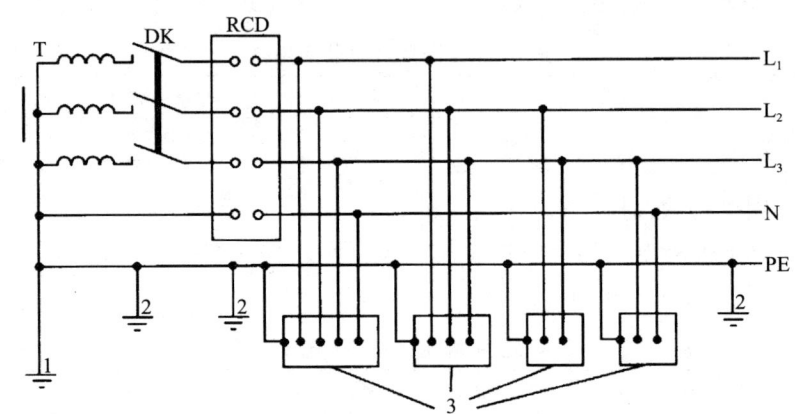

图 1　专用变压器供电时 TN-S 接零保护系统示意
1—工作接地；2—PE 线重复接地；3—电气设备金属外壳（正常不带电的外露可导电部分）；
L_1、L_2、L_3—相线；N—工作零线；PE—保护零线；DK—总电源隔离开关；
RCD—总漏电保护器（兼有短路、过载、漏电保护功能的漏电断路器）；T—变压器

关于临时用电系统的设计，不同规范的要求不尽相同，比如《建筑与市政工程施工现场临时用电安全技术标准》（JGJ/T 46—2024）要求"三级配电两级漏保"。"三级"指总配电箱、分配电箱、开关箱，分配箱可以根据需要设置多级分配箱；"两级漏保"指总配电箱（一级）和末级开关箱必须设置漏电保护器。开关箱实行"一机一闸一漏一箱"制度，就是指一个开关箱只能接一台用电设备。但是《石油化工建设工程施工安全技术标准》（GB/T 50484—2019）要求，采用三级或四级配电系统，级级有漏电保护，用电设备执行"一机一闸一保护"的规定。临时用电系统如图 2 所示。

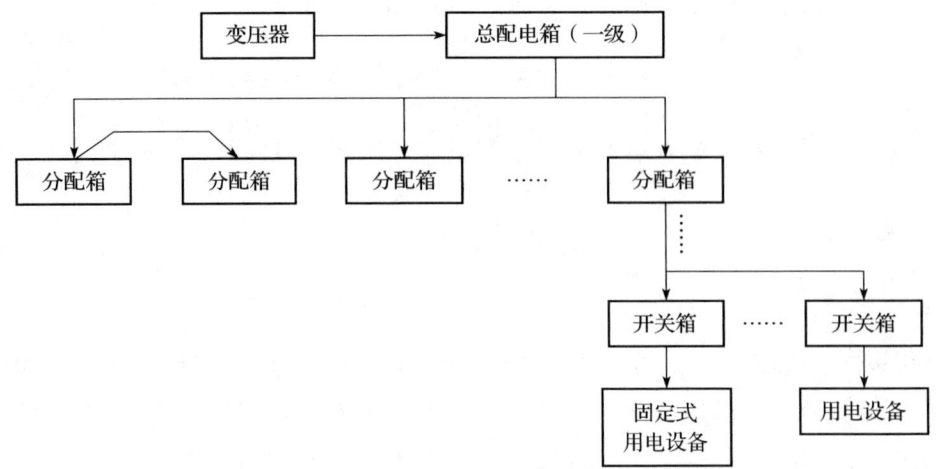

图 2　临时用电系统示意

图 2 中的链式配电，虽然规范要求低压临时用电系统不宜采用，但是在施工区域狭长、用电设备分散的情况下，链式配电比较实用。

3 配电线路的选择

根据工程实际情况、平面布置，对用电设备进行分区域规划，一般根据"总配电箱应设在靠近电源的区域，分配电箱应设在用电设备或负荷相对集中的区域"的原则来规划一、二级配电箱位置。一、二级配电箱确定位置后，再考虑电缆敷设路径，根据现场实际情况，选择埋地或架空敷设都可以。

每一台二级配电箱电源电缆的型号、规格和开关额定电流又如何选择呢？首先简单估算每个二级配电箱负责区域的负荷，估算法按以下公式计算：

$$P = 1.05 \sim 1.10 \ (K_1 \cdot \Sigma P_1/\cos\varphi + K_2 \cdot 2P_2 + K_3 \cdot \Sigma P_3)$$

式中，P 为所计算区域供电设备总负荷（kVA）；

P_1 为电动机额定功率（kW）；$\cos\varphi$ 为电动机的平均因数（一般为 0.65~0.7）；K_1 为动力需要系数，一般为 0.5~0.7；

P_2 为电焊机额定容量（kVA）；K_2 为焊接需要系数，一般为 0.5~0.6；

P_3 为办公、照明功率（kW）；K_3 为照明或电热设备需要系数，一般为 0.8~1.0。

根据计算区域电流 $I = P/(\sqrt{3} \cdot U)$ 来选择二级配电箱电源电缆的规格、一级配电箱分支开关和二级配电箱总开关的额定电流。

埋地敷设一般选择铠装电缆，架空敷设选择 ZR-YJV 电缆。电缆支架一般选择绝缘支架，如果采用金属支架，应将金属支架可靠接地。移动式配电箱、开关箱的进出线应采用橡皮护套绝缘电缆，电动建筑机械和手持式电动工具选用无接头的橡皮护套铜芯软电缆。选择电缆时须同时注意，规范明确要求"相线、N 线、PE 线的颜色必须为黄、绿、红色，淡蓝色，绿/黄双色"。

4 配电箱设置

4.1 总配电箱（一级）电器装置的选择

4.1.1 总开关的选择

总配电箱不用设置总漏电保护器。如果总配电箱内总开关选择总漏电保护器，其额定漏电动作时间为 0.2s，要满足额定剩余动作电流与额定漏电动作时间的乘积不应大于 30mA·s 的要求，额定剩余动作电流应不大于 150mA。这对于用电负荷较大的项目而言，基本不能满足现场使用要求。额定剩余动作电流太小，同时额定剩余不动作电流仅为额定漏电动作电流的 1/2，容易产生误动作跳闸，严重影响整个现场的施工，跳闸后只能对整个系统进行检查，不能分区域检查，给检修增加负担。

根据"当采用分断时具有可见分断点的断路器，可不另设隔离开关"的规定，总开关选择"透明的塑料外壳式断路器"。

从日常使用来说，断路器选择 3P 或者 4P 都可以。断路器选择有质量保证的产品，在使用过程中出现因断路器机械故障而导致用电设备断"零"的风险很小。考虑配电箱内接线的整洁性和断开零线可以起到电气隔离作用，降低检维修人员触电风险（风险很低），相对而言笔者更倾向于 4P 断路器。

断路器额定电流原则上须大于或等于计算的施工用电总电流 I_{JZ}，考虑负荷计算粗略性、施工现场的复杂性、部分设备启动时电流波动等原因，按断路器额定电流等于（1.2~1.5）×I_{JZ}进行选择合适。例如本文"1.5 以某项目举例计算临时用电系统总负荷"举例项目中I_{JZ}=354.6A，总配电箱总开关选择额定电流400A或600A，4P透明的塑料外壳式断路器。

4.1.2 分支开关选择

根据"当采用分断时具有可见分断点的断路器，可不另设隔离开关"和"当漏电保护器是同时具备短路、过载、漏电保护功能的漏电断路器时，可不另外设断路器"的规定，可以把"隔离开关+断路器+漏电保护器的组合"优化成仅采用"透明的塑料外壳式漏电断路器"，但是注意采用透明的塑料外壳的目的是有可见分断点。漏电断路器剩余电流动作时间选择0.2s，额定剩余动作电流不大于150mA。需注意的是，额定剩余动作电流越小越容易发生误动作跳闸。

例如本文"1.5 以某项目举例计算临时用电系统总负荷"举例项目，总配电箱分支开关选择剩余电流动作时间不短于0.2s，额定剩余动作电流150mA（或者100mA），透明的塑料外壳式漏电断路器，额定电流根据二级配电箱所负责区域负荷综合考虑。

4.2 二级配电箱电器装置的选择

不同规范对二级配电箱的要求不一样，虽然《建筑与市政工程施工现场临时用电安全技术标准》（JGJ/T 46—2024）不要求分配箱带漏电保护，笔者通常认为二级配电箱电气装置的选择原则跟一级配电箱一样，即能满足不同行业的规范要求，适用性更强，安全性更好。

根据断路器额定电流等于（1.2~1.5）×I（I为本文3叙述的二级配电箱负责区域的额定电流）选择二级配电箱总开关，分支开关选择"透明的塑料外壳式漏电断路器"。

4.3 开关箱电器装置的选择

如果按《建筑与市政工程施工现场临时用电安全技术标准》（JGJ/T 46—2024）的要求，开关箱选择"隔离开关+漏电断路器"的组合。使用时注意，隔离开关只可以直接控制照明电路和容量不大于3kW的动力电路，且不应频繁操作。

如果按《石油化工建设工程施工安全技术标准》（GB/T 50484—2019）的要求，末级配电箱总开关选择"透明的塑料外壳式断路器"，分支开关选择"透明的塑料外壳式漏电断路器"。可以在配电箱两侧安装防水航空插座，配电箱上锁后也方便使用，不需要频繁开关漏电断路器，安全方便实用。

如果用电设备是电机类设备，漏电断路器选择时应注意瞬间脱扣电流，根据负载启动电流情况，通常C系列都可以使用，有时会用到D系列。

漏电断路器剩余电流动作时间选择0.1s，额定剩余动作电流30mA，在特殊情况下，例如潮湿或有腐蚀介质场所，其额定剩余动作电流选择15mA（例如潜水泵）。

综上所述，对于配电箱内电器装置的选择，不同规范要求不一，相同规范要求也比较宽泛，并没有唯一的标准。也有人认为根据图1中，总配电箱应选择总隔离开关+总漏电保+断路器配置，笔者认为适用性不强。笔者认为电气装置选择的核心是配电箱应具备电源隔离、断开与合闸、电源保护（短路、过载、漏电保护）等功能，满足使用与安全要求。

施工现场配电箱照片如图3所示。

(a)   (b)   (c)

图3 施工现场电箱

5 防雷与接地

施工现场内的起重机、井字架、龙门架等机械设备，以及钢脚手架和在建工程等的金属结构，当在相邻建筑物、构筑物等设施的防雷装置接闪器的保护范围以外时，应按规定安装防雷装置，所以在施工过程中要随时注意位置较高的金属导体，采取防雷措施。

一般情况下变压器接地网需要单独设置，也可以借用建筑接地装置，施工及质量要求符合《电气装置安装工程 接地装置施工及验收规范》（GB 50169—2016）的要求。超过100kVA的电力变压器或发电机的工作接地电阻值不得大于4Ω，反之不得大于10Ω。以干式变压器举例，中性点和地排单独与主接地网连接，同时变压器外壳有不少于两点与接地网连接。

临时用电系统采用TN-S接零保护系统，设置单独工作接地线（N）和保护接地线（PE），配电箱与用电设备的金属外壳还需要设置重复接地。参考《电气装置安装工程 接地装置施工及验收规范》（GB 50169—2016）的要求，重复接地的垂直接地体采用长2.5m的角钢、钢管或光面圆钢，不得采用螺纹钢，垂直埋设在土壤中，接线端露出地面。每一处重复接地装置的接地电阻值不得大于10Ω。

作者认为接地是临时用电系统最重要的安全保障措施，实际施工现场重复接地因各种原因，例如土质问题、埋设深度不够等，接地电阻经常达不到规范要求。雨天用电安全尤其需要重视，电气设备发生接地故障（电气装置没有跳闸）时，容易形成跨步电压；人体接触发生故障的用电设备，人体就相当于一根接地线，电流会通过人体分流流入大地。

综上所述，临时用电系统实工过程中，首先保证变压器接地网施工质量，保证工作接地线（N）和保护接地线（PE）可靠使用，其次尽量按要求做好重复接地。在使用与维护过程中，经常巡查，漏电保护器每天使用前应启动漏电试验按钮试跳一次，试跳不正常时严禁继续使用。

6 电气设计施工图

临时供电施工图主要分为供电系统图和施工现场平面图。

6.1 临时供电平面图设计

临时供电平面图（图4）的主要内容应包括以下几个方面。

（1）在建工程临建、在施、原有建筑物的位置。

（2）电源进线位置、方向及各种供电线路的导线敷设方式、截面、根数及线路走向。

（3）变压器、配电室、总配电箱、分配电箱及开关箱的位置，箱与箱之间的电气关系。

（4）工作接地、重复接地、保护接地、防雷接地的位置及接地装置的材料、做法等。

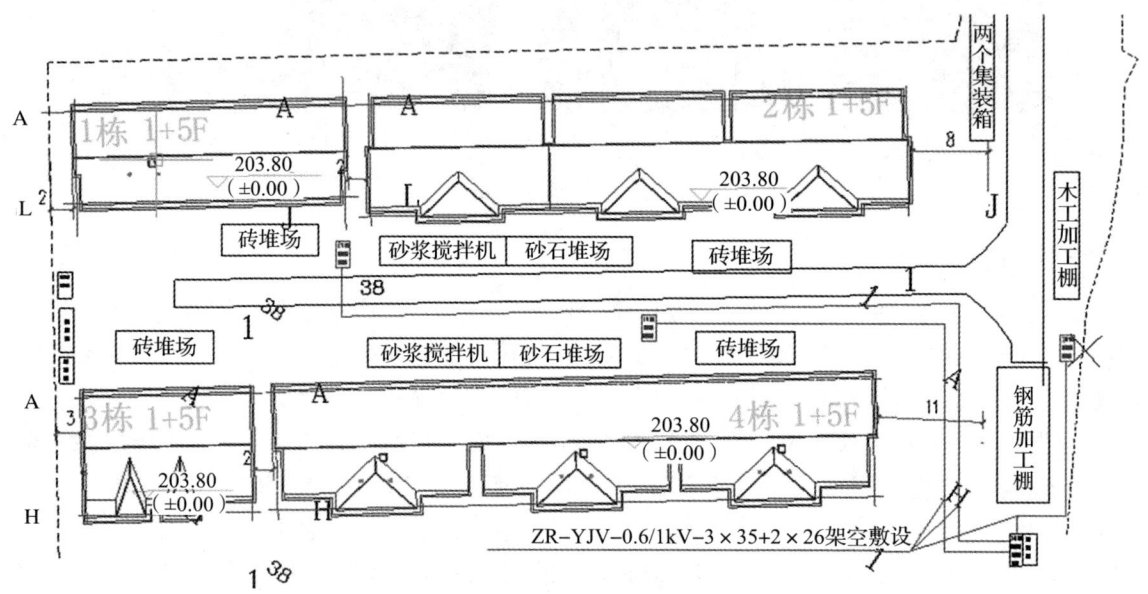

图4 临时供电平面示意

6.2 临时供电系统图

临时供电系统图（图5）是表示施工现场动力及照明供电的主要图纸，其内容应包括以下几个方面。

（1）各种箱体之间的电气联系。

（2）配电线路的电缆的规格、型号。

（3）各种电气装置规格、型号、重要参数。

（4）标明各用电设备的名称，与平面布置图相对应。

7 结语

在本文中，我们主要探讨了施工现场临时用电系统的设计，详细叙述了需要用系数法计算施工用电负荷，配电系统的设计，配电线路、配电箱电气装置的选择，防雷接地要求，临时用电系统设计图纸的要点。选择一些共性问题进行探讨，例如不同规范的差异，总配电箱和开关箱电气装置的选择，阐述了作者的理由和建议，设计更优的临时用电系统，提高安全性，减少经济损失；也让读者理解为什么会出现在不同项目、不同地区，即使是执行相同的规范，电气技术人员的要求也可能会有差异。

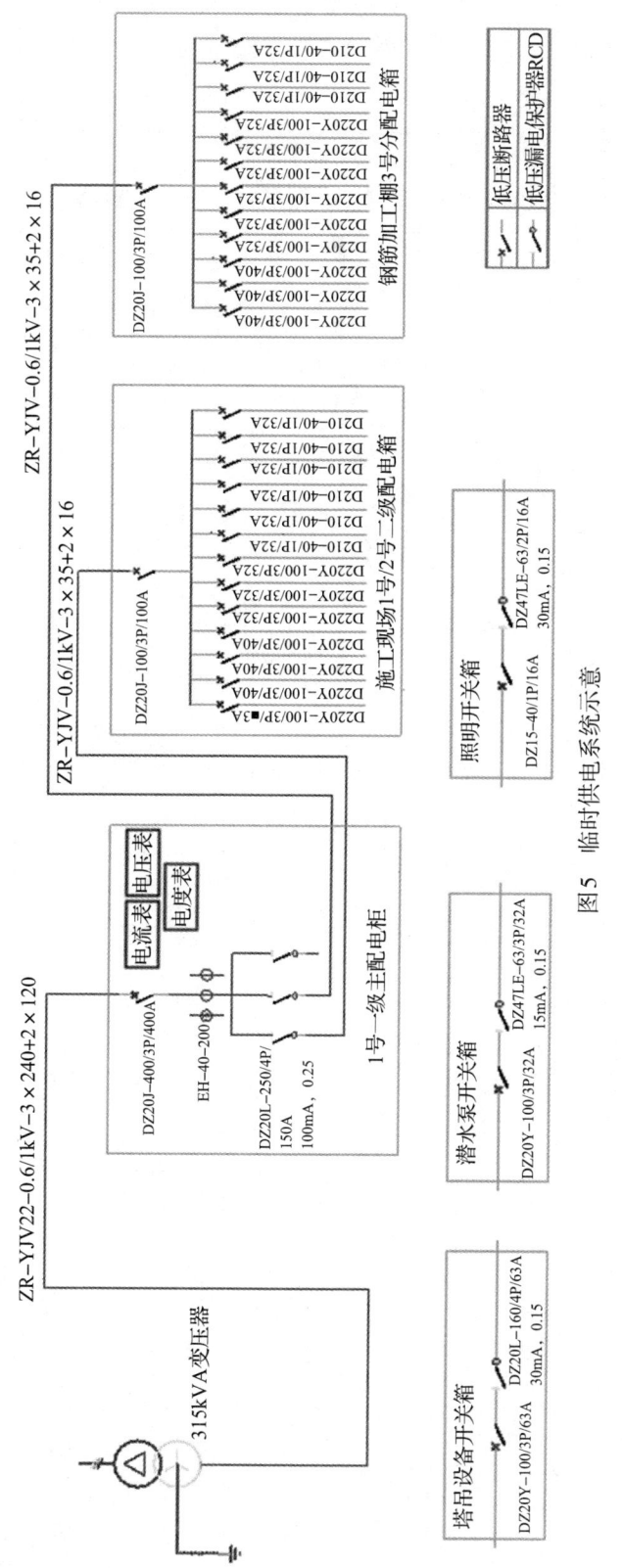

图 5 临时供电系统示意

参考文献

[1] 中华人民共和国建设部. 施工现场临时用电安全技术规范：JGJ 46—2024 [S]. 北京：中国建筑工业出版社，2024.

[2] 中华人民共和国建设部. 石油化工建设工程施工安全技术标准：GB/T 50484—2019 [S]. 北京：中国计划出版社，2019.

[3] 中国航空规划设计研究总院有限公司. 工业与民用供配电设计手册 [M]. 第四版. 北京：中国电力出版社，2016.

试析变电站电气安装与土建施工的有效配合

刘 鑫

湖南省工业设备安装有限公司 长沙 410007

摘 要：在现代电力系统中，变电站作为电能的转换、传输和配送中心，扮演着至关重要的角色。变电站的建设关乎着电力系统的稳定运行和电能的有效利用。在变电站建设过程中，电气安装和土建施工是密不可分的两个重要组成部分，它们之间的有效配合不仅关系到工程的顺利实施，也直接影响变电站的安全性、稳定性和可靠性。深入探讨变电站电气安装与土建施工的有效配合，对于提高工程质量、保障电力系统安全运行具有重要意义。

关键词：变电站；电气安装；土建施工；有效配合

在变电站建设过程中，电气安装和土建施工的有效配合至关重要，其重要性主要体现在以下几个方面。电气安装和土建施工的协调配合可以保证工程的整体性和协调性，变电站作为电力系统的重要组成部分，其电气设备需要与土建结构紧密配合。变压器、开关设备等电气设备需要安装在土建建筑物内部或附近，如果电气安装和土建施工不协调，会导致设备安装位置不合适，影响电气设备的正常运行，甚至造成设备损坏或安全隐患。有效的电气安装和土建施工配合可以提高工程的施工效率和质量。

1 变电站中电气安装和土建施工有效配合的重要性

1.1 保证工程整体性和协调性

在工程建设过程中，电气安装和土建施工是相互依存、相互影响的。通过合理安排施工进度和工作流程，电气安装和土建施工可以相互配合，避免因施工顺序不当而造成工期延误或重复施工的情况，从而提高工程的施工效率和质量。电气安装和土建施工的有效配合还可以减少工程的施工成本和资源浪费，合理规划施工进度和资源利用，避免因电气设备与土建结构之间的冲突而导致的重复施工或资源浪费，可以降低工程的施工成本，提高资源利用效率，实现经济效益最大化。电气安装和土建施工的有效配合对于保证工程的整体性和协调性、提高工程的施工效率和质量、减少工程的施工成本和资源浪费具有重要意义，是变电站建设过程中必须重视和加强的工作内容。

1.2 提高工程耐受力和安全性

在变电站建设过程中，工程的耐受力和安全性是至关重要的考量因素。电气安装和土建施工的有效配合在提高工程耐受力和安全性方面发挥着关键作用。电气设备与土建结构之间的密切配合可以增强工程的结构稳定性。变电站内的电气设备通常需要嵌入土建结构中或者与土建结构紧密连接。通过确保电气设备的正确安装和与土建结构的良好结合，可以有效地增强结构的整体稳定性，变压器等重要设备的安装位置和基础设计需要与土建结构相匹配，以确保设备运行时的稳定性和安全性，避免因为结构不稳定而引发安全隐患。电气安装和土建施工的协调配合有助于提高工程的抗震性能。地震是威胁工程安全的重要因素之一，特别是对于变电站这样的关键设施而言。通过合理设计和布置电气设备，并与土建结构相互配合，可以有效地提高工程的抗震性能，采取加固措施来加强土建结构的抗震能力，同时确保电气设备的固定稳定，以减少地震对设备和结构的影响，保障工程的安全运行。电气安装和土建施工的配合也对工程的耐久性产生积极影响，工程的长期运行需要保证设备和结构的稳定性和可靠性，电气设备与土建结构之间的合理布局和紧密配合，可以降低设备和结构受外界环境影响的程度，延长设备和结构的使用寿命，提高工程的耐久性和可靠性。电气安装和土建施工的有效配合对于提高工程的耐受力和安全性具有重要意义，确保电气设备与土建结构之间的紧密配合，增强工程的结构稳定性、抗震性能和耐久性，可以有效地提高工程的安全性，保障工程的正常运行，为电力系统的稳定供电提供可靠保障。因此，在变电站建设过程中，必须高度重视和加强电气安装和土建施工的配合，确保工程的耐受力和安全性达到预期标准。

2 变电站的电气安装与土建施工的具体配合

2.1 施工前期准备阶段的配合

在变电站的建设过程中，施工前期准备阶段是确保电气安装和土建施工有效配合的重要环节，在这一阶段，需要进行充分的规划和准备工作，以确保电气安装和土建施工能够有序进行并实现良好的配合。施工前期准备阶段需要进行详细的工程规划和设计。在规划和设计阶段，电气安装和土建施工的需求必须充分考虑，并确保二者相互配合，电气设备的布置和安装位置需要与土建结构相协调，以便后续施工能够顺利进行，需要对土建结构进行合理设计，以满足电气设备的安装要求，例如提供足够的承重能力和稳定的基础支撑。施工前期准备阶段需要进行充分的沟通与协调，电气安装和土建施工通常由不同的施工队伍或单位负责，因此需要建立良好的沟通机制，确保双方的需求能够得到及时传达和理解。在施工前期，应召开专门的会议，邀请电气安装和土建施工的相关人员共同参与，对工程的施工方案和配合方案进行详细讨论和制订，明确各自的责任和任务，达成一致意见，从而确保施工过程的顺利推进。施工前期准备阶段还需要进行现场勘察和踏勘工作，对工程现场的勘察和踏勘，可以全面了解现场环境和条件，为后续的电气安装和土建施工提供准确的信息和数据支持，特别是需要对土地地质条件、地形地貌、地下管线等进行详细调查，评估土建结构的建设可行性和安全性，为电气设备的安装提供可靠的基础条件。施工前期准备阶段还需要进行相关设备和材料的采购和准备工作，根据工程规划和设计要求，确定所需的电气设备、土建材料和施工工具等，及时进行采购和供应，对采购的设备和材料进行质量检查和验收，确保其符合相关标准和要求，为后续的施工提供可靠的保障。施工前期准备阶段是确保电气安装和土建施工有效配合的关键环节，通过充分的规划和设计、沟通与协调、现场勘察和踏勘、设备和材料的采购和准备等工作，可以为后续施工的顺利进行奠定良好的基础，确保工程能够按时、按质完成。

2.2 具体施工阶段的配合

2.2.1 土建主体结构施工环节

土建主体结构施工是变电站建设中的重要阶段，其顺利进行对于后续电气安装工作至关重要。在这一阶段，电气安装和土建施工需要密切配合，以确保土建主体结构的稳固性和电气设备的顺利安装。电气安装和土建施工团队应该在土建主体结构施工之前进行充分的沟通和协调，电气安装团队需要向土建施工团队提供电气设备的安装位置、基础要求等详细信息，以便土建施工团队能够合理规划土建结构的施工方案，并为电气设备的安装提供合适的基础支撑。在土建主体结构施工过程中,电气安装团队需要积极参与并提供支持,可以就土建施工中可能影响电气设备安装的因素提出建议,并与土建施工团队密切配合,及时解决施工中的问题和难点,确保土建结构的施工质量和进度达到要求。土建主体结构施工完成后,电气安装团队需要及时进行检查和验收,应该对土建结构进行全面检查,确保结构稳固、基础牢固,符合电气设备安装的要求,如发现问题,应及时与土建施工团队沟通,协商解决方案,并在必要时进行修正和调整,以确保土建主体结构的质量符合要求。在土建主体结构施工阶段,电气安装和土建施工的密切配合至关重要,只有通过充分的沟通与协调、积极参与和支持、检查与验收等措施,才能确保土建主体结构的稳固性和质量,为后续的电气安装工作奠定良好的基础。

2.2.2 电气安装交接环节

电气安装交接环节是变电站建设中电气安装和土建施工之间的关键节点,其顺利进行对于确保工程的整体顺利推进至关重要。在这一阶段,需要实现电气安装和土建施工的有效配合,确保设备交接无误。电气安装团队和土建施工团队需要在交接前进行充分的准备工作,电气安装团队应该对已完成的电气设备安装情况进行检查和验收,确保设备安装符合要求,并准备好相关的安装记录和资料,土建施工团队也需要对土建结构的施工情况进行检查和验收,确保土建结构的稳固性和完整性,并准备好相关的验收报告和资料。在实际交接过程中,电气安装团队和土建施工团队需要密切合作,确保交接工作顺利进行,电气安装团队应该向土建施工团队提供详细的电气设备信息和安装位置,并对可能存在的问题和需求进行说明和解释,土建施工团队则需要积极配合,提供必要的支持和协助,确保设备交接顺利进行,避免出现交接误差或遗漏。在交接过程中,应该及时记录和归档相关资料,电气安装团队和土建施工团队应该共同完成交接记录和验收报告,并进行签字确认,以确保交接过程的完整性和准确性,这些记录和资料将作为后续工程运行和维护的重要依据,因此必须妥善保存和管理。电气安装交接环节是确保电气安装和土建施工有效配合的关键环节,只有通过充分的准备工作、密切合作配合和及时记录归档等措施,才能确保设备交接顺利进行,为后续工程的正常运行奠定良好基础。

2.2.3 电气安装施工环节

电气安装施工是变电站建设过程中的重要阶段,其顺利进行对于确保变电站的电气设备安装和调试工作的顺利完成至关重要。在这一阶段,电气安装和土建施工需要密切配合,以确保设备安装质量和工程进度。电气安装团队需要在施工前进行详细的施工计划和方案制订,在制订施工计划时,应考虑土建结构的施工进度和要求,合理安排电气设备的安装顺序和时间节点,确保与土建施工的配合,还需要制定详细的安全施工措施和质量管理措施,确保施工过程安全可靠、质量合格。在实际施工过程中,电气安装团队和土建施工团队需要密切协作,确保施工任务按计划有序推进,电气安装团队应根据土建施工进度和要求,合理调配施工人员和资源,确保施工队伍能够及时到位并按时完成工作。需要积极配合土建施工团队,协调解决施工中可能出现的问题和难点,确保电气设备的安装质量和进度不受影响。在施工过程中,电气安装团队需要特别注意与土建施工团队的交叉作业和协同作业,在安装设备支架或走线架时,可能需要借助土建结构的支撑或者预留孔洞,因此需要与土建施工团队密切配合,确保相关工作顺利进行,还需要注意避免电气设备施工过程中对土建结构造成损坏或污染,保持施工现场的整洁和安全。

在电气设备的安装过程中，还需要加强对土建结构的保护和维护，电气安装团队应该对土建结构进行周边保护，避免因施工操作而对土建结构造成损坏或影响，可以设置临时防护措施，保护土建结构不受施工过程中的振动或碰撞影响。同时，还需要定期清理施工现场，避免因施工废料或杂物而影响土建结构的施工质量和安全。在电气设备安装完成后，电气安装团队和土建施工团队需要共同进行设备验收和整体验收，对电气设备的功能和性能进行测试和调试，确保设备安装质量符合要求，并进行整体验收确认工程质量达标，还需要及时处理和整改发现的问题和缺陷，确保工程的最终交付符合相关标准和要求。电气安装施工是变电站建设过程中的重要阶段，其顺利进行需要电气安装和土建施工的密切配合，只有通过充分的计划和准备、紧密的协作和配合、严格的质量控制和验收等措施，才能确保电气设备的安装质量和工程进度，为变电站的正常运行提供可靠保障。

2.3 验收阶段的配合

变电站建设的最后阶段是验收阶段，这是电气安装和土建施工之间密切配合的关键阶段。在这一阶段，电气安装团队和土建施工团队需要共同协作，确保工程的整体验收顺利完成，从而为变电站正式投入运行做好准备。电气安装团队和土建施工团队需要共同制订详细的验收方案和验收标准。在确定验收标准时，应充分考虑电气设备和土建结构的相关要求和技术规范，确保验收标准的科学合理性和可行性，还需要明确各自的责任和任务分工，确保各项工作有条不紊地进行。电气安装团队和土建施工团队需要共同组织开展验收工作。在进行验收前，应对工程现场进行全面检查和清理，确保施工现场的安全整洁，按照预定的验收方案和标准，对电气设备和土建结构进行逐项检查和测试，确保工程的质量和安全达到要求。特别是需要注意电气设备与土建结构之间的配合情况，确保二者的密合度和协调性。在验收过程中，电气安装团队和土建施工团队应保持密切沟通和协作，及时解决可能出现的问题和争议。如发现存在质量问题或不符合要求的情况，应及时协商制订整改方案，并按照程序进行整改，还需要加强对验收过程的记录和归档工作，确保验收结果的真实可靠性。完成验收后，电气安装团队和土建施工团队需要共同完成验收报告和相关资料的整理和归档工作，验收报告应包括验收结果、存在的问题及整改情况等内容，并由相关责任人签字确认，验收资料需要按照规定的程序进行归档保存，作为工程竣工验收的重要依据。验收阶段是电气安装和土建施工之间密切配合的关键环节，只有通过制订合理的验收方案和标准、共同组织开展验收工作、保持密切沟通和协作、及时解决问题和记录归档等措施，才能确保工程的整体验收顺利完成，为变电站的正式投入运行提供坚实保障。

3 结语

在变电站建设过程中，电气安装与土建施工的有效配合是确保工程质量和安全性的关键因素。通过对施工前期准备阶段、具体施工阶段以及验收阶段的详细分析，可以总结出以下几点结论。

3.1 保证工程整体性和协调性

电气安装和土建施工的紧密配合确保了工程的整体性和协调性。合理安排施工进度和工作流程，能够避免施工顺序不当引发的工期延误或重复施工，从而提高工程施工效率和质量，减少施工成本和资源浪费，实现经济效益最大化。

3.2 提高工程耐受力和安全性

电气安装和土建施工的有效配合在提高工程耐受力和安全性方面发挥了关键作用。电气设备与土建结构之间的密切配合能够增强结构稳定性，提高工程抗震性能，确保电气设备和结构的长期稳定性和可靠性，从而保障工程的安全运行。

3.3 施工前期准备阶段的配合

在施工前期准备阶段，通过详细的工程规划和设计、充分的沟通与协调、现场勘察和踏勘，以及设备和材料的采购和准备工作，可以为后续施工的顺利进行奠定坚实基础。电气安装和土建施工在此阶段的有效配合有助于确保工程整体布局合理、施工方案科学可行，并且各项资源得以充分利用。

3.4 具体施工阶段的配合

在土建主体结构施工环节，电气安装团队与土建施工团队的密切配合至关重要。电气安装团队应参与土建施工的规划与执行，确保土建结构能够为电气设备提供合适的基础支撑。在电气安装交接环节，通过充分的准备工作、密切的合作以及严格的记录归档，可以确保设备交接顺利进行，避免误差和遗漏。在电气安装施工环节，通过制订详细的施工计划、合理安排施工顺序和时间节点、与土建施工团队紧密协作，能够确保设备安装质量和工程进度。

3.5 验收阶段的配合

在验收阶段，电气安装团队和土建施工团队需要共同制定验收方案和标准，组织开展验收工作，确保工程质量和安全达到要求。通过密切沟通、协作解决问题、及时记录和归档，能够确保验收结果的真实性和可靠性，为工程的最终交付和变电站的正式运行提供保障。

变电站建设过程中电气安装与土建施工的有效配合是确保工程质量、安全性和稳定运行的关键。通过在施工前期准备阶段、具体施工阶段和验收阶段的紧密配合，可以提高工程整体性、耐受力和安全性，减少施工成本和资源浪费，实现工程的高效高质完成，为电力系统的稳定运行提供坚实的基础。在未来的变电站建设中，需继续加强电气安装与土建施工之间的沟通与协作，不断提升配合效率，确保工程顺利完成，为社会经济发展和人民生活提供更加可靠的电力保障。

参考文献

[1] 黄一芃. 变电站工程土建施工与电气安装的配合分析 [J]. 电力设备管理，2023（11）：132-134.
[2] 白何. 电气工程的电气安装和调试架构分析 [J]. 水电水利，2022，6（4）：7-9.
[3] 樊群茂. 电气化铁路牵引变电所电气设备安装调试方法 [J]. 轨道交通，2022（4）：3
[4] 张德存. 建筑施工中电气安装与土建工程的施工配合分析 [J]. 四川建材，2022，48（4）：2.

浅析高速公路墩柱垂直度施工控制

肖 亚　戴 伟　张雄斌　罗梦绮　刘茂林

湖南建投交通建设有限公司　长沙　410000

摘　要：针对高速公路桥梁墩柱高、测量作业面小等因素导致墩身垂直度控制难度大的问题，以在建宜阳河大桥为工程背景，采用垂线法并辅以弧长法进行校核，进行高墩垂直度的控制，取得了较好的施工效果。

关键词：垂直度；高墩；垂线法；弧长法

随着我国交通事业的快速发展，高速公路建设的重点转移，山区桥梁工程所占的比例越来越高。在桥梁下部构造施工过程中墩柱垂直度是一个非常重要的指标，将直接影响桥梁结构的受力状态。若施工过程中测量控制不到位极易超出《公路工程质量检验评定标准》（TGF 80/1—2017）中关于墩柱垂直度的要求，即不大于 0.3%H 且不大于 20mm，（H 为墩柱高度），从而造成返工浪费。若施工完成后未发现，则埋下了永久的质量隐患，对以后的运营留下巨大的安全隐患。目前常用的垂直度控制方法有垂线法、坐标法、弧长法。

传统的垂线法受风力影响较大，若遇大风天气，垂球来回摇晃难以定位，同时要求操作人员有很强的责任心。采用垂线法并辅以弧长法进行校核，进行高墩垂直度的控制，取得了较好的施工效果。

1　垂线法控制并辅以弧长法进行校核（双控）

原理：以地心引力+弧长公式 $L=n\pi R/180°$ 计算偏位。

墩柱模板安装后通过在墩柱模板顶部安设带气泡的水平尺，使模板前后左右都处于水平状态。在墩柱模板四周及中心吊垂线 5 根，四周的 4 根垂线与风缆绳方向一致，中间垂线与墩柱底部中心点保持一致。通过反复调整风缆绳，反复丈量直到同根垂线底部与顶部水平距离的误差在规范允许范围内即可。同时注意观察墩柱中心点垂线是否上下重合，如图 1 所示。

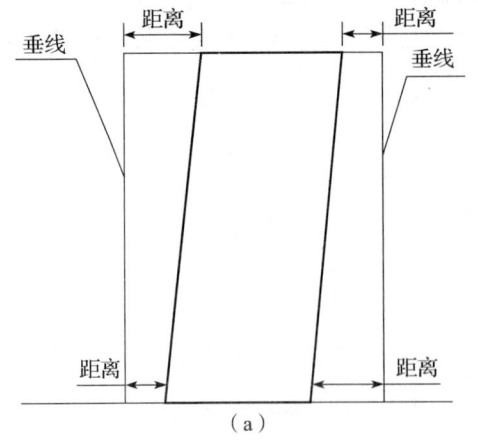
（a）

（b）

图 1　垂线法垂直度控制示意

完成好上述工作后,测量员随即把全站仪架到能看到整根墩柱的位置,把仪器视角调到墩柱模板顶最外侧。

步骤1:水平旋转盘锁定、置零,然后把仪器视角调到墩柱模板底部。

步骤2:解锁水平旋转盘,再把水平视角微调到墩柱模板底部最外侧。

步聚3:将观察到的一个水平角度α换算成秒就得到n,利用弧长公式计算偏位,即$L=n\pi R/180°$,其中R为仪器到墩柱的距离,反复调整抗风绳,反复计算偏位,直到偏位L在规范允许范围内,如图2所示。

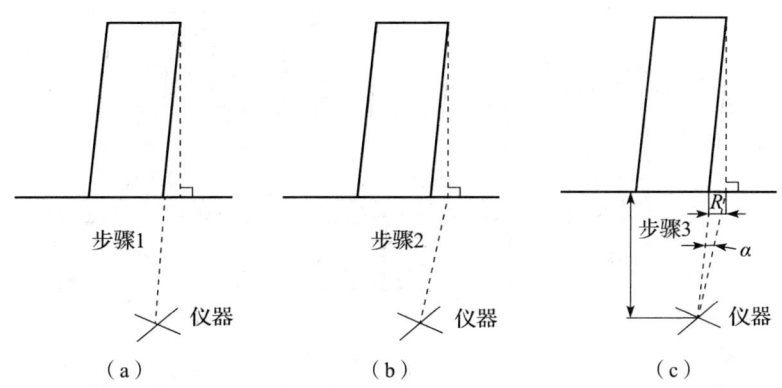

图2 弧长法垂直度控制示意

测量员校核合格后再浇筑混凝土;浇筑过程中,测量员监测模板是否有偏斜情况,同时记录数据;浇筑完成后,待拆完模板,再次用全站仪对墩柱的垂直度进行测量。因在地系梁和下墩柱浇筑阶段已完成平面位置的控制,所以在中系梁、中墩柱、上系梁、上墩柱浇筑阶段不再进行平面位置的控制,只控制垂直度,垂直度的控制方法与下墩柱相同。

以下是湖南省茶陵至常宁(含安仁支线)高速公路K32+932宜阳河大桥左幅12号墩柱控制过程中的数据。K32+932宜阳河大桥长848.8m,下部构造为桩基础、柱式墩,上部构造为21跨40m预应力混凝土T梁。(图3、图4)

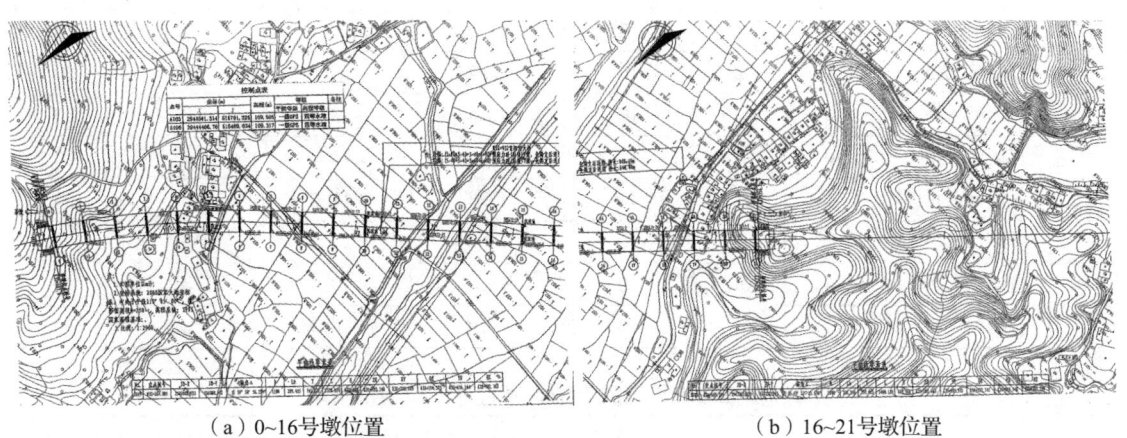

(a)0~16号墩位置　　　　　　　　(b)16~21号墩位置

图3 K32+932宜阳河大桥桥位平面图

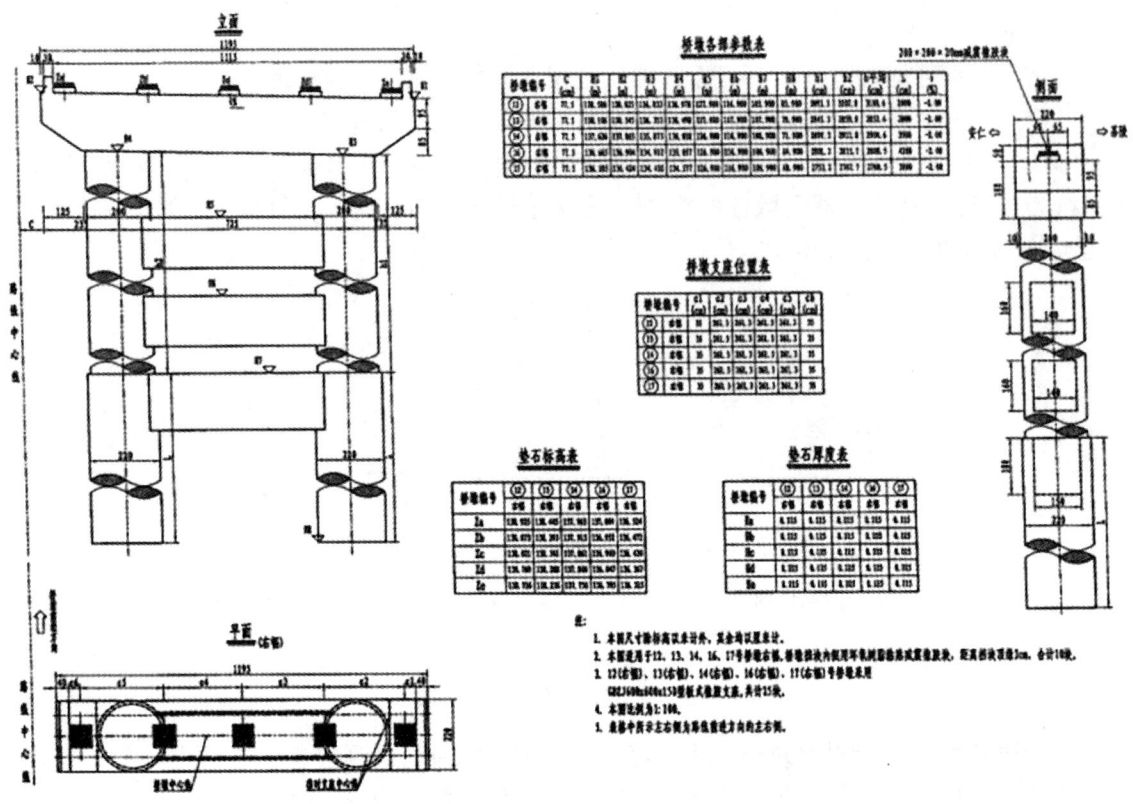

图 4 K32+932 宜阳河大桥 12 号墩立柱立面图

左幅 12 号下墩柱数据见表 1~表 3。

表 1 垂线法墩柱模板安装后垂直度检测记录表

序号	桥梁名称	墩柱编号	检测点	上下测点高差（m）	上测点与垂线的距离（cm）	下测点与垂线的距离（cm）	墩柱垂直度（mm）	容许偏差（mm）
1	宜阳河大桥	12-0	1	10	20.4	20.7	3	20
2	宜阳河大桥	12-0	2	10	25.2	20.8	4	20
3	宜阳河大桥	12-0	3	10	22.4	22.1	3	20
4	宜阳河大桥	12-0	4	10	21.6	21.2	4	20
5	宜阳河大桥	12-1	1	10	17.8	17.5	3	20
6	宜阳河大桥	12-1	2	10	20.6	20.9	3	20
7	宜阳河大桥	12-1	3	10	19.8	19.4	4	20
8	宜阳河大桥	12-1	4	10	20.8	20.4	4	20

表 2 垂线法墩柱混凝土浇筑时垂直度检测记录表

序号	桥梁名称	墩柱编号	检测点	上下测点高差（m）	上测点与垂线的距离（cm）	下测点与垂线的距离（cm）	墩柱垂直度（mm）	容许偏差（mm）
1	宜阳河大桥	12-0	1	10	20.4	20.7	3	20
2	宜阳河大桥	12-0	2	10	25.2	20.9	3	20

续表

序号	桥梁名称	墩柱编号	检测点	上下测点高差（m）	上测点与垂线的距离（cm）	下测点与垂线的距离（cm）	墩柱垂直度（mm）	容许偏差（mm）
3	宜阳河大桥	12-0	3	10	22.4	22.0	4	20
4	宜阳河大桥	12-0	4	10	21.6	21.2	4	20
5	宜阳河大桥	12-1	1	10	17.8	17.5	3	20
6	宜阳河大桥	12-1	2	10	20.6	20.8	2	20
7	宜阳河大桥	12-1	3	10	19.8	19.5	3	20
8	宜阳河大桥	12-1	4	10	20.8	20.4	4	20

表3 垂线法墩柱模板拆除后垂直度检测记录表

序号	桥梁名称	墩柱编号	检测点	上下测点高差（m）	上测点与垂线的距离（cm）	下测点与垂线的距离（cm）	墩柱垂直度（mm）	容许偏差（mm）
1	宜阳河大桥	12-0	1	8	23.5	23.8	3	20
2	宜阳河大桥	12-0	2	8	20.5	20.1	4	20
3	宜阳河大桥	12-0	3	8	22.6	22.3	3	20
4	宜阳河大桥	12-0	4	8	21.4	21.0	4	20
5	宜阳河大桥	12-1	1	8	26.4	26.0	4	20
6	宜阳河大桥	12-1	2	8	20.6	20.8	2	20
7	宜阳河大桥	12-1	3	8	25.2	20.9	3	20
8	宜阳河大桥	12-1	4	8	20.8	20.5	3	20

左幅12号墩中墩柱数据见表4~表6。

表4 垂线法墩柱模板安装后垂直度检测记录表

序号	桥梁名称	墩柱编号	检测点	上下测点高差（m）	上测点与垂线的距离（cm）	下测点与垂线的距离（cm）	墩柱垂直度（mm）	容许偏差（mm）
1	宜阳河大桥	12-0	1	10	16.8	16.4	4	20
2	宜阳河大桥	12-0	2	10	23.2	22.9	3	20
3	宜阳河大桥	12-0	3	10	20.8	20.5	3	20
4	宜阳河大桥	12-0	4	10	19.9	19.5	4	20
5	宜阳河大桥	12-1	1	10	20.1	20.2	1	20
6	宜阳河大桥	12-1	2	10	25.6	26.0	4	20
7	宜阳河大桥	12-1	3	10	20.7	20.3	4	20
8	宜阳河大桥	12-1	4	10	20.5	20.2	3	20

表5 垂线法墩柱混凝土浇筑时垂直度检测记录表

序号	桥梁名称	墩柱编号	检测点	上下测点高差（m）	上测点与垂线的距离（cm）	下测点与垂线的距离（cm）	墩柱垂直度（mm）	容许偏差（mm）
1	宜阳河大桥	12-0	1	10	16.8	16.5	3	20
2	宜阳河大桥	12-0	2	10	23.2	22.9	3	20
3	宜阳河大桥	12-0	3	10	20.8	20.5	3	20

续表

序号	桥梁名称	墩柱编号	检测点	上下测点高差（m）	上测点与垂线的距离（cm）	下测点与垂线的距离（cm）	墩柱垂直度（mm）	容许偏差（mm）
4	宜阳河大桥	12-0	4	10	19.9	19.5	4	20
5	宜阳河大桥	12-1	1	10	20.1	20.2	1	20
6	宜阳河大桥	12-1	2	10	25.6	26.0	4	20
7	宜阳河大桥	12-1	3	10	20.7	20.3	4	20
8	宜阳河大桥	12-1	4	10	20.5	20.2	3	20

表6 垂线法墩柱模板拆除后垂直度检测记录表

序号	桥梁名称	墩柱编号	检测点	上下测点高差（m）	上测点与垂线的距离（cm）	下测点与垂线的距离（cm）	墩柱垂直度（mm）	容许偏差（mm）
1	宜阳河大桥	12-0	1	8	15.3	15.5	2	20
2	宜阳河大桥	12-0	2	8	16.2	15.9	3	20
3	宜阳河大桥	12-0	3	8	17.1	16.8	3	20
4	宜阳河大桥	12-0	4	8	16.8	16.5	3	20
5	宜阳河大桥	12-1	1	8	18.0	18.1	1	20
6	宜阳河大桥	12-1	2	8	17.5	17.3	2	20
7	宜阳河大桥	12-1	3	8	17.4	17.1	3	20
8	宜阳河大桥	12-1	4	8	18.2	17.9	3	20

左幅12号墩上墩柱数据见表7~表9。

表7 垂线法墩柱模板安装后垂直度检测记录表

序号	桥梁名称	墩柱编号	检测点	上下测点高差（m）	上测点与垂线的距离（cm）	下测点与垂线的距离（cm）	墩柱垂直度（mm）	容许偏差（mm）
1	宜阳河大桥	12-0	1	10	20.6	20.9	3	20
2	宜阳河大桥	12-0	2	10	25.1	25.5	4	20
3	宜阳河大桥	12-0	3	10	26.2	26.0	2	20
4	宜阳河大桥	12-0	4	10	25.8	25.5	3	20
5	宜阳河大桥	12-1	1	10	23.6	23.4	2	20
6	宜阳河大桥	12-1	2	10	26.8	26.5	3	20
7	宜阳河大桥	12-1	3	10	26.5	26.2	3	20
8	宜阳河大桥	12-1	4	10	25.8	25.5	3	20

表8 垂线法墩柱混凝土浇筑时垂直度检测记录表

序号	桥梁名称	墩柱编号	检测点	上下测点高差（m）	上测点与垂线的距离（cm）	下测点与垂线的距离（cm）	墩柱垂直度（mm）	容许偏差（mm）
1	宜阳河大桥	12-0	1	10	20.5	20.9	4	20
2	宜阳河大桥	12-0	2	10	25.2	25.5	3	20
3	宜阳河大桥	12-0	3	10	26.2	26.0	2	20
4	宜阳河大桥	12-0	4	10	25.8	25.6	2	20

续表

序号	桥梁名称	墩柱编号	检测点	上下测点高差（m）	上测点与垂线的距离（cm）	下测点与垂线的距离（cm）	墩柱垂直度（mm）	容许偏差（mm）
5	宜阳河大桥	12-1	1	10	23.6	23.4	1	20
6	宜阳河大桥	12-1	2	10	26.8	26.5	3	20
7	宜阳河大桥	12-1	3	10	26.5	26.3	2	20
8	宜阳河大桥	12-1	4	10	25.8	25.5	3	20

表9 垂线法墩柱模板拆除后垂直度检测记录表

序号	桥梁名称	墩柱编号	检测点	上下测点高差（m）	上测点与垂线的距离（cm）	下测点与垂线的距离（cm）	墩柱垂直度（mm）	容许偏差（mm）
1	宜阳河大桥	12-0	1	8	20.2	20.5	3	20
2	宜阳河大桥	12-0	2	8	15.6	15.5	1	20
3	宜阳河大桥	12-0	3	8	16.4	16.1	3	20
4	宜阳河大桥	12-0	4	8	18.3	18.1	2	20
5	宜阳河大桥	12-1	1	8	14.3	14.6	3	20
6	宜阳河大桥	12-1	2	8	12.3	12.5	2	20
7	宜阳河大桥	12-1	3	8	14.6	14.3	3	20
8	宜阳河大桥	12-1	4	8	15.2	15.0	2	20

2 传统垂线法控制数据及结果

原理：地心引力。

墩柱模板安装完成后，在墩柱模板四周吊垂线4根，4根垂线与风缆绳方向一致。反复调整风缆绳，反复丈量直到同根垂线底部与顶部水平距离的误差在规范允许范围内即可。

以下是项目部用传统的垂线法控制的宜阳河大桥10号墩立柱的数据，单节立柱8m（下立柱）。

左幅10号墩下墩柱数据见表10、表11。

表10 垂线法墩柱模板安装后垂直度检测记录表

序号	桥梁名称	墩柱编号	检测点	上下测点高差（m）	上测点与垂线的距离（cm）	下测点与垂线的距离（cm）	墩柱垂直度（mm）	容许偏差（mm）
1	宜阳河大桥	10-0	1	8	12.3	11.3	10	20
2	宜阳河大桥	10-0	2	8	13.3	14.3	10	20
3	宜阳河大桥	10-0	3	8	8.5	7.4	11	20
4	宜阳河大桥	10-0	4	8	9.9	10.5	6	20
5	宜阳河大桥	10-1	1	8	15.4	14.1	13	20
6	宜阳河大桥	10-1	2	8	16.7	15.2	15	20
7	宜阳河大桥	10-1	3	8	12.4	11.2	12	20
8	宜阳河大桥	10-1	4	8	13.5	11.6	19	20

表 11 垂线法墩柱模板拆除后垂直度检测记录表

序号	桥梁名称	墩柱编号	检测点	上下测点高差（m）	上测点与垂线的距离（cm）	下测点与垂线的距离（cm）	墩柱垂直度（mm）	容许偏差（mm）
1	宜阳河大桥	10-0	1	8	10.4	11.2	8	20
2	宜阳河大桥	10-0	2	8	12.4	13.1	7	20
3	宜阳河大桥	10-0	3	8	9.4	8.5	11	20
4	宜阳河大桥	10-0	4	8	9.9	9.4	5	20
5	宜阳河大桥	10-1	1	8	15.4	14.1	13	20
6	宜阳河大桥	10-1	2	8	14.4	13.1	14	20
7	宜阳河大桥	10-1	3	8	12.4	10.5	19	20
8	宜阳河大桥	10-1	4	8	13.5	12.9	6	20

3 对比分析

通过分析以上数据可知，采用垂线法控制并辅以弧长法在混凝土浇筑过程中进行校核，可以明显地减小立柱的垂直度偏差，使得立柱的竖直度更加接近设计的理论竖直度。最终对宜阳河大桥12号墩及10号墩立柱的垂直度进行检测，检测情况见表12、图5。

表 12 K32+932 宜阳河大桥 12 号、10 号墩立柱偏位统计表

序号	柱名	左/右	部位	立柱高度（m）	立柱垂直度		容许偏差（mm）	方法
					垂直度（mm）	处理结果		
1	12-0 号	左	立柱	29.19	2	合格	20	垂线法控制并辅以弧长法进行校核
2	12-1 号	左	立柱	29.34	6	合格	20	
3	10-0 号	左	立柱	30.85	10	合格	20	垂线法
4	10-1 号	左	立柱	31.02	10	合格	20	

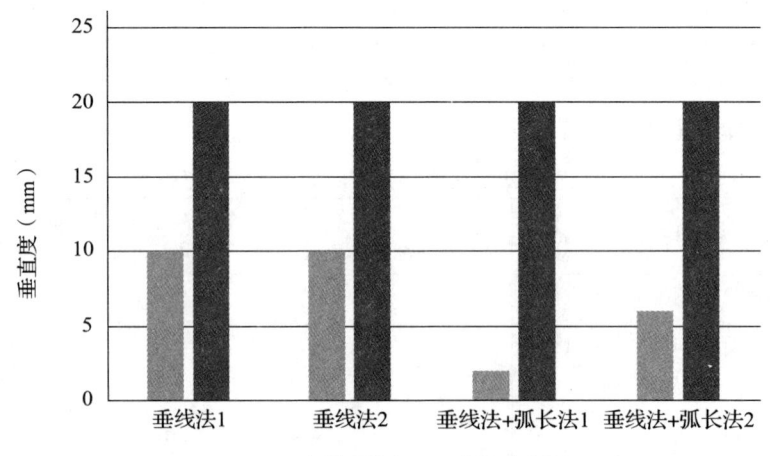

图 5 12-0，12-1 墩柱垂直度实测柱状图

4 结论

垂线法控制并辅以弧长法进行校核基于桩基施工定位准确、无偏位的前提条件，实际施工控制过程中流程比较烦锁，但结果显而易见。墩柱的垂直度在施工过程中得到全过程跟踪

控制，特别适合高立柱墩。但对施工作业人员要求高，特别是测量人员要以严谨的工作态度反复测设、反复计算。

参考文献

［1］ 中华人民共和国交通运输部. 公路桥涵施工技术规范：JTG/T 3650—2020［S］. 北京：人民交通出版社，2020.
［2］ 中华人民共和国交通运输部. 公路工程质量检验评定标准：TGF 80/1—2017［S］. 北京：人民交通出版社，2018.
［3］ 寇光明. 浅谈桥梁墩柱竖直度的测量控制方法［J］. 西南公路，2015（3）：26-27，39.
［4］ 孙旭. 浅谈桥梁高墩柱施工存在的问题及质量控制［J］. 建筑工程技术与设计，2014（2）：121，113.
［5］ 余加勇，朱建军，邹峥嵘，等. 大跨径桥梁挠度测量新方法研究［J］. 湖南大学学报（自然科学版），2007（10）：31-34.
［6］ 张伟富，赵国. 高层建筑物主体垂直度检测方法［J］. 重庆建筑大学学报，2001，23（2）：109-112.
［7］ 王飞驰，郑黄海，盛伟. 全站仪平面偏心测量原理及其应用［J］. 煤炭技术，2009，28（11）：179-181.
［8］ 焦明连. 基于全站仪的圆形建筑物倾斜观测的方法和精度［J］. 淮海工学院学报（自然科学版），2005，14（1）：72-74.

浅谈高空大跨度曲面铝板单元模块吊装技术应用

郭　鹏　李　滔　刘宇丰　陈阳虹　张　斌　闻　伟　谢腾云

中建五局装饰幕墙有限公司　长沙　410004

摘　要：近年来，高大空间工程逐渐增多，其中高大空间吊顶存在跨度大、高度高、施工面积大、曲面造型多等特点，一般的吊顶施工技术已无法满足工期、质量、装修效果及安全环保等要求，采用单元模块吊装施工技术可以有效解决该问题。本文重点以威海国际经贸交流中心项目为例，从施工工艺流程、操作要点、材料设备、质量控制措施、安全环保措施等多方面对高大空间大跨度曲面瓦楞铝板单元模块吊装施工技术应用进行总结分析。

关键词：高大空间；大跨度；曲面铝板；单元模块；吊装

1　引言

当前，随着国内基础设施建设投入的加大，以及各地大型文化设施建设工程的发展，高大空间工程项目数量呈现快速上升趋势，尤其是全国各地的大中型城市剧院、体育馆、会展中心、机场航站楼等。由于高大空间吊顶存在跨度大、高度高、施工面积大、曲面造型多等特点，存在着施工难度大、现场工况复杂、工期紧张等难题。一般的吊顶施工方法已无法满足此类建筑的工期、质量、装修效果及安全环保等要求。高大空间大跨度曲面瓦楞铝板单元模块吊装快速建造施工技术，通过数字化建造手段，将整个曲面瓦楞铝板大吊顶分解成若干个单元，每个单元在地面完成拼装后进行单元模块吊装。既解决了高空作业采用满堂脚手架对其他工序的交叉影响问题，同时又节约了大量的措施费用，保证工程项目的高效、安全、绿色与经济，符合建筑工业化的发展趋势。

此技术是由威海国际经贸交流中心项目形成的施工技术，项目施工满足工期要求，装修效果恢弘大气并且已受理发明专利一项，受理实用新型专利两项，为公司创造了良好的经济、社会效益。

2　施工技术特点

单元模块吊装施工技术，对地面、墙面等其他专业施工的影响相对较小，可以满足工程进行立体、交叉施工，从而使时间和空间得到充分利用，提高了施工效率，有效节约工期。

铝板单元模块可实现地面集中化生产加工，加工精度高，可在地面检测合格后再进行吊装，质量更有保证，装修效果更好。同时集中加工降低现场施工粉尘及噪声，利于环保。

单元模块吊装施工采用免搭脚手架吊顶施工技术，既保证了地面的正常使用，同时也保证了地面施工、人员通行和材料运输的安全，又规避了满堂脚手架过重对楼地面造成的结构安全隐患。

单元模块吊装施工技术，实现了地面不搭设脚手架完成吊顶施工，成功解决了其施工难题，减少了大量的劳动力投入和周转料的运输及占地，既实现了节材、节能的低碳目标，又大大降低了工程成本。

3 工艺原理

威海国际经贸交流中心项目高大空间大跨度曲面铝板吊顶,高度高、工期紧张、施工难度大,通过方案比选,确定采用吊顶单元模块吊装施工技术,整个施工过程不需要搭设脚手架,提升设备轻便,可多点大面积施作,效率高。应用3D激光扫描仪实测现场结构尺寸,BIM整合建立施工数据模型。深化各区域铝板的具体规格尺寸,最终确定钢结构转换层及铝板单元模块的尺寸,按确认后的数据进行地面集中加工;采用高空移动操作平台及电动提升设备进行单元模块提升吊装,实现项目高大空间大跨度曲面瓦楞铝板的快速建造。

4 施工工艺流程及施工操作要点

4.1 施工工艺流程

高大空间大跨度曲面瓦楞铝板单元模块吊装施工技术应用的施工工艺流程如图1所示。

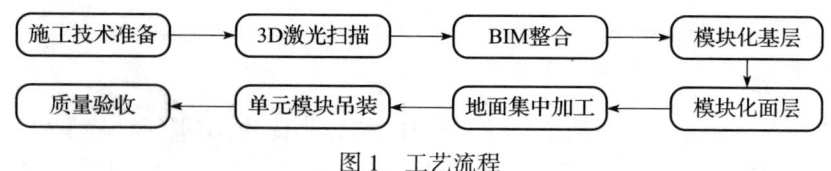

图1 工艺流程

4.2 施工操作要点

4.2.1 施工技术准备

根据设计及施工规范编制施工方案,加强对相关规范、规程、操作工艺的交底与学习。组织工程技术人员熟悉图纸,进行图纸会审。编制施工预算,做好人、材、机的准备工作。核验施工测量、检验所用仪器仪表。

4.2.2 3D激光扫描

建立坐标系:建立实际下料模型需对现场结构进行数字化测量。测量前,在结构现场确定坐标原点,将图纸、模型数据与现场数据结合。

数据采集:使用3D激光扫描仪对现场进行扫描,一站扫描仅需5min,为了完整地扫描现场结构情况,进行多站扫描,后期点云处理软件自动计算拼接。通过此测量方式可保证现场环境测量误差在±3mm内(图2)。

4.2.3 BIM整合

建立点云模型:运用BIM软件快速提取3D激光扫描仪实测的钢结构点云数据,以此作为生成基础曲面的参考依据。运用Grasshopper根据生成的高程点,拟合出铝板基础表皮(图3)。

图2 3D激光扫描、数据采集

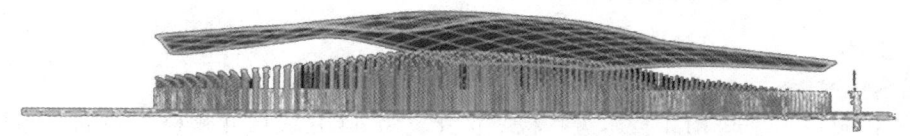

图3 建立点云模型,拟合出铝板基础表皮

建立装饰面模型：根据实测结构模型建立装饰面模型，根据钢结构曲面进行装饰曲面推演，并结合机电、幕墙等专业碰撞数据进行设计优化（图4）。

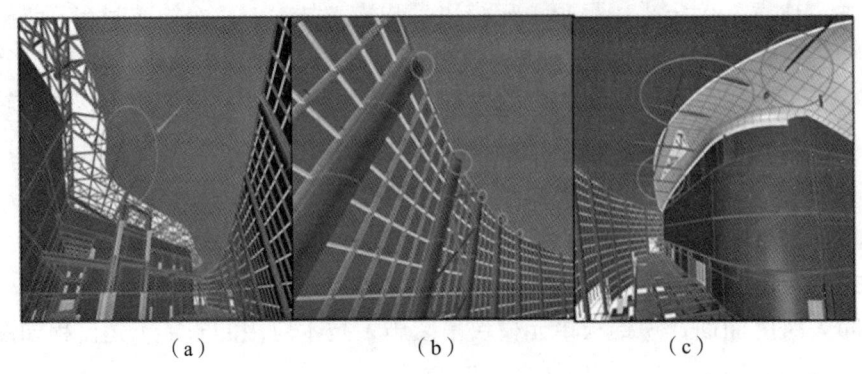

图4 BIM碰撞检查

4.2.4 模块化基层

基层转换层模块划分：结合桁架尺寸，对基层钢骨架转换层进行排板下单，同时减少原材料套材损耗，将单元模块转换层跨度设置为9000mm×9000mm，由两个4500mm×9000mm钢骨架组成，100mm×50mm方管主龙骨横向布置，间距1500mm，50mm×50mm方管次龙骨纵向布置，间距与下部铝板单元模块焊接点对应（图5）。

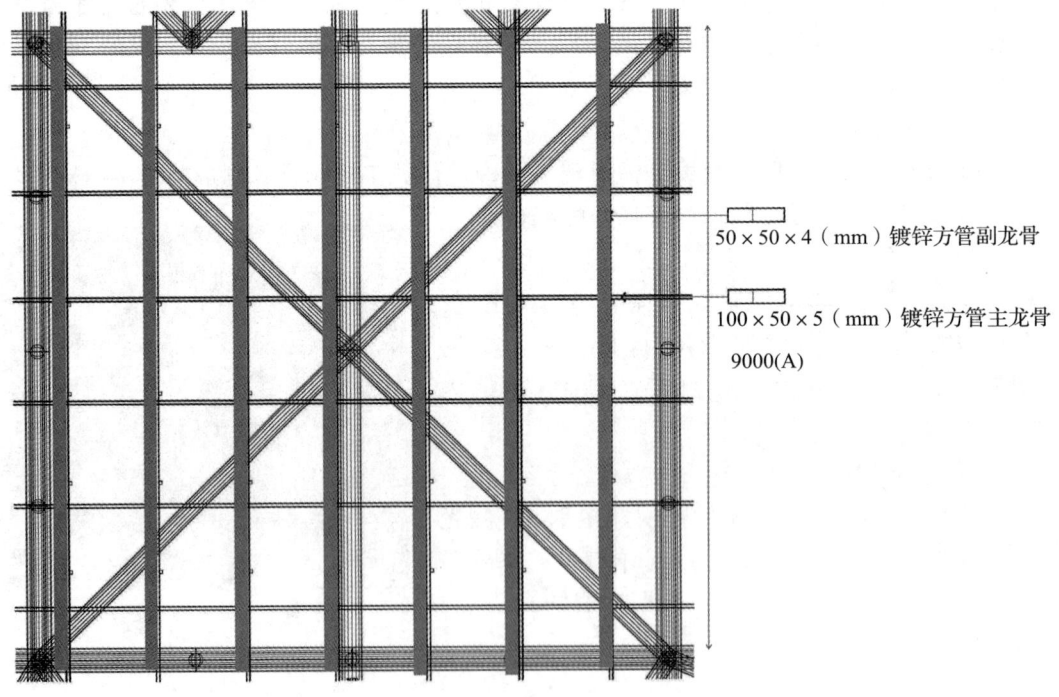

图5 钢骨架转换层

4.2.5 模块化面层

BIM优化面层：经过BIM技术进行板块优化，将4420块尺寸规格不一的双曲板优化成为易加工安装的平板，且标准三角形仅一种尺寸规格（图6）。

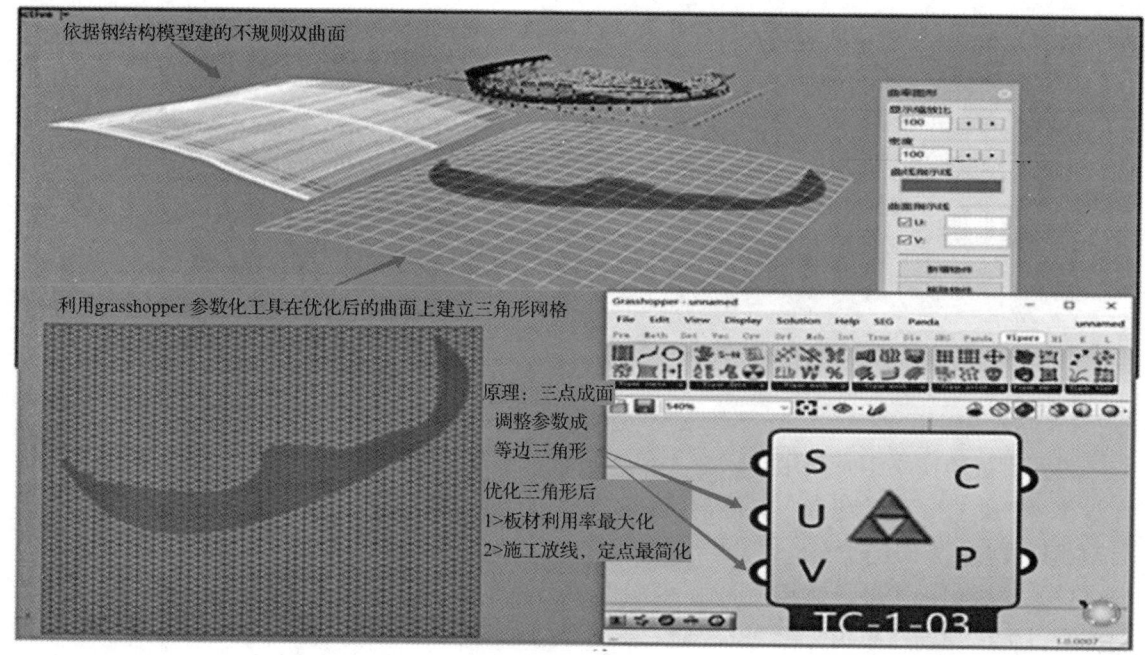

图 6　BIM 优化面层

模块化面层提取：在模型中，利用 GH 参数化工具将三角板块调整成为板块利用率最大化，施工放线、定点安装最简化的等边三角形，深化排板，最终确定每个标准模块由 8 个边长为 1500mm 的等边三角铝板组成（图 7）。

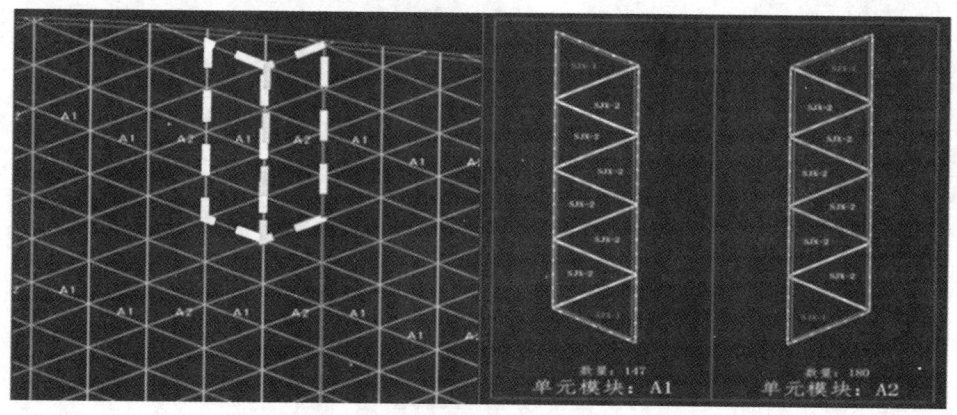

图 7　深化排板，提取铝板单元模块

4.2.6 地面集中加工

集中加工铝板龙骨：根据单元模块铝板数量及尺寸反推铝板龙骨数量及尺寸，进行集中下料、集中加工（图 8）。

集中组装铝板单元模块：根据排板编号图在地面对铝板进行单元模块组装，保持堆码平整（图 9）。

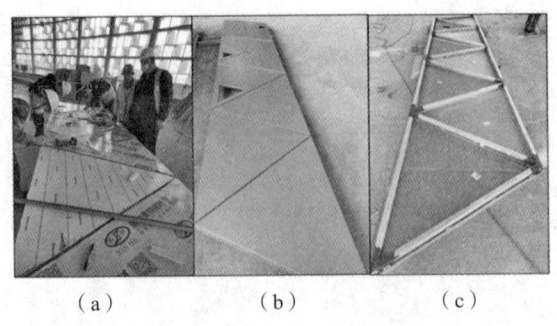

图8 钢骨架集中制作安装　　　　图9 铝板单元模块加工组装

4.2.7 单元模块吊装

单元模块转换层钢骨架吊装：首先采用抱箍件在桁架上进行抱箍施工，并采用4台28m高空车、2台1.5t电动葫芦，8人上下配合对4500mm×9000mm钢骨架进行吊装，将钢骨架与抱箍件焊接（图10）。

单元模块铝板吊装：运用BIM技术提取模型中的安装定位点，批量生成精准的定位点数据交付施工现场，采用2台28m高空车、1台1t卷扬机、1台1.5t手摇葫芦，8人上下配合进行吊装，并采用全站仪根据定位点数据进行精准定位，将铝板龙骨与钢骨架转换层焊接固定，安装完成（图11）。

图10 转换层钢骨架单元模块吊装　　　　图11 全站仪打点定位、单元模块吊装

4.2.8 质量验收

单元模块组装后进行地上实测实量，合格后再进行安装，安装完成后进行自检，自检合格后应组织总包单位、监理单位、项目管理单位、建设单位进行五方联合验收（图12）。

5 材料与设备

高大空间大跨度曲面瓦楞铝板单元模块吊装施工技术应用中的主要材料为瓦楞铝板、铝合金压条、热浸镀锌角钢、热浸镀锌方管等。具体规格型号及数量详见表1。该施工技术采用的主要机械设备为三D激光扫描仪、

图12 实测实量质量验收

全站仪、直臂式高空车、曲臂式高空车、电动葫芦、卷扬机、电焊机、切割机等。具体设备型号、数量详见表2。

表1 主要材料用表

序号	材料名称	规格型号	单位	数量	主要用途
1	瓦楞铝板	1.5mm厚，瓦楞芯0.4mm厚，8mm高	m²	5200	装饰面板
2	铝合金压条	20mm×1.5mm	m	9200	面板分缝条
3	热浸镀锌角钢	50mm×50mm×4mm	t	55	转换层钢龙骨、铝板龙骨
4	热浸镀锌方管	100mm×50mm×4mm	t	80	转换层钢龙骨

表2 主要设备用表

序号	仪器及设备名称	规格、牌号	单位	数量	主要用途
1	电焊机	ZX7-500	台	2	组件焊接
2	二氧化碳保护焊机	NBC-500	台	4	钢结构构件焊接
3	型材切割机	J1G-400	台	2	切割各类型材
4	空气等离子切割机	LGK-100	台	2	局部异形开缺用
5	充电式手电钻	JT-25VF	把	10	面板安装及螺栓固定
6	直臂式高空车	32m/采油	台	8	垂直运输、操作平台
7	曲臂式高空车	24m/采油	台	8	垂直运输、操作平台
8	电动葫芦	1.5t	台	3	吊装材料
9	卷扬机	1t	台	3	吊装材料
10	3D激光扫描仪	150m	台	1	3D激光扫描测量
11	全站仪	T5/UFO	台	2	测量定位

6 质量控制措施

6.1 制度控制

建立严格的质量管理制度，施工前由技术负责人对管理人员及施工操作人员进行技术交底，使施工操作人员充分领会有关技术要求，关键岗位的人员须持证上岗，建立质量奖惩制度，奖优罚劣，避免偷工减料、盲目施工的现象。

6.2 施工材料控制及检测仪器、计量设备控制

材料进场进行严格验收，附有生产厂家的质量证明和检测报告，根据规范要求进行复试。施工用的仪器、设备均送检测单位进行检测，合格后方可使用。

6.3 施工过程及质量检查、验收控制

在施工安装过程中每一道工序都要加强质量检查，严格执行"三检"制度，同时做好相应的记录。单元模块加工后，在地上自检合格后方可使用，材料运输中采用大平板车进行搬运，避免运输过程中造成变形。吊装过程中用全站仪精装定位后再进行焊机就位，一次成型。吊顶上方避免人员行走，造成铝板破坏及安全风险。质量检查、验收应符合《建筑装饰装修工程质量验收标准》（GB 50210—2018）的规定。铝板安装的允许偏差和检验方法应符合表3的规定。

表 3 铝板安装的允许偏差和检验方法

项次	项目	允许偏差（mm）	检验方法
1	表面平整度	2	用2m靠尺和塞尺检查
2	接缝直线度	2	拉5m线，不足5m拉通线，用钢直尺检查
3	接缝高低差	1	用钢直尺和塞尺检查

威海国际经贸交流中心吊顶工程完工效果如图13所示。

图 13 威海国际经贸交流中心吊顶工程完工效果

7 安全管理措施

（1）落实入场教育制度，定期进行安全技术交底，在施工以前，应做好安全技术交底，层层落实安装生产责任制。定期进行安全检查，每日开展安全早会活动，提升全员自我保护能力。进入施工现场必须戴安全帽，高空作业必须系安全带、穿防滑鞋。

（2）现场用电必须严格执行有关规定，施工用电的接电口应有防雨、防漏电的保护措施，防止施工人员高空触电。电气设备在使用前应先进行检查，如不符合安全使用规定，应及时整改，整改合格后方准使用，严禁擅自乱拖乱拉乱接电气线路。

（3）高空车作业人员上岗前必须经过实操技术交底及理论技术交底，作业时安排专人看守。在施工区域设置临时警示区域，禁止无关人员进入施工区域，预防物体坠落而引起物体打击。

（4）施工现场必须有良好的夜间照明设施。所有照明、临时性电源开关、配电盘，均应有防雨设施并应可靠接地和绝缘保护。

（5）焊工、高空车作业工须有特种作业资格证书，方能上岗，禁止无证上岗。严格执行动火审批制度，使用接火斗、放置灭火器，并设置看火人。

8 环保措施

严格遵循《建设工程施工现场环境与卫生标准》（JGJ 146—2013），执行项目所在地行政主管部门和相关行业的文件及要求，制定并实施相应的文明管理制度和措施，最大限度地减少污染，降低自然资源消耗，建造环保、节能、绿色建筑。环保措施如下。

（1）施工现场操作人员，每天必须做到工完场清，保持加工场所的清洁、整齐。所有废弃材料及包装盒等必须按要求堆放在指定位置，严禁乱丢乱扔。

（2）噪声超标造成环境污染的机械施工，对作业时间进行合理限制；除大功率电器外，小型器具均选用充电式，减少电缆用量，规范用电操作。手电钻、切割机等强噪声机械尽量安放在封闭的机械棚内或白天施工，选用低噪声的机械设备和施工工艺，减少施工对居民生活的影响。

（3）施工车辆、机械设备的尾气排放符合国家和山东省、威海地区规定的排放标准。现场严禁加热、融化、焚烧有毒有害物质。

9 结语

该技术成果适用于各类建筑的高大空间场所，尤其是各类大空间大跨度高空异形吊顶、墙面装修，如剧院、体育馆、会展中心、机场航站楼、高铁站房等。

该施工技术通过数字化手段，应用3D激光扫描仪实测现场结构尺寸，BIM整合建立施工数据模型。深化排板确定钢骨架转换层及铝板单元模块尺寸，地面工厂化集中加工，加工精度高，质量更有保证，降低现场施工粉尘及噪声，利于环保。采用高空车及提升设备进行单元模块提升吊装，实现高大空间大跨度曲面瓦楞铝板的快速建造。免搭脚手架，节约脚手架等措施费用，使时间和空间得到充分利用，提高了施工效率，有效节约工期。该技术的应用为工程的完美履约奠定了坚实的基础，创造了良好的经济效益与社会效益，也为以后类似施工提供借鉴和科学依据。

参考文献

[1] 郑权. 高大空间吊顶工程脚手架与移动式操作平台技术应用研究 [J]. 建筑技术, 2014, 45（8）: 703-706.
[2] 蓝建勋. 大跨空间钢结构曲形屋面吊顶"逆作法"设计与施工 [J]. 建筑技术, 2011, 33（12）: 1100-1102.
[3] 苏杭, 余沛, 万红伟. 高空间大跨度弧形铝板拼装式反吊顶施工技术 [J]. 施工技术, 2017, 46（6）: 106-109.
[4] 余跃涛. 高大空间逆作业法吊顶施工工艺 [J]. 上海建设科技, 2015（1）: 28-30.
[5] 尹振宇. 长沙南站高大空间弧形吊顶单元式安装技术 [J]. 施工技术, 2011, 40（351）: 4-6.

浅谈大板块铝蜂窝复合岩板装配式技术应用

郭 鹏　张彦辉　谢腾云　陈阳虹　张 斌　闻 伟　陈维喜

中建五局装饰幕墙有限公司　长沙　410004

摘　要： 近年来，随着绿色建材的普及，铝蜂窝复合岩板工程项目逐渐增多。与传统干挂大理石相比，干挂铝蜂窝复合岩板在高大空间中施工效率更高，措施成本更低，质量安全稳定性更好。本文以威海国际经贸交流中心项目为例，从施工工艺流程、施工操作要点、材料设备、质量控制措施、安全环保措施等方面对铝蜂窝复合岩板的装配式应用进行总结分析。

关键词： 铝蜂窝；复合；铝蜂窝复合岩板；装配式

1　引言

近年来，受国家政策的影响，绿色建筑占新建建筑的比例提高。由此催生了绿色建材的普及，铝蜂窝复合岩板工程项目逐渐增多，主要有机场、展馆、高铁站房、医院、写字楼等大型公共建筑、节能建筑。其中施工工艺的完善，加快了铝蜂窝复合岩板的市场推广。常见的铝蜂窝复合岩板施工方法为湿贴工艺，一般适用于低矮小空间。在外幕墙、机场、高铁站房、展馆等高大室内空间中的施工存在着施工效率低、措施投入高、空鼓、脱落、质量安全风险高等缺点。本技术由岩板、铝蜂窝板、铝合金副框等复合成一体板，形成系统稳定、牢固可靠的装配式干挂系统。与传统干挂大理石相比，干挂铝蜂窝复合岩板在高大空间中施工效率更高，措施成本更低，质量安全稳定性更好，同时产品无色差，较大理石更高清逼真，一石多面大规格纹理展现更自然、不拘谨。

2　工法特点

（1）材料可实现工厂化生产加工，加工精度高，质量有保证，现场施工方便快捷、效率高，可快速完成各项工程，同时减少现场施工粉尘及污染物，利于环保。

（2）岩板经与铝蜂窝板、铝合金副框复合后，形成坚韧整体，具有超强的耐撞击性能，安全性能更高，不易变形，可应用于各类场所。

（3）该系统造价相对于传统干挂石材、瓷砖等其他饰面具有明显优势。单位面积建筑陶瓷材料用量降低50%以上，节约60%以上的原料资源，降低综合能耗50%以上。很好地实现节材、节能的低碳目标。

（4）岩板色泽丰富、纹理清晰、大方气派、无放射性、经久耐用，可很好地满足各类空间的装饰要求。

3　工艺原理

本工法由5.5mm厚岩板（板块尺寸900mm×1800mm）、6mm厚铝蜂窝板、铝合金副框等通过双组分硅酮结构胶复合成铝蜂窝复合岩板，形成坚韧整体，具有超强的耐撞击性能，安全性能高。复合后养护48h，检验合格后，通过金属角码与板后铝合金副框进行组合连接，采用不锈钢螺栓对金属角码与墙面钢骨架系统进行机械连接，形成结构稳定、牢固可靠的装配式干挂铝蜂窝复合岩板系统。

4 施工工艺流程及施工操作要点

4.1 施工工艺流程

高大空间大跨度曲面瓦楞铝板单元模块吊装施工工艺流程如图1所示。

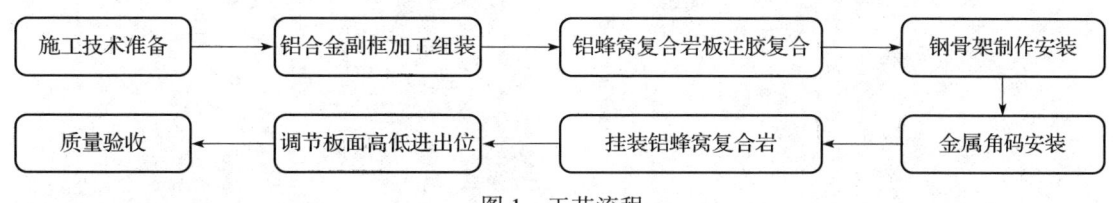

图1 工艺流程

4.2 施工操作要点

4.2.1 施工技术准备

根据设计及施工规范编制施工方案，加强对相关规范、规程、操作工艺的交底与学习。组织工程技术人员熟悉图纸，进行图纸会审、深化排板。编制施工预算，做好人、材、机的准备工作。核验施工测量、检验所用仪器仪表，测量放线，深化设计排板。

4.2.2 铝合金副框加工组装

铝合金型材切割加工：根据建筑现场分布要求，切割加工对应尺寸的铝合金构件和铝蜂窝板。

铝合金副框组装：将切割加工好的铝合金构件，用连接角金属螺栓将铝合金构件彼此连接固定起来，组装成一个整体副框（图2）。

(a) (b)

图2 铝合金型材切割加工、副框组装

4.2.3 铝蜂窝复合岩板注胶复合

岩板清洁：用柔软清洁刷配上清洁剂清理岩板和铝合金副框粘贴背面，要求无粉尘、油脂、铁锈等影响黏结的附着物（图3）。复合铝蜂窝：把切割好的铝蜂窝板粘贴在岩板背上。复合铝合金副框：把组装好的铝合金副框摆放在岩板背上。注硅酮结构胶：注胶必须密实、均匀、无气泡，胶缝表面光滑平整（图4）。堆放养护：在干净室内，温度10～30℃、湿度50%以上，选择平整的地面，垫上厚度统一的

(a) (b)

图3 岩板清洁、复合铝蜂窝板

托盘，将已复合固定好铝合金副框的岩板平放于托盘上，需养护48h以上后方可进行后续安装工作（图5）。

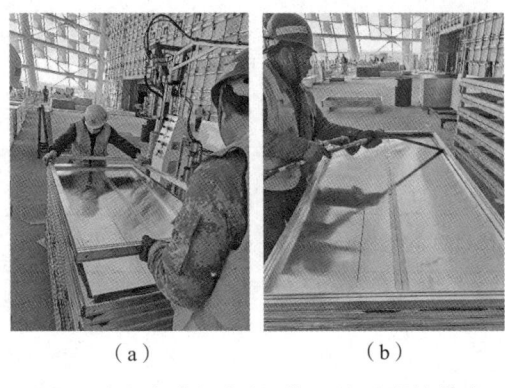

(a)　　　　　　　(b)

图4　岩板复合铝合金副框、注硅酮结构胶

图5　铝蜂窝复合岩板堆放养护

4.2.4　钢骨架制作安装

安装钢立柱：在验收合格后的结构墙体表面弹好坡度线（2个变坡点之间的连线）与标高控制线，然后按照施工图纸安装钢立柱（立柱间的间距按陶瓷板尺寸确定，打红外线定立柱进出位尺寸）。

安装横向角钢龙骨：根据施工图纸在横向角钢龙骨相应位置钻螺栓安装孔，计算出底部第一根角钢龙骨与标高控制线的距离尺寸，打红外线在已经安装好的立柱上找出横向角钢安装控制线（横向角钢龙骨与坡度线需平行），并用墨斗在立柱上弹线，然后依次安装横向角钢龙骨。钢骨架制作安装如图6所示。

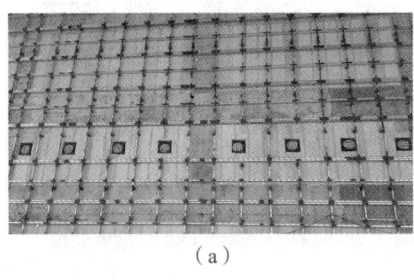 

(a)　　　　　　　(b)

图6　钢骨架制作安装

4.2.5　金属角码安装

根据施工图纸，用M8不锈钢螺栓将金属角码紧固在角钢龙骨上（通过水平靠尺或打红外线控制金属角码进出位尺寸，保证左右横向、竖向安装的金属角码进出位一致），金属角码安装如图7所示。

4.2.6　挂装铝蜂窝复合岩板

用三爪吸盘分别吸住铝蜂窝复合岩板底部左右位置、头部中心位置，将铝蜂窝复合岩板竖直抬起挂装在金属角码上，挂装时铝蜂窝复

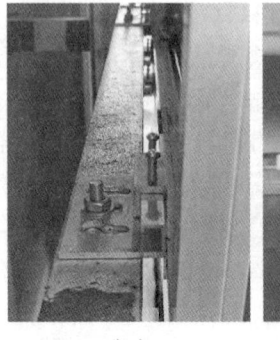 

(a)　　　　(b)

图7　金属角码安装

合岩板必须竖直由上往下插装，铝合金挂件需实挂（图8）。

（a）

（b）

图8 挂装铝蜂窝复合岩板

4.2.7 调整板面高低进出位

调节岩板高低差、垂直度（第一块板）：用红外线打出坡度线或在板的顶端、底部拉坡度钢丝，根据高低偏差调节板的最顶部左右2个六角头高低调节螺杆，使900mm宽度方向板边平行于坡度线且满足施工图对离地高度尺寸的要求；然后调节其余铝合金挂件的六角头高低调节螺杆，使其顶到长挂件角钢即可（铝合金挂件不可虚挂），这样面板受力均匀。

调节岩板进出位（第二块板）、缝隙：挂装第二块板时，防止瓷板碰撞崩瓷，岩板侧边增加柔性保护措施（1mm塑料十字扣或胶皮），首先调节第二块板的高低（以第一块板为基准，1800mm宽度方向板边平行于第一块板或坡度线）；通过水平靠尺或打红外线以第一块板为基准，调节第二块板的进出位（上、中、下3个点），必须调整好，之后，上下用吸盘吸住平推平推板块进行密拼并检测平整度。

4.2.8 质量验收

安装完成后应组织总包单位、监理单位、项目管理单位、建设单位进行五方联合样板现场质量验收，样板合格后方能进行大面积施工（图9）。

5 材料与设备

大板块铝蜂窝复合岩板装配式施工技术应用中的主要材料为岩板、铝蜂窝板、铝型材、硅酮结构胶、热浸镀锌方管、热浸镀锌角钢等。具体规格型号及数量详见表1。该施工技术采用的主要机械设备为电焊机、切割机、剪刀式高空车等。具体设备型号、数量详见表2。

图9 五方联合质量验收

表1 主要材料用表

序号	材料名称	规格型号	单位	数量	主要用途
1	岩板	900mm×1800mm×5.5mm	m²	7000	装饰面板
2	铝蜂窝板	900mm×1800mm×6mm	m²	7000	铝蜂窝背板
3	铝型材	1.0mm 厚	t	19.5	各类铝型材
4	硅酮结构胶	硅宝992 双组分	L	13500	复合结构胶
5	热浸镀锌方管	50mm×50mm×4mm	t	80	干挂钢骨架竖龙骨
6	热浸镀锌角钢	50mm×50mm×4mm	t	55	干挂钢骨架横龙骨

表 2 主要设备用表

序号	仪器及设备名称	规格、牌号	单位	数量	主要用途
1	电焊机	ZX7-500	台	2	组件焊接
2	二氧化碳保护焊机	NBC-500	台	8	钢结构构件焊接
3	型材切割机	J1G-400	台	2	切割各类型材
4	空气等离子切割机	LGK-100	台	2	局部异形开缺用
5	电动瓷砖切割机	2300W	台	2	切割铝蜂窝复合岩板
6	高碳钢往复锯片	S1111DF	个	10	切割铝蜂窝板
7	充电式手电钻	JT-25VF	把	10	面板安装及螺栓固定
8	吸盘	三爪式	个	10	面板安装用
9	剪刀式高空车	12m/电瓶	台	10	垂直运输、操作平台

6 质量控制措施

6.1 制度控制

建立严格的质量管理制度，施工前由技术负责人对管理人员及施工操作人员进行技术交底，使施工操作人员充分领会有关技术要求，关键岗位的人员须持证上岗，建立质量奖惩制度，奖优罚劣，避免偷工减料、盲目施工的现象。

6.2 施工材料控制及检测仪器计量设备控制

施工材料如岩板、铝蜂窝板、铝型材、硅酮结构胶符合质量标准，附有生产厂家的质量证明和检测报告，对规范需要送检的材料进行见证取样、复试，包括但不限于铝蜂窝复合岩板的放射性试验、硅酮结构胶的邵氏硬度试验、标准强度下的黏结强度试验、相容性试验等，复试合格后方能进行施工。所有施工用的检测、计量仪表、设备均送检测单位进行测定，合格后方可使用。

6.3 施工过程及质量检查、验收控制

在施工安装过程中每一道工序都要加强质量检查，严格"三检"制度，同时做好相应的记录。对较难控制的板面平整度及板面缝隙，采用瓷砖定位找平器，有效提高平整度及缝隙精美度。质量检查、验收应符合《建筑装饰装修工程质量验收标准》（GB 50218—2018）及《建筑陶瓷薄板和轻质陶瓷板工程应用（幕墙、装修）》（13CJ43）的规定。陶瓷板安装的允许偏差和检验方法应符合表 3 规定。

表 3 陶瓷板安装的允许偏差和检验方法

项次	项目	允许偏差（mm）	检验方法
1	立面垂直度	2	用 2m 垂直检测尺检查
2	表面平整度	2	拉 5m 线，不足 5m 拉通线，用钢直尺检查
3	阴阳角方正度	2	用 200mm 直角检测尺检查
4	接缝直线度	2	拉 5m 线，不足 5m 拉通线，用钢直尺检查
5	墙裙、勒脚上口直线度	2	拉 5m 线，不足 5m 拉通线，用钢直尺检查
6	接缝高低差	1	用钢直尺和塞尺检查
7	接缝宽度	1	用钢直尺检查

威海国际经贸交流中心铝蜂窝复合岩板完工效果如图10所示。

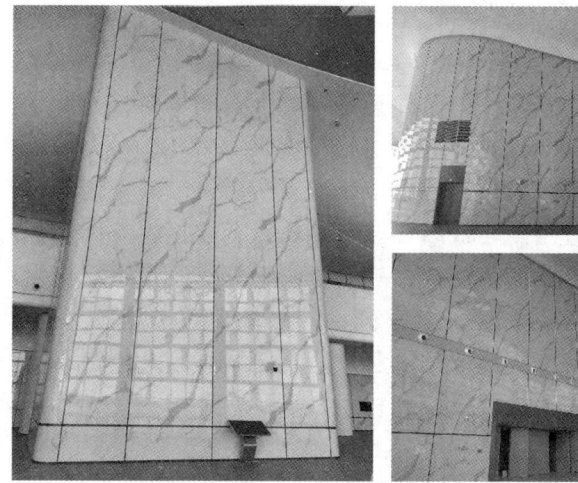

图 10　威海国际经贸交流中心铝蜂窝复合岩板完工效果

7　安全管理措施

（1）落实入场教育制度，定期进行安全技术交底，在施工以前，应做好安全技术交底，层层落实安装生产责任制。定期进行安全检查，每日开展安全早会活动，提升全员自我保护能力。进入施工现场必须戴安全帽，高空作业必须系安全带、穿防滑鞋。

（2）现场用电必须严格执行有关规定，施工用电的接电口应有防雨、防漏电的保护措施，防止施工人员高空触电。电气设备在使用前应先进行检查，如不符合安全使用规定，应及时整改，整改合格后方准使用，严禁擅自乱拖乱拉乱接电气线路。

（3）高空车作业人员上岗前必须经过实操技术交底及理论技术交底，作业时安排专人看守。在施工区域设置临时警示区域，禁止无关人员进入施工区域，预防物体坠落而引起物体打击。

（4）施工现场必须有良好的夜间照明设施。所有照明、临时性电源开关、配电盘，均应有防雨设施并应可靠接地和绝缘保护。

（5）焊工、高空车作业工须有特种作业资格证书，方能上岗，禁止无证上岗。严格执行动火审批制度，使用接火斗、放置灭火器，并设置看火人。

8　环保措施

严格遵循《建设工程施工现场环境与卫生标准》（JGJ 146—2013），执行项目所在地行政主管部门和相关行业的文件及要求，制定并实施相应的文明管理制度和措施，最大限度地减少污染，降低自然资源消耗，建造环保、节能、绿色建筑。环保措施如下。

（1）施工现场操作人员，每天必须做到工完场清，保持加工场所的清洁、整齐。所有废弃材料及包装盒等必须按要求堆放在指定位置，严禁乱丢乱扔。

（2）噪声超标造成环境污染的机械施工，对作业时间进行合理限制；除大功率电器外，小型器具均选用充电式，减少电缆用量，规范用电操作。手电钻、切割机等强噪声机械尽量安放在封闭的机械棚内或白天施工，选用低噪声的机械设备和施工工艺，减少施工对居民生活的影响。

（3）施工车辆、机械设备的尾气排放符合国家和山东省、威海地区规定的排放标准。现场严禁加热、融化、焚烧有毒有害物质。

9 结语

该技术适用于各类建筑的室内装饰，尤其是各类大空间场所，如地铁、机场、展馆、火车站、汽车站等高大空间的大面积岩板的干挂施工。

该技术采用的岩板经与铝蜂窝板、铝合金副框复合后，形成坚韧整体，具有超强的耐撞击性能，安全性能更高。通过角码与板后铝合金副框组合连接，并用螺栓对角码与墙面钢骨架进行机械连接，形成牢固可靠的装配式干挂系统。材料可实现工厂化生产加工，加工精度高，质量有保证，现场施工方便快捷、效率高，同时减少现场施工粉尘及污染物，利于环保。为设计效果的完美复原及工程建设的顺利进行奠定了基础，创造了良好的经济效益与社会效益，也为以后类似工程施工提供借鉴和科学依据。

参考文献

[1] 黄惠宁，柯善军. 铝蜂窝复合岩板与生产技术发展现状与前景［J］. 中国陶瓷工业，2013，20（2）：24-34.

[2] 潘俊华. 单块超大面积铝蜂窝复合岩板施工工艺研究［J］. 山西建筑，2018，44（3）：109-216.

[3] 彭辉. SPC木塑防撞角+大规格铝蜂窝复合岩板墙面施工技术［J］. 施工技术，2020，47（18）：30-31.

[4] 朱俊. 薄型化陶瓷瓷砖的节能烧制与应用简述［J］. 上海节能，2017（8）：489-503.

[5] 汪庆刚，刘一军，谢志军，等. 复合型强化铝蜂窝复合岩板的研制［J］. 佛山陶瓷，2011（1）：13-14.

椭圆形报告厅 V 形吸音微孔蜂窝铝板墙面数字化施工关键技术研究

孟仕潘　陈　亮　廖　洋　易望春　骆　永

中建五局装饰幕墙有限公司　长沙　410004

摘　要：数字化转型已经成为全球经济发展的大趋势，世界各主要国家均将数字化作为优先发展的方向，积极推动数字经济发展。在此背景下，我公司升级"数字三三统一"，推动四个建造"绿色建造、快速建造、工业建造、数字建造"快速向前发展。笔者依托某项目椭圆形报告厅施工技术进行深入研究，从三维扫描、逆向建模、参数化设计提前下单、进行三维模拟施工、碰撞检查，确定标高造型，排版及末端定位等。研发了一套装配式系统节点体系，通过可转角度 V 型吸音微孔蜂窝铝板系统形成椭圆形内弧墙面。最后进行数字化测量，推行机器人放线，精准定位双层空间 V 型凹凸角点。全机械化设施设备投入，进行装配式施工。对比传统建造方式，该技术有效解决了超大椭圆型空间、锯齿 V 型双层铝板内弧墙面施工难题，极大的提高了施工效率，缩短了施工工期，提升了施工质量，降低了整体成本。

关键词：数字化施工；建筑工业化；装配式；报告厅；装饰装修

新型建筑工业化是通过新一代信息技术驱动，以工程全生命周期系统化集成设计、精益化生产施工为主要手段，整合工程全产业链、价值链和创新链，实现工程建设高效益、高质量、低消耗、低排放的建筑工业化。面对产业结构的不断升级，云计算、物联网、大数据、机器人、AI 人工智能等新技术的强烈冲击下，未来装饰装修工程施工路在何方？本文基于某项目超大椭圆型空间、锯齿 V 形双层铝板内弧墙面施工难点，紧跟新型建筑工业化的大趋势，结合最新数字建造技术、建筑机器人放线技术、装配式施工技术等的实践应用，全生命周期深度探索，进行二次开发和创新成果提炼，研究形成一项椭圆形报告厅 V 形吸音微孔蜂窝铝板墙面数字化施工关键技术，以期找到一条创新突围之路。

1 研究适用范围

本技术研究适用于钢结构、混凝土结构等不同结构类型基层，针对报告厅等类似高大空间超大板块异形金属装饰墙面施工，通过研究并运用于工程实践，总结提炼了成套的解决方案。特别实用于超大板块 V 形吸音微孔蜂窝铝板椭圆形墙面装配式施工。可广泛适用于绝大部分规范设计范围的的办公、学校、医院、场馆类等异形高大空间，包括不同圆弧半径、长宽尺寸、空间高度等。全过程实施数字建造、工业建造，针对不同结构基层高大空间超大板块异形金属装饰墙面内装施工，解决异形弧形装饰墙面内装施工难题，推动智能建造快速发展成熟，为智能建造体系提供了切实可行的实际案例支撑（图 1）。

图 1　椭圆形报告厅室内装饰效果图

2 核心技术原理

通过前期对主体结构管线进行360度扫描，采集形成现场实际结构管线数据，逆建形成BIM模型，并进行参数化设计，深化连接节点构造，工厂化预制面板现场灵活拼装。通过机器人放线，精准定位，从而可实现机械化、装配式施工。

2.1 三维扫描+BIM逆向建模

采用公司自持设备三维扫描仪徕卡RTC360 LT，1人辅助设备架设，1人负责设备操作数据采集。快速完成对建筑数据的采集，扫描仪发出一束激光光带，光带照射到被测物体上并在被测物体上移动时，就可以采集出物体的实际形状，高密度三维点云和高分辨率全景照片的现实捕捉。支持点云模型快速导入建模软件，快速完成三维数字化及分析操作。扫描速度每秒100万点，扫描+拍照一站少于2分钟，单站作业时间短，即扫即走，减少扫描等待时间。集成多种传感器，基于IMU的倾斜补偿，扫描无需整平，支持不同角度扫描，操作省心，测量任务更简单。整个约3000平方米的椭圆形报告厅的结构管线在扫描4个小时后即全部完成数据采集（图2）。

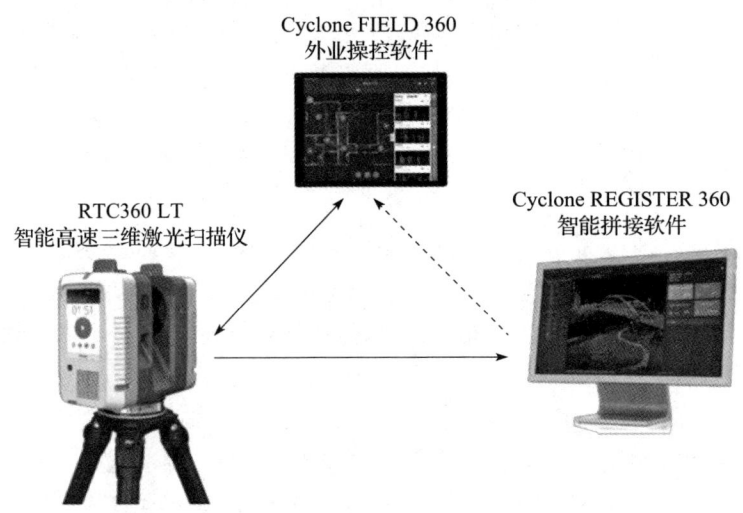

图2 三维扫描设备

2.2 数字测量机器人放线+装配式安装

根据现场实际扫描结构管线逆向建模、参数化下单后，实际到场面板规格尺寸造型和现场结构完全吻合。采用公司自持拓普康TOPCON智能放样机器人，它是基于激光测距原理进行测量，激光发射器发出一束激光，经过目标点反射回来后，被接收器接收到。通过计算激光的传播时间和接收到的强度，可以确定目标点的距离和角度。同时，还配备了一台内置的电子四轴平台，可以通过内部陀螺仪和电子罗盘等传感器实现自动水平调整和方向锁定，这样可以保证测量的准确性和可靠性。

机器人放样点位控制面板安装的凹凸点，将来面板安装位置唯一确定。研发的可转角度V形吸音微孔蜂窝铝板系统解决变角度问题形成拟合弧形面，深化连接节点构造，一体化背筋形成三角形整体装配式V形板面，工厂化预制，灵活拆卸，现场拼装。通过机器人放线，精准定位双层空间V形凹凸角点。全机械化设施设备投入，装配式施工，提升安装效率。

3 核心技术要点

3.1 工艺流程

三维激光扫描→BIM逆向建模→参数化设计→机器人放线定位→施工准备→装配式安装

3.2 核心施工技术操作要点

3.2.1 三维激光扫描

混凝土及二次砌体结构为折线弧，施工误差较大，墙面洞口、管线多，主体完工后不可避免会存在施工误差，因此项目前期便利用徕卡RTC360 LT全方位快速扫描技术，获得现场实际结构管线点云模型，进行偏差分析（图3），现场技术及深化设计人员可根据获取到的变形数据再进行立面分格排版及节点深化，且为后续不规则V形铝板墙面精准放线、深化设计、参数化下单提供依据。

图3 三维扫描得到的点云模型

3.2.2 BIM逆向建模

经过点云拼接及抽稀，将主体结构模型从点云状态逆向为实体模型，方便进行提取结构线，后期进行装饰BIM建模。项目在前期方案制订中，依据扫描后优化得到的BIM三维模型，进行结构模型的最终优化和建立（图4）。逆向模型基础上提取关键线条进行建模，一部深化到位。先有理论设计模型，后期扫描点云模型后进行碰撞，调整碰撞问题，从而优化调整完成面轮廓，根据实际尺寸进行排版模数分格，确定最终完成面造型方案。

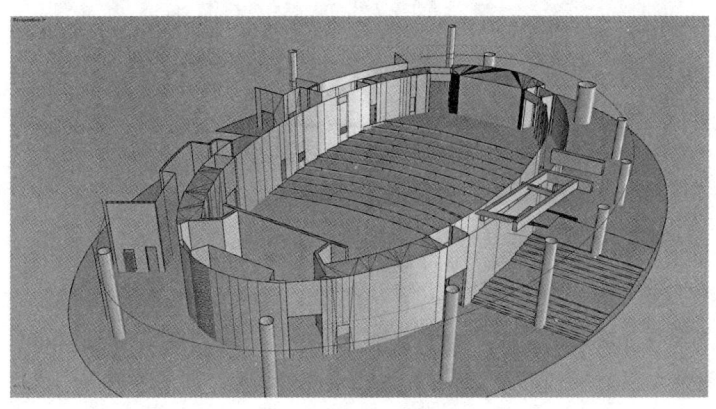

图4 逆向结构模型

3.2.3 参数化设计

运用犀牛软件搭载GH插件进行参数化设计，为项目快速下料安装，使用了参数化建模、极大地提高了建模效率、节省了设计图制作及修改的时间和成本，为设计施工一体化提供了保障。例如参数化调整装饰面层，优化折线与消防栓对齐，确保立面分格大气美观（图5）。GH参数化调整面板任意尺寸，使得整体排版符合现场结构洞口尺寸，整体折线弧度过渡顺滑，排版均匀。并且所有模型数据参数均可进行提取用于龙骨、面板下单（图6）。

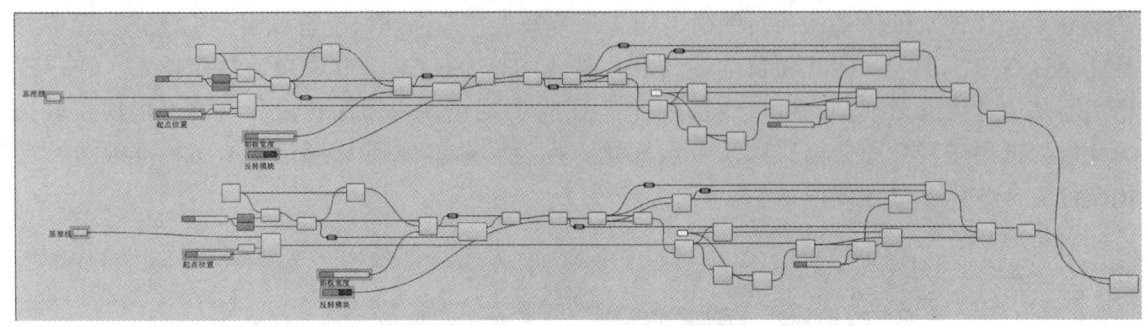

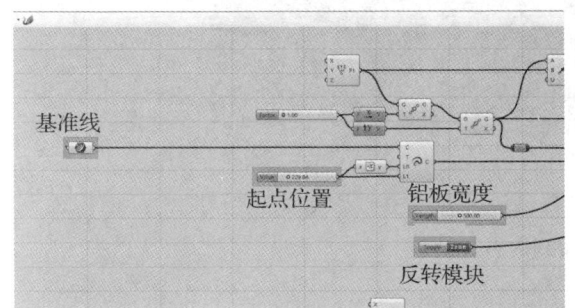 

图5　参数化调整装饰面层

图6　参数化尺寸提取下单

3.2.4　机器人放线定位

项目通过组织放线技术研讨会、技术交底会，确定现场放线点位需求，模型内提取装饰面板角点坐标，所有放线点位唯一，输入手持平板，将模型直接导入到拓普康TOPCON智能放样机器人内（图7、图8）。

通过2个人一组进行机器人放样定位，需要在空旷、平整的位置架设机器人放样设备，确保放样目标作业面能够全覆盖，并将所有参数初始化、调试完成。

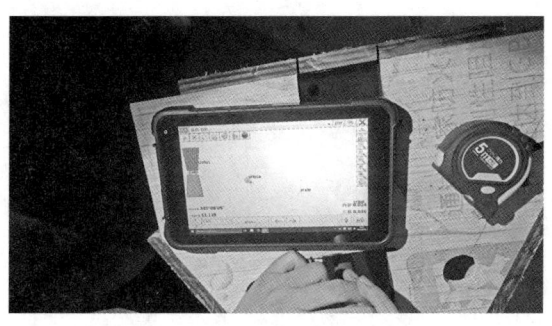
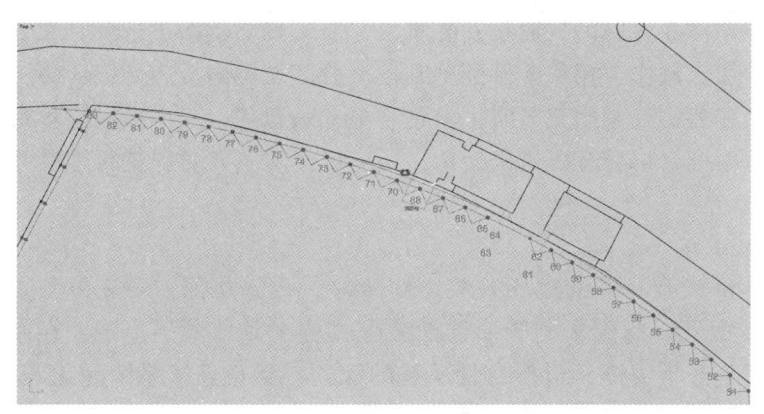

图 7 参数化坐标点位提取放线示意

图 8 放样机器人手持平板　　　图 9 现场机器人放样

通过放样机器人将模型的点位激光投射到作业面上，放样标记人员根据图纸及位置进行标记，点位全部唯一编号，方便识别，放样完成后进行抽点复核（图10）。

图 10 现场机器人放样点位标记

3.2.5 施工准备

施工准备主要包括作业面移交、图纸技术准备，材料运输堆码、施工措施就位等。现场工作面按照要求与土建、机电施工单位办理移交，有问题的结构及管线反馈整改，整改完成后接收工作面。根据项目实施墙面的立面造型及相关的模型图纸,确定制作措施设备需要的材料清单。分阶段进行施工措施准备,埋板龙骨施工阶段,所有材料集中加工,所有龙骨根据现场实际需要,定尺加工分配到作业区域内。面板安装阶段,所有蜂窝铝板进行统一编号分类,配套安装图,在工厂进行加工制作,相关配件配到到位,分区域竖向堆放待用。施工措施机具主要采用高空剪叉车,安装机具采用充电时手电钻、电动吸盘等。其中机械进场时进行验收,需资料证书齐全,经检查合格后方可进场使用,所有成品设备及材料进行检查并定期维护。

3.2.6 龙骨、面材运输及装配式安装

上述准备工作全部就绪后,进入到具体的现场安装实施阶段。在这之前,要简单叙述下,为了达成超大板块V形吸音微孔蜂窝铝板椭圆形墙面装配式施工整体效果呈现,在主要材料施工过程中,有几个方面是非常关键,包括龙骨系统的深化、铝板连接系统深化等,主要以下几点:

(1) 因为对基层主次龙骨安装精度的过程控制要求高,龙骨型材龙骨原材的尺寸精度、垂直度等必须符合要求,严格控制龙骨的垂直度、平整度,支座全部为三维可调,原方案龙骨体系为立体三维龙骨网,三个方向的约束条件,误差较大。优化成平面龙骨系统后,只有竖向连接体系和进出位置调节体系,约束更少,更能达到板面安装精度控制要求(图11)。

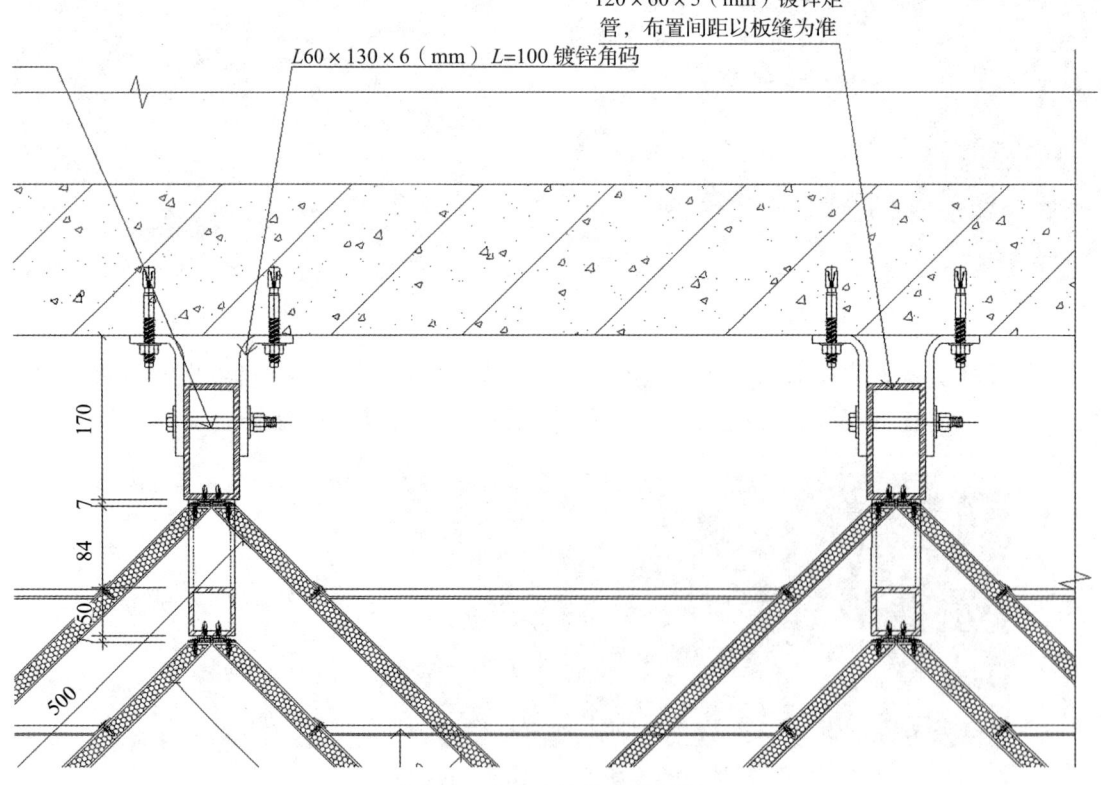

图11 龙骨连接体系横剖图

(2) 对饰面蜂窝铝板加工要求很高,蜂窝板厚度必须一致,平整度、顺直度及铝板色差情况,必须严格把控。材料进场时做好成品保护工作。特别是配套支撑背筋,工厂预制配

套,方便运输,现场进行拼装,形成稳定的三角棱锥体,确保构件稳定和安装精度。所有蜂窝板铝板折边开孔位置、间距必须完全一致。安装时从一个方向顺序安装,角码单边交错固定,另外一遍插入,按顺序卡接到位。每个V形三角锥蜂窝铝板阳角固定90°,统一标准,方便加工制作。板块之间在阴角处调节,角度从88°到90°的区间进行阶梯过渡,通过精准定位龙骨安装位置,铝板板块按顺序按照,形成平滑过渡,调节消除误差。并且面板大面积安装之前进行样板引路,确定安装工艺质量标准,对技术措施、施工顺序、工艺效果等进行总结、固化工艺流程(图12)。

(3)特别注意的是,材料及龙骨基层要求都能严格控制到位,在安装时就能提高安装效率。在蜂窝铝板面板采用1.0mm铝板,蜂窝板面铝板加宽折边25mm,蜂窝基层厚度23mm,背板1.0mm铝板整体复合形成,定制Z形互咬装配式式连接角码,缩短工期,降低生产成本,整体安装完成后表观质量更佳(图13)。

图12 面板样板安装照片　　　　图13 大面积铝板安装实施现场照片

4 主要机械设备配置

从三维扫描、机器人放线,到普遍运用无线化充电工具,以及机械化自动化的机械措施作业平台,本技术研究全面机械化投入实施有力支撑装配式装修施工的顺利实现,主要机械设备配置表如下:

表1 主要机械设备表

序号	仪器及设备名称	规格、牌号	数量	主要用途
1	徕卡Leica激光三维扫描仪	120×240×230/RTC360 LT	1	主体结构及管线三维扫描
2	拓普康TOPCON智能放样机器人	212×195×315	1	机器人放线
3	电焊机	ZX7-500	2	组件焊接
4	砂轮切割机	J1G-400	2	切割各类材料
5	充电式手电钻	JT-25VF	10	面板安装及螺丝固定
6	剪叉高空车	9m高	2	操作平台

续表

序号	仪器及设备名称	规格、牌号	数量	主要用途
7	铝合金梯	3m 高	1	地面调整玻璃用
8	吸盘	三爪式	4	面板安装用

5 其他质量安全环保措施

5.1 质量要点

龙骨质量主要在于控制焊接质量以及垂直度的控制，所有焊缝全部要求达到 3 级，对焊缝尺寸偏差严格控制：①$C \leqslant 20$，$\Delta C = 0 \sim 3$；②$20 < C \leqslant 30$，$\Delta C = 0 \sim 4$；③$C > 30$，$\Delta C = 0 \sim 5$。焊缝余高：$h \leqslant 1 + 0.25b \leqslant 6$，允许局部超过。另外，对于未焊透的问题，应予以特别重视，不允许有可测出的连续缺陷，局部缺陷 $h \leqslant 0.15t \leqslant 2$，总长度不超过焊缝全长的 10%。面板安装质量要求除了面板品种、厚度、规格、尺寸、颜色、性能等符合设计要求及现行国家规范标准有关规定。龙骨、连接件等材质、数量、规格、位置、方法、连接防脱措施、防腐处理等符合设计要求，金属面板安装牢固等基本要求外，需要特别关注金属面板上空洞套割吻合，边缘齐整。金属面板角码、背面加筋加固配置到位，整体稳定，吸音效果良好。面板安装表观质量要求严格按照下表控制：

表 2 面板质量控制要求

序号	检验项目	允许偏差（mm）	检验要求
1	立面垂直度	2	用 2m 垂直检测尺检查
2	表面平整度	3	用 2m 靠尺和塞尺检查
3	阴阳角方正	3	用 200mm 直角检测尺检查
4	接缝直线度	2	拉 5m 线，不足 5m 拉通线，用钢直尺检查
5	墙裙、勒脚上口直线度	2	拉 5m 线，不足 5m 拉通线，用钢直尺检查
6	接缝高低差	1	用钢直尺和塞尺检查
7	接缝宽度	1	用钢直尺检查

5.2 安全措施

过程实行全员网格化安全管理，施工人员进场前安全教育及安全技术交底全覆盖，每日班前安全教育覆盖到位。工人进入施工现场，必须穿戴好个人劳保防护用品，严禁吸烟。作业前，检查周边施工环境有无安全隐患，如有必要，暂停施工，整改完善后方可施工。施工过程应避免上下交叉重叠作业，立面和吊顶施工交叉、装饰与机电施工交叉作业等规避。现场焊接动火作业，设专职人员旁站监督。作业前检查机械设备以及安全保护装备。登高安装作业人员应系挂好安全带，高挂低用。龙骨焊接作业须具有动火证，接火斗并配备一组灭火器。龙骨钢结构、金属铝板面层都是是良好导电体，施工用的电源线必须是绝缘橡胶电缆，所有用电设备应安装漏电保护开关，严格遵守安全用电操作规程。焊接作业时应作好防火措施，防止火花飞溅，使用接火斗。对施工机械设备和电动工具，作到定期检查和维修，无操作证不得动用机械设备和电动工具，以免造成安全事故。

5.3 环保措施及绿色施工

全部使用绿色建材，可回收再利用，推行集中加工，装配式施工，废料、垃圾等集中存放，减少施工现场垃圾、扬尘等。配置环保专门人员，建立卫生打扫区域专项负责人，环境专员每日检查拍照，采用手持型充电设备，加强对施工工人的环保意识教育，做到工完场清。一是推行无线化施工，除电焊机等大功率电器外，电钻、手持切割机、打孔器等小型器具均选用充电式，配置充电柜集中充电，减少电缆用量，规范用电操作。二是建筑物内施工垃圾的清运，必须采用相应容器，严禁凌空抛掷。施工现场严禁焚烧各类废弃物。施工车辆、机械设备要求使用清洁能源，减少尾气排放。三是施工前，建立项目职业健康安全管理制度，同时配合实名制人脸识别打卡机，固化作业人员和作业类别，加强管理，提高工效，减少人力资源的浪费。

6 结论

本文通过全过程运用三维扫描技术、BIM 技术、装配式技术，对现场模型及数据进行全面分析，进行高精度、全方位施工模拟和方案比选，推动装修装修装配式施工。通过对该技术运用于实际工程案例的详尽剖析，总结出的施工技术具有数字化程度高、装配率高、适用性强等特点。运用了目前建筑行业先进的三维扫描仪徕卡 RTC360 LT、智能放样机器人拓普康 TOPCON、移动式剪叉登高车、移动式高空车等智能建造设备，全过程实施数字建造、工业建造，广泛适用于不同结构基层高大空间超大板块异形金属装饰墙面内装施工，解决异形弧形装饰墙面内装施工难题，还兼具有低成本、效率高、易施工的特点。通过深度运用数字化技术，有利于节约时间、人力、物力等综合成本压降。相比传统建造技术，在深化图纸、材料下单、测量放线、工人安装调试等实施环节，极大的减少了人力、措施投入，减少了技术间歇等待时间，施工效率提升显著。同时，一键式导入放线模型，智能化放样定位，工人只需要按照机器人精准放样点位，将面板放置到位，螺栓紧固一步到位，装配式安装，工人经过简单培训即可胜任，降低了工人技术准入门槛，更易于施工。该技术研究有利地推动项目高质量建设，确保了工程质量和工期要求，助力项目建设高水准的科技园区、信息通信领域 "政产学研用" 平台等，取得了良好的社会效益和综合效益，为后续类似异形高大异形室内墙面装饰智能建造提供了理论与切实可行的理论支撑。

参考文献

[1] 乔磊，赵恩堂. 3D 激光扫描技术在建筑施工过程中的应用 [J]. 工程质量，2017，35（9）：68-71.
[2] 王祥，李洋，周子淇，等. 面向再建造的智能建造技术探索——"冰立方"冰水转换结构一体化数字设计与建造策略研究 [J]. 建筑技艺，2023（2）：74-79.
[3] 中国建筑科学研究院有限公司. 建筑装饰装修工程质量验收标准：GB 50210—2018 [S]. 北京：中国建筑工业出版社，2018.

地铁站六边形铝单板模块化施工技术

刘济南　安佰兴　田周周　吴　凯　郭　飞

中建五局装饰幕墙有限公司　长沙　410004

摘　要：近年来随着我国城市化进程的不断加快，全国各地相继兴建了许多规模宏大的公共建筑，地铁站、青少年宫、体育场馆等。公共建筑装饰设计思潮"百花齐放"，异形铝板在公共建筑中的应用广泛，施工过程中需推行新技术、新工艺，在施工中存在工效低、安装精度差、观感效果达不到预期。基于此背景，研究了地铁站六边形铝单板通过模块化加工后安装的施工方法，结果表明：不仅将异形铝板之间密缝安装精度由2mm控制到1mm以内，且提高了安装效率，从而达到快速建造的目标，有效解决了该问题。

关键词：公共建筑；天花；铝板；模块化；精度

1　技术特点

1.1　模块化、标准化集成加工，降低材料损耗，提高精度

地铁站六边形铝单板吊顶安装方式由多块六边形形成单元模块吊装形式替换了由单块固定安装，并将将副龙骨与单元模块组件统一工厂加工，控制了单元模块精度，通过测量定位以柱轴铝板控制误差相比单块固定摆脱了受人工技术限制，降低了材料的损耗。

1.2　建造速度快，受工人技术限制小，安装质量高

通过测量放线对铝板进行排板单元模块编号，对单元模块编号的模块组件强制定位，纵向单元模块组件分三段在地面进行地面预拼装，复核定位准确后，用红外仪定位，经吊装模块化组件完成安装，相比较传统的单块固定方式，单元模块化安装方式摆脱了人工技术限制，提高了安装效率，安装质量更牢固，达到了快速建造的目的。

2　技术原理

六边形铝单板密缝安装，考虑铝板大面积拼接受工人技术限制，现场施工工序和现场施工造成的天花铝板不平整及安装缝隙不统一等问题，故采用模块化组件安装体系。

根据前期土建专业移交的一米线及轴线，首先对施工图吊顶区域现场进行测量放线，将测量数据反馈到吊顶图进行单元模块排板及标注相应的编号。其次根据标准化单元模块深化图将副龙骨与单元模块组件统一在生产阶段集成加工。最后在现场对模块化组件根据编号对应轴线为参照进行地面预拼装，确保安装位置无误后实现一次性吊装到位，减少了施工周期，节省了劳务成本，降低了材料损耗。

3　实际工程应用

以重庆市轨道交通九号线一期工程土建9112标车站装饰装修工程青岗坪站为实际载体，设计以科技六边形阵列组合变化，归纳总结出将六边形铝单板以单元模块组件装配式施工技术，该技术纵向安装以单元模块、横向以柱轴定位控制精度，单元模块组件标准化加工，提高了安装精度，不仅满足了每块铝板之间密缝安装的误差，并提高了天花铝板的平整度，从

而减少了现场施工工序和缩短了施工周期。

3.1 工程概况

重庆市轨道交通九号线一期工程装饰工程 12 标青岗坪站为地下两层局部四层岛式明挖车站。车站共设 7 个出入口、3 组风亭和 3 个安全出入口，车站主体及附属工程均采用明挖法施工；车站总长 361.8m，标准段宽 23.3m，有效站台长度为 140m，宽 13m，墙面铝板工程量约 2700m^2，六边形铝单板吊顶范围站厅层长方向 73.85m、宽方向 8m，站台层长方向 113.85m、宽方向 8m，六边形铝单板吊顶总面积约 1500m^2。

3.2 工艺流程

工艺流程如图 1 所示。

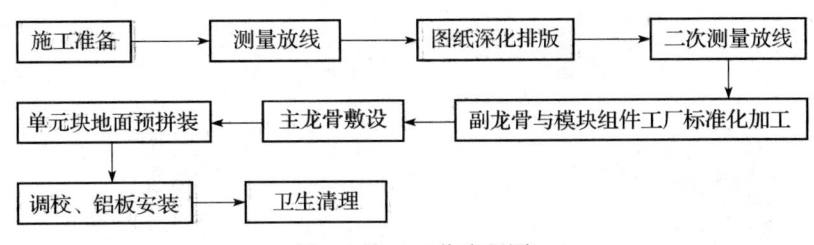

图 1 施工工艺流程图

3.3 操作要点

3.3.1 施工准备

组织现场施工人员熟悉审核施工图纸及有关技术措施，编制有关实施方案，设计人员要将工程概况、施工方案、技术措施及特殊部位的施工要点、注意事项等向全体施工人员作详细的技术交底，做到严格按设计施工图、规范和施工方案施工。

对土建移交的标高及轴线进行复核，测量设计标高及轴线和实际标高是否相符，按设计要求对吊顶完成净高、吊顶内管道、设备及其支架的标高进行交接检验。

3.3.2 测量放线、图纸深化排板、二次测量放线

首先根据总包移交的黄海高程点引出装饰 1M 线及轴线，在柱子上弹确定后的标高线及轴线。在设定的站厅层确定安装用基准线-墨线（包括分格中心线、标高线、进出线等），将分格中心线位置墨线逐一弹放在花架梁上，并复查与图纸设计是否相符，否则应进行二次测量放线（图 2、图 3）。

图 2 红外仪测量放线图

图 3 轴线定位图

熟悉天棚上的灯具、疏散音箱、空调出（回）口、喷淋头、消防探头的具体位置，对各专业点位进行综合排板。根据现场测量放线数据，对六边形吊顶特点分析，将铝单板排板，纵向分为3段，每1段为1个单元模块；横向则以轴号为基准线定位，计算出单元模块与轴距之间的模数是否吻合，对单元模块标准组件进行图纸深化，模块组件与副龙骨采取勾搭连接方式（图4和图5）。

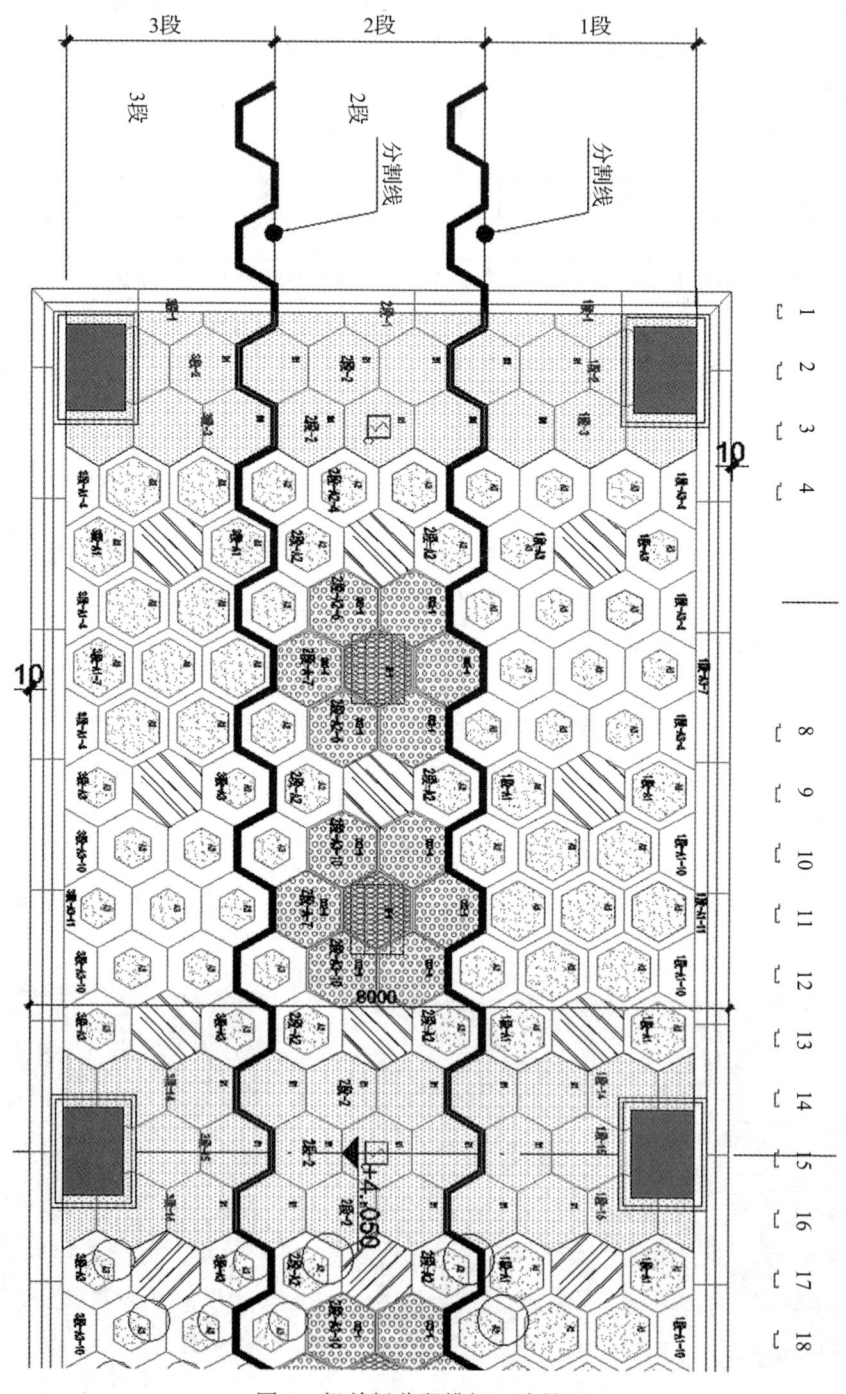

图4　铝单板分段排板、编号图

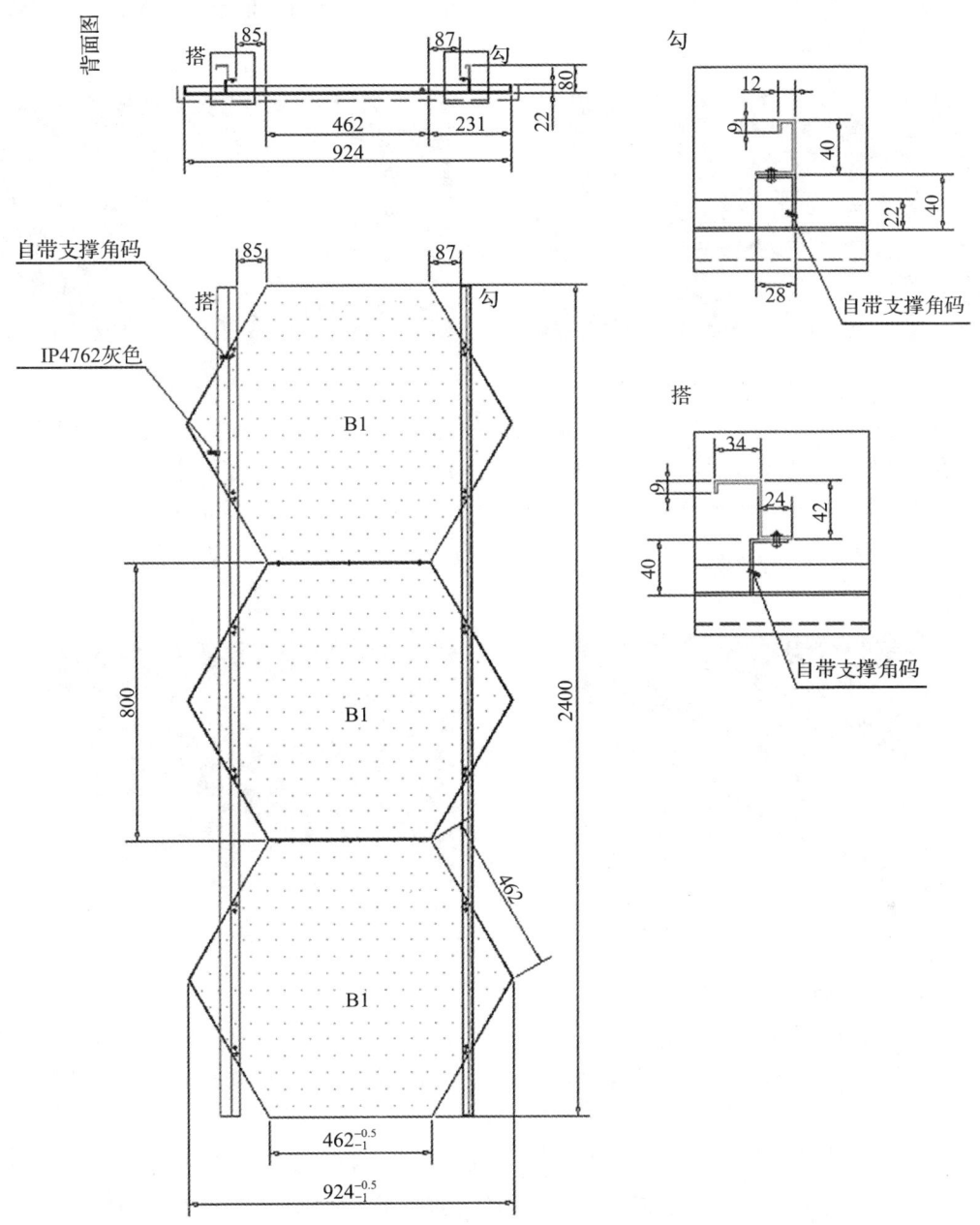

图 5　单元模块标准组件深化设计图

3.3.3　副龙骨与模块组件工厂标准化加工、主龙骨敷设

（1）铝板制作：将铝板折边成单个六边形，控制铝板长宽尺寸为负公差1mm折弯。

（2）粉末喷涂及图案转印：第一步：做白色漆面底板；喷涂前出去表面杂质，让颜色更容易吸附在铝板的表面。做2遍底漆后表面打磨清理粉末杂质，再做白色粉末喷涂面漆；第二步转印：选择好的转印纸，将设计好的六边形打印至转印纸上，再将图纹贴至六边形铝单板上，（贴转印纸前需清理铝板表面杂质）然后经转印设备将图案转印至铝板上，避免转印图案色差需控制温度（160°~180°）及转印时间。最后将转印膜撕掉，将铝板覆膜保护。

（3）模块组件连接：考虑到人工安装及搬运方便，3块六边形铝单板为一组模块，将勾搭龙骨定位于3块铝板上,控制龙骨间距批量标准,经拼接铝板的总长与总宽校正后完成成品模块(图6和图7)。

图6　模块化加工完成图

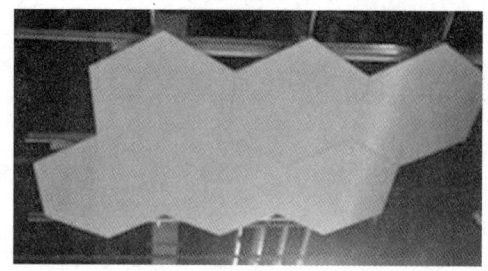

图7　样板安装

(4)龙骨敷设:吊杆长度超过1500mm,在安装龙骨前设置转换层。根据转换层排板完成钢架龙骨敷设,复检转换层的拉拔质量。吊杆采用φ10mm吊杆,主龙骨吊杆间距1200mm,固定吊杆的膨胀螺栓螺栓应完全拉紧,不能松动。吊杆距主龙骨端部距离不得大于300mm,当大于300mm时,应增加吊杆。当吊杆与设备相遇时,应调整并增设60槽钢加固(图8和图9)。

图8　主龙骨定位完成图

图9　勾搭龙骨安装完成图

3.3.4　单元模块预拼装、铝板安装与调校

(1)对安装位置地面进行清理,将单元模块铝板摆放至地面预拼装,以吊顶中线往两边拼装,测量是否与造型天花位置有偏差,确认无误差后先后完成灰色轴位铝板安装及白色区域铝板安装。

(2)完成轴位单元模块安装后,依次勾搭完成单元模块安装。随后检查其水平度、垂直度,在保证铝板左右上下偏差±1.0mm、横竖缝隙对齐的要求进行调校,调校完成后采用抗震压片固定。

图10　模块化预拼装照片

图11　六边形铝单板安装完成照片

4　总结

该施工技术由多块六边形形成单元模块组件安装方式替换了单块固定安装方式，通过标准化设计、工厂化生产、装配化施工，让六边形铝单板安装摆脱了人工技术限制，大大的降低了人工成本，缩短了工期，且节省了材料；符合我国近年来可持续发展的需要，实现建筑装饰产品节能、环保、全周期价值最大化可持续发展的新型生产方式，具有节能减排优势。

参考文献

［1］ 中华人民共和国住房与城乡建设部. 建筑装饰用铝单板：GB/T 23443—2009 ［S］. 北京：中国标准出版社.
［2］ 邓松. 建筑装饰工程的装配式施工技术分析 ［J］. 建筑设计管理，2016，33（6）：83-84，87.
［3］ 严海勇. 浅谈预制装配式建筑施工常见质量问题与防范措施 ［J］. 建筑工程技术与设计，2017（24）：2474.
［4］ 关洁津. 装配式建筑施工技术在建筑工程施工管理中的应用 ［J］. 建筑与装饰，2022（1）：7-9.

基于BIM技术的大跨度异形铝板吊顶快速施工关键技术研究

何昱明　张玉玲　廖德龙　王　猛

中建五局装饰幕墙有限公司　长沙　410000

摘　要：为解决大跨度异形铝板吊顶工程的施工难点，以天河机场航站楼工程为例，对基于BIM技术的快速施工关键技术进行研究，提出采用高精度激光扫描采集结构数据、运用BIM参数化建模、预制化生产异形铝板、高空作业车辅助安装等解决措施，实现了复杂吊顶的标准化设计、集中化制作、机械化快速安装，有效提升了施工效率与质量控制能力，为今后类似特殊结构工程的施工提供了可行的技术参考。

关键词：BIM技术应用；激光扫描；预制化施工；高空作业车；质量动态控制

引言：随着建筑设计理念和结构形式的不断创新，各类大跨度、多曲面、异形顶板结构广泛应用于体育场馆、展览中心、机场航站楼等公共建筑。但这类非规则结构在设计和施工上都面临巨大挑战。特别是钢结构二次顶板铝板吊顶，其高度通常在20m以上，面积广阔，表面为复杂的非规则双曲形。要在如此高大的空间内施工安装大块特型铝板，对搭设脚手架、材料垂直运输与精确定位都是极大的技术难题。

1　大跨度异形铝板吊顶BIM模型建立与信息化施工技术

1.1　异形铝板吊顶BIM模型设计

大跨度异形铝板吊顶BIM模型的设计是实现工程信息化和工业化施工的关键。本工程采用基于激光三维扫描技术获得的高精度点云数据，在BIM软件平台搭建钢结构和二次结构的三维参数化模型。该模型精确还原了结构及吊顶表面的双曲面形态，精度可控制在±5mm以内。运用BIM技术优化工艺，将大规格的曲面铝板分解为标准化的三角形单元组合体，实现面层铝板的模块化设计，每个单元尺寸控制在1.2m以内。面层铝板总共分解为23种典型三角形单元，这大大降低了安装过程的难度。另外，吊顶钢结构也进行了参数化和模块化划分，采用立体交错布置的矩形钢管作为骨架，实现批量化预制（图1）。

图1　激光三维扫描

1.2　基于激光扫描的异形结构数据采集

本工程采用长程三维激光扫描技术对现场结构进行高精度测量。首先在目标区域布设控制点并建立三维坐标系，以确定后期扫描数据的位置参考基准。在主体钢结构上布设球面靶标共158个，用于挂接各个扫描站点的数据。利用远程自动控制的扫描仪，在17个站位对主钢结构进行球形扫描,扫描精度±3mm,点云密度可达10mm,整个主体钢结构测量时间不超过3h。采集到的原始点云包含超过15亿个三维坐标点,经过处理后生成实际结构的高精度三维数字模型。该模型精确反映了现场的重要尺寸信息,为后期的BIM建模提供了精准的基础数据。利用BIM系统中的参数化建模工具,基于获得的实际点云数据,搭建出主体钢结构和二次顶板结构的完整三维模型。

1.3 BIM模型参数化建立方法

本工程在获得结构高精度点云数据的基础上,运用BIM建模工具建立异形铝板吊顶的参数化模型。首先导入点云数据,基于NURBS曲面拟合算法生成双曲曲面,精确模拟现场钢结构的双弧形曲面。然后通过面板化工具,用三角形单元拼接填充目标区域,形成二次顶板铝板表皮。该表皮含有23种典型参数化三角形单元,实现了异形铝板的标准化和模块化。三角形单元边长控制在1.2m以内,便于运输和机械化安装。另外,系统自动生成钢结构转换层的立体矩形钢管骨架,采用100mm×200mm和80mm×40mm的矩形管按照1500mm间距交叉布置,骨架总高度为450mm。转换层骨架也实现了参数化设计,对应三角形铝板单元逐一生成,形成匹配的模块化安装单元。这样,钢结构、转换层和表皮铝板实现了统一集成的参数化建模,有效指导后续的制作和安装工序(图2)。

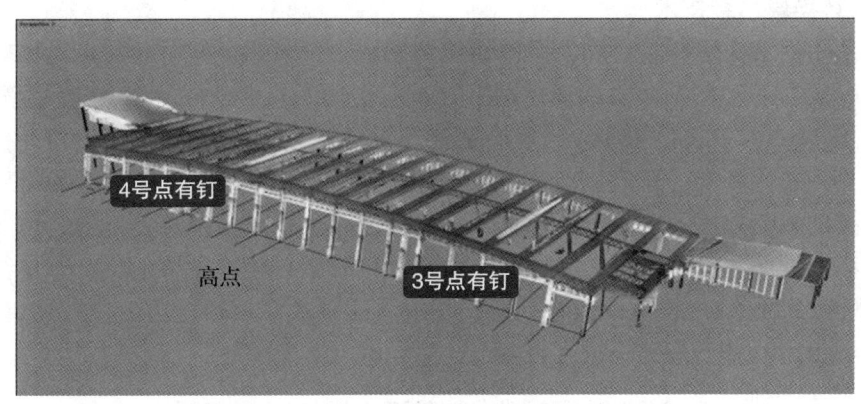

图2 BIM模型建立

1.4 BIM模型信息化应用

运用BIM的4D建模功能,进行施工过程仿真,完成施工程序、重叠作业布置等的信息化管理。基于BIM模型精确提取各施工部位的材料使用量,编制精细化的材料采购清单,供应商可根据模型数据进行批量化制作。BIM模型以IFC数据格式与数控切割机、折弯机等设备实现信息互操作,指导车间精准加工铝板三角形单元,加工精度控制在±1mm以内。现场吊装前,运用BIM的5D功能生成安装顺序表,将23种铝板典型单元按照接口顺序进行编号,整个吊顶共计3726块特型单元铝板。现场施工人员利用移动终端扫描识别单元编号,按照预先规划好的顺序进行精确定位和快速安装,避免重作。完工后,采用三维激光扫描仪重新扫描实际施工情况,并将扫描得到的点云数据与BIM模型进行比对。系统可自动生成质量评估报告,评估安装质量的精确度,供项目参建各方评审。

2 高大空间异形铝板吊装施工装备与技术

2.1 高空作业车及提升运输设备

本工程采用30m级全液压高空作业车进行高处作业。整台车体带有360度旋转的车头操作台，高达25m，可实现对作业范围全方位的监管。车上安装两台起重量8吨的电动葫芦提升机，配以36m、25m的伸缩臂，可有效覆盖项目净高31m的作业区域。另外还配备了一台360°旋转的人字臂提升工作台，主要用于人员闭环垂直运输和材料提升，作业高度26m，载重300kg。三台高空升降装置可联合作业，也可独立运输作业，满足了不同部位、不同高度的使用需求。车上搭载了充足的工作照明、临时用电等辅助设施。车体自重达60t，稳定性好，最大轮压仅为$0.98kg/m^2$，无须另做加固处理。

2.2 异形铝板吊装构型与技术要点

本工程采用提升吊装安装方式进行异形铝板的闭合作业。每块铝板单元配有4个预埋式吊装螺栓孔，用于电葫芦的四点吊装。考虑到铝板自身的刚度及重心偏移问题，吊装过程需精心控制，防止变形。首先，根据BIM信息指导现场人员利用激光水准仪精确定位放线，用石墨铅笔在钢结构板正面标出预留安装孔的精确位置；运用气动电钻直接在钢结构板上开孔并预埋螺栓混凝土插，每块板对应16个安装孔位。然后将地面预制的铝板利用电葫芦进行升吊，精确定位后拧紧连接螺栓固定在钢结构转换层上。相邻两块之间通过现场额外焊接薄型补强连接片实现平面过渡。整个铝板吊装过程要严格控制垂直度和铝板正常走向，确保连接后与钢结构完全贴合。

2.3 钢结构转换层吊装技术

本工程采用钢结构转换层完成从主体钢结构到二次顶板铝板的桥接转接。该转换层采用立体交叉布置的矩形钢管材料组成，主纵向使用100mm×200mm的矩形钢管，间距为1500mm；副纵向使用80mm×40mm的矩形钢管，间距为1200mm。这些钢管按照一定间距用M16螺栓连接为整体骨架，总高度450mm。考虑到搭设脚手架的难度，转换层采取分段吊装后螺栓连接的施工方法。首先，在主体钢结构上利用全站仪精确布置抱箍，用于后续转换层吊装定位；在地面利用焊接预先完成好单节矩形钢管的焊接，每节包括2根主纵向母管和3根副纵向母管，尺寸为1500mm×6000mm。然后利用电动葫芦通过边端抱箍孔位进行吊装，控制到位后利用螺栓进行连接固定（图3）。

图3 转换层钢材吊装

3 异形铝板预制化加工与集成化安装技术

3.1 异形铝板数字化设计与加工

本工程的异形铝板采用数字化设计与加工的预制化生产模式。运用参数化建模手段，在

BIM平台上对二次顶板面层进行拼装，生成23种典型三角形单元，精确定义每个单元的几何尺寸、结构构造。同时标注好单元编号、连接孔位等技术信息。将这些数字化数据与数控制造设备实现信息级联互操作，指导车间的精准加工。数控折弯机可基于BIM数据直接编程展开图，进行异形铝板的整体折弯成型，成型精度高达±0.5mm。经折弯后的平面异形板在数控打点机上完成连接孔的加工，然后在数控切割机上切割外形轮廓。每种典型单元都编制了专用的数字化加工文件，供车间批量化生产。现场施工人员只需扫描识别铝板编号，按照BIM指导的安装顺序进行快速定位、吊装与连接组装。

3.2 预制异形铝板运输与集成化安装

预制化生产的异形铝板单元需采用适当的方式进行运输以防损坏变形。单个铝板单元质量在100~120kg，可直接利用装有驳接支架的平板货车进行地面运输。叠放时在单元节点部位加装抗压木垫，同层之间用海绵隔离，分层置于支架上，每层不超过5块。到达现场后由高空作业车吊运至指定位置，现场单次吊装量控制在3块以内。吊装前施工人员按照设计模型中预定义的铝板安装顺序，扫描识别每块铝板的编号信息，上传数据与BIM模型比对后，显示该铝板的安装位置。现场操作人员根据BIM指示进行吊装定位，精确控制单元的四边在同一水平面，与相邻面无高程突变。安装后的铝板需进行搭接焊接，工艺要求与车间预制焊接相匹配。

4 异形铝板吊顶精确施工质量控制

4.1 高精度测量质量控制技术

首先在主体钢结构上安装高精度激光水准仪，实时监测竖向位置变形，转换层钢骨架吊装过程中控制误差在±2mm以内。然后利用全站仪针对变形管控点和铝板吊装定位点进行高频次监测，以矫正安装偏差。在本工程中布置了28个管控测量点和158个变形监视点，闭合作业期间每日测量3次，确保异形面保持精确定位。铝板吊装过程中，通过云台摄像头获取实景图像并与BIM模型对比，检查铝板运输路径与单元吊装位置，避免碰撞变形。完工后采用白光三维扫描仪自动扫描实际表面，取得吊顶表皮的高精度三维坐标数据，并导入BIM系统比对设计模型，评定铝板连接平整度、外形尺寸偏差等质量指标，确保关键部位精度达到±3mm的设计要求，为后期运维提供质量档案数据库（图4）。

图4 出发大厅铝板安装效果

4.2 BIM 质量信息动态控制

本工程充分利用 BIM 模型在全生命周期质量管理中的应用优势，建立起动态的信息化质量控制体系。现场测量设备与 BIM 系统实现了信息互通，测量数据可自动反馈导入模型中进行质量分析。同时现场施工过程中的问题也可及时标注在模型上，形成质量缺陷数据库。运用 5D 技术手段，BIM 模型将每块异形铝板的位置信息与实际安装顺序动态关联起来。操作人员利用终端设备扫描铝板编号，系统判断该铝板的设计信息并显示其正确的安装方位，现场人员严格按照信息化指引进行定位组装。这避免了因为顺序错误造成的返工问题。安装完成后，扫描实测数据与 BIM 模型自动进行三维比对，智能识别质量缺陷区域，并能精确给出修复建议。BIM 通过信息与物理工程的深度融合，打通了从设计、施工到竣工质量评定的全过程数字化管理，实现了动态的闭环质量控制，大幅提升了复杂吊顶工程的可构建性。

5 结语

本文以武汉天河机场航站楼工程为例，针对大跨度异形铝板吊顶工程的施工难题，系统阐述了 BIM 技术集成的解决方案，极大提高了非规则复杂结构的可预制化比例，实现了从设计到施工的一体化信息管理，确保了工程质量与节约的目标。今后可进一步扩展研究 BIM 与工业互联网、多源信息融合的深度结合，实现从材料采购到组装加工再到运维管理的全生命周期数字化建造新模式，这是建筑产业发展的必然趋势。

参考文献

[1] 薛广尉. 基于 BIM 技术的双曲面异形铝板吊顶施工技术研究 [J]. 冶金丛刊，2021，006（009）：14-16.

[2] 武登磊，詹磊，杨也. BIM 技术在大跨度空间异形钢结构中的应用 [J]. 公路，2022（008）：067.

[3] 苏思聪. BIM 技术在大跨度双曲面屋面中的应用 [J]. 福建建筑，2023（8）：105-107.

高大空间超长异形铝蜂窝板快速建造技术的研究

谭春 周泽 唐宗帅 张迪 张玉玲

中建五局装饰幕墙有限公司 长沙 410004

摘 要： 武汉天河机场 T2 航站楼出发大厅大吊顶具有跨度大、高度高、面积广等特点，整体呈横向弯曲、纵向倾斜的造型，存在着施工难度大、现场工况复杂、工期紧张等难题。一般的吊顶施工方法已无法满足此类建筑的工期、质量、装修效果及安全环保等高要求。高大空间超长异形双曲面铝蜂窝板及铝方通吊顶快速建造施工工法，通过数字化建造手段，将整个异形铝单板吊顶进行扫描建模，提取安装点位，精确指导安装，配合提升设备吊装进行快速建造。既解决了高空作业采用满堂脚手架时，对其他工序的交叉影响，同时又节约了大量的措施费用。本文主要探讨了高大空间超长异形双曲面铝蜂窝板及铝方通吊顶的快速建造施工技术。通过对该技术的研究，提出了一种高效、精确的施工方法，以满足此类吊顶的特殊要求。

关键词： 高大空间；超长异形；双曲面铝蜂窝板；铝方通吊顶；快速建造

1 前言

随着建筑设计的发展，高大空间超长异形双曲面铝蜂窝板及铝方通吊顶逐渐成为一种流行的装饰形式。然而，由于其特殊的形状和尺寸，施工过程中面临着诸多挑战。因此，研究一种快速、高效的施工技术对于此类吊顶的成功建造至关重要。

本案以武汉天河机场 T2 航站楼项目为例，从设计、采购、施工 3 个方面对机场品质提升项目中的高大空间超长异形双曲面铝蜂窝板及铝方通吊顶快速建造施工工法应用进行探析。

2 设计与方法

航站楼出发大厅内部装饰以"星河璀璨、律动涟漪"为主题，以"浪花"星河为中心，以"涟漪"势态向两侧扩散，形成动态波浪形吊顶，体现"天河"文化和"大江大湖"的地域特色。铝蜂窝板及铝方通作为主要材料，应具备轻质、高强、防火、防潮等特性。

2.1 设计原则

航站楼出发大厅吊顶作为航站楼精装的核心地段，旅客的第一视觉整体呈横向弯曲、纵向倾斜的造型体验，出发大厅大吊顶具有跨度大、高度高、面积广等特点。

2.2 设计方案

武汉天河机场 T2 航站楼二层出发大厅，室内吊顶大吊顶包括中部 150×300×3（mm）铝方通曲线垂板（7 跨 105m），（背板星空区域）区域，渐变波浪板（背板区域铝合金扩张网）（单跨 15m），标准波浪板（背板区域铝合金扩张网），渐变区域宽度为 15m 单跨柱轴，包括 10 片波浪板。以最 0.08 系数递增渐变高度，波浪起伏的幅度从 350mm 渐变至标准板的 1250mm；以此种变化方式衔接出发层中部无波浪造型的曲线垂板区域与标准波浪吊顶区域。

2.3 施工方法

航站楼高大空间、大跨度曲面铝板吊顶，高度高、工期紧张、施工难度大，通过方案比选，确定采用吊顶吊装施工，整个施工过程不需搭设脚手架，提升设备轻便，可多点大面积施作，效率高。

3 快速建造施工结果

3.1 提高了施工效率

铝单板及转换层材料采用吊装施工工法，对地面、墙面等其他专业施工的影响相对较小，可以满足工程进行立体、交叉施工，从而使时间和空间更能得到充分利用，大大的提高了施工效率，有效节约工期。

3.2 保证了施工质量

三维扫描仪+BIM放样机器人精确测量定位技术的运用，使的现场指导施工方便快捷、效率高，铝单板材料下单有据可依，质量更有保证，避免材料浪费。现场指导施工方便快捷、效率高，现场二次加工大大减少，降低现场施工粉尘及污染物，利于环保。

3.3 降低了施工成本

吊装施工采用免搭脚手架吊顶施工技术，既保证了地面的正常使用，同时保证了地面施工、人员通行和材料运输的安全，又规避了满堂脚手架过重对楼地面造成的结构安全隐患。

吊装施工技术，实现地面不搭设脚手架完成吊顶施工，成功解决了其施工难题，减少了大量的劳动力投入和周转料的运输及占地，实现了"节材、节能"低碳目标又大大降低了工程成本。

3.4 施工工艺流程

原航站楼屋面为倒三角桁架结构，双向倾斜构造，为保证对原结构的精准测量，采用三维扫描仪+BIM放样机器人精确测量定位技术的运用，使的现场指导施工方便快捷、效率高，铝单板等材料下单尺寸更精准，质量更有保证，材料二次加工量大大减少，避免材料浪费，按模施工更加方便快捷、高效。

（1）建立坐标系

建立实际下料模型对现场结构进行数字化测量，测量前，根据现场实体结构确定坐标原点，将图纸、模型数据与现场数据结合。

（2）数据采集

使用3D激光扫描仪对现场进行扫描，一站扫描仅需5分钟，为了完整地扫描现场结构情况，进行多站扫描，后期点云处理软件自动计算拼接。通过此测量方式可保证现场环境测量误差在±3mm内，如图1、图2所示。

图1 确定坐标原点

图2 3D激光扫描

(3) 建立点云模型

运用 BIM 软件快速提取 3D 激光扫描仪实测的钢结构点云数据，以此作为生成基础曲面的参考依据。运用 Grasshopper 根据生成的高程点，拟合出铝板基础表皮（图3、图4）。

图 3　建立点云模型

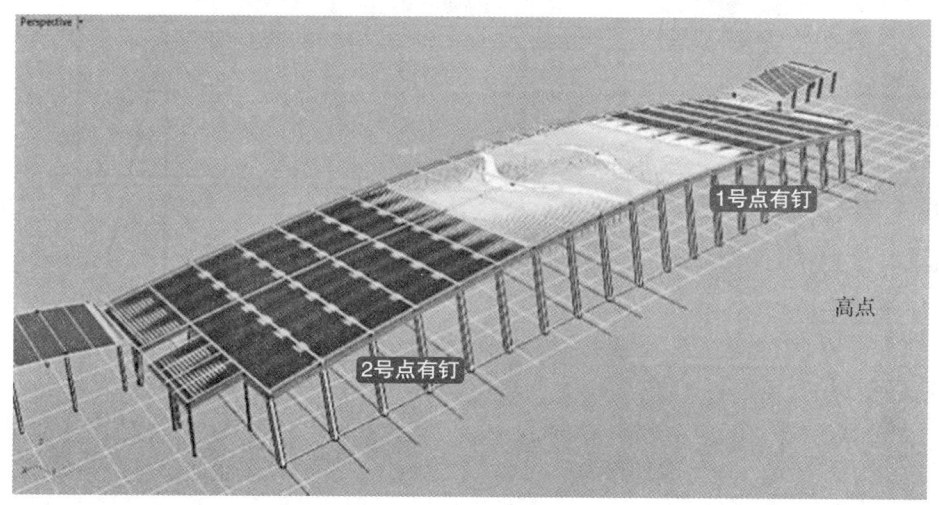

图 4　拟合出铝板基础表皮

(4) 建立装饰面模型

根据实测结构模型建立装饰面模型，根据钢结构进行装饰推演，并结合机电、幕墙等专业碰撞数据进行设计优化（图5、图6）。

图 5　建立点云模型

图 6　拟合出铝板基础表皮

(5) 基层转换层模块划分

结合桁架尺寸、对基钢骨架转换层进行排版下单，同时减少原材料套材损耗，桁架间距跨度为15m，100×200（mm）方管主龙骨，由9000×6000（mm）钢龙骨组成，80×40（mm）方管主龙骨横向布置，间距1500mm，40×60（mm）方管副龙骨纵向布置，间距1200mm。

（6）模数化面层

通过BIM技术对面层板块进行优化，将超大超宽双曲铝板优化成为易加工、易运输、易安装的双曲蜂窝板尺寸规格。

（7）大跨度钢横梁吊装

首先采用全站仪配合高空作业在吊顶的原钢结构上进行抱箍件精确定位安装，同步进行主龙骨斜拉杆安装工作，然后采用吊装方式对地面集中加工完成的转换层钢材运输安装，单组采用1台24m高空车、2台1t提升机，4人上下配合对200mm×100mm×3mm厚15m长矩形钢主龙骨进行吊装固定。

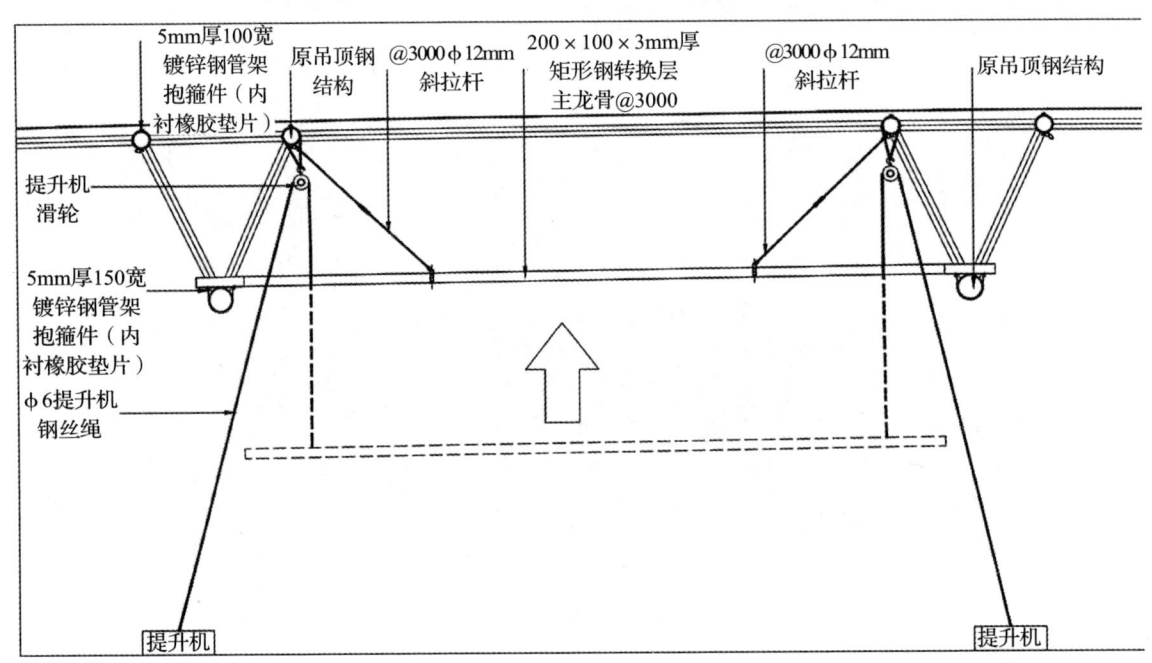

图7

（8）拼装式反吊顶施工

本工程大吊顶施工主要采用地面拼装式反吊顶施工，确保施工进度和不影响其他工序作业施工。

①利用曲臂高空作业平台和提升机机械安装主、副龙骨；

②通过设置安全网，配置生命绳和缓冲型安全带等方式，降低安全风险；

③通过专用吊件和铝板采用反向安装，安装工人在钢架转换层上对调节螺丝杆进行调节，从而实现铝板完成面的三维调节，保证铝板的安装质量。

（9）地面预拼接

运用BIM技术提取模型中安装定位点，批量生成精准的定位点数据交付施工现场，采用2台30m高空车，4人上下配合进行吊装，并采用全站仪根据定位点数据进行精准定位，控制铝板安装效果，将铝板与钢骨架转换层连接固定，安装完成（图8和图9）。

图 8　主龙骨吊装　　　　　　　　图 9　面层铝板安装

4　结语

本文研究的高大空间超长异形双曲面铝蜂窝板及铝方通吊顶快速建造施工技术，能够有效提高施工效率、保证施工质量并降低施工成本。该技术在实际工程中具有较好的应用前景。

大空间暗藏式电动卷扬提升系统施工技术研究

胡致远　郭志勇　黄赛武　张玉玲

中建五局装饰幕墙有限公司　长沙　410000

摘　要：随着科技的进步和创新，人们对于建筑的审美要求随之提高，商场内部装饰装修要求标准也随即提升。本项目通过前期设计前瞻校核，协同各专业及BIM进行层高空间分析，整体设计优化后将电动卷扬机、收线器及配套钢丝绳及电缆等全部以暗藏的形式安装在吊顶铝板、墙面石材之内。

关键词：大空间；暗藏；电动卷扬机提升系统

1　研究背景

通常大型建筑空间内部使用的卷扬机提升系统或电葫芦提升系统由于造型复杂及施工难度大等问题均采用明装施工方法，属于机电安装施工范畴，与装饰面层效果完全脱轨开来，造成"只保证使用功能，不兼顾设计效果"的结局。

商业大空间暗藏式电动卷扬提升系统施工是基于前期施工图及装饰模型建造，通过BIM建模调整机电消防管线内部走线，合理优化及预留空间给后期卷扬提升系统的卷扬机、收线器、钢丝绳等装饰机械的安装，隐藏在商场室内的面层装饰材料例如石材、铝板等之内，以达到"隐形化"的特点，满足业主及设计师的装饰效果的目的。

2　研究目的

利用装饰总包的统筹能力，将各专业整体协同施工达到了暗藏的目的，完美实现业主商场卷扬机"隐形"预想。

3　技术原理

商业大空间暗藏式电动卷扬提升系统前期利用BIM建模，以3D模型为基础找出最适合安装的路径及设备安放位置，绘制相应的电路施工图及装饰施工图，通过精准放样定位，预留设备安装空间，施工过程中将卷扬机、收线器及钢丝绳严格按照施工图进行安装固定，尽可能简化施工工序，在阳角导轮安装位置优化固定处理，采用专用螺栓固定在结构柱或梁上，卷扬机通过承载力计算分析，采用特制埋板及化学螺栓固定安装在可拆卸公区吊顶顶部楼板处，解决后期检修问题。商业大空间暗藏式电动卷扬提升系统通过前期技术指导，大幅度提升了施工工效，减轻了材料损耗，整体提高了工程综合效益。

4　实际工程开发应用

4.1　工程概况

武汉越秀国际金融汇五期MALL项目位于武汉市江汉区，西临新华路，东临精武路，南靠解放大道，是由一座塔楼T4，一座商业综合体Mall组成，MALL装修面积约41830m^2，其中商场公共区域面积约17600m^2，电梯厅及走道面积约870m^2；T4装修面积约10563m^2，其中前室、楼梯间及工具间、设备房装修面积约3438m^2，电梯厅及走道装修面积约5558m^2，现已完成中庭区域、后场区域等部位的装饰装修内容。本次商业大空间暗藏式电动卷扬提升系统主要用于南北中庭吊顶区域，共计用量 23 台，具体如图 1 所示。

图 1　武汉越秀国际金融汇五期项目效果图

4.2　工艺流程

工艺流程如图 2 所示。

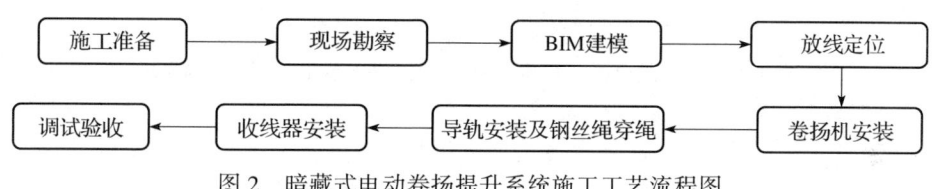

图 2　暗藏式电动卷扬提升系统施工工艺流程图

4.2.1　施工准备

施工前准备需要确定及实施以下几点：

（1）南北中庭吊顶共计 23 台卷扬提升机，需搭设满堂脚手架进行安装，脚手架前期需通过验收；

（2）吊钩吊点位置需先和设计及商场运营方进行确定，防止后期吊点位置满足不了使用功能导致返工；

（3）依据装饰效果图、施工图确认本次施工范围，现场需复核数据并标明于施工图；

（4）与设计沟通，卷扬机及收线器等设备打样确认签字；

（5）卷扬机及收线器安装位置荷载力计算。

4.2.2　BIM 建模配合

（1）通过与机电消防专业协同联动，进行 BIM 建模层高分析，套入拟定卷扬机设备安装尺寸及钢丝绳走线路径，验证拟定方案的科学合理性（图 3 和图 4）。

（2）确定好卷扬机安放位置后，通过轴测分析图及平面图将钢丝绳及收线器走线路径表示出来，用于后期施工指导（图 5 和图 6）。

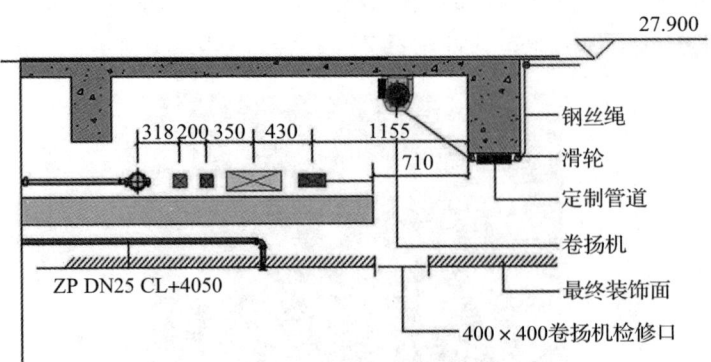

图 3　南中庭过道吊顶机电管线及卷扬机安放 BIM 模型分析图

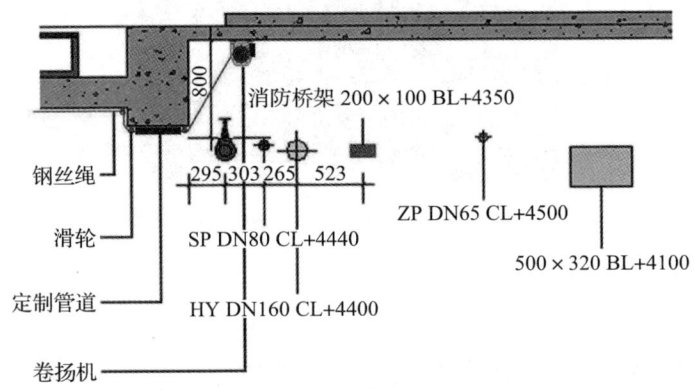

图 4　北中庭过道吊顶机电管线及卷扬机安放 BIM 模型分析图

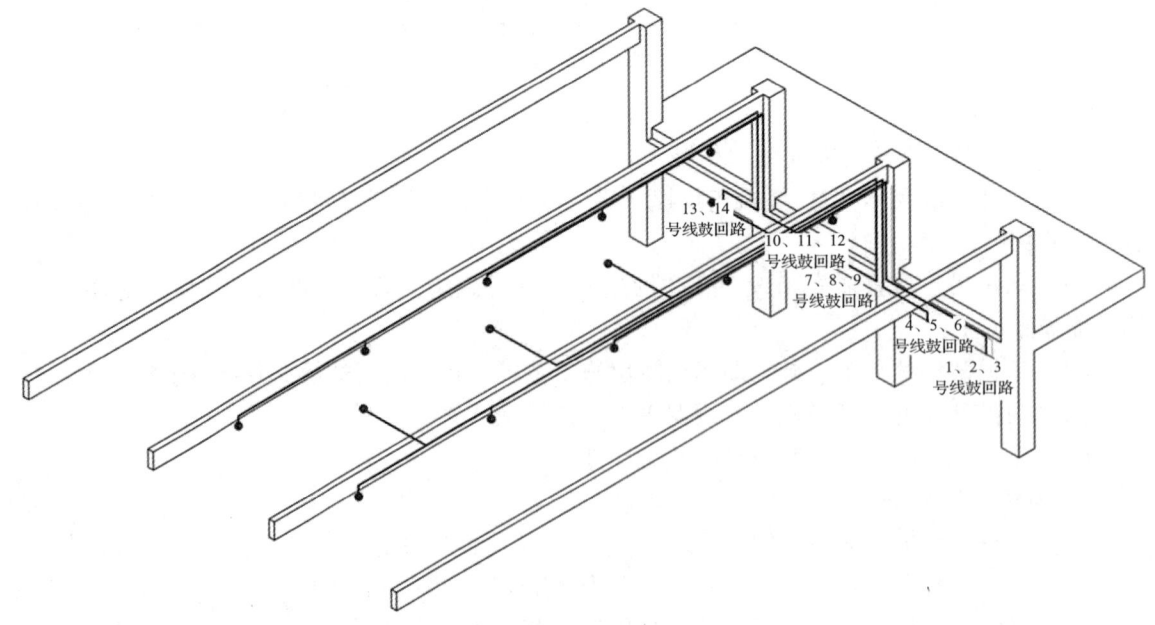

图 5　南中庭收线器走线回路图

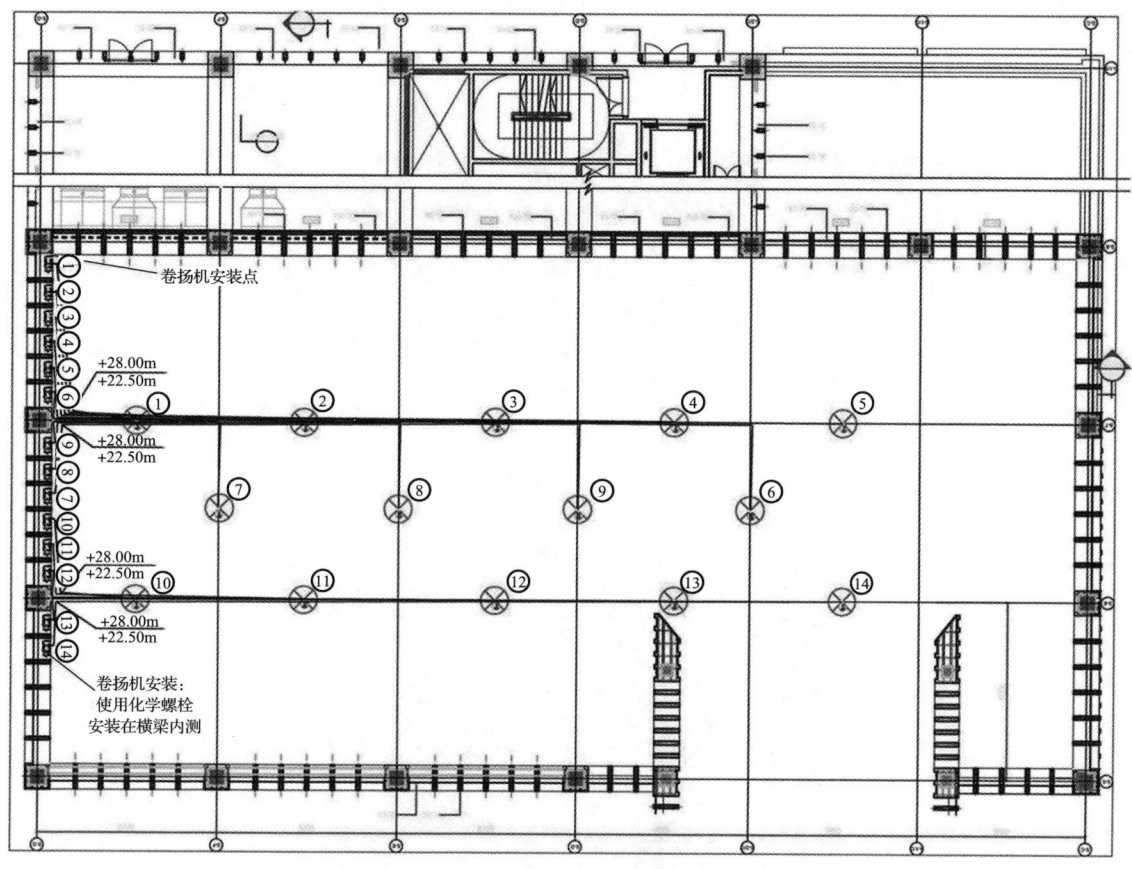

图 6 南中庭钢丝绳平面走线图

4.2.3 放线定位

（1）读懂图纸及相关标准、规范。

（2）检查测量仪器、器具完好状态及年度检测合格证。

（3）根据已绘制好的 BIM 图及施工图实际实地测量放置基准线。

（4）放中庭控制线：在二层、三层、四层中庭四个角以移交的轴线为标准上下拉点放置中庭控制线。

（5）以中控线为基准，按照图纸将走线路径及导轨的位置标注在中庭墙身上，并拉通线弹好中庭顶部钢梁路径线。

（6）路径线放完后，主体钢结构及中庭柱子是否在允许偏差范围内，否则应进行模型调整或钢结构偏差调整处理。

4.2.4 卷扬机安装

（1）以选定好的卷扬机设备的参数，以及楼板、梁的结构参数，通过承载力计算分析，确定好卷扬机的安装节点（图 7）。

（2）根据前期确定的卷扬机安装位置，现场放置卷扬机安装定位控制线，根据控制线进行卷扬机安装（图 8）。

（3）由于现有卷扬机中钢绳占整个卷扬机的大部分重量，本工法通过以上结构的布置，只用钢丝绳在卷扬机内侧卷筒上缠绕一圈，利用摩擦力的原理则可实现卷扬机及钢丝绳的升降，使得卷扬机的体积小，重量轻，能够满足人们在高空使用卷扬机的需求。

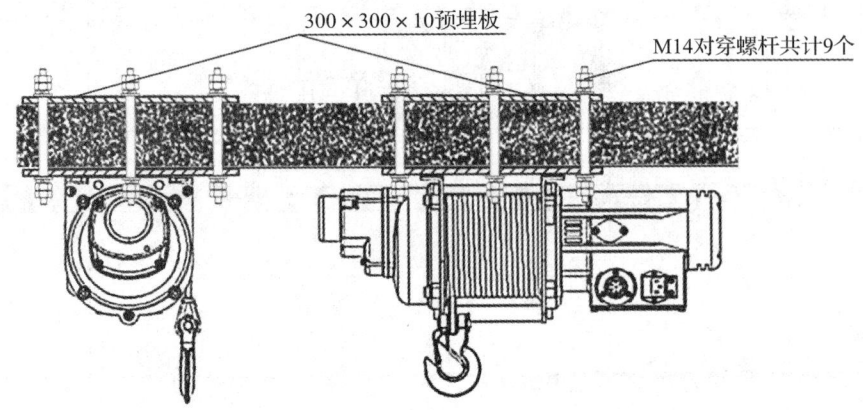

图 7　卷扬机安装节点图

图 8　卷扬机安装图

4.2.5　导轨安装及钢丝绳穿绳

（1）钢丝绳导轨严格按照走线图进行现场定位安装，不允许现场随意调动位置，以防后期钢丝绳出现咬绳、乱绳、断绳等现象。

（2）钢丝绳穿绳时，在卷扬机滚子支撑与圆柱凸轮的相互作用下，钢丝绳缠绕方式由固定位置转变为相对于卷筒左右来回移动方式，当卷筒与凸轮按严格的固定传动比联动时，圆柱凸轮转动一圈，卷筒刚好左右来回移动一个总程，这时钢丝绳就以一定的规律左右一排排地缠绕在卷绳筒上，不仅避免了钢丝绳乱绳，咬绳等现象的发生，还使卷筒在工作过程中受力均匀，提高了卷筒的使用寿命。

4.2.6　收线器安装

（1）大型商业的电动卷扬提升系统都需要提供电源支持，收线器的选择与安装需要严格满足原设计的参数要求。考虑到南中庭顶面距离地面有 32m，需要特别定制伸缩长度满足此距离的收线器

（2）收线器严格按照深化图纸的位置进行安装，各个钢梁或原结构梁的固定位置需严格放线定位，另外需要特别注意与天花末端如灯具、喷淋等需要参照规范要求进行避开，与完成面控制线保持合理的安装空间，防止后期铝板无法安装（图 9）。

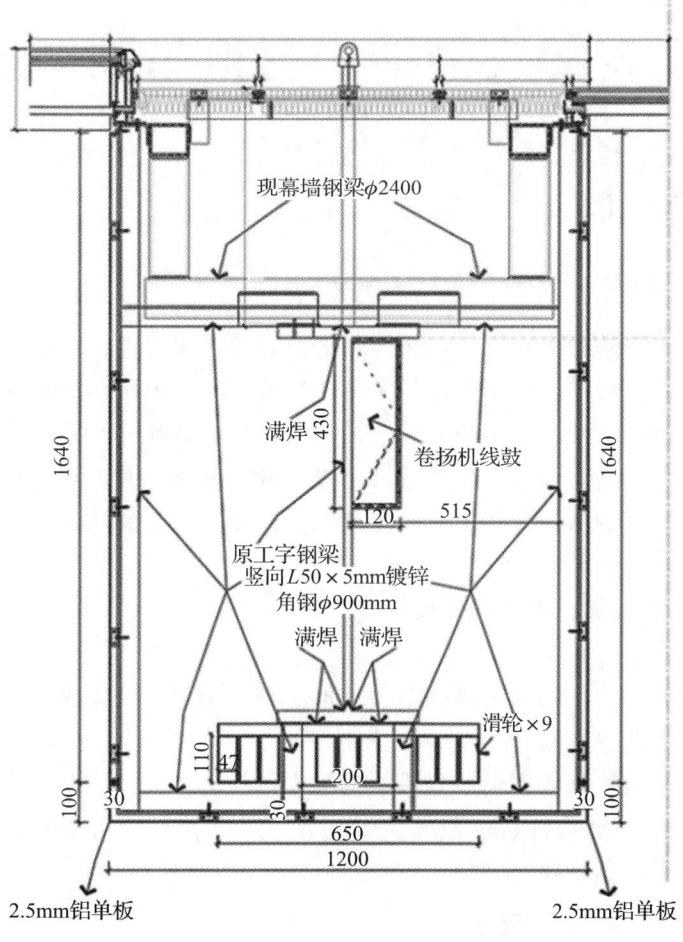 

图 9 放线定位固定

5 结语

本技术经过技术前期准备及技术输出服务，配合现场施工管控，能极大程度的缩短现场施工周期；且充分利用 BIM 建模技术，提前预知施工难题并解决，防止后期返工，具有可推广的经济实用型；以建模为基础进行材料下单，有利于控制材料损耗，相关设备材料采用工厂化定制加工，极地的减少了现场切割等作业，具有绿色环保性。本技术的实施，满足了业主及设计方对商场室内的整洁统一的外观效果的想象，将卷扬提升系统创先例的全部暗藏在吊顶铝板及墙面石材之内。

参考文献

[1] 王景阳. 高层建筑弧形幕墙格构钢结构施工技术［J］. 中国建筑金属结构，2016（11）：58-61.
[2] 邵蒙晋，郭啸尘. 室内大型设备吊装方法的创新［J］. 建设科技，2016（11）：2.
[3] 孙吉产，王少刚，姜荣华，等. 大型履带式起重机使用技术及工程实践［J］. 建筑机械化，2012，33（3）：4.
[4] 张程芃，李波，赵卓，等. 复杂空间环境下智能化吊装施工技术研究与探讨［J］. 居舍，2019（34）：1.

高大空间大跨度装配式钢结构穹顶吊装快速施工关键技术研究

何昱明　陈葱　张迪　李胤　廖德龙

中建五局装饰幕墙有限公司　长沙　410000

摘　要：为解决高大空间钢结构吊顶工程的施工难点，以天河机场航站楼工程为例，对基于BIM技术的快速施工关键技术进行研究，应用3D扫描仪实测现场结构尺寸，BIM整合建立施工数据模型。深化各区域的钢柱、钢梁，及屋面围护等结构的组成构件具体规格尺寸，最终确定钢结构穹顶单元模块的尺寸，采用高空移动操作平台及电动提升设备进行单元模块提升吊装，实现项目高大空间大跨度装配式钢结构穹顶吊装快速建造，为今后类似装配式结构工程的施工提供了可行的技术参考。

关键词：BIM技术应用；3D扫描；单元模块；电动提升设备

目前国内大跨度、大吨位钢桁架的安装一般采用高空散拼成形、整体吊装、整体提升及整体顶升、分段吊装高空拼接、高空滑移等方法。

由于跨度大不便于运输和制作，故需将预制钢桁架分段运输至现场吊装连接，从而形成整体结构。在大跨度钢结构施工中，由于钢构件长、截面大、构件重等特点，使得吊装方式、顺序、位移和应力控制都成为施工控制的核心问题。

1　3D实测及BIM建模建立与信息化施工技术

1.1　钢结构穹顶BIM模型设计

（1）建立坐标系：建立实际下料模型需对现场结构进行数字化测量，测量前，在结构现场确定坐标原点，将图纸、模型数据与现场数据结合。

（2）数据采集：使用3D激光扫描仪对现场进行扫描，一站扫描仅需5分钟，为了完整地扫描现场结构情况，进行多站扫描，后期点云处理软件自动计算拼接。通过此测量方式可保证现场环境测量误差在±3mm内。

（3）建立点云模型：运用BIM软件快速提取3D激光扫描仪实测的钢结构点云数据，以此作为生成基础穹顶的参考依据。运用Grasshopper根据生成的高程点，拟合出钢结构穹顶。

（4）建立装配式钢结构穹顶模型：根据实测结构模型建立装饰面模型，根据钢结构曲面进行装饰曲面推演，并结合机电、幕墙等专业碰撞数据进行设计优化（图1）。

1.2　基于激光扫描的钢结构穹顶数据采集

确保设备的精度和稳定性满足要求。同时，还需要准备三脚架、反射片等辅助设备。对钢结构穹顶进行现场勘查，确定扫描的起始点和路径，避免激光被遮挡或反射。根据勘查结果，设置激光扫描仪的参数，开始数据采集。采集过程中，要确保扫描仪的稳定性，避免震动或干扰。将采集到的点云数据进行预处理，去除噪声和冗余数据。然后，利用专业软件对点云数据进行拼接、坐标变换等操作，得到完整的钢结构穹顶三维模型。

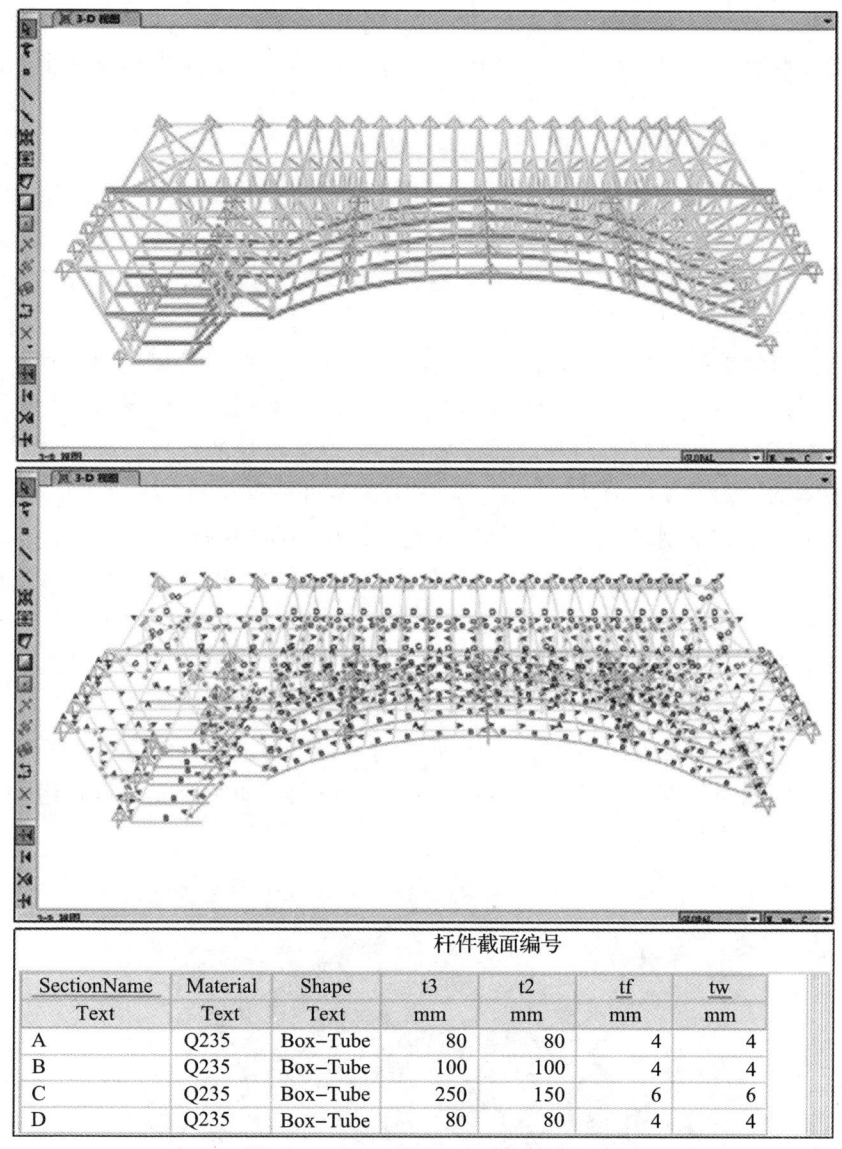

图1 激光三维扫描

1.3 BIM 模型参数化建立方法

本工程在获得结构高精度点云数据的基础上，运用 BIM 建模工具建立钢结构穹顶的参数化模型。选择合适的族样板文件，根据构件特点，一般可选择"公制常规模型"或"自适应公制常规模型"样板。在主编辑器中，根据项目需要布置参照平面，然后开始注释。点击尺寸线，然后点击标签，选择添加参数，然后依次添加参数。参数化建模是在确定的尺寸约束条件以及几何约束的条件下，按给定的参数值来生成新的模型，即利用几何约束以及数学表达式来对不同尺寸之间依存关系进行描述，从而通过修改参数，使得整个参数化模型对应有唯一确定解。

2 高大空间钢结构穹顶吊装施工技术

2.1 钢结构穹顶平面及标高控制

施工平面吊装是否合理，将直接影响，将直接关系到施工进度的快慢。穹顶钢架施工现场平面布置首先应保证钢架焊接有充足的堆放场地，需安装的钢构件提前运输至堆场，堆场的位置应尽量靠近施工场地，并结合现场施工条件灵活调整，不能影响场内施工道路的畅通和其他工种的施工。

通过钢梁的标高控制和平面定位安装精度控制，单品吊装完成以后与下一品钢架吊装之间的搭接，整个穹顶采用分区分块吊装，在一个分区网架安装完成后，拆除拼装支架和安装胎架，用于下一个分区的安装，使得临时支撑可以重复利用，节省材料成本。大部分焊接和拼接在地面进行，减少了高空作业，加快了施工进度，但对吊装单元的划分要求较高。

2.2 钢结构穹顶吊装构型与技术要点

采用钢结构整体装配式预制，分段吊装的技术方法，节省了常规采用满堂脚手架的高额措施费，避免了搭设满堂架对工期的影响，以及搭设满堂架消耗的大量人力物力，提高工人在施工过程中的安全性。通过前期测量数据放模，对整体重量的计算，确保其在安全吊装的基础上，将整体钢结构穹顶拆分成 16 品，又使用模型进行整体钢结构预制，再通过测量校正，极大减少了钢结构预制过程中的误差，提高钢结构吊装中的精度。

在距离每一个单品钢架尺寸外超过五米位置用 &12 的化学锚栓 8 个，固定在卷扬机底部四周，保证卷扬机牢固可靠；地面固定滑轮四周设置 &12 的化学锚栓 4 个固定不松动，与天花顶部的动滑轮和固定滑轮对应起来，用 &16 钢丝绳连接起来，顶部的固定滑轮安装在钢丝绳双扣上，钢丝绳双扣与上部的钢结构梁采用抱箍的形式固定好。

为保证现场吊装安全性及合理性，需对所用的吊装设备进行性能参数分析；在每品钢架吊装之前，在地面做一个支撑钢架操作台面，对每一单品钢架每个支杆进行组装焊接，单品地面完成合格以后再进行吊装（图 2）。

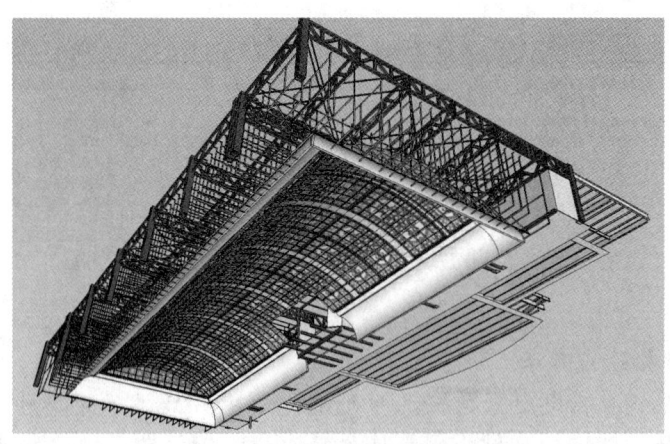

图 2 穹顶钢架吊装 3D 效果图

2.3 钢架吊装及安装技术

找轴线 X 轴、Y 轴（在二楼地面上方线测量，从二楼垂直按穹顶尺寸引到主体钢结构上，同时主体钢结构按穹顶尺寸向下垂直焊接时控制吊杆，按穹顶标高尺寸在控制吊杆找到穹顶控制高度，通过分割尺寸及吊装点安装卷扬机，每个架子三个卷扬机，装到标高±5cm 位置。吊装到±5cm 位置后，每个架子由 6 个 2 吨手拉葫芦调整，调整位置后焊接，依次顺序吊装。

在完成整体吊装以后，在初次焊接的基础上进行二次焊接加固，采用耳板，对穹顶彩绘玻璃钢架和主体建筑钢架进行加固焊接，以确保结构的稳定性（图3）。

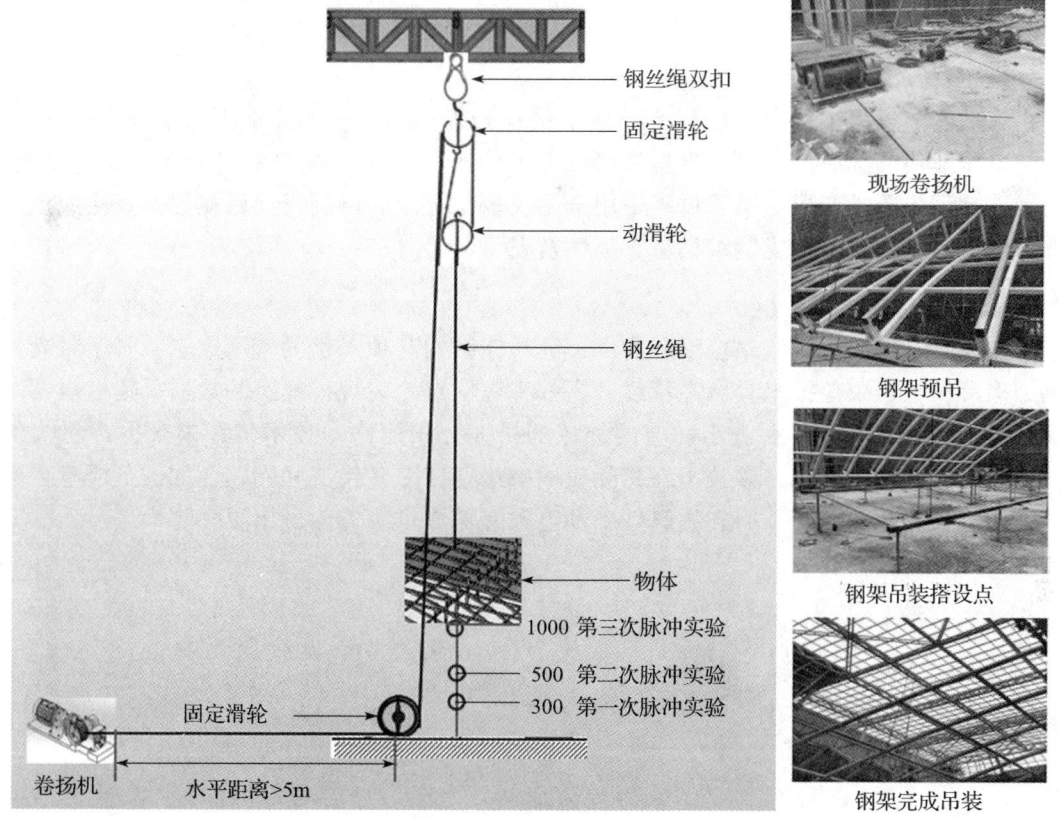

图3 转换层钢材吊装

3 钢结构穹顶精确施工质量控制

3.1 焊渣及锈漆控制

结构预处理是整个防腐过程中的重要环节，保证涂层质量的先决条件，关系到防腐蚀材料能否发挥最大覆盖屏闭作用，关系涂料涂层的整体使用年限；（人员操作时必须配备全套劳保用品；安全帽的正确佩带，防风眼镜、口罩、胶皮手套、防尘帽、及高空作业时挂好安全带）已经做过防锈处理的钢结构焊接，需要对焊接处进行防锈漆的涂刷，在防护效果的同时，统一钢结构的装饰效果，具体施工时要将焊接处、熔合区和热影响区打磨干净，去除焊渣和原有的油漆，再根据环境温度、湿度等腐蚀能力选择合适的防锈漆进行涂刷；清理干净焊口周围的焊渣，镀锌层无脱落的话，不用除去镀锌层，在焊口周围都刷上防锈漆为好，因焊接过程中，金属受热，焊口周围金属的组织也发生了变化，容易锈蚀，所以在焊口周围都刷上防锈漆；基体表面处理验收合格后，办理隐蔽工程记录后，应在8h内涂完第一层涂料涂装，防止表面再度生锈；表面应清除掉钢材表面的毛刺、焊渣、飞溅物、积尘和疏松的氧化皮、铁锈、油脂及涂层等物（如遇阴雨、潮湿天气，为保证下道工序的质量，应采取措施，如立即涂刷铁红环氧带锈防锈漆，塑料布折盖等，预防二次锈蚀现象）；表面处理后，待质检、监理人员检查验收合格并签字后，用棉纱、破布将表面灰尘清扫干净，立即涂刷第一道防锈涂料，防止二次锈蚀发生，然后根据工程工期及技术标准认真施工；每一品钢架完成吊装以后，安排工人利用曲臂车操作，对钢架加焊加固位置进行焊接并用敲除和砂轮打磨等方法清理好焊渣，再根据当地的环境温度、湿度等腐蚀能力选择合适的防锈漆刷涂三遍。

3.2 过程质量控制

在施工安装过程中每道工序都要加强质量检查，严格"三检"制度，同时做好相应的记录。单元模块加工后，在地上自检合格后方可使用，材料运输中采用大平板车进行搬运，避免运输过程中造成变形。吊装过程中用全站仪精装定位后再进行焊机就位，一次成型。吊顶上方避免人员游走，造成钢结构穹顶破坏及安全风险。

4 结语

本文以武汉天河机场航站楼工程为例，针对钢结构穹顶工程的施工难题，基于激光扫描的钢结构穹顶数据采集技术具有高精度、高效率等优点，为现代建筑的数据采集提供了新的解决方案。随着技术的不断进步和应用领域的扩大，相信这一技术将在未来发挥更大的作用。同时，我们也应看到，该技术在实际应用中仍存在一些挑战和问题，如设备成本、数据处理效率等。因此，未来需要在提高技术性能和降低成本等方面做出更多努力。

参考文献

[1] 董石麟，钱若军. 空间网格结构分析理论与计算方法 [M]. 北京：国防工业出版社，1994.

浅谈超高层双层幕墙中一种悬挑百叶模块化安装技术与应用

吴东东　陶燕鹤　黄先武　宋　澳　易帅瑜

中建五局装饰幕墙有限公司　长沙　410004

摘　要：现如今社会对异形结构幕墙需求明显增加，常规幕墙造型已逐渐推出大众视野，多样化幕墙已成为主流，本项目超高层双层悬挑百叶幕墙顺应时代发展，在华丽的外观下不仅开阔视野同时大大地节能省材。项目运用数字化建造模式采用 BIM 技术、无人机技术进行定位、放线，水平移动吊篮在多种手段的支撑下，从施工工艺流程、操作要点、材料设备、质量控制措施、安全环保措施等多方面对超高层双层幕墙中一种悬挑百叶模块化安装进行总结分析。让项目快速、精确地履约。

关键词：超高层；双层；百叶幕墙；模块化；节能省材

　　近年来，建筑幕墙是日趋常用的一种建筑艺术形式，它是集建筑技术、功能和艺术于一体的建筑物外围护结构，作为一种高级建筑外墙，备受建筑师和开发商的喜爱。建筑市场的快速发展，加剧了幕墙市场对高水平幕墙设计的需求，各种幕墙使建筑物建筑造型新颖多变，虚实对比强烈，环境色彩鲜艳明快，使城市增加了无穷的魅力。幕墙按照结构形式大致可分为构件式幕墙、单元式幕墙、拉索式幕墙、全玻璃幕墙等，其中构件式幕墙的使用最广泛，单元式幕墙的技术水平较先进，但双层幕墙是一种特殊的幕墙形式，主要由外层玻璃幕墙和内层玻璃幕墙或玻璃窗所组成，两层之间留有一定空腔作为热通道，基于通风设备开关能够便于双层幕墙自然通风，通过遮阳装置来减少气候影响，并保证双层幕墙整体美观性。双层幕墙的出现，最大程度上弥补了传统玻璃幕墙的不足，建筑物理性能优越，受到建筑行业的高度重视[1]。

　　此技术是由合肥职业技术学院项目形成的施工技术，项目施工满足工期要求，外观效果恢宏大气并且已受理实用新型专利两项，为公司创造了良好的经济、社会效益。

1　施工技术特点

　　材料可实现工厂化生产加工，模块化加工，安全性高、加工精度高，质量保证，现场施工方便快捷、效率高，可快速完成各项工程，同时降低现场高空坠落的危险性。

　　对比原设计纯铝合金百叶，深化后变为钢材+铝板+铝型材形成整体，具有较强的耐撞击性能，安全性能更高，且在原基础上极大减少了铝合金用量，节省耗材，为项目提供创效。

　　整个设计不仅仅是遮挡阳光直射，还要可以进行夏天阳光的遮挡和冬日阳光的摄入量。这样既节能，又为室内做到了良好的自然采光。单位面积建筑材料用量降低一倍以上，节约 50% 以上的原料资源，降低综合能耗 50% 以上。很好地实现"节材、节能"低碳目标。

　　模块化加工，避免高空中零碎组装带来危险性，同时极大有效增大了高空风雪荷载承载力，更安全更环保。

　　外观设计多样化、视野开阔、大方气派、无放射性、经久耐用，可很好地满足各类建筑的装饰效果。

2 工艺原理

工艺先将 120mm×80mm×8mm 与主体预埋件进行焊接后套入 100mm×60mm×6mm 套芯方管再通过子母耳板将百叶主龙骨 160mm×80mm×4mm 焊接，主龙骨挑出后离主体 1200mm，通过第二次吊篮移动后，开始安装拼接百叶内置纵横向副龙骨（由 60mm×40mm×4mm 镀锌方管、40mm×40mm×4mm 镀锌方管、40mm×40mm×4mm 镀锌角钢组成）最后进行前后端铝型材安装及上下口铝板（2.5 厚铝单板）安装。

3 施工工艺流程及施工操作要点

3.1 施工工艺流程

百叶幕墙施工工法工艺流程如图 1 所示。

3.2 施工操作要点

3.2.1 施工技术准备

（1）根据设计及施工规范编制施工方案，加强对相关规范、规程、操作工艺交底与学习。

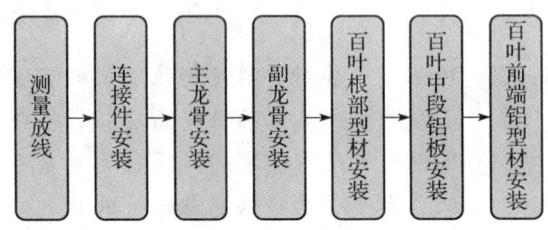

图 1 施工工艺流程图

（2）组织工程技术人员熟悉图纸，进行图纸会审、深化排版。

（4）编制施工预算，做好人、材、机的准备工作。

（5）安装流程说明。

百叶幕墙施工工法工艺流程：

准备阶段的首要环节是对悬挑铝板幕墙进行二次深化。基于项目施工 BIM 模型，对悬挑铝板部分进行深化拆分。根据悬挑铝板幕墙尺寸，按照便于拼装施工及整体提升原则。具体内容见下表。

项目	具体内容
系统构造	铝合金遮阳百叶系统，连接件材料 100mm×60mm×6mm 钢方通（氟碳喷涂）、120mm×80mm×8mm 钢方通（氟碳喷涂）组件，主龙骨为 160mm×80mm×4mm 钢方通（氟碳喷涂），百叶为铝材与铝板组合件
主要材料	铝合金百叶为铝型材+铝板，总长 600mm

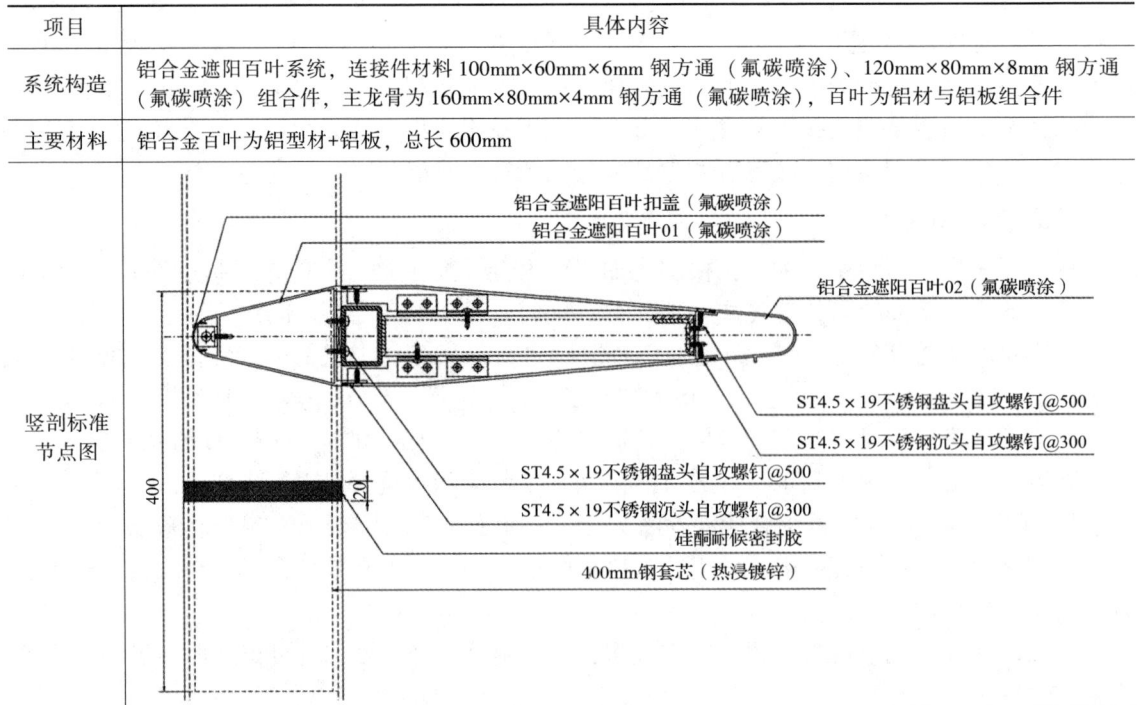

项目	具体内容
横剖标准节点图	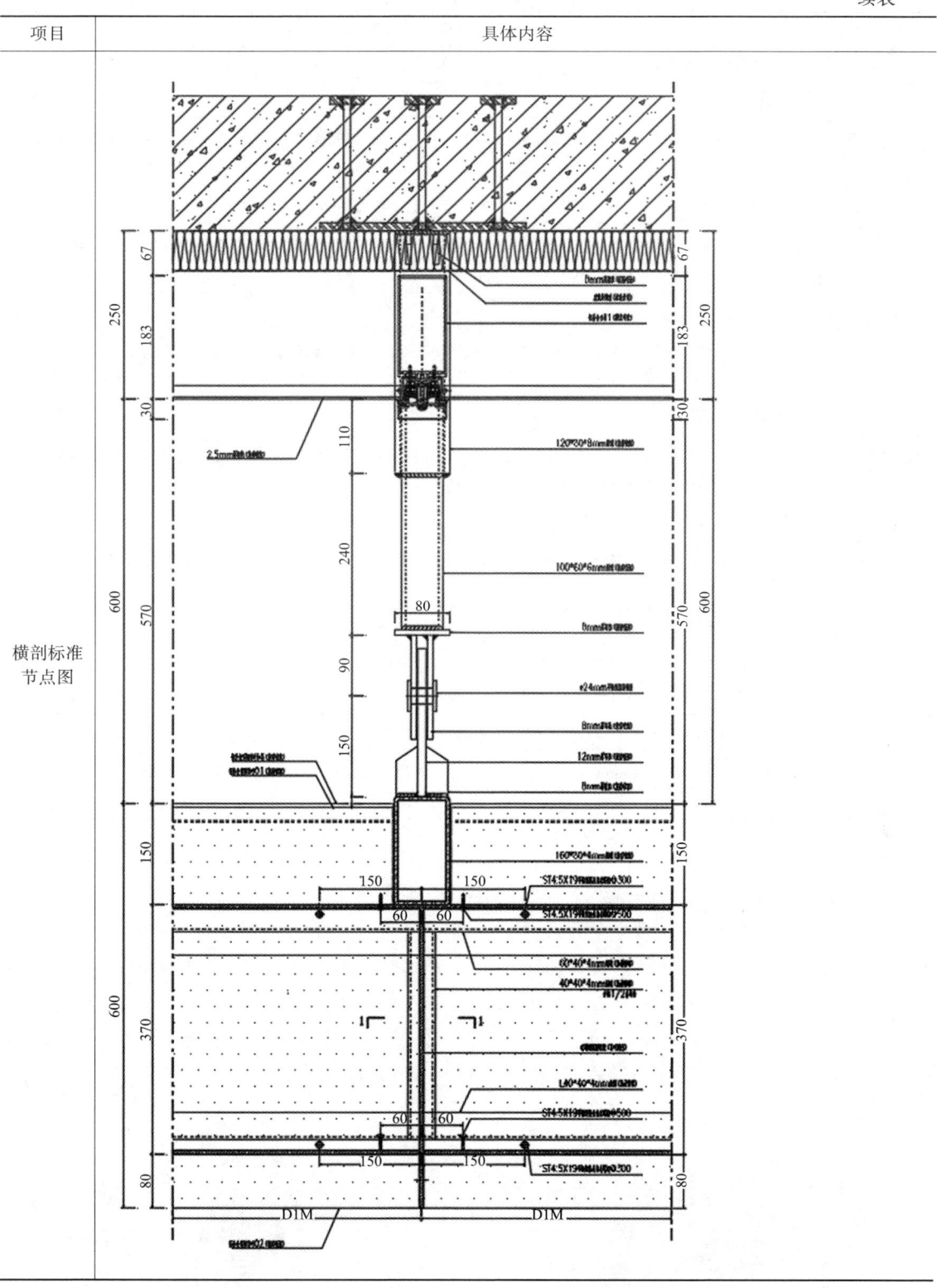

百叶幕墙安装流程见表1。

表 1 百叶幕墙安装流程

安装流程示意	安装流程说明
	测量放线→安装转接件→安装龙骨→挂件定位安装→遮阳百叶安装→调试、清理→分项工程验收
第一步	测量放线
	点云扫描→BIM 建模→电脑模拟放线→点位确定→现场通线定位确立完成面→间距确认→做好标记→技术复核
第二步	连接件施工
	人员、材料、吊篮准备完毕→设置完成面通线→点焊连接件→调整连接件→加焊加固→清理焊渣→防腐处理→验收进入下一道工序
第三步	主龙骨安装
	人员、材料、吊篮准备完毕→吊篮运送龙骨→安装主龙骨→点焊临时固定→校验主龙骨垂直度→加焊固定→防腐处理→验收进入下道工序
第四步	副龙骨安装
	人员、材料、吊篮准备完毕→定点拉副龙骨标高线→点焊固定副龙骨→校验副龙骨平整度→加焊固定→防腐处理→隐蔽验收报验→进入下一道工序
第五步	百叶根部安装
	人员、材料、吊篮准备完毕→百叶根部型材定位→设置拉通标高线→安装百叶根部铝材→校验平整度
第六步	百叶中段铝板安装
	人员、材料、吊篮准备完毕→吊篮运送铝板→临时固定安装铝板→调整铝板平整度→固定铝板→表面、胶槽清理→铝板打胶→表面清理
第七步	百叶前端铝型材线条安装
	人员、材料、吊篮准备完毕→吊篮运送型材→固定一端铝型材→调整确认标高及平整度→拉通平整度控制线→固定前端铝型材线条→技术复核平整度→验收

3.2.2 双层幕墙施工流程

采用吊篮二次水平移动进行施工安装的技术应用。

整体施工流程根据吊篮移位，大致分为三步，吊篮首次架设，吊篮第一次移位：在完成第一段连接件安装后，进行第一次移位，吊篮向外移位 650mm，离墙距离 1200mm。进行第二段连接件、耳板、百叶主副龙骨、百叶根部段的安装。吊篮第二次移位：在完成百叶龙骨安装后，吊篮向外移位 450mm，进行百叶前端的安装。在完成百叶龙骨安装后，吊篮向外移位 450mm，进行百叶前端的安装，吊篮距结构 1650mm。具体施工如图 2 所示。

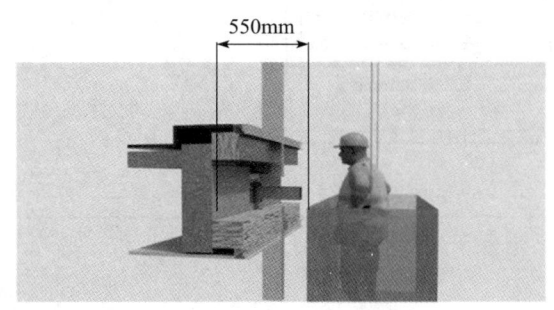
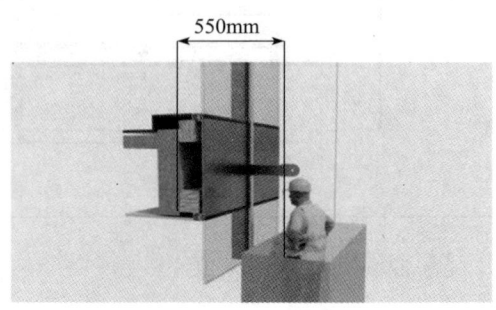

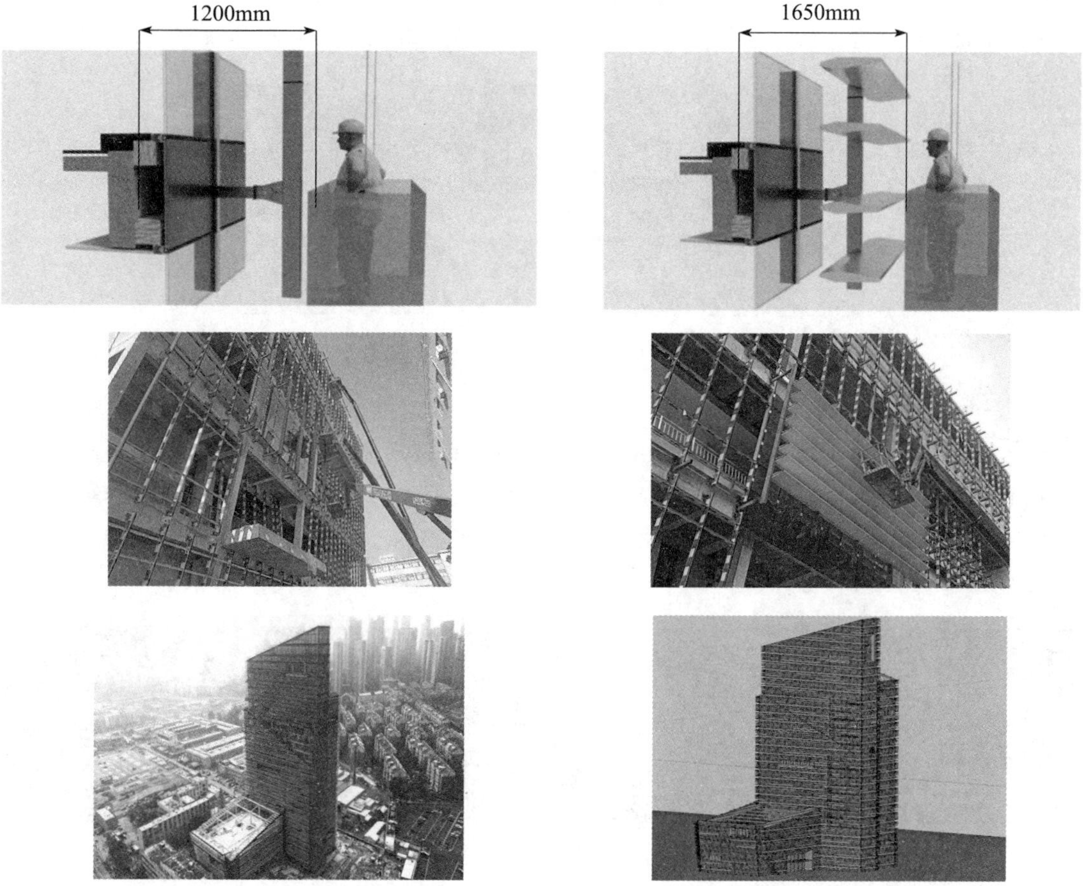

图 2 双层幕墙施工

3.2.3 百叶幕墙副龙骨加工组装

（1）百叶龙骨悬挑件加工：120mm×80mm×8mm 方管根据建筑现场分布要求，切割加工好对应尺寸的钢构件。

（2）子母耳板安装：将切割加工好的挑件，用子母耳板彼此连接固定起来，组装成一个整体（图3）。

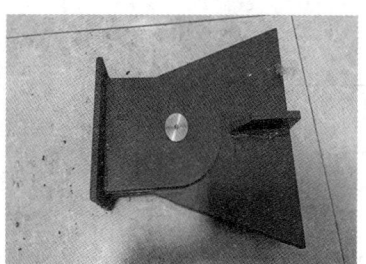

图 3 钢材切割加工、子母耳板组装

3.2.4 百叶幕墙副龙骨加工组装

（1）百叶主龙骨加工：160mm×80mm×4mm 方管根据建筑现场分布要求，切割加工好对应尺寸的钢材。

（2）子母耳板焊接：将子板焊接在100mm×60mm×6mm端部，用母耳板焊接在160mm×80mm×4mm对应位置，中间使用不锈钢猪鼻螺栓连接，组装成一个整体（图4）。

图4　百叶主龙骨加工、子母耳板焊接

3.2.5　百叶幕墙内置副龙骨加工组装

（1）百叶内置副龙骨加工：将60mm×40mm×4mm镀锌方管、40mm×40mm×4mm镀锌方管、40mm×40mm×4mm镀锌角钢根据建筑现场分布要求，切割加工好，并进行纵横向拼接。

（2）前后端型材、上下口铝板安装：将前后端型材及上下口铝板使用螺钉固定在内置钢龙骨对应位置（图5）。

图5　副龙骨加工、前后端型材、上下口铝板安装

3.2.6　质量验收

安装完成后应组织总包单位、监理单位、项管单位、建设单位进行联合验收。

4　材料与设备

单元模块高大空间大跨度曲面瓦楞铝板单元模块吊装施工技术应用中主要材料为瓦楞铝板、铝合金压条、镀锌角钢、镀锌方管等。具体规格型号及数量详见表2。该施工技术采用的主要机械设备为三维扫描仪、全站仪、直臂高空车、曲臂高空车、电动葫芦、卷扬机、电焊机、切割机等。具体设备型号、数量详见表3。

表2　主要材料用表

序号	材料名称	规格型号	单位	数量	主要用途
1	铝板	2.5mm厚度	m²	32000	铝板
2	铝型材	2.5mm厚	t	350	各类铝型材
3	硅酮密封胶	ZJ2000	L	23500	密封胶
4	热浸镀锌方管	60×40×4	t	150	百叶钢骨架竖龙骨
5	热浸镀锌角钢	40×40×4	t	150	百叶钢骨架横龙骨
6	氟碳方管	160×80×4	t	210	百叶主龙骨
7	氟碳方管	120×80×8	t	30	钢连接件

表 3　主要设备用表

序号	仪器及设备名称	规格、牌号	单位	数量	主要用途
1	电焊机	ZX7-500	台	2	组件焊接
2	二氧化碳保护焊机	NBC-500	台	8	钢结构构件焊接
3	型材切割机	J1G-400	台	2	切割各类型材
4	电动切割机	LGK-100	台	2	局部异形开缺用
5	电台钻机	2300W	台	2	钢材钻孔
6	充电式手电钻	JT-25VF	把	10	面板安装及螺丝固定

5　质量控制措施

5.1　质量控制标准

本工法除严格遵循以下标准和规范外，还应执行项目所在地行政主管部门和相关行业的文件及要求：

《建筑工程施工质量验收统一标准》（GB 50300）；
《建筑装饰装修工程质量验收标准》（GB 50210）；
《工程测量规范及条文说明》（GB 50026）。

5.2　质量保证措施

5.2.1　制度控制

建立严格的质量管理制度，施工前由技术负责人对施工操作人员进行技术交底，使施工操作人员充分领会有关技术要求，关键岗位的人员须持证上岗，建立质量奖惩制度，奖优罚劣，避免偷工减料，盲目施工的现象。

5.2.2　施工材料控制

施工材料如铝板、铝型材、钢材、密封胶质量标准，并附有生产厂家的质量证明和检测报告，对规范需要送检的材料进行见证取样、复试，包括不限于结构胶的邵氏硬度、标准强度下的粘接强度、相容性试验等，复试合格后方能进行施工。

5.2.3　检测、计量设备控制

所有施工用的检测、计量仪表、设备均送检测单位进行鉴定，合格后方可使用。

5.2.4　施工过程控制

在施工安装过程中每道工序都要加强质量检查，严格"三检"制度，同时做好相应的记录。对较难控制的板面平整度及板面缝隙，采用瓷砖定位找平器，有效提高平整度及缝隙精美度，同时提高施工效率。

5.2.5　质量检查和验收

应符合《建筑装饰装修工程质量验收标准》GB 50218 及《金属与石材幕墙工程技术规范》JGJ 133—2001 的规定（表4）。

表 4　铝板安装的允许偏差和检验方法

项次	项目	允许偏差（mm）	检验方法
1	表面平整度	2	用2m靠尺和塞尺检查
2	接缝直线度	2	拉5m线，不足5m拉通线，用钢直尺检查
3	接缝高低差	1	用钢直尺和塞尺检查

6 安全管理措施

6.1 安全标准

本工法除严格遵循以下标准、规范和规程外,还应执行项目所在地行政主管部门和相关行业的文件及要求,见表5。

表5 相关条文、标准、规范和规程

法规条文名称	法规及标准条文号
《中华人民共和国建筑法》	—
《危险性较大的分部分项工程安全管理规定》	住建部第37号令
住建部办公厅《关于实施〈危险性较大的分部分项工程安全管理规定〉有关问题的通知》	建办质【2018】31号
住建部办公厅《关于印发危险性较大的分部分项工程专项施工方案编制指南的通知》	建办质【2021】48号文
《建筑防火封堵应用技术标准》	GB/T 51410—2020
《建筑装饰装修工程质量验收标准》	GB 50210—2018
《建筑幕墙》	GB/T 21086—2007
《钢结构工程施工质量验收规范》	GB 50205—2020
《钢结构通用规范》	GB 55006—2021
《混凝土后锚固技术规程》	JGJ 145—2013
《施工现场临时用电安全技术规范》	JGJ 46—2005
《建筑物防雷设计规范》	GB 50057—2010
《建筑装饰装修工程质量验收规范》	GB 50210—2018
《建筑施工高处作业安全技术规范》	JGJ 80—2016
《金属与石材幕墙工程技术规范》	JGJ 133—2001
《高空作业车》	GB/T 9465—2018
《高处吊篮安装、拆卸、使用技术规程》	GB/T 11699—2013
《高处作业吊篮国家标准》	GB/T 19155—2017
《建筑幕墙工程施工质量验收规程》	DB34/T 3950—2021
《安徽省危险性较大的分部分项工程安全管理规定实施细则》	/
合肥职业技术学院"大学生创新创业中心建设项目一期"施工图纸	/
合肥职业技术学院"大学生创新创业中心建设项目一期"施工组织设计	/

6.2 安全管理措施

6.2.1 落实入场教育制度,定期进行安全技术交底,在施工以前,应做好安全技术交底,层层落实安全生产责任制。定期进行安全检查,每日开展安全早会活动,提高全员自我保护能力。

6.2.2 现场用电必须严格执行有关规定,施工用电的接电口应有防雨、防漏电的保护措施,防止施工人员高空触电。

6.2.3 进入施工现场必须戴安全帽，高空作业必须系安全带，穿防滑鞋。

6.2.4 电气设备，在使用前应先进行检查，如不符合安全使用规定时应及时整改，整改合格后方准使用，严禁擅自乱拖乱拉乱接电气线路。

6.2.5 高空车作业人员上岗前必须经过实操技术交底及理论技术交底，作业时安排专人进行看守。在施工区域设置临时警示区域，禁止无关人员进入施工区域，预防物体坠落而引起物体打击。

6.2.6 施工现场必须有良好的夜间照明设施。所有照明、临时性电源开关、配电盘，均应有防雨设施并应可靠接地和绝缘保护。

6.2.7 焊工、高空车作业工须有特种作业资格证书，方能上岗，禁止无证上岗。

6.2.8 严格执行动火审批制度，使用接火斗、放置灭火器，并设置看火人。

7 环保措施

严格遵循《建筑施工现场环境与卫生标准》JGJ146，执行项目所在地行政主管部门和相关行业的文件及要求，制定并实施相应的文明管理制度和措施，最大限度地减少污染，降低自然资源消耗，营造环保、节能、绿色建筑。并制定以下措施：

7.0.1 施工现场操作人员，每天必须做到工完场清，保持加工场所的清洁、整齐。

7.0.2 所有废弃材料及包装盒等必须按要求堆放在指定位置，严禁乱丢乱扔。

7.0.3 对噪声超标造成环境污染的机械施工，对作业时间进行合理限制；除大功率电器外，小型器具均选用充电式，减少电缆用量，规范用电操作。

7.0.4 手电钻、切割机等强噪声机械尽量安放在封闭的机械棚内或白天施工，选用低噪声的机械设备和施工工艺，减少施工对居民生活的影响。

7.0.5 现场严禁加热、熔化、焚烧有毒有害物质。

8 结语

整个施工期间，效果非常好，质量品质及安全稳定性良好，外立面百叶观感效果恢宏大气，相对于传统百叶幕墙建筑，成本投入大大降低，工程进度满足要求，获得政府方及参建各方的一致好评，取得了良好的社会和经济效益，该技术的应用也为工程的完美履约奠定了坚实的基础，为以后类似施工提供借鉴和科学依据。

参考文献

[1] 邹遂群. 双层幕墙设计、成本及施工技术探讨[J]. 科学中国人，2017（5）：227.
[2] 华国飞. 大悬挑铝板幕墙模块化整体提升施工技术[J]. 建筑施工，2023（8）：758.

浅谈超高层斜向新型吊篮施工技术的应用

马 毅 代庆琴 郑彦来 赵慧敏

中建不二幕墙装饰有限公司 长沙 410000

摘　要：金融大厦项目东区T2塔楼为工程实例，T2塔楼建筑层数为52层，最大建筑高度为254.10米。T2塔楼玻璃幕墙外在四个面均有竖向贯通以及避难层横向的铝板装饰梁柱，形成建筑师设计的"酒瓶区"外包铝板装饰柱离结构面较远，呈斜向布置，放线、施工困难，此外立面装饰铝板安装为本标段的施工重难点。通过项目在实施过程中对电动吊篮开展技术改进，在项目施工中大胆创新研发出一种可运用于斜面的新型吊篮装置[1]，通过沿斜向装饰柱侧边吊篮篮框一侧增加定向索道钢绳及定向滑轮，引导吊篮斜向方向升降，新型吊篮构造及施工方法能有效提高施工效率，解决了采用常规吊篮不能沿斜向固定方向运行的问题，同时兼具操作性强、实用性好、高效经济等特点。

关键词：外包铝板装饰柱；创新；酒瓶区；新型吊篮

随着经济的高速发展，建筑师和建设单位对外立面要求不断提高，幕墙立面造型日益丰富，对设计、施工提出了更高要求。在超高层外幕墙外侧出现了不同角度斜向布置的外包铝板的装饰柱，此装饰柱采用常规电动吊篮无法进行斜向外包铝板的安装。本文以金融大厦项目东区T2外立面装饰亮点"酒瓶区"的塔楼斜向外包铝板的装饰柱为研究对象，发明了一种可运用于斜面的新型吊篮装置，通过沿斜向装饰柱侧边吊篮篮框一侧增加定向索道钢绳及定向滑轮，引导吊篮斜向方向升降，新型吊篮构造及施工方法能有效提高施工效率[3]，弥补了常规电动吊篮无法沿斜向运行实施的不足。

1　工程概况

金融大厦项目东区T2位置长沙市岳麓区潇湘中路与茶山路相交西北角，项目东至潇湘中路，南接茶山路，西临观山岭路，位于长沙未来金融商务服务区滨江新城核心中轴。定位为湖南湘江新区金融地标，是一个以超甲级写字楼为核心，聚合写字楼、公寓、商业、酒店四大高端业态为功能配套的全方位金融产业发展平台，致力于为进驻企业提供"资金、人才、投/融资渠道"等服务。该项目东区第二标段幕墙工程T2塔楼：高254.1m，建筑面积约110110m^2，幕墙面积约65000m^2，三层以上（含三层）为单元式幕墙，1-2层为构件式幕墙；T2塔楼外围钢结构柱外面是塔楼立面圆柱、梁包铝板幕墙，铝板工程量约12325平米；主要主材有竖向铝合金龙骨、竖向铝板接缝处40mm×40mm×3mm铝板加强筋，横向40mm×40mm×3mm铝板加强筋@600，配套L110mm×70mm×6mm镀锌角钢、M12不锈钢螺栓组、铝合金角码等；3mm厚铝单板（表面氟碳喷涂处理），如图1、图2所示。

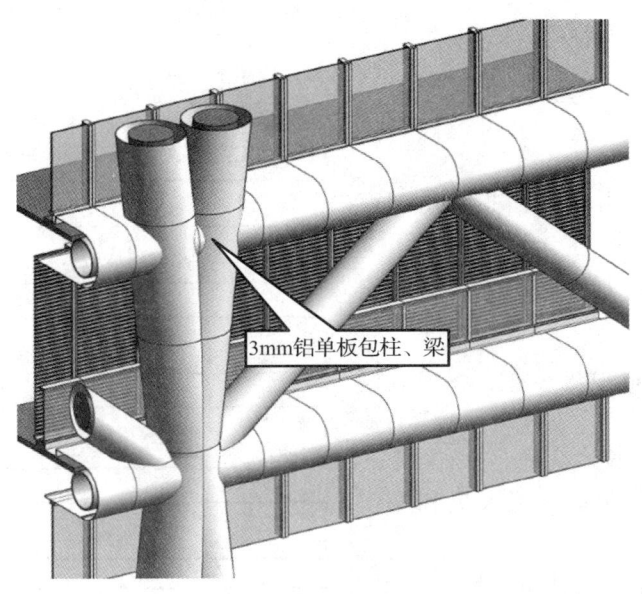

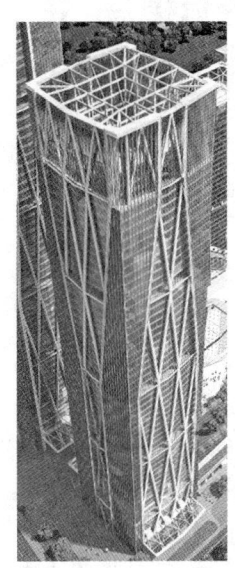

图 1　局部立面效果图　　　　　图 2　设计效果图

2　研究方法（工程重难点）

现有技术中的吊篮装置，一般包括设置在楼顶的 2 个支架，分别通过钢丝绳连接吊篮的两端；吊篮上带有 2 个提升机，分别与 2 根钢丝绳相连，吊篮内设有电气控制箱，由吊篮内的工人控制，使 2 根钢丝绳同步收放，令吊篮上升或下降，以到达预定高度。

虽然标准吊篮装置（图 3）可以较好地应用于竖直立面的建筑物，但是并不能适用于斜立面的建筑物。当外立面为斜面时，标准吊篮装置会碰撞外立面，造成幕墙的破坏而产生经济损失；尤其是遇到斜面不平整的情况时，标准吊篮无法越过障碍物上升或下降，给施工带来了难度。因此，新型吊篮的研制显得尤为重要。

新型吊篮构造概况：如图 3 所示，在 T2 塔楼单元体幕墙外侧有不同角度的外包铝板的斜梁，对此外包铝板的斜梁进行现场放线、施工安装困难，无法采用常规的电动吊篮直上直下进行安装。经过现场沟通和讨论，采取沿斜向装饰柱侧边吊篮篮框一侧增加定向索道钢绳及定向滑轮，定向索道上下两端均与结构主体焊接耳板环连接，将钢丝绳穿过耳板环后绳卡锁紧固定，使吊篮按斜向方向升降。此新型吊篮构造及施工方法有效解决了斜向柱安装的施工措施，提高了施工效率（图 4）。

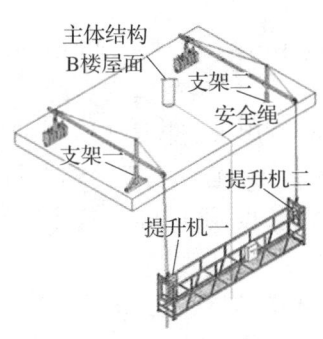

图 3　标准吊篮安装构造　　　　　图 4　工程现场实景（斜梁包柱）

3 工艺流程

根据现场条件，制订专项施工方案，施工工艺流程如图 5 所示。

3.1 安装前的准备工作

（1）吊篮安装技术准备

吊篮安装施工方案已经编制，并公司审批、监理审核合格。

完成吊篮安装平面布置图的绘制，确定了吊篮的安装具体位置及数量。

吊篮施工人员需为吊篮公司专业安装施工人员，持证上岗。

已对吊篮施工人员进行了施工技术交底。

已结合工地实际情况对进场的吊篮施工人员和操作人员进行了详细的安全交底。

吊篮操作人员必须严格经过吊篮安装单位培训合格、持证上岗操作。

（2）吊篮安装人员准备

（3）吊篮进场时主材的流程：

①吊篮出库前应对吊篮设备进行全面的调试。

②吊篮进场时，要及时组织人员负责吊篮的卸车、吊篮部件搬运（安装地）及协助吊篮的安装。

③所有物品在搬运过程中均需做好防坠落措施，搬运员工在搬运物品的时候如遇道路途中有障碍物时，施工方需负责搭建安全通道（通道需设置防滑措施）及通道两侧的安全护栏等。

④预出库吊篮的重要安全保护装置应检验合格；且防倾斜安全锁必须在国家指定建设机械检测机构检查有效期内。

⑤吊篮进场时，由吊篮出租方技术人员负责及时组织现场配合人员进行吊篮的卸车、吊篮部件搬运（安装地）及吊篮安装指导工作。

⑥吊篮设备出库前须对所有零部件进行安全性能检查，确保合格后方可出库投入使用。

（4）安装楼层及场地设置

根据现场外立面安装工作需求，需在本工程 T2 塔楼的 16 层、28 层、40 层和屋面层安装 3m 吊篮，裙楼在其裙楼屋面安装 6m 吊篮。依据现场调查，可供吊篮安装的位置结构已全部完成，且场地平坦。由于吊篮主要设置在外立面钢柱外侧用于安装施工，则吊篮前支臂伸出长度较大，最大前挑长度约 1.8m。前挑长度超过 1.5m 的吊篮，于距前端 50cm 处二次加固（图 6）。后支架设置在结构板上并安装好配重，后端长度约 4.2m。吊篮离地高度为 1.1~1.7m，高出窗台或屋面女儿墙即可。

（5）特殊情况下，吊篮设置在屋面花架梁上面，取消前、后支架。吊篮前臂设置在结构梁上，可在下方设置垫块，对原结构进行成品保护。吊篮后臂设置在后面的结构梁上，用钢丝绳将吊篮后臂与结构梁捆绑在一起。钢丝绳要求穿过吊篮后臂的孔，同时钢丝绳要求至

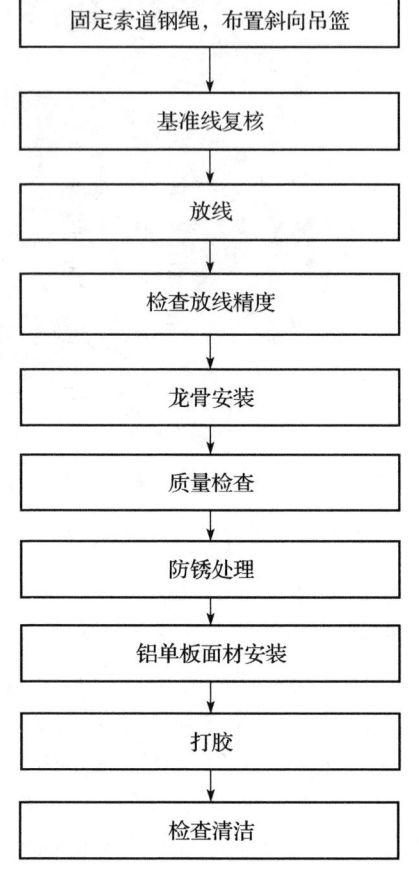

图 5 施工工艺流程图

图 6 前挑长度超过 1.5m 的吊篮需进行二次加固

少缠绕 3 圈,端头用 4 个绳卡锁紧,最端头设置安全弯。

由于吊篮要沿外立面钢柱进行上下升降,则在侧边吊篮篮框一侧增加定向索道钢绳及定向滑轮,引导吊篮斜向方向升降,定向索道上下两端均与结构主体焊接耳板环连接,将钢丝绳穿过耳板环后绳卡锁紧固定,使吊篮按斜向方向运行,为防止幕墙施工中篮筐碰撞墙体,在篮体靠墙一侧设置靠墙轮。靠墙轮采用充气塑料轮胎。

3.2 施工测量放线准备

项目现场采用 3D 扫描技术对现场结构进行扫描,建立三维数字模型,对建筑模型进行校核,根据校核结果对建筑模型进行调整,并将复核后的模型报建设单位、监理单位及总包单位确认,从而在下单前即完成对结构误差的分析和消化。

3.3 龙骨安装

本项目铝板龙骨主要为 100mm×100mm×5mm 方管和 150mm×70mm 的铝合金龙骨,为方便本工程的施工,龙骨在加工厂按现场测量尺寸加工成型,再运送至工地现场,利用现场的吊车进行卸货。根据本工程特点采用手动葫芦固定。

(1) 将已加工制作成形的龙骨,吊运至脚手架操作平台附近,每次吊运重量不超过 1T。物品堆放位置,按照放线确定的钢构件的位置及吊运的数量进行堆放。

(2) 为方便龙骨的安装,在龙骨表面焊接一个挂耳,作为吊装用。吊装时,采用电动葫芦将龙骨一头绑扎吊装就位,即将钢骨架吊运幕墙对应分格处,临时点焊固定,利用仪器调平保证垂直度,调整好进出、水平位置,直至满足设计要求,实施满焊固定工作及焊缝处理工作并做好防锈处理。接着开始吊装第二根、第三根……,逐根安装。

(3) 龙骨吊装作业时,应先安装钢连接件,再安装方钢管。

(4) 根据图纸要求,先吊装固定收尾两端的龙骨,然后用鱼丝线或软钢丝水平拉设通长的控制线,注意控制线必须拉设两条即前端控制线和平面水平控制线。后面的钢桁架根据已确定的控制线逐榀进行安装。

3.4 钢构件焊接

钢结构制作与安装工程的连接，必须保证构件的正确结构位置，连接部位应有足够的强度和稳定性，以满足传力和功能要求。

3.5 铝板面板安装

（1）由于工地不宜长期存储铝板，故在安装前要制订详细的安装计划，列出详细的铝板供应计划，这样才能保证安装顺利进行及方便车间安排生产。

（2）到达现场的铝板进行检查，合格后才能收货，检查的内容有：

①规格数量是否正确；

②各层间是否有错位铝板；

③铝板堆放是否安全，可靠；

④是否有误差超过标准的下班是否有已经损坏的铝板；

⑤铝板的固定耳板是否按加工图加工。

（3）安装面板前，对上道工序进行检查，检查验收要做好详细的记录并装订成册签注参加验收检查人员名单。

（4）吊幕墙平面基准线

幕墙龙骨安装调整完毕后，自铝板幕墙顶部吊幕墙纵向平面线。此平面线一般选在幕墙平面右侧转角位置。吊线要综合考虑铝板幕墙与其他种类幕墙的配合，同时要考虑铝板幕墙本身平面的调节能力。每个平面的转角均应吊竖直线。

（5）拉水平线

根据设计及施工实际情况确定铝板幕墙的底边位置，在两条竖直线之间拉一条水平线。水平线和竖线确定幕墙平面。

（6）按照水平和垂直线将铝板支座和扣码安装在龙骨上。

（7）调整

铝板初装完成后就对板块进行调整，调整的标准以拉的控制线作为参照，即横平、竖直、面平。横平即横梁水平，胶封水平；竖直即立柱垂直、胶缝垂直；面平即各铝板在同一平面内。室外调整完后还要检查室内该平的地方是否平，各处尺寸是否达到设计要求。

4 施工质量控制

4.1 骨架安装验收

（1）验收依据

《建筑装饰装修工程质量验收规范》（GB 50210—2018）；

《建筑工程施工质量验收统一标准》（GB 50300—2013）；

《钢结构工程施工质量验收规范》（GB 50205—2020）。

（2）质量要求

严格按照图纸施工，做到无图纸或图纸不符合规范不施工。

骨架安装标高偏差不大于3mm；轴线前后偏差不大于2mm；左右偏差不大于3mm。

相邻两根骨架安装标高偏差不大于3mm，同层骨架的最大标高偏差不大于5mm，相邻两根骨架的距离偏差不大于2mm。

做好质量及隐蔽验收记录，经现场监理验收合格签字后进行下道工序安装。

4.2 验收内容

每次铝板安装时，从安装过程到安装完，全过程进行质量控制，验收也是穿插于全过程中，验收的内容有：

(1) 板块自身是否有问题；
(2) 胶缝大小是否符合设计要求，胶缝是否横平竖直；
(3) 板块安装是否有错面现象，色差是否在准许范围内；
(4) 铝板面板安装时，左右、上下的偏差不应大于 1.5mm。

5 结语

在滨江金融大厦二期东区幕墙工程 T2 塔楼单元体幕墙外侧有不同角度的外包铝板的斜梁，对此外包铝板的斜梁进行现场放线、施工安装困难，无法采用常规的电动吊篮直上直下进行安装。经过现场沟通和论证，采取沿斜向装饰柱侧边吊篮篮框一侧增加定向索道钢绳及定向滑轮，定向索道上下两端均与结构主体焊接耳板环连接，将钢丝绳穿过耳板环后绳卡锁紧固定，使吊篮按斜向方向升降。此新型吊篮构造及施工方法有效解决了斜向柱安装的施工措施，提高了施工效率。新型吊篮作为建筑工程中幕墙安装使用的新式高空作业建筑机械，能很好地满足不规则立面的施工需求，在幕墙施工中大大提高了施工效率，操作性强、实用性好、高效经济，完美展现了业主心中的效果，对以后类似工程的设计与施工有很好的借鉴作用和推广价值。

参考文献

[1] 马敏波，赵帅华，李晓晨. 高处作业吊篮安全锁角度检测装置 [J]. 建筑机械化，2023，44（1）：79-80.
[2] 李永亮，刘帆，周雨枫，武旭邦. 高处作业超高支架非标吊篮悬挂装置力学分析 [J]. 中国住宅设施，2022（10）：55-57.
[3] 李承伟，李晓晨，张学勤. 高处作业吊篮悬挂装置形式的探讨 [J]. 建筑安全，2020，35（8）：24-25.
[4] 吕祥新. 高空外墙智能喷涂装置的设计与研究 [D]. 淮南：安徽理工大学，2018.
[5] 许必强. 大角度外倾幕墙的轨道式吊篮施工装置系统 [J]. 建筑施工，2018，40（10）：1777-1780.
[6] 吴屹永州，应黎钢，梁国军. 一种运用于斜面的新型吊篮装置 [J]. 建筑施工，2020，42（8）：1473-1475.

浅析深坑扭转穿孔铝板幕墙数字化建造技术

马 毅　廖晓松　郑彦来　代庆琴　徐嘉昊　付孟生　陈觅杭

中建不二幕墙装饰有限公司　长沙　410000

摘　要：针对湘江欢乐城冰雪世界项目，为废弃矿坑改造项目，是对原湖南省新生水泥厂采石场坑进行再利用，项目位于相对标高-36m平台上，地形复杂，地势多变，整体地块东西长约440m，南北宽约350m，项目净用地面积157897m^2，场地整体呈东北高、西南低的趋势，地块内最大高差近100m，现场实际情况，-36m平台外侧为落差近100m的深坑，外侧无法搭设平台，平台近似一个175m×220m的椭圆，铝板幕墙位于平台南面的外侧，整体为一个渐变扭转的悬空飘带状，项目研究了采用角度可调对插铝座的专利技术，利用数字化建造技术把铝板全程结合全站仪采用高空车从内侧用上下插接的安装方式，通过三角形面板拟合成一个整体，飘带中间为一段渐开式穿孔铝板幕墙，最终拟合成一个类似椭球的整体铝板装饰面。

关键词：矿坑改造；渐变扭转；数字化建造；悬空飘带状；生态修复

随着中央到地方高度重视矿山生态修复工作，出台了较为详细的制度推进矿山修复，各地方都对遗留矿山进行了一系列的探讨和修复准备工作。为践行"绿水青山就是金山银山"理念，矿山修复成为近年来生态文明建设的研究热点。历史遗留矿山治理现状存在数量大、治理需求强烈、土地复垦率低、施工难等一系列问题。矿山生态修复是一项整体性和系统性工程，主要存在修复机制、修复资金、修复模式、修复工程、修复技术等方面的不足，应当制定针对性的改进措施。中国大约有80万座矿山，其中约有40万座矿山因生态环境破坏而需要修复。《中国矿产资源报告（2020）》和《2020年煤炭行业发展报告》指出，旧问题约40%没有治理，但每年新增损毁土地的治理率仅40%左右。经济发展初期，矿山开发方式简单粗放，对环境污染治理重视不足。1998年国土资源部成立后，国家层面支持矿山地质环境恢复治理。矿山治理的重点是资金筹措，财政部、国土资源部和国家环境保护总局2006年联合发布《关于逐步建立矿山环境治理和生态恢复责任机制的指导意见》，提出矿山地质环境恢复治理保证金制度的基本思路。矿山环境治理的难点是修复技术水平较低，专业人员相对欠缺，我司通过将不同的建模方式结合起来，针对废弃矿坑的形状和尺寸以及建筑设计师的外形理念，通过3D扫描仪和BIM建模技术、数据传递共享等方式，把建筑设计通过人力、材料和机械落实到现场，以实现更全面、更准确的建模。

1　工程概况

湘江欢乐城冰雪世界项目位于湖南省长沙市西南部，北临清风南路与坪塘大道，东靠潇湘大道，南临桐溪路，西侧为广场一路，为废弃矿坑改造项目，是对原湖南省新生水泥厂采石场坑进行再利用，项目位于相对标高-36m平台上，地形复杂，地势多变，整体地块东西长约440m，南北宽约350m，地块内最大高差近100m，平台近似一个175m×220m的椭圆，铝板幕墙位于平台南面的外侧，整体为一个渐变扭转的悬空飘带状。本项目外幕墙施工安装主要难点有：

(1) 曲面铝板幕墙外侧为悬空临崖，无法搭设平台采用脚手架施工，而内侧消防通道需预留其他单位的材料运送通道，导致幕墙作业面小，施工难以展开；

(2) 幕墙结构复杂，造型不规则，导致原始设计与现场匹配度低，现场用常规测量放线难度大，误差大，设计下单困难；幕墙整体造型复杂，钢拱跨度大，外立面铝板幕墙安装质量要求高；

(3) 利用3D扫描仪和BIM技术，运用三角形穿孔铝单板专利对三维点位确定铝板板块间的角度和定位，拟合成一个类椭球的整体铝板装饰面，施工安装全程用全站仪进行测量定位，以确保安装精度整体为一个渐变扭转的悬空飘带状，通过三角形面板拟合成一个整体，飘带中间为一段渐开式穿孔铝板幕墙，完成后形成一个非常靓丽的椭圆的异形曲面（图1、图2）。

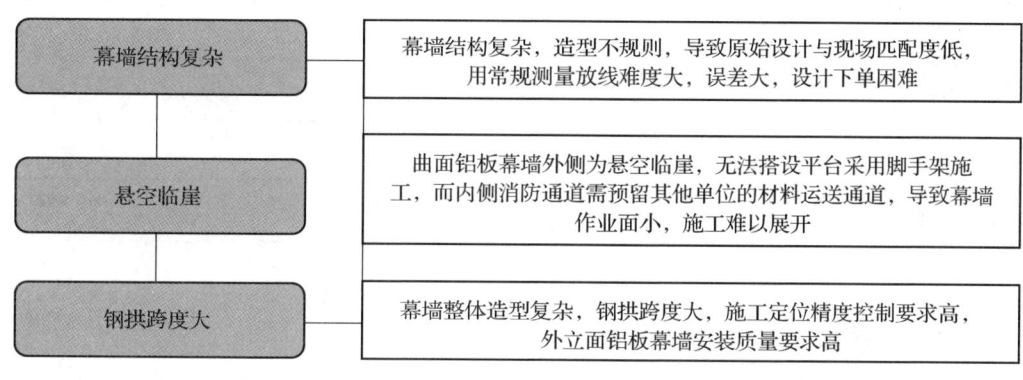

图 1　质量要求

图 2　场地实景图

2　研究方法

如图2所示，项目位于相对标高-36m平台上，地形复杂，地势多变。根据现场的条件和复杂外幕墙造型，项目部对技术难题的破解采用数字化建造技术。

3　工艺流程

根据现场条件，制订专项施工方案，施工工艺流程如图3所示。

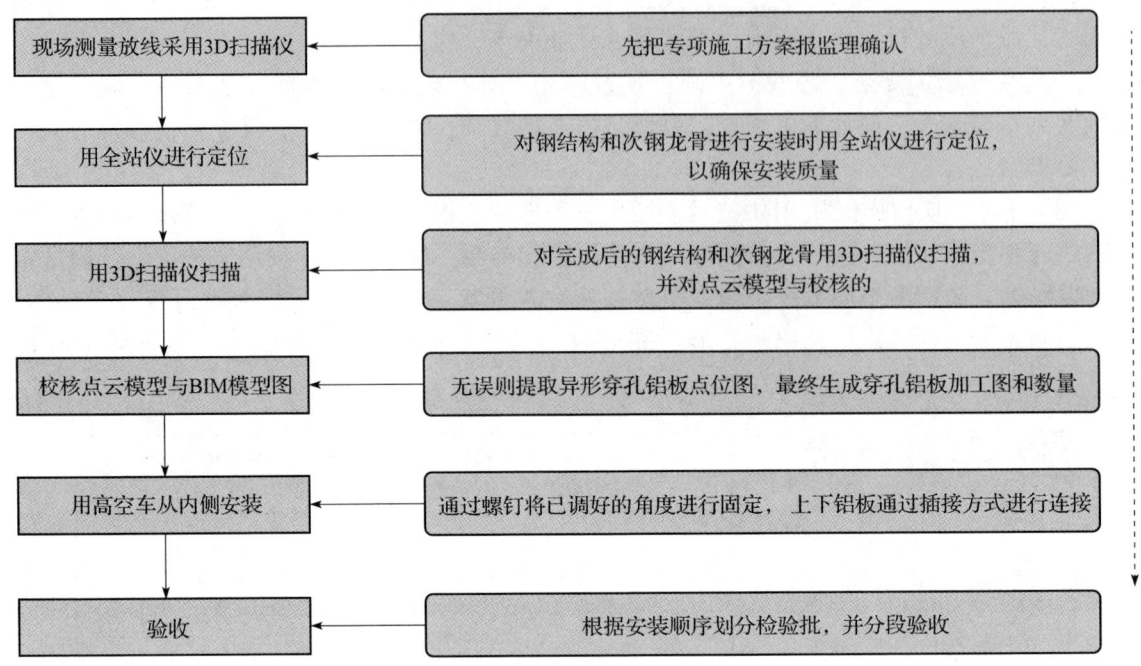

图 3 施工工艺流程图

3.1 全站仪监测钢拱及幕墙主钢构安装

在-36m平台两端现场有场地可进行满堂脚手架搭设，而中间位置无法搭设平台，如图4所示，现场安装困难，采用高空车进行钢结构龙骨吊装，在进行钢结构龙骨吊装时辅以全站仪对对应的点位进行控制来解决，根据钢拱的空间点位，将钢拱外轮廓线的Z坐标垂直投影到地面上，然后根据钢拱的投影线，确定好钢拱的支撑架位置。

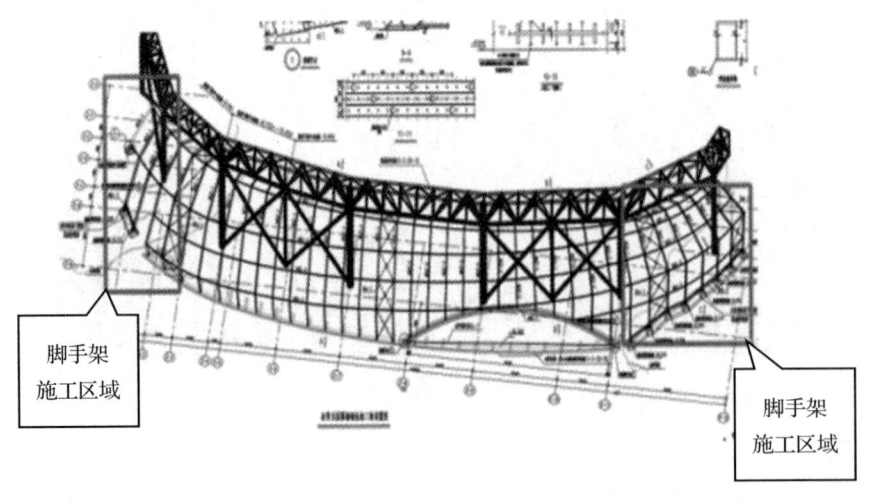

图 4 脚手架施工位置图

如图5所示，配合4台320t的汽车吊，将2段钢拱吊装到相应的位置，通过全站仪的空间定位解决钢拱及幕墙主钢构安装，微调钢拱并确定最终位置，然后焊接安装。

 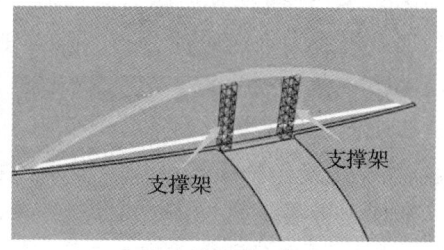

(a) 现场安装钢拱图　　　　　(b) 脚手架施工位置图

图 5

3.2　3D 扫描和全站仪辅助次龙骨安装

3.2.1　测量返点

在钢拱及幕墙主钢结构安装完成后，采用 3D 扫描仪进行现场扫描收集点云数据，根据钢结构点云模型与 BIM 设计模型对比，测量钢结构偏差以方便后续调整，根据校核的 BIM 模型图，重新提取次龙骨的连接牛腿及次龙骨的点位图（图 6）。

3.2.2　全站仪定位连接牛腿安装

根据返点模型，确定好不同位置的牛腿长度以及与幕墙主钢结构连接的角度，并分别编号。如图依据不同编号的牛腿，利用全站仪在幕墙主钢结构上标记牛腿的点位，利用高空车的配合，将牛腿安装到相应位置（图 7）。

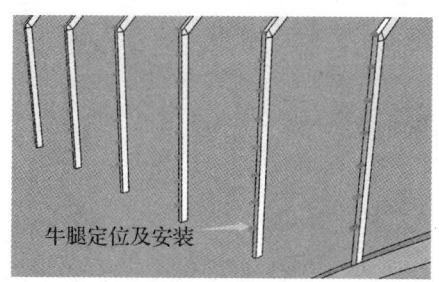 

图 6　牛腿定位及安装图（一）　　　　图 7　牛腿定位及安装图（二）

3.2.3　全站仪定位次龙骨的安装

通过全站仪打点将次龙骨分别安装到相应的牛腿上，通过次龙骨的连接方式微调，最后再次通过全站仪打点确认好，再把次龙骨完全固定好。采用全站仪使用人员在室外进行测量定位，由于室外是悬崖，不能进行高空作业，采取在室内−36m 平台上架设高空车，固定位置后在钢骨架内部即可通过高空车实现主、次龙骨安装。

3.3　3D 扫描结合 BIM 对穿孔铝板复核下单

由于此项目整体为一个渐变扭转的悬空飘带状，造型复杂，常规方法无法准确下单，因此在所有主、次龙骨安装完成后，采用 3D 扫描仪进行现场扫描收集点云数据，根据主、次龙骨点云模型与 BIM 设计模型对比，测量钢龙骨偏差以方便后续调整，根据校核的 BIM 模型图，重新提取异形穿孔铝板点位图，提取点位图能够与其他常用软件如 CAD、Rhino 等进行数据交换及共享，同时生成穿孔铝板加工图、尺寸和数量。

为保证模型同现场一致。在施工阶段，通过引进莱卡三维扫描仪，对现场结构进行复测，采用逆向建模的方式将现场与模型相互联动起来，现场实际产生的偏差，通过模型及时解决问题。采用徕卡3D扫描仪对主体结构扫描，并对点云进抽稀处理。通过现场扫描出的实际模型导入到理论模型中进行对比分析，将差别较大部位进行调整。3D扫描仪可迅速获取现场的高精度完整点云，通过高新技术实现了1∶1"实景复制"，测量高效、全面、精确、直观，相比传统方法具有更多优势。

工作原理：3D扫描是一种集光、机、电和计算机技术于一体的高新技术，主要用于对物体空间外形、结构、色彩进行扫描，获得充分体现建筑物特征信息的点云数据，然后通过计算机软件分析建构出立体图像为施工方案设计提供信息和数据支持（图8）。

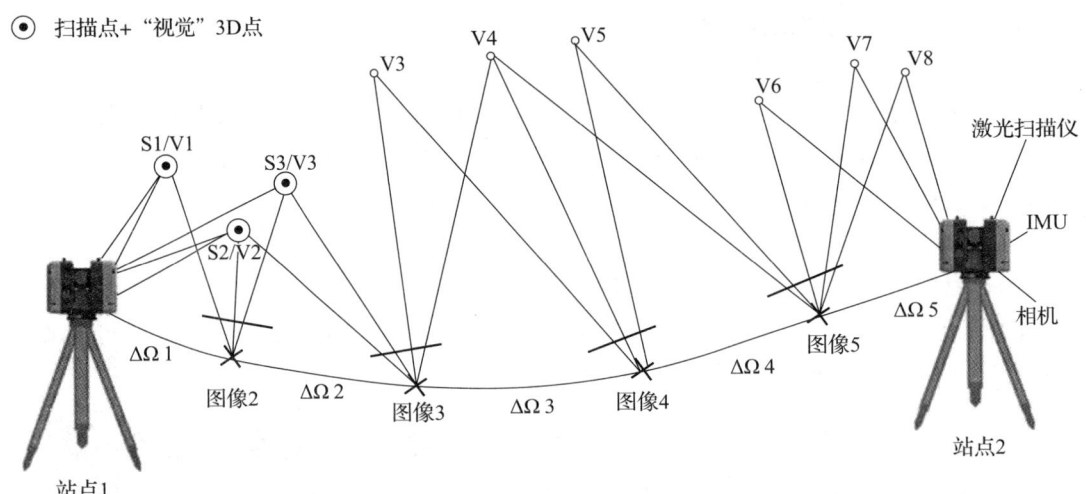

图8　3D扫描仪工作原理图

3D扫描结合BIM对穿孔铝板复核下单的优点：3D扫描技术所采集的数据是直接获取的数字信号，具有全数字特征，易于后期处理及输出；用户界面友好的后处理软件能够与其他常用软件如CAD、Rhino等进行数据交换及共享，确保最终下单尺寸与现场安装尺寸一致（图9）。

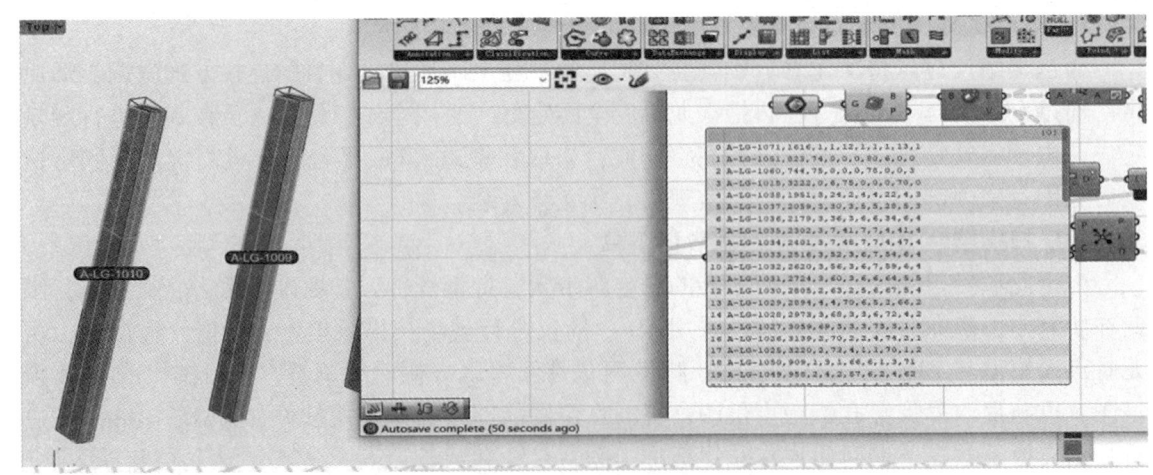

图9　数据共享图

智慧建造，我司通过自主研发的 BIM 程序进行快速批量建模，自动识别需要的构件，根据建模顺序，一次性生成各阶段需要的所有构件，并在模型中完成对构件的所有切角避位开孔等工作。运用 BIM 团队研究循环算法，通过这一算法解决多个模型中不同构件的编码问题，具体思路如下：

采用徕卡 3D 扫描仪对主体结构扫描，并对点云进抽稀处理。通过现场扫描出的实际模型导入到理论模型中进行对比分析，将差别较大部位进行调整。

通过程序复核冰雪世界岩土结构与主钢构现场误差，将结果反馈给 BIM 中心，根据现场数据，调整幕墙 BIM 模型参数，报业主和设计院确认最终数据和效果。确认之后，调整模型，重新制单。同时对需要整改的部位从模型里提取坐标定位点，供现场定位。通过此举可确保施工准确性。

通过外部数据库的存储构件识别信息，新增构件通过循环算法与数据库进行对比，新增构件若之前模型有，则使用原来编号，若新增构件之前模型没有，则生成新的编号并更新外部数据库，最后形成建筑设计的模型图。

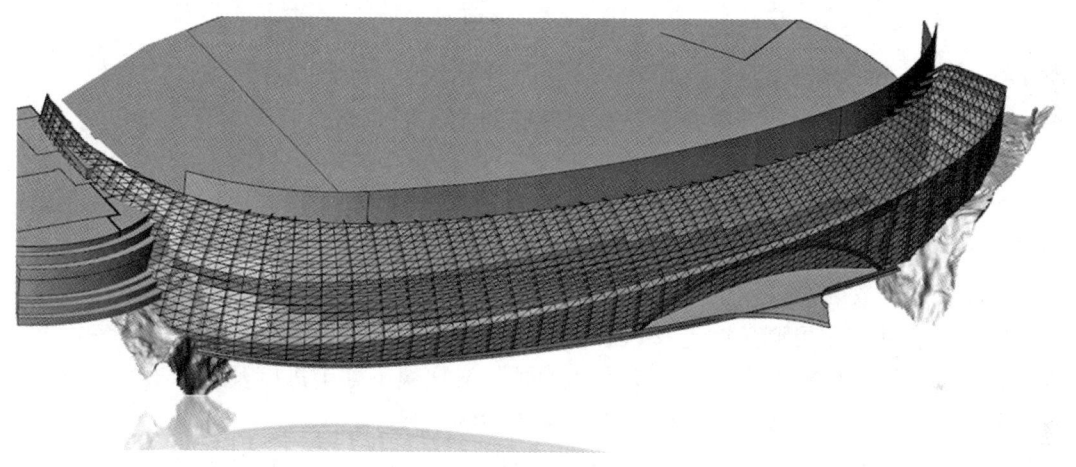

图 10　BIM 建模完成图

3.4　采用角度可调对插铝座铝板安装

异形穿孔铝板的安装考虑到现场实际情况，-36m 平台外侧为落差近 100m 的深坑，外侧无法搭设平台及措施，常规施工方法无法安装，故铝板全程结合全站仪采用高空车从内侧用上下插接的安装方式。

如图 11 所示，图 11 中构件 1 为铝合金 T 形码，T 形码的两侧开有一定长度的腰孔，采用对穿螺栓连接，T 形码与钢垫片上设有锯齿波纹面，可实现咬合，通过调节方垫片位置实现铝板上下微调，调整到适当位置加以拧紧固定。2 为铝合金 L 形底座，与 T 形码连接方式相同，通过调节 L 形底座上方垫片位置可实现前后微调；3 为铝合金挂接件，可实现铝板的角度调节，角度调节完毕后，通过螺钉将已调好的角度进行固定，上下铝板通过插接方式进行连接。

此种技术不仅对铝板上下、进出位可调，还可实现角度调节，弥补了现有插挂式金属幕墙结构在该方面的不足，保证整体造型平滑，最终拟合成一个类似椭球的整体铝板装饰面，使得曲面造型可完美实现。最终完成效果如图 12 所示。

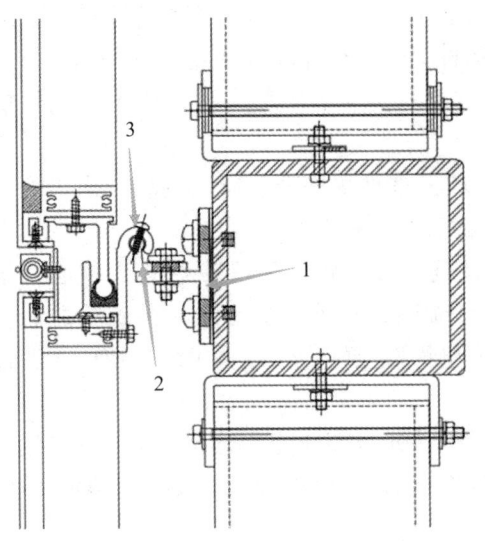 

图 11　铝板安装调节图　　　　　图 12　铝板安装调节图

4　结语

该项目幕墙工程立面铝板造型复杂，为近椭圆的异形曲面，外侧为百米高的悬空临崖，铝板面积约 9000m²，施工难度大，安装精度高。项目采用数字化 3D 扫描仪对现场进行复测，将 3D 扫描仪点云数据返回至设计部门，利用数字化建造技术，BIM 设计师通过 BIM 进行模型构建，按照导出的三维点位确定铝板板块间的角度和定位，拟合成一个类椭球的整体铝板装饰面，施工安装全程用全站仪进行测量定位，以确保安装精度。铝板安装时通过 T 形码与 L 形码配合并使用可调角度连接件，实现了铝板内侧安装、上下插接、安装角度可调节，既解决了现场室外施工措施无法搭设的问题，又加快了施工进度及板的安装精度，操作性强、实用性好、高效经济，完美展现了业主心中的效果。

经济效益：同时本项目正常条件下施工工期为 210 天，采用本方法后工期缩短至 170 天，节约工期 40 天。同时本方法节省了镀锌钢材的使用费用以及租赁机具的费用共计 10 万余元，真正做到了高效、经济，对以后类似工程的设计与施工有很好的借鉴作用和推广价值。

参考文献

[1]　王倩，刘攀，杨景祺. 空地一体化实景三维建模在智慧校园中的应用研究［J］. 科技创新与应用，2022，12（36）：49-52.

[2]　郭兴海，庞晓静，邹俊燕，等. 基于 AI+BIM 的快速建模在智慧城市领域场景应用［J］. 邮电设计技术，2022，(11)：79-85.

[3]　李建新，何海涛，何昌杰，等. 长沙冰雪世界矿坑生态修复边坡加固技术研究［J］. 施工技术，2021，50（2）：10-14.

[4]　李建新，何昌杰，曾波，等. 百米矿坑半地下空间生态修复与利用技术研究［J］. 施工技术，2021，50（2）：20-22.

[5]　何昌杰，李建新，粟元甲，等. 百米矿坑运输道路施工技术研究［J］. 施工技术，2021，50（2）：23-26.

金刚砂耐磨地坪金属铠装施工缝在大面积地坪施工中的应用

刘 彦 卢 林 李柯可

湖南长大建设集团股份有限公司 长沙 410015

摘 要：目前大面积地坪施工后期经常出现地坪开裂的现象，返工较多、维护成本高，针对该现象的发生，我司在项目施工上采用金属铠装施工缝工艺。该工艺采用后整体效果较好，后期因温度等因素产生的裂缝较于之前传统人工切缝等施工工艺明显减少，且整体的美观程度也明显提升。

关键词：车间地坪工程；铠装施工缝；大面积；翘曲；裂缝；角铁

1 引言

地坪的选择和施工对于建筑物的整体美观和功能性都有着重要的影响。大面积地坪施工目前最突出的问题是容易开裂，特别是柱脚位置的放射性裂缝很难避免，这是因大面积混凝土的温度变化和收缩应力产生的。一旦出现这种情况，修复起来比较费时费力，且很难做到无痕修复，修复效果不佳将极大地影响地坪的整体美观性。而铠装施工缝的出现能很好地解决该问题，可以使地坪混凝土沿施工缝方向伸缩，而施工缝中间的橡胶条能起到很好的缓冲作用，避免地坪混凝土产生不规则的条形裂缝及放射性裂缝，从根本上杜绝了裂缝的产生。

2 工艺原理

金属铠装施工缝是一种用于地坪保护的特殊施工材料，通常由高强度耐磨水泥、树脂、金属或其他合成材料制成。它具有较强的耐磨、耐压和耐化学腐蚀性能，能够有效防止地坪出现裂缝、起砂等问题。

铠装施工缝工艺主要用于建筑工程，特别是混凝土结构中，它能够有效地控制混凝土的裂缝，提高工程质量。这种工艺的基本原理是利用特定的材料和设备，形成可以承受一定压力的结构，从而在混凝土浇筑过程中产生的应力下，不会出现裂缝。安装铠装施工缝伸缩装置后，地坪的各个分仓块可以沿着纵横两个方向自由伸缩，避免产生裂缝。每条铠装施工缝装置由两条棱角 Q235 冷轧钢通过易断塑料螺栓把扁钢固定在一起，每条扁钢按照一定间距焊接了抗剪锚固栓钉，以便锚固在浇筑混凝土中，两条扁钢中的一条下部焊接有地坪分仓缝钢板，该分仓缝钢板一方面用作施工中的模板，另一方面也起到固定传力钢板的作用。

3 工艺特点

（1）防止地坪面层因温度变化、应力变化而产生开裂。

（2）施工快捷，周期短。

（3）耐用性：地坪铠装施工缝所采用的材料具有良好的耐磨、耐化学侵蚀等性能，能够有效延长地坪的使用寿命。

（4）密封性：地坪铠装施工缝能够填补地坪的缝隙，防止灰尘、液体等进入地坪，起到密封的作用。

（5）美观性：地坪铠装施工缝在施工完成后能够使地坪的表面平整、光滑，提升地坪的整体美观度。

4 适用范围

适用于各种地坪的施工，包括工业厂房地坪、停车场地坪、医院地坪、商场地坪等。

5 施工工艺流程及操作要点

5.1 施工工艺流程

现场勘踏、标高确定→地面清理铺PE膜→墙、柱边安装泡沫板→边角柱补强钢筋网安装→安装施工模板→架设激光发射器→水准仪复核模板标高→激光整平机调试→混凝土坍落度现场检测并记录→混凝土摊铺→用激光整平机整平混凝土→复核模板及混凝土表面标高→采用3m槽推去除浮浆→手扶式抹光机第一次提浆→采用3m刮尺找平地面→手扶式抹光机第二次提浆→第一次均匀撒布耐磨材料→采用3m刮尺对耐磨材料进行初平→用手扶抹光机对耐磨层进行第一次提浆→第二次均匀撒布耐磨材料→用3m刮尺十字交叉多次对耐磨面浆进行刮平→采用驾驶型抹光机打磨3~4道→用手扶式抹光机对地面进行3道收光→对完成的地面诱导缝进行弹线切割→地面洒水养护→固化剂施工→环氧施工。

5.2 施工操作要点

5.2.1 现场准备

（1）切割、焊接设备、钢筋、模板用2d时间准备到位。

（2）四周各预留一个接水口，用电采用电缆线，配标准电箱。

（3）确定混凝土供应单位。

（4）角铁、钢筋、铠装施工缝、金刚砂、固化剂等主要材料分批于使用前准备到位。

5.2.2 标高测量

（1）对总包原有基础结构楼板，根据建筑1m线及找平层设计厚度进行初步测量。现场测量班组通过激光发射器精准测量施工区域的浇筑厚度并记录（图1）。

（2）现场初步进行标高测量得出实际浇筑厚度数据。

分仓浇筑前，测量班组测量出该分仓的实际浇筑厚度记录在图纸上，交由基层处理班组处理。

5.2.3 场地清理

（1）施工前将基层杂物、积水清理干净，并确认在混凝土基层上没有任何可压缩层或膨胀物质，将基层凹凸物垃圾清理干净。

（2）场地满铺0.2mm双层PE膜，搭接处搭接10cm并用胶带黏结牢固（图2）。

图1 测量实景

图2 双层PE膜

5.2.4 设置墙、柱角隔离板

墙边在浇筑区域内,将10mm厚高密度EPE泡沫板裁切成15mm高度,沿墙边和柱脚处用水泥浆或万能胶进行固定,泡沫板上沿低于地坪标高2cm左右。

5.2.5 柱角铠装施工缝安装

柱角加强筋沿柱角铺设钢筋呈正方形放置,拐角处每个角3条 $\phi 12mm@150mm$ 螺纹钢筋加强(图3)。

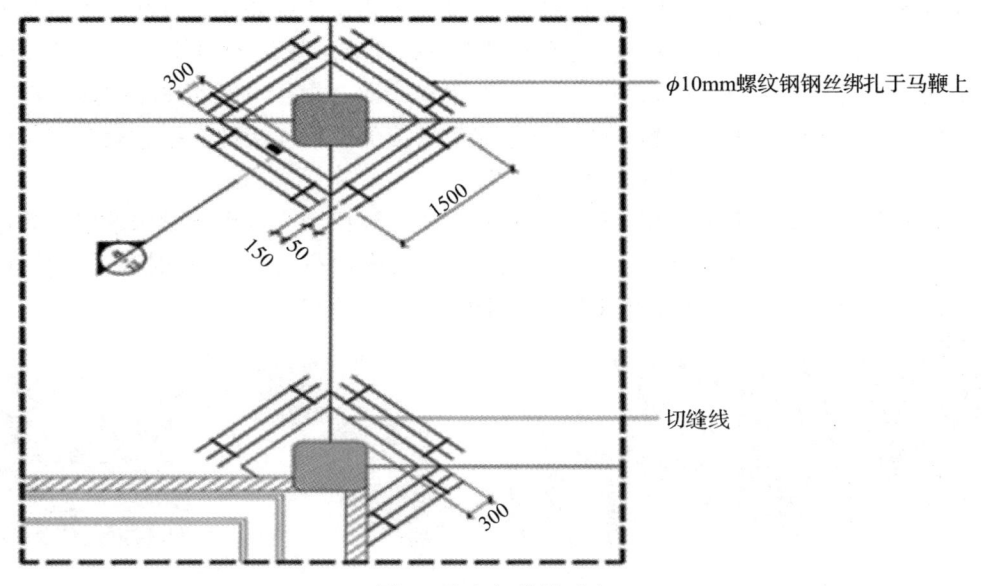

图3 柱角加强筋示意

5.2.6 分仓模板设置(铠装施工缝安装)

模板采用预制铠装缝。施工缝处为薄弱环节,容易产生翘曲;在使用过程中车辆频繁辗压,容易造成破损,为了避免类似问题发生,施工缝采用预埋式铠装缝;柱角采用圆形铠装缝,保证柱角应力释放不影响整个地面,减少裂缝。

用水准仪或激光发射器调整铠装缝标高,使其与地坪标高一致。用电钻在地面打孔,间距1.5m设置一个固定点,插入 $\phi 8mm$ 钢筋,并焊接牢固。

铠装缝连接按照顺序,首先安装交叉连接处,然后依次从交叉连接处、墙体或柱脚隔离处进行安装。交叉连接时使两根铠装缝互相搭接相连,在搭接处使用定位弹簧开口销、易断塑料螺栓和螺母进行固定安装。如果是从墙或柱子处安装,要预留相应的空位,以便能够容纳可压缩隔离泡沫材料。

根据放线的位置,正确地安装铠装缝,调节好高度、连接处水平度,可以用激光或光学水准仪进行测量。竖向垂直度可以用水平尺横向放置于扁钢上表面进行检查确认。

连贯铠装缝可以用短钢筋进行固定,通过把短钢筋打入地基,与连接的栓钉相连,短钢筋大约要打入地基300mm,直径12~16mm每根3m长标准铠装缝需要4个点进行固定,固定用短钢筋只能在铠装缝产品的一边均匀安装(第一次浇筑的相反边)。短钢筋应该以竖直与倾斜方向(竖向夹角30°)交替打入地基,采用三角形获得牢固的安装效果,然后与栓钉端部相连;如果在固定短钢筋的铠装缝另一边进行第一次浇筑,那么可以在第二次浇筑这一边之前移除或切割掉固定用的短钢筋(固定使命已经结束),以防止产品与地基锁死而不能自由滑动，避免裂缝产生。另外短钢筋与锚固栓钉相连时不能高出栓钉的水平。之后的铠装缝连接可以按照相同的方式，安装时前后相邻的连接件顶部扁钢不能相互接触，预留1~2mm间隙以便能够容许连接件的纵向伸缩移动。

每一条纵缝或横缝，安装到底时要根据实际长度切割。墙或柱子距离倒数第二根铠装缝的间距，在考虑了隔离泡沫材料的厚度后进行实际丈量，然后把终端的那根按照实际长度切割，按照同样方法固定。

如果地坪铠甲缝布置图上需要在两个交叉连接件之间安装铠装缝，且间距不是标准长度3m的整数倍，那么就需要有一根要切割的连接件进行安装，安装时分别从两端交叉连接件开始向中间布放安装；精确测量间距两端扁钢的距离，取一根标准长度3m的连接件，在连接件中间截去一段多余的长度，剩下两根都带完整搭接部位的连接件，把它们分别与相邻连接件安装固定在一起，接头处用对接焊接的方法。

根据布置图需要安装十字形和T形交叉连接件，需要用激光或者光学水准仪对其进行高度控制，将水平尺垂直放置在交叉连接件的顶部两个方向进行水平调节和控制。然后用短钢筋固定，十字形需要4个固定点，T形需要3个固定点（图4）。

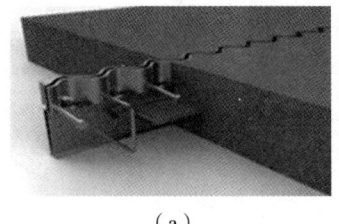 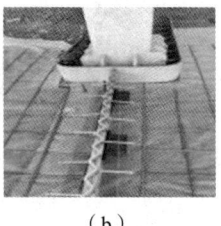 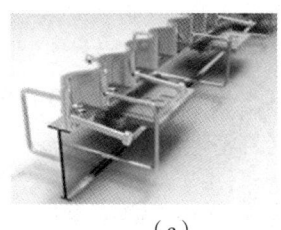 

（a） （b） （c） （d）

图4 十字形和T形交叉连接件

5.2.7 排水沟、集水井、护边收口处理

目的：根据项目要求，为提升地坪整体美观度，应保护地坪在使用过程中排水沟边缘区域混凝土不会因为汽车的碾压而产生噪声和破损。

安装工法：采用L40mm×4mm的角铁；在排水沟两侧按设计宽度将角铁提前预埋焊接，标高以地坪完成面为准；安装过程中先将钢筋植筋到混凝土基层中，并在角铁侧面设计拉筋，然后再整体焊接；此工法可将角铁埋入混凝土内形成二次黏结整体，并有受力钢筋牵引，在保证收边较为美观的同时保护了水沟边缘脆弱的混凝土。当找平混凝土施工完成后，在护边角铁底部安装弹性橡胶垫层，然后再安装排水沟水箅子板，此工法可起到减振作用并减少噪声。

5.2.8 混凝土激光整平

地坪施工前，确保施工区域处于全封闭状态，要求甲方对门窗等未封闭洞口采用临时围封措施，整个浇筑过程应在封闭的环境中进行（图5）。

混凝土找平层施工前一天涂刷界面剂，控制混凝土水分流失，减少收缩，减少裂缝和空鼓的发生。

混凝土水灰比最大不应超过0.5，混凝土的现场坍落度宜为160±20mm，确保混凝土质量。如因天气

图5 混凝土施工实景

原因造成混凝土坍落度过小导致无法施工，允许添加搅拌站随车准备的外加剂，并现场搅拌3min后再使用，现场严禁加水。

混凝土使用高效外加剂，以减少混凝土收缩达到控制裂缝的目的。

混凝土质量现场测试。对卸入浇筑区域场地的混凝土进行坍落度试验，对不符合要求的混凝土进行退货处理，并协助搅拌站调整混凝土配合比。

卸料方式。混凝土采用天泵或直卸（如不具备条件用天泵就用地泵）与电动三轮车相结合的形式。泵车架设位置为厂房邻近施工区域。

检查模板标高。混凝土摊铺前由整平机操作手检查模板，如有标高错误应及时调整。

混凝土二次转运。天泵将混凝土送至指定区域后，安排3台电动三轮车进行转运，按当天施工区域从里向外、从左向右进行混凝土摊铺。

混凝土整平。指定专人指挥卸料摊铺，采用人工将混凝土初步扒平，初平后比地坪完成面标高略高5~10mm，然后采用激光整平机整平；整平时机器可对混凝土先进行粗平，后精确平整，每次整平宽度为2.5m，在混凝土整平过程中，每次工作时的搭接处须重复0.5m。

在整平的同时完成了混凝土振捣，激光整平机施工不到的边角地方，使用电动振动棒振捣密实后，人工采用2m刮尺进行刮平处理，刮平后复测标高，确保标高与大面积地坪完全相同。边模处不得过度使用振捣设备，以免影响施工缝等安装物的标高。

人工修平。当混凝土整平后，使用3m推尺2次十字交差进行表面推平，尽可能去除表面浮游物、泌水，提高平整度。当混凝土初凝到人站立在混凝土表面脚印深度不大于20mm时，工人穿戴网鞋采用3m方板刮尺2次十字交差切割、刮平混凝土表面，刮平因混凝土坍落度不一所产生的收缩凹凸面，第二次提高地坪平整度。

5.2.9 耐磨骨料面层施工

（1）目的：按要求，耐磨材料用量$6kg/m^2$，提高地坪表面耐磨强度。

（2）做法。

①使用70~90kg级的单脚磨平器（附着合金材质铁盘），进行混凝土第一次提浆作业。有规则地在全部区域运行，表层面不得出现凹凸不平现象，并根据地面初凝情况第一次按$1m^2/4kg$用量均匀地撒布粉末耐磨材料。

②提浆、撒布粉末耐磨材料施工过程中需要确认标高，且同步进行补正工作，采用3m方板刮尺找平补正，当第一次提浆作业完成后，采用3m方板刮尺以十字交差方式进行4遍刮平补正作业。第四次人工提高地坪表面表面FL，FF值。

③混凝土表层第二次收面提浆，当混凝土表面凝固到一定硬度，使用800kg级的双脚磨平器，进行混凝土表面第二次提浆作业。有规则地在全部区域运行，表层面不得出现凹凸不平现象。不固定施工过程中需要确认标高，且同步进行补正工作。补正后，根据地面平整度和泌水情况第二次按$1m^2/2kg$用量均匀地撒布粉末耐磨材料，确保地面规整度和表面泌水均匀。

④混凝土表面完成面施工，使用400kg以上双脚磨平器附着四角翅膀型塑料或钢铁，进行混凝土完成面收光施工；调节速度和强度，将地面抛出光泽，不得过度进行抹光施工，适当结束（图6）。

图6 混凝土完成面收光施工

5.2.10 引导缝切缝施工、养护施工

（1）引导缝设计切缝（施工参考美国《混凝土底板和混凝土板施工指南》中的8.2.8.2和9.2.3.1）。

①目的：根据此项目图纸设计要求，引导混凝土在规定的区域形成规则的收缩锯切裂缝，杜绝不规则收缩裂纹产生，提高混凝土地坪的整体规整度和美观度。

②做法。

a. 切割时间：在保证切割不爆边的情况下，在最早的时间内进行切割，一般视天气情况和当时混凝土状况，在24h内完成锯切缝施工。

b. 切割深度：按地坪厚度来定，一般切割深度不小于找平层厚度的1/3，切割宽度4~5mm（图7）。

c. 切割依据：原柱间距和地坪的美观性，以3~6m间距按照施工深化图要求，沿柱轴线切割。中间柱可采用菱形切缝进行切割，此切割功效可释放柱边角处找平层混凝土存在的浅变内应力。边角柱及无法切割菱形的中柱应放置加强钢筋网片进行加固。

d. 切割的同时用吸水机将切割产生的泥浆清理吸除干净（图8）。

图7 切缝施工　　　　　　　图8 吸除泥浆

（2）地坪养护施工：（施工参考美国《混凝土底板和混凝土板施工指南》中的8.2.8.2和9.2.3.1）。

①目的：减少混凝土面层出现的龟裂纹和干缩裂缝。正确养护混凝土，会提高混凝土的水化反应效率，使混凝土得到设计需要的质量性能。

②做法。

a. 在混凝土切缝施工过程中，对混凝土表面同步进行洒水养护施工，切缝施工完成后，立即洒水并用尘推将清水推布均匀，然后铺设薄膜进行养护（图9）。铺设薄膜时，搭接接头处须重复搭接100mm以上，并采用封口胶带密封。混凝土板侧面浇筑前，必须采用薄膜覆盖养护（图10）。大面积地坪在洒水覆膜养护后，薄膜必须完全贴覆到地坪表面，不得出现气泡现象，否则会在混凝土表面产生养护吸水不均匀导致的色差。

图9 混凝土地坪标准洒水实景图　　　　图10 覆膜养护实景图

b. 铺设以及养护工作结束后，需要做好安全隔离，铺设区内严禁所有人进出，进行保养工作。养护施工结束后7d内，可以出入（仅限于轻量），28d后才能重载施工。

c. 密封渗透硬化施工在15d覆膜养护期结束后才能开始施工。

d. 金刚砂地坪施工技术指标见表1。

表1 金刚砂地坪施工技术指标

试验项目	指标
产品名称	非金属硬化剂
外观	均匀无结块
骨料含量偏差	生产商控制指标±5%
抗折强度（28d，MPa）	≥11.5
抗压强度（28d，MPa）	≥80.0
抗磨损性能（%）	≥300
表面强度（压痕直径，mm）	≤3.30
颜色（与标准比）	近似

6 质量控制

6.1 组织措施

（1）为确保达到上述质量标准，在工人自检的基础上，坚持工人之间的互检及质量员的专检，确保施工质量。

（2）项目经理部要成立以项目技术负责人为首的质量管理小组，对整个工程质量负全面责任，质检员负具体检查责任。

（3）班组长认真执行质量标准，按规程作业，对工序质量负责。

（4）开工前，落实各级人员岗位责任制，做好技术交底，使每个施工人员明确工程总体要求，对岗位职责、岗位技术要求及质量要求有深刻了解，使人人都有很强的质量意识。

（5）要积极配合建设单位、设计单位对施工质量的检查验收，积极听取其意见和建议，若有问题应及时纠正。

（6）变更设计以书面为准。

6.2 铠装施工缝质量控制要点

铠装施工缝的施工质量控制涉及多个方面，包括施工前的准备、施工过程中的监控以及施工后的检验等。

6.2.1 施工前的准备

在施工前，需要对施工环境进行评估，包括地面的平整度、硬度等，以确保施工的顺利进行。同时，还需要对施工材料进行检查，确保其质量符合施工要求。例如，铠装电力电缆头的接地线应采用铜绞线或镀锡铜编织线，截面面积不应小于规定值。此外，还需要编制施工组织设计或施工方案，经批准后方可实施。

在进行铠装施工缝的施工时，必须选用优质的耐用材料，以保证产品的耐久性。切割、焊接、拉伸和安装都要选取合适的材料和适当的尺寸。合金板、不锈钢板、碳素板也必须根据使用要求考虑其特性。

6.2.2 施工过程中的监控

铠装施工缝的安装在混凝土浇筑前进行,为提高铠装缝的应用效果,需要注意以下几点。

(1) 基层找平:做地基垫层时,必须按照图纸要求,尽可能地提高精确水平。

(2) 产品定位放线:在订购铠甲缝时,要考虑地基垫层的平整度和水平,通常铠装缝高度会比地坪混凝土厚度小10~40mm。

(3) 安装连接固定:在做铠甲缝时要考虑地基垫层的平整度和水平,通常铠装缝高度会比地坪混凝土厚度小10~40mm。

(4) 焊接注意事项:地坪铠装缝在固定焊接时,对于经常出现的预留槽内预埋筋与异型钢梁锚固筋不相符的现象,要采用U形、L形、S形钢筋进行加固连接,以保证缝体与梁体的牢固连接。连接处焊缝长度应不小于10cm,应按照规范要求,采用浅接触方式,保证焊接长度。严禁出现点焊、跳焊、漏焊等现象。

6.2.3 施工后的检验

在施工完成后,需要对施工质量进行检验,确保施工质量符合要求。例如,施工完成后应及时整理洁净施工现场,在混凝土的强度达到90%以前,禁止任何车辆通行,保养期一般应不少于7d,确需通行的应搭悬空踏板,并由专人负责,保证混凝土的质量。对于开端部位损坏的铠装缝应及时进行修正,并做到经常性、不间断的修理。电缆上不得有铠装压扁、电缆绞拧、护层折裂等问题。此外,还需要对施工缝进行检查,确保其平整度、宽度等参数符合要求。

总体来说,铠装施工缝的施工质量控制需要结合实际情况,采取相应的措施,以确保施工质量符合要求。

6.3 加强施工技术管理工作

严格执行图纸会审和技术交底制度,提高施工组织设计编制水平;针对各单位工程编制有预见性、针对性的具体施工方案;对于重点部位、工序及质量通病制定专项保证措施。施工人员应严格按有效的图纸、设计文件、技术交底及有关规标准和操作规程施工。加强对有关工序质量参数的监控。对施工过程中关键参数如衬软管壁厚计算、充气压力及时间、紫外线固化速度等必须由技术主管全面掌握,严格按有关规定执行,确保万无一失。

认真执行自检、互检、交叉检,坚持"三检"制度的落实,未按规定进行自检、互检、交叉检"三检"的,不许转入下一道工序。同时由工程负责人在质量管理职能部门的配合下,管理和掌握工程中各项标准化工作的实施情况,并保证同业主、监理单位及政府监督部门的信息沟通,确保其相关质量要求得到准确传达并执行。

7 效益分析

7.1 社会效益

地面的浇筑基本上现在都使用混凝土材料,如果是一个面积比较大的地面,直接使用混凝土浇筑可能会出现后期开裂的情况,而一旦地面完工之后出现了开裂的情况,就需要重新修补,不仅浪费时间,而且也造成了成本的浪费,会增加项目的周期和成本,所以在施工的过程中,就需要考虑这个问题,并且避免出现这样的问题,因为地坪铠甲缝的作用就是将大面积的地面分成小块,以减少地面浇筑之后出现开裂的情况,尤其是可以保证边角的坚固,保证线条美观,整体性强,避免传统的切缝失误造成的返工。以上优点使该工法具备很好的社会效益。

7.2 经济效益

铠装施工缝与传统切缝在经济效益上的对比主要体现在以下几个方面。

成本：铠装施工缝相较于传统切缝，其市场价格较高，因此在初期投入上可能会高于传统切缝。然而，由于铠装施工缝的性能优越，其可以有效地解决由温度、湿度、荷载等作用引起的结构应力问题，从而保证建筑物的安全和使用寿命。根据以往的施工经验，厂房地坪因后期温度影响导致开裂的概率比较高，目前的市场价格依据面积大小不同一般维修费用在55~150元$/m^2$，因此，长期来看，铠装施工缝可能会带来更大的经济效益。

效率：铠装施工缝不需要切割、支模工序，自带的传力片和鞘套完全取代了传力杆，产品同时不用拆卸，直接埋在混凝土内。这样不仅节省了人力资源，而且提高了施工效率。相比之下，传统切缝需要切割、支模等一系列复杂的工序，效率较低。

质量：大量实践结果证明，铠装缝新型成品地坪缝连接件各方面性能都明显优于传统预留钢筋的方式。这意味着铠装施工缝在质量上具有优势，可以减少后期维护和修复的成本，进一步提高经济效益。使用铠装缝最大的优点是在后期可以降低地坪使用维护成本。对于厂房仓储维护人员来讲，地坪上最容易出现问题的部位就是地坪施工缝。后期温度影响造成的收缩往往导致地坪裂缝，而使用铠装缝可以有效防止这种情况发生。

总体来说，虽然铠装施工缝在初期投入上可能会高于传统切缝，但由于其高效、优质的特性，长期看来，可以带来更大的经济效益。当然，具体情况还需要根据实际项目的规模、技术要求等因素综合考虑。

8 结语

铠装施工缝工艺相较于传统手工切缝工艺虽然在耐用性、美观度及后期维护成本等方面具有优越性，但施工过程中须做好全过程质量控制，切实采用合理的预防和治理措施，才能有效地消除开裂这一质量通病，从而做出完美、优质、耐久的大面积混凝土地坪。

参考文献

[1] 中华人民共和国住房和城乡建设部. 建筑地面工程施工质量验收规范：GB 50209—2010 [S]. 北京：中国建筑工业出版社，2010.

[2] 中华人民共和国住房和城乡建设部. 地坪涂装材料：GB/T 22374—2018 [S]. 北京：中国建筑工业出版社，2010.

[3] 中华人民共和国住房和城乡建设部. 建筑防腐蚀工程施工及验收规范：GB 50212—2014 [S]. 北京：中国建筑工业出版社，2014.

[4] 中华人民共和国建设部. 氧树脂地面涂层材料：JC/T 1015—2006 [S]. 北京：中国建筑工业出版社，2006.

[5] 中国工程建设协会. 整体地坪工程技术规程：CECS 328—2012 [S]. 北京：中国计划出版社，2012.

[6] 中华人民共和国住房和城乡建设部. 地坪施工质量验收规范：GB 50037—2013 [S]. 北京：中国建筑工业出版社，2013.

[7] 中华人民共和国住房和城乡建设部. 混凝土质量控制标准：GB 50164—2011 [S]. 北京：中国建筑工业出版社，2010.

某既有框架结构设计错误问题分析与处理

李登科[1]　　蒋思文[2]

1. 湖南大兴加固改造工程有限公司　长沙　410000　2. 湖南大学土木工程学院　长沙　410082

摘　要：某框架结构在结构主体施工完成后通过对原设计资料、计算模型进行结构安全复核发现设计过程中存在荷载准永久系数取错、未考虑梁刚度放大系数等错误。对错误设计参数进行修正后，重新对结构进行验算并获得了不满足原设计规范要求构件的情况；根据重新验算结果，采用粘贴碳纤维布和增大截面法以解决柱梁板配筋不足、承载力不满足要求及梁挠度超限等结构质量问题，并提出直接加固、卸载后加固和拆除重建三种处理方案。本文从工期、费用、环境等方面对处理方案进行比较与选择，结合项目实际情况最终选择卸载后加固方案，为类似结构的处理提供参考。

关键词：设计错误；检测鉴定；加固方案；方案比选

随着我国经济的快速发展，人们的生活水平逐步提高，建筑领域亦随着经济的发展日益进步，与此同时，人们对于建筑建设质量的要求愈加严格，在满足最基本安全性能要求的同时还要保障建筑物的舒适性和美观性。设计质量对工程项目的质量具有重大的影响，而设计错误是导致工程项目质量下降、安全事故发生的关键因素。本文以某既有框架结构停车场设计错误为例，对设计错误导致的结构缺陷进行分析，提出解决加固方案。

1　工程概况

某框架结构建设项目，设计使用年限为50年，总建筑面积为9532.18m^2，地下0层，地上4层，主体高度为11.6m，原设计结构形式为框架结构，基础采用柱下独立基础和桩基础（图1）。

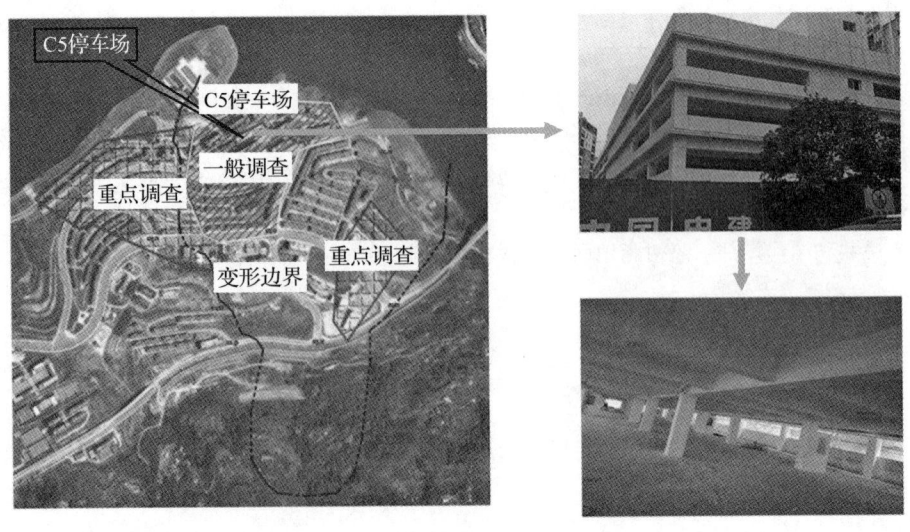

图1　停车场建设项目建筑及道路网

在结构主体施工完成后,发现主体有较为明显的震动现象,为确保结构的安全性,由相关单位对原结构进行检测。现场检测结果表明,该建筑层高 2.9m、楼面板厚 100mm(局部 120mm),实测混凝土强度 C30~C35,符合设计要求。经复核鉴定,该建筑施工质量满足质量验收规范,但设计方面存在荷载准永久系数取错、未考虑梁刚度放大系数等问题,结构偏不安全。

2 原结构设计复核

2.1 主要的设计错误

结合现场检测鉴定结果,通过对设计图纸、结构设计模型的核查,发现该建筑结构质量问题主要受设计错误的影响。在复核中发现该建筑主要存在如下设计错误。

(1)为满足最低净空要求,部分梁构件截面尺寸相比经验尺寸偏小。
(2)由于施工图经过多次修改,施工图实配钢筋与计算模型中的输出配筋不一致。
(3)部分系数取值错误,具体详见表1。
(4)未考虑梁的刚度放大系数,计算模型设置失误未对梁刚度进行放大。

表1 系数取值错误

系数类别	标准(应)取值	原设计取值
荷载准永久系数	0.6	0.5
第三层车道处局部楼面恒载	7kN/m²	1.5kN/m²
原设计车道及停车位位置荷载	9.8kN/m²	8kN/m²

2.2 修正后结构缺陷情况

根据复核所发现的原设计中出现的问题,采用原设计规程规范对结构安全性再次进行核查验算,修正计算后得到构件不满足原设计规范要求的情况(表2)。

表2 参数修正后结构构件不满足原设计规范要求的质量缺陷的情况

序号	主要问题	板配筋不足(板底/板顶)	梁配筋不足	柱配筋不足	梁挠度超限	梁裂缝超限	基础存在问题(桩/独立基础)
1	施工图和计算模型不符	3	24	13	9	—	—
2	准永久值系数取错	3	24	13	16	9	—
3	未考虑刚度放大系数	3	221	12	20	60	1
4	修正模型和系数取值后	3/45	221	12	20	60	1/10
5	考虑裂缝引起的结构削弱,混凝土和钢筋的强度削弱5%	3/45	265	26	69	56	1/10
6	考虑裂缝引起的结构削弱,混凝土和钢筋的强度削弱10%	3/45	380	28	69	56	1/10

3 加固方案比选

3.1 加固方法介绍

根据《混凝土结构加固设计规范》(GB 50367—2013)、《既有建筑鉴定与加固通用规范》（GB 55021—2021）等标准规范的相关内容，加固工程常采用的方法有增大截面法、置换混凝土法、外包型钢法、粘贴钢板法、粘贴纤维复合材法等。随着科学技术的不断进步，出现了应用新技术、新材料、新工艺进行工程加固的方法，如化学灌浆法、粘钢锚固法、碳纤维加固法应运而生，并开始广泛应用于各类加固工程中。常用加固方法及特点见表3。

表3 常用加固方法及特点

名称	方法	特点
增大截面法	在混凝土构件外部包裹钢筋混凝土，对于受弯构件，一般是在受压侧包裹混凝土，在受拉侧增加钢筋量，从而使构件的有效截面高度增加，受拉区钢筋量增大，从而增强构件斜截面抗剪、正截面抗弯的能力	适用于钢筋混凝土受弯和受压构件的加固；工艺简单、易实施且适应性强，加固设计方法与施工方法均已成熟，安全性高；但是，该方法也存在一些比较明显的缺点，例如现场湿作业工作量较大、施工周期较长，并将对建筑物的后期使用环境产生较大影响，降低了空间使用率，此外结构的自重也会相应增加
粘贴纤维复合材法	该方法大部分是利用环氧树脂或特定的结构胶将碳纤维布粘贴在混凝土结构构件表面，从而让有裂缝缺陷的构件形成一个整体的受力构件，以保证其合理的受力特性	具有操作简单、施工工期短等优势，被广泛使用；适用于钢筋混凝土受弯、轴心受压或大偏心受压等构件
外包型钢法	先将角钢加固在混凝土结构的四角处，并通过扁钢与焊接技术将其连接，之后利用固化剂使钢混凝土紧密黏结	一般用于受弯、偏心受压、拉紧的钢筋混凝土构件的加固施工工程，但不适用于强度在C15以下、配筋率在0.2%以下的混凝土构件
预应力加固法	采用无黏结钢绞线做预应力筋、普通钢筋做一般简支梁预应力筋、型钢做柱钢筋预应力材料，搭建房屋建筑的连续梁和大跨度简支梁；由于预应力和外力相互抵消，控制外荷载影响，裂缝不再扩张	不适用于强度在C20以下、配筋率在0.2%以下的混凝土，长期使用的环境不能高于60℃

该项目主要采用了粘贴碳纤维布和增大截面法，解决柱梁板配筋不足、承载力不满足要求以及梁挠度超限等结构质量问题。

方案一：直接加固。

对梳理出来的原结构存在的问题，在现有结构基础上进行加固设计。经复核计算，该方案共有43根柱、411根梁、3块板底和45个板支座、1个桩基础、10根基梁需要加固。主要采取粘贴碳纤维布方式进行加固，对配筋不足、支座负筋配筋不足的板，以及梁裂缝超限的梁，均采用该方法。

方案二：卸载后加固。

采用通用规范对结构进行整体计算，对原构件已完工的屋面及楼面建筑层进行拆除后，采用薄层修复技术将原6cm厚的找平层替换为2cm厚的耐磨层，以达到减荷的目的，减少加固构件数量，并确保楼层净空。修改相关参数后对结构进行整体计算，对计算不满足要求的板梁柱和基础进行加固，同时把9.2m跨梁全部加高以增大梁的刚度，从而提高舒适度。方案一和方案二的加固方法及数量对比见表4。

表 4　加固方法及数量对比

加固构件名称		方案一：直接加固		方案二：卸载后加固	
		加固方法	需要加固构件数量	加固方法	需要加固构件数量
板		粘贴碳纤维布	48	粘贴碳纤维布	42
梁		粘贴碳纤维布	76	粘贴碳纤维布	158
		增大截面	189	增大截面	216
		外贴钢板补强	237	—	—
柱		四角外包角钢或加大截面	43	增大截面	33
基础	桩基础	原桩周设微型钢管灌注桩，顶部浇筑承台与原承台形成整体	1	已施工的旋挖桩周围增加微型钢管桩，同时原承台加大截面	1
	独立基础	加大地梁断面尺寸	10	加大基础面积	8

方案三：拆除重建。

拆除所有主体结构，增大构件尺寸，进行重建。根据项目周边实际情况（图1），拟采用机械拆除方法，不改变原结构体系，利用现有基础，加高结构层，增大梁板柱构件尺寸。

由于拆除重建方案楼层加高、梁柱尺寸加大，经重新建模复核发现，原设计中约70%独立基础承载力不满足要求，40%桩基础竖向承载力不满足要求，原基础大多需加固或者重新布置基础，考虑到桩基加固数量较多，该方案按新建荷载对独立基础及桩基础重新进行设计。

3.2　处理方案比较

加固工程方案的优劣，除了考虑方案的可行性，还应该考虑施工可行性和成本估算、环境和可持续性等因素。处理方案对比分析见表5。

表 5　处理方案对比分析表

序号	因素	方案一：直接加固	方案二：卸载后加固	方案三：拆除重建
1	费用	约700万元	约500万元	约1900万元
2	工期	加固方案设计与施工，总工期约5个月	加固方案设计与施工，总工期约3个月	原结构拆除方案的设计与施工、重建方案的设计与施工，总工期约10个月
3	恢复建设时间	可及时恢复施工		工期长且具有不确定性
4	环境影响	环境影响较小		对环境影响较大，且易影响项目周边居民生活
	优点	加固成本较少，工期较短，施工便捷	加固成本少、工期短，采用薄层修复法保证室内净高满足相应规范要求	可以从根本上解决结构安全问题
	缺点	加固构件较多，且因荷载较大增加梁构件截面高度较高，室内净高无法保证	采用改进薄层修复，对施工技术有一定要求	工期较长，所需的费用较多，对环境影响较大

经过对比分析，可以得出以下结论。

（1）现有建筑结构浇筑质量满足设计要求，结构具备加固条件。针对复核发现的板梁柱及基础等存在的问题，可通过常规的粘贴碳纤维布、钢板或型钢、加大截面面积等方式进行加固处理，加固方式可行、加固结果能保证结构安全运行；加固方案社会影响相对较小、工期短、费用少，且可及时恢复施工。

（2）除常规加固外，采用薄层修复法减小结构荷载后可以减少加固构件数目，同时可以保证建筑净高满足使用要求，加固方式可行、加固结果能满足相应规范要求；加固方案社会影响相对较小、工期短、费用少，且可及时恢复施工。

（3）拆除重建方案能消除所有问题，但社会影响大，重建施工时间具有不确定性，且工期长、费用高。

该工程社会影响大、工期紧、费用要求高，综合考虑时间及经济性，选择考虑卸载后加固作为最终加固方案。

4 结语

本文以某既有框架结构主体结构为例，对其原设计错误情况进行了分析，在对设计错误进行修正后重新对原结构进行验算，并对重新验算结果中不满足原设计规范要求的构件提出了处理方案。本文得出了以下结论。

（1）原结构设计错误中有部分梁构件截面尺寸相比经验尺寸偏小、施工图实配钢筋与计算模型中的输出配筋不一致、荷载准永久系数取错、未考虑梁刚度放大系数。

（2）对设计错误进行修正后，发现部分结构构件存在配筋不足、部分受弯构件挠度超限及部分基础承载力不足，并统计了问题构件的数量。

（3）采用了粘贴碳纤维布和增大截面法，解决柱梁板配筋不足、承载力不满足要求以及梁挠度超限等结构质量问题，并提出直接加固、卸载后加固和拆除重建三种处理方案。

（4）从费用、工期、恢复建设时间、环境影响四个维度对三种处理方案进行了比选，最终确定卸载后加固作为最终加固方案。

参考文献

[1] 中华人民共和国住房和城乡建设部. 既有建筑鉴定与加固通用规范：GB 55021—2021 [S]. 北京：中国建筑工业出版社，2022.

[2] 中华人民共和国住房和城乡建设部. 混凝土结构加固设计规范：GB 50367—2013 [S]. 北京：中国建筑工业出版社，2014.

[3] 中华人民共和国住房和城乡建设部. 混凝土结构设计规范 GB 50010—2010，2015 [S]. 北京：中国建筑工业出版社，2015.

[4] 中华人民共和国住房和城乡建设部. 高层建筑混凝土结构技术规程：JGJ 3—2010 [S]. 北京：中国建筑工业出版社，2011.

[5] 中华人民共和国住房和城乡建设部. 混凝土快速修复技术规程：T/CECS 1024—2022 [S]. 北京：中国建筑工业出版社，2022.

[6] 中华人民共和国住房和城乡建设部. 车库建筑设计规范：JGJ 100—2015 [S]. 北京：中国建筑工业出版社，2015.

[7] 徐倩倩，张尚，苏贞文，等. 工程项目设计错误的形成机理与影响研究 [J]. 工程经济，2023，33（9）：35-43.

[8] 谢新法. 对某建筑主体结构检测评估及其加固措施的研究 [D]. 青岛：青岛理工大学，2017.

[9] 常哲，赵杰超，聂志林. 某住宅建筑楼板开裂的原因鉴定与加固措施 [J]. 建筑结构，2023，53（S2）：1596-1600.

预应力混凝土连续梁桥逆序拆除施工技术

张明新　王宇鹏　周　洁　刘敏志

长沙市市政工程有限责任公司　长沙　410007

摘　要：20世纪90年代修建的部分预应力梁式桥梁因设计或施工缺陷，运营后桥梁承载能力未能满足相关规范要求，严重危害行车安全，有的甚至因不具备加固价值而被迫拆除。其中不乏一些老桥需要保留下部结构，以便于新建上部结构时作为永久结构二次利用，这种情况下只能采取非爆破方法进行拆除。以国内某预应力连续梁桥拆除工程为例，系统介绍了梁桥病害情况，开发了逆序双悬臂对称切割拆除施工技术，研究了本技术对桥梁拆除工程的影响。结果表明，该技术施工快捷、安全可靠、环保，为后续类似桥梁的拆除提供了一定的参考价值。

关键词：连续梁桥；墩顶临时固结；临时墩支撑体系；逆序双悬臂对称切割

近年，国内许多旧桥因各种因素需要拆除。桥梁自身结构荷载大、受力体系复杂，又经过多年运营，或多或少存在损伤或病害，其强度、刚度、稳定性都有不同程度的下降，因此拆除过程中存在一些不可控因素，甚至会引起拆桥安全事故的发生。尤其对于水中、大跨径、立交等结构特殊的桥梁。因此桥梁拆除是一项技术难度大、有一定安全风险的特殊危大工程。本文结合国内某预应力混凝土连续梁桥实桥拆除工程，介绍了预应力混凝土连续梁桥逆序双悬臂对称切割拆除施工技术。

1　旧桥概况

桥梁全长434.45m，跨径组合剖面如图1所示。横断面布置为2×2.5m（人行道）+2×15m（车行道）+2×0.5m（防撞护栏）+2m（镂空带）=38.0m，分两幅桥布置，桥宽均为18m，两幅桥之间镂空处理。桥面现状铺装采用5cm沥青混凝土+8cm C30防水混凝土。主桥采用（45+70+45）m三跨变截面连续箱梁，为三向预应力混凝土结构，采用单箱单室截面，顶板宽

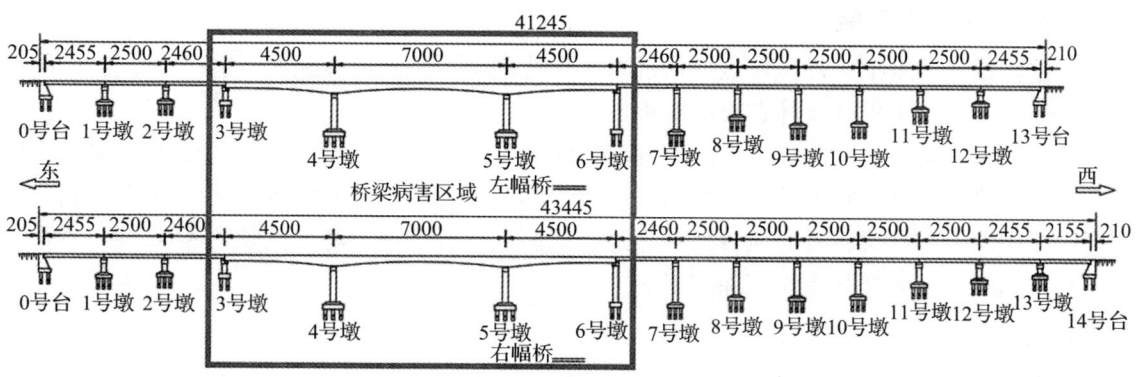

图1　跨径组合剖面图（单位：mm）

18.0m，底板宽9.5m，翼缘板悬臂长4.25m。桥面设置1.5%横坡，通过不等高腹板形成箱梁，中轴线处梁高由2.0m（跨中）变至4.0m（中支点），梁底下缘采用圆曲线变化。采用悬臂浇筑法进行施工。箱梁标准断面如图2所示。

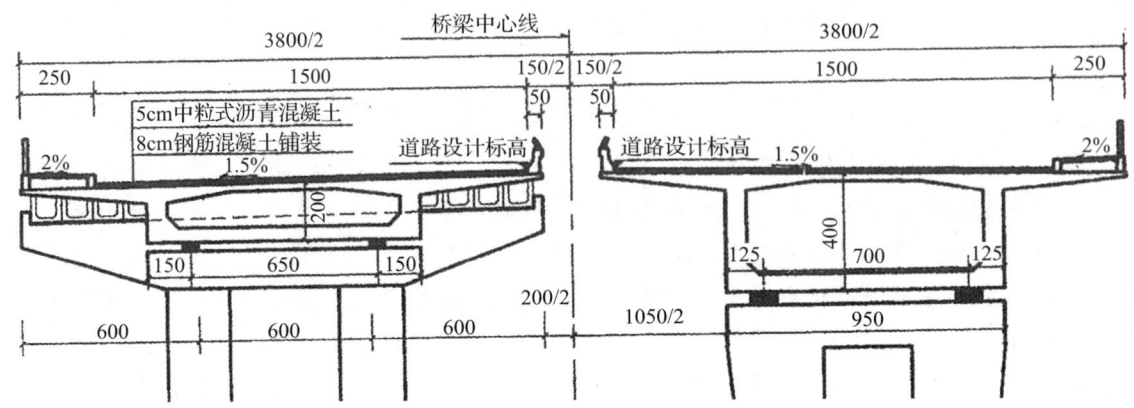

图2 箱梁标准断面图（单位：mm）

桥梁于1999年设计，2002年建成。2018年检测发现腹板斜向裂缝、底板纵向裂缝，2019年9月对桥梁进行了第一次维修加固，后期发现未能有效遏制裂缝的增长，2021年7月5日至2022年3月3日委托相关检测单位对该桥进行特殊检测，结论如下。

承载能力评定结论：静载试验作用下，最大应变校验系数、最大挠度校验系数分别是1.06，1.27，根据《公路桥梁承载能力检测评定规程》（JTG/T J21—2011）主要测点静力荷载试验校验系数大于1时，桥梁承载能力不满足要求。

通过分析桥梁的技术状况，按照《城市桥梁养护技术标准》（CJJ 99—2017）有关桥梁技术状况评定标准对该桥进行评定：左右幅引桥当前的技术状况总体评定分别为84.62分、B级，85.57分，B级。主桥左幅桥面系、上部结构、下部结构的技术状况评估等级分别为C级、E级、B级，桥梁总体技术状况指数为62.77分，评估等级为D级；主桥右幅桥面系、上部结构、下部结构的技术状况评估等级分别为C级、E级、B级，桥梁总体技术状况指数为64.77分，评估等级为D级。

根据检测结果，经多方论证后确定将主桥主梁第四、第五、第六跨的连续变截面预应力混凝土箱梁拆除，于原位新建变截面连续钢箱梁，下部结构与引桥保留利用。

2 方案制订及施工流程

根据桥梁结构及周边环境特点，通过方案比选确定主桥主梁拆除采用逆序双悬臂对称切割拆除施工技术。为保证梁体在拆除时不发生失稳，降低拆除施工的安全风险，减轻拆除节段箱体的质量，增大拆除的作业空间，确定拆除施工的流程为：桥面附属设施拆除→混凝土防护栏、翼缘板拆除→桥下吊装平台施工→墩顶临时固结施工→临时墩架设→中跨合拢段顶板拆除→中跨合拢段腹板及底板拆除→边跨合拢段顶板拆除→边跨合拢段腹板及底板拆除→逆序对称切除，直至0号台块切除完毕。

3 施工难点

主墩周边、中跨、边跨均需设置临时墩组成支撑体系，临时墩由下向上包括钢管立柱底座、钢管立柱、平联、剪刀撑、主梁及分配梁等。拆除过程中上部结构荷载主要由连续梁体内腹板预应力束和临时墩承担，因此主梁分段切割拆除时，如何保持块段内腹板纵向预应力尤为重要。

拆除施工涉及水中吊装作业，需提前进行作业平台填筑施工。当吊物较重时，如何保证400t汽车吊吊装作业过程中的平衡稳定以及所吊构件的相对稳定是确保安全施工的重要环节。

4 拆除设备选择

4.1 切割设备

首选具有噪声小、灰尘少、安全度高、切割速度快等显著特点的切割设备，综合考虑后选用金刚碟式切割机和金刚链式切割机。

4.2 起重设备

该工程桥梁混凝土防护栏和翼缘板切割块的吊装作业采用50t汽车吊进行；箱体切割块的吊装作业采用400t汽车吊进行。

5 拆除施工工艺

5.1 桥面附属设施拆除

5.1.1 桥面铺装层拆除

5cm厚沥青混凝土桥面铺装层通过沥青铣刨机破除，按照从低到高的顺序进行破除施工。凿除的废料由运输车运至指定弃料场。

5.1.2 检查井盖板拆除

小型汽车吊上桥，平板运输车在侧后方接应，先分块拆除检查井盖板，吊装至平板运输车后运送至指定位置存放。

5.1.3 路灯拆除

拆除前，切断电源，剪断接线箱电线，将小型汽车吊开至桥面相应位置，起吊钢丝绳套至灯杆上进行起吊，吊放在侧后方平板运输车上，运至指定位置存放。

5.1.4 自来水管拆除

由于自来水管位于翼缘板下方紧靠腹板位置，拆除时需采用专业设备走行架进行拆除。走行架采用型钢焊接而成，桥面上可以辅助走行，人员在走行架上作业，管道固定于走行架上，分点拆除吊点和型钢，然后每3m一节依次拆除自来水管，拆除下的废料运至指定位置存放。

5.2 混凝土防护栏、翼缘板拆除

5.2.1 混凝土防护栏拆除

混凝土防护栏按事先画好的分段线从上往下进行竖向切割，待竖向切割完毕后，利用50t汽车吊将分段防护栏混凝土块吊稳后沿桥面离防护栏根部约5cm位置进行横向切割，每段长度6m。切割完毕后将混凝土块吊至平板车上，运至指定位置存放。余下防护栏按此方法依次切割，直至全部切割完毕。防护栏切块吊装如图3所示。

5.2.2 翼缘板拆除

翼缘板按事先画好的分段线沿桥宽方向进行切割，待切割完毕后，用50t汽车吊将分段翼缘板吊稳后沿桥面纵向切割，每段长度3m。切割完毕后将混凝土块吊至平板车上，运至指定位置存放。余下翼缘板按此方法依次切割，直至全部切割完毕。翼缘板切除范围如图4所示。

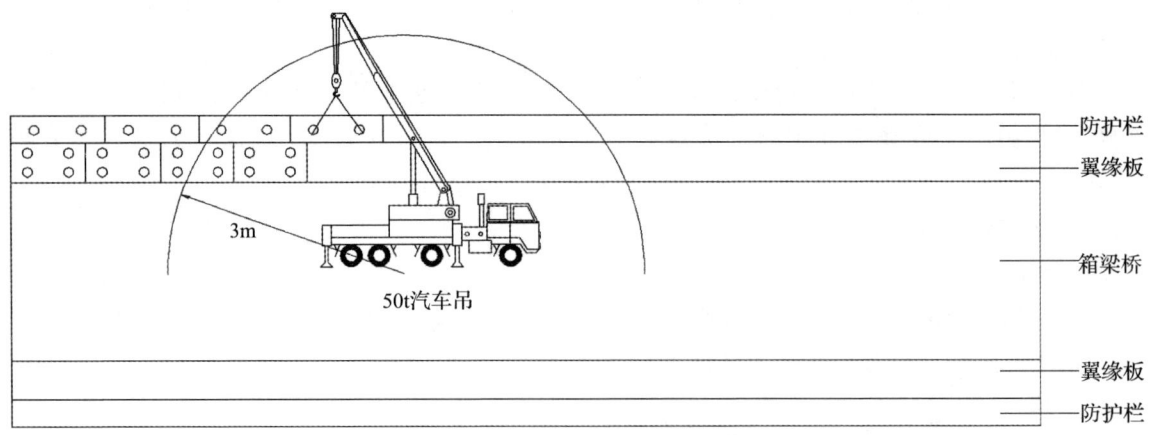

图3 防护栏切块吊装示意图

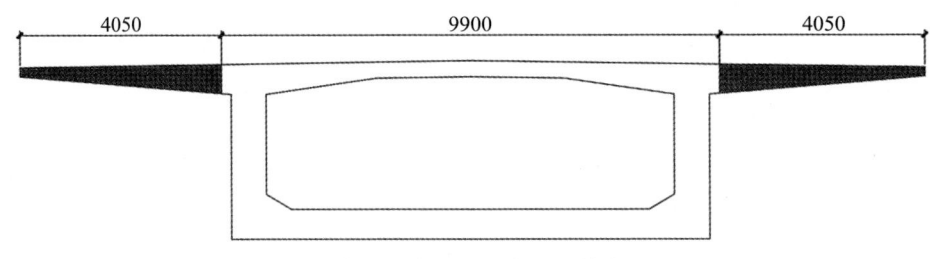

图4 翼缘板切除范围示意图（单位：mm）

5.3 桥下吊装平台施工

桥下吊装平台采用已拆除的混凝土防护栏、翼缘板切块破碎后的废料填筑。标准便道宽度为10m，吊装平台区域便道宽度为14m，设置坡度不小于0.3%的纵坡，最大纵坡坡度不大于9%，横坡坡度为2%，施工便道边坡坡率为1∶1。填筑完毕后，通道两侧用$\phi48mm\times3.5mm$的钢管设置定型护栏，并设置危险警示标志。挂设绿色的密目网。

5.4 墩顶临时固结施工

为避免主梁拆除时发生倾覆，节段拆除前需设置墩顶临时固结。将梁段下部缝隙清理干净，在侧面安装模板并堵漏，然后从主梁侧面浇筑自流平砂浆对原有临时固结部位进行注浆补强作业。

5.5 临时墩架设

临时墩从下至上依次由钢管立柱底座、钢管立柱、平联、剪刀撑、主梁及分配梁等组成。钢管立柱采用$\phi600mm\times10mm$钢管，相邻立柱间采用$\phi273mm\times7mm$钢管平联，剪刀撑采用槽16a型钢。主梁采用三支工45a型钢，分配梁采用双支工32a型钢，在箱梁底板处，采用钢楔块将箱梁与分配梁塞紧。

5.6 顶板拆除

顶板按事先画好的分段线沿桥宽方向进行切割，待切割完毕后，用400t汽车吊将分段顶板吊稳后沿桥面纵向切割，节段最大长度3m。切割完毕后将混凝土块吊至平板车上，运至指定位置存放。余下顶板按此方法依次切割，直至全部切割完毕。顶板切除范围如图5所示。

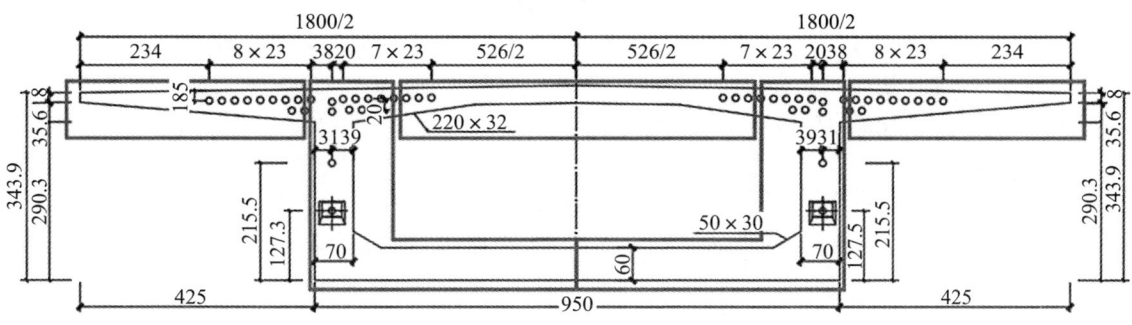

图 5　顶板切除范围示意图（单位：mm）

5.7　腹板及底板拆除

腹板及底板切割按事先画好的分段线沿桥宽方向进行切割，待切割完毕后，用 400t 汽车吊将分段腹板及底板吊稳后沿桥面纵向切割，节段最大长度 3m。切割完毕后将混凝土块吊至平板车上，运至指定位置存放。余下腹板及底板按此方法依次切割，直至全部切割完毕。腹板及底板切除范围如图 6 所示。

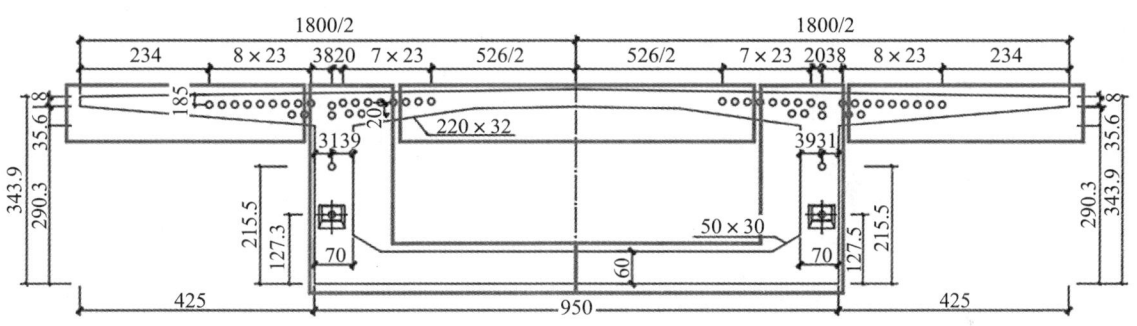

图 6　腹板及底板切除范围示意图（单位：mm）

6　拆除工艺仿真模拟计算

拆除施工前期准备阶段，为了验算整个拆桥施工的可行性，采用了有限元软件 midas Civil 2020（V1.1.1）对主桥建立空间梁单元模型，计算模拟了包括建桥时悬臂浇筑施工顺序、拆除时梁体的临时支撑体系、翼缘板切割、合拢段拆除、悬臂浇筑施工顺序逆顺序依次拆除等多个阶段，通过对各阶段的内力进行分析计算，确保桥梁拆除施工时每一环节均满足要求。

7　结语

随着我国连续梁桥大规模的建设与发展，现如今连续桥施工技术已经非常成熟。但任何桥梁都有其使用寿命，或是一些客观因素导致现有的一些桥梁难免需要进行拆除和改建。由于逆序双悬臂对称切割拆除施工技术的有关文献并不多见，同时该拆除工程前期工作准备充分，技术工艺科学合理，施工工序安排恰当，并且旧桥拆除过程中高效、安全、可靠，因此结合此次实桥拆除工程的心得形成此文，为我国此类型桥梁拆除施工积累了成功的实践经验。

参考文献

[1] 中华人民共和国住房和城乡建设部. 城市梁桥拆除工程安全技术规范：CJJ 248—2016 [S]. 北京：中国建筑工业出版社，2016.

[2] 中华人民共和国交通运输部. 公路桥涵施工技术规范：JTG/T 3650—2020 [S]. 北京：人民交通出版社，2020.

[3] 王凤存，艾磊. 城市预应力混凝土箱梁旧桥拆除施工技术 [J]. 公路，2013，58（2）：100-106.

[4] 邱豪侠，赵国强，徐伟忠. 预应力混凝土连续梁桥拆桥施工受力特性研究 [J]. 上海公路，2020（3）：64-68.

第 2 篇

地基基础与处理

地下室抗浮施工技术探讨

周宏达

湖南建工集团有限公司　长沙　410000

摘　要：地下室工程已成为现代建筑的重要组成部分，随着地下空间的不断开发利用，地下室的抗浮问题成为确保建筑安全稳定的关键环节。本文阐述了地下室抗浮施工的重要性，对地下室工程常见抗浮施工方法做了归纳。通过某高层建筑地下室的施工实例，详细介绍了地下室抗浮锚杆施工技术，旨在为类似工程地下室抗浮施工提供借鉴与参考。

关键词：地下室；抗浮施工；抗浮锚杆

1　前言

随着城市化进程的加快，地下空间的开发利用已成为解决城市土地资源紧张的重要途径。地下室工程作为地下空间的重要组成部分，其建设质量和安全性能直接关系到人们的生命财产安全和城市的可持续发展。在地下室工程建设中，抗浮施工是不容忽视的重要问题，特别是在水位较高的地区，地下室的抗浮施工尤为重要，全国每年发生不少因地下室整体上浮而造成的承重柱、剪力墙剪切破坏从而影响建筑结构安全的工程质量事故，造成了重大的经济损失。因此，探讨和研究地下室抗浮施工技术，对于确保地下室工程结构安全，提升建筑质量、保障人民生命财产安全具有重要意义。

2　常见地下室抗浮施工方法及其基本原理

目前，常见的地下室抗浮施工方法主要有两种。一种为抗力平衡型，即通过结构配重、设置抗浮桩或抗浮锚杆等增加结构自身抵抗浮力的能力，使抗力与地下水浮力平衡来达到建筑物稳定的目的。另一种是浮力消除型，即通过疏排水措施，使地下水位保持在预定的标高之下，减小或消除地下水引起的建筑物浮力，从而达到抗浮的目的。现阶段实现抗力平衡主要采取配重法、抗拔桩法和抗浮锚杆法等。

2.1　配重法

配重法是一种通过增加建筑物重量以对抗水浮力的方法。通常选择增加底板的回填土或加厚建筑物的底板来实现。增加底板的回填土受力会比较均匀，且不需要增加底板及顶板配筋，成本较低。但其适用条件有一定限制，即水浮力不大且回填深度不大于 2.0m 的情况，若回填土超过 2.0m，抗浮性价比就会大幅下降，增加底板厚度则底板配筋及截面均会增大，成本较高。

上述配重法均存在明显缺陷，因其增加的回填土或混凝土体积会排开相同体积的水，新增的混凝土或回填土只能依靠其浮重度来抵抗浮力，必然导致抗浮性能不佳。此外，结构整体重量的增加也可能引起地基沉降，考虑到上述因素，配重法更多地被应用于水浮力较小或仅需局部抗浮的情形。

2.2　抗拔桩法

抗拔桩法是一种利用桩与土之间的摩擦力来抵抗水浮力的方法。按成桩方式抗拔桩可分为灌注桩和管桩。灌注桩一般为柱下布桩，利用桩承台作为抗浮柱帽；管桩布桩则根据地下水浮力大小进行灵活布置，当水浮力较小时可采用柱下一柱一桩，水浮力较大时则增加桩至底板跨中位置，跨中桩数需根据抗浮需要计算确定。抗拔桩法常用于地基承载力无法作为持力层的情况，因建筑物承重本身需要采用桩基础，此种情况，可将桩基础设计为同时抵抗水浮力的抗拔桩。

在同等地质条件下，抗拔桩采用管桩比采用灌注桩更经济合理，主要原因如下：（1）管桩作为挤土桩，在沉桩过程中，会对周围土体产生挤压作用，桩身与土的摩阻力大于非挤土桩的灌注桩；（2）桩身体积与桩径的平方成正比，而桩侧摩阻力仅与桩径成正比，桩径越大，抗浮力增加越小，管桩直径通常比灌注桩更小，经济性更好；（3）管桩布桩方式灵活，当水浮力较大时可将管桩布置在底板跨中位置，减小底板跨度，有效缩短水浮力传递至管桩的路径，减小底板抗浮设计配筋，减少工程造价。

灌注抗拔桩缺点是采用泥浆护壁的灌注桩，通常由于泥皮过厚导致抗拔力无法达到设计要求，所以一般只考虑嵌岩段的摩阻力抗拔，或者通过桩端、桩侧后注浆冲刷泥皮来保证其抗拔承载力；而采用管桩抗拔时，遇到地下砂层较厚或较密实时，则可能出现管桩无法打穿砂层而达不到抗拔有效桩长。

2.3 抗浮锚杆法

抗浮锚杆通常由锚杆、注浆体和锚固体等组成，其原理与抗拔桩相似，水浮力通过基础底板传递给锚杆，通过锚杆传入锚固土体或岩层中来达到抗浮的目的。抗浮锚杆布置方法主要有集中点状布置、集中线状布置与面状均匀布置。

（1）集中点状布置。通常布置在柱下，优点是可以充分利用上部结构传来的竖向力来平衡部分水浮力，经济性较好，同时由于锚杆布置集中，可方便地下室底板外防水施工。缺点是必须锚固在坚硬岩体中，不适用于软岩与土体，而且由于局部锚杆较密，锚杆施工不方便。

（2）集中线状布置。一般布置于地下室底板梁下，优点是锚杆布置相对集中，防水施工方便，且对于个别锚杆承载力不足的情况，由于有较多的锚杆分担，仍有较强的抵抗力。缺点是不能充分利用上部结构荷载来平衡水浮力，不适用于软岩与土体。

（3）面状均匀布置。在地下室底板下均匀布置，优点是适用于所有土体和岩体。缺点是不能充分利用上部结构荷载平衡水浮力，且由于锚杆布置相对分散，对地下室底板外防水施工影响较大。

抗浮锚杆法还具有施工设备简易，占地面积小，可多台设备同时施工等特点。

2.4 消除水浮力方法

2.4.1 盲沟排水法

盲沟排水法是在地下建筑外墙四周或底板底部，系统地布置永久性的排水盲沟，当地下水达到盲沟标高处时，水通过集水管上的空洞进入集水支管，再通过集水支管汇集到集水井，然后通过排水总管流入流泥井。在流泥井处设置抽水泵等机械排水设备或是由排水管道直接排入天然河道或雨水系统。只要能确保盲沟通道内的水能流出，盲沟的标高可随意调低，从而可有效地降低地下水位。盲沟排水法优点是排水效率高、造价低、施工方便，盲沟的设计和建设需要考虑盲沟的长度、宽度、深度和截面积；缺点是容易淤塞、清淤困难。

2.4.2 截排减压法

截排减压法是截排联合的抗浮手段。原理是利用基坑开挖时设置的止水帷幕，如地下连续墙，搅拌桩或旋喷桩等"截"，阻止地下水流进入基坑内部，从而降低地下水位。利用减压井等结构"排"，在地下结构周围设置降水井或排水管道，将地下水引入井内或管道内，降低地下水位。减压井采用无砂混凝土，设计成方便维护、易维修的结构，减小其淤堵概率，确保长期有效运转。

2.5 支护桩兼做抗浮措施

支护桩兼做抗浮措施的原理是利用支护桩的承载能力来抵抗地下水对建筑物的上浮力。支护桩一般具有较大的直径和较深的埋入深度，因此具有较高的承载能力和稳定性。通过将支护桩与建筑物的底板或基础连接起来，形成一个整体，可以有效地将地下水浮力传递到支护桩上，从而保证建筑物的稳定性。

支护桩兼做抗浮措施的优势在于可以有效地提高建筑物的抗浮能力，保证建筑物的安全使用。同时，可以减少其他抗浮措施的使用量，降低工程成本。其应用局限性在于支护桩兼做抗浮措施可能受到工程占地面积、地质条件、地下水情况等因素的条件制约，针对地下室长宽均较大，即使地下结构满足整体抗浮要求，也将引起结构内部较大的应力，继而引发其他问题。此外，对支护桩成桩质量和稳定性均有较高要求。

3 实际地下室抗浮锚杆施工

3.1 项目概况

中广天择总部基地二期工程项目总建筑面积152142.08m^2，其中2号酒店式办公楼为地上28层，地下2层，建筑高度99.85m，建筑面积41758.21m^2；3号配套商业楼为地上3层，地下2层，建筑高度15.6m，建筑面积6414.41m^2；4号孵化器办公楼为地上33层，地下2层，建筑面积62284.22m^2，建筑高度135.6m；二期地下室为地下2层，建筑面积41685.24m^2，建筑高度7.5m。

3.2 抗浮设计

项目抗浮采用了抗浮锚杆设计。项目抗浮设计水位为33.00m（相对标高为-1.450），抗浮锚杆设计配筋为2φ28的1590根，2φ25的848根，共计2438根，基础间设置抗浮止水板，厚度为500mm。抗浮锚杆设计直径250mm，锚杆长度进入圆砾层不小于10m。

3.3 抗浮锚杆施工工艺

抗浮锚杆施工工艺流程主要为：定位放线→钻孔设备安装及就位→成孔→清孔→成孔质量检查→注浆→锚杆吊装（图1）。

（1）定位放线

依据事先经规划部门、建设、监理单位验收合格的控制桩，投设轴线控制线，根据锚杆平面布置图中与各轴线的位置关系定出锚杆位置，弹十字线，并用红油漆做出标记。

（2）钻孔设备安装及就位

由于在基坑底部、基础垫层以上施工，根据本工程的特点，采用XY-1型潜孔钻车、空压机风动循环

图1 抗浮锚杆施工

进行施工。施工中钻机就位要求符合规范规程要求，必须保证水平、周正、稳固、安全、可靠，确保施工中不发生偏移、移动等，其偏差不超过规程要求。孔位中心布置及设备就位准确度由乙方定位，报甲方与监理确认。

（3）成孔

根据该工程地层条件，采用XY-1型潜孔钻车、潜孔锤，每部钻车配备一台12m³中风压空压机风动循环进行施工。钻机就位前应对锚杆位置进行复核，钻机定位应准确、水平、垂直、稳固。启动钻机，按照设计深度进行钻孔。在钻孔过程中，注意观察岩土层的变化和钻机的运行状态。完成钻孔后，对孔径和孔深进行检查和记录。锚杆成孔的质量直接影响到锚杆的锚固力和抗浮效果。钻孔垂直度允许偏差宜小于1%，孔位允许偏差应为±50mm。

（4）清孔

锚杆孔终孔后，利用高压空气将沉渣排出，直至孔内沉渣厚度小于20mm，为了保证施工质量，必要时注浆前要进行二次清孔，将孔内沉渣和积水清理干净。

（5）成孔质量检查

根据成孔工艺流程要求，成孔结束后，由质量员和监理单位对成孔质量进行检查验收，检查的主要内容为孔深、孔径、孔斜、沉渣厚度等是否达到设计或规范要求，检查合格后，方可灌注水泥砂浆。

（6）注浆

按照设计要求的比例配制砂浆。注浆时把导管孔周边清理干净，确定不把灰尘、石屑掉入导管孔内→插入锚杆杆体并用木方顶住固定→注入水泥砂浆，以满为止→灌满导管孔后，用木杆向孔内振捣，确认孔内空气、水分冒出导管孔→静止5min后（一次灌浆后出现回缩现象，要不断补浆，直至孔中无回缩为止）进行二次灌浆→12h后进行锚杆孔补浆、清理。注浆顺序应按跳孔间隔注浆方式进行，并在注浆完成后取出导管。待水泥浆凝固后（灌浆后24h），进行锚杆周边清理，并逐一检查验收。

（7）锚杆吊装

将预先制作好的锚杆吊装到成孔位置。缓慢下放锚杆，确保锚杆能够顺利进入成孔。对锚杆进行固定和调整，确保锚杆的位置和角度符合要求。

3.4 施工注意事项

（1）本工程注浆采用M30水泥浆，黏结强度标准值不小于2.4MPa。

（2）水泥砂浆配合比按有资质的实验室出具的配合比进行配比。

（3）灌注过程严格按照工艺流程进行，将砂浆灌入孔内，灌满为止，再将抗浮锚杆下入孔内。

（4）水泥砂浆材料及注浆要按要求。

（5）水泥砂浆严格按配合比要求进行拌制。

（6）锚杆钢筋搬运时，应平稳操作，防止钢筋发生变形。安放时要平稳、垂直插入孔内，严禁强行插入孔内，若因混凝土沉淀或沉渣等因素放不下去，必须用潜孔锤进行二次扫孔、清孔。防止钢筋在孔内倾斜、弯折。

（7）不稳定地层中施工宜采用套管护壁钻进。

（8）筋体入孔后、注浆前应清除孔内碎屑，对塌孔、孔壁变形应进行处理。

（9）注浆管随筋体一同放入钻孔，筋体伸出基坑底面不应少于设计锚固长度的1.2倍。

（10）筋体在孔口处应固定，在注浆体达到设计强度的70%前不得晃动、牵拉或碰撞。

3.5 质量检验标准

锚杆的质量检验标准见表1。

表1 锚杆的质量检验标准

项目	序号	检查项目		允许偏差或允许值	检查方法
主控项目	1	锚杆杆体长度（mm）		+100/-30	钢尺测量
	2	锚杆拉力设计值		设计要求	现场拉拔试验
一般项目	1	锚杆位置（mm）		+/-100	钢尺测量
	2	钻孔倾斜度（°）		+/-1	测斜仪等
	3	浆体强度		设计要求	试样送检
	4	注浆量		大于理论计算浆量	检查计量数据
	5	杆体插入长度	全长黏结型锚杆	不小于设计长度的95%	钢尺测量
			预应力锚杆	不小于设计长度的98%	

3.6 抗浮锚杆工程应用效果评价

该工程抗浮设计采用抗浮锚杆施工措施，锚杆系统稳定可靠，注浆体密实无空洞，与结构底部土体结合紧密，锚杆锚固力达到了设计要求，在实际施工中取得了不错的抗浮效果。在施工后的三年间，该工程经历了多次极端暴雨天气，河流水位和地下水位暴涨，该工程均未发生任何地下室上浮的现象以及相关质量问题，抗浮锚杆措施有效地抵抗了地下水浮力对建筑物的影响，确保了建筑物的安全稳定，目前该项目已正常交付使用。

4 总结

本文归纳了地下室工程常见抗浮施工方法，介绍了中广天择总部基地二期工程建筑地下室的施工实例，该工程采用抗浮锚杆施工技术是其综合了水文地质条件、结构形式、建筑质量、防水施工以及经济性后做出的设计方案。在实际工程中，抗浮措施项目应结合自身情况通盘考虑，利用有利条件，比选出最适合的抗浮方案，并做好严格的质量控制和验收。在保证安全的前提下，节约造价，节省工期，实现产品溢价。

参考文献

[1] 周勇. 地下结构抗浮问题探讨及应急处理措施［J］. 工程与建设，2023，37（4）：1190-1192.
[2] 胡亚召，张小文. 成都市地下空间开发对地下水循环影响研究［J］. 地下水，2023，45（4）：94-98.
[3] 尹霄，马运超，阳红. 绵阳市城区典型地段抗浮水位选取建议［J］. 四川地质学报，2022，42（3）：429-431.

基于 Midas GTS NX 的长沙机场中轴大道深基坑预警区域有限元分析

郭 昕

湖南建工集团有限公司 长沙 410015

摘　要：长沙机场中轴大道项目超长地道中较关键的施工节段在 2023 年底施工期间深基坑监测数据持续预警，项目部根据监测各项数据、设计情况、现场巡查情况等综合研判，采用 Midas GTS NX 有限元方法对预警区域稳定性、位移和受力情况等参数进行了分析，并结合相关数据对此区域提出了对应的处治意见，有效解决了警情。

关键词：深基坑；预警；有限元；长沙机场

工程中边坡、深基坑预警事故时常发生，若不及时对警情进行分析、处治，则极易引发安全生产事故，乃至造成人员财产损伤。例如，2023 年 2 月 3 日湖南冷水江布溪街道一处工地发生基坑坍塌；2020 年 11 月 23 日广东广州市增城区派潭镇高滩村发生一起施工边坡坍塌事故，事故造成 4 人死亡；2022 年 7 月 23 日甘肃白银发生重大边坡坍塌事故。边坡、深基坑失稳滑塌已是工程领域的一项重大安全隐患，各项规范也对基坑的安全监测提出了相关具体要求。

行业内运用数值模拟等方法对深基坑、边坡各项计算已相当成熟，可供参考学习，进行稳定性分析。张鹏等运用 Midas GTS 对深基坑开挖过程进行模拟，指导施工阶段基坑监测方案及布设；张化进等建立了基于改进 D-S 证据理论选择性集成的边坡稳定性评价方法，为边坡稳定性初步评价提供方法依据；赵玉凯等通过建立 FLAC3D 计算模型，研究计算过程中边坡体应变的变化曲线，探究了边坡失稳过程中体应变变化规律；邓智中等运用不同本构模型对深基坑开挖过程进行数值模拟，结合循环神经网络模型和有限元模型优化调整，有效减小了预测误差；郭延辉等运用 Midas GTS 模拟深基坑开挖对周围管线的影响，为类似工程提供一定的参考。

1　工程概况

长沙机场中轴大道项目由湖南建工集团有限公司承建，全长 4.5km，其中含超长明挖现浇混凝土地道 1 条，桩号里程为 K0+560~K2+940，共 2380m，含 65 个仓段，6 大施工区。该项目开挖深度范围 0.75~16.10m 不等，全工段均采用了深基坑监测以指导安全生产，并采取日报制度对施工区域稳定性进行实时通报。

2023 年 11 月开始，对 C 地道 26~30 仓工区进行施工，该段与地铁车站、磁浮站、航站楼 B 指廊均有交叉，是 2004 年前解决工程进度、推进机场改扩建工程完成考核节点的重要工区。由于各施工单位区域交叉施工，现场材料和设备堆积较多、转运困难且受降雨影响，于 2023 年 12 月初，监测单位持续对本区域提出预警，尤其以 28 仓位移监测值最大。此时，地道中固定施工人员超百人，若基坑失稳造成垮塌事件，会对工程造成不可估量的影响，因此项目部结合实际情况，对预警区域开展了有限元计算分析，为后续的处治方案制定提供参考。

2 模型建立

以失稳情况最为严重第 28 仓典型断面为研究对象,采用有限元计算软件 Midas GTS NX 进行模拟计算,边坡整体稳定性计算采用软件内嵌强度折减法进行稳定性分析。岩土材料定义为摩尔-库仑本构模型,锚杆材料定义为线弹性结构。模型尺寸为 74.61m×25.95m,边坡高 14.8m,由上至下,各土层分别为①-2 素填土、④-1 粉质黏土、⑦-1 泥质粉砂岩和⑦-2 泥质粉砂岩,结构面厚度为 1mm,产状为 291°∠21°。设计剖面图、模型尺寸图如图 1、图 2 所示。

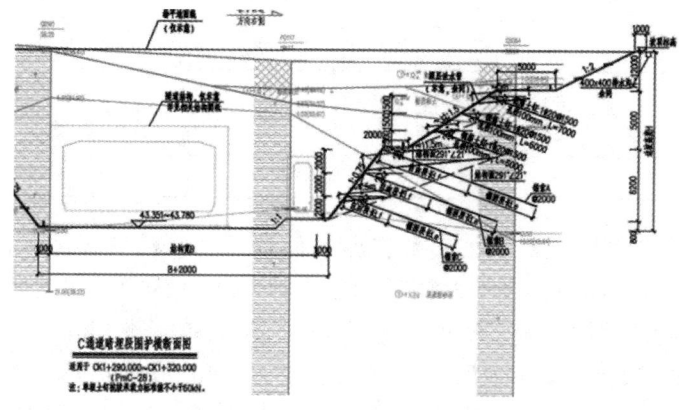

图 1 第 28 仓边坡设计剖面图

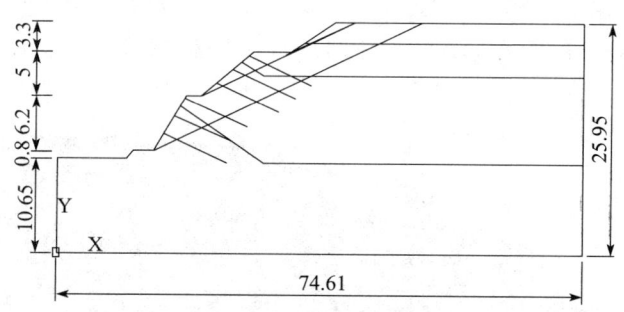

图 2 模型尺寸图

根据勘察报告,模拟分析所需主要岩土体力学参数见表 1。

表 1 岩土体力学参数

岩土名称	天然重度 (kN/m³)	饱和重度 (kN/m³)	正常条件（工况Ⅰ）		饱和状态（工况Ⅱ）	
			黏聚力 c(kPa)	内摩擦角 φ(°)	黏聚力 c(kPa)	内摩擦角 φ(°)
压实填土	19.0	19.5	15	20	13	17
①-1	18.5	19.0	3	10	2	8
①-2	18.0	18.5	3.5	7	3	6
③-1	14.5	14.5	5	3	5	3
③-2	17.6	17.6	3	5	3	5
④-1	18.2	18.7	8	6	6	4
④-2	19.2	19.7	25	12	20	9

续表

岩土名称	天然重度（kN/m³）	饱和重度（kN/m³）	正常条件（工况Ⅰ）		饱和状态（工况Ⅱ）	
			黏聚力 c(kPa)	内摩擦角 φ(°)	黏聚力 c(kPa)	内摩擦角 φ(°)
④-3	19.8	20.3	32	16	30	13
⑦-1	20.4	20.4	15	25	15	25
⑦-2	23.2	23.2	300	35	300	35

结构面设计参数见表2。

表2 结构面设计参数

岩土名称	黏聚力 c(kPa)	内摩擦角 φ(°)
⑦-1	20	12
⑦-2	50	18

根据现场实际条件及相关经验，模型边界条件选择为：模型底部采用固定约束（约束水平变形、竖向变形及转动），模型两侧采用辊支撑约束（约束水平变形及转动），上部及坡面为自由边界。设计文件显示，基坑坡顶外侧15m范围内严禁堆载，临时活载不得大于20kPa，因此坡顶施工荷载通过添加压力实现，坡面15m以外荷载20kN，15m以内荷载5kN；土钉和锚索采用Midas GTS NX内嵌锚建模助手添加，锚索、土钉、坡顶荷载施加如图3所示。根据长沙地区资料，小雨、暴雨工况下的雨量分别为10mm/d和100mm/d，模拟采用连续降雨7d，以研究边坡在最不利降雨条件下的稳定性情况。根据渗流场计算结果，在暴雨工况下，边坡各土层均已达到饱和状态，无非饱和区域，即所有参数均取饱和参数。

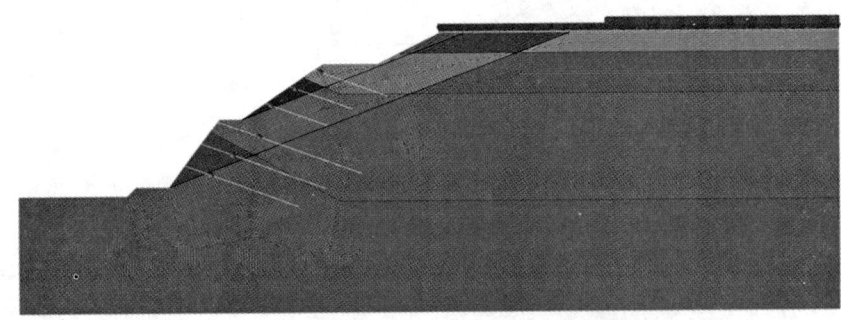

图3 支护措施及外部荷载施加后模型图

根据上述条件建立好相关计算模型后，进行有限元计算。

3 有限元分析

3.1 稳定性分析

选取第28仓计算数据进行分析，随着雨量的增大，边坡安全系数也随之降低；在不考虑锚索索力衰减的前提下，正常和小雨工况安全系数分别为1.53和1.38，暴雨情况下边坡安全系数小于1.2，暴雨情况下边坡可能失稳。不同工况下边坡稳定性计算云图如图4、图5所示。

图 4 小雨工况下边坡稳定性分析结果图

图 5 暴雨工况下边坡稳定性分析结果图

根据图可知，边坡发生破坏的区域主要位于顶部填土和粉质黏土区域，原因是该层抗剪强度低，土质较差；当边坡失稳时，滑移体大小会随雨量的增大而增大；在较多雨量边坡破坏时，滑移面会沿结构面发展，但由于结构面性质较好，而且底部有锚索和土钉作用，致使结构面较为稳定，滑移体主要沿素填土和粉质黏土层发展。结合现场巡查情况显示，坡面主要情况为：靠近坡顶位置出现裂缝、顶部硬化部位可见泥浆上泛（内部存在脱空），与拟合分析情况基本吻合。

3.2 变形计算

3.2.1 坡顶沉降

由上所知，当暴雨工况下边坡可能失稳，因此对于该工况下的沉降等位移模拟计算已不具参考价值（数据大至米级，体现为出现明显垮塌现象），仅对天然、小雨工况下坡顶沉降计算和分析：天然工况下地表隆起 4.08mm，坡顶最大沉降 16.8mm；小雨工况下地表最大沉降位于坡顶，沉降达到稳态时，坡顶最大沉降约 7.57mm。计算云图如图 6 和图 7 所示。

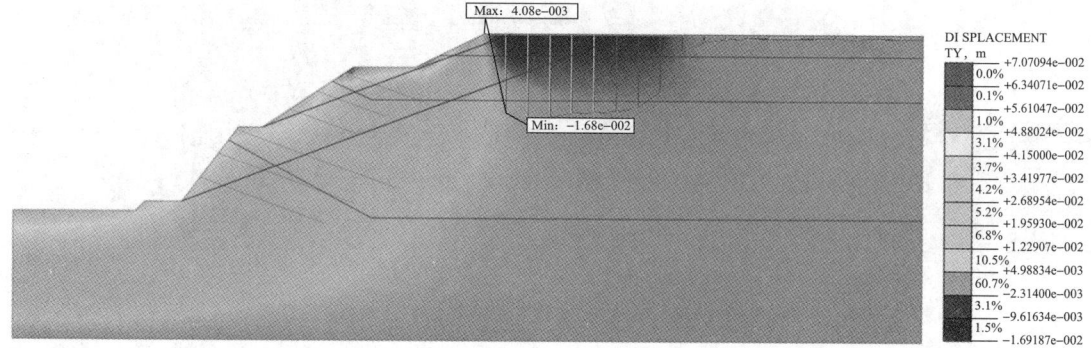

图 6 天然工况下坡顶沉降计算结果云图

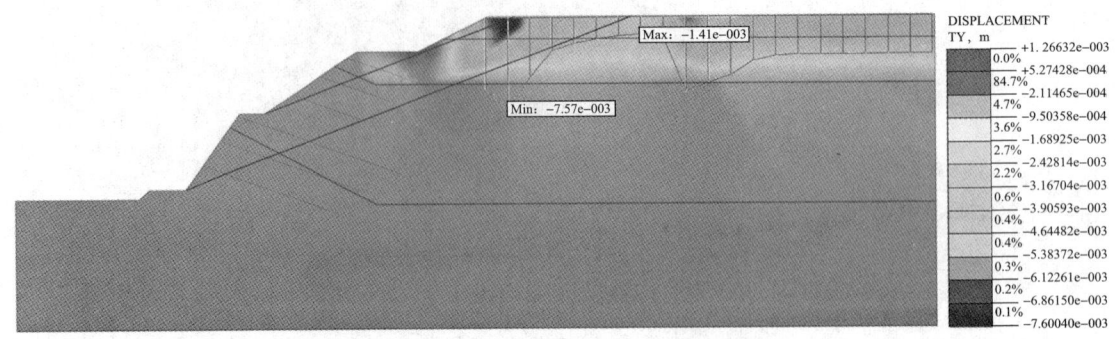

图7 小雨工况下坡顶沉降计算结果云图

由图可知，施加了相关荷载的部位，该区域沉降明显要比远离基坑区域大，且降雨对沉降影响明显，根据监测数据显示，日沉降量达到了二级预警标准（为2~4mm/d），需要引起注意。

3.2.2 水平位移

同理，对天然、小雨工况下进行坡顶水平位移计算：天然工况下坡顶最大水平位移约6.73mm、第一级坡坡面最大水平位移约18.5mm；小雨工况下，坡顶最大水平位移位于坡顶，变形达到稳态时，最大位移约4.64mm；第一级坡坡顶位移约4.53mm，坡底位移约7.67mm。结果云图如图8和图9所示。

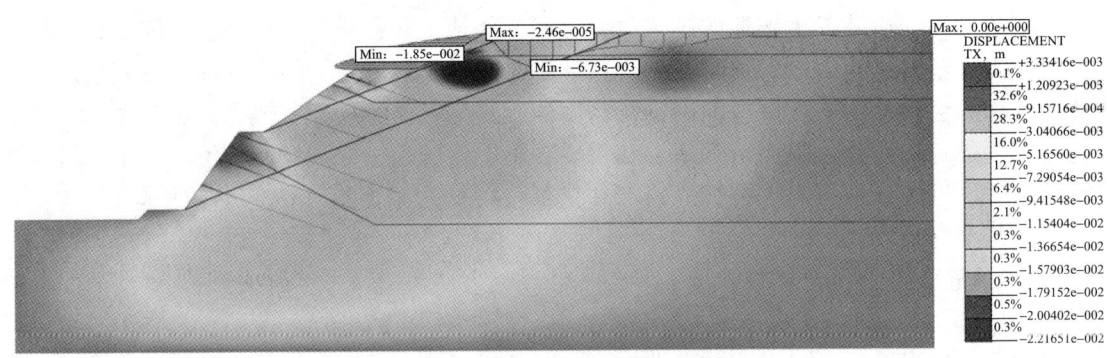

图8 天然工况下坡顶水平位移计算结果云图

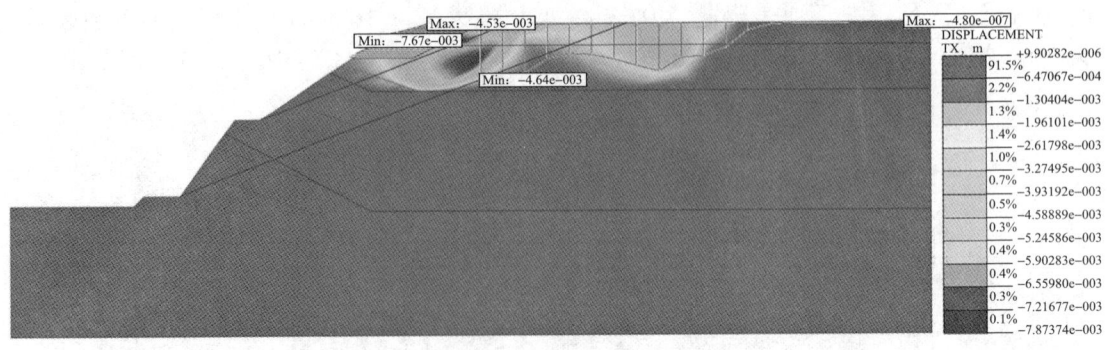

图9 小雨工况下坡顶水平位移计算结果云图

由图可知，出现明显水平位移的区域均处于上部，主要是受荷载的影响，而基坑下部采用了锚索加固，此刻稳定性较好。

3.2.3 深层水平位移

对天然、小雨两种工况下进行深层水平位移计算：第二级坡坡面最大水平位移约 7.74mm，第三级坡坡面最大水平位移约 7.44mm；降雨后，坡面水平位移随深度增大而减小，最大处位于第二级坡坡顶，变形达到稳态时，第二级坡坡顶变形约 1.12mm，第三级坡最大变形约 0.02mm。计算云图如图 10 和图 11 所示。

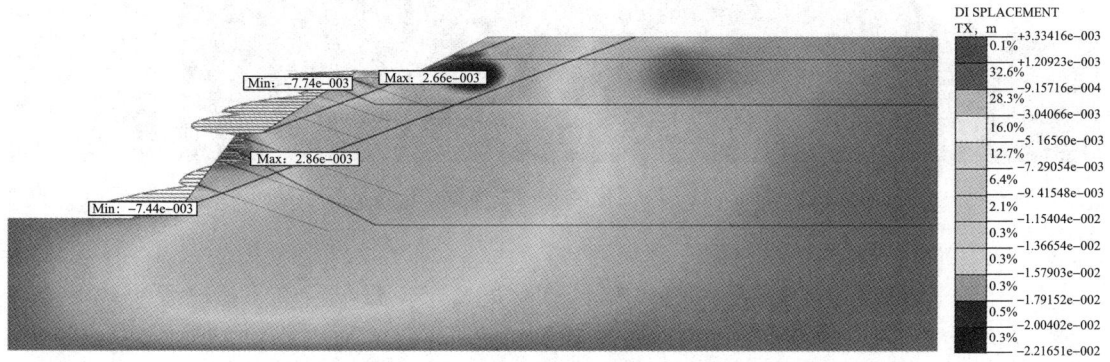

图 10　天然工况下坡面水平位移计算结果云图

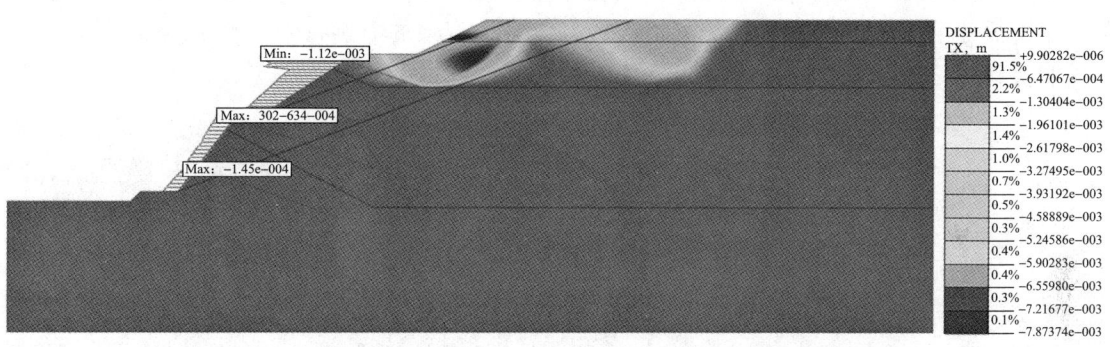

图 11　小雨工况下坡面水平位移计算结果云图

深部位移主要反映坡体的整体稳定性及可能出现滑移的结构面位置。由计算结果和云图可知，随着降雨的增大，雨水下渗在上层土体逐渐至饱和状态前，土体孔隙出现短暂的承压水，使边坡变形减小（图 10 与图 11 位移区域对比较为明显）；但随着降雨的加大，上部达到暂时饱和状态，土体抗剪强度降低，下渗入边坡内的雨水较多，使土体含水率显著增加，边坡的重度增幅较大，土体的基质吸力进一步降低，以上因素共同作用下会最终使得边坡发生较大的变形。参考 12 月份的天气情况，存在此极端情况的可能。

3.3　锚力损失下对边坡稳定性及边坡变形情况影响

3.1、3.2 节已对暴雨工况下锚索标准值 100%的边坡稳定性及边坡变形情况进行计算分析，考虑到现场存在锚力衰减且受限于天气影响难以及时补充的可能，现设定暴雨工况下锚索标准值 60%的情况为最不利情况进行计算分析，为预案的制定提供参考。

3.3.1 锚力损失下对边坡稳定性的影响

暴雨工况下锚索标准值 60%边坡稳定性分析结果显示，此时稳定系数为 1.11，边坡存在明显的失稳风险；边坡发生破坏的区域均主要位于顶部填土和粉质黏土区域；锚索标准值的损失也会导致滑移体的范围增大，但影响较小。由于结构面性质较好，锚索和土钉作用下结构面较为稳定，锚力损失情况下对边坡下半区域影响较小。计算云图如图12所示。

图12　暴雨工况下锚索标准值60%边坡稳定性分析结果图

3.3.2　锚力损失下对边坡变形的影响

暴雨工况下锚索标准值60%坡顶沉降计算结果显示，降雨后，坡顶已发生较大变形，竖向沉降值达1.24m；坡面水平位移随深度增大而减小，最大处位于第二级坡坡顶，变形达到稳态时，第二级坡坡顶变形约8.68mm，第三级坡最大变形约0.09mm。由此结合前文稳定系数分析结果可知，最不利工况下，边坡存在失稳风险，但主要滑移区域仍处于开挖线上部，下部属于岩性，利于稳定、加固措施较好，索力衰减的影响有限，暂不会出现垮塌。

相关计算云图如图13~图15所示。

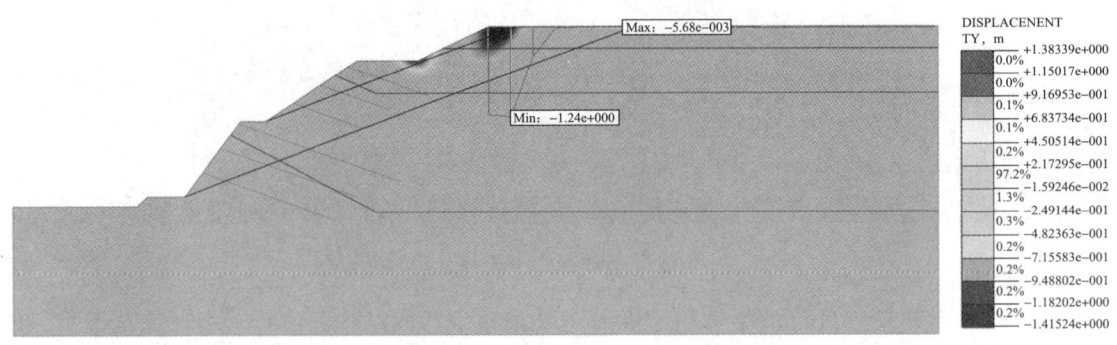

图13　锚索标准值60%坡顶沉降计算结果云图

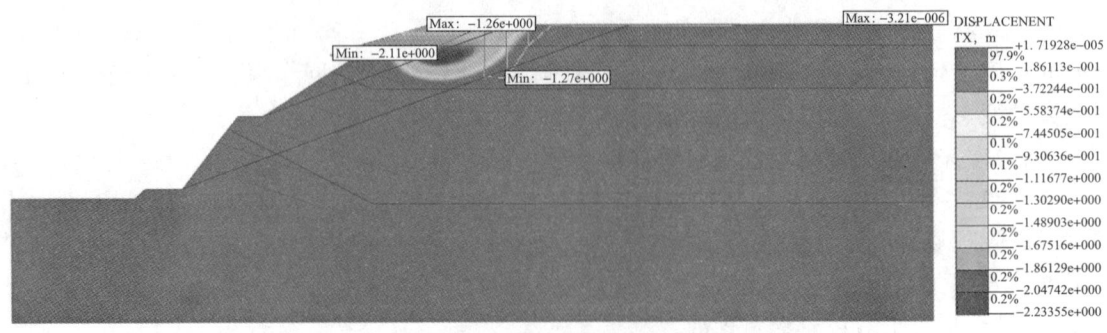

图14　锚索标准值60%坡顶水平位移计算结果云图

图 15　锚索标准值 60%坡面水平位移计算结果云图

基于上述分析，并结合现场巡查情况，项目部总结出的预警原因及采取的相关处治措施如下。

（1）虽按设计要求本项目未在禁止范围内有堆载，且严格控制了周边荷载，但由于交叉施工区域的特殊性，其他施工单位的盘扣、钢筋、大钢模等重物有堆积现象，且第 28 仓周边存在有一台汽车吊进行了短暂停留施工，导致了荷载超出原设计预想，敦促其及时驶离，有效减轻了附近荷载。

（2）硬化路面受压产生裂缝后由于降雨影响，雨水下渗导致土体稳定性下降，后续抓紧对裂缝进行了修复，避免雨水继续入渗。

（3）加强了现场巡查并将此次出现险情的情况通报其他工区，举一反三，排除隐患。

4　小结

（1）通过有限元软件分析，对预警区域的稳定性、位移情况及可能出现滑坍区域进行了模拟计算，得到了可能出现险情的结论，并对相关区域进行了简单划定，为相关应急处治措施提供了参考。

（2）结合现场堆载情况对有限元计算出现的结果进行了总结分析，发现了现场管理可能存在的安全隐患源头，对长沙机场改扩建工程这一交叉施工多、参加单位多、未周转材料设备多的特殊复杂重点工程容易出现的疏忽之处提出了意见，能够及时排除隐患，服务安全生产。

参考文献

[1] 张鹏，邓智平，王磊，等. 基于 Midas GTS 的某近海深基坑开挖三维有限元数值模拟分析[J]. 甘肃科学学报，2024，36（1）：125-129.

[2] 张化进，吴顺川，李兵磊. 基于改进 D-S 证据理论选择性集成的边坡稳定性评价[J]. 金属矿山，2024（9）：229-236.

[3] 赵玉凯，刘煜辉，郑文珂，等. 基于有限元模拟的边坡稳定性分析[J]. 科技创新与应用，2024，14（1）：75-78.

[4] 邓智中，包太，田浩帆. 有限元融合 RNN 对基坑开挖的影响性研究[J]. 建筑结构，2022，52（S1）：2513-2519.

[5] 郭延辉，严明，宋琴，等. 深基坑开挖对临近既有高压天然气管道的影响[J]. 地下空间与工程学报，2021，17（S2）：840-847.

浅析极限用地下的深基坑施工组织

张哲浩

湖南省第四工程有限公司 长沙 410119

摘 要：随着我国社会经济的高质量发展，以及国家"退耕还林"意见的提出，城市的发展建设有一部分向城区内的新建、扩建、改建靠拢。而这种"新、扩、改"项目往往周边已是高楼林立，施工用地极其狭窄、拥挤，如何组织好项目施工，尤其深基坑施工组织是项目管理人员的痛点、难点。通过对益阳市资阳区妇幼保健院保健综合大楼项目案例进行分析，希望为类似条件下的工程施工提供理论指导和实践参考。

关键词：极限用地；深基坑；施工组织

益阳市资阳区妇幼保健院保健综合大楼项目分为地上和地下两个部分，地上面积为 19798.23m^2，地下面积为 12285.16m^2。基坑面积占施工用地总面积的 97%，周边环境相当复杂。深基坑施工是益阳市资阳区妇幼保健院保健综合大楼项目建设的重要环节，确保深基坑施工的顺利推进，就可以使保健综合大楼的基坑安全与工期得到保证。所以在这种极限用地条件下，施工人员要做好深基坑的施工组织设计。

1 极限用地与深基坑工程概述

1.1 极限用地概述

极限用地通常指的是在城市中由于空间限制、地理位置、现有建筑物或基础设施的限制等因素，可供开发建设的土地资源非常有限的情况。这类用地往往周边环境复杂，对新建设项目的设计和施工提出了更高的要求。

1.2 极限用地条件下深基坑施工的特点与挑战

（1）空间限制：极限用地通常意味着可用于开发的面积有限，可能需要高效的空间利用规划。

（2）环境敏感：周边可能存在历史建筑、文化遗产、自然生态环境等需要保护的要素。

（3）技术要求高：因周围环境的复杂性，施工时需采取特殊技术以避免对邻近结构产生负面影响。

（4）成本控制难：在极限用地条件下进行建设，往往涉及额外的设计、施工成本以及更长的施工周期。

（5）社会影响：需要考虑项目对当地社区的影响，包括交通、噪声、日常干扰等。

1.3 极限用地对深基坑施工组织的影响

（1）施工布置受限：极限用地的空间限制可能导致施工场地狭小，对施工设备的布置和材料存储提出更高要求。

（2）施工方案优化：需要制定更为精细和适应性强的施工方案来应对复杂的现场条件。

（3）风险管理增加：极限用地条件下，深基坑施工的风险增大，需要更加严格的风险评估和管理措施。

（4）周边环境保护：必须采取有效措施减少施工对周边环境和公共设施的影响。

2 极限用地条件下的深基坑施工组织策略

2.1 施工用地应进行精细化规划

在有限的空间内进行施工，需要对施工现场进行精确的测量和规划，确保每一项工作都有明确的空间分配。综合保健大楼施工用地长约90m，宽约85m，基坑长为86.4m，宽为79.2m，基坑较为方正，北侧为城市主干道，其余3面紧邻已有建筑物，基坑距红线边最窄处仅有1.9m，基坑以外基本无可利用场地。因项目工期紧、任务重，支护桩施工期间需布置3台旋挖钻机、2台汽车吊、2台挖机、洗车槽、土方堆场、造浆池、钢筋加工棚、钢筋材料堆场。土方开挖后的场地布置更是愈发紧凑，本项目基坑深度约为10m，仅有基坑北侧可供车辆进出，下入基坑底的施工便道的位置、长度都受到了严重制约，项目施工人员通过对满载状态下的土方装运车辆、混凝土搅拌车辆进行爬坡与下坡性能试验，确定施工便道坡度约为14%。由此可见，施工人员必须对各功能区域的用地面积做到1m精度以内的精细规划，才能避免后续施工可能出现的道路受阻、材料二次转运、机械窝工等现象的发生。南侧工程桩施工如图1所示。

图1 南侧工程桩施工

2.2 分区域施工

将整个施工过程分为多个区域，每个区域都有明确的目标和时间计划表，减少不同工种之间的干扰。综合保健大楼分为主楼与裙楼两个部分，主楼靠南，裙楼靠北，主楼地下2层，地上12层，裙楼仅有2层地下室。本次建设也是依据主楼与裙楼的沉降后浇带将整个施工过程分为了两大部分，按照"先主后裙"的顺序依次推进。支护桩施工阶段，由南侧中间向两侧分散施工，最终于北侧汇拢，以达到南侧支护桩先开挖，冠梁先施工的目的，使之不影响北侧车辆进出口的通行。土方开挖与锚索施工阶段，依照设计图纸中的两道锚索，土方分为4个区域三层进行盆式开挖，首先是第一道锚索位置的土方开挖，先挖出四周锚索施工工作面，再挖中心区域。实际施工过程中，土方开挖的速度比锚索施工要快，因此本项目在第一层土方开挖完成后，便对锚索施工工作面进行预留，第二层土方中心区域进行放坡开挖外运，该方法的好处是保证工序持续推进的同时也满足了安全与进度的需要。最后，北侧裙楼区域的土方开挖到第二层便停止开挖，用作材料堆场以及加工场地，施工车辆也由此分台阶下坡进入南侧施工区域，南侧主楼区域挖到基坑底后先行开始桩基础施工。桩基础施工阶段，根据每日成桩数量，推算南侧桩基础剩余施工时间，同时，做好钢筋加工棚及钢筋堆场转场准备（图2），预备好钢筋加工棚及钢筋堆场区域所需要的桩身钢筋笼，提前对北侧原钢筋加工、堆场区域进行土方开挖及桩基础施工。然后恢复钢筋加工棚及钢筋堆场，再逐步对北侧其他区域进行施工，待北侧其他区域地下室施工至±0.00后，将钢筋加工棚及钢筋堆场转移至地下室顶板之上，再行施工该区域。极限用地条件下，场地交替变换、班组交叉作业，只有"化整为分"，逐个击破，才能形成流水作业，推动整个施工现场的运转稳步进行（图3）。

图 2　钢筋堆场及加工棚转场施工　　　　图 3　西北侧地下室出±0.00 后钢筋加工棚移至地下室顶板上

2.3　材料计划与执行力

由前文可以看出，极限用地条件下，材料堆场、施工便道都需要随着进度的推进而对其场地布置进行改变。所以合理安排材料和设备的进场时间，确保施工现场的物流顺畅，减少因物料堆积导致的空间浪费以及二次搬运成本是施工组织的又一关键。施工人员每日要对各班组的材料使用情况进行统计与分析，要有数据支撑，做到心中有"数"。同时与项目各方保持良好的沟通，确保信息流通，这样的材料计划才能准确、高效。如此多信息的传递、工序的交接，在施工过程中难免会遇到一些突发情况，因此，项目的领导层也需要做到在进度计划的大提前下，对每日的施工内容做出灵活安排，针对可能出现的突发情况，制订应急预案，确保施工能够顺利进行。

3　结语

在益阳市资阳区妇幼保健院保健综合大楼项目的建设过程中，这种极限用地条件下的深基坑施工是本工程最大的难点，外界因素的干扰、内部信息的传递都会使得现场的运转出现偏差或停滞。所以在施工前施工人员需要结合现场的施工条件、状态做好全面、充分的谋划与布局，保证深基坑工程施工的顺利进行。

参考文献

[1]　吕振霖. 房建工程深基坑施工问题及施工技术分析 [J]. 住宅与房地产，2017（15）：59-59.
[2]　蒋本钰. 房建施工中深基坑施工技术及其管理 [J]. 低碳世界，2018，180（6）：203-204.
[3]　陈明德. 深基坑工程研究：以北蔡镇同福村"城中村"改造 C01-2 地块项目为例 [J]. 房地产世界，2023，（10）：92-94.
[4]　金四辈. 深基坑工程存在的问题及控制要点 [J]. 中国建筑装饰装修，2022，（5）：132-134.

复杂地基灌注桩施工技术

袁小军[1] 陈武华[1] 王湘龙[1] 许 涛[1] 周宏文[2]

1. 湖南省第五工程有限公司 株洲 412000 2. 政通建设管理有限公司 杭州 311199

摘 要：大场地建设项目地质情况复杂，需要工程技术人员对工程地基重要程度、技术难易程度、地基复杂情况和施工过程影响因素等各环节充分考虑，并提出相对应的控制措施才能确保桩基工程质量。本文从钻孔灌注桩施工的分析地勘报告、选择施工方法和控制质量三方面总结了灌注桩的施工技术要点，供相关人员参考。

关键词：工程地基；灌注桩施工；地勘报告

湖南省第五工程有限公司承接的小林高科产业园及基础设施配套项目，项目总用地面积约79231.00m^2，总建筑面积约328517.48m^2，其中地上总建筑面积256517.48m^2，地下建筑面积72000.00m^2，主要建筑物由22幢1~18层标准厂房（丙类）、1幢21层研发办公楼和1幢4层服务设施用房组成，下设1层整体地下室。

本工程地基基础（建筑桩基）设计等级为甲级，基础抗浮设计等级为甲级。设计采用冲孔灌注桩基础，高层建筑（1栋、2栋、8栋、13栋、21栋、22栋、23栋）剪力墙下设计最大竖向荷载约15500kN，采用中风化凝灰岩作为持力层，持力层厚度不得低于6m，桩端嵌岩1m。桩基设计数据见表1。

表1 桩基设计概况表

序号	桩径（mm）	数量（条）	单桩竖向承载力（kN）	
			承压	抗拔
1	800	826	4200	900
2	900	68	3950	800
小计		894		

1 地勘概况

1.1 指标等级

工程等级为二级，本场地属二级（中等复杂）场地，地基等级属二级（中等复杂地基）地基，拟建工程勘察等级属乙级。

1.2 持力岩层构成及特征

⑩2层为强风化凝灰岩：紫红色、灰白色、灰黄色、灰绿色，较硬。凝灰质结构，块状构造，岩芯已风化成原岩碎块夹硬塑黏性土状，下部呈碎块状，局部夹中风化岩块，风化裂隙较发育，岩芯锤击声哑，可碎，干钻不可钻，进尺缓慢。

⑩3a层为中风化凝灰岩：紫红色、灰白色、灰黄色、灰绿色，凝灰质结构，块状构造，受构造影响，岩体破碎，岩芯呈碎块状，局部短柱状，干钻不可钻，进尺缓慢，钻进稳定，岩石质量指标（RQD）约50%，岩体破碎，岩体基本质量等级Ⅳ级，属于软岩-较硬岩。

⑩3b 层为中风化凝灰岩：肉红色、灰白色、灰黄色，凝灰质结构，块状构造，受构造影响，岩体破碎，岩芯呈短柱状，少量碎块状，干钻不可钻，进尺缓慢，钻进稳定，岩石质量指标（RQD）约80%，岩体较完整，岩体基本质量等级Ⅳ级，属于较软岩-较硬岩。

1.3 不利地质建议

根据本工程的地勘报告分析，其场地北向坡地较缓，东南向岩面不均匀，起伏较大。

稳定⑩3a 中风化凝灰岩岩面层顶标高-75.61～-40.14m；⑩3b 中风化凝灰岩岩面层顶标高-43.18～-25.62m，岩面起伏较大，存在相邻两勘探点揭露的持力层层面高差大于10%孔距，同时局部上部分布有厚度较大的⑩2 强风化凝灰岩，且局部因差异风化夹有较厚中风化凝灰岩岩块。根据建筑地基规范，经地勘院、建筑设计院给出的持力层厚度为⑩3a 中风化凝灰岩厚度需超过6m。

建议桩基施工阶段进行"一桩一探"施工加密专项勘察，确保桩基工程顺利进行（图1）。

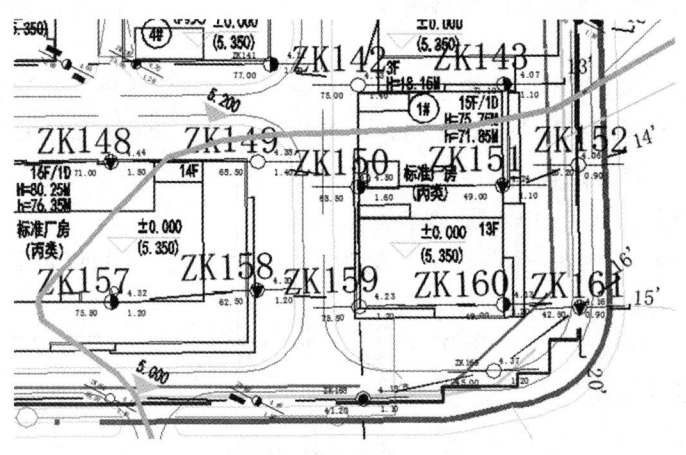

图1 "一桩一探"区域图

注：图中灰细线界线为地勘建议进行"一桩一探"区域。

2 桩基设计

根据场地地质条件及拟建建筑物荷载情况，可选择以$\phi600～\phi1000mm$的钻孔灌注桩，以⑩3a 中风化凝灰岩作为桩端持力层，桩端全截面进入持力层深度应不少于1倍桩径；场地东南角1号楼和2号楼分布有⑩3b 中风化凝灰岩，在埋深稳定、厚度满足设计要求处，亦可作为桩端持力层，桩端全截面进入持力层深度应不少于1倍桩径。

根据本场地内中风化岩石抗压强度试验结果，⑩3 层中风化凝灰岩饱和抗压强度为11.4～43.8MPa，天然抗压强度为24.7～40.2MPa，属较软岩-较硬岩。嵌入中风化岩的灌注桩需优先考虑冲击（冲抓）成孔法和旋挖钻成孔施工工法。

3 试桩及工艺设备选型

3.1 试桩

针对地勘报告中给出的地质分析结果，经项目责任主体单位会商，选取北向22栋、东南向1栋、2栋的桩位进行试桩。根据施工经验，建议增加反循环钻孔桩施工工艺。最终确认，北向23栋采用反循环钻孔桩工艺试桩，东南向1栋采用冲孔桩工艺试桩，2栋采用旋挖灌注桩试桩，试桩情况见表2。

表2 试桩岩层进程表

桩号（工艺）	岩层	进度（h）	岩层厚度（m）	进程（cm/h）	设备型号
zk1-8（冲孔）	⑩3b	55	3.9	15	锤重8t/冲程1.8m
	⑩2	53	10.7	20	
	⑩3a	11.5	1.4	12	
Zk23-127（钻孔）	⑩2	1	3.5	—	田野FXE-350
	⑩3a	11	2.1	19	
Zk2-23（旋挖）	⑩2	1.5	11.5	—	中联ZR160L/ZR240C-3K
	⑩3a	8	2.5	31.25	

3.2 设备选型

3.2.1 钻孔灌注桩施工工艺

21栋、22栋、23栋、13栋地质资料显示强风化岩层厚度6m内11个钻孔，6~10m厚度9个钻孔，10m以上8个钻孔，经对比南侧1栋、2栋的强风化、中风化岩样，得出北向4栋与南向2栋岩样在颜色、构造、质量等均有明显区别。采用反循环钻孔桩（田野FXE-350型）施工穿过强风化层时间比入岩时间短，地勘与设计要求的入岩成孔施工时间可控在12h以内，其设备占地面积小，尤其场地内可多机作业，其设备功率、施工进度综合运用在这四栋中是最经济的施工工艺选择。

3.2.2 选择旋挖灌注桩施工工艺

南向1栋、2栋，采用冲孔灌注桩工艺，试桩时间为145.5h，且在试桩过程中若出现塌孔、桩身倾斜，导致不得不回填后再重新成孔。若桩身质量差且进度缓慢，表明冲孔工艺不适用于本项目桩基施工。

在1栋、2栋区域内，第一层⑩3a厚度小于6m，达不到设计标准的持力层，需穿过本层和⑩2强风化岩层，强风化岩层厚度为5.5~23.5m，在补勘6个钻孔内均出现强风化岩中夹中风化岩层，相邻补勘钻孔持力层最大高差18m，最大孔深72m。介于此种情况，综合分析，采用旋挖钻孔桩机试桩，能弥补反循环钻机钻进深度不足，穿越第一层中风化岩层、强风化岩层和中风化夹层，且能在较短时间内成孔，保证了桩身质量。因此，旋挖钻孔桩机适用于地质变化较大，岩层风化程度不一致的情况下，有效保证桩基施工质量。而本区域地下水位较高，在钻进过程中，旋挖机的筒钻上下出渣过程中影响桩身泥浆护壁效果，可根据地质情况采用超长桩身护筒进行护壁，避免塌孔，本项目采用14m钢护筒，有效避免了桩身塌孔，但使用钢护筒护壁时，应采用有效措施防止护筒掉入孔内，在浇筑完成桩身混凝土后，其拔护筒速度应控制在防止出现缩孔的情形下。

介于1栋与13栋之间的8栋，经项目部各方人员分析认为其地质情况介于1栋与13栋这两栋之间，为确保质量及进度，仍然选择旋挖桩机施工。

旋挖桩机操作实现了数字集成化，驾驶室内可数字显示孔深、桩端钻头阻力和设备工作工况，自动化程度高，能节省人工测量与检测孔身参数的时间，提供实时施工情况供施工管理人员掌握。

4 补充施工详勘

原地勘报告中提出东南向应进行"一桩一探"，经五方责任主体商洽，补充详勘共勘探

24个承台桩位,其探明存在夹层、超过10m强风化岩、第一层中风化岩厚度未达到6m等情况的共计16个承台桩位。通过施工详勘,探明了1栋、2栋各承台内的桩长和各岩层高程,提供了岩样相片,为桩施工判断入岩提供了最有力的依据。

由建筑设计院完成1栋、2栋桩基础施工图修改。修改后,1栋调整桩800mm直径为900mm的26条,增加2条800mm桩;核芯筒筏板调整尺寸与厚度,检测桩由原来的4根调整为6根;2栋调整增加2条800mm桩,检测桩由原来的4根调整为6根。

5 灌注桩施工质量控制要点

5.1 泥浆制备

泥浆制备应选用高塑性黏土或膨润土。泥浆应根据施工机械、工艺及穿越土层情况进行配合比设计。

采用反循环回转钻孔机时,清渣与泥浆循环优先采用泵吸反循环,护壁泥浆循环与出渣时合理调整泥浆比重及稠度,二者能有效结合。在钻进泥层构造时,泥浆稠度大约控制在1.15,能有效提高钻机有效功率,在钻进岩层构造时,泥浆稠度应稍微提高至1.25。

浇筑混凝土前,孔底500mm以内的泥浆比重应小于1.25;含砂率不得大于8%;黏度不得大于28s;在容易产生泥浆渗漏的土层中应采取维持孔壁稳定的措施。

5.2 入岩判断

(1) 根据钻渣判断

捞取钻进时的渣样,根据渣样判断是否入岩,对于反循环钻机很容易根据钻渣判断,而且较为准确。

反循环钻机钻入持力层后,其钻渣较小,大小为3~5mm,棱角较圆,颜色、成分均较一致,其可认为进入持力层。

旋挖钻机因其功率较大,钻取的渣样较大,大小为8~15mm,棱角分明,大多为锐角,构造清晰,颜色、成分均较一致,其可认为进入持力层。

如出现渣样颜色出入较大,颗粒形状大小不均匀或出现粒径2cm以上渣样、夹土,棱角圆润,则一般认为是在强风化或砾石层内,出现这一情况时,应继续钻孔观察,加快捞取渣样频率做进一步判断。

(2) 根据钻进情况判断

根据钻速、钻进时的稳定情况等进行判定,一般入岩时钻速会明显降低,钻进时设备晃动也比较厉害。

根据本项目施工经验,钻孔桩机总质量与功率均较小,如碰到较硬岩时,入岩晃动较明显,进程明显小于桩机总质量和功率大的旋挖机。所以,根据钻进进程判断入岩是误差较大的一种方法,应在有比较可靠的"一桩一探"资料情况下结合实际情况进行判断。

(3) 根据钻渣、钻进情况,结合地质报告综合判断

中风化基岩顶面应在钻进速率、返渣和取样鉴别的基础上结合工程地质剖面综合确定,即采用双控原则;由于强风化基岩中夹有中风化硬块,桩基施工时需采用有效措施,以免将强风化基岩误判为中风化基岩。

仔细分析地勘报告,分析岩面高程变化趋势,与原地勘岩样照片对比,同一小范围内的桩应详细记录施工过程情况,将岩样、进程和基勘情况作综合分析,精准判断入岩。

5.3 清孔

清孔是孔桩施工，保证成桩质量的重要一环，通过清孔确保桩孔的质量指标、孔底沉渣厚度、循环液中含钻渣量和孔壁泥垢等符合桩孔质量要求，优先采用正循环回转钻进技术的清孔。

桩孔终孔后，将钻具提高 20~50cm，采用大功率泵机（单机功率 60kW 以上）泵入性能指标符合要求的新泥浆，并维持正循环 30min 以上，直到清除孔底沉渣且使孔壁泥质、泥浆含砂量小于 4% 为止。工程桩孔因有较厚的松散易坍土层，清孔后不能立即终孔，而在孔内下入钢筋笼，安装好灌浆导管后施行二次清孔作业，以使混凝土灌注前孔底沉渣厚度符合要求，保证混凝土成柱质量。

5.4 混凝土浇筑

钢筋笼吊装完毕后，应安置导管或气泵管二次清孔，并应进行孔位、孔径、垂直度、孔深、沉渣厚度等检验，合格后应立即灌注混凝土。

使用的隔水栓应有良好的隔水性能，并应保证顺利排出；隔水栓宜采用球胆或与桩身混凝土强度等级相同的细石混凝土制作。应有足够的混凝土储备量，导管一次埋入混凝土灌注面以下不应少于 0.8m；导管埋入混凝土深度宜为 2~6m。严禁将导管提出混凝土灌注面，并应控制提拔导管速度，应有专人测量导管埋深及管内外混凝土灌注面的高差，填写水下混凝土灌注记录。应控制最后一次灌注量，超灌高度宜为 0.8~1.0m。

5.5 根据地质情况合理选择施工机械及工艺

本项目选择了反循环钻孔机与旋挖钻孔机，这是结合了项目内各小范围地质情况针对性选择的，各机型适用条件及改进措施均是经过地勘报告分析、机械性能分析和经济性比对，结合成本、进度等方面综合比对选择的，其分析原因如下：

（1）反循环回转钻孔桩机

反循环回转钻孔桩机适用于场地岩面平整，岩质均匀，在黏土、亚黏土、淤泥质土层、粉砂层施工进度较快，在卵、砾石层、漂石、块石、基岩施工进度较慢，适宜强风化岩度厚度在 4~6 以内，持力层岩的饱和抗压强度 ≤20MPa（天然抗压强度为 25MPa）较软岩的施工。

反循环回转钻孔机机型体积小，安装自行履带，在场地内作业转移方便，增加多台机械作业，可有效提高施工进度。

（2）旋挖钻孔桩机

旋挖钻孔桩机是近年发展迅速、技术成熟的新型桩工设备，其特点和优点均十分明显，适用各种复杂地质情况的桩基施工，桩径以一般以 600~1800mm 为宜，自动化程度高。

①在施工时，应分析不同地质岩层厚度及硬度，合理搭配钻头及清渣筒的使用，发挥效能组合，能有效提高钻进速度及清渣质量。

本项目施工时，土层、砂砾层和强风化岩层采用嵌岩双底捞砂斗+斗齿组合，中风化岩层、夹层采用筒钻+牙轮齿的组合，其应用情况如下：

嵌岩双底捞砂斗：适用于卵、碎石层，中等风化的类土质软岩，如中风化泥质砂岩、泥质砾岩等。

斗齿：适宜土层钻进，齿刃锋利，切削速度快，不能用于卵石、岩层等硬地层。

筒钻：适用于有明显分层的中等风化砂岩（取芯概率高），以及硬质岩层的环切。在密实度较高的土层,或是部分软岩地层,也可使用筒钻处理。

牙轮齿:适宜超硬岩钻进,碾压破碎岩石,牙轮自转减小入岩振动,多耐磨合金刀延长使用寿命。

②采用不同型号的机械搭配,有效组合最佳台班,发挥经济效益。土层、砂砾层和强风化岩层采用功率较小,钻进与清渣速度要求较快,可选用功率较小、最大钻深50m以内的旋挖桩施工;当钻进至中风化岩层、夹层可选用功率较大、最大钻深超过50m的旋挖桩机施工。

③旋挖桩机施工时,埋设护筒的深度应根据地勘报告,至少穿过淤泥质土、含水率高和塑性变形大的土层;由于旋挖桩机钻进速度较快,在提升钻头时对桩身孔壁的冲击频率快,在施工时,应适当提高泥浆的稠度。

6 桩基检测

通过检测,本项目桩基全部均为Ⅰ类桩,桩身竖向承载力及抗拔承载力检测均合格,桩身混凝土所留试块经检测均达到设计强度(表3)。

表3 桩基检测数据统计表

检测项目	承压	承压兼抗拔	声测管	低应变
数量(条)	22	4	90	894

7 结语

在地质条件复杂的情况下实施基础工程时,应详细分析地勘报告中的各项数据,找出该项目中基础工程中的质量风险隐患点,找准施工的关键点,从施工工艺、设备、安全和经济的角度进行分析,提出针对性的质量隐患消除措施,以保证质量。

参考文献

[1] 小林高科创新中心项目. 岩土工程详细勘察报告:详勘阶段[R]. 2021-11-02.
[2] 中华人民共和国住房和城乡建设部. 建筑桩基技术规范:JGJ 94—2008[S]. 北京:中国建筑工业出版社,2008.

高地下水位砾砂、卵石地质止水帷幕施工技术

陶 坚 李桂新

湖南省第五工程有限公司 株洲 412000

摘 要：高地下水位的砾砂、卵石地质情况下，地下水渗透力强，水压力大，地下水带动细小砂石流动会堵塞止水帷幕的钻机喷头，造成喷头损坏，影响止水帷幕喷浆，导致帷幕止水失效。通过先机械引孔，再在孔内设置 PVC 保护薄壁管，保护钻机喷头，将喷浆压力调整至适当压力穿透 PVC 薄壁管，顺利喷浆形成止水帷幕，保证工程质量和施工进度。

关键词：砾砂；卵石地质；地下水；止水帷幕

止水帷幕的止水效果对地下室施工的安全和能否顺利施工起着至关重要的作用，而高地下水位的砾砂、卵石地质土层施工止水帷幕，经常会出现砂石将钻机喷头堵塞、设备损耗严重，施工难度极大，无法保证工程质量和施工进度。针对此技术难题，我公司开展技术攻关总结出"高地下水位砾砂、卵石地质止水帷幕施工工法"，并经多个项目应用，取得了很好的应用效果。

1 工程概况

本工程位于长沙市雨花区韶山中路 95 号湖南中医药大学第一附属医院内，地下 3 层，地上 26 层，附楼 6 层，总建筑面积约 68452.31m²。地下建筑面积为 10224.83m²。项目正负零为 74.70m，基坑大体呈矩形，长约 100m，宽约 40m，底板顶标高-12.45m，基坑底绝对标高按 61.55m。场地现状标高为 73.40~74.50m，基坑深度为 12.35~13.20m。设计为旋喷桩止水帷幕，250 根 $D=850mm@600mm$ 的止水帷幕旋喷桩，采用三重管法施工。勘察期间测得稳定地下水位为 9.1~11.6m，高程为 62.07~65.28m，上层滞水赋存于杂填土①中；潜水主要赋存于砂砾、卵石层中，但现场周边地下管网错综复查且年久失修，造成基坑施工时处于高地下水位，且砾砂、砾砂厚度达 10m。

2 逆作法格构柱预埋精准定位、垂直度控制施工技术

2.1 技术工艺原理

通过先机械引孔再在孔内设置防塌孔、防钻机喷头堵塞的简易构件，达到适应于高地下水位及不良地质的基坑止水帷幕施工技术，保证质量和施工进度（图1~图6）。

图 1 旋喷桩机械安装、调试照片

图 2 现场机械引孔照片

图 3　PVC 保护管安装照片　　　　　　图 4　旋喷管安装照片

图 5　现场高压旋喷注浆照片　　　　　图 6　现场高压旋喷注浆照片

2.2　技术工艺流程

高地下水位砾砂、卵石地质止水帷幕施工工艺流程如下：

施工准备→测量放线→机械设备安装与调试→钻进引孔→PVC 保护管、旋喷管安装→水泥浆液配制→高压旋喷注浆、提升完成成桩→设备移位至下一孔位→验收。

2.3　技术要点

2.3.1　施工准备

（1）施工前，做好施工方案，提前提交给业主与监理公司审查，做好审查审批工作；准备相应的劳动力，进行各项培训和交底。

（2）检查、调试机械设备，确保正常运行；查验各种材料出厂合格证及其他必要的相关资料齐全，并进行外观检查、见证取样送检，复验合格。

2.3.2　测量放线

依据设计图纸，采用全站仪测定旋喷桩施工的控制点，插小竹片或钢筋头标记，经过复测验线合格后，用钢尺和测线实地布设桩位，并用小竹片（钢筋头）钉紧，一桩一签，保证桩孔中心移位偏差小于 50mm。

2.3.3 机械设备安装与调试

（1）严格按照操作规程，在钻机组装好后，采用导轨法就位。钻机基本就位后，调平安稳，将转盘、钻杆轴线对准桩位小竹片桩（钢筋头），对准误差控制在 20mm 以内，再调整钻架、钻杆，使钻杆垂直度控制在 1% 以内。

（2）搭设平台，安装浆液搅拌机、高压泥浆泵、输注浆管路、水电接头、闸阀、仪表等。辅助设备安装应满足下列要求：

①制浆机应略高于贮浆罐上口；

②高压泥浆泵进浆口必须加设滤网，并稍低于贮浆罐出口；

③高压泥浆泵与旋喷管间必须用高压胶管连接。

（3）安装完毕后，必须再次检查高压设备、管路系统，确保规格符合设计要求、连接密封完好并尽量缩短高压注浆管的长度，控制在 20m 以内为宜。

（4）设备试运转：旋喷桩设备安装完毕后，经试运转，运转正常。设备试运转均满足下列要求：

①钻机（旋喷管）转速、提升速度符合设计规定值，误差在 10% 以内；

②设备工作电压、电流稳定，电压保持在 380±15V，电流均不超过额定值；

③输、注浆液管路，水管路畅通，无渗漏；闸阀使用正常；压力、流量等仪表显示正确；

④制、贮浆液设备的制备浆液能力满足注浆要求；

⑤设备运转平稳，操作人员配合默契。

2.3.4 钻进引孔

钻孔前测量每根钻杆长度，按顺序用红油漆编号，并在最上一根钻杆壁上用红油漆标出深度控制红线。钻进深度控制，以地面水平测量和设计桩底标高为依据，确定钻杆入土深度。钻孔过程中做好导孔、成孔记录，包括地质层情况记录。

2.3.5 PVC 保护管、旋喷管安装

（1）引孔完成后，提出钻杆，随即检查孔位、孔深、垂直度均符合设计要求后马上安装 PVC 保护管（注：据现场试验测试，PVC 管合适壁厚为 1mm，过厚时，高压浆液无法穿透，喷浆无法实现）；再在 PVC 保护管中下插旋喷管；旋喷管下插前，必须检查各部位连接是否紧密，密封圈是否封闭；并用红油漆在管壁上明显标示出下插深度控制红线。

（2）下插旋喷管采用边射水边下插的方法进行，为防止喷嘴堵塞，射水水压力不超过 1MPa，直至旋喷管下插至离设计深度 0.5m（以管壁上红漆线控制），停止射水，利用自重作用上、下串动沉至设计深度。

2.3.6 水泥浆液配制

水泥浆液制备在下旋喷管前 1h 进行，随配随用。采用制浆机均匀拌制，严格控制水灰比，足量储存备用。

2.3.7 高压旋喷注浆、提升完成成桩

喷浆管下沉到达设计深度后，停止钻进，旋转不停，高压泵喷浆压力增到施工设计值（20~25MPa，浆液高压力可击穿 PVC 保护套管进入周围土层），底座喷浆 30s 后，边喷浆边旋转，同时严格按照设计和试桩确定的提升速度施工参数。

（1）旋喷前检查高压设备和管路系统，其压力和流量必须满足设计要求。注浆管及喷嘴内不得有任何杂物。注浆管接头的密封圈必须良好。

（2）施工前预先准备排浆沟及泥浆池，施工工程中应将废弃的冒浆液导入或排入泥浆池，沉淀凝结后集中运至场外存放或弃置，以确保文明施工、保护环境。

（3）做好每个孔位的记录，记录实际孔位、孔深和每个钻孔内的地下障碍物、注浆量等资料。

（4）当注浆管喷嘴达到设计标高时，即可按确定的施工参数喷射注浆。喷射时应先达到预定的喷射压力，喷量正常后再逐渐提升注浆管，由下而上旋喷注浆。

（5）每次旋喷时，均应先喷浆后旋转和提升，以防止浆管扭断。

（6）配制水泥浆时，水灰比按设计进行，严格控制，不得随意改变。在喷浆过程中应防止水泥浆沉淀，使浓度降低。每次投料后拌和时间不得少于 3min，待压浆前，将浆液倒入集料斗中。水泥浆应随拌随用。

（7）高压喷射注浆过程中出现骤然下降、上升或大量冒浆等异常情况时，应查明产生的原因并及时采取措施。

（8）出现中断供浆、供气，立即将喷管下沉至停供点以下 0.3m，待复供后再提升。

（9）当旋喷管提升接近桩顶时，应从桩顶以下 1m 开始，应减缓提升速度，慢速提升旋喷至桩顶，并停止提升原地旋喷 30s，再向上慢速提升旋喷至桩顶以上 0.8~1.0m，确保桩顶质量。旋喷注浆达到设计桩顶（再加 0.8~1.0m）后，注浆泵继续送浆液，同时拔出旋喷管，待水泥浆液从孔口返出后，即可停止送浆，并将注浆泵的吸浆管移至清水箱中，抽吸定量清水将泥浆泵和注浆管路中的水泥浆液顶出，然后停泵。

（10）喷射作业结束后，用冒出的浆液回灌到孔内，直至不下沉为止。

2.3.8 设备移位至下一孔位

经上述工序完成单桩旋喷后，用清水将钻机、贮浆罐、注浆管等冲洗干净备用。旋喷设备移位转移至下一孔位，重复以上工序完成整个旋喷施工。

2.3.9 验收

旋喷桩止水帷幕全部完工后，按设计和规范要求进行检验、检测，办理验收手续（图 7、图 8）。

图 7 基坑开挖后，基础施工时实际止水帷幕止水效果照片

图 8 止水帷幕检测照片

3 实施效果

该施工工法的成功应用,为高地下水位砾砂、卵石地质的止水帷幕施工提供了一种经济实用、安全可靠、操作性强的施工工艺,可在类似工程地质中推广应用,保证基坑止水帷幕的预期止水效果。采用PVC套管薄管对喷头的有效保护,没有增加有害物质的同时,喷头使用寿命延长、减少其更换带来的建筑工程垃圾,利于环保节能。

该技术中的机械成孔的钢套管可循环使用;一次性使用的PVC保护管选用能被喷浆机喷嘴喷出的高压水泥喷浆击碎的薄壁管(壁厚1mm),成本低、效果好,节约了因止水帷幕失效时采用其他方案所需的处理费用;同时喷浆嘴(1800元/个)得到有效的保护,降低了机械配件的更换频率,提高了机械设备的工作效率,节约了机械维修成本,加快了施工进度(更换维修0.5工日/次)。

4 结语

止水帷幕作为基坑支护的重要部分之一,其止水效果对周边建(构)筑物、地下管线、道路等市政设施的安全和正常使用以及地下室施工的安全和顺利施工起着至关重要的作用。而在高地下水位,砾砂、卵石地质土层施工止水帷幕,经常会出现砂石将钻机喷头堵塞、设备损耗严重,施工难度极大,无法保证工程质量和施工进度。运用此技术可以提高施工质量,减少劳动用工、加快工程进度,有利于降低成本,缩短建设周期、绿色、环保节能,并取得了良好的经济、社会、节能、环保效益。

参考文献

[1] 辛建珍. 高水位砂土地质条件下深基坑施工技术研究 [J]. 建筑技术开发, 2013, 40 (8): 34-38.
[2] 荀斌, 刘昌军, 杨学超, 等. 深厚卵石层桩基高压旋喷辅助成孔技术施工研究 [J]. 建筑结构, 2022, 52 (S2): 2933-2936.
[3] 蔡桂标. 特殊条件下旋喷桩止水帷幕施工技术及成桩质量分析 [J]. 广东土木与建筑, 2018, 25 (8): 26-28.
[4] 卓永红. 钻孔灌注桩成孔及成桩质量的施工技术探讨 [J]. 长春工业大学学报(自然科学版), 2004 (2): 26-28.
[5] 张驰, 李永文. 高水位深基坑条件下旋挖成孔灌注桩施工技术 [J]. 广东土木与建筑, 2014, 21 (5): 14-16.

深基坑开挖施工对邻近建筑的影响分析

廖 俊

湖南省第五工程有限公司　株洲　412000

摘　要：采用大型有限元分析软件 Midas NX 建立整体三维有限元模型对深基坑开挖与支护施工方案进行模拟计算，地面及地上建筑模型边界都采用自由面无约束，模型底面每个方向均约束，模型四个侧面均只约束法向，其余方向自由无约束，计算得出深基坑开挖过程对 WH 大厦的沉降和水平位移，本次评估采用理论分析与数值模拟手段，从深基坑开挖和支护施工对周围既有建筑安全性进行评估并提出保护改进建议。

关键词：深基坑开挖；既有建筑；影响性分析

近年来，我国大中型城市的发展建设不断加快，城市中心的高层、超高层建筑越来越多，建筑深基坑工程逐渐向宽、大、深的方向发展。但与此同时，在核心城区的大型深基坑工程中也引发了许多环境安全事故，主要是对周边已有的建筑结构造成了损伤或破坏。

从深基坑施工的过程来看，一般有四个阶段可能对周边地层产生影响。当深基坑周边存在建筑物时，则会引起建筑物下方及其附近土层的位移，主要表现在围护结构的施工阶段、深基坑开挖前的预降水及开挖中的排水阶段、深基坑开挖阶段、开挖结束以后的阶段。

湖南 WH 广场（二期）项目处于长沙市城区中心位置，紧邻湖南 DY 高层建筑，同时处于长沙市最为繁华的主干道路交叉处，即韶山北路和解放东路交叉的东南位置，同时深基坑西侧为一处人行地下通道，周围环境复杂，必须采取有效的措施控制地层位移与变形，施工风险大。

针对该工程实际情况，根据深基坑周围线路、建筑交叉的具体条件，进行深基坑开挖的安全稳定性分析与评价，分析深基坑周围环境建筑、道路、地下通道等安全性，以保障深基坑施工的安全以及周围环境的安全稳定。

1　计算模型与基本假定

1.1　有限元模型

深基坑开挖方案建立模型，以多功能剧院长轴方向为 X 轴，以剧院短轴方向为 Y 轴，竖直方向为 Z 轴建立三维模型计算分析，为消除模型边界效应，X 轴方向取 240m，Y 轴方向取 245m，Z 轴方向取 50m（Z 轴取值已考虑支护与工程桩深度）。模型中土体采用四面体单元模拟，柱和桩及锚索采用线单元模拟，楼板和墙面以及深基坑壁喷混和坑底垫层采用板单元模拟，同时深基坑的围护桩采用等效刚度的板单元模拟，共划分单元 486221 个，节点 103278 个。计算模型基本尺寸及相应的位置关系如图 1 所示。

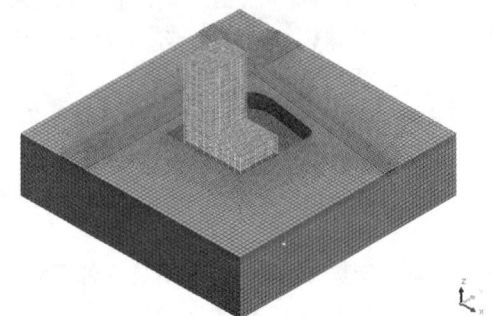

图 1　深基坑开挖施工完成后的模型示意图

1.2 模型边界条件

有限元数值模拟基于一定的假设和模型简化进行的,假定如下:

(1) 认为各土层均呈匀质水平近层状分布且同一土层为各向同性,结构体的变形、受力均在弹性范围内;

(2) 因考虑到深基坑开挖是一个相对短期的过程,深基坑周边设计有止水帷幕,并未充分考虑固结和地下水渗流;

(3) 模型中围护灌注桩结构根据等刚度原理利用地下连续墙模拟;

(4) 根据地质资料,该处场地较平整,模拟将地面整平至一定高程。

1.3 材料参数

根据湖南 WH 广场勘察资料、多功能剧院及 WH 广场深基坑结构设计图纸,本次模拟中采用的岩土体及结构参数设置见表1。

表 1 模型部分参数设置表

名称	单元类型	弹性模量 (MPa)	泊松比	深度 (m)	属性	模型本构
人工填土	3D	10	0.38	2	各向同性	修正摩尔库伦
粉质黏土	3D	11	0.34	4	各向同性	修正摩尔库伦
强风化土	3D	24	0.28	3	各向同性	修正摩尔库伦
中风化土	3D	30	0.25	41	各向同性	修正摩尔库伦
桩、柱	1D	30000	0.2	—	各向同性	弹性
楼板、连续墙	2D	31500	0.2	—	各向同性	弹性
锚索	1D	210000	0.3	—	各向同性	弹性

1.4 分析步设置

为了准确地模拟 WH 广场深基坑开挖对多功能剧院大楼的影响,计算采用动态模拟施工过程的计算方法,设计为依照实际施工方案为背景的分步开挖方案,按照施工图纸在深基坑周围打入一定数量的支护桩后,再如图 2 所示对深基坑进行按Ⅰ-A→Ⅰ-B→Ⅱ-A→Ⅱ-B→Ⅱ-C 的施工顺序进行开挖,并在开挖的同时及时进行相应的支护。其中方案的施工步骤如下:

(1) 初始地应力平衡;

(2) 进行湖南多功能剧院的深基坑开挖及其地下室和上部建筑的施工;

(3) 对湖南多功能剧院施工产生的变形进行位移清零;

(4) 对深基坑进行围护桩的施工;

(5) 按Ⅰ-A、Ⅰ-B、Ⅱ-A、Ⅱ-B、Ⅱ-C 的开挖施工顺序对深基坑进行开挖,并进行相应的喷混和锚索支护(图2)。

2 有限元模型计算结果分析

2.1 WH 大厦结构沉降分析

WH 广场深基坑项目邻近 WH 大厦,尤其在 WH 大厦的北侧距离深基坑围护结构仅为 5.4m。由于 WH 大厦属于高层建筑,且占地面积较大,则随着深基坑开挖引起周

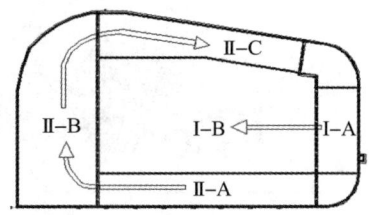

图 2 深基坑土方开挖顺序示意图

围土体的卸载变形，WH 大厦结构将会产生相应的沉降，且沉降为非均匀沉降。选取深基坑开挖的Ⅰ-A、Ⅰ-B、Ⅱ-A、Ⅱ-B、Ⅱ-C，对 WH 大厦结构的沉降进行分析。

2.1.1　WH 大厦沉降最大值分析

WH 大厦结构竖向位移云图如图 3 所示。从图中可以看出，竖向位移最大值与最大值出现的位置是随开挖工序的变化而变化（正值表示隆起，负值表示沉降）。具体沉降数据见表 2。

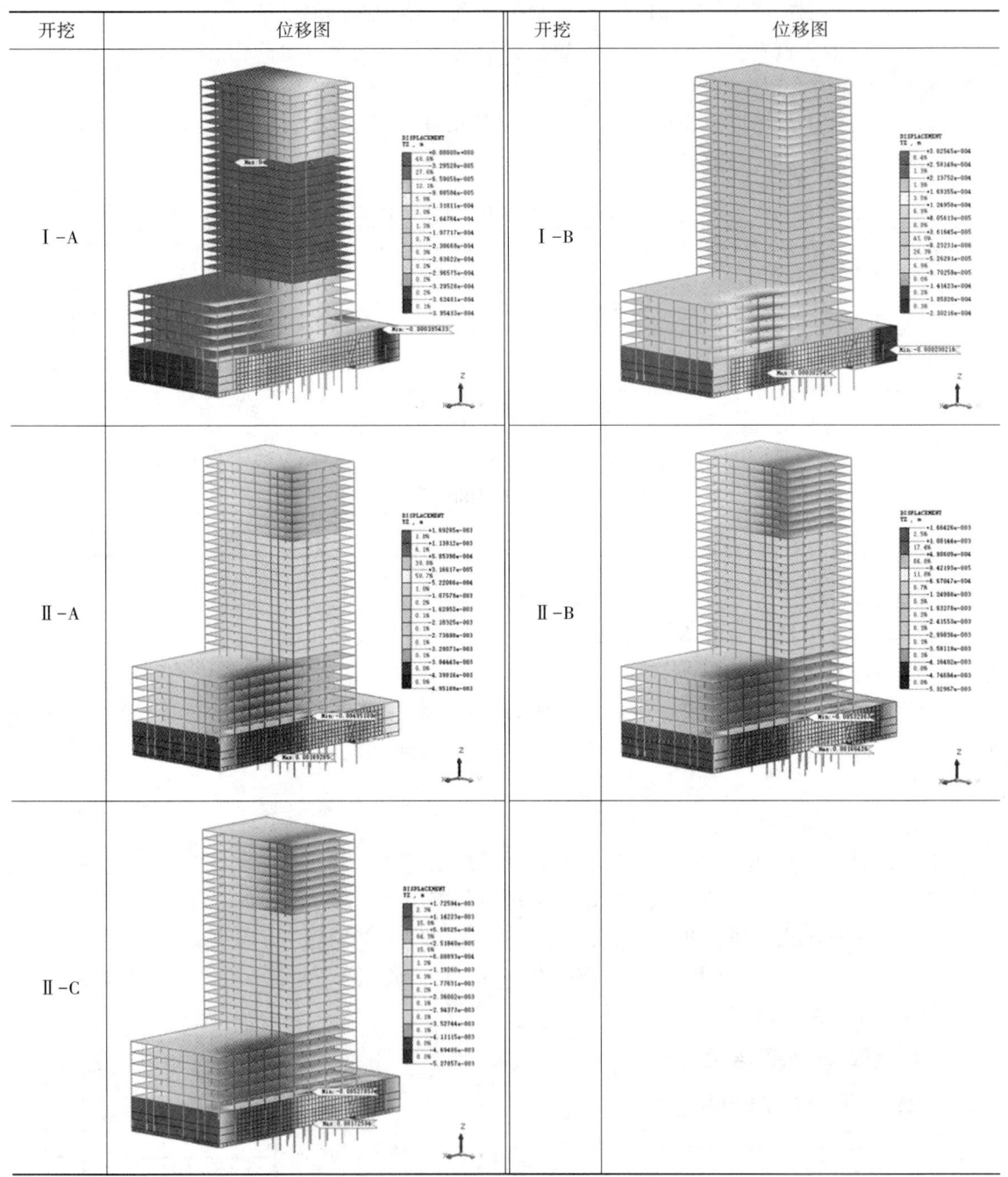

图 3　深基坑开挖完成 WH 大厦结构竖向位移

表 2 WH 大厦结构沉降值

开挖阶段		WH 大厦结构最大沉降量（mm）	控制指标（mm）	最大沉降量所处位置
WH 广场深基坑	Ⅰ-A 开挖	0.4	15	WH 大厦北侧靠西端地面处
	Ⅰ-B 开挖	0.2	15	WH 大厦北侧靠西端地下室地下 2 层处
	Ⅱ-A 开挖	4.9	15	WH 大厦北侧中间偏西地面部分
	Ⅱ-B 开挖	5.3	15	WH 大厦北侧中间偏西地面部分
	Ⅱ-C 开挖	5.3	15	WH 大厦北侧中间偏西处地面部分

从图 3、表 2 中可以看出，在各开挖阶段中，WH 大厦的沉降主要集中于 WH 大厦结构的北侧（靠近深基坑侧）部分，且随着开挖施工工序的变化，最大沉降的位置发生了变化。在 Ⅰ-A、Ⅰ-B 开挖的时候，最大沉降位于 WH 大厦北侧靠西端处。到 Ⅱ-A 开挖的时候，最大沉降转移到 WH 大厦北侧中间的地面部分，且之后的施工阶段中最大沉降所发生的位置保持不变，主要原因是在该位置对应于 WH 大厦建筑结构高层部分的最底端，该位置所受的建筑自重荷载最大，从而导致在其相邻的土体进行开挖的时候，由于土体的卸载变形，该处会产生最大的沉降，但最大沉降值为 5.3mm，在控制指标 15mm 以内。

2.1.2 WH 大厦不均匀沉降分析

以 WH 大厦结构的地面部分为研究对象，WH 大厦结构的地面层的竖向位移云图如图 4 所示，且在 WH 大厦的地面部分上以南北方向划分 5 个轴如图 4 所示，对该 5 个轴线两端的沉降进行标注并研究。位移最大值与最大值出现的位置随开挖工序的变化如图 5 所示（正值表示隆起，负值表示沉降）。

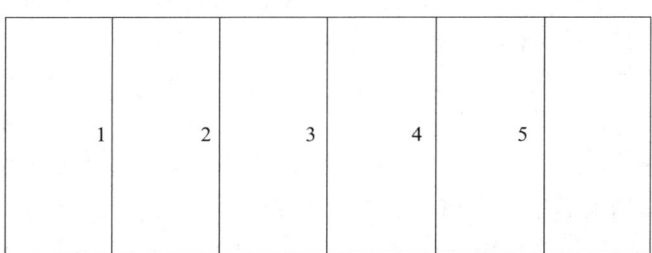

图 4 WH 大厦结构地面层划分

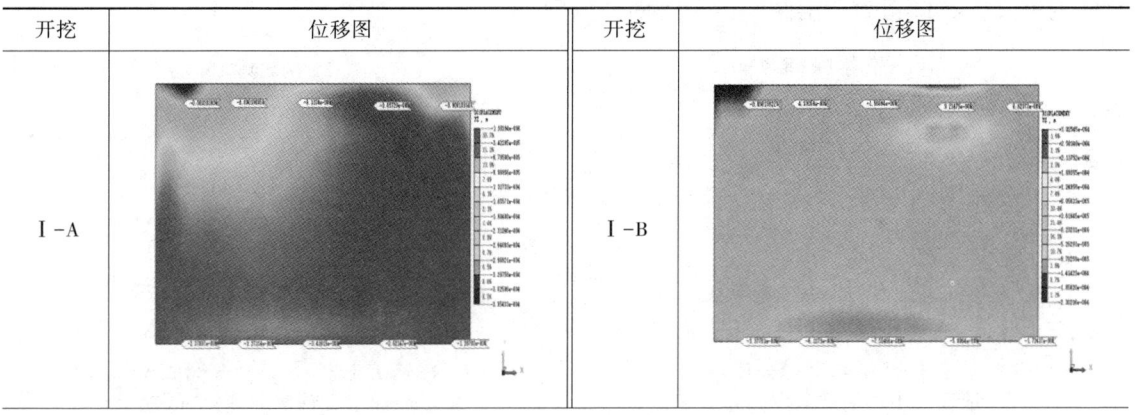

开挖	位移图	开挖	位移图
Ⅱ-A	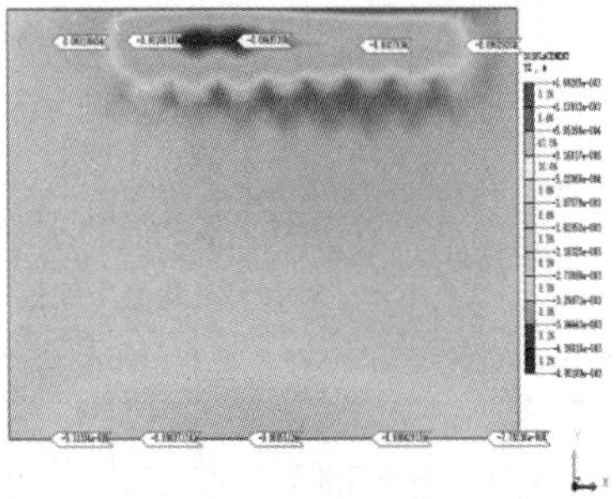	Ⅱ-B	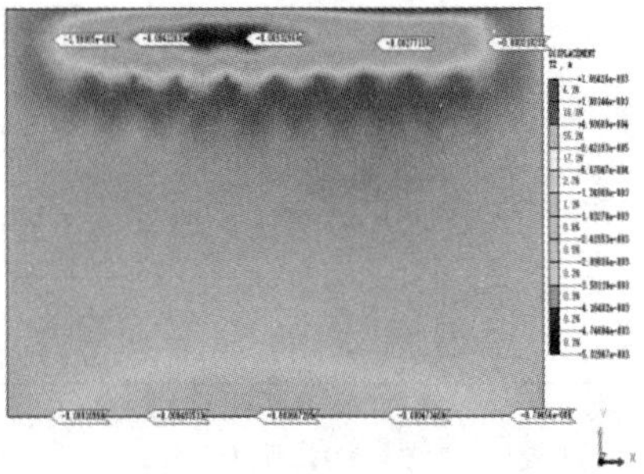
Ⅱ-C	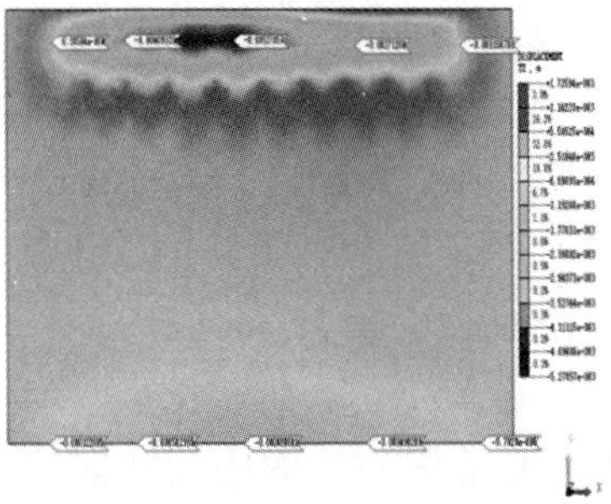		

图 5 深基坑开挖完成 WH 大厦地面层竖向位移

如图 5 所示，开挖工序中，WH 大厦结构地面层的沉降是不均匀的，且随着开挖工序而不断地变化。地面所发生的沉降主要分布于 WH 大厦结构北侧（靠近深基坑侧）部分，且随着开挖施工工序的进行，最大沉降的位置发生了变化。在Ⅰ-A、Ⅰ-B 开挖的时候，最大沉降位于 WH 大厦结构地面层北侧靠西端处。到Ⅱ-A 开挖的时候最大沉降转移到 WH 大厦北侧中间的地面部分，且之后的施工阶段中最大沉降所发生的位置基本保持不变。

由于 WH 大厦结构地面层的沉降总体呈北侧沉降大，南侧沉降小。则其会产生沿南北方向的差异性沉降，即建筑产生由南向北的倾斜。现以图 6 所示的 5 个轴上南北两侧的沉降差值随着开挖阶段步的变化，制成以图 6~图 10 的曲线图。图中沉降差为南侧的沉降值减去北侧的沉降值，即正为向南倾斜，负为向北倾斜。

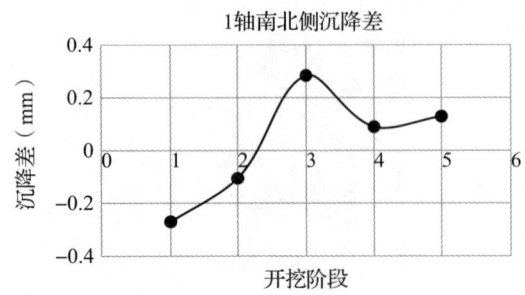 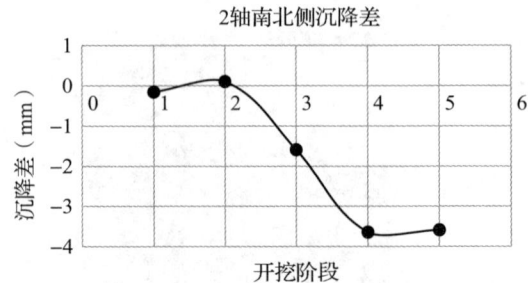

图 6 深基坑Ⅰ-A 区域开挖完成 WH 大厦地面层 1 轴南北侧沉降差

图 7 深基坑Ⅰ-B 区域开挖完成 WH 大厦地面层 2 轴南北侧沉降差

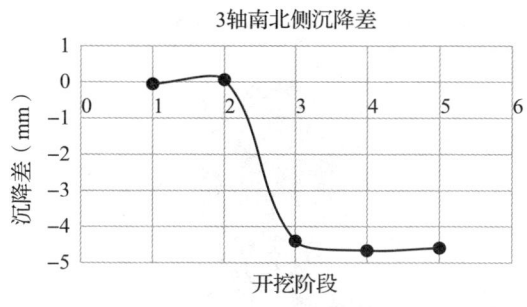
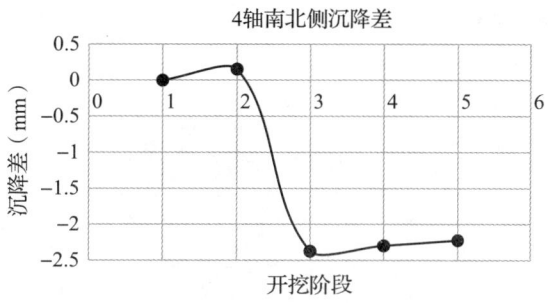

图 8 深基坑Ⅱ-A区域开挖完成WH大厦地面层3轴南北侧沉降差

图 9 深基坑Ⅱ-B区域开挖完成WH大厦地面层4轴南北侧沉降差

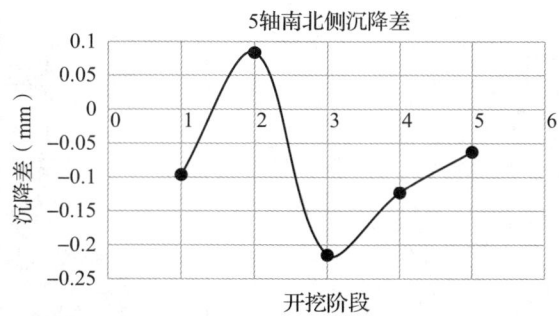

图 10 深基坑Ⅱ-C区域开挖完成WH大厦地面层5轴南北侧沉降差

如图6~图10所示，除1轴外，其余各轴上大部分阶段都处于由南向北倾斜。最大的沉降差发生于3轴上，为4.7mm，在控制指标10mm范围内。

2.2 WH大厦结构水平位移分析

WH广场深基坑项目邻近WH广场的WH大厦，尤其在WH大厦的北侧距离深基坑围护结构仅为5.4m。由于WH大厦属于高层建筑，对地面的荷载较大。则随着深基坑开挖引起周围土体的卸载变形，WH大厦结构将会产生相应的水平位移。选取深基坑开挖的五个主要阶段，对WH大厦结构的水平位移进行分析。

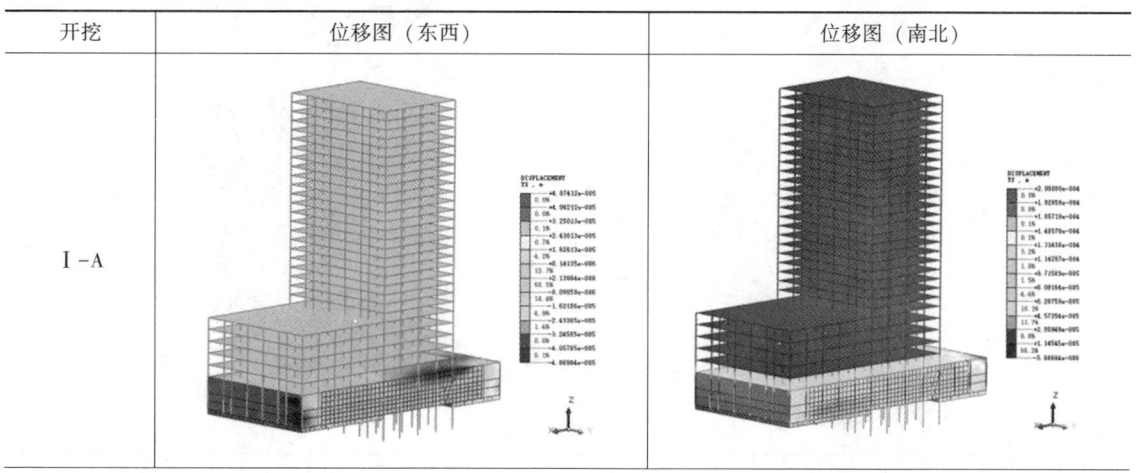

开挖	位移图（东西）	位移图（南北）
Ⅰ-A		

续表

开挖	位移图（东西）	位移图（南北）
Ⅰ-B	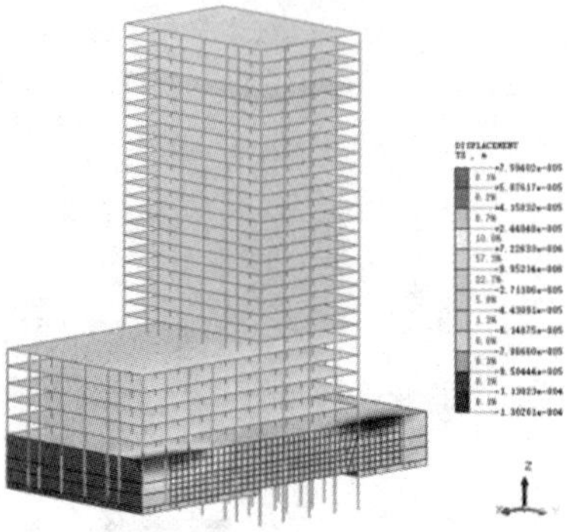	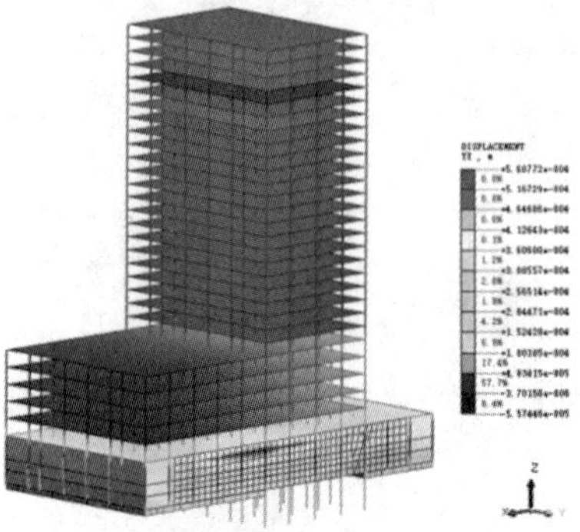
Ⅱ-A	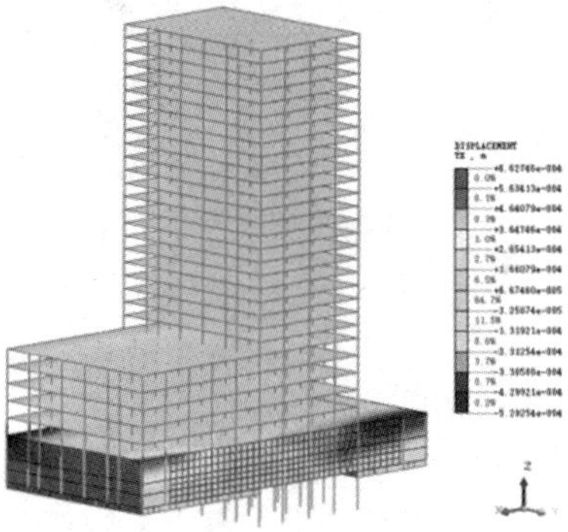	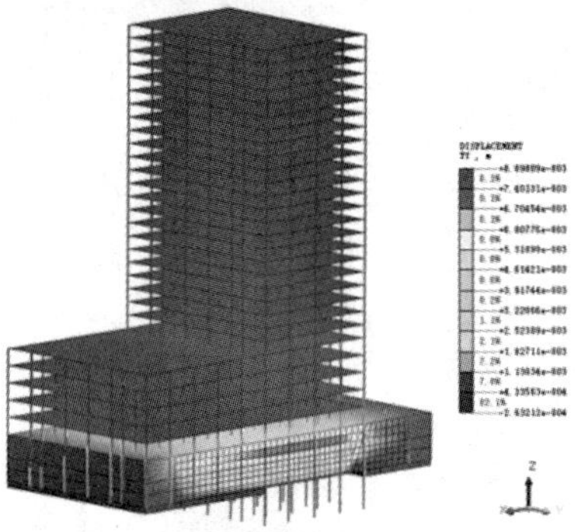
Ⅱ-B	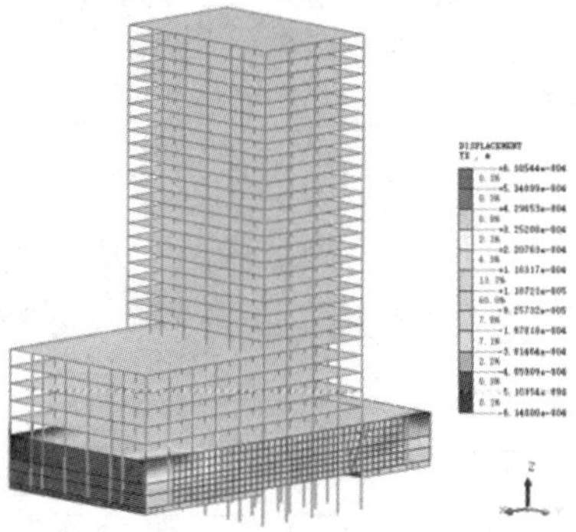	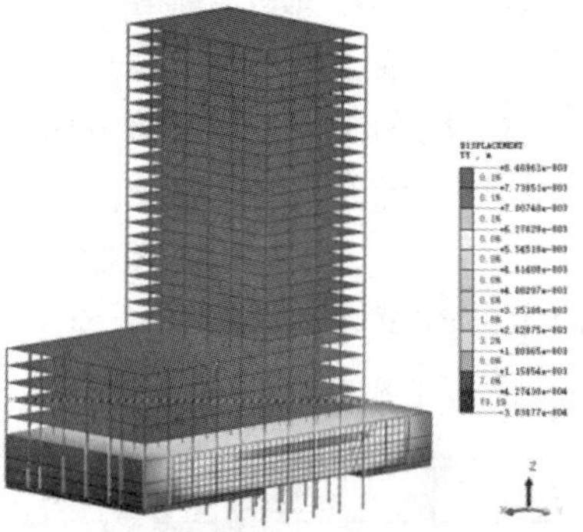
Ⅱ-C	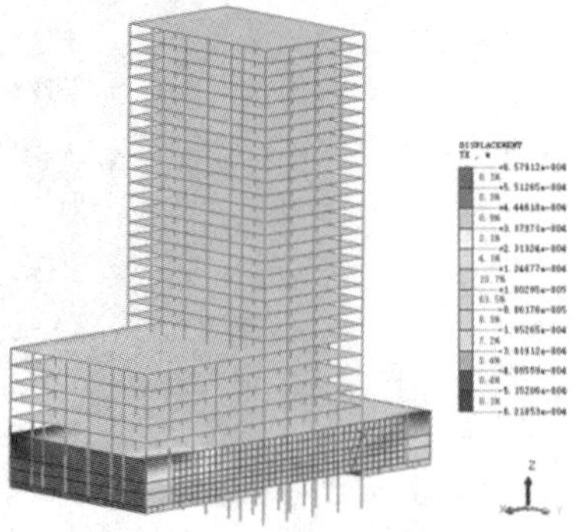	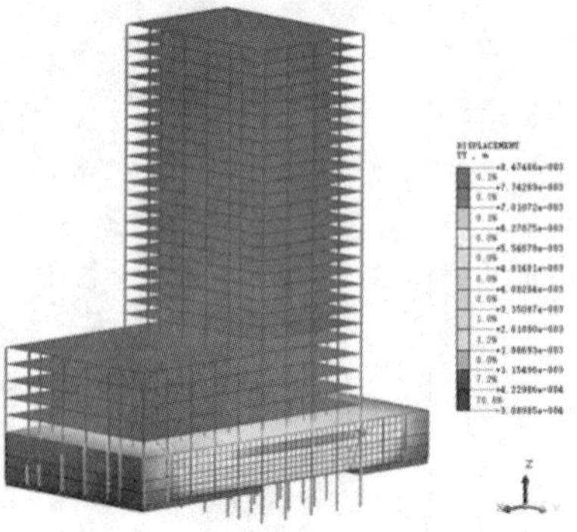

图 11　深基坑开挖完成 WH 大厦地面层竖向位移

具体水平位移数据见表3。

表3 WH大厦结构水平位移值

开挖阶段		WH大厦结构最大水平位移量（mm）	控制指标（mm）	最大沉降量所处位置
WH广场深基坑	Ⅰ-A开挖	0.2（朝北）	20	WH大厦北侧靠西端地面处
	Ⅰ-B开挖	0.6（朝北）	20	WH大厦北侧靠东端地下室地下1层处
	Ⅱ-A开挖	8.1（朝北）	20	WH大厦北侧中间地下室地下1层处
	Ⅱ-B开挖	8.5（朝北）	20	WH大厦北侧中间地下室地下1层处
	Ⅱ-C开挖	8.5（朝北）	20	WH大厦北侧中间地下室地下1层处

从图11、表3中可以看出，在各开挖阶段中，WH大厦的水平位移主要集中于WH大厦地下室结构的四周，且随着开挖施工工序的变化，最大水平位移的位置逐渐稳定于WH大厦北侧中间地下室地下1层处。主要原因是在于该位置对应于WH大厦建筑结构高层部分的最底端，该位置所受的建筑自重荷载最大，从而导致在其相邻的土体进行开挖的时候，由于土体的卸载变形，该处会产生最大的水平位移，方向则为朝向土体被开挖的深基坑侧（北侧），但最大水平位移值为8mm，在控制指标20mm以内。

3 结论

此评估模拟了WH广场开挖施工对深基坑南侧的WH大厦结构所产生的影响分析，评估得出以下结论：

（1）有限元计算结果分析表明，在WH大厦结构为既有结构的前提下，其结构在WH广场深基坑的开挖和施工完成阶段均产生一定的竖向位移和水平位移，从分析结果来看，竖向位移和水平位移变形指标数值均处在变形控制标准之内，符合评估标准。

（2）为确保WH广场深基坑工程施工期间既有建筑和道路的结构安全、人员、行车及运营安全，综合考虑既有结构的预测变形、极限变形，建议采取预处理方案控制WH广场深基坑施工对WH大厦结构和周边道路结构的影响，并加强影响段落内的变形监控量测。

（3）考虑土体小应变影响的三维数值分析能够更好地反映深基坑开挖对既有结构体位移、变形和内力的影响，其计算结果能够与实际工程经验更好的吻合。由于土质条件的变化、土参数的空间变异、实际施工过程与数值模拟的差异等原因，应最终以信息化施工、适时修正为指导施工的原则。

参考文献

[1] 郑刚，李志伟. 考虑初始不均匀沉降的建筑物受深基坑开挖影响的有限元分析[J]. 岩土力学，2012，33（8）：2491-2499.

[2] 胡琦，凌道盛，陈云敏，等. 深深基坑开挖对坑内基桩受力特性的影响分析[J]. 岩土力学，2008（7）：1965-1970.

[3] 盛志强. 与深基坑开挖过程有关的土体工程特性试验研究[D]. 北京：中国建筑科学研究院，2016.

[4] 张治国,贾延臣,王卫东. 邻近建筑与深基坑边成任意角度受深基坑开挖影响分析 [J]. 地下空间与工程学报,2015,11 (S2): 617-628.
[5] 郑刚,王琦,张立明. 深基坑开挖对坑底工程桩性能影响参数分析 [J]. 建筑结构,2015,45 (21): 63-69.
[6] 成志勇,杨春山,吕志刚. 基于空间效应深基坑开挖引起的环境影响研究 [J]. 建筑技术,2015,46 (6): 491-494.
[7] 袁海峰,郑刚. 邻近建筑物受深基坑开挖影响有限元分析 [J]. 低温建筑技术,2006 (3): 102-104.
[8] 吴荣良. 深基坑开挖对周边建筑物安全性影响及评定方法研究 [D]. 重庆:重庆大学,2012.
[9] 官新鹏. 深基坑开挖对邻近桩基建筑物影响的研究 [D]. 天津:天津大学,2012.
[10] 郭亮. 深基坑开挖对不同形式结构的影响分析 [J]. 福建建设科技,2014 (3): 13-16.
[11] 原利明. 深基坑开挖对周边框架结构建筑物影响 [D]. 长春:吉林建筑大学,2016.
[12] 胡小平. 受邻近深深基坑开挖影响的既有边坡加固方法 [J]. 低碳世界,2016 (33): 120-122.

复杂地质环境全套筒成孔微型钢管桩施工技术应用

夏文波　任　彪　单珍胜　罗正勇

湖南省第六工程有限公司　长沙　410015

摘　要： 传统基坑支护不仅施工难度大，工期得不到保障，还会耗费更多资源，且若遇到岩溶或者泥沙层等不良地质时，无法达到理想效果。微型桩全套筒成孔工艺适用于各类复杂地质，工艺简单，能有效提升施工质量。全套筒成孔施工速度快，避免防止塌孔，同时对基坑周围土体扰动小，且不受土质情况的影响，从而保证成孔质量，安全性更好。

关键词： 微型钢管桩；全套筒；成孔；监测

随着城市开发，建筑物基础向深度发展，导致建筑基坑越来越靠近周边建筑或红线，由于施工场地狭小，或其他障碍导致钻孔灌注桩施工机械不具备作业空间的情况时有发生，尤其是对于复杂地质环境下的周边建筑比较密集的地区，传统的基坑支护方式无法满足要求。全套筒成孔微型钢管桩施工技术可在现场狭窄的环境下组织施工，应对各类复杂地质条件，技术先进。本文以宁远县综合农贸市场建设项目为例，探讨全套筒成孔微型钢管桩施工技术的实际应用。

1　工程概况

宁远县综合农贸市场建设项目地位于永州市宁远县城，场地北邻顺民路，东邻和谐路，南邻小区路。项目总用地面积13084.12m^2，项目容积率3.84，建筑密度48.92%，绿地率15.07%，1~3栋建筑高度分别为67.7m、79.35m和79.35m。本次拟建总建筑面积62009.04m^2，其中地上建筑面积50401.66m^2，地下建筑面积11607.38m^2。基坑支护分为土钉墙支护，双排钢管桩+预应力锚杆支护和土钉墙+双排钢管支护，基坑支护深度为4.0~6.2m（图1）。持力层为中风化灰岩层，岩石桩端阻力特征值为6000kPa，要求桩端嵌入该岩层内不小于1d且不小于1m，当岩层表面倾斜时，嵌岩深度以坡下方为准。本工程处于岩溶发育场地，施工时根据超前钻报告，一柱一桩进行施工质量控制，施工中应确保柱底下3倍桩身直径（不小于5m）深度范围内无软弱夹层、空洞、破碎带等不良地质条件。

本工程桩基数量共计364根，均采用全套筒成孔工艺，于2023年2月开始施工，至3月基坑开挖完成，钢管桩支护区域基坑变形量小，变形稳定，围墙也未出现开裂现象。

2　工艺原理

针对有泥沙或淤泥质夹层地质，采用全套筒成孔工艺，使得桩孔成孔全过程中均有套管对桩孔进行有效支撑，避免了在钻孔过程中出现塌孔缩径现象。工厂化加工比设计钢管桩外径大20mm的钢套筒，套筒两端带有丝口，每节套筒长度为3m，通过螺纹旋转连接。采用液压多功能钻机定位预钻500mm以上后下放套筒，钻进过程中通过钻杆注入高压水引流带出泥土，套筒分节连接跟进，下节套筒高出地面300mm左右进行连接，达到钻孔深度后，取出钻头，将设计钢管放入套筒内，再将套筒取出，浇灌混凝土。

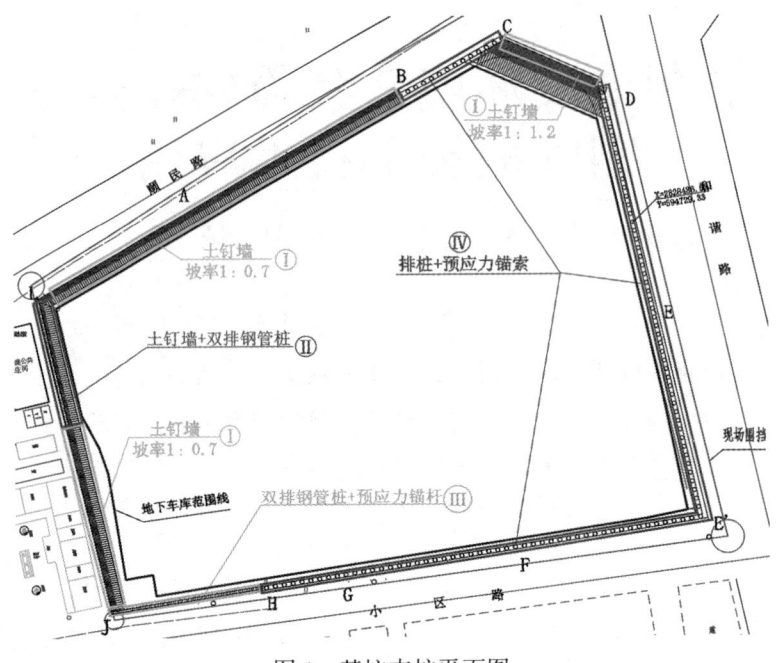

图 1 基坑支护平面图

3 施工工艺流程

3.1 工艺流程

施工准备→测量放线→钻机安放→安装钢套筒→钻进成孔→下放钢管→清孔→注浆、补浆。

3.2 操作要点

3.2.1 施工准备

将施工区域场地平整，机械简单压实，确保无积水。支点用枕木垫起，在枕木两侧用木楔塞紧，以防止钢管滚动，并按打桩先后顺序要求进行堆放。

采用无缝钢管长 8m，直径 105mm，壁厚 4mm，施工前必须对无缝钢管长度、质量做出相应的检验，合格后方可使用。

3.2.2 测量放线

微型钢管施工之前，根据基坑支护平面图，放出每一根桩的中心线。钢管桩排距 500mm，间距 500mm。微型钢管桩中心位置要求偏差不大于 20mm，检验后开始钻进作业（图 2）。

3.2.3 钻机安放

将钻机移动到钢管桩中心点位置，调整钻机四个平衡脚撑，使机驱动轴垂直，保证钻杆垂直度偏差不大于 1%。

3.2.4 安装钢套筒

采用工厂化加工生产的钢套筒，套筒两端带有丝口，每节套筒长度为 3m，外径 168mm，壁厚 5mm。钢套筒安装在钻机驱动轴接头上，第

图 2 钢管桩定位

一节钢套筒下放后,需再一次检查桩位线,套筒分节通过螺纹旋转连接跟进,套筒留出地面 500mm 左右进行连接。同时重新校核钻机位置和钻机驱动轴垂直度。

3.2.5 钻进成孔

操作钻机钻进,钻进过程中通过钻杆注入高压水引流带出泥土。每钻进 2m 后需校核钻机垂直度,及时纠偏,并根据不同土体调整钻进速度。如遇岩层,应放慢钻进速度,防止钻进跳机,影响成孔。终孔后孔深偏差不大于 50mm。

3.2.6 下放钢管

微型钢管桩采用无缝钢管,长 8m,直径 105mm,壁厚 4mm,沿钢管周围开两排对称相错的 ϕ14mm 的孔洞,孔距 1000mm,利于水泥浆往四周扩散。钻进到设计深度后,将钻进驱动轴与套筒分开,将制好的无缝钢管缓慢放入钢套筒内,然后将外侧钢套筒拔出,用作下一桩孔钻进。

3.2.7 清孔

在注水泥浆前,需对桩孔进行清孔,使孔内浑浊泥浆全部排出。钻进达到要求孔深停钻后,钻具提高距离孔底 50mm 左右,泵入清水循环清孔,直到孔口流出的泥浆中钻渣含量较小为止。

3.2.8 注浆、补浆

在钢管内插入 1 根 25mm 钢筋,进入灌浆工序。灌浆材料采用强度等级为 42.5 的普通硅酸盐水泥,水灰比为 1:1,灌浆压力不低于 300kPa。将注浆管放入孔底,将预先拌好的水泥浆通过注浆泵压入桩孔内,直到水泥浆从孔口溢出,再封孔口继续压浆,并稳压 5min 以上,等水泥凝固后,上部有空余部分需进行二次补浆(图 3)。

图 3 钢管柱注浆

4 质量控制措施

(1)施工时桩机要立于平整坚实的场地,成孔过程要经常检查钻杆垂直度,并经常纠偏。

(2)检查套管接头卡扣磨损程度,确保每节套管对接牢靠,防止套管接头磨损造成钻进晃动幅度过大。

(3)钢管桩成孔过程中应保证桩孔垂直,孔深需满足要求,孔深允许偏差 50mm。

(4)钻孔时严格控制钻进速度,一般不宜大于 1.0m/min,在松散砂层中,钻进速度不宜超过 0.5m/min;在硬土层或岩层中的钻进速度以桩机不发生跳动为准。

(5)为将孔洞中的充填物冲洗干净,提高灌浆效果,灌浆前应进行钻孔的冲洗工作。在施工过程中,要控制好冲洗用水的质量,不允许用混浊、含泥浆的水冲洗钻孔。

(6)钻进直孔达到要求孔深停钻后,钻具提高距离孔底 50mm 左右,泵入清水循环清孔,直到孔口流出的泥浆中钻渣含量较小为止。起钻时应注意操作轻稳,防止钻头拖刮孔壁。

5 安全控制措施

(1)在基坑(槽)上口 1m 范围内不许堆载。

(2)挖土机械工作回转半径范围内不得站人或进行其他作业。

(3) 各项施工机械操作人员必须持证上岗，严格遵守现行机械设备操作。

(4) 钢管吊放时下方不得站人，应两点起吊。

(5) 微型钢管桩钻孔时，严格按控制标高施工，深度必须满足设计要求，不得欠深或超深。

6 效益分析

6.1 经济效益

全套筒成孔微型钢管桩技术不仅施工便捷高效，能有效提升施工质量，且有效避免了塌孔，泥沙等问题对钻进的影响，成孔速度快，有效缩短作业工期及减少资源消耗，具有很好的经济效益（表1）。

表1 经济效益表

类别	支护桩	双排微型钢管桩
施工工期	10 根/d	20 根/d
综合单价	1300 元/m	285 元/m

支护桩施工综合单价约为1300元/m，微型钢管桩施工综合单价约285元/m，考虑到微型钢管桩需要双排同时受力，故产生综合经济效益约为730元/m。

6.2 社会环保效益

采用全套筒成孔技术简单，施工设备简单，风险性小，施工方便；施工过程噪声低，对周边环境影响小，过程不会破坏原有地形地貌，安全环保。

7 结语

微型钢管桩全套筒成孔施工技术，既解决了传统微型钢管桩成孔施工工艺对于泥沙夹层等地质条件较差的土体不适用性问题，又解决了传统微型钢管桩施工工艺受地质条件影响较大导致工程进度缓慢的问题，在场地狭小，周边建筑密集的复杂环境基坑施工适合全面推广。

参考文献

[1] 广州市大新特种建筑新技术开发有限公司. 一种高水位地下室新增钢管桩的施工方法：2020109195180 [P]. 2020-11-27.

[2] 金广谦, 周晓华, 艾声. 特殊水文地质条件下咬合桩施工工艺探索 [C] //中国公路学会. 中国公路学会桥梁和结构工程分会2015年全国桥梁学术会议论文集, 2015：470-475.

[3] 黄少东. 复杂地质钻孔灌注桩钢筋笼外套钢丝网施工技术 [J]. 铁道建筑技术, 2021 (5)：146-148.

[4] 江玉涛, 徐继伟. 复杂地质条件下冲孔咬合桩的施工和应用 [J]. 广东土木与建筑, 2009, 16 (4)：21-23.

[5] 曹大可, 陈常思, 党群亮, 等. 全回转全套筒硬咬合技术在处理旧基础中的应用研究 [J]. 建筑技术开发, 2022, 49 (21)：101-103.

[6] 胡栋, 陈伟, 李荣, 等. 全套筒全回转钻机在邻近地铁的溶洞发育地区桩基施工中的应用 [J]. 建筑施工, 2018, 40 (9)：1503-1505.

[7] 郭收田, 崔玉军, 贾桂刊, 等. 复杂地质条件下深基坑注浆式微型钢管桩锚喷支护施工工艺及质量控制 [C] //王新杰. 第十一届深基础工程发展论坛论文集. 北京：中国建筑工业出版社, 2021：226-228.

玄武岩纤维沥青混合料路用性能影响因素试验研究分析

张卓普

湖南省第六工程有限公司　长沙　410000

摘　要：为了研究玄武岩纤维沥青混合料中纤维掺量及纤维长度对混合料路用性能影响，采用室内精密车辙的试验和低温弯曲性的试验，浸水性马歇尔试验和冻融劈裂的试验，对选用玄武岩纤维长度为 6mm，掺量分别为 0%、0.1%、0.2%、0.3%、0.4%、0.5%、0.6% 时；以及掺量一定，选用 3mm、6mm、9mm 的纤维长度的沥青拌和料路用的性能进行研究分析。研究结果证明：沥青混合料在参入玄武岩的纤维后多项路用性能改善效果明显。当掺入纤维长度相同时，0.3% 的玄武岩纤维为最佳掺量，此时其沥青混合料每项路用的性能达到最优状态，当掺量达到 0.6% 时，各项性能指标出现明显衰减。当掺量相同时，采用 6mm 长纤维时沥青混合料的高温稳定性和低温抗裂性最优，水稳定性：3mm>6mm>9mm。

关键词：玄武岩纤维；掺量；纤维长度；沥青混合料；路用性能

　　公路交通重载、量大的特征随着我国经济的高速发展变得日益明显，此外，骤冷骤热、低温冰冻、酸雨等极端气候的频繁出现，对沥青混合料的高温稳定性、低温抗裂性、水稳定性等路用性能提出更高要求。纤维由于具有较大比表面积，掺入沥青中能吸附沥青形成一定厚度的沥青-纤维界面，改善沥青-矿粉界面，并构成三维空间网状结构，能有效改善沥青混合料路用性能。目前在研究使用较多的纤维材料中，玄武岩纤维因具有力学性能好、比表面积大、耐腐蚀性好、耐老化等优势脱颖而出。早期，由于生产工艺落后，玄武岩纤维性能不稳定且价格昂贵，限制了其在道路工程中的发展应用，随着生产工艺的成熟，玄武岩纤维品质越来越好且单价也趋于低廉，近年来又进入研究人员视线，具有良好应用前景。

　　本文采用室内精密车辙的试验和低温弯曲的试验，浸水性马歇尔试验以及冻融劈裂的试验对玄武岩纤维沥青拌和物高温的稳定性和低温抗裂性能、水稳定性能进行研究分析，以纤维掺量、纤维长度作为研究自变量，探究其对高温稳定性、低温抗裂的性能和水稳定性能的影响规律，以期为实际工程应用提供参考。

1　玄武岩纤维不同掺量下沥青混合料最佳比重试验

1.1　原材料

1.1.1　沥青

　　选用韩国双龙 90 号 A 级道路石油沥青，依据《公路工程沥青及沥青混合料试验规程》（JTG E20—2011），测得沥青技术性能指标见表 1。

表 1　基质沥青技术性能指标

25℃针入度，0.1mm	针入度指数，PI	15℃延度（cm）	软化点（℃）	15℃密度（g/cm³）	旋转薄膜加热（163℃，85min）		
					质量损失（%）	残留针入度比（%）	10℃残留延度（cm）
93.1	-1.01	111.9	45.3	0.994	0.02	76.8	27.3

1.1.2 集料

依据《公路工程集料试验规程》(JTG E42—2005)中提到的相关内容试验的方式方法对本研究选用集料后进行试验,技术性能见表2,选用机制砂作为细集料,技术性能见表3。

表2 集料技术指标

试验项目	压碎值(%)	磨耗值(%)	表观密度(g/cm³)	针片状含量(%)	与沥青黏附性
测试结果	17.1	19.3	2.859	10.1	5级

表3 机制砂技术指标

试验项目	表观的相对密度(g/cm³)	吸水率(%)	饱和面干吸水率(%)	用砂当量(%)
测试结果	2.713	0.71	0.73	86

1.1.3 矿粉

采用石灰岩等憎水性石料经磨细得到的矿粉作为填料,本研究采用矿粉技术指标见表4。

表4 矿粉试验结果

试验项目	表观相对的密度(g/cm³)	粒度范围(%)			亲水系数
		<0.6mm	<0.15mm	<0.075mm	
测试结果	2.709	100	89.1	81.0	0.75

1.1.4 纤维

本次研究采用浙江金石公司的玄武岩纤维,纤维性能指标见表5。

表5 玄武岩纤维技术指标

项目	指标
颜色	金褐色
纤维直径(μm)	15
纤维长度(mm)	3、6、9
密度(g/cm³)	2.61
拉伸强度(MPa)	3000
弹性模量(GPa)	90
断裂延伸率(%)	3.2
熔点(℃)	1450~1500
软化温度(℃)	1050
使用温度(℃)	−260~650

1.2 纤维沥青混合料的制备

1.2.1 沥青混合料目标配合比设计

将AC-13悬浮密实型沥青混合料视为研究的对象,级配组成见表6及图1所示。

表6 AC-13沥青混合料组成的级配

筛孔（mm）	16	13.2	9.5	4.75	2.36	1.18	0.6	0.3	0.15	0.075
下限（%）	100	90	68	38	24	15	10	7	5	4
上限（%）	100	100	85	68	50	38	28	20	15	8
中值（%）	100	95	76.5	53	37	26.5	19	13.5	10	6
合成集配（%）	100	96.7	77.1	52.1	32.5	19	12.8	8.7	6.9	6.3

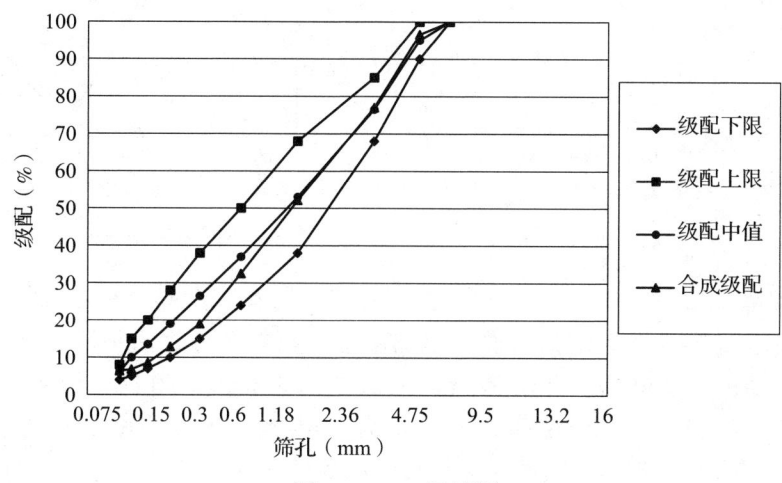

图1 AC-13级配图

1.2.2 最佳的油石比确定

依据《公路沥青路面施工技术规范》（JTG F40—2004）附录B热拌沥青马歇尔配合比设计法确定本次采用AC-13最佳油石比，按照《公路工程沥青及沥青混合料试验规程》（JTG E20—2011）中规定的相关试验的方法，确定不同掺量下最佳油石比见表7。

表7 玄武岩纤维不同的掺量下沥青混合料最佳比重

掺量（%）	0	0.1	0.2	0.3	0.4	0.5	0.6
最佳油石比（%）	4.6	4.7	4.7	4.8	4.9	5.0	5.1

2 不同掺量下玄武岩纤维在沥青混合料中路用性能的相关试验

在前述试验确定的级配以及最佳油石比条件下，掺入6mm长玄武岩纤维，掺量分别为0%、0.1%、0.2%、0.3%、0.4%、0.5%以及0.6%，对玄武岩纤维掺入沥青混合料路用的性能进行研究分析。

2.1 高温稳定性

高温稳定性能是指在沥青混合料受到荷载反复作用下抵抗永久变形能力表现。高温稳定性不足主要表现有车辙、壅包、泛油、推移等。车辙是危害性最大的病害，不仅影响舒适性，而且对行车安全性带来不确定。

室内车辙试验能较好地模拟车轮荷载作用在沥青路面上产生的实际效果，反映车辙形成过程，本文采用室内车辙试验研究不同掺量下玄武岩的纤维对沥青混合料高温性能造成的影响，选取动稳定度和其相对变形率定为评价的指标。试验的方法是按照《公路工程沥青及沥青混合料试验规程》（JTG E20—2011）进行，试验结果如图2、图3所示。

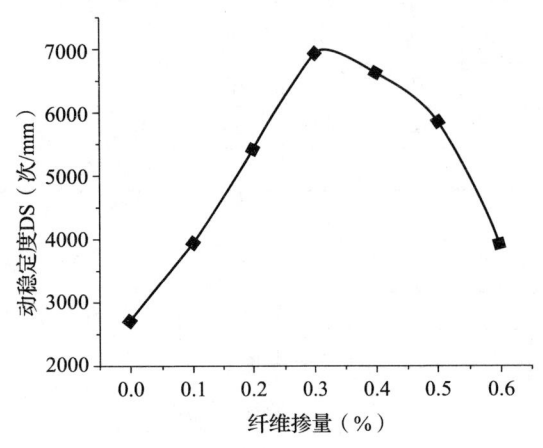

图2 不同掺量动稳定度试验结果图

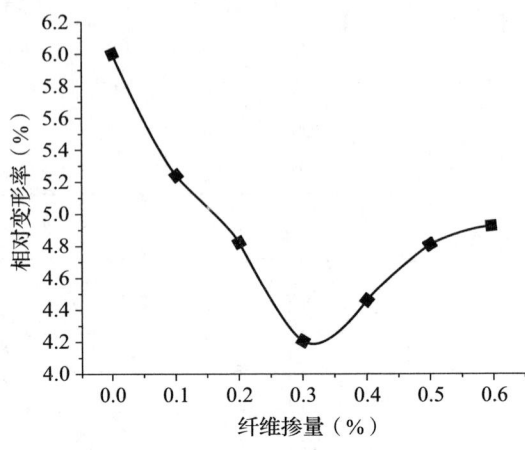

图3 不同掺量相对变形率试验结果图

从图2不难看出，掺入玄武岩纤维后，动稳定度均有较大提高，是未掺入纤维试验的1.5倍及以上。动稳定度在纤维掺量逐渐增加后呈现出先上升之后下降变化的趋势，当掺量为0.3%时，动稳定度最高，此时为未掺入试样的2.6倍，随着纤维用量的继续提高，0.3%~0.4%之间呈现缓慢下降的趋势，当掺量为0.6%时，动稳定度出现加速下降的趋势。从图3中看出，混合料被破坏时候的车辙变形和相对的变形率是与动稳定度的变化趋势成相反态势，随着纤维掺量的增加先减后增，在掺量为0.3%，达到最小相对变形率。

玄武岩纤维的加入可以改善沥青的黏性，增大沥青的黏稠度和黏聚力。此外，纤维的高强度和高模量性能对沥青混合料可以起到"加筋"作用，提高材料抗车辙能力。但随着掺加量的增加，玄武岩纤维的分散性在沥青混合料中难以得到有效的保障，部分纤维结团，影响混合料的整体性能，并且纤维材料具有较大比表面积，纤维掺入的增多意味着需要更多的沥青，当纤维掺量超过一定阈值后，纤维掺入带来的加强作用将会被沥青材料高温性能抵消，甚至出现加速衰减的趋势。

2.2 低温抗裂性

沥青路面被破坏的主要形式就是裂缝。温度骤降时，路面抗变形能力下降，在温度与外部荷载的反复作用下，内部应力超过抗拉疲劳强度而产生裂缝。本文采用车辙板切割后的小梁试件进行低温弯曲性能的试验，分析不同掺量玄武岩纤维下影响沥青混合料低温抗裂性的程度。采用弯拉强度和弯拉应变作为本次研究的评价指标。本次试验的方法是严格按照《公路工程沥青及沥青混合料试验规程》（JTG E20—2011）进行。试验结果如图4、图5所示。

上图中能明确看到，在混合料掺入玄武岩的纤维之后，其弯拉强度以及弯拉应变均有较大提升，随着纤维掺量的增加，弯拉强度和弯拉应变都呈现出先增长后减的态势，当掺量为0.3%时，出现峰值，抗弯拉的强度比起普通的沥青混合料能够提高12.6%，弯拉应变较普通沥青混合料提高29.3%，劲度模量达到最低。

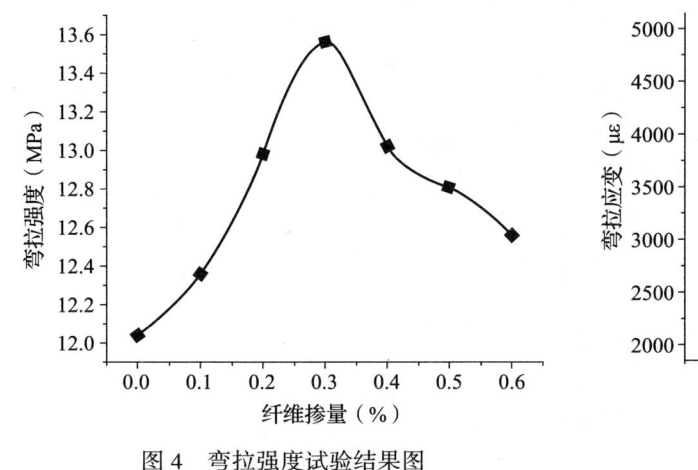

图 4 弯拉强度试验结果图

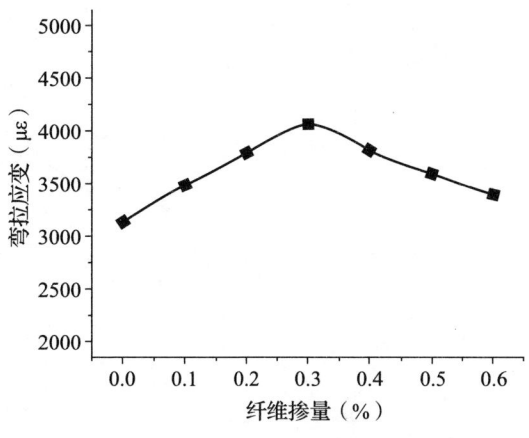

图 5 弯拉应变试验结果图

从以上变化趋势可知,玄武岩的纤维在加入后可以有效地改善在低温条件下抗裂的性能。当掺量较低时,随着纤维的掺入,纤维均匀分布于沥青混合料中,形成纵横交织的空间网络,起到良好的增韧作用,沥青用量随掺量增加而增多,较大的沥青用量使混合料具有较高柔性,抗裂性能提高。当纤维掺量超过某一阈值后,纤维分布不均,出现结团等现象,影响混合料空间网络结构的稳定形成,无法发挥纤维掺入的作用,但由于沥青用量的增多,胶浆劲度增大,其低温性能仍较未掺入纤维样本好。

2.3 水稳定性

水损害是南方多雨地区以及北方冰冻地区的主要病害之一。雨水通过裂缝浸入沥青路面结构内部,由车动荷载作用产生的动水压力,水分的浸泡与动水压力的反复冲刷下,沥青与集料间黏结力下降,最终剥落导致混合料松散,丧失整体结构性能。本文中采用浸水性马歇尔试验以及冻融情况下劈裂的试验研究不一样掺量下玄武岩的纤维对沥青混合料的水稳定性影响,采用残留稳定度和残留强度比作为本次研究的评价指标。试验的方法是严格按照《公路工程沥青及沥青混合料试验规程》(JTG E20—2011)进行。试验结果如图 6 ~ 图 8 所示。

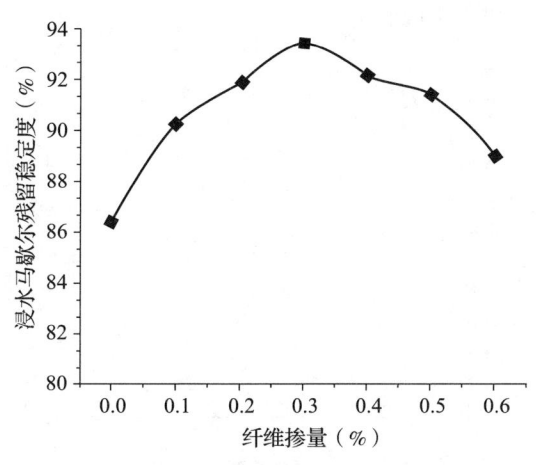

图 6 浸水马歇尔残留的稳定度试验结果图

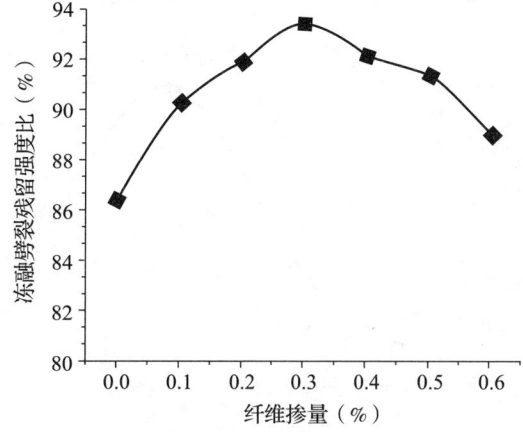

图 7 残留强度比试验结果图

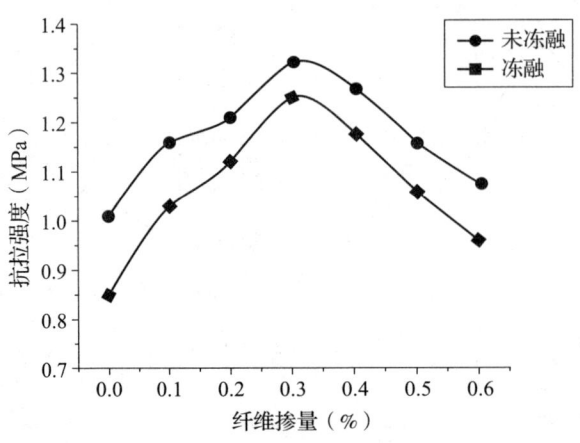

图 8　沥青混合料的劈裂抗拉强度随着玄武岩纤维掺入量的变化规律曲线

从图 6 中可发现,沥青混合料在掺入玄武岩的纤维之后,浸水残留稳定度相比未掺加纤维试样均有提高。随着纤维掺量的增加,浸水残留稳定度先增加后减小,当掺量为 0.3% 时,达到峰值,浸水残留稳定度为 93.4%,相比普通沥青混凝土样本增加 8.12%。从图 7、图 8 冻融劈裂试验结果来看,随着纤维掺量的增加,冻融循环残留强度比也呈现先升后降的趋势,当掺量为 0.3% 时,残留强度比达到峰值,其值较普通沥青混凝土样本提高 12.5%。

以上试验结果说明玄武岩纤维的掺入,可以有效地使沥青混合料抗水的损害能力提升。由于纤维的吸附作用,随着纤维的掺入,沥青用量增大,结构沥青增多,有效沥青膜厚度增大,沥青与集料的黏附性得以改善。但随着纤维掺量超过一定阈值后,纤维在沥青混合料中分散性差,出现结团,阻碍混合料稳定结构的形成,此时沥青混合料很难压实,所以其空隙率增大,混合料受水浸截面增大,故水稳定性随着纤维掺量的继续增加而出现明显衰减。

3　掺入不同长度的玄武岩纤维对沥青混合料路用性能的影响试验

在最佳油石比 4.8% 及 0.3% 玄武岩纤维掺入的条件下,分别对比着 3mm、6mm 及 9mm 三种长度的玄武岩的纤维对沥青混合料路用性能的影响。

3.1　高温稳定性试验

试验方法及评价指标同 2.1,试验结果如图 9 和图 10 所示。

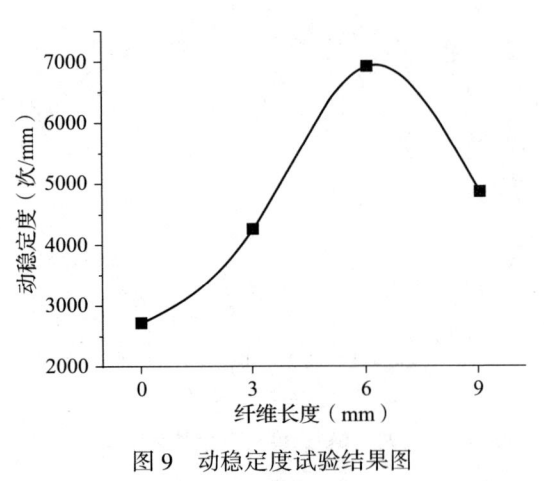

图 9　动稳定度试验结果图　　　　　　图 10　相对变形率试验结果图

由图9可知，相同掺量下，动稳定度能够在纤维长度的增加后先增后减，尤其是在纤维长度是6mm时达到最大的动稳定度。由图10可知，相对变形率呈先降后升，同样，当纤维的长度是6mm时，达到最小相对变形率。

出现这种变化趋势可能是因为，当玄武岩纤维过短时，纤维的有效长度不够，影响其对沥青混合料加筋作用；当纤维长度过长时，拌和过程易发生结团，导致纤维在纤维中的分散性差，随着纤维长度的增长其高温性能不再增强，反而降低。

3.2 低温抗裂性试验

试验方法及评价指标同2.2，试验结果如图11和图12所示。

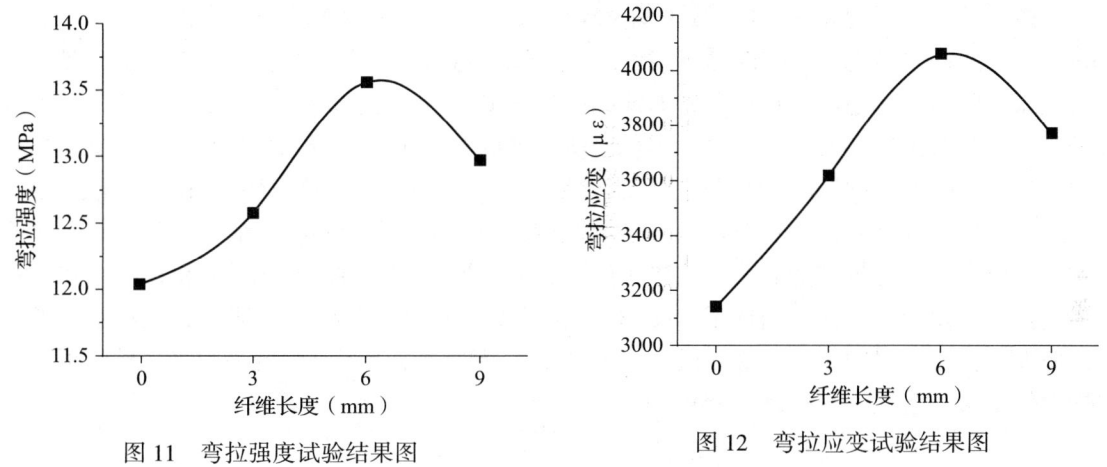

图11 弯拉强度试验结果图　　图12 弯拉应变试验结果图

从图11和图12中可以看出，当掺量一定时，随着纤维长度的增加，弯拉强度和弯拉应变均先增后减，当纤维长度为6mm时，出现峰值，劲度模量达到最低。

由于当玄武岩纤维过短，纤维沥青产生的结构中纤维的有效长度不足，无法发挥纤维高抗拉强度特点；当纤维长度过长时，主要还是影响其在沥青中的分散性能，从而影响混合料低温抗裂性能。

3.3 水稳定度

试验方法及评价指标同2.3，试验结果如图13和图14所示。

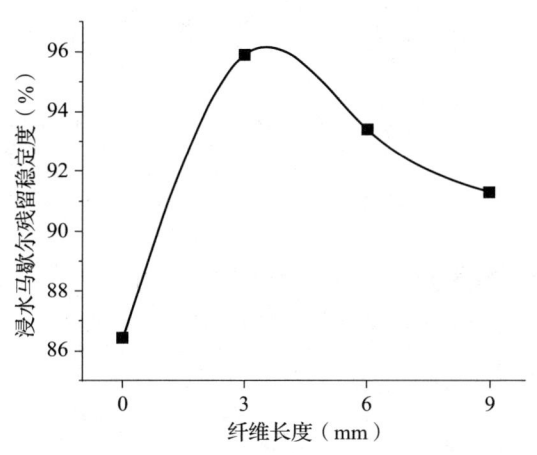
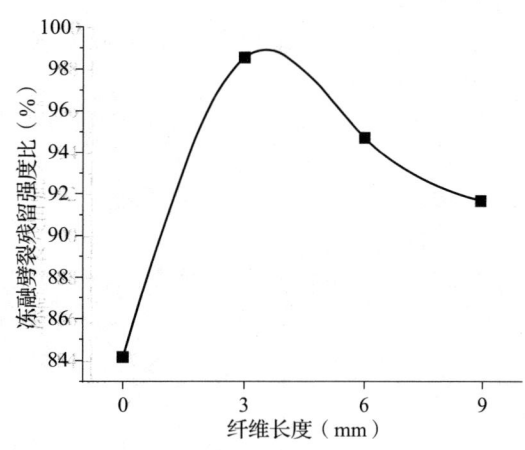

图13 浸水马歇尔残留的稳定度试验结果图　　图14 残留强度比试验结果图

从图 13、图 14 中可以看出，当掺量一定时，随着纤维长度的增加，浸水马歇尔残留稳定度、残留强度比呈下降趋势，当纤维长度为 3mm 时，浸水马歇尔残留的稳定度以及残留强度比都能够到最大值。这可能是因为相同掺量的情况下，短纤维具有更大的比表面积，纤维的增粘作用显著，纤维形成的三维空间网状增加了结构沥青的比例，能够增强沥青的黏结力，从而改善沥青与矿料的黏附性，提高混合料水稳定性。

4 结论

玄武岩纤维的掺入，在纤维加筋和增加韧性的作用机理下，沥青混合料抵抗高温稳定性和低温情况下的抗裂性以及水稳定性能等都可以得到显著地改善。

当掺入纤维长度为 6mm 时，不同掺量纤维试验证明：在不断添加纤维掺量后，沥青混合料中净水残留的稳定度及冻融循环残留的强度比、弯拉强度及弯拉应变还有动稳定度都表现出先涨后跌的变化趋势。在玄武岩的纤维掺量达到 0.3%时，动稳定度处于峰值，相对变形率最小，其弯拉强度及弯拉应变达到最大值，劲度模量最低，浸水残留稳定度最大，各个路用性能在沥青混合料中都能达到最优，当掺量达到 0.6%时，各项性能指标出现明显衰减。

当玄武岩纤维掺入量为 0.3%时，不同长度纤维试验表明：随着纤维长度的增大，动稳定度、弯拉强度和弯拉应变的变化趋势相似，都是先增后减。浸水马歇尔残留的稳定度、残留强度比都呈现明显下降；当选用 6mm 玄武岩纤维的时候，动稳定度能够到达峰值，相对变形率最小，弯拉强度、弯拉应变最大，劲度模量最低，沥青混合料的高温稳定性及低温抗裂性最优。水稳定性：3mm>6mm>9mm。

参考文献

[1] 王宁. 玄武岩纤维及其改性沥青的性能研究[D]. 北京：中国地质大学（北京），2013.
[2] 陈永慧. 新型玄武岩纤维对沥青混合料路用性能影响研究[D]. 西安：长安大学，2014.
[3] 张争奇，胡长顺. 纤维加强沥青混凝土几个问题的研究和探讨[J]. 西安公路交通大学学报，2001，21（1）：29-32.
[4] 中华人民共和国交通运输部. 公路工程沥青及沥青混合料试验规程：JTG E20—2011[S]. 北京：人民交通出版社，2011.
[5] 中华人民共和国交通运输部. 公路工程集料试验规程：JTG E42—2005[S]. 北京：人民交通出版社，2005.
[6] 中华人民共和国交通运输部. 公路沥青路面施工技术规范：JTG F40—2004[S]. 北京：人民交通出版社，2005.
[7] 覃潇，申爱琴，郭寅川. 玄武岩纤维沥青胶浆性能试验研究[J]. 建筑材料学报，2016，19（4）：659-664.
[8] 韦佑坡，张争奇，司伟. 玄武岩纤维在沥青混合料中的作用机理[J]. 长安大学学报（自然科学版），2012，32（2）：39-44.
[9] 彭珊. 冲击荷载作用下纤维沥青混凝土动力性能试验研究[D]. 长沙：湖南大学，2010.

浅析高速公路涵洞台背回填首件施工质量控制

陈湘胜 覃远升 黄 广 王 龙 刘茂林

湖南建投交通建设有限公司 长沙 410000

摘 要：桥涵构筑物台背回填作为高速公路的重要组成部分，在施工中很受重视，但是仍然产生了很多质量问题。为了进一步提高台背回填施工质量，本文就涵洞台背回填首件施工质量控制，提出了控制措施和方法。

1 概论

根据业主及驻地办的要求，每一个分项工程批量生产前必须进行首件工程认可，为了确保茶常 16 标合同段内的台背回填工程施工质量符合设计要求及技术标准，项目部选择 K36+750 盖板通道涵洞台背回填作为首件工程，作者介绍了该涵洞台背回填施工质量控制措施和方法。

1.1 工程概况

K36+750 盖板涵设计为（1~2）m×2m 钢筋混凝土盖板涵，长度 43m，与路线夹角为 90°，中心回填高度 5.6m，涵洞采用整体式基础，盖板采用钢筋混凝土现浇，左右洞口均为八字墙。台背回填自涵洞基础顶至盖板顶总高度为 2.35m，侧向底面宽度为基础顶面各外延 2m，顶面回填单侧宽度为 4.7m（2H），设计回填未筛分碎石，回填数量为 895m³。涵洞平面位置图、涵洞立面和平面设计图如图 1、图 2 所示。

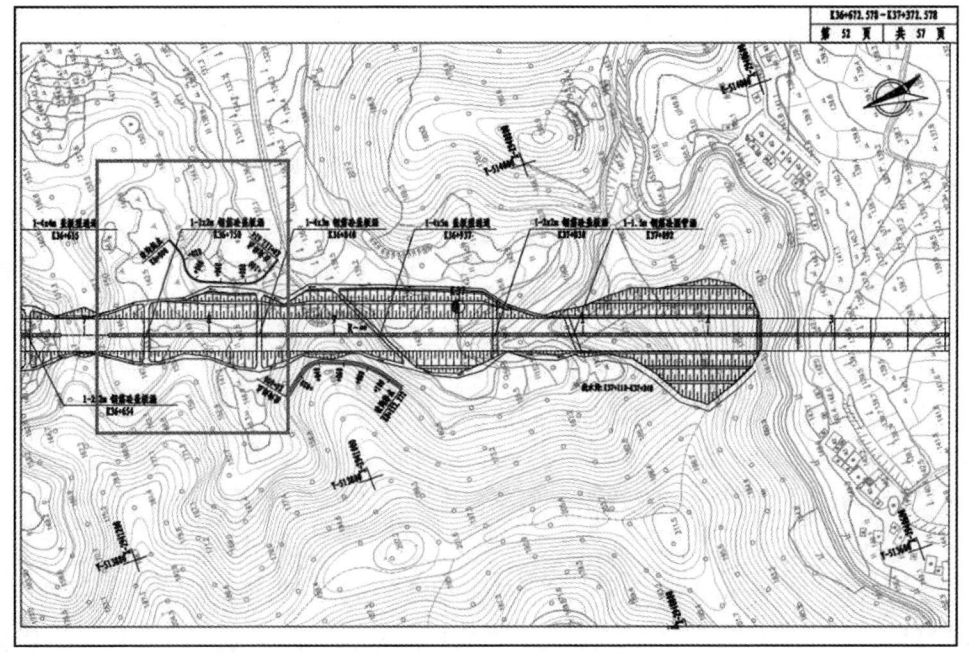

图 1 涵洞平面位置图

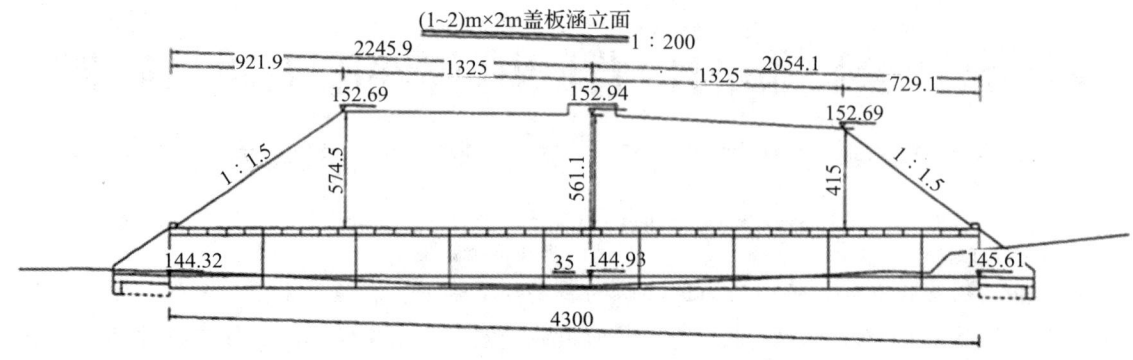

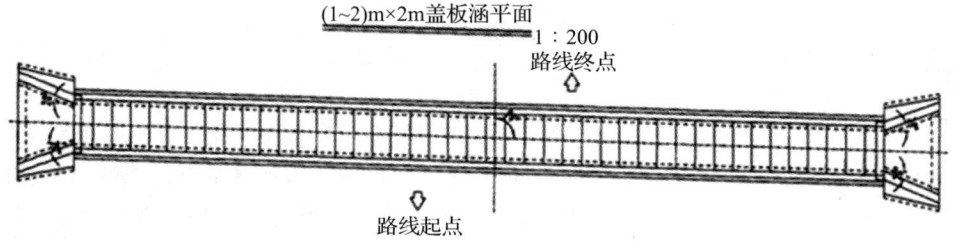

图 2　涵洞立面和平面设计图

1.2　施工准备

1.2.1　技术准备

（1）组织技术人员熟悉工程施工图纸，学习相关施工规范及质量标准。掌握首件施工的施工工艺及方法。

（2）施工作业前对参与施工作业的人员进行安全技术交底及"一会三卡"的培训。

（3）按设计图纸和给定的坐标点测设轴线定位桩和高程控制点，并据此放出涵洞回填区域。

1.2.2　现场准备

（1）施工场地。

依据施工图纸要求，对首件工程施工部位进行测量定位放线，通过监理工程师的验收后开始涵洞台背回填首件工程的施工。

（2）施工用电。

施工采用柴油发电机现场供电。

（3）施工用水。

施工所需水采用水车由附近沟渠抽取后运至施工现场。

（4）施工便道。

机械及材料可通过现有乡道及施工便道抵达施工现场，交通便利。

（5）试验准备。

台背回填材料为未筛分碎石，由耒阳市晶盛建材有限公司提供。材料进场经自检合格报监理工程师抽检合格后，做标准击实试验（最大干密度 $2.26g/cm^3$，最佳含水率 4.0%），各项指标均满足要求后，可用于涵洞台背回填施工，数量满足施工要求。

表 1 各项指标

液限 W_l（%）	塑限 W_p（%）	塑性指数 I_p（%）	天然含水率（%）	最大干密度（g/cm³）	最佳含水率（%）
21.9	17.8	4.1	5.8	2.26	4.0

2 施工工艺

2.1 施工工艺流程

涵洞台背回填工艺流程图如图 3 所示。

2.2 施工工艺

2.2.1 施工前准备

（1）回填前确认结构物的混凝土强度达到设计值的 85% 以上后，及时对墙身混凝土进行回弹检测，结果均不小于设计强度。做好隐蔽工程的自检工作，自检合格后报监理工程师检验，合格后进行下一道工序的施工。

（2）台背回填前，按设计及规范要求对涵洞进行防水处理，基础部分填塞沥青木板，在流水面边缘填塞 5cm 热沥青浸制麻絮或灌缝胶。在基础以上、两

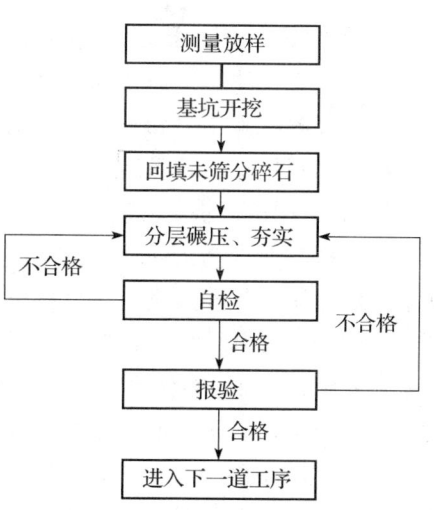

图 3 涵洞台背回填工艺流程图

侧和顶面设置三油两毡防水层，涵洞与回填接触部分均涂热沥青三道。防水处理经验收合格后进行下一步施工。

（3）在涵洞墙身上每隔 15cm 由下至上水平标出层厚，以利于控制填筑层厚（图 4、图 5）。

图 4 K36+750 涵洞防水层验收

图 5 K36+750 墙身层厚标注

2.2.2 基坑开挖

（1）根据设计要求测量放出台背回填区域，并用白灰线洒出涵洞回填施工范围，底面宽度为涵洞基础顶面沿路线方向各延展 2m，顶面宽度为沿路线方向涵顶外侧各延展 2H（H 为涵洞净高+盖板厚度）。

（2）根据回填施工范围进行开挖，基坑开挖使用挖掘机配合人工进行，在基坑开挖过程中避免机械对结构物造成破坏。开挖过程中，将涵洞回填施工范围内的杂物及地表有机土等非适用性材料清理干净，并开挖好临时排水沟，将地表水引至施工范围以外。

（3）场地清理完后，对原地面进行碾压，压实度要求不小于 93%，经现场检测，压实度满足设计要求。当地形坡率陡于 1∶5 时，在清除原地面植被后，对原坡面采用机械开挖

台阶，台阶宽度不小于2m，设置2%～4%的内倾坡，以便提供给机械充分的作业空间。同时台阶的开挖、压实与路堤填筑应同步进行，以确保台阶自身的稳定。该涵洞两侧均为填方段，台背回填与路基填筑同步进行，结合部按设计预留台阶，分层填筑压实。

2.2.3 回填施工

台背回填材料采用未筛分碎石，最大粒径不大于5cm，填料中未夹杂风化石、淤泥、沼泽土、有机土、建筑垃圾，未含有草皮土、生活垃圾、树根和腐朽物质等杂质。

未筛分碎石采用自卸车运至施工现场，用推土机推平，局部不平整处采用人工找平，将超大粒径填料挖除，挖除后留下的坑洞，填补至略高于整平层的表面，个别粗粒料集中处用人工加铺细料拌和均匀，避免产生离析，影响压实效果（图6）。

回填压实厚度为15cm/层，在构造物墙身的左、中、右位置，竖向采用红白相间的塑胶粘贴，以控制填筑厚度满足设计要求。回填过程中安排专人对层厚进行控制，经自检符合要求后报监理工程师检验，检验合格后进行碾压。

台背结构物1m范围内使用小型夯实机具进行夯实，严禁用重型压路机压实，避免对结构物造成影响。施工时涵台结构物周边范围先用小型机具进行夯实，然后进行大面积机械压实施工。使用小型机具夯实时应均匀、密实，避免出现死角。在碾压过程中若出现孔洞、孔隙，采用人工配合机械对孔洞部位进行细料补充，之后再进行碾压。

小型夯机采用挖掘机打夯机，挖掘机打夯机由液压马达、偏心机构、夯板组成，液压夯利用液压马达带动偏心机构转动，转动产生的振动经夯板作用于被夯物料，使之达到要求的密实度。液压振动高速夯实机与手持电动平板或内燃平板夯相比能大幅度降低劳动强度，明显提高效率。因其频率和振幅大数十倍，且具有冲击压实效能，故影响土层深度大，压实度可与大吨位压路机相当。主要优点是可用于斜坡面、沟底部和台阶面等部位的压实，如桥台背压实、涵侧压实、回填压实、半填半挖压实、高填方压实、基坑等部位的压实。其作为大吨位压路机的补充，可对压路机无法施工的工作面进行压实、补强压实（图7）。

图6　K36+750人工平整碎石　　　　图7　K36+750小型机具夯实

台背回填对称进行，两侧高差不大于30cm。台背1m范围以外采用重型压路机碾压，压路机采用22t钢轮压路机，因工作面受限，压路机沿涵长方向碾压，碾压时为防止影响混凝土结构，采用多遍静压的方式碾压密实，碾压速度控制为2～4km/h，确保碾压速度均匀，碾压轮迹重叠，压路机碾压时搭接轮宽的1/3。回填过程中测量及试验人员根据碾压遍数检测压实度及沉降差值，并记录碾压遍数，以此总结出涵洞台背回填松铺厚度为18.5cm，压实厚度为14.8cm，松铺系数为1.25，达到设计压实度标准的碾压遍数为6遍，压路机碾压往返一次为碾压一遍。碾压遍数与压实度关系曲线如图8所示。

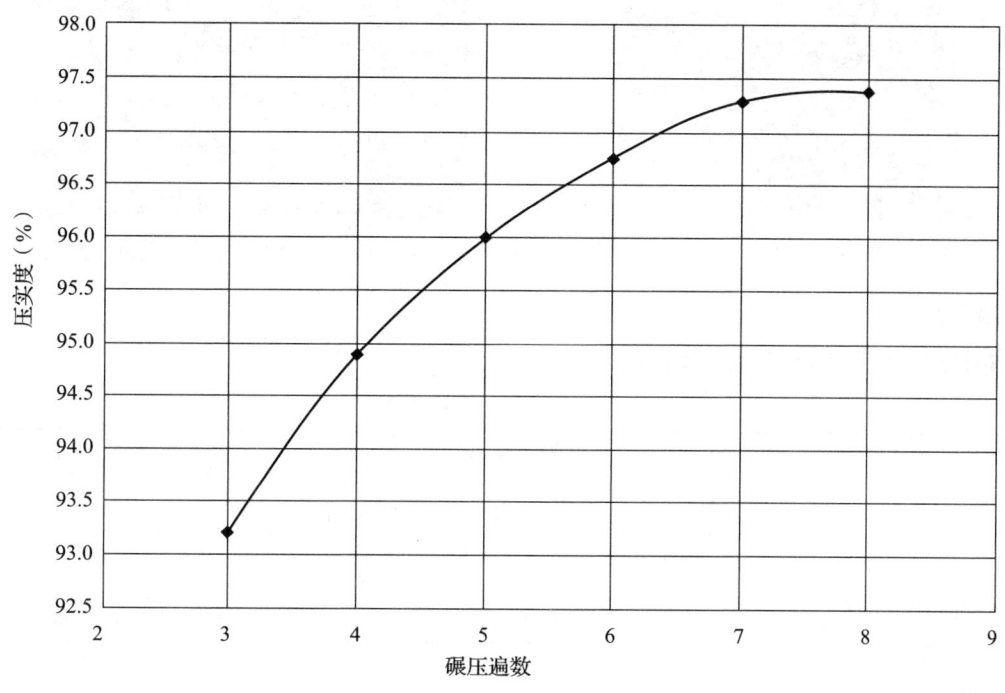

图8 碾压遍数与压实度关系曲线图

在压实过程中，层层检测压实度，台背回填建立质量档案卡，每层均附现场检测照片。根据现场实际情况，压实度采用灌砂法进行检测，每侧面不少于三点，测量涵洞的左、中、右三处位置。压实度均不小于96%，经自检合格后报监理工程师检验，达到设计标准后进行下一道工序的施工。

涵洞由基础顶面至盖板顶面总高度为2.35m，台背回填压实厚度要求不大于15cm，总分16层填筑（2.35m÷0.15m/层＝16层），压实度共检测96点，均满足不小于96%的要求。压实度检测如图9所示。

涵洞盖板顶部以上部分填土与路基土石方同步进行，填筑前确认盖板混凝土强度达到设计强度的100%后方可进行，经现场检验，盖板混凝土强度均不小于设计强度。为便于施工，在第二节盖板顶部回填部分土方后作为临时便道，厚度不小于50cm。

2.2.4 检测验收

涵洞台背回填完成后，组织茶常公司、中心实验室、驻地办等相关单位人员对该涵洞台背回填进行现场验收。经现场检测，各项指标均符合设计及规范要求（图10和图11）。

图9 K36+750压实度检测

图 10　K36+750 现场验收压实度检测

图 11　K36+750 现场验收弯沉检测

2.3　验收标准

台背回填实测项目验收应按表 2 进行。

表 2　台背回填实测项目

项次	实测项目	规定值或允许偏差			检测方法和频率
		高速公路、一级公路	二级公路	三、四级公路	
1	压实度（%）	≥96	≥95	≥94	每桥台每压实层测 2 处
2	填土长度（mm）	不小于设计值			尺量：每桥台测顶、底面两侧

3　施工亮点

3.1　成本节约

大型平板夯机的成本单价虽略高于合同清单价，但从节约工期的角度分析，采用大型机械施工连续作业时的成本不高于常规小型机械+人工方式的成本。

3.2　工期缩短

项目部针对涵洞墙身 100cm 范围内的压实机械采用平板夯替代小型夯实机（局部有拐角处用小型夯实机），从节约工期的角度分析，采用大型机械施工连续作业时的工期短于常规用小型机械+人工方式的工期（图 12）。

（a）常规方式使用小型夯实机

（b）项目部采用平板夯

图 12　传统施工与项目施工的不同效果

3.3　创新提质

通过微创新采用钻芯法进行台背回填质量验收，实行"1+1"全覆盖验收制度，现场进行百分百"钻芯+弯沉"检测,并与"台背回填质量档案"等内业资料相结合,实现了质量管控责任可追溯,达到了预期成效(图13)。

(a)台背钻芯　　　　　　　　(b)台背回填质量档案

图13　台背钻芯和台背回填质量档案卡

4　成本分析

根据已施工完成的K36+750盖板涵台背现场施工所投入的人工、材料、设备台班的测算单价进行对比,见表3。

表3　台背回填碎石每立方米成本分析表

工序	项目名称	单位	成本价格测算			
			采用大型平板夯机		采用手持蛙式夯机	
			数量	金额	数量	金额
人工	人工	工日	0.0111	2.67	0.3333	80.00
基坑开挖、边坡修整	桥涵开挖基坑	m³	1	6.00	1.00	6.00
台背回填碎石	碎石	m³	1.17	125.53	1.17	125.53
台背回填碎石	手持蛙式夯机	台班	0.011	0.29	0.11	2.88
台背回填碎石	大型平板夯机	台班	0.01	20.00	0.00	0.00
试验检测	实验室费用	元	1	1.00	1.00	1.00
试验检测	机具费用	元	1	1.00	1.00	1.00
工料机小计		元		156.48		216.41
管理费	2%	元		3.13		4.33
利润	7%	元		10.95		15.15
税金	9%	元		15.35		21.23
合计		元		185.92		257.11

仅从表3统计数据看,采用大型平板夯机的成本单价略高于合同清单价。但从节约工期的角度分析,采用大型机械施工连续作业时的成本不高于常规用小型机械+人工方式的成本。

5 结语

自开工以来,项目施工严格落实湖南高速集团建设项目施工标准化管理指南和茶常公司《湖南省茶常高速公路建设开发有限公司关于规范结构物台背回填施工的通知》、《湖南省茶常高速公路建设开发有限公司关于台背回填质量验收考核办法的通知》的文件要求,台背回填采用标准化、精细化和品质化施工,推行专业队伍、专业机械设备、专门材料、专门工艺、专业监理的"五专"要求,助力打造品质茶常。

在台背回填施工中,项目贯彻落实高质量发展理念,通过创新采用钻芯法进行台背回填质量验收,实行"1+1"全覆盖验收制度,现场进行百分百"钻芯+弯沉"检测,并与"台背回填质量档案"等内业资料相结合,实现了质量管控责任可追溯,达到了预期成效。

秉承"打造精品,成就经典"建设思路,项目部严格落实茶常公司结构物台背回填施工的各项要求,全力解决高速公路"跳车"这一质量通病,为建设品质茶常提供坚实保障。

茶常高速公路第四驻地办对涵洞台背回填提出了要求:①符合设计及规范要求的回填材料,材料经检验合格。②台涵背回填采用分层填筑法,回填前在台涵背贴刻度线,配备专门的压实机具、划线施工,台背回填每层最大压实厚度不得大于15cm。③回填按设计及规范规定的尺寸对台背处进行挖台阶处理,检查压实度是否合格;当检测压实度不合格时,应继续开挖至已填路基的压实度合格区。④台背回填过程中监理全过程旁站,回填施工全过程留有影像资料,关键工序拍照,并同检测资料一并存档。⑤严格按茶常公司规定及监理流程进行交验,并采用抽芯方式检测压实度、厚度、填料。

通过K36+750盖板涵台背回填施工,茶常16标所确定的台背回填施工工艺满足相关技术及规范要求,所配备的人员、设备能够满足施工需要,材料满足相关要求,安全文明措施等均满足要求。通过首件施工,使通涵施工队伍加深了对台背回填施工工艺的理解,增强了质量意识。通过采取挖掘机打夯机替代小型夯实机的工艺,最终的涵洞台背压实度及含水量均满足要求。

项目部所采用的施工工艺及控制参数有效减少了地基沉降,缩短了施工工期,可以指导后续涵洞台背回填的施工,且可以进行后续该项目的大面积施工,涵洞台背回填迈出了关键性的一步。

GRC水泥板胎模在基础工程中的应用

岳文海 谢全兵 谭志强 王伟伟

湖南北山建设集团股份有限公司 长沙 410000

摘　要：相比于传统的砖胎模，GRC水泥板表面光滑，无须进行抹灰处理，便可以直接做防水基层，节省了抹灰晾干的时间，同时也节约了大量的劳动力，是一项比较成熟的施工工艺。

关键词：GRC水泥板；基础胎模

基础梁侧模使用最多的做法是砌120mm厚砖墙，承台、外墙梁侧模砌240mm厚砖墙作为基础胎模。用GRC水泥板来替代砖胎模，能提高经济效益，加快工程施工进度，施工质量也能得到保证。以下用金色领域A1-2地块项目的实践经验介绍GRC水泥板在基础胎模上应用的优势。

1　工程概况

金色领域A1-2地块项目共2栋高层办公室，净用地面积7852.97m²，总建筑面积73081.39m²，地上计容建筑面积58008.60m²，地下建筑面积15072.98m²，累计1696户。基础采用桩筏结合的形式，主体结构采用框架剪力墙，抗震设防烈度8度，设计基本地震加速值0.2g，设计使用年限50年。

2　技术特点

在建筑工程中，基础梁、承台、集水坑等侧模不容易拆除的部位，采用GRC水泥板替代砖胎模，能起到节约成本、缩短工期、降低劳动力投入等作用。

3　工艺原理

在基础施工中可直接在基础梁及基础承台的垫层上用预制好的水泥板进行侧模支设。施工前可以计算好侧模需用量，交给专业加工厂进行加工，其强度达到要求后进入现场可直接安装加固，尺寸需求可以根据梁的大小、承台的大小进行现场切割安装就位。

4　工艺流程及操作要点

4.1　工艺流程

清理基础梁及基坑土层→定位放线→水泥板安装。

4.2　操作要点

4.2.1　清理基础梁及基坑土层

按照施工图，开挖基础梁基槽，基础梁基槽宽度应略大于基础梁的截面宽度，基坑土层表面平整。

4.2.2　定位放线

基础梁基槽内放出水泥板模板内边线位置，作为水泥板安装位置线。

4.2.3 水泥板安装

(1) 木条定位。

在水泥板安装位置线内侧用木楔固定。安装木楔是为了防止水泥板底部因外侧土的侧压而使水泥板向内侧移动。木楔露出土面高度必须小于垫层厚度。

(2) 水泥板安装固定。

根据基础梁高度、长度、宽度，提前裁好水泥板。将裁好的水泥板安装在木楔外侧、安装顺序为先承台处，再基础梁处。两块水泥板连接拼缝处采用水泥板边角料或50mm×100mm短木方用钉子在外侧固定，固定位置为沿拼缝高度方向上、中、下各一道，以防止浇筑混凝土后出现错缝现象。转角处水泥板拼缝直接用钉子固定。

(3) 木方加固水泥板。

对安装完毕的水泥板进行加固，在水泥板内侧间距800mm左右用50mm×100mm短木方按照基础梁的净宽度切成双面倒U形口，卡固在水泥板上端，与固定在水泥板下方的木楔配合，防止水泥板外侧回填土及基础梁混凝土浇筑时产生变形或位移。

(4) 水泥板外侧回填土。

待水泥板用木方加固完毕后，水泥板两侧空隙采用原土同时回填并夯实。

(5) 铁丝紧固水泥板。

回填完毕后，在垫层浇筑前用12号铁丝将水泥板顶部拉紧加固，一般间隔800mm左右一道铁丝，并将位于基础梁之间地基土上所钉的木桩拉紧。其目的是将竖向的水泥板与水平向的混凝土垫层有效地结合成整体（图1）。

图1 水泥板施工效果

5 效益分析

该工程原计划约800m³砖胎模砌筑用工（包括抹灰），需瓦工600人工，改用GRC水泥板后木工用工量为300人工，节约用工50%。同时因工艺简单、无湿作业，节省了大量工期。

水泥板代替砖胎模节省了大量的砖坯，以此节省了烧结砖坯的能源。取代传统的砖胎模工艺，减少了烧结砖坯时产生的废气废渣，同等工程量的GRC水泥板比砖胎模总用量少80%以上。安装水泥板属于纯手工操作，不需要任何机械，做到了对环境的零污染。应用GRC基础模板工艺取代砖胎模施工工艺可以节省费用17%以上，缩短同部位施工工期30%以上。

6 结语

采用GRC水泥板代替砖胎模，省去了烦琐的砌筑工艺，节省了劳动力的投入，大大地缩短了工期、节约了成本，具有良好的综合效益。

基坑支护体系灌注桩结合钢格构柱一体化施工技术

岳文海　谢全兵　李鸿基　彭亚洲

湖南北山建设集团股份有限公司　长沙　410000

摘　要：针对超大基坑支护，研发了基坑支护体系灌注桩结合钢格构柱一体化施工技术。结合工程实例，研究了基坑支护体系灌注桩结合钢格构柱一体化施工技术的实际使用效果。结果表明，其具有操作简单、安全可靠、经济实用的特点。

关键词：灌注桩；钢格构柱；一体化

当前，超大基坑支护在施工过程中一般采用内支撑的支护形式，且其支撑构件多为混凝土结构，为了满足土方开挖的施工要求，还需要施工栈桥，供作业车辆行走或设备放置。传统内支撑和栈桥一般都是普通的混凝土结构，但混凝土结构从施工到投入使用的周期比较长，使用完后还需要破除，对施工工期和施工环境造成很大的影响。

根据在昆明德满欣苑项目的实践经验，基坑支护体系灌注桩结合钢格构柱一体化施工技术优化了基坑内支撑、栈桥等结构的立柱施工，弥补了传统施工方法的不足，不仅能缩短工期，还具有操作简单、安全可靠、经济实用的特点。

1　工程概况

昆明德满欣苑项目位于昆明市广福路以南，昌宏路与规划42号路交叉口南侧。场地西侧毗邻已建成的昌宏路，北侧毗邻在建的红星天铂小区，南侧毗邻待建的泽满欣苑，东侧现为空地。该工程规划用地面积92886.22m^2，总建筑面积535764.88m^2，其中地上建筑面积370735.83m^2，地下建筑面积165029.05m^2。拟建建筑主要为11栋27~34层的高层住宅，1栋3层的幼儿园，1栋4层的集中商业楼和部分裙楼，地下两层。建筑结构形式为框架剪力墙结构。

2　技术特点

针对现有技术存在的不足，该技术通过钢制水平底座，使得下部灌注桩在混凝土浇筑前与上部钢格构柱支撑形成有效连接，并实现一体化施工，无须等待混凝土凝固形成灌注桩后再安装钢格构柱，缩短了施工时间，提高了效率。

3　工艺原理

本技术通过水平底座、紧固组件实施，其中紧固组件又包括地锚、紧固杆和钢丝绳。

钢制水平底座能够使下部灌注桩在混凝土浇筑前与上部钢格构柱支撑形成有效连接，并实现一体化施工。

通过紧固组件中地锚、紧固杆及钢丝绳的协同作用，能促使底座稳稳地固定于灌注桩钢筋笼顶部，不仅能压制灌注时钢筋笼的上浮，还能为钢格构柱提供一个稳定的支撑。地锚中的伸缩爪也方便地锚的回收。

各构件组成如图1所示。

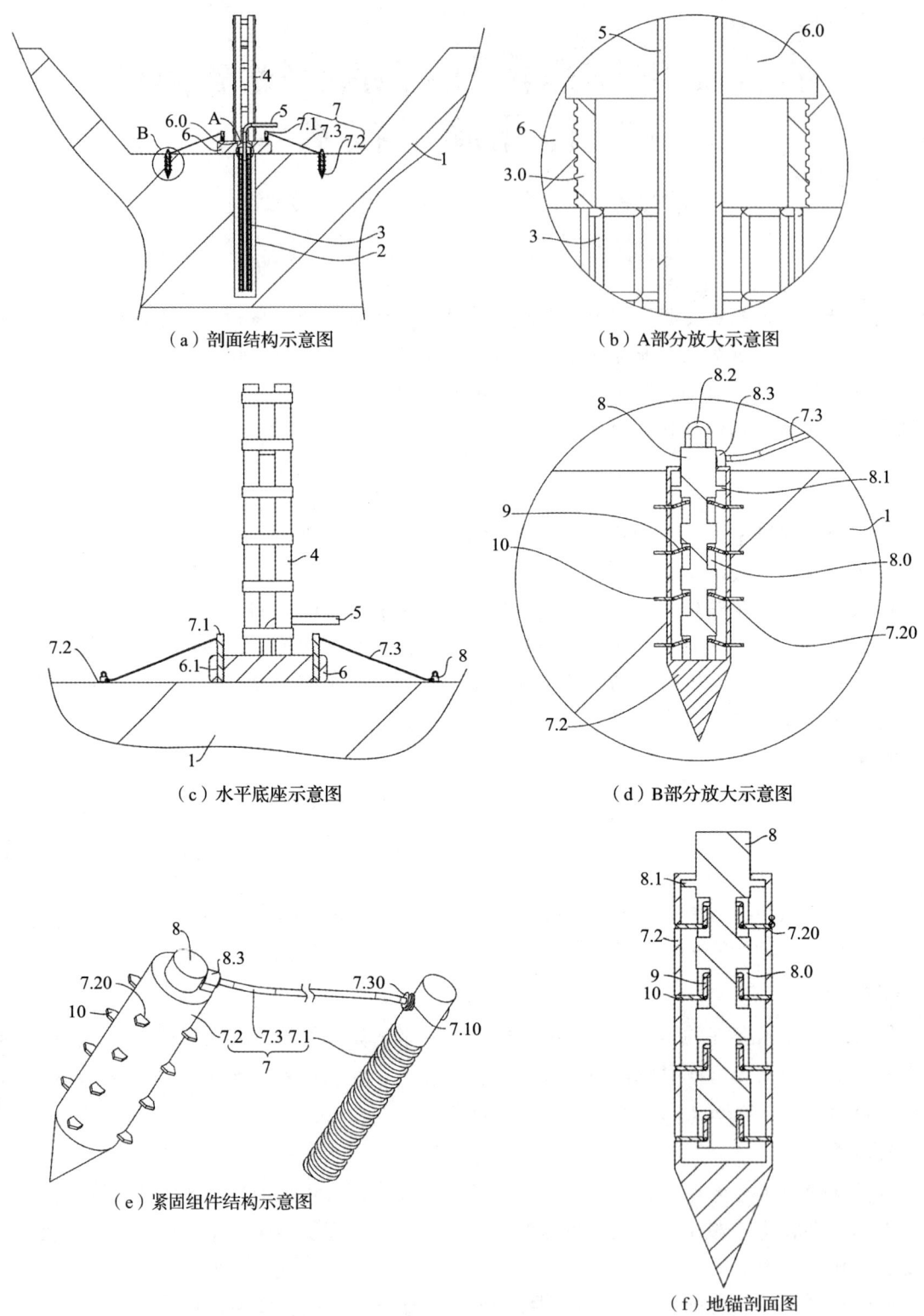

(a) 剖面结构示意图　　　(b) A部分放大示意图

(c) 水平底座示意图　　　(d) B部分放大示意图

(e) 紧固组件结构示意图　　　(f) 地锚剖面图

图 1　各构件组成

1—基坑；2—桩孔；3—钢筋笼；3.0—连接筒；4—钢格构柱；5—软管；6—底座；6.0—通槽；6.1—螺纹孔1；
7—紧固组件；7.1—紧固杆；7.10—螺纹孔2；7.2—地锚；7.20—限位槽；7.3—钢丝绳；7.30—连接块；
8—升降杆；8.0—收纳槽；8.1—限位环；8.2—拉环；8.3—定位筒；9—连杆；10—限位板

4 工艺流程及操作要点

4.1 工艺流程

测量放线→埋设护筒→钻进成孔→清孔→钢筋笼制作及吊放→安装水平底座→安装紧固组件→安装钢格构柱→灌注混凝土→回收再利用。

4.2 操作要点

4.2.1 测量放线

根据图纸仔细核查所有桩孔的位置、尺寸，确认是否与图纸标注相符合，如有误差及时与现场施工人员或监理工程师联系解决问题。

施工前，由测量人员放出桩的设计中心位置，采用十字挂线进行定位。护筒埋设完毕，正式开钻前，由测量人员对钻机进行对中，经监理工程师审核同意，方可开钻。

4.2.2 埋设护筒

根据桩位标志，开挖护筒孔。护筒应使用钢护筒，能承受地面附加荷载产生的侧压力。

护筒埋设应准确、稳定，护筒中心与桩位中心的偏差不得大于50mm。

护筒可用4~8mm厚钢板制作，其内径应大于钻头直径100mm，上部宜开设1~2个溢浆孔。

护筒的埋设深度：在黏性土中不宜小于1.0m；砂土中不宜小于1.5m。护筒下端外侧应采用黏土填实；其高度尚应满足孔内泥浆面高度的要求。

受水位涨落影响或水下施工的钻孔灌注桩，护筒应加高加深，必要时应打入不透水层。

放入护筒后，护筒孔坑内再次精放桩位点，校正护筒位置和垂直度并固定，护筒与坑壁之间用黏性土夯填实，确保护筒位置的准确及稳定。

4.2.3 钻进成孔

钻进过程中应随时检查钻头保径装置、钻头直径、钻头磨损情况，不能保证成孔质量时应及时更换。

按试成孔确定的参数进行施工，及时记录成孔过程中的各项参数，记录应及时、准确、完整、真实。

钻进过程中应根据地质情况控制进尺速度。

成孔采用跳挖方式，钻头倒出的渣土距桩孔口的最小距离大于6m左右，不影响其他机械的施工，并及时清除外运。

终孔前根据地勘报告核对桩基持力层位置，达到设计深度时，及时清孔。

为确保施工过程中的防洪安全，基坑支护施工实行"钻—孔，浇筑—孔"，并安排在低水位施工。

4.2.4 清孔

清孔的目的是调换孔内泥浆，消除钻渣和沉淀，利用成孔的正循环系统直接进行。清孔分两次进行，第一次清孔在成孔完毕后立即进行，将钻头提离孔底80~100mm，向孔内输入新泥浆，把桩孔内悬浮的大量钻渣用泥浆替换出来，直到清除孔底沉渣。

第二次清孔在钢筋笼下放和导管安装完毕后进行。采用导管压入新浆的方式，利用正循环系统向孔内输入新泥浆，维持正循环30min左右。

钻孔达到设计深度，灌注混凝土之前，孔底沉渣厚度指标应符合：对端承型桩，不应大于50mm；对摩擦型桩，不应大于100mm；对抗拔、抗水平力桩，不应大于200mm。

清孔结束后，应会同监理人员对孔深、孔底沉渣等情况进行检查，并及时填写成孔验收单，清孔后 30min 内应灌注混凝土。

4.2.5 钢筋笼制作及吊放

在钻机钻孔的同时，钢筋笼在现场加工制作。钢筋笼制作所用的钢筋规格、数量及焊接制作的质量必须符合设计图纸和有关规范的要求，钢筋笼制作偏差应严格控制在允许偏差范围内。在钢筋笼的顶部焊接一预制好的连接筒，以便之后水平底座的安装。

为确保钢筋保护层的厚度，在钢筋笼主筋上每隔 3m 设置一个定位垫块，每个断面对称放置 3 个，钢筋笼经验收合格后，方能放入孔内。钢筋笼制作成形后，应会同监理人员进行验收。

4.2.6 安装水平底座

水平底座为开设有一通槽的钢块，安装水平底座时应将通槽与连接筒中心对准，将水平底座与钢筋笼顶部预制好的连接筒通过螺纹连接固定。上部钢格构柱通过螺栓连接的方式固定于底座上。

4.2.7 安装紧固组件

（1）紧固组件的构成。

紧固组件包括地锚、紧固杆和钢丝绳。

地锚为空心杆，一端呈尖角设置，其内设置有伸缩爪，伸缩爪在外力作用下可以伸出地锚外或收容于地锚内。伸缩爪包括升降杆、多根连杆以及多个限位板。

升降杆与地锚同轴，插接于地锚内，顶端穿过地锚的内顶壁伸至地锚外。升降杆顶端固定有一拉环，四周侧壁排列开设有多个收纳槽，收纳槽内分别设置一根连杆与收纳槽侧壁铰接。升降杆上固定有一限位环，限位环与升降杆同轴，限位环位于地锚内且限位环高于所有的连杆。驱动升降杆往上移动时，限位环跟随升降杆一同运动直至限位环与地锚的内顶壁抵接，继续给升降杆一个向上的作用力，地锚与升降杆一同往上移动脱离基坑。限位环能够防止升降杆被拉离地锚。

地锚排列设置有多个贯穿周壁的限位槽。限位板内侧分别水平插接于限位槽，与限位槽内的连杆铰接，外侧呈尖角设置，使得驱动升降杆往下运动时，限位板能够更加顺畅地插入基坑土壤内。

（2）紧固组件的安装。

初始状态下，利用设备驱动升降杆往上移动，限位环与升降杆一同移动至与地锚的内顶壁抵接，带动多个连杆一同转动，促使多个限位板同时移动收容于地锚内。

在底座周围且距离桩孔较远的地方选好位置，做好标记，利用设备固定升降杆的位置，并驱动地锚垂直插入基坑土壤内，再利用设备驱动升降杆往下移动，多根连杆同时转动，促使多个限位板同时插入地锚周围的基坑土壤内。

将紧固杆垂直对准底座上的螺纹孔，转动紧固杆，使紧固杆与螺纹孔螺纹紧密咬合。

钢丝绳的两端分别设置有一圆柱形的连接块，将钢丝绳一端的连接块与地锚上的定位筒螺纹连接，另一端的连接块与紧固杆上的螺纹孔螺纹连接，使钢绳绷紧。若钢丝绳松弛，转动紧固杆，钢丝绳的一部分可以卷绕于紧固杆的周壁，使得钢丝绳始终保持绷紧状态，确保底座与基坑连接的稳固性。

4.2.8 安装钢格构柱

将预制好的钢格构柱吊装至底座上,通过螺栓将钢格构柱与底座固定连接。吊装过程中要求缓慢下放至完成固定,在钢格构柱下放过程中采用全站仪控制垂直度,垂直度偏差不大于柱高的1/1000,且不大于10mm。

4.2.9 灌注混凝土

将一软管从钢格构柱的一侧穿过并经通槽插入钢筋笼内,通过软管往钢筋笼中灌注混凝土,直至混凝土与底座齐平,停止灌注混凝土,等待混凝土固化形成灌注桩,完成灌注桩与钢格构柱的固定。

4.2.10 回收再利用

需要拆除时,利用设备驱动升降杆往上移动,多个连杆一同转动,促使多个限位板一同脱离土壤藏于地锚内,再利用设备驱动地锚使其脱离基坑。地锚及水平底座拆除后,可拆除灌注桩与钢格构柱的固定连接,最后拆除回收钢格构柱。

5 效益分析

(1)本技术因钢格构柱与下部灌注桩实现了一体化,两者能够同时施工,每根立柱可缩短工期10d左右。

(2)因缩短工期,节省了相应的设备租赁费、人工费等。在本技术的适用范围内,应用的规模越大,能够带来的经济效益越高,具体与各个项目的实际情况有关。

(3)响应国家绿色施工的号召,构件可回收重复利用,能有效减少资源浪费。

6 结语

本技术适用于特大基坑支护体系中内支撑立柱的施工,已经在昆明德满欣苑项目、昆明金色领域小区项目中成功应用,操作简单、绿色环保,同时具有良好的经济效益,应用范围广,前景广阔。

参考文献

[1] 中华人民共和国建设部. 建筑桩基技术规范:JGJ 94—2008 [S]. 北京:中国建筑工业出版社,2008.

[2] 中华人民共和国住房和城乡建设部. 建筑地基基础工程施工质量验收规范:GB 50202—2018 [S]. 北京:中国建筑工业出版社,2018.

[3] 中华人民共和国住房和城乡建设部. 建筑基坑支护技术规程:JGJ 120—2012 [S]. 北京:中国建筑工业出版社,2012.

微型顶管顶拉法施工技术在管道工程中的应用

赵合毅　舒宏昕　余应龙

湖南乔口建设有限公司　长沙　410203

摘　要：目前城市排水管道的非开挖施工技术主要有顶管或水平定向钻等，顶管施工一般适用于 D800 管径以上的大口径，水平定向钻工艺又存在标高控制不准、造斜空间需要注浆的问题。因此本文针对小直径管道非开挖施工，结合顶管施工工艺和水平定向钻施工工艺中的优点，对所面临的困境开展了一系列研究与应用，得出一种微型顶管顶拉法施工技术。

关键词：小直径；定向钻；顶管；顶拉

1　引言

在市政排水管网施工中，为减小交通影响，在紧邻建筑等地区，一般会采取非开挖施工工艺，常见的非开挖施工工艺主要有顶管及水平定向钻等。

顶管工艺一般比较适用于 D800 以上的大管径，虽然也可以采用小型机头应用于小口径管道，但顶进难度大，工艺不成熟，对施工场地的要求很高；专用于小口径的螺旋二次顶管工艺可以应用于 D300~D600 污水管道施工，但存在难以控制出土量、施工效率低、顶进距离短等问题。

水平定向钻工艺适用于小直径管道，水平定向钻的优点是施工所需空间小，施工快速，施工操作都在地面以上，但传统的定向钻工艺存在标高控制不准、两边需要造斜空间、造斜及环隙段需要注浆等问题，所以在排水管网中难以大范围使用。

因此作者考虑结合顶管和水平定向钻两种工艺的优点，发挥水平定向钻工艺地质适应广的优势，同时以顶管工艺弥补水平定向钻工艺的不足，解决标高控制难的问题，得出一种可以广泛应用于小口径管道中的顶拉管施工工艺。

2　工艺原理

该工艺介于定向钻和泥水平衡之间，配合自密封承插接口短管，将传统的管道回拖改为顶拉工艺，通过井外的水平定向钻机，从另一端造斜导向钻孔至工作井，然后在工作井内放置自锁承插短管，在管道尾部加装后端顶板，以定向钻机为动力，将 50~100cm 长的管节一节节顶入，实现管道顶进回拉的目的。既有定向钻进的便利性，又没有管道拉伸径向变形的风险，同时拥有泥水平衡顶进的优点，在顶管施工中有不可替代的优势，确保了管道顶进质量，适用于多种场景下的施工（图 1、图 2）。

水平定向钻机的导向钻杆按照设计轨迹钻到工作井位置后，卸下导向钻头更换为掘进钻头，分动装置分别与掘进钻头和连接拉杆连接，防止管道底部连接的连接拉杆在顶拉过程中发生旋转，且回拉钻头与短管之间并不锁死，从而达到泥水平衡中继间功能。通过管道底部的后端顶板和连接拉杆，使管材在顶入过程中只承受顶进的摩擦阻力，确保了管道顶入质量（图 3）。

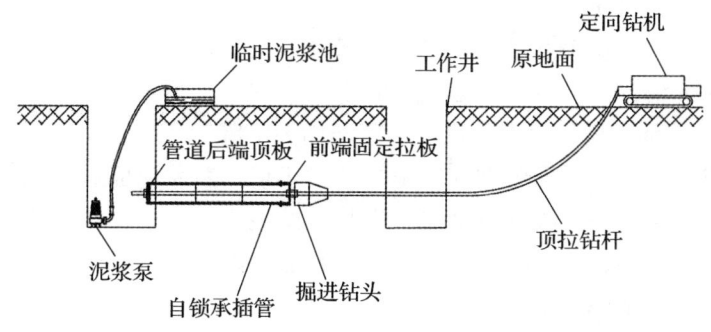

图 1 自锁承插小口径管道定向钻顶拉管施工示意图

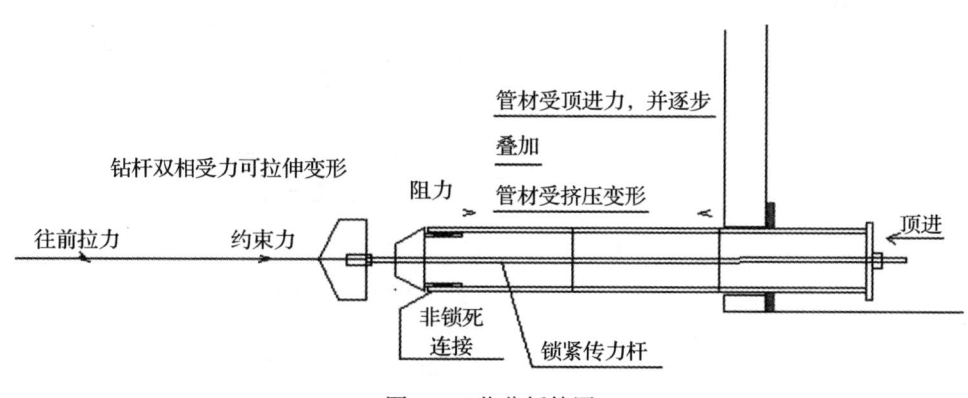

图 2 工艺分析简图

图 3 管道顶拉结构示意图

先进行井后定向钻进、回扩掘进，在井孔控制标高，钢制钻杆拉直贯穿，标高控制精准。

顶拉阶段允许泥浆进入管道，起配重降阻效果，终孔孔径与管道外径接近，基本不存在环隙。

采用柔性密封自锁承插接口实壁管，自密封接头自锁死，无须用电，防渗防震（图 4）。柔性密封自锁承插接口实壁管主要拥有以下优点。

（1）具有实壁管的性能。

（2）连接不需要热熔对接设备，无接口内翻边。

（a）

（b）

图 4 柔性密封自锁承插接口实壁管

（3）不需要用电，井下有水环境也可施工。
（4）管道轻便，在小空间也方便安装，管节长度可订制。
（5）接口紧密无渗漏，自锁，抗震抗剪不脱节。
（6）管道连接后整体具备柔性，可以适应不均匀沉降。

本工艺与传统工艺还有一点区别：传统拉管工艺是在做井完成后，一次拖拉管道穿过多个工作井，本工艺则是钻杆一次穿过多个工作井，在最后一个工作井装管顶拉完最后两井之间的距离，再从前一个井装管顶拉前一段，每个井都可以装管。

3 施工工艺流程和操作要点

3.1 施工工艺流程

施工工艺流程如图 5 所示。

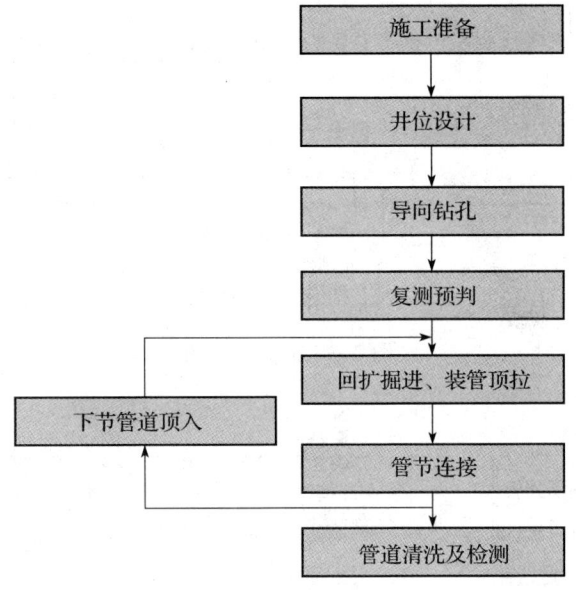

图 5 施工工艺流程图

3.2 操作要点

3.2.1 井位设计

钻机井外作业条件下，在管道中心线延伸的起始位置上安装水平定向钻机，调整机架方位值设计的钻孔轴线，钻机倾角对准轨迹设计的入土角。

进出洞位于透水层（如砂层）时，必须在井外注浆或打止水桩，止水材料采用水泥和土混合物，一般混合物采用蒙脱石为宜，即膨润土，固化后呈胶凝状，土体压强控制在黏土强度，并且在井体进出洞方向增加密封板（图 6）。

3.2.2 导向钻孔

设备安装好导向钻杆，入钻方向井位开中心小洞或安装定位轮，以保证管道的流水标高。地面放若干绝对标高点，导向时在井内复核标高并计算出误差值，修正数据后继续施工至下一井位（图 7）。

图 6 密封板　　　　　　　　图 7 导向钻杆导入

导向轨迹一般由两段组成，第一段为单侧造斜段，第二段为敷设直线段，第一段单侧造斜段是钻杆进入铺管位置的过渡段，第二段敷设直线段是管线穿越障碍物的实际长度。

通过导向钻头高压水射流或泥浆冲蚀破碎，旋转切削成孔，在钻具不回转钻进时，斜面对钻头有偏斜力，使钻头向着斜面的反方向偏转，钻具在回转顶进时，由于斜面在旋转中方向不断改变，斜面周向各方向均受力均等，使钻头沿其轴向的原有趋势直线前进，达到钻头偏斜钻进的效果（图8）。

3.2.3 复测预判

复测工作井的到位导向杆标高，根据土层的承载力决定是否预扩孔，并确定是否安装止泥环、机头，流砂流塑土层用专用压力仓机头（保证洞内压力自平衡、自卸压、自闭合）。

导向钻杆钻入后，安装在钻头腔室内的信号发射器发出导向钻头的准确位置状态和造斜面方向参数，手提式地面跟踪仪进行跟踪测定。操作人员应根据探测到的数据比对设计钻进轨迹并对偏离值进行修正，钻至装管井位置时，完成钻机先导施工（图9）。

 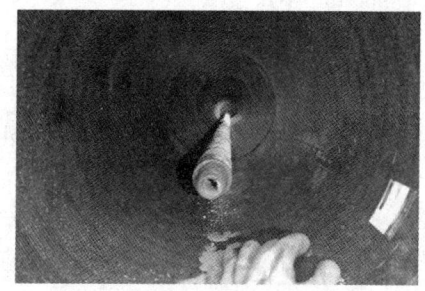

图 8 钻杆导出工作井　　　　　　　　图 9 施工中管道内图

3.2.4 回扩掘进

导向钻杆上的钻头更换为掘进钻头，对导向孔进行回拉旋转掘进扩孔，扩孔次数可根据钻机回转压力及回拖压力以及土层工况条件分数次进行（图10）。

根据土层选定相对应化学泥浆，钻进并回拖顶拉管道，施工时应配备真空泥浆车配合，或配备泥浆箱临时存放，由于顶拉管材实际上是 PE 料，不能承受大吨位顶进，管子和土体之间主要靠泥浆来减摩减阻，所以环空不能小于 40mm，因为塑料管在传力杆锁紧的情况下产生预应力，顶进管道会成为相对刚性管材，机头掘进时，泥浆同时也会挤压相对密实，且又有润滑减阻的功效（图11）。

图 10　更换扩孔头

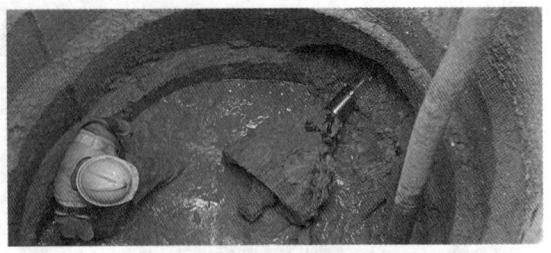
图 11　回扩掘进

化学泥浆的 pH 值应控制在 8~10 的范围之内，钻进液的密度宜控制在 1.02~1.25g/cm³，钻进液黏度的现场测量采用马氏漏斗，每 2h 测量一次。钻进液马氏黏度见表 1。

表 1　钻进液马氏黏度　　　　　　　　　　　　单位：s

项目	管径	地层					
		黏土	亚黏土	粉砂细砂	中砂	粗砂砾砂	岩石
导向孔	—	35~40	35~40	40~45	45~50	50~55	40~50
扩孔及回拖	φ426mm 以下	35~40	35~40	40~45	45~50	50~55	40~50
	φ426~711mm	40~45	40~45	45~50	50~55	55~60	45~55
	φ711~1016mm	45~50	45~50	50~55	55~60	60~80	50~55
	φ1016mm 以上	45~50	50~55	55~60	60~70	65~85	55~65

掘进钻头小眼孔正常喷浆时，方能开始扩孔，严禁干扩。由钻机转盘带动钻杆旋转后退，进行扩孔回拖，边扩孔边打入泥浆，扩孔过程中要严格控制扩孔速度，应控制在 830mm/min 内。

3.2.5　装管顶拉

管材采用柔性密封自锁承插接口实壁管，把管材装在管头上，用液压机把管子压紧，然后利用钻机往回拉管道，把管道一节一节从工作井一直拉到接收井（图 12）。

掘进钻头另一端连接分动装置，分动装置另外一端连接拉管头、连接拉杆和自锁承插短管，在连接拉杆尾部设有后端顶板，在钻机钻杆回拉的过程中，掘进钻头负责掘进扭矩和迎面阻力，设备余力通过机头后分动装置和连接拉杆的后端顶板传递到管道尾部，形成前拉后顶的顶管作业，使管材只承受顶进的摩擦阻力。

顶拉阶段掘进头与后方的管道并不锁死，达到了泥水平衡中继间的功能，允许泥浆进入管道内部，起到配重降阻的作用（图 13）。

图 12　安装连接拉管头

图 13　管道顶拉

3.2.6 管节连接

将管节和连接拉杆吊入装管井内,连接拉杆穿过管道,与分动装置连接,把管节固定在分离器上的拉管帽上,在管节底部安装后端顶板,用连接拉杆螺旋拧紧固定(图14)。钻机带动钻杆旋转回拉时,分离器牵引连接拉杆底部的后端顶板,将管节顶入管道轨道内。

管节顶入井壁位置后,停止钻机回拉,卸下管道底部的后端顶板,将新的管节和连接拉杆吊入装管井内,对连接拉杆进行续接后,人工扶稳管节对准上节管道插口进行顶入,插口全部没入管节内后安装管节底部的后端顶板,固定完成后松开吊钩。开启钻机钻杆旋转回拉,将管节顶入后停止回拉,重复上述步骤,直到管节全部顶入完成。

3.2.7 管道清洗及检测

管道安装完以后用泥浆车的水枪清洗管道里面的泥浆,并把工作井和接收井里面的泥浆水清洗干净(图15)。管道清洗完成后结合CCTV检测采用内渗法进行密闭性检查(图16)。

图14 管道连接

图15 管道冲洗

图16 CCTV检测

3.3 主要材料与设备

3.3.1 主要材料

主要材料见表2。

表2 主要材料表

序号	材料	牌号/规格	单位	备注
1	复合实壁短管	DN300~1000cm	节	管道主材
2	橡胶圈	同管径	个	密封橡胶圈
3	钻进泥浆	—	m^3	扩孔喷浆
4	吊带	10cm宽	套	管道吊运
5	抽水带	15cm	m	抽坑内积水
6	水泥砂浆	—	m^3	封堵修复

3.3.2 主要施工机械设备

主要施工机械设备见表3。

表3 主要施工机械设备

序号	设备名称	规格型号	单位	数量
1	定向钻机	中小型（45t内）	台	1
2	导向钻杆	同钻机	套	2
3	导向仪	手持	套	2
4	掘进钻头	同管径	个	1
5	拉管头	同管径	个	1
6	分动装置	与拉管帽配套	个	1
7	连接拉杆	同钻机	套	2
8	后端顶板	同管径	台	1
9	起重机	25t	台	1

4 质量控制及保证措施

4.1 工程质量控制标准

本施工技术遵照执行的现行规范、规程、标准主要有以下几个。

(1)《公路路基施工技术规范》（JTG/T 3610—2019）。
(2)《起重机械安全规程 第1部分：总则》（GB 6067.1—2010）。
(3)《水平定向钻法管道穿越工程技术规程》（CECS 382—2014）。
(4)《顶管工程施工规程（附条文说明)》（DG/TJ 08-2049—2016）。

定向钻施工管道的允许偏差标准见表4。

表4 定向钻施工管道的允许偏差标准

	检查项目		允许偏差（mm）	检测频率		检查方法
				范围	点数	
1	入土点位置	平面轴向、平面横向	20	每入出土点	各1点	用经纬仪、水准仪测量，用钢尺测量
		垂直向高程	20			
2	出土点位置	平面轴向	500			
		平面横向	1/2D			
		垂直向高程 压力管道	1/2D			
		垂直向高程 无压管道	20			
3	管道位置	水平轴线	1/2D	每节管	不少于1点	用导向探测仪检查
		管道内底高程 压力管道	1/2D			
		管道内底高程 无压管道	200，-30			
4	控制井	井中心轴向、横向位置	20	每座	各1点	用经纬仪、水准仪测量，用钢尺测量
		井内洞中心位置	20			

注：D 为管道直径。

4.2 质量保证措施

（1）导向孔道轨迹必须符合现场勘探情况及设备实际参数，设备及配套机具选用必须符合施工实际状况，尤其是地质状况。

（2）在钻机先导施工过程中，必须不断跟踪钻头位置，当发现偏离设计轨迹时，应不断进行纠偏，使其符合设计轨迹。

（3）手提式地面跟踪仪的配置应根据机型、穿越障碍物类型、探测深度和现场测量条件及定向钻机类型选用，手提式地面跟踪仪在施工前应进行校准，合格后方可使用。钻进泥浆应根据工程实际情况进行配制，以达到施工预期效果。

（4）钻杆的螺纹应洁净，弯曲和有损伤的钻杆不得使用。钻杆的强度和扭矩、规格和型号应符合扩孔扭矩和回拖力的要求。钻孔时，钻杆内不得混进土壤和其他杂物，以免堵塞钻杆和钻具的喷嘴。

（5）为防止由泥浆固结引起的管轴及管底标高与设计的偏差，应注意控制扩孔系数。导向钻头与掘进钻头、分离器和拉杆等必须连接牢固，经检查合格后方可回拖管节，避免在回拖管节过程中，接头脱落导致管节失去顶推的作用。

（6）在扩孔过程中，如果发生扭矩、拉力突然增大的情况，应考虑进行洗孔作业；洗孔结束后，再继续进行扩孔顶拉管节。

（7）人工牵引将管节承口顶入上节管插口后，一定要检查连接间隙。接口处齿状勾扣应紧密连接，沿顶紧的橡胶圈方向扣死齿状接口，达到密封自紧锁的作用。

（8）钻杆回拖前，应试喷泥浆，检查扩孔器是否通畅，泥浆压力是否正常，一切正常后，开始回拖掘进顶拉管节。回拖作业时严格控制泥浆压力、旋转扭矩、回拖力，密切注意管线回拖情况，直至管节在出管井侧冒出。

（9）回拖管节时，操作人员应密切观察回拖速度，监测拉力、扭矩、钻进液流量，采取相应的减阻措施，以减小回拖阻力，做到平稳、匀速，速度控制在 0.08m/s 左右。

（10）在管节承口顶入上管节插口后，应第一时间在管道底部固定后端顶板，使后端顶板完全贴住管口，防止管节在固定前悬空发生变形，顶拉管作业过程中影响管道整体连接性。

5 实际应用

5.1 应用工程概况

腊树塘路位于望城区河东片区，呈南北走向，其中金一路—汤家湖路（W1~W7）段，新建 DN600 污水主管，埋深 5.0~7.0m。根据地质勘察报告，新建的 DN600 污水管均位于全风化花岗岩层，且埋深很深。腊树塘路为现状道路，为保证周边的交通出行要求和工艺要求，该项目污水 DN600 管采用微型顶管顶拉管法施工。

5.2 应用效果分析

相比传统定向钻管道工艺，管道标高控制准确，避免在路面设置工作井（造斜空间），施工占地面积小，施工快速，钻机在回扩掘进顶拉施工中为平行推进，无拉伸变形，压力自平衡，整个工艺无径向变形的外力，在钻杆先导施工后可以分段在管井内增加回拉设备，进行多处同时顶拉作业，确保成品管道的设计使用寿命和施工效率。以 DN600 顶管施工为例，经济效益对比见表 5。

表 5 定向钻顶拉管效益对比表

项目费用名称	定向钻管道回拖	管道定向钻顶拉管
人工成本投入	235 元/m	180 元/m
工作井费用	5450 元/座	2000 元/座
施工效率	35min/m	30min/m
适用范围	过路、过河等特殊部位	应用范围广，适用于复杂环境
泥浆清运费	240 元/m	80 元/m

6 应用效益

腊树塘路市政管网修复工程自建设以来，受到了有关领导的高度关注，要求尽快恢复管道功能，缩短改造时间，为此，作者团队在污水 DN600 管的 W1~W7 段采取本微型顶管工艺，本施工技术在腊树塘项目上的应用，取得了较大的成功，共产生经济效益约 15 万元，节约工期 20d，并形成科技成果 1 项，取得明显的经济和社会效益。

7 结语

管道非开挖施工技术在如今日新月异的城市发展中具有重要地位，与城市人民的生活息息相关，虽然顶管与水平定向钻工艺已经比较成熟，但未能覆盖小直径管道的非开挖作业，或者说存在一定的局限性。为了提高施工效果，本公司深入探索和研究非开挖技术，结合了顶管施工工艺与水平定向钻施工工艺的优点，积极对传统工艺进行改良，得出的新型工艺具有施工简单、操作方便、安全可靠、施工速度快、工程质量更容易保证的特点，充分融合了先进施工理念，切实地提高了小直径管道的非开挖施工效果，值得在应用方面进行推广。

参考文献

［1］ 中国工程建设协会.给水排水工程顶管技术规程：CECS 246—2008［S］.北京：中国建筑工业出版社，2008.
［2］ 中华人民共和国建设部.给水排水管道工程施工及验收规范：GB 50268—2008［S］.北京：中国建筑工业出版社，2008.
［3］ 北京市住房和城乡建设局.地下管线非开挖铺设工程施工及验收技术规程 第 1 部分：水平定向钻施工：DB11/T 594.1—2017［S］.北京：中国标准出版社，2017.
［4］ 本书编委会.建筑施工手册［M］.5 版.北京：中国建筑工业出版社，2013.

第 3 篇

绿色建造与 BIM 技术

BIM 技术在预制装配式建筑工程中的探索与应用

蒋科明　孟祥磊

湖南建工集团有限公司　长沙　410015

摘　要：作为工业化建筑的产物，装配式建筑标准化、信息化、机械化的生产、安装方式，无论是对设计阶段的技术水平还是施工阶段的管理效率都提出了较高要求，套用传统现浇建筑的作业模式难以体现工业化建筑的优势与价值。BIM 作为先进的技术手段，亦是一种数字化、信息化的管理模式，与工业化建筑对信息集成的需求不谋而合。因此，将 BIM 技术应用于工业化建筑的生产、安装具有非常重要的探索与实用价值。

关键词：建筑工业化；预制装配式建筑；BIM；PC；信息化；协同管理平台；模型；碰撞检查；构件跟踪；正向设计

1　前言

城镇化建设是我国建成社会主义现代化强国的手段之一，自改革开放以来，我国经济飞速发展，城镇化率逐年提高，"十四五"规划指出，至 2025 年我国常住人口城镇化率将提高至 65%。

建筑行业历经多年快速发展，越来越多的专业开始从以往"粗放式"的"人海战术"向更"低碳环保""降低成本""经济高效"的"可持续式"进行转变，更多先进的施工技术、高效的工程管理模式被引入建筑行业。相比于传统现场浇筑式施工方式，装配式建筑作为建筑工业化的代表，具有改善工作环境、可工厂化大批量生产、缩短施工工期等优势，当其与具备可视化、信息化、智能化等特点的 BIM 技术结合使用时，将会为整个建设工程带来更大的效益提升。

2　装配式建筑概述

2.1　装配式建筑在我国的发展历程

我国装配式建筑的发展始于 20 世纪 50 年代，在基本完成了第一个五年计划（1953—1957）后，我国工业化基础得以初步建成，并开始进行大规模基础建设。1956 年，国务院颁布《关于加强和发展建筑工业的决定》，以官方身份首次明确了我国建筑工业化的发展方向。1978 年改革开放以后，我国开始出现装配式建筑发展热潮，标准化体系快速建立，越来越多的装配式建筑的标准图集编制成册。但这股热潮并未一直延续，随着建筑市场持续刺激增长，20 世纪 80 年代，大量廉价劳动力涌入城市，商品混凝土兴起，现场整体浇筑式建筑逐步取代了当时的产品规格少、工业化生产能力不足、建筑整体性差的装配式建筑，致使我国装配式建筑的发展一度停滞，国内各预制构件厂相继停产或转产。

2.2　装配式建筑的特点

预制装配式混凝土建筑（Prefabricated Construction）简称 PC 建筑，是指将部分建筑构件在工厂提前预制完成，运输至施工现场后通过起重吊装、套筒灌浆、键槽后浇等方式进行组装而形成的完整建筑。其生命过程大体可分为 3 个阶段：生产加工、部件运输、现场装配

（图1）。装配式建筑的主要特征是：标准化设计、批量化生产、装配化施工、信息化管理、一体化装饰装修。相比于传统现浇施工的粗犷式管理模式，装配式建筑将建筑构件的生产过程转移至专业化工厂车间，生产周期更短，效率更高，更有利于对生产过程中产生的建筑垃圾、扬尘污染、施工噪声等的控制，且有赖于工厂数字化生产和数字化管理的进步，其生产的构件往往更加标准和精确；构件设计的标准化，生产加工的数字化，使得装配式建筑的建造成本更为低廉。

图1　预制构件的车间化生产（a）与现场吊装（b）

3　BIM技术概述

BIM全称Building Information Modeling（或Building Information Model），译为建筑信息模型，国家标准《建筑信息模型应用统一标准（GB/T 51212—2016）》对其定义为：在建设工程及设施全生命期内，对其物理和功能特性进行数字化表达，并依此设计、施工、运营的过程和结果的总称。自21世纪初我国引入BIM技术，BIM技术在我国已取得长足发展，越来越多的建筑在设计阶段、施工阶段，甚至全生命期内开始应用BIM技术。

相较于以CAD为主的传统二维设计、施工方式，BIM技术跳出了二维操作空间，其优势不仅体现在直观、可视化的视觉效果方面，更体现在协同性、模拟性、信息集成等方面。用以支撑BIM技术的软件主要分为建模类软件和分析类软件，建模类软件操作方式为在三维空间中创建各类建筑构件、结构构件、机电构件，其主要目标为替代以CAD为主的二维作图方式，实现更直观、更利于表达的三维正向化设计；分析类软件则主要用于模拟建筑的各类性能指标，譬如日照分析、风受力分析、节能分析、疏散模拟、烟气模拟，其工作原理为将相关学科的科学计算公式转换成计算机语言并编写为软件程序，以科学计算公式为核心，借助计算机强大的计算功能，模拟特定情况下研究对象的发展状态，这些试验场景在现实中往往难以实现，因此借助此类模拟分析软件实现研究目的就显得尤为必要。

4　BIM技术与装配式建筑的结合应用

4.1　BIM技术与装配式建筑结合应用的必要性

装配式建筑需要解决的核心问题是构件的合理拼装与信息的集成化管理，BIM技术强大的三维可视化表达能力与信息集成能力恰好满足了装配式建筑的发展需求。例如，使用Tekla、Revit、CATIA等BIM软件依据预制构件设计图（或直接使用BIM软件进行预制构件的正向设计）创建预制构件族，再在BIM模型中按设计图对构件族进行拼装，从而赶在施工之前发现预制构件与预制构件之间或预制构件与现浇构件之间可能存在的拼装不合理问题，从而对构件进行深化调整（图2）。

(a) 装配式建筑模型拆分前效果图

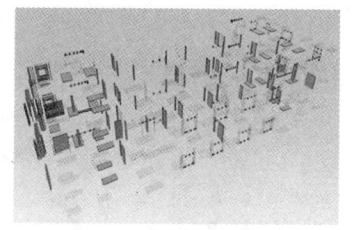
(b) 装配式建筑模型拆分后效果图

图 2　装配式建筑模型拆分前后效果对比

4.2　BIM 技术在装配式建筑中的应用

4.2.1　BIM 正向设计指导工厂生产

装配式建筑的特点是构件的预制化生产，与施工现场的简陋加工条件不同，工厂的工业化水平更高，其专业车间的工作环境更精细，生产机床、加工工具制造出的构件也更加精确，工厂车间的机械化、自动化、信息化生产能力远超施工现场。工厂较为先进的信息化、自动化生产水平，使得以参数化、协同化、智能化为核心的 BIM 正向设计的推行成为可能。

BIM 正向化设计旨在摆脱二维图纸，直接使用三维软件创建的模型指导设备加工或现场施工。其优势在于借助三维模型的直观表达效果，在设计过程中可最大化避免构件间相互碰撞、相互不契合、相互不兼容问题的出现，例如传统 PC 建筑设计，无论是水平还是竖向预制构件均体现在预制构件平面图当中，受制于二维平面，有些预制构件的具体形状无法全面表达，能否理解制图者的设计意图取决于工厂生产者、施工者的工作经验及能力水平，生产所得成品出错率较高，设计图深化纠错较难。

三维模型的直观表达方式在很大程度上能够弥补因操作者识图能力不足而造成的成品报废问题（图3）。另外，在三维操作环境下对装配式建筑中的预制构件进行深化调整亦比仅看二维图纸进行深化调整容易得多。因此，本着提高设计效率、降低施工成本的目的，将 BIM 正向设计应用于装配式建筑的生产、施工是可行且必要的。

图 3　PC 构件与现浇构件相互重叠挤占

4.2.2　预制构件的碰撞检查

装配式建筑预制构件的碰撞检查可分为三类：预制构件内部钢筋（套筒）与预埋部件的碰撞、预制构件出头筋与现浇构件出头筋的碰撞、预制构件与预制构件的碰撞。与机电系统的碰撞检查类似，二维图纸的符号化平面表示方法难以将所有空间信息尽数展现出来，部分错漏碰缺问题在设计阶段较难被发现（图4和图5）。

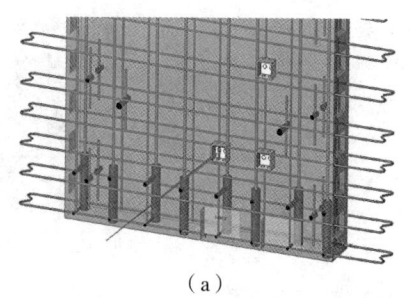
(a)

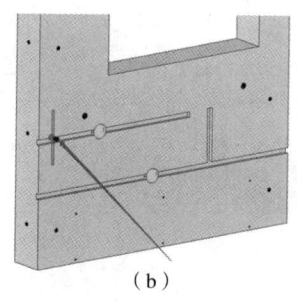
(b)

图 4　预制墙体内部钢筋与预埋线盒碰撞（a）、预埋件与预留线槽碰撞（b）

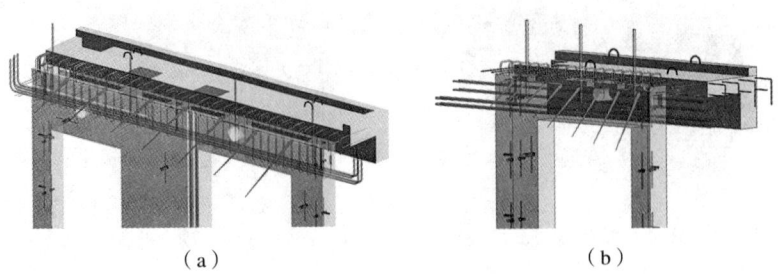

图 5 钢筋出头部分与预制构件碰撞

此外，BIM 软件可在三维环境中使用平、立、剖功能灵活查看模型整体及其内部，大到构件的整体拼装效果，小到构件与节点间的契合连接，均能直观查看。诸如 Navisworks 等模拟分析软件甚至能够以第一人称视角进入模型内部，更细致地检查预制构件拼装效果。利用 BIM 技术在施工实施前发现构件板块无法拼装的问题并及时反馈至设计人员进行调整，最大限度避免厂家开模生产后才发现设计问题而导致构件批量报废的情况（图 6）。

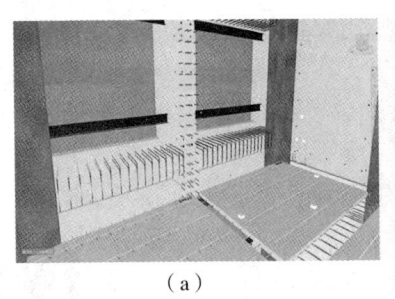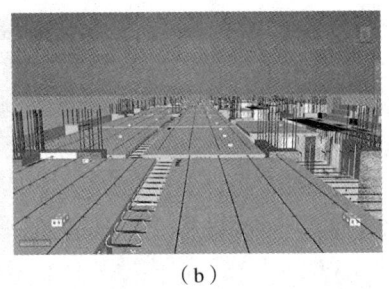

图 6 通过 Navisworks 进入模型内部可更为细致地查看预制构件的连接情况

4.2.3 通过协同管理平台进行构件跟踪

构建跟踪本质是一种借助于协同管理平台，利用信息化手段对构件进行溯源追踪的管理模式。其工作流程为构件生产成型后通过协同管理平台为其生成唯一二维码或 RFID 信息记录，该二维码包含构件的初始信息（如构件编号、材质型号、生产车间、质检情况、出厂日期等），构件运输至项目施工现场，项目管理人员组织进场验收并使用手机 App 扫描构件二维码记录构件验收情况，施工安装前再次扫码标记点位并与协同管理平台 BIM 模型进行关联绑定。履行完构件跟踪流程后，管理人员可随时通过协同管理平台查看某构件的相关信息，并在模型中准确定位该构件的安装位置，有效避免了纸质化文档记录中常见的构件安装范围不清晰、构件规格难查找、安装位置难记录等问题（图 7~图 9）。

图 7 手机扫码记录进场验收

图 8　协同管理平台 WEB 端进行验收记录展示

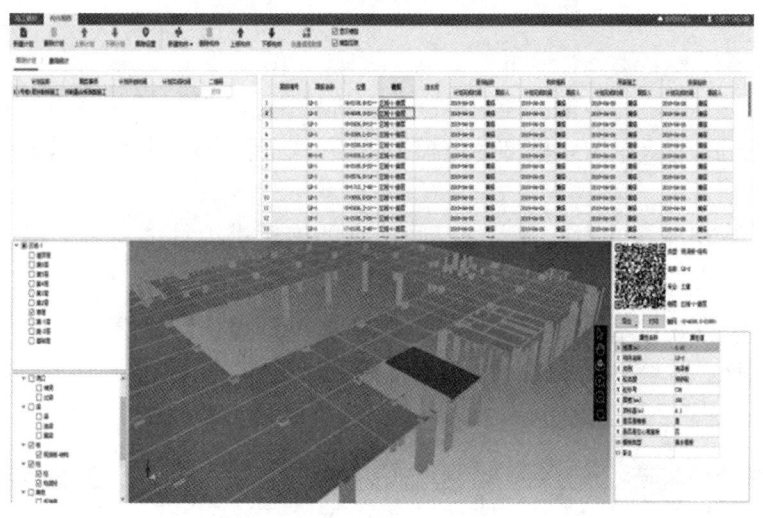

图 9　模型中展示构件定位

4.2.4　BIM 导出工程量清单

BIM 模型不仅在视觉效果上能够清晰地反映建筑的三维形体，建筑的各组成构件在模型中还具有相应的信息属性。以普及度最广的建筑工程建模软件 Revit 为例，组成 Revit 模型的最基本单元被称为"图元"，具有若干相同特性的图元被划分为同一"类型"，具有若干相同特性的类型又被划分为同一"族"，按照"族""类型""图元"的三级分类方式，组成模型的构件依次具备了族属性、类型属性、实例属性（图元属性）三种属性。这些不同级别的属性被作为重要的参数信息与模型构件紧密绑定在一起，Revit 正是依据构件被赋予的不同属性参数，来对构件进行灵活分类。当软件按照人为设置以满足工程需求为目的，对模型中构件进行分类并形成统计表格时，项目所需的工程量清单便生成了（图 10）。

软件依据模型中实际存在的构件导出工程量清单，其客观性、真实性较强，对计算工程造价、项目预算、成本控制、竣工决算等均有较大辅助作用及参考价值。

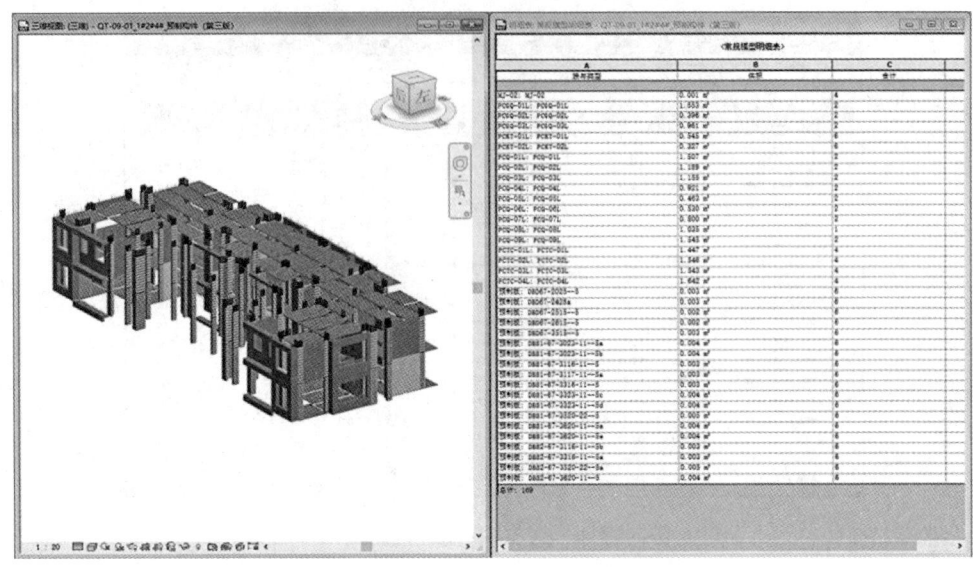

图 10　利用模型直接导出工程量清单

4.2.5　4D 拼装模拟及安装工艺演示

相比于传统现浇建筑，装配式建筑标准化、机械化的生产、施工特点，对施工进度及安装工艺提出了更高的要求，BIM 模型的可模拟性恰好有助于施工计划的编排和安装工艺的技术交底。

在模拟分析类 BIM 软件中可引入带时间信息的施工进度计划，通过将进度计划与模型构件进行关联的方式可得 4D 模型（图 11）。4D 模型的实质为将 BIM 模型中的不同构件按时间顺序依次进行拼接搭建并演示出来，使原本抽象的纸面施工计划以动画的形式进行展现，更加有利于施工人员对施工工序的理解以及项目管理人员对施工方案、吊装方案、场地布置方案的制订。

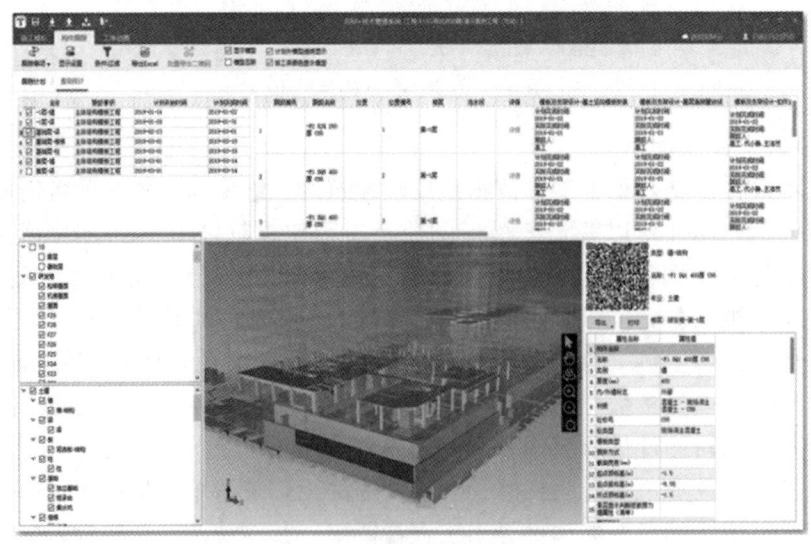

图 11　模拟展示构件安装进度

对于技术交底较为困难的节点,亦可制作针对该节点的局部工艺模拟,直观演示难点工艺的安装方式及安装顺序,辅助技术人员对施工班组进行交底(图12)。

图12 模拟演示预制叠合板吊装

5 总结

机械化批量生产、快速吊装施工是建筑工业化的实质,也是建筑业摆脱低效率劳动、实现精细管理的必经之路。BIM不仅是一种技术手段,也是一种先进的管理模式,与装配式建筑对信息化的需求不谋而合,从构件生产任务的下达到构件的进场安装,再到工程量清单的导出,皆为BIM的服务范畴,真正做到全生命期管控。

然而,当前无论是以装配式建筑为代表的建筑工业化,还是以BIM技术为代表的建筑信息化,在我国仍处于初期发展阶段,二者的结合应用依然需要大量工程实例的探索与磨合。如何将建筑工业化与建筑信息化有效结合,使之相辅相成、相互促进,是未来装配式建筑和BIM技术的发展方向之一。

参考文献

[1] 戴文莹. 基于BIM技术的装配式建筑研究[D]. 武汉:武汉大学,2017.

[2] 刘若南,张健,王羽,等. 中国装配式建筑发展背景及现状[J]. 住宅与房地产,2019(32):32-47.

[3] 中华人民共和国住房和城乡建设部. 建筑信息模型应用统一标准:GB/T 51212—2016[S]. 北京:中国建筑工业出版社,2017.

[4] 廖礼平. 绿色装配式建筑发展现状及策略[J]. 企业经济,2019,38(12):139-146.

浅谈自然导光系统的应用与展望

黄文灿　邓文娣

湖南建工集团有限公司　长沙　410015

摘　要： 针对室内自然导光照明问题，设计开发了自然导光照明系统，研究了自然光主要作用于室内照明的影响，结果表明在实际工作及生活中应用自然导光照明系统将为室内照明节约20%的能耗。

关键词： 自然光照明；导光筒；光能源利用

基于《全球能源短缺》以及《温室效应所带来的气候变迁》两大议题，各国开始重视节能减碳的倡导以及再生能源的研发。我国由于经济的快速发展，使得能源消耗速度日益增长，用电紧张问题凸显。人工照明在现代照明中占据着举足轻重的分量，全世界的平均照明用电已占总发电量的10%~20%。如何合理地采用被动式采光技术，充分利用自然光资源，无疑是降低照明能耗的重要途径之一。近年来，自然导光照明系统作为一种新型高效的采光装置正在被迅速普及应用，自然导光系统就是引用户外的自然光进入室内进行照明，过程中可节约20%~30%的建筑用电，自然导光系统在居室、学校、工厂、运动场所、厂房、地下空间等各种环境中得以适用，取得了良好的社会、经济效益和环保效益，同时也减少了白天因停电引起的安全隐患和用电引起的火灾隐患。

1　概述

自然导光系统包括阳光会聚装置、导光管式光导装置、室内发散出光灯具、辅助光灯具；其原理为自然光经过阳光会聚装置会聚后，经过导光装置的导光管（光纤）耦合，进入导光装置，然后进入室内发散出光灯具，提供室内照明，从而能对地下建筑、无窗建筑和大进深的建筑空间，提供舒适的照明光环境（图1和图2）。

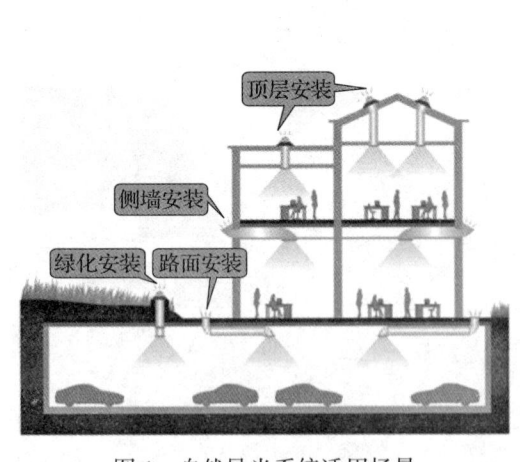

图1　自然导光系统适用场景

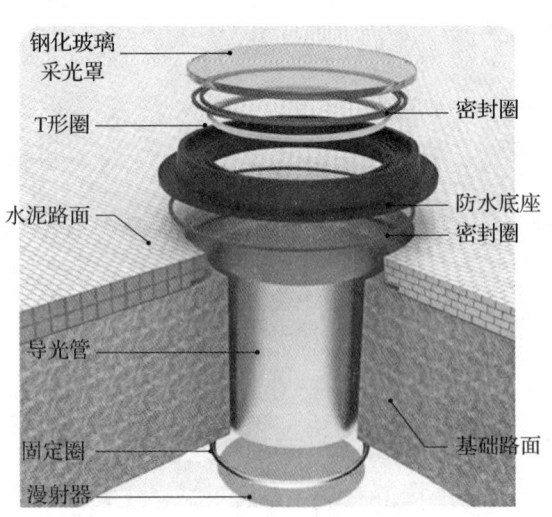

图2　导光筒组成图

自然导光照明系统是通过室外采光装置收集室外并滤除90%以上的紫外线，将安全的自然光导入系统内部，其核心工艺是经由特殊制作的导光管传输后，由安装于系统另一端的漫射装置把自然光线均匀发散到室内任何需要光线的地方。利用该系统得到的室外光线从黎明到黄昏，甚至是阴雨天都十分充足。同时，通过对采光装置和漫射装置的材料优化配置，提高系统的采光及传导效率，使采集的光量尽可能多而在导光管的传输损失尽可能少。100%利用自然光照明，可以有效降低建筑物内部80%以上的白天照明能耗和10%以上的空调制冷消耗；无能耗，一次性投资，节约能源，创造效益，同时也减少了大量二氧化碳、二氧化硫和其他污染物的排放（图3）。系统各部件所使用的材料为健康环保型材料，可充分回收利用，不会产生二次污染。

（a）开启状态　　　　（b）半闭合状态　　　　（c）全闭合状态

图3　调光装置及原理图

2 效益分析

2.1 经济效益

自然导光照明系统是利用反射原理将室外自然光引入到室内需要照明的地方，相比传统的电力照明可以节约大量电能，同时该系统属于一次性投资，使用寿命长，可以节约定期维修与更新灯具的费用，投资回收期短，经济效益好。

以长沙高新区保利幼儿园项目为例，该项目使用自然导光系统区域层高为5.7m，照度要求在75Lux，按照国标照度要求消耗电量为10W/m²，日间照明时间以四季综合时间段计算，平均为10h/d照明，使用单个导光筒照明面积约120m²，日用电量为12kW·h，拟湖南地区居民用电第一档单价约为0.588元/(kW·h)，日耗电费用为7元，年耗电费用为2555元，20年耗电费用为51100元（未包含使用常规灯具情况下正常维修、更换材料等费用）。采用导光筒每年直接节约电费2555元，导光筒系统约为6000元/套，项目静态投资回收期为2.34年。根据湖南建设投资集团发布的《湖南建设投资集团工程建设碳排放及减量计算手册（试行）》附录D：能源消耗的单位碳排放因子取值湖南省电力消耗取值为0.5257kgCO_2/(kW·h)（图4）。

由上可知，一个导光筒节约用电量为6387.5kW·h，则一年可减少CO_2排放量为3.357t。采用自然光导光系统相比于使用传统光源照明（120m²）20年所需电费、安装费用、维护费用可节约48100元。

图 4 长沙高新区保利幼儿园设计、采购、施工（EPC）项目阴雨天气导光效果实例

2.2 社会效益

自然导光照明系统采用工具式构造、工厂化制作，安装调试方便快捷，而且从安装使用开始后维护量少，使用寿命长，利用效率比较高，可以有效弥补人工照明的不足。零部件可以回收利用，实现资源的可持续利用。

导光管采光系统将太阳光引入到室，避免了人们长期在电光源下生活和工作，可减少许多疾病的产生。另外，也减少了白天因停电引起的安全隐患和用电引起的火灾隐患（更适合于禁止用电的特殊场所）。

自然导光照明系统直接采集室外自然光、太阳光，能过滤 90% 以上的有害紫外线，对长时间在写字楼工作的白领阶层来说，避免了白天长时间在电光源下生活工作，减少了由于电照光源的电磁辐射和光污染而产生的疲劳和光眩晕，进而减少由此引起的各种疾病；直接传输自然光线，全光谱、无频闪、无眩光，使得光环境更加健康舒适，工作效率更高。在项目施工中，自然导光照明系统得到了业主、监理及工人等各方的一致好评，具有较好的社会效益。

2.3 环境效益

自然导光照明系统最大的优点是节能。一方面由于采用自然采光不需要人工能源，所以导光管可以节约 20%～30% 的建筑用电。在夏季，光导管无电照明系统代替了电力照明，可以避免照明设备发出的热量，因而节省了 10% 左右的空调制冷能耗，减少了二氧化碳排放；在冬季，采用无电导光管采光照明系统，其发射的日光同样也能提供一定的热量，从而节省空调的制热能耗，减少了二氧化碳排放。应用自然导光系统采光是一种可持续发展的需要，是一种可见成效的投资。导光管采光系统响应了低碳号召，做到了零碳排放，减少了能源尤其是不可再生资源的消耗，是一种绿色、健康、安全的产品（图5）。

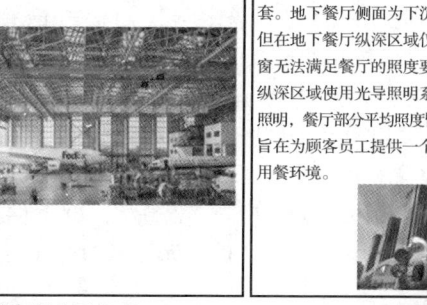
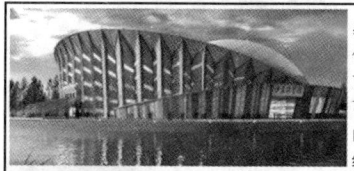

（a）广州飞机维修工程有限公司机库　　（b）大连高新万达广场

（c）黑龙江伊春市综合体育馆　　（d）长春国际创新展示馆

图5　自然导光系统应用实例

3　未来展望

自然光对人体大脑和生理的重要性在很大程度上受自然界中明暗的自然模式和日光的细微光谱偏移的驱动。广谱光有益于我们的健康，此外，由于云所引起的日光波动也有助于维持与外界的良好心理联系。因此，阳光是支持亲生物设计的首要元素。已有大量研究证据表明，通过办公室窗户看到外界的大自然，具有良好的放松解压效果。美国俄勒冈大学研究人员发现，有自然视野窗的工作人员比没有的工作人员病假率大幅下降，该研究得出，10%员工的缺勤率可归因于建筑和大自然没有连接。

在学校，特别是对儿童群体，大自然元素对孩子的成长有着至关重要的影响。接触大自然可以让儿童缓解压力，提高注意力，并帮助他们更好地与社会建立联系。Terrapin公司做的一项研究表明，让孩子多接触自然光，可以有效缓解儿童多动症症状。

对医院来说，让病患尽快康复是医生和护理人员的主要目标。研究结果表明，每天获取大量自然采光的病人，疼痛感觉更少，与其他处在阴暗房间的病人相比，每小时少服用22%的止痛药。综上所述，无论在哪个时代，自然光都是人类生活和工作必不可少的元素，人们会在各行各业充分运用自然光，特别是在科技高速发展的今天，人们已经深入了解到光对自身心理和生理的影响，充分运用自然光创造良好愉悦的生活和工作环境，将开发光、运用光造福人类有着深远的意义。

4　结语

"双碳"目标是我国今后较长时期内致力于生态文明建设的指引。建筑业作为我国第二产业中的重头戏，在产业链上的各个环节都涉及"节能""减碳"。本文从应用自然导光系统采光是一种可持续发展的需要进行深度探讨，为"减碳"目标提供实质性的指导建议。

参考文献

[1] 罗毅."双碳"目标下绿色建筑的发展方向及技术应用［J］.中国工程咨询，2022，(5)：74-79.
[2] 张雨泽，吕丽军.折反射全景成像光学系统的优化设计［J］.工业控制计算机，2021，34（07）：55-57，61.
[3] 马新慧.自然光光导照明在建筑采光中的应用［J］.建筑电气，2007（4）：15-18.
[4] 王爱英，时刚.天然采光技术新发展［J］.建筑学报，2005（5）：64.
[5] 张耀明.采集太阳光的照明系统研究［J］.中国工程科学，2002（4）：63-68.
[6] 周萌，李宝骏.太阳能光导采光的设计方法［J］.新能源，19（8）：17-21.

BIM 技术在长沙机场中轴大道地道工程进度管理中的应用

宋祺炜 陈 拓

湖南建工集团有限公司 长沙 410015

摘 要：将基于 BIM 技术建立的项目 3D 模型与进度模拟相结合制作出项目施工的 4D 进度模型，为进度管理提供动态可视化的进度图像，以提高进度管理效率和资源的优化配置。本文以长沙机场中轴大道明挖现浇地道段工程进度管理为研究内容，采用 BIM 技术将 3D 模型与进度管理相结合，对 B 指廊交叉段施工过程进行分析，探究实际进度与模拟进度存在差异的原因及对应的解决措施。效果显示，针对本项目的超长地道工程与"四类五轨"交叉段施工管理协调复杂、不确定影响因素多的进度管理，4D 模型更能提升管理的科学性，且有较好的社会经济效益，是 BIM 技术在施工管理中的一项值得推广的应用示例。

关键词：明挖隧道；进度管理；BIM 技术；4D 模型

新航空枢纽的建设对交通换乘便捷性的要求越来越高，各类交通方式的叠加建设是其最显著的特点，但对交叉叠加施工区的进度管理和各区段协调也提出了更高要求，是新机场建设工程中需要解决的痛点。BIM+技术与传统有限元软件、工程管理软件相结合可通过模型与工程量的提取分析进行项目的综合管理。近几年多个新机场的建设中采用 BIM 技术进行进度管理和工程管理的成果较多，但普及面仍有待加强。

田琼等在隧道信息化施工中采用了 BIM+GIS 技术，建立了基础信息库并对二者成果相融合完成了隧道施工的精细化管理。王金国等运用 BIM 5D+智慧平台对张吉怀高速铁路隧道工程开展了施工数字化管理，为全过程的智能化管理提供了经验。王良国等在隧道施工中使用了 BIM 技术对施工工序进行了分解，既解决了项目部与工班的直接管理也实现了隧道施工中的 BIM 三维可视化，提高了项目管理水平。范俊洋等在长沙机场 GTC 工程建设中，采用了 BIM+技术对复杂基坑群的施工进行了进度模拟和管理。张盈以隧道超浅埋段地表为研究对象，利用 BIM 技术与有限元软件相结合建立三维模型对地表注浆量进行计算，其结果精度更高、可靠性更强。付斌等在鄂州花湖机场转运中心工程中对结构设计、施工准备和施工实施全过程采用了 BIM 技术，极大提升了工程的管理水平。

由上可知，基于 BIM 技术开展对工程进度进行管理以及 BIM+平台技术已有了一定的研究基础和相关工作，但对于交叉较多、基坑防护复杂的超长节段隧道来说，其工程特性决定了施工过程存在不少难点，采用 BIM+技术可提高项目整体的数字化管理水平。

1 工程概况

长沙机场改扩建工程场内道路交通工程施工项目标段一（以下称"长沙机场中轴大道"），位于现长沙黄花国际机场 T2 航站楼东侧，西邻机场大道，北接金阳大道，南接规划香樟东路。全线长 4.5km，总投资 23.18 亿元，其中高架段 1.1km，向南与场外机场中轴大道南段衔接；地面段 1.3km；地道段 2.1km（图 1）。

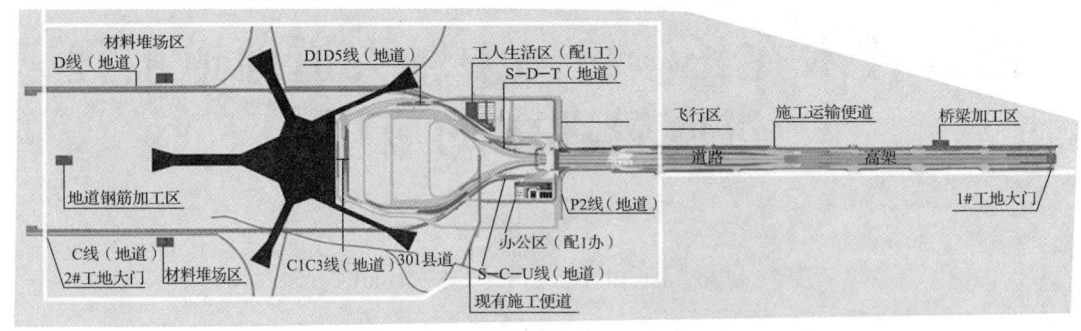

图 1　长沙机场中轴大道项目图

本项目包含国内首条同时上跨高铁、磁悬浮，下穿四个指廊（A/B/D/E）飞行区，同时主线、辅道与航站区众多匝道相接的超长地道。项目施工有以下几个难点：

（1）地勘报告显示本项目以泥质粉砂岩为主，遇水易软化且受限于较狭长的开挖作业面，各区域的协调作业和受交叉作业影响下有效工期短；

（2）地道段与"四类五轨"交叉施工段共34处（图2），各类叠加交叉区域施工复杂，基坑开挖最大深度达21m，支护形式主要包含钢筋混凝土喷锚、土钉支护、预应力锚索支护以及桩锚支护4种，支护形式复杂多样；

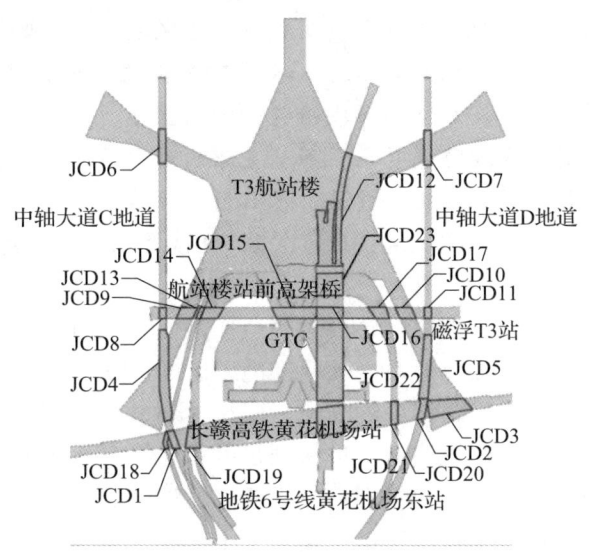

图 2　本项目与"四类五轨"交叉影响段示意图

（3）超长地道段大体积混凝土施工质量要求高、采用"跳仓法"施工时各施工区合理安排、模架周转等。

本项目以全过程数字化管理为目标，使用 Project 软件进行进度计划编制后，再利用 Revit 软件建立 BIM 模型，通过 Navisworks 对二者进行整合，所得成果可以全面展示长沙机场中轴大道超长节段明挖隧道的施工动态，并可进行优化调整，对施工进度进行科学动态管理。该项成果也为湖南建投集团长沙机场工程指挥部中的"全链指挥系统"对接应用预留了接口，以实现整个项目管理的综合数智化管理。

2　基于 BIM 技术的地道施工进度管理应用

在本项目地道工程施工前，通过分析各交叉影响段其他参建单位的工程计划、建设单位的进度考核节点并根据项目部实际情况编制了总体进度计划，但各参建单位的沟通协调困难、施工区域移交滞后等实际问题使得地道工程施工方案和进度制定需反复调整论证、多次变动。采用 BIM+ 技术对施工进度动态模拟，可实现进度管理可视化，直观掌握进度的偏差情况，便于管理人员纠偏。

进度模拟管理具体实施流程如图3所示。

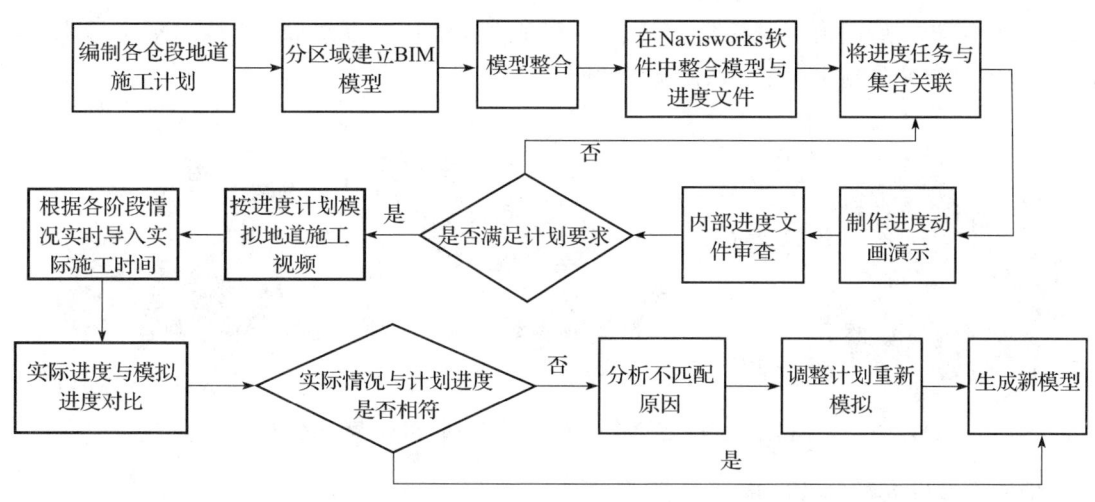

图 3 进度模拟管理流程图

2.1 进度编制与整合

本项目由湖南建工集团有限公司承建的地道工程部分根据实际情况划分为 6 个工区，共计施工仓段 102 个，见表 1。

表 1 工区划分列表

工区	C 地道	C1C3 地道	P2 地道	人行地道	S1 匝道	U1 匝道
施工段数量	65	6	7	10	11	3
施工段名称示例	地道 PmC-01	地道 PC1-01	地道 PmP2-01	地道 RXZ-01	地道 PmS2-01	地道 PmU1-01

编制人员根据各施工段分工及所需各项材料情况，制订初步计划后以 .CSV 格式文件导出并在 Project2019 中整合，得到初步的地道工程施工进度横道图如图 4 所示。

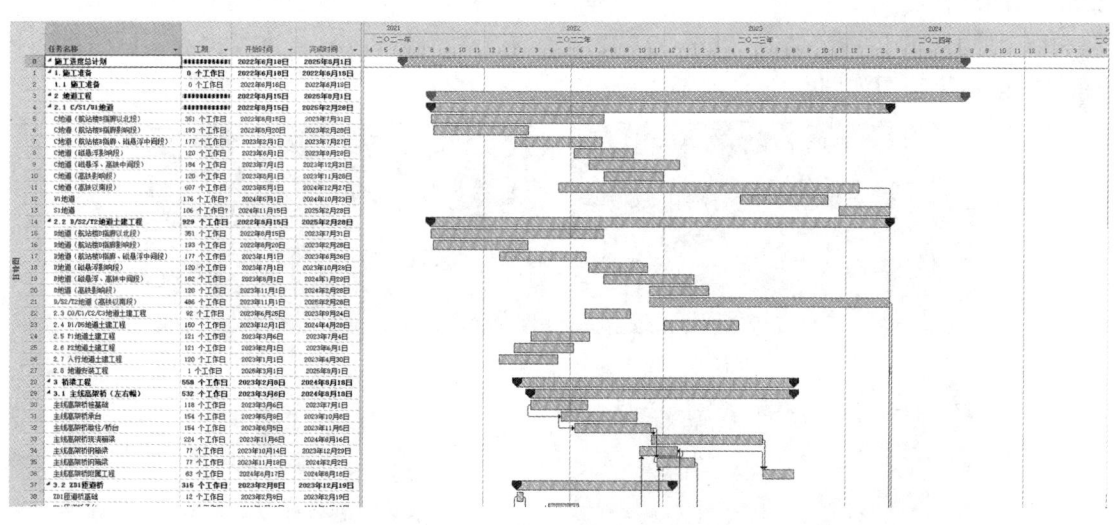

图 4 地道工程施工横道图

2.2 地道模型的建立与整合

本项目采用 Revit2019 软件建模，以 59.300m（相对标高）为基准标高、$(x, y) =$ (96910.747, 74042.420)（长沙坐标系）为建模基准点，根据表 1 所列分区情况分别建立模型。各模型建立后用模型链接整合各分区模型的建模基准点并输出相关.NWC文件。地道工程中各复杂交叉施工段的Revit模型如图5所示。

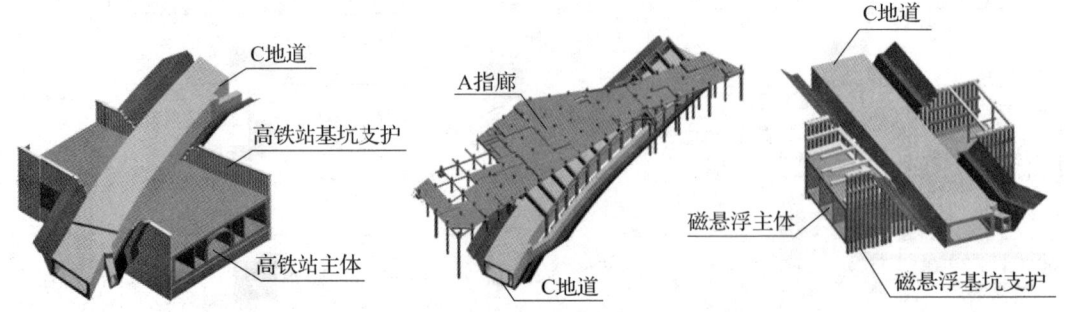

图5 地道工程各复杂交叉施工段的Revit模型图

2.3 地道模型导入及参数设定

将进度计划4D模拟前先将前文所述的.NWC模型文件与整合的.CSV进度文件作为数据源导入Navisworks2019软件。仓段分区参数与进度计划文件的参数相匹配，在Navisworks中可实现构件与计划自动匹配挂接。挂接校核后设定4D参数，针对区域施工情况设置不同颜色（绿色为正在施工，模型外观成型为施工结束，以蓝色标记）以表征模型中的进度情况。

2.4 模拟进度与实际进度对比

通过4D进度模拟完成总计划进度的整合与调整后，根据特定节点可定期或不定期将现场的实际施工进度参数输入4D进度模型，与计划进度对比分析，及时发现偏差部位，软件可对存在偏差的区域进行提示，标记成警示色。

现场管理人员根据警示区域，结合下一阶段的天气情况、人、材料安排等情况进行分析并做出适当调整后，再次进行模拟，直至在下一工程节点前将滞后的进度赶上，停止模拟，完成此次动态管理。

以C地道与B指廊交叉段（Pmc39~42仓）施工为例进行4D进度模拟和实际进度对比分析，各阶段模型图如图6所示，结果见表2。

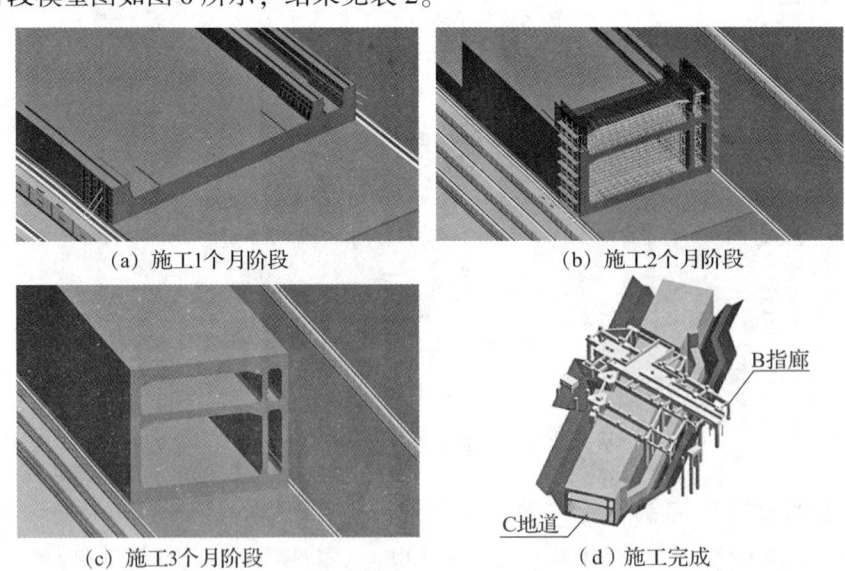

图6 影响段地道施工阶段性模型图

表2 B指廊交叉段施工单元施工进度对比表

开始时间	计划开始	实际开始	开始时间差（d）
	2023-01-12	2023-02-10	—
结束时间	计划结束	实际结束	结束时间差（d）
	2023-04-13	2023-05-30	—
工期（d）	88	108	20

依据内控进度计划要求，本段施工原计划2023年5月15日完成并移交工作面；交叉段施工实际滞后总计15d。结合天气以及进度模拟情况分析，滞后的主要原因有：(1) 自3月15日开始上述区域施工以来，受连续降雨影响造成施工工效降低，每次降雨后地道内积水须强排抽出才能继续施工，累计影响工期6d；(2) 转换柱独立基础同步施工，独立基础与地道侧墙交叉作业，相互间有所干扰造成工效下降，造成地道主体结构施工延误工期9d。

3 基于BIM技术进度管理的效益分析

(1) 经济效益

本项目通过BIM+进度计划进行4D模拟演示地道施工全过程，项目开工至今，每月开展进度推演，共计11次，累计发现问题并据此调整施工计划或人员设备配置等20余次，对PmC40-42仓（西线C地道与B指廊交叉段）、PmC22-24仓（西线C地道与高铁交叉段）、PmC26-29仓（西线C地道与A指廊交叉段）、PmC31-32仓（西线C地道与磁浮交叉段）等关键节点的进度方案进行了动态优化。通过4D进度模拟制订完成的总进度计划，目前为止将前期因降雨和其他项目工作面移导致滞后的工期已成功赶回37d，经济效益明显。

(2) 社会效益

通过采用BIM技术对超长地道施工的进度进行多次模拟、安排合理，实施了动态管理；体现了创建全优工程的施工管理水平，锻炼了技术人员采用BIM+技术进行项目管理的能力，本项目的BIM技术应用也在2023年度荣获国家级、省市级各项大奖，社会效益良好。

4 结语

以长沙机场中轴大道超长地道施工进度管理为主要研究内容，采用BIM技术建立了模型并与进度管理软件相结合，构建了地道施工的进度可视化模型和推演，较之传统的进度管理方法，动态管理更为便捷；4D模型便于论证分析，利于项目整体施工管理的科学化。

以B指廊交叉段施工进度管理为例进行了分析，可知4D进度管理方法效果更佳，且提升了项目技术人员的BIM技术应用能力，是本项目BIM新技术应用的优良范例。

参考文献

[1] 田琼，周基，芮勇勤，等. 基于BIM+GIS的槐树坪隧道信息化施工研究 [J]. 中外公路，2019，39 (6)：158-161.

[2] 王金国, 罗朝华, 丛培, 等. 基于BIM的隧道工程数字化施工控制技术与应用 [J]. 公路与汽运, 2019 (5): 157-158, 165.

[3] 王良国, 张建, 刘建华, 等. 基于WBS的云茂高速公路金林隧道BIM应用研究 [J]. 湖南交通科技, 2020, 46 (1): 114-118.

[4] 范俊洋, 周驰晴, 刘彪, 等. 长沙机场GTC项目复杂深基坑群BIM+4D进度模拟技术 [J]. 施工技术, 2022, 51 (16): 9-13.

[5] 张盈. 基于BIM技术的隧道工程注浆量计算案例分析 [J]. 集成电路应用, 2022, 39 (12): 284-285.

[6] 付斌, 严洋, 柳子通, 等. 基于BIM技术的数字化结构设计与数字建造应用——以鄂州花湖机场转运中心工程为例 [J]. 建筑结构, 2023, 53 (13): 135-141.

基于建工·司南项目 BIM 正向设计研究

胡 政　黄荣昌　刘一川　胡 超

湖南省第三工程有限公司　湘潭　411100

摘　要：随着建筑信息模型（Building Information Modeling，简称 BIM）技术的不断发展与应用，其在建筑设计领域的影响日益显著。BIM 技术不仅改变了设计的方式，还促进了设计流程的优化。本文旨在探讨基于 BIM 的正向设计方法，分析其在建筑设计中的应用及带来的优势和挑战。通过对 BIM 技术特性的深入分析，结合案例研究，本文提出了一套基于 BIM 的正向设计流程，并对其实施过程中的关键因素进行了讨论。

关键词：建筑信息模型；正向设计；设计流程；设计优化

随着建筑行业向着更高效、更智能的方向发展，BIM 技术作为一种革新性的工具，正在改变传统的建筑设计和施工模式。BIM 不仅仅是一个三维建模工具，它集成了设计、分析、文档制作和管理等多个方面，为项目的各个阶段提供了支持。而正向设计作为一种系统性的设计方法论，要求设计者从一开始就考虑到项目全生命周期中的所有因素，包括可持续性、用户的需求、技术的可行性等。BIM 技术与正向设计的结合，为提升设计的整体质量和效率提供了新的可能性。

正向设计注重于从整体出发，通过构建分析模型来展示参数之间的相互关系来达到设计的最佳化。这种设计理念鼓励设计师在设计的每个阶段都考虑项目的整体目标和性能，以及如何在设计中实现这些目标，通过科学分析与技术创新，创造出更加优秀和符合市场的产品。

BIM 技术在正向设计中的应用主要体现在以下几个方面：需求捕捉与分析、概念设计的评价与选择、方案开发的迭代优化、详细设计与施工图的精确表达以及施工与运维的信息化管理。通过 BIM，设计师能够在早期阶段进行更加精确的成本和性能分析，从而做出更加合理的设计决策。

1 项目背景研究

为充分贯彻落实湖南省住建厅发文《湖南省住房和城乡建设厅关于做好全省房屋建筑工程施工图 BIM 审的通知》的相关要求，发挥试点示范引领作用，加快提升试点企业 BIM 正向设计水平和质量，快速积累可复制可推广的 BIM 审查经验，形成全行业应用 BIM 技术进行设计和施工图审查的示范效应。以建工·司南项目为试点，打造正向设计 BIM 团队，推动建设领域信息化、数字化、智能化建设。

建工·司南项目位于湖南省湘潭市，项目用地北邻书院中路，西邻双拥南路，南侧为规划河东支路二十八，东侧为河东支路二十九。本项目总规划用地 59275.85m^2，总建筑面积 111070.26m^2，其中地下室 32409.82m^2，住宅总户数 492 户（图 1）。

图 1　项目设计图

2　BIM 应用目标

该工程项目充分运用 BIM 技术在初步设计及施工图设计阶段应用，提高图纸设计质量。基于 BIM 模型，向各参建方提供信息对称的可视化设计沟通工具，检查各专业设计的错、漏、碰、缺问题，进行设计优化。进行相应性能分析，辅助方案优化，达到建筑设计全过程有效管理。并通过 BIM 项目标准，提供含设计阶段完整信息的 BIM 模型，传递至施工阶段。

3　组织框架设立

3.1　项目组织结构

本项目 BIM 团队成员全部从公司科技信息中心委派，由项目负责人、专业负责人、各专业 BIM 工程师和二维设计团队组成。专业设计师对模型进行创建并利用 BIM 进行设计图纸的优化（图 2）。

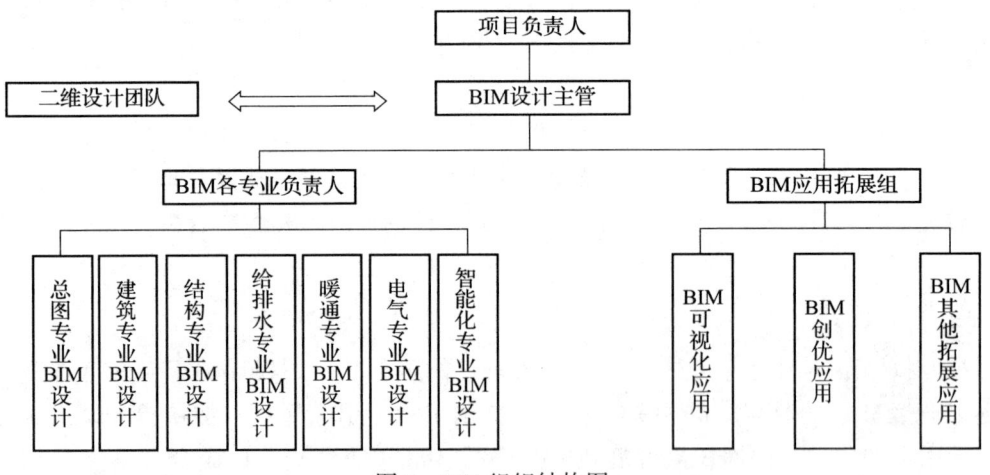

图 2　BIM 组织结构图

3.2　项目组织结构人员职责分工

BIM 项目负责人：监督、检查项目执行进展，对外联系。

BIM 技术负责人：负责项目的管理、协调、统筹、审批、资源调配；负责项目部内部的培训组织、考核、评审。

BIM 土建负责人：负责校对土建 BIM 模型及数据，确保模型与相关的施工图纸、图纸设计变更、与设计保持一致；负责各专业相关工作的协调、配合。

BIM机电负责人：负责审核机电BIM模型及数据，确保模型与相关的施工图纸、图纸设计变更与设计保持一致；管线综合，净高检查，出预留孔洞报告；负责各专业相关工作的协调、配合。

4 建筑方案设计

该工程利用BIM技术将建筑方案通过数字化信息模型直接呈现在决策者面前，方案特点一目了然，无论是方案间比选，还是方案的调整与优化，通过三维可视化模拟建造都体现了一定的优势。除此之外，利用BIM技术对项目进行造型、体量及空间分析、能耗和建造成本分析等，使得初期方案决策更具有科学性。

通过Revit、Navisworks、AutoCAD等软件对项目做全方位的设计建模，对模型的外观及整个小区的配套来进行三维的可视化调整。基于BIM模型三维空间立体效果来整体展现设计内容，使二维空间体现到三维空间体现，更直观地向客户展示设计方案（图3）。

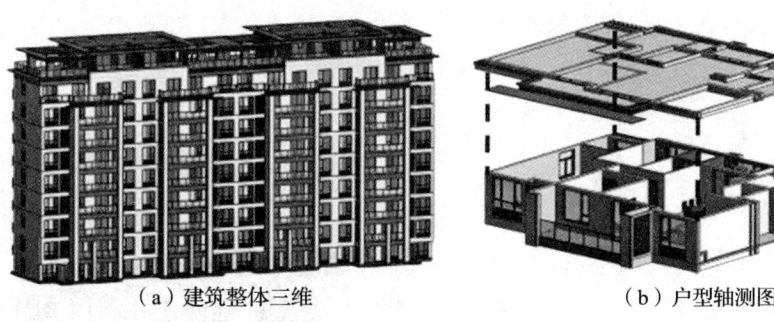

（a）建筑整体三维　　　　　　（b）户型轴测图

图3　建筑设计模型

5 结构方案设计

本工程通过采用BIM技术和系统工程方法，使结构设计能够更加精准、高效地满足复杂项目的需求（图4）。通过前期的二维图纸初稿设计，利用BIM技术完成三维的建模，导出更加精确的二维图纸，达到图模合一。利用PKPM和YJK安全计算软件对建筑结构进行安全模拟验算，使整个建筑系统的结构安全、稳定性以及最终的成果满足设计安全的要求。实现建筑或系统功能的基础，确保项目质量和效率。

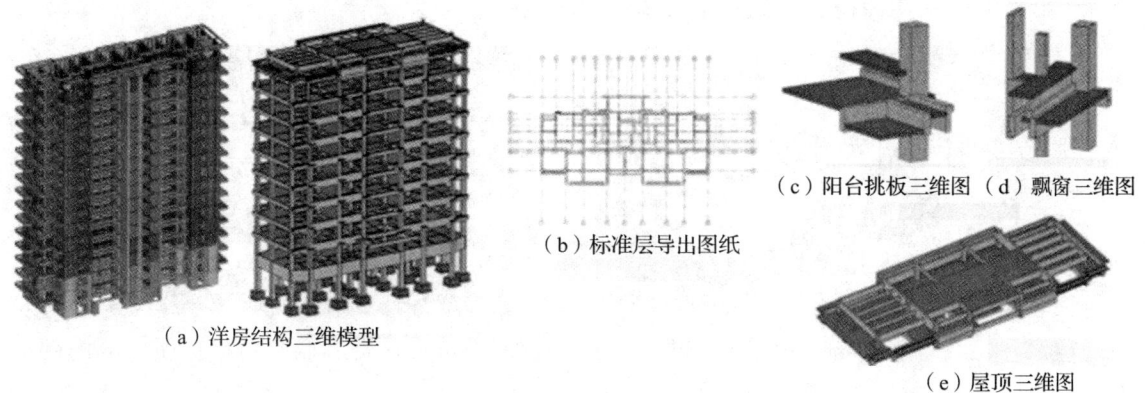

图4　结构设计模型

6　机电方案优化设计

机电设计在 BIM 正向设计中以三维模型为基础，实现各专业间的协同工作。通过三维可视化，设计师能直观地了解复杂的机电系统，提高设计质量和效率（图5）。

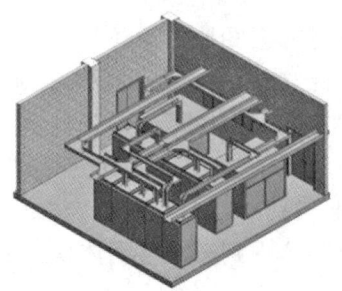

（a）变配电房局部三维视图　　　（b）机电链接三维模型

图5　机电设计模型

6.1　管线综合与协调

在该工程项目中，机电设计师利用 Revit 对不同管线系统的建模，通过采用各专业的视图样板如暖通、消防、强弱电、给排水系统，将不同的管道系统综合在同一个模型当中进行管线综合碰撞。通过碰撞报告，对相应管线位置分段，分区域调整（图6）。

图6　管线综合模型

6.2　设计优化

在本工程中通过机电模型进行机电深化设计，将设计与施工紧密地联系在一起。如对成品支吊架进行优化，通过机电模型与结构模型的链接，当支吊架与柱和墙面连接处可以利用墙面作为支吊架支撑点时，将 U 形支吊架改良成 L 形支吊架预计可节省10%的支吊架费用；如通过机电模型与结构模型链接，管线穿过墙面时预留孔洞位置偏差，设计师利用综合模型将孔洞位置进行二次出图，优化了孔洞位置（图7）。通过 BIM 软件解决类似问题多达52处，为后续施工清除障碍，节约建造成本和时间成本。

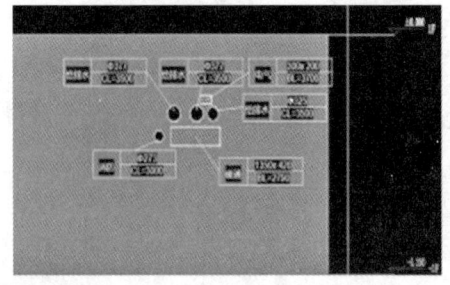

图7　孔洞优化及出图

6.3　二维图纸生成

利用 Revit 软件将模型数据直接生成与三维模型联动的二维图纸，保证信息一致性（图8）。

通过导出图纸，得到精准的蓝图设计，在施工中可以直接利用现有模型进行施工达到一模到底，一模多用。

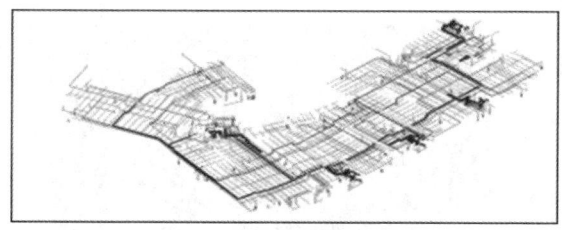
（a）地下室管综模型

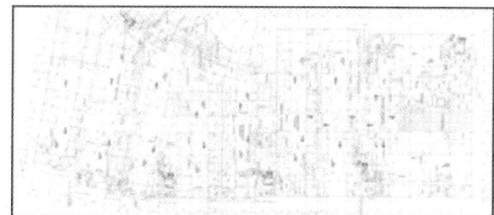
（b）地下室管综出图

图 8　地下室模型深化及出图示意图

6.4　多专业协同与优化设计

项目利用 BIM 技术进行多专业协同建模碰撞，在设计过程中就能解决图纸问题，避免重复设计、耽误工期等情况（图 9）。项目 BIM 设计团队在交付方案设计、施工图成果设计时同时交付二维图纸和三维模型，保证模型信息的可传递性和共享性，可实现后续施工和运维的全过程 BIM 应用。

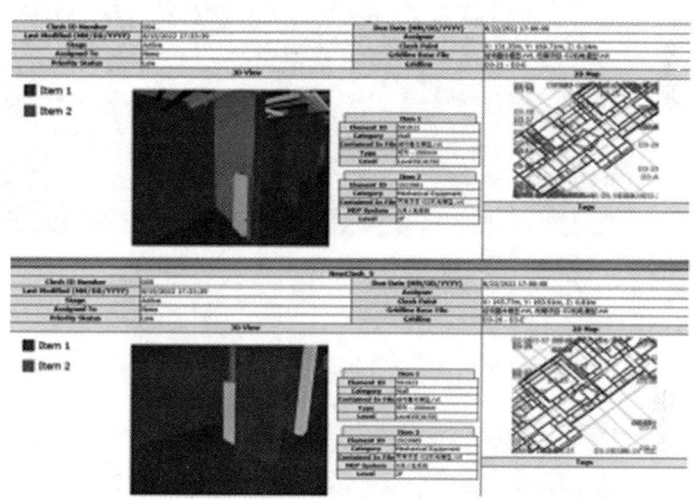

图 9　管线综合优化调整报告

7　BIM 室外景观设计

该工程使用 Revit 等软件，利用"体量与场地"的功能，进行地形表面、场地构件等基础场地与景观设计（图 10）。

（a）建工·司南全景

（b）售楼部

图 10　场地景观

通过 BIM 模型辅助设计，检查设计中的碰撞和不合理之处，如大树与建筑物或其他设施的空间冲突（图 11）。

(a) 原有古树　　　　　　　　　　(b) 景观亭

图 11　古树景观

BIM 模型可以处理景观设计中的高程与高差问题，如设置下沉庭院广场、调整建筑标高等（图 12）。

(a) 下沉庭院坡道　　　　　　　　(b) 下沉庭院儿童游乐园

图 12　下沉庭院

通过 BIM 模型，模拟日照分析，收集动态采光数据，助力绿色建造（图 13）。

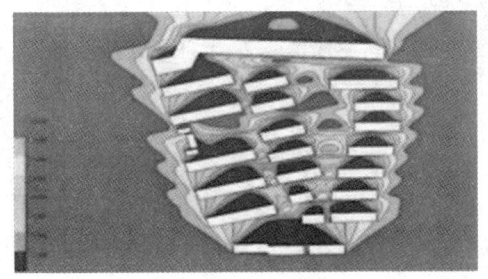 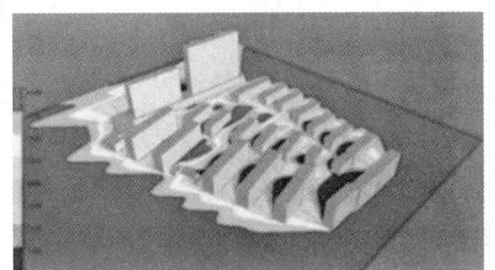

(a) 日照分析图　　　　　　　　(b) 夏至日 8～16 时日照分析

图 13　日照分析

8　BIM 施工图审查

本工程利用 BIM 技术和信息模型的特点对施工图审查，快速、全面、准确、经济地检查 BIM 模型中错、碰、漏等各种设计问题，尽最大可能地减少施工返工，节约成本。

根据项目需求，本工程根据已设计的 BIM 模型，通过对 Revit 模型的转换，最终以 DXB 格式的审图模型进行图纸审查（图 14 和图 15），已通过全阶段的图审（图 16）。

☐ 司南项目-D1-D5、D9、D11-D14电气XDB	2022/7/11 18:15	XDB文件
☐ 司南项目-D1-D5、D9、D11-D14给排水XDB	2022/7/11 17:58	XDB文件
☐ 司南项目-D1-D5、D9、D11-D14电气XDB	2022/7/11 18:18	XDB文件

图 14 专业模型 DXB 格式

图 15 格式转换工具

图 16 图纸审查报告

9 项目研究总结分析

案例分析表明，BIM 技术的应用显著提高了设计质量、降低了成本、缩短了工期，并提升了项目的整体管理水平。本工程充分应用 BIM 技术及相关要求在施工图设计阶段进行模型建立、分析和优化，最大限度减少错、漏、碰、缺，并进行楼层净高分析、复杂管线优化、可视化应用、工程量统计等相关应用。还通过多专业协同设计、管线优化，重点解决了建筑美观性、结构安全性、管线综合与优化、节能与绿色建造，并按照施工图审查要求完成 BIM 模型报审工作。

10　研究的局限性与未来工作方向

尽管本研究提供了对 BIM 技术在正向设计中应用的深入分析，但仍存在一定的局限性。例如，案例研究的数量有限，可能无法全面代表所有类型的建筑项目。未来的工作方向包括扩大案例研究的范围，涵盖更多类型和规模的建筑项目，以验证和丰富本研究的发现。随着新技术的发展，如人工智能和物联网等与 BIM 技术的融合应用将是未来研究的重要趋势。最后，对于 BIM 技术的教育和培训体系的研究也是未来工作的重要组成部分，以确保行业从业者能够有效地掌握和应用 BIM 技术。

参考文献

[1] 杨远丰. 全面 BIM 正向设计的关键技术与管理要点 [J]. 土木建筑工程信息技术, 2021, 13（5）: 23-24.

[2] 魏晓霞, 林南置, 陈启光. 基于 Revit 的建筑 BIM 正向设计应用 [J]. 建筑技术, 2023, 54（21）: 18.

[3] 华国栋. 建筑方案 BIM 正向设计方法浅析 [J]. 智能建筑与智慧城市, 2021（6）: 86-88

全过程标准化建设助力装配式建筑更好、更快、更省

陆 殊

湖南省第五工程有限公司 株洲 412000

摘 要：如何让装配式建筑更快地发挥建筑工业化优势，实现批量化生产？湖南推出首个"六个一"模式项目，搅动行业格局。湖南师范大学桃花坪校区学生宿舍及教学实训建设项目是全省首个装配式建筑全过程标准化建设项目，运用"六个一"模式推进，即一种建筑类型、一套建造技术体系、一套标准图集、一套专属审批流程、一批龙头企业、一个产业联盟。本文以高校宿舍为例阐述了何以成为推广装配式建筑全过程标准化的突破口，项目又探索出哪些经验做法。

关键词：装配式建筑；全过程标准化；EMPC建造模式；分类推进

1 项目背景

2023年1月，湖南省住建厅、省教育厅联合发布通知，决定组织申报高校学生宿舍装配式建筑全过程标准化建设试点项目。全过程标准化建设，就是将标准化理念贯穿于装配式建筑的设计、生产、施工、装修、运营、维护全过程，总结出一套标准建造体系，专门用于这一类型的建筑。高校学生公寓功能较统一，层高、长宽等可变因素少，再加上近年来高校扩招，需求量大，便于模数化、标准化设计。湖南省住建厅正按照"六个一"的模式分类推广装配式建筑，高校学生公寓就是第一个付诸实践的建筑类型。

选定高校学生公寓作为突破口后，湖南省住建厅专门组织行业专家编制了一套标准图集，内含4种高校宿舍产品。湖南师大桃花坪校区1~5栋采用第七套标准图集设计。根据《省属本科高校学生宿舍及食堂建设工作专班第四次调度会会议纪要》关于"推进桃花坪项目标准化试点"和"以桃花坪项目试点为突破口，实现提质增效降本、凸显建筑工业化绿色建造优势"的要求，按照"六个一"模式，本项目组织了一批龙头企业参与设计建造全过程；由湖南省第五工程有限公司、湖南省建筑科学研究院有限责任公司及湖南建工第五建筑工业有限公司组成了EMPC总承包联合体，共同推进标准化试点示范工程。围绕"又好、又快、又省"的建造目标，形成一套可复制可推广的技术经验，为湖南省乃至全国推进新型建筑工业化发展开辟了一条新的路径。

2 项目简介

本项目包含5栋学生宿舍、1栋教学实训楼、地下室、门卫、垃圾站及附属工程，采用装配式框架结构。用地面积为19799.74m²，总建筑面积为49586.65m²，地下室建筑面积为14017.81m²，地上建筑面积为35568.84m²，总造价1.918亿元（图1）。

本项目选用预制柱、预制外墙板、预制层叠式电梯井、保温隔声一体化叠合板、普通叠合板、预制卫生间沉箱、预制楼梯等构件。项目绿色建材使用率达到60%以上；建筑施工

图 1　湖南师范大学桃花坪校区学生宿舍及教学实训建设项目建设现场

工地建筑垃圾排放量<350t/万 m^2；项目绿色建筑设计定位为绿色建筑一星级；根据《湖南省装配式建筑评价标准》（DBJ43/T332—2022），项目 1~5 栋宿舍装配率为 81.4%（AA 级绿色装配式建筑），6 栋实训楼装配率为 54.1%；预制柱、预制层叠式电梯井、预制卫生间沉箱、预制楼梯等构件标准化率达 100%。

3　实施情况

项目采用 EMPC 管理模式，将课题研发与项目建设深度融合，立项、设计、生产、施工全阶段开展高品质建造、加速度建造、低成本建造关键技术研究与应用，基本解决了同类建筑常见质量问题，缩短了建设周期 120d，装配式建筑单体造价指标仅 2715 元/m^2，试点成效突出，成果丰硕，经验可复制推广（图 2）。

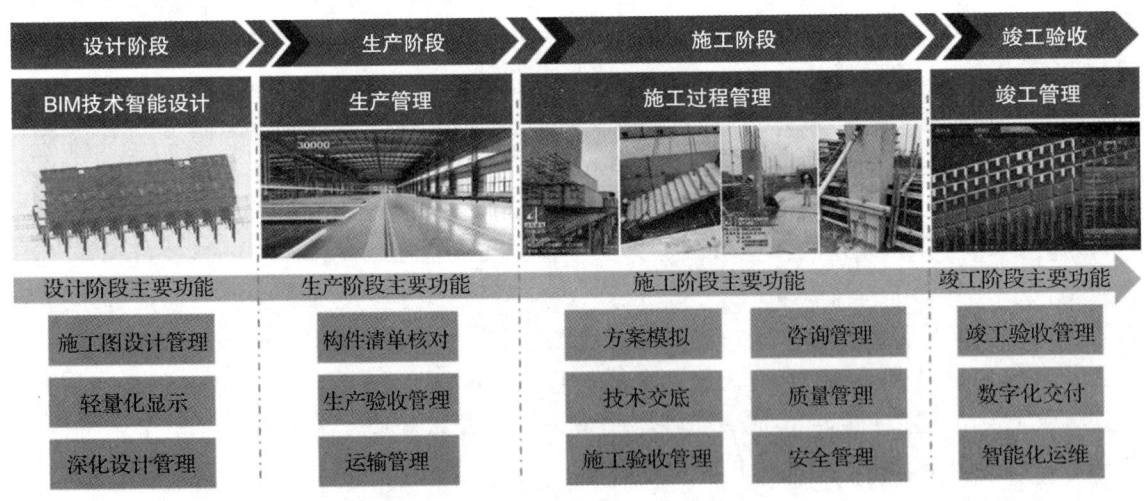

图 2　湖南 BIM+EMPC 智慧建造管控平台全过程应用

3.1　高品质建造

试点项目高品质建造贯穿设计、生产、施工全过程，通过绿色设计、构件优选、节点优化等措施在设计源头提升建筑品质和工程质量，通过模具优化、工艺优化、质量管控等措施提升预制构件生产质量，通过技术策划、样板引路、过程管控、信息管理等措施提升现场施工质量，基本解决了装配式建筑常见质量问题，实现了装配式建筑质量全面提升。

(1) 设计阶段

①绿色设计——设计源头提升建筑品质

项目按绿色建筑一星级、绿色装配式建筑 AA 级设计，突出应用了模块化种植屋面、海绵城市等绿色建筑技术及一系列绿色建材。

②构件优选——设计源头提升构件质量

设计选用了保温隔声一体化叠合楼板、预制保温外墙板等一系列高品质功能集成化预制构件。

③节点优化——设计源头提升节点质量

施工图设计阶段同步完成结构拆分和节点优化，并将构件质量、安装精度、节点连接、防渗防裂等关键工序的 20 余条质保措施前置到施工图中。

(2) 生产阶段

①模具优化——优化生产模具提升构件外观质量

强化模具连接与加固体系减少变形、漏浆、蜂窝麻面等常见质量问题，创新模具设计将企口、压槽、压花、滴水线等细部构造进行一体化预制。

②工艺优化——优化生产工艺提升预留预埋质量

预制柱采用柱头、柱底钢筋定位工装确保钢筋预埋精度有效杜绝现场钢筋切割置换现象，预制柱灌浆套筒引流管采用 PP 软性胶管替代传统 PCV 线管确保灌浆孔孔径避免堵塞，水电预埋材料采用磁性固定器替代传统铁丝固定确保预埋精度并规避构件渗漏风险。

③质量管控——优化生产管理确保构件进场质量

工厂制定标准化生产作业指导书，开展全员技术培训与技能考核，邀请第三方（监理、总包）驻场监管过程质量，配专人负责梁板运输保护措施并跟车监管，设专岗开展全流程质量巡检与绩效考核。

(3) 施工阶段

①技术策划——开展技术研究制定质保措施

集合设计、生产、施工各方面专家围绕质量通病防治与质量提升开展多轮次技术策划与研究，制定《装配式建筑质量保证措施清单》，通过单元模块试拼装验证与完善后将相关内容写入《装配式建筑施工专项方案》《装配式建筑施工质量通病防治方案》等技术文件。

②样板引路——实施实体样板统一质量标准

全专业执行实体样板制度，项目各参建方对样板进行现场联合验收并形成统一的工序质量验收标准，为后续大面积施工和验收提供标准依据。

③过程管控——落实工序内检确保过程质量

全专业全工序落实内检制度，将测量放样、实测实量、样板执行、工序交接等关键工作的内检结果纳入项目部管理人员的绩效考核与相关班组的质量奖惩。

④信息管理——应用智造平台实现质量溯源

项目建设全过程深度应用"湖南 BIM+EMPC 智慧建造管控平台"进行质量溯源管理，重点做实构件进场验收、竖向构件节点连接隐蔽验收全过程数据信息的收集、整理和上传工作，确保装配式建筑施工质量可追溯。

3.2 加速度建造

试点项目快速建造的实现主要得益于湖南省高校学生宿舍装配式建筑全过程标准化建设

模式"像造汽车一样造房子"的建筑产品理念,通过"选购"《图集》产品、"简化"行政审批流程显著缩短项目立项策划、报批报建和竣工验收时间共计90d,依托《图集》产品高装配率、高标准化率以及高度标准化、集成化和工业化的特点节约主体结构和装饰装修施工工期30d,共计节约建设周期120d(图3)。

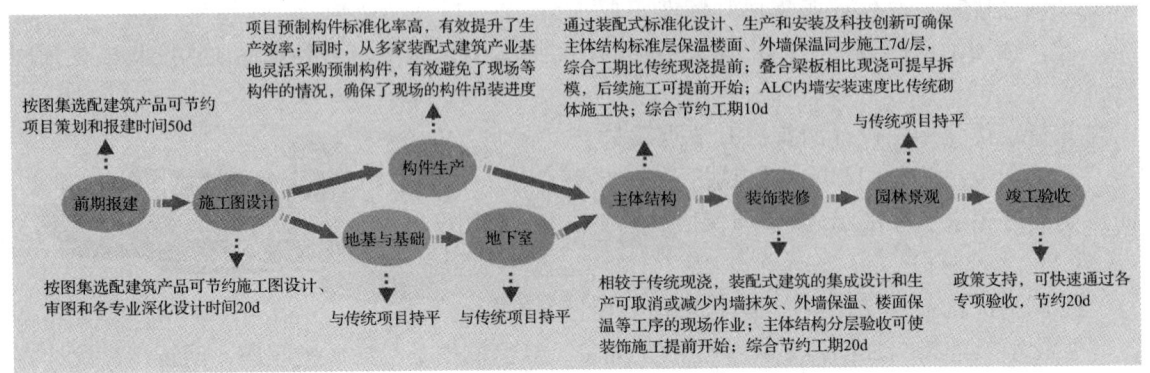

图3 高校学生宿舍装配式建筑全过程标准化建设流程

(1)立项阶段

①项目策划——选用图集减少策划时间

新建宿舍直接从《图集》选配,大大减少可行性研究、方案设计与比选、概预算拟定等项目策划工作与时间,本项目节约策划时间共计28d。

②报批报建——简化流程缩短审批时间

省政府发布实施《湖南省高校学生宿舍等EPC+装配式建筑全过程标准化项目审批工作指南》(以下简称《指南》),通过"两审合一""两算合一"等创新举措大大简化行政审批流程,减少审批工日,本项目节约报批报建时间22d;另外,在省政府最新政策支持下,同类项目可快速通过各专项验收,预计可节约竣备时间20d。

(2)设计阶段

①图集应用——应用图集缩短建设周期

应用《图集》进行施工图设计大大减少了设计工作量,缩短设计周期20d;《图集》产品高装配率、高标准化率以及高度标准化、集成化和工业化的特点从设计源头上缩短了项目的施工工期(预制构件生产速度有保障,二次结构施工减少10d,装饰装修施工减少20d)。

②深化设计——深化前置提升建造效率

在施工图设计阶段同步开展全专业深化设计工作,重点针对构件、构造、工序、工艺进行深化与优化,并将成果列入设计文件,有效避免传统模式下各专业间的"错漏碰缺"问题与低效协同,大大减少设计变更与返工、专业矛盾与内耗导致的工期浪费,从设计源头上提升建造效率。

(3)生产阶段

①批量生产——标准设计助推生产提速

《图集》产品高度标准化的户型设计和高标准化率的构件拆分大大减少了预制构件的种类和规格,减少了工厂模具设计与制作工作量,降低了工厂生产管理难度,为工厂批量化快速高效生产创造了有利条件。

②智能生产——智慧工厂助力生产提效

工厂采用先进的标准化智能流水生产线、PCMOM. 信息化生产管理系统和产品二维码射频技术实现构件全流程信息化智能管理，提升生产效率与速度。

③灵活采购——灵活采购避免现场窝工

《图集》产品结构简洁，无异形、特殊构件，省内现有工厂均能生产，项目部可根据总体进度需求提前采购、多家采购。本项目分别从多家工厂采购，避免了传统模式下因构件供应慢而导致的现场窝工现象，现场平均吊装 190 个/d，最多达到 325 个/d。

（4）施工阶段

①技术创效——技术创新助力工效提升

施工全过程持续开展技术攻关与科技创新，完成了 4 种一体化集成构件的创新应用、13 个关键工艺的优化改进、4 个提效工装的迭代更新，总结形成了 4 项装配式混凝土结构快速建造关键技术。

②标准化施工——标准化施工助力工期缩减

通过理论研究和实践验证固化了装配式结构吊装工序流程和工艺做法，形成了成熟可靠的 7d/层的标准化结构施工进度模式，与传统现浇施工速度持平，比同类装配式项目速度快 2d/层以上。

工序流程标准化如图 4 所示。

序号	时间	工序	班组	开始-结束时间	人数(个)	用时(h)
1	第一天	放主控线、标高	测量组	7:00-8:00	2	1
2		拆除钢筋定位工装	吊装	7:00-12:00	6	4
3		放控制线、构件轮廓线	吊装	7:00-12:00	6	4
4		复核控制线及构件轮廓线	交叉检	13:00-15:00	2	2
5		预制柱安装位置精凿	泥工	13:00-15:00	2	2
6		柱头钢筋校准	吊装	13:00-17:00	6	4
7		预制柱水平定位安放垫块	吊装	13:00-17:00	6	4
8		内支撑材料上楼（塔吊）	木工	13:00-17:00	4	4
9		预制柱安装、封仓（40根）	吊装	18:00-7:00	6	15
10	第二天	外墙板安装（44块）	吊装	7:00-21:00	6	12
11		支撑材料上楼（塔吊）穿插吊	木工	13:00-17:00	6	4
12		钢筋加工	钢筋	7:00-17:00	2	9
13	第三天	预制柱、外墙板灌浆	吊装	7:00-18:00	6	10
14		预制电梯井安装（6个）	吊装	7:00-12:00	5	5
15		上层预制楼梯安装（4个）	吊装	7:00-12:00	5	5
16		现浇柱钢筋绑扎	钢筋	7:00-17:00	2	9
17		支撑架搭设（下午吊模板）	木工	9:00-0:00	15	15
18	第四天	支撑架搭设及调整	木工	7:00-12:00	15	4
19		支撑架复核	吊装	9:00-11:00	4	2
20		现浇梁、柱支模	木工	7:00-17:00	15	9
21		预制叠合梁吊装（90根）	吊装	13:00-7:00	6	15
22	第五天	梁柱节点钢筋绑扎	钢筋	7:00-12:00	8	5
23		保温叠合板吊装（81块）	吊装	9:00-17:00	6	7
24		现浇梁柱支模	木工	7:00-17:00	15	9
25		叠合梁钢筋绑扎	钢筋	18:00-0:00	25	5
26		沉箱、普通叠合板吊装（50块）	吊装	18:00-4:00	6	9
27	第六天	叠合梁钢筋、构造筋绑扎	钢筋	7:00-12:00	25	4
28		楼面预埋管线	水电	13:00-7:00	8	15
29		叠合板钢筋绑扎	钢筋	18:00-0:00	25	5
30		梁柱接头、边梁封模（外架预埋）	木工	7:00-17:00	15	9
31		梁板构件复测及调整	吊装	7:00-12:00	4	5
32		梁板、板间、倒V、主次梁拼缝封堵	泥工	8:00-17:00	4	8
33	第七天	叠合板钢筋绑扎	钢筋	7:00-12:00	20	4
34		梁柱接头、孔洞及其他封模	木工	7:00-12:00	15	5
35		梁板拼缝封堵检查补漏	泥工	7:00-12:00	4	5
36		楼面砼浇筑	泥工	13:00-0:00	8	10

图 4　工序流程标准化

③管理协同——组织协同助推管理提效

充分发挥 EMPC 管理模式的组织优势，联合监理单位共同组建课题研发与项目管理一体化的高效协同管理团队，强化 EMPC 牵头单位主体责任与担当，有效避免了传统项目因管理不畅带来的内耗、窝工、停工等现象。

3.3　低成本建造

试点项目低成本建造主要受益于《图集》标准化宿舍产品对工程造价的源头控制，项目 1~5 栋宿舍单栋±0m 以上部分施工图预算平均价仅 2715 元/m^2，低于同类同品质装配式建筑产品。同时，叠加全流程提速提效关键技术的研究应用与优化改进，可进一步降低立项、设计、生产、施工各阶段的成本投入。

（1）立项阶段

①项目策划——选用图集降低工程造价

《图集》产品造价低于同品质同类项目，造价组成详尽完整、费用清单清晰透明。新建宿舍直接从图集选配，可从源头降低工程建设投入。

②报批报建——缩短周期减少管理投入

项目按《指南》完成相关行政审批缩短建设周期 22d，快速通过各专项验收可缩短建设周期 20d，为建设单位减少了办公及管理投入。

（2）设计阶段

①图集应用——应用图集降低设计费用

最大限度应用《图集》进行施工图设计，大大减少了施工图设计工作量，本项目设计周期共计缩短 20d，可降低 EMPC 模式下的设计费用。

②深化设计——深化前置减少专业投入

将传统模式下的装配式结构专业深化设计工作前置到施工图设计阶段一并完成，降低了预制构件深化设计费用和采购成本。

（3）生产阶段

①批量生产——标准设计助推生产降本

《图集》产品高度标准化的户型设计和高标准化率的构件拆分大大减少了预制构件的种类和规格，提高了模具通用性和共用率，减少了工厂模具设计与制作成本投入，通过批量化快速生产提高了工厂生产线和模具的周转效率，减少了工厂的生产运营投入，从而降低了预制构件的生产成本。

②智能生产——智慧工厂助力生产创效

装配式建筑产业基地智慧工厂自动化工业生产、信息化智能管理大大提高了预制构件的生产效率与速度，进一步降低了预制构件的生产成本。

③灵活采购——市场竞争降低采购成本

《图集》产品结构简洁无异型、无特殊构件，所需构件省内现有装配式建筑产业基地均能生产，项目部可根据总体进度需求提前采购、多家采购，充分发挥市场竞争作用有效降低预制构件的采购成本。

（4）施工阶段

①技术创效——技术创新助推经济创效

《图集》全专业高品质设计基本消除了传统模式下因设计变更、专业矛盾造成的返工成本，预制构件的高质量生产、安装和技术创新有效规避了传统现浇结构质量通病的防治与处理成本，装配式结构免模板（降低 105 元/m^2）、免砌筑、免抹灰（降低 72 元/m^2）、保温集成等工业化建造优势大大降低了施工和运维成本。

②快速施工——快速施工降低现场投入

凭借《图集》产品建筑结构体系优势叠加优化后的快速施工组织与管理，本项目节约了主体结构与装饰装修施工工期共计 30d，其中：7d/层的装配式结构吊装进度与传统现浇施工速度持平且比同类装配式结构施工速度快 2d/层以上，ALC 内隔墙安装速度比传统砌筑节约 10d，免抹灰、保温集成和分层验收等节约装饰装修工期 20d，有效降低了施工现场的人材机和管理成本。

③绿色施工——绿色施工助力低碳降本

项目选用的《图集》产品属于高装配率一星级绿色装配式建筑，相较传统现浇项目，大大减少了施工现场的作业种类与工作量、建筑垃圾产生量，降低了施工现场的安全文明措施费投入。

4 结语

本项目充分发挥EMPC模式的优势，对项目设计、生产、施工进行一体化管理。项目各方责任主体全过程参与湖南省BIM+EMPC智慧建造管理平台对项目进行监管，实现从源头上解决"设计不标准、生产不统一、信息不共享、施工不规范、监管不到位"等突出问题，全力打造省内装配式建筑全过程数智化、标准化示范工程。

设计方面采用PKPM-BIM进行正向设计，设计结果模型直观可视；严格依照最新版《高校学生宿舍系列产品图集》进行拆分，注重项目的可复制性；积极贯彻省厅"产品化思维"的建造目标。

生产方面模具通用率高，构件生产效率高，成本低；高机械化流水线生产作业；智能生产管理系统自动优化调控生产；数据同步EMPC管控平台，信息可追溯。

施工方面积极采用集成产品（保温隔声一体化叠合板、预制保温外墙板等）、提效工装（柱底封仓定型工装、梁柱节点定型模板、边梁防水企口定型工装等）及质量提升措施（套筒灌浆可视化监测技术、横竖向防水节点优化、叠合板板底拼缝防裂措施等），将其落实进工艺标准化建设，从而提高装配式构件安装效率、确保建造质量、简化施工流程，还降低了能源消耗和环境污染、提升了产业协同性，从而推动装配式建筑的快速、高效建造。

总体来说，项目基本实现了质量稳定、施工提效、经济可观，最终达到了创新验证、标准提升、经验推广、行业引领的目标。项目通过试点示范充分发挥装配式建筑"又好、又快、又省"的综合优势，为实现"更好、更快、更省"的装配式建筑全过程标准化建造"湖南模式"贡献企业力量（图5）！

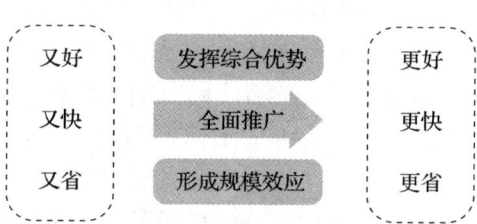

图5 试点示范目标达成

BIM 在装配式建筑安全管理中的研究

江石康

湖南省第五工程有限公司　株洲　412000

摘　要：截至 2022 年，建筑行业总产值达到 263947 亿元，增加值占国内生产总值的比例创历史新高，达 7.2%，增速高于国内生产总值 1.2 个百分点。随着世界经济的发展，中国各行各业都发生着巨大的改变，这既是机遇也是挑战。近年来，我国不断贯彻新发展理念，不断促进行业转型升级，提高国际竞争力。装配式建造成为建筑行业转型升级的核心力量，其带动整个建筑行业智能化、数字化的发展。数字孪生在装配式建筑中的运用主要表现在 BIM 等的使用，其能够识别危险源，在工程项目开始前进行干预，保障管理安全。

关键词：装配式建筑；BIM 技术；安全管理

随着我国经济不断发展，施工建造技术也在不断提升，装配式建筑近几年得到较大发展，其采用模块化施工，相对于传统建造，具有建造速度快、受天气影响因素小、质量保障率高、环保节能等特点。和传统的建筑工程项目相比，装配式建筑施工工程更加特殊，施工过程中存在更多的交叉作业、吊装作业以及高空作业，导致在施工过程中的安全隐患问题变得更加复杂多样。通过 BIM 技术，提前对装配式建造进行建造施工模拟分析，对存在的安全隐患进行提前预演，减少安全事故的发生，提高安全管理水平。

1　相关概念与理论

1.1　BIM 技术

1.1.1　BIM 技术的概念

BIM（建筑信息模型）是一种处理设施，一种共享设施信息的过程，能够准确传递建筑信息；在项目的不同阶段，不同的涉众传递插入、提取、更新和修改信息，以支持和反映各自职责的协作工作。建筑信息模型将建设项目不同时期的数据、资源和过程联系起来，完整地描述了项目的目标，方便了建设项目各方的工作。同时，建筑信息模型可以应用于设计、施工和管理，支持建筑工程的综合管理环境，可显著提高建设项目的效率，大大降低风险。近年来，作为一种新的数字技术，它在建筑行业得到了广泛应用，促进了建筑业的巨大变革（图 1）。

1.1.2　BIM 技术的特点

与 CAD 技术不同的是，BIM 技术在空间维度上应用得更为便捷的同时，还增加了时间与成本的维度，BIM 模型有如下特点：

（1）三维可视化

BIM 软件所创建的分析模型是三维可视模型，对比 CAD 二维的平面图纸更加直观。在传统的平面图绘制过程中，主要依靠建筑工作者的强大想象力支撑，但很多细节部分无法顾全。近年的建筑样式日新月异，建筑结构也越来越复杂，传统二维平面建筑图更难将结构表达完整，而三维可视模型能更加直观、完整地表达出来。

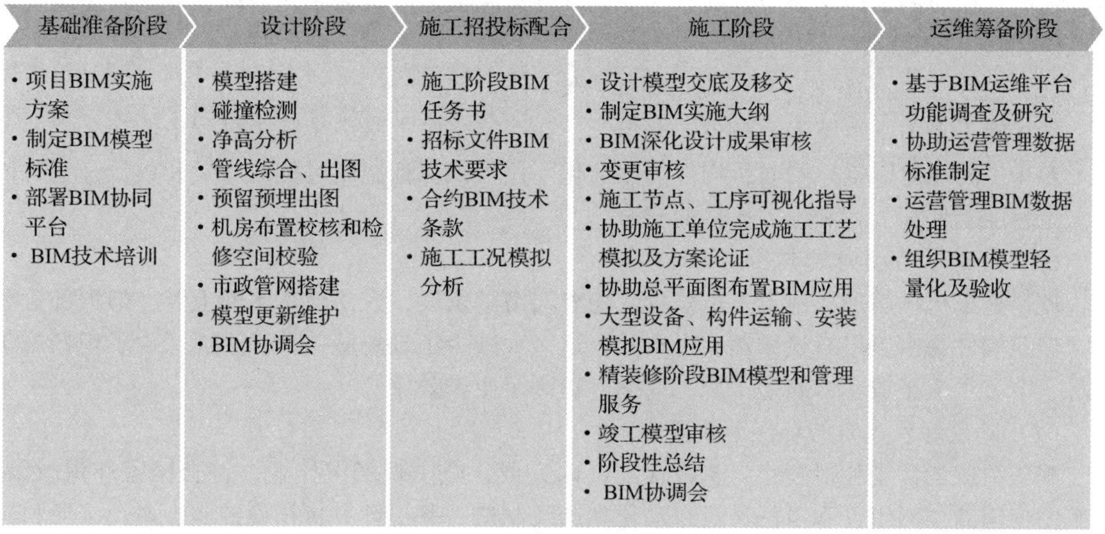

基础准备阶段	设计阶段	施工招投标配合	施工阶段	运维筹备阶段
• 项目BIM实施方案 • 制定BIM模型标准 • 部署BIM协同平台 • BIM技术培训	• 模型搭建 • 碰撞检测 • 净高分析 • 管线综合、出图 • 预留预埋出图 • 机房布置校核和检修空间校验 • 市政管网搭建 • 模型更新维护 • BIM协调会	• 施工阶段BIM任务书 • 招标文件BIM技术要求 • 合约BIM技术条款 • 施工工况模拟分析	• 设计模型交底及移交 • 制定BIM实施大纲 • BIM深化设计成果审核 • 变更审核 • 施工节点、工序可视化指导 • 协助施工单位完成施工工艺模拟及方案论证 • 协助总平面图布置BIM应用 • 大型设备、构件运输、安装模拟BIM应用 • 精装修阶段BIM模型和管理服务 • 竣工模型审核 • 阶段性总结 • BIM协调会	• 基于BIM运维平台功能调查及研究 • 协助运营管理数据标准制定 • 运营管理BIM数据处理 • 组织BIM模型轻量化及验收

图 1　BIM 全过程运用框架图

（2）可协调性

在设计工作中，可能会存在各设计师之间缺少沟通，致使结构、管线产生碰撞，而在二维平面图纸中很难进行识别，只有等到问题出现之后才能发现并进行解决。而建筑信息模型可以作为协调施工早期碰撞问题和解决施工前问题的有效工具。

（3）可模拟性

BIM 在施工前对施工全过程进行仿真试验，根据试验找出问题并进行解决，BIM 技术的可模拟性有利于优化项目的管理、施工进度的合理安排、项目成本的控制、紧急疏散时安全问题的管控等。

（4）模型参数化

不再局限于一个点、一条线，一个标注的排列组合，而是实现了项目管理过程中海量数据的有效存储、快速准确地计算和分析模型尺寸大小、标高、偏移量等。

（5）可优化性

装配式建筑相较于传统建筑更具复杂性，需要始终保持工程信息的准确和完整，以至能够进行合理的优化。BIM 将信息集成到建筑信息模型中，多方人员能够通过查看信息及时调整冲突，避免施工中出现损失。

1.2　装配式建筑

1.2.1　装配式建筑的概念

装配式建筑是现代工业技术快速发展下的产物，是设计的一个完整建筑实体，按设计标准分为各个部分，在工厂加工制造，然后运输至施工场地组装、连接而成。其主要包括装配式混凝土结构建筑、钢结构建筑、现代木结构建筑等。装配式建筑采用标准化设计、工厂化生产、装配化施工、信息化管理、智能化应用。

1.2.2　装配式建筑的特点

（1）设计和管理的标准化和信息化。

在每个组件生产之前，做好组件的标准化设计，并按照设计标准制作模板。部件的尺寸精度越高，相应的生产率就会提高，部件成本就会降低。结合数字化管理，装配式建筑实体的性价比将得到提高。

（2）减少了现场施工，现场施工更加方便。

现场施工多为干法施工，减少了湿作业，在一定程度上减少了施工过程中的交叉作业和施工现场中的风险因素。同时，构件的标准化不仅可以保证施工过程的质量和数量，还可以在一定程度上保证工程和施工人员的安全。

（3）降低了劳动力成本。

现场施工机械增加，施工人员减少。随着经济的发展，人工成本不断上升，但大部分装配式建筑构件是由工厂直接预制和生产的，这大大减少了现场施工量，进而减少了现场施工人员，节省了人工成本，缩短了施工周期，提高了生产效率。

（4）满足绿色建筑的环保节能要求。

施工造成的污染相对较小，构件在工厂内完成，减少现场湿作业，符合国家环保政策。建筑中使用的预制组件和零件通过自动化生产线制造，并由计算机精确控制，避免了原材料的浪费。安装中，构件运抵施工现场后，弃砂、弃石、弃砖、弃水泥等散装建筑材料，在一定程度上减少了建筑垃圾。装配式建筑的预制组件也可以重复使用，以实现资源再生。

1.3 建筑工程施工安全管理

1.3.1 施工安全管理的概念

施工安全管理是施工管理者借助先进的信息化手段，运用经济、技术、法律等对施工全过程中人、物、环境的管理活动。通过及时有效的管理，提前或者及时发现施工中存在的危险因素，并进行干预，使其消除或得到有效掌控，将风险降到最低。

1.3.2 施工安全管理的原理

（1）人本原理：人既是安全管理的组织者，又是安全管理的实践者。人对安全管理工作进行有效管理，同时人也是安全管理的主要内容，要注重调动人的积极性，使其主观能动性得以发挥。

（2）预防原理：在安全管理过程中要坚持以预防为主，在事故发生前采取技术管理措施评估不安全因素，给出风险规避方案。

（3）动态控制原理：在工程项目施工中，人、环境是处在随时变化之中的。为保证工程项目安全进行，要根据人员和环境的变化适时调整安全管理措施。

（4）强制原理：根据工程相关规定强制要求作业人员规范其作业行为，抵制违规操作，避免安全事故发生。

（5）安全风险原理：识别、评估风险及划分风险等级，对安全风险进行控制，从而规避和降低风险。

1.4 BIM技术在装配式建筑的适用性分析

1.4.1 技术方面适用分析

（1）管理施工冲突。在工程过程中，施工现场张力是一个重要问题。由于施工过程中会聚集大量作业人员、材料、机械，各工种之间工作内容有相同部分，也存在交叉作业，容易造成工种冲突、物体和机械的碰撞伤害。

（2）危险因素识别与划分。BIM对建筑物的模型进行数据收集，并逐一识别、评估施工中的可能会引发施工作业人员伤亡、造成经济损失、工程环境破坏等存在的不安全因素。

（3）施工安全交底。在工程项目开始前，作业人员需要对施工项目的大概情况、技术、条件、安全措施等进行全面的掌握。装配式建筑不同于传统建筑，要求作业人员对于新的技术、工艺进行掌握，但由于作业人员的素质水平参差不齐，在施工过程中就容易导致事故发生，而利用BIM的可视化可更为直观地将施工过程展示出来，利于作业人员理解和掌握。

1.4.2 经济方面适用分析

BIM技术改变了以往的项目合作模式，可以提前参与施工项目，提前获得设计模型，合理划分模块，采购材料，为工厂预留足够的加工时间，并推广预制组装，总包效益最大，减少现场工作量；现场预制件厂同步施工，节省时间；减少对现场熟练工作的需求；但是当构件运到现场后，运行条件受到限制，气候环境也会影响施工质量和速度。

1.4.3 环境方面适用分析

数字化、信息化是各产业发展升级的方向，随着国家低碳、绿色发展的方针，建筑行业向绿色建筑转型升级，使大家更关注施工环节的节能措施。加工厂里批量施工，比现场操作减少了对环境的影响。

2 BIM技术装配式工程安全管理的应用

相较于传统建筑，装配式建筑具有复杂性，将传统建筑的安全管理措施套用到装配式建筑中具有一定的局限性。同时，随着整个建筑行业在不断升级、建筑样式的多样化、个性化、差异化，安全管理也需要更具针对性、全面性、精准性、预见性，而BIM技术恰恰符合这些要求。

2.1 施工场地规划

装配式建筑是由构件运至现场进行作业，预制构件数量多，工艺复杂，交叉作业多，现场使用吊装机械多，对于施工区域要求较高，如果施工现场场地规划布局不合理，将会增加工程的成本，严重时将造成安全事故。传统的施工布局图停留在二维视图上，无法动态展现施工布局，而利用BIM技术可以建立三维的施工现场规划图，直接观察到材料加工区、材料堆放区、交通道路、运输车辆停放地、施工设备位置、地形地貌等，还可以进行动态漫游，分析布局的合理性，对吊装机械、运输车辆进行动态模拟分析其工作范围是否合理、是否会产生机械碰撞事故，从而可以提前对隐患点进行模拟优化，确保布局的合理性，如图2所示。

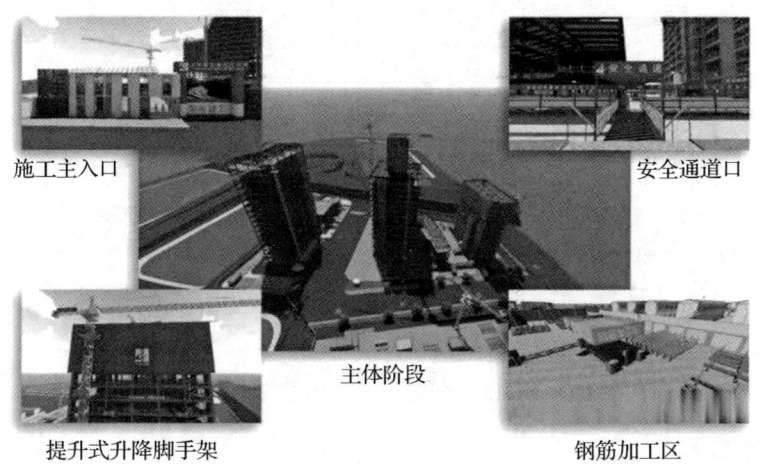

图2 施工场地规划（湖南建工BIM中心）

2.2 多方安全协同

将工程项目中的二维图纸和数据信息与 BIM 相结合,建立基于 BIM 的信息管理平台,实现勘察、设计、施工、运营维护阶段的信息共享和协同管理。建立以 BIM 技术为中心,具有信息汇聚、信息沟通和信息贮存等功能的装配式建筑全生命周期信息管理系统,防止信息传导受阻而出现信息孤岛,保证信息的实时性、准确性和共享性。

同时,施工阶段可以利用其协调性、优化性分析工程任务存在的关联。通过对工程任务信息和反馈信息进行对比,对任务交叉重复部分,进行任务的重组、细化优化,减少工程中的交叉作业,减少各部分、各专业在管理上的冲突,从而保障装配式建筑的安全管理。

2.3 安全监督管理

(1) 作业人员的监督

建立 BIM 的装配式作业人员管理系统,利用摄像头采集人像导入 BIM 人员管理系统进行人员基本信息填充并入库,供日后参考。在进场处安装人脸识别检查系统,作业人员进场时进行人脸比对,利于上下班打卡控制作业人员工作时间,避免因为疲劳作业而引发的安全事故;利于在进场时提醒作业人员做好安全防护;利于避免工程之外的无关人士入场造成安全事故。

将安全帽编号入库,实现"人帽统一",在安全帽上安装定位报警系统,当长时间作业人员未佩戴安全帽、出现跨越安全范围时就会启动报警系统,BIM 管理系统也会发出相关作业人员信息警报,及时进行人员督促,确保安全。

(2) 机械设备的监督

装配式建筑作业以现场安装为主,现场作业机械多,特别是大型的吊装设备更是建筑安全中的重大隐患,可以对装配式建筑中的机械设备按危险程度进行分类,采集设备使用最低、最高年限、最佳维修时限、维修次数等信息入库,方便管理人员实时对机械设备进行维修保养和合理安排使用。

(3) 安全资料的监督

安全管理人员以每日或每周为周期,将对人员、机械设备、环境的监督和出现的问题形成工作日志上传入库,倒逼管理人员加强安全意识,落实安全责任,反映施工中出现的问题(图3)。

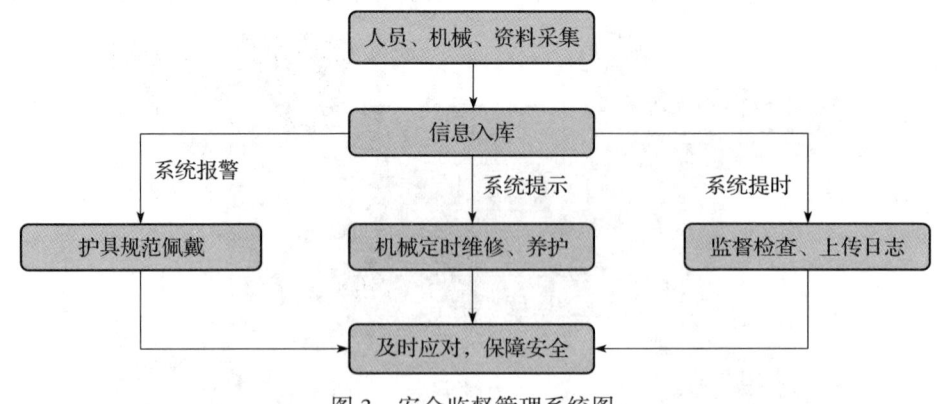

图 3　安全监督管理系统图

2.4 施工安全教育培训

现阶段作业人员素质水平还不高,使用以往安全手册、安全讲解的方式进行安全教育,作业人员不能很好地理解，而 BIM 技术以动态、身临其境的方式进行安全教育培训，教育效果更加显著。

BIM 模型使用 3D 技术将装配式建造全过程以动画的形式展示，让作业人员更加了解建造过程，熟悉掌握工作、加工、生活等功能区布局。同时，将安全事故发生的过程以动画片的形式导入 VR 设备，让作业人员身临其境地感受事故现场，这种体验式的教育比说教式的教育更能加强作业人员的安全意识，如图 4 所示。

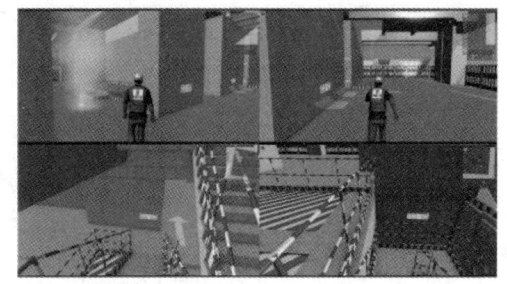

图 4　安全培训动画图

2.5　效益分析

首先，通过 BIM 技术在安全管理中的应用，降低了事故和灾害发生的概率，保护了员工的生命财产安全，减少了企业因事故而造成的直接或间接损失。其次，安全生产管理制度能够优化企业内部的组织结构和流程，提高工作效率和生产效益，促进企业的可持续发展。再次，安全生产管理制度能够提升企业的形象和品牌价值，增加客户和投资者的信任度，使企业更具竞争力。

3　结论与展望

3.1　基本结论

近年来，随着装配式建筑的广泛应用以及技术的不断发展，人们越来越关注装配式建筑的安全性。本文结合装配式建筑特性和工程项目实施过程中的常见问题，装配式建筑建设过程中可能出现的不安全因素，按照人、物、环、管四大因素进行划分，列出危险源清单，然后以危险源清单为参照制作危险源调查表，通过数据收集，结合 LEC 法进行装配式发展过程中的主要危险汇总入库，利用 BIM 技术可视性、模拟性、优化性等特点，有效规避风险，保证项目管理安全。

3.2　展望

BIM 技术运用到装配式建筑安全管理中，能够在建筑工程项目作业人员、机械设备、原材料、场地布置等方面很好地进行管理，减少安全事故的发生。本文针对装配式的研究还存在很多不足，仍需不断丰富和补充。装配式危险源的研究是按照人、物、环、管进行的，但装配式建筑安全的影响因素具有多样性和复杂性，因此，对危险源的分析还不太全面，还需进一步对装配式建筑危险源进行研究。

参考文献

[1] 刘若南. 中国装配式建筑发展背景及现状 [R]. 住宅与房地产, 2019, (32): 32-47.
[2] 刘清. 基于 BIM 的装配式建筑安全管理研究 [D]. 济南: 山东建筑大学, 2020.
[3] 杜娟. 试论 BIM 技术在装配式结构施工中的应用与发展 [J]. 建筑工程技术与设计, 2008, 000 (009): 1623-1624.
[4] 许立强, 付明琴, 王程程. 装配式建筑安全管理中心 BIM 技术的应用研究 [J]. 建筑经济, 2021, 42 (4): 53-56.

高校学生宿舍工业化建造技术研究

李梦诗

湖南省第五工程有限公司　株洲　412000

摘　要：本文以高校学生宿舍为依托，将工业化理念贯穿于高校学生宿舍项目的报建审批、设计、生产、施工、装修、验收结算、运营维护全过程。高校学生宿舍功能明确且结构简单，具备以"产品思维"实施工业化、标准化、模块化、信息化建造的先天优势，通过打造全寿命周期集成管理平台进行推广应用，以产品采购、构件生产制造、产品建造、维护管理四个管理阶段形成工业化建造模式，搭建标准化建造协同服务平台，为建造方、生产方、监管方、档案馆等提供协同服务，数据互通共享，打造数字产业链条，为发包方提供学生宿舍产品采购一站式服务。平台搭建装配式产品采购、生产、施工及交付模式框架体系，以点带面将此模式复制推广至其他新型工业化产品，促进装配式建造行业的发展，推动产业链的协同和政府采购的规范化。

关键词：高校宿舍；装配式、工业化；信息建造；集成管理平台

　　近年来，随着经济社会的快速发展，我国建筑业规模不断扩大，已成为国民经济的重要支柱，但建筑业目前仍是一个劳动密集型、信息化水平应用相对较低的传统产业，装配式建筑是我国新型建筑工业化、智能建造、绿色建筑协同发展的首要路径，也是国家"3060"双碳目标的有效抓手。本文重点描述对于标准化较高的高校学生宿舍，采用全装配工业化建造模式，通过课题研发、试点应用、项目集成管理平台开发，建立专属的平台标准化构件库，形成一套设计、生产、施工全过程智能建造体系，利用全寿命周期集成管理平台进行推广应用，高校、建筑企业、设计院、施工方、监管单位等各方共同参与和支持平台的建设和运营，体现高校学生宿舍智能建造与建筑工业化协同发展的优势，实现真正意义上的高品质、高效率、低消耗、低成本的装配式建筑。

1　工业化建造模式

　　高校学生宿舍具有标准化较高的特点，以标准化建造全寿命周期管理为主要路径，将所有服务融合为产品采购、构件生产制造、产品建造、维护管理四个管理阶段。

1.1　产品在线采购

　　业主在集成平台上在线完成项目立项和取得政府采购招标授权后的产品选购和合同签约事宜。引用标准化招标文件模板发起项目招标流程，同时上传政府部门的审批资料，对项目真实性进行佐证。在招标文件中，业主方需确认所选购的标准化单栋产品。

　　工程总承包方在平台查阅到项目招标信息后，组织构件生产单位共同制订施工计划、构件生产计划，提交含有有效电子印章的电子投标文件，在线投标。最后抽取评标专家和政府部门财务、审计专员共同组成评标专家组进行项目在线开标。

　　招标文件中包含标准的签约合同内容，业主方与施工总包方可基于此版本的草拟合同在平台上快速完成合同在线双签，宿舍标准化建造项目将被赋予唯一识别编号，按照系统既定

的编号规则，此项目建造所需的所有构件也同时被赋予唯一编号，从此开始全生命周期的管理和跟踪过程。

1.2 构件生产制造

招投标完成后，将构件生产计划推送至总承包方和生产制造单位。总承包方依据施工进度计划安排，将构件生产计划拆分为具体订单提供给生产制造单位。生产制造单位的智能生产系统（MES）按设定规则对构件生产过程中的影像图片资料进行实时采样归档。构件质量检测报告也与对应构件批次关联同步并上传至平台上。

1.3 产品建造

（1）管理模式

高校学生宿舍采用工程总承包管理模式，由工程总承包单位对项目设计、构件生产、设备采购、现场施工、竣工交付等工作内容进行一体化统筹管理，做到全过程、全专业高效协同，实现低成本、高品质、快速建造目标。

（2）施工准备

在施工前期准备阶段，总承包方按照资料归档要求，向平台提交各类手续资料、施工方案、施工场布以及施工现场工作证明等内容。资料需其他相关方审核或签批的，其他相关方均应在平台上进行在线审核和电子签章。

（3）装配化施工

项目主体施工阶段，平台主要完成对产品装配化施工的过程管理。构件进场后，施工员对其进行扫码验收，平台更新构件状态。项目现场施工人员可通过扫描构件二维码，随时获取构件安装实施指南，包括文字说明内容和视频动画交底内容。构件完成吊装后，相关方人员进行相关质量检查并拍照留档。每天吊装完毕后，总承包方相关人员确认平台采集的项目施工进度，并核对相关信息在三维模型中的挂载和展示的准确性。

（4）工序验收

项目施工完成一定工序后，施工总承包方、监理方、业主方按照约定的验收手续在平台上实时验收确认，验收后平台固化各种留档资料，与档案馆系统对接完成资料实时归档。

（5）竣工验收

项目建造过程中，各参与方均全程实时参与过程管理，平台也实现了各种信息资料的实时采集和归档。故最终项目验收过程相较于传统的竣工验收，手续更为便捷高效。项目总承包方在平台上发起项目竣工验收申请，平台按需抽取过程管理中已归档的各类过程资料供相关单位审核，相关单位进行在线签批。

1.4 维护管理

项目全过程管理痕迹及文档资料在项目验收后封版留存，授权人员能在平台上随时调阅项目资料，对建造过程进行溯源跟踪。因项目在合同签约时就被赋予唯一编码，项目建造使用的各种构件也按一定规则赋予唯一识别码。在项目质保阶段，业主方可以通过扫码方式精准定位质量问题的位置，进行质量保修。

2 工业化建造实施计划

2.1 实施步骤

因项目涉及的相关方较多、业务过程复杂，故项目建设及实施过程采取分部推进实施的方式。首先完成产品招标、生产采购、产品建造、数字交付相关产品功能，然后整合监管方、档案馆、保险方以及其他与项目建造相关单位。为确保每个阶段的建设成果，要求建设过程每个阶段遵循 PDCA（计划—执行—检查—处理）质量闭环，其实施步骤包括策划设计、技术实现、实施应用及持续优化四个环节。

2.2 建造策划

在高校宿舍项目实施的各个阶段，项目组团队都通过与客户和关键用户深入沟通，明确阶段目标和工作范围、收集用户需求，输出用户需求文档和原型设计样稿。

2.3 建造技术

根据前期策划和设计成果，严格按照软件实施成熟度模型实施软件研发过程。按软件成熟度模型要求，除了输出软件应用程序外，项目研发过程中的各种设计文档、管理文档都应及时提交并归档管理。

2.4 实施应用

按照"试点先行，样板引路"的推广模式，先选取部分项目进行示范，开展本次系统建设和实施工作。选择 3 个共性和个性共存的项目进行试点，优化系统设计和实现，完成试点后总结分享经验教训，然后再分批次有序上线其他项目和相关方。

2.5 持续优化

在项目的整体推进过程中，我们将紧紧围绕无纸化交付和多方协同的核心体验，持续收集优化建议。同时紧跟市场近似产品动态，研究学习其好的交互模式和优秀解决方案，按"立标、对标、达标、创标"的工作模式持续改善。

3 推广平台建设

为解决建筑工业化发展不理想难题，搭建标准化建造协同服务平台，为发包方提供学生宿舍产品采购一站式服务。该平台预计通过汇集相似项目的管理经验与项目数据，打通建筑产业链条，平台为建造方、生产方、监管方、档案馆等提供协同服务，数据互通共享，打造数字产业链条。搭建装配式产品采购、生产、施工及交付模式框架体系，以点带面将此模式复制推广至其他新型工业化产品。促进装配式建造行业的发展，推动产业链的协同和政府采购的规范化。

3.1 制定平台标准、发布及维护

由政府授权设计单位、生产单位成立标准化工作组，由标准化工作组制定、审核、发布及维护相关标准。平台在线提供产品标准和工作辅助标准两大类。以单栋建筑为最小产品单位，提供产品三维模型、二维图纸、BOM 清单、成本测算、装配实施指南等必要性资料及文件，其中三维模型可拆解为具体构件组成。建造全过程所有相关方进行高效协同所需的其他各类业务标准和数据交换标准，如招标文件模板、格式合同模板、归档文件目录、政府侧各类签批文件模版等。

3.2 业主方使用功能

业主方使用功能可分为项目建设前期、过程中、运维三个阶段。

（1）项目建设前期，业主方在取得政府授权后，在平台上根据规划挑选合适的"标准化宿舍"产品，引用平台提供招标文件模板自动生成招标文件，并发布招标公告。

（2）项目建设过程中，业主方可通过平台实时了解项目施工进度。平台以三维模型的方式实时反映建筑每个构件的当前状态，包括：未装配、吊装中、运输中、已生产、生产中、排产中等状态。建筑建造过程开放透明，提高沟通效率。因建造过程标准化且全程可追溯、透明化，归档资料详实，业主方与总包方可完全按照标准合同直接结算，减少事后工作量核实和内外部审计工作，提高结算效率。

（3）项目运维阶段，平台为每一栋产品、每一个构件都赋予唯一终身制编号，业主通过扫码可快速精准定位问题位置，项目总包方可快速协调适配资源进行原因排查和问题整改，让业务售后无忧。

3.3 总包方使用功能

平台主要对其施工过程的质量、安全、进度、验收等重要信息留痕，过程资料实施交付归档，建立高校宿舍标准化建造的工序标准化和交付标准化。平台为总包方提供的服务包括：在线投标、构件生产邀约、合同签约、施工方案评审、构件验收、进度反馈、工序验收、项目验收、质保维修等服务。

3.4 生产制造方使用功能

生产制造方可从平台获取标准化产品各种资料文件信息，确定自身的生产能力、生产成本及产品报价。

项目启动招标后，与总包方共同确认生产计划和交付能力，一旦项目中标即从平台获取订单。一旦订单成立，生产制造方必须按照产品标准要求进行生产，在构件的生产和运输过程中需要向平台实时提供构件的生产计划、生产过程影像、质检信息、物流状态等内容。

3.5 监管方使用功能

监管方可登录平台实时查看项目施工过程中的方案、质量、安全等重要内容，因采取标准化的装配式施工，极大地缩短了项目施工周期，故项目将按监管方要求，实时归集项目施工过程中的各种文档资料信息，方便事后复盘和追踪检查。

3.6 其他方使用功能

平台可提供高质量服务的其他相关方，包括供应商、检测机构等。对供应商而言，可以从平台获取材料供应、设备租赁、劳务服务等施工配套服务订单。对检测机构而言，快速就建造项目过程中的各种检测项目，提供第三方公正的检测计划、检测报告，为项目按照预期进度和质量目标提供保障性支撑。平台中也将持续完善服务评价机制，在吸收优秀上游资源入驻平台的同时淘汰不称职资源，实现平台自进化。

4 应用案例

高校学生宿舍工业化建造技术研究已在湖南师范大学桃花坪校区学生宿舍及教学实训建设项目工程总承包（EPC）项目应用试点，项目地点为长沙市岳麓区湖南师范大学桃花坪校区。主要的建设内容为5栋学生宿舍、1栋教学实训楼等，总建筑面积49586.65m^2，宿舍楼单体初步设计装配率不低于80%，实训楼单体初步设计装配率不低于50%。项目为湖南省装配式建筑全过程试点项目，由省住建厅主抓，我司作为总包需对项目设计、构件生产、设备采购、现场施工、竣工交付等工作内容进行一体化统筹管理，做到全过程、全专业高效协同，实现低成本、高品质、快速建造目标。项目建设过程中省住建厅、全省各高校基建处及相关行政主管部门重点关注、全程参与，目前项目已主体封顶。试点成功后，高校宿舍项目建造模式通过专属的全寿命周期集成管理平台，在全省范围内实施推广应用。

5 结语

高校学生宿舍标准化建造技术的研究，通过搭建省内标准化建造协同服务平台，将省属高校学生宿舍建设项目的报批、报建管控流程，与具体操作的技术方案实施流程进行有机整合，将传统的项目复杂烦琐的基本建设流程通过信息化与产品思维，实现高效管控，同时又通过标准化产品的技术文件，大幅度优化技术设计、审查审批、预算编制审核等工作。打造平台经济，破除"数据壁垒"，实现全产业链系统互通、数据互联。确保建筑质量的稳定和一致性，减少了人为因素对建筑质量的影响，提高了建筑的耐久性和安全性，提升居住环境的品质和舒适度。这对于高校学生宿舍来说，可以提供更好的居住条件，改善学生的生活质量和学习环境。

参考文献

［1］中华人民共和国住房和城乡建设部. 外墙用非承重纤维增强水泥板：JG/T 396—2012［S］. 北京：中国建筑工业出版社，2018.

［2］张哲. 浅析新时期土建施工现场材料管理［J］. 科技经济导刊，2016（10）：1.

［3］欧津宇. 论土建施工管理的瓶颈问题及对策［J］. 山东工业技术，2016（11）：119.

［4］毛志兵. 建筑工程新型建造方式［M］. 北京：中国建筑工业出坂社，2018.

［5］赵细. 装配式建筑的核心竞争力［J］. 城市住宅，2021，28（1）：16-18.

［6］柯布西耶. 走向新建筑［M］. 杨至德，译. 南京：江苏科学技术出版社，2014.

［7］董凌，蒋博雅. 掣肘·均衡·驱动：预制装配技术与建筑创作"个性"［J］. 新建筑，2021（5）：60-64.

基于新时期绿色节能建筑施工技术及现状研究

刘旭涛

湖南省第五工程有限公司　岳阳　414000

摘　要：近年来，国内建筑的发展呈现出势如破竹的态势，不仅在国际市场上占有一席之地，更是在技术研发这一层面打破了先进国家的封锁，获得了更多的市场自主权。工业化的开发与环境效益的提升存在着不可调和的矛盾，也就意味着：当建筑活动密度超过自然系统的承受限度时，各种各样的污染也会接踵而来，进一步危及社会环境及人类健康。因此，应当重视生产活动中带来的环境隐患，引进先进的绿色理念，引用可持续利用或绿色环保材料，降低环境污染，让节能减排事业能够真正落到实处。

关键词：绿色节能；建筑施工；技术应用；价值分析

伴随着工业化和城市化的不断加快，建筑业进入快速发展阶段。工地扬尘、成堆的建筑垃圾已经成为生态环境的重要负担。本文从绿色建筑的角度出发，分析绿色施工的基本要求和内容，提出建筑施工过程中的绿色节能施工技术的应用和方法，优化和改善目前建筑施工的技术要求。

1　分析绿色施工的基本要求

绿色施工从来都不是盲目进行的，更不是简单的技术叠加，企业要认真学习绿色建筑发展的行业标准，只有保证自身的操作符合国家指定的各项细节，才能够凸显出新时代建筑的特色与优势。另外，绿色节能建筑对质量和效率的需求同样是十分严格的，并不比普通建筑逊色，因此企业更是要做好技术与思想上的准备，要重点关注普通建筑资源浪费这一问题，在引进绿色技术的时候，降低产生负面影响的可能性。我国已经在宏观上针对绿色建筑的开发做出了一系列的叙述，要求这一领域的建设要同时兼顾到水资源开发、能源开发、土地资源开发、材料开发等多个层面。

首先，在做前期准备的时候，企业就要把绿色管理体系当做领头羊，根据土建发展的市场定位来设定节能的主线任务，而且要组建专业的绿色机构，安排专员对施工现场进行组织和协调，这样就可以为后期的过程性管理奠定坚实的基础。值得注意的是，前期施工方案的规划不能只是关注建筑本身，而是要探讨与工业化发展息息相关的环境问题，企业要认真思考，一旦遇到了突发性的环境公共卫生事件，自身应当做出何种反应，如果未来的施工有可能会给当地的历史环境带来干扰，那么文物资源又应当如何保护，如果施工带来的压力已经超过了生态系统本身的承受范围，环境负荷又应当如何调节。其次，就资源的开发与利用来讲，水资源和土地资源几乎占据了建筑工程的半壁江山，而且施工活动本身就伴随着各种废材的排放，此时，企业就更加要具备高度的循环意识和前瞻意识，注重对废旧材料的循环开发。另外，从管理的角度来看，由于绿色节能建筑的开发规模是极为可观的，所以企业内部必须要上下一心，构建更加具有逻辑性的动态管束机制，从前期的策划，中期的材料采购，后期的操作和验收等多个角度出发；在必要的情况下，企业可以征求环保专家的意见，与专业的环境测评和污染测量单位取得联系，保证自身的动态管理机制能够符合环保的相关流程。最后，尽管绿色节能建筑已经引进了更加先进的环保工艺，但在具体操作的过程中，依旧有可能给环境带来一些负面的干扰，且不说很多企业没有真正建立起绿色施工的体系，大部分单位对传统施工技术的依赖性，就不可能在短时间内有所缓解。因此，企业也要考虑到施工现场存在的光污染、大气污染、噪声污染或者是水污染。

2 绿色节能技术之于建筑行业的价值

首先，土木工程施工具有明显的复杂性特征，需要充分考虑到与项目有关的客观要素，包括施工工艺、施工设计、施工方案等多个层面。其次，土木工程施工具有流动性的特点，项目发展的规模是不断延伸的，所以具体的实践活动，也会跟随项目的调整而有所改变，这就需要施工人员结合方案做出灵活的应对。最后，土木工程施工具有危险性的特点，牵涉很多高空作业的任务，而这些操作都会受到外界环境的干扰，同时也与施工人员本身的心理素质存在直接的联系。正是因为土木工程施工十分复杂，而且伴随着一定的安全风险，所以才更需要依靠先进的技术来保证现场的稳定和可靠，节能环保技术本身就是土木工程施工的重要参考。

绿色节能技术本身就站在建筑行业发展的顶尖位置，已经完全摒弃了传统粗放施工模式存在的弊端。在这种情况下，如果企业自身发展的脚步与行业的前沿动态保持一致，那么其核心竞争格局就会得到进一步的延伸，能够更加灵活地应对建筑市场的竞争挑战，摆脱粗放经营模式的限制和束缚，真正立足于精细化管理的格局，让每一个施工环节都能够绽放出环保的光辉，实现工业效益和生态效益的双向平衡。除此之外值得注意的是，绿色节能施工技术应用的阈值是更高的，已经突破了建筑行业原本坚固的范畴，可以让企业从生态和社会等多个角度出发，寻找降低自身投资成本的可行之路，获得更加充足的发育空间。另外，从国内建筑行业的发展形势来看，尽管建筑的确附着于国民经济的脉搏之上，但这一行业的市场竞争显然日益饱和，如果企业要想在比较的过程中凸显出自身的优势，就要从绿色环保这一舆论场上寻找有利于自己的信息，由此来满足社会发展的基本需求，以推动整个行业走向生态经济双向循环的绿色格局。

3 分析我国建筑行业节能的现状

在经济要素全球化流通的引导下，国内的建筑行业的确获得了更为多元化的反哺资源，所以在实践的过程中也逐渐跨越了与发达国家之间的巨大鸿沟，加速了自身更新换代的脚步，积累了更为充足的经验和教训。也就是说，国内建筑行业的技术开发成果是值得肯定且铭记的，在未来也会不断地突破西方国家的敌对性封锁，逐步走自主研发的道路。现如今，国内的建筑节能技术体系已经有了相对完整的雏形，能够进一步提高行业的门槛，让绿色环保的施工行为变得更加合理化，以缓解资源过度浪费的现象。另外，国家也在宏观上做出了一定的示范和引导，通过法律法规来稳定市场这一杠杆，越来越多的企业都开始关注以往没被重视过的节能问题，甚至在前期也会主动投入资金和人力，更为包容地去看待绿色节能技术的应用。

然而值得注意的是，绿色节能目标的实现直到近几年来才获得了足够的关注，但粗放型开发模式在建筑行业中的应用年代已经十分久远，所以绿色节能施工技术的应用也必然会遇到难以想象的阻碍和困难，需要经历较长的潜伏周期，而且还要应对市场技术更新换代带来的挑战。也就是说，绿色节能施工技术的应用本身就不是短线投资，最终的效果也不会在短期就显现出来，如果建筑企业在前期没有稳定自己的阵脚，反而盲目地去追求暂时的经济利益，那么绿色节能技术的应用也会陷入形式主义的死循环。另外，一些企业在设计施工图纸的时候，也没有遵照环保的相关要求，甚至会通过一些不正当的手段去投标竞标，尽管在表面上的确突出了节能的理念，但绿色环保的机制，在实际操作中的可执行力却十分有限。与此同时，绿色环保施工不仅意味着技术的升级，更是牵涉材料的重新投放，企业至少要对外墙施工、屋内施工、楼梯施工、门窗施工等环节进行全方位的材料置换，如果企业自身的经济实力有限，以上这些工作也不可能顺利完成。

4 分析绿色节能施工技术的应用内容

4.1 采暖技术

采暖技术的应用几乎已经成为北方城市建设的传统，但在很长一段时间内，这项技术都是依靠热水开发和地暖集中这两个渠道来发挥作用的，资源消耗量自然是不容小觑的，原有的水生环境也就此遭到破坏，并且，这些已经被开发的水资源在供暖完毕之后几乎不会被循环利用。在这种情况下，循环水泵就可以弥补传统建筑在采暖上的欠缺，施工单位可以在现场划分出专门的蓄水区域，搭建循环水池，灵活地收集施工现场产生的废水，或者是排水沟的污水，让沉淀水能够再次发挥出应有的功效。

4.2 门窗节能技术

门窗作为现代建筑呼吸的窗口，其自身展现出来的节能价值直接决定着绿色建筑本身的环保属性。具体来讲，在安装建筑外部门窗的时候，由于这一装置影响的是建筑内部的通风环境，所以施工人员要把重点集中在密封操作上，选择合理的试剂，让门窗和墙壁能够严丝合缝地嵌套在一起，避免出现冠风或者是其他的漏气问题。与此同时，门窗本身的材质也会影响建筑内部的光照和温度，施工人员要参照建筑物本身的朝向，结合外部门窗的位置和角度，尽可能地选择一些智能玻璃，调整外界光线的透射率，在条件允许的情况下，还可以使用一些高角度玻璃。对于北方城市来讲，由于建筑施工对保暖性的要求十分严格，所以施工人员也可以选择一些透射率较高的玻璃材质，这样不仅可以缓解暖气系统的运营压力，同时也能够让居民有更加舒适的居住环境。对于南方城市来讲，建筑物的避光需求是更加突出的，此时就可以适当降低玻璃的透射率。

4.3 采光技术的应用

从上文的叙述中可以看出，绿色建筑对自然资源的依赖性显然是更加突出的，特别是就光照来讲，更是凸显出了采光技术在市场上的价值。目前，采光的调整主要是依靠玻璃来完成的，市面上的节能玻璃类型是多种多样的，具有调节温度和调节光辐射的功能，不同类型的玻璃都具有自身鲜明的特质。在这其中，中空玻璃就是建筑市场销售的宠儿，如图 1 所示。中空玻璃能够兼顾两块位置同等的玻璃，紧密地嵌合到建筑物的墙体内，并在两层玻璃之间形成特定的气体腔，腔内就是流动有限的气体，气体本身的厚度能够发挥出调节温度的效果，具有良好的隔热性能。除此之外值得注意的是，相对于其他类型的玻璃来讲，中空玻璃的传热系数是明显更低的，所以可以在满足采光需求的同时，避免光照增加带来的温度上升问题。

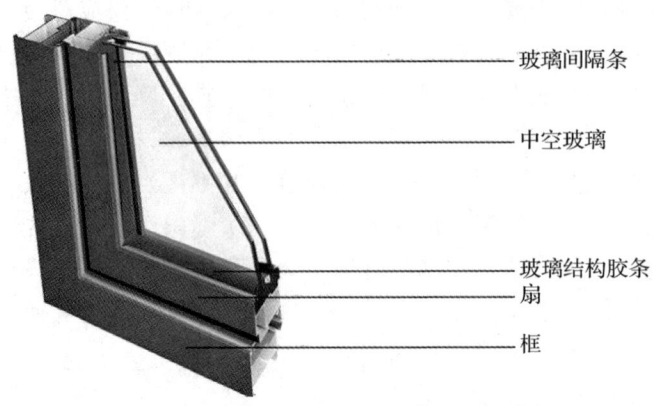

图 1　中空玻璃结构示意图

4.4　保温节能技术

保温节能技术在建筑行业中的应用历史是极为悠久的，已经在实践的过程中不断变换了自身的形式，主要集中体现在建筑墙体的开发与设计上。在大多数情况下，墙体保温层都紧贴着建筑结构，有内外侧之分。从内侧的设计来看，尽管保温技术的应用并不需要经历一些复杂的流程，但具体取得的效果却与外侧相距甚远。也就是说，施工单位要尽可能优先考虑墙体的外侧保温，为房屋的内部使用保留更多的空间和余地。在这里，施工人员要着重注意外侧保温中可能出现的脱皮或者是渗漏现象，及时地采取有效的粘贴或者是修补措施。如果运用在外墙体上的保温材料有类型上的区别，那么施工人员也要根据材料的特定属性，选择与之相对应的开发工艺，例如，企业可以把火山灰或者是膨胀珍珠岩这些保暖性极强的材料混合到一起，再结合建筑水泥以及混凝土，打造更为坚固的保温砂浆。除此之外值得注意的是，太阳能开发也是保温技术的鲜明代表，几乎是这一行业发展的领头羊，对于一些楼层不高的建筑来讲，施工单位可以直接在房顶安装太阳能系统，创造更多热能和电能开发的可能性，维持建筑室内供暖设备的正常运转。在这里，太阳能开发可以置换传统的电力资源以及燃煤资源。

4.5　可再生资源的开发

纵观现代建筑的发展史，不可再生资源的使用几乎伴随着施工的全过程，这其中，化石燃料和电力能源的市场占有率无疑是最为突出的，尽管传统资源不能被完全置换，但依旧可以与新的能源进行相互配合，新能源的开发也已经深入贯彻到社会发展的不同领域。太阳能资源的开发，能够减少化石燃料的消耗，同时也能够保证土木工程不会产生额外的污染。除此之外，建设单位还要加大对节能环保材料的开发力度，例如，在制作混凝土的时候，施工人员就可以选择粉煤灰，这种材料不仅成本较低，而且环境污染相对较小，能够尽可能避免给周边生态带来不必要的破坏。同时，建设单位应当针对环保材料的应用构建起完善的管理机制，要贯彻节能环保的基本理念，保证各个部门的工作都能够有法可依。在这里，建设单位要加大对部门人员的培训力度，针对不同部门的职责和权限做出清晰的划分，约束操作人员的思想和言行。

4.6　环保管理的现场落实

上文中已经强调，土木工程施工与外界的联系是尤为紧密的，要想保证绿色施工技术能够贯穿项目发展的全过程，在正式开始操作之前，就要先明确绿色施工方案的奠基作用，充分考虑好施工流程的各种细节性问题,把控现场的安全进度,更是要根据行业的标准和社会的期待,优化工程施工的细节性问题,提高绿色环保技术的占比。以上这些尚且不够,绿色环保技术不能只是体现在前期的施工方案中,更是要与施工现场交叉渗透到一起。例如,土木工程的现场操作都是以材料的混合与搅拌为主的,这一过程就有可能产生大量的灰尘,此时,施工单位就要配合特定的绿色技术。具体来讲,技探部门要结合行业内的环保理念,先对施工的划归场地做好细致的勘察,分析最为基础的地质环境,为后期的实践做好充分的准备工作。另外,施工人员要树立高强度的绿色环保理念,积极主动地保护资源,确保施工操作能够与周围环境相协调。

5 结语

绿色节能建筑在国际市场上的发展差距是极为明显的,国内的建筑企业应当有十足的紧迫感和使命感,要认识到这是一项任重且道远的工作,保持足够的耐心和热情,要有做好长线投资的准备。本文通过采暖节能、门窗节能、保温节能、可再生资源开发等角度,论述了绿色施工技术应用的途径,具有理论上的合理性与实践上的可行性。

参考文献

[1] 乔茂功. 新时期绿色节能建筑施工技术及现状研究 [J]. 现代物业:中旬刊,2021 (6):166-167.
[2] 杨阳. 新时期绿色节能建筑施工技术及现状研究 [J]. 房地产世界,2021 (13):3.
[3] 朱嘉亮. 新时期绿色节能建筑施工技术研究 [J]. 精品,2021 (8):133.
[4] 王多宣,刘刚,杜国文,等. 新时期绿色节能建筑施工技术研究 [J]. 建材与装饰,2021,17 (1):2.
[5] 张萌. 新时期绿色节能建筑施工技术研究 [J]. 城镇建设,2021 (2):82.

浅谈 BIM+EMPC 智慧建造管控平台在装配式高校宿舍的研究与应用

邓潇毅

湖南省第五工程有限公司　株洲　412000

摘　要：近年来，随着国家大力发展装配式建筑要求及政策落地，标准规范也逐步完善，我国装配式建筑项目如雨后春笋般破土而出。装配式建筑进一步推动建筑业工厂化、信息化、数字化、智能化的高质量发展。如今，EPC、EMPC 设计、生产、施工全过程一体化工程总承包项目管理模式成为发展趋势，但装配式建筑在各个阶段的质量监管及溯源体系还不够完善，经常因为发现质量问题不及时，纠偏措施不到位而引发纠纷。为此，我们尝试应用 BIM+EMPC 智慧建造管理平台解决高装配率项目存在的问题。本文以装配式高校宿舍项目为案例，浅谈 BIM+EMPC 智能建造管理平台在装配式建筑各阶段的应用及成效。

关键词：BIM+EMPC；高装配率高校宿舍；质量追溯

装配式建筑已是大势所趋，国家政府鼓励节能环保的政策向导将推动装配式建筑产业迅猛发展。当前，高排放、高风险、低效率、低品质的传统建造模式已经不能适应新格局的发展需求，特别是在对质安管控高标准、生产效率高要求、建设品质高期待的大背景下，实现建筑业的可持续和高质量发展，必须推动建造方式的源头变革，在生产过程中进行智慧赋能。

对于高校宿舍而言装配式施工尤为适配，通过模块化设计、标准化生产、精细化施工不仅能够缩短工期、降低劳动力成本、减少现场施工作业，达到环保节能目标，还能利用 BIM 技术、物联网、EMPC 平台、人工智能、数字孪生等技术手段来提升建筑品质，实现为项目降本增效，促进行业数字化、智能化、信息化高质量发展的美好愿景。但目前装配式建筑质量通病的防治措施及相关标准规范还不够成体系，导致在设计、生产、施工过程中存在一些问题，需要协调各方记录和核查数据，进行工序追踪溯源，增加了项目成本。所以，对于现阶段如何做好装配式建筑的质量监管与溯源工作尤为重要。

1　工程概况

湖南师范大学桃花坪校区学生宿舍及教学实训建设项目位于长沙市岳麓区湖南师范大学桃花坪校区内西南角，西侧紧邻二环线，南邻城市规划道路枇杷塘路，东侧为食堂和文体活动中心，北侧为已建学生公寓。本项目包含 5 栋学生宿舍、1 栋教学实训楼、地下室及门卫、垃圾站及附属工程。用地面积为 19799.74m²，总建筑面积为 49586.65m²。预制构件类型有叠合梁、普通叠合楼板、保温叠合楼板、预制柱、预制外墙、预制电梯井、预制楼梯、预制沉箱共 8 类构件，共计方量 5962.75m³。本项目是湖南省首个全过程标准化装配式高校宿舍示范项目，质量要求高，工期紧张，具有示范推广的意义。

2　项目各个阶段质量控制重难点

（1）装配式设计不合理、缺乏针对性，将导致生产及施工过程中出现诸多问题，比如外墙板拼缝较大、卫生间沉箱未预埋防漏宝、阳台叠合板止水节高度设计不合理、未考虑创优需求等。

（2）设计变更沟通不畅，导致生产、施工信息误差，影响施工进度。

（3）构件生产过程中隐蔽检查、构件成品检查监管不到位，构件质量不达标，影响现场施工质量及进度要求。

（4）构件运输过程中，由于构件摆放方式、堆叠层数不当，造成构件缺棱掉角。装车顺序与安装顺序不对应，导致无法按照吊装顺序进行施工。运次管理不当，构件发错或者漏发时常发生。

（5）装配式施工阶段构件外观质量不佳、套筒灌浆饱满度、构件安装精度、节点连接、抗裂防渗质量监管、技术处理措施不到位，等等。

3 湖南BIM+EMPC智慧建造管控平台研究与应用

本项目尝试应用EMPC平台对装配式混凝土构件进行全过程质量监管及问题溯源，实现项目各方高效协同信息化管理、形成标准化数据资产。同时在施工过程中提升管理力度，培养管理人员及作业人员质量意识，开展多层次全专业培训工作。

3.1 平台总体介绍

湖南BIM+EMPC智慧建造管控平台（以下简称EMPC平台）分为企业级和项目级，主要应用于装配式建筑混凝土结构EMPC项目全流程综合管理及项目全生命周期数字建造。通过BIM技术与EMPC（项目级）智慧建造管控平台相结合，并赋予装配式深化设计单位、生产单位、施工单位、咨询单位（监理、代建）、建设单位各自不同权限，对项目进行管控与数据记录，最终达到项目各阶段参与方对装配式混凝土构件进行质量监管与溯源（图1）。

图1 EMPC云平台界面

3.2 平台各阶段性应用与研究

（1）设计阶段

本项目设计阶段，主要是对施工图设计和装配式深化设计两个阶段进行研究应用。施工图设计阶段进行BIM各专业模型搭建，通过BIM设计图审后上传至平台，各方可通过平台下载设计成果，对发现的问题及优化建议可及时进行沟通，进而优化设计图纸及模型。

深化设计阶段，设计单位基于BIM装配式建筑智能化设计软件（PKPM-PC）生成构件拆分模型，导出深化设计图纸。通过内部MES系统生成BOM清单导入，完成图纸下发。确保每个构件都有唯一编号,确定混凝土强度、构件尺寸等信息后,将模型上传至平台并形成 BIM 构件库,为后续生产和施工数据录入打下基础。

对于深化设计变更部分,通过平台共享至生产施工等单位,各方及时进行审核审批并做出调整,提升工作效率。深化设计成果分阶段、分部位在平台上进行共享交流,避免出现"信息孤岛"现象。设计阶段以全面的数字化设计,打通工程项目全流程信息化管理,联动产业数据,全装配式部品部件集成式供给,做到设计阶段数据可查、可控(图2)。

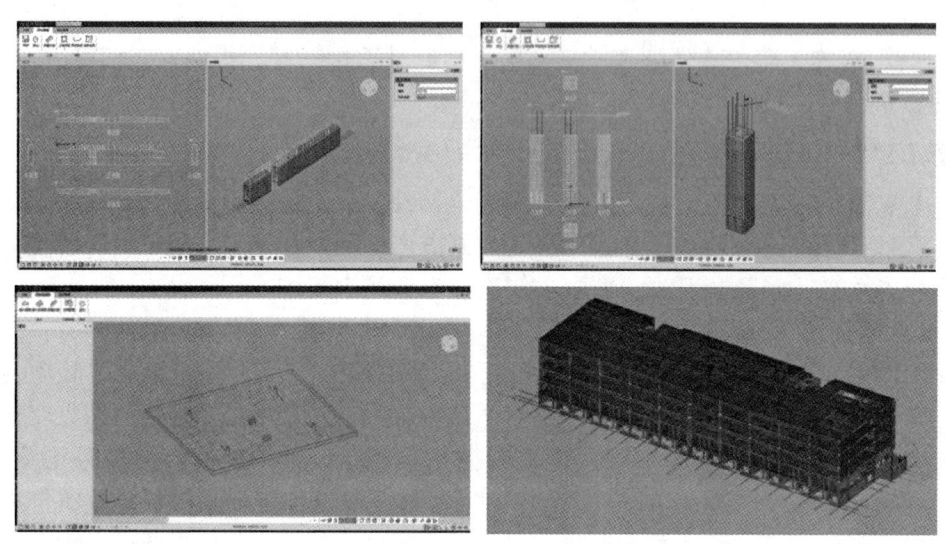

图 2　EMPC 平台共享交流界面

(2)生产阶段

EMPC 平台在构件生产及运输阶段主要是对构件隐蔽检查、成品检查、出厂检查、运次管理进行质量管控。确保构件在工厂内的尺寸误差、钢筋预埋、混凝土强度、原材料等满足混凝土结构工程施工质量验收规范。

构件隐蔽验收主要检查在各类构件浇筑混凝土前钢筋外观质量、钢筋连接方式、钢筋加工尺寸及几何形状是否满足设计要求,加工偏差是否符合施工规范要求,绑扎牢固、无变形,连接筋外露长度符合设计要求。预埋吊钉、预埋线盒尺寸位置是否满足图纸规范及符合设计要求,预埋套筒中心线位置是否正确。对于以上内容,工厂技术人员需对构件进行逐个排查,填写验收记录表及影像资料并上传至 EMPC 平台,完成厂内隐蔽检查后方可浇筑混凝土。本项目在首批构件进场前,组织了甲方、代建、监理等相关人员进行监督、考察,并参与工厂试拼装验收工作。确保构件生产、安装工艺及质量满足要求,为项目后续吊装工作提供便利。

构件成品检查也是质量管理中至关重要的环节。工厂内浇筑完混凝土后进行蒸汽养护,当构件混凝土强度达到 15MPa 后进行拆模起吊。工厂技术人员需对半成品、成品进行全数检验,将检验合格记录表及影像资料上传至平台,预制构件外观质量不应有一般缺陷,对于不合格的构件应及时修复,完成后方可入库。构件达到安装条件后,通过 EMPC 平台进行运次管理,将构件出库单、出厂合格证、运输路线、抵达时间等相关信息录入平台进行记录。施工方可以通过平台查阅构件出厂信息,提前进行施工部署,提高施工效率,加强风险防控能力,运用智能化、信息化手段降低项目管理成本。

(3) 施工阶段

预制构件进场后,项目监理、建设单位及施工方质量员、材料员等一同进行进场验收,清点构件数量,检查构件外观质量、尺寸偏差、钢筋预埋位置偏差及伸出构件长度是否满足设计要求,及时将验收结果和验收影像资料上传至平台(表1)。对不合格的构件进行调整或返厂处理,同时运用 EMPC 平台对构件进行质量问题追溯,查明是哪个环节出现了问题,保证下一批次同类型构件不出现类似的缺陷,为项目装配式施工进度及质量提供保障。

表1 预制构件尺寸的允许偏差及检验方法

项目		允许偏差(mm)	检验方法
长度	楼板、梁、柱、桁架 <12m	±5	尺量
	楼板、梁、柱、桁架 ≥12m 且 <18m	±10	
	楼板、梁、柱、桁架 ≥18m	±20	
	墙板	±4	
宽度、高(厚)度	楼板、梁、柱、桁架	±5	尺量一端及中部取其中偏差绝对值较大处
	墙板	±4	
表面平整度	楼板、梁、柱、墙板内表面	5	2m 靠尺和塞尺量测
	墙板外表面	3	

本项目在构件吊装、竖向构件套筒灌浆、水平构件浇筑混凝土前的隐蔽验收环节均应用 EMPC 平台进行信息化质量管控,将质量检查记录、实测实量记录、过程影像资料录入信息平台,并按照各栋号每层作为一个检验批进行验收管理,采取分层验收既能为主体验收奠定基础,也能为后期快速结算创造条件(图3)。我们还将尝试将首层及具有代表性的施工段试拼装验收采取线上报审报批,相较于常规验收流程,节约了时间、人力、物力成本。

图3 湖南 BIM+EMPC 智慧建造管控平台界面

4 效益分析

社会效益:装配式快速建造提高了建筑效率和质量,缩短了建设周期,为社会提供了更多的优质建筑产品。引入 EMPC 平台信息化、可视化、追溯管理使得装配式项目监管更加科学、高效,推动了装配式建筑高质量发展。

经济效益：应用EMPC平台对项目进行智慧监管、质量追溯，避免了诸多经济纠纷与质量缺陷等问题，减少修补整改费用，节约了工期成本。

环境效益：装配式快速建造减少了现场湿作业和废弃物排放，降低了能源消耗和环境污染。同时，通过平台环境监测功能实时监测预警扬尘及噪声等环境污染问题，促使项目及时整改到位，保证现场安全文明施工。

5 结语

现阶段装配式建筑是发展趋势，那么建立EMPC平台也将成为主流工程管理模式。在此模式下如何进行高效质量把控，必然离不开信息化、数智化的手段。要掌握装配式各阶段、各工艺、各环节的控制要点，精准施策，对装配式全过程进行质量溯源并及时总结调整，形成标准化体系建设，最终为项目创造效益，为企业树立标杆，为行业发展添砖加瓦。

参考文献

[1] 中华人民共和国住房和城乡建设部. 混凝土结构工程施工质量验收规范：GB 50204—2015 [S]. 北京：中国建筑工业出版社，2015.

探讨建筑工程中绿色施工技术的应用

唐 杰

湖南省第五工程有限公司　株洲　412000

摘　要：伴随着社会经济的飞速发展，中国建设正在迎来史无前例的活力和机遇。此外，为了满足人们对建筑的需求，建筑技术也在不断变化、不断创新。随着我国经济建设和社会的进步，人们对生活质量要求越来越高。但是在快速城市化进程中也出现了一些问题，如城市人口激增、资源短缺、环境污染等，这些都与我们所追求的"可持续发展"理念不符。因此，怎样实现人类文明与生态环境协调发展成为当今世界共同关注的焦点。作为一种新型的现代化生产方式——绿色施工应运而生，它以保护自然环境、节约能源、减少污染为主要目标，通过科学管理手段最大限度地利用各种资源来提高劳动生产效率，降低能耗及成本，从而达到改善工作条件、提升企业形象以及促进行业健康有序发展的目的。随着人们对环境保护的日益重视，对于实现可持续性，建筑不但要满足当代人的美学追求，更要充分考虑绿色建筑技术的应用，如使用高强度混凝土、高强度钢筋、Low-E 镀膜中空玻璃、箱式板房、BIM 技术等新材料、新工艺、新技术。本文将深入探讨绿色建筑和绿色施工技术的重要性，并结合以上 5 项新材料、新工艺、新技术的实践应用经验，提出绿色施工技术的关键要点，为建筑行业的绿色发展提供有效可行的指导。

关键词：建筑工程；绿色施工技术

1　绿色施工技术概述

1.1　绿色施工技术的含义

绿色施工技术指的是通过实行"清洁生产"和"尽量减少材料"的方案，最大限度地减少物资和能源的耗费，从而促进经济社会的可持续性，特别是建筑业的可持续发展。它不仅可以节约资源，还能尽量减少对自然环境的污染，从而促进绿色建筑的可持续性。随着全球对环境保护的日益重视，特别是可持续发展战略的推进，绿色施工技术的开发变得越来越重要，它不仅反映了环境保护观念中的绿色建筑原则，更是现代建筑可持续发展的关键。绿色施工技术具备节约、高效、保护环境的特点，可以有效地促进自然资源的有效利用，营造出一种健康、自然的生活氛围，从而达到建筑设计项目的最大效益，也是当前建筑设计项目可持续性的关键内容之一。

1.2　绿色施工技术的特点

绿色施工旨在充分利用资源，如光能、风能等，尽可能减少对资源的耗费和环境的污染，同时确保建筑工程的安全。为此，通过科学的管理方法和领先的科技，做到环保、节材、节水、节地的目标，以取得绿色施工的最佳效果。

1.2.1　节能

采用可行的技术、经济的方法，环境友好的管理模式，有效地减少能源消耗，减少污染物排放，从生产到消费各个环节严格控制废物排放；采用高效率的能源使用，减少能源消耗和损失；选择性能优良、节能高效的建筑设备，优化施工方法，进一步提高能量的利用效率。

1.2.2 节约水资源

采取有效的节约用水政策措施，充分利用非传统水源，如循环水、雨水、湖水等，以尽量减少对自然资源的耗费，促进自然资源的发展。

1.2.3 节约材料

建筑设计应简洁明了，尽量减少不必要的装饰元素；对建筑物、拆除旧建筑物以及现场施工清理形成的固定废弃物实行分级处置；采用可再生原料，进一步提高建材的使用率，尽量减少物料的浪费和损耗。

1.2.4 节约用地

在施工时，必须控制施工场地的有效控制，以进一步提高施工空间的使用率，同时也要注意节省土地，不得破坏文物、天然水系、湿地、基本农田、林木等资源，以确保施工的可持续性。

1.2.5 环境保护

采取有效控制施工过程中可能造成的空气、土壤、噪声、水质和光照污染，以确保环境的健康与可持续发展。污染物的排放会对周围环境造成严重的影响，因此，我们应该采取措施减少施工过程中产生的噪声，并且尽量减少建筑材料在堆放、运输和清理过程中所带来的灰尘和垃圾。

2 建筑工程中的绿色施工技术分析

2.1 土地资源保护

在绿色施工中，应当全面充分考虑施工对地表自然环境的危害，并采取有效措施来保护水质。针对暴露的土地，工作人员应尽快采取措施，如用碎石材料遮盖或在其中栽种某些生长发育快的草种，以确保土地的持续健康发展。为了尽量减少绿化施工中的水土流失问题，应合理设置地表排水，并采取有效措施稳定土坡位，以最大限度地减小水土流失。此外，在绿色施工工地化粪池和沉淀池溢出或泄漏的情况下，应派专业人员快速治理，及时清除池中的沉淀物，确保沉积物不会响环境。为了维护建筑工程施工现场的资源，应当由具有相应资质的单位实行有效的废弃物回收，以减少对土壤的污染。

2.2 噪声与振动污染控制

为了实现绿色施工，我们必须严格遵守有关施工噪声排放的规定，并采取有效措施来控制噪声。这样，我们才能避免对周围居民和工人造成影响。首先，我们应该执行国家规定的噪声测量方法，并对施工现场进行全面监控，以确保施工噪声在合理范围内。为了保护环境，在绿色施工中应尽量采用低振动和低噪声的设备，采取有效的隔声措施，以减少建筑施工过程中的噪声污染。

2.3 减少施工污染，控制废气排放及扬尘

大气污染和环境质量下降的主要原因是废气排放和扬尘污染。因此，必须采取有效措施来控制施工过程中的废气排放和扬尘污染。绿色施工的目标之一是减少污染，废气排放也是绿色施工的污染源之一。因此，废气排放应得到有效控制。为了有效控制绿色施工中的污染，应当建立完善的喷头清洗系统，配备全面的喷头设备，并且安排专业的人员进行操作。此外，施工车辆、设备、尾气排出等大型设备也应采取及时、可行的措施，以尽量减少尾气

排放，例如选择清洁燃料、使用有效的燃料添加剂或配备废气净化装置，以保证施工现场汽车和设备的运行，从而达到尽量减少尾气排放的目的。尽量减少尾气排放，控制施工现场粉尘污染，是保护环境质量的关键措施之一。首先，施工过程中应实行严格的密闭保护措施，以保证运送物资不会泄漏，同时保持交通工具的清洁。其次，施工现场应设置洗车池，以防止运输作业造成环境污染。再次，在土方施工作业中，应采用遮盖或现场洒水的方式，控制扬尘环境污染。在绿化施工地区，为了保证建筑施工质量，扬尘标高应严格控制在1.5m以内，禁止任何形式的粉尘扩散。最后，针对容易形成灰尘积聚的建筑材料，应采取有效的覆盖措施，而且在储存时，应特别注意，必要时应进行合理的封闭处理。运送建筑垃圾时可能会形成灰尘，因此必须采用除尘措施，例如洒水处理。

2.4 水污染及光污染控制

建筑工程是一项极具挑战性的任务，它需要大量的水资源来支撑。因此，施工过程中产生的污染物必须严格按照国家废水排放标准和要求实行管理控制，并采取相应的治理措施，以确保环境质量。为此，施工单位应选择具有相关资格的检验机构对污染物释放技术指标实施检验，并出具水污染监测报表，从而更好地掌握污染物释放的情况。为了保障施工现场的土壤资源管理，应采取保护措施，如边坡支护等技术，以减少光污染的影响。夜间室外作业时，施工人员应特别注意照明设备的安全，以免光污染的发生。此外，焊接作业也是光污染的主要来源，因此应采取有效措施，如阻断电弧，避免弧光泄漏污染，以确保施工安全和环境友好。

3 绿色施工技术在建筑工程中的应用

3.1 高性能混凝土

高性能混凝土（HPC）既能满足混凝土高强度等级的要求，又能满足现代先进施工技术和泵送性能的要求。

3.1.1 配合比设计优化

高性能混凝土的比例是高性能混凝土的重要组成部分，必须严格控制。为了确保施工质量，必须进行全面的测试。根据过去的施工经验，由于施工区域地面材料的差异，HPC的比例可能会有很大的变化。因此有必要通过各种水泥、石材与外加剂的混合试验来确定最佳配合比，配合比试验高达几十组甚至上百组。在施工过程中，还应根据实际工程情况进行调整，以适应现场施工。根据砂石级配的细度模数，精确调整砂量，结合混凝土测量结果，合理调整水灰比和水泥用量，并结合项目现场气候和实际情况，灵活调整各项参数，以达到最佳效果。同时，还要解决高强度与坍落度的矛盾。

3.1.2 原材料选择及检验

（1）水泥：水泥应选择具有较高活性（不低于55MPa）且需水量较少的品种，并且其标准必须符合试验要求。

（2）添加剂：必须选择与混凝土性能相适应的外加剂，工程施工前必须进行多次试验，确保合格。

（3）细骨料：选择河砂，不使用海砂，细度模数控制在2.4~3.1，泥的含量不得超过1%，其他性能必须满足国家和地方相关的标准。

（4）粗骨料：石头是粗骨料混凝土的关键组分，其对混凝土强度的影响是巨大的，必须选择质地良好的粒料，确保破碎指数小于10%，最大粒径小于或等于20mm，最小粒径大于或等于5mm，泥含量控制在0.5%以内。

（5）用水：按《混凝土用水标准》（JGJ 63—2006）选用。

3.1.3 分析

（1）一般来说，提高混凝土强度可以节省混凝土的用量，如从C30～C60，受压构件一般可以节省混凝土用量的35%左右；受弯构件的混凝土节省可达15%左右。

（2）虽然高性能混凝土的造价比普通混凝土高，但由于它节省了混凝土的用量，在减轻结构重量的同时也节省了钢材的用量。

（3）由于高性能混凝土的密度性能较好，可以有效保护钢筋不受侵蚀，提高混凝土使用寿命，增加经济效益。

以某房地产项目为例，该项目建筑面积较大，大部分支柱截面积较大，采取高性能混凝土后，地下室多出很大空间，为后续的施工带来了方便，也扩大了建筑面积，为业主带来了巨大的经济效益。

3.2 高强度钢筋

随着我国经济的发展，低等级钢筋施工的使用已经不再适用。为了应对这一情况，武汉市某房地产项目一期已经取消了使用低等级钢筋施工的做法，全部采用HRB400新三级钢。这表明，建筑行业正在努力推广高等级钢筋施工，以满足经济发展的需求。高强度钢筋施工具有显著的优势：在相同直径下，其硬度可以提高20%；此外，通过提高钢筋混凝土的硬度，可以减少钢筋混凝土的截面面积，减少配筋率，节省原料，可以显著减少土建施工中钢筋的用量，进而为业主方节约成本。经过计算，使用HRB400新三级钢比使用HRB335二级钢节省约18%的钢筋混凝土消耗量。该工程项目使用三级钢后，取得了良好的经济和社会效益，同时为今后施工积累了经验，提供了参考依据。

3.3 Low-E镀膜中空玻璃

根据相关研究数据，建筑能耗占全社会总能耗的比例越来越高，特别是在发达国家，高达40%左右。与此同时，随着我国的快速发展，这一比例也已接近30%。对建筑能耗的影响通常包括四个方面：门窗、外墙、地板和屋顶。其中，由于材料和厚度，门窗的保温性能最差，是建筑保温中最薄弱的环节，冬季通过玻璃造成的热损失约占总损失的40%；而夏季30%的空调负荷来自窗户和阳光直射。因此，采用Low-E镀膜中空玻璃非常必要。Low-E镀膜中空玻璃是一种很好的节能材料，阳光更容易穿透，能在冬季保持室内温度，且室内舒适度较好，夏季能阻挡大量的紫外线，减少伤害。以深圳某项目为例，其夏季时间长，气温高，空调使用频率高，因此窗户造成的能耗比较高，电能资源浪费严重。项目部工程技术人员考虑到施工过程中的节能减排，经过与业主的沟通和积极建议，最终选择Low-E镀膜中空玻璃作为窗户材料。

3.4 箱式板房

箱式板房龙骨采用钢结构焊接而成，四周安装密闭板符合国家消防验收要求，所有管道均配置齐全，可整体吊装，具有安装方便、经久耐用等特点。施工现场采用集装箱式车间生产，安装效率高，运输方便。现场箱式板房的安装可以减少时间和人力的投入。

3.5 BIM技术应用

BIM技术可以将基础设施的物理性质和功用特性以数字形式表示出来，为建筑的整体生命周期带来可靠的数据支撑，可以帮助管理者更好地管理和控制基础设施的使用。BIM技术可以在项目的各个阶段使用，获取、发布和修正信息，以支撑和反馈给各个部门使用。

在项目施工过程中引进 BIM 技术来展现项目进度、成本、业务资料、图纸和数据，改变资源配置和施工组织安排，提高项目管理水平和工作效率。项目总承包单位可以配合业主建立项目运营管理系统，利用 BIM 技术，满足项目进度、成本、质量安全方面的目标。

绿色施工技术是当前建筑行业最重要的技术之一，建筑单位在施工时应加以重视，保护环境，节约成本，实现共赢。

4 结语

绿色施工是我国建筑企业可继续发展的主要手段，因此，应当积极推广绿色施工，采用领先的技术，不断改进施工方法，有效控制施工过程中的尾气排放量、扬尘危害、噪声、光环境污染等，进而降低施工成本，为公司带来更多的经济和社会效益。

参考文献

[1] 俱军鹏. 建筑工程绿色施工技术的应用探索 [J]. 门窗，2017（8）：136.
[2] 陈华，柴千飞，杨正勇，等. 航运科研大厦绿色施工技术应用与管理 [J]. 建筑施工，2016，33（10）：938-940.
[3] 程肖琼. 建筑工程实施绿色施工技术探讨 [J]. 安徽建筑，2015（3）：171-172.
[4] 魏邦海. 绿色施工技术在民用建筑施工中的运用 [J]. 科技创新导报，2017（6）：42.
[5] 肖绪文，冯大阔. 建筑工程绿色施工现状分析及推进建议 [J]. 施工技术，2015，42（1）：12-15.
[6] 俞频. 建筑工程施工绿色施工技术应用研究 [J] 经营管理者，2016（8）：314.
[7] 王雄星. 民用建筑工程的绿色施工技术探讨 [J]. 门窗，2017（2）：125-126.
[8] 文晓兵. 浅谈建筑工程施工绿色施工技术应用 [J]. 中华民居（下旬刊），2017（6）：321-322.
[9] 安蕾. 建筑工程绿色施工技术应用 [J]. 江西建材，2015（17）：55.
[10] 裘煜. 建筑工程绿色施工技术实例分析 [J]. 建筑安全，2017（7）：67-70.

医院的直线加速器机房超厚混凝土施工管理与关键技术

张云峰　吕林红

湖南省第五工程有限公司　株洲　412000

摘　要：本文结合工程实例，系统地阐述了防辐射大体积混凝土施工过程中的管理与关键技术，针对施工过程中的重难点，如高大支模、大体积混凝土裂缝控制等，提出了科学的施工管理措施，重点强调大体积混凝土的测温养护管理，以减少施工裂缝的产生，保证防辐射大体积混凝土的施工质量，可为类似工程项目提供经验参考与借鉴。

关键字：直线加速器机房；施工管理；施工技术；大体积混凝土；裂缝控制；辐射防护

医用直线加速器广泛应用于各类肿瘤的放射治疗，其显著特点在于其快速而精确的定位能力，能够精确计算放疗剂量并确定照射野的形状，具有治疗的高效性，保障患者生命安全的特性。在现代肿瘤治疗中，医用直线加速器发挥着至关重要的作用，特别是在早期肿瘤和复发肿瘤的治疗中，其优势尤为显著。

随着医疗科技的持续进步，医用直线加速器的技术水平将不断提升，然而需要注意的是，医用直线加速器产生的电子辐射射线可能对环境造成破坏并影响人体健康。传统的铅板虽然具有良好的耐久性和防辐射性能，但其成本较高，经济性较差。

为解决这一问题，通过加大混凝土的厚度和密度来提高对射线的屏蔽能力的方案是一个不错的选择。然而，该方案也面临一定的挑战，如大体积混凝土施工难度大，易产生温差裂缝等。因此，对施工技术及施工管理的要求也相应提高。

1　工程概况

湖南省肿瘤医院肿瘤防治综合楼建设项目位于长沙市岳麓区，总建筑面积为108707.32m²，其中地上建筑面积58391.92m²，地下建筑面积50315.40m²，建筑总高度为59.3m，建筑地上14层，地下5层，设计床位数495床。15个直线加速器机房位于地下负5层至负2层，采用双层叠加布置（图1），其中-5层、-4层为一层，-3层、-2层为一层，机房墙、板最大厚度达3.12m，混凝土强度等级为C35，密度为2350kg/m³。

图1　双层叠加直线加速器机房示意图

2 施工重难点

2.1 高大支模

楼板及顶板厚度为1700~3120mm，顶板钢筋混凝土自重分别达42.5~78.00kN/m²，根据《危险性较大的分部分项工程安全管理办法》，施工总荷载超出15kN/m²，模板支撑属于超出一定规模的危险性较大的分项工程。模板支撑系统的设计、施工需重点控制，确保安全。

2.2 大体积混凝土裂缝控制

由于直线加速器墙板属于大体积混凝土，超厚大体积混凝土水泥凝结过程中将产生大量水化热，做好裂缝控制、保证内外温差控制在规定范围内是混凝土施工质量的关键。施工中需重点控制混凝土的配制、浇筑，采取专门的保温养护措施，避免混凝土裂缝。

2.3 质量保证

由于直线加速器有防辐射要求，对施工缝的留置及安装预埋要求高，并且要求墙与板混凝土必须一次浇筑成型，中间不能出的施工缝和裂缝，对施工组织和质量控制要求特别高。

3 施工管理

3.1 人员安排

由于大型混凝土浇筑所需的时间较长，适当的工时和班次安排至关重要，以避免因作业人员过于疲劳而引起的精力分散，导致施工质量下降。

3.2 混凝土的供应

混凝土浇筑必须保证连续，混凝土的供应应满足施工现场浇筑需求，生产商的供应能力宜满足现场混凝土单位时间需求量的1.2倍，混凝土运输距离不宜大于30km。

3.3 施工机械机具的选择

混凝土水平运输设备，混凝土振捣设备，以及场地内照明设备均应配备到位，保证大体积混凝土浇筑的连续性。

3.4 交通导行

考虑到加速器机房混凝土浇筑在医院内部进行，院内高峰时段交通负荷较大，应根据现场实际情况，合理制定交通导行规划，安排专人进行车辆引导，避免因交通堵塞导致混凝土供应不及时而形成施工缝。

3.5 施工方案选择

3.5.1 支模体系方案选择

加速器机房高大支模施工采用承插型盘扣式钢管脚手架搭设支撑体系，楼板立杆采用ϕ60.3mm×3.2mm、模板采用14mm厚木胶模，主龙骨采用10号工字钢，次龙骨采用50mm×70mm。墙模板采用14mm厚木胶模，主龙骨采用ϕ48mm×3.0mm钢管，次龙骨采用50mm×70mm木方，ϕ14mm的止水螺杆。

3.5.2 钢筋支撑选择

加速器机房顶板配筋为顶部双层双向Φ25@100mm，底部双层双向Φ25@100mm，中部设双层抗裂钢筋双向Φ12@150mm，每层钢筋间距近1m，采用Φ25钢筋作为支撑马凳，摆放间距1000mm×1000mm。为保证马凳的刚度，每隔两排在马凳处焊接斜撑进行支撑，斜撑采用Φ25钢筋进行制作（图2）。

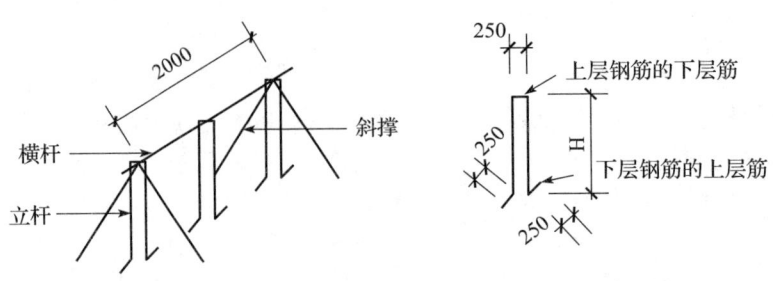

图 2　钢筋支撑布置示意图

3.5.3　混凝土配合比选择

考虑密度、水化热反应、混凝土流动性等因素，混凝土试拌应在与实际供货相同的混凝土搅拌站和供货的混凝土搅拌站进行 1~2 次试拌，每次试拌在不同日进行，每次生产不小于 3m³ 混凝土，每次试拌开始、中间、结束时分别进行下列测试并取样：（1）温度；（2）坍落度；（3）8 个标准立方体试块（立方体试块用于测试 7d、28d 的抗压强度）。根据上述要求，最终确定混凝土配合比，混凝土配合比符合相关规范及设计技术要求，配合比见表 1。

表 1　混凝土配合比　　　　　　　　　　　　　　　　单位：kg

水	水泥	砂	石	粉煤灰	矿粉	外加剂	膨胀剂
160	270	875	950	20	60	10.50	46

加速机房混凝土密度必须保持大于 2350kg/m³。

4　施工工艺及施工要点

4.1　施工工艺流程

施工准备→定位放线→墙柱钢筋绑扎→侧墙线管预埋→测温降温设施预埋→墙柱钢筋隐蔽验收→墙柱模板安装及加固→模板支撑架搭设→梁底模及平面模板安装→高大模板验收→梁板钢筋绑扎→板面线管预埋→测温降温设置埋设→梁板钢筋隐蔽验收→混凝土分层浇筑→混凝土温度监测养护，达到 100% 混凝土设计强度→拆模要经监理审批，同意后拆模，拆下顶托。

4.2　模板支模架搭设工艺

（1）支模架搭设高度为 7.7m，立杆间距为 600mm，水平杆的步距为 1.5m，水平剪刀撑布置 2 层，底部与顶部各设一层，此支撑架为重型支架，考虑上部荷载，斜杆采用每跨满布设置。

（2）超厚剪力墙侧压力增大，模板安装拼缝应严密，阴阳角位置应进行加固，模板底部应用压条封边，防止底部漏浆。

（3）搭设后应进行验收。

4.3　安装预埋工艺

（1）底板的所有管线预留预埋，都必须在底筋绑扎完成后、上层钢筋绑扎前预埋完成，并有可靠的固定，确保后续的混凝土浇筑过程中不会被破坏及挪位。

（2）侧墙的管线预留预埋。在侧墙钢筋绑扎完成后，根据图纸要求的平面定位及墙内外的标高（特别是墙内外标高不一致），进行预埋，特别对于设计中要求按 45° 角预埋的，要区分水平 45° 和垂直 45° 的预埋。对于内部有异型的如"Z"字形和斜面台阶形，前期要做好定型加工。保证预埋工作的准确有效。

（3）预埋要区分水、电、通风、智能化、医院专用仪器设备管线及备用等专业进行预埋。预埋完成后，各专业要组织管线隐蔽专项验收，仔细核对没有遗漏后，各专业负责人签字确认，同意隐蔽。

4.4 大体积混凝土施工工艺

本项目每次浇筑总方量约 3000m³，受场地限制，东西向布置两台泵车。

采用整体分层浇筑的方式，因加速机房的工艺要求，墙与楼面必须一次浇筑完成，先浇筑加速机房的剪力墙（剪力墙分层分段浇筑，每层控制在 50~80cm，超厚墙体浇筑时为了保证支架受力均衡，从中间向两边拓展），再浇筑楼板，楼板浇筑采用斜向分层浇筑法，每层控制在厚 500mm 左右，一次性浇筑完成，不留施工缝和冷缝（图 3）。

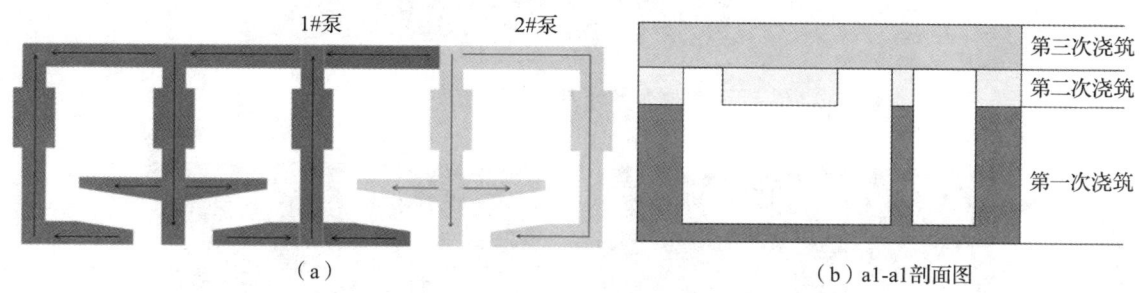

图 3 混凝土浇筑顺序示意图

一台泵车每小时能打 36~48m³ 混凝土，混凝土罐车每车 12m³，剪力墙投影面积约 260m²，计划两台泵车，混凝土初凝时间为浇筑后 2~3h。

保守估计，剪力墙通过分层浇筑，每层浇筑 50cm，能避免混凝土到达初凝时间产生的施工缝。（36m³/h×2 台×2h=144m³>260m²×0.5m=130m³）。

施工缝处理：由于加速器机房有防辐射要求，不得设置水平通长施工缝，采取凹凸样式的施工缝。

每条作业带配备 6 根直径 50mm 的插入式振捣器，2 台在出料口，其余布置在坡中和坡角。出料后先振捣出料点混凝土，促成流坡，再呈阵列自下而上全面振捣。振捣时严格控制振捣棒的移动距离，特别要注意混凝土的入仓振捣，防止离析和漏振。

大体积混凝土浇筑、振捣过程中，容易产生泌水现象，泌水现象严重时，可能影响相应部分的混凝土强度指标。为此必须采取措施，消除和排除积水。对浇筑过程中出现的大量泌水，可采用以下措施：

（1）分仓缝侧的模板采用快易收口网，混凝土浇筑过程中形成的泌水，通过网眼自然流进底仓库集水井内。后集水井内的水通过潜水泵排出，局部少量泌水采用海绵吸除处理。

（2）在浇筑最后的阶段，改变浇筑方向，与早些浇筑时的坡面形成积水坑，用潜水泵加软管抽出。潜水泵外罩钢筋笼和钢丝网阻止水泥浆流失。

（3）泵送开始润管的水和稀砂浆、泵送结束时洗泵的水都应泵入吊斗内吊至坑上处理，其余砂浆由端部软管均匀分布在浇筑工作面上，防止过厚的砂浆堆积。

（4）由于大体积混凝土连续浇筑，须掌握 2d 的天气预报，如有大雨，不得安排混凝土浇筑。为预防天气突然变化，现场应备有足够的覆盖用塑料布，并在基坑四周设置排水沟和集水井以排出雨水。

4.5 大体积混凝土测温降温与养护

（1）测温管采用金属管设置，上、下应设置封堵措施防止堵管，内预留测温线，并提醒各班组做好成品保护（图4~图6）。

图4 冷却水管及测温管埋设BIM示意图

图5 冷却水管埋设

图6 测温管埋设

（2）根据大体积测温方案，浇筑完成后安排专人进行测温并做好记录。当混凝土里表温差接近25℃时，立即通水降温，或增加保温棉毡，以减少表面温度散失。

本项目浇筑期为冬季，大气温度为15~20℃，混凝土浇筑完成后第一天升温速率最快，在第三天基本达到最高值，若不经控制，升高的温差可达50℃，在第七天后，逐渐开始降温。

4.6 保温保湿养护

顶板采用塑料膜+棉毡的保温方式，侧墙浇筑完成后模板不拆除。内部因支模架搭设后人员不方便进出，在搭设支模架时，留设合适的喷雾管，机房内部采用喷雾养护的方式。若特殊情况需要进人，应提前做好通风，防止窒息。

大体积养护方法：

（1）底板和楼板混凝土浇筑完成，最后一次抹压平整；

（2）马上覆盖保温薄膜，防止养护水外泄；

（3）覆盖一层棉毯，并洒少量水将棉毯湿润，进行保湿养护；

（4）剪力墙模板开始12d内不拆除，并用棉毯覆盖保温。墙模板根据测量情况再进行拆除。

混凝土养护前7d以控制温差为主，7d后以控制降温速度为主。混凝土养护前7d温差控制为25℃，报警温差设定为23℃，降温速度不大于2℃/d。养护应根据混凝土温度测量的情况进行及时的调整，如内外部温差小于15℃时，可以减少表面的覆盖层厚度，以加速散热，如内外部温差大于25℃，应及时增加一层或数层棉毯，也可根据实际情况开启冷却水管通水，以保证混凝土质量。

4.7 施工缝留设

根据工程施工部署和加速器的特殊质量要求，加速器先进行施工，与地下室其他主体结构连接墙、梁板留置施工缝，并预留钢筋。待加速器主体完成后再施工周边的主体结构。加速器防辐射的特殊要求，墙与楼板必须一次浇筑成型，墙与底板及楼面的施工缝必须设在建筑面620mm以下，施工缝不能留置直缝，只能留凸凹缝，凸凹尺寸为300mm×500mm，外墙需按设计要求做止水钢板防水。凸凹缝做法如图7、图8所示。

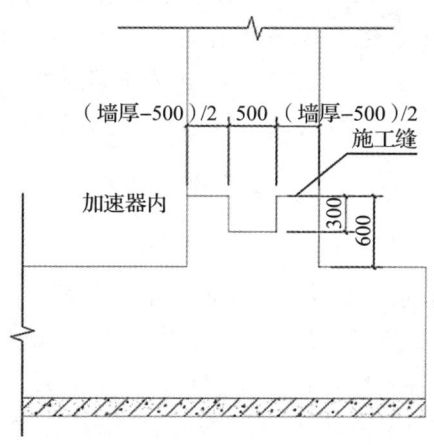

图7 直线加速机房施工缝留设大样图

图8 施工缝留设模板安装

5 结语

综上所述，本文深入探讨了医院项目中直线加速器机房超厚混凝土施工的关键环节，包括其施工基本过程、特性及难点，详细描述了混凝土浇筑与养护的组织与管理工作，特别是施工过程中对质量控制的强化。通过总结施工经验和技术，本文旨在为类似工程提供有益的参考和借鉴。

参考文献

[1] 谢发祥，甘涛，黄晓伟，等. 医用直线加速器机房总承包管理与施工关键技术 [J]. 广东土木与建筑，2020（9）：47-49.
[2] 何敬远，符志伟. 医用直线加速器机房超厚混凝土施工要点 [J]. 中国医院建筑与装备，2021（6）：70-73.
[3] 童伟猛，乔辉东，孔令宇，等. 天津市第一中心医院新址扩建项目医用直线加速器机房施工关键技术 [J]. 施工技术，2019（19）：75-77.

ALC 板材裂缝的防治和处理

杨宇翔

湖南省第五工程有限公司 株洲市 412000

摘 要：随着当前绿色建造及装配式构造的大力推行，ALC 板材作为一种环保材料，具有轻质、高强度、保温、隔声等优点，能有效减少建筑物的能耗和碳排放，对实现可持续发展具有重要意义。随着建筑技术的不断发展和创新，ALC 板材的应用范围将不断扩大，将广泛应用于各种新型建筑中。此外，ALC 板材在生产和使用过程中既无污染，也无放射性，即便在高温、火灾中也无有害物质或有害气体，因此在环保方面具有显著优势，但同时也暴露出 ALC 板材在施工中因温差、连接等形成裂缝，影响居住、办公等使用感观，须深入分析和掌握裂缝成因，并结合实际，采取科学、适当的裂缝修复措施，以保证建筑整体安全。

关键词：绿色；ALC 板材；裂缝；防治

据统计，我国建筑领域碳排放量占到全国总碳排放量的近 1/3。伴随城市化程度的不断提高，我国新增建筑的工程建设致使每年产生的碳排放仍在不断攀升，建筑领域的节能减碳是实现我国碳达峰、碳中和目标的"关键一环"。墙体材料作为主要建筑材料，起着围护、承重等至关重要的作用，是建筑设计中最重要的元素之一。随着生活水平的提高，人们对居住环境的舒适度要求也越来越高，高品质墙材的需求日益增加。在绿色低碳发展的前提下，ALC 板材成为绿色环保的代名词。在此针对其墙体裂缝成因提出了几点技术上的建议。

1 ALC 板材安装工艺

工艺流程：基层处理→墙体放线→排板配板→安装 ALC 板→板顶安装管卡→预涂浆→立板、装板、挤浆→测量调整→拼缝处理。

（1）ALC 板材安装前应保证基层地面平整，若不平整，可用 1 : 3 水泥砂浆找平。

（2）墙体施工前放线人员应根据建筑图放出墙体边线、控制线、门窗洞口（门窗洞口尺寸为建筑图中所标门洞尺寸）位置线及柱边线，还应按 ALC 板材排板图放排板线，标出每块条板的安装位置。放线完毕后需报项目部测量室进行验收复核，并经甲方验收通过后方可进行下一道工序的施工。

（3）安装第一块定位板材时应在板材上端一侧 80mm 处钉入一只管卡，管卡用铆头敲入板材内不小于 80mm，施工时应放正轻敲。如板材与结构柱或外墙体连接，还应在板材靠结构一侧的上、下端距板端 80mm 处各加一只管卡，安装完成后用注浆枪将专用黏结砂浆注于板缝间，阴角处应使用 100~150mm 宽的碱性玻纤网格布，墙板与墙板间拼缝尽量控制在 5mm。墙板安装时采用上部放胶垫块、下部采用木楔调整、顶紧就位的方法，称之为"上顶下楔法"，将板材人工立起后移至安装位置，板材上、下端用木楔临时固定，下端坐浆（下部在地面或反坎、上部在梁底或板底上坐浆，与结构墙柱相接的结构面也需坐浆，坐浆厚度

10~20mm，坐浆所用砂浆为专用黏结砂浆），上端留缝隙10~20mm。用2m靠尺检查平整度，用线锤和2m靠尺吊垂直度，用橡皮锤敲打上、下端木楔调整直至合格为准。管卡用25mm长射钉与混凝土梁或板连接固定。两块板材之间应靠紧，施工中切割过的板材即拼板宜安装在墙体阴角部位或靠近阴角的整块板材间。第一片板材固定后，就可以安装第二片板材。从第二片板材起，只在靠近下一片板材顶部一侧的80mm处安装一只管卡，安装前需要坐浆，在第一块条板和楼面上均要坐浆，不允许后灌浆，相邻两片板材之间应靠紧，并有浆子溢出为宜，称为"挤浆"。用2m靠尺检查平整度，用线锤和2m靠尺吊垂直度，用橡皮锤调整直至合格后，用射钉枪固定管卡。依此类推，顺序安装。

墙板安装应注意以下内容：
①板材安装时的含水率控制在30%左右。
②内墙板的安装顺序应从结构处依次进行，自由端宜用整块板。
③立板后一人在上方扶住墙板，另一人用小撬棍卡住ALC板下沿，以红外线为根据进行初调。
④避免十字墙或丁字墙两个方向同时安装，待黏结剂达到设计强度后再安装另一个方向的墙板。
⑤安装完毕经检查合格后，宜在24h内用专用浆料对板缝及板底填塞密实，7d后砂浆强度达到10MPa以上时拆除木楔，并用同等强度等级的专用砂浆将木楔留下的空洞填实。

隔墙板转角或T形连接应用3根防锈的ϕ6mm或ϕ8mm，200mm厚、$L \geqslant 300 \sim 400$mm，100mm厚、$L \geqslant 200 \sim 300$mm销钉加强。销钉位置宜距隔墙顶和底各600~700mm及中部位置斜向30°方向打入。若门头板一端是构造柱或剪力墙，门头板底部应用L形角码（或钢板卡）进行支撑。

（4）用气钉枪在管卡中线位置打入射钉，射钉不少于2颗。

（5）ALC板在卸车及二次转运过程中，难免出现缺棱掉角，并不影响ALC板的性能。如外观缺损大于规定值，需用专用修补粉修补后再进行安装。接缝处理一周后和进行墙面装饰施工前，应分别检查接缝质量情况，若有裂缝，要重新修补。在安装过程中，一面墙板安装好后，全面检查墙体平整度、垂直度，并对板面和边棱损坏处用修补粉进行修补，其颜色、质感宜与板材产品一致，性能应匹配。修补后抹灰时需要采用网格布对修补处进行加强。

（6）拼缝处理应注意如下内容：
①接缝及墙面处理应在条板安装完成7d后进行；应在板缝处立面满刮涂一层嵌缝剂，厚度宜为2~3mm，将玻纤网格布粘贴到两板连接处，用抹子将嵌缝玻纤网格布压入，最后用嵌缝剂将板面找平，表面刮平、压实；视板的规格和设计要求，通常采用100mm宽的嵌缝带，在墙角、门窗洞口等处需加强处理，一般采用双层嵌缝带或200mm加宽嵌缝带进行处理。
②墙板拼缝应保证挤浆饱满，板缝宽度宜控制在5mm。
③水电开槽修补完成后用将专用黏结砂浆抹平于竖向板缝间。
④针对板与板之间、板与混凝土面交接处，均采用玻纤网格布进行挂网+抗裂砂浆处理，网格布宽度应为50mm+板缝宽度+50mm。
⑤注意与结构交接的位置也需安装碱性玻纤网格布+抗裂砂浆处理，宽度为100mm。

⑥丁字墙、L形转角墙阴角处也需安装碱性玻纤网格布+抗裂砂浆处理，宽度为100mm。
⑦已安装好的板材侧面应先抹浆饱满，再进行下一块条板的安装。
⑧采用挤浆法保证拼接缝处的黏结剂饱满。

2 建筑产生墙体裂缝的主要原因

（1）墙板收缩大。

按照国家相关规范规定要求ALC板材的干缩值≤0.5mm/m，但因工程制造材料的配比偏差、加工生产工艺不规范等因素，导致所生产出来的ALC板材不能满足要求，致使ALC板材安装后产生板缝间的收缩裂缝。

表1 A5.0级ALC墙板的性能要求

强度级别	干密度级别	干密度（kg/m³）	抗压强度（MPa）		干燥收缩值（mm/m）		抗冻性		导热系数（干态）[W/(m·K)]
			平均值	单组最小值	标准法	快速法	质量损失（%）	冻后强度（MPa）	
A5.0	B06	≤625	≥5.0	≥4.0	≤0.50	≤0.80	≤5.0	≥4.0	≤0.16

（2）墙板温差变形大。

①养护不当或养护不到位。会因水泥水化热反应造成收缩变形，一定程度上致使ALC墙板存在因温差过大，导致变形。

②存储不当或里外温差过大。在存储过程中因保护措施不当，致使ALC板材含水量过大，含水率过高，安装容易产生收缩裂缝，且可能在一定环境下导致里外温差过大，致使板材变形大。

（3）施工质量差。

①未采用专业砂浆或稠度值不够，导致黏结效果不理想，且因砂浆自身干缩特性致使板材接缝处裂缝。

②安装平整度不达标，致使后续通过抹灰进行处理，水泥砂浆抹灰极易被干燥的ALC板材吸水干缩致使裂缝产生。

③ALC墙板因保存或施工不当致使板材含水率过大，也将引起板材裂缝。

（4）构造设置不合理。

①对于长超6m，高超4m的墙体，未采用加强构造措施的一次性成型安装，因ALC板材墙体的各种收缩因素的累加及超过ALC板材相关技术标准中的高厚比标准要求，将增大墙体裂缝出现的概率。

②在容易产生裂缝部位未做加强构造设置，如门窗洞口处，极易在洞口拐角处的墙体形成"八"字形裂缝。

（5）原材料质量差、强度低。

因工厂生产工艺及原材料把关不严等因素，造成成型板材存在缺棱掉角，严重者将造成板材本身出现裂缝及强度不满足等情况，为后续ALC墙板安装施工和使用带来无尽隐患。

3 建筑产生墙体裂缝的开裂方式

ALC板材墙体外观质量缺陷如图1所示。

(1) 沿柱边、梁边开裂（图2）。

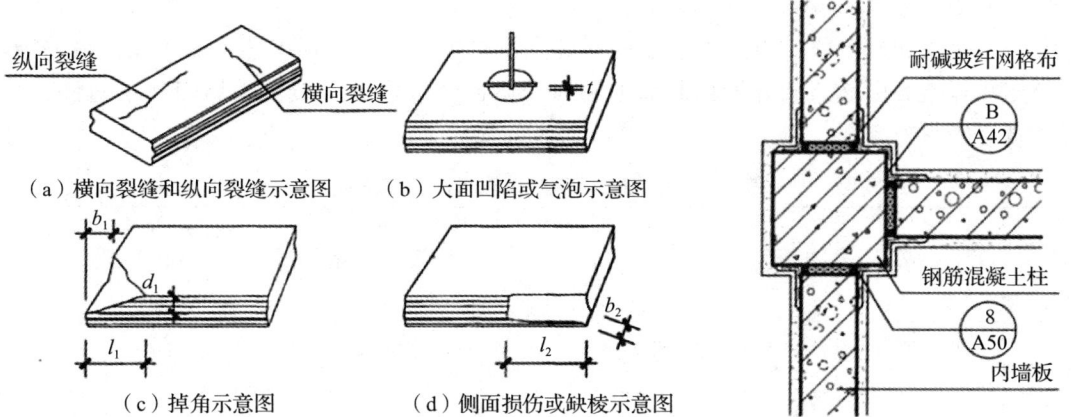

图1 ALC墙板外观质量缺陷

图2 钢筋混凝土梁柱与板材连接

(2) 砂浆断裂引起的裂缝（图3）。

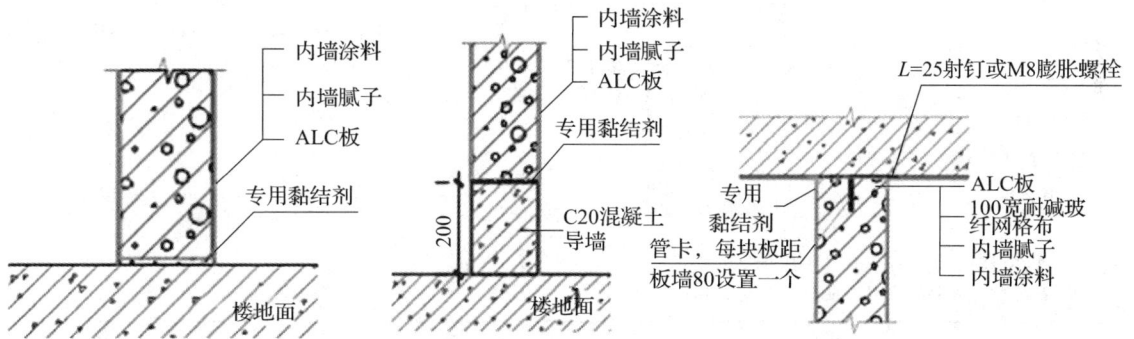

图3 专用砂浆进行底部连接、顶部连接节点

(3) 沿着板材的边缘裂开（图4）。
(4) 门窗洞口上角墙面裂缝（图5）。

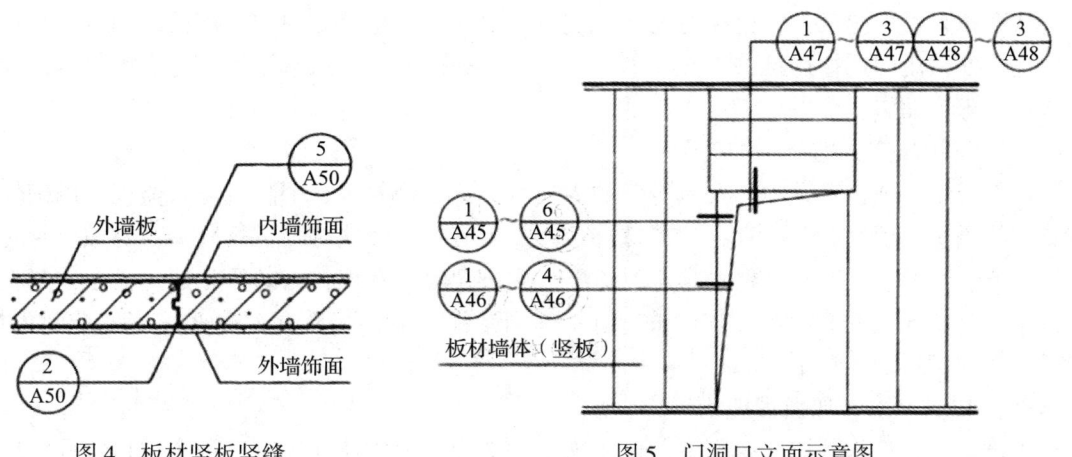

图4 板材竖板竖缝

图5 门洞口立面示意图

4 如何采取有效措施减少施工中建筑墙体裂缝的产生

(1) 评估原材料,把好源头关。

在板材考察比选阶段,重点评估墙板厂的质量管控能力,做到优选劣汰,在板材进场阶段,严格执行五方验收,选好堆场避免破坏,在运输至楼内的开裂、破损墙板不允许上墙,一经发现必须拆除。

表2 ALC墙板外观缺陷限值和外观质量

项目		允许修补的缺陷限值	外观质量
大面上平行于板宽的裂缝(横向裂缝)		不允许	无
大面上平行于板长的裂缝(纵向裂缝)		宽度<0.2mm,数量不大于3条,总长≤1/10L	无
大面凹陷		面积≤150cm^2,深度t≤10mm,数量不得多于2处	无
大气泡		直径≤20mm	无直径>8mm、深>3mm的气泡
掉角	屋面板	每个端部的板宽方向不多于1处,其尺寸为b_1≤100mm、d_1≤2/3D、l_1≤300mm	每块板≤1处(b_1≤20mm、d_1≤20mm、l_1≤100mm)
	外墙板、内墙板	每个端部的板宽方向不多于1处,在板宽方向尺寸为b_1≤150mm、板厚方向d_1≤4/5D、板长方向的尺寸l_1≤30mm	
侧面损伤或缺棱		≤3m的板不多于2处,>3m的板不多于3处;每处长度l_2≤300mm,b_2≤50mm	每侧≤1处(b_2≤10mm、l_2≤120mm)

注:1. 修补材料颜色、质感宜与蒸压加气混凝土产品一致,性能应匹配。
2. 若板材经修补,则外观质量应为修补后的要求。

(2) 严控砂浆,质量把控。

认真做好质量跟踪和检测,严格按要求对专用砂浆进行检测,过期的不得使用,同时在施工过程中落地砂浆不得再上墙填补槽口。

(3) 深化设计,优化施工。

认真熟悉设计图纸,根据板材尺寸及实际情况,在深化设计中加强排板,同时对与不同材质连接处采用构造柱连接,对超过长度6m、高度4m的墙体,增设构造柱及圈梁,防治温差过大等收缩裂缝(图6)。

(4) 重视施工,细节把控。

在房屋工程项目建设中,要有专门的人员对建设工程的每一个阶段进行监控,以确保建筑工程的质量。项目施工中存在的特殊部位,需要有针对性地对其进行施工,并做出相应的计划及节点说明。尤其是开槽、顶部、拼缝、阴阳角等,在板材与结构相连部位必须浆料饱满,不同基底连接处必须按抹灰要求进行钢丝网张挂,板材与板材相接处采用玻纤网张挂,同时注意补槽后的养护工作。

(5) 提高水平,加强管理。

人员是工程工作开展的执行者。施工人员的能力及素质往往决定着一个项目工程的质量成果。在施工前,需要对工作人员进行专业性交底和样板验收,并在工作开展之前对其进行

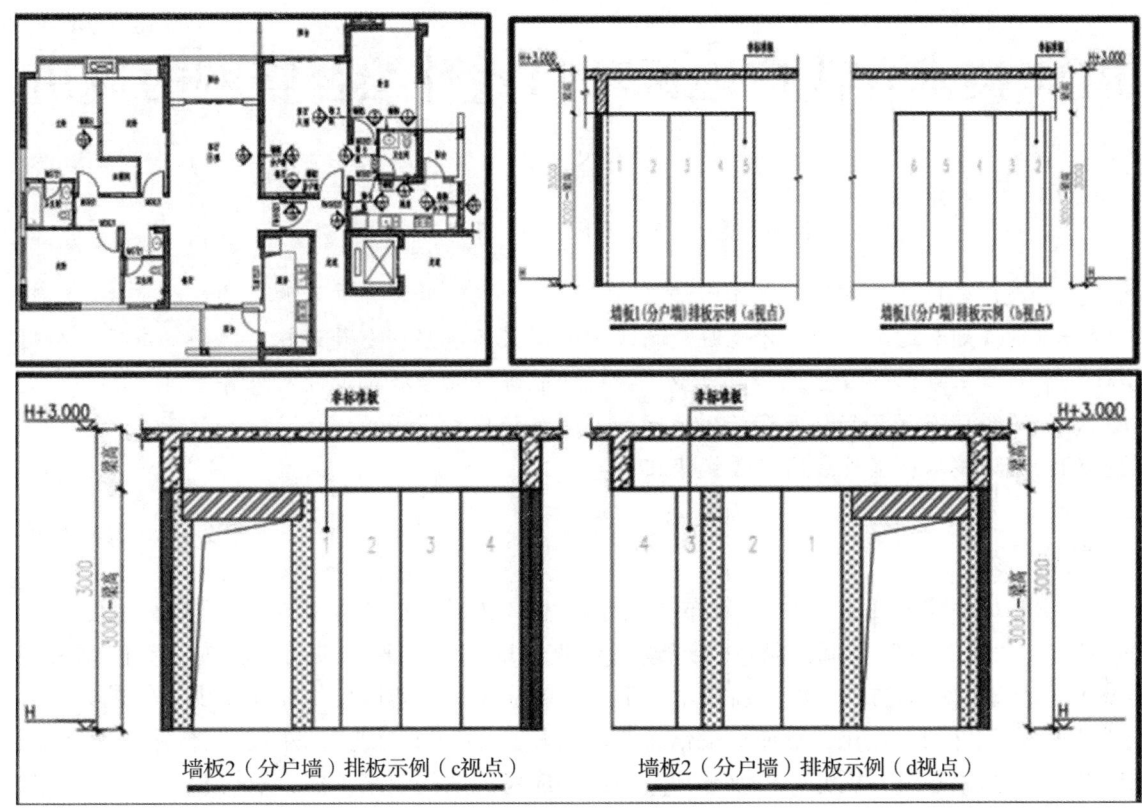

图 6　对墙板进行深化设计

相应的培训，确保其专业技能可以满足工程质量的需求。所谓无规矩不成方圆，规范的制度是工作完成的重要保障。通过制度对施工人员行为进行约束，在项目建设过程中，既能调动工人的工作热情，又能增加工人的工作效率，还可以在问题发生时，做到及时有效地解决，保证工期及工程完成的质量。过程中加强管控，确保顶部挤浆饱满，适当养护；严控木楔退出的时间（建议夏季 7d，冬季 12～14d）。墙板安装分包需安排专业质检人员跟踪；安装过程中项目质检员、施工员对安装过程中的墙板进行检查；每块墙板必须全数挤浆到位，并在墙板安装前浆料上墙板，不得后塞缝。挤浆饱满，按照要求贴设加强玻纤网；排板图按要求审核，避免非标板。过梁的板侧面也必须采用挤浆法（需安装 PE 棒保证浆料不漏进墙板孔内），保证侧面的浆料饱满；过梁下口塞浆需饱满密实并二次回压；建议设计在门洞部位做面层钢丝网加强。

5　结语

总体来说，ALC 板材具有广阔的市场应用前景和巨大的潜力，将在我国建筑工程向高效、高质量、低能耗发展中显现出其优势。ALC 板材具有很好的经济性。随着"绿色、生态、环保"理念的深入人心，ALC 产品必将会得到更广泛的应用。

参考文献

杨培东. ALC 墙板填充墙裂缝成因及防裂关键技术研究 [D]. 青岛：青岛理工大学，2011.

BIM技术在武广地标项目室外综合管网的应用

潘文熙

湖南天禹设备安装有限公司　株洲　412000

摘　要：武广地标项目室外综合管网涵盖多个专业，因室外综合管网的复杂性与重要性，只有做好前期策划和过程管控，才能避免施工中管线交叉碰撞、重复开挖等问题。本项目利用BIM技术创建三维信息模型，利用模型可视化功能进行综合深化设计及统筹安排，解决了室外综合管网合理布置及其相互交叉碰撞问题，为类似项目提供参考。

关键词：BIM技术；室外管网；管线优化

1　前言

住房和城乡建设部于2011年发布"关于印发《2011—2015年建筑业信息化发展纲要》的通知"："十二五"期间，基本实现建筑企业信息系统的普及应用，加快建筑信息模型（BIM）、基于网络的协同工作等新技术在工程中的应用，推动信息化标准建设，促进具有自主知识产权软件的产业化，形成一批信息技术应用达到国际先进水平的建筑企业。近年来，BIM技术在国内建筑、机电、市政等项目中成功应用的案例越来越多，取得较大的经济效益与社会效益。

2　项目概况及特点

武广地标项目位于湖南省株洲市天元区栗雨南路与炎帝大道交会处，总建筑面积15.9万m^2，建安造价11.26亿元，建筑高度168m，是株洲市第一高楼。质量目标：确保获得湖南省建设工程芙蓉奖，争创中国建设工程鲁班奖。本项目室外综合管网具有管线种类多、参建单位多、交叉施工多、工期紧、场地紧等特点。管线在施工前需与当地燃气、自来水、热力、消防、电力等部门提前做好沟通，要把各专业需要埋设的管网统筹考虑，并做好前期交底培训工作，避免因后期验收不通过或管线冲突造成返工及成本增加的问题。因此提前做好室外管网的综合优化就显得尤为重要。

3　BIM技术应用

武广地标项目为EPC项目，该工程全过程应用BIM技术辅助项目施工管理。项目BIM模型建立前统一建模标准，并为模型定制符合施工、运维需要的属性信息。室外综合管网施工前，BIM工程师运用Revit、Navisworks、Fuzor、橄榄山等专业软件建立并优化模型，同时在施工过程中录入过程追溯性信息，便于交付后检修维护。

4　BIM深化设计

本项目设置BIM工作站负责BIM技术在项目施工管理过程中开展及应用。项目部提出施工管理及BIM技术应用需求，BIM工作站为项目部推进管理提供必要的数据信息支持。

4.1　建立三维模型

本项目室外综合管网主要包括：雨水管、污水管、室外给水管（室外消火栓环管、绿化灌溉给水管)、空调冷热源管道(接区域中央能源站)、燃气管道、通信及智能化管线、电力管线等。在收集、整理室外管线各专业图纸后,BIM 工程师在地下负一层模型基础上建立室外管网模型(负一层模型涵盖主要出户管线,以此为基础建立模型,便于综合考虑室内雨水、污水、废水等管道引出排入室外雨、污水井)。室外综合管网模型如图 1 所示。

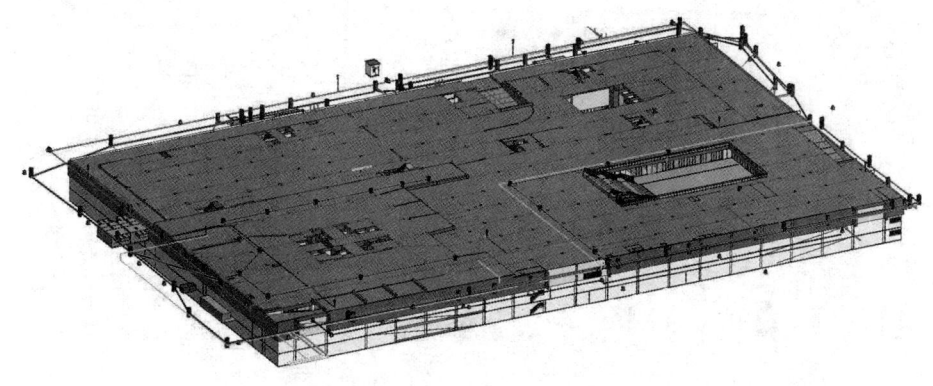

图 1 室外综合管网模型

4.2 模型优化

检查室外综合管线之间、管线与结构之间的碰撞问题,找到碰撞点进行优化。室外管网优化避让主要原则:

(1) 有压管道让无压管道;
(2) 埋管浅的管道让埋管深的管道;
(3) 单管让双管;
(4) 柔性材料管道让刚性材料管道;
(5) 检修次数少且方便的让检修次数多且不方便的。

室外综合管网不仅受地上、地下建筑结构影响,同时也受园林绿化及室外道路的制约。结合室外综合管网模型,对整体排布进行梳理分析,总结发现 4 处重难点,并针对性的提出了解决方案:

(1) 燃气调压站位置、燃气管道埋深及回填(本项目地下室顶板覆土深度不足 1m,小于燃气管道管顶+1.0m 要求)。建议覆土深度大于 1m,且地下燃气管道不得从建筑物和大型构筑物下面穿越。燃气管道要求竖向和水平方向 1m 范围内都不能有构筑物。

(2) 化粪池安装位置考虑与建筑出入口、地形高位置及施工阶段临时道路、安全通道的影响。建议调整污水管走向,化粪池位置避免与建筑物出入口及安全通道产生影响,污水井的位置做相应调整。

(3) 空调冷热源供回水管道从市政中央能源站引入,入户刚性防水套管已预埋,位置不可更改。建议优化此处管线,避免与空调管道发生冲突。

(4) 广场东侧因地下室顶板上方区域雨污水管道放坡受道路标高限制,按原图纸标高无法满足雨污水排放功能。建议适当调整路面标高和检查井的位置,雨污水主管道尽量贴顶板保护层敷设。

室外综合管网模型优化方案平面布置图如图 2 所示。

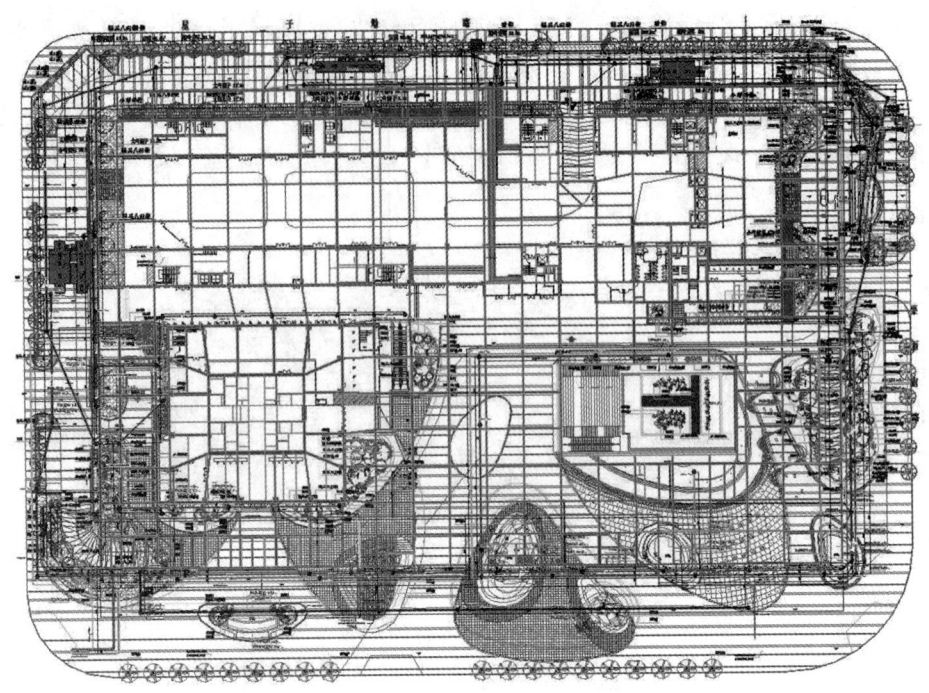

图 2 室外综合管网模型优化方案平面布置图

5 BIM 技术实施过程的应用

5.1 雨水、污水等主要管线综合排布

排水管道为无压管道，排水系统优化前需精确测量市政管井标高，在满足排水要求的同时防止雨污水倒灌。本项目雨水、污水管道设计为同向流，两根管道平行布置（污水管道在雨水管道下）雨污管中间距1m（便于设置检查井），管沟开挖后，按先污水管后雨水管顺序安装。污水管道调整至靠建筑一侧，方便室内污水、压力废水管道（污水支管多于雨水支管）汇入污水井（图3）。

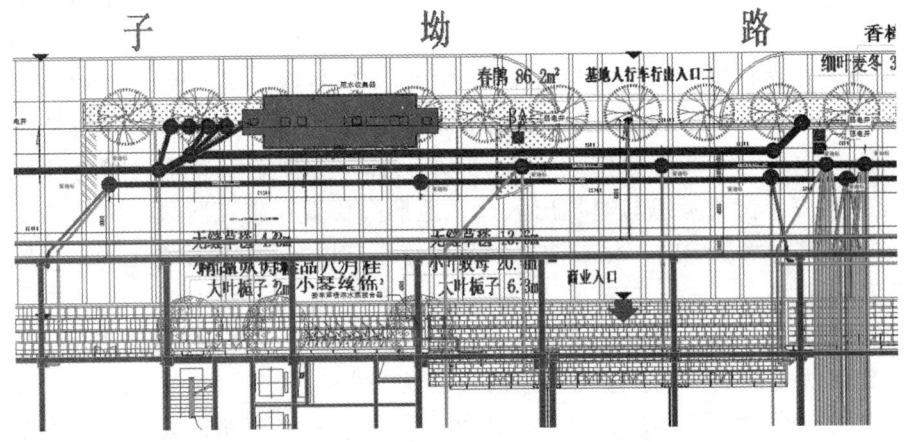

图 3 雨水、污水管线综合布置图

5.2 雨水井、污水井、强弱电井位置优化

雨污水井及强弱电井设置在行车道上有诸多不利影响：

（1）检查井、井圈是施工的薄弱环节，行车道上井容易被压变形导致井圈错位、路面损坏，且不易修复；

（2）更换井盖、检修维护管道时影响道路交通；

（3）井盖座被车轮压过时产生噪声污染。

本项目根据室外园林绿化设计方案，局部调整管线位置将雨水井、污水井、强弱电井设置在绿地、花坛、室外停车位等位置，避免上述不利影响（图4）。

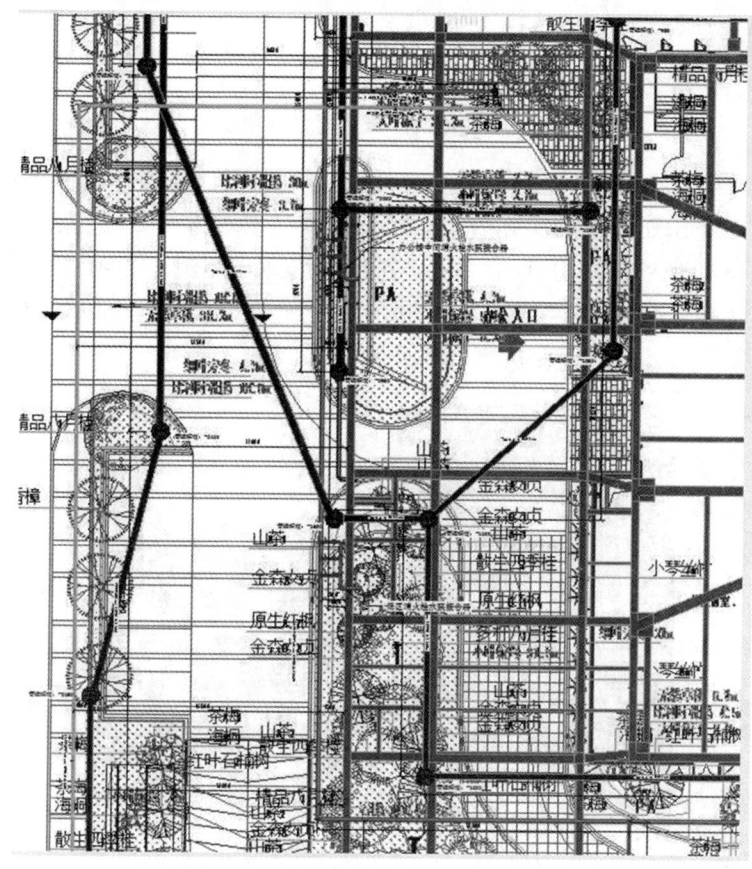

图4　雨水井、污水井位置优化

5.3　材料管理

本项目利用Revit软件分专业提取材料需用量，可为项目部进行材料采购计划做参考，解决传统的采购模式中材料手工算量不准确造成大量材料现场积压，占用大量资金等问题。通过BIM技术应用提供准确材料用量，项目部可准确审核材料采购量、限额发料量，为降低成本、提高效益提供可靠的技术手段（图5）。

5.4　施工质量控制

室外综合管网涉及专业多、施工难度大，如果施工顺序安排不合理、质量管控不利，将会导致重复开挖、成品破坏、排水不畅等问题。公司技术部门及项目部成员对室外综合管网布置方案进行可行性审核后采取层层递进的控制措施，对施工过程中质量分阶段管控。

（1）第一阶段（综合布置方案会审）：BIM工程师会同公司技术部门及项目专业工程师对室外综合管网BIM方案的可行性进行审核，形成会审意见提交到BIM工作站进行修正。

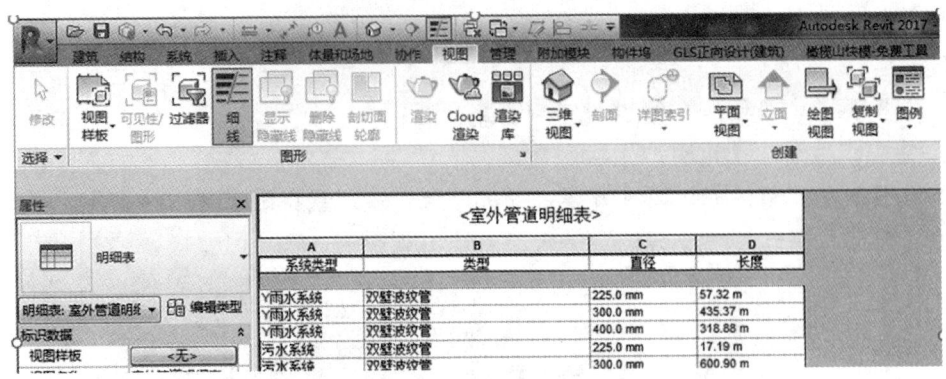

图 5　Revit 软件提取材料需用量

（2）第二阶段（项目部技术交底）：BIM 工程师组织项目部管理人员、施工班组负责人召开技术交底会，对 BIM 方案的实施内容、要点和安装要求进行专项交底。

（3）第三阶段（现场复核检查）：室外综合管网安装工程中，BIM 工程师与专业工程师对实体工程与审核方案进行检查，对现场未按方案施工的进行整改，以解决实施过程中，作业人员对方案理解不透，盲目作业带来的大面积返工问题（图 6）。

图 6　现场安装尺寸复核检查

6　结语

目前 BIM 技术在我国推广及应用还处于快速发展阶段，通过 BIM 技术与绿色建筑、建筑产业化的深度融合，传统建筑行业将实现建筑业向信息化和工业化的转型升级。同时，随着国家相关政策相继出台和建设主管部门的引导与支持，BIM 技术未来将有更广阔的发展前景。

参考文献

[1]　中华人民共和国住房和城乡建设部. 关于印发《2011—2015 年建筑业信息化发展纲要》的通知[R]. 2011.

[2]　中华人民共和国住房和城乡建设部. 建筑信息模型应用统一标准：GB/T 51212—2016[S]. 北京：中国建筑工业出版社，2016.

[3]　范文利. 机电安装工程 BIM 实例分析[M]. 北京：机械工业出版社，2017.

[4]　中国建筑学会. BIM 应用发展报告（2019）[M]. 北京：中国建筑工业出版社，2020.

分布式光伏发电电站在屋面中的安装应用

易明宇

湖南天禹设备安装有限公司　株洲　412000

摘　要：太阳能是取之不尽用之不竭的绿色能源，屋面光伏发电电站将太阳能转换成电能，能够有效地解决我国能源短缺的问题。本文结合不同类型的屋面，讲述有关屋面光伏电站安装的施工工艺、施工流程以及安装的重（难）点等。通过发现问题、解决问题、总结与归纳的模式，提炼出一套有效的安装应用流程，从而加快施工效率、提高施工质量，以降本增效的方式服务各类光伏发电电站施工项目。

关键词：分布式光伏发电；屋面；绿色能源

1　前言

我国拥有大量的工业厂房屋面和居住屋面等，此类屋面具有面积广、承载强度高等特点，这些特点是屋面光伏电站得到开发的必然条件。本工法针对屋面分布式光伏发电电站屋面安装部分提出一套合理的施工流程并总结了每个分项工程中存在的问题。一套合理的施工流程结合施工过程中的问题解决，不仅能够大幅度提升施工效率，同时能够减少返工现象的发生。该施工流程应用在几个项目上，均创造了很好的经济效益。

2　工程概况

赫山区户用屋顶分布式50MWp光伏发电项目，利用益阳市赫山区下辖的5个街道，9个镇，1个乡1个工业园区居民屋顶和村镇的企业、学校、医院、乡镇党政机关单位、村委会屋顶等建设分布式光伏发电系统，本期预计安装约1700户，单户装机容量约30kW，电力消纳方式采用全额上网，并网电压等级为380V，施行单户并网形式。

3　工艺流程及操作要点

电站屋面安装部分，主要包括检修通道安装、夹具支架安装、光伏组件安装、桥架安装、光伏线与直流电缆敷设、汇流箱安装、屋面补漏维护等步骤。步骤与步骤之间实现合理搭配，步骤内部实现规划施工。整个施工流程以"点到线、线到面"的形式形成一张大网，通过这张网，将施工成本控制在一个合理的范围内，从而创造经济效益。

3.1　工艺流程图

工艺流程如图1所示。

3.2　工艺要点

3.2.1　施工准备

（1）施工前，对所有施工屋面进行熟悉，排除安全隐患。

（2）根据施工图纸以及施工现场的实际情况，确认屋面施工顺序，以从小到大，从简单到复杂的原则进行顺序确认。

（3）熟悉甲方提供的材料，确认材料是否配置合理。

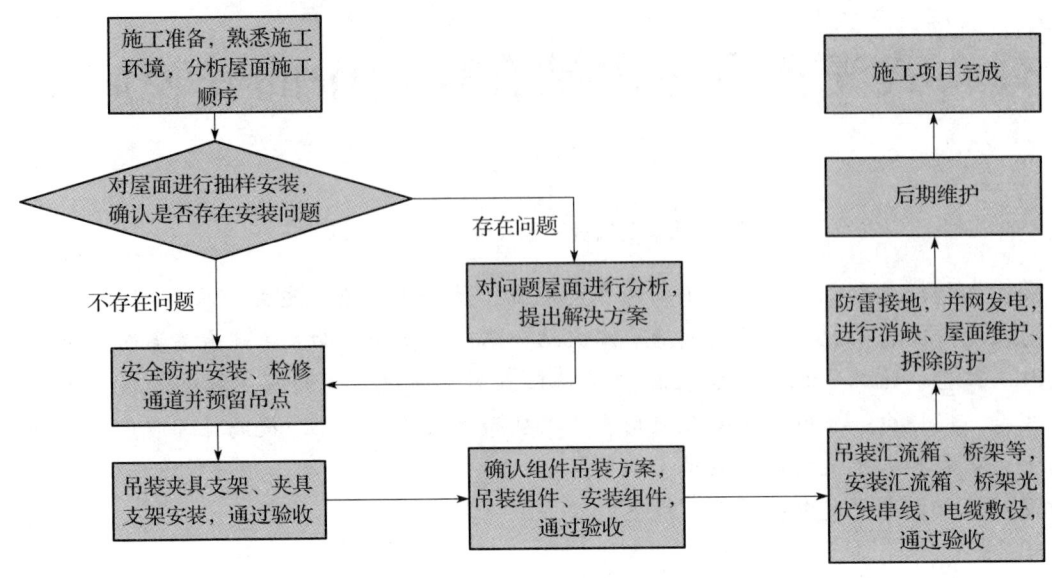

图 1 工艺流程图

3.2.2 抽样安装

由于屋面的多样性，同一工厂不同屋面、同一屋面不同区域都存在着不同的问题，因此抽样安装是施工过程中必不可缺的重要工序。抽样安装的目的是为了统计这些问题，避免施工后发现问题而造成大面积的返工。返工现象的发生就意味着施工质量的下降以及施工成本的提高和施工进度的延期。

关于抽样安装，本工法提出夹具抽样安装，夹具是光伏组件与屋面的基础连接，只要夹具安装合格就意味着支架、光伏组件的安装合格，同时，夹具安装操作简单，因此统计问题的效率非常高，以下就是通过夹具抽样发现安装的问题案例以及解决方案。

如图 2 屋脊存在严重的变形现象，变形的屋脊和夹具无法扣紧，导致上拉力不足、螺栓螺帽无法拧紧等现象。解决方案：适度调整夹具位置，避开变形严重的屋脊。

如图 3 夹具与屋脊不匹配，图中夹具为菱形夹具，但是由于夹具尺寸与屋脊不匹配，导致夹具安装不稳固。解决方案：增加铝合金垫片，增强夹具与屋脊的匹配度。

图 2 屋脊变形

图 3 夹具与屋脊不匹配

3.2.3 安装安全防护、检修通道

安全防护是确保安全的必然条件，生产的第一口号就是"安全第一，预防为主"。同样

检修通道的安装也是为了让工作人员在屋面行走安全。其中，安装检修通道前确认吊点是因为，检修通道位置常常与吊点位置冲突，安装检修通道时提前预留吊点位置可以减少一定量的返工。

3.2.4 支架夹具安装

（1）夹具安装

夹具的安装复杂多变，这是由于每个屋面情况都不相同，同一个屋面还存在多种屋脊，每一种屋脊对应一个夹具。合理地计算好每个屋面各种夹具各需多少，可以避免因为大量的材料运输造成的经济损失。以下是夹具与屋脊匹配案例（图4~图9）。

图 4　平顶屋脊

图 5　菱形屋脊

图 6　圆形屋脊

图 7　水泥屋面

图 8　扁形屋脊

图 9　斜矩形屋脊

（2）夹具安装的合格要求

合格的夹具安装应具备以下几点：

①能够与屋脊完美的结合；

②螺栓与螺母紧固完成；

③能够承受一定的拉力。

（3）支架安装

相对夹具安装而言，支架安装要简单得多，它的主要区别在于支架的长度。《太阳能光伏系统支架通用技术要求》（JG/T 490—2016）规定，一般项目中，利用的支架类型有 1.1m、2.1m、3.1m、4.1m、5.1m。各种长度支架自由组合，形成更长的支架。一般的支架安装方式为与屋脊平行安装，特殊情况下屋面的安装方式为与屋脊垂直安装。平行安装方式，施工方便简单，但是不牢固。垂直安装方式，施工相对困难，但是相对牢固。光伏支架的标记由安装形式、材料类型、荷载等级、安装尺寸、夹角和标准代号组成。

3.2.5 光伏组件吊装方案及光伏组件的安装

（1）光伏组件的吊装方案

主要设备：25t 汽车吊、叉车、手动液压叉车。

劳动力组织：吊装指挥员一名、吊装工两名、转运工两名、调度员一名。

各个厂房吊装位置根据现场实际情况预留吊车作业位置进行吊装作业，现场用叉车分布组件到吊装作业区域。采取移动式汽车吊吊装方式，采用不拆包装整体吊装方法进行吊装。屋面设立吊装平台，平台以屋面檩条为对称轴分布，确保平台受力均匀。

（2）吊装示意图

吊装示意如图 10~图 12 所示。

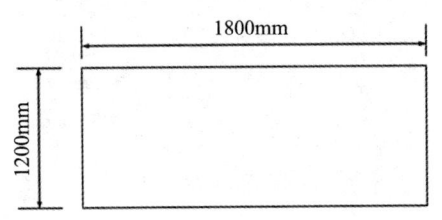
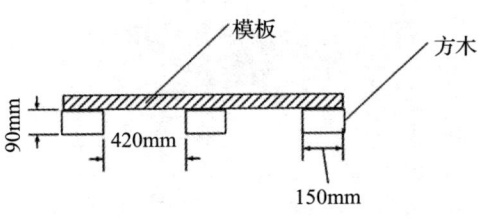

图 10　吊装平台

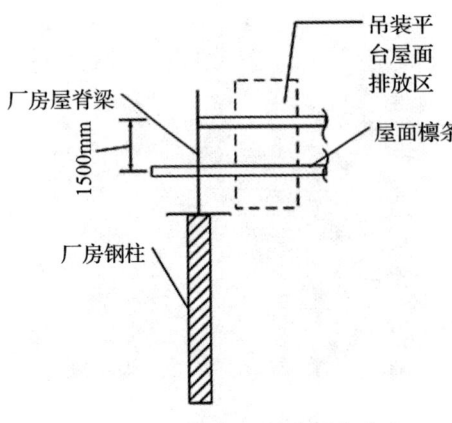

图 11　屋面檩条与吊装平台分布

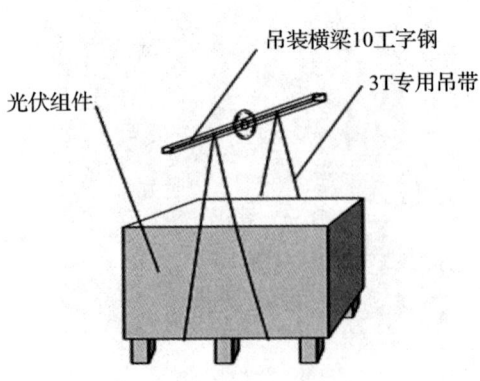

图 12　组件吊装示意图

(3) 光伏组件安装

《光伏发电站设计规范》(GB 50797—2012) 规定,光伏组件具有封装及内部联结的、能单独提供直流电输出的、最小不可分割的太阳电池组合装置,又称太阳电池组件。为了适应多样性的屋面结构,光伏组件的安装必然也是多种多样的。光伏组件的安装,以局部(一组)串联整体(多组)并联的方式进行连接。其中每组光伏组件的块数相同,每组的数量主要取决于光伏线规格的大小,一般在20~40块之间。

以21块光伏组件为一组为例,可以形成多种搭配,如1×21、3×7、7×3、10+11、3×5+6等多种的组合方式。多种多样的组合方式,适应了屋面的多样性,提高了屋面面积的利用率。以下总结了几类在组件安装过程中存在的问题:

图13所示属于肉眼可见的外伤。施工的过程中,由于造成磕碰导致组件报废,光伏组件的外侧以钢化玻璃为保护材料,钢化玻璃虽然具有一定的抗压性,但是经受不住点受力,一旦钢化玻璃某一点被破坏,整个钢化玻璃都会随之扩散性地碎裂。

图14所示属于肉眼不可见的内伤。光伏组件内部的光伏原件,都是以局部串联整体并联的形式进行连接。组件的运输、吊装都可能造成光伏组件内部的裂痕,组件内部的裂痕是肉眼不可见的。裂痕的出现可能造成局部开路,开路部分的光伏原件将失去发电条件,也可能造成局部短路,如图所示就是因为局部的短路,造成局部灼烧的现象。

图13 磕碰造成报废组件

图14 内部短路灼烧报废组件

图15所示是压块的预留长度过短。在光伏组件安装过程中,将光伏组件均匀地安装在支架上是非常重要的,没有量好尺寸,纯粹凭个人感觉去安装光伏组件,安装出来的组件不仅不够美观,而且还会出现如图所示的由于低压块预留长度不足造成的返工。

图16所示是光伏组件之间存在高度差。这种现象的原因,主要是由于屋面本身不平整,屋脊与屋脊之间存在高度差,从而导致光伏组件之间存在高度差。

图15 压块预留长度过短

图16 组件之间存在高度差

3.2.6 电缆桥架的安装

桥架的主要作用是保护电缆，根据保护电缆数量和大小电缆分为 100mm×50mm、200mm×100mm、300mm×100mm、300mm×200mm、400mm×200mm。桥架的拐点处、分支点处需要利用变径直通、变径三通、三通、直角弯头等。屋面接跨处要采用接跨式桥架、下线点处要采用垂直桥架。桥架的安装也是一个相当复杂的安装过程，面对不同的现场需要采取不同的桥架安装方式。以下介绍了几种典型桥架安装，以及桥架施工中存在的问题和解决方案。

（1）下面是典型桥架以及桥架安装方式的简单介绍（图17~图22）。

图17 三通、直角弯头

图18 垂直接跨桥架

图19 斜角接跨桥架

图20 水平接跨桥架

图21 下线点垂直桥架

图22 根据现场需求改造桥架

（2）桥架安装中存在的问题总结。

桥架安装最大的问题在于如何固定桥架，因为当屋面为彩钢瓦屋面时，彩钢瓦不允许打孔、钻钉，桥架不能直接固定在屋面上。本工法采取先安装夹具将屋面屋脊和夹具结合，再通过自攻钉将桥架与夹具固定，实现了桥架的固定安装。

桥架的安装过程中同样存在着非常多的问题（主要是垂直桥架的安装）：

如图 23 所示，垂直桥架的安装属于高空作业，安全系数要求极高，必须确保施工人员的安全，采用吊车吊篮的方式进行安装垂直桥架，确保了安全系数，但是吊车租金高，吊车使用率极低。

如图 24 所示，垂直桥架的固定方式。利用图中自制支架通过自攻钉的形式将桥架和垂直墙面固定，这种固定方式，由于桥架和电缆自身质量过重，已经发生一定角度的倾斜，存在着安全隐患。

图 23 吊车吊篮方式安装

图 24 垂直受力发生倾斜

如图 25 所示，电缆没有拉顺直接回填，造成桥架与地面的连接缺陷。

如图 26 所示，屋檐与桥架垂直点处没有做保护措施，桥架和电缆本身过于重，造成屋面压损严重。

图 25 桥架与地面连接缺陷

图 26 压损现象

3.2.7 直流电缆与光伏线敷设

直流电缆与光伏线的敷设，不仅需要大量的劳动力，而且需要施工人员极度的细心，一旦有一点小小的错误发生，都可能造成不可估量的损失。如直流电缆长度过长或者过短、直流电缆的型号匹配错误、直流电缆破皮导致接地。

以下总结了直流电缆与光伏线敷设要点以及存在的部分问题。

如图 27 所示，直流电缆的敷设需要大量的劳动力，尤其是特别长、拐点多的直流电缆敷设。拉线的时候，工人需要消耗大量的体力，施工时需要合理地搭配食物、葡萄糖以及适度的休息。不能给工人施压，以免造成工人情绪、身体出现异常。

如图28所示，光伏线的敷设中，在穿孔处一定要安装保护套管，光伏线不同直流电缆，光伏线外层保护相对薄弱得多，在拉线过程中特别容易出现保护层划伤导致接地现象。

图27　大量的劳动力

图28　保护套管保护光伏线

如图29所示，光伏线和直流电缆都需要编号，编号是一个细心活，完成精确的编码，有利于在电路检修中更快、更精确地找出电路问题。

如图30所示，对于所有的电力线路，绕线都是一种错误的施工方式。如图所示为绕线严重，绕线的现象相当于给电路回路中增加了一个电感原件。工作时间一长，不仅降低了发电效率，绕线也会由于绕线处有感抗的存在，会发热，严重时会导致线路着火。

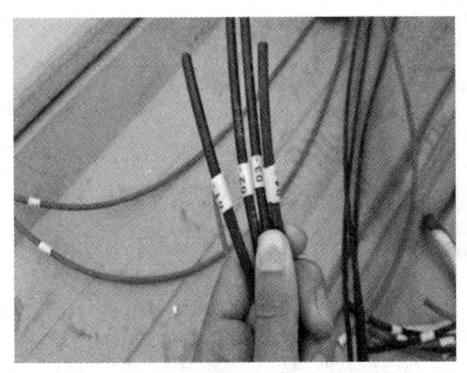

图29　光伏线的编号

图30　绕线现象

3.2.8　直流电缆与汇流箱的匹配计算、汇流箱的安装、防雷接地安装、补漏补修工作

（1）直流电缆与汇流箱的匹配计算

多少汇的汇流箱需要匹配多大的直流电缆，这是一个非常重要的理论知识。大多的电工以工作经验去凭感觉判断，这样往往会出现不必要的损失，严重的会导致直流电缆起火。

同样的以一组21块组件为例，光伏组件其实是一个恒压源，通过测量一组光伏组件（$N=21$快组件串联）两端电压 $U_1=750V$，一块组件额定功率 $P=260W$。

一组组件两端电流 $I_1=P \cdot N/U_1=7.28A$

X汇汇流箱的电流 $I_2=7.28 \cdot X$

因此只要满足直流电缆允许通过的最大电流 $I_3>(1.1～1.2)\times I_2$ 即可。

（2）汇流箱的安装

汇流箱的安装属于一种工艺活，不仅要求安装正确，还要求安装美观。

如图 31 所示，汇流箱的安装，不仅仅要求设计的时候利用光伏线最优化，而且还要求整体布局美观，汇流箱内包括四种线：光伏线、直流电缆线、信号线、接地线。

如图 32 所示的汇流箱内部结构整洁，光伏线的排布美观。

图 31　汇流箱与汇流箱之间等距排列　　　　图 32　汇流箱内部结构图

如图 33 所示，在对汇流箱安装的时候，要防止汇流箱进水，提前做好防水措施，每一次对汇流箱进行操作之后，都要关好汇流箱，做好防水工作。汇流箱内光伏组件串的电缆接引前，必须确认光伏组件侧和逆变器侧均有明显断开点。

图 33　防雨保护措施

（3）防雷接地安装、漏雨补修工作

防雷接地安装与漏雨补漏工作属于后期工作。其中漏雨补漏工作是不可避免的，屋面施工难免出现屋面部分地方因为踩踏、安装等造成的的漏雨。尤其在雨天，我们要确认漏雨点，针对漏点实施补漏工作。

4　质量控制与成品保护措施
4.1　质量控制

（1）金属材质必须严格按照国家标准且符合设计要求，严禁使用负偏差材料，并且具有产品质量证书，合格证等。

（2）支架夹具螺栓、螺母的紧固程度达标。

（3）报废组件不得安装使用。

（4）直流电缆、光伏线进行接地排查。

4.2 成品保护措施

安装完成后,清理屋面,屋面不得堆放杂物。

5 安全措施

(1) 屋面施工人员必须系安全带,安全带采用"高挂低用"方式,戴安全帽,穿工作胶鞋。
(2) 吊装光伏组件时,吊机必须配备专职指挥员,缓慢吊装。
(3) 屋面施工人员不得酒后作业,恐高人员不得进行高空作业。
(4) 屋面边缘设立防护栏、防坠落警示牌。
(5) 夜间、雨天、四级以上大风等天气情况下不得进行屋面施工。
(6) 在周围居民休息期间,不得进行敲击等作业而造成噪声污染。
(7) 施工人员在屋面施工时,不得随意向上或者向下抛物。

6 环保措施

(1) 施工场地及时处理拆装纸箱、焊渣等垃圾。
(2) 生活垃圾不随意乱丢、屋面严禁大小便。
(3) 施工材料进行规划管理,严禁材料乱摆乱放。

7 结语

光伏电站是指利用光伏组件将太阳能转换为电能并与公共电网有电气连接的工程实体,由光伏组件、逆变器、线路等电气设备监控系统和建(构)筑物组成。

赫山区户用屋顶分布式 50MWp 光伏发电项目,屋面类型种类较多,施工工作环境多样性较多,通过多类型项目的屋顶进行施工总结与问题汇总,为屋面光伏发电项目提供较为明确的施工工艺以及施工顺序,为屋面光伏发电项目一次性并网成功提供的较为坚实的基础;同时为屋面分布式光伏发电的设计提供了多样化的设计思路,为各类屋面安装困难,提供了较为便捷的方案。

参考文献

[1] 中华人民共和国住房和城乡建设部. 光伏发电站设计规范:GB 50797—2012 [S]. 北京:中国建筑工业出版社,2012.
[2] 中华人民共和国住房和城乡建设部. 光伏发电站施工规范:GB 50794—2012 [S]. 北京:中国建筑工业出版社,2012.
[3] 中华人民共和国住房和城乡建设部. 光伏发电工程验收规范 GB/T 50796—2012 [S]. 北京:中国建筑工业出版社,2012.
[4] 中华人民共和国住房和城乡建设部. 太阳能光伏系统支架通用技术要求:JG/T 490—2016 [S]. 北京:中国建筑工业出版社,2016.

预制装配式检查井的研究与应用

黄广林

湖南天禹设备安装有限公司　株洲　412000

摘　要：在我国城市化快速发展的背景下，市政排水工程是一项十分关键的工程，其施工和运营的好坏对市民的正常生活有很大的影响。预制装配式检查井是一种施工速度快，节能环保，使用寿命长的新型排水设施。通过对预制装配式检查井的特性、设计、施工等研究，希望对我国的市政排水工程建设起到一定的借鉴作用。

关键词：预制装配式检查井；环保节能；市政工程

1　引言

预制装配式检查井采用模块化设计，在工厂内预制，现场拼装的方式，生产出符合工程实际的排水设施。与常规的检查井相比较，预制装配式检查井施工周期短，施工方便，质量可控，对提升市政排水工程的施工效率与质量有着重要意义。预制装配式检查井是一种新型的市政设施，由于其性能优越、设计精良、维修方便等优点，被广泛用于城市管网建设。

2　预制装配式检查井的特点

（1）安装简便。该系统的主体部分在工厂内预制，仅需要在现场进行拼装，从而大大缩短了建设时间。与现有的传统检查井比较，该检查井的安装周期可大大缩短，能有效地提高工作效率。

（2）节能环保。由于构件基本都是在厂里完成，因此，可以大大降低施工时能源的消耗和废气排放。同时，它也能使原材料的使用得到有效的控制，降低了资源的浪费，不仅满足了绿色建筑的需求，也满足了可持续发展的需求，同时也促进了城市污水处理的绿色化进程。

（3）质量控制。在工厂生产预制时，通过对原材料质量、制造工艺及检验规范的严格控制，保证了产品的精度与质量，有效地防止因环境因素和人为因素引起的工程质量问题。另外，预制装配式检查井还能根据用户的需要，为用户量身定做，以适应不同的环境。

（4）延长使用寿命。该装置由高强材料制造，耐久性能好，耐腐蚀，能在恶劣的环境中长时间工作，不易损坏。

（5）灵活性和可扩展性。其模块化的设计，使检查井的大小及形状可因具体要求而作适当的调整，以满足不同场地的排水要求。同时，它还可以和其他的排水设施结合在一起，组成一个完整的排水系统，从而大大提高了排水效率。

3　预制装配式检查井的设计和施工

3.1　预制装配式检查井的设计

（1）模块化是预制装配式检查井的关键理念。采用模块化的设计，可将检查井分为底板、基础、井室、支管接入段、可调整井筒及盖板等多个相互分离的独立构件（图1）。其在工厂里完成预制，然后运到工地上进行组装配。

（2）预制装配式检查井另一个重要内容是优化设计方案。在实际应用中，要尽可能地减少各构件的模块，压缩其变化范围，以增强其应用的匹配性和适应性。比如，可以去掉一些井室的模块，仅在分支管道入口区段上设定一个组件，并且确定分支管道入口区段的高程。在减小进水管直径的变化上，以减小支管管径的变动幅度为原则，降低支管管径的变动幅度。采用该方法，可以大幅度降低分支管道管径的复杂程度，使同一等级的管道具有更广泛的适应性。

图1　预制装配式检查井成品

（3）在进行安装时，必须将其与管道的连接方式一并考虑在内。与安装的钢筋混凝土检查井连接的管路一般采用管顶平接，主管和支管接入预留孔是工厂按照设计好的管线标高及位置要求在工厂加工预制。从而保证了管线和检查井的密封性，避免了渗漏。

（4）流槽的设计也应加以考虑。在管道直径小于600mm的情况下，一般不设流槽。对于口径在600mm以上的管道，应当在井底设置流槽。为满足设计和使用要求，流槽通常为MU10砖砌筑，M10水泥砂浆，外表以1∶2水泥砂浆批平。

（5）对于安装后的检查井，其密封性能和防腐性能也要加以重视。通过合理设计井体与井盖之间的连接方式，选用耐腐蚀的材质，可以有效地延长检查井的运行时间和安全性。

3.2　预制装配式检查井的施工

在安装过程中，要严格遵守设计要求及相关规范。

（1）对施工场地的路面进行清扫，保证场地整洁，并有足够的通道可供出入。这是建筑工程的前期准备工作，也是整个工程的关键。

（2）对基础进行处理，铺设垫层。在混凝土垫层浇筑之前，先确定好混凝土的浇筑面积，并在此基础上搭设模板，以确保垫层的高度、厚度及尺寸满足设计要求。在这一工序中，找平砂浆的施工也是非常重要的一部分，必须严格按照规定的配合比施工。

（3）拼装检查井。检查井室和井盖的吊装需要使用合适的吊车，以确保施工过程的安全。在将井身吊装到井下与井身组件和预留支管的组装时，要对其数量和规格进行检验，以保证其完好无缺，表面光洁。在安装完毕后，应对预留的分支管进行敷设，其管径、走向和标高应符合设计要求和相关规定。

（4）当检查井组装时，若发现有不平，接头不严密等情况，则需用撬棍、千斤顶等工具调节井体或管件，再以衬垫铁片嵌实，并加以适当的微调，以保证构件间的结合紧密。

（5）安装好井体的各个部分和预留分支管后，还要做闭水试验。这一步主要是检验检查井的密封性，保证其在工作时不会出现渗漏等情况。安装完毕后的预制装配式检查井如图2所示。

（6）进行回填和夯实。在回填过程中，要注意分层回填、压实，保证回填的密实度符合规定，避免施工完成后检查井出现沉降等问题。

图 2 施工完成后的预制装配式检查井

在预制装配式检查井的施工中,应严格按照以上各工序进行,以保证各工序均满足设计及相关规范要求。在施工过程中,尤其是构件的吊装时,应做好安全措施,以保证工人的人身安全。

4 改进的余地

由于在设计时没有考虑到工程的实际情况和环境限制,造成了检查井在施工过程中出现各种各样的问题。例如,井室的尺寸、形状、深度等参数与实际需求不相符合,过分注重功能性,致使其个性虽强,但通用性却不强。这就造成需使用大量的模具,可能有些模具还需要进行定制,从而增加了生产周期和安装的难度。

因此,预制装配式检查井在实际应用方面,还需要进一步的建立设计、生产和施工单位深度融合的管理模式,构件的预制要制定统一模数标准和制度,实施构件标准化设计,采用工厂大规模生产,现场施工机械化组装,建立预制装配式检查井的模块化设计、专业化生产、工程化应用的产业链。

5 结语

预制装配式检查井是一种新型的市政排水设施,具有广阔的应用前景。通过对它的特点、设计、施工及改进等方面的相关研究,可以看出,与常规检查井相比,预制装配式检查井在施工效率、节约资源和环保等方面有明显的优势。在今后的日子里,随着科技的不断发展与推广,预制装配式检查井将会在市政排水工程中扮演越来越重要的角色。

参考文献

[1] 于天光,周生展,曲健,等. 预制装配式检查井施工技术的应用 [J]. 施工技术,2014,43 (S2):287-290.
[2] 张竹庭. 预制装配式检查井的结构选型与分析 [J]. 建筑施工,2018,40 (4):588-589,595.

BIM技术在屋面细部构造中的应用

钟 伟

湖南省第五工程有限公司　株洲　412000

摘　要：随着BIM技术在建筑工程中的广泛应用和快速发展，施工过程中越来越多的问题可以通过BIM技术进行展现和分析，从而得到有效的解决。建筑分部工程之一的屋面，是房屋最上部起到覆盖作用的外围构件，能够抵抗大风、雨雪等自然灾害的侵袭，同时具有保温隔热、防水防潮的功能。建筑工程屋面质量的好坏主要体现在细部构造做法是否按照设计图纸及规范要求，施工过程中的质量管理显得尤为重要，而BIM技术作为建筑数字化发展的产物，在建筑工程高质量发展中发挥着独特的作用。BIM可以发现项目在图纸和施工中的潜在问题，解决实际数据与信息不一致等问题，为施工阶段的实际应用提供强有力的数据支持。

关键词：BIM技术；屋面；细部构造；应用

作为建筑分部工程之一的屋面，是整个单位工程中不可或缺的重要环节，屋面细部构造做法的施工质量是决定屋面工程能否保持长久不衰的关键要素，因此，如何提升屋面细部构造在施工周期中的质量，需要我们探讨和研究。利用BIM技术在屋面细部构造施工周期中提供技术支撑，是一项强有力的措施，可以有效提高屋面细部构造质量，同时可以通过模型创建、深化设计、虚拟施工等应用与实际对比进行检查分析，提前做好策划部署，从而高质量地完成屋面细部构造的施工。屋面细部构造主要包括泛水构造、变形缝构造、檐口构造、雨水口构造、天沟构造等，利用BIM技术对屋面工程细部构造在施工前进行深化设计、模型创建，可以提高屋面的使用功能和美观舒适性。随着BIM技术的不断发展，未来中国建筑行业会朝着更加便捷、智能、数字和创新的方向发展。

1　BIM技术在屋面泛水构造中的应用

1.1　屋面泛水构造要点

屋面泛水指的是在屋面垂直方向设立的防水构造，其主要做法与构造要点为防水卷材、泛水高度、交接面圆弧、泛水上口卷材的收头等方面。通过对上述细节要点的处理，可以有效提高屋面泛水构造在施工作业时的质量，完成对泛水构造的质量控制。

利用BIM技术可以很好地将屋面泛水构造做法用三维立体的形式展示出来，相对应的数据信息也可以在模型软件中体现，直观地进行查询了解，省去了查找图纸的麻烦。通过对泛水模型的创建、数据信息填入、三维可视化交底、深化设计等方面的BIM技术应用，提升了技术手段，达到了高质量目的。

1.2　屋面泛水模型的创建及数据信息填入

1.2.1　模型创建

基于Revit软件进行模型创建，泛水构造中的防水卷材、圆弧、收头等都可以通过常规模型进行创建，体现结构的完整性和三维可视性。Revit可以将泛水构造图纸内容反映在所创建的模型中，对应的构造做法也可在模型中体现，有利于施工负责人对施工队伍进行交底。

1.2.2 数据信息

模型创建完成后，可以将构件的数据信息填入到构件属性中，从而快速有效地了解构件尺寸、类型、体积等相关信息，方便管理人员进行查找分析。

1.3 屋面泛水三维可视化交底及深化设计

1.3.1 三维可视化交底

采用 BIM 技术进行三维可视化交底，有效提高了工作效率，相比于传统技术交底，交底内容更具直观性和精确性，作业班组也能很清楚地了解构造要点和施工方案，施工目标的顺利实现可以得到一定的保证。

BIM 三维可视化交底流程如下：①创建 BIM 三维模型，标注相关技术参数；②将泛水 BIM 三维模型在相关设备上放映；③通过分解泛水施工 BIM 三维模型，讲解技术参数，对管理人员及施工人员进行技术交底；④管理人员及施工人员通过技术交底反馈问题意见。

1.3.2 深化设计

通过 BIM 技术可以将泛水构造图纸进行深化设计，对施工要点进行详细策划，把二维图纸变成三维立体展示，例如泛水高度位置、屋面与垂直面交接处的弧角、卷材固定与收头等，都可以进行深化设计，从而达到前期策划想要的效果（图 1）。

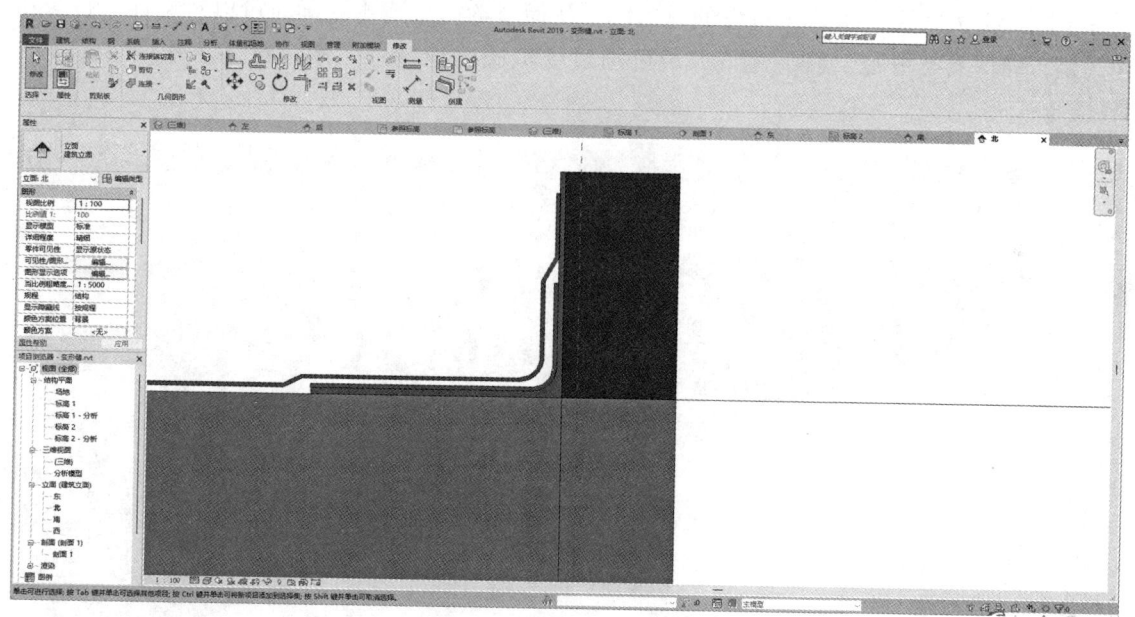

图 1 屋面泛水结构模型

2 BIM 技术在屋面变形缝构造中的应用

2.1 屋面变形缝构造要点

设置变形缝是为减少应力时建筑物的影响，在设计阶段预先将变形程度高的结构进行断开，预留一定距离的缝隙，保证建筑物有足够的变形空间，使建筑不会产生裂缝或破损。屋面变形缝的构造要点如下：①基层处理，发现缺陷及时修补；②在基层表面刷一层界面处理剂；③填充相应材料；④在两侧相交处粘贴附加防水卷材；⑤卷材应满铺至墙顶，低跨的防水卷材应铺在低跨墙顶，再在其上覆盖一层卷材。⑥屋面变形缝顶端加定制的盖板，端头用柔性密封材料密封。

利用 BIM 技术可以将屋面变形缝的施工工艺流程用视频动画的形式演示出来，在施工前可以进行虚拟施工、模拟动画、节点深化、构件定位等方面应用，提高屋面变形缝的施工质量，方便管理人员对施工过程进行检查监督，同时可以做到节约施工资源。

2.2 屋面变形缝节点深化及构件定位

2.2.1 节点深化

屋面变形缝是由很多关键节点组成，因此需要对复杂节点进行深化设计，合理布置，方便后期施工，避免施工过程中出现返工而浪费时间，导致进度滞后。通过精细化建模，创建出关键节点的模型，将注意事项在模型中进行体现。

2.2.2 构件定位

屋面变形缝有许多预埋及固定件需要施工，利用 BIM 技术可以将预埋及固定件在三维模型中进行虚拟布置，提前进行模拟定位并排版，对相关人员进行技术交底时，简单明了。

2.3 屋面变形缝虚拟施工及模拟动画

2.3.1 虚拟施工

在进行虚拟施工前，首先根据图纸要求，按施工步骤创建屋面变形缝结构模型（图2），然后将模型导入 Fuzor 软件中，按施工步骤选择创建好的屋面变形缝构件进行虚拟施工。通过虚拟施工，大大降低了施工过程的返工率，从而节约施工成本，同时可以对设计进行分析和优化，确保具有可施工性，施工人员可通过虚拟施工清楚地了解自己的工作内容和工作条件。

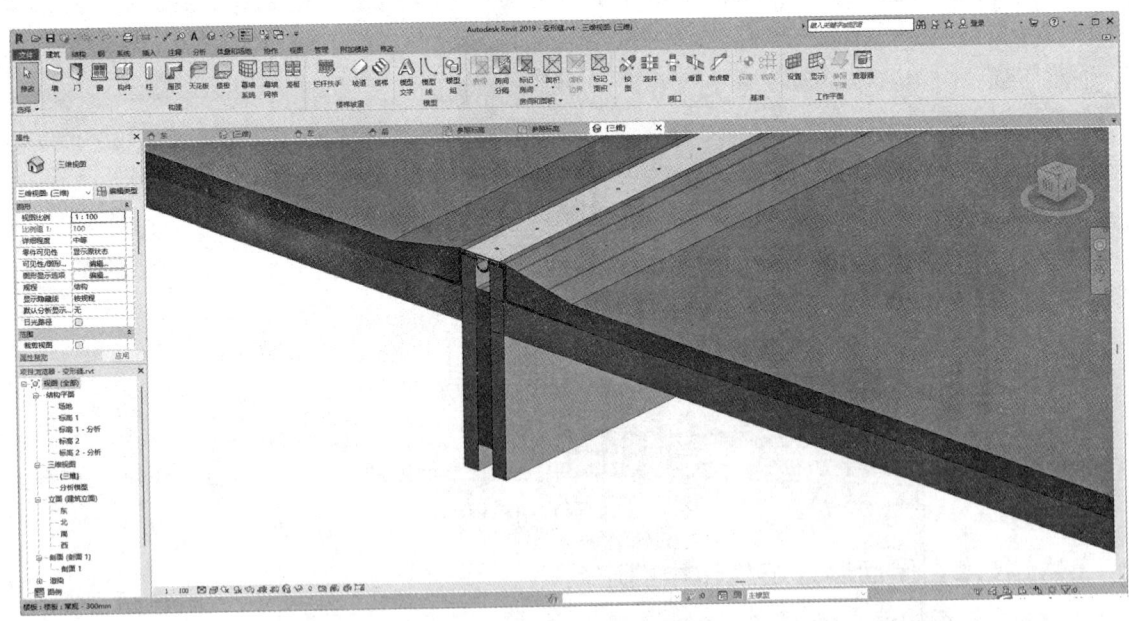

图 2　屋面变形缝结构模型

2.3.2 模拟动画

将创建好的屋面变形缝模型导入虚拟动画软件中，给构件加上旋转、位移、闪烁等动画效果，生成模拟动画。导出视频后，可以通过剪辑软件配上录音和字幕，使整个模拟动画更加生动美妙。模拟动画实现了用 3D 动画形式表达施工过程节点细部流程的做法，用直观准确的动画过程让施工作业人员理解工艺、实施工艺，且可随身携带，即时观看。

3 BIM 技术在屋面雨水口构造中的应用

3.1 屋面雨水口构造要点

屋面雨水口主要包括直管式雨水口和弯管式雨水口两种。雨水口构造的作用是为了防止在雨水倾泻时，能够从屋面顺畅流出。直管式雨水口应先附加一层防水卷材粘贴到管内，防止四周出现漏水情况，再将屋面的防水卷材铺入雨水口，雨水口上用定型铸铁罩或铅丝球盖住，用油膏嵌缝。对于弯管式雨水口，附加防水卷材要铺至雨水口里面，同样对于屋面防水卷材，也应粘贴在雨水口内壁四周，并安装防堵塞铸铁箅子等构件，保证流水畅通。

利用 BIM 技术可以对屋面雨水口构造进行深化设计、三维技术交底等应用，通过三维效果进行展示和讲解，使得设计意图直接展现在眼前，施工过程中通过对比分析，可以做到降本增效。屋面雨水口涉及预留洞口和防水卷材铺贴，对施工质量管理要求较高，通过 BIM 技术进行前期策划，可以很好地避免施工资源浪费。

3.2 屋面雨水口深化设计

屋面雨水口构造包含防水、排水等各种节点，通过对节点进行 BIM 深化设计，可以很好地解决屋面雨水口构造节点繁杂、工序繁乱等问题，对于防水要求，可以通过 BIM 技术将附加防水卷材铺贴要求在模型中体现，包括卷材的铺贴方位和深度等技术要点。同时对于雨水口排水方面，可以利用 BIM 技术对排水的坡度和方向进行定义。

3.3 屋面雨水口三维技术交底

针对屋面雨水口复杂节点和施工要点进行三维技术交底。将雨水口 BIM 模型与虚拟施工软件进行链接，模拟施工工艺流程（图 3），便于施工操作人员了解每道工序的施工要求和注意事项，可以直观地展现整个雨水口构造。在实际施工过程中，管理人员除需检查现场的材料、机械和预留孔位是否按图纸及规范要求施工准备，还需检查实际成果与 BIM 模型是否相符，如不符，应及时进行反馈调整。

图 3 模拟施工工艺流程

4 结语

长沙市住房和城乡建设局在 2024 年 1 月 22 日发布了"关于《加快推进房屋建筑工程和市政设施工程建筑信息模型技术应用》的通知",围绕经济适用、绿色美观的理念,充分发挥 BIM 技术对于工程建设项目全生命周期数字化管理的数据载体作用。BIM 技术在房屋建筑工程方面的应用将逐步深化,经济和社会效益显著增强,五方责任主体对 BIM 技术的学习和应用将会推上一个高潮。

BIM 能够让建筑师、工程师和施工专业人员使用 3D 模型设计、规划和建造建筑物或结构。屋面细部构造作为建筑工程的一个分部工程,使用 BIM 技术可提高项目绩效,有助于取得更好的成果,同时减少建筑项目中容易发生的风险和延误。在屋面细部构造施工中使用 BIM,可以更好地帮助维护施工技术、调度材料和资源、质量、成本以及对施工过程进行排序,以获得最大的生产力。由于项目的风险性,建设项目容易产生过高的成本。项目经常因发生不可预测的障碍而延误,这主要是由于计划和执行不充分造成的。BIM 技术可用于建设项目的所有阶段,包括施工前、实际施工和施工后。BIM 通过创建信息丰富的虚拟模型,在参与项目的人员之间增加透明度,可以对工作进行适当的交叉检查。这些虚拟模型还可用于推导出准确的材料数量并确定进行各种活动所需的时间。与手动检查和估算相比,可以节省大量时间和成本。

参考文献

[1] 中国十七冶集团有限公司. 一种基于 BIM 的施工前技术交底方法:201510029192.3[P]. 2015-04-29.

[2] 无锡市鸣腾建设工程股份有限公司. 一种建筑结构变形缝模板专用支撑系统:202120574555.2[P]. 2021-11-30.

[3] 吴优津. BIM 技术在建筑工程管理中的应用[J]. 冶金丛刊,2020,005(016):151-152.

[4] 徐磊,李舒畅. BIM 技术的建筑工程应用与未来发展趋势[J]. 智能建筑与城市信息,2020,000(008):70-72.

[5] 邹广宇. 东北村镇住宅附加阳光间式被动太阳房优化策略研究[D]. 哈尔滨:哈尔滨工业大学,2016.

基于 BIM 模型的道路平整度控制方法的研究

易伟强

湖南省第五工程有限公司　株洲　412000

摘　要：在市政道路工程中，传统的思维方式与施工方法一直制约着施工效率与品质保障。如何在信息化的大潮下结合新思想、运用新技术一直是技术人员努力的方向。道路平整度对于交通运输的安全性、舒适性和效率起着至关重要的作用。传统上，道路平整度的评估主要依赖于人工测量和视觉判断，这种方法存在着主观性高、效率低、精度有限等问题。然而，随着建筑信息模型（BIM）技术的发展，它为施工阶段的道路平整度的铺设和管理提供了新的解决方案。

关键词：BIM；道路施工；道路平整度

1　引言

BIM 技术通过数字化建模和信息集成，可以提供更准确、高效和可视化的道路平整度分析和决策支持。它可以帮助工程师和设计师在道路规划和设计阶段就对平整度进行预测和优化，减少施工过程中的误差和变化，提高道路质量和行车体验。尽管在建筑领域，BIM 技术已经得到广泛应用并取得了显著成果，但在道路工程领域，特别是道路平整度方面，BIM 技术的应用还相对较少。因此，本文旨在探讨和研究 BIM 技术在道路平整度方面的应用潜力和优势。通过 BIM 技术在道路施工中的应用案例，分析和研究了 BIM 在提高道路平整度评估准确性和效率的作用，为道路建设提供科学依据。

2　BIM 技术基本原理

BIM 技术在市政应用中的基本原理是通过数字化建模、信息集成和协同合作，实现对城市基础设施的规划、设计、建设和管理的全生命周期管理。下面是 BIM 技术在市政应用中的基本原理的解释：

（1）数字化建模：BIM 技术通过建立数字化的三维模型，包括建筑物、道路、桥梁、供水系统、排水系统等市政基础设施，以及它们之间的关系和交互作用。这些模型可以具体表示每个元素的几何形状、空间位置、材料属性、功能特征等信息。

（2）信息集成：BIM 技术通过将多个不同专业领域的信息集成到一个统一的数字模型中，实现了多学科之间的协同合作和信息共享。例如，建筑设计师、结构工程师、给排水工程师和电气工程师可以在同一个 BIM 模型中协同工作，共享彼此的设计决策和数据，提高设计质量和效率。

（3）可视化和仿真：BIM 模型可以通过可视化和仿真的方式，使设计师、规划者和决策者更好地理解和评估市政基础设施的方案。通过模拟不同设计方案的效果，预测其性能和影响，可以帮助做出更明智的决策，优化城市规划和基础设施设计。

（4）数据管理和标准化：BIM 技术提供了对市政基础设施数据的统一管理和标准化。通过建立数据字典、分类系统和属性表，可以对各种数据进行一致的命名、格式和结构，方便数据的组织、查询和分析，提高数据的可靠性和可用性。

3 道路平整度评估方法

3.1 道路平整度评估传统方法

传统的道路平整度评估方法主要依赖于人工测量和视觉判断，以下是一些常见的传统方法：

（1）人工测量：传统的道路平整度评估方法中最常见的方法是使用人工测量工具，如水平仪、测距仪、测高仪等，对道路表面进行测量。工作人员在道路上进行实地测量，并记录下测量数据进行分析和评估（图1）。

图1 人工测量与质量检测

（2）视觉判断：道路平整度评估中另一种常见的方法是依靠人眼的视觉判断。工作人员根据经验和感觉，观察道路表面的坑洼、凹凸和不平整情况，并进行主观评估。

（3）道路试验仪器：一些特定的道路平整度评估方法是使用专门的仪器和设备来进行测量和评估。例如，道路轮廓仪、激光测距仪等可以用于测量道路表面的高差、坡度和波动。

3.2 评估方法存在的问题和局限性

传统的道路平整度评估方法存在如下局限性：

（1）主观性高：人工测量和视觉判断方法容易受到个体主观意见和经验的影响，评估结果可能存在差异。

（2）效率低：传统方法通常需要大量的人力和时间进行测量和评估，效率较低。

（3）精度有限：传统方法的测量精度受限于人工操作和仪器的精度，结果可能不够准确和可靠。

尽管传统方法存在这些局限性，但在缺乏先进技术支持的情况下，它们仍然是一种常用的评估方式。然而，随着BIM技术和其他现代技术的发展，道路平整度评估正朝着更准确、高效和自动化的方向发展。

4 BIM在道路平整度施工中的应用

施工过程中提高道路平整度的工作流程如下：通过数据来对道路高程进行可视化建模，

测量人员可不再用原始的固定桩号的三点一线的拉线测量、复核平整度的方法，通过模型可得出道路任意位置高程点与坐标点数据，测量人员可在道路任意点位置通过实测数据与模型数据对比，以此得出道路的平整度与超高部分是否符合要求。

5 案例研究

5.1 项目简介

株洲国际赛车场项目位于湖南省中东部地区，建筑面积约为 $4.595×10^4m^2$。总造价5.7亿元，于2018年3月开工。赛车场主赛道全长3.77km，逆时针方向行进，设计最高时速272.25km/h，共有14个弯道。赛道的标准宽度为12.0~19.8m，赛道中心线最小弯10个，右弯4个。最长直道长度为645.0m，位于弯道T2和T3之间。主赛道纵断面共设有上坡6处，下坡6处，上坡最大坡度6.6%，下坡最大坡度4.8%，主赛道最大高差25.98m。主赛道的两侧各有3~4m宽的路缘绿化带和1.0m宽的安全设施带，安全设施带的外侧是5m宽的急救通道。含赛道、缓冲区、路缘缓冲带和急救通道，整个赛道的宽度在30~130m。共设有赛道短接路2条，可以将赛道分割成两条完全独立的赛道，通过短接路共可构成3种不同的线形组合方式。

5.2 项目难点

（1）由于本工程的涉及保密信息，部分图纸信息不全或全无，给施工造成了极大的不便。

（2）该工程路面精度要求极高，设计标准为±3mm之内。

（3）工期压缩较为严重，对项目施工现场管理要求高。

5.3 基于BIM技术的赛道平整度控制

由于施工图不够详细，图纸没有提供曲线要素等信息，对工程整体的施工进度与质量控制造成了影响，所有超高部位外弯高程控制点间距为5m一个，间距较大（图2），在实际施工过程中拉通线方式会造成弯道不够圆顺，因此导致两点之间的实际曲率与标高控制难以达到设计要求。同时在质量控制方面，我们现场实际平整度控制方法是采用垂直于弯心的内、外边线的两点之间对拉通线，然而设计的内、外两控制点不完全垂直于弯心，会造成一定的误差（图3）。

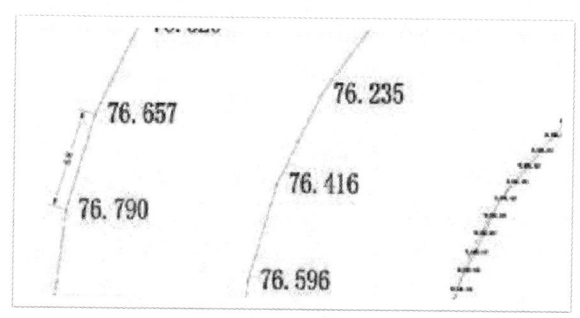

图2 外弯控制点间距5m

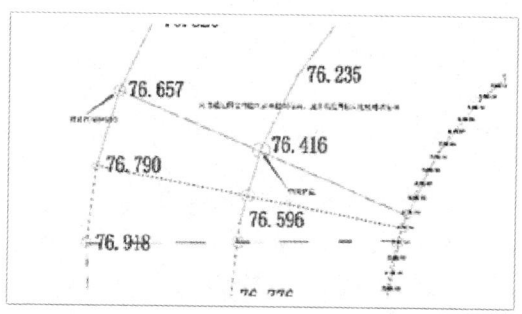

图3 原始拉线控制方法示意图

模型搭建完成之后，在超高部位对外弯控制点采取加密措施，原本5m一个的高程控制点，我们将其加密为1m一个。之后可以在模型中任意位置获取相应的高程点坐标、高程、坡率等信息（图4）。测量人员可在现场道路上任意一点复核与模型数据是否相符合，以此来达到控制道路平整度的目的。

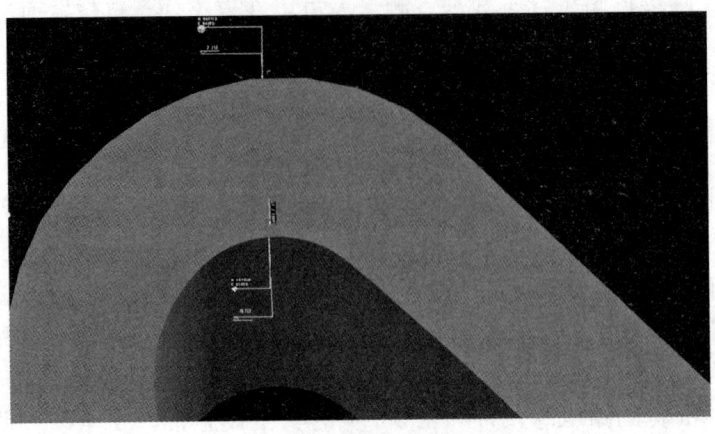

图 4　模型数据提取

通过模型提取垂直于弯心的内、外边线的高程控制点数据，来精确控制路面内、外边线高程以达到控制道路平整度的目的。

5.4　效益分析

做 BIM 的最初目的就是帮助项目提高管理水平、提升工作效率、降低错误发生率。本工程中使用该项应用明显提升了工作效率。以 3 人测量小组为例，原日常测量放线放点的平均工作距离为 500m 左右，在工序较多的情况下很难满足施工队伍的进度，从而影响后面的工序。同时在满足验收规范的路面平整度控制方面也要费出更多的人力与时间。采用本应用，测量距离增加一倍不止，在同时相同的人力与时间条件下，可将路面平整度控制在 ±3mm 之内。

6　结论

本文研究了 BIM 技术在道路平整度检查与现场实施相结合的应用，通过对 BIM 模型与实测数据相结合的方法，提升效率与精度，为施工提供助力。施工阶段还可以通过 BIM 模型进行在线监测，快速发现和评估平整度问题。

基于楼板板厚控制的绿色建筑设计方法研究

彭 成　刘海建

湖南省第五工程有限公司　株洲　412000

摘　要： 近年来，绿色建筑成为全球建筑业的主流趋势。楼板是建筑结构中的重要组成部分，其厚度的控制直接影响建筑的节能效果。本研究基于楼板板厚控制的绿色建筑设计方法，对科技进步和城市化率快速增长的促进作用及对建筑业的挑战进行了探讨。根据我们提出的干预策略，发现楼板板厚的控制能有效提升建筑的热保温特性，实现更有效的能源利用，从而推动绿色建筑的普及并降低建设行业的环境影响。研究采用建筑节能标准和楼板板厚参数优化的设计模型，通过比较和优化分析，得出了不同楼板厚度对建筑的热损失、能源消耗和综合环境影响的影响。结果表明，通过优化楼板的板厚设计，可以有效提高建筑的能源效率，减少能源消耗，降低环境压力。因此，该研究的成果为建筑设计师和建筑工程师提供了有价值的理论基础和实践参考，对推动我国绿色建筑和可持续建筑的发展具有重要意义。

关键词： 楼板板厚控制；绿色建筑设计；能源效率

在全球建筑业这个大舞台上，绿色建筑犹如一股清流，逐渐走入人们的视野，成为现代建筑设计的新趋势。它以其独特的节能优势和环保理念吸引了众多建筑师和设计师的目光。设计绿色建筑不仅有望节约能源，降低环境压力，还在改变传统建筑模式的同时，推进我国的环保事业，满足社会对绿色生活的期盼。本研究以楼板板厚控制为切入点，通过先进的建筑节能标准和楼板板厚参数优化设计模型，对建筑热损失、能源消耗和综合环境影响进行了深入的研究和探讨，以期为建筑设计者和工程师在实践中提供一个理论基础和参考，推动绿色建筑和可持续建筑的发展。

1　理论背景与研究意义

1.1　绿色建筑的发展及其效益

近年来，随着全球环境保护意识的增强，绿色建筑作为一种可持续发展的建筑理念逐渐受到关注并得到广泛应用。绿色建筑不仅关注建筑本身的节能、环保性能，更注重在建筑整个生命周期内实现环境、经济和社会的可持续发展。绿色建筑设计与施工将大幅降低建筑能耗，减少二氧化碳排放，改善室内环境品质，提高建筑使用效率，对于可持续发展具有重大的意义。对于楼板板厚控制的绿色建筑设计方法研究，不仅可以在环保、节能方面发挥积极作用，更可以为传统建筑设计方法带来新的思路和突破口。

1.2　楼板板厚对建筑能效的影响

楼板板厚作为建筑结构设计中的重要参数，直接影响着建筑的质量、成本和能效。合理的楼板板厚设计不仅可以保障建筑的结构安全，更可以降低建筑材料的消耗，减少建筑自重，从而降低建筑能耗。通过楼板板厚的优化设计，还可以有效提高建筑的抗震性能和节能效果，增加建筑的使用寿命，降低维护成本。

1.3 研究的目的和意义

绿色建筑是当前建筑行业发展的趋势和方向，而楼板板厚作为绿色建筑设计中的关键参数，对建筑的能效及可持续发展具有重要意义。通过对楼板板厚控制的绿色建筑设计方法进行深入研究，可以为建筑行业提供新的设计理念和技术支持，为推动建筑行业向绿色、可持续发展方向迈进提供理论基础和实践经验。通过成果的应用推广，还可为提升建筑行业的技术水平、改善人民生活环境做出积极贡献。

2 楼板厚度控制的绿色建筑设计方法

2.1 楼板板厚的控制技术与策略

楼板板厚作为建筑结构的重要组成部分，其控制技术与策略在绿色建筑设计中具有重要意义。在实际设计中，应综合考虑结构的承载能力、节能需求、材料利用率等因素，通过合理的材料选择、结构设计和施工工艺，来对楼板板厚进行有效控制。针对不同类型的建筑，可以采用预制板材、薄型混凝土构造、空心楼板等多种技术手段，以实现楼板板厚的灵活控制。还可以结合建筑功能和使用要求，通过优化空间布局、采用空调系统、提高隔热性能等策略，最大限度地减少楼板板厚对建筑能效的影响。

2.2 基于楼板板厚的建筑节能标准

楼板板厚作为建筑节能中的重要参数，在节能标准中得到了相应的考虑和规范。建筑节能设计标准要求针对不同地区和类型的建筑，制定相应的楼板板厚指标和要求，以达到最佳的节能效果。在设计实践中，应当遵循相关的国家标准和规范，根据建筑的使用功能和能源利用情况，合理确定楼板板厚，并且结合其他节能措施进行综合考虑，最大限度地降低建筑的能耗，实现绿色、高效的节能目标。

2.3 楼板厚度优化设计模型的构建和应用

为了实现楼板板厚的可持续优化设计，研究者们提出了相关的优化设计模型，并将其应用于实际的建筑设计中。通过对建筑结构强度、稳定性和能效等多目标优化，构建了基于楼板板厚的设计模型，以实现最优的结构设计方案。该模型考虑了不同的设计变量和约束条件，采用了有效的优化算法，在实际设计中取得了较好的优化效果。建立了基于楼板板厚的设计模型，在工程实践中对各种建筑类型的楼板板厚进行了有效的优化应用，为绿色建筑设计方法的研究和实践应用提供了有力的支持。

3 楼板厚度控制对建筑能源效率的影响

3.1 楼板厚度对建筑热损失、能源消耗的影响

楼板厚度是影响建筑热传输性能和能源消耗的重要因素之一。适当控制楼板板厚能够对建筑热损失产生显著影响。通过数值模拟和实测数据分析发现，合理调整楼板厚度可以有效减少建筑在冬季的热传输，降低采暖能耗，实现节能目标。在夏季，适当增加楼板厚度可以减少室内热量的传入，减轻制冷负荷，降低空调能耗，提高建筑的能源利用效率。

3.2 楼板厚度优化对建筑能效的提升

楼板厚度的优化设计可以显著提升建筑的能效水平。采用多学科交叉分析方法，结合建筑热舒适性、能源消耗、材料成本等因素进行综合评估，得出了不同楼板厚度参数对建筑能效的影响规律。研究发现，通过合理选择楼板厚度，可在保证建筑结构安全的前提下，最大限度地提高建筑的能源利用效率，实现绿色建筑设计的目标。

3.3 楼板板厚控制对综合环境影响的评价分析

楼板板厚作为建筑设计中重要的结构参数，其控制对综合环境影响产生着重大影响，进行深入的评价分析迫在眉睫。效果评价不仅仅是对楼板厚度控制的衡量，更多的是在于开启一种绿色思维方式，以最小的环境污染和资源消耗，获取最大的房屋性能。

楼板板厚的增加，虽然可能会增加建筑本体的材料消耗和造价，但长期来看却有助于建筑能效的提升，据此对整个环境产生的积极影响无可小觑。实际上，合理的楼板厚度控制同样适应于降低空调和供暖的能耗，在避免过度消耗自然资源和影响建筑舒适度方面实现了资源的高效利用。

楼板厚度增加还可以显著提高建筑物本身的隔音效果，创建舒适安静的居住环境，而这无疑对改善人居环境质量，提高生活质量起到了积极的作用。厚度增加的楼板在承载力、抗震性等方面具有优良的性能，提高了建筑的安全性，可为用户和社会带来长期利益。

同时，不可忽视的是，过大的楼板厚度同样会对环境产生影响，如可能会导致过大的建筑物质量，增加基础设计的复杂性和施工难度，影响建筑可持续性。更重要的是，楼板厚度加大会直接导致建筑占地面积增加，一旦超过限度，便会扰乱城市规划，对环境产生负面影响。如何取舍、如何平衡，让厚度控制既能满足建筑功能又能保障环境利益，需要建筑工程师们深入研究和探讨。

综合来看，楼板板厚的控制虽然可以提升建筑的能源效率和舒适度，但也需要考虑其对环境的潜在影响。合理的楼板厚度控制应该是以提高建筑功能、综合性能为出发点，以生态环保和可持续性发展为目标，以建筑的实际需求和环境要求为导向，既保证了建筑的使用性能，又遵循了环保和可持续性原则，实现了建筑设计与环境保护之间的和谐统一。

4 基于楼板厚度控制的实践应用及推广

4.1 楼板厚度控制的实践应用

楼板厚度控制是绿色建筑设计的重要测量之一，具有显著的能源节省效果。目前，已有许多建筑项目将此策略纳入设计方案中。如在北京某商业大厦的设计过程中，通过精细化设计，合理控制楼板厚度，在确保建筑物结构安全的基础上，达到了良好的节能效果。在深圳某居民楼的全生命周期能耗控制中，同样引入了楼板厚度控制，使得建筑在保持良好的居住环境的也大幅度减少了能源消耗，这些都是楼板厚度控制在实践中的应用。

4.2 基于楼板厚度控制的绿色建筑推广

楼板厚度控制的实践应用成果，充分证明了其在建筑能效提升中的作用，应积极推广此等技术。为此，相关建筑行业的专业机构应结合多年经验，推动出一系列指导原则和操作规程。政府部门也应当对采用此技术的建筑项目给予一定的政策扶持，例如增加补贴、给予优惠政策等，进一步推动楼板厚度控制技术的广泛应用和发展。

4.3 向绿色建筑设计理念的转变

随着绿色建筑理念的深入人心，建筑设计领域也在逐渐转变，从以前的追求建筑物的美观、奢华，到现在的注重建筑物的环保、节能。在这个转变的过程中，楼板厚度控制作为一个实际应用的绿色建筑设计策略，已在建筑设计中发挥了积极的作用，也对推动绿色建筑设计理念的普及起到了推动作用。

逐渐地，建筑行业正在通过楼板厚度这一关键因素的有效控制，对建筑设计进行深层次的思考和创新。从传统的建筑设计模式转变为绿色环保的设计模式，不仅对环境负责，也是对未来可持续发展的深思熟虑。

4.4 对楼板厚度控制更深入的研究和发展

楼板厚度控制是一个复杂的工程技术任务,需要以科学精神去探索,以创新性思维去研究。未来的研究方向应包括如何具体运用楼板厚度控制以降低建筑能耗,如何通过楼板厚度控制以满足不同构造需求等。只有不断深入研究,才能帮助楼板厚度控制技术走向成熟,也能推动绿色建筑设计方法在更广泛的领域得到应用。

期待更多具有前瞻性的建筑设计理念和技术不断涌现,引领我国的建筑行业走向更低碳、更环保的未来。

5 结语

本研究深入探讨了楼板板厚控制对绿色建筑设计的积极影响,发现创新的设计方法可以显著提高建筑的热保温特性,优化能源利用。采用建筑节能标准和楼板板厚参数优化的设计模型,对不同楼板厚度对建筑的热损失、能源消耗和综合环境影响进行了细致研究,结果显示优化楼板的板厚设计能够减轻环境压力,降低能源消耗,有助于推动我国绿色建筑和可持续建筑的发展。虽然研究取得了一定的成果,但是还有一些经验性的问题需要进一步探讨,比如楼板板厚的优化设计如何结合实际工地环境进行有效的执行等。未来的研究还需要更多地关注楼板设计的创新与节能,同时投入更多的实践性研究,用以验证理论的实用性,持续推动我国的绿色建筑发展。

参考文献

[1] 张华,李欣,徐高阳,等. 基于参数化设计优化绿色建筑节能性能研究[J]. 建筑学报,2019,(4):45-51.

[2] 刘晶,刘亚军,刘肖韵,等. 基于建筑热负荷控制绿色建筑设计研究[J]. 建筑技术,2020,51(12):1123-1131.

[3] 孙楠,乔江涛,徐满朋,等. 基于夏季热环境优化的绿色节能住宅设计[J]. 建筑学报,2018,(5):41-46.

螺栓孔洞封堵技术在工程实践中的应用研究

朱岳峰

湖南省第五工程有限公司　株洲　412000

摘　要：螺栓孔洞封堵是解决工程设备因螺栓螺孔漏油、漏气等安全隐患的重要手段，在工程实践中应用广泛，本文主要围绕螺栓孔洞封堵技术在工程实践中的应用进行深入探讨。首先，通过对历年工程案例的总结和分析，详细介绍了螺栓孔洞封堵技术的基本原理和常见种类，并阐述了各种封堵技术的特点及适用范围。然后，结合实际工程实践需要，对螺栓孔洞封堵技术的关键实施步骤进行了深入研究，给出了一种科学、有效的封堵流程。试验结果表明，合理选择和正确使用封堵技术，不仅能够有效解决螺栓孔洞的漏油、漏气问题，确保设备的稳定运行和人员的安全，而且还能大大降低维修成本和工程风险。因此，本研究的结果对于指导工程实践、提升设备维护效率及避免潜在风险具有重要的参考价值。

关键词：螺栓孔洞封堵技术；漏油漏气问题；设备维护效率；工程实践；降低维修成本

在工程设备的使用和维修过程中，螺栓孔洞的精确封堵至关重要，它涉及设备的正常运行，更关乎到工程作业安全。然而，目前在螺栓孔洞封堵技术的实施过程中，尚存在一些问题，譬如封堵技术选择不合理，封堵步骤操作不规范，以致于不能有效解决漏油、漏气等问题，严重影响设备的稳定运行，甚至增加了工程事故的风险。因此，对螺栓孔洞封堵技术在工程实践中的应用进行深入研究，对于提升设备的维护效率，避免潜在风险，具有不言而喻的重要性。

1　螺栓孔洞封堵技术概述

1.1　基本原理和功能

螺栓孔洞封堵技术是一种用于修复和封堵设备或结构中出现的螺栓孔洞的技术手段。其基本原理是通过选择适当的材料和方法，使螺栓孔洞能够恢复到原先的密封状态。

螺栓孔洞封堵技术的功能主要有两个方面。一是可以有效地防止漏油、漏气等问题的发生，保证设备的正常运行和安全性。二是可以改善设备的使用寿命，减少维修成本，提高设备的可靠性和稳定性。

1.2　常见封堵技术种类及特点

常见的螺栓孔洞封堵技术包括机械封堵、化学封堵和液压封堵。

机械封堵是应用一些特殊的机械装置，通过填补螺栓孔洞的方式达到封堵的效果。这种方法具有操作简单、成本较低和可重复使用等特点。

化学封堵是利用化学物质的特性，在螺栓孔洞中加入化学封堵剂，使其填充螺栓孔洞并形成固体封堵体，以实现封堵的目的。这种方法适用范围广，对不同形状和尺寸的孔洞都能有效封堵。

液压封堵是利用高压液体的力学原理，在螺栓孔洞处施加压力，将密封物填充到孔洞中，形成密封效果。这种方法具有封堵效果可靠、耐高温、耐腐蚀等特点。

1.3 各种封堵技术的适用范围

各种封堵技术都有其适用范围。机械封堵适用于较小的孔洞，其封堵效果相对较差。化学封堵适用于不同形状和尺寸的孔洞，并且能够达到较好的封堵效果。液压封堵适用于较大的孔洞，能够实现高压封堵，封堵效果较好。

在工程实践中，根据具体的螺栓孔洞尺寸和形状，选择合适的封堵技术是非常重要的。工程师还需要考虑到工程的实际要求和成本因素，选择适当的封堵技术，以达到最佳的封堵效果。

2 螺栓孔洞封堵技术的实施步骤与流程

2.1 封堵技术的关键实施步骤

螺栓孔洞封堵技术的实施步骤大体包括三个阶段：预处理、封堵以及后期处理。

在预处理阶段，需要对孔洞进行彻底的清洁工作，去除表面的腐蚀、油漆、油脂等杂物。清洁后更利于封堵材料的粘附，并有助于提高封堵质量。

在封堵环节，需要根据孔洞的尺寸、形状、位置，以及工作条件的不同，选择合适的封堵策略和封堵材料。封堵策略一般有充填封堵、压盖封堵、生长封堵等。用于封堵的材料主要有金属、陶瓷、树脂等。

后期处理是确保封堵效果稳固、持久，以及满足工作需要的重要步骤。包括对封堵部位进行光滑处理，保证封堵部位与周边表面在物理、化学性质以及工艺性能上的兼容性。

2.2 封堵技术的具体操作流程

在螺栓孔洞封堵技术的具体操作流程中，需要对封堵对象的具体情况进行详细的分析和理解，以便在尽可能减少操作步骤的情况下，达到最佳的封堵效果。螺栓孔洞封堵技术在执行初期，首先要实地检查，明确需要封堵的螺栓孔洞的具体位置、数目及大小。一方面，这有助于了解封堵任务的规模，合理分配工作资源和设备；另一方面，也能对可能存在的特殊情况进行事前预判，以做出相应的处理措施。

任何孔洞性质的封堵工作都离不开封堵材料的配备。而封堵材料的选择，则需依据实际孔洞的形状、大小、位置，以及所在设备的运行状态来决定。在一般情况下，封堵材料可以选择弹性好，耐酸碱耐腐蚀，且有一定的抗压能力的材料。

接下来将封堵材料送入孔洞。在此过程中，必须确保封堵材料填充均匀，且在孔洞两端都有一定的突出，以提高封堵的稳固性。尤其需要注意，封堵材料应避免被硬物割破或碰撞，避免造成封堵质量下降。待封堵材料放入孔洞后，需要进行封堵操作。封堵时，会根据实际需求，用专用工具对封堵材料进行压缩，直至压实，并对其进行镶嵌，形成一体化的封堵体，从而使孔洞得到有效的封堵。而在封堵结束后，应立即对封堵效果进行检验。若封堵效果良好，即可视为工作完成。若封堵效果不理想，则需对原封堵材料进行替换或进行补充封堵，确保封堵效果的最优。

需要注意的是，在整个封堵操作过程中，必须确保操作环境的清洁，以避免杂质进入孔洞，对封堵效果产生干扰。严格遵守操作规程和安全规则，合理安排工作时间，避免过度劳累，可以有效提高工作效率，保障操作过程的安全性。

整个螺栓孔洞封堵工程可分为五个主要阶段：检查定位阶段、封堵材料选择的阶段、材料导入阶段、镶嵌封堵阶段和检验阶段。整个过程每个环节都极其关键，需要细致的分工和谨慎的操作。因此，也体现了螺栓孔洞封堵技术对于工程实践的重要性以及对于提升工程安全性、稳定性的价值。

2.3 在工程实践中的应用示例

在实际工程中，螺栓孔洞封堵技术有着广泛应用。例如，在港口装卸，在对大型设备进行检修时，往往会出现螺栓孔洞问题；在轮船维护中，由于海水腐蚀，也有可能出现螺栓孔洞问题；化工设备在高温、高压下工作，也经常面临螺栓孔洞问题。

以上三种情况，都需要采取螺栓孔洞封堵技术进行处理。实施方式多样，有的采用金属材料封堵，有的采用复合材料封堵，还有的采用涂层技术封堵。封堵后的孔洞都成功恢复了原本的工作性能，有效解决了漏油、漏气等问题。

3 螺栓孔洞封堵技术在设备维护中的作用和价值

3.1 封堵技术对解决漏油漏气问题的贡献

螺栓孔洞封堵技术在设备维护中的一个重要作用是解决漏油、漏气问题。随着设备使用寿命的延长和环境的恶化，设备中的螺栓孔洞容易出现老化、磨损或损坏，从而导致油液或气体泄漏。螺栓孔洞封堵技术可以有效地封堵这些漏隙，阻止油液或气体的泄漏，从而保证设备的正常运行和使用安全。

封堵技术的应用范围广泛，可以用于各种类型的设备，如管道、容器、机械设备等。其中，螺栓孔洞封堵技术通过在孔洞中填充密封材料，形成一个可靠的屏障，阻止液体或气体的泄漏。密封材料可以选择合适的胶粘剂、密封带或填料等，具体选择取决于孔洞的尺寸、形状和工作环境等因素。

螺栓孔洞封堵技术的优势在于其快速、可靠和经济的性质。在设备维护中，一旦发现漏油、漏气问题，及时采取螺栓孔洞封堵措施可以迅速解决问题，防止进一步的损害和费用增加。螺栓孔洞封堵技术具有很好的适应性，可以适用于不同形状和尺寸的孔洞，无论孔洞是线性孔、圆形孔还是其他不规则形状的孔洞，都可以进行有效的封堵。

3.2 封堵技术在提升设备维护效率方面的影响

螺栓孔洞封堵技术的应用可以显著提升设备维护效率。传统的漏油、漏气问题需要停机维修，维修过程时间长、成本高，并且会造成生产线的停产。而螺栓孔洞封堵技术可以在设备运行状态下进行维修，大大减少了设备停机时间和生产线的中断。封堵技术具有快速施工、工艺简单的特点，无需大量的维修人员和设备，可以节省维修成本和人力资源。

螺栓孔洞封堵技术的使用还可以减少设备维护过程中的材料浪费和环境污染。相对于传统的维修方法，封堵技术只需要使用少量的密封材料，在维修过程中减少了材料的浪费。封堵技术没有产生废弃物和污染物，对环境没有负面影响。螺栓孔洞封堵技术在提升设备维护效率方面具有显著的影响和价值。

3.3 封堵技术在降低维修成本和工程风险方面的优势

螺栓孔洞封堵技术在设备维护中的另一个重要作用是降低维修成本和工程风险。维修成本是设备维护的重要考虑因素之一，传统的维修方法通常需要较长的停机时间、大量的人力资源和维修材料，成本较高。而螺栓孔洞封堵技术具有施工简单、材料少、快速修复的特点，能够在较短的时间内完成维修任务，从而降低了维修成本。

螺栓孔洞封堵技术在工程风险防范方面也具有很大的优势。设备维护过程中的漏油、漏气问题如果得不到及时解决，可能会引发更严重的安全事故，甚至造成人身伤害和设备损坏。螺栓孔洞封堵技术可以迅速解决漏油、漏气问题，避免了潜在的工程风险，保证了设备运行的安全性和稳定性。

　　螺栓孔洞封堵技术在设备维护中发挥着重要作用。它通过解决漏油、漏气问题，提升了设备的维护效率，降低了维修成本和工程风险。螺栓孔洞封堵技术的应用在工程实践中具有广阔的前景和重要的价值。

4　结语

　　本研究围绕螺栓孔洞封堵技术在工程实践中的应用进行综合阐述，首先系统性地分析了封堵技术的基本原理及各种常见封堵技术的特点和应用范围。其次分析了正确使用封堵技术解决螺栓孔洞漏油、漏气问题的有效性，并提出了一套科学的封堵流程，对于现场工程据有一定的指导意义。然而，封堵技术在应用过程中仍存在一些局限性，例如对特殊材质或特殊环境的封堵效果还有待探讨。在未来的研究工作中，我们将针对各种复杂场景的封堵问题进行深入研究，并努力开发更有效、适用范围更广的封堵方法。

参考文献

[1] 王文儒，杨启信. 工程设备封堵修复技术及其应用研究 [J]. 油田设备，2020（6）：78-82.

[2] 孔德胜，陈卫兵，黄伟军，等. 润滑脂对螺纹密封性能影响的实验研究 [J]. 润滑油，2019（1）：43-47.

[3] 王灵光. 柔塑封堵剂在石油管道封堵修复中的应用研究 [J]. 石油工程建设，2018（3）：76-79.

[4] 崔振权，杨伟，田兆曦，等. 高压密封技术变压器油箱漏油修复方法的研究 [J]. 中国电力，2018，51（2）：105-109.

[5] 管新伟，王丽丽，齐胜男，等. 螺纹连接技术在石油设备中的应用研究 [J]. 油气储运，2016（7）：745-749.

浅谈钢框架结构填充墙体裂缝的成因及防治措施

莫胜辉

湖南省第五工程有限公司　株洲　412000

摘　要：本研究围绕钢框架结构中的填充墙体裂缝问题进行深入分析与探讨。针对结构组成、特性及填充墙体的作用与重要性进行系统阐述，明确了墙体裂缝的严重性。通过对材料、施工及荷载作用与环境变化的多角度因素考虑，识别了墙体裂缝产生的主要原因。针对这些成因，本研究提出了一系列工程设计优化方案和施工维护技术的防治措施，旨在提供可靠的解决路径以减少裂缝的发生。通过这些综合措施，进一步强化了钢框架结构的稳定性和安全性，本研究的结论具有一定的理论价值和实际工程应用意义。

关键词：钢框架结构；填充墙体；裂缝成因；防治措施；结构优化；施工技术

1　引言

钢框架结构填充墙体裂缝是钢结构建筑中常见的问题，其主要成因包括地震、温度变化、结构变形等多种因素。这些裂缝不仅影响到建筑物的美观和使用性能，更可能对整个结构的安全性造成威胁。因此，针对钢框架结构填充墙体裂缝的成因进行深入研究，并提出有效的防治措施，对于保障建筑物的结构安全和使用寿命具有重要意义。本文就钢框架结构填充墙体裂缝的成因及预防措施展开探讨与研究，旨在为相关工程技术人员提供一定的参考和借鉴。

2　钢框架结构概述

2.1　结构组成及特性

钢框架结构主要由钢柱、钢梁和连接节点组成，其具有高强度、刚度大、质量轻、易于加工和施工等优点。

材料匀质性和各向同性好，属理想弹性体。材料塑性、韧性好，可有较大变形，能很好地承受动力荷载。钢框架结构中钢柱承受着垂直荷载，并通过连接梁传递至地基，同时还要承受水平作用力。钢梁作为框架的水平构件，在承受横向荷载的同时还需保证结构的稳定性和整体刚度。连接节点作为承载和传递结构荷载的关键组成部分，需要具备良好的刚度和承载能力，以保证整个结构的稳定性和安全性。同时，填充墙体作为结构的非承重部分，起到了防火、隔声和整体稳定性的作用。钢框架结构的组成和特性对结构的稳定性和安全性具有重要影响。

2.2　填充墙体作用与重要性

填充墙体是钢框架结构中的重要构件，具有支撑和承载外部荷载的作用。填充墙体作为结构的一部分，能够有效地提高整体刚度和稳定性，增强结构的整体抗震性能。此外，填充墙体还可以有效地固定钢结构，减少结构的变形和裂缝的产生，提高结构的整体受力性能，保证结构的安全可靠性。因此，填充墙体在钢框架结构中具有非常重要的作用和意义。

填充墙体的重要性还体现在其对结构的隔声、隔热、阻燃等方面的作用。填充墙体可以有效隔离结构与外界环境的热量和噪声，提高建筑的舒适度和安全性。同时，填充墙体还可以在一定程度上起到阻燃的作用，减少火灾对结构的影响，保护人员生命财产安全。

综上所述，填充墙体作为钢框架结构中的重要组成部分，具有多重作用和重要意义。对填充墙体的设计、施工和材料选择需要进行充分的认真研究，以确保结构的安全稳定和良好的使用性能。

3 裂缝成因分析

3.1 材料与施工因素

钢框架结构填充墙体裂缝的成因之一是材料的收缩作用。填充墙自身收缩而产生的裂缝，这种裂缝比较规则，造成裂缝的原因是：砌筑砂浆具有流动性，在重力作用下，墙体不断沉实引起收缩，另外，由于水泥在硬化过程中的收缩也带动了墙体的收缩，这种收缩时间较长，但在一个月左右的时间内这些收缩基本可完成。由于填充墙和混凝土的线膨胀系数不同，温度变化后，两种材料的收缩量也不一样，这就造成了在两种材料结合处的裂缝。尽管这种裂缝是规则的，但由于环境温度变化比较频繁，裂缝是不可避免，只能通过治理控制其宽度，使之由有害裂缝变为无害裂缝。砌体材料的干湿不稳定性产生的裂缝，从许多工程中发现，有不少填充墙的砌体材料都存在湿胀及干缩的现象，这就会造成粉刷后的墙面出现规则性裂缝。产生这种裂缝的原因为墙体粉刷前充分浇水湿润，这时的墙体含水率较高，体积略有膨胀，粉刷结束后，墙体内的水分才开始逐渐往外析出，随着水分的不断挥发，墙体就会逐渐干燥和收缩，当墙体的收缩量大于砂浆拉应力时，则会将墙面的粉刷层拉裂。

为了尽量避免填充墙体裂缝，首先，填充墙体所使用的墙体材料应符合设计要求，并严格按照施工工艺进行砌筑和养护，以确保砌体质量。其次，填充墙使用的钢筋应符合相关标准和规范要求，且在施工过程中要进行正确的加工、连接和固定，以保证钢筋的受力和连接质量。另外，填充墙材料的贮存和运输也需要注意避免造成材料的损坏和变形。

此外，施工因素也会对填充墙体裂缝产生影响。在施工过程中，需要严格按照设计要求和施工工艺进行施工操作，包括浇筑、抹灰、装饰等工序，以保证填充墙的整体质量。特别是在钢框架结构填充墙的施工中，对于与钢结构连接的部位和施工工艺，需要特别注意，确保连接牢固、施工质量良好，以避免出现裂缝。同时，还需要合理控制施工过程中的温度、湿度等环境因素，避免对填充墙体材料和结构产生不利影响。

3.2 荷载作用与环境影响

钢框架结构填充墙体裂缝的主要成因是来自荷载作用与环境影响。在钢框架结构中，外部荷载和环境因素承载对填充墙体的影响较大，如地震、风荷载、温度变化等。这些荷载作用会导致填充墙体的应力和变形增大，从而引发裂缝的产生和扩展。因此，针对不同的荷载作用和环境影响，需要采取相应的措施来减少填充墙体裂缝的产生。

当钢框架结构地基下沉不均匀，也会造成墙体出现斜向的裂缝。填充墙与钢框架结构间未设置拉结措施，或墙体内沿高度设置通长拉结钢筋也会出现裂缝。

另外，荷载作用与环境影响也包括钢框架结构自身的变形和位移，例如局部变形、整体位移等，这些变形也会对填充墙体的稳定性产生一定影响。因此，在设计和施工过程中，需要充分考虑钢框架结构本身的变形特点，以及外部环境对填充墙体的影响，从而制定合理的防治措施。

此外，还需要关注不同环境条件下填充墙材料的性能变化，例如在高温或低温环境下，填充墙材料的力学性能、抗压强度、黏结性能等会发生变化，这也会对填充墙体的裂缝产生影响。因此，在选材和施工过程中，需要考虑不同环境条件下填充墙材料的适用性和稳定性，以及对应的变化规律，从而选择合适的材料和施工工艺来减少裂缝的产生。

4 防治措施研究

4.1 工程设计优化

在钢框架结构填充墙体裂缝的防治过程中，工程设计优化是至关重要的一环。首先，在设计阶段，应充分考虑填充墙体与框架结构之间的协同工作，合理确定填充材料的性能指标和厚度，以确保填充墙的整体受力性能。其次，在结构设计中，应采用适当的降低填充墙内应力集中的方法，如在钢框架结构与填充墙间设置合适的缝隙或局部加固设计措施。

此外，在施工工艺上，应注意填充墙的砌筑细节，在填充墙砌筑完14d后再进行顶砖砌筑，确保填充材料的均匀性和密实性，避免因施工质量问题导致裂缝产生。最后，在施工验收后，需要对填充墙的受力状态进行全面检测和监测，及时调整和优化设计，保证填充墙在钢框架结构中的稳定性和安全性。

4.2 施工与维护技术

钢框架结构填充墙体裂缝的成因中，施工过程中的技术和维护问题是一个重要因素。首先，在施工过程中，应严格按照相关规范和标准进行操作，确保填充墙的施工质量和工艺符合要求。其次，在填充墙的维护过程中，要定期检查墙体的状态，及时发现和修补裂缝，以防止裂缝扩大并影响结构的稳定性。此外，在填充墙施工过程中要做好墙体固定和保护工作，防止外部振动和变形对墙体结构造成影响。另外，对于填充材料的选择和使用也要符合相关标准，避免出现填充材料本身质量问题导致墙体裂缝的产生。最后，在填充墙的维护中，注意保持墙体与周围结构的协同变形，避免墙体由于与结构的不协调运动而产生裂缝。

5 结论

通过对钢框架结构填充墙体裂缝成因的分析，可以得出以下结论：首先，裂缝的形成主要是由于结构受力不均匀以及变形不协调引起的。其次，裂缝的出现也与填充墙体材料的性能、施工工艺等因素密切相关。针对这些裂缝的成因，我们可以采取相应的防治措施进行处理。具体来说，可以通过选择合适的填充墙体材料，优化结构设计，加强施工质量管理等方式来有效减少裂缝的出现。此外，定期进行结构的检测和维护也是预防裂缝的有效手段。希望这些防治措施可以为钢框架结构填充墙体裂缝问题的解决提供一定的参考和借鉴。

浅谈铝模混凝土表面气泡孔产生原因及控制措施

孙　繁　周　波　龚　磊　高泽林

湖南省第五工程有限公司重庆葛宁·皓宇雅筑项目　株洲　412000

摘　要：本文以重庆葛宁·皓宇雅筑项目建设工程施工项目工程为例，简要介绍了该工程铝模混凝土墙体气泡孔控制技术，通过分析气泡孔产生的原因，提出有效的控制措施，并通过试验验证其可行性。试验结果表明，采用优化材料选择、改进施工工艺和加强施工质量控制等措施，能够显著降低铝模混凝土墙体气泡的产生，提高墙体的施工质量对类似工程高层采用铝模施工能起到一定的经验总结、借鉴作用。

关键词：铝模；气泡孔；控制措施

铝模施工技术在现代建筑行业中得到广泛应用，因其施工效率高、施工质量稳定等优点受到青睐。然而，铝模混凝土墙体中气泡孔的产生一直是影响施工质量的难题。气泡孔不仅影响墙体的美观，还可能对墙体的强度和耐久性产生负面影响。因此，研究铝模混凝土墙体气泡孔控制技术，对于提高建筑质量具有重要意义。

1　工程概况

重庆葛宁·皓宇雅筑项目位于重庆市渝北区空港新城航空小镇，建筑面积为73348.18m^2，建筑高度为38.9m。结构类型为剪力墙、框架结构，基础类型为独基+条基、桩基，地上层数为13F/5F，地下1F。标准层层高为3.0m，其他主要层高为3.6m、3.8m。合同工期为450日历天，质量目标为合格工程。该项目主要包括两部分：地下室车库负一层，层高3.6m/3.8m，战时部分区域作为人防区为二类人员遮蔽所，平时作设备用房及地下车库；地下室车库以上有11栋建筑，3号楼、6号楼、8号楼、9号楼为13层二类高层住宅，1号楼、2号楼、4号楼、5号楼、10号楼、13号楼、14号楼为5层多层住宅，层高均为3.0m，屋面设计为平屋面，总建筑面积73348.18m^2。本工程为丙类建筑，主体结构设计使用年限为50年；建筑结构安全等级为二级，地基基础设计等级为乙级；采用钢筋混凝土框架、剪力墙结构体系，标准设防类为丙类；各层结构构件抗震等级四级；地下室防水及附属用房防水等级为二级，其中电气设备用房防水等级为一级；地下室或半地下建筑（室）的耐火等级为一级，多层和二类高层住宅建筑耐火等级为二级；抗震设防烈度为6度。

2　铝模混凝土表面气泡的影响

铝模施工混凝土墙体表面出现气泡孔过多时，会对混凝土产生以下影响：

2.1　降低强度

当气泡孔较大（直径大于200um）时，会减少混凝土的断面体积，致使混凝土内部不密实，从而降低混凝土的强度。尤其是回弹检测混凝土强度时，很容易受到表面气泡孔的影响。

2.2 降低耐腐蚀性能

由于混凝土表面出现了大量的气泡孔，减少了钢筋保护层的有效厚度，加速了混凝土表面碳化的进程。

2.3 表观质量不好

混凝土表面质量不好严重影响了混凝土的外观。

3 铝模混凝土墙体气泡产生原因分析

铝模混凝土墙体气泡孔的产生主要源于以下几个方面：

3.1 混凝土原材料原因

混凝土外加剂过多，引气剂、减水剂之类的混凝土外加剂通过产生一些气泡来改善混凝土的施工性能，但同时也会使这些气泡聚集附着在模板表面，对混凝土表面气泡的产生影响较大；混凝土掺和料过多，骨料级配不合理，粗集料过多，细粒料偏少，针片状颗粒含量过多；混凝土中加入过量的掺和料会导致混凝土的黏性增加，不利于气泡排出；混凝土坍落度偏小，和易性较差，对混凝土的流动和气泡的排出产生有害影响。

3.2 施工工艺原因

混凝土浇筑时分层厚度不合理，一次性浇筑高度过大，不利于混凝土中气泡排出；混凝土振捣过程中振捣棒插入混凝土间距过大，振捣时间较短，气泡无法充分排出；铝模板粘污，清理不干净，铝模板表面混凝土残渣，浇筑时气泡排出受阻。

3.3 模板材质的影响

铝模板未镀保护膜，新浇筑的混凝土（相当于碱性水溶液）与铝模板表面直接接触，发生缓慢的化学反应，反应产物（氢气）无法从铝模板表面排出，导致混凝土表面微气泡的产生。

3.4 脱模剂的影响

脱模剂润滑度较差，不能保证混凝土浇筑时气泡顺利排出。

4 铝模施工墙体气泡孔控制措施

针对上述原因，本文提出以下控制措施：

4.1 混凝土原材料控制措施

由商品混凝土厂家对混凝土配合比进行调整，调整混凝土中的外加剂含量，减少或去除引气剂使用，使混凝土自身气泡产生减少；适当减少混凝土掺和料，合理配比骨料级配，减小混凝土的黏度；适当增大混凝土坍落度，改善混凝土和易性，使气泡的顺利排出。

4.2 施工工艺控制措施

混凝土浇筑时合理分层（厚度≤600mm），使混凝土中气泡充分排出；严格控制混凝土振捣插入间距，振捣时间（20s左右），混凝土振捣间距（不宜大于500mm），充分振捣混凝土；加强铝模板拆除后表面混凝土残渣的清理，确保铝模板无遗留混凝土残渣，模板表面清洁光滑。

4.3 模板的控制措施

选择有镀膜保护铝模板，避免铝材直接与混凝土接触，产生氢气（$2Al+2H_2O+2OH^- = 2(AlO_2)^- +3H_2\uparrow$），附着在铝模板表面，形成大量微气泡；对无镀膜保护的铝模板，前4~6层选择优质油性隔离剂，减少微泡的产生，铝与混凝土碱性水溶液的化学反应，会在铝模板表面产生致密的氧化膜，多次周转此问题可消除。

4.4 脱模剂的控制措施

改进脱模剂成膜工艺，墙体铝模涂刷脱模剂前首先清理干净模板表面的混凝土浮浆，涂刷脱模剂后平放静置 2~3h，使得脱模剂能在铝模板表面充分成膜。更换脱模剂，采用润滑度较高、质量较好的脱模剂，保证混凝土浇筑时混凝土与铝模接触界面气泡能顺利排出。

5 试验验证与分析

为验证上述控制措施的可行性，本文进行了试验验证。试验过程中，我们选择了本项目的 8 号楼 4 层两组相同的墙体进行对比，墙体混凝土强度设计值为 C35，其中一组采用传统施工方法（图1、图2和图5），另一组采用本文提出的控制措施（图3、图4和图6），并对墙体的强度进行了测试（图1~图6）。

图 1 混凝土表面

图 2 混凝土回弹

图 3 混凝土表面

图 4 混凝土回弹

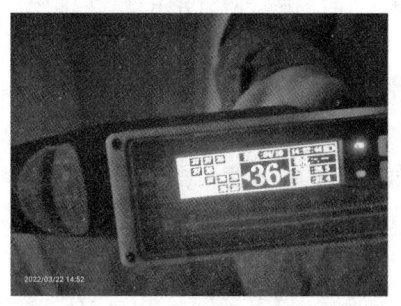

图 5 混凝土回弹值

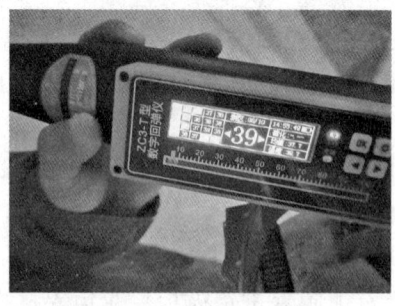

图 6 混凝土回弹值

结果统计如表 1、表 2 和图 7 所示。

表1　铝模施工墙体气泡孔数量及回弹法测混凝土强度对比

施工方法	气泡数量（个/m²）	平均气泡直径（mm）	混凝土强度（回弹法）（MPa）
传统方法	35	4.1	36
控制措施	5	1.8	39

表2　试验指标增减率

控制措施与传统方法施工后试验指标对比增减率	气泡数量减少百分比	平均气泡直径减少百分比	混凝土强度（回弹法）增加百分比
	85.7%	56.1%	8.33%

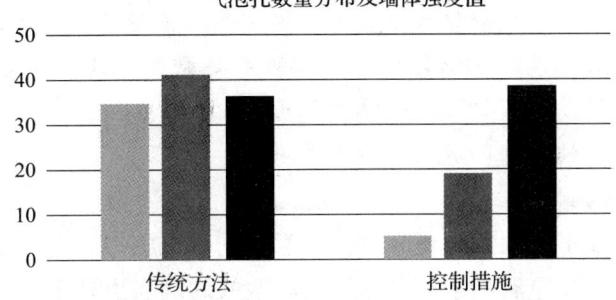

图7　铝模混凝土墙体气泡孔数量平均直径及墙体强度值对比图

从试验数据可以看出，采用控制措施的施工组墙体气泡数量明显减少，平均气泡直径也有所减小。这表明控制措施在减少气泡产生和提高气泡分布均匀性方面以及墙体强度均优于传统方法施工组。

6　结论

本文通过对铝模混凝土墙体气泡孔产生原因的分析，提出了优化材料选择、改进施工工艺和加强施工质量控制等控制措施。试验验证结果表明，这些措施能够显著降低铝模混凝土墙体气泡的产生，提高墙体的施工质量。因此，在实际施工中，应积极采用这些控制措施，以提高建筑质量，满足人们对美好生活的追求。未来，我们将进一步深入研究铝模混凝土墙体气泡孔控制技术，探索更加高效、环保的施工方法。同时，我们也将关注新技术、新材料在铝模施工中的应用，为建筑行业的可持续发展贡献力量。

参考文献

[1] 张晓栋. 铝模板施工工艺在实际应用中存在的问题及优化措施[J]. 石材, 2023（7）: 27-29.
[2] 林鑫鑫. 铝模与爬架组合体系的现浇混凝土质量控制分析[J]. 福建建材, 2023（5）: 105-107, 115.
[3] 董水权. 住宅工程中混凝土铝模施工混凝土气泡原因分析[J]. 居舍, 2023（3）: 150-153.
[4] 中华人民共和国住房和城乡建设部. 组合铝合金模板工程技术规程: JGJ 386—2016[S]. 北京: 中国建筑工业出版社, 2016.
[5] 中华人民共和国住房和城乡建设部. 混凝土结构设计规范: GB 50010—2010[S]. 北京: 中国建筑工业出版社, 2015.
[6] 中华人民共和国住房和城乡建设部. 混凝土结构工程施工规范: GB 50666—2011[S]. 北京: 中国建筑工业出版社, 2012.

浅谈内墙饰面砖空鼓脱落原因及防治措施

徐佳淼

湖南省第五工程有限公司　株洲　412000

摘　要： 我国作为瓷砖生产和消费的大国，瓷砖铺贴技术的发展和普及却赶不上瓷砖本身的进步速度。在瓷砖铺贴质量方面，市场上的精装房、公共区域瓷砖空鼓脱落的问题也是屡见不鲜，并容易引发安全事故。随着越来越多的业主对瓷砖铺贴质量的关注，文章将从"人、材、机、法、环"五大方面总结内墙饰面砖空鼓的主要原因，针对各类问题运用科学的方法提出防治措施，从而提高内墙饰面砖铺贴工程的质量和安全性。

关键词： 内墙饰面砖；空鼓脱落；原因；防治措施

随着工程品质要求的不断提升，越来越多人意识到建筑施工没有质量便没有未来。在新材料、新工艺、新设备等多重影响下，导致饰面砖空鼓的因素也越来越复杂。一方面，饰面砖铺贴工人的水平参差不齐，在技术飞速发展的情况下，部分工人未跟上新工艺的步伐，无法适应新的施工环境与要求。另一方面，新型材料与工具未得到全面的普及，瓷砖多元化的发展使得传统的黏结材料已经无法与新型墙面有效地连接。多数工程在内墙饰面砖施工完成后，容易出现空鼓脱落等质量问题，后期返修成本较高且影响整体的感观质量。本文结合工程实例开展内墙饰面砖空鼓专项研究，通过工程调查与实践结合的方法，研究导致内墙饰面砖空鼓脱落的主要原因及防治措施。在大批精装修住宅工程涌向市场的过程中，如何做好内墙饰面砖空鼓率控制有着深远的意义（图1）。

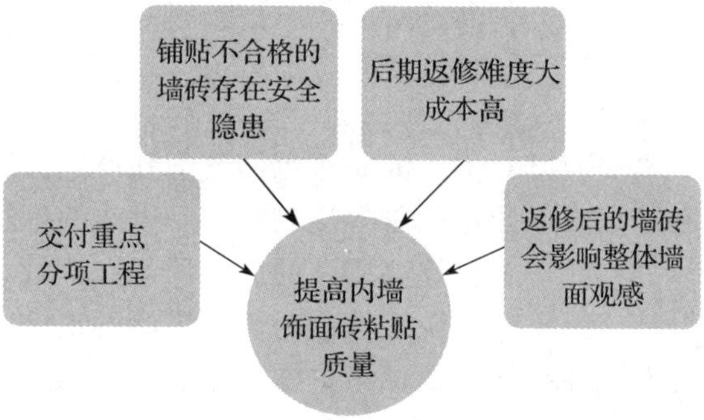

图1　研究课题原因分析

1　内墙饰面砖空鼓脱落的原因

1.1　空鼓脱落的原理

饰面砖空鼓是由于粘贴材料未能紧密结合瓷砖面，导致饰面砖与铺贴材料之间出现分离现象。从材料力学的角度分析，饰面砖从基层脱落是由于瓷砖-粘接材料-基层贴砖系统的内应力所致，当该系统的内应力大于本身强度时，该系统将被破坏。检查墙面时用专业检测工具轻轻敲击空鼓部位的饰面砖会发出咚咚的回响声。当四个角的最大剪切应力超过瓷砖-黏结材料的剪切黏结强度时，首先从四个角处出现空鼓，随着时间等因素影响，空鼓将渐渐发展到整个瓷砖面，导致饰面砖失去了应有的支撑力，于是便会脱落。

1.2　原因分析

1.2.1　基层处理不到位

基层处理是指在施工前对墙面进行清理、修补与处理，使其达到施工的基本要求。基层清理主要表现在墙面上有灰尘、油污等，特别是目前大量的住宅工程均使用铝模代替传统的木模进行钢筋混凝土施工。铝模工艺施工时会涂刷一层脱模剂，方便后续拆模再次使用。随着建造工艺的升级，钢筋混凝土墙面会残留一定的脱模剂，导致墙体表面光滑、致密，不利于基层与黏结层的有效黏结，影响黏结强度。基层修补是指基层存在空鼓、强度不足等缺陷问题需要先进行修补整改。随着材料的更新升级，砌体工程中加气块越来越常见，该材料轻质多孔、表面强度低、吸水性强、收缩值较大、容易起粉。在施工过程中砂浆配合比控制不到位，导致抹灰完成面强度不足，在饰面砖粘贴后由于黏结材料强度较高，更容易导致抹灰层出现空鼓。后期会出现瓷砖连带着抹灰层一起脱落的质量问题。同时，墙体的潮湿度和平整度也会对饰面砖的粘贴牢固程度产生影响，因此需要在饰面砖铺贴前对有质量缺陷的墙体基层进行修补。基层处理是指墙面进行固化、打毛等工序，目前最常用的方式是涂刷界面剂。界面剂通过物理吸附或化学作用的方式让界面层达到良好的性能，间接起到拉毛的作用，使得瓷砖与基层更好地黏结在一起。但市场上界面剂种类繁多，功能效果差别大，若选用不当，不仅无法起到加强黏结的效果，还会使得基层与黏结材料之间形成一层有弹性的封闭式薄膜，削弱了基层与黏结材料之间的强度。

1.2.2 材料质量问题

造成饰面砖空鼓的材料质量问题主要在于黏结材料及饰面砖材料。住房和城乡建设部在 2021 年 12 月 14 日发布的《房屋建筑和市政基础设施工程危及生产安全施工工艺、设备和材料淘汰目录（第一批）》明确禁止使用现场水泥拌制砂浆粘贴外墙饰面砖，可采用水泥基黏结材料。这反映出传统的材料已经跟不上工艺水平的发展脚步。随着国家政策的出台，目前业主对内墙饰面砖也有了更高的要求，更加注重铺贴质量。砂浆是由水泥、骨料和外加剂等组成，如果原材料质量不合格或掺杂其他杂质，会导致砂浆性能降低，失去黏结力和强度。常规使用的黏结材料为现场拌制水泥砂浆，但不可控因素较多，水灰比、配合比一般由工人根据经验施工，无法保证强度和质量，导致内墙饰面砖空鼓率较高。近年来瓷砖胶逐渐得到广泛应用，但由于瓷砖胶价格较高、起步时间较晚，在现场实际应用时，常常受水泥砂浆使用的观念影响。例如为了节省材料、方便施工，在瓷砖胶中掺杂水泥、沙子等混合使用。未根据不同材质的瓷砖使用相应等级的瓷砖胶，现场通过人工搅拌瓷砖胶或未按照规定比例加入水等。根据现场实际考察与调研，最常见的是在瓷砖胶中添加水泥使用。瓷砖胶由无机材料和聚合物添加剂组成，合理的配比才能保证其性能，加入水泥会改变成分比例，降低了瓷砖胶的黏结强度。同时，铺贴过程中瓷砖胶过厚，未在规定时间内使用完瓷砖胶或对瓷砖胶二次加水搅拌的情况均容易导致瓷砖发生空鼓，增大内墙饰面砖的空鼓率。

饰面砖材料会因自身湿膨胀率过大、背面纹路形状、生产工艺不科学等因素增大瓷砖铺贴后空鼓的发生率。一般在湿度较大的场所，当饰面砖自身的湿膨胀率过大，容易导致空气中的水分子进入瓷砖内部，增大饰面砖空鼓率。目前市场上尺寸较大的饰面砖相对更受欢迎，而这种饰面砖在高温烧制过程中，背面无法有比较深的沟壑，使得受力面积不足，较浅的燕尾和沟壑大大降低了黏结强度。同时，饰面砖在生产时需要加入氧化铝粉（脱模粉），若撒布过多或清理不干净会使饰面砖和黏结层造成隔离，减小机械咬合力。饰面砖空鼓原因分析如图 2 所示。

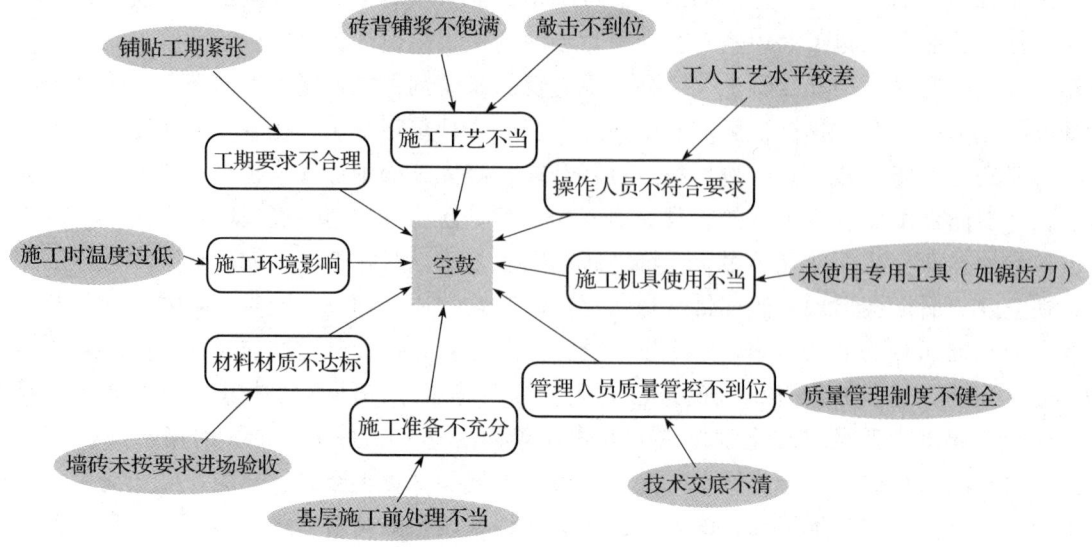

图 2 饰面砖空鼓原因分析

1.2.3 施工作业因素

（1）人员管理：饰面砖铺贴由瓦工操作完成，故受人的因素影响较大。技术水平参差不齐，对工人技术交底不到位等原因都直接决定了饰面砖铺贴质量。工人综合素质水平若不高，固执己见，对管理人员提出的要求拒不整改等，会增加饰面砖的质量问题。管理人员是否建立相关管理制度严格要求，施工样板走过场或施工过程中未严格按照要求执行，速度第一的思想与行为都是影响饰面砖空鼓脱落的原因之一。

（2）作业环境：温度、湿度的变化会对材料的使用性能产生一定影响。潮湿的天气或雨季施工会使饰面砖水分吸收过多，气候干燥时，饰面砖容易收缩变形。夏季高温施工时，基层或瓷砖等材料会从黏结材料中吸水，冬季低温施工时，会降低黏结材料的水化速度。这些原因都会影响黏结材料的性能与强度。

（3）施工机具：齿形抹刀的规格型号不匹配，饰面砖铺贴时是否有使用工具对墙砖进行充分敲击，并对黏结层起到压实排气的作用，操作过程中，用力不均匀或敲击次数过多，使得黏结材料中水分上浮，减弱了黏结层的黏结力也会容易造成空鼓。

（4）施工工艺：在施工时没有根据饰面砖的类型、尺寸合理预留膨胀缝，当气温发生变化时，黏结系统的内应力无法释放会导致饰面砖起拱、破坏，从而导致空鼓。目前，饰面砖铺贴方法主要分为全湿\半干铺贴法、点贴法、双面齿刮法，具体介绍见表1。根据实际情况采取不同的方法也影响着饰面砖的施工质量。

表 1 饰面砖铺贴方法对比

序号	黏结方式	原理	优点	缺点
1	全湿\半干铺贴法	机械嵌固	成本低，操作简单	配合比难控制
2	点贴法	化学键连接	速度快，整体效果好	抗冲击性差
3	双面齿刮法	机械咬合	效率高，省材省空间	基层要求高

2 防治措施

利用美国质量管理专家沃特·阿曼德·休哈特提出的 PDCA 循环进行质量管理，开展内墙饰面砖空鼓防治工作。做到制定对策、实施、检查、处理多次循环。

2.1 基层处理方面

（1）内墙饰面砖铺贴前，应按照国家和地方标准进行基层质量验收。不符合要求的基层必须按照规范整改，直至验收合格后方可施工。

（2）施工作业前应对基层表面进行清洗，将表层的灰尘、杂质、脱模剂等清理干净，不应有起壳、脱皮、起砂、油污等现象。同时，对基层墙体提前 12h 进行浇水湿润，渗入墙体 8~10mm 以上，确保基层干净整洁和湿润。

（3）基层表面应提前涂刷界面剂或拉毛处理。界面剂根据设计要求选用合适的材料。拉毛材料要求采用素水泥掺一定比例的胶粉，拉毛的作用是将黏结层做成锯齿状或毛刺状，增加粗糙度、扩大基层与饰面砖的黏结面积。拉毛时要注意选用聚合物强度高、增稠效果好的材料，方能做出良好的饰面涂膜。还要注意延长拉毛涂料的干燥时间且拉毛面层的均匀性，这样方能确保达到良好的拉毛效果。

2.2 材料质量问题方面

严格控制材料比选，统一安排施工材料，统一操作流程。要求各厂家提供样品及具体操作事项说明，再对各种不同饰面砖的型号、规格、纹理等进行层层比较与考核。饰面砖应与黏结材料综合搭配，遵循饰面砖吸水率越低、尺寸越大，黏结材料黏结应力应越强的原则。饰面砖背面纹路应有较深的沟槽，槽体内宽外窄。黏结材料应选用正规合格的产品，不能使用添加早强剂的黏结材料，因其初凝时间过短，缺失流动性，在施工过程中无法排出结合层的空气，容易引发空鼓问题。故黏结材料的强度、型号、添加剂均要符合要求。选材中要关注材料的地域性、相容性、耐久性，并根据规范要求进行材料质量检测试验。在现场选取合适的位置进行样板施工，规范施工流程，在养护周期达到 28d 后进行饰面砖剥离试验，经试验合格后再大面积地安排施工。每批饰面砖及黏结材料进场均要有现场相关人员按验收程序进行验收，并且验收记录齐全。施工作业前将饰面砖残留的脱模粉清理干净，黏结材料应严格按照使用说明书的要求进行拌制和使用。粉水比应按照要求添加，且先加水再加黏结材料，采用电动搅拌机将材料搅拌至高糊状。不宜一次性搅拌过多，配制好的黏结材料宜在 1.5h 内使用完毕。注重材料的保存环境应干燥，现场整洁。

2.3 施工作业因素方面

（1）人员管理：严格根据规范，设计图纸要求编制技术交底文件，开展技术交底工作，并对施工过程中所涉及的工艺流程，所用到的施工器具，质量标准及检查方法等内容有针对性地描述，确保每一个工人及管理人员熟悉方案；工人进场前应进行技术摸底，通过综合考核后方能安排上岗；每个工人所负责的区域施工完成后，要求工人在醒目位置签上自己的名字和完工日期；实时考察工人的工艺水平，便于后期整改责任到人；根据实际情况，建立相关奖惩制度。

（2）作业环境：在工程施工期间要时刻关注气候的变化，当气温为 5~35℃ 时才可以安排工人进行饰面砖铺贴；应将饰面砖存放在室内相对干燥的位置，避免材料因温度变化产生剧烈收缩；在大风大雨的季节，饰面砖铺贴前应紧闭门窗，严格把控每一次上料面积，防止因大风导致水分加速蒸发，黏结材料失水过快会降低其性能；大雨季节容易飘雨使材料积水或空气湿度过大，影响铺贴质量；饰面砖铺贴好后空气湿度达70%以上须采取排湿措施，每次铺贴完后应采用薄膜进行覆盖，减少水分流失并成品保护；在北方地区冬季还需要注意加强防冻措施。

（3）施工机具：采用专业的施工工具，将黏结材料均匀、饱满地抹在饰面砖背面，用专用锯齿刨刀做成锯齿以加强黏结；注意刮胶时基面与饰面砖需朝同一方向刮齿纹，便于空气排出；建议采用电动平铺机充分揉压，夯实饰面砖缝隙，提升黏结层的牢固性，确保四角有少量黏结材料溢出，降低空鼓率；并使用饰面砖平整度调节器控制平整度；门窗洞口上方饰面砖铺贴完后应采用有效可靠的支护工具直到黏结材料终凝。

（4）施工工艺：要合理设置饰面砖膨胀缝尺寸和选择填缝材料；在施工作业时应根据不同尺寸大小的饰面砖选择合适的膨胀缝预留，采用塑料十字架控制缝宽，横向竖向均要留设，且宽度一致；充分养护7d后，再采用合格的填缝剂进行填缝；对于采用背胶的饰面砖，优先选择双组分背胶；在铺贴前一天应将饰面砖背面均匀地涂刷一层背胶，注意边角不得遗漏，保证背胶与纹路充分黏结；再将刷好背胶的饰面砖平放于地面上晾干4h以上；饰面砖铺贴宜采用双面齿刮法施工，通过工具将饰面砖背面和基层面的黏结材料梳理成均匀的条状，在铺贴时能彻底将空气排出，大大提高满粘率；粘贴厚度应控制在5~10mm，如果黏结过厚或者过薄都会导致粘接强度下降，导致饰面砖后期出现空鼓脱落的问题。

阴角、阳角瓷砖铺贴工艺如图3和图4所示。

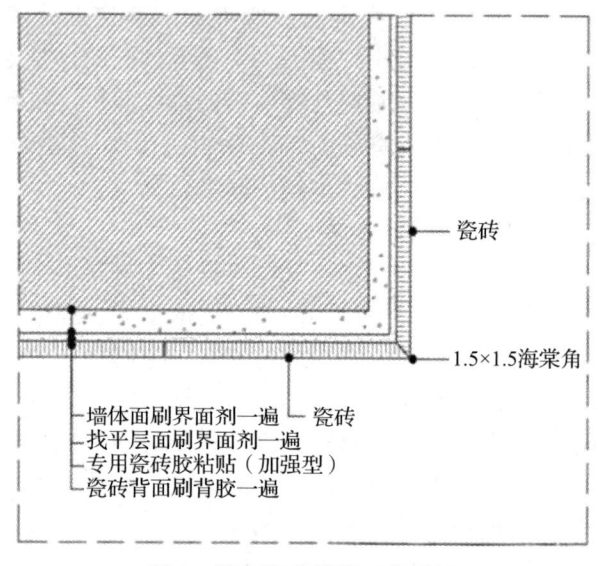

图3　阴角瓷砖铺贴工艺展示

2.4　其他防治措施

（1）优化细节：及时检查、及时整改。注重细节检查，做到随施工随检查；对不符合要求部位进行标记并形成检查记录，确保每个问题得到处理；严禁在黏结材料初凝后改动或挤压饰面砖；铺贴时注意饰面砖的四个角及上部黏结材料是否饱满，若不饱满应及时添补、注浆；黏结材料薄批上料的面积宜控制在$1m^2$左右，且应在10~15min内与饰面砖黏结完成。

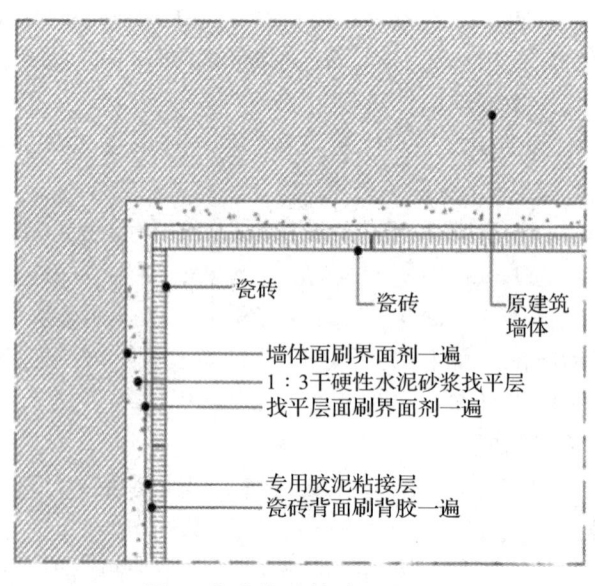

图4　阳角瓷砖铺贴工艺展示

(2) 成品保护: 在施工过程中可能发生碰撞的入口、通道、拐角部位设置临时保护措施, 饰面砖阳角位置采用专业阳角线收口并设置防撞条防护; 在饰面砖铺贴前应严格检查预留孔洞是否齐全、所处位置是否正确, 避免二次铺贴; 在需要整改的饰面砖返工时, 应先用专业切割机沿着膨胀缝进行切割后再凿除, 避免扰动周围的饰面砖。

3 结语

本文从"人、材、机、法、环"五大方面入手, 综合分析饰面砖空鼓的原因并提出相应的防治措施。对基层、黏结层、面层三大组成部分进行了充分的研究。饰面砖空鼓脱落是装饰装修工程中的质量顽疾, 为了减少饰面砖的空鼓率, 我们需要进行"事前、事中、事后"全方位的控制。落实精细化管理, 才能保障工程的品质。

参考文献

[1] 中华人民共和国住房和城乡建设部. 建筑工程饰面砖黏结强度检验标准: JGJ/T 110—2017 [S]. 北京: 中国建筑工业出版社, 2008.
[2] 中国建筑科学研究院, 雷帝 (中国) 建筑材料有限公司. 陶瓷饰面砖粘贴应用技术规程: CECS 504—2018 [S]. 北京: 中国计划出版社, 2018.
[3] 黄斌, 王之杰, 冯晓燕. 室内墙面瓷砖空鼓的原因分析及解决措施探讨 [J]. 工程质量, 2022, 40 (3): 87-90.
[4] 陈建筑. 结合工程实例讨论控制瓷砖空鼓率的施工技术措施 [J]. 建筑与预算, 2023 (5): 65-67.
[5] 王奎. 公共区域墙面砖空鼓脱落原因及防治措施分析 [J]. 中国建筑金属结构, 2023, 22 (11): 23-25.

浅谈装配重力式挡土墙在施工中的应用

蔡文龙

湖南省第五工程有限公司　株洲　412000

摘　要：本文探讨了装配重力式挡土墙在施工中的具体应用情况，通过对比传统挡土墙施工方法，分析了装配重力式挡土墙在经济、环保、节能和社会效益等方面的优势。文章指出，装配重力式挡土墙施工方法节约材料、减少施工时间、降低施工成本，同时有利于减少资源浪费、降低能耗、改善建筑节能性能。此外，装配式施工还推动了新技术在建筑行业的应用，提升了工程质量和施工环境。综合来看，装配重力式挡土墙在施工中的应用具有良好的发展前景，可为绿色建筑和可持续发展提供有效支持。

关键词：装配式；挡土墙；节能

1　引言

随着行业的规范及安全文明施工的要求，工程施工过程中，现场场地的布置及功能分区越来越重要，好的场布可以让现场的材料周转，工序衔接变得井然有序。地下室施工期间，施工周期时间长短直接影响基坑围护的安全，因施工场地受限，施工过程中的材料堆场、运输通道在地下室工程施工完毕后难以满足上部主体结构施工的需求，因此提前对地下室基坑进行回填，选择合理的回填方式，以提供更多的施工场地成为大部分项目的急切需求。笔者在认真调查研究、充分总结实际施工经验并广泛听取同行意见的基础上编制了本文。

2　装配重力式挡土墙概述

装配重力式挡土墙是一种新型的挡土结构，利用工厂标准化生产的预制挡土墙，对形状复杂、工期要求紧的基坑进行挡土墙装配式拼装。采用模块化装配方式进行施工，在施工现场进行拼装，通过重力和自重来稳定土体。在拼装同时进行土方回填，根据挡土墙独特形状进行填土压实并呈阶梯式回退。在确保挡土墙施工质量的同时，缩短工期，并提高施工场地使用效率。该设计结构简单，施工快捷、节约材料和人力成本。

3　装配重力式挡土墙施工工艺流程及操作要点

施工工艺流程：现场勘察→筹备阶段→施工准备→工厂预制→测量放线→基础混凝土浇筑→挡土墙运输与安装→土方回填→变形观测。

3.1　现场勘察

根据项目场内情况，对项目的地质条件、场地环境、施工空间、周边管线、现场影响因素等进行实地勘察。

3.2　筹备阶段

根据现场勘察测量情况，制作挡土墙构件图。经各方初步核对大概施工情况后，对装配式构件图进行深化优化设计，运用BIM技术对建筑物进行三维立体建模，直观展示安装构件位置，根据深化设计要求，制作装配式挡土墙（图1）。待挡土墙确认后发送至设计院进行侧压力强度计算并进行配筋。完成后制作形状模板。

3.3 施工准备

（1）技术准备：编制专项施工方案并进行审核审批，组织专家论证施工方案；组织施工人员进场，对施工人员进行技术交底。

（2）现场准备：组织施工机具及材料进场，对施工机具及材料进行验收。

（3）安全准备：制订详细的施工计划和工序安排，包括各阶段的施工流程、时间节点和质量要求。

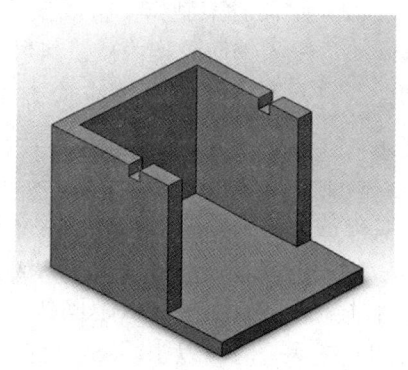

图1 三维装配式挡土墙设计图

3.4 工厂预制

以图2所示挡土墙设计图为例的预制过程如下：

（1）尺寸要求：根据基坑侧壁尺寸进行挡土墙预制，预制的挡土墙底部面积为2500mm×2050mm，高度为2000mm，底部双层双向$\phi16@130$mm，侧壁双层双向，上层$\phi16@130$mm，下层$\phi12@150$mm，附加层$\phi8@200$mm。钢模制作：制作钢模用的钢板应平整光洁，其平整度能满足钢模质量要求，型钢应平直无缺陷；侧模与底模、侧模与侧模间的连接均应采用螺栓，必要时可采用定位销以保证支模尺寸的准确。

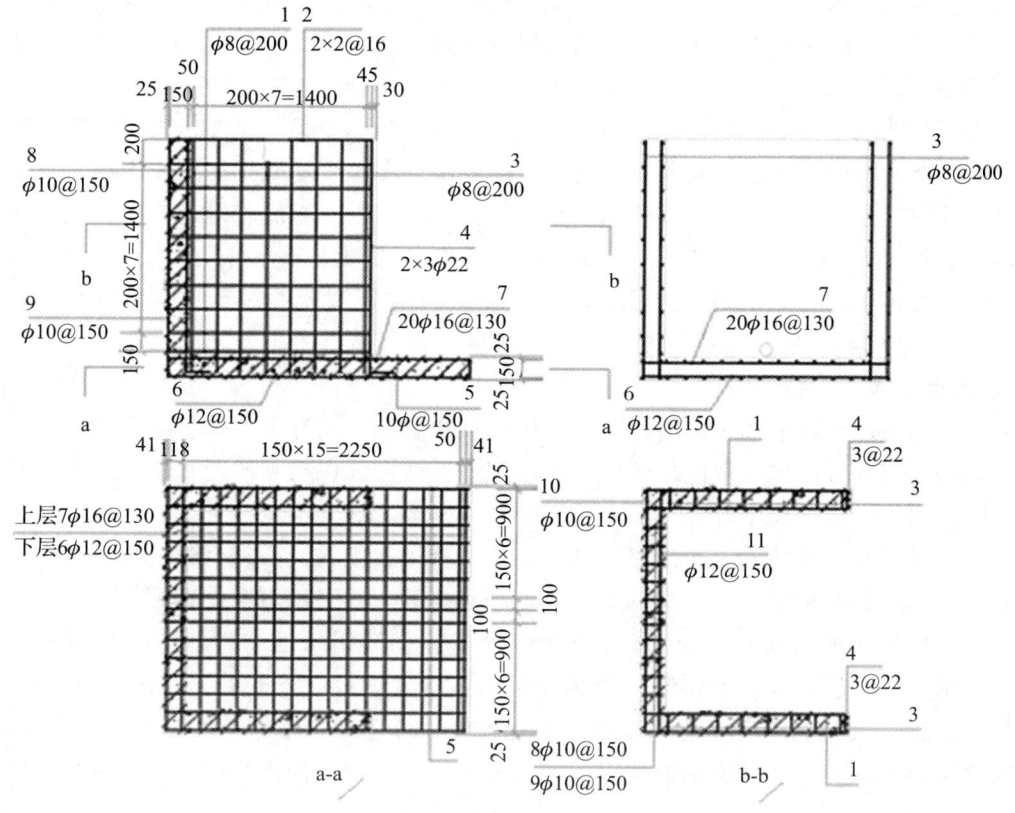

图2 挡土墙钢筋构造图

（2）钢筋骨架制作：将成型的钢筋按配筋图进行绑扎，绑扎用火烧铁丝，绑扎应牢固，绑丝头应压入钢筋骨架内侧。绑扎好的钢筋骨架要进行检查，确认主筋级别、直径、数量和间距应符合图纸要求，还应检查绑扎的牢固，不变形。钢筋骨架尺寸偏差应符合规范的要求。

（3）构件制作：混凝土浇筑前，应将模板清理干净，尤其要注意将底模、侧模与侧模接合处的灰浆和粘贴的胶条清理干净。模板与混凝土接触面用棉丝擦拭干净。

（4）浇筑混凝土在钢筋骨架埋件位置确认后进行，混凝土拌和物由罐车运来卸至浇灌吊斗中进行浇筑，吊斗口距操作面不大于60cm。混凝土采用模台振动器振捣，要注意振捣时间及频率，时间以10~15s为宜，振动频率不大于70Hz，不宜过振及漏振，并注意模板周边和埋件下的混凝土密实。

（5）混凝土成型后，按要求处理好上表面，并将多余的混凝土渣清理干净。构件边角平整，以不低于模具面为准。叠合板上表面应做成凸凹面不小于4mm的人工粗糙面。

3.5 测量放线

（1）根据现场测绘定位要求，确定测量控制点的位置，并标注清楚，选择合适的基准点，确定水平基准面。

（2）根据设计要求，利用GPS定位仪器进行绝对坐标测量，包括挡土墙的位置长度、宽度、高度等。

（3）在实地进行测量时，需要将测量点标记清楚，以便后续施工过程的参考。如2号侧墙位置，挡土墙采用拼装模式，需对挡墙位置进行两次放线并复合，待基础混凝土浇筑完成后，在基础面用墨斗弹十字交叉线以确认构建安放准确位置。

3.6 基础混凝土浇筑

挡土墙基础位于挡土墙最底部，对整个预制混凝土挡土墙起着支撑作用，在挡墙基础开挖时，要严格按照设计要求沿着开挖线进行挖掘工作，在挡墙基础挖掘工作中避免出现超挖以及欠挖现象。在挖掘过程中要确保挡墙基础槽底的高程以及宽度均满足要求，开挖完成后进行地基承载力检测，承载力要求一般不小于120kPa。基础混凝土底板采用C30钢筋混凝土浇筑，钢筋为HRB400直径10mm双层双向，采用C25素混凝土找平至底板面标高38.7mm。浇筑完成后养护14d，待回弹强度至75%后方可进行下一道工序。

3.7 挡土墙运输与安装

运输：预制挡土墙平放运输时，应注意构件堆放层数，因造型特殊，不得叠放。底部应按长方向垫2根木方，垫木垫的位置需用布扁带进行捆绑，保持垫木与布扁带捆绑在同一截面上，防止构件运输过程中开裂。

吊装：采用汽车吊装为主，塔吊辅助吊装。所有吊装工人，必须经过培训合格后，方可进行施工作业，并必须配备有足够的辅助人员和必要的工具。用汽车吊缓缓将预制挡土墙吊起，将挡土墙吊离地面300~500mm时略作停顿，检查汽车吊各项性能，起吊时要保持水平，然后吊至作业层上空。就位时，预制挡土墙要从上垂直向下安装，在作业层200mm处略作停顿，施工人员手扶构件调整方向，将预制挡土墙边线与底部基础的安放位置线对准，放下时要停稳慢放，严禁快速猛放，以避免冲击力过大造成板面振动裂缝。构件吊装随土方回填逐步进行。

3.8 土方回填

第一道挡土墙吊装完成后,根据设计要求进行土方回填。基坑回填采用粉质黏土分层夯实,分层厚度不大于300mm,压实系数为0.94。基坑回填施工均匀对称进行。待土方回填达到第一道挡土墙高度后,再吊装第二道挡土墙。

3.9 变形观测

在完成预制挡土墙安装后,变形观测是非常重要的质量控制手段,可以及时发现和监测挡土墙的变形情况,确保工程安全和稳定性。

变形观测的频次:(1)初次观测:在挡土墙施工完工后进行初次观测,以获取初始状态的数据。(2)定期观测:根据工程实际情况和要求,每周进行一次观测,并将观测数据与基坑观测数据联合留档对比。(3)特殊情况观测:在重大气候变化、施工工艺调整、邻近工程施工等情况下,应及时进行特殊情况观测。

4 结论

装配重力式挡土墙作为一种新型的挡土结构,在施工中展现出了诸多优势和创新特点。通过重力和自重稳定土体的设计理念,新型挡墙工厂化生产,装配化施工,施工效率高,节约劳动力;墙体质量轻,造价经济;具备绿化功能;施工工艺要求简单,使得施工更加简单快捷,节约材料和人力成本。其模块化装配方式不仅提高了施工效率,还降低了对环境的影响,符合可持续发展和绿色施工的要求。同时,装配重力式挡土墙在提升土地利用率、保护环境等方面也具有显著优势。在未来,随着人们对绿色施工需求的增加,装配重力式挡土墙必将得到更广泛的应用和推广。因此,装配重力式挡土墙不仅是一种创新的土木工程技术,更是未来施工领域中的重要发展方向之一。

参考文献

[1] 王新泉,于威,朱聪. 预制装配式可绿化生态挡墙施工技术 [J]. 低温建筑技术,2023(5):157-161.

[2] 蒋文亚. 自嵌式生态挡土墙施工工法研究 [J]. 四川水泥,2021(4):108-109.

[3] 徐健,刘泽,黄天棋,等. 基于锚栓联接的装配式挡墙设计与施工工艺研究 [J]. 土木工程,2018(3):350-357.

[4] 中华人民共和国住房和城乡建设部. 装配式混凝土结构技术规程:JGJ 1—2014 [S]. 北京:中国建筑工业出版社,2014.

浅析钢结构建筑中钢筋桁架楼承板混凝土裂缝的成因分析及控制措施

欧露艳

湖南省第五工程有限公司　株洲　412000

摘　要：本研究针对钢结构建筑钢筋桁架楼承板中混凝土裂缝问题，深入探讨其成因，并提出有效的控制措施。通过对钢筋桁架楼承板的结构特点及作用机理的梳理，分析了裂缝产生的主要因素，包括材料性质、构造设计、施工工艺等方面的影响，并针对识别的裂缝成因，制定了一系列针对性的控制策略和建议，确保了楼承板的整体性能和使用寿命。从工程实践出发，本文的探讨和解决方案对于指导钢结构建筑的设计与施工具有重要的实际应用价值。

关键词：钢结构建筑；钢筋桁架楼承板；裂缝成因；控制措施；结构性能

1　引言

钢结构建筑中的钢筋桁架楼承板混凝土裂缝问题，是当前钢结构建筑领域中的重要研究课题。钢筋桁架楼承板在钢结构建筑中承担着重要的承载和传力作用，而混凝土裂缝的产生与发展直接影响着承板的受力性能与整体结构的安全稳定。因此，深入分析钢筋桁架楼承板混凝土裂缝的成因，并对其控制措施进行研究，对于提高钢结构建筑的抗震性能和安全性具有重要意义。本文旨在通过对钢筋桁架楼承板混凝土裂缝问题的成因分析和控制措施研究，为钢结构建筑设计与施工提供参考依据和技术支持。

2　钢筋桁架楼承板概述

钢筋桁架楼承板是钢结构建筑中的重要组成部分，承担着大部分荷载的传递和分配。其通常由混凝土承压区和受拉钢筋构成。混凝土承压区起到受压作用，而受拉钢筋则承担拉力。钢筋桁架楼承板因其结构特点，在受力下具有较大的变形能力，能更好地适应外部荷载的作用。在实际使用中，钢筋桁架楼承板的混凝土裂缝问题已成为目前亟待解决的工程质量问题之一。钢筋桁架楼承板的混凝土裂缝原因复杂，主要包括荷载作用、温度变化、湿度变化、施工质量等。为了避免混凝土裂缝对工程质量的不利影响，需要对其成因进行深入分析，并采取相应的控制措施。

3　裂缝成因分析

钢筋桁架楼承板混凝土裂缝的成因可以主要分为以下几个方面：

（1）荷载作用。包括静荷载和动荷载的作用，静荷载主要来自建筑自重、活荷载以及风荷载等，而动荷载则包括地震等外部自然环境因素的作用。对跨度较大的楼承板施工时，因上部施工荷载增加，导致挠度变形增大，楼承板下部必须增加支撑，确保混凝土浇筑时的强度。楼承板安装完成后，需做好成品保护，不得堆放施工材料等增加集中荷载。

（2）温度效应。钢筋桁架楼承板在受到昼夜温差或季节变化温度影响时，会产生温度应力，导致裂缝的生成。

(3) 施工方法。钢筋骨架脱焊,钢筋桁架楼承板为金属压型钢板,与上下弦钢筋共同作用形成一个整体,具备一定的抗压强度。但金属压型钢板较薄,在施工过程中如果发生钢筋骨架与金属压型钢板脱落,将会造成楼承板强度降低,无法抵抗来自混凝土浇筑时产生的冲击力及重量,出现楼承板下挠现象,引起楼承板拼缝处开裂脱落,造成板底漏浆,导致混凝土顶板钢筋的混凝土保护层局部偏小,引起表面裂缝(图1)。

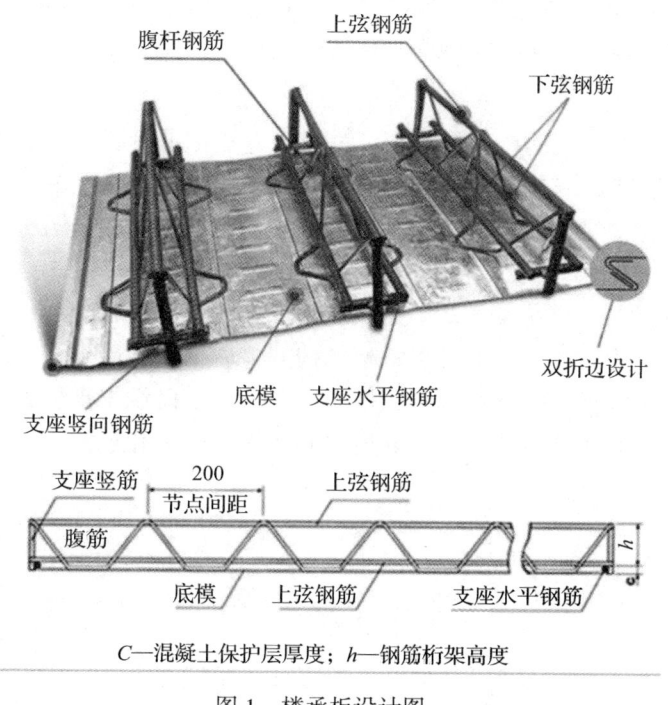

C—混凝土保护层厚度;h—钢筋桁架高度

图 1 楼承板设计图

(4)混凝土质量控制。现浇混凝土质量控制是关键因素,混凝土浇筑时须具有良好的流动性、保水性,严格控制施工混凝土配合比及坍落度,混凝土浇筑后需及时进行养护,一旦覆盖且养护不及时容易引起干缩裂缝。

(5)材料和施工质量控制,例如混凝土配合比、养护不当、钢筋损伤等,也会对承板的裂缝产生影响。另外,结构设计和变形控制方面的因素也是造成裂缝的重要原因之一。

4 裂缝控制方法

钢筋桁架楼承板混凝土裂缝的控制方法包括但不限于以下几种:

(1)钢筋桁架楼承板在运输时,需采取良好的保护措施,由专用的软吊索吊运,每次吊装时应由专人检查其是否有弯折、翘边破坏楼承板的现象,确保证钢筋桁架楼承板的板缝拼接处构造尺寸完整(图2)。

(2)采用合理的布置和设计钢筋,通过增加横向和纵向受力钢筋的数量和直径,以及增加受压区

图 2 楼承板运输

域的钢筋面积，提高混凝土的承载能力，减少裂缝的产生。

（3）采用合适的混凝土配合比和使用高性能混凝土，如高强度混凝土等，以提高混凝土的抗拉强度和变形能力，减少裂缝的发展。

（4）择合适的施工工艺和控制混凝土的收缩很关键，可以通过增加混凝土中的纤维材料、采用预应力加固等方法控制裂缝的产生。

（5）加固措施也是一种有效的裂缝控制方法，包括使用碳纤维、粘贴玻璃钢板、喷涂混凝土等技术手段，在裂缝处进行加固，以提高结构的整体稳定性和抗裂性能。

5　结论

通过对钢结构建筑中钢筋桁架楼承板混凝土裂缝成因的分析，我们得出以下结论：

首先，裂缝的主要成因包括混凝土受力不均匀、温度变化引起的收缩膨胀以及施工质量等因素的影响。因此，建议在设计和施工过程中，严格控制混凝土的配合比和浇筑质量，以减少裂缝的发生。

其次，为了控制裂缝的发展，我们建议在楼承板的设计中合理增加伸缩缝，并选择合适的构造形式和钢筋布置方式，以提高楼承板结构的整体抗裂性能。

最后，我们应采取有效的维护和加固措施，及时修复已经出现的裂缝，并进行定期检测和预防性维护，以确保钢结构建筑中钢筋桁架楼承板的安全和稳定。

智能建造的技术体系及应用模式探讨

谭 珺

湖南省第五工程有限公司　株洲　412000

摘　要：本文通过论述智能建造技术体系与应用模式，深入剖析智能建造对于现代社会的意义与趋势，重点阐述智能建造提高效率、降低成本和保证质量的优点，对今后智能建造进行了展望。本研究通过对智能建造领域发展现状的探讨，旨在对相关从业人员有一定的借鉴与参考作用。

关键词：智能建造；技术体系；应用模式；效率；发展趋势

智能建造这种集信息技术、自动化技术、建筑工程技术于一体的新型建造模式正在逐步受到关注。当前社会中，建筑行业发展对提升城市化水平和人民生活质量有着非常重要的作用。而智能建造应运而生，给建筑行业带来了新的理念与技术手段。企业应建立一套人机互动建筑体系，提高建筑产品质量。实现绿色、安全、高效的施工模式，要充分运用智能化及相关技术，提高建筑技术水平，实现信息自动收集更新、知识积累与决策支持、工厂化、人机互动、精益控制的建造模式。

1　智能建造技术体系

1.1　智能建造技术概述

智能建造技术就是运用人工智能、大数据以及云计算等现代科学技术手段来实现建筑行业在设计、建造以及管理过程中的智能化改造以及优化（图1）。其发展历程虽还处于初级阶段，却已显示出巨大潜力与前景。在科学技术不断进步以及应用范围不断扩大的背景下，智能建造技术一定会成为建筑行业发展的一个主要方向。智能建造技术具有高效性、精准性、自动化、可视化等特征。与传统建造工艺相比较，智能建造技术可以极大地提高建筑项目执行效率、降低人为错误发生率、加强自动化流程控制等，同时为项目数据提供了可视化

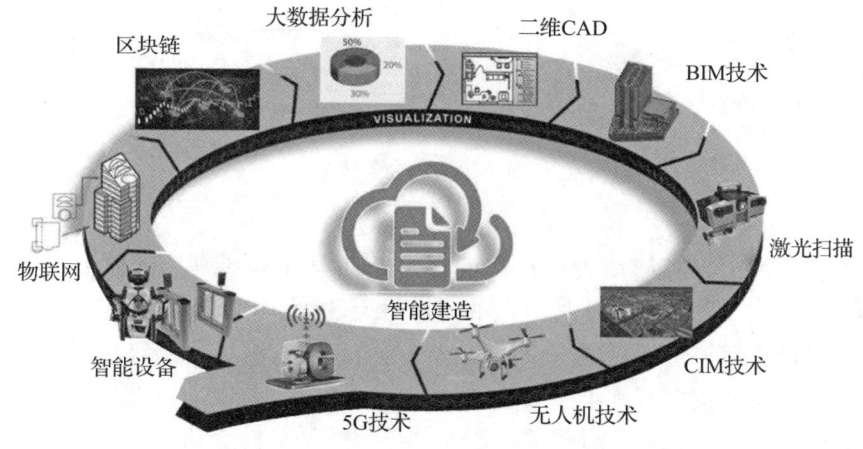

图1　智能建造技术体系

的显示，便于管理者对项目全过程进行更好的监控。优点是能够助力建筑行业向数字化转变，提高工程质量与效率，减少人力成本与时间成本，给产业可持续发展带来新动力。

1.2 智能建造技术分类

1.2.1 传感器技术

传感器技术是可以接受命令，响应外界环境的装置，它通过把物理参数转换成电信号来实现感知与监控环境特征的目的。就智能建造而言，传感器技术有很多应用领域，如温、湿度传感器、光感应传感器、声音传感器等，其结合使用，对建筑环境进行全方位监控和调控，以提高建筑智能化程度。以温、湿度传感器为例，其可实时监测建筑物内温、湿度变化情况，并通过数据分析处理实现空调、通风等系统优化智能控制，增强建筑物舒适性及能效性。而光感应传感器能够根据光照强度对室内照明进行自动调整，在提高用户使用体验的同时节约能源。声音传感器的主要功能是检测建筑内的噪声状况，以便及时识别并处理任何不正常的情况（图2、图3）。

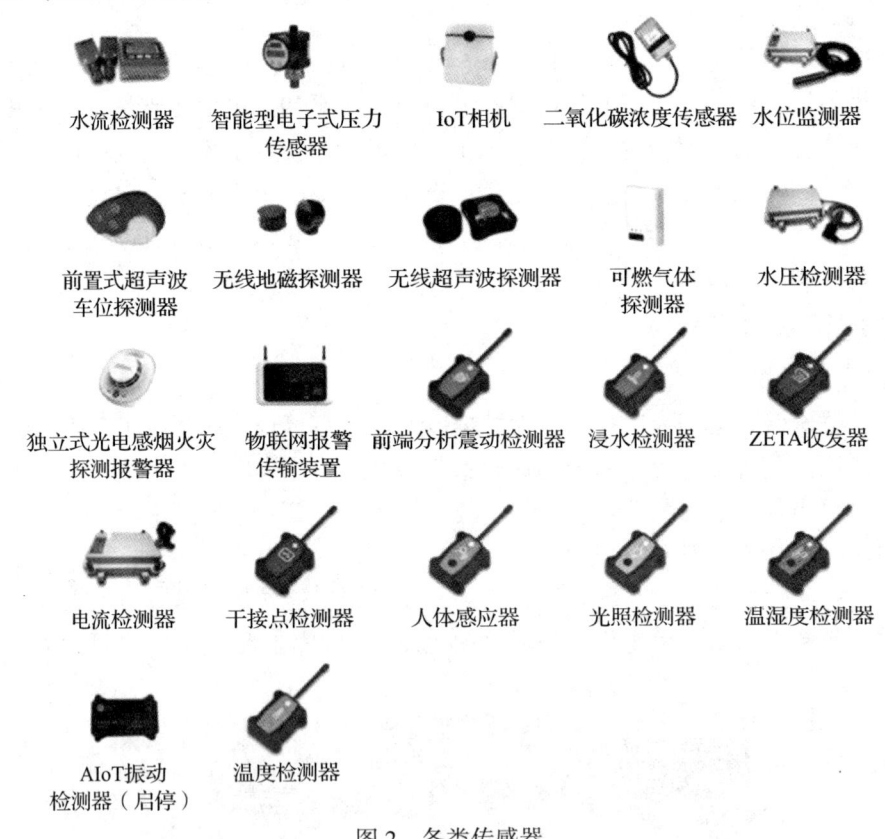

图2 各类传感器

1.2.2 人工智能技术

人工智能技术作为一种模拟人类智能的技术，具有自主学习、推理、规划、感知等能力。在智能建造领域中，人工智能技术能够通过对大量建筑数据进行分析，为建筑智能化信息处理与决策提供支持，进而对建筑设计、建设与管理进行智能化升级。就智能建造技术应用方式而言，人工智能技术起到了至关重要的作用。建筑行业借助人工智能技术能够实现自动化设计方案生成，智能化施工过程监控以及精准化质量管控等功能，提高建筑效率、降低成本、增强安全性与可持续性。

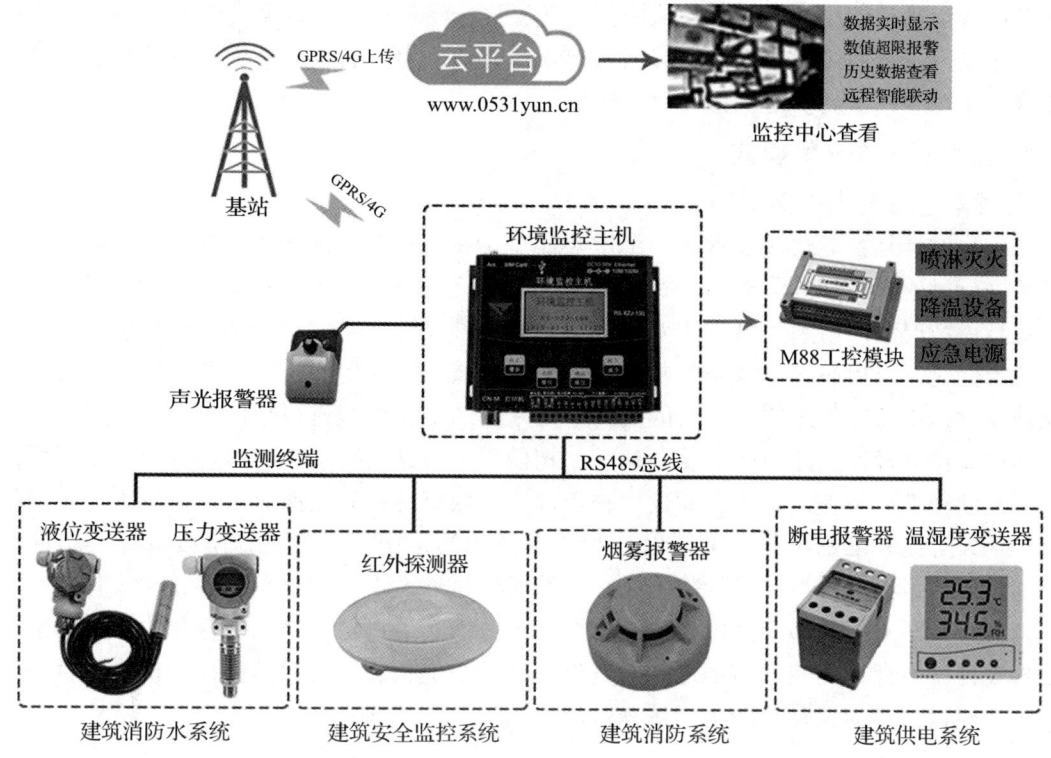

图 3　传感器监测系统

1.2.3　机器学习技术

机器学习技术是人工智能中的一个分支，通过对海量数据进行学习与分析，使机器可以从这些数据中把握规律并进行相关决策与判断以实现自主学习与优化的目的。在智能建造领域中，机器学习技术广泛应用到建筑设计、施工管理以及设备维护中，大大提升建筑行业生产效率与质量水平。在建筑设计领域中，机器学习技术能够通过对历史建筑数据与设计理念进行分析，向设计师提出个性化设计建议与方案，帮助设计师快速地完成设计过程。通过建筑功能需求、结构特点的研究与分析，利用机器学习技术可以产生多样化设计方案，给设计师带来更大选择空间，同时还可以根据用户反馈及需求实时调整，使设计智能化、个性化。就施工管理而言，机器学习技术能够通过监控与分析工地数据，提前识别出施工过程中存在的问题与隐患，并及时向施工方发出预警，提出解决措施，降低施工延误与事故概率。同时机器学习技术也能够对施工计划进行优化、提高资源利用效率、降低施工成本、对施工过程进行智能化和自动化管理。在设备维护领域中，机器学习技术能够通过监控与分析建筑设备的运行数据来及时发现设备故障与异常情况，并预测设备维护周期，为设备维护人员在维护过程中提供了更科学的维护方案与手段，延长了设备使用寿命，降低了因设备故障给建筑运行带来的影响，增强了建筑设备运行的可靠性与稳定性。

1.2.4　智能控制技术

智能控制技术以现代信息技术为基础，将传感技术与控制技术有机结合。其集成人工智能、大数据、云计算和物联网等先进技术，对建筑设备及系统进行智能化控制与管理。智能控制技术主要包括自动化控制技术、智能监控技术以及智能优化技术等，这些技术经过不断的创新与发展给建筑行业带来更多的发展可能。智能控制技术能够通过建筑物联网系统对建筑设备进行互联，使建筑设备智能化协同作业，提升建筑物整体性能与节能效果。智能控制技术在建筑行业中的运用，不仅能够增强建筑行业竞争力，而且能够促进建筑行业朝着智能化和绿色化发展，从而实现可持续发展目的。

2 智能建造技术应用模式

2.1 智能建造在设计阶段的应用

参数化设计是智能建造技术的一个重要环节，通过参数化设计使设计师能够对设计方案的参数进行迅速而灵活的调整，达到个性化、定制化的目的。实际工作中设计师可根据项目需求及具体情况采用参数化设计的方法快速生成多种设计方案，从中筛选出最优方案加以深入研究与优化，以提高设计效率与质量。在设计阶段，智能建模技术也非常关键。通过智能建模使设计师能够在先进软件工具的支持下对建筑结构和外观进行智能化设计。建模时设计师可通过简单的操作快速地产生复杂建筑结构模型并对其进行动态展示与分析，以提供设计决策所需的辅助与参考。应用智能建模在提高设计效率的同时也能有效地降低人为错误的产生，保证设计结果准确可行。虚拟设计和仿真技术的运用，成为设计阶段智能建造的重头戏。通过虚拟设计和模拟，设计师能够在计算机模拟环境下完整地呈现并检验设计方案，其中包括视觉效果、结构稳定性以及能耗分析几个方面。通过仿真技术的应用，设计师能够及时发现设计方案存在的问题与不足并对其做出调整与优化，以增强建筑设计的可靠性与实用性，降低建设过程的风险与费用（图4）。

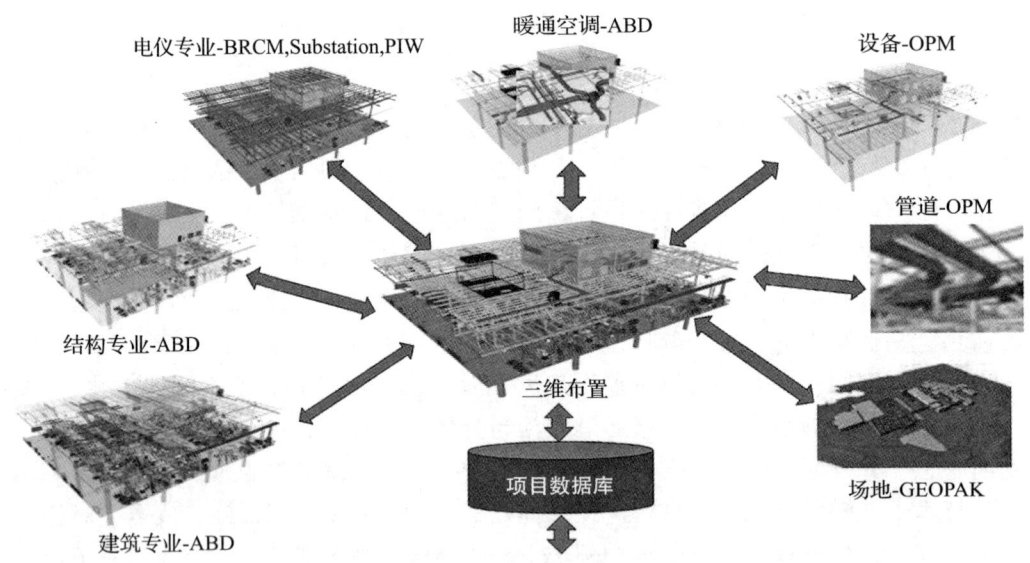

图4 智能建造在设计阶段的应用

2.2 智能建造在施工阶段的应用

智能施工管理是智能建造技术中的一个重要环节，在施工阶段对其进行有力的支撑。通过人工智能和大数据分析等先进技术手段的引进，使施工管理由传统向智能跨越。智能施工管理系统能够实时监测施工现场状况，有效地调度人力、物力和时间，提高施工效率、减少浪费、确保施工质量，为工程顺利实施提供强有力的保证。机器人施工的运用，给施工阶段带来了更多的技术和智慧。机器人施工摆脱了环境的束缚，能够在狭窄、高温和高空等极端环境中进行作业，对传统施工模式进行重大变革。机器人施工具有高精度、高效率和高安全性等特点，使施工过程更稳定、更可靠，极大地降低了施工中人的因素对工程的影响，促进了工程整体建设水平的提高。将 3D 打印技术运用于建筑施工，能够给施工领域造成颠覆性改变。传统的建筑施工需要很多人力、时间以及材料才能完成繁杂的结构，借助 3D 打印技术能够将建筑结构直接从设计图纸上"打印"出来，大大缩短施工周期和人力成本，还可以减少施工时错误率。运用 3D 打印技术可以使建筑变得更个性化和精细化，给建筑行业发展带来全新路径（图 5）。

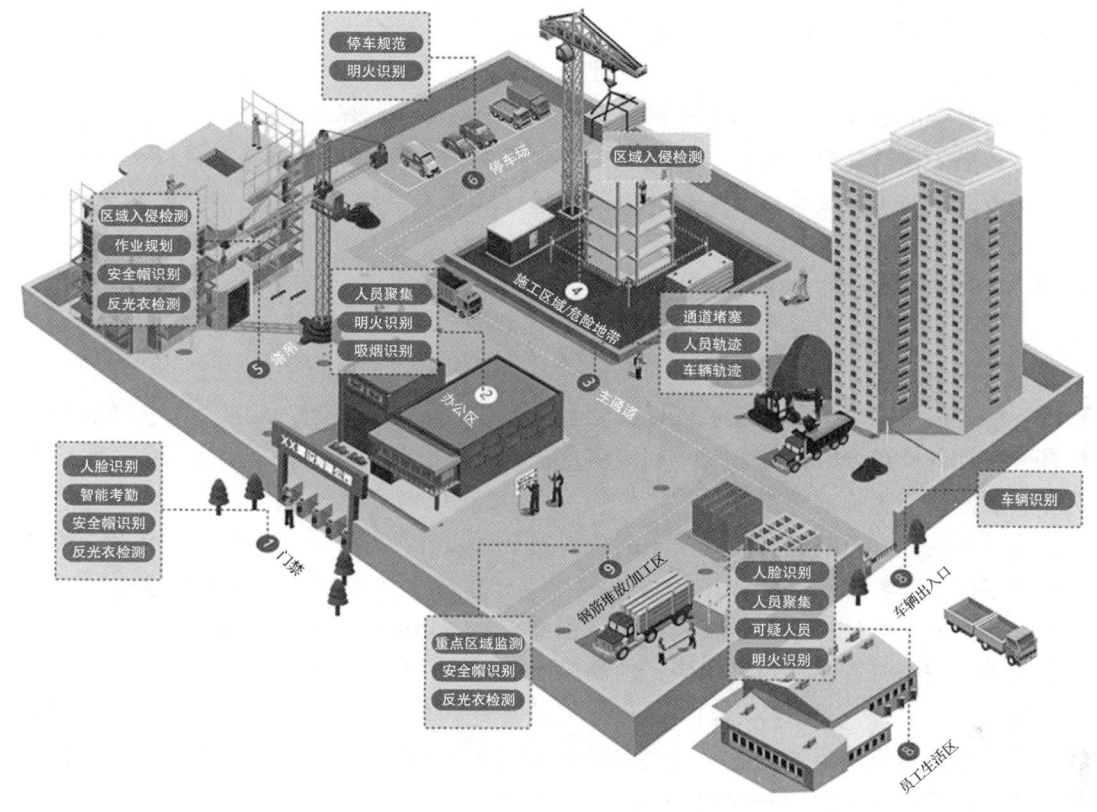

图 5　智能建造在施工阶段的应用

3　结语

智能建造是建筑行业未来发展的方向，对提高建筑效率、降低建筑成本和保证建筑质量会起到越来越大的促进作用。伴随着科技的发展与运用，智能建造这一技术体系将不断完善与深化，给建筑行业提供更加丰富的创新与可能。相信经过不懈努力与探索，智能建造将会成为建筑行业的主要动力，给人们带来更美好的居住空间。

参考文献

[1] 刘占省，刘诗楠，赵玉红，等. 智能建造技术发展现状与未来趋势 [J]. 建筑技术，2019，50（7）：772-779.
[2] 梁超. 智能建造的认识与思考 [J]. 施工企业管理，2023（8）：53.
[3] 刘文锋. 智能建造关键技术体系研究 [J]. 建设科技，2020（24）：72-77.

浅析数字化技术在工程施工现场安全管理的应用

黄英财

湖南建工集团第五工程有限公司　株洲　412000

摘　要：施工现场安全管理正迎来数字化与协同管理的新时代，数字化技术通过全方位的信息整合、可视化和虚拟仿真等功能，实现对施工现场的实时监控和数据采集，显著提高了安全管理的效率和准确性。而协同管理则强调各方协作配合，确保施工安全、减少风险。数字化技术与协同管理的融合，进一步提升了安全管理水平，为施工现场安全提供全面的保障。未来，随着技术的不断发展，数字化和协同管理将在施工现场安全管理中发挥更大的作用，为安全生产保驾护航。

关键词：建筑施工；数字化管理；协同管理

安全是确保质量、生产、效益的前提保障，加强建设施工过程中的安全生产管理是至关重要的。所以需要系统地分析施工现场安全生产管理中存在的问题，从被动的、经验的管理思维变为主动的，结合时代的发展，利用信息技术、虚拟现实技术等，做到提前进行安全风险分析，制定措施，提前管控。

根据资料统计，目前施工现场发生的主要安全事故有高处坠落、起重机械伤害、物体打击、电气事故等，其中高处坠落事故占 42% 以上。这些事故不仅危害施工作业人员生命财产安全，也对施工单位造成一定负面影响，因此需要引起重视及编制有效的管理措施。

施工现场安全管理是建筑施工中无法切割的一部分。然而，施工现场存在安全隐患现象较为突出，施工管理人员管控不到位，作业人员安全意识薄弱、管理制度不完善等，导致施工现场安全管理一直不尽如人意，故要加强现场安全管理措施、人员安全意识，并借助先进的技术手段提升现场安全管理的效率及水平。

1 数字技术在施工现场安全管理的应用

与传统的施工现场安全管理存在着信息不全、风险管控不全面、数据收集困难相比，数字化技术能够更科学、更全面地对施工现场安全风险进行把控及评估，能更大程度地提高现场安全管理效率。

数字化技术通过提供全方位的信息整合、可视化、虚拟仿真等功能，实现对施工现场的实时监控和数据采集，包括人员出入情况、施工现场环境、起重设备运行情况，使得施工现场管理人员可以实时地了解工地安全情况，提前发现潜在的隐患，并做好预防措施，也可以帮助管理人员对施工现场安全风险进行评估，制定相应的管理措施。如通过网络实时监控，发现施工现场危险区域防护缺失，及时通过系统报警，有效避免潜在的安全隐患。同时信息化技术也能为施工现场安全管理提供科学可靠的数据分析，便于施工现场管理人员进行管控，降低安全风险。此外，通过虚拟仿真技术进行安全教育或者演练，能提高作业人员及管理人员安全意识及管理水平。

1.1　BIM 技术

BIM 技术是数字化的一种体现，BIM 技术应用在施工现场安全管理中具有广泛的多元性。以施工前期设计策划为例，通过 BIM 技术建立精确的三维模型，清晰地展现施工现场的布局和空间的关系，并进行施工过程仿真模拟，附加时间、材料属性、边界条件等，实现对施工过程中结构及支撑体系的安全分析，如模型中存在的"四口五临边"安全风险，识别在施工中可能存在的隐患，为现场管理人员编制和执行安全防护措施提供指导，同时通过可视化的模型对人员进行安全指导及培训，以便进行前期策划及管控。另外，也可以根据模型识别施工过程中的重大危险源并实现水平洞口危险源自动识别和防护，根据施工进度统计各阶段可能需要的各类防护用品，如电梯井门、楼层临边防护栏杆等，提前进行材料购买，以便于后期及时安装，降低安全风险。其次 BIM 技术的碰撞检测和预防功能，可以极大地帮助施工现场管理人员识别施工现场各类起重设备、人员等之间的冲突，以便编制更可靠的措施方案，有效地避免应设计缺陷造成的安全隐患。

然后，BIM 技术在应用中也面临着挑战，因其需要大量的数据作为支撑，且数字化设备的安全与维护成本较高，信息安全和数据隐私成为一定问题。此外，是施工现场复杂的环境、人员、多变的工艺也给 BIM 技术的应用提出更高的要求。通过与物联网、人工智能等先进技术结合，智能化管理，实现对施工安全更细化的管理和预警。

1.2　物联网技术

物联网技术目前已被广泛地应用于施工现场安全管理。通过在施工现场布置传感器及监控摄像头，对施工现场环境、人员进行监测，并将监测数据传输至云端，实现对施工现场安全状况的实时掌控。管理人员可以通过云端，对施工现场进行实时监控，及时发现安全隐患，并进行解决。同时物联网技术还可以实时监控施工现场施工设备、减少因设备故障造成的安全事故，同时对维护记录进行自动化管理，为设备的维护提供科学依据。

1.3　虚拟现实技术

虚拟现实能够让人身临其境地感受施工现场可能会发生的事件，通过虚拟现实技术对施工作业人员进行安全培训，模拟在作业环境中的安全操作、体验因不遵守安全操作规程，可能造成人身危害，或者模拟各种安全事故场景，提高管理人员及作业人员的安全意识，以及遇到安全事故时应变能力，起到安全指导和警示作用，有效地避免安全事故的发生。虚拟现实技术的应用，可以实时地分析施工环境的安全性，全面地对施工现场进行安全风险评估，以便施工管理人员提前进行决策，减少施工中可能会发生的安全风险及事故，提高现场管理效率。

1.4　大数据分析

通过大数据对事故时间和违章隐患进行统计分析，总结安全事故发生的规律及其特点，得出现场管理人员可能存在的管理缺陷，施工作业班组违章操作原因，现场起重设备可能存在的隐患等，科学及规范指导现场安全施工，以便于施工管理人员制定安全管理方案及措施，结合现场实际，能够更好地指导施工现场的安全管理工作。同时通过数据统计优秀的安全事故处理方法，编制应急救援方案，并结合现场进行完善，做好现场应急演练，极大程度保障安全生产工作。同时，可以利用大数据对现场施工作业人员进行安全监管，通过数据分析所涉及的班组工种、工时等相关数据，对用工超时、危险作业等进行预警，联动通知，避免疲劳施工，确保作业人员的人身安全。

2 协同管理对安全管理的作用

协同管理是各方为达成共同目标且提高现场安全管理措施的有效管理方式，通过各方的协作和配合，保证各方施工人员的安全，降低施工过程中的安全风险，达到安全高效的施工目的，且能够对施工现场安全管理进行精细化的管控和分析，为安全隐患的排查及事前预防提供有利支撑数据。

施工现场的复杂多变，施工现场协同管理是重中之重。各施工班组、各分包单位人员、现场施工环境的复杂性，使得施工过程中各方之间必须实时沟通，协同管理，保证施工安全。通过协同管理，能够整合各方的资源和力量，及时发现施工现场的安全隐患，同时，因其实时沟通性和信息分享，有利于减少信息不及时等现象，提高现场安全管理的效率和准确性。

做好协同管理应做好如下工作：通过现代的信息技术手段提高协同管理的效率，在明确各方管理职责和权利的情况下，建立可靠的应急响应机制，避免在应对突发情况下，混乱的现象，达到快速救援的效果。根据现场实际情况，各方提出有效的建议，不断完善安全管理的措施，形成相互配合的管理体系，保证施工现场安全管理工作全面覆盖。应强化信息化建设，打造数字化的协同管理平台，实现信息及时共享和互动，提高现场安全管理效率。施工现场管理者可以对安全培训进行监控并调整，保证培训落实，增强各方的安全管理意识，进一步保障施工现场安全。

3 结语

施工现场安全管理数字化管理已然成为一种趋势。随着人工智能、数字科技技术的不断发展，数字化技术管控也越来越完善，施工现场实时监控、安全预警也将更为精准。协同管理也更加的智能化、能更有效地进行资源分配和利用，让现场管理人员能更及时地发现现场的安全隐患，并及时进行排查解决。数字化技术与协同管理的不断发展和融合，也将在施工现场安全管理中起到更大的作用，为施工安全管理提供更全面的保障、全方位地把控以及更多的管控措施。

BIM在中建五局智能建造中的创新应用

戴秘[1]　付孟生[1]　周普[2]

1. 中国建筑第五工程局有限公司　株洲　412000　2. 中建五局土木工程有限公司　长沙　410082

摘　要：面对目前建筑行业劳动力老龄化加重，施工成本增加，利润率持续下行的状况，粗放式的传统建造管理模式已经难以适应当前的高质量发展要求，迫切需要创新。本文结合中建五局的项目案例进行分析，详细介绍了适合推广的十项BIM创新应用，实践证明此类应用为工程项目实施降本增效，为建筑企业数字化智能化发展提供动能。

关键词：BIM；创新；数字化；智能化

BIM模型作为数据载体可形成数据资产，是实现从设计到建造再到运维的基于数据驱动的建筑全生命周期管理的重要途径，也是提升工程项目精细化管理的核心竞争力。特别是装配式建筑的大力发展，建筑工业化和信息化深度融合并快速发展，BIM技术对建筑业尤其是建造阶段非常重要，但是BIM技术已经全球推行超二十年，国内推行超十年，BIM技术在很多施工现场的应用仍被局限在几个常规的应用，那么BIM技术在施工现场有哪些创新应用是值得被推广的呢？本文系统地梳理了中建五局的BIM创新应用。

1　BIM在智能建造中的创新应用

1.1　BIM+三维激光扫描仪+放线机器人

合肥市青少年活动中心项目体量较大、造型精巧，共由8个异形体块组成，为攻克下料难、定位难、收口难、管理难四大难题，项目组创新管理模式从本质出发，运用科技创新、精细管理，通过设计、建造、商务三个方面的管理融合，全过程采用"模块化、机械化、少水化、无线化"的四化施工；运用中建五局装饰成熟的"三三统一"施工管理法则，摒弃传统测量放线方式，通过三维激光扫描与BIM建模相结合的方式，升级现场数据采集，解决测量放线和材料下单问题；运用最先进的"BIM放线机器人"，结合土建轴网位置，确定倾斜面与"钻石切割面"汇集点位及垂直面最外侧点位，轻而易举地解决了异形幕墙放线困难的问题，做到精准放线，实现了设计模型与现场施工的无缝衔接，提高了龙骨及面板安装的质量和精准度，做到标准化、精细化施工，降低安全隐患，运用"BIM+三维激光扫描仪+BIM放线机器人"三大利器的高效配合，实现了"精、准、严、细"的高品质施工。

1.2　BIM+GIS

梧州至乐业公路广宁经苍梧至昭平（广西段）PPP项目桥隧比高（68%），工点多位于高陡边坡，主要工点场地狭小，施工布置难。山区地形起伏大，起点与终点部位相隔远，绕行时间长（3h与1.5h），施工便道设计复杂，施工组织难。沿线山地多、平地少，基本农田与国有林地多，场站可用地块少，面积受限。金龙互通枢纽上跨包茂高速并与其相接，互通枢纽的匝道线路异形扭曲，施工组织场地布置复杂。

基金项目：湖南省自然科学基金课题（2024JJ9060）。

为提高踏勘、策划、变更、收方计量等工作效率，项目进场之初就采用机载激光雷达技术对标段主线两侧共 800m 带宽范围内的实际地形进行了精准测绘，建立高精度的点云模型，以此为基础运用 BIM 技术进行了总平与场地布置，实现既有电力线识别、翻山便道线路规划、隧道主线地表调查、隧道洞口布置优化、改河改路优化、征拆调查辅助六个方面的技术应用。之后结合项目特征创新性地采用 GIS+BIM 模型对高速公路的场站、便道、出入口进行布置，实物化还原现场的施工场景，有效发挥了三维场景对一线施工部署和土方计算的指导优势。通过施工前后两期点云数据的对比，以云图的方式直观地呈现地面变化，自动计算土石方填挖方量并形成数据闭合，核实弃土场容量。

1.3 BIM+电子沙盘

阜新市中心医院辽西肿瘤诊疗中心建设项目采用公司自主研发电子沙盘软件，创新地将 BIM 模型、无人机、虚拟质量样板等结合起来，用"模型+视频+图片+文字+交互操作"的形式展示项目建造状态及辅助建造管理。

在进度演示方面，设置 BIM 模型演示功能区。可以将项目 BIM 各专业模型、各阶段场地布置模型导入。通过勾选的形式进行进度模拟，并可以将模拟建造状态进行记录，加工期节点备注，在模型里也可进行 CI 布置等。

在辅助质量管理方面，有项目专属虚拟质量样板功能区，只展示本项目所需要的样板，针对性好。功能包括模型展示、动画演示、技术方案展示、优秀图片展示。动画演示可以查看该工艺的具体做法步骤，讲解更细致。技术方案可以按章节划分，查看方便。优秀图片里可以查看优秀的施工照片，作为施工指导。

在影像资料收集方面，设置 GIS 三维模型展示功能和实景展示记录功能，利用无人机进行拍摄，利用生成的倾斜摄影模型或全景照片，对工程不同时期的建造状态进行记录。

1.4 BIM+参数出图

海口中交国际中心项目幕墙包含 1000 多种不同类型单元体。项目 BIM 应用形成了一整套涵盖智慧建模、智慧编码、智慧出图、智慧对接、图纸智慧管理、材料智慧管理的单元幕墙参数化解决方案，适用于其他所有标准及异形单元体幕墙项目。

1.4.1 智慧建模

通过自主研发的 BIM 程序对项目 2.5 万 m^3 造型各异单元进行快速批量建模，自动识别型材构件，一次性生成 LOD500 模型。

1.4.2 智慧编码

运用循环算法自动识别外部数据库信息并进行对比编号，解决数万种不同构件的编码问题。

1.4.3 智慧出图

开发装配图自动出图程序，确保 1500 套装配出图效率与准确率。

1.4.4 智慧对接

型材空间二面角切角数据直输工厂加工设备。

1.4.5 图纸智慧管理

开发图纸数字管理程序自动查找、打印、汇总图纸，自动生成加工计划文件。解决贯穿设计院与加工厂的上万种图纸管理难题。

1.4.6 材料智慧管理

开发 BIM 程序实时监控材料下单、加工、余料情况，对设计下单的欠料与超料问题实时预警。

跨设计院到施工现场的全流程参数化解决方案实现 30d 完成 1500 套异形单元体、约 45000 个构件的组装及加工，较现场的第一批板块上墙计划提前 15d 完成所有单元模型创建。

1.5 BIM+装饰化机电

大疆天空之城项目以"将高科技、生态学与本土文化结合"，意在追求与常规甲级办公楼相比，拥有"更大的净高""更具科技感的室内效果"。东、西、南三个非对称悬挑开敞办公区域采用无吊顶设计，利用明装机电管线及设备作为装饰背景，使机电的"功能性"和"装饰性"融为一体，并与建筑室内环境完美融合，营造出简约纯粹的工业级美感。

看似平凡的设计中，却蕴藏着"科技感强""艺术性美""舒适度高""环保宜居"等多项高指标要求，开创行业"装饰化机电"设计、安装之先河。

利用 BIM 技术对机电管线综合排布进行深化设计，同时形成 3D 动画模拟装饰化效果，大量采用加工厂预制化加工、现场模块化安装，一次成型、减少二次加工，提高了传统的机电施工工效。通过机电管线管配件选型与特殊的安装工艺实现项目无吊顶设计，从而大幅缩短项目在装饰阶段的整体工期，同时为后期项目高效、维保提供了极大便利。

通过照度模拟、空气流动设计避免富余照度浪费以及空调冷量过剩，最大限度地节约能耗。对于机电管线和末端高低层次感的不同设计，避免了用大面积吊顶装饰，从而降低层高设置需求，减少结构建筑耗材和装饰耗材，在大幅降低室内环境污染，实现绿色建筑的同时，项目整体建造成本可降低 5% 以上。有序规则布置的明装设备管线、特殊精致的施工工艺让机电管线呈现出规则有序科学的排布，同时与室内照明、空间深度融合，创造出建筑本身的简约、纯粹、素颜之美，实现了功能性和装饰性的完美平衡和极具"科技感"的整体氛围。通过 BIM 深化设计促进钢梁洞口预留，有效地增加建筑室内使用空间。由于采用大跨度无柱空间和无吊顶设计，该项目与同类型建筑相比空间利用率提升了 11%！更有利于营造绿色、节能、高品质室内环境。

1.6 BIM+数字样板

VIVO 制造中心 B 地块项目采用中建五局自主研发的数字样板，将所有样板区的构件内容以 1:1 实物模型建造完成，然后以 AR 体验的方式进行样板区的管理和展示，让展示的内容更加丰富，不受时间、空间、展示内容及构件大小的限制，不产生实物的浪费，大幅节约了人力成本、材料成本及时间成本。在虚拟现实的场景里，使用人员可以通过手机或投影仪随时随地地对每一个构件进行近距离的观摩和学习，了解构件的结构、组成及施工工序。更方便项目部对工人的技术交底与培训。利用 BIM+VR 技术，并结合智能算法逻辑转化功能，进行一站式工艺流程标准化服务解决方案，BIM（信息化）+VR（可视化）+智能算法（逻辑转化）+专家合规把控，提前预测、精准计算、合法合规。该项成果可自由识别施工工艺、技术分析、关键工序交底，无时间和地点限制，使用成本几乎为零，切实解决了实体样板落地困难、错漏百出、重复工作量大、建设成本高、残值较低等问题。同时对接劳务实名制系统，交底过程形成记录以便追溯，辅助项目质量管理，方便实用。更关注细节和过程控制；沟通成本低，体验者印象深刻，体验过程可形成记录并可追溯，实现了线上痕迹管理和资源共享。经济效益方面与传统实体样板相比，具有成品轻量化的特点，根据经验分析，传统实体样板和可移动式虚拟样板间相比造价高约3倍，虚拟样板间在项目结束后可调拨，残值高达80%以上，软件知识产权自有，不产生折旧和摊销费用，经济效益十分明显。环境效益方面虚拟代替实体，材料用量明显降低，废料和建筑垃圾仅为传统展现方式的5%左右。施工交底由手机APP完成，多人实时共享，彻底实现交底无纸化，环保效益明显。

1.7　BIM+绿建分析

邯郸市综合体育馆附馆项目是一个拆除原场馆，并原址新建的项目，建成的被动式超低能耗建筑，该项目采用全方位的BIM+绿建分析技术对项目场地进行风环境分析，为明显改善片区和建筑本身的通风效果，提出对新建建筑体量进行压扁、拉长。让南侧建筑距离由原来的7m增加为12m。新的建筑体量在风环境分析下，建筑南面出现了黄色的高风压区域，风压差致使场馆南侧形成了明显的通风道，建筑内形成穿堂风。在确定建筑体量后，进行冬季风环境分析。模拟可知；东北两侧风压大，寒风渗透风险高。因此，将辅助用房区作为缓冲区设于东侧和北侧，并且减少开启扇数量，以此削弱寒风。在确定平面布置方案后，进行了穿堂风模拟。从模拟结果可以看出，室内存在明显的穿堂风，可以看出穿堂风基本均匀覆盖于全空间之中，通风效果良好。

结合BIM日影模拟可以发现南面夏季日照时间最长；而北侧处于阴影区时间较长。因此隔热设计原则是：南侧控制开窗率，并采用Low-e玻璃，有效隔热；而北侧处于阴影区时间较长，因此设计全玻璃幕墙形式，有效采光。

模拟周边环境，进行噪声分析，对噪声较大的东立面采取双层幕墙的设计，既不影响采光又能有效隔声。

1.8　BIM+正向设计

泰康（南京）国际医学中心项目是集医疗、教育、研发、康复、护理五位于一体的三级医院；是"健康中国"长寿时代的泰康解决方案；是南京城市圈的大健康服务产业的有机组成部分。

以往的BIM深化流程，往往是技术部门先出图、BIM工程师再翻模，带来的结果就是BIM应用假大虚空，无法有效落地。本项目在从施工图设计阶段介入BIM应用，实现了项目施工图深化设计的全流程正向设计。

首先，通过设计协同云平台，各参建方可在设计阶段介入到施工图设计中，查看模型发现并提出问题，以提高设计图纸质量。本项目累计图纸迭代3次，累计提出问题1712条，闭合问题1652项，闭合率96.5%；图纸问题大都集中在错漏碰缺、深度不足、影响效果等二维图纸难以察觉的问题上，通过查看设计模型可及时指出问题所在，在设计阶段解决实际问题。相比二维图纸的图纸会审，基于三维模型的设计协同效率更高，问题闭合速度更快。

其次，设计模型由各方审核确认后，设计施工模型正式封样，已封样模型正式出图，避免了错、漏、碰、缺等问题向施工下游的传递。

通过封样后的设计模型，开展后续的施工深化正向设计，采用深化、替换、综合的原则最大减少重复建模工作量，降低信息的损耗。以二次结构深化为例，项目墙体跨度大，洞口密集，管线复杂。基于红瓦建模大师自动生成二次结构，通过 Dynamo 迭代调整二次结构，砌体排砖时，综合考虑机电洞口影响、洞口过梁影响、构造柱及圈梁影响，通过 Dynamo 自动筛选过滤插件方案的不合理节点，确保排布成果与现场施工的匹配。将优化后的二次结构深化模型上传至云平台上，经设计审核确认后出图，完成二次结构深化图的正向设计。通过二次结构深化模型，可以快速统计二次结构工程量，为商务及现场提供可靠数据。

通过施工图的全流程正向设计，保证了图、模一致性，既能保证设计的质量，又能提高各参与方的沟通效率，实时的协同设计保证了及时高效准确地反馈信息。通过三维模型可视化实现与甲方及各施工单位的顺畅交流，实现多专业设计协同，减少设计错误，避免变更和返工。

1.9 BIM+机电运维

东莞国贸中心项目是集办公（T1/T2 甲级写字楼）、公寓（T3 高档公寓）、酒店（T4 洲际酒店）、商业（T5/T6 高档购物中心）为一体的超高、超大、高品质多功能的城市超级综合体。其中，建筑高度最高的 T2 为 428.8m。作为东莞 CBD 商圈中的核心，工程建设将极大地加快东莞市打造国际化都市的步伐。

BIM 智慧运维管理平台结合 BIM 技术、大数据、物联网、云计算、人工智能等技术，基于 BIM 模型建立智慧运维平台，实现对建筑的智慧管理。BIM 智慧运维管理平台包含 3 个端（移动端、电脑端、中控端）、12 个模块，覆盖 22 个子系统。通过对模型处理、数据集成与接口管理、数据应用、智能建筑平台的研究，打破传统运维缺陷（信息孤岛、人为干预、劳动强度、反应滞后、管理粗放、数据混乱、经验流失），为智能建筑的运维管理提供可靠服务，提高建筑的智慧化水平。

1.10 BIM+智慧工地

华南理工大学广州国际校区二期项目包含图书档案馆、文化活动中心、体育馆等 20 个地块、35 个单体，总建筑面积达 59.2 万 m^2，是全"新工科"学院的校区，致力于成为高水平、国际化、研究型、"新工科"特色的世界一流示范校区。项目作为教育部、广东省、广州市及华工四方共建的重点工程，装配式地块是广州市达到国标 A 级的最大建筑群，装配率达到约 70%。

为应对项目施工的高难度，项目智能化团队创新打造 CPS 数字孪生智慧工地系统，以 BIM 为载体，集成 IOT、AI 技术等集成供应链、进度、安全、质量、绿色施工、党建六大板块，汇聚装配式工厂现场一体化、BIM 安全质量协同、AI 识别、设备监测等 28 项子应用，通过 CPS 数字孪生系统，对工程建造过程进行在线化升级，实现数据智能化、BIM 技术可视化、风险预控自动化、多方协同平台化，为工地装上"智慧大脑"，筑起智能"安全网"。

装配式工厂现场一体化。基于 CPS 系统打通了从工厂到现场一体化的管理流程，构件在生产加工后被贴上二维码标签，工人通过手机微信端扫描二维码，填写相关数据信息，将数据实时同步到 CPS 管理系统，系统上可同步反映构件的不同状态。管理人员可随时了解构件加工、运输、进场、吊装、验收等全过程，实现一体化管理。项目团队创新运用叠合板不出筋、新型外挂架防护体系等技术，完成高装配率下 5 天 1 层的全铝模施工，为广州、深圳、惠州等地区及装配式建筑行业提供交流载体，输出一批关键技术、专利、工法等，助推建筑业技术发展。项目团队秉承"每建必优使命必达"理念，实现高效优质履约。

2　结语

现阶段从国家到企业都对这一新技术高度重视,BIM 的发展势不可当,必然会带来建筑技术的革命。

施工企业可以以 BIM 技术为驱动,努力实现标准化设计、工厂化生产、装配化施工、信息化管理的目标。运用 BIM 技术结合大数据、云计算、物联网、5G、人工智能等先进技术,提升各方的协同工作效率,实现设计、进度、质量、安全等多维信息共享。

参考文献

[1] 姜曦. BIM 技术在建筑工程中的运用 [J]. 山西建筑,2013(2):109-110.
[2] 孙斌. BIM 技术的现状和发展趋势 [J]. 水利规划与技术,2017(3):13-14,22.
[3] 张金月. BIM 应用于设施管理之路:物联网和人工智能的影响 [J]. 土木建筑工程信息技术,2018,10(6):10-20.

凹凸堆叠形建筑大板块玻璃幕墙施工技术研究

周 澳 廖 洋 朱冠辰 罗 敏 熊 胜

中建五局装饰幕墙有限公司 长沙 410004

摘 要： 体块堆叠穿插是建筑形体设计中的常见手法，将凹凸堆叠形建筑形体与大板块彩色玻璃相结合能快速清晰地塑造出具有强烈视觉表现张力的建筑形体，但随之而来的悬挑结构部位的大板块玻璃安装，成为了一项施工难题。然而随着3D扫描、无人机等新型数智建造技术近年来逐渐在建筑工程行业中得到普及，通过将这些新技术因地制宜地运用于此类建筑外立面施工中，不乏为解决该难题的一种新尝试。

关键词： 凹凸堆叠；大板块玻璃；数智建造；3D扫描；无人机

1 技术特点

1.1 灵活性高、适用性强，数智建造

在钢结构完工后采用3D扫描技术，快速生成建筑实际模型，提前针对不同悬挑情况进行施工模拟，灵活搭配吊装机械、成品安装设备，分方案解决悬挑部位处大板块玻璃运输安装问题，无人机灵活运用于项目进度及现场管理中，实时反馈现场进度与问题，实现图纸与模型与现场可视化三统一，推动数智建造。

1.2 低成本、高效率

在不影响原设计功能前提下采取特殊吊篮搭设方式，极大方便现场施工作业，同时避免搭设悬挑作业平台，或采用大升降高度的高空作业车，可有效降低安全风险，节约人力及时间成本，利用无人机对项目全过程施工进行监控巡检，提升质量与安全管理效率，多层面节约人力及时间成本。

2 实际工程运用

以成都市天府新区天府文化共享中心项目（一标段）为实际载体，提炼总结出凹凸堆叠形建筑大板块玻璃幕墙施工技术，该技术通过前期对钢结构进行360°扫描，快速采集形成现场实际钢结构数据并建立BIM模型完成幕墙深化设计，依此进行悬挑结构幕墙施工方案推导，最终形成针对不同情况下悬挑结构施工方案，并在过程中采用无人机对施工质量、安全管理进行全方位监管。综合而言，该技术有效解决悬挑部位大板块玻璃安装难题，极大缩短施工工期。

2.1 工程概况

天府文化共享中心项目（一标段）项目分为1、2号楼，其中2号楼为凹凸堆叠形建筑，建筑高度63.4m，玻璃幕墙面积约6000m^2，其中大板块玻璃约4500m^2，大玻璃单片尺寸为2.8m×3.8m，面积约10m^2，厚度46.28mm，重约0.8t。项目效果如图1所示。

图 1 项目效果图

2.2 工艺及流程（图 2）

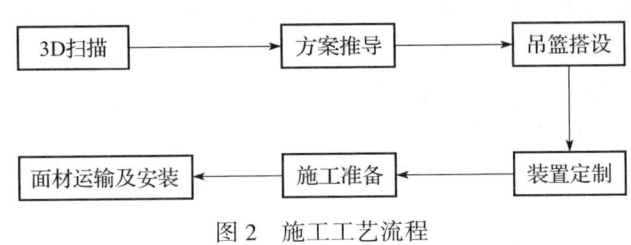

图 2 施工工艺流程

2.3 操作要点

2.3.1 3D 扫描

钢结构主体完工后不可避免会存在施工误差，因此在钢结构完工后便利用 RTC360 全方位快速扫描技术，获得现场实际钢结构模型，进行偏差分析（图 3），根据获取到的变形数据再进行外立面幕墙专项施工方案编制及幕墙建模（图 4），且为后续不规则外立面幕墙精准放线、深化设计、下料提供了依据。

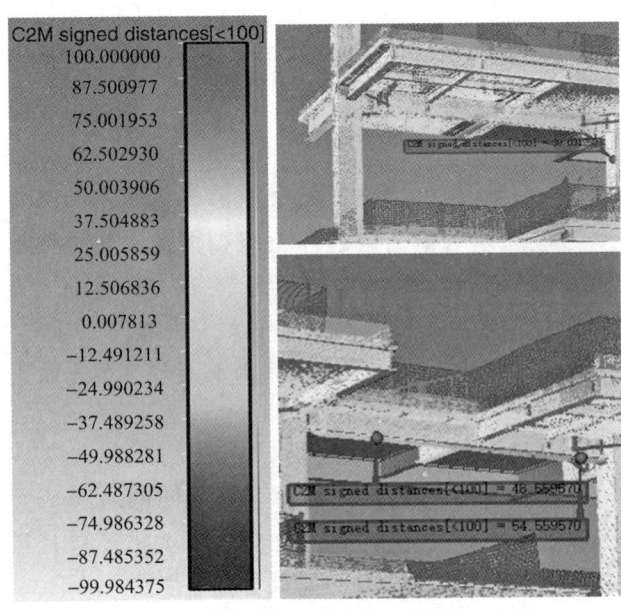

图 3 扫描得到的点云模型

图 4 幕墙节点建模

2.3.2 方案推导及吊篮搭设

依据扫描后优化得到的 BIM 三维模型,将问题解决在深化阶段,进行悬挑部位玻璃安装施工模拟和方案推导(图5),经反复推导确认采用电动吸盘+汽车吊+电动葫芦为主要的吊装措施,并在荷载计算合格后决定在悬挑结构下方采用以穿楼板方式架设无支架无配重吊篮。吊篮钢丝绳由楼板开孔处垂放(图6),并为防止磨损此段用软管做保护,上部结构为单根吊篮挑梁(规格尺寸 75mm×75mm×3.75mm),用混凝土做垫块,跨度不超过 3.0m,钢丝绳挂点在挑梁中部,并进行吊篮搭设荷载试验,记录回弹参数。

图 5　吊装方案三维模拟

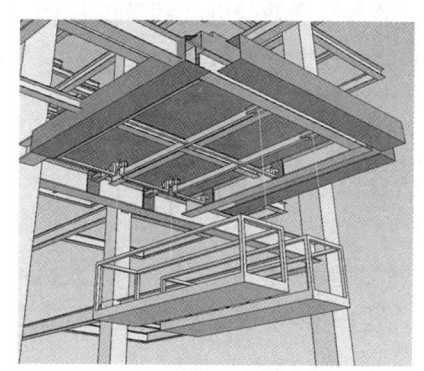

图 6　吊篮方案推导

2.3.3 悬挑部位下方大板块玻璃安装

(1)吊装准备

清理玻璃表面且保持干燥再将电动吸盘放置于玻璃中间区域并利用卷尺反复测量四周距边尺寸,确保将电动吸盘置于玻璃正中(图7)。使用 3t 高强度纤维吊装带对玻璃进行吊装,吊装时用吊装带将玻璃下部进行两道兜底捆绑,并设置腰绳防止左右倾斜幅度过大,将吊带系于手动葫芦上,经检查系牢后将手动葫芦和电动吸盘一同系于吊车挂钩上等待吊装。

(2)正式吊装

检查电量确认吸盘,气管无破损后,打开控制箱上的电源开关,启动真空泵启动,待压力值合格后,确认无异常后启动吊车进行试吊,缓慢将玻璃抬升至距地面 20cm 呈垂直于地面状态,检查玻璃是否摆正,若未摆正则及时进行调整。再次检查电动吸盘和吊带无异常后,结束吊装准备工作,正式开始吊装(图8)。

图 7　吸盘置中安装

图 8　玻璃试吊调整

（3）入位安装

悬挑结构下方内凹处，吊车无法将玻璃送至安装位置，因此提前在原钢结构焊接电动葫芦安装平台骨架，具体具体做法为：

在前后钢梁腹部间距小于1.2m位置的焊接各一块板凳状10mm厚埋板总计四块，前后埋焊接12.6号槽钢连接件用一组M12螺栓连接固定一根120×60×5（mm）钢通，两根钢通间焊接固定一根100×50×4（mm）钢通，三根钢通相互焊接组成电动葫芦安装平台。

安装该部位大板块玻璃时，首先利用吊车将玻璃送至该部位下方平台再通过提前安装在钢结构悬挑平台钢梁处的电动葫芦的挂钩接住吸附于玻璃板面上的电动吸盘，上方安装人员启动电动葫芦，往上提升玻璃，提升至安装位置后，再配合吊篮内安装人员缓慢调整放下玻璃，完成玻璃入槽安装（图9）。

2.3.4 无人机在施工中的运用

（1）质量检查与安全管理方面

将无人机运用于质量检查及监管中，可解决因幕墙造型复杂，作业点位多、管理难等问题所带来的管理监督不到位问题。无人机可深入管理人员难以到达或是兼顾的部位进行远程捕捉监管（图10），相较于传统检查监管方式有着巨大优势。

图9 悬挑位置下方大板块玻璃安装

图10 无人机检查焊接质量

（2）进度与数智建造方面

借助无人机广视角、高机动性两大视觉空间优势，远可呈现整体形象，近则多角度多点位捕捉细部进度。在施工中每日利用无人机进行巡航记录，实时反馈现场龙骨、玻璃安装情况及存在问题，并整理于项目三维模型中，形成数字可视化管控体系，推动项目数智建造（图11和图12）。

图11 无人机反馈龙骨进度模型

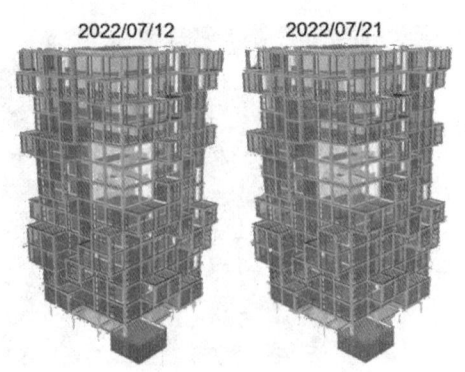

图12 进度管理模型

2.3.5 整体完成效果图（图 13 和图 14）

图 13　完成效果图 1　　　　　　图 14　完成效果图 2

3　结语

该施工技术已在实际工程中得到应用，并在确保工程质量和工期要求前提下取得了良好的效果，为后续高难度凹凸堆叠型玻璃幕墙施工提供了理论与经验支撑，但在数智建造方面仍然存在进步探索挖掘空间。笔者认为随着科技的进步与发展，未来在幕墙行业内搭载 3D 扫描与无人机的集成化平台将会大量出现，并在大数据与人工智能快速应用和普及的大背景下极速推进数智化建造朝着高质量发展。

BIM技术在智慧工地的应用实践研究

李柯可　冯帅　刘彦

湖南长大建设集团股份有限公司　长沙　410000

摘　要：本文旨在研究和探讨BIM技术在智慧工地的应用实践。首先，介绍了研究背景和意义，指出智慧工地应用的发展现状。其次，概述了智慧工地和BIM技术的概念及整体框架。再次，详细讨论了BIM技术在智慧工地的主要应用，包括施工阶段的应用和具体技术应用。又次，分析了BIM技术在智慧工地的应用障碍，并提出了相应的解决对策。最后，展望了BIM技术下智慧工地的发展，包括更加自动化、智能化的工地，创新单点应用到系统应用的变革以及工作效率的提升。该研究结果表明，BIM技术在智慧工地的应用具有重要意义，并有着广泛的发展前景。

关键词：BIM技术应用；智慧工地；实践研究

1　绪论

1.1　研究背景

研究背景是指研究对象所处的历史环境、社会背景以及对该研究问题的阐释和解释。在关于智慧工地的研究中，研究背景主要涉及BIM技术与智慧工地的关系，以及智慧工地应用的需求和现状。本部分将从这些方面进行阐述。

BIM技术作为一种全生命周期的信息化建筑模型技术，已经在建筑行业得到广泛应用。随着信息技术的不断发展，智慧工地作为建筑行业的新兴领域，日益受到关注。BIM技术与智慧工地有着密切的关系，通过BIM技术的应用，可以实现对智慧工地建设、运营和管理全过程的监控和优化。

智慧工地应用的需求是组成研究背景的重要方面。随着城市化进程的加快和建筑行业的快速发展，建筑项目规模越来越大，工程管理的难度也越来越大。传统的工地管理方式已经无法满足日益增长的建设需求。智慧工地应用是解决这一问题的重要途径，通过自动化、信息化、智能化的手段实现对工地施工、物资管理、安全监控、配送调度等方面的有效管理。

智慧工地应用的发展现状分析也是研究背景的重要内容。智慧工地应用尚处于起步阶段，虽然有一些成功的案例，但还存在一些挑战和问题，如技术标准不统一、信息共享难、工地人员对智慧工地的认知不足等。因此，深入研究智慧工地应用的发展现状，探索解决方案和创新模式，对于推动智慧工地建设具有重要的意义。

1.2　研究意义

随着社会的不断发展和科技的快速进步，传统的建筑施工模式已经不能满足人们对工程品质、进度和效益的要求。智慧工地的概念在这样的背景下应运而生，为工地管理和施工提供了一种新的思路和解决方案。而BIM技术作为智慧工地的关键技术之一，其应用也因此受到了广泛关注和重视。

一方面,研究 BIM 技术在智慧工地应用的意义在于提高施工管理的效率和准确性。传统的工地管理模式存在很多问题,比如信息传递不及时、准确性低、决策较为随意等。而借助 BIM 技术,我们可以实现对施工各个环节的全程可视化管理,将设计、施工、质量控制等各个环节打通,实现信息共享和协同工作。这样一来,工地管理者可以更加直观地了解项目的进展,及时发现和解决问题,提高管理效率。

另一方面,BIM 技术在智慧工地应用的意义还在于提供全面精细化的信息支持。在传统的施工模式下,工地管理者通常只能依靠手工记录和片面的观察来了解工地的情况。而 BIM 技术的引入,可以使得工地的各类信息得到全面、实时的记录和呈现。通过 BIM 技术,可以获取建筑元素的准确尺寸、材料信息、施工顺序等,这为管理者提供了更加准确、全面的决策依据,大大减小了人为误差的可能性。

与此同时,BIM 技术在智慧工地应用的意义还在于提高了设计与施工之间的协同性。在传统的工程项目中,设计和施工往往是相对独立且分阶段进行的,这容易导致设计方案与施工实际之间存在不匹配的情况。而通过 BIM 技术,设计方案和施工方案可以实现互联互通,通过共享模型和协同工作,及时发现和解决设计与施工之间的问题,提高设计与施工之间的协同性,从而提高了工程项目的质量和效益。

BIM 技术在智慧工地应用的意义是多方面的,涉及施工管理效率的提升、全面精细化的信息支持以及设计与施工协同性的提高。这些都是推动智慧工地发展,实现工程项目的高质量、高效益的重要因素。因此,对于智慧工地建设和 BIM 技术研究具有重要的意义和价值。

1.3 智慧工地应用发展现状分析

智慧工地是一种将信息技术应用于建筑施工管理的新模式,通过使用 BIM 技术,可以实现智能化、数字化的工地管理。目前,智慧工地的应用已经取得了一定的成果,但仍面临着许多挑战。

智慧工地应用在实践中面临的一个关键问题是数据集成与共享。在传统的建筑施工管理中,各个部门和岗位之间的信息流通通常不畅,导致信息孤岛的现象比较严重。而在智慧工地的应用中,各种信息数据的集成与共享是必不可少的。通过 BIM 技术,可以建立一个统一的信息平台,实现不同部门和岗位之间的信息交流与共享,提高施工管理的效率和准确性。

智慧工地应用还需要突破技术与人员培训的瓶颈。虽然 BIM 技术在建筑行业中得到了广泛的应用,但仍有许多施工管理人员对于这项技术的理解和应用还存在一定的困惑。因此,在智慧工地应用的推广过程中,需要加强对技术的培训与普及,提高施工管理人员的技能水平,以适应智慧工地的管理需求。

另外,智慧工地应用还需克服的一个挑战是安全与隐私保护。随着信息技术的发展,智慧工地中各种传感器和监控设备的应用越来越普遍,这无疑为工地管理带来了许多便利。但与之相应的,也引发了一系列安全和隐私问题。如何保障工地信息的安全,防止信息泄露和非法使用,是智慧工地应用亟待解决的问题之一。

智慧工地应用在现阶段已经取得了一定的进展,但仍需要进一步完善和推广。数据集成与共享、技术与人员培训、安全与隐私保护等问题需要重点关注和解决。只有克服了这些挑战,智慧工地的应用才能更加成熟和广泛推广,为建筑施工管理带来更大的便利和效益。

2　BIM 技术及智慧工地概述

2.1　智慧工地的概念

智慧工地是指运用先进的信息化技术和管理理念，对建筑施工全过程进行智能化、数字化、集成化管理的工地。它是对传统工地的革新和升级，旨在提高工地的效率、安全性和可持续性。

智慧工地的核心理念是建立一个全面的、实时的信息体系，实现各类数据的全流程收集、传递、处理和应用。通过引入物联网技术、云计算技术和人工智能技术，智慧工地能够实现对施工现场的远程监控、预警、优化调整和自动化控制。

在智慧工地中，各类设备、材料和人员都被赋予了智能化的能力。传感器、无线通信设备、智能终端等技术设备被广泛运用，实现设备状态的实时监测和数据的互联互通。工地管理人员可以通过电脑、平板或手机等终端设备，随时随地获取工地的各类信息，进行实时监控和决策。

智慧工地的整体框架主要由信息采集与传输系统、信息处理与分析系统、信息展示与应用系统和管理决策支持系统四部分组成。信息采集与传输系统负责采集现场各类数据，包括施工进度、设备工况、环境参数等。信息处理与分析系统对数据进行分析和挖掘，以提供决策依据和预警信息。信息展示与应用系统通过直观的界面和功能实现对数据的展示和应用。管理决策支持系统则为管理人员提供决策分析、任务分配、资源调配等支持。

总体而言，智慧工地是一种将先进的信息技术与建筑施工实践相结合的创新模式。它的出现和应用，将深刻改变传统施工方式，提高施工的效率和质量。同时，智慧工地也面临着技术、管理和隐私等方面的诸多挑战，需要进一步研究和探索。

2.2　智慧工地整体框架

智慧工地是指通过技术手段对施工现场进行全面、智能化的管理和控制，以提高施工效率、优化资源利用，实现施工安全和质量的有效保障。智慧工地整体框架是指将各个智能化系统和技术有机结合起来，构建一个完整、高效的智慧工地管理体系。

在智慧工地整体框架中，必不可少的是建筑信息模型（BIM）技术的应用。BIM 技术可以通过建立数字化模型，对建筑施工的各个环节进行集成，实现对施工过程的全程监控和管理。例如，通过 BIM 的建立，可以对建筑物结构进行分析和优化，提前发现潜在的施工风险，并通过虚拟现实技术进行模拟和预演，从而有效减少施工事故的发生，提升施工质量。

智慧工地整体框架中还包括对物联网技术的应用。通过在施工现场布置传感器、监控设备和智能终端等，可以实现对施工过程的实时监测和数据采集。例如，通过物联网技术，可以对施工现场的温度、湿度、噪声、粉尘等参数进行监测，及时发现异常情况并采取相应措施，确保施工环境的安全和健康。

在智慧工地整体框架中，还应该包括对人工智能技术的运用。通过人工智能技术，可以对施工人员进行智能化管理和指导。例如，通过人脸识别技术，可以实现对施工人员的身份识别和考勤管理。同时，通过机器学习和数据分析，可以对施工过程中的问题进行预测并加以解决，提高施工效率和质量。

在智慧工地整体框架中，还涉及信息化系统的建设和应用。通过建立信息化管理系统，可以对施工过程中的各个环节进行协调和管理。例如，通过信息化系统，可以对材料采购、施工进度、人员调度等进行统一管理和调度，避免资源浪费和施工冲突。

智慧工地整体框架是一个集成了 BIM 技术、物联网技术、人工智能技术和信息化系统的高效管理体系。通过这种整体框架的应用，可以实现对施工过程的全程控制和监管，提高施工效率和质量，实现智慧工地的目标。

2.3 BIM 技术概述

BIM 技术是一种以模型为基础的协同设计与构建工具，已经在智慧工地中得到广泛应用。BIM 技术的核心概念在于将建筑的各种信息以数字化的形式建模，并且实现信息的共享和协同。BIM 技术的应用使得智慧工地的建设和管理更加高效和精确。

BIM 技术通过建模的方式，对建筑的各个构件、系统和工艺进行数字化设计和呈现。通过精准的建模，可以准确地模拟和分析不同构件之间的协调与冲突，并且可以在设计阶段就进行仿真和优化，减少后期施工中的调整和修正，提高施工效率。

BIM 技术能够提供全面的信息共享和协同平台，使得不同参与方能够实现信息的无缝连接和交流。设计师、施工方、监理人员等可以通过云平台实时获取和共享建筑模型的信息，从而减少了信息传递的时间和成本，提高了项目的整体协同效率。BIM 技术还可以实现对建筑材料和设备的管理和控制，实现智能化的工地管理。

BIM 技术在智慧工地中还发挥了重要的作用。通过 BIM 技术，可以对建筑工地进行虚拟仿真，模拟施工过程，发现和解决潜在的问题，减少安全事故的发生。BIM 技术还可以实现对建筑工地的实时监测和控制，比如通过传感器对施工现场的温度、湿度、光照等数据进行实时监测，实现对施工质量和安全的全面掌控。

BIM 技术在智慧工地中的应用具有重要的意义。通过 BIM 技术的运用，可以实现建筑设计、施工和管理的协同与高效，提高工地的效益和质量。然而，我们也应该意识到，BIM 技术的应用还面临着一些挑战，比如数据标准化、人员培训等问题，需要在实践中不断探索和完善。

3 BIM 技术在智慧工地中的主要运用

3.1 施工阶段的应用

施工阶段是智慧工地应用 BIM 技术的重要阶段。在该阶段，BIM 技术能够为施工过程提供全方位的支持和优化。具体而言，BIM 技术在施工阶段的应用主要包括施工过程的协调和调度、质量控制、安全管理以及施工效能的提升。

BIM 技术能够协调和调度施工过程，有效地解决了工期和资源的管理问题。通过将项目的 3D 建模与进度计划结合，可以实现对资源的合理规划和调度，确保施工进度的合理控制。BIM 技术还能够进行冲突检测和碰撞分析，及时发现和解决施工过程中的问题，提高施工的效率和质量。

BIM 技术在施工阶段中对质量控制起到了重要作用。通过将设计和施工的信息集成到一体化的 BIM 中，可以实现对施工过程的监测和控制。例如，利用 BIM 可以对施工材料的合理选择和使用进行模拟和分析，以确保施工质量的达标。BIM 技术还能够对施工过程中的质量问题进行快速定位和处理，有助于提高整体质量管理水平。

在施工阶段，BIM 技术的应用还能够有效地提升工地的安全管理水平。通过将安全信息与 BIM 结合，可以实现对危险区域的识别和排查，减少安全事故的发生。BIM 技术还可以模拟并优化施工过程中的危险操作，提供相应的安全提示和指导，帮助施工人员远离危险区域，降低工地发生事故的风险。

BIM技术在智慧工地施工阶段具有广泛的应用前景。通过协调和调度施工过程、实现质量控制和安全管理，BIM技术能够为施工过程提供全方位的支持，提高施工效能。因此，在未来的智慧工地建设中，更多的施工单位应该充分发挥BIM技术的优势，将其应用在施工阶段，推动建筑行业的数字化和智能化发展。

3.2 BIM技术的具体应用

在智慧工地，BIM技术具有广泛的应用领域。本部分将从几个方面介绍BIM技术在智慧工地的具体应用。

其一，BIM技术在智慧工地的模型协同应用。传统的施工过程中，各个专业往往独立进行设计和施工，导致信息碎片化和协同不足。而通过BIM，各个专业的设计可以在同一个平台上进行集成和协同，实现信息共享和高效沟通。例如，在智慧工地的施工阶段，通过BIM可以对建筑、结构、机电等专业的模型进行整合，实现各个专业的协同施工，提高工地施工效率。

其二，BIM技术在智慧工地的工况模拟应用。智慧工地要求对施工过程进行全面的规划和控制，以减少人工操作的错误和风险。通过BIM技术，可以对工地进行3D工况模拟，预测施工中可能出现的问题，提前做好准备工作。例如，我们可以使用BIM来模拟施工过程中的各种场景，如材料的运输、施工现场的交通流动等，以便合理规划施工策略和资源分配。

其三，BIM技术在智慧工地的质量管控应用。通过BIM，可以实现对施工过程和施工结果的全面监管和控制。在智慧工地，我们可以使用BIM进行施工过程的实时监控，实现对施工工艺、材料使用等方面的质量控制。同时，BIM也可以用于施工结果的质量检测和验收，通过与设计模型的对比，发现施工中可能存在的问题，及时加以纠正和改进。

BIM技术在智慧工地具有广泛的应用前景。通过BIM技术的模型协同应用、工况模拟应用和质量管控应用，智慧工地可以实现施工过程的高效管理和全面控制，提升施工质量和效率。BIM技术的具体应用不仅在施工阶段起到关键作用，而且对于整个智慧工地的建设和运行管理都具有重要意义。

4 BIM技术应用障碍及解决对策

4.1 BIM技术在智慧工地的应用障碍

BIM技术在智慧工地的应用面临着一些困难和障碍，这些问题需要得到关注和解决。首先，在技术层面上，许多企业和工程项目尚未完全掌握并理解BIM技术的优势和应用方法。一些人员对于BIM软件的操作和功能仍存在一定的不熟悉和不适应，这进一步阻碍了BIM技术的推广和应用。因此，加强对于BIM技术的培训和知识普及对于解决这一应用障碍至关重要。

其次，在智慧工地，BIM技术的应用需要进行多方面的数据整合和信息交流，但是不同公司、不同部门之间信息的共享存在问题，导致信息流通困难。不同软件之间的兼容性也是一个挑战。为了解决这些障碍，需要建立一个完善的信息管理平台，使得各个相关方能够便捷地共享和获取所需的数据和信息。加强各个软件之间的协同工作，提高不同软件之间的兼容性，也是解决这一问题的关键。

另外，在智慧工地，人力资源的配置和管理也是一个关键的问题。BIM技术对项目人员的能力要求有所提升，特别是要求人员具备较高的信息化水平和较强的软件操作能力。然而，目前在很多工地，员工的信息化水平相对较低，导致 BIM 技术的应用难度增加。因此，加强对项目人员的培训和技能提升是必要的。此外，还需要制定相关的人力资源管理政策和制度，以便更好地调配和配置适合的人才，使得人力资源能够更好地支撑 BIM 技术在智慧工地的应用。

BIM 技术在智慧工地的应用面临着一系列的障碍，包括技术层面上的不熟悉、数据共享和信息交流的困难以及人力资源问题等。为了克服这些困难，需要加强 BIM 技术的培训和普及，建立信息管理平台，提高软件之间的兼容性，并制定合理的人力资源管理政策和制度。只有这样，才能更好地推动 BIM 技术在智慧工地的应用，实现项目的高效管理和精细化施工。

4.2 实际运用中的解决对策

为了克服 BIM 技术在智慧工地的应用障碍，需要采取一系列的解决对策。首先，重要的是确保项目团队的全面理解和合作。BIM 技术的应用需要全员参与，从设计师到施工队，每个角色都需要了解自己在 BIM 中所扮演的角色和责任。只有通过团队的合作和沟通，才能实现 BIM 技术的最佳效果。

其次，为了提高 BIM 技术的应用水平，在实际运用中我们需要大力推动数字化建设。这意味着在项目开始之前，进行详尽的数据收集和整合，确保每一个项目细节都能被纳入 BIM 中。还需要培养专业的 BIM 技术人才，使他们能够熟练操作 BIM 软件，并且具备优秀的协作能力。

另外，有效的培训和教育也是解决 BIM 技术应用障碍的关键。尽管 BIM 技术的应用已经得到了广泛认可，但一些人员对新技术仍然存在不熟悉和抵触心理。通过提供针对不同职能部门的 BIM 技术培训，能够加强员工对 BIM 技术的理解和使用能力，并且减少因为技术层面的不熟悉而导致的应用障碍。

政府部门和相关机构的支持也是解决 BIM 技术应用障碍的重要因素。政府应该出台相关政策和法规，鼓励和推动 BIM 技术在智慧工地的应用。此外，对于采用 BIM 技术的项目，政府应该提供适当的财政支持和政策优惠，以促进智慧工地的发展。

解决 BIM 技术应用障碍的关键在于团队合作、数字化建设、培训教育和政府支持。通过采取这些对策，能够推动智慧工地的发展，提高项目效率和质量，实现建筑行业的可持续发展。

5 BIM 技术下智慧工地的发展与展望

5.1 更加自动化、智能化的智慧工地发展

随着科技的不断进步和应用，智慧工地在 BIM 技术的推动下正呈现出更加自动化和智能化的发展趋势。首先，在智慧工地中，自动化设备和机械的运用已经成为常态。通过 BIM 技术，可以对工地进行全面的数字化建模，实现对各项工作的自动控制和监控。例如，自动化机械臂的运用可以替代传统的人工作业，在土方作业、混凝土浇筑等环节大大提高了工作效率，并且减少了劳动力成本和安全风险。

其次，智慧工地的智能化也体现在对数据的实时采集和分析上。通过 BIM 技术，可以将传感器、监控设备等连接至一个统一的系统中，实时采集工地各种信息，如温度、湿度、噪声等。通过对这些数据的分析和处理，可以及时发现问题和隐患，并进行相应的调整和优化。例如，在工地施工过程中，如果监测到某个区域的温度过高，即刻自动触发警报并采取

措施进行降温，以保障工人的安全。

除了自动化和智能化的发展，智慧工地还在效率方面取得了重要突破。通过BIM技术实现的全过程管理和协同工作，使得各参与方之间可以更加高效地进行信息共享和协同配合。同时，借助移动设备和云计算技术，施工现场可以实现实时通信和信息共享，减少了文件传递和信息沟通的时间成本。这种高效的工作方式不仅节省了时间和成本，也大大提高了项目的整体执行效率。

在智慧工地的发展过程中，BIM技术的应用使得工地呈现出更加自动化和智能化的特点。自动化设备和机械的运用、实时数据采集和分析、高效的工作方式，都是智慧工地发展的重要方向。未来，随着科技的进一步发展，可以预见智慧工地将会出现更多创新的应用和技术，为建筑工程的实施和管理带来更大的便利和更高的效益。

5.2 由创新单点应用到系统应用的变革

随着BIM技术的不断发展，智慧工地在实践中经历了从创新单点应用到系统应用的变革过程。在过去，智慧工地往往以单个应用为核心，例如安全监测、设备管理等，局限于特定的功能和任务。然而，随着BIM技术的广泛应用，智慧工地正转向更系统化的应用模式，实现数据的集成、协同和共享。

在创新单点应用的基础上，智慧工地正不断拓展应用范围，将各项功能和任务有机整合，形成一个相互关联、相互支持的系统。以安全管理为例，过去的智慧工地可能只关注事故监测和处理，而现在的智慧工地通过BIM技术将安全管理与其他方面的信息结合，包括施工进度、材料管理、质量检测等，实现信息的全面融合和分析。通过系统化的应用，能够更加全面地了解和监测工地的情况，及时发现潜在的安全隐患，加强预警和风险控制。

这种由创新单点应用到系统应用的变革也体现了智慧工地在提升效率方面的重要意义。不再仅仅追求单个功能的优化，而是将各项任务融合在一个整体化的系统中，实现协同工作、信息共享和自动化处理。以人力资源管理为例，传统的工地管理可能需要独立的人力资源部门来处理招聘、培训、考勤等事务，而BIM技术的应用可以将这些信息整合在一起，形成一个集约化管理的系统，实现自动化处理和数据的实时共享。通过系统应用，可以大幅提升工作效率，降低管理成本，为智慧工地的持续发展提供有力的支持。

智慧工地在BIM技术的推动下，正在经历由创新单点应用到系统应用的变革。这种变革不仅丰富和扩展了智慧工地的功能和应用范围，也提升了工作效率和管理水平。随着技术的不断演进，我们有理由相信，智慧工地将进一步发展，成为建筑行业发展的重要引擎。

5.3 高效提升工作效率

在智慧工地工作效率的高效提升方面，BIM技术发挥了重要作用。一方面，BIM技术能够对施工流程进行全面规划和模拟，通过3D模型的可视化展示，工作人员能够清晰地了解施工进程和各个工序之间的关系，从而更好地安排工作和资源。例如，在建筑施工中，通过BIM技术可以在实际施工之前对施工过程进行虚拟仿真。这样，施工人员可以通过模型预先检测可能出现的问题并进行优化，减少了后期的修复和调整工作，大大提高了工作效率。

另一方面，BIM技术能够实现信息共享与协同工作。在传统的施工管理中，各个工种之间往往存在信息壁垒和沟通不畅的问题，导致施工效率低下。而通过BIM技术，所有参与施工的工种都可以基于同一虚拟模型进行协同工作，实时更新施工进度和各个工种的任务分配。这种信息共享和协同工作的方式有效地减少了误解和沟通障碍，提高了工作效率。例如，在建筑施工现场，各个工种能够通过 BIM 技术实时了解施工计划和图纸变更，及时调整工作安排和沟通配合，减少了因为等待信息传递而造成的时间浪费。

BIM 技术还可以进行施工过程的追踪和监控。通过对虚拟模型的实时更新，可以准确记录施工进度和各个工序的完成情况。一旦发现施工过程中的偏差或问题，可以及时进行调整和解决，避免了问题扩大化和延误。例如，通过 BIM 技术可以实时监控施工材料的使用情况，及时调整供应的数量和时机，避免了材料的浪费和库存积压的问题，提高了施工的效率。

BIM 技术在智慧工地的应用使得工作人员能够更加高效地工作。通过全面规划和模拟、信息共享与协同工作以及施工过程的追踪和监控，智慧工地的工作效率得到了显著提升。随着 BIM 技术的不断发展和完善，未来智慧工地的高效工作将会成为现实。

6 结语

BIM 技术在智慧工地的应用，已逐渐从理论探讨走向实际应用，为现代建筑行业的数字化转型注入了强大的动力。在智慧工地的建设中，BIM 技术凭借其强大的数据集成、可视化与模拟分析能力，为项目管理带来了前所未有的便利与效率。BIM 技术在智慧工地实践研究中的应用已经取得了显著的成果，对于提升项目管理效率、优化资源配置、降低成本风险以及提高工程质量等方面具有不可替代的作用。随着技术的不断进步和应用范围的扩大，相信 BIM 技术在未来智慧工地建设中将发挥更加重要的作用，推动建筑行业向更加智能化、高效化和可持续化的方向发展。

参考文献

[1] 谢丁寿, 贺治邦. BIM 技术在智慧工地中的应用与实践 [J]. 科技创新导报, 2022, 19 (22): 187-189.
[2] 郑小云. BIM 技术在设计优化及智慧工地建设的应用研究 [D]. 杭州: 浙江大学, 2018.
[3] 从海虎, 王旭良, 吴红. 基于 BIM 技术打造四维一体智慧工地实践研究 [J]. 智能建筑与城市信息, 2018 (11): 63-64.
[4] 高宾. BIM 技术在长春龙翔国际商务中心项目的应用研究 [D]. 沈阳: 沈阳建筑大学, 2019.
[5] 罗实, 肖观辉, 刘海丰, 等. BIM 技术在建工·象山国际一期智慧工地的应用 [J]. 智能建筑与智慧城市, 2021 (8): 63-64.
[6] 闫文娟, 王水璋. 无人机倾斜摄影航测技术与 BIM 结合在智慧工地系统中的应用研究 [J]. 电子测量与仪器学报, 2019, 31 (10): 7.
[7] 刘畅. BIM 技术在施工项目"三控制"中的应用研究 [D]. 哈尔滨: 东北林业大学, 2018.
[8] 马军霞. BIM 技术在某食品生物产业基地的应用研究 [D]. 石家庄: 石家庄铁道大学, 2018.
[9] 林莹, 叶伟, 王享洲, 等. BIM+互联网技术在联想武汉研发基地项目中应用实施探索 [J]. 中国标准化, 2016 (15): 175-177, 179.
[10] 黄飞亚. 基于住宅产业化的建筑信息模型（BIM）在轻钢住宅体系中的应用研究 [D]. 广州: 华南理工大学, 2018.
[11] 常萍, 孙双喜, 梁卓昕. BIM 技术在土木工程结构设计中的应用研究 [J]. 四川建材, 2021 (8): 47.
[12] 李良琨. 基于可持续性的 BIM+VR 技术在住宅建筑方案设计中的应用研究 [D]. 邯郸: 河北工程大学, 2020.

探讨我国建筑垃圾资源化利用发展历程及现状

卢 林 何 路

湖南长大建设集团股份有限公司 长沙 410000

摘 要：在我国"双碳"目标确立的大背景下，绿色发展已然成为建筑行业未来发展的主要方向，而建筑垃圾的减量化与资源化利用对于建筑行业的绿色发展和可持续发展可谓是势在必行。一方面，实行建筑垃圾减量化可以适当减少固体废弃物的排放，起到保护环境、减少安全隐患的作用；另一方面，通过技术手段回收建筑垃圾中有价值的物质并加以再利用，可以实现资源的可持续利用，推动建筑垃圾的循环经济体系发展。在施工过程中，推行切实可行的建筑垃圾处理模式，对于贯彻科学发展观、实现建筑行业的可持续发展、引导未来工程建设模式起到了至关重要的作用。

关键词：绿色施工；建筑垃圾；处理模式；减量化；资源化利用

过去10年，我国的基础设施建设及房地产行业发展迅猛，为国民经济的高速增长及人民生活幸福做出了巨大的贡献。但建筑行业的高速发展，也如一柄"双刃剑"，在带来诸多便利的同时，也不可避免地带来了环境污染、生态破坏等一系列问题。而在这一系列问题中，如何处理建筑活动中所产生的大量建筑垃圾则是一个关系到建筑行业能否实现可持续发展的不可回避的问题。我国建筑垃圾常用的处理方式为除少量用于工程回填和再生利用外，大部分仍采取简单的堆放或填埋处理方式，这种处理方式不仅极大地浪费了资源，又占用了大量的土地，非常不利于建筑行业的可持续发展与环境保护理念的落实。本文主要探讨我国建筑垃圾资源化利用的发展历程与现状，并对未来发展方向做出展望，以期为我国建筑行业的绿色发展、可持续发展提供些许借鉴。

1 建筑垃圾的定义、来源与分类

1.1 定义

建筑垃圾是指在新建、改建或扩建活动中产生并被拆除的建筑物、构筑物或其他设施的废弃物。

1.2 来源

建筑垃圾产生的来源主要包括以下途径：施工现场产生的工程渣土和施工泥浆；拆除建筑物产生的建筑废料；新建建筑产生的垃圾；市政管网翻修过程中产生的垃圾以及地震、洪水、火灾等不可抗力因素导致建筑破坏而产生的建筑垃圾。

1.3 分类

建筑垃圾根据其类别划分主要包括渣土、混凝土块、碎石块、砖瓦碎块、废砂浆、泥浆、沥青块、废塑料、废金属、废竹木等。其中无污染的无机物质（如泥土、石块、碎砖）占90%，其处理和再生利用较为简单，是我国目前利用率最高的建筑垃圾种类。

2 关于建筑垃圾处理已出台的相关法律法规、政策

法律法规层面：2020年4月29日《中华人民共和国固体废物污染环境防治法》经第十

三届全国人大常委会第十七次会议审议通过，自2020年9月1日起施行。其中，第六十条规定：县级以上地方人民政府应当加强建筑垃圾污染环境的防治，建立建筑垃圾分类处理制度。第六十二条规定：县级以上地方人民政府环境卫生主管部门负责建筑垃圾污染环境防治工作，建立建筑垃圾全过程管理制度，规范建筑垃圾产生、收集、贮存、运输、利用、处置行为，推进综合利用，加强建筑垃圾处置设施、场所建设，保障处置安全，防止污染环境。第六十三条规定：工程施工单位应当及时清运工程施工过程中产生的建筑垃圾等固体废物，并按照环境卫生主管部门的规定进行利用或者处置；工程施工单位不得擅自倾倒、抛撒或者堆放工程施工过程中产生的建筑垃圾。在对政府主管部门、施工单位提出要求的同时，国家也鼓励对建筑垃圾进行减量化与资源化利用，第六十一条提出：国家鼓励采用先进技术、工艺、设备和管理措施，推进建筑垃圾源头减量，建立建筑垃圾回收利用体系。除《中华人民共和国固体废物污染环境防治法》外，《中华人民共和国循环经济促进法》《中华人民共和国清洁生产促进法》《中华人民共和国环境保护税法》等法律法规也从立法、税收优惠政策方面规范了建筑垃圾减量化、资源化利用的发展方向。

政策层面：2013年1月1日，国务院办公厅转发国家发展改革委、住房城乡建设部制定的《绿色建筑行动方案》，方案中明确要求：严格建筑拆除管理程序，推进建筑废弃物资源化利用。2020年，住房城乡建设部发布《关于推进建筑垃圾减量化的指导意见》明确提出：按照"谁产生、谁负责"的原则，落实建设单位建筑垃圾减量化的首要责任。同时要求各地区建筑垃圾减量化工作机制需在2020年年底前初步建立；到2025年年底，各地区建筑垃圾减量化工作机制进一步完善，实现新建建筑施工现场建筑垃圾（不包括工程渣土、工程泥浆）排放量每万平方米不高于300t，装配式建筑施工现场建筑垃圾（不包括工程渣土、工程泥浆）排放量每万平方米不高于200t。作为响应，各级地方政府、主管部门也发布了一系列的地方政策性文件，对建筑垃圾的减量化与资源化利用提出了具体的目标与行动方案。

3 我国建筑垃圾处理的现状

3.1 我国建筑垃圾处理的发展历程

1996年2月26日建设部颁布了《建设部城市建筑垃圾管理规定》，此规定主要针对建筑垃圾的运输与消纳，并未提及建筑垃圾的减量化与资源化利用，此时填埋与堆放是建筑垃圾的主要处理方式。2008年汶川大地震发生后，为推动汶川大地震建筑垃圾处理与再生利用，国家相关部委针对建筑垃圾的资源化利用发布了一系列的政策：住房城乡建设部制定并发布了《地震灾区建筑垃圾处理技术导则（试行）》，提出对汶川大地震产生的大量建筑垃圾进行资源化利用，并首次对渣土、废砖瓦、废混凝土、废木材、废钢筋、废金属构件的资源化利用指明了方向；财政部发布的《再生节能建筑材料财政补助资金管理暂行办法》，安排资金专项用于支持再生节能建筑材料生产与推广利用；财政部、国家税务总局发布的《关于资源综合利用及其他产品增值税政策的通知》指出，对"生产原料中掺兑废渣比例不低于30%的特定建材产品"（所指废渣包含建筑垃圾）实行免征增值税政策，明确了财政税收方面对建筑垃圾资源化利用的政策支持。可以说，汶川大地震这一历史性事件，间接推动我国建筑垃圾处理与利用向前迈出了一大步。落实到行动上，2018年住房城乡建设部发布《关于开展建筑垃圾治理试点工作的通知》，决定在北京、天津等35个城市开展建筑垃圾治理试点工作，同年《"无废城市"建设试点工作方案》也适时启动，明确重点开展建筑垃圾治理，提高源头减量及资源化利用水平。加之近几年颁布的《中华人民共和国固体废物污染环境防治法》（2020年修订）、《关于"十四五"大宗固体废弃物综合利用的指导意见》等法律文件，将建筑垃圾减量化与资源化利用工作的战略地位提升到了前所未有的高度。我国的建筑垃圾处理历经了28年的发展与完善，已逐渐摸索出一条符合自身行业发展条件的建筑垃圾减量化与资源化利用的道路。

行业向前发展，除了政策支持，也需要相关的行业标准、规范来指明具体的实施方向。近10年间，住房城乡建设部、工业和信息化部、交通运输部等国家部委以及行业协会相继发布了《建筑垃圾处理技术标准》《公路工程利用建筑垃圾技术规范》（JTG/T 2321—2021）、《固定式建筑垃圾处置技术规程》（JC/T 2546—2019）、《建筑垃圾减量化设计标准》（T/CECS 1121—2022）等数十部标准、规范，同时，各级地方政府主管部门也纷纷制定相应的地方标准，其范围涵盖建筑垃圾的源头减量、资源化利用、再生产品应用、处理设备技术要求等，从中央到地方，从主管部门到行业协会，共同为我国建筑垃圾的减量化与资源化利用提供可实施的操作依据。

3.2 我国建筑垃圾减量化及资源化利用现状

目前，我国还未出台统一的建筑垃圾统计制度与方法，数据来源主要是各地方政府上报的数据材料，统计口径的不统一造成各机构所预估的建筑垃圾总量千差万别，但就我国建筑垃圾的年产量在10亿t以上（不含工程渣土、工程泥浆）已达成共识。虽然我国早在2008年就发布了建筑垃圾资源化利用的相关政策，但时至今日我国建筑垃圾最常用的处理方式还是填埋和堆放，资源化利用率不足10%，远低于欧美发达国家90%的利用率。美国、日本、欧盟等发达国家和地区目前已基本实现建筑垃圾减量化、无害化、资源化和产业化，日本的建筑垃圾资源化利用率甚至达到了97%，已基本实现建筑垃圾的全部再利用。各国建筑垃圾资源化利用率对比如图1所示。

作者认为造成我国建筑垃圾资源化利用率低的原因有以下几点。

（1）公众环保意识强而行动力不足。尽管我国从15年前起就开始倡导建筑垃圾资源化利用，并制定了税收优惠政策以及专项资金补助，但收效甚微，公众的环境保护意识、社会责任感、建筑垃圾再利用的短期收益、社会民众对再生产品的认知以及接受

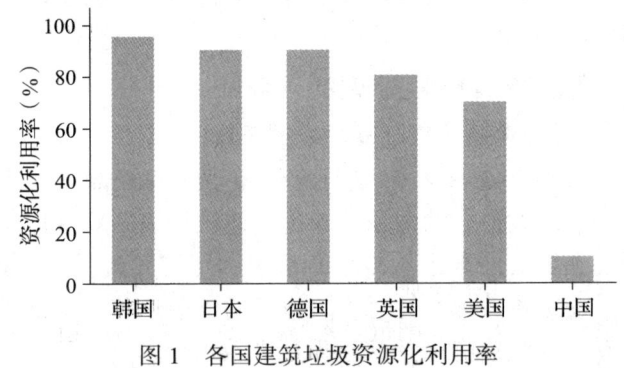

图1 各国建筑垃圾资源化利用率

程度，都直接影响公众对于建筑垃圾再利用的态度。现状就是公众对于环保问题的关注度很高，但在实际参与环保行动的过程中，参与程度相对较低，这也是中国公众环境保护意识强但尚未转化为有效的环保行动的主要原因。

（2）行业集中度低，进入门槛高。我国建筑垃圾处理行业存在多重壁垒，主要包括政策壁垒、区域壁垒以及资金壁垒等。未取得特许经营权的企业无法开展建筑垃圾的运输及处理业务，跨省市或者一定区域的运输也受到严格监管和相应的限制，建筑垃圾处理设备单价较高，生产线的投资相对较高。此外，建筑垃圾处理行业须经过长时间选址及环境评级，存在较高行业壁垒，导致中国建筑垃圾处理市场集中度低。但伴随着相关法律法规的日趋完善

以及政策的不断推进，未来将会有更多的资本进入建筑垃圾处理行业，推动建筑垃圾资源化利用向前发展。

（3）建筑垃圾处置与再利用的法律法规不健全，缺乏强制性的法律依据。我国现行的与建筑垃圾处理利用相关的法律主要是《中华人民共和国固体废物污染环境防治法》（2020年修订），以及各级政府发布的行政规章等，这些法律法规主要着眼于对建筑垃圾产生全过程的管理、处罚及制造者的责任，但对于建筑垃圾的资源化利用，主要以鼓励和政策引导为主，缺乏相应的法律强制性规定，这在很大程度上削弱了法律对于建筑垃圾资源化利用的约束作用。

（4）政府监督部门职能不明确，监管困难。由于制度的不完善，对于建筑垃圾的资源化利用，政府并未划定统一的监督管理部门与监管要求，加之建筑垃圾的产生、运输、处理、再生等涉及多个环节、多个部门，在管理上盘根错节，各部门间无法形成统一有效的管理，给建筑垃圾的资源化利用带来了不小的管理难度。为此，要对其进行推广，需要政府主管部门、拆除单位、运输企业、施工单位、使用单位等多方主体统一规划，共同努力，方可形成一条成熟、井然有序的产业链。

（5）市场接受度低。建筑垃圾资源化利用产品多为再生骨料、再生砖、再生混凝土等，虽然很好地体现了产品特色，但这些再生产品缺乏相应的评价标准和产品认证标准，无法纳入任何现行规范，加之技术条件限制，一般的再生产品结构强度难以达到设计使用要求，如无特殊规定，一般建设项目很少采用建筑垃圾资源化利用产品。而且，看到"再生""垃圾"这类名字，公众通常会产生排斥心理，这也是建筑垃圾资源化利用产品出路不畅的原因之一。

3.3 我国建筑垃圾资源化利用技术现状

我国建筑垃圾资源化利用的手段主要包括破碎回收、筛分分选、再生利用等环节。主要利用再生骨料制作再生混凝土、再生砂浆、再生砖砌块等产品。在推广建筑垃圾资源化利用的前期阶段，建筑垃圾处理技术模式为移动式建筑垃圾处理"三件套"（移动式重筛+移动式反击破+移动式成品筛）露天作业，对低含杂率的建筑垃圾（以拆除垃圾为主，混入工程垃圾和工程渣土）进行预处理，并配置1~2条再生产品生产线（一般为再生免烧压制砖生产线、再生无机料生产线），成为建筑垃圾资源化处理项目的雏形。但这种设备也存在处理能力小、破碎效率低、精细分选水平低等缺点，对于建筑垃圾的分类堆放要求比较高，且此类设备属于露天作业设备，在扬尘控制严格的今天已难以胜任。通过10余年的技术与工程经验积累，目前我国拆除垃圾处理工艺技术已趋于稳定成熟，建筑垃圾处理作业也由露天化转向工厂化，采用的"两破+三筛+干/湿式切换除杂"的主体工艺路线在实际工程应用中已无过多障碍。

尽管目前我国的建筑垃圾资源化利用正处于一个高速发展的阶段，但由于起步较晚，建筑垃圾资源化利用设备的先进性及普及性与欧美发达国家还是存在不小的差距。要想缩小差距，需要发挥政府主导作用，鼓励规划、设计、施工、运输、拆除等单位积极参与，进一步加快资源化利用的技术创新，组织开展建筑垃圾资源化再生利用关键技术科研攻关，努力拓宽建筑垃圾的资源化利用渠道。

4 对建筑垃圾资源化利用的展望

得益于整体经济的发展和城市化进程的加快，我国建筑业一直保持较快的发展速度，但大量建筑垃圾的处理问题制约了行业的可持续发展。据统计，目前我国的建筑垃圾数量已占到城市垃圾总量的30%~40%，随着建筑行业的不断发展，这一占比还将继续扩大，将直接影响到"双碳"目标的实现。因此，进行切实可行的建筑垃圾资源化利用是解决这一问题最有效的手段。国家发展改革委在2021年7月出台的《"十四五"循环经济发展规划》中提到，到2025年建筑垃圾综合利用率要达到60%，要开展建筑垃圾资源化利用示范工程，建设50个建筑垃圾资源化利用示范城市，而各省政府也颁发了省一级的建筑垃圾资源化相关管理办法或规划，到2025年的目标值为35%~90%不等，这也体现了各地方政府对建筑垃圾处置的重视。由此可见，我国的建筑垃圾资源化利用市场潜力巨大，行业前景广阔。

5 对建筑垃圾资源化利用的几点建议

（1）在进行政策扶持的同时，也需要从立法的角度对建筑垃圾资源化利用做出强制性的规定，通过法律强制手段使建筑垃圾的资源化利用成为行业常态、社会共识，为建筑垃圾高利用率的实现提供法治手段。

（2）建立统一的政府信息平台，利用大数据将建筑垃圾的产生、运输、处理、再生利用等各个环节串联起来，形成一个大的数据库，实现建筑垃圾的全过程管控，以及各单位之间信息的共享。

（3）加大对建筑垃圾再生产品的推广与扶持力度，鼓励企业加大对建筑垃圾资源化利用的投入，对建筑垃圾处理设备进行技术创新，提高再生产品的质量，扩大其应用领域。

6 结语

"没有绝对的垃圾，只有放错位置的资源。"这句话放在现今谋求可持续发展、绿色发展的建筑行业一点儿也不错。建筑垃圾的资源化利用，既是建筑行业未来发展的趋势，又直接关系到人类生存环境的好坏。随着相关法律法规、政策的不断完善，入局企业的不断增多，处理技术的不断提高，我国的建筑垃圾资源化利用行业将会迎来一个蓬勃发展的新未来。

参考文献

[1] 彭琳娜. 绿色建造全过程量化实施指南[M]. 北京：中国建筑工业出版社，2023.

[2] 肖建庄. 再生混凝土[M]. 北京：中国建筑工业出版社，2023.

[3] 吕仲博，张珂，杜亮波，等. 我国建筑垃圾资源化处置现状及展望[J]. 水泥技术，2021（3）：94-98.

[4] 周文娟，陈家珑，路宏波. 我国建筑垃圾资源化现状及对策[J]. 建筑技术，2009，40（8）：741-744.

[5] 陈家珑，高振杰，周文娟，等. 对我国建筑垃圾资源化利用现状的思考[J]. 中国资源综合利用，2012，6（30）：47-50.

第4篇

建筑经济与工程管理

浅析"双重预防机制"在建设工程中的科学应用

万梭进[1]　刘皓翔[2]

1. 湖南建工集团有限公司　长沙　410015　2. 湖南建投地产集团有限公司　长沙　410015

摘　要：建设工程行业存在"安全风险、安全隐患、重大危险源、危大工程、重大事故隐患"等诸多问题，导致安全管理体系紊乱、管理程序复杂、管理效率低下的局面，笔者查阅多方资料，研究辨正了其间的逻辑关系，设计整合了以"双重预防机制"为框架，以重大危险源、危大工程等为管理要点的建设工程安全生产管理方法。结果表明，厘清了在施工过程中的安全管理思路，减少了大量交叉重复的工作，提高了安全管理效率，强化了安全生产管理效果。

关键词：安全风险分级管控；隐患排查治理；重大危险源；危大工程；重大事故隐患

随着社会发展进程的提速，生产力突飞猛进，生产规模亦呈"指数"型增长，随之而来的是重、特大事故时有发生，安全形势依旧严峻，不容松懈。习近平总书记多次发表关于安全生产的重要指示，充分体现了党和政府对人民群众的"财产权、生命权"的高度重视。而建设工程行业作为国民经济支柱产业其规模之大，作为安全生产重点监督管理领域其危险性之高，保障其安全的重要性不言而喻。落实党中央和国务院要求，做好安全生产管理工作，坚决遏制重、特大事故发生责无旁贷。

"双重预防机制"即"安全风险分级管控及隐患排查治理双重预防机制"。该理念的提出，源自于2016年1月6日习近平总书记在中央政治局常委会上发表关于安全生产重要讲话。该重要讲话纳入《中华人民共和国安全生产法》第三次修正的法规中，对安全生产工作具有重大指导意义。

1 "双重预防机制"应用现状

1.1 应用现状

"双重预防机制"旨在推动安全生产关口前移，防患于未然，从源头上化解事故苗头，充分体现了安全生产"预防为主"的方针；而重大危险源、危大工程、重大事故隐患等管理规定亦在保障建设工程安全生产方面起到了至关重要的作用。这些管理理念在建设工程行业中均得到了广泛的认可和应用。

1.2 应用问题

社会发展阶段决定安全生产迎来了前所未有的高度重视，各种安全理念、指导文件层出不穷，加之施工企业之间对这些管理概念解读不一致，导致安全风险、重大危险源、危大工程管理等工作在具体实施时容易思路混淆，执行时较为"离散"，被迫陷入"反复评估""反复填表""过度留痕"的形式主义，无暇顾忌安全生产的实质管理，没有让这些管理概念发挥其应有的作用。因此，将安全风险分级管控、重大危险源、危大工程、重大事故隐患、隐患排查治理等管理概念充分辩证理解，并科学结合很有必要，能提高安全生产管理的效率，让安全管理回归到"本质"。

2 "双重预防机制"分析应用

2.1 "双重预防机制"分析

2.1.1 危险源

第一类危险源（可能发生意外释放的能量或能量载体）；第二类危险源（危险源定义中的不安全状态、行为，包括人的不安全行为、物的不安全状态、管理缺陷等）。笔者认为任何要素都是危险源，哪怕是一粒尘埃、一滴水源，如果这个"源"不能保持"绝对静止"，被"启动"后就有可能导致事故。

2.1.2 安全隐患

危险源的管控措施（人、料、机、管、环）的缺位、失效、弱化或诱因改变即为安全隐患，也就是危险源被"启动"的要素。

2.1.3 重大危险源

重大危险源一词最早由化工行业提出，指长期或临时生产、加工、搬运、使用、储存危险物质，且危险物质的数量等于或超过临界量的单元。后被应急管理部引入到对建设工程行业的综合安全监管中。但建设工程行业中重大危险源的识别是个难题，以"危险源"为基础去识别重大危险源显然不科学、不合理，一是无法像化工行业那样精准地计算出"量化"的界限，二是要对诸多系统工程中的"人材机管环"进行"拆源"处理，有的工程项目"拆"出300多项，有的项目"拆"出700多项，无法形成识别清单、无法公示、无法形成巡查台账。因此，将建设工程行业的重大危险源分为专项安全（消防安全、临时用电、临时设施、施工机具使用、高处临边作业、季节性作业、有限空间作业等）和分项工程安全（基坑工程、模板及支架工程、脚手架工程、钢结构工程、幕墙工程、起重机械安拆工程、起重吊装工程、拆除工程、暗挖工程、其他工程等），作为一个系统性的"重大危险源"对待更为合理。

2.1.4 危大工程

住房城乡建设部印发的《危险性较大的分部分项工程安全管理规定》所含内容。

2.1.5 重大事故隐患

住房城乡建设部印发的《房屋市政工程生产安全重大事故隐患判定标准（2022版）》所含内容。

2.1.6 安全风险

风险固然存在，无法消除，这是风险的原始定义，风险一词相较于前面几个名词明显偏中性，因此风险贯穿"危险源、安全隐患、安全事故"的全过程，为什么说贯穿"安全事故"的全过程，因为"安全事故"发生后仍然存在事故扩大的风险。

2.1.7 管理理念之间的关系

根据上述论述，由此可以得出：安全风险⊇重大危险源⊇危大工程⊇重大事故隐患的结论。因此，在进行安全生产管理的过程中，可以将其科学整合，纳入到安全风险分级管控中，统一做安全风险识别、分析、管控、处置工作，无须再重复强调重大危险源、危大工程、重大事故隐患。

2.2 "双重预防机制"应用

2.2.1 安全风险分级管控

一是采用风险矩阵分析法（LS）。根据事故发生的可能性及危害程度大小进行安全风险识别。等级划分为重大风险（一级风险，红色标注）、较大风险（二级风险，橙色标注）、一般风险（三级风险，黄色标注）、低风险（四级风险，蓝色标注）；根据历年建设工程安全生产事故数据分析，目前行业内达成普遍共识的分级方法是：超规模危大工程判定为重大风险；危大工程判定为较大风险；其余专项安全和分项工程安全根据安全生产事故数据分析判定为一般风险或低风险，亦可结合项目实际情况需要提高安全风险等级，并通过对"五要素"的分析，制定相应的防控措施。

二是根据安全风险等级对管控主体进行等级划分。安全风险分级管控遵循风险等级越高管控层级越高的原则，上一级负责管控的风险，下一级必须同时负责管控，并逐级明确每一级的具体管控责任。目前行业内普遍采用的管控主体等级划分原则为：重大风险为公司级管控；较大风险为项目级管控；一般风险为班组级管控，低风险为岗位级管控。

2.2.2 隐患排查治理

隐患排查到底该排查什么，此处需要辨正一下安全检查和隐患排查的关系，多数省市的安全生产条例中隐患排查和安全检查是并列关系，而《上海市安全生产条例》是少有的例外，该条例规定企业应建立安全风险管控制度、安全检查和事故隐患排查治理制度，是首个把安全检查与隐患排查治理合在一起表述的安全生产条例。笔者认为，安全检查是找出问题，问题可以是过去式的，不一定产生事故，问题可以是疑问式的，不必立刻得出结论；隐患排查找出隐患，是现在式的、是具象化的，可能导致事故，必须处理。由此可以认为，隐患一定是问题，而问题不一定是隐患，安全检查的范围要比隐患排查大。通过隐患排查找出专项安全和分项工程中人的不安全行为、材料的不合格情况、机具的不安全状态、管理的不到位领域、环境的不安全因素。采用"一单四制"的治理流程，即台账制、通报制、交办制、销号制，达到治理安全隐患、防止安全事故发生的目的。

2.2.3 应用原理及流程

一个专项安全或分项工程安全由"人料机管环"5个要素构成，拟定1个生产要素为"危险源"，则其他4要素为管控措施。通过要素置换，可以得出"五要素"之间互为"危险源""管控措施"。两个预防机制之间不是先后的顺序关系，也没有主次之分，相当于"两条腿走路"。安全风险分级管控是隐患排查治理的前提和基础，只有先制定和完善了风险管控措施，才能有针对性地进行排查，否则就会是漫无目的地排查隐患，导致排查效率低下。隐患排查治理是安全风险分级管控的强化和深入，通过隐患排查治理，查找风险管控措施存在的漏洞，才能从根本上消除隐患，否则就是治标不治本，隐患反反复复，而最终导致事故的发生（图1）。

3 "双重预防机制"发展趋势

3.1 深度融合一体化

一是"双重预防机制"与其他安全管理理念更紧密地结合，形成一个有机的整体，提高安全管理的效果；二是与其他管理体系融合，将双重预防机制与质量管理、环境管理等其他管理体系相结合，实现企业管理的一体化。

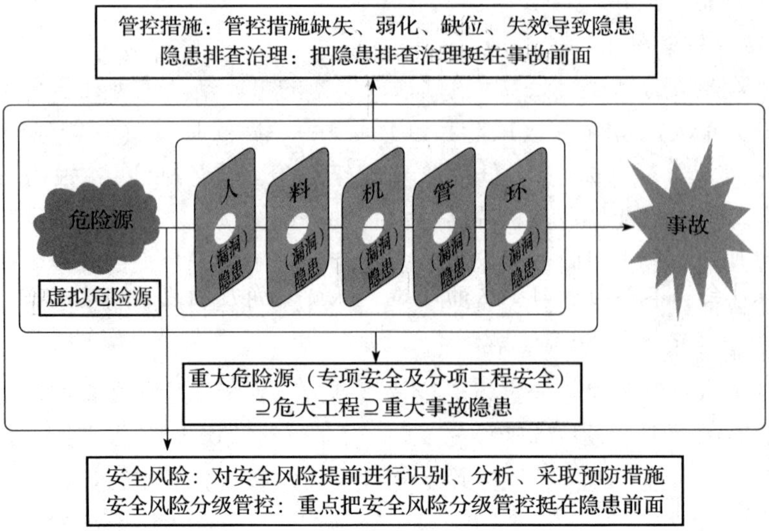

图1 "双重预防机制"应用分析

3.2 科技辅助智能化

借助信息化、数字化、智能化技术，如大数据、人工智能等，实现双重预防机制的高效运行和精准管理。

3.3 行业标准健全化

由于"双重预防机制"在理解应用的过程存在的一些问题，行业可进一步制定相关标准和规范，为企业提供更具体的指导实施细则。

3.4 推广发展国际化

随着国际交流与合作的增加，双重预防机制的理念和方法可能在全球范围内得到更广泛的应用和推广。

4 结语

建设工程行业安全生产管理通过"双重预防机制"的统筹运用，推动安全生产关口前移，把安全风险管控挺在隐患前面，把隐患排查治理挺在事故前面；有效遏制重、特大事故频发的势头，推动安全生产形势持续稳定向好。

参考文献

[1] KENSUN. 双重预防机制之概念辨析 [EB/OL]. https://zhuanlan.zhihu.com/p/453355100.
[2] 国家市场监督管理总局，国家标准化管理委员会. 危险化学品重大危险源辨识：GB 18218—2018 [S]. 北京：中国标准出版社，2018.
[3] 杨一伟. 建筑施工安全生产风险隐患双重预防体系实施指南 [M]. 北京：中国建筑工业出版社，2022.
[4] 李爽，贺超，王维辰，等. 双重预防机制百问百答 [M]. 徐州：中国矿业大学出版社，2022.
[5] 中华人民共和国国家质量监督检验检疫总局，中国国家标准化管理委员会. 企业安全生产标准化基本规范：GB/T 33000—2016 [S]. 北京：中国标准出版社，2016.
[6] 周鑫，王鹏，张鑫雨. 建设工程项目双重预防机制建设的实施探讨 [J]. 工程科技，2023，38 (10)：68-71，77.

社会资本参与老旧小区改造投资经济性评价

杜建宽

湖南省第一工程有限公司　长沙　410011

摘　要：为吸引社会资本参与老旧小区的改造，从资本角度出发，研究"旧区改造+物业管理"模式下社会资本参与老旧小区改造的价值与优势。采用考虑资金时间价值的现金流量，建立社会资本参与改造投资经济性评价指标，并结合具体案例进行分析。结果表明，"旧区改造+物业管理"模式下，社会资本参与老旧小区改造能够获得投资收益。

关键词：老旧小区改造；社会资本；投资经济性

随着城市发展的不断进步，以更新存量用地换取城市发展的空间需求已成为城市土地管理的重要手段。作为城市更新的重要载体之一，老旧小区的改造无疑成为关注的焦点。2020年，《国务院办公厅关于全面推进城镇老旧小区改造工作的指导意见》明确指出：老旧小区改造是关乎群众幸福感的重大民生工程，对促进疫情后惠民生、扩内需具有十分重要的意义，并提出要利用市场化机制吸引各类专业机构等社会力量投资参与老旧小区的改造。

国内外学者针对建筑改造进行了多方研究。Chidiaca等对加拿大办公建筑的改造效果进行模拟和预测，根据回收期来选择投资方案。Ibn-Mohammed等把二氧化碳排放纳入到建筑改造措施的投资决策分析中，采用边际成本和Pareto优化方法确定最优投资方案。Kanapeckiene等研究了改造项目的市场价值，并据此构建了投资决策支持系统。Menassa等采用期权定价理论构建了一次性投资和多阶段投资的投资收益计算模型，并对老旧建筑零能耗改造投资决策框架进行研究。李莉针对社会资本参与老旧小区的改造成效进行了分析，并对如何多渠道引进社会资本参与改造提出了相关政策性建议。徐晓明针对引入社会资本参与老旧小区改造提出系列政策建议。姜玲等基于交易成本视角，对推动社会资本参与老旧小区改造的模式进行了分析。徐峰在分析老旧小区传统改造模式和现存问题的基础上，阐述了新型改造模式，并提出系列政策性建议。

国内研究大多从理论角度出发，对吸引社会资本参与改造的模式进行研究并针对如何吸引社会资本参与改造提出政策性建议，但很少有直接对社会资本参与老旧小区改造投资经济性进行分析的研究。本文在前人研究的基础上，充分分析"旧区改造+物业管理"模式下社会资本参与老旧小区改造的价值和优势，并结合具体项目案例，对投资项目进行经济性评价，为社会资本的参与提供方便、直观的依据。

1　社会资本参与老旧小区改造的重要性

1.1　老旧小区改造存在的问题

老旧小区是指于2000年以前建成、公共设施落后影响居民基本生活、居民改造意愿强烈的住宅小区。作为国家一项重大的民生工程，对老旧小区进行综合改造不仅是城市有机更新的重要组成部分，也是完善公共基础设施、改善环境和提高居民居住质量的重要举措。

然而，相关研究表明，国内老旧小区的综合改造存在改造资金保障难、居民主动参与难、现行规范突破难以及物业管理收费难等问题。其中，资金是连接老旧小区综合改造过程中各相关利益者的纽带，老旧小区的改造需要长期的资金投入，如果不引入社会资本的参与，仅仅依靠政府单方面的资金投入，政府有限的人力和财力将与老旧小区量大面广的持续改造需求产生矛盾，从而造成后续大规模的改造难以得到保证。

1.2 社会资本参与的重要性

据相关调查，亟待改造而尚未改造的老旧小区存量建筑面积约31.1亿m^2，对老旧小区的改造将是一个长期的任务，解决好改造资金的问题至关重要。然而，当前老旧小区的改造主要以政府投资为主，根据上述分析，如果仅靠政府出资主导，会造成政府财政资金负担过重，并且，在缺少多元资金支持的情况下，老旧小区的改造将因缺乏长效机制而不可持续。因此，老旧小区的改造急需社会资本的参与。

社会资本参与老旧小区的改造具有多重意义。研究表明，社会资本的参与有助于拉动住房改造和相关基础设施投资，促进经济的增长。此外，社会资本的参与能够提升资金的筹措能力，缓解财政支出的压力。同时，社会资本更重视社区持续经营的资源，有利于构建合理的社区管理模式，保证改造和治理的长效性。因此，需要积极探索吸引社会资本参与老旧小区改造。

2 "旧区改造+物业管理"模式

"十四五"期间，城镇老旧小区的改造进入增量提速阶段，传统旧改模式已经无法适应老旧小区量大面广的需求。老旧小区改造工程属于长期惠民型社会事业，具有项目利润率低、需长期稳定运营才能获益的特征。对政府来说，进行老旧小区改造的目的是推动城市更新，实现人民群众对美好生活的向往。社会资本参与老旧小区的改造，与政府出资的根本区别是逐利性。而追逐投资回报就需采取市场化运营模式，立足于小区居民的需求，并提供长期的社区服务，从改造后的社区运营中获得利益。因此，文章对徐峰提出的"老旧改造+物业管理"模式进行深入分析，并对该模式下社会资本参与老旧小区改造的投资经济性进行评价。

2.1 模式内容

"老旧改造+物业管理"模式下，社会资本在政府委托下作为老旧小区改造的实施主体，全程负责老旧小区综合改造实施以及后续运营和维护更新，并以绿色、健康、智慧等新理念接管小区物业管理，运营停车场、小区App、小区便利店等经营性项目，为小区居民提供优质服务。该种模式不仅针对单一的老旧小区改造，还可以将周边老旧小区进行规模化统一改造管理。这种模式下，社会资本收益一方面来源于政府资金支持，另一方面依靠老旧小区后续经营服务收益。

2.2 模式优势

"老旧改造+物业管理"模式下社会资本参与老旧小区改造能够让政府及社会资本方实现共赢。

一方面，对于政府来说，社会资本的参与能够缓解目前财政资金压力，推动老旧小区大规模改造。社会资本在完成老旧小区综合改造后，能够将小区进行规模化管理，通过引入绿色管理、智能物业、智慧养老、智能家居等服务功能，推动"绿色社区""智慧社区"的建设，提高社区便民服务的水准。并且，社会资本更重视社区持续经营的资源，更重视居民对服务的认可,通过完善社区基础设施的建设,让居民体会到改造带来的收益,也将激发资本方参与改造的动力。

另一方面,对于社会资本方来说,参与综合改造的社会资本一般企业规模较大且具有一定的资金实力,有多重筹资渠道,而且技术规范,资源广泛,在对老旧小区进行规模化改造时,能够通过各专业间的协同工作有效降低改造成本。并且,与简单的代建模式不同,在这种模式下,社会资本完成改造后,能够以创新方式接手小区物业管理,打破传统物业管理模式,将旧改小区进行规模化管理,以降低物业管理的成本,同时通过获取改造后形成的便民空间运营收益来平衡投资。

3 老旧小区改造投资经济性评价指标

投资项目评价是指通过分析投资方案在计算期内各年可能发生的收入和支出来确定现金流量,并计算有关的经济评价指标,以确定方案经济效果的高低,为决策提供方便、直观的依据。根据是否考虑资金的时间因素,评价方法可分为静态分析法和动态分析法。考虑到老旧小区改造项目长期获益的特点,采用考虑资金时间价值的现金流量对评价指标的动态分析,较为全面地反映投资方案在整个计算期的经济效果。

3.1 评价指标

(1) 现金流量

现金流量是评估投资项目经济效益的必要信息。它被定义为投资项目生命周期中所涉及的资金数量,包括现金流入和现金流出。

(2) 净现值

净现值是根据工程所预期的投资收益选定一个基准折现率 i,计算分析期内各年发生的净现金流量的现值之和,反映了达到基准收益率水平之外剩余资金的现值价值。

$$\text{NPV} = \sum_{t=0}^{n} (\text{CI}-\text{CO})_t (1+i)^{-t} \tag{1}$$

式中,NPV 为净现值;$(\text{CI}-\text{CO})_t$ 为第 t 年末的净现金流量;i 为基准折现率;n 为项目计算期。若 NPV≥0,则说明投资方案达到或超过预期基准收益率的回报水平,故在经济上是可行的;若 NPV<0,说明投资方案达不到预期的基准收益水平,故在经济上是不可行的。

(3) 内部收益率

内部收益率是项目在整个计算期内各年净现金流量的现值之和等于 0 时的折现率,反映的是项目全部投资所能获得的实际最大收益率。

$$\text{NPV} = \sum_{t=0}^{n} (\text{CI}-\text{CO})_t (1+\text{IRR})^{-t} = 0 \tag{2}$$

式中,IRR 为内部收益率;当 IRR≥i 时,投资方案在经济上可行;当 IRR<i 时,投资方案在经济上不可行。

(4) 动态投资回收期

动态投资回收期是在考虑了资金的时间价值的情况下,以项目每年的净收益回收项目全部投资所需的时间,通过项目投资回收时间的长短来判断项目的可行性。

$$\sum_{t=0}^{p_t} (\text{CI}-\text{CO})_t (1+\text{IRR})^{-t} = 0 \tag{3}$$

式中,p_t 为动态投资回收期。

在实际应用中，可根据现金流量表进行计算：

$$p_t = M - 1 + \frac{|NPV_{M-1}|}{NPV_M} \tag{4}$$

式中，M 为累计净现金流量现值开始出现正值的年份数；NPV_{M-1} 为上一年度累计净现金流量现值的绝对值；NPV_M 为当年净现金流量现值。

3.2 敏感性分析

敏感性分析通过分析、预测各种不确定因素发生变化时对投资项目基本方案经济评价指标的影响，找出敏感性因素，估计项目效益对它们的敏感程度，粗略预测项目可能承担的风险。

$$S_{AF} = \frac{\Delta A/A}{\Delta F/F} \tag{5}$$

式中，S_{AF} 为评价指标 A 对于不确定因素 F 的敏感系数；$\Delta F/F$ 为不确定因素 F 的变化率；$\Delta A/A$ 为不确定因素 F 发生 Δ 变化率时，评价指标 A 的相应变化率。$S_{AF}>0$，表示评价指标与不确定因素发生同方向变化；$S_{AF}<0$，表示评价指标与不确定因素反方向变化；$|S_{AF}|$ 较大者敏感度系数高。

4 案例研究

4.1 项目概况

项目位于某县老城区，改造范围为县城主城区内 2000 年以前建成的老旧小区，改造建筑面积 44.7 万 m^2，共计 83 个小区和 1 条老街。改造内容主要包括：小区道路、给排水、供电、供气、供热、绿化、照明、围墙等基础设施；小区内配套养老抚幼、无障碍设施、便民市场等服务设施；小区内公共区域修缮、建筑节能改造等。结合本项目的特点，项目的计算期为 15 年，其中建设期 2 年，运营期 13 年。投资项目各年现金流量表见表 1。

表 1 投资项目各年现金流量表 （万元）

项目	建设期		经营期					
	1	2	3	4	5	6	7~14	15
现金流入			5147.93	5204.96	5404.16	5768.53	……	47351.05
营业收入			5147.93	5204.96	5404.16	5768.53	……	8189.80
补贴收入	11500	11500					……	
回收固定资产余值							……	39161.25
回收流动资金							……	
现金流出	38708.5	16808.5	2405.96	2428.97	2509.38	2714.76	……	3904.32
建设投资	38708.5	16808.5						
流动资金							……	
经营成本			1952.87	1964.27	2004.12	2154.75	……	2922.13
税金及附加			18.53	18.74	19.45	20.77	……	29.58
所得税			434.56	445.96	485.81	539.24	……	952.71
净现金流量	-27158.5	-5258.5	2741.97	2775.99	2894.78	3053.77	……	43446.73

4.2 现金流量估算

（1）现金流入

项目现金流入主要包括：营业收入、补贴收入、回收固定资产余值和回收流动资金；其中，小区改造完成后的营业收入主要包括：社区物业收入、社区快递点服务收入、停车场收入、社区老人日间照料收入、社区幼儿园收入、电梯广告收入、社区公共位广告收入、社区便利店出租收入。

（2）现金流出

项目现金流出主要包括建设投资、流动资金、经营成本、税金及附加；其中，建设投资主要包括工程费用、工程建设其他费用、预备费以及建设期利息。

4.3 经济性评价指标计算

参考行业规定，结合改造项目特点，基准收益率定为 3.69%。

（1）净现值

$$\text{NPV} = \sum_{t=1}^{15}(\text{CI}-\text{CO})_t(1+3.69)^{-t} = 23682.62(万元)。$$

（2）内部收益率

$$\text{NPV} = \sum_{t=1}^{n}(\text{CI}-\text{CO})_t(1+\text{IRR})^{-t} = 0。$$

内部收益率的计算采用"试算直线内插法"，另 $i_1=10\%$，试算得：

$$\text{NPV}_1 = \sum_{t=1}^{15}(\text{CI}-\text{CO})_t(1+9\%)^{-t} = 2164.69(万元)。$$

$\text{NPV}_1>0$，说明 IRR>9%。

另取较大的 $i_2=10\%$，试算得：

$$\text{NPV}_2 = \sum_{t=1}^{15}(\text{CI}-\text{CO})_t(1+10\%)^{-t} = -415.88(万元)。$$

$\text{NPV}_2<0$，说明 IRR<10%。

$\text{IRR} \approx 9\% + (2164.69/(2164.69+|-415.88|)) \times (10\%-9\%) = 9.84\%$

（3）动态投资回收期

$$p_t = M - 1 + \frac{|\text{NPV}_{M-1}|}{\text{NPV}_M} = 15 - 1 + \frac{|-1546.61|}{25229.23} = 14.06(年)。$$

（4）敏感性分析

根据本项目的特点，选择营业收入、经营成本、建设投资以及基准收益率作为不确定因素，选择净现值作为主要评价指标，对项目效益进行单因素敏感性分析。在计算出基本情况下的净现值后，使不确定因素在确定的范围内变化，计算相应情况下的净现值，并根据计算结果进行分析，按不确定性因素的敏感程度进行排序，找出最敏感的因素（表 2、图 1）。

表 2　单因素敏感性分析表（NPV 变动情况） （万元）

因素	变化率						
	-40%	-20%	-10%	0	+10%	+20%	+40%
营业收入	-404.48	11639.07	17660.84	23682.62	29704.39	35726.16	47769.71
经营成本	32500.04	28091.3	25886.9	23682.62	21478.26	19273.90	14865.1

续表

因素	变化率						
	-40%	-20%	-10%	0	+10%	+20%	+40%
建设投资	44868.40	34275.51	28979.06	23682.62	18386.17	13089.73	2496.83
基准收益率	33098.2	28142.68	25854.17	23682.62	21621.59	19665.0	16043.1

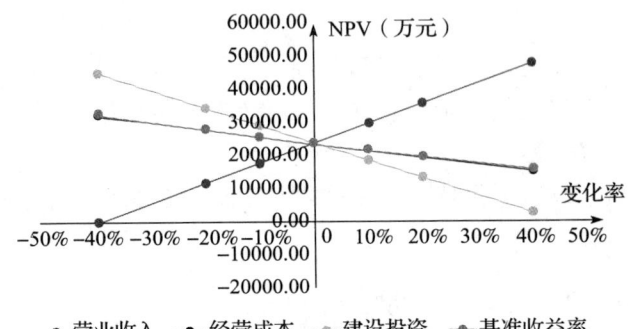

图 1 单因素敏感性分析图

对各不确定因素敏感度系数进行计算：

$$S_{营业收入} = \frac{\Delta A/A}{\Delta F/F} = \frac{(29704.39-23682.62)/23682.62}{10\%} = 2.54$$

$$S_{经营成本} = \frac{\Delta A/A}{\Delta F/F} = \frac{(21478.26-23682.62)/23682.62}{10\%} = -0.93$$

$$S_{建设投资} = \frac{\Delta A/A}{\Delta F/F} = \frac{(18386.17-23682.62)/23682.62}{10\%} = -2.24$$

$$S_{基准收益率} = \frac{\Delta A/A}{\Delta F/F} = \frac{(21621.59-23682.62)/23682.62}{10\%} = -0.87$$

4.4 结果分析

（1）根据上述计算可知：净现值 NPV>0；内部收益率 IRR=9.84%，高于基准收益率；动态投资回收期为 14.06 年，小于计算期。因此，可以认为"旧区改造+物业管理"模式下，社会资本参与该老旧小区改造的投资在经济上是可行的。

（2）由敏感性分析图表、敏感度系数可知，营业收入的变化幅度最大，是最敏感的因素，当营业收入下降幅度超过 39.33% 时，净现值将变为负值，投资方案由可行变为不可行。营业收入的高低与市场状况有关，但该指标上、下变动 20%，净现值仍为正，对方案的决策结果影响不大。建设投资对净现值的影响仅次于营业收入，当建设投资的上升幅度超过 44.72% 时，净现值将为负，投资方案由可行变为不可行。建设投资的高低受材料市场价格的影响，会出现一定的波动，但通过敏感性分析可知，建设投资上、下变动 20% 时，净现值仍为正，这说明老旧小区改造后所带来的经济收益是可观的。经营成本和基准收益率对投资方案净现值的影响程度相当，最不敏感的因素是基准收益率。

通过上述分析，该投资方案的收益水平直接受到相关市场发展和对未来经济形势估计的影响。社会资本投资者在决策是否参与"老旧改造+物业管理"模式下老旧小区的改造时，可进行深入的市场调查，作出合理的预测。

5 结论

本文在对社会资本参与老旧小区改造的重要性进行深入分析的基础上,基于考虑资金时间价值的现金流方法,采用净现值、内部收益率、动态投资回收期作为评价指标,并结合实际案例,对"旧区改造+物业管理"模式下,社会资本参与老旧小区改造的投资经济性进行分析,结果表明,"旧区改造+物业管理"模式下,社会资本参与老旧小区改造能够获得显著的投资回报。对不确定因素变动率的敏感性分析表明,投资收益对营业收入与建设投资相对较为敏感。研究较全面的反映投资方案在整个计算期的经济效果,为社会资本参与老旧小区的改造提供了科学的方法和依据。

老旧小区的改造是一个长期的工程,以往仅依靠政府出资主导的模式已无法适应老旧小区量大面广的改造需求,其资金来源更多的还是要靠社会资本的参与。通过建立"旧区改造+物业管理"模式,在改造过程和改造后运营中平衡资本方的投入与收益,让资本方能够不但参与老旧小区的改造,并且能够通过参与小区后续的运营来获取利益,才能吸引更多社会资本参与改造,提升老旧小区社区治理能力的现代化水平。

参考文献

[1] 国务院办公厅. 国务院办公厅关于全面推进城镇老旧小区改造工作的指导意见 [EB]. http://www.gov.cn/zhengce/content/2020-07/20/content_5528320.htm. 2020-7-27.

[2] CHIDIACA S E, CATANIA E J C, MOROFSKY E, et al. A screening methodology for implementing cost effective energy retrofit measures in Canadian office buildings [J]. Energy and Buildings, 2011, (43): 614-620.

[3] IBN-MOHAMMED T, GREENOUGH R, TAYLOR S, et al. Integrating economic considerations with operational and embodied emissions into a decision support system for the optimal ranking of building retrofit options [J]. Building and Environment, 2014, (72): 82-101.

[4] KANAPECKIENE L. Method and system for multi-attribute market value assessment in analysis of construction and retrofit projects [J]. Expert Systems with Applications, 2011, (38): 14196-14207.

[5] MENASSA C. Evaluating sustainable retrofits in existing buildings under uncertainty [J]. Energy and Buildings, 2011, (43): 3576-3583.

[6] MENASSA C, ORTIZ-VEGA W. Uncertainty in refurbishment investment [G]. Pacheco F. Nearly Zero Energy Building Refurbishment. London: Springer-Verlag, 2013: 143-175.

[7] 李莉. 多渠道引入社会资本参与老旧小区改造 [J]. 北京规划建设, 2022, (1): 109-111.

[8] 徐晓明. 社会资本参与老旧小区改造的价值导向与市场机制研究 [J]. 价格理论与实践, 2021, (6): 17-22.

[9] 姜玲, 王雨琪, 戴晓冕. 交易成本视角下推动社会资本参与老旧小区改造的模式与经验 [J]. 城市发展研究, 2021, 28 (10): 111-118.

[10] 徐峰. 社会资本参与上海老旧小区综合改造研究 [J]. 建筑经济, 2018, 39 (4): 90-95.

[11] 王健. 缘何要加快推进城镇老旧小区改造 [J]. 人民论坛, 2019, (35): 129-131.

[12] 衣洪建, 王兴龙, 彭书凝, 等. 我国既有居住建筑改造现状研究与发展建议 [J]. 建筑科学, 2021, 37 (1): 121-127.

[13] 李政清. 社会资本参与老旧小区改造的模式探析:以北京市朝阳区劲松小区为例 [J]. 城市开发, 2020 (22): 68-69.

数字孪生管理体系在钢结构厂房中的信息集成及应用研究

吴志颖　刘著群　曾治国　宁　云

湖南省第二工程有限公司　长沙　410036

摘　要：针对钢结构厂房施工，以施工的三一湘琼（海南）智造产业园项目（一期）为基础，介绍了三一筑工研发的筑享云等平台所组成的基于BIM技术的数字孪生管理体系，详细阐述了其运行原理及应用情况，并研究了基于BIM技术的数字孪生管理体系对钢结构工程的影响。结果表明，数字孪生模型能集成参建各方的构件信息，实现全阶段全方位数据共享，具有提高项目进度、保证项目质量的优势。

关键词：数字孪生；BIM技术；钢结构；信息集成

随着信息技术的快速发展，"数字化"已经成为推动各行各业发展的重要力量。根据麦肯锡全球研究所的行业数字化指数，建筑行业被评为世界上数字化程度第二低的行业。数字孪生技术作为一种新兴技术模式，通过创建真实建筑的虚拟副本，能实现建筑实体与数字世界的联动模拟，必将成为推动建筑业数字化信息化革命的关键环节。

1　数字孪生技术简介

数字孪生技术是指通过数字化手段，将物理世界的实体映射到虚拟的数字世界中。这个虚拟的数字模型具有与物理实体相同的形态、功能和性能，能够模拟物理实体的行为和状态变化。其强大的数据分析和模拟能力，能够实时监控物理实体的状态，预测维护需求，优化操作流程，以及在虚拟环境中测试新的设备或系统设计。加之现代建筑场地对安装施工过程智能化、少人化的要求，在要素复杂、关联多、工序衔接紧的施工特点下，数字孪生技术驱动理论模型将作为建筑产业的智能化革命关键环节。

2　数字孪生技术在建筑行业的应用

数字孪生技术在我国发展的时间还不是很长，主要在航空航天、工业制造等领域得到了广泛的应用。受技术限制，目前数字孪生技术在建筑行业的应用还处于探索阶段，主要基于BIM技术实现建筑业数字化，将BIM模型信息与建筑实体信息交互融合，从而建立数字孪生管理体系。随着国内外开展了大量数字孪生技术实际工程的尝试和探索，也有了一些成功的案例，如奥克兰机场项目建立基于BIM技术的数字孪生模型贯穿整个建设生命周期，确保了工程工期和质量；宋小春等曾采用筑享云构件管理系统，实现天水装配式建筑产业园一期建设项目构件信息共享；刘占省等为研究预应力钢结构安全性能特征，首次将数字孪生模型引入钢结构工程领域。

综上所述，数字孪生技术在建筑行业具备可观的前景，但至今为止，国内外对于钢结构工程应用数字孪生理念的研究仍鲜见报道。为提高钢结构工程信息化和智能化水平，实现对钢结构施工过程进行全方位、多角度、深层次的实时管理,有必要开展钢结构工程数字孪生管理体系及应用研究。

3 钢结构厂房案例研究

3.1 工程概况

本工程为三一湘琼（海南）智造产业园项目（一期），位于海南省东方市新龙镇那斗村湘琼合作共建产业园内，包含单层钢结构厂房一栋（图1）。厂房为网架结构，建筑高度17.80m，总建筑面积27898.28m²。主要功能为生产车间，抗震设防烈度6度，建筑防火类别为丁类单层厂房，耐火等级二级，屋面防水等级一级。

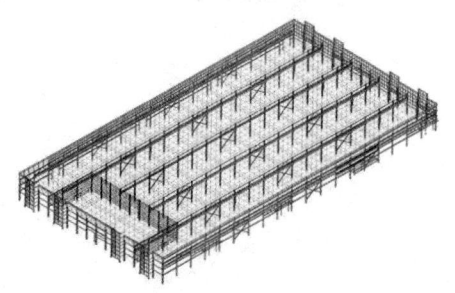

图1 厂房钢结构BIM模型

3.2 项目重难点及解决方案

厂房网架、钢梁及钢柱等构件均为预制构件，由钢结构加工厂统一生产，现场进行吊装安装。由于本项目工期紧张，若参建各方不能充分实现信息共享，易造成发货不及时、现场构件错装漏装等，将会对项目工期和质量造成严重影响。

由此，项目引进三一筑工研发的筑享云等一系列平台，通过建立基于BIM技术的厂房钢结构数字孪生管理体系，克服传统组织信息传递性差的特点，将钢结构构件"生产及管理"融为一体，达到优化施工组织、加快施工进度、规范施工流程的要求。

3.3 基于BIM技术的数字孪生管理体系的组成与应用

3.3.1 基于BIM技术的数字孪生管理体系的组成

本项目基于BIM技术的数字孪生管理体系包含筑享云平台、筑享云构件管理系统、筑享易吊装小程序三大软件（图2）。其中，筑享云平台搭载基于BIM模型关联生成的数字孪生模型，并提供模型展示窗口，模拟施工实况；筑享云构件管理系统面向钢结构加工厂，实现构件信息化管理；筑享易吊装小程序主要用于总包管理，现场施工人员在手机端直接操作，实时提供现场信息。

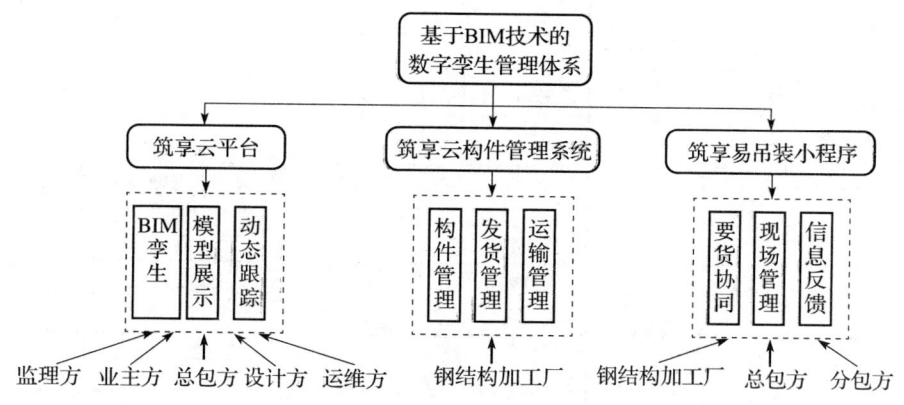

图2 基于BIM技术的数字孪生管理组织结构图

3.3.2 基于BIM技术的数字孪生模型的建立

建立数字孪生管理体系的首要任务是建立数字孪生模型。基于厂房钢结构的BIM模型为关联构件信息，建立基于BIM技术的数字孪生模型（图3）。

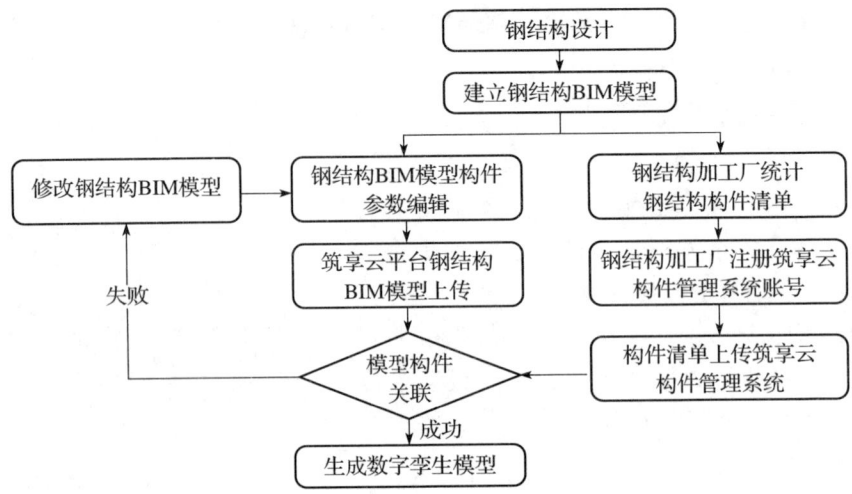

图 3　钢结构数字孪生模型建立流程图

3.3.3　基于 BIM 技术的数字孪生管理体系信息集成与应用概况

基于 BIM 技术的数字孪生管理体系通过数字孪生模型达成各参建方信息共享。各参建方基于一件一码的构件模型，对每一构件生产、发运、吊装、验收等业务过程进行跟踪和管理，共同参与数字孪生管理体系信息的完善与维护。图 4 为基于 BIM 技术的数字孪生管理体系信息集成与应用流程图。

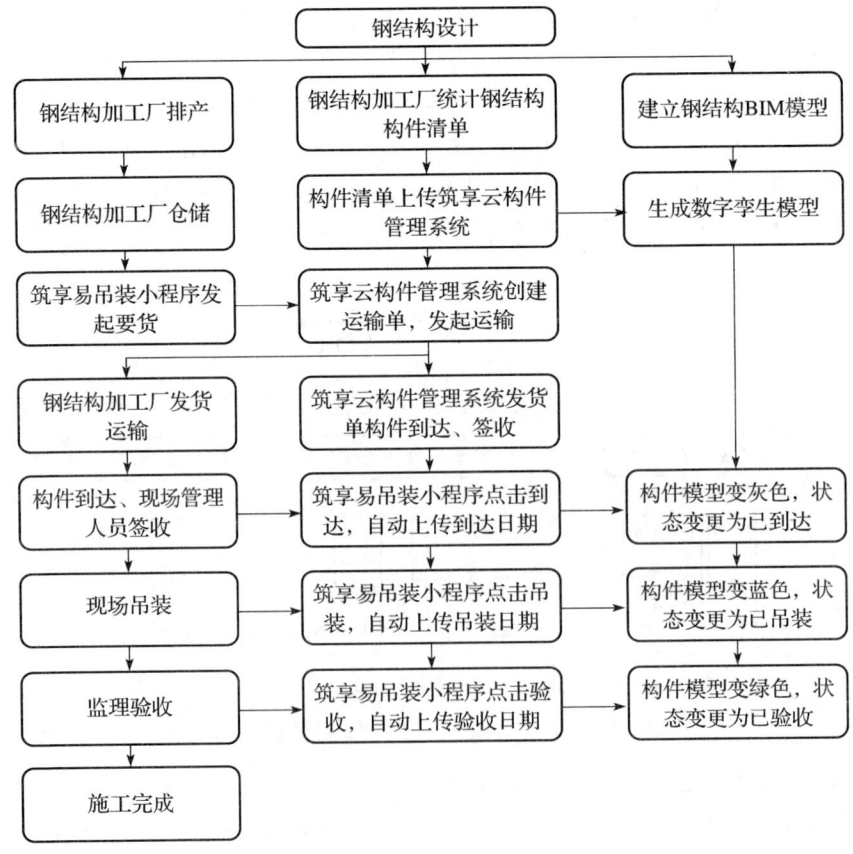

图 4　基于 BIM 技术的数字孪生管理体系信息集成与应用流程图

3.3.4 基于 BIM 技术的数字孪生模型更新管理

钢结构厂房施工过程中，设计变更在所难免。基于 BIM 技术的数字孪生管理体系能够实现在原数字孪生模型的基础上直接进行模型变更，变更后对原钢结构构件的状态和颜色不产生影响（图5）。

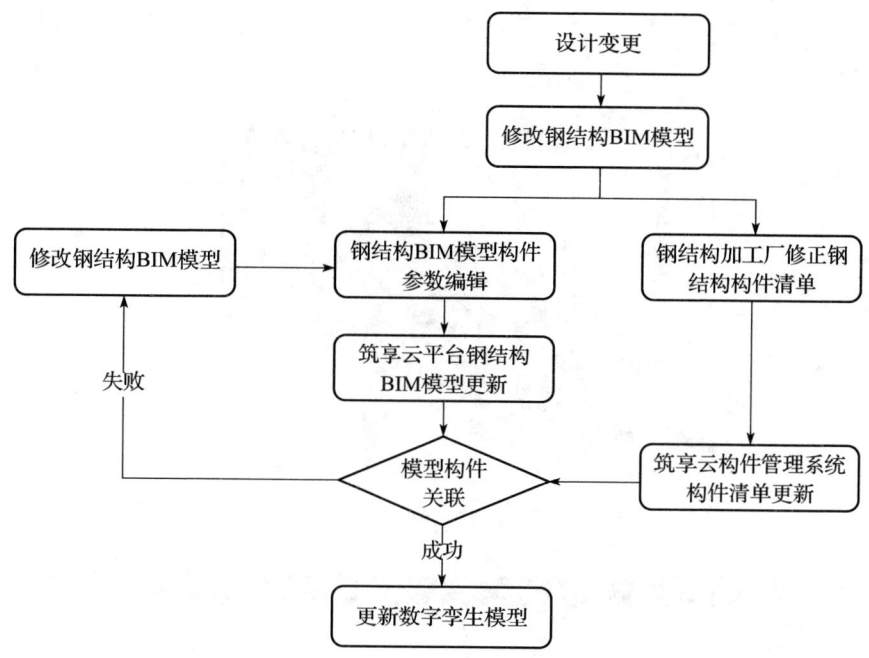

图 5 钢结构数字孪生模型更新流程图

3.4 筑享云平台管理

3.4.1 筑享云平台简介

PCTEAM 筑享云平台（图6），基于"项目策划、智能设计、智能制造、智能施工、智能运营"智能建造五大场景，为各参建方提供专业技术服务，实现项目全生命周期、关键角色、关键要素在线协同管理。

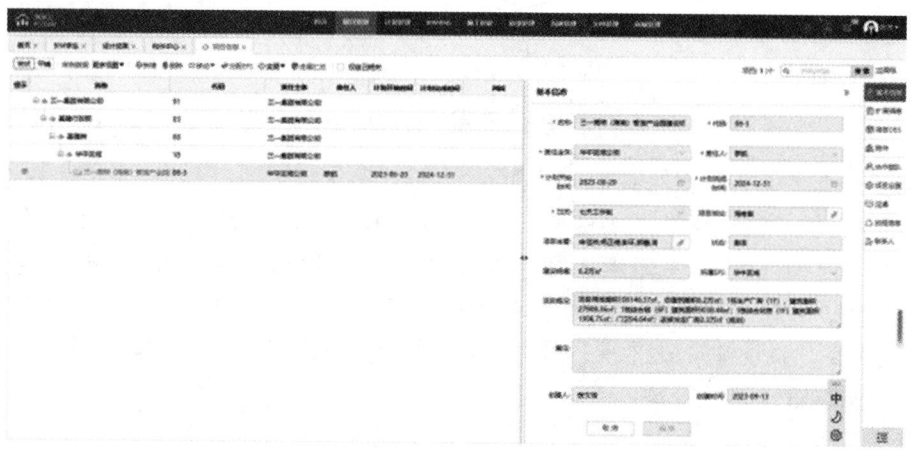

图 6 筑享云平台示意图

3.4.2 筑享云平台 BIM 模型上传

建立钢结构 BIM 模型，通过配套的 Revit 内置插件埋入三项参数：isPC、构件类型、构件编号并根据钢结构构件清单对构件逐个编辑（图 7）。模型构件均编辑完成后，上传 BIM 模型，筑享云平台自动解析（图 8）。

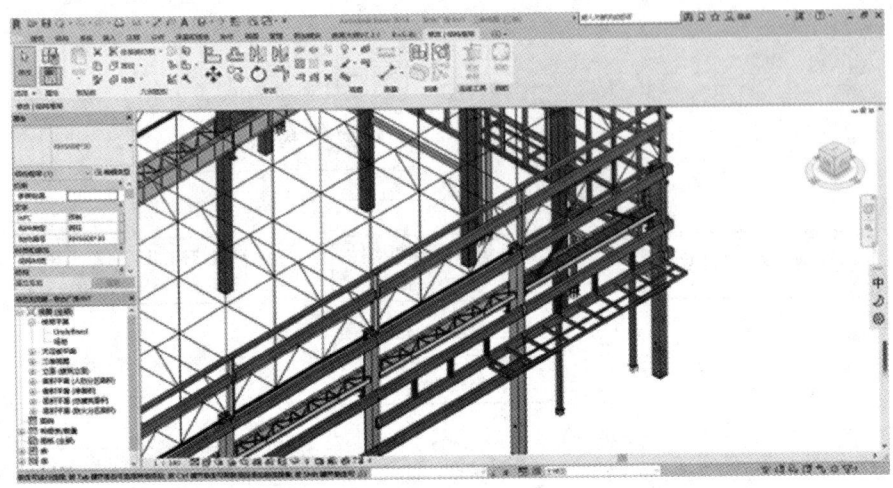

图 7　构件埋入参数

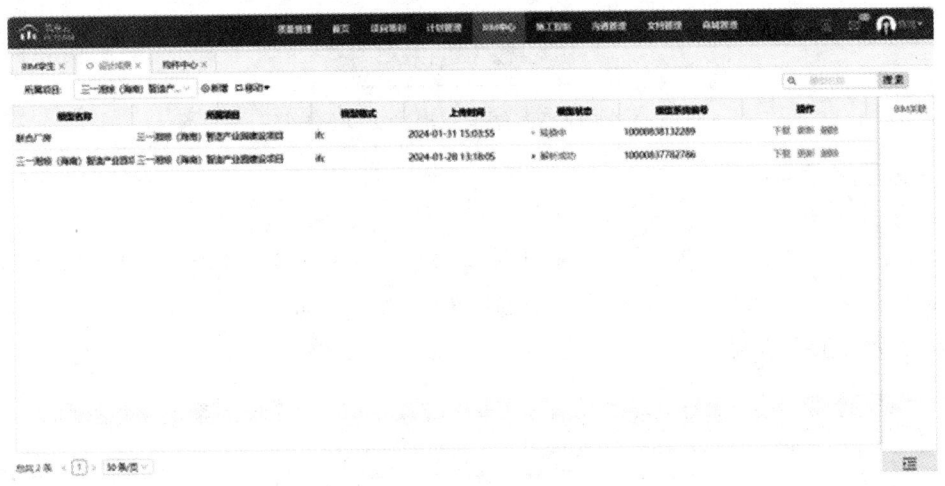

图 8　模型上传解析

3.4.3 筑享云数字孪生模型生成

根据筑享云构件管理系统中的构件信息可自动同步导入筑享云平台中，将构件信息与厂房钢结构 BIM 模型匹配关联即生成数字孪生模型，提供虚实结合的 BIM 孪生交付体验（图 9 和图 10），并通过对 BIM 模型中的各构件元素进行颜色渲染，实时动态跟踪构件的生产、运输、吊装、验收各阶段进展，实现对构件的全生命周期数据的直观展示。

3.5 筑享云构件管理系统管理

3.5.1 筑享云构件管理系统简介

筑享云构件管理系统是钢结构构件加工厂生产管理的轻量化应用软件（图 11）。系统基于一件一码的构件清单，对构件生产、质量、堆场、发运等业务过程进行跟踪和管理。

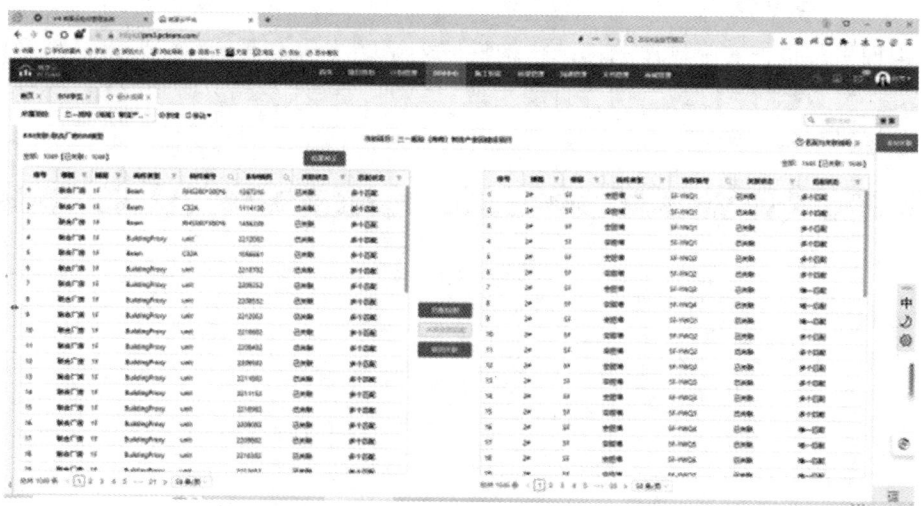

图 9 模型构建关联

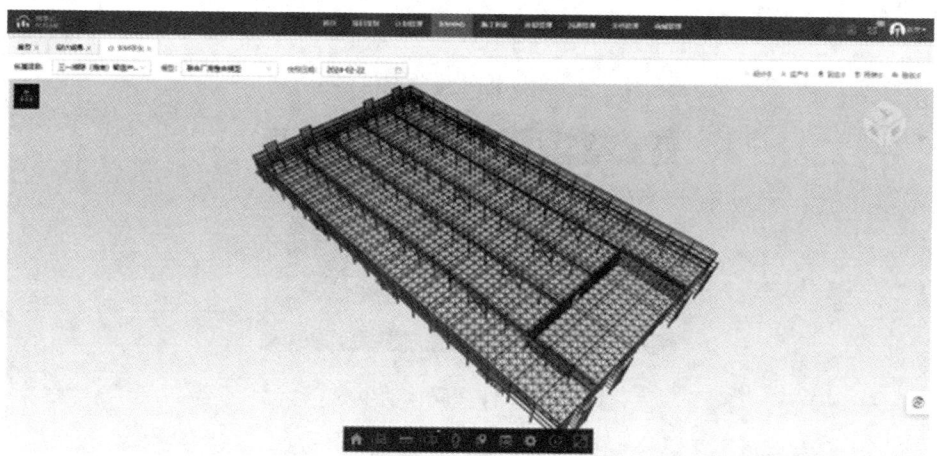

图 10 孪生模型生成

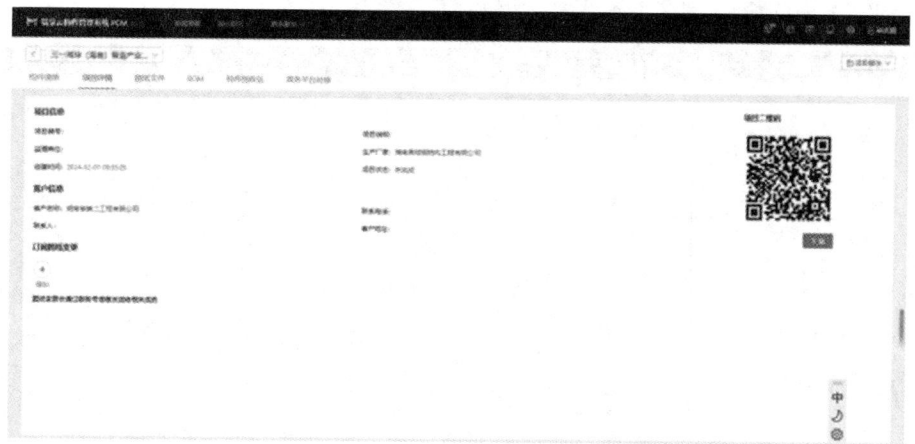

图 11 筑享云构建管理系统示意图

3.5.2 构件清单管理

钢结构加工厂根据实际排产的钢结构构件罗列钢结构构件清单，并导入筑享云构件管理系统，生成构件数据（图12）。构件自动生成二维码，一件一码，避免错漏，为后续运输、吊装等环节提供基础（图13）。

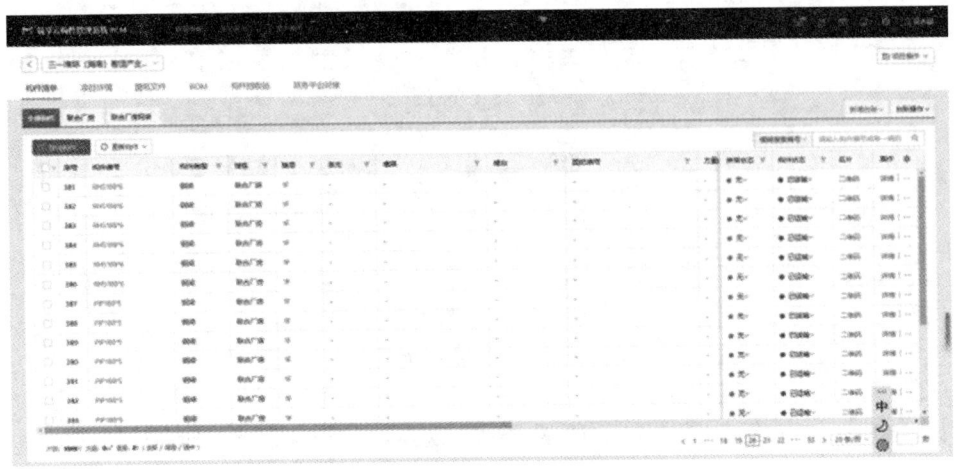

图12　构件清单上传

图13　一件一码自动生成

3.5.3 发货及运输管理

收到筑享易吊装小程序的要货信息，总包施工管理人员在筑享云构件管理系统创建运输单，工厂发货员对照运输单进行发货，完成构件出库（图14）。

图14　运输单管理

3.6 筑享易吊装小程序管理

3.6.1 筑享易吊装小程序简介

筑享易吊装是一款装配式施工管理系统软件（图15），具有智能要货协同、进场验收处理、吊装协同施工等实用功能，主要用于总包现场管理。

3.6.2 智能要货协同

根据筑享云构件管理系统中的构件信息可自动同步导入筑享云平台中，总包施工管理人员根据现场进度提交要货计划，筑享云构件管理系统将及时通知厂家发货员（图16）。

图15 筑享易吊装小程序示意图

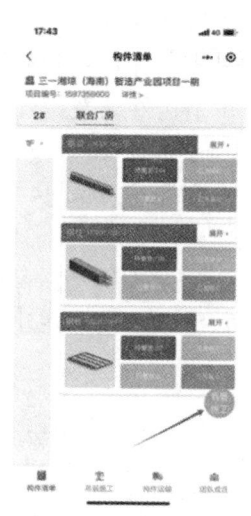

图16 发起要货操作示意图

3.6.3 进场验收处理

构件出库后，总包施工管理人员可在筑享易吊装小程序中查看运输车辆发车时间及预计到达时间，提前协调机械及施工人员。构件进场且验收合格后，总包施工管理人员在筑享易吊装小程序上将构件同步修改为到达状态，筑享云平台上的数字孪生模型构件会自动改变为相应的状态并变为灰色［图17（a）］。

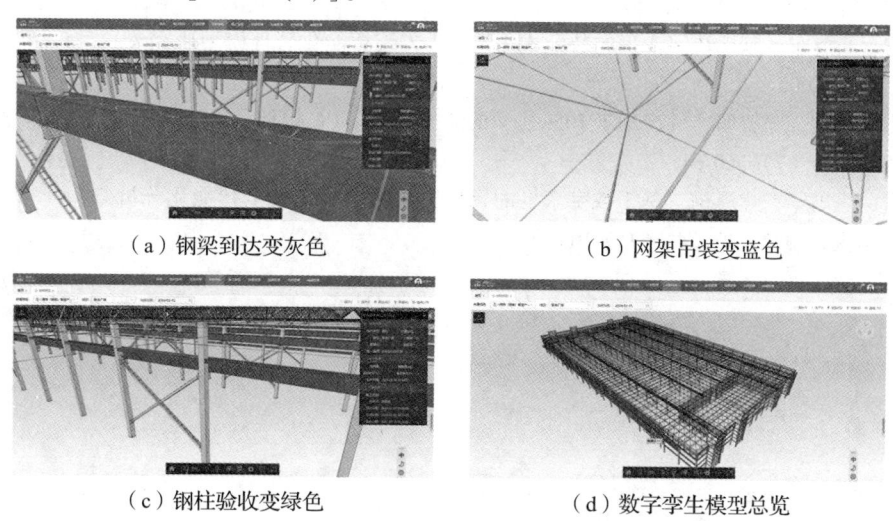

(a) 钢梁到达变灰色　　　　(b) 网架吊装变蓝色

(c) 钢柱验收变绿色　　　　(d) 数字孪生模型总览

图17 数字孪生模型同步变色示意图

3.6.4 吊装协同施工

根据现场实际施工进度，在构件吊装完成、监理验收后，总包施工管理人员在筑享易吊装小程序上分别将构件同步修改为吊装、验收状态，筑享云平台上的数字孪生模型构件会自动改变为相应的状态并变为蓝色、绿色[图17（b）、图17（c）]。

4 效益分析

（1）项目通过基于BIM技术的数字孪生管理体系信息集成功能，成功用于钢结构构件生产、运输、吊装、验收等阶段，改变了传统组织信息传递性差的特点，打破参建各方信息壁垒，实现全阶段全方位数据共享，提高项目整体进度，保证项目整体质量。

根据以往的施工经验，在厂房设计基本一致的情况下，现场钢结构构件首次错装率由7.7%下降至2.1%，单个构件从发货到吊装的总用时节省约10%。

（2）数字孪生模型不同于BIM模型，不仅能展示建筑外观、几何尺寸等静态信息，更能直观体现现场施工进度等动态信息。参建各方能直观了解施工现场的进度情况，同时也给予观摩者更佳的视觉体验。

（3）基于BIM技术的数字孪生管理体系在本项目的成功应用，为钢结构工程数字化、信息化积累经验，为数字孪生技术在建筑行业的发展指明可行的方向。

5 结语

事实表明，就国内建筑行业而言，BIM技术应用存在相当的局限性，无法适应复杂多变的全寿命周期。以BIM技术为基础建立的数字孪生管理体系，能够随建筑实体进行更新，是建筑信息化、数字化的创新，必将引领建筑业改革升级。在大力推行建筑行业高质量、绿色、智能化发展的背景下，数字孪生技术必将是建筑行业转型升级的重要方向。

参考文献

[1] 胡国芳，王丽，张磊. 数字化背景下数字孪生技术的发展[J]. 质量与认证，2024（2）：36-38.
[2] 屈新升. 数字孪生驱动的施工场地动态布置研究[J]. 中国建设信息化，2024（3）：56-59.
[3] 王海山，何其飞，张铭. 数字孪生技术对工程高质量建设的实证研究：以BIM技术应用为例[J]. 质量与认证，2024（2）：42-45.
[4] 刘占省，吴震东. 基于数字孪生的装配式建筑构件安装智能化管理模型研究[J]. 施工技术，2022，51（11）：54-60.
[5] 宋小春，黄瑞，杨智明，等. 基于BIM技术的装配式建筑PC构件信息集成及应用研究[J]. 工程质量，2022，40（7）：60-64.
[6] 刘占省，史国梁，焦泽栋. 基于数字孪生的预应力钢结构施工安全智能化分析方法[J]. 建筑科学与工程学报，2022，39（4）：157-165.

智能建造在工程建设项目施工管理中的创新应用

林 坚

湖南省第五工程有限公司 株州 412000

摘 要：随着科技的进步，智能建造技术正成为工程建设项目施工管理的创新方向。通过引入信息化、自动化和智能化技术，智能建造提高了施工效率、工程质量和安全性；本文旨在探讨智能建造在施工管理改进中的创新应用，并分析其对提升项目综合管理效率的作用。

关键词：智能建造；施工管理；提高效率；资源配置

1 智能建造的概述

1.1 智能建造技术的基本概念与特点

智能建造技术作为现代工程建设领域的新兴力量，其基本概念和特点日益受到业界的关注。简而言之，就是指利用先进的信息化手段，如物联网、大数据、人工智能等，对工程建设项目的全过程进行智能化管理和控制。这一技术的出现，不仅极大地提高了工程建设的效率和质量，还使得项目管理更加精细化、科学化。

智能建造技术的特点之一是其高度集成性；它将传统的建筑技术与现代信息技术相结合，实现了从设计、施工到运营维护的全生命周期管理。例如，通过 BIM 技术的应用，可以实现建筑信息的数字化表达，使各方参与者能在一个共享的信息平台上协同工作，大大提高了项目管理的效率和精度。

此外，智能建造技术还具有显著的数据驱动性。通过收集和分析工程建设过程中的海量数据，可以实现对项目状态的实时监控和预测，从而及时发现潜在问题并采取相应的措施。这种数据驱动的管理方式，不仅提高了项目管理的科学性和准确性，还有助于降低工程风险，提高项目的整体效益。

值得一提的是，智能建造技术还具有强烈的创新驱动性。随着技术的不断发展，新的智能建造方法和手段不断涌现，为工程建设领域带来了前所未有的变革。例如，3D 打印技术的应用，使得建筑构件的制造更加高效、环保；无人机巡检技术的应用，则大大提高了施工现场的安全监控效率。

1.2 智能建造技术的核心技术组成

智能建造技术的核心技术组成涵盖了多个方面，其中最为关键的是物联网技术、大数据分析和人工智能算法。物联网技术通过传感器和设备的互联，实现了对工程建设项目的实时监控和数据采集，这种技术的应用大大提高了施工管理的效率和准确性。大数据分析技术则是对采集到的海量数据进行深度挖掘和分析，以发现施工过程中的潜在问题和优化空间，帮助管理者发现施工过程中的瓶颈和问题，从而及时进行调整和优化。人工智能算法则是智能建造技术的核心，它通过对数据的学习和处理，实现了对施工过程的智能控制和优化，对施工过程中的风险进行预测和评估，为管理者提供决策支持。

1.3 智能建造技术在施工管理中的作用与价值

智能建造技术在施工管理中的作用与价值日益凸显，随着科技的进步，传统的施工管理方式已经难以满足现代工程建设项目的需求。智能建造技术的引入，不仅提高了施工管理的效率，还确保了工程质量和安全。通过应用智能建造技术，施工计划管理得以精确化，施工进度控制更加灵活，质量安全管理得到了有力支持。

以智能建造技术中的BIM（建筑信息模型）为例，它能够在施工前期进行精确的模拟和预测，帮助项目经理制订更加合理的施工计划。通过BIM技术，可以及时发现潜在的设计冲突和施工难点，从而减少施工过程中的变更和返工。据统计，使用BIM技术的项目，其施工计划的准确性提高了30%以上，有效缩短了工期。

在施工进度控制方面，智能建造技术通过物联网、大数据等先进技术，实现了对施工现场的实时监控和数据分析，项目经理可以根据实时数据调整施工资源分配，优化施工流程，确保工程按时交付。

在质量安全管理方面，智能建造技术通过引入智能监控、智能预警等系统，显著提高了施工现场的安全水平；这些系统能够实时监测施工现场的安全隐患，及时发出预警，帮助管理人员迅速采取措施，防止事故的发生。据相关数据显示，采用智能建造技术的项目，其安全事故发生率降低了20%以上。

智能建造技术在资源优化配置和成本控制方面也发挥了重要作用。通过智能分析，可以精确预测材料需求、人员配置等，减少资源浪费和成本超支。

2 智能建造在工程建设施工管理中的创新应用

智能建造技术在施工计划管理中的应用与改进，为工程建设领域带来了革命性的变革，传统的施工计划管理往往依赖于人工计算和判断，效率低下且易出错，而智能建造技术的引入，使得施工计划管理更加精准、高效。

以湖南师范大学桃花坪校区学生宿舍及教学实训建设项目工程总承包（EPC）项目为例，该项目在全省范围内首次采用BIM+EMPC智慧建造管控平台基于BIM技术、信息化技术，通过多参与方协同管理，实现EPC工程、EMPC项目、全过程咨询项目、普通项目等一体化管控，将项目的相关参与方，通过项目数据协同、业务协同、流程协同实现设计、采购、施工的一体化综合管控，从而提升项目质量、降低成本、提高项目综合效益。

2.1 在PC混凝土制备、钢筋加工环节采用先进的智能化机器设备

预制构件生产过程中，采用PCmom智能化系统，应用"三合一"双站三用环保型搅拌站。此站集预拌混凝土、PC混凝土、预拌砂浆三种生产功能于一体（图1）。采用2条C180生产线，设备理论产生率180m^3/h，设计产能20万m^3PC混凝土、30万m^3预拌混凝土、10万m^3预拌砂浆。

2.2 工厂内智能钢筋开孔网焊接机器人替代传统人工焊接，实现开孔网智能化焊接

（1）该机器人采用12套伺服控制系统，确保设备稳定，可实现软件通信，自动化程序高，并从CAD直接生成生产数据。

（2）4种盘条钢筋全自动化调直、剪切、焊接、成型，边角料无须按照标准网尺寸进行高成本的剪裁，4种钢筋直径之间可以自动转换，无须停顿。

焊接方式采用多焊点整排一次性焊接完成，生产标准网及开孔网时，最大焊接速度60排/min以上，焊接效率是人工绑扎的50倍（图2）。

图 1 "三合一"双站三用环保型搅拌站

图 2 智能钢筋开孔、焊接设备

2.3 工厂外全部使用 BIM+EMPC 智慧建造管控平台进行把控

在装配式生产阶段，所有构件一物一码，构件生产过程中，系统严格按照产线自检→品检综合隐检→产线浇筑生产→成品检验→返修、退货及报废管理→入库→出库的流程实施质量扫描记录，每个综合隐检均有照片，使得产品质量可追溯（图3）。

图 3 智慧建造管控平台

2.4 建筑智能机器人

（1）精平机器人：专门用于在混凝土现浇后，实现楼板高精度找平作业的智能建造装备。该机器人具备高精度标高控制和自主快速调节找平的功能，并且基于所采集的激光扫平仪高度数据，可以自动实时调整执行模组，达到在混凝土终凝后地面平整度误差在±2mm/2m 的目标（图4）。

（2）放线作业机器人：采用远距毫米级高速运动坐标追踪定位技术，可以在 60m 作业半径内实现高达±2mm 的放线精度（图5）。

图 4 精平机器人

图 5 楼面放线作业机器人

2.5 720 云观摩研究

进入常态化观摩阶段后，将陆续通过无人机航拍技术、720 云全景图生成、草料二维码等技术，使观摩在线上也可以进行（图6）。

3 效益分析

智能建造在工程建设项目施工管理中的创新应用效益显著，它极大地提高了施工效率，让工程进度大幅加快；有力地提升了施工质量，保障项目的高品质交付；

图 6 720 云全景图

显著增强了施工安全，为工人的安全保驾护航；还能够优化资源配置，实现资源的高效利用，降低成本。同时，它促进了信息共享与协同工作，让项目各方紧密合作、沟通无碍，并且为项目管理决策提供了精准的数据支持，使决策更加科学合理，进而提升企业在市场中的竞争力，推动整个工程建设行业不断向前发展。

4 结语

智能建造在工程建设项目施工管理改进中发挥了重要作用。通过引入智能建造技术，不仅优化了施工流程，提高了施工效率和质量安全水平，还加强了资源优化配置和成本控制。未来随着科技的不断进步和应用场景的不断拓展，智能建造技术将在工程建设领域发挥更加重要的作用。

参考文献

[1] 许瑾璐.基于物联网的建设工程施工安全智能管理系统设计［J］.长江信息通信，2022（3）：187-189.
[2] 陈跃.BIM 技术在房建工程施工中的应用［J］.工程技术，2018（7）：81.
[3] 其格其.基于 BIM 技术的工程造价专业课程改革研究［J］.四川建材，2020（7）：227-228.
[4] 李文猛，李朗，仇勇.输电线路巡检无人机电磁兼容抗扰度试验［J］.云南电业，2021（5）：38-42.

后疫情背景下 EPC 项目的技术管理工作

龙 佩

湖南省第五工程有限公司　株洲　412000

摘　要：工程总承包是国内外建设活动中大多采用的发承包方式，该承包模式有利于将工程建设中业主与承包商，勘察设计与业主，总包与分包，执法机构与市场主体之间的各种复杂关系梳理清楚。2020 年 3 月 1 日发布实施的《房屋建筑和市政基础设施项目工程总承包管理办法》更使工程总承包模式步入发展的快车道。本文基于长沙市星城新宇·东升家园总包 EPC 项目的案例，重点阐述如何做好设计及施工阶段技术管理的相关工作。

关键词：EPC；技术管理；工程成本

1　前期技术管理团队构建

为更好地推进工程总承包（EPC）项目的实施，由项目经理牵头，组建以项目经理为组长，技术负责人及商务经理为副组长的成本控制体系。

（1）组建合理的技术管理及成本控制组织架构，明确各自职责、管理职能界面，形成设计、采购及施工等各环节相统一的技术管理制度。

（2）逐层落实技术管理及成本控制工作，推行项目经理责任制，将项目经理、技术负责人、商务经理考核与项目经营挂钩，并加大考核奖惩，使项目能够做到节本增效的目的。

（3）建立以项目合同为蓝本的全过程管理机制，任何班组进场前均应选至少三家进行比价，然后签订合同，以合同为准绳，约束班组人员的施工进度、质量及安全。

（4）做好项目前期商务标及技术标内容的完善，尽量做到不漏项、不少量。加强前期中标价内清单的内容梳理，减少投标内容失误。

（5）考虑到设计部门与工程成本关系紧密，故应建立一套把设计部门绩效纳入项目绩效考核的制度，通过制度约束设计部门，认真设计图纸，加强对工程成本的把控。杜绝设计部门只知道参照这个、那个规范图集，却不想办法降低造价，把降低工程成本的事甩手给项目部。

2　初步设计阶段，设计、技术及商务部门成本控制工作

工程总承包企业应秉持以顾客为上帝的理念，结合初步设计图纸及工程中标价，控制含筋率，混凝土用量及材料品牌，实现项目绿色、环保、实用又达到国家双碳的目标。

（1）认真熟悉初步设计图纸，明确设计意图，编制施工组织设计，采取降本增效的施工措施，节约造价。

（2）依据以往施工经验对不合理的设计进行优化，节约材料，达到降低成本的目的。

（3）商务部门结合以前以往审计意见，要求设计院在图纸中必须明确注明相关参数，以便日后建模算量（比如楼板之间的马凳筋间距及规格等）。

（4）设计部门合理分工协作，明确各专业设计师的设计顺序，同专业设计师统一建筑节点做法及要求，不同专业交叉设计时应避免出现逻辑不合理的现象。比如消火栓箱与强电

入户箱处于同一位置，暖通留洞与建筑、结构留洞位置不统一、规格大小不一致等类似情况。

（5）设计部门应梳理初步设计图纸问题，尤其是总图中存在的问题，尽量做到初步设计规划总图与最终施工报审总图一致，减少报建麻烦。

（6）设计部门应对初勘图纸进行深入了解，以避免开挖过程中出现基坑坍塌等安全、质量问题，以及后续增加造价的变更。

（7）设计部门还应统筹配电间室内正负零与室外绿化场地标高问题，为外电线路设计留足余地。

3 施工图审图阶段，涉及技术管理的相关工程预算控制工作

（1）仔细熟悉图纸，发现图纸问题，及时反馈至设计部门进行修改，减少后续图纸会审的工程量。

（2）根据以往经验，比如30层以上的高层建筑，外架及内模采用爬架+铝模方式更节约造价、更环保节能。可向设计部门提出设计意见，提前对结构图纸进行优化。

（3）商务部门仔细查看图纸，了解设计图是否响应了开发商设计要求，是否涉及大的预算编制的材料，是否已明确界面剂材质。各建筑做法中是否对各房间做法已明确到位，是否影响预算的组价，且应及时完成施工图预算工作，做到心中有数，以免预算超中标价。

（4）设计部门应组织水平较高、经验丰富的设计师进行施工图设计，不要滥竽充数。积极响应EPC项目部技术部门、商务部门提出的建议。设计师所进行的建筑或结构做法设计，应结合市场及施工实际做法做出改变。不应一成不变地参照1989年前的规范图集做法。比如住宅平屋面防水等级一般为一级，而设计部门就简单地写"参照规范做法为双层SBS防水卷材"，这样设计既达不到防水效果要求，还增加了费用。还不如改成"一道SBS防水卷材+一道非固化改性沥青防水做法"。实际证明改后的做法防水效果更好。这很好地体现了工程总承包的优势。

（5）重视各专业图纸的校对、检查工作，不能流于形式，走过场，导致后续各专业出现冲突，施工出现返工现象。比如结构图地下室框架梁加腋处，建筑图上在梁底需安装防火卷帘，考虑防火卷帘卷筒高度及车辆通行净高2.2m，就只能将防火卷帘改为侧装。然而这一改却影响车位布置，导致车位宽度需要压缩。

（6）设计部门应充分理解建设单位对项目的使用要求、项目定位及造价允许范围，再发挥工程总承包项目各部门的优势，综合进行图纸深化设计。

（7）设计部门还应考虑自来水、燃气及外电以往的图纸设计经验，合理规划其留洞位置和水、电井的净宽，避免与强电、消防等相冲突或水、电井净宽不够的问题。

4 施工阶段，施工图预算下签证控制等技术管理工作

（1）现场开工前，商务部门应按已审核的图纸编制好施工图预算，确认预算在可控范围内（表1）。

（2）技术部门设计管理工作：

①技术部门应组织设计、商务部门完成图纸会审工作，指出设计上存在的问题及解决方法。

②根据项目情况及图纸列出各分项工程需编制方案的清单，尤其是做好各签证工作方

案,并把过程资料做足(含影像资料),比如基坑降水方案(排水沟设置、走向及具体做法),降水井设置;砌筑方案中构造柱的设置及配筋等。

③对非施工方原因引起的签证,及时留好照片、会议纪要且应及时走完书面签证流程。

④对材料品牌上,宜在预算价下,严把材料质量关,宜选二线及以上品牌,以方便维修和质量把控及保证利润点。

⑤结合以往工程经验,与设计部门沟通后,在符合设计规范和不增加预算的前提下,适当优化某些设计做法,以达到降低工程成本的目的。比如住宅平屋面可在结构面上适当起坡,让水往地漏位置流,减少后续屋面漏水的质量隐患;两个单元的住宅屋面,伸缩缝处应现浇钢筋混凝土反坎及盖板,避免按图集做法做不锈钢盖板后易出现渗水的现象。

⑥结合工程实际,进行专利或工法的创新,达到节约成本、低碳环保的要求。

⑦加强技术交底工作和现场监管工作。

表1 项目施工方案编制清单

序号	内容	编制完成时间
1	施工组织设计	进场后15d编制完成
2	临时用水用电施工组织设计	施工前7d编制完成
3	塔吊安拆方案	专业单位编制
4	人工挖孔桩施工方案	施工前15d编制完成
5	基坑支护施工方案	专业单位编制
6	安全文明施工方案	施工前15d编制完成
7	应急救援预案	开工后15d编制完成
8	测量施工方案	施工前15d编制完成
9	防水(卫生间、屋面)施工方案(含地下室)	施工前15d编制完成
10	施工提升机安拆方案	专业单位编制
11	高大模板专项施工方案	施工前25d编制完成
12	模板工程施工方案	施工前15d编制完成
13	钢筋工程施工方案	施工前15d编制完成
13	通病治理专项方案	专业施工单位在进场前
14	脚手架施工方案	施工前15d编制完成
15	附着式脚手架施工方案	专业单位编制
16	悬挑脚手架施工方案	施工前15d编制完成
17	铝模施工方案	专业单位编制
18	季节性施工方案	施工前15d编制完成
19	装饰、装修工程施工方案	施工前15d编制完成
20	水、电、暖安装工程施工方案	专业单位编制
21	消防安装专项施工方案	专业单位编制
22	大体积混凝土专项施工方案	施工前15d编制完成
23	砌体工程施工方案	施工前15d编制完成
24	建筑屋面工程施工方案	施工前15d编制完成

续表

序号	内容	编制完成时间
25	建筑节能与绿色建筑施工方案	施工前15d编制完成
26	重大危险源及控制措施清单	开工前10d编制完成
27	工程质量管理标准化实施方案	开工后15d编制完成
28	施工现场扬尘控制方案	开工后15d编制完成
29	安全标准化实施方案	开工后15d编制完成
30	人防工程专项施工方案	专业单位编制
31	吊篮安拆与使用施工方案	专业单位编制
32	玻璃幕墙专项施工方案	专业单位编制
33	塔吊防碰撞专项施工方案	专业单位编制

（3）商务部门及时跟进做好与建设单位的签证工作；加强与技术部门沟通，做到在确定各专业队伍前，核对好图纸及清单做法统一性，确保主要的分项工程有可观的利润点；现场做每项工作前，应先有预算量，完成该项工作后，应有材料的对比，查看材料用量是否有亏损，若有分析亏损原因，做好总结及过程控制。

（4）设计部门应设驻场设计师，随时跟进设计与施工现场情况，一旦有设计问题，及时跟进解决，减少现场返工量；加强与项目部技术部门、商务部门沟通，尽量减少变更或不变更，若真需要变更，应考虑施工预算造价总额，降低施工成本。

5 竣工结算阶段签证、结算控制工作

（1）对班组已核实完成的工程量与清单工程量做对比分析，查看项目是否亏损或盈余。

（2）根据已完工程，商务部门搜集好已签好的相关签证资料及影像资料，做到现场与图纸相符，不漏签，不少量。

（3）加快与建设单位结算工作，缩短结算流程，减轻项目资金压力，降低项目资金成本。

6 结语

随着房地产行业的大洗牌，工程领域竞争进一步加大，工程总承包在后疫情背景下，需加强内部管理，把握时代机遇，增强市场竞争力，降低项目工程成本，在这百年之未有大变局中方能赢得主动权，实现更好的发展。

后疫情时代工程管理的新挑战探讨

肖培根

湖南省第五工程有限公司　株洲　412000

摘　要：本文分析了后疫情背景下的工程管理的现状和趋势，探讨了工程管理的数字化转型、新基建投资和智慧建造等方面的内容，提出了工程管理的创新思路和建议。

关键词：疫情；工程管理；数字化管理；新基建投资；智慧建造

1　引言

2020年，突发新冠疫情，给各个行业带来巨大冲击和挑战。建筑行业作为国民经济的重要支柱，也受遭受到严重的影响，包括工期延误、成本上升、人员流动受限等。在此背景下，作为建筑行业核心环节的工程项目管理，面临着巨大的压力和考验，也需要进行相应的调整和创新，以适应新的形势和需求。

后疫情时代，工程项目管理不仅要应对疫情带来的负面影响，还要抓住疫情带来的机遇，如数字化转型、新基建投资、智慧建造等。同时这些机遇将为工程项目管理提供新的动力和方向，也将对工程项目管理提出新的要求和挑战。因此，探讨后疫情背景下的工程管理，具有重要的理论意义和实践价值。

本文的研究目的是分析后疫情时代的工程管理的现状和发展趋势，探讨工程管理的数字化转型、新基建投资和智慧建造等内容，提出工程管理的创新思路及建议。

2　工程项目管理的数字化转型

数字化转型是指利用数字技术和平台，对组织的业务模式、运营流程、产品服务和客户体验等进行全面的创新和优化，以提升组织的效率、降低组织的风险、增强组织的竞争力和可持续发展能力。目前，数字化转型已经成为各行业的发展趋势和必然选择，建筑行业也不例外。

工程项目管理的数字化转型，是利用数字技术和平台，对工程项目的规划、设计、施工、运维等各个阶段和环节进行全面的创新和优化，以提升工程项目的效率、降低工程项目的风险、增强工程项目的竞争力和可持续发展能力。

2.1　工程项目管理的数字化转型的必要性和意义

（1）提升效率。项目实施数字化转型可以实现工程项目的信息化、自动化、智能化，有助于提高工程项目的管理水平和执行效率，可大大缩短工程项目的周期，并且能降低工程项目的耗能，促进工程项目的投资回报率提高。

（2）降低风险。项目建设过程中有具象化、片面化的特点，借助数字化工具可以实现工程项目的可视化、可控制、可预测，不但能提高工程项目建设过程中安全性和施工质量，还能减少事故的发生概率以及违约情况的发生，可减少工程项目的索赔和纠纷，大大保障工程项目的顺利建设实施。

（3）增强竞争力。数字化转型可促进整个企业及项目管理团队创新意识提高，针对个性化、差异化项目都能有效解决，不仅能提高工程项目建设的附加值和市场吸引力，并且塑造公司强有力的品牌影响力，长远来看，有利于后续工程承接业务，扩大市场份额和利润空间。

2.2 工程项目管理的数字化转型需要遵循的具体路径和方法

（1）一体化数字平台。利用一体化数字平台打通工程项目的各个阶段和环节，链接工程项目的各个参与方，通过数字技术和平台进行有效的整合和协同，实现工程项目的全生命周期管理和全方位服务。在提高工程项目的信息共享和沟通效率的同时，减少工程项目的重复工作和资源浪费，增强工程项目的协调能力和响应速度。

（2）智慧现场感知。利用物联网、大数据、人工智能等技术，对工程项目的现场环境、设备状态、人员行为等进行实时的监测和分析，无论何时何地均可监控现场生产情况，实现工程项目的现场智能管理和决策支持。通过设定不同的应用场景，可在问题发生前提前预知，经系统判定后按照预设预案内容进行处理。可有效提高工程项目的现场安全和质量，降低工程项目的现场风险和成本，增强工程项目的现场控制和优化。如施工现场安全帽正确佩戴警示等。

（3）线上多方协同。线上多方协同是利用云计算、区块链、数字签名等技术，对工程项目的多方参与者，如业主、设计师、施工方、监理方、供应商等，进行线上的合同签订、文件传递、进度汇报、问题反馈、变更审批等，实现工程项目的线上高效协作和信任建立。线上多方协同可以提高工程项目的协作效率和透明度，降低工程项目的协作障碍和误解，增强工程项目的协作质量和满意度。

（4）云上视频交流。云上视频交流是利用云服务、视频会议、虚拟现实等技术，对工程项目的远程参与者，如业主、设计师、专家顾问等，进行云上的视频沟通、现场查看、方案讨论、问题解决等，实现工程项目的云上高效交流和互动。云上视频交流可以提高工程项目的交流效率和质量，降低工程项目的交流成本和时间，增强工程项目的交流效果和满意度。

2.3 工程项目管理数字化转型应用实效

湖南省第五工程有限公司是集建筑设计、科研创新、建筑工业化、投融资多领域齐头并进的"投建营"一体化省属国有工程总承包企业，多次荣获各类高质量奖项。为提高工程项目的管理水平和效率，公司开发了湖南建投五建集团综合信息集成管理平台3.0，利用云计算、物联网、大数据、人工智能等技术，对工程项目的各个阶段和环节进行全面的数字化、网络化、智能化的管理和服务，实现了工程项目的标准化、协同化、可视化、优化化、预测化等。

通过云平台，可以实时共享和协作BIM模型、施工图纸、设计变更、质量检查、安全隐患等信息，实现了工程项目的质量和安全的全过程控制和闭环管理。通过物联网技术，工程项目的各种设备、材料、环境等数据可以实时采集和监测，实现了工程项目的设备、材料、环境的智能化管理和预警。可实时查看和分析工程项目的进度、成本、合同、风险、变更等信息，实现工程项目的进度、成本、合同、风险、变更的动态化管理和优化。通过人工智能技术，工程项目的各种数据可以进行深度挖掘和分析，实现了工程项目的数据价值化转化和决策支持。工程项目建设过程中可以实时沟通和协作，实现工程项目的信息、资源、流程的协同化管理和服务。通过大数据技术，工程项目的各种经验和案例可以进行汇总和分享，实现工程项目的知识、技术、创新的共享化管理和服务，以备后续项目开展提供借鉴。

以建工·五福景苑项目为例，该平台的应用，使工程项目的质量合格率提高约20%，安全事故率降低约50%；工程项目的施工周期缩短约15%，施工成本节省约10%，施工效益提高约30%；使工程项目的协同效率提高约40%，创新能力提高约50%。该项目平台如图1所示，项目鸟瞰图如图2所示。

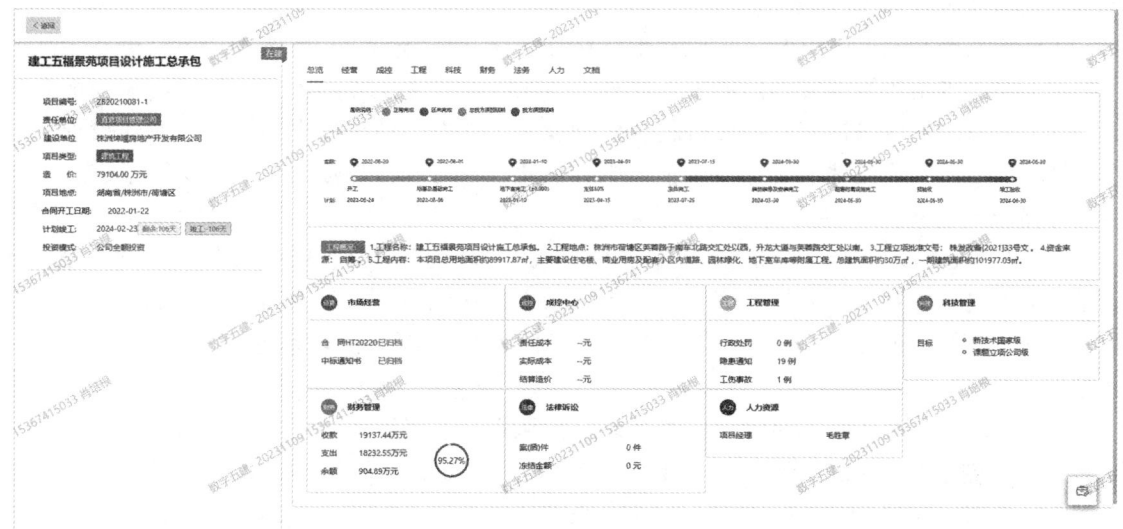

图1　项目平台信息一览

图2　项目鸟瞰图

3　新基建投资对工程项目管理的影响

新基建是指以新一代信息技术为核心，以数字经济为引领，以智能化、网络化、绿色化为特征，以提升国家经济社会发展水平和国家治理能力为目标，以满足人民群众对美好生活的新期待为导向，以推动高质量发展为要求，以促进供给侧结构性改革为主线，以增强国家战略支撑能力为重点，以加快形成以创新为主要引领和支撑的发展格局为根本，以提升国家综合实力和国际竞争力为使命，以满足国家安全和国防建设的需要为保障，以实现国家长治久安和人民幸福安康为愿景，以构建人类命运共同体为担当的一系列基础设施建设和公共服务项目。

新基建是应对疫情冲击、稳定经济增长、促进产业升级、提升国家竞争力的重要举措；是实现数字中国、智慧社会、美丽中国的重要手段；是践行新发展理念、构建新发展格局、推动高质量发展的重要内容；是深化供给侧结构性改革、激发市场活力、增强内需动力的重要途径；是加强国家战略支撑、提升国家治理能力、保障国家安全的重要基础。新基建具有广泛的市场需求、巨大的发展潜力、显著的社会效益、重要的战略意义，是未来经济社会发展的重点领域和增长点。

新基建是国家发展改革委、工业和信息化部、交通运输部、住房城乡建设部等多个部委的重点工作，也是各地区各部门的重点任务，也是各类市场主体的重点方向。国家和地方政府出台了一系列的政策措施，以支持新基建的发展，如专项债额度提前下达、基建投资稳增长、财政金融扶持、土地供应保障、审批服务优化、项目储备加强、产业链协同推进、创新驱动引领等。

由于新基建技术复杂、标准缺失、协调难度大、风险不确定、效益长期等，对工程项目管理提出了更高的要求，如技术能力、创新能力、协作能力、风险能力、效益能力等。工程项目管理也需要适应新基建的特点，提升自身的能力，以保证新基建的顺利实施和高效运行。

新基建的难点在于技术瓶颈、标准缺乏、协调困难、风险不明、效益不清等，给工程项目管理带来了更大的挑战，如技术难题、创新障碍、协作隔阂、风险防范、效益评估等。工程项目管理需要克服新基建的难点，解决自身的问题，以应对新基建的挑战和机遇。

4 智慧建造在工程项目管理中的应用

智慧建造是利用信息技术、智能技术、绿色技术等，对工程项目的设计、施工、运维等各个阶段和环节进行全面的创新和优化，以提升工程项目的质量、效率、安全、节能、环保水平等，实现工程项目的可持续发展。

利用信息技术，如互联网、物联网、云计算、大数据、人工智能等，对工程项目的各种信息进行有效的收集、存储、处理、分析、传递、展示等，实现工程项目的信息资源的最大化利用和价值转化。利用智能技术，如智能设备、智能系统、智能平台、智能应用等，对工程项目的各种活动进行有效的控制、优化、决策、支持等，实现工程项目的智能化管理和服务。利用绿色技术，如节能技术、环保技术、可再生技术、循环技术等，对工程项目的各种资源进行有效的节约、保护、利用、回收等，实现工程项目的绿色化建设和运行。

利用建筑信息模型三维模型（BIM）的数字化表达方式，对工程项目的各个阶段和环节进行全面的模拟和仿真，实现工程项目的可视化、可协同、可优化、可控制、可预测等。

借助计算机平台，采用VR虚拟现实技术，通过头戴式显示器、手柄等设备，创建和体验虚拟的三维空间和场景，实现工程项目的沉浸式体验和交互。通过手机、平板等设备运行AR，将虚拟的信息和对象叠加到真实的环境中，实现工程项目的增强式体验和交互。利用无线遥控或自主导航，进行空中飞行的无人驾驶飞行器，可以搭载各种传感器、摄像头、喷洒器等设备，对工程项目的现场进行高效的巡检、监测、测量、拍摄、施工等。采用建筑智能机器人来执行特定的任务，可对工程项目的高危工作进行高效的执行、辅助、替代等。

智慧建造的优势和效益如下：利用BIM、VR/AR等技术，对工程项目的设计进行精确的模拟和验证，对工程项目的施工进行精细的控制和指导，对工程项目的运维进行精准的检测和维护，提高工程项目的质量水平和质量保证。BIM、无人机等技术，对工程项目的资源进行有效的规划和分配,对工程项目的材料进行有效的采购和使用,对工程项目的人员进行有效的安排和管理,节约工程项目的资源消耗和资源成本。绿色技术、机器人等技术,对工程项目的能源进行有效的节约和利用,对工程项目的废弃物进行有效的处理和回收,对工程项目的噪声、尘埃等进行有效的控制和降低,减少工程项目的环境污染和环境影响。

5 结论

后疫情背景下的工程管理需要进行数字化转型,利用数字技术和平台,对工程项目的各个阶段和环节,以及工程项目的各个参与方,进行全面的创新和优化,以提升工程项目的效率、降低工程项目的风险、增强工程项目的竞争力和可持续发展能力。后疫情背景下的工程管理需要抓住新基建机遇,适应新基建的特点和需求,提升自身的技术能力、创新能力、协作能力、抗风险能力、效益能力等,以应对新基建的挑战和机遇,实现工程项目的高质量发展。后疫情背景下的工程管理需要运用智慧建造技术,利用信息技术、智能技术、绿色技术等,对工程项目的设计、施工、运维等各个阶段和环节进行全面的创新和优化,以提升工程项目的质量、效率、安全、节能、环保等,实现工程项目的可持续发展。

本文的研究对后疫情背景下的工程管理进行了有益的探索和尝试,希望能为工程管理的理论和实践提供一些参考和启示,也希望能为工程管理的发展和创新贡献一份力量。

参考文献

[1] 刘宁. 疫情期间高校基建工程现场管理如何开展 [J]. 山西建筑,2021,47(2):188-190.
[2] 郝丛卉. 新冠疫情期间高校基建工程管理要点 [J]. 安徽建筑,2021,28(7):245-246.
[3] 张泽平,李春变. 谈突发疫情影响下的工程项目管理 [J]. 山西建筑,2004(2):86-87.
[4] 严德华. 智慧监理数字化管理平台在大中型工程项目中的应用与创新:以上海美的全球创新园区项目为例 [J]. 建设监理,2023(8):70-73.
[5] 叶斌. 装配式建筑智慧建造的现状及发展趋势 [J]. 智能建筑与智慧城市,2021,41(9):104-105.

深大基坑回填施工技术研究

廖春阳

湖南省机械化施工有限公司　长沙　410007

摘　要：深大基坑回填施工的质量，直接影响到基坑顶面与路面的施工质量。基坑分层回填压实，回填土质、分层厚度、压实度需符合设计要求。本文以长沙机场改扩建工程磁浮T3站基坑回填项目为背景，简述深大基坑回填质量控制。

关键词：深基坑；土石方回填；质量控制

1　工程概况

长沙机场磁浮T3站磁浮基坑全长739m，标准段宽25.1m，盾构扩大端宽30.7m，开挖深度28.54m。基坑采取分区分块回填，西侧回填标高55~59m，东侧回填标高均为58.7m，回填深度3.3~19.6m，不同标高采用1∶1放坡做好衔接，总回填方量$17.8×10^4m^3$。磁浮T3站西分区回填示意如图1所示，磁浮T3站西分区回填典型剖面如图2所示。

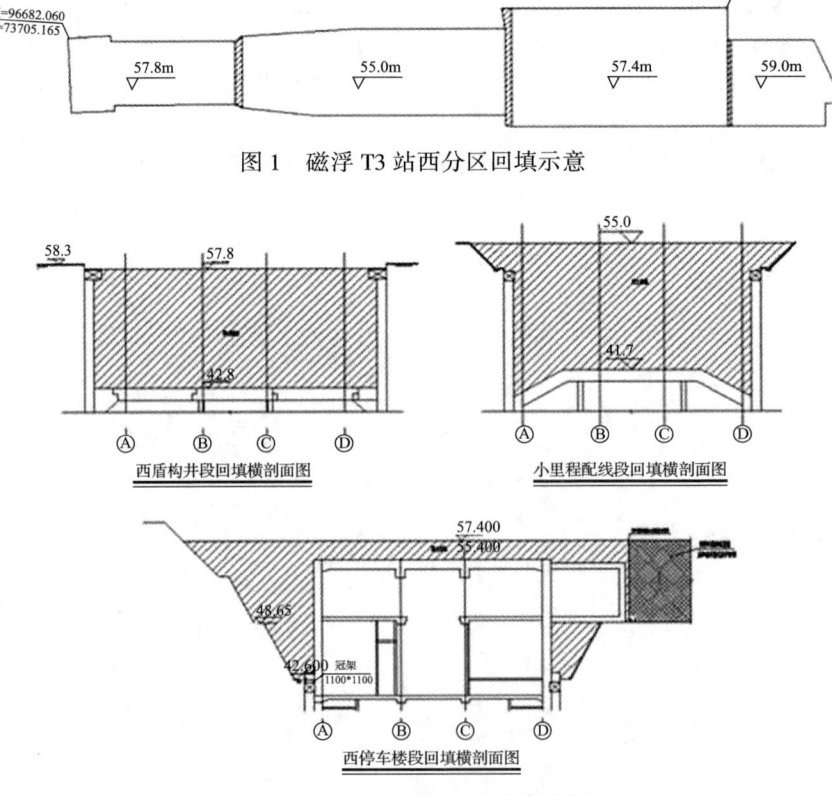

图1　磁浮T3站西分区回填示意

图2　磁浮T3站西分区回填典型剖面

回填技术要求：采用基坑开挖的原状土进行回填（堆积在内转场，已风化 6~15 月），回填土密实度应达到 95%以上，对于作为市政道路路基尚应符合相关规范要求。对于出入口、风亭等二期施做结构，应预先在接口分界处施做挡土板再行回填，以保持二期施工开挖时的回填土体稳定，挡土板伸出附属结构两侧不小于 2m。

2 施工方法

基坑土方回填施工工艺流程：主体结构及防水层施工完成达到设计强度且验收合格、回填土检测合格→清除基坑内积水及杂物→分层对称填筑→土方分层整平碾压（分层厚度不超过 0.3m）→压实度检测、分层验收（合格）→上一层填筑。

小里程配线段基坑回填工艺流程如下：

（1）土方填筑总顺序：1→2→3→4→5。
（2）水平分层对称回填配线段斜板顶三角形区域（1 区），采用小型机具压实。
（3）水平分层对称填筑顶板顶 1m 厚（2 区）区域，顶板以上 1m 采用大型机具压实。
（4）水平分层填筑顶板顶 3 区至 46.29m（钢支撑处），分段拆除钢支撑。
（5）水平分层填筑 4 区（钢支撑至混凝土支撑区域），分段拆除混凝土支撑。
（6）水平分层填筑 5 区（混凝土支撑至设计标高），分段拆除混凝土支撑。

小里程配线段回填工序示意如图 3 所示。

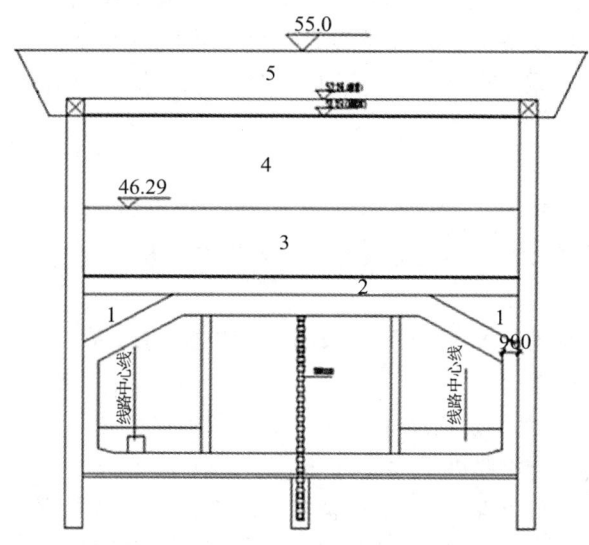

图 3 小里程配线段回填工序示意

顶板覆土回填在顶板混凝土及防水保护层强度达到设计强度的 100%并经监理工程师验收后分段分层回填。结构两侧和顶板以上 1.0m 范围内应采用小型机具辅以人工夯填。土方回填时，可在基坑侧划出临时堆土区，并采取推土机、小型挖机等送土到基坑或小型自卸汽车直接卸土两种方案，两侧同时回填均匀上升。

顶板顶 1.0m 范围以上采用大型机械辅以人工分层填筑压实，角边处大型机具作业不到的地方采用小型机械辅以人工作业，填筑过程中按设计要求分段拆除钢支撑与混凝土支撑。

3 施工难点分析及应对措施

3.1 施工技术难点

（1）回填料部分粒径过大。
（2）配线段斜板上三角回填区。
（3）西停车楼放坡开挖区域宽度小于3.5m的回填区。
（4）各工序交叉作业多，危大工程多、危险源多、工期紧。
（5）降水、排水。
（6）钢支撑、混凝土支撑的拆除。
（7）信息化施工。

3.2 原因分析

（1）本项目回填料为磁浮基坑内挖出来的中风化、强风化岩，堆积在指廊（DE）之间内转场及X031西侧中转场，经过了6~15个月的自然风化。
（2）斜板上三角回填区重型机械无法作业、压实困难。
（3）西停车楼放坡开挖段下部空间较窄，大型设备无法作业，考虑到回填压实相关设备作业空间需求，需有效操作宽度≥3.5m，方可正常进行压实作业。
（4）本项目基坑回填与中轴大道及航站楼在磁浮基坑内交叉施工。
（5）回填范围大，交叉施工作业多，排水范围大，深大基坑排水分级组织多。
（6）钢支撑、混凝土支撑的拆除环境复杂，施工难度及安全风险高。
（7）工程规模大、工期长、施工作业人员多，各单位交叉作业相互影响、制约的因素多。

3.3 应对措施

（1）针对回填料粒径过大的问题，对回填土样进行土质检测，合格后才能用于基坑回填；对于部分填料粒径过大的土体进行破碎，粒径符合回填土要求，最大粒径不超过层厚的2/3且符合规范要求。
（2）针对配线段斜板上三角回填区，采用小型挖机辅以人工填土整平；采用小型夯机压实，分层厚度不大于0.2m。
（3）西停车楼放坡开挖区域宽度小于3.5m的回填区，采用小型挖机辅以人工填土整平；采用小型夯机压实，分层厚度不大于0.2m。
（4）针对各工序交叉作业多，危大工程多、危险源多、工期紧等问题，建立危险源台账，编制专项方案，必要的进行专家论证，建立完善的责任管理机构，过程严格按照方案执行。根据本工程特点，科学合理地组织施工，根据工程特性，项目部组建有丰富施工经验的专业队伍组织施工。与中轴大道及航站楼保持紧密联系的多个良好渠道，通过各个部门尤其是技术管理实现对项目经理部的强有力的连续支持，确保项目顺利实施。
（5）针对降水、排水问题，施工现场建立有效的排水系统。施工期间各单位、各工作面排水系统通畅。做好排水设备应急储备，安排专人抽排水作业。基坑做好回填期间基坑明排水的措施。
（6）针对钢支撑、混凝土支撑的拆除，应严格按设计安全的工况及顺序进行拆除。拆除、安装采用专业队伍进行操作，特种作业人员持证上岗。与围护结构建立有效的联络机制，拆除和安装期间禁止其他工种立体交叉作业。

（7）针对信息化施工，派专职人员和相关单位对接，做好局部服从整体。各单位信息沟通问题及时发到本项目的内部沟通群。特别是与联合体单位、中轴大道单位、航站楼单位做好沟通，确保施工信息共享。

4 基坑回填安全措施

（1）做好安全技术交底并做好三级安全教育，机械设备验收合格方才进场作业，操作人员持证上岗，回填前确保基坑周边的围护结构稳定，防止土方回填过程中发生坍塌或滑坡。

（2）严格控制土方回填的坡度和高度，避免土方回填过程中发生坍塌或滑坡。

（3）设置专人负责监督施工现场，确保施工人员的安全操作。

（4）采取适当的排水措施，以防止回填土方过程中发生积水和泥浆流失。

（5）对围护桩、钢支撑、混凝土支撑等构造物周边配备必要的安全防护设施，防止机械碰撞，确保结构安全。

5 结语

长沙机场磁浮 T3 站回填深度 3.3~19.6m，回填施工质量直接影响到基坑顶地面与路面的施工质量，是基坑施工关键环节之一。本项目遵循"分层回填压实、严控分层厚度，确保压实度检测 100% 符合设计要求"的原则，保证长沙机场磁悬浮 T3 站基坑回填的顺利实施。

参考文献

[1] 吴仁彬，马骁赞，崔平，等. 城市地下综合管廊基坑回填施工的质量控制研究[J]. 工程建设与设计，2023（3）：213-215.

[2] 王华桥，罗涛，高连琳，等. 城市综合管廊基坑回填土沉降规律数值模拟分析[J]. 四川建材，2023，49（7）：69-70.

[3] 郭通. 双流快铁站内撑基坑回填土沉降特性及其对站坪结构影响研究[D]. 成都：西南交通大学，2013.

[4] 赵欢. 成都双流机场快铁车站大开挖基坑回填土-隧道-站坪结构相互作用研究[D]. 成都：西南交通大学，2013.